2025 | 全国勘察设计注册工程师执业资格考试用书

Quanguo Kancha Sheji Zhuce Gongchengshi Zhiye Zige Kaoshi Gonggong Jichu Kaoshi Tiji

全国勘察设计注册工程师执业资格考试
公共基础考试题集

注册工程师考试复习用书编委会 / 编

曹纬浚 / 主编

蒋全科 / 副主编

微信扫一扫
了解本书正版数字资源的获取和使用方法

人民交通出版社
北京

内 容 提 要

本书根据现行考试大纲及近几年考试真题修订再版。

本书基于考培人员多年辅导经验和各科目出题特点编写而成(含本专业及相关专业同一科目部分真题),内容覆盖面广,切合考试实际,满足大纲要求。所有习题均附有参考答案和解析。

相信本书能帮助考生复习好各门课程,巩固复习效果,提高解题准确率和解题速度,以顺利通过考试。

本书适合参加 2025 年全国勘察设计注册结构工程师执业资格考试基础考试的考生复习使用,还可作为相关专业培训班的辅导教材。

图书在版编目(CIP)数据

2025 全国勘察设计注册工程师执业资格考试公共基础考试题集 / 曹纬浚主编. — 北京 : 人民交通出版社股份有限公司, 2025. 2. — ISBN 978-7-114-20282-7

Ⅰ. TU19-44

中国国家版本馆 CIP 数据核字第 2025EY0000 号

书　　名: 2025 全国勘察设计注册工程师执业资格考试公共基础考试题集
著 作 者: 曹纬浚
责任编辑: 刘彩云
责任印制: 张　凯
出版发行: 人民交通出版社
地　　址: (100011)北京市朝阳区安定门外外馆斜街 3 号
网　　址: http://www.ccpcl.com.cn
销售电话: (010)85285857
总 经 销: 人民交通出版社发行部
经　　销: 各地新华书店
印　　刷: 北京印匠彩色印刷有限公司
开　　本: 889 × 1194　1/16
印　　张: 30.25
字　　数: 613 千
版　　次: 2025 年 2 月　第 1 版
印　　次: 2025 年 2 月　第 1 次印刷
书　　号: ISBN 978-7-114-20282-7
定　　价: 88.00 元

注册工程师考试复习用书

编　委　会

目　录 CONTENTS

第一章　数学　/1

复习指导　/1

练习题、题解及参考答案　/3

（一）空间解析几何与向量代数　/3

（二）一元函数微分学　/11

（三）一元函数积分学　/28

（四）多元函数微分学　/43

（五）多元函数积分学　/49

（六）级数　/59

（七）常微分方程　/69

（八）线性代数　/77

（九）概率论与数理统计　/93

第二章　普通物理　/110

复习指导　/110

练习题、题解及参考答案　/110

（一）热学　/110

（二）波动学　/125

（三）光学　/134

第三章　普通化学　/146

复习指导　/146

练习题、题解及参考答案　/150

（一）物质结构与物质状态　/150

（二）溶液　/159

（三）化学反应速率与化学平衡　/165

（四）氧化还原反应与电化学　/171

（五）有机化合物 /175
第四章 理论力学 /181
复习指导 /181
练习题、题解及参考答案 /183
（一）静力学 /183
（二）运动学 /202
（三）动力学 /211
第五章 材料力学 /227
复习指导 /227
练习题、题解及参考答案 /228
（一）概论 /228
（二）轴向拉伸与压缩 /229
（三）剪切和挤压 /234
（四）扭转 /238
（五）截面图形的几何性质 /243
（六）弯曲梁的内力、应力和变形 /247
（七）应力状态与强度理论 /259
（八）组合变形 /267
（九）压杆稳定 /276
第六章 流体力学 /282
复习指导 /282
练习题、题解及参考答案 /283
（一）流体力学定义及连续介质假设 /283
（二）流体的主要物理性质 /284
（三）流体静力学 /284
（四）流体动力学 /289
（五）流动阻力和能量损失 /300
（六）孔口、管嘴及有压管流 /308
（七）明渠恒定流 /312
（八）渗流定律、井和集水廊道 /315
（九）量纲分析和相似原理 /318

第七章　电工电子技术 /321
复习指导 /321
练习题、题解及参考答案 /323
（一）电场与磁场 /323
（二）电路的基本概念和基本定律 /326
（三）直流电路的解题方法 /330
（四）正弦交流电路的解题方法 /334
（五）电路的暂态过程 /344
（六）变压器、电动机及继电接触控制 /349
（七）二极管及其应用 /357
（八）三极管及其基本放大电路 /360
（九）集成运算放大器 /366
（十）数字电路 /368
第八章　信号与信息技术 /374
复习指导 /374
练习题、题解及参考答案 /375
（一）基本概念 /375
（二）数字信号与信息 /377
第九章　计算机应用基础 /385
复习指导 /385
练习题、题解及参考答案 /385
（一）计算机基础知识 /385
（二）计算机程序设计语言 /389
（三）信息表示 /389
（四）常用操作系统 /393
（五）计算机网络 /396
第十章　工程经济 /406
复习指导 /406
练习题、题解及参考答案 /407
（一）资金的时间价值 /407
（二）财务效益与费用估算 /410
（三）资金来源与融资方案 /414

（四）财务分析 /418
（五）经济费用效益分析 /423
（六）不确定性分析 /426
（七）方案经济比选 /430
（八）改扩建项目的经济评价特点 /433
（九）价值工程 /434
第十一章　法律法规 /437
复习指导 /437
练习题、题解及参考答案 /437
（二）《建筑法》 /437
（三）《安全生产法》 /443
（四）《招标投标法》 /445
（五）《民法典》（合同编） /451
（六）《行政许可法》 /456
（七）《节约能源法》 /457
（八）《环境保护法》 /459
（九）《建设工程勘察设计管理条例》 /461
（十）《建设工程质量管理条例》 /463
（十一）《建设工程安全生产管理条例》 /468
（十二）设计文件编制的有关规定 /471
（十四）房地产开发程序 /472
（十五）工程监理的有关规定 /474

第一章　数学

复习指导

根据“考试大纲”的要求，本部分考试内容覆盖了高等数学、线性代数、概率统计及矢量代数课的知识。我们在复习时，首先要熟悉大纲，按大纲的要求分类进行，分清哪些是考试要求的，哪些不属于考试范围内的，做到有的放矢。对于要求的内容，必须把相关的知识掌握住，如定义、定理、性质以及相关的计算题等。对于概念的理解不能只停留在表面上，要理解深、理解透。对于计算题，要达到熟练掌握的程度，尽量记住解题思路。

另外，试题的题型均为单选题，给出四个选项，选出其中一个正确答案。这些选择题，包括基本概念、基本定理、基本性质、分析题、计算题及记忆判别类题目，有的试题还具有一定的深度。试卷中总共有120道题，答卷时间为4个小时，平均每道题2分钟。这一点也是我们在复习中应该注意到的。高等数学占20道题，工程数学占4道题，共有24道题，占总题数的1/5。冗长的定理证明、复杂的计算题不可能在试卷中出现，但强调的是应用这些定义、定理，利用由它们推出的性质去解题。最好能记住曾做过的题目的结论，并把这些结论灵活地应用于各种类型的计算题目中。对各类计算题的解题思路必须要记清。在做选择题时，应注意解题时的灵活性和技巧性。还要注意，由于题目都是单选题，在四个答案中，如能准确地选出某一选项，其余选项可不再考虑，这样就能节省时间。有时，如果正确答案一时确定不下来，可用逐一排查的方法，去掉其中三个错误选项，得到所要求的选项。以上这些，仅供参考。

以下举例说明。

【例 1-0-1】　已知函数$f(x)$在$x=1$处可导，且$\lim\limits_{x\to 1}\frac{f(4-3x)-f(1)}{x-1}=2$，则$f'(1)$等于：

A. 2　　B. 1　　C. $\frac{2}{3}$　　D. $-\frac{2}{3}$

解　可利用函数在一点x_0可导的定义，通过计算得到最后结果。

$$\lim_{x\to 1}\frac{f(4-3x)-f(1)}{x-1}=\lim_{x\to 1}\frac{f[1+(3-3x)]-f(1)}{3(x-1)}\times 3$$

$$\xlongequal[x\to 1,\,t\to 0]{\text{设 } 3-3x=t}3\lim_{t\to 0}\frac{f(1+t)-f(1)}{-t}=-3f'(1)=2$$

$f'(1)=-\frac{2}{3}$，选D。

【例 1-0-2】　$\int xf(x^2)\cdot f'(x^2)\mathrm{d}x$等于：

A. $\frac{1}{2}f(x^2)$　　B. $\frac{1}{4}f(x^2)+C$　　C. $\frac{1}{8}f(x^2)$　　D. $\frac{1}{4}[f(x^2)]^2+C$

解　本题为抽象函数的不定积分。考查不定积分凑微分方法的应用及是否会应用不定积分的性质，$\int f'(x)\mathrm{d}x=f(x)+C$。

$$\int xf(x^2)f'(x^2)\mathrm{d}x = \int f'(x^2)f(x^2)\mathrm{d}\left(\frac{1}{2}x^2\right) = \frac{1}{2}\int f'(x^2)\cdot f(x^2)\mathrm{d}x^2$$
$$= \frac{1}{2}\int f(x^2)\mathrm{d}f(x^2) = \frac{1}{2}\times\frac{1}{2}[f(x^2)]^2$$
$$= \frac{1}{4}[f(x^2)]^2 + C$$

选 D。

【例 1-0-3】 设二重积分$I=\int_0^2 \mathrm{d}x\int_{-\sqrt{2x-x^2}}^0 f(x,y)\,\mathrm{d}y$，交换积分次序后，则$I$等于：

A. $\int_{-1}^0 \mathrm{d}y\int_{1-\sqrt{1-y^2}}^{1+\sqrt{1-y^2}} f(x,y)\,\mathrm{d}x$　　B. $\int_{-1}^1 \mathrm{d}y\int_{1-\sqrt{1-y^2}}^{1+\sqrt{1-y^2}} f(x,y)\,\mathrm{d}x$

C. $\int_{-1}^0 \mathrm{d}y\int_0^{1+\sqrt{1-y^2}} f(x,y)\,\mathrm{d}x$　　D. $\int_0^1 \mathrm{d}y\int_{1-\sqrt{1-y^2}}^{1+\sqrt{1+y^2}} f(x,y)\,\mathrm{d}x$

解 本题考查二重积分交换积分次序方面的知识。解这类题的基本步骤：通过原积分次序画出积分区域的图形（见解图），得到积分区域；然后写出先x后y的积分表达式。

由$y=-\sqrt{2x-x^2}$，得$y^2=2x-x^2$，$x^2-2x+y^2=0$，即

$$(x-1)^2+y^2=1$$

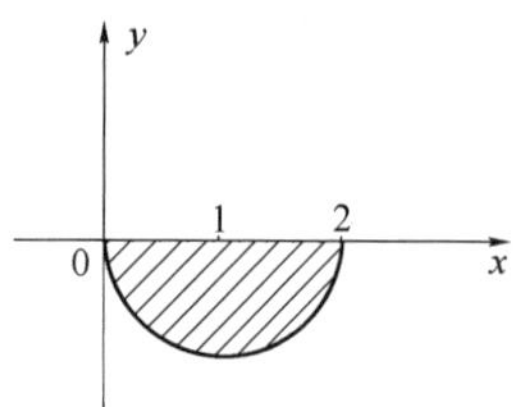

例 1-0-3 解图

$$D_{xy}: \begin{cases} -1\leqslant y\leqslant 0 \\ 1-\sqrt{1-y^2}\leqslant x\leqslant 1+\sqrt{1-y^2} \end{cases}$$

$$I=\int_{-1}^0 \mathrm{d}y\int_{1-\sqrt{1-y^2}}^{1+\sqrt{1-y^2}} f(x,y)\,\mathrm{d}x$$

选 A。

【例 1-0-4】 已知幂级数$\sum\limits_{n=1}^{\infty}\frac{a^n-b^n}{a^n+b^n}x^n$（$0<a<b$），则所得级数的收敛半径$R$等于：

A. b　　B. $\frac{1}{a}$　　C. $\frac{1}{b}$　　D. R值与a、b无关

解 本题考查幂级数收敛半径的求法。可通过连续两项系数比的极限得到ρ值，由$R=\frac{1}{\rho}$得到收敛半径。

$$\lim_{n\to\infty}\left|\frac{a_{n+1}}{a_n}\right| = \lim_{n\to\infty}\frac{\dfrac{a^{n+1}-b^{n+1}}{a^{n+1}+b^{n+1}}}{\dfrac{a^n-b^n}{a^n+b^n}} = \lim_{n\to\infty}\frac{a^{n+1}-b^{n+1}}{a^{n+1}+b^{n+1}}\cdot\frac{a^n+b^n}{a^n-b^n}$$
$$= \lim_{n\to\infty}\frac{b^{n+1}\left(\dfrac{a^{n+1}}{b^{n+1}}-1\right)}{b^{n+1}\left(\dfrac{a^{n+1}}{b^{n+1}}+1\right)}\cdot\frac{b^n\left(\dfrac{a^n}{b^n}+1\right)}{b^n\left(\dfrac{a^n}{b^n}-1\right)} = \lim_{n\to\infty}\frac{\left(\dfrac{a}{b}\right)^{n+1}-1}{\left(\dfrac{a}{b}\right)^{n+1}+1}\cdot\frac{\left(\dfrac{a}{b}\right)^n+1}{\left(\dfrac{a}{b}\right)^n-1}$$
$$= (-1)\times(-1) = 1 = \rho$$

$R=\frac{1}{\rho}=1$，选 D。

【例 1-0-5】 若n阶矩阵$\boldsymbol{A}$的任意一行中n个元素的和都是a，则$\boldsymbol{A}$的一特征值为：

A. a　　B. $-a$　　C. 0　　D. a^{-1}

解 本题主要考查两个知识点：特征值的求法及行列式的运算。

设n阶矩阵$\boldsymbol{A}=\begin{bmatrix} a_{11} & a_{12} & \cdots & a_{1n} \\ a_{21} & a_{22} & \cdots & a_{2n} \\ \vdots & \vdots & & \vdots \\ a_{n1} & a_{n2} & \cdots & a_{nn} \end{bmatrix}$，利用$|\lambda\boldsymbol{E}-\boldsymbol{A}|=0$求特征值，即

$$\begin{vmatrix} \lambda-a_{11} & -a_{12} & \cdots & -a_{1n} \\ -a_{21} & \lambda-a_{22} & \cdots & -a_{2n} \\ \vdots & \vdots & & \vdots \\ -a_{n1} & -a_{n2} & \cdots & \lambda-a_{nn} \end{vmatrix} \xlongequal[\substack{c_1+c_3\\ \vdots \\ c_1+c_n}]{c_1+c_2} \begin{vmatrix} \lambda-(a_{11}+a_{12}+\cdots+a_{1n}) & -a_{12} & \cdots & -a_{1n} \\ \lambda-(a_{21}+a_{22}+\cdots+a_{2n}) & \lambda-a_{22} & \cdots & -a_{2n} \\ \vdots & \vdots & & \vdots \\ \lambda-(a_{n1}+a_{n2}+\cdots+a_{nn}) & -a_{n2} & \cdots & \lambda-a_{nn} \end{vmatrix}$$

$$= \begin{vmatrix} \lambda-a & -a_{12} & \cdots & -a_{1n} \\ \lambda-a & \lambda-a_{22} & \cdots & -a_{2n} \\ \vdots & \vdots & & \vdots \\ \lambda-a & -a_{n2} & \cdots & \lambda-a_{nn} \end{vmatrix} = (\lambda-a)\underbrace{\begin{vmatrix} 1 & -a_{12} & \cdots & -a_{1n} \\ 1 & \lambda-a_{22} & \cdots & -a_{2n} \\ \vdots & \vdots & & \vdots \\ 1 & -a_{n2} & \cdots & \lambda-a_{nn} \end{vmatrix}}_{\text{为}n-1\text{次多项式}} = 0$$

$\lambda-a=0$，$\lambda=a$。

$\boldsymbol{A}$的一特征值为a，选 A。

【例 1-0-6】 有 10 张奖券，其中 2 张有奖，每人抽取一张奖券，问前 4 人中有一人中奖的概率是多少？

解 设A为“前 4 人中有一人中奖”，B_i为“第i人中奖”，$i=1,2,3,4$。

所以$A=B_1\overline{B}_2\overline{B}_3\overline{B}_4+\overline{B}_1B_2\overline{B}_3\overline{B}_4+\overline{B}_1\overline{B}_2B_3\overline{B}_4+\overline{B}_1\overline{B}_2\overline{B}_3B_4$

$$P(B_1\overline{B}_2\overline{B}_3\overline{B}_4)=\frac{2\times8\times7\times6}{10\times9\times8\times7}=\frac{2}{15}$$

或$P(B_1\overline{B}_2\overline{B}_3\overline{B}_4)=P(B_1)P(\overline{B}_2|B_1)P(\overline{B}_3|B_1\overline{B}_2)P(\overline{B}_4|B_1\overline{B}_2\overline{B}_3)=\frac{2}{10}\times\frac{8}{9}\times\frac{7}{8}\times\frac{6}{7}=\frac{2}{15}$

同理$P(\overline{B}_1B_2\overline{B}_3\overline{B}_4)=P(\overline{B}_1\overline{B}_2B_3\overline{B}_4)=P(\overline{B}_1\overline{B}_2\overline{B}_3B_4)=\frac{2}{15}$

所以$P(A)=\frac{2}{15}\times4=\frac{8}{15}$

练习题、题解及参考答案

（一）空间解析几何与向量代数

1-1-1 设$\vec{\alpha}$，$\vec{\beta}$，$\vec{\gamma}$都是非零向量，若$\vec{\alpha}\times\vec{\beta}=\vec{\alpha}\times\vec{\gamma}$，则：

A. $\vec{\beta}=\vec{\gamma}$　　B. $\vec{\alpha}/\!/\vec{\beta}$且$\vec{\alpha}/\!/\vec{\gamma}$

C. $\vec{\alpha}/\!/(\vec{\beta}-\vec{\gamma})$　　D. $\vec{\alpha}\perp(\vec{\beta}-\vec{\gamma})$

1-1-2 下面算式中哪一个是正确的？

A. $\vec{i}+\vec{j}=\vec{k}$　　B. $\vec{i}\cdot\vec{j}=\vec{k}$　　C. $\vec{i}\cdot\vec{i}=\vec{j}\cdot\vec{j}$　　D. $\vec{i}\times\vec{j}=\vec{j}\cdot\vec{k}$

1-1-3 已知两点$M(5,3,2)$、$N(1,-4,6)$，则与$\overline{MN}$同向的单位向量可表示为：

A. $\{-4,-7,4\}$　　B. $\left\{-\frac{4}{9},-\frac{7}{9},\frac{4}{9}\right\}$　　C. $\left\{\frac{4}{9},\frac{7}{9},-\frac{4}{9}\right\}$　　D. $\{4,7,-4\}$

1-1-4 设$\vec{\alpha}=-\vec{i}+3\vec{j}+\vec{k}$，$\vec{\beta}=\vec{i}+\vec{j}+t\vec{k}$，已知$\vec{\alpha}\times\vec{\beta}=-4\vec{i}-4\vec{k}$，则$t$等于：

A. -2　　B. 0　　C. -1　　D. 1

1-1-5 设$\vec{\alpha}=\vec{i}+2\vec{j}+3\vec{k}$，$\vec{\beta}=\vec{i}-3\vec{j}-2\vec{k}$，则与$\vec{\alpha}$、$\vec{\beta}$都垂直的单位向量为：

A. $\pm(\vec{i}+\vec{j}-\vec{k})$　　B. $\pm\frac{1}{\sqrt{3}}(\vec{i}-\vec{j}+\vec{k})$

C. $\pm\frac{1}{\sqrt{3}}(-\vec{i}+\vec{j}+\vec{k})$　　D. $\pm\frac{1}{\sqrt{3}}(\vec{i}+\vec{j}-\vec{k})$

1-1-6 已知$\vec{\alpha}=\vec{i}+a\vec{j}-3\vec{k}$，$\vec{\beta}=a\vec{i}-3\vec{j}+6\vec{k}$，$\vec{\gamma}=-2\vec{i}+2\vec{j}+6\vec{k}$，若$\vec{\alpha}$，$\vec{\beta}$，$\vec{\gamma}$共面，则$a$等于：

A. 1 或 2　　B. −1 或 2　　C. −1 或−2　　D. 1 或−2

1-1-7 设$\vec{a}$、$\vec{b}$均为向量，下列等式中正确的是：

A. $(\vec{a}+\vec{b})\cdot(\vec{a}-\vec{b})=|\vec{a}|^2-|\vec{b}|^2$

B. $\vec{a}(\vec{a}\cdot\vec{b})=|\vec{a}|^2\vec{b}$

C. $(\vec{a}\cdot\vec{b})^2=|a|^2|\vec{b}|^2$

D. $(\vec{a}+\vec{b})\times(\vec{a}-\vec{b})=\vec{a}\times\vec{a}-\vec{b}\times\vec{b}$

1-1-8 已知$|\vec{a}|=1$，$|\vec{b}|=\sqrt{2}$，且$\widehat{(\vec{a},\vec{b})}=\frac{\pi}{4}$，则$|\vec{a}+\vec{b}|$等于：

A. 1　　B. $1+\sqrt{2}$　　C. 2　　D. $\sqrt{5}$

1-1-9 设向量$\vec{a}\neq\vec{0}$，$\vec{b}\neq\vec{0}$，则以下结论中哪一个正确？

A. $\vec{a}\times\vec{b}=\vec{0}$是$\vec{a}$与$\vec{b}$垂直的充要条件

B. $\vec{a}\cdot\vec{b}=0$是$\vec{a}$与$\vec{b}$平行的充要条件

C. $\vec{a}$与$\vec{b}$的对应分量成比例是$\vec{a}$与$\vec{b}$平行的充要条件

D. 若$\vec{a}=\lambda\vec{b}$，则$\vec{a}\cdot\vec{b}=0$

1-1-10 下列方程中代表锥面的是：

A. $\frac{x^2}{3}+\frac{y^2}{2}-z^2=0$　　B. $\frac{x^2}{3}+\frac{y^2}{2}-z^2=1$

C. $\frac{x^2}{3}-\frac{y^2}{2}-z^2=1$　　D. $\frac{x^2}{3}+\frac{y^2}{2}+z^2=1$

1-1-11 下列方程中代表单叶双曲面的是：

A. $\frac{x^2}{2}+\frac{y^2}{3}-z^2=1$　　B. $\frac{x^2}{2}+\frac{y^2}{3}+z^2=1$

C. $\frac{x^2}{2}-\frac{y^2}{3}-z^2=1$　　D. $\frac{x^2}{2}+\frac{y^2}{3}+z^2=0$

1-1-12 将椭圆$\begin{cases}\frac{x^2}{9}+\frac{z^2}{4}=1\\ y=0\end{cases}$绕$x$轴旋转一周所生成的旋转曲面的方程是：

A. $\frac{x^2}{9}+\frac{y^2}{9}+\frac{z^2}{4}=1$　　B. $\frac{x^2}{9}+\frac{z^2}{4}=1$

C. $\frac{x^2}{9}+\frac{y^2}{4}+\frac{z^2}{4}=1$　　D. $\frac{x^2}{9}+\frac{y^2}{4}+\frac{z^2}{9}=1$

1-1-13 下列方程中代表双叶双曲面的是：

A. $\frac{x^2}{2}+\frac{y^2}{3}-z^2=1$　　B. $\frac{x^2}{2}+\frac{y^2}{3}+z^2=1$

C. $\frac{x^2}{2}-\frac{y^2}{3}-z^2=1$　　D. $\frac{x^2}{2}+\frac{y^2}{3}+z^2=0$

1-1-14 球面$x^2+y^2+z^2=9$与平面$x+z=1$的交线在xOy坐标面上投影的方程是：

A. $x^2+y^2+(1-x)^2=9$　　B. $\begin{cases}x^2+y^2+(1-x)^2=9\\ z=0\end{cases}$

C. $(1-z)^2+y^2+z^2=9$　　D. $\begin{cases}(1-z)^2+y^2+z^2=9\\ x=0\end{cases}$

1-1-15 设平面π的方程为$2x-2y+3=0$，以下选项中错误的是：

A. 平面π的法向量为$i-j$

B. 平面π垂直于z轴

C. 平面π平行于z轴

D. 平面π与xOy面的交线为$\frac{x}{1}=\frac{y-\frac{3}{2}}{-1}=\frac{z}{0}$

1-1-16 设平面π的方程为$3x-4y-5z-2=0$，以下选项中错误的是：

A. 平面π过点$(-1,0,-1)$

B. 平面π的法向量为$-3\vec{i}+4\vec{j}+5\vec{k}$

C. 平面π在z轴的截距是$-\frac{2}{5}$

D. 平面π与平面$-2x-y-2z+2=0$垂直

1-1-17 平面$3x-3y-6=0$的位置是：

A. 平行于xOy平面　　B. 平行于z轴，但不通过z轴

C. 垂直于z轴　　D. 通过z轴

1-1-18 已知两直线l_1：$\frac{x-4}{2}=\frac{y+1}{3}=\frac{z+2}{5}$和$l_2$：$\frac{x+1}{-3}=\frac{y-1}{2}=\frac{z-3}{4}$，则它们的关系是：

A. 两条相交的直线　　B. 两条异面直线

C. 两条平行但不重合的直线　　D. 两条重合的直线

1-1-19 设直线方程为$\begin{cases}x=t+1\\y=2t-2\\z=-3t+3\end{cases}$，则直线：

A. 过点$(-1,2,-3)$，方向向量为$\vec{i}+2\vec{j}-3\vec{k}$

B. 过点$(-1,2,-3)$，方向向量为$-\vec{i}-2\vec{j}+3\vec{k}$

C. 过点$(1,2,-3)$，方向向量为$\vec{i}-2\vec{j}+3\vec{k}$

D. 过点$(1,-2,3)$，方向向量为$-\vec{i}-2\vec{j}+3\vec{k}$

1-1-20 设平面方程$x+y+z+1=0$，直线的方程是$1-x=y+1=z$，则直线与平面：

A. 平行　　B. 垂直　　C. 重合　　D. 相交但不垂直

1-1-21 设直线方程为$x=y-1=z$，平面方程为$x-2y+z=0$，则直线与平面：

A. 重合　　B. 平行不重合　　C. 垂直相交　　D. 相交不垂直

1-1-22 已知平面π过点$M_1(1,1,0)$，$M_2(0,0,1)$，$M_3(0,1,1)$，则与平面π垂直且过点$(1,1,1)$的直线的对称方程为：

A. $\frac{x-1}{1}=\frac{y-1}{0}=\frac{z-1}{1}$　　B. $\frac{x-1}{1}=\frac{z-1}{1}$，$y=1$

C. $\frac{x-1}{1}=\frac{z-1}{1}$　　D. $\frac{x-1}{1}=\frac{y-1}{0}=\frac{z-1}{-1}$

1-1-23 设直线的方程为$\frac{x-1}{-2}=\frac{y+1}{-1}=\frac{z}{1}$，则直线：

A. 过点$(1,-1,0)$，方向向量为$2\vec{i}+\vec{j}-\vec{k}$

B. 过点$(1,-1,0)$，方向向量为$2\vec{i}-\vec{j}+\vec{k}$

C. 过点$(-1,1,0)$，方向向量为$-2\vec{i}-\vec{j}+\vec{k}$

D. 过点$(-1,1,0)$，方向向量为$2\vec{i}+\vec{j}-\vec{k}$

1-1-24 过点$M(3,-2,1)$且与直线L：$\begin{cases}x-y-z+1=0\\2x+y-3z+4=0\end{cases}$平行的直线方程是：

A. $\frac{x-3}{1}=\frac{y+2}{-1}=\frac{z-1}{-1}$　　B. $\frac{x-3}{2}=\frac{y+2}{1}=\frac{z-1}{-3}$

C. $\frac{x-3}{4}=\frac{y+2}{-1}=\frac{z-1}{3}$　　D. $\frac{x-3}{4}=\frac{y+2}{1}=\frac{z-1}{3}$

1-1-25 过点$M_1(0,-1,2)$和$M_2(1,0,1)$且平行于z轴的平面方程是：

A. $x-y=0$　　B. $\frac{x}{1}=\frac{y+1}{-1}=\frac{z-2}{0}$

C. $x+y-1=0$　　D. $x-y-1=0$

1-1-26 直线l：$\frac{x+3}{2}=\frac{y+4}{1}=\frac{z}{3}$与平面$\pi$：$4x-2y-2z=3$的位置关系为：

A. 相互平行　　B. L在π上　　C. 垂直相交　　D. 相交但不垂直

1-1-27 方程$\begin{cases}x^2-4y^2+z^2=25\\x=-3\end{cases}$表示下述哪种图形？

A. 单叶双曲面　　B. 双曲柱面

C. 双曲柱面在平面$x=0$上投影　　D. $x=-3$平面上双曲线

1-1-28 xOy平面上的曲线$\begin{cases}y=e^x\\z=0\end{cases}$，绕$Ox$轴旋转所得的旋转曲面方程是：

A. $e^{2x}=y^2+z^2$　　B. $y=e^{\pm\sqrt{x^2+z^2}}$

C. $\begin{cases}e^{2x}=y^2+z^2\\x=0\end{cases}$　　D. $\begin{cases}y=e^{\pm\sqrt{x^2+z^2}}\\y=0\end{cases}$

1-1-29 在三维空间中，方程$y^2-z^2=1$所代表的图形是：

A. 母线平行x轴的双曲柱面　　B. 母线平行y轴的双曲柱面

C. 母线平行z轴的双曲柱面　　D. 双曲线

1-1-30 过点$M_0(2,2,3)$既与直线L_1：$\frac{x-1}{4}=\frac{y+1}{8}=\frac{z-1}{5}$平行，又与平面$\pi$：$x+y+z+1=0$垂直的平面方程为：

A. $3x-y+4z=0$　　B. $3x-y+4z+4=0$

C. $3x+y-4z+2=0$　　D. $3x+y-4z+4=0$

题解及参考答案

1-1-1　解： 已知$\vec{\alpha}\times\vec{\beta}=\vec{\alpha}\times\vec{\gamma}$，$\vec{\alpha}\times\vec{\beta}-\vec{\alpha}\times\vec{\gamma}=\vec{0}$，得$\vec{\alpha}\times(\vec{\beta}-\vec{\gamma})=\vec{0}$。由向量积的运算性质可知，$\vec{a}$，$\vec{b}$为非零向量，若$\vec{a}/\!/\vec{b}$，则$\vec{a}\times\vec{b}=\vec{0}$；若$\vec{a}\times\vec{b}=\vec{0}$，则$\vec{a}/\!/\vec{b}$，可知$\vec{\alpha}/\!/(\vec{\beta}-\vec{\gamma})$。

答案： C

1-1-2　解： 本题考查向量代数的基本概念，用到两向量的加法、数量积、向量积的定义。

选项A：$\vec{i}+\vec{j}=\vec{k}$错误在于两向量相加，利用平行四边形法则得到平行四边形的对角线向量，即$\vec{i}+\vec{j}=\{1,0,0\}+\{0,1,0\}=\{1,1,0\}\neq\{0,0,1\}=\vec{k}$。

选项B：$\vec{i}\cdot\vec{j}=\vec{k}$错误在于两向量的数量积得一数量，$\vec{i}\cdot\vec{j}=|\vec{i}||\vec{j}|\cdot\cos\frac{\pi}{2}=0$。

选项D：$\vec{i}\times\vec{j}=\vec{j}\cdot\vec{k}$错误在于等号左边由向量积定义求出，为一向量；右边由数量积定义求出，为一数量。因而两边不等。

选项C正确。$\vec{i}\cdot\vec{i}=|\vec{i}||\vec{i}|\cos 0=1$，$\vec{j}\cdot\vec{j}=|\vec{j}||\vec{j}|\cos 0=1$，左边等于右边。

答案： C

1-1-3　解： 利用公式$\vec{a}^0=\frac{\vec{a}}{|\vec{a}|}$计算，即$\overline{MN}=\{-4,-7,4\}$，$\overline{MN}=\sqrt{16+49+16}=9$，$\overline{MN}^0=\frac{\overline{MN}}{|\overline{MN}|}=\frac{1}{9}\{-4,-7,4\}$。

答案： B

1-1-4　解：
$$\vec{\alpha}\times\vec{\beta}=\begin{vmatrix}\vec{i}&\vec{j}&\vec{k}\\-1&3&1\\1&1&t\end{vmatrix}=\vec{i}(-1)^{1+1}\begin{vmatrix}3&1\\1&t\end{vmatrix}+\vec{j}(-1)^{1+2}\begin{vmatrix}-1&1\\1&t\end{vmatrix}+\vec{k}(-1)^{1+3}\begin{vmatrix}-1&3\\1&1\end{vmatrix}$$
$$=(3t-1)\vec{i}+(t+1)\vec{j}-4\vec{k}$$

已知$\vec{\alpha}\times\vec{\beta}=-4\vec{i}-4\vec{k}$，则$-4=3t-1$，$t=-1$，或$t+1=0$，$t=-1$

答案： C

1-1-5　解： 求出与$\vec{\alpha}$、$\vec{\beta}$垂直的向量：
$$\vec{\alpha}\times\vec{\beta}=\begin{vmatrix}\vec{i}&\vec{j}&\vec{k}\\1&2&3\\1&-3&-2\end{vmatrix}=\vec{i}\begin{vmatrix}2&3\\-3&-2\end{vmatrix}+\vec{j}(-1)^{1+2}\begin{vmatrix}1&3\\1&-2\end{vmatrix}+\vec{k}(-1)^{1+3}\begin{vmatrix}1&2\\1&-3\end{vmatrix}$$
$$=5\vec{i}+5\vec{j}-5\vec{k}$$

利用$\vec{a}^0=\frac{\vec{a}}{|\vec{a}|}$求单位向量，与$\vec{a}^0$方向相同或相反的都符合要求。

因此，$\pm\vec{a}^0=\pm\frac{\vec{a}}{|\vec{a}|}=\pm\frac{1}{5\sqrt{3}}(5\vec{i}+5\vec{j}-5\vec{k})=\pm\frac{1}{\sqrt{3}}(\vec{i}+\vec{j}-\vec{k})$

注：$|\vec{a}|=\sqrt{5^2+5^2+(-5)^2}=5\sqrt{3}$。

答案： D

1-1-6　解：方法1，因为$\vec{\alpha}$，$\vec{\beta}$，$\vec{\gamma}$共面，则$\vec{\alpha}\times\vec{\beta}$垂直于$\vec{\gamma}$，即$(\vec{\alpha}\times\vec{\beta})\cdot\vec{\gamma}=0$

$$\vec{\alpha}\times\vec{\beta}=\begin{vmatrix}\vec{i}&\vec{j}&\vec{k}\\1&a&-3\\a&-3&6\end{vmatrix}\xlongequal{\text{按第一行展开}}\vec{i}\cdot(-1)^{1+1}\begin{vmatrix}a&-3\\-3&6\end{vmatrix}+\vec{j}\cdot(-1)^{1+2}\begin{vmatrix}1&-3\\a&6\end{vmatrix}+$$
$$\vec{k}\cdot(-1)^{1+3}\begin{vmatrix}1&a\\a&-3\end{vmatrix}=(6a-9)\vec{i}+(-3a-6)\vec{j}+(-a^2-3)\vec{k}$$

$$(\vec{\alpha}\times\vec{\beta})\cdot\vec{\gamma}=\{6a-9,-3a-6,-a^2-3\}\cdot\{-2,2,6\}$$
$$=-2(6a-9)+2(-3a-6)+6(-a^2-3)$$
$$=-6(a+1)(a+2)=0$$

得$a=-1$或-2。

方法 2，直接利用$\vec{\alpha}$，$\vec{\beta}$，$\vec{\gamma}$共面，混合积$[\vec{\alpha},\vec{\beta},\vec{\gamma}]=0$

即$\begin{vmatrix}1 & a & -3\\ a & -3 & 6\\ -2 & 2 & 6\end{vmatrix}=0$，利用行列式运算性质计算

$$[\vec{\alpha},\vec{\beta},\vec{\gamma}]=\begin{vmatrix}1 & a & -3\\ a & -3 & 6\\ -2 & 2 & 6\end{vmatrix}=2\begin{vmatrix}1 & a & -3\\ a & -3 & 6\\ -1 & 1 & 3\end{vmatrix}\overset{\substack{c_1+c_2\\3c_1+c_3}}{=\!=\!=}2\begin{vmatrix}1 & a+1 & 0\\ a & -3+a & 6+3a\\ -1 & 0 & 0\end{vmatrix}$$

$$=2(-1)(-1)^{3+1}\begin{vmatrix}a+1 & 0\\ -3+a & 6+3a\end{vmatrix}=-2(a+1)(6+3a)=0$$

得$a=-1$或-2。

答案： C

1-1-7　解： 利用向量数量积的运算性质及两向量数量积的定义计算：

$$(\vec{a}+\vec{b})\cdot(\vec{a}-\vec{b})=\vec{a}\cdot\vec{a}+\vec{b}\cdot\vec{a}-\vec{a}\cdot\vec{b}-\vec{b}\cdot\vec{b}$$
$$=|\vec{a}|^2-|\vec{b}|^2$$

答案： A

1-1-8　解： 由数量积定义$\vec{a}\cdot\vec{a}=|\vec{a}|\cdot|\vec{a}|\cos 0°=|\vec{a}|\cdot|\vec{a}|$，得到$|\vec{a}|^2=\vec{a}\cdot\vec{a}$，所以$|\vec{a}+\vec{b}|^2=(\vec{a}+\vec{b})\cdot(\vec{a}+\vec{b})=\vec{a}\cdot\vec{a}+\vec{b}\cdot\vec{a}+\vec{a}\cdot\vec{b}+\vec{b}\cdot\vec{b}=1+2\,\vec{a}\cdot\vec{b}+2=1+2\times1\times\sqrt{2}\times\frac{\sqrt{2}}{2}+2=5$，故$|\vec{a}+\vec{b}|=\sqrt{5}$。

答案： D

1-1-9　解： 利用下面结论确定：

①$\vec{a}/\!/\vec{b}\Leftrightarrow\vec{a}=\lambda\vec{b}\Leftrightarrow\frac{a_x}{b_x}=\frac{a_y}{b_y}=\frac{a_z}{b_z}\Leftrightarrow\vec{a}\times\vec{b}=\vec{0}$；

②$\vec{a}\perp\vec{b}\Leftrightarrow\vec{a}\cdot\vec{b}=0$。

答案： C

1-1-10　解： 以原点为顶点，z轴为主轴的椭圆锥面标准方程为$\frac{x^2}{a^2}+\frac{y^2}{b^2}=z^2(a\neq b)$。

选项 A 中$\frac{x^2}{3}+\frac{y^2}{2}-z^2=0$，变为$\frac{x^2}{3}+\frac{y^2}{2}=z^2$，即$\frac{x^2}{(\sqrt{3})^2}+\frac{y^2}{(\sqrt{2})^2}=z^2$。

答案： A

1-1-11　解： 单叶双曲面的标准方程$\frac{x^2}{a^2}+\frac{y^2}{b^2}-\frac{z^2}{c^2}=1$，所以$\frac{x^2}{2}+\frac{y^2}{3}-z^2=1$为单叶双曲面。

答案： A

1-1-12　解： 利用平面曲线方程和旋转曲面方程的关系直接写出。

如已知平面曲线$\begin{cases}F(x,z)=0\\ y=0\end{cases}$，绕$x$轴旋转得到的旋转曲面方程为$F(x,\pm\sqrt{y^2+z^2})=0$，绕$z$轴旋转，旋转曲面方程为$F(\pm\sqrt{x^2+y^2},z)=0$。

答案： C

1-1-13　解： 由双叶双曲面的标准型可知选项 C 正确。

答案： C

1-1-14　解： 通过方程组$\begin{cases}x^2+y^2+z^2=9\\x+z=1\end{cases}$，消去$z$，得$x^2+y^2+(1-x)^2=9$为空间曲线在$xOy$平面上的投影柱面。

空间曲线在xOy平面上的投影曲线为$\begin{cases}x^2+y^2+(1-x)^2=9\\z=0\end{cases}$

答案： B

1-1-15　解： 平面π的法向量$\vec{n}=\{2,-2,0\}$，z轴方向向量$\vec{s}_z=\{0,0,1\}$，$\vec{n}$、$\vec{s}_z$坐标不成比例，因而$\vec{s}_z \not\parallel \vec{n}$，所以平面$\pi$不垂直于$z$轴。若平面垂直于$z$轴，就应有平面的法向量和$z$轴的方向向量平行。

答案： B

1-1-16　解： 在选项 D 中已知平面π的法向量$\vec{n}=\{3,-4,-5\}$

平面$-2x-y-2z+2=0$的法向量$\vec{n}_2=\{-2,-1,-2\}$

若两平面垂直，则其法向量$\vec{n}_1$，$\vec{n}_2$应垂直，即$\vec{n}_1\cdot\vec{n}_2=0$

但$\vec{n}_1\cdot\vec{n}_2=-6+4+10=8\neq0$

故$\vec{n}_1$，$\vec{n}_2$不垂直，因此两平面不垂直。选项 D 错误，经验证，选项 A、B、C 成立。

答案： D

1-1-17　解： 平面法向量$\vec{n}=\{3,-3,0\}$，可看出$\vec{n}$在z轴投影为 0，即$\vec{n}$和z垂直，判定平面与z轴平行或重合，又由于$D=-6\neq0$，所以平面平行于z轴但不通过z轴。

答案： B

1-1-18　解： $\vec{s}_1$、$\vec{s}_2$坐标不成比例，所以 C、D 项不成立；再利用混合积不等于 0，判定为两条异面直线，解法如下：$\vec{s}_1=\{2,3,5\}$，$\vec{s}_2=\{-3,2,4\}$，分别在直线L_1、L_2上取点$M(4,-1,-2)$、$N(-1,1,3)$，$\overrightarrow{MN}=\{-5,2,5\}$，计算$[\vec{s}_1,\vec{s}_2,\overrightarrow{MN}]\neq0$。

（注：若直线L_1，L_2共面，应有混合积$[\vec{s}_1,\vec{s}_2,\overrightarrow{MN}]=0$）

答案： B

1-1-19　解： 把直线的参数方程化成点向式方程，得到$\frac{x-1}{1}=\frac{y+2}{2}=\frac{z-3}{-3}$；

则直线L的方向向量取$\vec{s}=\{1,2,-3\}$或$\vec{s}=\{-1,-2,3\}$均可。另外由直线的点向式方程，可知直线过M点，$M(1,-2,3)$。

答案： D

1-1-20　解： 直线的点向式方程为$\frac{x-1}{-1}=\frac{y+1}{1}=\frac{z-0}{1}$，$\vec{s}=\{-1,1,1\}$。平面$x+y+z+1=0$，平面法向量$\vec{n}=\{1,1,1\}$。而$\vec{n}\cdot\vec{s}=\{1,1,1\}\cdot\{-1,1,1\}=1\neq0$，故$\vec{n}$不垂直于$\vec{s}$。且$\vec{s}$，$\vec{n}$坐标不成比例，即$\frac{-1}{1}\neq\frac{1}{1}$，因此$\vec{n}$不平行于$\vec{s}$。从而可知直线与平面不平行、不重合且直线也不垂直于平面。

答案： D

1-1-21　解： 直线方向向量$\vec{s}=\{1,1,1\}$，平面法线向量$\vec{n}=\{1,-2,1\}$，计算$\vec{s}\cdot\vec{n}=0$，即$1\times1+1\times(-2)+1\times1=0$，$\vec{s}\perp\vec{n}$，从而知直线$/\!/$平面，或直线与平面重合；再在直线上取一点$(0,1,0)$，代入平面方程得$0-2\times1+0=-2\neq0$，不满足方程，所以该点不在平面上。

答案： B

1-1-22　解： 求过M_1，M_2，M_3三点平面的方向向量：$\vec{s}_{M_1M_2}=\{-1,-1,1\}$，$\vec{s}_{M_1M_3}=\{-1,0,1\}$

平面法向量$\vec{n}=\vec{s}_{M_1M_2}\times\vec{s}_{M_1M_3}=\begin{vmatrix}\vec{i}&\vec{j}&\vec{k}\\-1&-1&1\\-1&0&1\end{vmatrix}=-\vec{i}+0\vec{j}-\vec{k}$

直线的方向向量取$\vec{s}=\vec{n}=\{-1,0,-1\}$

已知点坐标(1,1,1)，故所求直线的点向式方程$\frac{x-1}{-1}=\frac{y-1}{0}=\frac{z-1}{-1}$，即$\frac{x-1}{1}=\frac{y-1}{0}=\frac{z-1}{1}$

答案： A

1-1-23　解： 由直线方程$\frac{x-x_0}{m}=\frac{y-y_0}{n}=\frac{z-z_0}{l}$可知，直线过$(x_0,y_0,z_0)$点，方向向量$\vec{s}=\{m,n,l\}$。所以直线过点$M(1,-1,0)$，方向向量$\vec{s}=\{-2,-1,1\}$；方向向量也可取为$\vec{s}=\{2,1,-1\}$。

答案： A

1-1-24　解： 利用两向量的向量积求出直线L的方向向量。

$$\vec{s}=\vec{n}_1\times\vec{n}_2=\begin{vmatrix}\vec{i}&\vec{j}&\vec{k}\\1&-1&-1\\2&1&-3\end{vmatrix}=4\vec{i}+\vec{j}+3\vec{k}$$

再利用点向式写出直线L的方程，已知$M(3,-2,1)$，$\vec{s}=\{4,1,3\}$

则L的方程$\frac{x-3}{4}=\frac{y+2}{1}=\frac{z-1}{3}$

答案： D

1-1-25　解： 本题考查直线与平面平行时，直线的方向向量和平面法向量间的关系，求出平面的法向量及所求平面方程。

（1）求平面的法向量

设oz轴的方向向量$\vec{k}=\{0,0,1\}$，

$\overrightarrow{M_1M_2}=\{1,1,-1\}$，(M_1 M_2) ⃗×$\vec{k}=\begin{vmatrix}\vec{i}&\vec{j}&\vec{k}\\1&1&-1\\0&0&1\end{vmatrix}=\vec{i}-\vec{j}$，

所求平面的法向量$\vec{n}_{平面}=\vec{i}-\vec{j}=\{1,-1,0\}$。

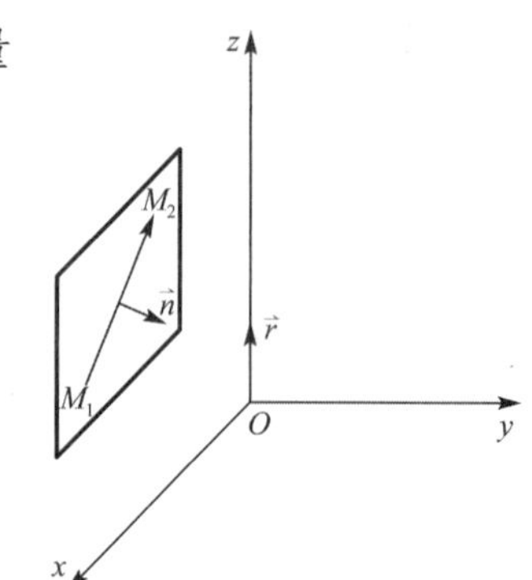

题 1-1-25 解图

（2）写出所求平面的方程

已知$M_1(0,-1,2)$，$\vec{n}_{平面}=\{1,-1,0\}$，$1\cdot(x-0)-1\cdot(y+1)+0\cdot(z-2)=0$，即$x-y-1=0$。

答案： D

1-1-26　解： $\vec{s}=\{2,1,3\}$，$\vec{n}=\{4,-2,-2\}$，$\vec{s}\cdot\vec{n}=0$，$\vec{s}\perp\vec{n}$，表示直线和平面平行或直线在平面上，再进一步说明直线L和平面π相互平行，取直线上一点$(-3,-4,0)$，代入平面方程$4\times(-3)-2\times(-4)-2\times0\neq0$，从而得到结论 A。

答案： A

1-1-27　解： 两曲面联立表示空间一曲线，进一步可断定为在$x=-3$平面上的双曲线。

解法如下，方程组消x：$9-4y^2+z^2=25$，即$-4y^2+z^2=16$，此方程表示双曲柱面，$\begin{cases}-4y^2+z^2=16\\x=-3\end{cases}$表示在$x=-3$平面上的双曲线。

答案： D

1-1-28　解： 曲线$\begin{cases}y=e^x\\z=0\end{cases}$绕$Ox$轴旋转，字母$x$不变，$y$写作$\pm\sqrt{y^2+z^2}$，得曲面方程$e^x=\pm\sqrt{y^2+z^2}$，即$e^{2x}=y^2+z^2$。

答案： A

1-1-29　解： 观察方程$y^2-x^2=1$中，可以发现方程中只涉及到y和z两个变量，而变量x并未出现。根据柱面方程的特点，当方程中缺少变量x时，意味着该曲面的母线是平行于轴的。并且，在平面上，方程$y^2-x^2=1$表示的是一条双曲线（中心在原点，实轴、虚轴分别在y轴、z轴上的双曲线），当这条

双曲线沿着平行于x轴的方向平移时，就形成了一个双曲柱面。所以，方程$y^2-x^2=1$所代表的图形是母线平行x轴的双曲柱面。

答案： A

1-1-30　解： $\vec{s}_1=\{4,8,5\}$；$\vec{n}_\pi=\{1,1,1\}$

设与平面π垂直，且与直线L_1平行的平面法向量为$\vec{n}$，则

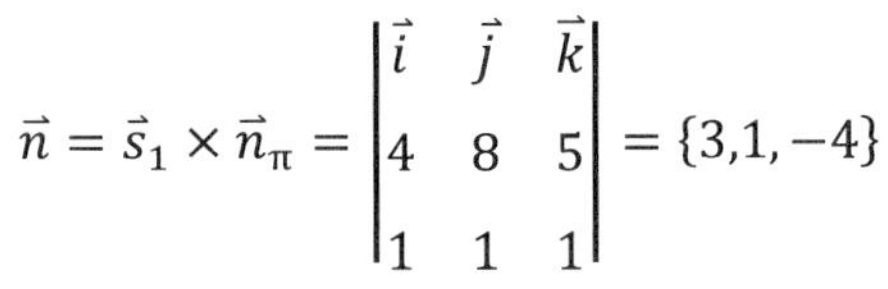

$$\vec{n}=\vec{s}_1\times\vec{n}_\pi=\begin{vmatrix}\vec{i} & \vec{j} & \vec{k}\\ 4 & 8 & 5\\ 1 & 1 & 1\end{vmatrix}=\{3,1,-4\}$$

已知点$M_0(2,2,3)$，那么所求平面为：

$$3(x-2)+1(y-2)-4(z-3)=0$$

即$3x+y-4z+4=0$（见解图）

题 1-1-30 解图

答案： D

（二）一元函数微分学

1-2-1　设$f(x)=\frac{e^{3x}-1}{e^{3x}+1}$，则：

A. $f(x)$为偶函数，值域为$(-1,1)$

B. $f(x)$为奇函数，值域为$(-\infty,0)$

C. $f(x)$为奇函数，值域为$(-1,1)$

D. $f(x)$为奇函数，值域为$(0,+\infty)$

1-2-2　设函数$f(x)=\begin{cases}1+x & x\geqslant 0\\ 1-x^2 & x<0\end{cases}$，在$(-\infty,+\infty)$内：

A. 单调减少　　B. 单调增加

C. 有界　　D. 偶函数

1-2-3　设$f(x)$是定义在$[-a,a]$上的任意函数，则下列答案中哪个函数不是偶函数？

A. $f(x)+f(-x)$　　B. $f(x)\cdot f(-x)$

C. $[f(x)]^2$　　D. $f(x^2)$

1-2-4　当$x\to 0$时，$x^2+\sin x$是x的：

A. 高阶无穷小　　B. 同阶无穷小，但不是等价无穷小

C. 低阶无穷小　　D. 等价无穷小

1-2-5　若$\lim\limits_{x\to 2}\frac{x-2}{x^2+ax+b}=\frac{1}{8}$，则$a$、$b$的值分别是：

A. $a=-2$，$b=4$　　B. $a=4$，$b=-12$

C. $a=2$，$b=-8$　　D. $a=1$，$b=-6$

1-2-6　若$\lim\limits_{x\to\infty}\frac{(1+a)x^4+bx^3+2}{x^3+x^2-1}=-2$，则$a$、$b$的值分别为：

A. $a=-3$，$b=0$　　B. $a=0$，$b=-2$

C. $a=-1$，$b=0$　　D. 以上都不对

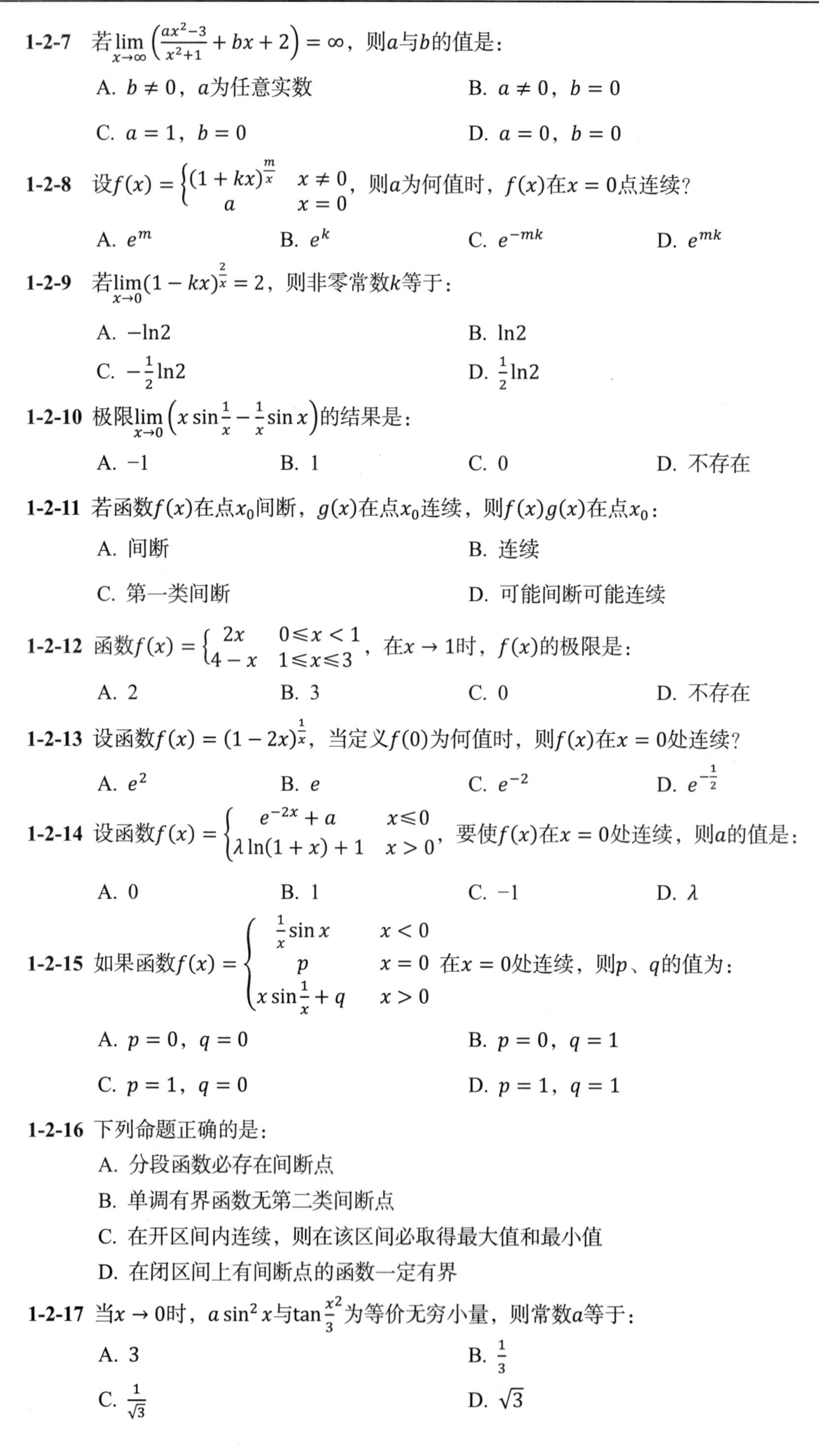

1-2-7 若$\lim\limits_{x\to\infty}\left(\frac{ax^2-3}{x^2+1}+bx+2\right)=\infty$，则$a$与$b$的值是：

A. $b\neq0$，a为任意实数　　B. $a\neq0$，$b=0$

C. $a=1$，$b=0$　　D. $a=0$，$b=0$

1-2-8 设$f(x)=\begin{cases}(1+kx)^{\frac{m}{x}} & x\neq0\\ a & x=0\end{cases}$，则$a$为何值时，$f(x)$在$x=0$点连续？

A. e^m　　B. e^k　　C. e^{-mk}　　D. e^{mk}

1-2-9 若$\lim\limits_{x\to0}(1-kx)^{\frac{2}{x}}=2$，则非零常数$k$等于：

A. $-\ln2$　　B. $\ln2$

C. $-\frac{1}{2}\ln2$　　D. $\frac{1}{2}\ln2$

1-2-10 极限$\lim\limits_{x\to0}\left(x\sin\frac{1}{x}-\frac{1}{x}\sin x\right)$的结果是：

A. -1　　B. 1　　C. 0　　D. 不存在

1-2-11 若函数$f(x)$在点x_0间断，$g(x)$在点x_0连续，则$f(x)g(x)$在点x_0：

A. 间断　　B. 连续

C. 第一类间断　　D. 可能间断可能连续

1-2-12 函数$f(x)=\begin{cases}2x & 0\leqslant x<1\\ 4-x & 1\leqslant x\leqslant3\end{cases}$，在$x\to1$时，$f(x)$的极限是：

A. 2　　B. 3　　C. 0　　D. 不存在

1-2-13 设函数$f(x)=(1-2x)^{\frac{1}{x}}$，当定义$f(0)$为何值时，则$f(x)$在$x=0$处连续？

A. e^2　　B. e　　C. e^{-2}　　D. $e^{-\frac{1}{2}}$

1-2-14 设函数$f(x)=\begin{cases}e^{-2x}+a & x\leqslant0\\ \lambda\ln(1+x)+1 & x>0\end{cases}$，要使$f(x)$在$x=0$处连续，则$a$的值是：

A. 0　　B. 1　　C. -1　　D. λ

1-2-15 如果函数$f(x)=\begin{cases}\frac{1}{x}\sin x & x<0\\ p & x=0\\ x\sin\frac{1}{x}+q & x>0\end{cases}$在$x=0$处连续，则$p$、$q$的值为：

A. $p=0$，$q=0$　　B. $p=0$，$q=1$

C. $p=1$，$q=0$　　D. $p=1$，$q=1$

1-2-16 下列命题正确的是：

A. 分段函数必存在间断点

B. 单调有界函数无第二类间断点

C. 在开区间内连续，则在该区间必取得最大值和最小值

D. 在闭区间上有间断点的函数一定有界

1-2-17 当$x\to0$时，$a\sin^2x$与$\tan\frac{x^2}{3}$为等价无穷小量，则常数a等于：

A. 3　　B. $\frac{1}{3}$

C. $\frac{1}{\sqrt{3}}$　　D. $\sqrt{3}$

1-2-18 当$x \to 0$时，$3^x - 1$是x的：

A. 高阶无穷小　　B. 低阶无穷小

C. 等价无穷小　　D. 同阶但非等价无穷小

1-2-19 极限$\lim\limits_{x \to 0} \frac{\ln(1 - tx^2)}{x \sin x}$的值等于：

A. t　　B. $-t$　　C. 1　　D. -1

1-2-20 极限$\lim\limits_{x \to 0} \frac{x^2 \sin\frac{1}{x}}{|\sin x|}$的值是：

A. 1　　B. 0　　C. 2　　D. 不存在

1-2-21 设$f(x) = \begin{cases} \cos x + x \sin\frac{1}{x} & x < 0 \\ x^2 + 1 & x \geqslant 0 \end{cases}$，则$x = 0$是$f(x)$的：

A. 可去间断点　　B. 跳跃间断点

C. 振荡间断点　　D. 连续点

1-2-22 函数$f(x) = \frac{x - x^2}{\sin \pi x}$的可去间断点的个数为：

A. 1个　　B. 2个　　C. 3个　　D. 无穷多个

1-2-23 设函数$f(x) = \begin{cases} \frac{4}{x+1} + a & 0 < x \leqslant 1 \\ k(x-1) + 3 & x > 1 \end{cases}$，要使$f(x)$在点$x = 1$处连续，则$a$的值应是：

A. -2　　B. -1　　C. 0　　D. 1

1-2-24 曲线$y = x^3 - 6x$上切线平行于x轴的点是：

A. $(0,0)$　　B. $(\sqrt{2}, 1)$

C. $(-\sqrt{2}, 4\sqrt{2})$和$(\sqrt{2}, -4\sqrt{2})$　　D. $(1,2)$和$(-1,2)$

1-2-25 设函数$f(x) = \begin{cases} \frac{2}{x^2+1} & x \leqslant 1 \\ ax + b & x > 1 \end{cases}$可导，则必有：

A. $a = 1$，$b = 2$　　B. $a = -1$，$b = 2$

C. $a = 1$，$b = 0$　　D. $a = -1$，$b = 0$

1-2-26 函数$y = \cos^2\frac{1}{x}$在x处的导数是：

A. $\frac{1}{x^2}\sin\frac{2}{x}$　　B. $-\sin\frac{2}{x}$

C. $-\frac{2}{x^2}\cos\frac{1}{x}$　　D. $-\frac{1}{x^2}\sin\frac{2}{x}$

1-2-27 函数$y = \sin^2\frac{1}{x}$在x处的导数$\frac{\mathrm{d}y}{\mathrm{d}x}$是：

A. $\sin\frac{2}{x}$　　B. $\cos\frac{1}{x}$　　C. $-\frac{1}{x^2}\sin\frac{2}{x}$　　D. $\frac{1}{x^2}$

1-2-28 设$f(x) = \begin{cases} x^2 \sin\frac{1}{x} & x > 0 \\ ax + b & x \leqslant 0 \end{cases}$在$x = 0$处可导，则$a$、$b$的值为：

A. $a = 1$，$b = 0$　　B. $a = 0$，b为任意常数

C. $a = 0$，$b = 0$　　D. $a = 1$，b为任意常数

1-2-29 设$\lim\limits_{\Delta x \to 0} \frac{f(x_0 + k\Delta x) - f(x_0)}{\Delta x} = \frac{1}{3} f'(x_0)$，则$k$的值是：

A. $\frac{1}{6}$　　B. 1　　C. $\frac{1}{4}$　　D. $\frac{1}{3}$

1-2-30 设函数$f(x)=\begin{cases}e^{-x}+1 & x\leqslant 0\\ ax+2 & x>0\end{cases}$，若$f(x)$在$x=0$处可导，则$a$的值是：

A. 1　　B. 2　　C. 0　　D. −1

1-2-31 已知函数在x_0处可导，且$\lim\limits_{x\to 0}\frac{x}{f(x_0-2x)-f(x_0)}=\frac{1}{4}$，则$f'(x_0)$的值是：

A. 4　　B. −4　　C. −2　　D. 2

1-2-32 函数$y=x+x|x|$，在$x=0$处应：

A. 连续且可导　　B. 连续但不可导　　C. 不连续　　D. 以上均不对

1-2-33 如果$f(x)$在x_0点可导，$g(x)$在x_0点不可导，则$f(x)g(x)$在x_0点：

A. 可能可导也可能不可导　　B. 不可导

C. 可导　　D. 连续

1-2-34 设$\frac{\mathrm{d}}{\mathrm{d}x}f(x)=g(x)$，$h(x)=x^2$，则$\frac{\mathrm{d}}{\mathrm{d}x}f[h(x)]$等于：

A. $g(x^2)$　　B. $2xg(x)$　　C. $x^2g(x^2)$　　D. $2xg(x^2)$

1-2-35 设曲线$y=e^{1-x^2}$与直线$x=-1$的交点为P，则曲线在点P处的切线方程是：

A. $2x-y+2=0$　　B. $2x+y+1=0$

C. $2x+y-3=0$　　D. $2x-y+3=0$

1-2-36 已知$\begin{cases}x=\frac{1-t^2}{1+t^2}\\ y=\frac{2t}{1+t^2}\end{cases}$，则$\frac{\mathrm{d}y}{\mathrm{d}x}$为：

A. $\frac{t^2-1}{2t}$　　B. $\frac{1-t^2}{2t}$　　C. $\frac{x^2-1}{2x}$　　D. $\frac{2t}{t^2-1}$

1-2-37 设参数方程$\begin{cases}x=f(t)-\ln f(t)\\ y=t\cdot f(t)\end{cases}$，确定了$y$是$x$的函数，且$f'(t)$存在，$f(0)=2$，$f'(0)=2$，则当$t=0$时，$\frac{\mathrm{d}y}{\mathrm{d}x}$的值等于：

A. $\frac{4}{3}$　　B. $-\frac{4}{3}$　　C. −2　　D. 2

1-2-38 已知$f(x)$是二阶可导的函数，$y=e^{2f(x)}$，则$\frac{\mathrm{d}^2y}{\mathrm{d}x^2}$为：

A. $e^{2f(x)}$　　B. $e^{2f(x)}f''(x)$

C. $e^{2f(x)}[2f'(x)]$　　D. $2e^{2f(x)}\{2[f'(x)]^2+f''(x)\}$

1-2-39 求极限$\lim\limits_{x\to 0}\frac{x^2\sin\frac{1}{x}}{\sin x}$时，下列各种解法中正确的是：

A. 用洛必达法则后，求得极限为0

B. 因为$\lim\limits_{x\to 0}\sin\frac{1}{x}$不存在，所以上述极限不存在

C. 原式$=\lim\limits_{x\to 0}\frac{x}{\sin x}x\sin\frac{1}{x}=0$

D. 因为不能用洛必达法则，故极限不存在

1-2-40 函数$y=x\sqrt{a^2-x^2}$在x点的导数是：

A. $\frac{a^2-2x^2}{\sqrt{a^2-x^2}}$　　B. $\frac{1}{2\sqrt{a^2-x^2}}$

C. $\frac{-x}{2\sqrt{a^2-x^2}}$　　D. $\sqrt{a^2-x^2}$

1-2-41 函数$y=\frac{x}{\sqrt{1-x^2}}$在x处的微分是：

A. $\frac{1}{(1-x^2)^{\frac{3}{2}}}\mathrm{d}x$　　B. $2\sqrt{1-x^2}\mathrm{d}x$

C. $x\mathrm{d}x$　　D. $\frac{1}{1-x^2}\mathrm{d}x$

1-2-42 已知由方程$\sin y+xe^y=0$，确定y是x的函数，则$\frac{\mathrm{d}y}{\mathrm{d}x}$的值是：

A. $-\frac{e^y+\cos y}{xe^y}$　　B. $-\frac{xe^y}{\cos y}$　　C. $-\frac{e^y}{\cos y+xe^y}$　　D. $-\frac{\cos y}{xe^y}$

1-2-43 设参数方程$\begin{cases}x=f'(t)\\y=tf'(t)-f(t)\end{cases}$，确定了$y$是$x$的函数，$f''(t)$存在且不为零，则$\frac{\mathrm{d}^2y}{\mathrm{d}x^2}$的值是：

A. $-\frac{1}{f''(t)}$　　B. $\frac{1}{[f''(t)]^2}$　　C. $-\frac{1}{[f''(t)]^2}$　　D. $\frac{1}{f''(t)}$

1-2-44 曲线$y=e^{-\frac{1}{x^2}}$的渐近线方程是：

A. $y=0$　　B. $y=1$

C. $x=0$　　D. $x=1$

1-2-45 已知曲线L的参数方程是$\begin{cases}x=2(t-\sin t)\\y=2(1-\cos t)\end{cases}$，则曲线$L$上$t=\frac{\pi}{2}$处的切线方程是：

A. $x+y=\pi$　　B. $x-y=\pi-4$

C. $x-y=\pi$　　D. $x+y=\pi-4$

1-2-46 过点$M_0(-1,1)$且与曲线$2e^x-2\cos y-1=0$上点$\left(0,\frac{\pi}{3}\right)$的切线相垂直的直线方程是：

A. $y-\frac{\pi}{3}=\frac{\sqrt{3}}{2}x$　　B. $y-\frac{\pi}{3}=-\frac{2}{\sqrt{3}}x$

C. $y-1=\frac{\sqrt{3}}{2}(x+1)$　　D. $y-1=-\frac{2}{\sqrt{3}}(x+1)$

1-2-47 已知$f\left(\frac{1}{x}\right)=xe^{-\frac{1}{x}}$，则$\mathrm{d}f(x)$是：

A. $\frac{-(x+1)e^{-x}}{x^2}\mathrm{d}x$　　B. $\frac{(x+1)e^{-x}}{x^2}\mathrm{d}x$

C. $\frac{-(x+1)e^{-x}}{x}\mathrm{d}x$　　D. $\frac{(x+1)e^{-x}}{x}\mathrm{d}x$

1-2-48 设$f(x)$在$(-\infty,+\infty)$上是偶函数，若$f'(-x_0)=-K\neq 0$，则$f'(x_0)$等于：

A. $-K$　　B. K　　C. $-\frac{1}{K}$　　D. $\frac{1}{K}$

1-2-49 在区间[1,2]上满足拉格朗日定理条件的函数是：

A. $y=\ln x$　　B. $y=\frac{1}{\ln x}$

C. $y=\ln(\ln x)$　　D. $y=\ln(2-x)$

1-2-50 在区间[0,8]上，对函数$f(x)=\sqrt[3]{8x-x^2}$而言，下列中哪个结论是正确的？

A. 罗尔定理不成立　　B. 罗尔定理成立，且$\zeta=2$

C. 罗尔定理成立，且$\zeta=4$　　D. 罗尔定理成立，且$\zeta=8$

1-2-51 函数$f(x)=\frac{x+1}{x}$在[1,2]上符合拉格朗日定理条件的ζ值为：

A. $\sqrt{2}$　　B. $-\sqrt{2}$　　C. $\frac{1}{\sqrt{2}}$　　D. $-\frac{1}{\sqrt{2}}$

1-2-52 当$x>0$时，下列不等式中正确的是：

A. $e^x<1+x$　　B. $\ln(1+x)>x$　　C. $e^x<ex$　　D. $x>\sin x$

1-2-53 函数$f(x)=10\arctan x-3\ln x$的极大值是：

A. $10\arctan 2-3\ln 2$　　B. $\frac{5}{2}\pi-3$

C. $10\arctan 3-3\ln 3$　　D. $10\arctan\frac{1}{3}$

1-2-54 已知函数$f(x)=2x^3-6x^2+m$（m为常数）在$[-2,2]$上有最大值3，则该函数在$[-2,2]$上的最小值是：

A. 3　　B. -5　　C. -40　　D. -37

1-2-55 曲线$y=x^3(x-4)$既单增又向上凹的区间为：

A. $(-\infty,0)$　　B. $(0,+\infty)$　　C. $(2,+\infty)$　　D. $(3,+\infty)$

1-2-56 已知$\big(x_0,f(x_0)\big)$是曲线$y=f(x)$的拐点，则下列结论中正确的是：

A. 一定有$f''(x_0)=0$

B. $x=x_0$一定是$f(x)$的二阶不可微点

C. $x=x_0$一定是$f(x)$的驻点

D. $x=x_0$一定是$f(x)$的连续点

1-2-57 设一个三次函数的导数为x^2-2x-8，则该函数的极大值与极小值的差是：

A. -36　　B. 12　　C. 36　　D. 以上都不对

1-2-58 设$f(x)$在$(-\infty,+\infty)$二阶可导，$f'(x_0)=0$。问$f(x)$还要满足以下哪个条件，则$f(x_0)$必是$f(x)$的最大值？

A. $x=x_0$是$f(x)$的唯一驻点　　B. $x=x_0$是$f(x)$的极大值点

C. $f''(x)$在$(-\infty,+\infty)$恒为负值　　D. $f''(x_0)\neq 0$

1-2-59 点$(0,1)$是曲线$y=ax^3+bx+c$的拐点，则a、b、c的值分别为：

A. $a=1$，$b=-3$，$c=2$　　B. $a\neq 0$的实数，b为任意实数，$c=1$

C. $a=1$，$b=0$，$c=2$　　D. $a=0$，b为任意实数，$c=1$

1-2-60 设$f(x)$在$(-\infty,+\infty)$上是奇函数，在$(0,+\infty)$上$f'(x)<0$，$f''(x)>0$，则在$(-\infty,0)$上必有：

A. $f'>0$，$f''>0$　　B. $f'<0$，$f''<0$

C. $f'<0$，$f''>0$　　D. $f'>0$，$f''<0$

1-2-61 设$y=f(x)$是(a,b)内的可导函数，x和$x+\Delta x$是(a,b)内的任意两点，则：

A. $\Delta y=f'(x)\Delta x$

B. 在x，$x+\Delta x$之间恰好有一点ξ，使$\Delta y=f'(\xi)\Delta x$

C. 在x，$x+\Delta x$之间至少有一点ξ，使$\Delta y=f'(\xi)\Delta x$

D. 在x，$x+\Delta x$之间任意一点ξ，使$\Delta y=f'(\xi)\Delta x$

1-2-62 函数$y=f(x)$在点$x=x_0$处取得极小值，则必有：

A. $f'(x_0)=0$　　B. $f''(x_0)>0$

C. $f'(x_0)=0$且$f''(x_0)>0$　　D. $f'(x_0)=0$或导数不存在

1-2-63 函数$f(x)=\sin\left(x+\frac{\pi}{2}+\pi\right)$在区间$[-\pi,\pi]$上的最小值点$x_0$等于：

A. $-\pi$　　B. 0　　C. $\frac{\pi}{2}$　　D. π

1-2-64 设函数$f(x)$在$(-\infty,+\infty)$上是偶函数，且在$(0,+\infty)$内有$f'(x)>0$，$f''(x)>0$，则在$(-\infty,0)$内必有：

A. $f'>0$，$f''>0$　　B. $f'<0$，$f''>0$

C. $f'>0$，$f''<0$　　D. $f'<0$，$f''<0$

1-2-65 对于曲线$y=\frac{1}{5}x^5-\frac{1}{3}x^3$，下列各形态不正确的是：

A. 有 3 个极值点　　B. 有 3 个拐点

C. 有 2 个极值点　　D. 对称原点

1-2-66 设函数$f(x)=\begin{cases}\frac{4}{x+1}+a & 0<x\leqslant 1\\ k(x-1)+3 & x>1\end{cases}$，若$f(x)$在点$x=1$处连续而且可导，则$k$的值是：

A. 2　　B. -2　　C. -1　　D. 1

1-2-67 要使得函数$f(x)=\begin{cases}\frac{x\ln x}{1-x} & x>0，且x\neq 1\\ a & x=1\end{cases}$在$(0,+\infty)$上连续，则常数$a$等于：

A. 0　　B. 1　　C. -1　　D. 2

1-2-68 曲线$f(x)=xe^{-x}$的拐点是：

A. $(2,2e^{-2})$　　B. $(-2,-2e^{2})$

C. $(-1,e)$　　D. $(1,e^{-1})$

1-2-69 设$F(x)=\begin{cases}\frac{f(x)}{x} & x\neq 0\\ f(0) & x=0\end{cases}$，其中$f(x)$在$x=0$处可导，且$f'(0)\neq 0$，$f(0)=0$，则$x=0$是$F(x)$的：

A. 连续点　　B. 第一类间断点

C. 第二类间断点　　D. 以上都不是

1-2-70 设$f'(x)=[\varphi(x)]^2$，其中$\varphi(x)$在$(-\infty,+\infty)$恒为正值，其导数$\varphi'(x)$单调递减，且$\varphi'(x_0)=0$，则：

A. $y=f(x)$所表示的曲线在$(x_0,f(x_0))$处有拐点

B. $x=x_0$是$y=f(x)$的极大值点

C. 曲线$y=f(x)$在$(-\infty,+\infty)$是凹的

D. x_0是$f(x)$在$(-\infty,+\infty)$上的最小值

题解及参考答案

1-2-1　解： 用奇偶函数定义判定。有$f(-x)=-f(x)$成立，

$$f(-x)=\frac{e^{-3x}-1}{e^{-3x}+1}=\frac{1-e^{3x}}{1+e^{3x}}=-\frac{e^{3x}-1}{e^{3x}+1}=-f(x)$$

确定为奇函数。另外，由函数式可知定义域$(-\infty,+\infty)$，确定值域为$(-1,1)$。

答案： C

1-2-2 解： 方法1，可通过画出函数图形判定（见解图）。

方法2，求导数$f'(x)=\begin{cases}1 & x>0\\ -2x & x<0\end{cases}$，在$(-\infty,0)\cup(0,+\infty)$内，$f'(x)>0$，则$(-\infty,+\infty)$上$f(x)$单调增加。

y y=1+x O x y=1−x²

题 1-2-2 解图

答案： B

1-2-3 解： 利用函数的奇偶性定义来判定。选项 A、B、D 均满足定义$F(-x)=F(x)$，所以为偶函数，而 C 不满足，设$F(x)=[f(x)]^2$，$F(-x)=[f(-x)]^2$，因为$f(x)$是定义在$[-a,a]$上的任意函数，$f(x)$可以是奇函数，也可以是偶函数，也可以是非奇非偶函数，从而推不出$F(-x)=F(x)$或$F(-x)=-F(x)$。

答案： C

1-2-4 解： 通过求极限的结果来确定。

$$\lim_{x\to 0}\frac{x^2+\sin x}{x}=\lim_{x\to 0}\left(x+\frac{\sin x}{x}\right)=1$$

答案： D

1-2-5 解： 因为分子的极限$\lim\limits_{x\to 2}(x-2)=0$，分母的极限$\lim\limits_{x\to 2}(x^2+ax+b)$只有为 0 时分式才会有极限。由$\lim\limits_{x\to 2}(x^2+ax+b)=0$，得$4+2a+b=0$，$b=-4-2a$，代入原式得：

$$\lim_{x\to 2}\frac{x-2}{x^2+ax+b}=\lim_{x\to 2}\frac{x-2}{x^2+ax-4-2a}=\lim_{x\to 2}\frac{x-2}{(x-2)(x+2+a)}$$

$$=\lim_{x\to 2}\frac{1}{x+2+a}=\frac{1}{4+a}=\frac{1}{8}$$

所以$a=4$，$b=-12$。

答案： B

1-2-6 解： 利用公式，当$x\to\infty$时，有理分函数有极限为−2，所以分子的次数应为三次式，即x^4的系数为零，即$1+a=0$，$a=-1$，x^3的系数b为−2 时，分式的极限为−2，求出a、b值，$a=-1$，$b=-2$。

答案： D

1-2-7 解： 将等式左边通分，利用多项式$x\to\infty$时的结论计算。

$$\lim_{x\to\infty}\left(\frac{ax^2-3}{x^2+1}+bx+2\right)=\lim_{x\to\infty}\frac{bx^3+(a+2)x^2+bx-1}{x^2+1}=\infty$$

只要最高次幂x^3的系数$b\neq 0$即可。

即$b\neq 0$，a可为任意实数。

答案： A

1-2-8 解： 利用连续性的定义$\lim\limits_{x\to 0}f(x)=f(0)$，计算如下：

$$\lim_{x\to 0}f(x)=\lim_{x\to 0}\left[(1+kx)^{\frac{1}{kx}}\right]^{mk}=(e^k)^m=e^{mk}$$

而$f(0)=a$，所以$a=e^{mk}$。

答案： D

1-2-9 解： 本题考查两个重要极限之一：$\lim\limits_{x\to 0}(1+x)^{\frac{1}{x}}=e$。

$\lim\limits_{x\to 0}(1-kx)^{\frac{2}{x}}=\lim\limits_{x\to 0}(1-kx)^{\frac{1}{-kx}(-2k)}=e^{-2k}=2$，故$k=-\frac{1}{2}\ln 2$。

答案： C

1-2-10 解： 利用有界函数和无穷小乘积及第一重要极限计算。

$$原式 = \lim_{x\to 0}\left(x\sin\frac{1}{x}-\frac{\sin x}{x}\right)=0-1=-1$$

答案： A

1-2-11 解： 通过举例说明。

设点$x_0=0$，$f(x)=\begin{cases}1 & x\geqslant 0\\ 0 & x<0\end{cases}$，在$x_0=0$间断，$g(x)=0$，在$x_0=0$连续，而$f(x)\cdot g(x)=0$，在$x_0=0$连续。

设点$x_0=0$,$f(x)=\begin{cases}1 & x\geqslant 0\\ 0 & x<0\end{cases}$,在$x_0=0$间断,$g(x)=1$,在$x_0=0$连续,而$f(x)\cdot g(x)=\begin{cases}1 & x\geqslant 0\\ 0 & x<0\end{cases}$,在$x_0=0$间断。

答案： D

1-2-12 解： 计算$f(x)$在$x=1$的左、右极限：

$$\lim_{x\to 1^+}f(x)=\lim_{x\to 1^+}(4-x)=3,\quad \lim_{x\to 1^-}f(x)=\lim_{x\to 1^-}2x=2$$

$$\lim_{x\to 1^+}f(x)\neq\lim_{x\to 1^-}f(x)$$

答案： D

1-2-13 解： 利用函数在一点连续的定义,计算$\lim\limits_{x\to 0}f(x)$极限值,确定$f(0)$的值。$\lim\limits_{x\to 0}(1-2x)^{\frac{1}{x}}=e^{-2}$，定义$f(0)=e^{-2}$时，就有$\lim\limits_{x\to 0}f(x)=f(0)$成立，$f(x)$在$x=0$处连续。

答案： C

1-2-14 解： 分段函数在分界点连续，要满足$\lim\limits_{x\to x_0^+}f(x)=\lim\limits_{x\to x_0^-}f(x)=f(x_0)$。

求出$f(0)=1+a$，$\lim\limits_{x\to 0^-}f(x)=\lim\limits_{x\to 0^-}(a+e^{-2x})=a+1$，$\lim\limits_{x\to 0^+}f(x)=\lim\limits_{x\to 0^+}[\lambda\ln(1+x)+1]=1$

所以$a=0$。

答案： A

1-2-15 解： 利用函数在$x=0$点连续的定义$f(x+0)=f(x-0)=f(0)$，求p、q值。

$f(0+0)=\lim\limits_{x\to 0^+}f(x)=\lim\limits_{x\to 0^+}\left(x\sin\frac{1}{x}+q\right)=q$，$f(0-0)=\lim\limits_{x\to 0^-}f(x)=\lim\limits_{x\to 0^-}\frac{1}{x}\sin x=1$，$f(0)=p$，求出$p=q=1$。

答案： D

1-2-16 解： 通过题中给出的命题，较容易判断选项 A、C、D 是错误的。

对于选项 B，给出条件“有界”，函数不含有无穷间断点，给出条件单调函数不会出现振荡间断点，从而可判定函数无第二类间断点。

答案： B

1-2-17 解： 本题考查等价无穷小。

方法 1，当$x\to 0$时，$a\sin^2 x\sim ax^2$，$\tan\frac{x^2}{3}\sim\frac{1}{3}x^2$，故$a=\frac{1}{3}$。

方法 2，$\lim\limits_{x\to 0}\frac{a\sin^2 x}{\tan\frac{x^2}{3}}=\lim\limits_{x\to 0}\frac{ax^2}{\frac{x^2}{3}}=3a=1$，解得$a=\frac{1}{3}$。

答案： B

1-2-18　解： 可通过求$\lim\limits_{x\to0}\frac{3^x-1}{x}$的极限判断。$\lim\limits_{x\to0}\frac{3^x-1}{x}\overset{\frac{0}{0}}{=}\lim\limits_{x\to0}\frac{3^x\ln3}{1}=\ln3\neq0$。

答案： D

1-2-19　解： 利用等价无穷小量替换。当$x\to0$时，$\ln(1-tx^2)\sim-tx^2$，$x\sin x\sim x\cdot x$，再求极限，即

$$\lim_{x\to0}\frac{\ln(1-tx^2)}{x\sin x}=\lim_{x\to0}\frac{-tx^2}{x\cdot x}=-t$$

答案： B

1-2-20　解： 求出当$x\to0^+$及$x\to0^-$时的极限值。

$$\lim_{x\to0^+}\frac{x^2\sin\frac{1}{x}}{|\sin x|}=\lim_{x\to0^+}\frac{x\cdot x\sin\frac{1}{x}}{\sin x}=1\times0=0,\quad\lim_{x\to0^-}\frac{x\cdot x\sin\frac{1}{x}}{-\sin x}=-1\times0=0$$

答案： B

1-2-21　解： 求$x\to0^+$、$x\to0^-$时函数的极限值，利用可去间断点、跳跃间断点、振荡间断点、连续点定义判定，计算如下：

$$\lim_{x\to0^-}\left(\cos x+x\sin\frac{1}{x}\right)=1+0=1,\quad\lim_{x\to0^+}(x^2+1)=1,\quad f(0)=1$$

故$\lim\limits_{x\to0^+}f(x)=\lim\limits_{x\to0^-}f(x)=f(0)$，在$x=0$处连续。

答案： D

1-2-22　解： 使分母为0的点为间断点，令$\sin\pi x=0$，得$x=0,\pm1,\pm2,\cdots$为间断点，再利用可去间断点定义，找出可去间断点。

当$x=0$时，$\lim\limits_{x\to0}\frac{x-x^2}{\sin\pi x}\overset{\frac{0}{0}}{=}\lim\limits_{x\to0}\frac{1-2x}{\pi\cos\pi x}=\frac{1}{\pi}$，极限存在，可知$x=0$为函数的一个可去间断点。

同样，可计算当$x=1$时，$\lim\limits_{x\to1}\frac{x-x^2}{\sin\pi x}=\lim\limits_{x\to1}\frac{1-2x}{\pi\cos\pi x}=\frac{1}{\pi}$，极限存在，因而$x=1$也是一个可去间断点。其他间断点求极限都不存在，均不满足可去间断点定义。

答案： B

1-2-23　解： 利用函数在一点连续的定义，通过计算$\lim\limits_{x\to1^+}f(x)$、$\lim\limits_{x\to1^-}f(x)$及$f(1)$的值确定$a$值。因为$f(x)$在$x=1$处连续，则$\lim\limits_{x\to1^+}f(x)=\lim\limits_{x\to1^-}=f(1)$。$f(1)=2+a$，$\lim\limits_{x\to1^-}f(x)=\lim\limits_{x\to1^-}\left(\frac{4}{x+1}+a\right)=2+a$，$\lim\limits_{x\to1^+}f(x)=\lim\limits_{x\to1^+}[k(x-1)+3]=3$，所以$a=1$。

答案： D

1-2-24　解： x轴的斜率$k=0$，在曲线$y=x^3-6x$上找出一点在该点切线的斜率也为$k=0$，对函数$y=x^3-6x$求导。

$y'=3x^2-6$，令$3x^2-6=0$，得$x=\pm\sqrt{2}$。

当$x=\sqrt{2}$时，$y_1=-4\sqrt{2}$；当$x=-\sqrt{2}$时，$y_2=4\sqrt{2}$。

答案： C

1-2-25　解： 根据给出的条件可知，函数在$x=1$可导，则在$x=1$必连续。就有$\lim\limits_{x\to1^+}f(x)=\lim\limits_{x\to1^-}f(x)=f(1)$成立，得到$a+b=1$。

再通过给出条件在$x=1$可导，即有$f'_+(1)=f'_-(1)$成立，利用定义计算$f(x)$在$x=1$处左右导数：

$$f'_-(1)=\lim_{x\to1^-}\frac{f(x)-f(1)}{x-1}=\lim_{x\to1^-}\frac{\frac{2}{x^2+1}-1}{x-1}=\lim_{x\to1^-}\frac{1-x^2}{(x^2+1)(x-1)}=-1$$

$$f'_+(1)=\lim_{x\to 1^+}\frac{f(x)-f(1)}{x-1}=\lim_{x\to 1^+}\frac{ax+b-1}{x-1}=\lim_{x\to 1^+}\frac{ax-a}{x-1}=a$$

则$a=-1$，$b=2$。

答案： B

1-2-26 解： 利用复合函数求导公式计算，本题由$y=u^2$，$u=\cos v$，$v=\frac{1}{x}$复合而成。

$$\frac{\mathrm{d}y}{\mathrm{d}x}=2u\cdot(-\sin v)\left(-\frac{1}{x^2}\right)=2\cos\frac{1}{x}\cdot\sin\frac{1}{x}\cdot\frac{1}{x^2}=\frac{1}{x^2}\sin\frac{2}{x}$$

答案： A

1-2-27 解： 利用复合函数导数计算公式：$y'=2\sin\frac{1}{x}\cdot\cos\frac{1}{x}\cdot\left(-\frac{1}{x^2}\right)=-\frac{1}{x^2}\sin\frac{2}{x}$。

答案： C

1-2-28 解： 函数在一点可导必连续。利用在一点连续、可导定义，计算如下：

$f(x)$在$x=0$处可导，$f(x)$在$x=0$处连续，即有$\lim\limits_{x\to 0^+}f(x)=\lim\limits_{x\to 0^-}f(x)=f(0)$，$\lim\limits_{x\to 0^+}x^2\sin\frac{1}{x}=0$，$\lim\limits_{x\to 0^-}(ax+b)=b$，$f(0)=b$。

故$b=0$。

又因$f(x)$在$x=0$处可导，即$f'_+(0)=f'_-(0)$，则：

$$f'_+(0)=\lim_{x\to 0^+}\frac{x^2\sin\frac{1}{x}-b}{x-0}=\lim_{x\to 0^+}x\sin\frac{1}{x}=0,\ f'_-(0)=\lim_{x\to 0^-}\frac{ax+b-b}{x-0}=\lim_{x\to 0^-}a=a$$

故$a=0$。

答案： C

1-2-29 解： 利用函数在一点导数的定义计算。

$$\text{原式}=\lim_{\Delta x\to 0}\frac{f(x_0+k\Delta x)-f(x_0)}{k\Delta x}\cdot k=kf'(x_0)=\frac{1}{3}f'(x_0)$$

求出$k=\frac{1}{3}$。

答案： D

1-2-30 解： 已知$f(x)$在$x=0$处可导，要满足$f'_+(0)=f'_-(0)$。

计算$f(0)=2$，$f'_+(0)=\lim\limits_{x\to 0^+}\frac{f(x)-f(0)}{x-0}=\lim\limits_{x\to 0^+}\frac{ax+2-2}{x}=a$

$$f'_-(0)=\lim_{x\to 0^-}\frac{f(x)-f(0)}{x-0}=\lim_{x\to 0^-}\frac{e^{-x}+1-2}{x}=\lim_{x\to 0^-}\frac{e^{-x}-1}{x}=\lim_{x\to 0^-}\frac{-x}{x}=-1$$

得$a=-1$（当$x\to 0$，$e^{-x}-1\sim -x$）。

答案： D

1-2-31 解： 用导数定义计算。

$$\text{原式}=\lim_{x\to 0}\frac{1}{\frac{f(x_0-2x)-f(x_0)}{x}}=\lim_{x\to 0}\frac{1}{\frac{f(x_0-2x)-f(x_0)}{-2x}\times(-2)}=\frac{1}{-2f'(x_0)}=\frac{1}{4}$$

故$f'(x_0)=-2$。

答案： C

1-2-32 解： $y = x + x|x| = \begin{cases} x + x^2 & x \geqslant 0 \\ x - x^2 & x < 0 \end{cases}$，利用连续、可导的定义判定。计算如下：

$$\lim_{x \to 0^+} f(x) = \lim_{x \to 0^+}(x + x^2) = 0,\quad \lim_{x \to 0^-} f(x) = \lim_{x \to 0^-}(x - x^2) = 0,\quad f(0) = 0$$

故$x = 0$处连续。

$$f'_+(0) = \lim_{x \to 0^+} \frac{x + x^2 - 0}{x - 0} = \lim_{x \to 0^+}(1 + x) = 1$$

$$f'_-(0) = \lim_{x \to 0^-} \frac{x - x^2 - 0}{x - 0} = \lim_{x \to 0^-}(1 - x) = 1$$

故$x = 0$处可导。

答案： A

1-2-33 解： 举例说明。

如 $f(x) = x$ 在 $x = 0$ 可导，$g(x) = |x| = \begin{cases} x & x \geqslant 0 \\ -x & x < 0 \end{cases}$ 在 $x = 0$ 处不可导，$f(x)g(x) = x|x| = \begin{cases} x^2 & x \geqslant 0 \\ -x^2 & x < 0 \end{cases}$，通过计算$f'_+(0) = f'_-(0) = 0$，可知$f(x)g(x)$在$x = 0$处可导。

如$f(x) = 2$在$x = 0$处可导，$g(x) = |x|$在$x = 0$处不可导，$f(x)g(x) = 2|x| = \begin{cases} 2x & x \geqslant 0 \\ -2x & x < 0 \end{cases}$，通过计算$f'_+(0) = 2$，$f'_-(0) = -2$，可知$f(x)g(x)$在$x = 0$处不可导。

答案： A

1-2-34 解： 利用复合函数导数公式，计算如下：

$$\frac{\mathrm{d}}{\mathrm{d}x} f[h(x)] = g[h(x)] \frac{\mathrm{d}h}{\mathrm{d}x} = g(x^2) \cdot 2x = 2xg(x^2)$$

答案： D

1-2-35 解： 求出曲线$y = e^{1-x^2}$和直线$x = -1$交点，把$x = -1$代入$y = e^{1-x^2}$得$y = 1$，P的坐标$(-1,1)$。对函数y求导，$\frac{\mathrm{d}y}{\mathrm{d}x} = e^{1-x^2} \cdot (-2x) = -2xe^{1-x^2}$，$\left.\frac{\mathrm{d}y}{\mathrm{d}x}\right|_{x=-1} = 2$。斜率$k = 2$，利用点斜式写出切线方程$y - 1 = 2(x + 1)$，即$2x - y + 3 = 0$。

答案： D

1-2-36 解： 利用参数方程的导数计算公式$\frac{\mathrm{d}y}{\mathrm{d}x} = \frac{\frac{\mathrm{d}y}{\mathrm{d}t}}{\frac{\mathrm{d}x}{\mathrm{d}t}}$，计算如下：

$$\frac{\mathrm{d}y}{\mathrm{d}t} = \frac{2(1 - t^2)}{(1 + t^2)^2},\quad \frac{\mathrm{d}x}{\mathrm{d}t} = \frac{-4t}{(1 + t^2)^2}$$

故$\frac{\mathrm{d}y}{\mathrm{d}x} = \frac{t^2 - 1}{2t}$

答案： A

1-2-37 解： 利用参数方程导数公式计算出$\frac{\mathrm{d}y}{\mathrm{d}x}$，代入$t = 0$，得到$t = 0$时的$\frac{\mathrm{d}y}{\mathrm{d}x}$值。计算如下：

$$\frac{\mathrm{d}y}{\mathrm{d}t} = f(t) + tf'(t),\quad \frac{\mathrm{d}x}{\mathrm{d}t} = f'(t) - \frac{f'(t)}{f(t)}$$

$$\frac{\mathrm{d}y}{\mathrm{d}x} = \frac{\frac{\mathrm{d}y}{\mathrm{d}t}}{\frac{\mathrm{d}x}{\mathrm{d}t}} = \frac{f(t) + tf'(t)}{f'(t) - \frac{f'(t)}{f(t)}},\quad \left.\frac{\mathrm{d}y}{\mathrm{d}x}\right|_{\substack{t = 0 \\ f(0) = 2 \\ f'(0) = 2}} = \frac{2}{1} = 2$$

答案： D

1-2-38　解： 计算抽象函数的复合函数的二次导数：

$$y'=e^{2f(x)}\cdot 2f'(x)=2f'(x)e^{2f(x)}$$

$$y''=2\left[f''(x)e^{2f(x)}+f'(x)\cdot e^{2f(x)}\cdot 2f'(x)\right]=2e^{2f(x)}\{f''(x)+2[f'(x)]^2\}$$

答案： D

1-2-39　解： 分析题目给出的解法，选项 A、B、D 均不正确。

正确的解法为选项 C，原式$=\lim\limits_{x\to 0}\frac{x}{\sin x}x\sin\frac{1}{x}=1\times 0=0$。

因$\lim\limits_{x\to 0}\frac{x}{\sin x}=1$，第一重要极限；而$\lim\limits_{x\to 0}x\sin\frac{1}{x}=0$为无穷小量乘有界函数极限。

答案： C

1-2-40　解： 利用两函数乘积的导数公式计算。

$$y'=x'\cdot\sqrt{a^2-x^2}+x\left(\sqrt{a^2-x^2}\right)'=\frac{a^2-2x^2}{\sqrt{a^2-x^2}}$$

答案： A

1-2-41　解： $y=f(x)$，$\mathrm{d}y=f'(x)\mathrm{d}x$，计算$y=f(x)$的导数。

$$y'=\left(\frac{x}{\sqrt{1-x^2}}\right)'=\frac{\sqrt{1-x^2}+\frac{x^2}{\sqrt{1-x^2}}}{1-x^2}=\frac{1-x^2+x^2}{(1-x^2)^{\frac{3}{2}}}=\frac{1}{(1-x^2)^{\frac{3}{2}}}$$

即$\mathrm{d}y=\frac{1}{(1-x^2)^{\frac{3}{2}}}\mathrm{d}x$

答案： A

1-2-42　解： 式子两边对x求导，把式子中的y看作是x的函数，计算如下：

$$\cos y\frac{\mathrm{d}y}{\mathrm{d}x}+e^y+xe^y\frac{\mathrm{d}y}{\mathrm{d}x}=0$$

解出$\frac{\mathrm{d}y}{\mathrm{d}x}=-\frac{e^y}{\cos y+xe^y}$

本题也可用二元隐函数的方法计算，$F(x,y)=0$，$\frac{\mathrm{d}y}{\mathrm{d}x}=-\frac{Fx}{Fy}$。

答案： C

1-2-43　解： 利用参数方程求导公式求出$\frac{\mathrm{d}y}{\mathrm{d}x}$；求二阶导数时，先对$t$求导后，再乘$t$对$x$的导数。计算如下：

$$\frac{\mathrm{d}x}{\mathrm{d}t}=f''(t)，\ \frac{\mathrm{d}y}{\mathrm{d}t}=f'(t)+tf''(t)-f'(t)=tf''(t)$$

$$\frac{\mathrm{d}y}{\mathrm{d}x}=\frac{\frac{\mathrm{d}y}{\mathrm{d}t}}{\frac{\mathrm{d}x}{\mathrm{d}t}}=\frac{tf''(t)}{f''(t)}=t，\ \frac{\mathrm{d}^2y}{\mathrm{d}x^2}=(t)'\cdot\frac{\mathrm{d}t}{\mathrm{d}x}=1\cdot\frac{1}{\frac{\mathrm{d}x}{\mathrm{d}t}}=\frac{1}{f''(t)}$$

答案： D

1-2-44　解： 本题考查求曲线的渐近线。

由$\lim\limits_{x\to 0}e^{-\frac{1}{x^2}}=0$, $\lim\limits_{x\to\infty}e^{-\frac{1}{x^2}}=1$, 知$y=1$是曲线$y=e^{-\frac{1}{x^2}}$的一条水平渐近线。

注：本题超纲，函数$y=e^{-\frac{1}{x^2}}$和$y=1$的图像如解图所示，易知当x逐渐增大时，$y=e^{-\frac{1}{x^2}}$的图像会向$y=1$的图像逐渐靠近，因此称$y=1$是$y=e^{-\frac{1}{x^2}}$的渐近线。

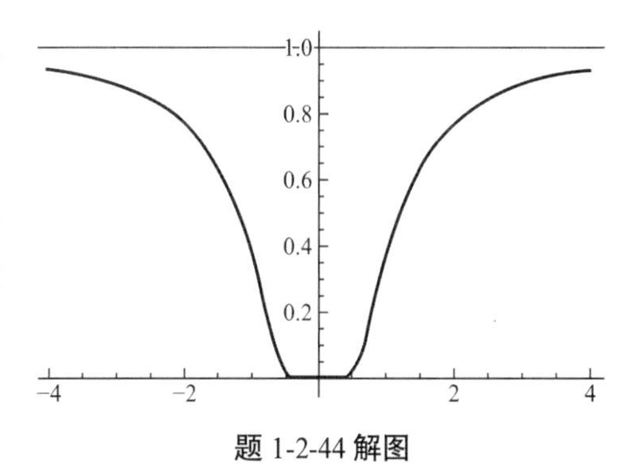

题 1-2-44 解图

答案： B

1-2-45　解：$t=\frac{\pi}{2}$对应点$M_0(\pi-2,2)$，参数方程求导，$\frac{\mathrm{d}y}{\mathrm{d}x}=\frac{\sin t}{1-\cos t}$，斜率$k=\frac{\sin t}{1-\cos t}\Big|_{t=\frac{\pi}{2}}=1$，利用点斜式写出切线方程$y-2=1\cdot(x-\pi+2)$，即$x-y=\pi-4$。

答案：B

1-2-46　解：求隐函数导数，对$2e^x-2\cos y-1=0$求导，则$2e^x-2(-\sin y)\frac{\mathrm{d}y}{\mathrm{d}x}=0$，即$\frac{\mathrm{d}y}{\mathrm{d}x}=\frac{-2e^x}{2\sin y}$，得$\frac{\mathrm{d}y}{\mathrm{d}x}=-\frac{e^x}{\sin y}$，切线斜率$=-\frac{e^x}{\sin y}\Big|_{(0,\frac{\pi}{3})}=-\frac{2}{\sqrt{3}}$，法线斜率$\frac{\sqrt{3}}{2}$，再利用点斜式求出直线方程，即$y-1=\frac{\sqrt{3}}{2}(x+1)$。

答案：C

1-2-47　解：把$f\left(\frac{1}{x}\right)=xe^{-\frac{1}{x}}$化为$f(x)$形式。

设$\frac{1}{x}=t$，$x=\frac{1}{t}$，代入$f(t)=\frac{1}{t}e^{-t}$，即$f(x)=\frac{1}{x}e^{-x}$，求微分：

$$\mathrm{d}f(x)=\left(-\frac{1}{x^2}e^{-x}-\frac{1}{x}e^{-x}\right)\mathrm{d}x=\frac{-(x+1)e^{-x}}{x^2}\mathrm{d}x$$

答案：A

1-2-48　解：利用结论“偶函数的导函数为奇函数”计算。

$f(-x)=f(x)$，求导，有$-f'(-x)=f'(x)$，即$f'(-x)=-f'(x)$。

将$x=x_0$代入，得$f'(-x_0)=-f'(x_0)$，已知$f'(-x_0)=-K$，解出$f'(x_0)=K$。

答案：B

1-2-49　解：本题考查拉格朗日中值定理所满足的条件。

拉格朗日中值定理所满足的条件是$f(x)$在闭区间$[a,b]$连续，在开区间(a,b)可导。

选项A：$y=\ln x$在区间$[1,2]$连续，$y'=\frac{1}{x}$在开区间$(1,2)$存在，即$y=\ln x$在开区间$(1,2)$可导。

选项B：$y=\frac{1}{\ln x}$在$x=1$处，不存在，不满足右连续的条件。

选项C：$y=\ln(\ln x)$在$x=1$处，不存在，不满足右连续的条件。

选项D：$y=\ln(2-x)$在$x=2$处，不存在，不满足左连续的条件。

答案：A

1-2-50　解：验证函数是否满足罗尔定理的条件，利用罗尔定理结论求出ζ值如下。

$f(x)$在$[0,8]$上连续，在$(0,8)$内可导，且$f(0)=f(8)=0$，函数满足罗尔定理条件。利用罗尔定理结论，在$(0,8)$之间至少存在一点使

$$f'(x)\big|_{x=\zeta}=\frac{1}{3}\frac{8-2x}{\sqrt[3]{(8x-x^2)^2}}\Bigg|_{x=\zeta}=\frac{8-2\zeta}{3\sqrt[3]{(8\zeta-\zeta^2)^2}}=0$$

即$8-2\zeta=0$，$\zeta=4$。

答案：C

1-2-51　解：验证函数满足拉格朗日定理的条件，利用它的结论求出ζ值。$f(x)$在$[1,2]$上连续，在$(1,2)$可导。利用拉格朗日中值定理结论，即有

$$f(2)-f(1)=f'(\zeta)(2-1),\ \frac{3}{2}-2=-\frac{1}{x^2}\Big|_{x=\zeta},\ \frac{1}{2}=\frac{1}{\zeta^2}$$

得$\zeta=\sqrt{2}$

答案：A

1-2-52　解：利用函数的单调性证明。设$f(x)=x-\sin x$，$x\subset(0,+\infty)$，得$f'(x)=1-\cos x\geqslant 0$，所以$f(x)$单增，当$x=0$时，$f(0)=0$，从而当$x>0$时，$f(x)>0$，即$x-\sin x>0$。

答案： D

1-2-53 解： 函数的定义域$(0,+\infty)$，求驻点，用驻点分割定义域，确定极大值。计算如下：

$$y'=\frac{10}{1+x^2}-\frac{3}{x}=\frac{10x-3-3x^2}{x(1+x^2)}=\frac{(x-3)(-3x+1)}{x(1+x^2)}=\frac{-3\left(x-\frac{1}{3}\right)(x-3)}{x(1+x^2)}$$

驻点$x=\frac{1}{3}$，$x=3$，确定驻点邻近两侧y'符号。当$0<x<\frac{1}{3}$时，$y'<0$；当$\frac{1}{3}<x<3$时，$y'>0$；当$x>3$时，$y'<0$。所以在$x=3$时，函数$f(x)$取得极大值，$f_{极大}(3)=10\arctan 3-3\ln 3$。

答案： C

1-2-54 解： 已知最大值为3，经以下计算得$m=3$。

计算$f(x)=2x^3-6x^2+m$，$f'(x)=6x^2-12x=6x(x-2)=0$

得驻点$x=0$，$x=2$，端点$x=-2$

计算$x=-2$、0、2点处函数值：$f(-2)=-40+m$，$f(0)=m$，$f(2)=-8+m$

可知$f_{\max}(0)=m$，$f_{\min}(-2)=-40+m$

由已知$f_{\max}(0)=3=m$，得$m=3$，所以$f_{\min}(-2)=-40+3=-37$

答案： D

1-2-55 解： $y=x^4-4x^3$

$$y'=4x^3-12x^2,\ y''=12x^2-24x$$

$y'=4x^2(x-3)$，令$y'=0$，得$x=0$，$x=2$

$y''=12x(x-2)$，令$y''=0$，得$x=0$，$x=2$

列表：

题 1-2-55 解表

x	$(-\infty,0)$	0	$(0,2)$	2	$(2,3)$	3	$(3,+\infty)$
y'	−	0	−	−	−	0	+
y''	+	0	−	0	+	+	+

函数的单增区间为$(3,+\infty)$，凹区间为$(-\infty,0)$，$(2,+\infty)$，故符合条件的区间为$(3,+\infty)$。

答案： D

1-2-56 解： 本题考查函数的驻点和拐点的概念及性质。

二阶可导点处拐点的必要条件：设点$(x_0,f(x_0))$为曲线$y=f(x)$的拐点，且$f''(x_0)$存在，则$f''(x_0)=0$，题干未注明$f''(x_0)$是否存在，故选项A、B错误。

根据函数$f(x)$拐点的定义：设函数$f(x)$连续，若曲线在点$(x_0,f(x_0))$两旁凹凸性改变，则点$(x_0,f(x_0))$为曲线的拐点。拐点是函数图像上凹凸性发生改变的点，不一定是驻点，但一定是连续点，故选项C错误。

答案： D

1-2-57 解： 设三次函数$f(x)$的导函数$f'(x)$为x^2-2x-8，已知$f'(x)=x^2-2x-8$，令$f'(x)=0$，求驻点，确定函数极大值、极小值。

解法如下：

$f'(x)=(x-4)(x+2)$，令$f'(x)=0$，则$x_1=4$，$x_2=-2$，$f(x)=\int f'(x)\mathrm{d}x=\frac{1}{3}x^3-x^2-8x+C$。

经计算，$\begin{cases}f(-2)=-\frac{8}{3}-4+16+C\\ f(4)=\frac{64}{3}-16-32+C\end{cases}$

当$-2 < x < 4$时，$f'(x) < 0$；当$x < -2$时，$f'(x) > 0$；当$x = -2$时，$f(x)$取得极大值。当$-2 < x < 4$时，$f'(x) < 0$；当$x > 4$时，$f'(x) > 0$；当$x = 4$时，$f(x)$取得极小值。

$$f(-2) - f(4) = 9\frac{1}{3} - (-26\frac{2}{3}) = 36$$

答案： C

1-2-58 解： $f''(x)$在$(-\infty, +\infty)$恒为负值，得出函数$f(x)$图形在$(-\infty, +\infty)$是向上凸，由$f''(x)$在$(-\infty, +\infty)$恒为负值，推出$f'(x)$在$(-\infty, +\infty)$单减，又知$f'(x_0) = 0$。故当$x < x_0$时，$f'(x) > 0$；$x > x_0$时，$f'(x) < 0$。所以$f(x_0)$取得极大值。且$f''(x_0) < 0$，所以$f(x_0)$是$f(x)$的最大值。

答案： C

1-2-59 解： 利用拐点的性质和计算方法计算。如$(0,1)$是曲线拐点，点在曲线上，代入方程有$1 = c$，另外，若$a = 0$，曲线$y = bx + c$为一条直线，无拐点，所以$a \neq 0$。

当$a \neq 0$时，$y'' = 6ax$，令$y'' = 0$，$x = 0$，在$x = 0$两侧y''异号。

答案： B

1-2-60 解：方法 1，已知$f(x)$在$(-\infty, +\infty)$上为奇函数，图形关于原点对称，由已知条件$f(x)$在$(0, +\infty)$，$f' < 0$单减，$f'' > 0$凹向，即$f(x)$在$(0, +\infty)$画出的图形为凹减，从而可推出关于原点对称的函数在$(-\infty, 0)$应为凸减，因而$f' < 0$，$f'' < 0$。

方法 2，由已知条件$f(x)$在$(-\infty, +\infty)$为奇函数，即$-f(-x) = f(x)$，两边求导可得$f'(-x) = f'(x)$，$-f''(-x) = f''(x)$，则当$x \in (0, +\infty)$，$f'(x) < 0$，$f''(x) > 0$，可得$x \in (-\infty, 0)$时，$-x \in (0, +\infty)$，$f'(x) = f'(-x) < 0$，$f''(x) = -f''(-x) < 0$。

答案： B

1-2-61 解： 利用拉格朗日中值定理计算，$f(x)$在$[x, x + \Delta x]$［或$[x + \Delta x, x]$］连续，在$(x, x + \Delta x)$［或$(x + \Delta x, x)$］可导，则有$f(x + \Delta x) - f(x) = f'(\xi)\Delta x$，即$\Delta y = f'(\xi)\Delta x$（至少存在一点$\xi$，$\xi$位于$x$，$x + \Delta x$之间）。

答案： C

1-2-62 解： 已知$y = f(x)$在$x = x_0$处取得极小值，但在题中$f(x)$是否具有一阶、二阶导数，均未说明，从而选项A、B、C就不一定成立。选项D包含了在$x = x_0$可导或不可导两种情况，如$y = |x|$在$x = 0$处导数不存在，但函数$y = |x|$在$x = 0$取得极小值。

答案： D

1-2-63 解： 本题考查三角函数的基本性质，以及利用导数求最大值。

$$f(x) = \sin\left(x + \frac{\pi}{2} + \pi\right) = -\cos x$$

注：公式$\sin\left(\frac{3}{2}\pi + x\right) = -\cos x$。

$x \in [-\pi, \pi]$

$f'(x) = \sin x$，$f'(x) = 0$，即$\sin x = 0$，$x = 0$，$-\pi$，π为驻点

则$f(0) = -\cos 0 = -1$，$f(-\pi) = -\cos(-\pi) = 1$，$f(\pi) = -\cos\pi = 1$

所以$x = 0$，函数取得最小值，最小值点$x_0 = 0$

或者，通过作图（见解图），可以看出在$[-\pi, \pi]$上的最小值点$x_0 = 0$。

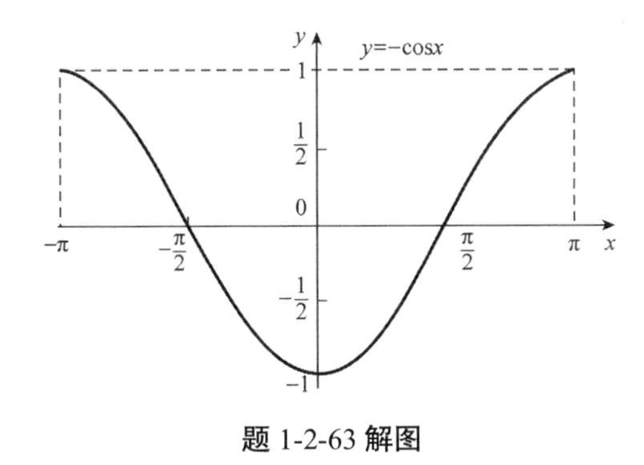

题 1-2-63 解图

答案： B

1-2-64　解：方法 1，已知$f(x)$在$(-\infty,+\infty)$上是偶函数，函数图像关于y轴对称，已知函数在$(0,+\infty)$，$f'(x)>0$，$f''(x)>0$表明在$(0,+\infty)$上函数图像为单增且凹向，由对称性可知，$f(x)$在$(-\infty,0)$单减且凹向，所以$f'(x)<0$，$f''(x)>0$。

方法 2，$f(x)$在$(-\infty,+\infty)$上是偶函数，故$f(-x)=f(x)$，可得$-f'(-x)=f'(x)$，$f''(-x)=f''(x)$。所以，当$x\in(-\infty,0)$时，$-x\in(0,+\infty)$，$f'(x)=-f'(-x)<0$，$f''(x)=f''(-x)>0$。

答案： B

1-2-65　解： 通过计算$f(x)$的极值点确定。

$$y'=x^4-x^2=x^2(x^2-1)=x^2(x+1)(x-1)$$

令$y'=0$，求驻点$x_1=0$，$x_2=1$，$x_3=-1$

利用驻点将定义域分割为$(-\infty,-1)$、$(-1,0)$、$(0,1)$、$(1,+\infty)$。

题 1-2-65 解表

x	$(-\infty,-1)$	−1	$(-1,0)$	0	$(0,1)$	1	$(1,+\infty)$
$f'(x)$	+	0	−	0	−	0	+
$f(x)$	↗	极大	↘	无极值	↘	极小	↗

函数只有 2 个极值点，选项 C 成立，选项 A 不正确。

还可判定选项 B、D 成立。

答案： A

1-2-66　解： 利用函数在一点连续且可导的定义确定k值。计算如下：

因$x=1$连续，$\lim\limits_{x\to1^+}[k(x-1)+3]=3$，$\lim\limits_{x\to1^-}\left(\frac{4}{x+1}+a\right)=2+a$，$f(1)=2+a$

故$2+a=3$，$a=1$。

$$f'_+(1)=\lim_{x\to1^+}\frac{k(x-1)+3-(2+a)}{x-1}=\lim_{x\to1^+}\frac{k(x-1)}{x-1}=k$$

$$f'_-(1)=\lim_{x\to1^-}\frac{\frac{4}{x+1}+a-(2+a)}{x-1}=\lim_{x\to1^-}\frac{-2(x-1)}{(x+1)(x-1)}=\lim_{x\to1^-}\frac{-2}{x+1}=-1$$

$$k=-1$$

答案： C

1-2-67　解： 本题考查分段函数的连续性问题。

要求在分段点$x=1$处函数的极限值等于该点的函数值，$f(1)=a$，则：

$$\lim_{x\to1}\frac{x\ln x}{1-x}\overset{\frac{0}{0}\text{型}}{=\!=}\lim_{x\to1}\frac{(x\ln x)'}{(1-x)'}=\lim_{x\to1}\frac{1\cdot\ln x+x\cdot\frac{1}{x}}{-1}=-1$$

而$\lim_{x\to1}\frac{x\ln x}{1-x}=f(1)=a\Rightarrow a=-1$

答案：C

1-2-68 解：本题考查函数拐点的求法。

求解函数拐点即求函数的二阶导数为0的点，因此有：

$$f'(x)=e^{-x}-xe^{-x}$$

$$f''(x)=xe^{-x}-2e^{-x}=(x-2)e^{-x}$$

令$f''(x)=0$，解出$x=2$

当$x\in(-\infty,2)$时，$f''(x)<0$；当$x\in(2,+\infty)$时，$f''(x)>0$

所以拐点为$(2,2e^{-2})$。

答案：A

1-2-69 解：$\lim_{x\to0}F(x)=\lim_{x\to0}\frac{f(x)}{x}=\lim_{x\to0}\frac{f(x)-f(0)}{x-0}=f'(0)\neq0$

而$F(0)=f(0)=0$，所以$\lim_{x\to0}F(x)\neq F(0)$

所以$x=0$是$F(x)$的第一类间断点。

答案：B

1-2-70 解：由已知条件可知$f'(x)=[\varphi(x)]^2>0$，$f''(x)=2\varphi(x)\varphi'(x)$

因为$\varphi'(x)$单调递减，且$\varphi'(x_0)=0$

当$x<x_0$时，$\varphi'(x)>0$；当$x>x_0$时，$\varphi'(x)<0$

所以，当$x<x_0$时，$f''(x)=2\varphi(x)\varphi'(x)>0$；当$x>x_0$时，$f''(x)=2\varphi(x)\varphi'(x)<0$

即$(x_0,f(x_0))$为曲线$y=f(x)$的拐点。

答案：A

（三）一元函数积分学

1-3-1 若函数$f(x)$的一个原函数是e^{-2x}，则$\int f''(x)\mathrm{d}x$等于：

A. $e^{-2x}+C$　　B. $-2e^{-2x}$

C. $-2e^{-2x}+C$　　D. $4e^{-2x}+C$

1-3-2 $\int\frac{\cos2x}{\sin^2x\cos^2x}\mathrm{d}x$等于：

A. $\cot x-\tan x+C$　　B. $\cot x+\tan x+C$

C. $-\cot x-\tan x+C$　　D. $-\cot x+\tan x+C$

1-3-3 $\int\frac{\mathrm{d}x}{\sqrt{x}(1+x)}=$

A. $\arctan\sqrt{x}+C$　　B. $2\arctan\sqrt{x}+C$

C. $\tan(1+x)$　　D. $\frac{1}{2}\arctan x+C$

1-3-4 若在区间(a,b)内，$f'(x)=g'(x)$，则下列等式中错误的是：

A. $f(x)=Cg(x)$　　B. $f(x)=g(x)+C$

C. $\int\mathrm{d}f(x)=\int\mathrm{d}g(x)$　　D. $\mathrm{d}f(x)=\mathrm{d}g(x)$

1-3-5 设$f(x)$、$g(x)$可微，并且满足$f'(x)=g'(x)$，则下列各式中正确的是：

A. $f(x)=g(x)$　　B. $\int f(x)\mathrm{d}x=\int g(x)\mathrm{d}x$

C. $(\int f(x)\mathrm{d}x)'=(\int g(x)\mathrm{d}x)'$　　D. $\int f'(x)\mathrm{d}x=\int g'(x)\mathrm{d}x$

1-3-6 下列函数中，哪一个不是$f(x)=\sin 2x$的原函数？

A. $3\sin^2 x+\cos 2x-3$　　B. $\sin^2 x+1$

C. $\cos 2x-3\cos^2 x+3$　　D. $\frac{1}{2}\cos 2x+\frac{5}{2}$

1-3-7 下列等式中哪一个可以成立？

A. $\mathrm{d}\int f(x)\mathrm{d}x=f(x)$　　B. $\mathrm{d}\int f(x)\mathrm{d}x=f(x)\mathrm{d}x$

C. $\frac{\mathrm{d}}{\mathrm{d}x}\int f(x)\mathrm{d}x=f(x)+C$　　D. $\frac{\mathrm{d}}{\mathrm{d}x}\int f(x)\mathrm{d}x=f(x)\mathrm{d}x$

1-3-8 如果$\int \mathrm{d}f(x)=\int \mathrm{d}g(x)$，则下列各式中哪一个不一定成立？

A. $f(x)=g(x)$　　B. $f'(x)=g'(x)$

C. $\mathrm{d}f(x)=\mathrm{d}g(x)$　　D. $\mathrm{d}\int f'(x)\mathrm{d}x=\mathrm{d}\int g'(x)\mathrm{d}x$

1-3-9 如果$\int f(x)e^{-\frac{1}{x}}\mathrm{d}x=-e^{-\frac{1}{x}}+C$，则函数$f(x)$等于：

A. $-\frac{1}{x}$　　B. $-\frac{1}{x^2}$　　C. $\frac{1}{x}$　　D. $\frac{1}{x^2}$

1-3-10 $\int f(x)\mathrm{d}x=\ln x+C$，则$\int \cos x f(\cos x)\mathrm{d}x$等于：

A. $\cos x+C$　　B. $x+C$　　C. $\sin x+C$　　D. $\ln\cos x+C$

1-3-11 若$\int f(x)\mathrm{d}x=F(x)+C$，则$\int \frac{1}{\sqrt{x}}f(\sqrt{x})\mathrm{d}x$等于：（式中$C$为任意常数）

A. $\frac{1}{2}F(\sqrt{x})+C$　　B. $2F(\sqrt{x})+C$　　C. $F(x)+C$　　D. $\frac{F(\sqrt{x})}{\sqrt{x}}$

1-3-12 若$\int f(x)\mathrm{d}x=x^3+C$，则$\int f(\cos x)\sin x\,\mathrm{d}x$等于：（式中$C$为任意常数）

A. $-\cos^3 x+C$　　B. $\sin^3 x+C$　　C. $\cos^3 x+C$　　D. $\frac{1}{3}\cos^3 x+C$

1-3-13 已知函数$f(x)$的一个原函数是$1+\sin x$，则不定积分$\int xf'(x)\mathrm{d}x$等于：

A. $(1+\sin x)(x-1)+C$　　B. $x\cos x-(1+\sin x)+C$

C. $-x\cos x+(1+\sin x)+C$　　D. $1+\sin x+C$

1-3-14 $\int x\sqrt{3-x^2}\mathrm{d}x$等于：（式中$C$为任意常数）

A. $\frac{1}{\sqrt{3-x^2}}+C$　　B. $-\frac{1}{3}(3-x^2)^{\frac{3}{2}}+C$

C. $3-x^2+C$　　D. $(3-x^2)^2+C$

1-3-15 若$\int f(x)\mathrm{d}x=F(x)+C$，则$\int \frac{1}{\sqrt{x}}f(\sqrt{x})\mathrm{d}x$等于：

A. $\frac{1}{2}F(\sqrt{x})+C$　　B. $2F(\sqrt{x})+C$

C. $F(x)+C$　　D. $\frac{F(\sqrt{x})}{\sqrt{x}}$

1-3-16 设$F(x)$是$f(x)$的一个原函数，则$\int e^{-x}f(e^{-x})\mathrm{d}x$等于下列哪一个函数？

A. $F(e^{-x})+C$　　B. $-F(e^{-x})+C$

C. $F(e^{x})+C$　　D. $-F(e^{x})+C$

1-3-17 设$f'(\ln x)=1+x$，则$f(x)$等于：

A. $\frac{\ln x}{2}(2+\ln x)+C$　　B. $x+\frac{1}{2}x^2+C$

C. $x+e^x+C$　　D. $e^x+\frac{1}{2}e^{2x}+C$

1-3-18 如果$f(x)=e^{-x}$，则$\int\frac{f'(\ln x)}{x}\mathrm{d}x$等于：

A. $-\frac{1}{x}+C$　　B. $\frac{1}{x}+C$　　C. $-\ln x+C$　　D. $\ln x+C$

1-3-19 如果$\int f(x)\mathrm{d}x=3x+C$，那么$\int xf(5-x^2)\mathrm{d}x$等于：

A. $3x^2+C_1$　　B. $f(5-x^2)+C$

C. $-\frac{1}{2}f(5-x^2)+C$　　D. $\frac{3}{2}x^2+C_1$

1-3-20 下列各式中正确的是：（C为任意常数）

A. $\int f'(3-2x)\mathrm{d}x=-\frac{1}{2}f(3-2x)+C$

B. $\int f'(3-2x)\mathrm{d}x=-f(3-2x)+C$

C. $\int f'(3-2x)\mathrm{d}x=f(x)+C$

D. $\int f'(3-2x)\mathrm{d}x=\frac{1}{2}f(3-2x)+C$

1-3-21 $\int xe^{-2x}\mathrm{d}x$等于：

A. $-\frac{1}{4}e^{-2x}(2x+1)+C$　　B. $\frac{1}{4}e^{-2x}(2x-1)+C$

C. $-\frac{1}{4}e^{-2x}(2x-1)+C$　　D. $-\frac{1}{2}e^{-2x}(x+1)+C$

1-3-22 不定积分$\int xf''(x)\mathrm{d}x$等于：

A. $xf'(x)-f'(x)+C$　　B. $xf'(x)-f(x)+C$

C. $xf'(x)+f'(x)+C$　　D. $xf'(x)+f(x)+C$

1-3-23 不定积分$\int\frac{f'(x)}{1+[f(x)]^2}\mathrm{d}x$等于：

A. $\ln|1+f(x)|f+C$　　B. $\frac{1}{2}\ln|1+f^2(x)|+C$

C. $\arctan f(x)+C$　　D. $\frac{1}{2}\arctan f(x)+C$

1-3-24 如果$\int\frac{f'(\ln x)}{x}\mathrm{d}x=x^2+c$，则$f(x)$等于：

A. $\frac{1}{x^2}+C$　　B. e^x+C　　C. $e^{2x}+C$　　D. xe^x+C

1-3-25 若可微函数满足$\frac{\mathrm{d}}{\mathrm{d}x}f\left(\frac{1}{x^2}\right)=\frac{1}{x}$，且$f(1)=1$，则函数$f(x)$的表达式是：

A. $f(x)=2\ln|x|+1$　　B. $f(x)=-2\ln|x|+1$

C. $f(x)=\frac{1}{2}\ln|x|+1$　　D. $f(x)=-\frac{1}{2}\ln|x|+1$

1-3-26 若$y=\tan 2x$的一个原函数为$k\ln(\cos 2x)$，则常数k等于：

A. $-\frac{1}{2}$　　B. $\frac{1}{2}$　　C. $-\frac{4}{3}$　　D. $\frac{3}{4}$

1-3-27 若$\int_0^k(3x^2+2x)\mathrm{d}x=0\quad(k\neq 0)$，则$k$等于：

A. 1　　B. −1　　C. $\frac{3}{2}$　　D. $\frac{1}{2}$

1-3-28 下列结论中，错误的是：

A. $\int_{-\pi}^{\pi}f(x^2)\mathrm{d}x=2\int_0^{\pi}f(x^2)\mathrm{d}x$　　B. $\int_0^{2\pi}\sin^{10}x\,\mathrm{d}x=\int_0^{2\pi}\cos^{10}x\,\mathrm{d}x$

C. $\int_{-\pi}^{\pi}\cos 5x\sin 7x\,\mathrm{d}x=0$　　D. $\int_0^1 10^x\mathrm{d}x=9$

1-3-29 设$f(x)$在积分区间上连续，则$\int_{-a}^{a}\sin x\cdot[f(x)+f(-x)]\mathrm{d}x$等于：

A. -1　　B. 0　　C. 1　　D. 2

1-3-30 $\frac{\mathrm{d}}{\mathrm{d}x}\int_{0}^{\cos x}\sqrt{1-t^2}\,\mathrm{d}t$等于：

A. $\sin x$　　B. $|\sin x|$　　C. $-\sin^2 x$　　D. $-\sin x|\sin x|$

1-3-31 设$\int_{0}^{x}f(t)\mathrm{d}t=2f(x)-4$，且$f(0)=2$，则$f(x)$是：

A. $e^{\frac{x}{2}}$　　B. $e^{\frac{x}{2}+1}$　　C. $2e^{\frac{x}{2}}$　　D. $\frac{1}{2}e^{2x}$

1-3-32 设函数$f(x)$在区间$[a,b]$上连续，则下列结论中不正确的是：

A. $\int_{a}^{b}f(x)\mathrm{d}x$是$f(x)$的一个原函数

B. $\int_{a}^{x}f(t)\mathrm{d}t$是$f(x)$的一个原函数$(a<x<b)$

C. $\int_{x}^{b}f(t)\mathrm{d}t$是$-f(x)$的一个原函数$(a<x<b)$

D. $f(x)$在$[a,b]$上是可积的

1-3-33 设函数$Q(x)=\int_{0}^{x^2}te^{-t}\mathrm{d}t$，则$Q'(x)$等于：

A. xe^{-x}　　B. $-xe^{-x}$　　C. $2x^3e^{-x^2}$　　D. $-2x^3e^{-x^2}$

1-3-34 极限$\lim\limits_{x\to 0}\frac{\int_{0}^{x}t\sin t\mathrm{d}t}{\int_{0}^{x}\ln(1+t^2)\mathrm{d}t}$等于：

A. -1　　B. 0　　C. 1　　D. 2

1-3-35 下列定积分中，等于零的是：

A. $\int_{-1}^{1}x^2\cos x\,\mathrm{d}x$　　B. $\int_{0}^{1}x^2\sin x\,\mathrm{d}x$

C. $\int_{-1}^{1}(x+\sin x)\,\mathrm{d}x$　　D. $\int_{-1}^{1}(e^x+x)\,\mathrm{d}x$

1-3-36 定积分$\int_{-1}^{1}|x^2-3x|\,\mathrm{d}x$等于：

A. 1　　B. 2　　C. 3　　D. 4

1-3-37 设$f(x)$函数在$[0,+\infty)$上连续，且满足$f(x)=xe^{-x}+e^x\int_{0}^{1}f(x)\,\mathrm{d}x$，则$f(x)$是：

A. xe^{-x}　　B. $xe^{-x}-e^{x-1}$　　C. e^{x-2}　　D. $(x-1)e^{-x}$

1-3-38 设$f(x)$是连续函数，且$f(x)=x^2+2\int_{0}^{2}f(t)\mathrm{d}t$，则$f(x)=$

A. x^2　　B. $x^2 2$　　C. $2x$　　D. $x^2-\frac{16}{9}$

1-3-39 $\int_{-3}^{3}x\sqrt{9-x^2}\mathrm{d}x$等于：

A. 0　　B. 9π　　C. 3π　　D. $\frac{9}{2}\pi$

1-3-40 $\int_{-2}^{2}\sqrt{4-x^2}\mathrm{d}x=$

A. π　　B. 2π　　C. 3π　　D. $\frac{\pi}{2}$

1-3-41 $\int_{0}^{a}f(x)\mathrm{d}x$等于下列哪个函数？

A. $\int_{0}^{\frac{a}{2}}[f(x)+f(x-a)]\,\mathrm{d}x$　　B. $\int_{0}^{\frac{a}{2}}[f(x)+f(a-x)]\,\mathrm{d}x$

C. $\int_{0}^{\frac{a}{2}}[f(x)-f(a-x)]\,\mathrm{d}x$　　D. $\int_{0}^{\frac{a}{2}}[f(x)-f(x-a)]\,\mathrm{d}x$

1-3-42 设函数$f(x)$在$[-a,a]$上连续，下列结论中错误的是：

A. 若$f(-x)=f(x)$，则有$\int_{-a}^{a}f(x)\,\mathrm{d}x=2\int_{0}^{a}f(x)\,\mathrm{d}x$

B. 若$f(-x)=-f(x)$，则有$\int_{-a}^{a}f(x)\,\mathrm{d}x=0$

C. $\int_{-a}^{a}f(x)\mathrm{d}x=\int_{0}^{a}[f(x)-f(-x)]\,\mathrm{d}x$

D. $\int_{-a}^{a}f(x)\mathrm{d}x=\int_{0}^{a}[f(x)+f(-x)]\,\mathrm{d}x$

1-3-43 下列等式中成立的是：

A. $\int_{-2}^{2}x^2\sin x\,\mathrm{d}x=0$

B. $\int_{-1}^{1}2e^x\mathrm{d}x=0$

C. $\left[\int_{3}^{5}\ln x\,\mathrm{d}x\right]'=\ln 5-\ln 3$

D. $\int_{-1}^{1}(e^x+x)\,\mathrm{d}x=0$

1-3-44 下列广义积分中收敛的是：

A. $\int_{0}^{1}\frac{1}{x^2}\mathrm{d}x$　B. $\int_{0}^{2}\frac{1}{\sqrt{2-x}}\mathrm{d}x$　C. $\int_{-\infty}^{0}e^{-x}\,\mathrm{d}x$　D. $\int_{1}^{+\infty}\ln x\,\mathrm{d}x$

1-3-45 下列结论中正确的是：

A. $\int_{-1}^{1}\frac{1}{x^2}\mathrm{d}x$收敛

B. $\frac{\mathrm{d}}{\mathrm{d}x}\int_{0}^{x^2}f(t)\mathrm{d}t=f(x^2)$

C. $\int_{1}^{+\infty}\frac{1}{\sqrt{x}}\mathrm{d}x$发散

D. $\int_{-\infty}^{0}e^{-\frac{x^2}{2}}\mathrm{d}x$发散

1-3-46 广义积分$\int_{0}^{+\infty}\frac{C}{2+x^2}\mathrm{d}x=1$，则$C=$

A. π　B. $\frac{\pi}{\sqrt{2}}$　C. $\frac{2\sqrt{2}}{\pi}$　D. $-\frac{2}{\pi}$

1-3-47 $\int_{0}^{+\infty}xe^{-2x}\,\mathrm{d}x$等于：

A. $-\frac{1}{4}$　B. $\frac{1}{2}$　C. $\frac{1}{4}$　D. 4

1-3-48 广义积分$\int_{2}^{+\infty}\frac{\mathrm{d}x}{x^2+x-2}$等于：

A. 收敛于$\frac{2}{3}\ln 2$

B. 收敛于$\frac{3}{2}\ln 2$

C. 收敛于$\frac{1}{3}\ln\frac{1}{4}$

D. 发散

1-3-49 广义积分$\int_{0}^{1}\frac{x}{\sqrt{1-x^2}}\mathrm{d}x$的值是：

A. 1　B. -1　C. $\frac{1}{2}$　D. 广义积分发散

1-3-50 广义积分$I=\int_{e}^{+\infty}\frac{\mathrm{d}x}{x(\ln x)^2}$，则计算后是下列中哪个结果？

A. $I=1$

B. $I=-1$

C. $I=\frac{1}{2}$

D. 此广义积分发散

1-3-51 直线$y=\frac{H}{R}x(x\geqslant 0)$与$y=H$及$y$轴所围图形绕$y$轴旋转一周所得旋转体的体积为：（式中$H$，$R$为任意常数）

A. $\frac{1}{3}\pi R^2H$　B. πR^2H　C. $\frac{1}{6}\pi R^2H$　D. $\frac{1}{4}\pi R^2H$

1-3-52 曲线$y=\frac{2}{3}x^{\frac{3}{2}}$上相应于$x$从 0 到 1 的一段弧的长度是：

A. $\frac{2}{3}(\sqrt[3]{4}-1)$　B. $\frac{4}{3}\sqrt{2}$　C. $\frac{2}{3}(2\sqrt{2}-1)$　D. $\frac{4}{15}$

1-3-53 曲线$y=\cos x$在$[0,2\pi]$上与x轴所围成图形的面积是:

A. 0　　B. 4　　C. 2　　D. 1

1-3-54 由曲线$y=e^x$，$y=e^{-2x}$及直线$x=-1$所围成图形的面积是:

A. $\frac{1}{2}e^2+\frac{1}{e}-\frac{1}{2}$　　B. $\frac{1}{2}e^2+\frac{1}{e}-\frac{3}{2}$

C. $-e^2+\frac{1}{e}$　　D. $e^2+\frac{1}{e}$

1-3-55 曲线$y=\frac{1}{2}x^2$，$x^2+y^2=8$所围成图形的面积（上半平面部分）是:

A. $\int_{-2}^{2}\left(\sqrt{8-x^2}-\frac{x^2}{2}\right)\mathrm{d}x$　　B. $\int_{-2}^{2}\left(\frac{x^2}{2}-\sqrt{8-x^2}\right)\mathrm{d}x$

C. $\int_{-1}^{1}\left(\sqrt{8-x^2}-\frac{x^2}{2}\right)\mathrm{d}x$　　D. $\int_{-1}^{1}\left(\frac{x^2}{2}-\sqrt{8-x^2}\right)\mathrm{d}x$

1-3-56 曲线$y=\sin x\left(0\leqslant x\leqslant\frac{\pi}{2}\right)$与直线$x=\frac{\pi}{2}$，$y=0$围成一个平面图形。此平面图形绕$x$轴旋转产生的旋转体的体积是:

A. $\frac{\pi^2}{4}$　　B. $\frac{\pi}{2}$　　C. $\frac{\pi^2}{4}+1$　　D. $\frac{\pi}{2}+1$

1-3-57 曲线$y=e^{-x}(x\geqslant 0)$与直线$x=0$，$y=0$所围图形，绕ox轴旋转所得旋转体的体积为:

A. $\frac{\pi}{2}$　　B. π　　C. $\frac{\pi}{3}$　　D. $\frac{\pi}{4}$

1-3-58 椭圆$\frac{x^2}{a^2}+\frac{y^2}{b^2}=1(a>b>0)$绕$x$轴旋转得到的旋转体体积$V_1$与绕$y$轴旋转得到的旋转体体积$V_2$之间的关系为:

A. $V_1>V_2$　　B. $V_1<V_2$　　C. $V_1=V_2$　　D. $V_1=3V_2$

1-3-59 由曲线$y=\frac{x^2}{2}$和直线$x=1$，$x=2$，$y=-1$围成的图形，绕直线$y=-1$旋转所得旋转体的体积为:

A. $\frac{293}{60}\pi$　　B. $\frac{\pi}{60}$　　C. $4\pi^2$　　D. 5π

1-3-60 圆周$\rho=\cos\theta$，$\rho=2\cos\theta$及射线$\theta=0$，$\theta=\frac{\pi}{4}$所围的图形的面积S为:

A. $\frac{3}{8}(\pi+2)$　　B. $\frac{1}{16}(\pi+2)$

C. $\frac{3}{16}(\pi+2)$　　D. $\frac{7}{8}\pi$

1-3-61 曲线$y^2=x(x-4)^2$的封闭部分内的面积为:

A. $\int_0^4\sqrt{x}(x-4)\mathrm{d}x$　　B. $\int_0^4\sqrt{x}(4-x)\mathrm{d}x$

C. $2\int_0^4\sqrt{x}(x-4)\mathrm{d}x$　　D. $2\int_0^4\sqrt{x}(4-x)\mathrm{d}x$

题解及参考答案

1-3-1　解：方法 1，利用原函数的定义求出$f(x)=(e^{-2x})'=-2e^{-2x}$，$f'(x)=4e^{-2x}$，$f''(x)=-8e^{-2x}$，将$f''(x)$代入积分即可。计算如下：$\int f''(x)\mathrm{d}x=\int -8\mathrm{e}^{-2x}\mathrm{d}x=4\int e^{-2x}\,\mathrm{d}(-2x)=4e^{-2x}+C$。

方法 2，$\int f''(x)\mathrm{d}x=f'(x)+C$，由原函数定义，$f(x)=(e^{-2x})'=-2e^{-2x}$，$f'(x)=4e^{-2x}$，所以$\int f''(x)\mathrm{d}x=4e^{-2x}+C$。

答案： D

1-3-2 解： 利用公式$\cos 2x=\cos^2 x-\sin^2 x$，将被积函数变形：

$$\begin{aligned}原式&=\int\frac{\cos^2 x-\sin^2 x}{\sin^2 x\cos^2 x}\mathrm{d}x=\int\left(\frac{1}{\sin^2 x}-\frac{1}{\cos^2 x}\right)\mathrm{d}x\\&=\int\frac{1}{\sin^2 x}\mathrm{d}x-\int\frac{1}{\cos^2 x}\mathrm{d}x\\&=-\cot x-\tan x+C\end{aligned}$$

答案： C

1-3-3 解：方法 1，凑微分再利用积分公式计算。

原式$=2\int\frac{1}{1+x}\mathrm{d}\sqrt{x}=2\int\frac{1}{1+(\sqrt{x})^2}\mathrm{d}\sqrt{x}=2\arctan\sqrt{x}+C$。

方法 2，换元，设$\sqrt{x}=t$，$x=t^2$，$\mathrm{d}x=2t\mathrm{d}t$。

原式$=\int\frac{2t}{t(1+t^2)}\mathrm{d}t=2\int\frac{1}{1+t^2}\mathrm{d}t=2\arctan t+C$，回代$t=\sqrt{x}$。

答案： B

1-3-4 解： 对选项 A 求导，得$f'(x)=Cg'(x)$。

答案： A

1-3-5 解： 本题考查不定积分的概念。

由已知$f'(x)=g'(x)$，等式两边积分可得$\int f'(x)\mathrm{d}x=\int g'(x)\mathrm{d}x$，选项 D 正确。

积分后得到$f(x)=g(x)+C$，其中C为任意常数，即导函数相等，原函数不一定相等，两者之间相差一个常数，故可知选项 A、B、C 错误。

答案： D

1-3-6 解： 将选项 A、B、C、D 逐一求导，验证。

如$\left(\frac{1}{2}\cos 2x+\frac{5}{2}\right)'=\frac{1}{2}(-\sin 2x)\cdot 2=-\sin 2x$。

答案： D

1-3-7 解： 利用不定积分性质确定，$\mathrm{d}\int f(x)\mathrm{d}x=f(x)\mathrm{d}x$

答案： B

1-3-8 解： 举例，设$f(x)=x^2$，$g(x)=x^2+2$，$\mathrm{d}f(x)=2x\mathrm{d}x$，$\mathrm{d}g(x)=2x\mathrm{d}x$，$\int\mathrm{d}f(x)=\int\mathrm{d}g(x)$，$f'(x)=g'(x)$，但$f(x)\neq g(x)$。

答案： A

1-3-9 解： 方程两边对x求导，解出$f(x)$。即$\left(\int f(x)e^{-\frac{1}{x}}\mathrm{d}x\right)'=\left(-e^{-\frac{1}{x}}+C\right)'$，得$f(x)e^{-\frac{1}{x}}=\frac{-1}{x^2}e^{-\frac{1}{x}}$，即$f(x)=\frac{-1}{x^2}$。

答案： B

1-3-10 解： 本题考查不定积分的相关内容。

已知$\int f(x)\mathrm{d}x=\ln x+C$，式子两边求导，得$f(x)=\frac{1}{x}$

则$f(\cos x)=\frac{1}{\cos x}$，即$\int\cos x f(\cos x)\mathrm{d}x=\int\cos x\cdot\frac{1}{\cos x}\mathrm{d}x=x+C$

注：本题不适合采用凑微分的形式。

答案： B

1-3-11 解： 将题目变形$\int\frac{1}{\sqrt{x}}f(\sqrt{x})\mathrm{d}x=\int f(\sqrt{x})\mathrm{d}(2\sqrt{x})=2\int f(\sqrt{x})\mathrm{d}\sqrt{x}$，利用已知式子$\int f(x)\,\mathrm{d}x=F(x)+C$，写出结果：$\int\frac{1}{\sqrt{x}}f(\sqrt{x})\mathrm{d}x=2F(\sqrt{x})+C$。

答案： B

1-3-12 解： 已知$\int f(x)\mathrm{d}x=x^3+C$，利用此式得：

$$\int f(\cos x)\sin x\,\mathrm{d}x=-\int f(\cos x)\mathrm{d}(\cos x)=-\cos^3 x+C$$

答案： A

1-3-13 解： 本题考查函数原函数的概念及不定积分的计算方法。

已知函数$f(x)$的一个原函数是$1+\sin x$，即$f(x)=(1+\sin x)'=\cos x$，$f'(x)=-\sin x$。

方法 1，$\int xf'(x)\mathrm{d}x=\int x(-\sin x)\mathrm{d}x=\int x\mathrm{d}\cos x=x\cos x-\int\cos x\,\mathrm{d}x=x\cos x-\sin x+c$

$$=x\cos x-\sin x-1+C=x\cos x-(1+\sin x)+C\quad(\text{其中}C=1+c)$$

方法 2，$\int xf'(x)\mathrm{d}x=\int x\mathrm{d}f(x)=xf(x)-\int f(x)\mathrm{d}x$，因为$f(x)=(1+\sin x)'=\cos x$，则：

$$\text{原式}=x\cos x-\int\cos x\mathrm{d}x=x\cos x-\sin x+c=x\cos x-(1+\sin x)+C$$

答案： B

1-3-14 解： 利用不定积分第一类换元积分法计算。

$$\text{原式}=-\frac{1}{2}\int\sqrt{3-x^2}\,\mathrm{d}(3-x^2)=-\frac{1}{3}(3-x^2)^{\frac{3}{2}}+C$$

答案： B

1-3-15 解： 利用不定积分第一换元法(凑微分)：$\int\frac{1}{\sqrt{x}}f(\sqrt{x})\mathrm{d}x=\int f(\sqrt{x})\mathrm{d}(2\sqrt{x})=2\int f(\sqrt{x})\mathrm{d}\sqrt{x}$，利用已知条件$\int f(x)\mathrm{d}x=F(x)+C$，得出$\int\frac{1}{\sqrt{x}}f(\sqrt{x})\mathrm{d}x=2F(\sqrt{x})+C$。

答案： B

1-3-16 解： 用凑微分法，得到$\int f(u)\mathrm{d}u$形式，进而得到$F(u)+C$。解法如下：

$$\int e^{-x}f(e^{-x})\mathrm{d}x=-\int f(e^{-x})\,\mathrm{d}e^{-x}=-F(e^{-x})+C$$

答案： B

1-3-17 解： 设$\ln x=t$，$x=e^t$，代入题中得$f'(t)=1+e^t$，写成$f'(x)=1+e^x$，积分。

$$f(x)=\int(1+e^x)\mathrm{d}x=x+e^x+C$$

答案： C

1-3-18 解： 用凑微分法把式子写成以下形式：

$$\int\frac{f'(\ln x)}{x}\mathrm{d}x=\int f'(\ln x)\mathrm{d}\ln x=f(\ln x)+C$$

再把$\ln x$代入$f(x)=e^{-x}$，得：

$$f(\ln x)=e^{-\ln x}=e^{\ln x^{-1}}=\frac{1}{x}$$

所以$\int\frac{f'(\ln x)}{x}\mathrm{d}x=\frac{1}{x}+C$

答案： B

1-3-19 解： 用凑微分方法计算，注意利用题目已给出的积分结果。计算如下：

$$\int xf(5-x^2)\mathrm{d}x = -\frac{1}{2}\int f(5-x^2)\mathrm{d}(5-x^2) = -\frac{1}{2}\times 3\times(5-x^2)+C \quad \left(因为\int f(x)\mathrm{d}x = 3x+C\right)$$

$$= -\frac{15}{2}+\frac{3}{2}x^2+C = \frac{3}{2}x^2+C_1$$

答案： D

1-3-20 解： 凑成$\int f'(u)\mathrm{d}u$的形式：

$$\int f'(3-2x)\mathrm{d}x = -\frac{1}{2}\int f'(3-2x)\mathrm{d}(-2x) = -\frac{1}{2}\int f'(3-2x)\mathrm{d}(3-2x)$$

$$= -\frac{1}{2}f(3-2x)+C$$

答案： A

1-3-21 解： 利用分部积分方法计算$\int u\mathrm{d}v = uv - \int v\mathrm{d}u$，即

$$\int xe^{-2x}\mathrm{d}x = -\frac{1}{2}\int xe^{-2x}d(-2x) = -\frac{1}{2}\int x\mathrm{d}e^{-2x}$$

$$= -\frac{1}{2}\left(xe^{-2x} - \int e^{-2x}\mathrm{d}x\right)$$

$$= -\frac{1}{2}\left[xe^{-2x}+\frac{1}{2}\int e^{-2x}d(-2x)\right]$$

$$= -\frac{1}{2}\left(xe^{-2x}+\frac{1}{2}e^{-2x}\right)+C$$

$$= -\frac{1}{4}(2x+1)e^{-2x}+C$$

答案： A

1-3-22 解： 利用分部积分公式计算。

$$\int xf''(x)\mathrm{d}x = \int x\mathrm{d}f'(x) = xf'(x) - \int f'(x)\mathrm{d}x = xf'(x) - f(x)+C$$

答案： B

1-3-23 解： 利用凑微分法计算如下：

$$\int \frac{f'(x)}{1+[f(x)]^2}\mathrm{d}x = \int \frac{1}{1+[f(x)]^2}\mathrm{d}f(x)$$

由公式$\int \frac{1}{1+x^2}\mathrm{d}x = \arctan x + C$，得：

$$\int \frac{1}{1+[f(x)]^2}\mathrm{d}f(x) = \arctan[f(x)]+C$$

答案： C

1-3-24 解： 等号左边利用凑微分方法计算如下：

等式左边$\int \frac{f'(\ln x)}{x}\mathrm{d}x = \int f'(\ln x)\mathrm{d}(\ln x) = f(\ln x)+C_1 = x^2+C_2$

得到$f(\ln x) = x^2+C$

设$\ln x = t$，$x = e^t$，得$f(t) = e^{2t}$，换字母$t\to x$，得$f(x) = e^{2x}+C$

答案： C

1-3-25 解　本题考查复合函数的求导以及通过变量代换和积分求函数表达式。

方法 1，由$\frac{d}{dx}f\left(\frac{1}{x^2}\right)=f'\left(\frac{1}{x^2}\right)\left(\frac{1}{x^2}\right)'=-\frac{2}{x^3}f'\left(\frac{1}{x^2}\right)=\frac{1}{x}$，可得$f'\left(\frac{1}{x^2}\right)=-\frac{x^2}{2}$。设$t=\frac{1}{x^2}$，则$f'(t)=-\frac{1}{2t}$，求不定积分$f(t)=-\frac{1}{2}\int\frac{1}{t}dt=-\frac{1}{2}\ln|t|+C$，所以$f(x)=-\frac{1}{2}\ln|x|+C$。已知$f(1)=1$，代入上式可得$C=1$，可得$f(x)=-\frac{1}{2}\ln|x|+1$。

方法 2，对等式两边积分$\int\frac{d}{dx}f\left(\frac{1}{x^2}\right)dx=\int\frac{1}{x}dx\Rightarrow f\left(\frac{1}{x^2}\right)=\ln|x|+C$，设$t=\frac{1}{x^2}$，$|x|=\frac{1}{\sqrt{t}}$，则$f(t)=-\frac{1}{2}\ln|t|+C$，即$f(x)=-\frac{1}{2}\ln|x|+C$。$f(1)=1$，代入可得$C=1$，$f(x)=-\frac{1}{2}\ln|x|+1$。

答案： D

1-3-26 解　本题考查原函数的定义或求函数的不定积分。

方法 1，由题意，$[k\ln(\cos 2x)]'=k\frac{-\sin 2x}{\cos 2x}\cdot 2=-2k\tan 2x=\tan 2x$，得$k=-\frac{1}{2}$。

方法 2，先求$y=\tan 2x$的所有原函数，即

$\int\tan 2x\,dx=\int\frac{\sin 2x}{\cos 2x}dx=\int\frac{-1}{2\cos 2x}d\cos 2x=-\frac{1}{2}\ln(\cos 2x)+C$，易知$k=-\frac{1}{2}$。

答案： A

1-3-27 解： 计算定积分。

$$\int_0^k(3x^2+2x)dx=(x^3+x^2)\Big|_0^k=k^3+k^2=k^2(k+1)=0$$

又$k\neq 0$，则$k=-1$。

答案： B

1-3-28 解： 直接计算选项 A、B、C 较复杂，可先从简单选项入手，计算选项 D，$\int_0^1 10^x dx=\frac{10^x}{\ln 10}\Big|_0^1=\frac{9}{\ln 10}$，选项 D 错误。

选项 A、B、C 经计算，均成立。

答案： D

1-3-29 解： 利用奇函数，在对称区间积分为零的性质，计算如下：判定$f_1(x)=\sin x$是奇函数，$f_2(x)=f(x)+f(-x)$是偶函数，乘积为奇函数，奇函数在对称区间积分为零。

答案： B

1-3-30 解： 本题为求复合的积分上限函数的导数，利用下列公式计算：

$$\frac{d}{dx}\int_0^{g(x)}\sqrt{1-t^2}dt=\sqrt{1-g^2(x)}\cdot g'(x)$$

即$\frac{d}{dx}\int_0^{\cos x}\sqrt{1-t^2}dt=\sqrt{1-\cos^2 x}\cdot(-\sin x)=-\sin x\sqrt{\sin^2 x}=-\sin x|\sin x|$

答案： D

1-3-31 解： 将方程两边求导，等式左边为积分上限函数的导数，求导后化为一阶微分方程，再利用一阶微分方程知识计算。

求导得$f(x)=2f'(x)$，令$f(x)=y$，$f'(x)=y'$，得微分方程$2y'=y$

分离变量$\frac{2}{y}dy=dx$，求通解：

$2\ln y=x+C$，$y=e^{\frac{1}{2}(x+C)}$，$y=e^{\frac{1}{2}C}\cdot e^{\frac{1}{2}x}$，$y=C_1e^{\frac{1}{2}x}$（其中$C_1=e^{\frac{1}{2}C}$）

代入初始条件$x=0$，$y=2$，得$C_1=2$，所以$y=2e^{\frac{x}{2}}$。

答案： C

1-3-32　解： $f(x)$在$[a,b]$上连续，$\int_a^b f(x)\mathrm{d}x$表示一个确定的数。

答案： A

1-3-33　解： 求积分上限函数的导数，由于上限为x^2，用复合函数求导方法计算。设$u=x^2$，则函数可看作$Q=\int_0^u te^{-t}\mathrm{d}t$，$u=x^2$的复合函数。

$$Q(x)=\left(\int_0^u t\,e^{-t}\mathrm{d}t\right)'\cdot\frac{\mathrm{d}u}{\mathrm{d}x}=ue^{-u}\,\big|_{u=x^2}\cdot 2x=x^2\cdot e^{-x^2}\cdot 2x=2x^3e^{-x^2}$$

答案： C

1-3-34　解： 本题属于"$\frac{0}{0}$"型，利用洛必达法则计算。注意分子、分母均为积分上限函数。

计算如下：原式$\xlongequal{\frac{0}{0}}\lim\limits_{x\to 0}\frac{x\sin x}{\ln(1+x^2)}$，再利用等价无穷小替换，当$x\to 0$，$\sin x\sim x$，$\ln(1+x^2)\sim x^2$。算出极限。原式$=\lim\limits_{x\to 0}\frac{x\cdot x}{x^2}=1$。

答案： C

1-3-35　解： 逐一计算每一小题验证，首先考虑利用奇函数在对称区间积分为零这一性质。被积函数$x+\sin x$为奇函数，在对称区间$[-1,1]$上积分为 0。

答案： C

1-3-36　解： $|x^2-3x|=\begin{cases}x^2-3x, & -1\leqslant x\leqslant 0\\ 3x-x^2, & 0\leqslant x\leqslant 1\end{cases}$，分成两部分计算。

$$\int_{-1}^{1}|x^2-3x|\mathrm{d}x=\int_{-1}^{0}|x^2-3x|\mathrm{d}x+\int_0^1|x^2-3x|\mathrm{d}x$$

$$=\int_{-1}^{0}(x^2-3x)\mathrm{d}x+\int_0^1 3x-x^2\mathrm{d}x=\left(\frac{1}{3}x^3-\frac{3}{2}x^2\right)\Big|_{-1}^{0}+\left(\frac{3}{2}x^2-\frac{1}{3}x^3\right)\Big|_0^1$$

$$=3$$

答案： C

1-3-37　解： 已知$f(x)$在$[0,+\infty)$上连续，则$\int_0^1 f(x)\mathrm{d}x$为一常数，设$\int_0^1 f(x)\mathrm{d}x=A$，于是原题化为

$$f(x)=xe^{-x}+Ae^x \qquad ①$$

对①式两边积分：$\int_0^1 f(x)\mathrm{d}x=\int_0^1(xe^{-x}+Ae^x)\mathrm{d}x$

即

$$A=\int_0^1 xe^{-x}\mathrm{d}x+A\int_0^1 e^x\mathrm{d}x \qquad ②$$

分别计算出定积分值：

$$\int_0^1 xe^{-x}\mathrm{d}x=-\int_0^1 x\mathrm{d}e^{-x}=-\left(xe^{-x}\Big|_0^1-\int_0^1 e^{-x}\mathrm{d}x\right)=-\left(xe^{-x}\Big|_0^1+e^{-x}\Big|_0^1\right)$$

$$=-[(e^{-1}-0)+(e^{-1}-1)]=1-\frac{2}{e}$$

$$\int_0^1 e^x\mathrm{d}x=e^x\Big|_0^1=e-1$$

代入②式：$A=1-\frac{2}{e}+A(e-1)$，$A(2-e)=\frac{e-2}{e}$，得$A=-\frac{1}{e}$。

将$A=-\frac{1}{e}$代入①式：$f(x)=xe^{-x}+e^x\left(-\frac{1}{e}\right)$，$f(x)=xe^{-x}-e^{x-1}$。

答案： B

1-3-38 解：$f(x)$是连续函数，$\int_0^2 f(t)\mathrm{d}t$的结果为一常数，设为A，那么已知表达式化为$f(x)=x^2+2A$，两边作定积分，$\int_0^2 f(x)\mathrm{d}x=\int_0^2(x^2+2A)\mathrm{d}x$，化为$A=\int_0^2 x^2\mathrm{d}x+2A\int_0^2\mathrm{d}x$，通过计算得到$A=-\frac{8}{9}$。计算如下：$A=\frac{1}{3}x^3\Big|_0^2+2Ax\Big|_0^2=\frac{8}{3}+4A$，得$A=-\frac{8}{9}$，所以$f(x)=x^2+2\times\left(-\frac{8}{9}\right)=x^2-\frac{16}{9}$。

答案：D

1-3-39　解：$f(x)=x\sqrt{9-x^2}$为奇函数，$f(-x)=-f(x)$，积分区间x：$[-3,3]$，由定积分的性质可知，奇函数在对称区间积分为零。

答案：A

1-3-40　解：利用偶函数在对称区间的积分公式得原式$=2\int_0^2\sqrt{4-x^2}\mathrm{d}x$，而积分$\int_0^2\sqrt{4-x^2}\mathrm{d}x$为圆$x^2+y^2=4$面积的$\frac{1}{4}$，即为$\frac{1}{4}\times\pi\times 2^2=\pi$，从而原式$=2\pi$。

另一方法：可设$x=2\sin t$，$\mathrm{d}x=2\cos t\,\mathrm{d}t$，则$\int_0^2\sqrt{4-x^2}\mathrm{d}x=\int_0^{\frac{\pi}{2}}4\cos^2 t\,\mathrm{d}t=4\times\frac{1}{2}\times\frac{\pi}{2}=\pi$，从而原式$=2\int_0^2\sqrt{4-x^2}\mathrm{d}x=2\pi$。

答案：B

1-3-41　解：式子$\int_0^a f(x)\mathrm{d}x=\int_0^{\frac{a}{2}}f(x)\mathrm{d}x+\int_{\frac{a}{2}}^a f(x)\mathrm{d}x$，对后面式子做$x=a-t$变量替换，计算如下：

设$x=a-t$，$\mathrm{d}x=-\mathrm{d}t$，当$x=a$时，$t=0$；当$x=\frac{a}{2}$时，$t=\frac{a}{2}$。

$$\int_{\frac{a}{2}}^a f(x)\mathrm{d}x=\int_{\frac{a}{2}}^0 f(a-t)(-\mathrm{d}t)=\int_0^{\frac{a}{2}}f(a-t)\mathrm{d}t=\int_0^{\frac{a}{2}}f(a-x)\mathrm{d}x$$

答案：B

1-3-42　解：选项A、B不符合题目要求。

对于选项C、D，可把式子写成：

$$\int_{-a}^a f(x)\mathrm{d}x=\int_{-a}^0 f(x)\mathrm{d}x+\int_0^a f(x)\mathrm{d}x$$

对式子$\int_{-a}^0 f(x)\mathrm{d}x$做变量代换，设$x=-t$，$\mathrm{d}x=-\mathrm{d}t$，当$x=-a$，$t=a$，当$x=0$，$t=0$，

$$\int_{-a}^0 f(x)\mathrm{d}x=\int_a^0 f(-t)(-\mathrm{d}t)=\int_0^a f(-t)\mathrm{d}t=\int_0^a f(-x)\mathrm{d}x$$

验证选项C是错误的。

答案：C

1-3-43　解：利用奇函数在对称区间上积分的这一性质，选项A成立。选项C，定积分的值为常数，常数的导数为0，选项C不成立，通过计算选项B、D也不成立。

答案：A

1-3-44　解：利用广义积分的方法计算。选项B的计算如下：

因$\lim\limits_{x\to 2^-}\frac{1}{\sqrt{2-x}}=+\infty$，知$x=2$为无穷不连续点

$$\int_0^2\frac{1}{\sqrt{2-x}}\mathrm{d}x=-\int_0^2(2-x)^{-\frac{1}{2}}\mathrm{d}(2-x)=-2(2-x)^{\frac{1}{2}}\Big|_0^2=-2\left[\lim_{x\to 2^-}(2-x)^{\frac{1}{2}}-\sqrt{2}\right]=2\sqrt{2}$$

答案：B

1-3-45　解： 逐项排除法。

选项 A: $x=0$为被积函数$f(x)=\frac{1}{x^2}$的无穷不连续点，计算方法：

$$\int_{-1}^{1}\frac{1}{x^2}\mathrm{d}x=\int_{-1}^{0}\frac{1}{x^2}\mathrm{d}x+\int_{0}^{1}\frac{1}{x^2}\mathrm{d}x$$

只要判断其中一个发散，即广义积分发散，计算$\int_0^1\frac{1}{x^2}\mathrm{d}x=-\frac{1}{x}\Big|_0^1=-1+\lim\limits_{x\to0^+}\frac{1}{x}=+\infty$，所以选项 A 错误。

选项 B: $\frac{\mathrm{d}}{\mathrm{d}x}\int_0^{x^2}f(t)\mathrm{d}t=f(x^2)\cdot2x$，显然错误。

选项 C: $\int_1^{+\infty}\frac{1}{\sqrt{x}}\mathrm{d}x=2\sqrt{x}\Big|_1^{+\infty}=2\left(\lim\limits_{x\to+\infty}\sqrt{x}-1\right)=+\infty$发散，正确。

选项 D: 由$\frac{1}{\sqrt{2\pi}}e^{-\frac{x^2}{2}}$为标准正态分布的概率密度函数，可知$\int_{-\infty}^{0}e^{-\frac{x^2}{2}}\mathrm{d}x$收敛。

也可用下述方法判定：

因$\int_{-\infty}^{0}e^{-\frac{x^2}{2}}\mathrm{d}x=\int_{-\infty}^{0}e^{-\frac{y^2}{2}}\mathrm{d}y$

$$\int_{-\infty}^{0}e^{-\frac{x^2}{2}}\mathrm{d}x\int_{-\infty}^{0}e^{-\frac{y^2}{2}}\mathrm{d}y=\int_{-\infty}^{0}\int_{-\infty}^{0}e^{-\frac{x^2+y^2}{2}}\mathrm{d}x\mathrm{d}y=\int_{\pi}^{\frac{3}{2}\pi}\mathrm{d}\theta\int_0^{+\infty}re^{-\frac{r^2}{2}}\mathrm{d}r=\frac{\pi}{2}\left[-\int_0^{+\infty}e^{-\frac{r^2}{2}}\mathrm{d}\left(-\frac{r^2}{2}\right)\right]$$

$$=-\frac{\pi}{2}e^{-\frac{r^2}{2}}\Big|_0^{+\infty}=\frac{\pi}{2}$$

因此，$\left(\int_{-\infty}^{0}e^{-\frac{x^2}{2}}\mathrm{d}x\right)^2=\frac{\pi}{2}$，$\int_{-\infty}^{0}e^{-\frac{x^2}{2}}\mathrm{d}x=\sqrt{\frac{\pi}{2}}$收敛，选项 D 错误。

答案： C

1-3-46　解： 计算出左边广义积分即可。

$$\int_0^{+\infty}\frac{C}{2+x^2}\mathrm{d}x=C\int_0^{+\infty}\frac{1}{2+x^2}\mathrm{d}x=C\cdot\frac{1}{\sqrt{2}}\arctan\frac{x}{\sqrt{2}}\Big|_0^{+\infty}=\frac{C}{\sqrt{2}}\left(\lim_{x\to+\infty}\arctan\frac{x}{\sqrt{2}}-0\right)=\frac{C}{\sqrt{2}}\cdot\frac{\pi}{2}=1$$

得$C=\frac{2\sqrt{2}}{\pi}$

答案： C

1-3-47　解： 本题为函数$f(x)$在无穷区间的广义积分。

计算如下：

$$\int_0^{+\infty}xe^{-2x}\mathrm{d}x=-\frac{1}{2}\int_0^{+\infty}xe^{-2x}\mathrm{d}(-2x)=-\frac{1}{2}\int_0^{+\infty}x\mathrm{d}e^{-2x}$$

$$=-\frac{1}{2}\left[xe^{-2x}\Big|_0^{+\infty}-\int_0^{+\infty}e^{-2x}\mathrm{d}x\right]$$

$$=-\frac{1}{2}\left[\lim_{x\to+\infty}xe^{-2x}-0+\frac{1}{2}\int_0^{+\infty}e^{-2x}\mathrm{d}(-2x)\right]$$

$$=-\frac{1}{2}\left(\frac{1}{2}e^{-2x}\Big|_0^{+\infty}\right)$$

$$=-\frac{1}{2}\left[\frac{1}{2}\left(\lim_{x\to+\infty}e^{-2x}-1\right)\right]=\frac{1}{4}$$

答案： C

1-3-48　解： 把分母配方或拆项。计算如下：

$$\int_2^{+\infty}\frac{\mathrm{d}x}{x^2+x-2}=\frac{1}{3}\int_2^{+\infty}\left(\frac{1}{x-1}-\frac{1}{x+2}\right)\mathrm{d}x$$

$$=\frac{1}{3}(\ln|x-1|-\ln|x+2|)\Big|_2^{+\infty}$$

$$=\frac{1}{3}\left(\ln\left|\frac{x-1}{x+2}\right|\right)\Big|_2^{+\infty}=\frac{1}{3}\left(\lim_{x\to+\infty}\ln\left|\frac{x-1}{x+1}\right|-\ln\left|\frac{1}{4}\right|\right)$$

$$=\frac{1}{3}\left(-\ln\frac{1}{4}\right)=\frac{1}{3}\ln 4=\frac{2}{3}\ln 2$$

答案： A

1-3-49　解： $x=1$为无穷不连续点，利用凑微分的方法计算如下：

$$\int_0^1\frac{x}{\sqrt{1-x^2}}\mathrm{d}x=-\frac{1}{2}\int_0^1\frac{1}{\sqrt{1-x^2}}\mathrm{d}(1-x^2)=-(1-x^2)^{\frac{1}{2}}\Big|_0^1$$

$$=-\left[\lim_{x\to1^-}-(1-x^2)^{\frac{1}{2}}-1\right]=1$$

答案： A

1-3-50　解： 用凑微分法计算如下：

$$\int_e^{+\infty}\frac{1}{x(\ln x)^2}\mathrm{d}x=\int_e^{+\infty}\frac{1}{(\ln x)^2}\mathrm{d}(\ln x)=-\frac{1}{\ln x}\Big|_e^{+\infty}=-\left(\lim_{x\to+\infty}\frac{1}{\ln x}-1\right)=1$$

答案： A

1-3-51　解：方法 1，画出平面图形（见解图），平面图形绕y轴旋转，旋转体的体积可通过下面方法计算。

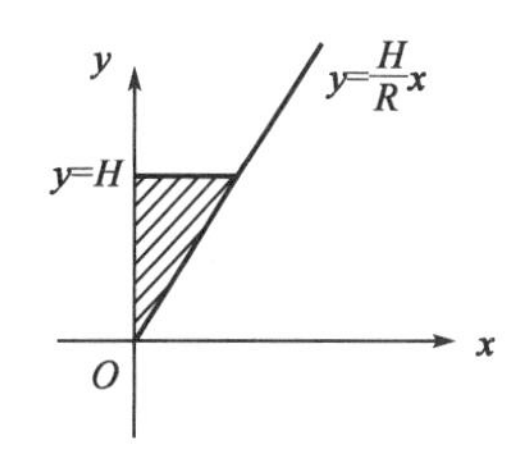

题 1-3-51 解图

y：$[0,H]$

$[y,y+\mathrm{d}y]$：$\mathrm{d}V=\pi x^2\mathrm{d}y=\pi\dfrac{R^2}{H^2}y^2\mathrm{d}y$

$$V=\int_0^H\pi\cdot\frac{R^2}{H^2}y^2\mathrm{d}y=\frac{\pi R^2}{H^2}\int_0^H y^2\mathrm{d}y=\frac{1}{3}\pi R^2H$$

方法 2，由解图得到的旋转体为圆锥体，圆的半径为R，高为H，所以圆锥的体积为$\frac{1}{3}\pi R^2H$。

答案： A

1-3-52　解： 曲线L的参数方程：$\begin{cases}y=\frac{2}{3}x^{\frac{3}{2}}\\x=x\end{cases}$　$(0\leqslant x\leqslant 1)$

$\mathrm{d}S=\sqrt{(x')^2+\left[\left(\frac{2}{3}x^{\frac{3}{2}}\right)'\right]^2}\,\mathrm{d}x=\sqrt{1+x}\mathrm{d}x$，所以$S=\int_0^1\sqrt{1+x}\mathrm{d}x=\frac{2}{3}\left(2\sqrt{2}-1\right)$

答案： C

1-3-53　解： 见解图。

$$A=\int_{\frac{\pi}{2}}^{\frac{3}{2}\pi}|\cos x|\mathrm{d}x=-\int_{\frac{\pi}{2}}^{\frac{3}{2}\pi}\cos x\,\mathrm{d}x=-\sin x\Big|_{\frac{\pi}{2}}^{\frac{3}{2}\pi}=2$$

答案： C

1-3-54 解： 画图分析围成平面区域的曲线位置关系（见解图），得到$A=\int_{-1}^{0}(e^{-2x}-e^{x})\mathrm{d}x$，计算如下：

$$A=\int_{-1}^{0}(e^{-2x}-e^{x})\mathrm{d}x=\left[-\frac{1}{2}e^{-2x}-e^{x}\right]_{-1}^{0}=-\frac{1}{2}(1-e^{2})-(1-e^{-1})=\frac{1}{2}e^{2}+\frac{1}{e}-\frac{3}{2}$$

答案： B

1-3-55 解： 画出平面图（见解图），交点为$(-2,2)$、$(2,2)$，列式$\int_{-2}^{2}\left(\sqrt{8-x^{2}}-\frac{1}{2}x^{2}\right)\mathrm{d}x$，注意曲线的上、下位置关系。

答案： A

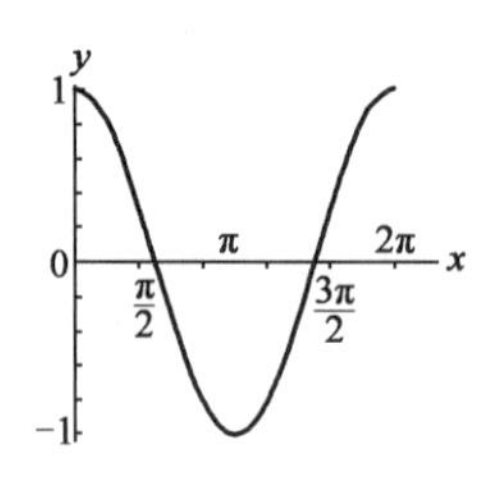

题 1-3-53 解图

题 1-3-54 解图

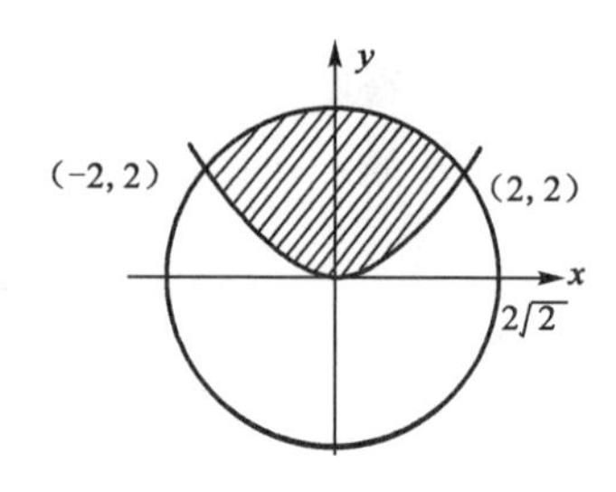

题 1-3-55 解图

1-3-56 解： 画出平面图形（见解图），绕x轴旋转得到旋转体，则旋转体体积为

$$V_x=\int_{0}^{\frac{\pi}{2}}\pi\sin^{2}x\,\mathrm{d}x=\pi\int_{0}^{\frac{\pi}{2}}\frac{1-\cos 2x}{2}\mathrm{d}x=\frac{\pi}{2}\left(x-\frac{1}{2}\sin 2x\right)\Bigg|_{0}^{\frac{\pi}{2}}=\frac{\pi^{2}}{4}$$

答案： A

1-3-57 解： $y=e^{-x}$，即$y=\left(\frac{1}{e}\right)^{x}$，画出平面图形（见解图）。根据$V=\int_{0}^{+\infty}\pi(e^{-x})^{2}\mathrm{d}x$，可计算结果。

$$V=\int_{0}^{+\infty}\pi e^{-2x}\mathrm{d}x=-\frac{\pi}{2}\int_{0}^{+\infty}e^{-2x}\mathrm{d}(-2x)=-\frac{\pi}{2}e^{-2x}\Big|_{0}^{+\infty}=\frac{\pi}{2}$$

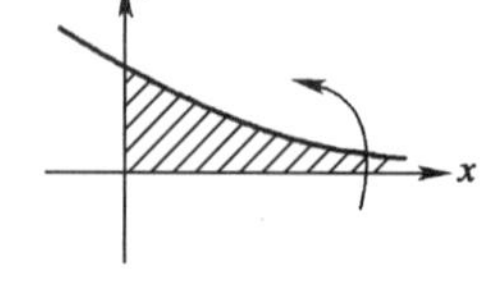

题 1-3-57 解图

答案： A

1-3-58 解： 画出椭圆，分别计算该图形绕x轴、y轴旋转体的体积，通过计算，绕x轴旋转一周体积$V_1=\frac{4}{3}\pi ab^{2}$，绕$y$轴旋转一周体积$V_2=\frac{4}{3}\pi a^{2}b$，再比较大小。计算如下：

$$V_1=\int_{-a}^{a}\pi\left(\frac{b}{a}\sqrt{a^{2}-x^{2}}\right)^{2}\mathrm{d}x=\pi\frac{b^{2}}{a^{2}}\left(a^{2}x-\frac{1}{3}x^{3}\right)\Bigg|_{-a}^{a}=\frac{4}{3}\pi ab^{2}$$

同理可求出$V_2=\int_{-b}^{b}\pi\left(\frac{a}{b}\sqrt{b^{2}-y^{2}}\right)^{2}\mathrm{d}y=\frac{4}{3}\pi a^{2}b$

因为$a>b>0$，所以$V_2>V_1$

答案： B

1-3-59 解： $V=\int_{1}^{2}\pi\left(\frac{1}{2}x^{2}+1\right)^{2}\mathrm{d}x=\pi\int_{1}^{2}\left(\frac{1}{4}x^{4}+x^{2}+1\right)\mathrm{d}x=\frac{293}{60}\pi$

答案： A

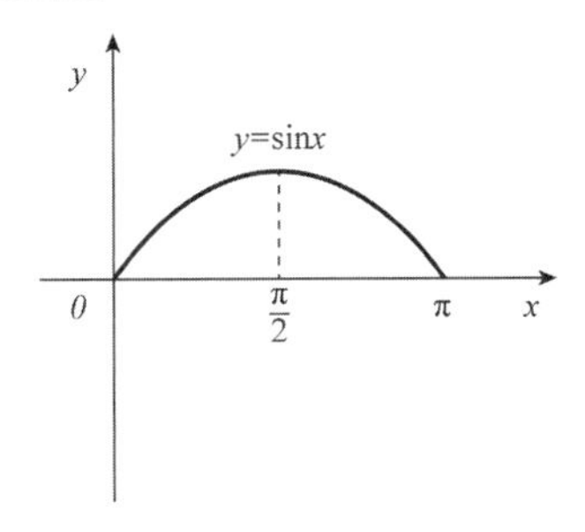

题 1-3-56 解图

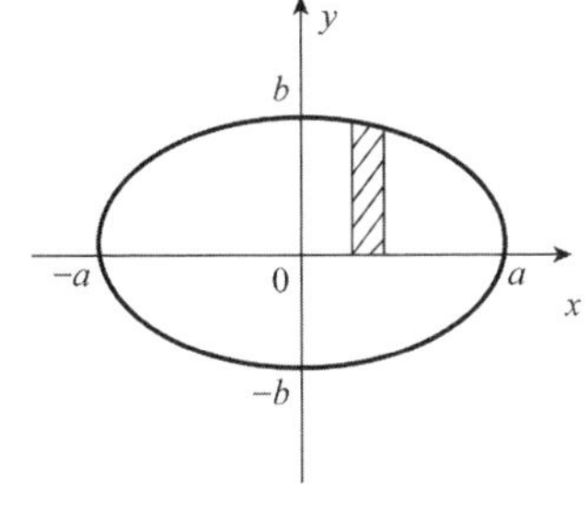

题 1-3-58 解图

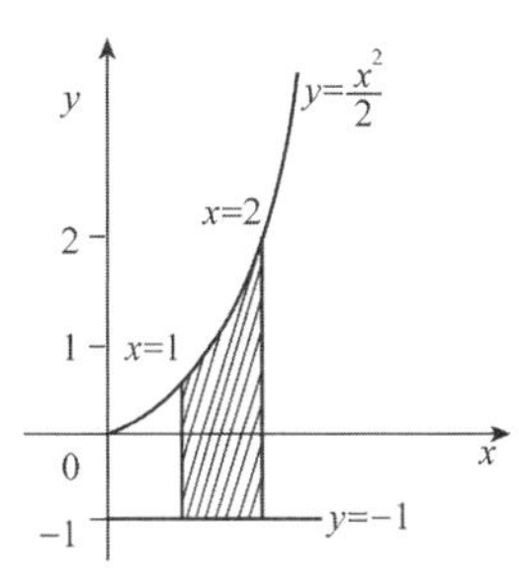

题 1-3-59 解图

1-3-60 解： 由题目给出的条件知，围成的图形（见解图）化为极坐标计算，$S=\iint\limits_{D}1\mathrm{d}x\mathrm{d}y$，面积元素$\mathrm{d}x\mathrm{d}y=r\mathrm{d}r\mathrm{d}\theta$。具体计算如下：

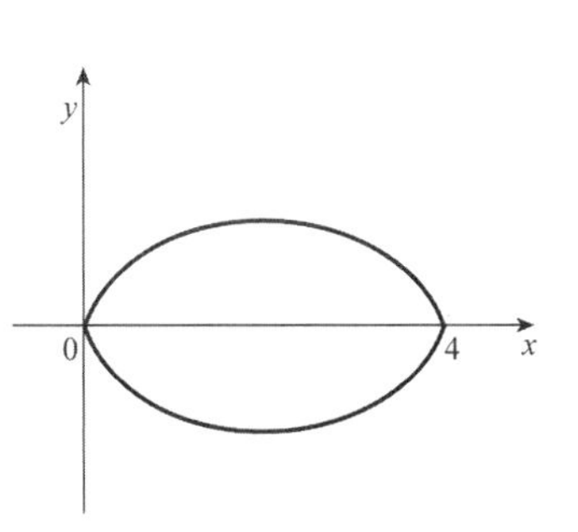

题 1-3-60 解图

$D:\begin{cases}0\leqslant\theta\leqslant\frac{\pi}{4}\\ \cos\theta\leqslant r\leqslant 2\cos\theta\end{cases}$

$S=\int_0^{\frac{\pi}{4}}\mathrm{d}\theta\int_{\cos\theta}^{2\cos\theta}r\mathrm{d}r=\int_0^{\frac{\pi}{4}}\left(\frac{1}{2}r^2\right)\Big|_{\cos\theta}^{2\cos\theta}\mathrm{d}\theta$

$=\frac{1}{2}\int_0^{\frac{\pi}{4}}(4\cos^2\theta-\cos^2\theta)\mathrm{d}\theta$

$=\frac{3}{2}\int_0^{\frac{\pi}{4}}\cos^2\theta\mathrm{d}\theta=\frac{3}{2}\int_0^{\frac{\pi}{4}}\frac{1+\cos 2\theta}{2}\mathrm{d}\theta=\frac{3}{16}(\pi+2)$

答案： C

1-3-61 解： 方程$y^2=x(x-4)^2$满足$f(x,-y)=f(x,y)$，即封闭部分关于x轴对称。

当$y=0$，$x(x-4)^2=0$，得$x=0$，$x=4$

图形与x轴的交点为$(0,0)$，$(4,0)$

面积$S=2\int_0^4\sqrt{x(x-4)^2}\mathrm{d}x=2\int_0^4\sqrt{x}(4-x)\mathrm{d}x$。

答案： D

题 1-3-61 解图

（四）多元函数微分学

1-4-1 已知$xy=kz$（k为正常数），则$\frac{\partial x}{\partial y}\cdot\frac{\partial y}{\partial z}\cdot\frac{\partial z}{\partial x}$等于：

A. 1　　B. −1　　C. k　　D. $\frac{1}{k}$

1-4-2 已知函数$f\left(xy,\frac{x}{y}\right)=x^2$，则$\frac{\partial f(x,y)}{\partial x}+\frac{\partial f(x,y)}{\partial y}$等于：

A. $2x+2y$　　B. $x+y$

C. $2x-2y$　　D. $x-y$

1-4-3 设$\varphi(x,y,z)=xy^2z$，$\vec{A}=xz\vec{i}-xy^2\vec{j}+yz^2\vec{k}$，则$\frac{\partial(\varphi\vec{A})}{\partial z}$在点$(-1,-1,1)$处的值为：

A. $2\vec{i}-\vec{j}+3\vec{k}$　　B. $4\vec{i}-4\vec{j}-2\vec{k}$

C. $\vec{i}-\vec{j}+\vec{k}$　　D. $-\vec{i}+\vec{j}-\vec{k}$

1-4-4 $z=f(x,y)$在$P_0(x_0,y_0)$一阶偏导数存在是该函数在此点可微的什么条件？

A. 必要条件　　B. 充分条件　　C. 充要条件　　D. 无关条件

1-4-5 设$z=\frac{1}{x}e^{xy}$，则全微分$\mathrm{d}z|_{(1,-1)}$等于：

A. $e^{-1}(\mathrm{d}x+\mathrm{d}y)$　　B. $e^{-1}(-2\mathrm{d}x+\mathrm{d}y)$

C. $e^{-1}(\mathrm{d}x-\mathrm{d}y)$　　D. $e^{-1}(\mathrm{d}x+2\mathrm{d}y)$

1-4-6　设$z = f(x^2 - y^2)$，则dz等于：

A. $2x - 2y$　　B. $2x\mathrm{d}x - 2y\mathrm{d}y$

C. $f'(x^2 - y^2)\mathrm{d}x$　　D. $2f'(x^2 - y^2)(x\mathrm{d}x - y\mathrm{d}y)$

1-4-7　设$z = 2^{x+y^2}$，则z_y'等于：

A. $y \cdot 2^{x+y^2} \ln 4$　　B. $(x^2 + y^2)2y \ln 4$

C. $2y(x + y^2)e^{x+y^2}$　　D. $2y4^{x+y^2}$

1-4-8　设函数$z = f^2(xy)$，其中$f(u)$具有二阶导数，则$\frac{\partial^2 z}{\partial x^2}$等于：

A. $2y^3 f'(xy) f''(xy)$　　B. $2y^2[f'(xy) + f''(xy)]$

C. $2y\{[f'(xy)]^2 + f''(xy)\}$　　D. $2y^2\{[f'(xy)]^2 + f(xy)f''(xy)\}$

1-4-9　设$z = u^2 \ln v$，而$u = \varphi(x, y)$，$v = \psi(y)$均为可导函数，则$\frac{\partial z}{\partial y}$等于：

A. $2u \ln v + u^2 \frac{1}{v}$　　B. $2\varphi_y \ln v + u^2 \frac{1}{v}$

C. $2u\varphi_y' \ln v + u^2 \frac{1}{v}\psi'$　　D. $2u\varphi_y \frac{1}{v}\psi'$

1-4-10　设$z = f(u, v)$具有一阶连续偏导数，其中$u = xy$，$v = x^2 + y^2$，则$\frac{\partial z}{\partial x}$等于：

A. $xf_u' + yf_v'$　　B. $xf_u' + 2yf_v'$

C. $yf_u' + 2xf_v'$　　D. $2xf_u' + 2yf_v'$

1-4-11　设函数$z = xyf\left(\frac{y}{x}\right)$，其中$f(u)$可导，则$x\frac{\partial z}{\partial x} + y\frac{\partial z}{\partial y}$等于：

A. $2xyf(x)$　　B. $2xyf(y)$

C. $2xyf\left(\frac{y}{x}\right)$　　D. $xyf\left(\frac{y}{x}\right)$

1-4-12　曲面$z = 1 - x^2 - y^2$在点$\left(\frac{1}{2}, \frac{1}{2}, \frac{1}{2}\right)$处的切平面方程是：

A. $x + y + z - \frac{3}{2} = 0$　　B. $x - y - z + \frac{3}{2} = 0$

C. $x - y + z - \frac{3}{2} = 0$　　D. $x - y + z + \frac{3}{2} = 0$

1-4-13　曲面$z = x^2 - y^2$在点$(\sqrt{2}, -1, 1)$处的法线方程是：

A. $\frac{x-\sqrt{2}}{2\sqrt{2}} = \frac{y+1}{-2} = \frac{z-1}{-1}$　　B. $\frac{x-\sqrt{2}}{2\sqrt{2}} = \frac{y+1}{-2} = \frac{z-1}{1}$

C. $\frac{x-\sqrt{2}}{2\sqrt{2}} = \frac{y+1}{2} = \frac{z-1}{-1}$　　D. $\frac{x-\sqrt{2}}{2\sqrt{2}} = \frac{y+1}{2} = \frac{z-1}{1}$

1-4-14　在曲线$x = t$，$y = t^2$，$z = t^3$上某点的切线平行于平面$x + 2y + z = 4$，则该点的坐标为：

A. $\left(-\frac{1}{3}, \frac{1}{9}, -\frac{1}{27}\right)$，$(-1,1,-1)$　　B. $\left(-\frac{1}{3}, \frac{1}{9}, -\frac{1}{27}\right)$，$(1,1,1)$

C. $\left(\frac{1}{3}, \frac{1}{9}, \frac{1}{27}\right)$，$(1,1,1)$　　D. $\left(\frac{1}{3}, \frac{1}{9}, \frac{1}{27}\right)$，$(-1,1,-1)$

1-4-15　曲面$z = x^2 + y^2$在$(-1,2,5)$处的切平面方程是：

A. $2x + 4y + z = 11$　　B. $-2x - 4y + z = -1$

C. $2x - 4y - z = -15$　　D. $2x - 4y + z = -5$

1-4-16 曲面$xyz=1$上平行于$x+y+z+3=0$的切平面方程是：

A. $x+y+z=0$　　B. $x+y+z=1$

C. $x+y+z=2$　　D. $x+y+z=3$

1-4-17 曲线$x=\frac{t^2}{2}$，$y=t+3$，$z=\frac{1}{18}t^3+4(t\geqslant 0)$上对应于$t=\sqrt{6}$的点处的切线与$yOz$平面的夹角为：

A. $\frac{\pi}{3}$　　B. $\frac{\pi}{6}$　　C. $\frac{\pi}{2}$　　D. $\frac{\pi}{4}$

1-4-18 曲线$\begin{cases}x^2-y^2=z\\y=x\end{cases}$在原点处的法平面方程为：

A. $x-y=0$　　B. $y-z=0$　　C. $x+y=0$　　D. $x+z=0$

1-4-19 函数$z=f(x,y)$在$P_0(x_0,y_0)$处可微分，且$f'_x(x_0,y_0)=0$，$f'_y(x_0,y_0)=0$，则$f(x,y)$在$P_0(x_0,y_0)$处有什么极值情况？

A. 必有极大值　　B. 必有极小值　　C. 可能取得极值　　D. 必无极值

1-4-20 下列各点中为二元函数$z=x^3-y^3-3x^2+3y-9x$的极值点的是：

A. $(3,-1)$　　B. $(3,1)$　　C. $(1,1)$　　D. $(-1,-1)$

1-4-21 若函数$f(x,y)$在闭区域D上连续，下列关于极值点的陈述中正确的是：

A. $f(x,y)$的极值点一定是$f(x,y)$的驻点

B. 如果P_0是$f(x,y)$的极值点，则P_0点处$B^2-AC<0$$\left(\text{其中，}A=\frac{\partial^2 f}{\partial x^2}\text{，}B=\frac{\partial^2 f}{\partial x\partial y}\text{，}C=\frac{\partial^2 f}{\partial y^2}\right)$

C. 如果P_0是可微函数$f(x,y)$的极值点，则在P_0点处$\mathrm{d}f=0$

D. $f(x,y)$的最大值点一定是$f(x,y)$的极大值点

1-4-22 二元函数$f(x,y)$在点(x_0,y_0)处两个偏导数$f'_x(x_0,y_0)$，$f'_y(x_0,y_0)$存在是$f(x,y)$在该点连续的：

A. 充分条件而非必要条件　　B. 必要条件而非充分条件

C. 充分必要条件　　D. 既非充分条件又非必要条件

1-4-23 函数$z=f(x,y)$在点$M(x_0,y_0)$处两个偏导数的存在性和可微性的关系是：

A. 两个偏导数存在一定可微　　B. 可微则两个偏导数一定存在

C. 可微不一定两个偏导数存在　　D. 两个偏导数存在一定可微

题解及参考答案

1-4-1　解： $xy=kz$，$xy-kz=0$

设$F(x,y,z)=xy-kz$，由$F(x,y,z)=0$，分别求出F_x、F_y、F_z

$$\frac{\partial x}{\partial y}=-\frac{F_y}{F_x}\text{，}\frac{\partial y}{\partial z}=-\frac{F_z}{F_y}\text{，}\frac{\partial z}{\partial x}=-\frac{F_x}{F_z}$$

计算$F_x=y$，$F_y=x$，$F_z=-k$

故$\frac{\partial x}{\partial y}=-\frac{x}{y}$，$\frac{\partial y}{\partial z}=\frac{k}{x}$，$\frac{\partial z}{\partial x}=\frac{y}{k}$，即$\frac{\partial x}{\partial y}\cdot\frac{\partial y}{\partial z}\cdot\frac{\partial z}{\partial x}=-1$

答案： B

1-4-2 解： 将$f\left(xy,\frac{x}{y}\right)$化为$f(x,y)$形式。

设$xy=u$，$\frac{x}{y}=v$，而$u\cdot v=xy\cdot\frac{x}{y}=x^2$，即$x^2=uv$

代入$f\left(xy,\frac{x}{y}\right)=x^2$，化为$f(u,v)=uv$，即$f(x,y)=xy$

对函数$f(x,y)$求偏导，得$\frac{\partial f}{\partial x}=y$，$\frac{\partial f}{\partial y}=x$，所以$\frac{\partial f}{\partial x}+\frac{\partial f}{\partial y}=y+x$

答案： B

1-4-3 解： $\frac{\partial(\varphi\vec{A})}{\partial z}=\varphi\frac{\partial\vec{A}}{\partial z}+\frac{\partial\varphi}{\partial z}\vec{A}=xy^2z\{x,0,2yz\}+xy^2\{xz,-xy^2,yz^2\}$

$$\vec{A}_{(-1,-1,1)}=(-1)\{-1,0,-2\}+(-1)\{-1,1,-1\}=\{2,-1,3\}$$

答案： A

1-4-4 解： 函数在$P_0(x_0,y_0)$可微，则在该点偏导一定存在。

答案： A

1-4-5 解： 本题考查二元函数在一点的全微分的计算方法。

先求出二元函数的全微分，然后代入点$(1,-1)$坐标，求出在该点的全微分。

$z=\frac{1}{x}e^{xy}$，$\frac{\partial z}{\partial x}=\left(-\frac{1}{x^2}\right)e^{xy}+\frac{1}{x}e^{xy}\cdot y=-\frac{1}{x^2}e^{xy}+\frac{y}{x}e^{xy}=e^{xy}\left(-\frac{1}{x^2}+\frac{y}{x}\right)$

$\frac{\partial z}{\partial y}=\frac{1}{x}e^{xy}\cdot x=e^{xy}$，$\mathrm{d}z=\left(-\frac{1}{x^2}+\frac{y}{x}\right)e^{xy}\mathrm{d}x+e^{xy}\mathrm{d}y$

$\mathrm{d}z|_{(1,-1)}=-2e^{-1}\mathrm{d}x+e^{-1}\mathrm{d}y=e^{-1}(-2\mathrm{d}x+\mathrm{d}y)$

答案： B

1-4-6 解： 本题为二元复合函数求全微分，计算公式为：

$$\mathrm{d}z=\frac{\partial z}{\partial x}\mathrm{d}x+\frac{\partial z}{\partial y}\mathrm{d}y,\quad \frac{\partial z}{\partial x}=f'(x^2-y^2)\cdot 2x,\quad \frac{\partial z}{\partial y}=f'(x^2-y^2)\cdot(-2y)$$

代入得$\mathrm{d}z=f'(x^2-y^2)\cdot 2x\mathrm{d}x+f'(x^2-y^2)(-2y)\mathrm{d}y=2f'(x^2-y^2)(x\mathrm{d}x-y\mathrm{d}y)$

答案： D

1-4-7 解： 把x看作常量，对y求导：

$$z'_y=2^{x+y^2}\ln 2\cdot 2y=y\cdot 2^{x+y^2}\cdot 2\ln 2=y\cdot 2^{x+y^2}\cdot\ln 4$$

答案： A

1-4-8 解： 本题为抽象函数的二元复合函数，利用复合函数的导数算法计算，注意函数复合的层次。

$$z=f^2(xy),\quad \frac{\partial z}{\partial x}=2f(xy)\cdot f'(xy)\cdot y=2y\cdot f(xy)\cdot f'(xy)$$

$$\frac{\partial^2 z}{\partial x^2}=2y[f'(xy)\cdot y\cdot f'(xy)+f(xy)\cdot f''(xy)\cdot y]$$

$$=2y^2\{[f'(xy)]^2+f(xy)\cdot f''(xy)\}$$

答案： D

1-4-9 解： 利用复合函数求偏导的公式计算。

$$\frac{\partial z}{\partial y}=2uu'_y\ln v+u^2\frac{1}{v}v'_y=2u\varphi'_y\ln v+u^2\frac{1}{v}\psi'$$

答案： C

1-4-10 解： 利用复合函数偏导数公式计算：

$$\frac{\partial z}{\partial x}=f'_u\cdot u'_x+f'_v\cdot v'_x=f'_u\cdot y+f'_v\cdot 2x$$

答案： C

1-4-11　解：本题考查多元复合函数偏导数的计算。

由题意，函数$z=xyf\left(\frac{y}{x}\right)$，则

$$x\frac{\partial z}{\partial x}+y\frac{\partial z}{\partial y}=x\left[yf\left(\frac{y}{x}\right)+xyf'\left(\frac{y}{x}\right)\left(-\frac{y}{x^2}\right)\right]+y\left[xf\left(\frac{y}{x}\right)+xyf'\left(\frac{y}{x}\right)\frac{1}{x}\right]=2xyf\left(\frac{y}{x}\right)$$

答案：C

1-4-12　解：把显函数化为隐函数形式。

设$z+x^2+y^2-1=0$，$F(x,y,z)=x^2+y^2+z-1=0$

曲面切平面的法向量$\vec{n}=\{F_x,F_y,F_z\}=\{2x,2y,1\}$

已知M_0的坐标为$\left(\frac{1}{2},\frac{1}{2},\frac{1}{2}\right)$，$\vec{n}_{M_0}=\{2x,2y,1\}_{M_0}=\{1,1,1\}$

则切平面方程为$1\times\left(x-\frac{1}{2}\right)+1\times\left(y-\frac{1}{2}\right)+1\times\left(z-\frac{1}{2}\right)=0$

整理得$x+y+z-\frac{3}{2}=0$

答案：A

1-4-13　解：写成隐函数$F(x,y,z)=0$，即$z-x^2+y^2=0$

切平面法线向量$\vec{n}_{切平面}=\{F_x,F_y,F_z\}\big|_{M_0(\sqrt{2},-1,1)}=\{-2x,+2y,1\}_{M_0(\sqrt{2},-1,1)}=\{-2\sqrt{2},-2,1\}$，取$\vec{s}_{法线}=\{-2\sqrt{2},-2,1\}$，则

法线方程为$\frac{x-\sqrt{2}}{-2\sqrt{2}}=\frac{y+1}{-2}=\frac{z-1}{1}$，即$\frac{x-\sqrt{2}}{2\sqrt{2}}=\frac{y+1}{2}=\frac{z-1}{-1}$

答案：C

1-4-14　解：切线平行于平面，那么切线的方向向量应垂直于平面的法线向量，利用向量垂直的条件得到$\vec{s}\cdot\vec{n}=0$，已知$\vec{s}=\{1,2t,3t^2\}$，$\vec{n}=\{1,2,1\}$，则$\vec{s}\cdot\vec{n}=1+4t+3t^2=(3t+1)(t+1)=0$，即$t_1=-\frac{1}{3}$，$t_2=-1$，得到对应点的坐标。

答案：A

1-4-15　解：利用点法式，求切平面方程。曲面方程写成隐函数形式$x^2+y^2-z=0$，在$(-1,2,5)$点处，切平面的法向量为$\vec{n}=\{2x,2y,-1\}|_{(-1,2,5)}=\{-2,4,-1\}$。过点$(-1,2,5)$切平面方程为$-2(x+1)+4(y-2)-1(z-5)=0$，整理得$2x-4y+z=-5$。

答案：D

1-4-16　解：利用两平面平行、法向量平行、对应坐标成比例，求M_0坐标。

设$M_0(x_0,y_0,z_0)$为曲面$xyz=1$所求的点，$xyz-1=0$，$\vec{n}_1=\{yz,xz,xy\}_{M_0}=\{y_0z_0,x_0z_0,x_0y_0\}$，已知$\vec{n}_2=\{1,1,1\}$，因$\vec{n}_1/\!/\vec{n}_2$，对应坐标成比例，故$\frac{y_0z_0}{1}=\frac{x_0z_0}{1}=\frac{x_0y_0}{1}$，得$x_0=y_0=z_0$，代入求出$M_0(1,1,1)$，$\vec{n}_1=\{1,1,1\}$，利用点法式求出切平面方程。即$1(x-1)+1(y-1)+1(z-1)=0$，$x+y+z=3$。

答案：D

1-4-17　解：利用向量和平面的夹角的计算公式计算。

曲线在$t=\sqrt{6}$时，切线的方向向量$\vec{s}_{t=\sqrt{6}}=\{m,n,p\}_{t=\sqrt{6}}=\left\{t,1,\frac{1}{6}t^2\right\}\Big|_{t=\sqrt{6}}=\{\sqrt{6},1,1\}$，$yOz$平面的法线向量$\vec{n}=\{A,B,C\}=\{1,0,0\}$，利用直线和平面的夹角计算公式：

$$\sin\varphi=\frac{|Am+Bn+Cp|}{\sqrt{A^2+B^2+C^2}\sqrt{m^2+n^2+p^2}}=\frac{1\times\sqrt{6}+0\times1+0\times1}{\sqrt{1+0+0}\times\sqrt{6+1+1}}=\frac{\sqrt{6}}{\sqrt{8}}=\frac{\sqrt{3}}{2}$$

求出$\varphi=\frac{\pi}{3}$。

答案：A

1-4-18　解： 曲线的参数方程为：$x=x$，$y=x$，$z=0$。求出在原点处切线的方向向量，作为法平面的法线向量$\vec{n}=\vec{s}=\{1,1,0\}$，写出法平面方程为$1\cdot(x-0)+1\cdot(y-0)+0\cdot(z-0)=0$，整理得$x+y=0$。

答案： C

1-4-19　解： $z=f(x,y)$在$P_0(x_0,y_0)$可微，且$f_x'(x_0,y_0)=0$，$f_y'(x_0,y_0)=0$，是取得极值的必要条件，因而可能取得极值。

答案： C

1-4-20　解： 利用多元函数极值存在的充分条件确定。

①由$\begin{cases}\frac{\partial z}{\partial x}=0\\ \frac{\partial z}{\partial y}=0\end{cases}$，即$\begin{cases}3x^2-6x-9=0\\ -3y^2+3=0\end{cases}$，求出驻点$(3,1)$，$(3,-1)$，$(-1,1)$，$(-1,-1)$。

②求出$\frac{\partial^2 z}{\partial x^2}$，$\frac{\partial^2 z}{\partial x\partial y}$，$\frac{\partial^2 z}{\partial y^2}$分别代入每一驻点，得到$A$，$B$，$C$的值。

当$AC-B^2>0$取得极点，再由$A>0$取得极小值，$A<0$取得极大值。

$$\frac{\partial^2 z}{\partial x^2}=6x-6,\quad \frac{\partial^2 z}{\partial x\partial y}=0,\quad \frac{\partial^2 z}{\partial y^2}=-6y$$

计算驻点$(3,-1)$是否取得极值：

将$x=3$，$y=-1$代入得$A=12$，$B=0$，$C=6$

$AC-B^2=72>0$，$A>0$

所以在$(3,-1)$点取得极小值，其他点均不取得极值。

答案： A

1-4-21　解： 在题目中只给出$f(x,y)$在闭区域D上连续这一条件，并未讲函数$f(x,y)$在P_0点是否具有一阶、二阶连续偏导，而选项A、B判定中均利用了这个未给的条件，因而选项A、B不成立。选项D中，$f(x,y)$的最大值点可以在D的边界曲线上取得，因而不一定是$f(x,y)$的极大值点，故选项D不成立。

在选项C中，给出P_0是可微函数的极值点这个条件，因而$f(x,y)$在P_0偏导存在，且$\left.\frac{\partial f}{\partial x}\right|_{P_0}=0$，$\left.\frac{\partial f}{\partial y}\right|_{P_0}=0$。故$\mathrm{d}f=\left.\frac{\partial f}{\partial x}\right|_{P_0}\mathrm{d}x+\left.\frac{\partial f}{\partial y}\right|_{P_0}\mathrm{d}y=0$

答案： C

1-4-22　解： $z=f(x,y)$在点(x_0,y_0)处的两个偏导$f_x'(x_0,y_0)$，$f_y'(x_0,y_0)$存在推不出函数$z=f(x,y)$在(x_0,y_0)点连续，可从偏导存在的几何意义上说明。

反之，$z=f(x,y)$在(x_0,y_0)点连续，也推不出在(x_0,y_0)点处$f_x'(x_0,y_0)$，$f_y'(x_0,y_0)$存在。（可参考下题图）

答案： D

1-4-23　解： 本题考查多元函数微分学基本概念的关系。

二元函数在可微、偏导存在、连续之间的关系如下：

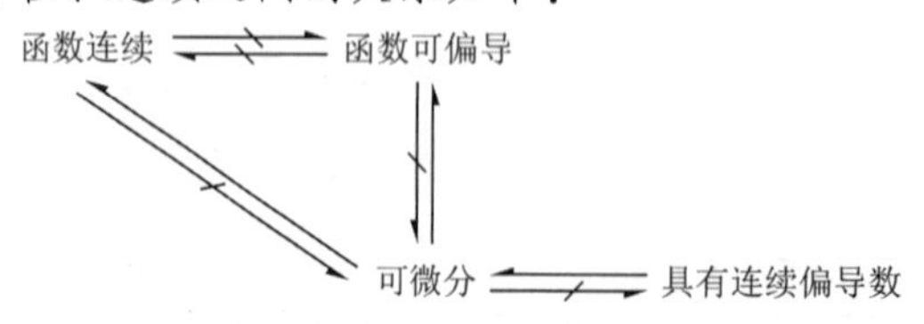

可知，二元函数在点$M(x_0,y_0)$处两个偏导数存在是可微的必要条件，亦即可微则两个偏导数一定存在。

答案： B

（五）多元函数积分学

1-5-1　D域由x轴、$x^2+y^2-2x=0(y\geqslant 0)$及$x+y=2$所围成，$f(x,y)$是连续函数，化$\iint\limits_D f(x,y)\mathrm{d}x\mathrm{d}y$为二次积分是：

A. $\int_0^{\frac{\pi}{4}}\mathrm{d}\varphi\int_0^{2\cos\varphi}f(\rho\cos\varphi,\rho\sin\varphi)\rho\mathrm{d}\rho$

B. $\int_0^1\mathrm{d}y\int_{1-\sqrt{1-y^2}}^{2-y}f(x,y)\mathrm{d}x$

C. $\int_0^{\frac{\pi}{3}}\mathrm{d}\varphi\int_0^1 f(\rho\cos\varphi,\rho\sin\varphi)\rho\mathrm{d}\rho$

D. $\int_0^1\mathrm{d}x\int_0^{\sqrt{2x-x^2}}f(x,y)\mathrm{d}y$

1-5-2　若圆域D：$x^2+y^2\leqslant 1$，则二重积分$\iint\limits_D\frac{\mathrm{d}x\mathrm{d}y}{1+x^2+y^2}$等于：

A. $\frac{\pi}{2}$　　B. π　　C. $2\pi\ln 2$　　D. $\pi\ln 2$

1-5-3　设D是曲线$y=x^2$与$y=1$所围闭区域，$\iint\limits_D 2x\mathrm{d}\sigma$等于：

A. 1　　B. $\frac{1}{2}$　　C. 0　　D. 2

1-5-4　设$f(x,y)$是连续函数，则$\int_0^1\mathrm{d}x\int_0^x f(x,y)\mathrm{d}y$等于：

A. $\int_0^x\mathrm{d}y\int_0^1 f(x,y)\mathrm{d}x$　　B. $\int_0^1\mathrm{d}y\int_0^x f(x,y)\mathrm{d}x$

C. $\int_0^1\mathrm{d}y\int_0^1 f(x,y)\mathrm{d}x$　　D. $\int_0^1\mathrm{d}y\int_y^1 f(x,y)\mathrm{d}x$

1-5-5　设D是两个坐标轴和直线$x+y=1$所围成的三角形区域，则$\iint\limits_D xy\mathrm{d}\sigma$的值为：

A. $\frac{1}{2}$　　B. $\frac{1}{6}$　　C. $\frac{1}{24}$　　D. $\frac{1}{12}$

1-5-6　设D是矩形区域：$-1\leqslant x\leqslant 1$，$-1\leqslant y\leqslant 1$，则$\iint\limits_D e^{x+y}\mathrm{d}x\mathrm{d}y$等于：

A. $(e-1)^2$　　B. $\frac{(e-e^{-1})^2}{4}$　　C. $4(e-1)^2$　　D. $(e-e^{-1})^2$

1-5-7　$I=\iint\limits_D xy\mathrm{d}\sigma$，$D$是由$y^2=x$及$y=x-2$所围成的区域，则化为二次积分后的结果为：

A. $I=\int_0^4\mathrm{d}x\int_{y+2}^{y^2}xy\mathrm{d}y$

B. $I=\int_{-1}^2\mathrm{d}y\int_{y^2}^{y+2}xy\mathrm{d}x$

C. $I=\int_0^1\mathrm{d}x\int_{-\sqrt{x}}^{\sqrt{x}}xy\mathrm{d}y+\int_1^4\mathrm{d}x\int_{x-2}^{x}xy\mathrm{d}y$

D. $I=\int_{-1}^2\mathrm{d}x\int_{y^2}^{y+2}xy\mathrm{d}y$

1-5-8　将$I=\iint\limits_D e^{-x^2-y^2}\mathrm{d}\sigma$（其中$D$：$x^2+y^2\leqslant 1$）化为极坐标系下的二次积分，其形式为下列哪一式？

A. $I=\int_0^{2\pi}\mathrm{d}\theta\int_0^1 e^{-r^2}\mathrm{d}r$　　B. $I=4\int_0^{\frac{\pi}{2}}\mathrm{d}\theta\int_0^1 e^{-r^2}\mathrm{d}r$

C. $I=2\int_0^{\frac{\pi}{2}}\mathrm{d}\theta\int_0^1 e^{-r^2}r\mathrm{d}r$　　D. $I=\int_0^{2\pi}\mathrm{d}\theta\int_0^1 e^{-r^2}r\mathrm{d}r$

1-5-9 改变积分次序$\int_0^3 \mathrm{d}y \int_y^{6-y} f(x,y)\mathrm{d}x$，则有下列哪一式?

A. $\int_0^3 \mathrm{d}x \int_x^{6-x} f(x,y)\mathrm{d}y$

B. $\int_0^3 \mathrm{d}x \int_0^x f(x,y)\mathrm{d}y + \int_3^6 \mathrm{d}x \int_0^{6-x} f(x,y)\mathrm{d}y$

C. $\int_0^3 \mathrm{d}x \int_0^x f(x,y)\mathrm{d}y$

D. $\int_3^6 \mathrm{d}x \int_0^{6-x} f(x,y)\mathrm{d}y$

1-5-10 积分$\iint\limits_{x^2+y^2\leqslant 1} \sqrt[5]{x^2+y^2}\mathrm{d}x\mathrm{d}y$的值等于：

A. $\frac{5}{3}\pi$　　B. $\frac{5}{6}\pi$　　C. $\frac{10}{7}\pi$　　D. $\frac{10}{11}\pi$

1-5-11 设$f(x,y)$为连续函数，则$\int_0^1 \mathrm{d}x \int_x^{\sqrt{x}} f(x,y)\mathrm{d}y$等于：

A. $\int_0^1 \mathrm{d}y \int_y^{\sqrt{y}} f(x,y)\mathrm{d}x$　　B. $\int_0^1 \mathrm{d}y \int_{y^2}^{y} f(x,y)\mathrm{d}x$

C. $\int_0^1 \mathrm{d}y \int_{y^2}^{\sqrt{y}} f(x,y)\mathrm{d}x$　　D. $\int_0^1 \mathrm{d}y \int_y^{y^2} f(x,y)\mathrm{d}x$

1-5-12 设二重积分$I = \int_0^2 \mathrm{d}x \int_{-\sqrt{2x-x^2}}^0 f(x,y)\mathrm{d}y$交换积分次序后，则$I$等于下列哪一式?

A. $\int_{-1}^0 \mathrm{d}y \int_{1-\sqrt{1-y^2}}^{1+\sqrt{1-y^2}} f(x,y)\mathrm{d}x$　　B. $\int_{-1}^1 \mathrm{d}y \int_{1-\sqrt{1-y^2}}^{1+\sqrt{1-y^2}} f(x,y)\mathrm{d}x$

C. $\int_1^0 \mathrm{d}y \int_0^{1+\sqrt{1-y^2}} f(x,y)\mathrm{d}x$　　D. $\int_0^1 \mathrm{d}y \int_{1-\sqrt{1-y^2}}^{1+\sqrt{1-y^2}} f(x,y)\mathrm{d}x$

1-5-13 设D为圆域$x^2+y^2\leqslant 4$，则下列式子中正确的是：

A. $\iint\limits_D \sin(x^2+y^2)\,\mathrm{d}x\mathrm{d}y = \iint\limits_D \sin 4\mathrm{d}x\mathrm{d}y$

B. $\iint\limits_D \sin(x^2+y^2)\,\mathrm{d}x\mathrm{d}y = \int_0^{2\pi}\mathrm{d}\theta \int_0^4 \sin r^2\mathrm{d}r$

C. $\iint\limits_D \sin(x^2+y^2)\,\mathrm{d}x\mathrm{d}y = \int_0^{2\pi}\mathrm{d}\theta \int_0^2 r\sin r^2\mathrm{d}r$

D. $\iint\limits_D \sin(x2+y^2)\,\mathrm{d}x\mathrm{d}y = \int_0^{2\pi}\mathrm{d}\theta \int_0^2 \sin r^2\mathrm{d}r$

1-5-14 化二重积分为极坐标系下的二次积分，则$\int_0^1 \mathrm{d}x \int_0^{x^2} f(x,y)\mathrm{d}y$等于：

A. $\int_0^{\frac{\pi}{3}} \mathrm{d}\theta \int_0^{\sec\theta\tan\theta} f(r\cos\theta, r\sin\theta)r\mathrm{d}r$

B. $\int_0^{\frac{\pi}{4}} \mathrm{d}\theta \int_0^{\sec\theta\tan\theta} f(r\cos\theta, r\sin\theta)r\mathrm{d}r$

C. $\int_0^{\frac{\pi}{3}} \mathrm{d}\theta \int_{\sec\theta\tan\theta}^{\sec\theta} f(r\cos\theta, r\sin\theta)r\mathrm{d}r$

D. $\int_0^{\frac{\pi}{4}} \mathrm{d}\theta \int_{\sec\theta\tan\theta}^{\sec\theta} f(r\cos\theta, r\sin\theta)r\mathrm{d}r$

1-5-15 设D为$2\leqslant x^2+y^2\leqslant 2x$所确定的区域，则二重积分$\iint\limits_D x\sqrt{x^2+y^2}\mathrm{d}x\mathrm{d}y$化为极坐标系下的二次积分时等于：

A. $\int_{-\frac{\pi}{4}}^{\frac{\pi}{4}} \cos\theta\,\mathrm{d}\theta \int_{\sqrt{2}}^{2\cos\theta} r^2\mathrm{d}r$　　B. $\int_{-\frac{\pi}{4}}^{\frac{\pi}{4}} \cos\theta\,\mathrm{d}\theta \int_{\sqrt{2}}^{2} r^3\mathrm{d}r$

C. $\int_{-\frac{\pi}{2}}^{\frac{\pi}{2}} \mathrm{d}\theta \int_{\sqrt{2}}^{2\cos\theta} \cos\theta\cdot r^3\mathrm{d}r$　　D. $\int_{-\frac{\pi}{4}}^{\frac{\pi}{4}} \cos\theta\,\mathrm{d}\theta \int_{\sqrt{2}}^{2\cos\theta} r^3\mathrm{d}r$

1-5-16 计算$I = \iiint\limits_{\Omega} z\mathrm{d}V$，其中$\Omega$为$z^2 = x^2+y^2$，$z=1$围成的立体，则正确的解法是：

A. $I = \int_0^{2\pi}\mathrm{d}\theta \int_0^1 r\mathrm{d}r \int_0^1 z\mathrm{d}z$　　B. $I = \int_0^{2\pi}\mathrm{d}\theta \int_0^1 r\mathrm{d}r \int_r^1 z\mathrm{d}z$

C. $I = \int_0^{2\pi}\mathrm{d}\theta \int_0^1 \mathrm{d}z \int_r^1 r\mathrm{d}r$　　D. $I = \int_0^1 \mathrm{d}z \int_0^{\pi}\mathrm{d}\theta \int_0^z zr\mathrm{d}r$

1-5-17 计算由曲面$z=\sqrt{x^2+y^2}$及$z=x^2+y^2$所围成的立体体积的三次积分为：

A. $\int_0^{2\pi}\mathrm{d}\theta\int_0^1 r\mathrm{d}r\int_{r^2}^{r}\mathrm{d}z$　　B. $\int_0^{2\pi}\mathrm{d}\theta\int_0^1 r\mathrm{d}r\int_{r^2}^{1}\mathrm{d}z$

C. $\int_0^{2\pi}\mathrm{d}\theta\int_0^{\frac{\pi}{4}}\sin\varphi\mathrm{d}\varphi\int_0^1 r^2\mathrm{d}r$　　D. $\int_0^{2\pi}\mathrm{d}\theta\int_{\frac{\pi}{4}}^{\frac{\pi}{2}}\sin\varphi\mathrm{d}\varphi\int_0^1 r^2\mathrm{d}r$

1-5-18 曲面$x^2+y^2+z^2=2z$之内及曲面$z=x^2+y^2$之外所围成的立体的体积V等于：

A. $\int_0^{2\pi}\mathrm{d}\theta\int_0^1 r\mathrm{d}r\int_r^{\sqrt{1-r^2}}\mathrm{d}z$　　B. $\int_0^{2\pi}\mathrm{d}\theta\int_0^r r\mathrm{d}r\int_{r^2}^{1-\sqrt{1-r^2}}\mathrm{d}z$

C. $\int_0^{2\pi}\mathrm{d}\theta\int_0^r r\mathrm{d}r\int_r^{1-r}\mathrm{d}z$　　D. $\int_0^{2\pi}\mathrm{d}\theta\int_0^1 r\mathrm{d}r\int_{1-\sqrt{1-r^2}}^{r^2}\mathrm{d}z$

1-5-19 已知Ω由$3x^2+y^2=z$，$z=1-x^2$所围成，则$\iiint\limits_{\Omega}f(x,y,z)\mathrm{d}V$等于：

A. $2\int_0^{\frac{1}{2}}\mathrm{d}x\int_0^{\sqrt{1-4x^2}}\mathrm{d}y\int_{3x^2+y^2}^{1-x^2}f(x,y,z)\mathrm{d}z$

B. $\int_0^{\frac{1}{2}}\mathrm{d}x\int_0^{\sqrt{1-4x^2}}\mathrm{d}y\int_{3x^2+y^2}^{1-x^2}f(x,y,z)\mathrm{d}z$

C. $\int_{-\frac{1}{2}}^{\frac{1}{2}}\mathrm{d}x\int_{-\sqrt{1-4x^2}}^{\sqrt{1-4x^2}}\mathrm{d}y\int_{3x^2+y^2}^{1-x^2}f(x,y,z)\mathrm{d}z$

D. $\int_{-\frac{1}{2}}^{\frac{1}{2}}\mathrm{d}x\int_{-\sqrt{1-4x^2}}^{\sqrt{1-4x^2}}\mathrm{d}y\int_{1-x^2}^{3x^2+y^2}f(x,y,z)\mathrm{d}z$

1-5-20 设$I=\iiint\limits_{\Omega}(x^2+y^2+z^2)\mathrm{d}V$，$\Omega$：$x^2+y^2+z^2\leqslant 1$，则$I$等于：

A. $\iiint\limits_{\Omega}\mathrm{d}V=\Omega$的体积　　B. $\int_0^{2\pi}\mathrm{d}\theta\int_0^{2\pi}\mathrm{d}\varphi\int_0^1 r^4\sin\theta\,\mathrm{d}r$

C. $\int_0^{2\pi}\mathrm{d}\theta\int_0^{\pi}\mathrm{d}\varphi\int_0^1 r^4\sin\varphi\,\mathrm{d}r$　　D. $\int_0^{2\pi}\mathrm{d}\theta\int_0^{\pi}\mathrm{d}\varphi\int_0^1 r^4\sin\theta\,\mathrm{d}r$

1-5-21 设Ω是由$x^2+y^2+z^2\leqslant 2z$及$z\leqslant x^2+y^2$所确定的立体区域，则Ω的体积等于：

A. $\int_0^{2\pi}\mathrm{d}\theta\int_0^1 r\mathrm{d}r\int_{r^2}^{\sqrt{1-r^2}}\mathrm{d}z$　　B. $\int_0^{2\pi}\mathrm{d}\theta\int_0^r r\mathrm{d}r\int_1^{1-\sqrt{1-r^2}}\mathrm{d}z$

C. $\int_0^{2\pi}\mathrm{d}\theta\int_0^1 r\mathrm{d}r\int_{r^2}^{1-r^2}\mathrm{d}z$　　D. $\int_0^{2\pi}\mathrm{d}\theta\int_0^1 r\mathrm{d}r\int_{1-\sqrt{1-r^2}}^{r^2}\mathrm{d}z$

1-5-22 Ω是由曲面$z=x^2+y^2$，$y=x$，$y=0$，$z=1$在第一卦限所围成的闭区域，$f(x,y,z)$在Ω上连续，则$\iiint\limits_{\Omega}f(x,y,z)\mathrm{d}V$等于：

A. $\int_0^1\mathrm{d}y\int_y^{\sqrt{1-y^2}}\mathrm{d}x\int_{x^2+y^2}^1 f(x,y,z)\mathrm{d}z$　　B. $\int_0^{\frac{\sqrt{2}}{2}}\mathrm{d}x\int_y^{\sqrt{1-y^2}}\mathrm{d}y\int_{x^2+y^2}^1 f(x,y,z)\mathrm{d}z$

C. $\int_0^{\frac{\sqrt{2}}{2}}\mathrm{d}y\int_y^{\sqrt{1-y^2}}\mathrm{d}x\int_{x^2+y^2}^1 f(x,y,z)\mathrm{d}z$　　D. $\int_0^{\frac{\sqrt{2}}{2}}\mathrm{d}y\int_y^{\sqrt{1-y^2}}\mathrm{d}x\int_0^1 f(x,y,z)\mathrm{d}z$

1-5-23 设D是$(x-2)^2+(y-2)^2\leqslant 2$，$I_1=\iint\limits_{D}(x+y)^4\mathrm{d}\sigma$，$I_2=\iint\limits_{D}(x+y)\mathrm{d}\sigma$，$I_3=\iint\limits_{D}(x+y)^2\mathrm{d}\sigma$，则$I_1$，$I_2$，$I_3$之间的大小顺序为：

A. $I_1<I_2<I_3$　　B. $I_3<I_2<I_1$

C. $I_2<I_3<I_1$　　D. $I_3<I_1<I_2$

1-5-24 设L是椭圆$\begin{cases}x=a\cos\theta\\y=b\sin\theta\end{cases}(a>0,\ b>0)$的上半椭圆周，沿顺时针方向，则曲线积分$\int_L y^2\mathrm{d}x$等于：

A. $\frac{5}{3}ab^2$　　B. $\frac{4}{3}ab^2$　　C. $\frac{2}{3}ab^2$　　D. $\frac{1}{3}ab^2$

1-5-25 设L为连接(0,0)点与(1,1)点的抛物线$y=x^2$，则对弧长的曲线积分$\int_L x\mathrm{d}s$等于：

A. $\frac{1}{12}(5\sqrt{5}-1)$　　B. $\frac{5\sqrt{5}}{12}$

C. $\frac{2}{3}(5\sqrt{5}-1)$　　D. $\frac{10\sqrt{5}}{3}$

1-5-26 设L是从$A(1,0)$到$B(-1,2)$的线段，则曲线积分$\int_L (x+y)\mathrm{d}s$等于：

A. $-2\sqrt{2}$　　B. $2\sqrt{2}$　　C. 2　　D. 0

1-5-27 设L为连接(0,2)和(1,0)的直线段，则对弧长的曲线积分$\int_L(x^2+y^2)\mathrm{d}s$等于：

A. $\frac{\sqrt{5}}{2}$　　B. 2　　C. $\frac{3\sqrt{5}}{2}$　　D. $\frac{5\sqrt{5}}{3}$

1-5-28 设L是从点(1,1)到点(2,2)的直线段，则曲线积分$\int_L (x+y)\mathrm{d}x+(y-x)\mathrm{d}y$等于：

A. 5　　B. 4　　C. 3　　D. 2

1-5-29 设L为曲线$y=\sqrt{x}$上从点$M(1,1)$到点$O(0,0)$的有向弧段，则曲线积分$\int_L \frac{1}{y}\mathrm{d}x+\mathrm{d}y$等于：

A. 1　　B. −1　　C. −3　　D. 3

题解及参考答案

1-5-1　解：$x^2+y^2-2x=0$，$(x-1)^2+y^2=1$，D由$(x-1)^2+y^2=1(y\geqslant0)$，$x+y=2$与$x$轴围成，画出平面区域$D$。

由$(x-1)^2+y^2=1,(x-1)^2=1-y^2,x-1=\pm\sqrt{1-y^2},x=1\pm\sqrt{1-y^2}$,取$x=1-\sqrt{1-y^2}$。

由图形确定二重积分，先对x积分，后对y积分。

$$D:\ \begin{cases}0\leqslant y\leqslant 1\\1-\sqrt{1-y^2}\leqslant x\leqslant 2-y\end{cases},\ 故\iint_D f(x,y)\mathrm{d}x\mathrm{d}y=\int_0^1\mathrm{d}y\int_{1-\sqrt{1-y^2}}^{2-y}f(x,y)\mathrm{d}x$$

答案：B

1-5-2　解：本题考查二重积分在极坐标下的运算规则。

注意二重积分，直角坐标和极坐标有如下关系：$x=r\cos\theta$，$y=r\sin\theta$，故$x^2+y^2=r^2$，圆域$x^2+y^2\leqslant1$，可表示为$r^2\leqslant1$，面积元素$\mathrm{d}x\mathrm{d}y=r\mathrm{d}r\mathrm{d}\theta$，故：在极坐标系中，积分区域可用极坐标不等式组$0\leqslant r\leqslant1$，$0\leqslant\theta\leqslant2\pi$表示。

$$\begin{aligned}\iint_D\frac{\mathrm{d}x\mathrm{d}y}{1+x^2+y^2}&=\int_0^{2\pi}\mathrm{d}\theta\int_0^1\frac{1}{1+r^2}r\mathrm{d}r\xrightarrow{\theta和r无关直接积分，对r凑微分}\\&=2\pi\int_0^1\frac{1}{2}\frac{1}{1+r^2}\mathrm{d}(1+r^2)\\&=\pi\ln(1+r^2)\Big|_0^1=\pi\ln2\end{aligned}$$

答案：D

1-5-3　解：方法1，画出积分区域图形。求$\begin{cases}y=x^2\\y=1\end{cases}$，得交点$(-1,1)$，$(1,1)$

区域D：$\begin{cases}-1\leqslant x\leqslant 1\\x^2\leqslant y\leqslant 1\end{cases}$

$$原式=\int_{-1}^{1}\mathrm{d}x\int_{x^2}^{1}2x\mathrm{d}y=\int_{-1}^{1}2xy\Big|_{x^2}^{1}\mathrm{d}x=\int_{-1}^{1}2x(1-x^2)\mathrm{d}x$$

$$=\int_{-1}^{1}(2x-2x^3)\mathrm{d}x=\left(x^2-\frac{1}{2}x^4\right)\Big|_{-1}^{1}=0$$

或利用二重积分的对称性质计算。积分区域D关于y轴对称，函数满足$f(-x,y)=-f(x,y)$，即函数$f(x,y)$是关于x的奇函数，则二重积分$\iint\limits_D f(x,y)\mathrm{d}x\mathrm{d}y=0$。

方法2，被积函数$f(x,y)=2x$关于变量x为奇函数，积分区域D关于y轴对称，则$\iint\limits_D f(x,y)\mathrm{d}x\mathrm{d}y=0$。

答案：C

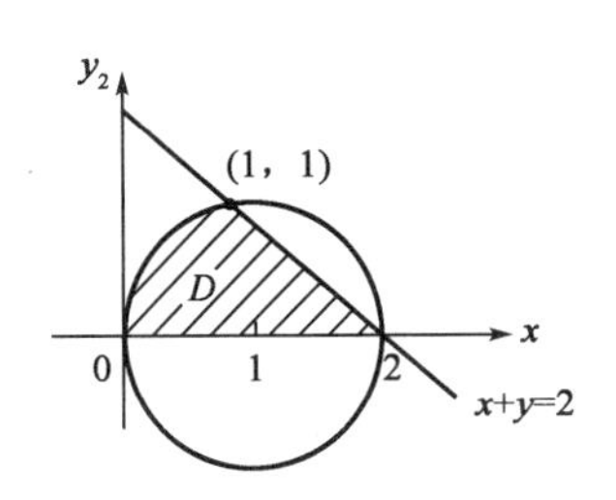

题1-5-1解图

题1-5-2解图

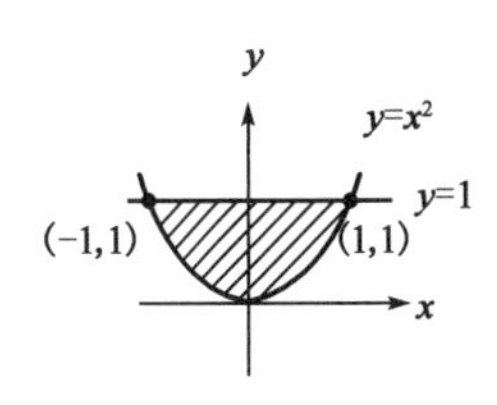

题1-5-3解图

1-5-4　解：本题要求改变二重积分的积分顺序。将先对y积分，后对x积分，换成先对x后对y积分。

由给出的条件D：$\begin{cases}0\leqslant y\leqslant x\\0\leqslant x\leqslant 1\end{cases}$，把积分区域$D$复原（见解图），再写出先对$x$，后对$y$积分的顺序。

$$D：\begin{cases}0\leqslant y\leqslant 1\\y\leqslant x\leqslant 1\end{cases}，原式=\int_0^1\mathrm{d}y\int_y^1 f(x,y)\mathrm{d}x$$

答案：D

1-5-5　解：画出积分区域D的图形（见解图），把二重积分化为二次积分：

$$\iint\limits_D xy\mathrm{d}\sigma=\int_0^1\mathrm{d}x\int_0^{1-x}xy\mathrm{d}y=\int_0^1\frac{1}{2}xy^2\Big|_0^{1-x}\mathrm{d}x$$

$$=\frac{1}{2}\int_0^1 x(1-x)^2\mathrm{d}x=\frac{1}{2}\int_0^1(x^3-2x^2+x)\mathrm{d}x=\frac{1}{24}$$

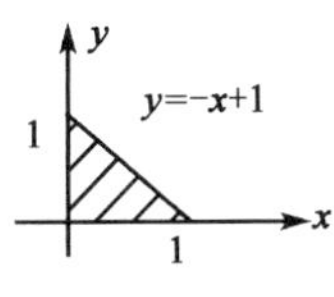

题1-5-5解图

答案：C

题1-5-4解图

1-5-6　解：把二重积分化为二次积分：

$$\iint\limits_D e^{x+y}\mathrm{d}x\mathrm{d}y=\int_{-1}^{1}\mathrm{d}x\int_{-1}^{1}e^{x+y}\mathrm{d}y=\int_{-1}^{1}e^x\mathrm{d}x\int_{-1}^{1}e^y\mathrm{d}y$$

$$=e^x\Big|_{-1}^{1}e^y\Big|_{-1}^{1}=\left(e-\frac{1}{e}\right)\left(e-\frac{1}{e}\right)$$

$$=\left(e-\frac{1}{e}\right)^2$$

答案：D

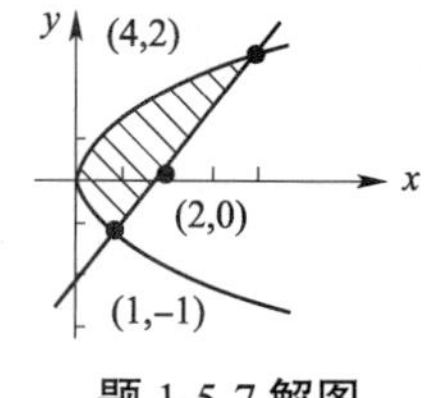

题 1-5-7 解图

1-5-7　解： 画出积分区域D的图形（见解图），求出交点坐标$(4,2)$，$(1,-1)$，D：$\begin{cases}-1\leqslant y\leqslant 2\\ y^2\leqslant x\leqslant y+2\end{cases}$，按先$x$后$y$的积分顺序化为二次积分，即

$$I=\iint_D xy\mathrm{d}\sigma=\int_{-1}^{2}\mathrm{d}y\int_{y^2}^{y+2}xy\mathrm{d}x$$

答案： B

1-5-8　解： 化为极坐标系下的二次积分，面积元素$\mathrm{d}\sigma=r\mathrm{d}r\mathrm{d}\theta$，$D$：$\begin{cases}0\leqslant r\leqslant 1\\ 0\leqslant\theta\leqslant 2\pi\end{cases}$，把$x=r\cos\theta$，$y=r\sin\theta$代入被积函数，即

$$\iint_D e^{-x^2-y^2}\mathrm{d}\sigma=\int_0^{2\pi}\mathrm{d}\theta\int_0^1 e^{-r^2}\cdot r\mathrm{d}r$$

答案： D

1-5-9　解： 把积分区域D复原，作直线$x=6-y$，$x=y$，并求交点；再作直线$y=3$，$y=0$，得到区域D（见解图），改变积分顺序，先y后x，由于上面边界曲线是由两个方程给出，则把D分剖成两部分：D_1、D_2，然后分别按先y后x的积分顺序，写出二次积分的形式，即

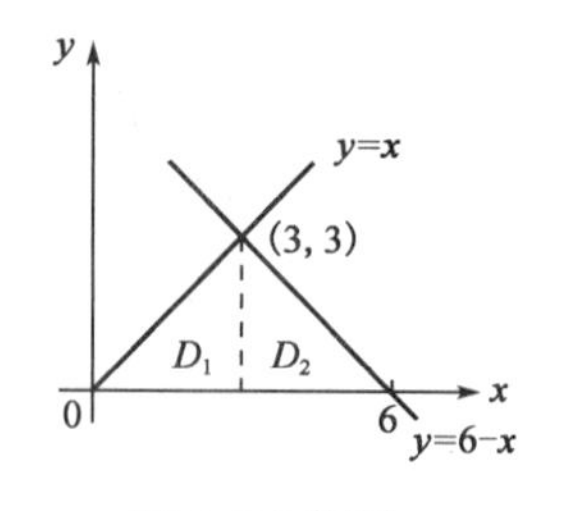

题 1-5-9 解图

$$\int_0^3\mathrm{d}y\int_y^{6-y}f(x,y)\mathrm{d}x=\iint_{D_1}f(x,y)\mathrm{d}x\mathrm{d}y+\iint_{D_2}f(x,y)\mathrm{d}x\mathrm{d}y$$
$$=\int_0^3\mathrm{d}x\int_0^x f(x,y)\mathrm{d}y+\int_3^6\mathrm{d}x\int_0^{6-x}f(x,y)\mathrm{d}y$$

答案： B

1-5-10　解： 化为极坐标计算。面积元素$\mathrm{d}x\mathrm{d}y=r\mathrm{d}r\mathrm{d}\theta$，$x=r\cos\theta$，$y=r\sin\theta$，写出极坐标系下的二次积分，即

$$\text{原式}=\int_0^{2\pi}\mathrm{d}\theta\int_0^1 r^{2/5}r\mathrm{d}r=\int_0^{2\pi}\mathrm{d}\theta\int_0^1 r^{7/5}\mathrm{d}r=2\pi\cdot\frac{5}{12}x^{12/5}\Big|_0^1=\frac{5}{6}\pi$$

答案： B

1-5-11　解： 画出积分区域D的图形（见解图），再按先x后y顺序写成二次积分。

$$D:\begin{cases}0\leqslant y\leqslant 1\\ y^2\leqslant x\leqslant y\end{cases}，\text{原式}=\int_0^1\mathrm{d}y\int_{y^2}^{y}f(x,y)\mathrm{d}x$$

答案： B

1-5-12　解： 画出积分区域D的图形（见解图），再写出先x后y的积分表达式。如下：

由$y=-\sqrt{2x-x^2}$经配方得$(x-1)^2+y^2=1$，解出$x=1\pm\sqrt{1-y^2}$

写出先x后y积分的不等式组$\begin{cases}-1\leqslant y\leqslant 0\\ 1-\sqrt{1-y^2}\leqslant x\leqslant 1+\sqrt{1-y^2}\end{cases}$

$$I=\int_{-1}^{0}\mathrm{d}y\int_{1-\sqrt{1-y^2}}^{1+\sqrt{1-y^2}}f(x,y)\mathrm{d}x$$

答案： A

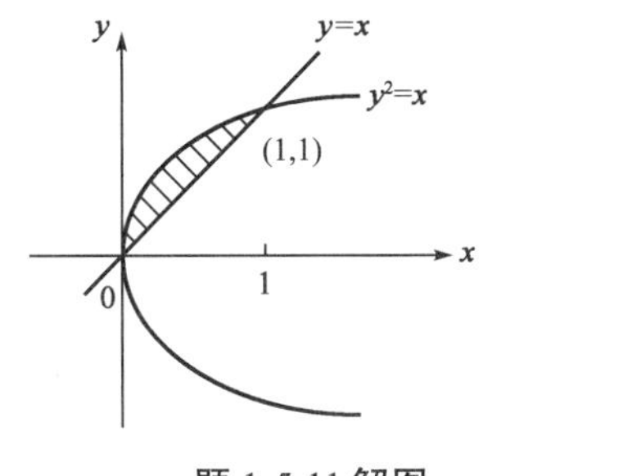

题 1-5-11 解图

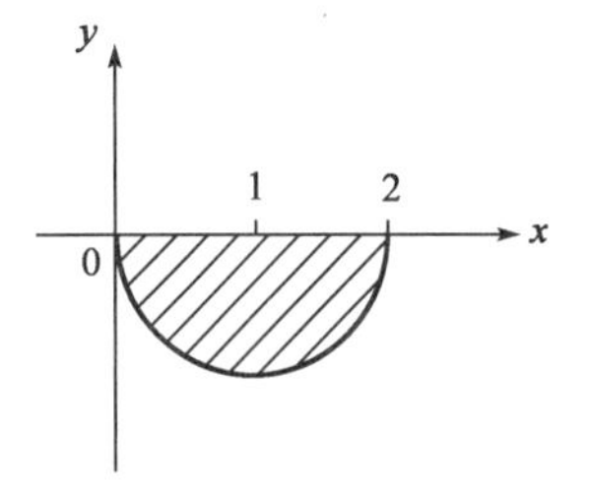

题 1-5-12 解图

1-5-13 解： 化为极坐标系下的二次积分，面积元素为$r\mathrm{d}r\mathrm{d}\theta$，把$x=r\cos\theta$，$y=r\sin\theta$代入计算。

$$D: \begin{cases}0\leqslant\theta\leqslant 2\pi\\0\leqslant r\leqslant 2\end{cases}, \quad \iint_D \sin(x^2+y^2)\,\mathrm{d}x\mathrm{d}y=\int_0^{2\pi}\mathrm{d}\theta\int_0^2(\sin r^2)r\mathrm{d}r=\int_0^{2\pi}\mathrm{d}\theta\int_0^2 r\sin r^2\,\mathrm{d}r$$

答案： C

1-5-14 解： 画出积分区域D的图形（见解图），确定r和θ的取值。

θ值：由$\theta=0$变化到$\theta=\frac{\pi}{4}$，$0\leqslant\theta\leqslant\frac{\pi}{4}$；

r的确定：在$0\sim\frac{\pi}{4}$间任意做一条射线，得到穿入点的r值$r=\tan\theta\sec\theta$，穿出点的r值为$r=\sec\theta$。$\tan\theta\sec\theta\leqslant r\leqslant\sec\theta$，最后得$0\leqslant\theta\leqslant\frac{\pi}{4}$，$\tan\theta\sec\theta\leqslant r\leqslant\sec\theta$。

则
$$\int_0^1\mathrm{d}x\int_0^{x^2}f(x,y)\mathrm{d}y=\int_0^{\frac{\pi}{4}}\mathrm{d}\theta\int_{\tan\theta\sec\theta}^{\sec\theta}f(r\cos\theta,r\sin\theta)r\mathrm{d}r$$

答案： D

1-5-15 解： 画出积分区域D的图形（见解图），由$x^2+y^2\geqslant 2$得知在圆$x^2+y^2=2$的外部，由$x^2+y^2\leqslant 2x$得知在圆$(x-1)^2+y^2=1$的内部，D为它们的公共部分，如解图画斜线部分。

求交点，解方程组$\begin{cases}x^2+y^2=2\\x^2+y^2=2x\end{cases}$，得交点坐标$(1,1)$、$(1,-1)$。

化为极坐标系下的二次积分：$-\frac{\pi}{4}\leqslant\theta\leqslant\frac{\pi}{4}$，$\sqrt{2}\leqslant r\leqslant 2\cos\theta$。

被积函数用$x=r\cos\theta$，$y=r\sin\theta$代入，面积元素$\mathrm{d}x\mathrm{d}y=r\mathrm{d}r\mathrm{d}\theta$，故

$$\iint_D x\sqrt{x^2+y^2}\mathrm{d}x\mathrm{d}y=\int_{-\frac{\pi}{4}}^{\frac{\pi}{4}}\mathrm{d}\theta\int_{\sqrt{2}}^{2\cos\theta}r\cos\theta\cdot r\cdot r\mathrm{d}r=\int_{-\frac{\pi}{4}}^{\frac{\pi}{4}}\cos\theta\mathrm{d}\theta\int_{\sqrt{2}}^{2\cos\theta}r^3\mathrm{d}r$$

答案： D

1-5-16 解： 通过题目给出的条件画出图形（见解图），利用柱面坐标计算，联立消z：$\begin{cases}z^2=x^2+y^2\\z=1\end{cases}$，得$x^2+y^2=1$。代入$x=r\cos\theta$，$y=r\sin\theta$，$z^2=x^2+y^2$，$z^2=r^2$，得$z=r$，$z=-r$，取$z=r$（上半锥）。

$$D_{xy}: x^2+y^2\leqslant 1,\ \Omega: \begin{cases}r\leqslant z\leqslant 1\\0\leqslant r\leqslant 1\\0\leqslant\theta\leqslant 2\pi\end{cases},\ \mathrm{d}V=r\mathrm{d}r\mathrm{d}\theta\mathrm{d}z$$

则$V=\iiint_\Omega z\mathrm{d}V=\iiint_\Omega zr\mathrm{d}r\mathrm{d}\theta\mathrm{d}z$，再化为柱面坐标系下的三次积分。先对$z$积，再对$r$积，最后对$\theta$积分，即$V=\int_0^{2\pi}\mathrm{d}\theta\int_0^1 r\mathrm{d}r\int_r^1 z\mathrm{d}z$。

答案： B

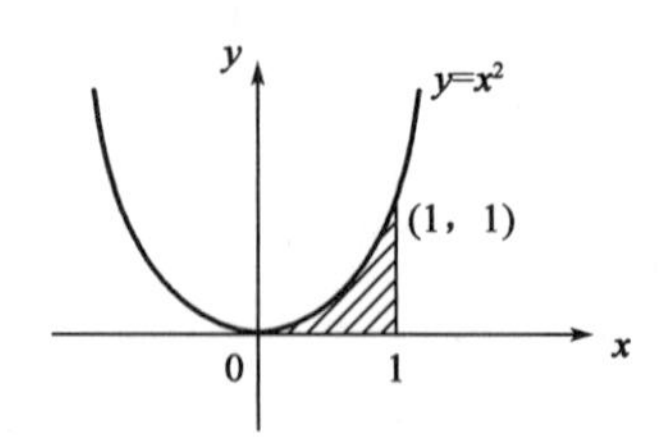

题 1-5-14 解图

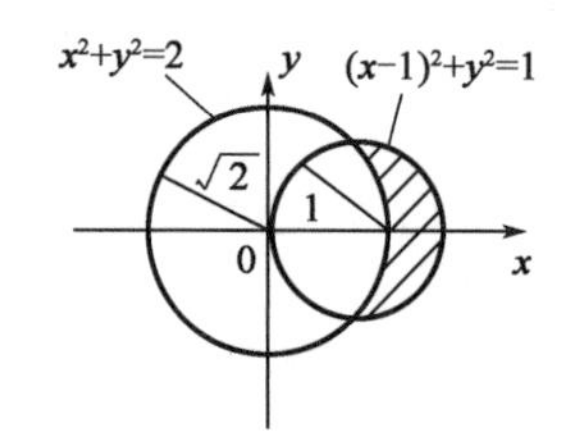

题 1-5-15 解图

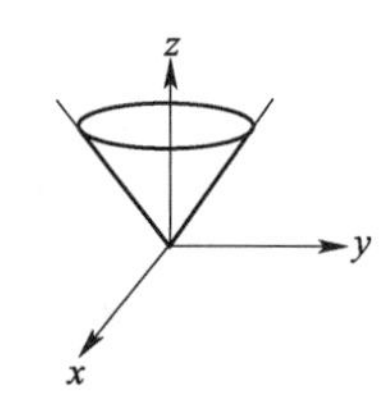

题 1-5-16 解图

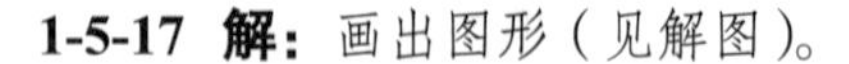

1-5-17　解： 画出图形（见解图）。

z

y

x

题 1-5-17 解图

立体体积$V=\iiint\limits_{\Omega} 1\mathrm{d}V$，求出投影区域$D_{xy}$

利用方程组$\begin{cases} z=\sqrt{x^2+y^2} \\ z=x^2+y^2 \end{cases}$消去字母$z$，得$D_{xy}$：$x^2+y^2\leqslant 1$。

写出在柱面坐标系下计算立体体积的三次积分表示式。

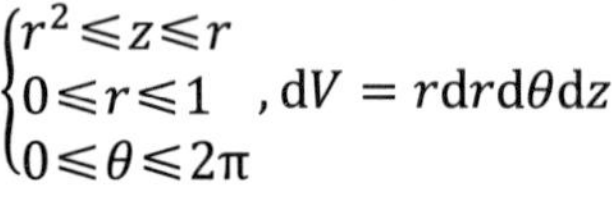

$$\begin{cases} r^2\leqslant z\leqslant r \\ 0\leqslant r\leqslant 1 \\ 0\leqslant \theta\leqslant 2\pi \end{cases}, \mathrm{d}V=r\mathrm{d}r\mathrm{d}\theta\mathrm{d}z$$

$$V=\iiint\limits_{\Omega} 1\mathrm{d}V=\int_0^{2\pi}\mathrm{d}\theta\int_0^1 r\mathrm{d}r\int_{r^2}^{r} 1\mathrm{d}z$$

答案： A

1-5-18　解： 利用柱面坐标计算三重积分（见解图）。

z

$x^2+y^2+(z-1)^2=1$

D_{xy}

y

$x^2+y^2=1$

x

题 1-5-18 解图

立体体积$V=\iiint 1\mathrm{d}V$，联立$\begin{cases} x^2+y^2+z^2=2z \\ z=x^2+y^2 \end{cases}$，消$z$得$x^2+y^2=1$，所以所围区域在$xoy$面投影$D_{xy}$：$x^2+y^2\leqslant 1$

由$x^2+y^2+z^2=2z$，得到：

$x^2+y^2+(z-1)^2=1$，$(z-1)^2=1-x^2-y^2$，

$z-1=\pm\sqrt{1-x^2-y^2}$，$z=1\pm\sqrt{1-x^2-y^2}$

取$z=1-\sqrt{1-x^2-y^2}$

$1-\sqrt{1-x^2-y^2}\leqslant z\leqslant x^2+y^2$，即积分区域$\Omega$在柱面坐标下的形式为

$$\begin{cases} 1-\sqrt{1-r^2}\leqslant z\leqslant r^2 \\ 0\leqslant r\leqslant 1 \\ 0\leqslant \theta\leqslant 2\pi \end{cases}, \mathrm{d}V=r\mathrm{d}r\mathrm{d}\theta\mathrm{d}z\text{，写成三次积分}$$

先对z积分，再对r积分，最后对θ积分，即得选项 D。

答案： D

1-5-19　解： 画出Ω立体图的草图（见解图），注意分清曲面$3x^2+y^2=z$，$z=1-x^2$的上下位置关系，图形$z=1-x^2$在上，$3x^2+y^2=z$在下；或画出Ω在xOy平面上的投影图，消z得$4x^2+y^2=1$，D_{xy}：$\frac{x}{\left(\frac{1}{2}\right)^2}+y^2=1$，按先$z$后$y$然后$x$的积分顺序，列出积分区域$\Omega$的不等式组：

$$\begin{cases} 3x^2+y^2\leqslant z\leqslant 1-x^2 \\ -\sqrt{1-4x^2}\leqslant y\leqslant\sqrt{1-4x^2} \\ -\frac{1}{2}\leqslant x\leqslant\frac{1}{2} \end{cases}$$

化为三次积分，即可得出正确答案。

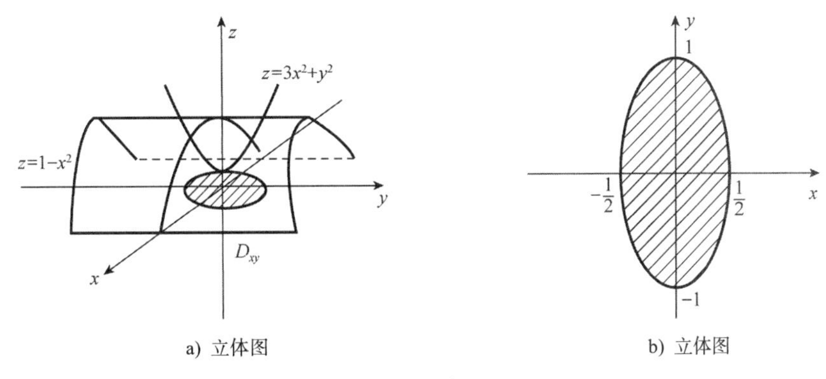

题 1-5-19 解图

答案： C

1-5-20　解： 把Ω化为球坐标系下的三次积分。

被积函数代入直角坐标与球面坐标的关系式：$\begin{cases}x=r\sin\varphi\cos\theta\\ y=r\sin\varphi\sin\theta\\ z=r\cos\varphi\end{cases}$，得$x^2+y^2+z^2=r^2$

所以球面方程为$r^2=1$，$r=1$，体积元素$\mathrm{d}V=r^2\sin\varphi\,\mathrm{d}r\mathrm{d}\theta\mathrm{d}\varphi$

Ω：$\begin{cases}0\leqslant r\leqslant 1\\ 0\leqslant\theta\leqslant 2\pi\\ 0\leqslant\varphi\leqslant\pi\end{cases}$，原式$=\int_0^{2\pi}\mathrm{d}\theta\int_0^{\pi}\mathrm{d}\varphi\int_0^1 r^2\cdot r^2\sin\varphi\,\mathrm{d}r=\int_0^{2\pi}\mathrm{d}\theta\int_0^{\pi}\mathrm{d}\varphi\int_0^1 r^4\sin\varphi\,\mathrm{d}r$

答案： C

1-5-21　解： 本题Ω是由球面里面部分和旋转抛物面外部围成的（见解图），球面方程可化为$z=1\pm\sqrt{1-x^2-y^2}$，下半球面方程$z=1-\sqrt{1-x^2-y^2}$，旋转抛物面方程$z=x^2+y^2$。立体在xOy平面上投影区域，D_{xy}：$x^2+y^2\leqslant 1$，$\mathrm{d}V=r\mathrm{d}r\mathrm{d}\theta\mathrm{d}z$，$\Omega$：$\begin{cases}0\leqslant\theta\leqslant 2\pi\\ 0\leqslant r\leqslant 1\\ 1-\sqrt{1-r^2}\leqslant z\leqslant r^2\end{cases}$，利用柱面坐标写出三重积分，即

$$V=\iiint_{\Omega}1\mathrm{d}V=\int_0^{2\pi}\mathrm{d}\theta\int_0^1 r\mathrm{d}r\int_{1-\sqrt{1-r^2}}^{r^2}\mathrm{d}z$$

答案： D

1-5-22　解： 作Ω的立体图形（见解图），并确定Ω在xOy平面上投影区域D_{xy}。

D_{xy}由曲线$x^2+y^2=1$，直线$y=0$，$y=x$围成。写出Ω在直角坐标系下先z后x最后y的三次积分：

Ω：$\begin{cases}x^2+y^2\leqslant z\leqslant 1\\ y\leqslant x\leqslant\sqrt{1-y^2}\\ 0\leqslant y\leqslant\dfrac{\sqrt{2}}{2}\end{cases}$，$\iiint_{\Omega}f(x,y,z)\mathrm{d}V=\int_0^{\frac{\sqrt{2}}{2}}\mathrm{d}y\int_y^{\sqrt{1-y^2}}\mathrm{d}x\int_{x^2+y^2}^1 f(x,y,z)\mathrm{d}z$

答案： C

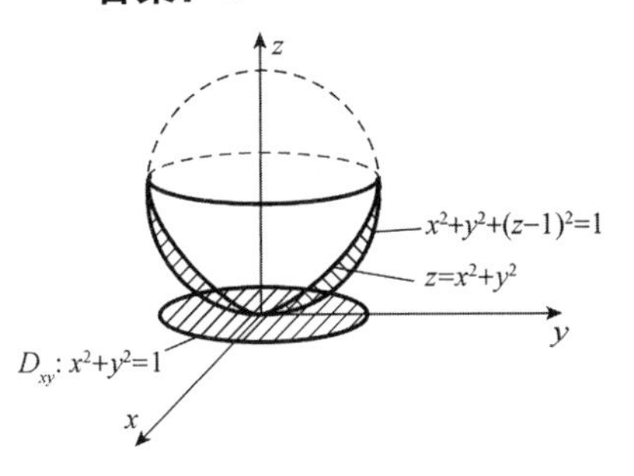

题 1-5-21 解图

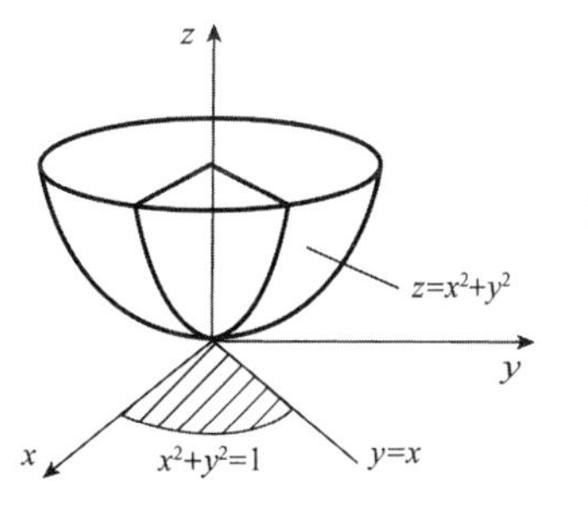

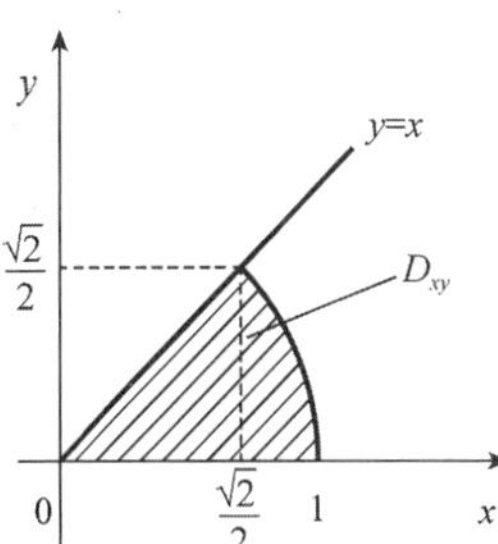

题 1-5-22 解图

1-5-23　解： 画出$(x-2)^2+(y-2)^2\leqslant 2$，$y=-x+2$图形（见解图）。两图形相切，求切点：

$$\begin{cases}(x-2)^2+(y-2)^2=2 & ① \\ y=-x+2 & ②\end{cases}$$

在直线上方的点满足$x+y>2$（个别点、切点满足$x+y=2$）

所以在D上点满足$x+y<(x+y)^2<(x+y)^4$

由二重积分性质可知：$\iint\limits_D (x+y)\mathrm{d}\sigma<\iint\limits_D (x+y)^2\mathrm{d}\sigma\leqslant\iint\limits_D (x+y)^4\mathrm{d}\sigma$

即$I_2<I_3<I_1$

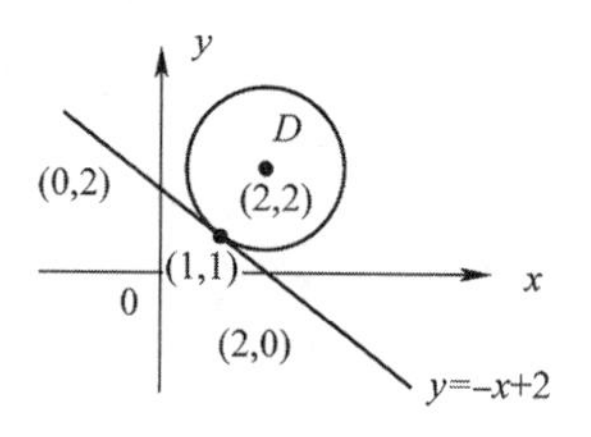

题 1-5-23 解图

答案： C

1-5-24　解： 本题考查参数方程形式的对坐标的曲线积分（也称第二类曲线积分），注意绕行方向为顺时针（见解图）。

积分路径L沿顺时针方向，取椭圆上半周，则角度θ的取值范围为π到 0。

根据$x=a\cos\theta$，可知$\mathrm{d}x=-a\sin\theta\,\mathrm{d}\theta$，因此原式有：

$$\begin{aligned}\int_L y^2\mathrm{d}x&=\int_{\pi}^{0}(b\sin\theta)^2(-a\sin\theta)\mathrm{d}\theta\\&=\int_0^{\pi}ab^2\sin^3\theta\mathrm{d}\theta=ab^2\int_0^{\pi}\sin^2\theta\mathrm{d}(-\cos\theta)\\&=-ab^2\int_0^{\pi}(1-\cos^2\theta)\mathrm{d}(\cos\theta)\\&=\frac{4}{3}ab^2\end{aligned}$$

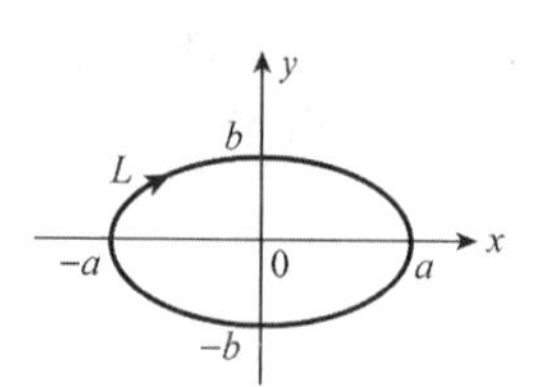

题 1-5-24 解图

注：对坐标的曲线积分应注意积分路径的方向，然后写出积分变量的上下限，即积分限应从起点所对应的参数$\theta=\pi$积分到终点所对应的参数$\theta=0$，本题$\theta:\pi\to 0$，与积分限的数值大小无关。本题若取逆时针为绕行方向，则θ的范围应从 0 到π。简单作图即可观察和验证。

答案： B

1-5-25　解： 本题为对弧长的曲线积分。

L：$\begin{cases}y=x^2\\x=x\end{cases}(0\leqslant x\leqslant 1)$，$\mathrm{d}s=\sqrt{1+4x^2}\mathrm{d}x$

$$\begin{aligned}\text{原式}&=\int_0^1 x\sqrt{1+4x^2}\,\mathrm{d}x=\frac{1}{8}\int_0^1\sqrt{1+4x^2}\,\mathrm{d}(1+4x^2)\\&=\frac{1}{8}\times\frac{2}{3}(1+4x^2)^{\frac{3}{2}}\Big|_0^1\\&=\frac{1}{12}(5\sqrt{5}-1)\end{aligned}$$

题 1-5-25 解图

注：对弧长的曲线积分，参数变化范围写法为从小到大，与曲线的方向无关。

答案： A

1-5-26　解： 利用已知两点求出直线方程L：$y=-2x+2$（见图解）

L的参数方程$\begin{cases}y=-2x+2\\x=x\end{cases}(0\leqslant x\leqslant 1)$

$$dS=\sqrt{1^2+(-2)^2}dx=\sqrt{5}dx$$

$$S=\int_0^1[x^2+(-2x+2)^2]\sqrt{5}dx$$

$$=\sqrt{5}\int_0^1(5x^2-8x+4)dx$$

$$=\sqrt{5}\left(\frac{5}{3}x^3-4x^2+4x\right)\Big|_0^1=\frac{5}{3}\sqrt{5}$$

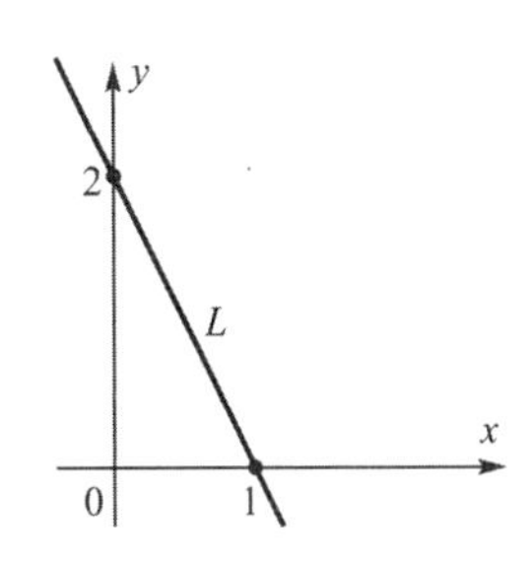

题 1-5-26 解图

答案： D

1-5-27　解： 本题为对弧长的曲线积分，L的方程$y=-x+1$，$x=x$，$ds=\sqrt{1^2+(-1)^2}dx=\sqrt{2}dx$，$-1\leqslant x\leqslant 1$，化为一元定积分：

$$\int_L(x+y)ds=\int_{-1}^1[x+(-x+1)]\sqrt{2}\,dx$$

$$=\int_{-1}^1\sqrt{2}\,dx=\sqrt{2}x\Big|_{-1}^1=2\sqrt{2}$$

答案： B

1-5-28　解： 本题为对坐标的曲线积分，L的方程$y=x$，$x=x$，x：$1\to 2$，化为一元定积分。

$$\int_L(x+y)dx+(y-x)dy=\int_1^2 2xdx+0dx=\int_1^2 2xdx=x^2\Big|_1^2=3$$

答案： C

1-5-29　解： 本题考查对坐标（第二类）曲线积分的计算。

方法1，L可写为参数方程$\begin{cases}x=y^2\\y=y\end{cases}$（$y$从 1 取到 0），$\int_L\frac{1}{y}dx+dy=\int_1^0\left(\frac{1}{y}\cdot 2y+1\right)dy=\int_1^0 3\,dy=-3$。

方法2，L可写为参数方程$\begin{cases}x=x\\y=\sqrt{x}\end{cases}$（$x$从 1 取到 0），$\int_L\frac{1}{y}dx+dy=\int_1^0\left(\frac{1}{\sqrt{x}}+\frac{1}{2\sqrt{x}}\right)dx=\int_1^0\frac{3}{2\sqrt{x}}dx=3\sqrt{x}\Big|_1^0=-3$。（说明：此方法第二类曲线积分化为的积分为广义积分，该广义积分收敛。）

注意：第二类曲线积分的计算应注意变量的上下限，本题的有向弧线段的坐标为$M(1,1)$到$O(0,0)$，无论是采用x作为积分变量计算还是采用y作为积分变量计算，其下限均为 1，上限均为 0。

答案： C

（六）级数

1-6-1　已知级数$\sum\limits_{n=1}^{\infty}a_n$收敛，$\{S_n\}$是它的前$n$项部分和数列，则$\{S_n\}$必是：

A. 有界的　　B. 有上界而无下界的

C. 上无界而下有界的　　D. 无界的

1-6-2　级数$\sum\limits_{n=1}^{\infty}a_n$收敛是$\lim\limits_{n\to\infty}a_n=0$的什么条件：

A. 充分条件，但非必要条件　　B. 必要条件，但非充分条件

C. 充分必要条件　　D. 既非充分条件，又非必要条件

1-6-3　若级数$\sum\limits_{n=1}^{\infty}u_n$收敛，则下列级数中不收敛的是：

A. $\sum\limits_{n=1}^{\infty}ku_n(k\neq 0)$　　B. $\sum\limits_{n=1}^{\infty}u_{n+100}$

C. $\sum\limits_{n=1}^{\infty}\left(u_{2n}+\frac{1}{2^n}\right)$　　D. $\sum\limits_{n=1}^{\infty}\frac{50}{u_n}$

1-6-4　下列各级数中发散的是：

A. $\sum_{n=1}^{\infty}\frac{1}{\sqrt{n+1}}$　　B. $\sum_{n=1}^{\infty}(-1)^{n-1}\frac{1}{\ln(n+1)}$

C. $\sum_{n=1}^{\infty}\frac{n+1}{3^n}$　　D. $\sum_{n=1}^{\infty}(-1)^{n-1}\left(\frac{2}{3}\right)^n$

1-6-5　级数$\sum_{n=1}^{\infty}\frac{(-1)^{n-1}}{n}$的收敛性是：

A. 绝对收敛　　B. 条件收敛

C. 等比级数收敛　　D. 发散

1-6-6　下列各级数发散的是：

A. $\sum_{n=1}^{\infty}\sin\frac{1}{n}$　　B. $\sum_{n=1}^{\infty}(-1)^{n-1}\frac{1}{\ln(n+1)}$

C. $\sum_{n=1}^{\infty}\frac{n+1}{3^{\frac{n}{2}}}$　　D. $\sum_{n=1}^{\infty}(-1)^{n-1}\left(\frac{2}{3}\right)^n$

1-6-7　下列级数发散的是：

A. $\sum_{n=1}^{\infty}\frac{n^2}{3n^4+1}$　　B. $\sum_{n=2}^{\infty}\frac{1}{\sqrt[3]{n(n-1)}}$

C. $\sum_{n=1}^{\infty}\frac{(-1)^n}{\sqrt{n}}$　　D. $\sum_{n=1}^{\infty}\frac{5}{3^n}$

1-6-8　级数$\sum_{n=1}^{\infty}\frac{\sin\frac{n\pi}{2}}{\sqrt{n^3}}$的收敛性是：

A. 绝对收敛　　B. 发散

C. 条件收敛　　D. 无法判定

1-6-9　下列级数中，条件收敛的级数是：

A. $\sum_{n=2}^{\infty}(-1)^n\frac{1}{\ln n}$　　B. $\sum_{n=1}^{\infty}(-1)^n\frac{1}{n^{\frac{3}{2}}}$

C. $\sum_{n=1}^{\infty}(-1)^n\frac{n}{n+2}$　　D. $\sum_{n=1}^{\infty}\frac{\sin\left(\frac{4n\pi}{3}\right)}{n^3}$

1-6-10　级数$\sum_{n=1}^{\infty}u_n$收敛的充要条件是：

A. $\lim_{n\to\infty}u_n=0$　　B. $\lim_{n\to\infty}\frac{u_{n+1}}{u_n}=r<1$

C. $u_n\leqslant\frac{1}{n^2}$　　D. $\lim_{n\to\infty}S_n$存在（其中$S_n=u_1+u_2+\cdots+u_n$）

1-6-11　正项级数$\sum_{n=1}^{\infty}a_n$，判定$\lim_{n\to\infty}\frac{a_n+1}{a_n}=q<1$是此正项级数收敛的什么条件？

A. 充分条件，但非必要条件　　B. 必要条件，但非充分条件

C. 充分必要条件　　D. 既非充分条件，又非必要条件

1-6-12　级数前n项和$S_n=a_1+a_2+\cdots+a_n$，若$a_n\geqslant0$，判断数列$\{S_n\}$有界是级数$\sum_{n=1}^{\infty}a_n$收敛的什么条件？

A. 充分条件，但非必要条件　　B. 必要条件，但非充分条件

C. 充分必要条件　　D. 既非充分条件，又非必要条件

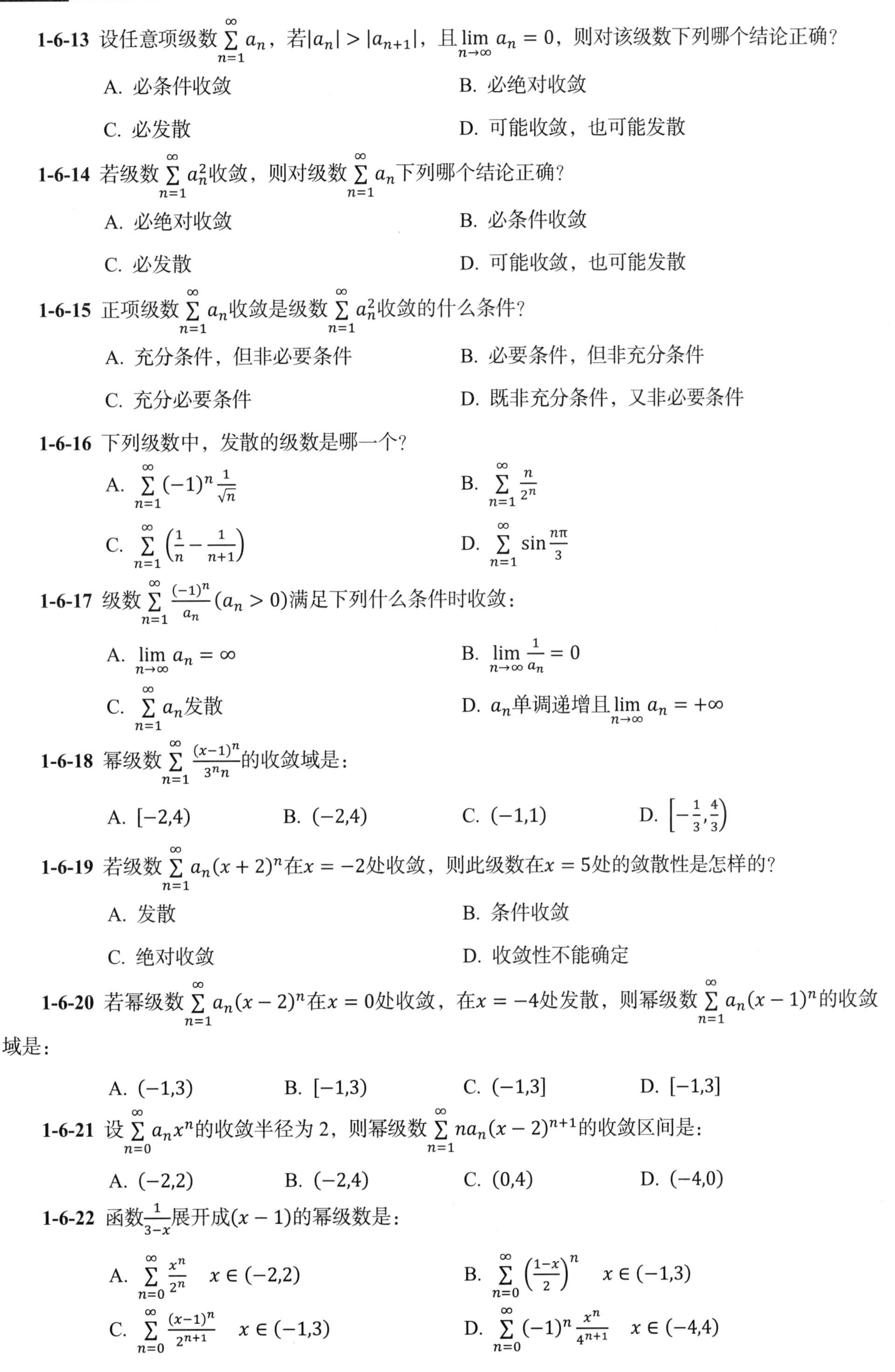

1-6-13 设任意项级数$\sum_{n=1}^{\infty}a_n$，若$|a_n|>|a_{n+1}|$，且$\lim_{n\to\infty}a_n=0$，则对该级数下列哪个结论正确？

A. 必条件收敛　　B. 必绝对收敛

C. 必发散　　D. 可能收敛，也可能发散

1-6-14 若级数$\sum_{n=1}^{\infty}a_n^2$收敛，则对级数$\sum_{n=1}^{\infty}a_n$下列哪个结论正确？

A. 必绝对收敛　　B. 必条件收敛

C. 必发散　　D. 可能收敛，也可能发散

1-6-15 正项级数$\sum_{n=1}^{\infty}a_n$收敛是级数$\sum_{n=1}^{\infty}a_n^2$收敛的什么条件？

A. 充分条件，但非必要条件　　B. 必要条件，但非充分条件

C. 充分必要条件　　D. 既非充分条件，又非必要条件

1-6-16 下列级数中，发散的级数是哪一个？

A. $\sum_{n=1}^{\infty}(-1)^n\frac{1}{\sqrt{n}}$　　B. $\sum_{n=1}^{\infty}\frac{n}{2^n}$

C. $\sum_{n=1}^{\infty}\left(\frac{1}{n}-\frac{1}{n+1}\right)$　　D. $\sum_{n=1}^{\infty}\sin\frac{n\pi}{3}$

1-6-17 级数$\sum_{n=1}^{\infty}\frac{(-1)^n}{a_n}(a_n>0)$满足下列什么条件时收敛：

A. $\lim_{n\to\infty}a_n=\infty$　　B. $\lim_{n\to\infty}\frac{1}{a_n}=0$

C. $\sum_{n=1}^{\infty}a_n$发散　　D. a_n单调递增且$\lim_{n\to\infty}a_n=+\infty$

1-6-18 幂级数$\sum_{n=1}^{\infty}\frac{(x-1)^n}{3^n n}$的收敛域是：

A. $[-2,4)$　　B. $(-2,4)$　　C. $(-1,1)$　　D. $\left[-\frac{1}{3},\frac{4}{3}\right)$

1-6-19 若级数$\sum_{n=1}^{\infty}a_n(x+2)^n$在$x=-2$处收敛，则此级数在$x=5$处的敛散性是怎样的？

A. 发散　　B. 条件收敛

C. 绝对收敛　　D. 收敛性不能确定

1-6-20 若幂级数$\sum_{n=1}^{\infty}a_n(x-2)^n$在$x=0$处收敛，在$x=-4$处发散，则幂级数$\sum_{n=1}^{\infty}a_n(x-1)^n$的收敛域是：

A. $(-1,3)$　　B. $[-1,3)$　　C. $(-1,3]$　　D. $[-1,3]$

1-6-21 设$\sum_{n=0}^{\infty}a_nx^n$的收敛半径为2，则幂级数$\sum_{n=1}^{\infty}na_n(x-2)^{n+1}$的收敛区间是：

A. $(-2,2)$　　B. $(-2,4)$　　C. $(0,4)$　　D. $(-4,0)$

1-6-22 函数$\frac{1}{3-x}$展开成$(x-1)$的幂级数是：

A. $\sum_{n=0}^{\infty}\frac{x^n}{2^n}$　$x\in(-2,2)$　　B. $\sum_{n=0}^{\infty}\left(\frac{1-x}{2}\right)^n$　$x\in(-1,3)$

C. $\sum_{n=0}^{\infty}\frac{(x-1)^n}{2^{n+1}}$　$x\in(-1,3)$　　D. $\sum_{n=0}^{\infty}(-1)^n\frac{x^n}{4^{n+1}}$　$x\in(-4,4)$

1-6-23 函数e^x展开成为$x-1$的幂函数是：

A. $\sum\limits_{n=0}^{\infty}\frac{(x-1)^n}{n!}$　　B. $e\sum\limits_{n=0}^{\infty}\frac{(x-1)^n}{n!}$　　C. $\sum\limits_{n=0}^{\infty}\frac{(x-1)^n}{n}$　　D. $\sum\limits_{n=0}^{\infty}\frac{(x-1)^n}{ne}$

1-6-24 函数$\frac{1}{x}$展开成$(x-2)$的幂级数是：

A. $\sum\limits_{n=0}^{\infty}(-1)^n\frac{(x-2)^n}{2^{n+1}}$　　B. $\sum\limits_{n=0}^{\infty}\frac{(x-2)^n}{2^{n+1}}$

C. $\sum\limits_{n=0}^{\infty}\frac{(x-2)^n}{2^n}$　　D. $\sum\limits_{n=0}^{\infty}(x-2)^n$

1-6-25 级数$\sum\limits_{n=0}^{\infty}(-1)^n x^n$在$|x|<1$内收敛于函数：

A. $\frac{1}{1-x}$　　B. $\frac{1}{1+x}$　　C. $\frac{x}{1-x}$　　D. $\frac{x}{1+x}$

1-6-26 幂级数$\sum\limits_{n=1}^{\infty}\frac{x^n}{n!}$的和函数$S(x)$等于：

A. e^x　　B. e^x+1　　C. e^x-1　　D. $\cos x$

1-6-27 级数$\sum\limits_{n=1}^{\infty}(-1)^{n-1}x^n$的和函数是：

A. $\frac{1}{1+x}(-1<x<1)$　　B. $\frac{x}{1+x}(-1<x<1)$

C. $\frac{x}{1-x}(-1<x<1)$　　D. $\frac{1}{1-x}(-1<x<1)$

1-6-28 幂级数$x^2-\frac{1}{2}x^3+\frac{1}{3}x^4-\cdots+\frac{(-1)^{n+1}}{n}x^{n+1}+\cdots\quad(-1<x\leqslant 1)$的和函数是：

A. $x\sin x$　　B. $\frac{x^2}{1+x^2}$　　C. $x\ln(1-x)$　　D. $x\ln(1+x)$

1-6-29 设$f(x)=\begin{cases}x & 0\leqslant x\leqslant\frac{\pi}{2}\\ \pi & \frac{\pi}{2}<x<\pi\end{cases}$，$S(x)=\sum\limits_{n=1}^{\infty}b_n\sin nx$，其中$b_n=\frac{2}{\pi}\int_0^{\pi}f(x)\sin nx\,\mathrm{d}x$，则$S\left(-\frac{\pi}{2}\right)$的值是：

A. $\frac{\pi}{2}$　　B. $\frac{3\pi}{4}$　　C. $-\frac{3\pi}{4}$　　D. 0

1-6-30 下列命题中，哪个是正确的？

A. 周期函数$f(x)$的傅里叶级数收敛于$f(x)$

B. 若$f(x)$有任意阶导数，则$f(x)$的泰勒级数收敛于$f(x)$

C. 若正项级数$\sum\limits_{n=1}^{\infty}a_n$收敛，则$\sum\limits_{n=1}^{\infty}\sqrt{a_n}$必收敛

D. 正项级数收敛的充分且必要条件是级数的部分和数列有界

1-6-31 已知级数$\sum\limits_{n=1}^{\infty}(u_{2n}-u_{2n+1})$是收敛的，则下列结论成立的是：

A. $\sum\limits_{n=1}^{\infty}u_n$必收敛　　B. $\sum\limits_{n=1}^{\infty}u_n$未必收敛

C. $\lim\limits_{n\to\infty}u_n=0$　　D. $\sum\limits_{n=1}^{\infty}u_n$发散

1-6-32 下列说法中正确的是：

A. 若级数$\sum\limits_{n=1}^{\infty}u_n$收敛，且$u_n\geqslant v_n$，则$\sum\limits_{n=1}^{\infty}v_n$也收敛

B. 若$\sum\limits_{n=1}^{\infty}|u_n v_n|$收敛，则$\sum\limits_{n=1}^{\infty}u_n^2$和$\sum\limits_{n=1}^{\infty}v_n^2$都收敛

C. 若正项级数$\sum\limits_{n=1}^{\infty}u_n$发散，则$u_n\geqslant\frac{1}{n}$

D. 若$\sum\limits_{n=1}^{\infty}u_n^2$和$\sum\limits_{n=1}^{\infty}v_n^2$都收敛，则$\sum\limits_{n=1}^{\infty}(u_n+v_n)^2$收敛

题解及参考答案

1-6-1　解： 本题考查无穷级数收敛的定义及收敛数列的有界性。

根据常数项级数敛散性定义，对于级数$\sum\limits_{n=0}^{\infty}a_n$部分和数列$\{S_n\}$，若$\lim\limits_{n\to\infty}S_n=S$存在，则称级数$\sum\limits_{n=1}^{\infty}a_n$收敛，收敛数列一定有界的。

答案： A

1-6-2　解： 级数收敛的必要条件$\lim\limits_{n\to\infty}a_n=0$。反之，级数$\sum\limits_{n=1}^{\infty}\frac{1}{n}$，而$\lim\limits_{n\to\infty}\frac{1}{n}=0$，但$\sum\limits_{n=1}^{\infty}\frac{1}{n}$发散。

答案： A

1-6-3　解： 利用级数性质易判定选项A、B、C均收敛。对于选项A，已知$\sum\limits_{n=1}^{\infty}u_n$收敛，设$\sum\limits_{n=1}^{\infty}u_n=S$。对于级数$\sum\limits_{n=1}^{\infty}ku_n(k\neq0)$，其部分和$S_n=\sum\limits_{n=1}^{n}ku_i=k\sum\limits_{n=1}^{n}u_i$。当$n\to\infty$时$\lim\limits_{n\to\infty}S_n=k\lim\limits_{n\to\infty}\sum\limits_{n=1}^{n}u_i=kS$，所以$\sum\limits_{n=1}^{\infty}ku_n$收敛。对于选项B，级数$\sum\limits_{n=1}^{\infty}u_n+100$，它只是原级数$\sum\limits_{n=1}^{\infty}u_n$去掉了前面有限项（100项），根据级数的性质：去掉或添加级数的有限项，不改变级数的敛散性。因为原级数$\sum\limits_{n=1}^{\infty}u_n$收敛，所以$\sum\limits_{n=1}^{\infty}u_n+100$也是收敛的。对于选项C，因为$\sum\limits_{n=1}^{\infty}u_n$收敛，所以$\sum\limits_{n=1}^{\infty}u_{2n}$也收敛（可以看作是原收敛级数的一个子级数）。又因为等比级数$\sum\limits_{n=1}^{\infty}\frac{1}{2^n}$是收敛的（公比$q=\frac{1}{2}<1$）。两个收敛级数相加所得级数$\sum\limits_{n=1}^{\infty}\left(u_{2n}+\frac{1}{2^n}\right)$收敛。对于选项D，因$\sum\limits_{n=1}^{\infty}u_n$收敛，则有$\lim\limits_{x\to\infty}u_n=0$，而级数$\sum\limits_{n=1}^{\infty}\frac{50}{u_n}$的一般项为$\frac{50}{u_n}$，计算$\lim\limits_{x\to\infty}\frac{50}{u_n}=\infty\neq0$，故级数D发散。

答案: D

1-6-4　解： 利用交错级数收敛法可判定选项B的级数收敛；利用正项级数比值法可判定选项C的级数收敛；利用等比级数收敛性的结论知选项D的级数收敛，故选项A级数发散。

选项A可直接通过正项级数比较法的极限形式判定，$\lim\limits_{n\to\infty}\frac{u_n}{v_n}=\lim\limits_{n\to\infty}\frac{\frac{1}{\sqrt{n+1}}}{\frac{1}{n}}=\lim\limits_{n\to\infty}\frac{n}{\sqrt{n+1}}=\infty$，因级数$\sum\limits_{n=1}^{\infty}\frac{1}{n}$发散，故$\sum\limits_{n=1}^{\infty}\frac{1}{\sqrt{n+1}}$发散。

答案： A

1-6-5　解： 把级数各项取绝对值$\sum\limits_{n=1}^{\infty}\left|\frac{(-1)^{n-1}}{n}\right|=\sum\limits_{n=1}^{\infty}\frac{1}{n}$，调和级数$\sum\limits_{n=1}^{\infty}\frac{1}{n}$发散，即取绝对值后级数发散。

原级数为交错级数，满足$u_n\geqslant u_{n+1}$，且$\lim\limits_{n\to\infty}u_n=0$，级数$\sum\limits_{n=1}^{\infty}(-1)^{n-1}\frac{1}{n}$收敛。

故原级数条件收敛。

答案： B

1-6-6　解: 选项B为交错级数，由莱布尼兹判别法判定其收敛，级数$\sum\limits_{n=1}^{\infty}(-1)^{n-1}\frac{1}{\ln(n+1)}$，$u_n=\frac{1}{\ln(n+1)}$，$u_{n+1}=\frac{1}{\ln(n+2)}$，因为$0<\ln(n+1)<\ln(n+2)$，$\frac{1}{\ln(n+1)}>\frac{1}{\ln(n+2)}$，即$u_n\geqslant u_{n+1}$，且$\lim\limits_{n\to\infty}u_n=\lim\limits_{n\to\infty}\frac{1}{\ln(n+1)}=0$，级数收敛。选项C，由正项级数比值收敛法判定其收敛。

$$\lim_{n\to\infty}\frac{u_{n+1}}{u_n}=\lim_{n\to\infty}\frac{\dfrac{n+2}{3^{\frac{n+1}{2}}}}{\dfrac{n+1}{3^{\frac{n}{2}}}}=\lim_{n\to\infty}\frac{1}{\sqrt{3}}\cdot\frac{n+2}{n+1}=\frac{1}{\sqrt{3}}<1$$

选项 D 为等比级数，公比$|q|=\frac{2}{3}<1$，收敛。

选项 A 发散，用正项级数比较法判定。

$$\lim_{n\to\infty}\frac{\sin\frac{1}{n}}{\frac{1}{n}}=\lim_{t\to 0}\frac{\sin t}{t}=1$$

因为调和级数$\sum\limits_{n=1}^{\infty}\frac{1}{n}$发散，所以$\sum\limits_{n=1}^{\infty}\sin\frac{1}{n}$发散。

答案：A

1-6-7　解：本题考查正项级数、交错级数敛散性的判定。

选项 A，$\sum\limits_{n=1}^{\infty}\frac{n^2}{3n^4+1}$，因为$\frac{n^2}{3n^4+1}<\frac{n^2}{3n^4}=\frac{1}{3n^2}$，级数$\sum\limits_{n=1}^{\infty}\frac{1}{n^2}$，$P=2>1$，级数收敛，$\sum\limits_{n=1}^{\infty}\frac{1}{3n^2}$，利用正项级数的比较判别法，$\sum\limits_{n=1}^{\infty}\frac{n^2}{3n^4+1}$收敛。

选项 B，$\sum\limits_{n=2}^{\infty}\frac{1}{\sqrt[3]{n(n-1)}}$，因为$n(n-1)<n^2$，$\sqrt[3]{n(n-1)}<\sqrt[3]{n^2}$，$\frac{1}{\sqrt[3]{n(n-1)}}>\frac{1}{\sqrt[3]{n^2}}=\frac{1}{n^{\frac{2}{3}}}$，级数$\sum\limits_{n=2}^{\infty}\frac{1}{n^{\frac{2}{3}}}$，$P<1$，级数发散，利用正项级数的比较判别法，$\sum\limits_{n=2}^{\infty}\frac{1}{\sqrt[3]{n(n-1)}}$发散。

选项 C，$\sum\limits_{n=1}^{\infty}\frac{(-1)^n}{\sqrt{n}}$，级数为交错级数，利用莱布尼兹定理判定：

（1）因为$n<(n+1)$，$\sqrt{n}<\sqrt{n+1}$，$\frac{1}{\sqrt{n}}>\frac{1}{\sqrt{n+1}}$，$u_n>u_{n+1}$；

（2）一般项$\lim\limits_{n\to\infty}\frac{1}{\sqrt{n}}=0$，所以交错级数收敛。

选项 D，$\sum\limits_{n=1}^{\infty}\frac{5}{3^n}=5\sum\limits_{n=1}^{\infty}\frac{1}{3^n}$，级数为等比级数，公比$q=\frac{1}{3}$，$|q|<1$，级数收敛。

答案：B

1-6-8　解：将级数各项取绝对值得$\sum\limits_{n=1}^{\infty}\left|\frac{\sin\frac{n}{2}\pi}{\sqrt{n^3}}\right|$，而$\left|\frac{\sin\frac{n}{2}\pi}{\sqrt{n^3}}\right|\leqslant\frac{1}{n^{\frac{3}{2}}}$

级数$\sum\limits_{n=1}^{\infty}\frac{1}{n^{\frac{3}{2}}}$中，$p=\frac{3}{2}>1$，故收敛。

由正项级数比较法，级数$\sum\limits_{n=1}^{\infty}\left|\frac{\sin\frac{n}{2}\pi}{\sqrt{n^3}}\right|$收敛。

所以原级数$\sum\limits_{n=1}^{\infty}\frac{\sin\frac{n}{2}\pi}{\sqrt{n^3}}$绝对收敛。

答案：A

1-6-9　解：本题考查常数项级数的敛散性。

选项 A：$\sum\limits_{n=2}^{\infty}(-1)^n\frac{1}{\ln n}$为交错级数，满足莱布尼兹定理的条件：$u_{n+1}=\frac{1}{\ln(n+1)}<u_n=\frac{1}{\ln n}$，且$\lim\limits_{n\to\infty}u_n=0$，所以级数收敛；另正项级数一般项$\left|(-1)^n\frac{1}{\ln n}\right|=\frac{1}{\ln n}\geqslant\frac{1}{n}$，调和级数$\sum\limits_{n=1}^{\infty}\frac{1}{n}$发散，根据正项级数比较判别法，$\sum\limits_{n=2}^{\infty}\frac{1}{\ln n}$发散。所以$\sum\limits_{n=2}^{\infty}(-1)^n\frac{1}{\ln n}$条件收敛，选项 A 正确。

选项 B：由于$\sum\limits_{n=1}^{\infty}\frac{1}{n^{\frac{3}{2}}}$为$p=\frac{3}{2}>1$的$p$-级数，故$\sum\limits_{n=1}^{\infty}(-1)^n\frac{1}{n^{\frac{3}{2}}}$绝对收敛。

选项 C：级数$\sum\limits_{n=1}^{\infty}(-1)^n\frac{n}{n+2}$的一般项$\lim\limits_{n\to\infty}(-1)^n\frac{n}{n+2}\neq 0$，根据收敛级数的必要条件可知，该级数发散。

选项 D：因为$\left|\sin\left(\frac{4n\pi}{3}\right)\right|\leqslant 1$，有$\left|\frac{\sin\left(\frac{4n\pi}{3}\right)}{n^3}\right|<\frac{1}{n^3}$，为$p=3>1$的$p$-级数，级数收敛，所以$\sum\limits_{n=1}^{\infty}\frac{\sin\left(\frac{4n\pi}{3}\right)}{n^3}$绝对收敛。

答案：A

1-6-10　解： 题中未说明级数是何种级数。

选项 B、C 仅适用于正项级数，故不一定适用。

选项 A 为级数收敛的必要条件，不是充分条件。

选项 D 对任何级数都适用，是级数收敛的充要条件。

答案： D

1-6-11　解： 利用正项级数比值法确定级数收敛，而判定正项级数收敛还有其他的方法，因而选 A。

答案： A

1-6-12　解： 利用正项级数基本定理判定。正项级数收敛的充分必要条件是数列$\{S_n\}$有界。

答案： C

1-6-13　解： 举例说明，级数$1+\frac{1}{2}+\frac{1}{3}+\cdots\frac{1}{n}+\cdots$，$1-\frac{1}{2}+\frac{1}{3}-\frac{1}{4}+\cdots+(-1)^{n-1}\frac{1}{n}+\cdots$均满足条件，但前面级数发散，后面级数收敛，因而在此条件下级数敛散性不能确定。

答案： D

1-6-14　解： 举例说明，级数$\sum\limits_{n=1}^{\infty}\left[(-1)^n\frac{1}{n}\right]^2$、$\sum\limits_{n=1}^{\infty}\left(\frac{1}{n}\right)^2$均收敛，但级数$\sum\limits_{n=1}^{\infty}(-1)^n\frac{1}{n}$、$\sum\limits_{n=1}^{\infty}\frac{1}{n}$一个收敛，一个发散。

答案： D

1-6-15　解： 利用正项级数比较判别法——极限形式判定：$\lim\limits_{n\to\infty}\frac{a_n^2}{a_n}=\lim\limits_{n\to\infty}a_n=0<1$，故级数$\sum a_n^2$收敛，反之不一定正确。如 1-6-11 题。

答案： A

1-6-16　解： 利用级数敛散性判定法可断定 A、B、C 式收敛，D 式$\lim\limits_{n\to\infty}u_n\neq 0$，所以级数发散。

答案： D

1-6-17　解： 本题考查级数收敛的充分条件。

注意本题有$(-1)^n$，显然$\sum\limits_{n=1}^{\infty}\frac{(-1)^n}{a_n}(a_n>0)$是一个交错级数。

交错级数收敛，即$\sum\limits_{n=1}^{\infty}(-1)^n u_n$只要满足：①$u_n>u_{n+1}$，②$u_n\to 0(n\to\infty)$即可。

在选项 D 中，已知a_n单调递增，即$a_n<a_{n+1}$，所以$\frac{1}{a_n}>\frac{1}{a_{n+1}}(a_n>0)$

又知$\lim\limits_{n\to\infty}a_n=+\infty$，所以$\lim\limits_{n\to\infty}\frac{1}{a_n}=0$

故级数$\sum\limits_{n=1}^{\infty}\frac{(-1)^n}{a_n}(a_n>0)$收敛

其他选项均不符合交错级数收敛的判别方法。

答案： D

1-6-18　解： 设$x-1=t$，级数化为$\sum\limits_{n=1}^{\infty}\frac{t^n}{3^n n}$，求级数的收敛半径。

$$\lim_{n\to\infty}\left|\frac{a_{n+1}}{a_n}\right|=\lim_{n\to\infty}\frac{\dfrac{1}{3^{n+1}(n+1)}}{\dfrac{1}{3^n\cdot n}}=\lim_{n\to\infty}\frac{n\cdot 3^n}{(n+1)3^{n+1}}=\frac{1}{3}$$

则$R=\frac{1}{\rho}=3$，即$|t|<3$收敛。

再判定$t=3$，$t=-3$时的敛散性，当$t=3$时发散，$t=-3$时收敛。

计算如下：$t=3$代入级数，$\sum\limits_{n=1}^{\infty}\frac{1}{n}$为调和级数发散；

$t=-3$代入级数，$\sum_{n=1}^{\infty}(-1)^n\frac{1}{n}$为交错级数，满足莱布尼兹条件收敛。因此$-3\leqslant x-1<3$，即$-2\leqslant x<4$。

答案： A

1-6-19 解： 设$x-2=z$，级数化为$\sum_{n=1}^{\infty}a_n z^n$，当$x=-2$收敛，即$z=-4$收敛，利用阿贝尔定理，$z$在$(-4,4)$收敛且绝对收敛，当$x=5$时，$z=3$，级数收敛且绝对收敛。

答案： C

1-6-20 解： 本题考查幂级数$\sum_{n=1}^{\infty}a_n x^n$与幂级数$\sum_{n=1}^{\infty}a_n(x+x_0)^n$，$\sum_{n=1}^{\infty}a_n(x+x_0)^n$收敛域之间的关系。

方法 1，已知幂级数$\sum_{n=1}^{\infty}a_n(x+2)^n$在$x=0$处收敛，把$x=0$代入级数，得到$\sum_{n=1}^{\infty}a_n 2^n$，收敛。又知$\sum_{n=1}^{\infty}a_n(x+2)^n$在$x=-4$处发散，把$x=-4$代入级数，得到$\sum_{n=1}^{\infty}a_n(-2)^n$，发散。得到对应的幂级数$\sum_{n=1}^{\infty}a_n x^n$，在$x=2$点收敛，在$x=-2$点发散，由阿贝尔定理可知$\sum_{n=1}^{\infty}a_n x^n$的收敛域为$(-2,2]$。

以选项C为例，验证选项C是幂级数$\sum_{n=1}^{\infty}a_n(x-1)^n$的收敛域：

选项 C，$(-1,3]$，把发散点$x=-1$，收敛点$x=3$分别代入级数$\sum_{n=1}^{\infty}a_n(x-1)^n$中得到数项级数$\sum_{n=1}^{\infty}a_n(-2)^n$，$\sum_{n=1}^{\infty}a_n 2^n$，由题中给出的条件可知$\sum_{n=1}^{\infty}a_n(-2)^n$发散，$\sum_{n=1}^{\infty}a_n 2^n$收敛，且当级数$\sum_{n=1}^{\infty}a_n(x-1)^n$在收敛域$(-1,3)$变化时和$\sum_{n=1}^{\infty}a_n x^n$的收敛域$(-2,2)$相对应。

所以级数$\sum_{n=1}^{\infty}a_n(x-1)^n$的收敛域为$(-1,3]$。

可验证选项A、B、D均不成立。

方法 2，在方法1解析过程中得到$\sum_{n=1}^{\infty}a_n x^n$的收敛域为$-2<x\leqslant 2$，当把级数中的$x$换成$x-1$时，得到$\sum_{n=1}^{\infty}a_n(x-1)^n$的收敛域为$-2<x-1\leqslant 2$，$-1<x\leqslant 3$，即$\sum_{n=1}^{\infty}a_n(x-1)^n$的收敛域为$(-1,3]$。

答案： C

1-6-21 解： 由已知条件可知$\lim\limits_{n\to\infty}\left|\frac{a_{n+1}}{a_n}\right|=\frac{1}{2}$，设$x-2=t$，幂级数$\sum_{n=1}^{\infty}na_n(x-2)^{n+1}$化为$\sum_{n=1}^{\infty}na_n t^{n+1}$，求系数比的极限确定收敛半径，$\lim\limits_{n\to\infty}\left|\frac{(n+1)a_{n+1}}{na_n}\right|=\lim\limits_{n\to\infty}\left|\frac{n+1}{n}\cdot\frac{a_{n+1}}{a_n}\right|=\frac{1}{2}$，$R=2$，即$|t|<2$收敛，$-2<x-2<2$，即$0<x<4$收敛。

答案： C

1-6-22 解： 将函数$\frac{1}{3-x}$变形，利用公式$\frac{1}{1-x}=1+x+x^2+\cdots+x^n+\cdots\quad(-1,1)$，将函数展开成$x-1$幂级数，即变形$\frac{1}{3-x}=\frac{1}{2-(x-1)}=\frac{1}{2\left(1-\frac{x-1}{2}\right)}=\frac{1}{2}\cdot\frac{1}{1-\frac{x-1}{2}}$，利用公式写出最后结果。

所以$\frac{1}{3-x}=\frac{1}{2}\left[1+\frac{x-1}{2}+\left(\frac{x-1}{2}\right)^2+\cdots+\left(\frac{x-1}{2}\right)^n+\cdots\right]=\frac{1}{2}\sum_{n=0}^{\infty}\left(\frac{x-1}{2}\right)^n=\sum_{n=0}^{\infty}\frac{(x-1)^n}{2^{n+1}}$

$-1<\frac{x-1}{2}<1$，即$-1<x<3$

答案： C

1-6-23 解： 已知$e^x=e^{x-1+1}=e\cdot e^{x-1}$。

利用已知函数的展开式$e^x=1+\frac{1}{1!}x+\frac{1}{2!}x^2+\cdots+\frac{1}{n!}x^n+\cdots\quad(-\infty,+\infty)$

函数e^{x-1}展开式为：

$$e^{x-1}=1+\frac{1}{1!}(x-1)+\frac{1}{2!}(x-1)^2+\cdots+\frac{1}{n!}(x-1)^n+\cdots$$
$$=\sum_{n=0}^{\infty}\frac{1}{n!}(x-1)^n \quad (-\infty,+\infty)$$

所以$e^x=e\cdot e^{x-1}=e\sum_{n=0}^{\infty}\frac{1}{n!}(x-1)^n \quad (-\infty,+\infty)$

答案：B

1-6-24　解：将函数$\frac{1}{x}$变形后，再利用已知函数$\frac{1}{1+x}$的展开式写出结果。

$$\frac{1}{x}=\frac{1}{2+(x-2)}=\frac{1}{2}\frac{1}{1+\frac{x-2}{2}}$$

已知$\frac{1}{1+x}=1-x+x^2-\cdots=\sum_{n=0}^{\infty}(-1)^n x^n \qquad x\in(-1,1)$

所以$\frac{1}{x}=\frac{1}{2}\frac{1}{1+\frac{x-2}{2}}=\frac{1}{2}\sum_{n=0}^{\infty}(-1)^n\left(\frac{x-2}{2}\right)^n \qquad \frac{x-2}{2}\in(-1,1)$

$$=\sum_{n=0}^{\infty}(-1)^n\frac{1}{2^{n+1}}(x-2)^n \qquad x\in(0,4)$$

答案：A

1-6-25　解：级数$\sum_{n=0}^{\infty}(-1)^n x^n=1-x+x^2-x^3+\cdots$，公比$q=-x$，当$|q|<1$时收敛，即$|-x|<1$，$|x|<1$，$-1<x<1$。

故级数收敛，和函数$S(x)=\frac{a_1}{1-q}=\frac{1}{1+x}$。

答案：B

1-6-26　解：本题考查幂级数的和函数的基本运算。

级数$\sum_{n=1}^{\infty}\frac{x^n}{n!}=\frac{x}{1!}+\frac{x^2}{2!}+\frac{x^3}{3!}+\cdots+\frac{x^n}{n!}+\cdots$

已知$e^x=1+\frac{x}{1!}+\frac{x^2}{2!}+\cdots+\frac{x^n}{n!}+\cdots \quad (-\infty,+\infty)$

所以级数$\sum_{n=1}^{\infty}\frac{x^n}{n!}$的和函数$S(x)=e^x-1$

注：考试中常见的幂级数展开式有：

$\frac{1}{1-x}=1+x+x^2+\cdots+x^k+\cdots=\sum_{k=0}^{\infty}x^k \quad (|x|<1)$

$\frac{1}{1+x}=1-x+x^2-\cdots+(-1)^k x^k+\cdots=\sum_{k=0}^{\infty}(-1)^k x^k \quad (|x|<1)$

$e^x=1+x+\frac{x^2}{2!}+\cdots+\frac{x^k}{k!}+\cdots=\sum_{k=0}^{\infty}\frac{x^k}{k!} \quad (-\infty,+\infty)$

答案：C

1-6-27　解：级数$\sum_{n=1}^{\infty}(-1)^{n-1}x^n=x-x^2+x^3-\cdots+(-1)^{n-1}x^n\cdots$，公比$q=-x$，当$-1<x<1$时，$|q|<1$。

级数的和函数$S(x)=\frac{a_1}{1-q}=\frac{x}{1+x} \quad (-1,1)$

答案：B

1-6-28　解：方法1，利用$\ln(1+x)$的展开式，即

$$\ln(1+x)=x-\frac{x^2}{2}+\frac{x^3}{3}-\frac{x^4}{4}+\cdots+(-)^n\frac{x^{n+1}}{n+1}+\cdots \quad (-1<x\leqslant 1)$$

从已知级数中提出字母x和函数即可得到。

原级数：　$x^2-\frac{1}{2}x^3+\frac{1}{3}x^4-\cdots+\frac{(-1)^{n+1}}{n}x^{n+1}+\cdots$

$$=x\left(x-\frac{1}{2}x^2+\frac{1}{3}x^3-\frac{1}{4}x^4+\cdots+(-1)\frac{1}{n+1}x^{n+1}+\cdots\right)$$

$$=x\ln(1+x)$$

方法 2，设$S(x)=x^2-\frac{1}{2}x^3+\frac{1}{3}x^4-\cdots+\frac{(-1)^{n+1}}{n}x^{n+1}\quad(-1<x\leqslant1)$

$$=x\cdot\left(x-\frac{1}{2}x^2+\frac{1}{3}x^3-\cdots+\frac{(-1)^{n+1}}{n}x^n+\cdots\right)$$

令$f(x)=\ x-\frac{1}{2}x^2+\frac{1}{3}x^3-\cdots+\frac{(-1)^{n+1}}{n}x^n+\cdots$

且$f(0)=0$，$f'(x)=1-x+x^2+\cdots+(-1)^{n+1}x^{n-1}+\cdots=\frac{1}{1+x}\quad(-1<x<1)$

$$\int_0^x f'(x)\mathrm{d}x=\int_0^x\frac{1}{1+x}\mathrm{d}x$$

$f(x)-f(0)=\ln(1+x)\quad(-1<x\leqslant1)$

所以$f(x)=\ln(1+x)$，$S(x)=x\ln(1+x)\quad(-1<x\leqslant1)$

答案：D

1-6-29　解：将函数奇延拓，并作周期延拓。

画出在$(-\pi,\pi]$函数的图形（见解图），$x=-\frac{\pi}{2}$为函数的间断点

由狄利克雷收敛定理：

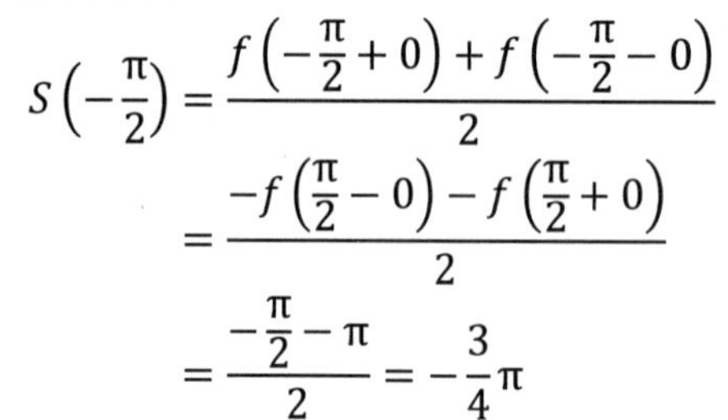

$$S\left(-\frac{\pi}{2}\right)=\frac{f\left(-\frac{\pi}{2}+0\right)+f\left(-\frac{\pi}{2}-0\right)}{2}$$

$$=\frac{-f\left(\frac{\pi}{2}-0\right)-f\left(\frac{\pi}{2}+0\right)}{2}$$

$$=\frac{-\frac{\pi}{2}-\pi}{2}=-\frac{3}{4}\pi$$

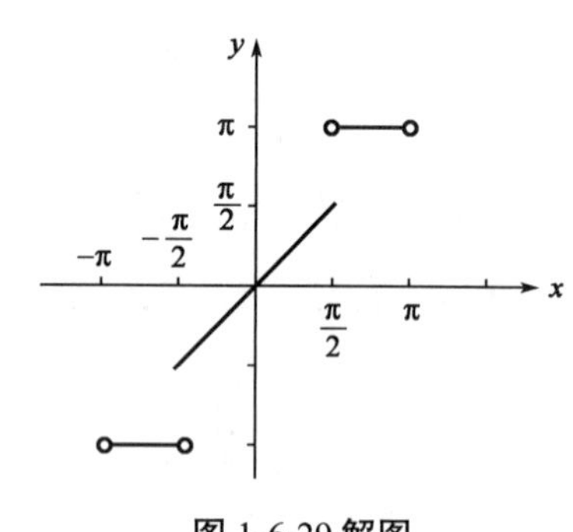

图 1-6-29 解图

答案：C

1-6-30　解：本题先从熟悉的结论着手考虑，逐一分析每一个结论。

选项 D 是正项级数的基本定理，因而正确，其余选项均错误。

选项 A，只在函数的连续点处级数收敛于$f(x)$。

选项 B，级数收敛，还需判定$\lim\limits_{n\to\infty}R_n(x)=0$。

选项 C，可通过举反例说明，级数$\sum\frac{1}{n^2}$收敛，但$\sum\frac{1}{n}$发散。

答案：D

1-6-31　解：通过举例说明。

①取$u_n=1$，级数$\sum\limits_{n=1}^{\infty}u_n=\sum\limits_{n=1}^{\infty}1$，级数发散，而$\sum\limits_{n=1}^{\infty}(u_{2n}-u_{2n+1})=\sum\limits_{n=1}^{\infty}(1-1)=\sum\limits_{n=1}^{\infty}0$，级数收敛。

②取$u_n=0$，$\sum\limits_{n=1}^{\infty}u_n=\sum\limits_{n=1}^{\infty}0$，级数收敛，而$\sum\limits_{n=1}^{\infty}(u_{2n}-u_{2n+1})=\sum\limits_{n=1}^{\infty}0$，级数收敛。

答案：B

1-6-32　解：选项 A，判别法：对正项级数成立。而题中级数$\sum\limits_{n=1}^{\infty}v_n$、$\sum\limits_{n=1}^{\infty}u_n$不一定是正项级数，所以选项 A 的结论不一定成立。

选项 B，判别法：举例，设$u_n=-n$，$v_n=\frac{1}{n^3}$，则$|u_n\cdot v_n|=\left|-n\cdot\frac{1}{n^3}\right|=\left|\frac{-1}{n^2}\right|=\frac{1}{n^2}$，级数$\sum\limits_{n=1}^{\infty}|u_nv_n|$收敛，但$\sum\limits_{n=1}^{\infty}(-n)^2$发散，$\sum\limits_{n=1}^{\infty}\left(\frac{1}{n^3}\right)^2$收敛，故选项 B 也不成立。

选项 C，判别法：举例，当$u_n\geqslant\frac{1}{n}$，正项级数$\sum\limits_{n=1}^{\infty}u_n$发散，但若正项级数$\sum\limits_{n=1}^{\infty}u_n$发散，不一定有$u_n\geqslant\frac{1}{n}$。例$\sum\limits_{n=1}^{\infty}\frac{1}{3n}$发散，但$\frac{1}{3n}\leqslant\frac{1}{n}$，故选项 C 也不成立。

选项 D，正确。

因为$(|u_n|-|v_n|)^2\geqslant 0$，而$|u_n|^2+|v_n|^2-2|u_n||v_n|\geqslant 0$，故$u_n^2+v_n^2\geqslant 2|u_n||v_n|$。

由正项级数比较判别法（级数$\sum\limits_{n=1}^{\infty}u_n^2$和$\sum\limits_{n=1}^{\infty}v_n^2$都收敛，则级数$\sum\limits_{n=1}^{\infty}|u_n||v_n|$收敛），可知$\sum\limits_{n=1}^{\infty}|u_nv_n|$收敛，所以$\sum\limits_{n=1}^{\infty}u_nv_n$也收敛（级数绝对收敛，原级数收敛）。

故$\sum\limits_{n=1}^{\infty}(u_n^2+v_n^2+2u_nv_n)=\sum\limits_{n=1}^{\infty}(u_n+v_n)^2$收敛。（级数收敛的运算性质）

答案： D

（七）常微分方程

1-7-1　微分方程$y\mathrm{d}x+(x-y)\mathrm{d}y=0$的通解是：（$C$为任意常数）

A. $\left(x-\frac{y}{2}\right)y=C$　　B. $xy=C\left(x-\frac{y}{2}\right)$

C. $xy=C$　　D. $y=\frac{C}{\ln\left(x-\frac{y}{2}\right)}$

1-7-2　微分方程$(3+2y)x\mathrm{d}x+(1+x^2)\mathrm{d}y=0$的通解为：（$C$为任意常数）

A. $1+x^2=Cy$　　B. $(1+x^2)(3+2y)=C$

C. $(3+2y)^2=\frac{C}{1+x^2}$　　D. $(1+x^2)^2(3+2y)=C$

1-7-3　微分方程$(1+2y)x\mathrm{d}x+(1+x^2)\mathrm{d}y=0$的通解为：（$C$为任意常数）

A. $\frac{1+x^2}{1+2y}=C$　　B. $(1+x^2)(1+2y)=C$

C. $(1+2y)^2=\frac{C}{1+x^2}$　　D. $(1+x^2)^2(1+2y)=C$

1-7-4　微分方程$\cos y\mathrm{d}x+(1+e^{-x})\sin y\mathrm{d}y=0$满足初始条件$y|_{x=0}=\frac{\pi}{3}$的特解是：

A. $\cos y=\frac{1}{4}(1+e^x)$　　B. $\cos y=1+e^x$

C. $\cos y=4(1+e^x)$　　D. $\cos^2 y=1+e^x$

1-7-5　微分方程$(1+y)\mathrm{d}x-(1-x)\mathrm{d}y=0$的通解是：（$C$为任意常数）

A. $\frac{1+y}{1-x}=C$　　B. $1+y=C(1-x)^2$

C. $(1-x)(1+y)=C$　　D. $\frac{1+y}{1+x}=C$

1-7-6　微分方程$\mathrm{d}y-2x\,\mathrm{d}x=0$的一个特解为：

A. $y=-2x$　　B. $y=2x$

C. $y=-x^2$　　D. $y=x^2$

1-7-7　微分方程$xy\mathrm{d}x=\sqrt{2-x^2}\mathrm{d}y$的通解是：

A. $y=e^{-C\sqrt{2-x^2}}$　　B. $y=e^{-\sqrt{2-x^2}}+C$

C. $y=Ce^{-\sqrt{2-x^2}}$　　D. $y=C-\sqrt{2-x^2}$

1-7-8 微分方程$y'+\frac{1}{x}y=2$满足初始条件$y|_{x=1}=0$的特解是：

A. $x-\frac{1}{x}$　　B. $x+\frac{1}{x}$

C. $x+\frac{C}{x}$，C为任意常数　　D. $x+\frac{2}{x}$

1-7-9 方程$y'=P(x)y$的通解是：

A. $y=e^{-\int P(x)\mathrm{d}x}+C$　　B. $y=e^{\int P(x)\mathrm{d}x}+C$

C. $y=Ce^{-\int P(x)\mathrm{d}x}$　　D. $y=Ce^{\int P(x)\mathrm{d}x}$

1-7-10 已知一阶微分方程$x\frac{\mathrm{d}y}{\mathrm{d}x}=y\ln\frac{y}{x}$，问该方程的通解是下列函数中的哪个？

A. $\ln\frac{y}{x}=x+2$　　B. $\ln\frac{y}{x}=cx+1$

C. $e^{\frac{y}{x}}=\frac{y}{x}0+2$　　D. $\sin\frac{y}{x}=\frac{y}{x}$

1-7-11 微分方程$\frac{\mathrm{d}y}{\mathrm{d}x}-\frac{y}{x}=\tan\frac{y}{x}$的通解是：

A. $\sin\frac{y}{x}=Cx$　　B. $\cos\frac{y}{x}=Cx$　　C. $\sin\frac{y}{x}=x+C$　　D. $Cx\sin\frac{y}{x}=1$

1-7-12 微分方程$y\mathrm{d}x+(y^2x-e^y)\mathrm{d}y=0$是下述哪种方程？

A. 可分离变量方程　　B. 一阶线性的微分方程

C. 全微分方程　　D. 齐次方程

1-7-13 下列一阶微分方程中，哪一个是一阶线性方程？

A. $(xe^y-2y)\mathrm{d}y+e^y\mathrm{d}x=0$　　B. $xy'+y=e^{x+y}$

C. $\frac{x}{1+y}\mathrm{d}x-\frac{y}{1+x}\mathrm{d}y=0$　　D. $\frac{\mathrm{d}y}{\mathrm{d}x}=\frac{x+y}{x-y}$

1-7-14 若$y_2(x)$是线性非齐次方程$y'+P(x)y=Q(x)$的解，$y_1(x)$是对应的齐次方程$y'+P(x)y=0$的解，则下列函数中哪一个是$y'+P(x)y=Q(x)$的解？

A. $y=Cy_1(x)+y_2(x)$　　B. $y=y_1(x)+C_2y_2(x)$

C. $y=C[y_1(x)+y_2(x)]$　　D. $y=C_1y(x)-y_2(x)$

1-7-15 若$y_1(x)$是线性非齐次方程$y'+P(x)y=Q(x)$的一个特解，则该方程的通解是下列中哪一个方程？

A. $y=y_1(x)+e^{\int P(x)\mathrm{d}x}$　　B. $y=y_1(x)+Ce^{-\int P(x)\mathrm{d}x}$

C. $y=y_1(x)+e^{-\int P(x)\mathrm{d}x}+C$　　D. $y=y_1(x)+Ce^{\int P(x)\mathrm{d}x}$

1-7-16 满足方程$f(x)+2\int_0^x f(x)\mathrm{d}x=x^2$的解$f(x)$是：

A. $-\frac{1}{2}e^{-2x}+x+\frac{1}{2}$　　B. $\frac{1}{2}e^{-2x}+x-\frac{1}{2}$

C. $Ce^{-2x}+x-\frac{1}{2}$　　D. $Ce^{-2x}+x+\frac{1}{2}$

1-7-17 设$f(x)$、$f'(x)$为已知的连续函数，则微分方程$y'+f'(x)y=f(x)f'(x)$的通解是：

A. $y=f(x)+Ce^{-f(x)}$　　B. $y=f(x)e^{f(x)}-e^{f(x)}+C$

C. $y=f(x)-1+Ce^{-f(x)}$　　D. $y=f(x)-1+Ce^{f(x)}$

1-7-18 微分方程$y''+ay'^2=0$满足条件$y|_{x=0}=0$，$y'|_{x=0}=-1$的特解是：

A. $\frac{1}{a}\ln|1-ax|$　　B. $\frac{1}{a}\ln|ax|+1$

C. $ax-1$　　D. $\frac{1}{a}x+1$

1-7-19 微分方程$y''=y'^2$的通解是：（C_1、C_2为任意常数）

A. $\ln x+C$　　B. $\ln(x+C)$

C. $C_2+\ln|x+C_1|$　　D. $C_2-\ln|x+C_1|$

1-7-20 微分方程$y''=x+\sin x$的通解是：（C_1，C_2为任意常数）

A. $\frac{1}{3}x^2+\sin x+C_1x+C_2$　　B. $\frac{1}{6}x^3-\sin x+C_1x+C_2$

C. $\frac{1}{2}x^2-\cos x+C_1x-C_2$　　D. $\frac{1}{2}x^2+\sin x-C_1x+C_2$

1-7-21 设$f_1(x)$和$f_2(x)$为二阶常系数线性齐次微分方程$y''+py'+q=0$的两个特解，若由$f_1(x)$和$f_2(x)$能构成该方程的通解，下列哪个方程是其充分条件？

A. $f_1(x)f_2'(x)-f_2(x)f_1'(x)=0$

B. $f_1(x)f_2'(x)-f_2(x)f_1'(x)\neq 0$

C. $f_1(x)f_2'(x)+f_2(x)f_1'(x)=0$

D. $f_1(x)f_2'(x)+f_2(x)f_1'(x)\neq 0$

1-7-22 微分方程$y''+2y=0$的通解是：

A. $y=A\sin 2x$　　B. $y=A\cos x$

C. $y=\sin\sqrt{2}x+B\cos\sqrt{2}x$　　D. $y=A\sin\sqrt{2}x+B\cos\sqrt{2}x$

1-7-23 下列函数中不是方程$y''-2y'+y=0$的解的函数是：

A. x^2e^x　　B. e^x　　C. xe^x　　D. $(x+2)e^x$

1-7-24 微分方程$y''-6y'+9y=0$，在初始条件$y'|_{x=0}=2$，$y|_{x=0}=0$下的特解为：

A. $\frac{1}{2}xe^{2x}+C$　　B. $\frac{1}{2}xe^{3x}+C$

C. $2x$　　D. $2xe^{3x}$

1-7-25 函数$y=C_1e^{2x+C_2}$（其中C_1、C_2是任意常数）是微分方程$\frac{\mathrm{d}^2y}{\mathrm{d}x^2}-\frac{\mathrm{d}y}{\mathrm{d}x}-2y=0$的哪一种解？

A. 通解　　B. 特解

C. 不是解　　D. 是解，但不是通解也不是特解

1-7-26 已知$r_1=3$，$r_2=-3$是方程$y''+py'+qy=0$（p和q是常数）的特征方程的两个根，则该微分方程是下列中哪个方程？

A. $y''+9y'=0$　　B. $y''-9y'=0$

C. $y''+9y=0$　　D. $y''-9y=0$

1-7-27 设线性无关函数y_1、y_2、y_3都是二阶非齐次线性方程$y''+P(x)y'+Q(x)y=f(x)$的解，C_1、C_2是待定常数。则此方程的通解是：

A. $C_1y_1+C_2y_2+y_3$　　B. $C_1y_1+C_2y_2-(C_1+C_3)y_3$

C. $C_1y_1+C_2y_2-(1-C_1-C_2)y_3$　　D. $C_1y_1+C_2y_2+(1-C_1-C_2)y_3$

1-7-28 微分方程$y''-4y=4$的通解是：（C_1，C_2为任意常数）

A. $C_1e^{2x}-C_2e^{-2x}+1$　　B. $C_1e^{2x}+C_2e^{-2x}-1$

C. $e^{2x}-e^{-2x}+1$　　D. $C_1e^{2x}+C_2e^{-2x}-2$

1-7-29 微分方程$y''-4y=6$的通解是：（C_1，C_2为任意常数）

A. $C_1e^{2x}-C_2e^{-2x}+\frac{3}{2}$　　B. $C_1e^{2x}+C_2e^{-2x}-\frac{3}{2}$

C. $e^{2x}-e^{-2x}+1$　　D. $C_1e^{2x}+C_2e^{-2x}-2$

1-7-30 已知$y_1(x)$与$y_2(x)$是方程$y''+P(x)y'+Q(x)y=0$的两个线性无关的特解，$Y_1(x)$和$Y_2(x)$分别是方程$y''+P(x)y'+Q(x)y=R_1(x)$和$y''+P(x)y'+Q(x)y=R_2(x)$的特解。那么方程$y''+P(x)y'+Q(x)y=R_1(x)+R_2(x)$的通解应是：

A. $C_1y_1+C_2y_2$　　B. $C_1Y_1(x)+C_2Y_2(x)$

C. $C_1y_1+C_2y_2+Y_1(x)$　　D. $C_1y_1+C_2y_2+Y_1(x)+Y_2(x)$

题解及参考答案

1-7-1　解： 将微分方程化成$\frac{\mathrm{d}x}{\mathrm{d}y}+\frac{1}{y}x=1$，方程为一阶线性方程。

其中$P(y)=\frac{1}{y}$，$Q(y)=1$

代入求通解公式$x=e^{-\int P(y)\mathrm{d}y}\left[\int Q(y)e^{\int P(y)\mathrm{d}y}\mathrm{d}y+C\right]$

计算如下：$x=e^{-\int\frac{1}{y}\mathrm{d}y}\left(\int e^{\int\frac{1}{y}\mathrm{d}y}\mathrm{d}y+C\right)=e^{-\ln y}\left(\int e^{\ln y}\mathrm{d}y+C\right)=\frac{1}{y}\left(\int y\mathrm{d}y+C\right)=\frac{1}{y}\left(\frac{1}{2}y^2+C\right)$

变形得$xy=\frac{1}{2}y^2+C$，$\left(x-\frac{y}{2}\right)y=C$

或将方程化为齐次方程$\frac{\mathrm{d}y}{\mathrm{d}x}=-\frac{\frac{y}{x}}{1-\frac{y}{x}}$计算。

答案： A

1-7-2　解： 方程的类型为可分离变量方程，将方程分离变量得$-\frac{1}{3+2y}\mathrm{d}y=\frac{x}{1+x^2}\mathrm{d}x$，两边积分：

$$-\int\frac{1}{3+2y}\mathrm{d}y=\int\frac{x}{1+x^2}\mathrm{d}x$$

$$-\frac{1}{2}\int\frac{1}{3+2y}\mathrm{d}(3+2y)=\frac{1}{2}\int\frac{1}{1+x^2}\mathrm{d}(x^2+1)$$

$$-\frac{1}{2}\ln(3+2y)=\frac{1}{2}\ln(1+x^2)+C$$

$\frac{1}{2}\ln(1+x^2)+\frac{1}{2}\ln(3+2y)=-C$，则$\ln(1+x^2)+\ln(3+2y)=-2C$，令$-2C=\ln C_1$，则$\ln(1+x^2)+\ln(3+2y)=\ln C_1$，故$(1+x^2)(3+2y)=C_1$。

答案： B

1-7-3　解： 方程为一阶可分离变量方程，分离变量后求解。

$$(1+2y)x\mathrm{d}x+(1+x^2)\mathrm{d}y=0$$

$$\frac{x}{1+x^2}\mathrm{d}x+\frac{1}{1+2y}\mathrm{d}y=0$$

$$\int\frac{x}{1+x^2}\mathrm{d}x+\int\frac{1}{1+2y}\mathrm{d}y=0$$

$$\frac{1}{2}\ln(1+x^2)+\frac{1}{2}\ln(1+2y)=\ln C$$

$$\ln(1+x^2)+\ln(1+2y)=2\ln C$$

故$(1+x^2)(1+2y)=C_1$，其中$C_1=C^2$。

答案： B

1-7-4　解： 本题为一阶可分离变量方程，分离变量后两边积分求解。

$\cos y\mathrm{d}x+(1+e^{-x})\sin y\mathrm{d}y=0$

$$\frac{1}{1+e^{-x}}\mathrm{d}x+\frac{\sin y}{\cos y}\mathrm{d}y=0$$

$$\frac{e^x}{1+e^x}\mathrm{d}x+\frac{\sin y}{\cos y}\mathrm{d}y=0$$

$$\int\frac{e^x}{1+e^x}\mathrm{d}x+\int\frac{\sin y}{\cos y}\mathrm{d}y=C_1$$

$$\int\frac{1}{1+e^x}\mathrm{d}(e^x+1)-\int\frac{1}{\cos y}\mathrm{d}\cos y=C_1$$

$\ln(1+e^x)-\ln\cos y=\ln C_1$，$\ln\dfrac{e^x+1}{\cos y}=\ln C_1$，所以$\dfrac{e^x+1}{\cos y}=C$

代入初始条件$x=0$，$y=\frac{\pi}{3}$，得$C=4$

因此$\frac{e^x+1}{\cos y}=4$，即$\cos y=\frac{1}{4}(1+e^x)$

答案： A

1-7-5　解： 此题为一阶可分离变量方程，分离变量后，两边积分。

微分方程$(1+y)\mathrm{d}x-(1-x)\mathrm{d}y=0$，$\frac{1}{1-x}\mathrm{d}x-\frac{1}{1+y}\mathrm{d}y=0$。

两边积分：$-\ln(1-x)-\ln(1+y)=-\ln c$，$(1-x)(1+y)=C$。

答案： C

1-7-6　解： 本题考查微分方程的特解及一阶微分方程的求解。

方法 1，将所给选项代入微分方程直接验证，可得选项 D 正确。

方法 2，$\mathrm{d}y-2x\,\mathrm{d}x=0$是一阶可分离变量微分方程，$\mathrm{d}y=2x\,\mathrm{d}x$，两边积分得，$y=x^2+C$。当$C=0$时，特解为$y=x^2$。

答案： D

1-7-7　解： 分离变量，化为可分离变量方程$\frac{x}{\sqrt{2-x^2}}\mathrm{d}x=\frac{1}{y}\mathrm{d}y$，两边进行不定积分，得到最后结果。

注意左边式子的积分$\int\frac{x}{\sqrt{2-x^2}}\mathrm{d}x=-\frac{1}{2}\int\frac{\mathrm{d}(2-x^2)}{\sqrt{2-x^2}}=-\sqrt{2-x^2}$，右边式子积分$\int\frac{1}{y}\mathrm{d}y=\ln y+C_1$，所以$-\sqrt{2-x^2}=\ln y+C_1$，$\ln y=-\sqrt{2-x^2}-C_1$，$y=e^{-C_1-\sqrt{2-x^2}}=Ce^{-\sqrt{2-x^2}}$，其中$C=e^{-C_1}$。

答案： C

1-7-8 解： 此题为一阶线性非齐次微分方程，直接代入公式计算，设方程为$y'+P(x)y=Q(x)$，则通解$y=e^{-\int P(x)\mathrm{d}x}\left[\int Q(x)e^{\int P(x)\mathrm{d}x}\mathrm{d}x+C\right]$，本题$P(x)=\frac{1}{x}$，$Q(x)=2$，代入公式：

$$y=e^{-\int\frac{1}{x}\mathrm{d}x}\left[\int 2e^{\int\frac{1}{x}\mathrm{d}x}\mathrm{d}x+C\right]$$

$$=e^{-\ln x}\left[\int 2e^{\ln x}\mathrm{d}x+C\right]=\frac{1}{x}\left(\int 2x\mathrm{d}x+C\right)=\frac{1}{x}(x^2+C)$$

代入初始条件，当$x=1$，$y=0$，即$0=\frac{1}{1}(1+C)$，得$C=-1$，故$y=x-\frac{1}{x}$。

答案： A

1-7-9 解： 方程$y'=P(x)y$为一阶可分离变量方程。

分离变量，$\frac{1}{y}\mathrm{d}y=P(x)\mathrm{d}x$

两边积分，$\ln|y|=\int P(x)\mathrm{d}x+C_1$

$$y=\pm e^{\int P(x)\mathrm{d}x+C_1}=\pm e^{C_1}e^{\int P(x)\mathrm{d}x}=Ce^{\int P(x)\mathrm{d}x}$$

其中，$C=\pm e^{C_1}$

答案： D

1-7-10 解： 方程$\frac{\mathrm{d}y}{\mathrm{d}x}=\frac{y}{x}\ln\frac{y}{x}$是一阶齐次方程，设$u=\frac{y}{x}$，$y=xu$，$\frac{\mathrm{d}y}{\mathrm{d}x}=u+x\frac{\mathrm{d}u}{\mathrm{d}x}$，代入化为可分离变量方程：

$$u+x\frac{\mathrm{d}u}{\mathrm{d}x}=u\ln u\text{，}x\frac{\mathrm{d}u}{\mathrm{d}x}=u\ln u-u\text{，}x\frac{\mathrm{d}u}{\mathrm{d}x}=u(\ln u-1)\text{，}\frac{\mathrm{d}u}{u(\ln u-1)}=\frac{\mathrm{d}x}{x}$$

$$\ln(\ln u-1)=\ln x+\ln C\text{，}\ln u-1=Cx\text{，}\ln u=Cx+1\text{，即}\ln\frac{y}{x}=Cx+1$$

答案： B

1-7-11 解： 微分方程为一阶齐次方程，设$u=\frac{y}{x}$，$y=xu$，$\frac{\mathrm{d}y}{\mathrm{d}x}=u+x\frac{\mathrm{d}u}{\mathrm{d}x}$，代入化简得$\cot u\,\mathrm{d}u=\frac{1}{x}\mathrm{d}x$，两边积分$\int\cot u\,\mathrm{d}u=\int\frac{1}{x}\mathrm{d}x$，$\ln\sin u=\ln x+C_1$，$\sin u=e^{C_1+\ln x}=e^{C_1}\cdot e^{\ln x}$，$\sin u=Cx$（其中$C=e^{C_1}$），代入$u=\frac{y}{x}$，得$\sin\frac{y}{x}=Cx$。

答案： A

1-7-12 解： 方程可化为$x'+P(y)x=Q(y)$的形式：

$$y\mathrm{d}x+(y^2x-e^y)\mathrm{d}y=0\text{，}\frac{\mathrm{d}x}{\mathrm{d}y}+yx-\frac{1}{y}e^y=0\text{，}\frac{\mathrm{d}x}{\mathrm{d}y}+yx=\frac{1}{y}e^y$$

方程为一阶线性非齐次方程，即一阶线性方程。

答案： B

1-7-13 解： 把一阶方程化为$x'+P(y)x=Q(y)$的形式，把方程$(xe^y-2y)\mathrm{d}y+e^y\mathrm{d}x=0$变形得：

$$xe^y-2y+e^y\frac{\mathrm{d}x}{\mathrm{d}y}=0\text{，}e^y\frac{\mathrm{d}x}{\mathrm{d}y}+xe^y=2y\text{，}\frac{\mathrm{d}x}{\mathrm{d}y}+x=2ye^{-y}$$

方程为一阶线性方程。

答案： A

1-7-14 解： 由一阶线性非齐次方程通解的结构确定，即由对应齐次方程的通解$Cy_1(x)$加上非齐次的一特解$y_2(x)$组成，即$y=Cy_1(x)+y_2(x)$。

答案： A

1-7-15 解： 非齐次方程的通解是由齐次方程的通解加非齐次方程的特解构成，令$Q(x)=0$，求对应齐次方程$y'+P(x)y=0$的通解。

$$\frac{\mathrm{d}y}{\mathrm{d}x}=-P(x)\cdot y,\ \frac{1}{y}\mathrm{d}y=-P(x)\mathrm{d}x,\ \ln y=-\int P(x)\mathrm{d}x+C$$

$$y=e^{-\int P(x)\mathrm{d}x+C}=e^{C}\cdot e^{-\int P(x)\mathrm{d}x}=C_1e^{-\int P(x)\mathrm{d}x}\quad (C_1=e^{C})$$

齐次方程的通解$y=Ce^{-\int P(x)\mathrm{d}x}$，非齐次方程的通解$y=y_1(x)+Ce^{-\int P(x)\mathrm{d}x}$。

答案： B

1-7-16 解： 对方程两边求导，得一阶线性方程$f'(x)+2f(x)=2x$，且满足初始条件$f(0)=0$

先求通解：

设$y=f(x)$，$y'=f'(x)$，$y'+2y=2x$

$$y=e^{-\int 2\mathrm{d}x}\left[\int 2xe^{\int 2\mathrm{d}x}\mathrm{d}x+C\right]=e^{-2x}\left[\int 2xe^{2x}\mathrm{d}x+C\right]=e^{-2x}\left(xe^{2x}-\frac{1}{2}e^{2x}+C\right)=x-\frac{1}{2}+Ce^{-2x}$$

故$f(x)=x-\frac{1}{2}+Ce^{-2x}$，代入初始条件$f(0)=0$，得$C=\frac{1}{2}$，所以$f(x)=x-\frac{1}{2}+\frac{1}{2}e^{-2x}$。

答案： B

1-7-17 解： 对关于y、y'的一阶线性方程求通解。其中$P(x)=f'(x)$，$Q(x)=f(x)\cdot f'(x)$，利用公式$y=e^{-\int P(x)\mathrm{d}x}\left[\int Q(x)e^{\int P(x)\mathrm{d}x}\mathrm{d}x+C\right]$求通解，即：

$$y=e^{-\int f'(x)\mathrm{d}x}\left[\int f(x)\cdot f'(x)e^{\int f'(x)\mathrm{d}x}\mathrm{d}x+C\right]=e^{-f(x)}\left[\int f(x)\cdot f'(x)e^{f(x)}\mathrm{d}x+C\right]$$

$$=e^{-f(x)}\left[\int f(x)e^{f(x)}\mathrm{d}f(x)+C\right]=e^{-f(x)}\left[\int f(x)\mathrm{d}e^{f(x)}+C\right]=e^{-f(x)}\left[f(x)e^{f(x)}-\int e^{f(x)}f'(x)\mathrm{d}x+C\right]$$

$$=e^{-f(x)}\left[f(x)e^{f(x)}-e^{f(x)}+C\right]=f(x)-1+Ce^{-f(x)}$$

答案： C

1-7-18 解： 本题为可降阶的高阶微分方程，按不显含变量y计算。设$y'=P$，$y''=P'$，方程化为$P'+aP^2=0$，$\frac{\mathrm{d}P}{\mathrm{d}x}=-aP^2$，分离变量，$\frac{1}{P^2}\mathrm{d}P=-a\mathrm{d}x$，积分得$-\frac{1}{P}=-ax+C_1$，代入初始条件$x=0$，$P=y'=-1$，得$C_1=1$，即$-\frac{1}{P}=-ax+1$，$P=\frac{1}{ax-1}$，$\frac{\mathrm{d}y}{\mathrm{d}x}=\frac{1}{ax-1}$，求出通解，代入初始条件，求出特解。即$y=\int\frac{1}{ax-1}\mathrm{d}x=\frac{1}{a}\ln|ax-1|+C$，代入初始条件$x=0$，$y=0$，得$C=0$。

故特解为$y=\frac{1}{a}\ln|1-ax|$。

答案： A

1-7-19 解： 此题为可降阶的高阶微分方程，按方程不显含变量y计算。

设$y'=p$，$y''=p'$，则方程为$p'=p^2$，$\frac{\mathrm{d}p}{\mathrm{d}x}=p^2$，$\frac{1}{p^2}\mathrm{d}p=\mathrm{d}x$

得$-\frac{1}{p}=x+C_1$，即$p=-\frac{1}{x+C_1}$

$\frac{\mathrm{d}y}{\mathrm{d}x}=-\frac{1}{x+C_1}$，$y=-\int\frac{1}{x+C_1}\mathrm{d}x$，得$y=-\ln|x+C_1|+C_2$

答案： D

1-7-20 解： 本题为可降阶的高阶微分方程，连续积分二次，得通解。

$$y''=x+\sin x,\ y'=\int(x+\sin x)\mathrm{d}x=\frac{1}{2}x^2-\cos x+C_1$$

$$y=\int\left(\frac{1}{2}x^2-\cos x+C_1\right)\mathrm{d}x=\frac{1}{6}x^3-\sin x+C_1x+C_2$$

答案： B

1-7-21 解：二阶线性齐次方程通解的结构要求$f_1(x)$，$f_2(x)$线性无关，即$\frac{f_2}{f_1}\neq$常数，两边求导$\left(\frac{f_2}{f_1}\right)'\neq 0$。即$\frac{f_2'f_1-f_2f_1'}{f_1^2}\neq 0$，要求$f_2'f_1-f_2f_1'\neq 0$。

答案：B

1-7-22 解：写出微分方程对应的特征方程$r^2+2=0$，得$r=\pm\sqrt{2}i$，即$\alpha=0$，$\beta=\sqrt{2}$，写出通解$y=A\sin\sqrt{2}x+B\cos\sqrt{2}x$。

答案：D

1-7-23 解：方法1，方程为二阶常系数线性齐次方程，对应特征方程为$r^2-2r+1=0$，$r=1$（二重根）。

通解$y=(C_1+C_2x)e^x$ （其中C_1，C_2为任意常数）

令C_1，C_2为一些特殊值，可验证选项B、C、D均为方程的解。C_1，C_2无论取何值均得不出选项A，所以A不满足。

方法2，把选项A设为函数，即$y=x^2e^x$，对函数y，求y'、y''后代入方程$y''-2y'+y=0$，不满足微分方程，因此选项A不满足。

答案：A

1-7-24 解：先求出二阶常系数齐次方程的通解，代入初始条件，求出通解中的C_1、C_2值，得特解，即$y''-6y'+9y=0$，$r^2-6r+9=0$，$r_1=r_2=3$，$y=(C_1+C_2x)e^{3x}$。

当$x=0$，$y=0$，代入得$C_1=0$，即$y=C_2xe^{3x}$。

由$y'=C_2(e^{3x}+3xe^{3x})=C_2e^{3x}(1+3x)$，当$x=0$，$y'=2$，代入得$C_2=2$，则$y=2xe^{3x}$。

答案：D

1-7-25 解：经验证$y=C_1e^{2x+C_2}=C_1e^{C_2}\cdot e^{2x}=C_3e^{2x}(C_3=C_1e^{C_2})$，$y=C_3e^{2x}$是方程的解，但不是通解，也不是特解。（解中不含两个独立的任意常数，因而不是通解，另外，题中未给出初始条件，因而解也不是特解。）

答案：D

1-7-26 解：利用$r_1=3$，$r_2=-3$写出对应的特征方程。$(r-3)(r+3)=0$，得到$r^2-9=0$，即$y''-9y=0$。

答案：D

1-7-27 解：可验证y_1-y_3，y_2-y_3为对应齐次方程的解，还可验证y_1-y_3，y_2-y_3线性无关，所以$C_1(y_1-y_3)+C_2(y_2-y_3)$是对应二阶线性齐次方程的通解，$y_3$是二阶非齐次方程的一个特解。方程通解$y=C_1(y_1-y_3)+C_2(y_2-y_3)+y_3$，整理$y=C_1y_1+C_2y_2+(1-C_1-C_2)y_3$。

答案：D

1-7-28 解：本题为二阶常系数线性非齐次方程。

非齐次通解$y=$齐次的通解$Y+$非齐次一个特解y^*，$y''-4y=0$，特征方程$r^2-4=0$，$r=\pm2$。齐次通解为$y=C_1e^{-2x}+C_2e^{2x}$。

将$y^*=-1$代入非齐次方程，满足方程，为非齐次特解。

故通解$y=C_1e^{2x}+C_2e^{-2x}-1$。

答案：B

1-7-29 解：①求对应齐次方程通解。$r^2-4=0$，$r=\pm2$，通解$y=C_1e^{-2x}+C_2e^{2x}$。

②把$y=-\frac{3}{2}$代入方程检验，得非齐次特解$y^*=-\frac{3}{2}$。

③非齐次通解=齐次通解+非齐次一个特解。

故方程通解$y = C_1e^{-2x} + C_2e^{2x} - \frac{3}{2}$。

答案： B

1-7-30 解： 按二阶线性非齐次方程通解的结构，写出对应二阶线性齐次方程的通解和非齐次方程的一个特解，得到非齐次方程的通解，因为$y_1(x)$与$y_2(x)$是方程$y'' + P(x)y' + Q(x)y = 0$的两个线性无关的解，那么$C_1y_1 + C_2y_2$为齐次方程的通解。由二阶线性非齐次方程解的性质，可知$Y_1(x)$是方程$y'' + P(x)y + Q(x) = R_1(x)$的特解，$Y_2(x)$是方程$y'' + P(x)y + Q(x) = R_2(x)$的特解，$Y_1(x) + Y_2(x)$为方程$y'' + P(x)y + Q(x)y = R_1(x) + R_2(x)$的一个特解，所以方程的通解为$y = C_1y_1 + C_2y_2 + y_1(x) + y_2(x)$。其中，$Y_1(x) + Y_2(x)$为方程$y'' + P(x)y' + Q(x)y = R_1(x) + R_2(x)$的一个特解。

答案： D

（八）线性代数

1-8-1 设行列式$\begin{vmatrix} 2 & 1 & 3 & 4 \\ 1 & 0 & 2 & 0 \\ 1 & 5 & 2 & 1 \\ -1 & 1 & 5 & 2 \end{vmatrix}$，$A_{ij}$表示行列式元素$a_{ij}$的代数余子式，则$A_{13} + 4A_{33} + A_{43}$等于：

A. −2　　B. 2　　C. −1　　D. 1

1-8-2 已知行列式$D = \begin{vmatrix} a & b & c & d \\ b & a & c & d \\ d & a & c & b \\ d & b & c & a \end{vmatrix}$，则$A_{11} + A_{21} + A_{31} + A_{41}$等于：

A. $a - b$　　B. 0　　C. $a - d$　　D. $b - d$

1-8-3 设$D = \begin{vmatrix} 1 & 5 & 7 & 0 \\ 2 & 0 & 3 & 6 \\ 1 & 2 & 3 & 4 \\ 2 & 2 & 2 & 2 \end{vmatrix}$，求$A_{11} + A_{12} + A_{13} + A_{14} =$(　　)。其中$A_{1j}$为元素$a_{1j}(j = 1,2,3,4)$的代数余子式。

A. −1　　B. 1　　C. 0　　D. −2

1-8-4 设$\boldsymbol{A}$为n阶方阵，$\boldsymbol{B}$是只对调$\boldsymbol{A}$的一、二列所得的矩阵，若$|\boldsymbol{A}| \neq |\boldsymbol{B}|$，则下面结论中一定成立的是：

A. $|\boldsymbol{A}|$可能为0　　B. $|\boldsymbol{A}| \neq 0$　　C. $|\boldsymbol{A} + \boldsymbol{B}| \neq 0$　　D. $|\boldsymbol{A} - \boldsymbol{B}| \neq 0$

1-8-5 设$\boldsymbol{A}$是m阶矩阵，$\boldsymbol{B}$是n阶矩阵，行列式$\begin{vmatrix} \boldsymbol{0} & \boldsymbol{A} \\ \boldsymbol{B} & \boldsymbol{0} \end{vmatrix}$等于：

A. $-|\boldsymbol{A}||\boldsymbol{B}|$　　B. $|\boldsymbol{A}||\boldsymbol{B}|$

C. $(-1)^{m+n}|\boldsymbol{A}||\boldsymbol{B}|$　　D. $(-1)^{mn}|\boldsymbol{A}||\boldsymbol{B}|$

1-8-6 设$\boldsymbol{A} = \begin{bmatrix} a_1b_1 & a_1b_2 & \cdots & a_1b_n \\ a_2b_1 & a_2b_2 & \cdots & a_2b_n \\ \vdots & \vdots & \vdots & \vdots \\ a_nb_1 & a_nb_2 & \cdots & a_nb_n \end{bmatrix}$，其中$a_i \neq 0$，$b_i \neq 0(i = 1,2\cdots,n)$，则矩阵$\boldsymbol{A}$的秩等于：

A. n　　B. 0　　C. 1　　D. 2

1-8-7 设$\boldsymbol{A}=\begin{bmatrix}a_1 & b_1 & c_1 & d_1\\ a_2 & b_2 & c_2 & d_2\\ a_3 & b_3 & c_3 & d_3\\ a_4 & b_4 & c_4 & d_4\end{bmatrix}$，$\boldsymbol{B}=\begin{bmatrix}a_1 & b_1 & c_1 & e_1\\ a_2 & b_2 & c_2 & e_2\\ a_3 & b_3 & c_3 & e_3\\ a_4 & b_4 & c_4 & e_4\end{bmatrix}$，且$|\boldsymbol{A}|=5$，$|\boldsymbol{B}|=1$，则$|\boldsymbol{A}+\boldsymbol{B}|$的值是：

A. 24　　B. 36　　C. 12　　D. 48

1-8-8 设$\boldsymbol{A}$是一个n阶方阵，已知$|\boldsymbol{A}|=2$，则$|-2\boldsymbol{A}|$等于：

A. $(-2)^{n+1}$　　B. $(-1)^n 2^{n+1}$　　C. -2^{n+1}　　D. -2^2

1-8-9 设$\boldsymbol{A}$为三阶方阵，且$|\boldsymbol{A}|=3$，则$\left|\left(\frac{1}{2}\boldsymbol{A}^2\right)\right|=$

A. $\frac{9}{8}$　　B. $\frac{9}{2}$　　C. $\frac{9}{64}$　　D. $\frac{3}{2}$

1-8-10 设$\boldsymbol{A}$、$\boldsymbol{B}$都是n阶可逆矩阵，则$\left|(-3)\begin{bmatrix}\boldsymbol{A}^{\mathrm{T}} & \boldsymbol{0}\\ \boldsymbol{0} & \boldsymbol{B}^{-1}\end{bmatrix}\right|=$

A. $(-3)^n|\boldsymbol{A}||\boldsymbol{B}|^{-1}$　　B. $-3|\boldsymbol{A}|^{\mathrm{T}}|\boldsymbol{B}|^{\mathrm{T}}$

C. $-3|\boldsymbol{A}|^{\mathrm{T}}|\boldsymbol{B}|^{-1}$　　D. $(-3)^{2n}|\boldsymbol{A}||\boldsymbol{B}|^{-1}$

1-8-11 设$\boldsymbol{A}_{m\times n}$，$\boldsymbol{B}_{n\times m}(m\neq n)$，则下列运算结果不为$n$阶方阵的是：

A. $\boldsymbol{BA}$　　B. $\boldsymbol{AB}$　　C. $(\boldsymbol{BA})^{\mathrm{T}}$　　D. $\boldsymbol{A}^{\mathrm{T}}\boldsymbol{B}^{\mathrm{T}}$

1-8-12 设$\boldsymbol{A}=\begin{bmatrix}1 & 0 & 1\\ 0 & 1 & 2\\ -2 & 0 & -3\end{bmatrix}$，则$\boldsymbol{A}^{-1}=$

A. $\begin{bmatrix}3 & 0 & 1\\ 4 & 1 & 2\\ 2 & 0 & 1\end{bmatrix}$　　B. $\begin{bmatrix}3 & 0 & 1\\ 4 & 1 & 2\\ -2 & 0 & -1\end{bmatrix}$　　C. $\begin{bmatrix}-3 & 0 & -1\\ 4 & 1 & 2\\ -2 & 0 & -1\end{bmatrix}$　　D. $\begin{bmatrix}3 & 0 & 1\\ -4 & -1 & -2\\ 2 & 0 & 1\end{bmatrix}$

1-8-13 方程$\begin{bmatrix}2 & 5\\ 1 & 3\end{bmatrix}\boldsymbol{X}=\begin{bmatrix}4 & -6\\ 2 & 1\end{bmatrix}$的解$\boldsymbol{X}$是：

A. $\begin{bmatrix}8 & -23\\ 0 & 2\end{bmatrix}$　　B. $\begin{bmatrix}2 & -23\\ 0 & 8\end{bmatrix}$　　C. $\begin{bmatrix}22 & -10\\ 8 & 4\end{bmatrix}$　　D. $\begin{bmatrix}1 & 2\\ 3 & 4\end{bmatrix}$

1-8-14 设$\boldsymbol{\alpha}_1$，$\boldsymbol{\alpha}_2$，$\boldsymbol{\alpha}_3$是三维列向量，$|\boldsymbol{A}|=|\boldsymbol{\alpha}_1,\boldsymbol{\alpha}_2,\boldsymbol{\alpha}_3|$，则与$|\boldsymbol{A}|$相等的是：

A. $|\boldsymbol{\alpha}_2,\boldsymbol{\alpha}_1,\boldsymbol{\alpha}_3|$　　B. $|-\boldsymbol{\alpha}_2,-\boldsymbol{\alpha}_3,-\boldsymbol{\alpha}_1|$

C. $|\boldsymbol{\alpha}_1+\boldsymbol{\alpha}_2,\boldsymbol{\alpha}_2+\boldsymbol{\alpha}_3,\boldsymbol{\alpha}_3+\boldsymbol{\alpha}_1|$　　D. $|\boldsymbol{\alpha}_1,\boldsymbol{\alpha}_2,\boldsymbol{\alpha}_3+\boldsymbol{\alpha}_2+\boldsymbol{\alpha}_1|$

1-8-15 设$\boldsymbol{A}$是 3 阶矩阵，矩阵$\boldsymbol{A}$的第 1 行的 2 倍加到第 2 行，得矩阵$\boldsymbol{B}$，则下列选项中成立的是：

A. $\boldsymbol{B}$的第 1 行的-2倍加到第 2 行得$\boldsymbol{A}$

B. $\boldsymbol{B}$的第 1 列的-2倍加到第 2 列得$\boldsymbol{A}$

C. $\boldsymbol{B}$的第 2 行的-2倍加到第 1 行得$\boldsymbol{A}$

D. $\boldsymbol{B}$的第 2 列的-2倍加到第 1 列得$\boldsymbol{A}$

1-8-16 设$\boldsymbol{A}$为$m\times n$矩阵，则齐次线性方程组$\boldsymbol{Ax}=\boldsymbol{0}$有非零解的充分必要条件是：

A. 矩阵$\boldsymbol{A}$的任意两个列向量线性相关

B. 矩阵$\boldsymbol{A}$的任意两个列向量线性无关

C. 矩阵$\boldsymbol{A}$的任一列向量是其余列向量的线性组合

D. 矩阵$\boldsymbol{A}$必有一个列向量是其余列向量的线性组合

1-8-17 设$\boldsymbol{A}$是$m\times n$的非零矩阵，$\boldsymbol{B}$是$n\times l$非零矩阵，满足$\boldsymbol{AB}=\boldsymbol{0}$，以下选项中不一定成立的是：

A. $\boldsymbol{A}$的行向量组线性相关　　B. $\boldsymbol{A}$的列向量组线性相关

C. $\boldsymbol{B}$的行向量组线性相关　　D. $R(\boldsymbol{A})+R(\boldsymbol{B})\leqslant n$

1-8-18 设$\boldsymbol{A}$，$\boldsymbol{B}$为n阶方阵，$\boldsymbol{A}\neq\boldsymbol{0}$，且$\boldsymbol{AB}=\boldsymbol{0}$，则：

A. $\boldsymbol{B}=\boldsymbol{0}$　　B. $|\boldsymbol{B}|=0$或$|\boldsymbol{A}|=0$

C. $\boldsymbol{BA}=\boldsymbol{0}$　　D. $(\boldsymbol{A}+\boldsymbol{B})^2=\boldsymbol{A}^2+\boldsymbol{B}^2$

1-8-19 设$\boldsymbol{A}$，$\boldsymbol{B}$，$\boldsymbol{A}+\boldsymbol{B}$，$\boldsymbol{A}^{-1}+\boldsymbol{B}^{-1}$均为$n$阶可逆矩阵，则$(\boldsymbol{A}^{-1}+\boldsymbol{B}^{-1})^{-1}$为：

A. $\boldsymbol{A}^{-1}+\boldsymbol{B}^{-1}$　　B. $\boldsymbol{A}+\boldsymbol{B}$　　C. $\boldsymbol{A}(\boldsymbol{A}+\boldsymbol{B})^{-1}\boldsymbol{B}$　　D. $(\boldsymbol{A}+\boldsymbol{B})^{-1}$

1-8-20 已知矩阵$\boldsymbol{A}=\begin{bmatrix}1&0&0\\0&1&2\\0&2&4\end{bmatrix}$，则$\boldsymbol{A}$的秩$r(\boldsymbol{A})=$

A. 0　　B. 1　　C. 2　　D. 3

1-8-21 设$\boldsymbol{A}=\begin{bmatrix}1&-1&2\\2&1&1\\-1&1&-2\end{bmatrix}$，$\boldsymbol{B}=\begin{bmatrix}2&\alpha&1\\0&3&\alpha\\0&0&-1\end{bmatrix}$，则秩$R(\boldsymbol{AB}-\boldsymbol{A})$等于：

A. 1　　B. 2　　C. 3　　D. 与α的取值有关

1-8-22 已知$\boldsymbol{P}=\begin{bmatrix}0&0&1\\0&1&0\\1&0&0\end{bmatrix}$，$\boldsymbol{PA}=\begin{bmatrix}1&2&0&5\\1&-2&3&6\\2&0&1&5\end{bmatrix}$，则$R(\boldsymbol{A})$为：

A. 1　　B. 2　　C. 3　　D. 4

1-8-23 设$\boldsymbol{\beta}_1$，$\boldsymbol{\beta}_2$是线性方程组$\boldsymbol{Ax}=\boldsymbol{b}$的两个不同的解，$\boldsymbol{\alpha}_1$、$\boldsymbol{\alpha}_2$是导出组$\boldsymbol{Ax}=\boldsymbol{0}$的基础解系，$\boldsymbol{k}_1$、$\boldsymbol{k}_2$是任意常数，则$\boldsymbol{Ax}=\boldsymbol{b}$的通解是：

A. $\frac{\boldsymbol{\beta}_1-\boldsymbol{\beta}_2}{2}+k_1\boldsymbol{\alpha}_1+k_2(\boldsymbol{\alpha}_1-\boldsymbol{\alpha}_2)$　　B. $\boldsymbol{\alpha}_1+k_1(\boldsymbol{\beta}_1-\boldsymbol{\beta}_2)+k_2(\boldsymbol{\alpha}_1-\boldsymbol{\alpha}_2)$

C. $\frac{\boldsymbol{\beta}_1+\boldsymbol{\beta}_2}{2}+k_1\boldsymbol{\alpha}_1+k_2(\boldsymbol{\alpha}_1-\boldsymbol{\alpha}_2)$　　D. $\frac{\boldsymbol{\beta}_1+\boldsymbol{\beta}_2}{2}+k_1\boldsymbol{\alpha}_1+k_2(\boldsymbol{\beta}_1-\boldsymbol{\beta}_2)$

1-8-24 设$\boldsymbol{A}$，$\boldsymbol{B}$是n阶矩阵，且$\boldsymbol{B}\neq\boldsymbol{0}$，满足$\boldsymbol{AB}=\boldsymbol{0}$，则以下选项中错误的是：

A. $R(\boldsymbol{A})+R(\boldsymbol{B})\leqslant n$　　B. $|\boldsymbol{A}|=0$或$|\boldsymbol{B}|=0$

C. $0\leqslant R(\boldsymbol{A})<n$　　D. $\boldsymbol{A}=0$

1-8-25 设$\boldsymbol{B}$是三阶非零矩阵，已知$\boldsymbol{B}$的每一列都是方程组$\begin{cases}x_1+2x_2-2x_3=0\\2x_1-x_2+tx_3=0\\3x_1+x_2-x_3=0\end{cases}$的解，则$t$等于：

A. 0　　B. 2　　C. −1　　D. 1

1-8-26 设$\boldsymbol{A}$和$\boldsymbol{B}$都是n阶方阵，已知$|\boldsymbol{A}|=2$，$|\boldsymbol{B}|=3$，则$|\boldsymbol{BA}^{-1}|$等于：

A. $\frac{2}{3}$　　B. $\frac{3}{2}$　　C. 6　　D. 5

1-8-27 设$\boldsymbol{A}$为矩阵，$\boldsymbol{\alpha}_1=\begin{bmatrix}1\\0\\2\end{bmatrix}$，$\boldsymbol{\alpha}_2=\begin{bmatrix}0\\1\\-1\end{bmatrix}$都是线性方程组$\boldsymbol{Ax}=\boldsymbol{0}$的解，则矩阵$\boldsymbol{A}$为：

A. $\begin{bmatrix}0&1&-1\\4&-2&-2\\0&1&1\end{bmatrix}$　　B. $\begin{bmatrix}2&0&-1\\0&1&1\end{bmatrix}$　　C. $\begin{bmatrix}-1&0&2\\0&1&-1\end{bmatrix}$　　D. $[-2,1,1]$

1-8-28 以下结论中哪一个是正确的？

A. 若方阵$\boldsymbol{A}$的行列式$|\boldsymbol{A}|=0$，则$\boldsymbol{A}=0$

B. 若$\boldsymbol{A}^2=0$，则$\boldsymbol{A}=0$

C. 若$\boldsymbol{A}$为对称阵，则$\boldsymbol{A}^2$也是对称阵

D. 对任意的同阶方阵$\boldsymbol{A}$、$\boldsymbol{B}$有$(\boldsymbol{A}+\boldsymbol{B})(\boldsymbol{A}-\boldsymbol{B})=\boldsymbol{A}^2-\boldsymbol{B}^2$

1-8-29 设矩阵$\boldsymbol{A}=\begin{bmatrix}a_1 & c_1 & d_1\\ a_2 & c_2 & d_2\\ a_3 & c_3 & d_3\end{bmatrix}$，$\boldsymbol{B}=\begin{bmatrix}b_1 & c_1 & d_1\\ b_2 & c_2 & d_2\\ b_3 & c_3 & d_3\end{bmatrix}$，且$|\boldsymbol{A}|=1$，$|\boldsymbol{B}|=-1$，则行列式$|\boldsymbol{A}-2\boldsymbol{B}|$等于：

A. 1　　B. 2　　C. 3　　D. 4

1-8-30 矩阵$\boldsymbol{A}=\begin{bmatrix}1 & 2 & 0 & 0 & 1\\ 0 & 3 & 7 & 2 & 0\\ 1 & 1 & 0 & 0 & 3\\ 2 & 1 & 0 & 6 & 6\end{bmatrix}$的秩＝

A. 4　　B. 3　　C. 2　　D. 1

1-8-31 设$\boldsymbol{A}$、$\boldsymbol{B}$均为n阶非零矩阵，且$\boldsymbol{AB}=\boldsymbol{0}$，则$R(\boldsymbol{A})$，$R(\boldsymbol{B})$满足：

A. 必有一个等于0　　B. 都小于n

C. 一个小于n，一个等于n　　D. 都等于n

1-8-32 设3阶矩阵$\boldsymbol{A}=\begin{bmatrix}1 & 1 & a\\ 1 & a & 1\\ a & 1 & 1\end{bmatrix}$，已知$\boldsymbol{A}$的伴随矩阵的秩为1，则$a=$

A. -2　　B. -1　　C. 1　　D. 2

1-8-33 若$\boldsymbol{A}$是n阶方阵，且$R(\boldsymbol{A})<n$，则线性方程组$\boldsymbol{Ax}=\boldsymbol{0}$：

A. 有唯一解　　B. 有无穷多解

C. 无解　　D. 以上选项皆不对

1-8-34 非齐次线性方程组$\begin{cases}x_1-x_2+6x_3=0\\ 4x_2-8x_3=-4\\ x_1+3x_2-2x_3=a\end{cases}$有解时，$a$应取下列何值？

A. -2　　B. -4　　C. -6　　D. -8

1-8-35 齐次线性方程组$\begin{cases}x_1-x_2+x_4=0\\ x_1-x_3+x_4=0\end{cases}$的基础解系为：

A. $\alpha_1=(1,1,1,0)^{\mathrm{T}}$，$\alpha_2=(-1,-1,1,0)^{\mathrm{T}}$

B. $\alpha_1=(2,1,0,1)^{\mathrm{T}}$，$\alpha_2=(-1,-1,1,0)^{\mathrm{T}}$

C. $\alpha_1=(1,1,1,0)^{\mathrm{T}}$，$\alpha_2=(-1,0,0,1)^{\mathrm{T}}$

D. $\alpha_1=(2,1,0,1)^{\mathrm{T}}$，$\alpha_2=(-2,-1,0,1)^{\mathrm{T}}$

1-8-36 设$\boldsymbol{A}$为n阶方阵，且$R(\boldsymbol{A})=n-1$，$\boldsymbol{\alpha}_1,\boldsymbol{\alpha}_2$是$\boldsymbol{Ax}=\boldsymbol{b}$两个不同的解向量，则$\boldsymbol{Ax}=\boldsymbol{0}$的通解为：

A. $K\boldsymbol{\alpha}_1$　　B. $K\boldsymbol{\alpha}_2$　　C. $K(\boldsymbol{\alpha}_1-\boldsymbol{\alpha}_2)$　　D. $K(\boldsymbol{\alpha}_1+\boldsymbol{\alpha}_2)$

1-8-37 若$\boldsymbol{\alpha}_1,\boldsymbol{\alpha}_2,\cdots,\boldsymbol{\alpha}_r$是向量组$\boldsymbol{\alpha}_1,\boldsymbol{\alpha}_2,\cdots,\boldsymbol{\alpha}_r,\cdots,\boldsymbol{\alpha}_n$的最大无关组，则结论不正确的是：

A. $\boldsymbol{\alpha}_n$可由$\boldsymbol{\alpha}_1,\boldsymbol{\alpha}_2,\cdots,\boldsymbol{\alpha}_r$线性表示

B. $\boldsymbol{\alpha}_1$可由$\boldsymbol{\alpha}_{r+1},\boldsymbol{\alpha}_{r+2},\cdots,\boldsymbol{\alpha}_n$线性表示

C. $\boldsymbol{\alpha}_1$可由$\boldsymbol{\alpha}_1,\boldsymbol{\alpha}_2,\cdots,\boldsymbol{\alpha}_r$线性表示

D. $\boldsymbol{\alpha}_n$可由$\boldsymbol{\alpha}_{r+1},\boldsymbol{\alpha}_{r+2},\cdots,\boldsymbol{\alpha}_n$线性表示

1-8-38 如果向量$\boldsymbol{\beta}$可由向量组$\boldsymbol{\alpha}_1,\boldsymbol{\alpha}_2,\cdots,\boldsymbol{\alpha}_s$线性表示，则下列结论中正确的是：

A. 存在一组不全为零的数$k_1,k_2,\cdots,k_s$使等式$\boldsymbol{\beta}=k_1\boldsymbol{\alpha}_1+k_2\boldsymbol{\alpha}_2+\cdots+k_s\boldsymbol{\alpha}_s$成立

B. 存在一组全为零的数$k_1,k_2,\cdots,k_s$使等式$\boldsymbol{\beta}=k_1\boldsymbol{\alpha}_1+k_2\boldsymbol{\alpha}_2+\cdots+k_s\boldsymbol{\alpha}_s$成立

C. 存在一组数$k_1,k_2,\cdots,k_s$使等式$\boldsymbol{\beta}=k_1\boldsymbol{\alpha}_1+k_2\boldsymbol{\alpha}_2+\cdots+k_s\boldsymbol{\alpha}_s$成立

D. 对$\boldsymbol{\beta}$的线性表达式唯一

1-8-39 向量组的秩为r的充要条件是：

A. 该向量组所含向量的个数必大于r

B. 该向量组中任何r个向量必线性无关，任何$r+1$个向量必线性相关

C. 该向量组中有r个向量线性无关，有$r+1$个向量线性相关

D. 该向量组中有r个向量线性无关，任何$r+1$个向量必线性相关

1-8-40 设齐次线性方程组$\begin{cases}x_1-kx_2=0\\kx_1-5x_2+x_3=0\\x_1+x_2+x_3=0\end{cases}$，当方程组有非零解时，$k$值为：

A. -2 或 3　　B. 2 或 3　　C. 2 或-3　　D. -2 或-3

1-8-41 设$\boldsymbol{A}$是 3 阶实对称矩阵，$\boldsymbol{P}$是 3 阶可逆矩阵，$\boldsymbol{B}=\boldsymbol{P}^{-1}\boldsymbol{A}\boldsymbol{P}$，已知$\boldsymbol{\alpha}$是$\boldsymbol{A}$的属于特征值$\lambda$的特征向量，则$\boldsymbol{B}$的属于特征值$\lambda$的特征向量是：

A. $\boldsymbol{P}\boldsymbol{\alpha}$　　B. $\boldsymbol{P}^{-1}\boldsymbol{\alpha}$　　C. $\boldsymbol{P}^{\mathrm{T}}\boldsymbol{\alpha}$　　D. $(\boldsymbol{P}-\boldsymbol{I})^{\mathrm{T}}\boldsymbol{\alpha}$

1-8-42 设$\boldsymbol{A}$是三阶矩阵，$\boldsymbol{\alpha}_1=(1,0,1)^{\mathrm{T}}$，$\boldsymbol{\alpha}_2=(0,1,1)^{\mathrm{T}}$是$\boldsymbol{A}$的属于特征值 1 的特征向量，$\boldsymbol{\alpha}_3=(0,1,2)^{\mathrm{T}}$是$\boldsymbol{A}$的属于特征值$-1$ 的特征向量，则：

A. $\boldsymbol{\alpha}_1-\boldsymbol{\alpha}_2$是$\boldsymbol{A}$的属于特征值 1 的特征向量

B. $\boldsymbol{\alpha}_1-\boldsymbol{\alpha}_3$是$\boldsymbol{A}$的属于特征值 1 的特征向量

C. $\boldsymbol{\alpha}_1-\boldsymbol{\alpha}_3$是$\boldsymbol{A}$的属于特征值 2 的特征向量

D. $\boldsymbol{\alpha}_1+\boldsymbol{\alpha}_2+\boldsymbol{\alpha}_3$是$\boldsymbol{A}$的属于特征值 1 的特征向量

1-8-43 设$\vec{\alpha}$，$\vec{\beta}$，$\vec{\gamma}$，$\vec{\delta}$是n维向量，已知$\vec{\alpha}$，$\vec{\beta}$线性无关，$\vec{\gamma}$可以由$\vec{\alpha}$，$\vec{\beta}$线性表示，$\vec{\delta}$不能由$\vec{\alpha}$，$\vec{\beta}$线性表示，则以下选项中正确的是：

A. $\vec{\alpha}$，$\vec{\beta}$，$\vec{\gamma}$，$\vec{\delta}$线性无关　　B. $\vec{\alpha}$，$\vec{\beta}$，$\vec{\gamma}$线性无关

C. $\vec{\alpha}$，$\vec{\beta}$，$\vec{\delta}$线性相关　　D. $\vec{\alpha}$，$\vec{\beta}$，$\vec{\delta}$线性无关

1-8-44 设$\boldsymbol{A}$是$m\times n$非零矩阵，$\boldsymbol{B}$是$n\times l$非零矩阵，满足$\boldsymbol{AB}=0$，以下选项中不一定成立的是：

A. $\boldsymbol{A}$的行向量组线性相关　　B. $\boldsymbol{A}$的列向量组线性相关

C. $\boldsymbol{B}$的行向量组线性相关　　D. $r(\boldsymbol{A})+r(\boldsymbol{B})\leqslant n$

1-8-45 矩阵$\begin{bmatrix}3&4\\5&2\end{bmatrix}$的特征值是：

A. $\begin{cases}\lambda_1=-2\\\lambda_2=7\end{cases}$　　B. $\begin{cases}\lambda_1=-7\\\lambda_2=2\end{cases}$　　C. $\begin{cases}\lambda_1=7\\\lambda_2=2\end{cases}$　　D. $\begin{cases}\lambda_1=-7\\\lambda_2=-2\end{cases}$

1-8-46 设三阶矩阵$\boldsymbol{A}=\begin{bmatrix}1&1&0\\1&0&1\\0&1&1\end{bmatrix}$，则$\boldsymbol{A}$的特征值是：

A. 1，0，1　　B. 1，1，2　　C. −1，1，2　　D. 1，−1，1

1-8-47 设$\lambda_1=6$，$\lambda_2=\lambda_3=3$为三阶实对称矩阵$\boldsymbol{A}$的特征值，属于$\lambda_2=\lambda_3=3$的特征向量为$\boldsymbol{\xi}_2=(-1,0,1)^{\mathrm{T}}$，$\boldsymbol{\xi}_3=(1,2,1)^{\mathrm{T}}$，则属于$\lambda_1=6$的特征向量是：

A. $(1,-1,1)^{\mathrm{T}}$　　B. $(1,1,1)^{\mathrm{T}}$　　C. $(0,2,2)^{\mathrm{T}}$　　D. $(2,2,0)^{\mathrm{T}}$

1-8-48 设$\lambda=\frac{1}{2}$是非奇异矩阵$\boldsymbol{A}$的特征值，则矩阵$(2\boldsymbol{A}^3)^{-1}$有一个特征值为：

A. 3　　B. 4　　C. $\frac{1}{4}$　　D. 1

1-8-49 已知三维列向量$\boldsymbol{\alpha}$，$\boldsymbol{\beta}$满足$\boldsymbol{\alpha}^{\mathrm{T}}\boldsymbol{\beta}=3$，设 3 阶矩阵$\boldsymbol{A}=\boldsymbol{\beta}\boldsymbol{\alpha}^{\mathrm{T}}$，则：

A. $\boldsymbol{\beta}$是$\boldsymbol{A}$的属于特征值 0 的特征向量　　B. $\boldsymbol{\alpha}$是$\boldsymbol{A}$的属于特征值 0 的特征向量

C. $\boldsymbol{\beta}$是$\boldsymbol{A}$的属于特征值 3 的特征向量　　D. $\boldsymbol{\alpha}$是$\boldsymbol{A}$的属于特征值 3 的特征向量

1-8-50 设λ_1，λ_2是矩阵$\boldsymbol{A}$的 2 个不同的特征值，$\boldsymbol{\xi}$，$\boldsymbol{\eta}$是$\boldsymbol{A}$的分别属于λ_1，λ_2的特征向量，则以下选项中正确的是：

A. 对任意的$k_1\neq0$和$k_2\neq0$，$k_1\boldsymbol{\xi}+k_2\boldsymbol{\eta}$都是$\boldsymbol{A}$的特征向量

B. 存在常数$k_1\neq0$和$k_2\neq0$，使得$k_1\boldsymbol{\xi}+k_2\boldsymbol{\eta}$是$\boldsymbol{A}$的特征向量

C. 对任意的$k_1\neq0$和$k_2\neq0$，$k_1\boldsymbol{\xi}+k_2\boldsymbol{\eta}$都不是$\boldsymbol{A}$的特征向量

D. 仅当$k_1=k_2=0$时，$k_1\boldsymbol{\xi}+k_2\boldsymbol{\eta}$是$\boldsymbol{A}$的特征向量

1-8-51 设$\boldsymbol{A}$是 3 阶矩阵，$\boldsymbol{P}=(\alpha_1,\alpha_2,\alpha_3)$是 3 阶可逆矩阵，且$\boldsymbol{P}^{-1}\boldsymbol{A}\boldsymbol{P}=\begin{bmatrix}1&0&0\\0&2&0\\0&0&0\end{bmatrix}$。若矩阵$\boldsymbol{Q}=(\alpha_2,\alpha_1,\alpha_3)$，则$\boldsymbol{Q}^{-1}\boldsymbol{A}\boldsymbol{Q}=$

A. $\begin{bmatrix}1&0&0\\0&2&0\\0&0&0\end{bmatrix}$　　B. $\begin{bmatrix}2&0&0\\0&1&0\\0&0&0\end{bmatrix}$　　C. $\begin{bmatrix}0&1&0\\2&0&0\\0&0&0\end{bmatrix}$　　D. $\begin{bmatrix}0&2&0\\1&0&0\\0&0&0\end{bmatrix}$

1-8-52 设二次型$f=\lambda(x_1^2+x_2^2+x_3^2)+2x_1x_2+2x_1x_3-2x_2x_3$，当$\lambda$为何值时，$f$是正定的？

A. $\lambda>1$　　B. $\lambda<2$　　C. $\lambda>2$　　D. $\lambda>0$

1-8-53 二次型$f(x_1,x_2,x_3)=\lambda x_1^2+(\lambda-1)x_2^2+(\lambda^2+1)x_3^2$，当满足（　　）时，是正定二次型。

A. $\lambda>0$　　B. $\lambda>-1$

C. $\lambda>1$　　D. 以上选项均不成立

1-8-54 设$\boldsymbol{A}=\begin{bmatrix}1&1\\1&2\end{bmatrix}$，与$\boldsymbol{A}$合同的矩阵是：

A. $\begin{bmatrix}1&-1\\-1&2\end{bmatrix}$　　B. $\begin{bmatrix}-1&1\\1&-2\end{bmatrix}$

C. $\begin{bmatrix}1&1\\-1&2\end{bmatrix}$　　D. $\begin{bmatrix}1&-1\\1&2\end{bmatrix}$

题解及参考答案

1-8-1 解: 将行列式的第三列换成1,0,4,1,得到新行列式$\begin{vmatrix}2&1&1&4\\1&0&0&0\\1&5&4&1\\-1&1&1&2\end{vmatrix}$,新行列式按第三列展开,即$A_{13}+4A_{33}+A_{43}$,因此

$$A_{13}+4A_{33}+A_{43}=\begin{vmatrix}2&1&1&4\\1&0&0&0\\1&5&4&1\\-1&1&1&2\end{vmatrix}\xlongequal{\text{按第二行展开}}1\cdot(-1)^{2+1}\begin{vmatrix}1&1&4\\5&4&1\\1&1&2\end{vmatrix}\xlongequal{-r_1+r_3}-\begin{vmatrix}1&1&4\\5&4&1\\0&0&-2\end{vmatrix}=-2$$

答案: A

1-8-2 解: 计算$A_{11}+A_{21}+A_{31}+A_{41}$的值,相当于计算行列式$D_1=\begin{vmatrix}1&b&c&d\\1&a&c&d\\1&a&c&b\\1&b&c&a\end{vmatrix}$的值。利用行列式运算性质,在$D_1$中有两列(第一列、第三列)对应元素成比例,行列式值为零。

答案: B

1-8-3 解: 分别求A_{11}、A_{12}、A_{13}、A_{14}计算较麻烦。可仿照上题方法计算,求$A_{11}+A_{12}+A_{13}+A_{14}$的值,可把行列式的第一行各列换成1后,利用行列式的运算性质计算。

$$A_{11}+A_{12}+A_{13}+A_{14}=\begin{vmatrix}1&1&1&1\\2&0&3&6\\1&2&3&4\\2&2&2&2\end{vmatrix}\xlongequal[\text{对应元素成比例}]{r_1,r_4}0$$

答案: C

1-8-4 解: 由行列式性质可得$|\boldsymbol{A}|=-|\boldsymbol{B}|$,又因$|\boldsymbol{A}|\neq|\boldsymbol{B}|$,所以$|\boldsymbol{A}|\neq-|\boldsymbol{A}|$,$2|\boldsymbol{A}|\neq0$,$|\boldsymbol{A}|\neq0$。

答案: B

1-8-5 解: ①将分块矩阵行列式变形为$\begin{vmatrix}\boldsymbol{A}&\boldsymbol{0}\\\boldsymbol{0}&\boldsymbol{B}\end{vmatrix}$的形式。

②利用分块矩阵行列式计算公式$\begin{vmatrix}\boldsymbol{A}&\boldsymbol{0}\\\boldsymbol{0}&\boldsymbol{B}\end{vmatrix}=|\boldsymbol{A}|\cdot|\boldsymbol{B}|$。

将矩阵$\boldsymbol{B}$的第一行与矩阵$\boldsymbol{A}$的行互换,换的方法是从矩阵$\boldsymbol{A}$最下面一行开始换,逐行往上换,换到第一行一共换了m次,行列式更换符号$(-1)^m$。再将矩阵$\boldsymbol{B}$的第二行与矩阵$\boldsymbol{A}$的各行互换,换到第二行,又更换符号为$(-1)^m$,……,最后再将矩阵$\boldsymbol{B}$的最后一行与矩阵$\boldsymbol{A}$的各行互换到矩阵的第n行位置,这样原矩阵行列式:

$$\begin{vmatrix}\boldsymbol{0}&\boldsymbol{A}\\\boldsymbol{B}&\boldsymbol{0}\end{vmatrix}=\underbrace{(-1)^m\cdot(-1)^m\cdots(-1)^m}_{n\text{个}}\begin{vmatrix}\boldsymbol{B}&\boldsymbol{0}\\\boldsymbol{0}&\boldsymbol{A}\end{vmatrix}=(-1)^{m\cdot n}\begin{vmatrix}\boldsymbol{B}&\boldsymbol{0}\\\boldsymbol{0}&\boldsymbol{A}\end{vmatrix}=(-1)^{mn}|\boldsymbol{B}||\boldsymbol{A}|=(-1)^{mn}|\boldsymbol{A}||\boldsymbol{B}|$$

答案: D

1-8-6 解: **方法1**,$\boldsymbol{A}=\boldsymbol{BC}=\begin{bmatrix}a_1\\a_2\\\vdots\\a_n\end{bmatrix}[b_1b_2\cdots b_n]$

由矩阵的性质可知，$R(\boldsymbol{A})=R(\boldsymbol{BC})\leqslant\min\left[R(\boldsymbol{B}),\ R(\boldsymbol{C})\right]$，因$R(\boldsymbol{B})=1$，$R(\boldsymbol{C})=1$，而$\boldsymbol{A}$是非零矩阵，故$R(\boldsymbol{A})=R(\boldsymbol{BC})=1$。

方法2，$\boldsymbol{A}\xrightarrow[i=2,\cdots,n]{\frac{-a_i}{a_1}r_1+r_i}\begin{bmatrix}a_1b_1 & a_1b_2 & \cdots & a_1b_n\\ 0 & 0 & \cdots & 0\\ \cdots & \cdots & \cdots & \cdots\\ 0 & 0 & \cdots & 0\end{bmatrix}$，$R(\boldsymbol{A})=1$

答案：C

1-8-7 解：①$|\boldsymbol{A}+\boldsymbol{B}|=\begin{vmatrix}2a_1 & 2b_1 & 2c_1 & d_1+e_1\\ 2a_2 & 2b_2 & 2c_2 & d_2+e_2\\ 2a_3 & 2b_3 & 2c_3 & d_3+e_3\\ 2a_4 & 2b_4 & 2c_4 & d_4+e_4\end{vmatrix}$

②利用行列式性质$\begin{vmatrix}a_{11} & a_{12}+b_1\\ a_{21} & a_{22}+b_2\end{vmatrix}=\begin{vmatrix}a_{11} & a_{12}\\ a_{21} & a_{22}\end{vmatrix}+\begin{vmatrix}a_{11} & b_1\\ a_{21} & b_2\end{vmatrix}$

则$|\boldsymbol{A}+\boldsymbol{B}|=\begin{vmatrix}2a_1 & 2b_1 & 2c_1 & d_1\\ 2a_2 & 2b_2 & 2c_2 & d_2\\ 2a_3 & 2b_3 & 2c_3 & d_3\\ 2a_4 & 2b_4 & 2c_4 & d_4\end{vmatrix}+\begin{vmatrix}2a_1 & 2b_1 & 2c_1 & e_1\\ 2a_2 & 2b_2 & 2c_2 & e_2\\ 2a_3 & 2b_3 & 2c_3 & e_3\\ 2a_4 & 2b_4 & 2c_4 & e_4\end{vmatrix}$

$=2^3|\boldsymbol{A}|+2^3|\boldsymbol{B}|=2^3\times5+2^3\times1=48$

答案：D

1-8-8 解：

$$|-2\boldsymbol{A}|=\begin{vmatrix}-2a_{11} & \cdots & -2a_{1n}\\ \vdots & & \vdots\\ -2a_{n1} & \cdots & -2a_{nn}\end{vmatrix}=(-2)^n\begin{vmatrix}a_{11} & \cdots & a_{1n}\\ \vdots & & \vdots\\ a_{n1} & \cdots & a_{nn}\end{vmatrix}$$

$$=(-2)^n\times2=(-1)^n\cdot2^{n+1}$$

或直接利用公式$|k\boldsymbol{A}|=k^n|\boldsymbol{A}|$，$|-2\boldsymbol{A}|=(-2)^n|\boldsymbol{A}|=(-2)^n\cdot2=(-1)^n\cdot2^{n+1}$

答案：B

1-8-9 解：$\boldsymbol{A}^2$为三阶方阵，数乘矩阵时，用这个数乘矩阵的每一个元素。矩阵的行列式，按行列式运算法则进行：

$$\left|\left(\frac{1}{2}\boldsymbol{A}^2\right)\right|=\left(\frac{1}{2}\right)^3|\boldsymbol{A}^2|=\frac{1}{8}|\boldsymbol{A}||\boldsymbol{A}|=\frac{9}{8}$$

答案：A

1-8-10 解：因为$\boldsymbol{A}$、$\boldsymbol{B}$都是n阶可逆矩阵，矩阵$\begin{bmatrix}\boldsymbol{A}^{\mathrm{T}} & \boldsymbol{0}\\ \boldsymbol{0} & \boldsymbol{B}^{-1}\end{bmatrix}$为$2n$阶矩阵：

$$\left|(-3)\begin{bmatrix}\boldsymbol{A}^{\mathrm{T}} & \boldsymbol{0}\\ \boldsymbol{0} & \boldsymbol{B}^{-1}\end{bmatrix}\right|=(-3)^{2n}\begin{vmatrix}\boldsymbol{A}^{\mathrm{T}} & \boldsymbol{0}\\ 0 & \boldsymbol{B}^{-1}\end{vmatrix}$$

$$=(-3)^{2n}|\boldsymbol{A}^{\mathrm{T}}||\boldsymbol{B}^{-1}|\xlongequal[|\boldsymbol{B}^{-1}|=\frac{1}{|\boldsymbol{B}|}]{\text{因}|\boldsymbol{A}|=|\boldsymbol{A}^{\mathrm{T}}|}(-3)^{2n}|\boldsymbol{A}||\boldsymbol{B}|^{-1}$$

答案：D

1-8-11　解： 选项 A，$\boldsymbol{B}_{n\times m}\boldsymbol{A}_{m\times n}=(\boldsymbol{BA})_{n\times n}$，故$\boldsymbol{BA}$为$n$阶方阵。

选项 B，$\boldsymbol{A}_{m\times n}\boldsymbol{B}_{n\times m}=(\boldsymbol{AB})_{m\times m}$，故$\boldsymbol{AB}$为$m$阶方阵。

选项 C，因$\boldsymbol{BA}$为n阶方阵，故其转置$(\boldsymbol{BA})^{\mathrm{T}}$也为$n$阶方阵。

选项 D，因$\boldsymbol{A}^{\mathrm{T}}\boldsymbol{B}^{\mathrm{T}}=(\boldsymbol{BA})^{\mathrm{T}}$，故$\boldsymbol{A}^{\mathrm{T}}\boldsymbol{B}^{\mathrm{T}}$也是$n$阶方阵。

答案： B

1-8-12　解：方法 1：用公式$\boldsymbol{A}^{-1}=\frac{1}{|\boldsymbol{A}|}\boldsymbol{A}^{*}$计算，但较麻烦。

方法 2：简便方法，试探一下给出的哪一个矩阵满足$\boldsymbol{AB}=\boldsymbol{E}$

如：$\begin{bmatrix}1&0&1\\0&1&2\\-2&0&-3\end{bmatrix}\begin{bmatrix}3&0&1\\4&1&2\\-2&0&-1\end{bmatrix}=\begin{bmatrix}1&0&0\\0&1&0\\0&0&1\end{bmatrix}$

方法 3：用矩阵初等变换，求逆阵。

$$(\boldsymbol{A}|\boldsymbol{E})=\begin{bmatrix}1&0&1&1&0&0\\0&1&2&0&1&0\\-2&0&-3&0&0&1\end{bmatrix}\xrightarrow{2r_1+r_3}\begin{bmatrix}1&0&1&1&0&0\\0&1&2&0&1&0\\0&0&-1&2&0&1\end{bmatrix}\xrightarrow[\substack{2r_3+r_2\\(-1)r_3}]{r_3+r_1}$$

$$\begin{bmatrix}1&0&0&3&0&1\\0&1&0&4&1&2\\0&0&1&-2&0&-1\end{bmatrix}$$

选项 B 正确。

答案： B

1-8-13　解：方法 1，$\boldsymbol{AX}=\boldsymbol{B}$，若$\boldsymbol{A}$可逆，则$\boldsymbol{X}=\boldsymbol{A}^{-1}\boldsymbol{B}$

$\boldsymbol{A}=\begin{bmatrix}2&5\\1&3\end{bmatrix}$，$\boldsymbol{A}^{-1}=\dfrac{1}{6-5}\begin{bmatrix}3&-5\\-1&2\end{bmatrix}=\begin{bmatrix}3&-5\\-1&2\end{bmatrix}$，$\boldsymbol{B}=\begin{bmatrix}4&-6\\2&1\end{bmatrix}$，

$\boldsymbol{X}=\begin{bmatrix}3&-5\\-1&2\end{bmatrix}\begin{bmatrix}4&-6\\2&1\end{bmatrix}=\begin{bmatrix}2&-23\\0&8\end{bmatrix}$

方法 2，$(\boldsymbol{A}\,\vdots\,\boldsymbol{B})=\begin{bmatrix}2&5&4&-6\\1&3&2&1\end{bmatrix}\xrightarrow[(r_1\leftrightarrow r_2)]{-2r_2+r_1}\begin{bmatrix}1&3&2&1\\0&-1&0&-8\end{bmatrix}\xrightarrow[-r_2]{3r_2+r_1}\begin{bmatrix}1&0&2&-23\\0&1&0&8\end{bmatrix}$

$\boldsymbol{X}=\begin{bmatrix}2&-23\\0&8\end{bmatrix}$

方法 3，把选项中矩阵代入方程验算。

答案： B

1-8-14　解： 利用行列式的运算性质变形、化简。

A 项：$|\boldsymbol{\alpha}_2,\boldsymbol{\alpha}_1,\boldsymbol{\alpha}_3|\xlongequal{c_1\leftrightarrow c_2}-|\boldsymbol{\alpha}_1,\boldsymbol{\alpha}_2,\boldsymbol{\alpha}_3|$，错误。

B 项：$|-\boldsymbol{\alpha}_2,-\boldsymbol{\alpha}_3,-\boldsymbol{\alpha}_1|=(-1)^3|\boldsymbol{\alpha}_2,\boldsymbol{\alpha}_3,\boldsymbol{\alpha}_1|\xlongequal{c_1\leftrightarrow c_3}(-1)^3(-1)|\boldsymbol{\alpha}_1,\boldsymbol{\alpha}_3,\boldsymbol{\alpha}_2|\xlongequal{c_2\leftrightarrow c_3}$

$(-1)^3(-1)(-1)|\boldsymbol{\alpha}_1,\boldsymbol{\alpha}_2,\boldsymbol{\alpha}_3|=-|\boldsymbol{\alpha}_1,\boldsymbol{\alpha}_2,\boldsymbol{\alpha}_3|$，错误。

C 项：$|\boldsymbol{\alpha}_1+\boldsymbol{\alpha}_2,\boldsymbol{\alpha}_2+\boldsymbol{\alpha}_3,\boldsymbol{\alpha}_3+\boldsymbol{\alpha}_1|=|\boldsymbol{\alpha}_1,\boldsymbol{\alpha}_2+\boldsymbol{\alpha}_3,\boldsymbol{\alpha}_3+\boldsymbol{\alpha}_1|+|\boldsymbol{\alpha}_2,\boldsymbol{\alpha}_2+\boldsymbol{\alpha}_3,\boldsymbol{\alpha}_3+\boldsymbol{\alpha}_1|$

$=|\boldsymbol{\alpha}_1,\boldsymbol{\alpha}_2+\boldsymbol{\alpha}_3,\boldsymbol{\alpha}_3|+|\boldsymbol{\alpha}_1,\boldsymbol{\alpha}_2+\boldsymbol{\alpha}_3,\boldsymbol{\alpha}_1|+|\boldsymbol{\alpha}_2,\boldsymbol{\alpha}_2,\boldsymbol{\alpha}_3+\boldsymbol{\alpha}_1|+|\boldsymbol{\alpha}_2,\boldsymbol{\alpha}_3,\boldsymbol{\alpha}_3+\boldsymbol{\alpha}_1|$

$=|\boldsymbol{\alpha}_1,\boldsymbol{\alpha}_2+\boldsymbol{\alpha}_3,\boldsymbol{\alpha}_3|+|\boldsymbol{\alpha}_2,\boldsymbol{\alpha}_3,\boldsymbol{\alpha}_3+\boldsymbol{\alpha}_1|=|\boldsymbol{\alpha}_1,\boldsymbol{\alpha}_2,\boldsymbol{\alpha}_3|+|\boldsymbol{\alpha}_2,\boldsymbol{\alpha}_3,\boldsymbol{\alpha}_1|$

$=|\boldsymbol{\alpha}_1,\boldsymbol{\alpha}_2,\boldsymbol{\alpha}_3|+|\boldsymbol{\alpha}_1,\boldsymbol{\alpha}_2,\boldsymbol{\alpha}_3|=2|\boldsymbol{\alpha}_1,\boldsymbol{\alpha}_2,\boldsymbol{\alpha}_3|$，错误。

D 项：$|\boldsymbol{\alpha}_1,\boldsymbol{\alpha}_2,\boldsymbol{\alpha}_3+\boldsymbol{\alpha}_2+\boldsymbol{\alpha}_1|\xlongequal{-c_1+c_3}|\boldsymbol{\alpha}_1,\boldsymbol{\alpha}_2,\boldsymbol{\alpha}_3+\boldsymbol{\alpha}_2|\xlongequal{-c_2+c_3}|\boldsymbol{\alpha}_1,\boldsymbol{\alpha}_2,\boldsymbol{\alpha}_3|$，正确。

答案： D

1-8-15 解： 由题目给出的运算写出相应矩阵，再验证还原到原矩阵时应用哪一种运算方法。

$$\boldsymbol{A}=\begin{bmatrix}a_{11} & a_{12} & a_{13}\\ a_{21} & a_{22} & a_{23}\\ a_{31} & a_{32} & a_{33}\end{bmatrix}\xrightarrow{2r_1+r_2}\begin{bmatrix}a_{11} & a_{12} & a_{13}\\ 2a_{11}+a_{21} & 2a_{12}+a_{22} & 2a_{13}+a_{23}\\ a_{31} & a_{32} & a_{33}\end{bmatrix}\xrightarrow{-2r_1+r_2}\begin{bmatrix}a_{11} & a_{12} & a_{13}\\ a_{21} & a_{22} & a_{23}\\ a_{31} & a_{32} & a_{33}\end{bmatrix}$$

答案： A

1-8-16 解：方法 1（举反例），$\boldsymbol{A}=\begin{bmatrix}1 & 0 & 0\\ 0 & 1 & 1\\ 0 & 0 & 0\end{bmatrix}$，$R(\boldsymbol{A})=2<3$，线性方程组$\boldsymbol{Ax}=\boldsymbol{0}$有非零解。

然而$\boldsymbol{A}$的第一列和第三列线性无关，选项 A 错误。

$\boldsymbol{A}$的第二列和第三列线性相关，选项 B 错误。

$\boldsymbol{A}$的第一列不是其余两列的线性组合，选项 C 错误。

$\boldsymbol{A}=\begin{bmatrix}1 & 0 & 0\\ 0 & 1 & 1\\ 0 & 0 & 0\end{bmatrix}$，$R(\boldsymbol{A})=2<3$，线性方程组$\boldsymbol{Ax}=\boldsymbol{0}$，有非零解。然而矩阵$\boldsymbol{A}$的第一列和第三列线性无关，选项 A 错；第二列和第三列线性相关，选项 B 错；第一列不是其余两列的线性组合，选项 C 错。

方法2, $\boldsymbol{Ax}=\boldsymbol{0}$有非零解$\Leftrightarrow R(\boldsymbol{A})<n\Leftrightarrow\boldsymbol{A}$的$n$个列向量线性相关$\Leftrightarrow\boldsymbol{A}$的列向量组中至少有一个向量可由其余向量线性表示（选项 D 对）。

答案： D

1-8-17 解： 因为$\boldsymbol{A}$、$\boldsymbol{B}$为非零矩阵，所以$R(\boldsymbol{A})\geqslant 1$，$R(\boldsymbol{B})\geqslant 1$，又因为$\boldsymbol{AB}=\boldsymbol{0}$，所以$\boldsymbol{R}(\boldsymbol{A})+R(\boldsymbol{B})\leqslant n$（选项 D 对），$1\leqslant R(\boldsymbol{A})<n$，知$\boldsymbol{A}_{m\times n}$的$n$个列向量线性相关（选项 B 对），$1\leqslant R(\boldsymbol{B})<n$，知$\boldsymbol{B}_{n\times l}$的$n$个行向量线性相关（选项 C 对）。

答案： A

1-8-18 解： 一般由$\boldsymbol{AB}=\boldsymbol{0}$推不出$\boldsymbol{A}=\boldsymbol{0}$或$\boldsymbol{B}=\boldsymbol{0}$，故选项 A 不正确。只有当$\boldsymbol{A}$可逆时，才有$\boldsymbol{B}=\boldsymbol{0}$，但此条件题目未给出。

由方阵行列式性质$\boldsymbol{AB}=\boldsymbol{0}$，$|\boldsymbol{AB}|=0$，可得$|\boldsymbol{AB}|=|\boldsymbol{A}||\boldsymbol{B}|=0$，所以$|\boldsymbol{A}|=0$或$|\boldsymbol{B}|=0$，故选项 B 正确。

矩阵乘积不满足交换律，即$\boldsymbol{AB}\neq\boldsymbol{BA}$，故选项 C 不正确。

选项 D 也不正确，因$(\boldsymbol{A}+\boldsymbol{B})^2=(\boldsymbol{A}+\boldsymbol{B})(\boldsymbol{A}+\boldsymbol{B})=\boldsymbol{A}^2+\boldsymbol{BA}+\boldsymbol{AB}+\boldsymbol{B}^2\neq\boldsymbol{A}^2+\boldsymbol{B}^2$。

答案： B

1-8-19 解： 只要验证$\boldsymbol{A}^{-1}+\boldsymbol{B}^{-1}$与某个选项中的矩阵乘积为$\boldsymbol{E}$即可得到正确答案。验证选项 C 成立：

$$\begin{aligned}&(\boldsymbol{A}^{-1}+\boldsymbol{B}^{-1})\boldsymbol{A}(\boldsymbol{A}+\boldsymbol{B})^{-1}\boldsymbol{B}=\boldsymbol{A}^{-1}\boldsymbol{A}(\boldsymbol{A}+\boldsymbol{B})^{-1}\boldsymbol{B}+\boldsymbol{B}^{-1}\boldsymbol{A}(\boldsymbol{A}+\boldsymbol{B})^{-1}\boldsymbol{B}\\ &=\boldsymbol{E}(\boldsymbol{A}+\boldsymbol{B})^{-1}\boldsymbol{B}+\boldsymbol{B}^{-1}\boldsymbol{A}(\boldsymbol{A}+\boldsymbol{B})^{-1}\boldsymbol{B}\\ &=(\boldsymbol{E}+\boldsymbol{B}^{-1}\boldsymbol{A})(\boldsymbol{A}+\boldsymbol{B})^{-1}\boldsymbol{B}=(\boldsymbol{B}^{-1}\boldsymbol{B}+\boldsymbol{B}^{-1}\boldsymbol{A})(\boldsymbol{A}+\boldsymbol{B})^{-1}\boldsymbol{B}\\ &=\boldsymbol{B}^{-1}(\boldsymbol{B}+\boldsymbol{A})(\boldsymbol{A}+\boldsymbol{B})^{-1}\boldsymbol{B}=\boldsymbol{B}^{-1}(\boldsymbol{A}+\boldsymbol{B})(\boldsymbol{A}+\boldsymbol{B})^{-1}\boldsymbol{B}\\ &=\boldsymbol{B}^{-1}\boldsymbol{EB}=\boldsymbol{E}\end{aligned}$$

答案： C

1-8-20 解： 可以利用矩阵秩的定义验证。

三阶行列式$\begin{vmatrix}1 & 0 & 0\\0 & 1 & 2\\0 & 2 & 4\end{vmatrix}=0$，二阶行列式$\begin{vmatrix}1 & 0\\0 & 1\end{vmatrix}\neq 0$。

故$R(\boldsymbol{A})=2$。

答案： C

1-8-21 解： 由矩阵秩的性质可知，若$\boldsymbol{A}$可逆，则$R(\boldsymbol{AB})=R(\boldsymbol{B})$，若$\boldsymbol{B}$可逆，则$R(\boldsymbol{AB})=R(\boldsymbol{A})$，$\boldsymbol{AB}-\boldsymbol{A}=\boldsymbol{A}(\boldsymbol{B}-\boldsymbol{E})$，$\boldsymbol{B}-\boldsymbol{E}=\begin{bmatrix}1 & \alpha & 1\\0 & 2 & \alpha\\0 & 0 & -2\end{bmatrix}$，$|\boldsymbol{B}-\boldsymbol{E}|=-4\neq 0$，$\boldsymbol{B}-\boldsymbol{E}$可逆，$R[\boldsymbol{A}(\boldsymbol{B}-\boldsymbol{E})]=R(\boldsymbol{A})$。

计算矩阵$\boldsymbol{A}$的秩：$\boldsymbol{A}=\begin{bmatrix}1 & -1 & 2\\2 & 1 & 1\\-1 & 1 & -2\end{bmatrix}\xrightarrow[r_1+r_3]{-2r_1+r_2}\begin{bmatrix}1 & -1 & 2\\0 & 3 & -3\\0 & 0 & 0\end{bmatrix}$，所以$R(\boldsymbol{A})=2$。

答案： B

1-8-22 解： 因为$|\boldsymbol{P}|=-1\neq 0$，所以$\boldsymbol{P}$可逆，由矩阵秩的性质可知$R(\boldsymbol{PA})=R(\boldsymbol{A})$。

而$\boldsymbol{PA}=\begin{bmatrix}1 & 2 & 0 & 5\\1 & -2 & 3 & 6\\2 & 0 & 1 & 5\end{bmatrix}\xrightarrow[-2r_1+r_3]{-r_1+r_2}\begin{bmatrix}1 & 2 & 0 & 5\\0 & -4 & 3 & 1\\0 & -4 & 1 & -5\end{bmatrix}\xrightarrow{-r_2+r_3}\begin{bmatrix}1 & 2 & 0 & 5\\0 & -4 & 3 & 1\\0 & 0 & -2 & -6\end{bmatrix}$

所以$\boldsymbol{R}(\boldsymbol{PA})=3$，从而$R(\boldsymbol{A})=3$。

答案： C

1-8-23 解：方法 1，非齐次方程组的通解$\boldsymbol{y}=\overline{\boldsymbol{y}}$（非齐次方程组对应的齐次方程组的通解）$+\boldsymbol{y}^*$（非齐次方程组的一个特解），可验证$\frac{1}{2}(\boldsymbol{\beta}_1+\boldsymbol{\beta}_2)$是$\boldsymbol{Ax}=\boldsymbol{b}$的一个特解。

因为$\boldsymbol{\beta}_1$，$\boldsymbol{\beta}_2$是线性方程组$\boldsymbol{Ax}=\boldsymbol{b}$的两个不同的解：

$$\boldsymbol{A}\left[\frac{1}{2}(\boldsymbol{\beta}_1+\boldsymbol{\beta}_2)\right]=\frac{1}{2}\boldsymbol{A\beta}_1+\frac{1}{2}\boldsymbol{A\beta}_2=\frac{1}{2}\boldsymbol{b}+\frac{1}{2}\boldsymbol{b}=\boldsymbol{b}$$

又已知$\boldsymbol{\alpha}_1$，$\boldsymbol{\alpha}_2$为导出组$\boldsymbol{Ax}=\boldsymbol{0}$的基础解系，可知$\boldsymbol{\alpha}_1$，$\boldsymbol{\alpha}_2$是$\boldsymbol{Ax}=\boldsymbol{0}$的线性无关解，同样可验证$\boldsymbol{\alpha}_1-\boldsymbol{\alpha}_2$也是$\boldsymbol{Ax}=\boldsymbol{0}$的解，$\boldsymbol{A}(\boldsymbol{\alpha}_1-\boldsymbol{\alpha}_2)=\boldsymbol{A\alpha}_1-\boldsymbol{A\alpha}_2=\boldsymbol{0}-\boldsymbol{0}=\boldsymbol{0}$。

还可验证$\boldsymbol{\alpha}_1$，$\boldsymbol{\alpha}_1-\boldsymbol{\alpha}_2$线性无关。

设有两个实数K_1，K_2使$K_1\boldsymbol{\alpha}_1+K_2(\boldsymbol{\alpha}_1-\boldsymbol{\alpha}_2)=\boldsymbol{0}$，即$(K_1+K_2)\boldsymbol{\alpha}_1-K_2\boldsymbol{\alpha}_2=\boldsymbol{0}$，因$\boldsymbol{\alpha}_1$，$\boldsymbol{\alpha}_2$线性无关，所以只有$K_1+K_2=0$，$-K_2=0$。

即$\begin{cases}K_1+K_2=0\\K_2=0\end{cases}$，只有$K_1=0$，$K_2=0$；因此$\boldsymbol{\alpha}_1$，$\boldsymbol{\alpha}_1-\boldsymbol{\alpha}_2$线性无关。

故$\overline{\boldsymbol{y}}=k_1\boldsymbol{\alpha}_1+k_2(\boldsymbol{\alpha}_1-\boldsymbol{\alpha}_2)$为齐次方程组$\boldsymbol{Ax}=\boldsymbol{0}$的通解。

又$\boldsymbol{y}^*=\frac{1}{2}(\boldsymbol{\beta}_1+\boldsymbol{\beta}_2)$是$\boldsymbol{Ax}=\boldsymbol{b}$的一个特解；

所以$\boldsymbol{Ax}=\boldsymbol{b}$的通解为$\boldsymbol{y}=\frac{\boldsymbol{\beta}_1+\boldsymbol{\beta}_2}{2}+k_1\boldsymbol{\alpha}_1+k_2(\boldsymbol{\alpha}_1-\boldsymbol{\alpha}_2)$。

方法 2，选项 A 中的$\frac{\boldsymbol{\beta}_1-\boldsymbol{\beta}_2}{2}$与选项 B 中的$\boldsymbol{\alpha}_1$是$\boldsymbol{Ax}=\boldsymbol{0}$的解，但不是$\boldsymbol{Ax}=\boldsymbol{b}$的解，故选项 A、B 错。选项 C 中的$\boldsymbol{\alpha}_1$，$\boldsymbol{\beta}_1-\boldsymbol{\beta}_2$都是$\boldsymbol{Ax}=\boldsymbol{0}$的非零解，但$\boldsymbol{\alpha}_1$，$\boldsymbol{\beta}_1-\boldsymbol{\beta}_2$是否线性无关不清楚，故选项 D 错。

答案： C

1-8-24 解： 根据矩阵乘积的秩的性质，$\boldsymbol{AB}=\boldsymbol{0}$，有$R(\boldsymbol{A})+R(\boldsymbol{B})\leqslant n$成立，选项 A 正确。$\boldsymbol{AB}=\boldsymbol{0}$，取矩阵的行列式，$|\boldsymbol{A}||\boldsymbol{B}|=0$，$|\boldsymbol{A}|=0$或$|\boldsymbol{B}|=0$，选项 B 正确。又因为$\boldsymbol{B}\neq\boldsymbol{0}$，$\boldsymbol{B}$为非零矩阵，$R(\boldsymbol{B})\geqslant 1$，由上式$R(\boldsymbol{A})+R(\boldsymbol{B})\leqslant n$，推出$0\leqslant R(\boldsymbol{A})<n$，选项 C 也正确。所以错误选项为 D。

答案： D

1-8-25　解： 已知$\boldsymbol{B}$是三阶非零矩阵，而$\boldsymbol{B}$的每一列都是方程组的解，可知齐次方程组$\boldsymbol{Ax}=\boldsymbol{0}$有非零解。所以齐次方程组的系数行列式$\begin{vmatrix}1 & 2 & -2\\ 2 & -1 & t\\ 3 & 1 & -1\end{vmatrix}=5t-5=0$，$t=1$。

答案： D

1-8-26　解： $|\boldsymbol{BA}^{-1}|=|\boldsymbol{B}||\boldsymbol{A}^{-1}|=|\boldsymbol{B}|\cdot\frac{1}{|\boldsymbol{A}|}=\frac{3}{2}$。

答案： B

1-8-27　解： $\boldsymbol{\alpha}_1,\boldsymbol{\alpha}_2$是方程组$\boldsymbol{Ax}=\boldsymbol{0}$的两个线性无关解，方程组含有3个未知量，所以$3-R(\boldsymbol{A})\geqslant 2$，故矩阵$\boldsymbol{A}$的秩$R(\boldsymbol{A})=3-2\leqslant 1$，选项A、B、C、D的矩阵的秩分别为3、2、2、1，故选项D对。或用验证法，如用选项D中矩阵验证：$(-2,1,1)\begin{bmatrix}1\\0\\2\end{bmatrix}=0$，$(-2,1,1)\begin{bmatrix}0\\1\\-1\end{bmatrix}=0$。

答案： D

1-8-28　解： 利用转置运算法则，$(\boldsymbol{AB})^{\mathrm{T}}=\boldsymbol{B}^{\mathrm{T}}\cdot\boldsymbol{A}^{\mathrm{T}}$：

$$(\boldsymbol{A}^2)^{\mathrm{T}}=(\boldsymbol{AA})^{\mathrm{T}}=\boldsymbol{A}^{\mathrm{T}}\cdot\boldsymbol{A}^{\mathrm{T}}=\boldsymbol{AA}=\boldsymbol{A}^2$$

答案： C

1-8-29　本题考查矩阵的运算性质和行列式的运算性质。

方法1，由矩阵运算法则有

$$\boldsymbol{A}-2\boldsymbol{B}=\begin{bmatrix}a_1-2b_1 & c_1-2c_1 & d_1-2d_1\\ a_2-2b_2 & c_2-2c_2 & d_2-2d_2\\ a_3-2b_3 & c_3-2c_3 & d_3-2d_3\end{bmatrix}=\begin{bmatrix}a_1-2b_1 & -c_1 & -d_1\\ a_2-2b_2 & -c_2 & -d_2\\ a_3-2b_3 & -c_3 & -d_3\end{bmatrix}$$

则行列式

$$\begin{aligned}|\boldsymbol{A}-2\boldsymbol{B}|&=\begin{vmatrix}a_1-2b_1 & -c_1 & -d_1\\ a_2-2b_2 & -c_2 & -d_2\\ a_3-2b_3 & -c_3 & -d_3\end{vmatrix}\\ &=(-1)\times(-1)\begin{vmatrix}a_1-2b_1 & c_1 & d_1\\ a_2-2b_2 & c_2 & d_2\\ a_3-2b_3 & c_3 & d_3\end{vmatrix}=\begin{vmatrix}a_1 & c_1 & d_1\\ a_2 & c_2 & d_2\\ a_3 & c_3 & d_3\end{vmatrix}+(-2)\begin{vmatrix}b_1 & c_1 & d_1\\ b_2 & c_2 & d_2\\ b_3 & c_3 & d_3\end{vmatrix}\\ &=|\boldsymbol{A}|+(-2)|\boldsymbol{B}|=1+2=3\end{aligned}$$

方法2，本题可以采用特殊值法，已知$|\boldsymbol{A}|=1$，$|\boldsymbol{B}|=-1$，可给矩阵$\boldsymbol{A}$赋值为$\boldsymbol{A}=\begin{bmatrix}1&0&0\\0&1&0\\0&0&1\end{bmatrix}$，给矩阵$\boldsymbol{B}$赋值为$\boldsymbol{B}=\begin{bmatrix}-1&0&0\\0&1&0\\0&0&1\end{bmatrix}$，故$|\boldsymbol{A}-2\boldsymbol{B}|=\begin{vmatrix}3&0&0\\0&-1&0\\0&0&-1\end{vmatrix}=3$。

注：线性代数的计算要善于采用特殊值。

答案： C

1-8-30　解： 利用矩阵的初等行变换，把矩阵$\boldsymbol{A}$化为行阶梯形，非零行的个数即为矩阵的秩。

$$\begin{bmatrix}1&2&0&0&1\\0&3&7&2&0\\1&1&0&0&3\\2&1&0&6&6\end{bmatrix}\xrightarrow[-2r_1+r_4]{-r_1+r_3}\begin{bmatrix}1&2&0&0&1\\0&3&7&2&0\\0&-1&0&0&2\\0&-3&0&6&4\end{bmatrix}\xrightarrow{r_2\leftrightarrow r_3}\begin{bmatrix}1&2&0&0&1\\0&-1&0&0&2\\0&3&7&2&0\\0&-3&0&6&4\end{bmatrix}\xrightarrow[-3r_2+r_4]{3r_2+r_3}\begin{bmatrix}1&2&0&0&1\\0&-1&0&0&2\\0&0&7&2&6\\0&0&0&6&-2\end{bmatrix}$$

答案： A

1-8-31　解： 因为$\boldsymbol{A}$、$\boldsymbol{B}$均为n阶非零矩阵，所以$1\leqslant R(\boldsymbol{A})\leqslant n$，$1\leqslant R(\boldsymbol{B})\leqslant n$，又因为$\boldsymbol{AB}=\boldsymbol{0}$，所以$R(\boldsymbol{A})+R(\boldsymbol{B})\leqslant n$，所以$R(\boldsymbol{A})<n$，$R(\boldsymbol{B})<n$。

答案： B

1-8-32　解： 设$\boldsymbol{A}$为n阶方阵，$\boldsymbol{A}^*$为$\boldsymbol{A}$的伴随矩阵，则：

①$R(\boldsymbol{A})=n$的充要条件是$R(\boldsymbol{A}^*)=n$。

②$R(\boldsymbol{A})=n-1$的充要条件是$R(\boldsymbol{A}^*)=1$。

③$R(\boldsymbol{A})\leqslant n-2$的充要条件是$R(\boldsymbol{A}^*)=0$，即$\boldsymbol{A}^*=0$。

因此，由$n=3$，$R(\boldsymbol{A}^*)=1$，可知$R(\boldsymbol{A})=2$。

$$\boldsymbol{A}=\begin{bmatrix}1&1&a\\1&a&1\\a&1&1\end{bmatrix}\xrightarrow[-ar_1+r_3]{-r_1+r_2}\begin{bmatrix}1&1&a\\0&a-1&1-a\\0&1-a&1-a^2\end{bmatrix}\xrightarrow{r_2+r_3}\begin{bmatrix}1&1&a\\0&a-1&1-a\\0&0&2-a-a^2\end{bmatrix}$$

代入$a=-2$，得

$$\boldsymbol{A}=\begin{bmatrix}1&1&-2\\0&-3&3\\0&0&0\end{bmatrix}，R(\boldsymbol{A})=2$$

答案： A

1-8-33　解： $\boldsymbol{A}$为n阶方阵，$\boldsymbol{Ax}=\boldsymbol{0}$有唯一解的充要条件是$R(\boldsymbol{A})=n$［或$\boldsymbol{Ax}=\boldsymbol{0}$有无穷多解的充要条件是$R(\boldsymbol{A})<n$］，由此可判定选项 B 正确。

答案： B

1-8-34　解： a应使增广矩阵秩$R(\widetilde{\boldsymbol{A}})$=系数矩阵秩$R(\boldsymbol{A})$。

$$\widetilde{\boldsymbol{A}}=\begin{bmatrix}1&-1&6&0\\0&4&-8&-4\\1&3&-2&a\end{bmatrix}\xrightarrow{-r_1+r_3}\begin{bmatrix}1&-1&6&0\\0&4&-8&-4\\0&4&-8&a\end{bmatrix}\xrightarrow{-r_2+r_3}\begin{bmatrix}1&-1&6&0\\0&4&-8&-4\\0&0&0&a+4\end{bmatrix}$$

故$a+4=0$，$a=-4$。

答案： B

1-8-35　解：方法 1： 对方程组的系数矩阵进行初等行变换：

$$\begin{bmatrix}1&-1&0&1\\1&0&-1&1\end{bmatrix}\rightarrow\begin{bmatrix}1&-1&0&1\\0&1&-1&0\end{bmatrix}$$

即$\begin{cases}x_1-x_2+x_4=0\\x_2-x_3=0\end{cases}$，得到方程组的同解方程组$\begin{cases}x_1=x_2-x_4\\x_3=x_2+0x_4\end{cases}$

当$x_2=1$，$x_4=0$时，得$x_1=1$，$x_3=1$；当$x_2=0$，$x_4=1$时，得$x_1=-1$，$x_3=0$，写出基础解系ξ_1，ξ_2，即$\xi_1=\begin{bmatrix}1\\1\\1\\0\end{bmatrix}$，$\xi_2=\begin{bmatrix}-1\\0\\0\\1\end{bmatrix}$。

方法 2： 把选项中列向量代入核对，即：

$$\begin{bmatrix}1&-1&0&1\\1&0&-1&1\end{bmatrix}\begin{bmatrix}1\\1\\1\\0\end{bmatrix}=\begin{bmatrix}0\\0\end{bmatrix}，选项 A 错。$$

$$\begin{bmatrix}1&-1&0&1\\1&0&-1&1\end{bmatrix}\begin{bmatrix}-1\\-1\\1\\0\end{bmatrix}=\begin{bmatrix}0\\-2\end{bmatrix}，选项 B 错。$$

$$\begin{bmatrix}1&-1&0&1\\1&0&-1&1\end{bmatrix}\begin{bmatrix}-1\\0\\0\\1\end{bmatrix}=\begin{bmatrix}0\\0\end{bmatrix}，选项 C 正确。$$

答案： C

1-8-36　解： 因为$R(\boldsymbol{A})=n-1$，从而方程组$\boldsymbol{Ax}=\boldsymbol{0}$的基础解系中线性无关解向量的个数等于$n-(n-1)=1$，即只有一个非零解向量。只要求出方程组$\boldsymbol{Ax}=\boldsymbol{0}$的任一非零解即可，由于$\boldsymbol{\alpha}_1$，$\boldsymbol{\alpha}_2$满足$\boldsymbol{Ax}=\boldsymbol{b}$，从而$\boldsymbol{\alpha}_1-\boldsymbol{\alpha}_2$满足$\boldsymbol{Ax}=\boldsymbol{0}$，又知$\boldsymbol{\alpha}_1-\boldsymbol{\alpha}_2\neq\boldsymbol{0}$，所以$\boldsymbol{Ax}=\boldsymbol{0}$的通解为$\boldsymbol{x}=K(\boldsymbol{\alpha}_1-\boldsymbol{\alpha}_2)$，故正确答案为 C。

答案： C

1-8-37　解： 根据向量组的最大无关组的定义，可知向量组中任一向量可由它的最大无关组线性表示，选项 A、C 成立。因为$\boldsymbol{\alpha}_n=0\cdot\boldsymbol{\alpha}_{r+1}+0\cdot\boldsymbol{\alpha}_{r+2}+\cdots+0\cdot\boldsymbol{\alpha}_{n-1}+1\cdot\boldsymbol{\alpha}_n$，故选项 D 也成立。选项 B 不成立。

答案： B

1-8-38　解： 向量$\boldsymbol{\beta}$能由向量组$\boldsymbol{\alpha}_1,\boldsymbol{\alpha}_2,\cdots,\boldsymbol{\alpha}_s$线性表示，仅要求存在一组数$k_1,k_2,\cdots,k_s$，使等式$\boldsymbol{\beta}=k_1\boldsymbol{\alpha}_1+k_2\boldsymbol{\alpha}_2+\cdots+k_s\boldsymbol{\alpha}_s$成立，而对$k_1,k_2,\cdots,k_s$是否为零，线性表达式是否唯一，都没有任何要求。选项 A、B、D 错。

答案： C

1-8-39　解： 向量组的秩为r，表示向量组的最大线性无关组的向量个数是r，由最大线性无关组定义，选项 D 正确。或举反例，$\begin{bmatrix}1\\0\end{bmatrix}$，$\begin{bmatrix}0\\1\end{bmatrix}$，$r=2$，选项 A 错。$\begin{bmatrix}1\\0\end{bmatrix}$，$\begin{bmatrix}0\\1\end{bmatrix}$，$\begin{bmatrix}0\\2\end{bmatrix}$，$r=2$，$\begin{bmatrix}0\\1\end{bmatrix}\begin{bmatrix}0\\2\end{bmatrix}$相关，选项 B 错。$\begin{bmatrix}1\\0\\0\end{bmatrix}$，$\begin{bmatrix}0\\1\\0\end{bmatrix}$，$\begin{bmatrix}0\\0\\1\end{bmatrix}$，$\begin{bmatrix}0\\0\\2\end{bmatrix}$中$\begin{bmatrix}1\\0\\0\end{bmatrix}\begin{bmatrix}0\\1\\0\end{bmatrix}$线性无关，$\begin{bmatrix}0\\1\\0\end{bmatrix}\begin{bmatrix}0\\0\\1\end{bmatrix}\begin{bmatrix}0\\0\\2\end{bmatrix}$线性相关，但$r=3$，故选项 C 错。

答案： D

1-8-40　解： 齐次线性方程组，当变量的个数与方程的个数相同时，方程组有非零解的充要条件是系数行列式为零，即$\begin{vmatrix}1&-k&0\\k&-5&1\\1&1&1\end{vmatrix}=0$

$$\begin{vmatrix}1&-k&0\\k&-5&1\\1&1&1\end{vmatrix}\xlongequal{-r_2+r_3}\begin{vmatrix}1&-k&0\\k&-5&1\\1-k&6&0\end{vmatrix}$$

$$=1\cdot(-1)^{2+3}\begin{vmatrix}1&-k\\1-k&6\end{vmatrix}$$

$$=-[6-(-k)(1-k)]=-(6+k-k^2)$$

即$k^2-k-6=0$，解得$k_1=3$，$k_2=-2$。

答案： A

1-8-41　解：方法 1，利用矩阵的特征值、特征向量的定义判定，即问满足式子$\boldsymbol{Bx}=\lambda\boldsymbol{x}$中的$\boldsymbol{x}$是什么向量？已知$\boldsymbol{\alpha}$是$\boldsymbol{A}$属于特征值$\lambda$的特征向量，故

$$\boldsymbol{A\alpha}=\lambda\boldsymbol{\alpha}\qquad ①$$

将已知式子$\boldsymbol{B}=\boldsymbol{P}^{-1}\boldsymbol{AP}$两边，左乘矩阵$\boldsymbol{P}$，右乘矩阵$\boldsymbol{P}^{-1}$，得$\boldsymbol{PBP}^{-1}=\boldsymbol{PP}^{-1}\boldsymbol{APP}^{-1}$，化简为$\boldsymbol{PBP}^{-1}=\boldsymbol{A}$，即

$$\boldsymbol{A}=\boldsymbol{PBP}^{-1}\qquad ②$$

将②式代入①式，得

$$\boldsymbol{PBP}^{-1}\boldsymbol{\alpha}=\lambda\boldsymbol{\alpha}\qquad ③$$

将③式两边左乘$\boldsymbol{P}^{-1}$，得$\boldsymbol{BP}^{-1}\boldsymbol{\alpha}=\lambda\boldsymbol{P}^{-1}\boldsymbol{\alpha}$，即$\boldsymbol{B}(\boldsymbol{P}^{-1}\boldsymbol{\alpha})=\lambda(\boldsymbol{P}^{-1}\boldsymbol{\alpha})$，成立。

方法 2，把选项代入验算。

选项 A，$\boldsymbol{B}(\boldsymbol{P\alpha})=\boldsymbol{P}^{-1}\boldsymbol{APP\alpha}$;

选项 B，$\boldsymbol{B}(\boldsymbol{P}^{-1}\boldsymbol{\alpha})=\boldsymbol{P}^{-1}\boldsymbol{APP}^{-1}\boldsymbol{\alpha}=\boldsymbol{P}^{-1}\boldsymbol{A\alpha}=\boldsymbol{P}^{-1}\lambda\boldsymbol{\alpha}=\lambda(\boldsymbol{P}^{-1}\boldsymbol{\alpha})$，选项 B 对。

答案： B

1-8-42　解： 已知$\boldsymbol{\alpha}_1$，$\boldsymbol{\alpha}_2$是矩阵$\boldsymbol{A}$属于特征值 1 的特征向量，即有$\boldsymbol{A\alpha}_1=1\cdot\boldsymbol{\alpha}_1$，$\boldsymbol{A\alpha}_2=1\cdot\boldsymbol{\alpha}_2$成立，则$\boldsymbol{A}(\boldsymbol{\alpha}_1-\boldsymbol{\alpha}_2)=1\cdot(\boldsymbol{\alpha}_1-\boldsymbol{\alpha}_2)$，$\boldsymbol{\alpha}_1-\boldsymbol{\alpha}_2$为非零向量，因此$\boldsymbol{\alpha}_1-\boldsymbol{\alpha}_2$是$\boldsymbol{A}$属于特征值 1 的特征向量。

答案： A

1-8-43　解： 已知$\vec{\alpha}$，$\vec{\beta}$线性无关，$\vec{\gamma}$可以由$\vec{\alpha}$，$\vec{\beta}$线性表示，故$\vec{\alpha}$，$\vec{\beta}$，$\vec{\gamma}$线性相关，可推出$\vec{\alpha}$，$\vec{\beta}$，$\vec{\gamma}$，$\vec{\delta}$也相关。所以选项 A、B 错误。

选项 C、D 其中有一个错误，用反证法。

设$\vec{\alpha}$，$\vec{\beta}$，$\vec{\delta}$相关，由已知$\vec{\alpha}$，$\vec{\beta}$线性无关，而$\vec{\alpha}$，$\vec{\beta}$，$\vec{\delta}$线性相关，则$\vec{\delta}$可由$\vec{\alpha}$，$\vec{\beta}$线性表示，与已知条件$\vec{\delta}$不能由$\vec{\alpha}$，$\vec{\beta}$线性表示矛盾。

所以$\vec{\alpha}$，$\vec{\beta}$，$\vec{\delta}$线性无关。

答案： D

1-8-44　解： $\boldsymbol{A}$、$\boldsymbol{B}$为非零矩阵且$\boldsymbol{AB}=0$，由矩阵秩的性质可知$r(\boldsymbol{A})+r(\boldsymbol{B})\leqslant n$，而$\boldsymbol{A}$、$\boldsymbol{B}$为非零矩阵，则$r(\boldsymbol{A})\geqslant1$，$r(\boldsymbol{B})\geqslant1$，又因$r(\boldsymbol{A})<n$，$r(\boldsymbol{B})<n$，则由$1\leqslant r(\boldsymbol{A})<n$，知$\boldsymbol{A}_{m\times n}$的列向量相关，$1\leqslant r(\boldsymbol{B})<n$，$\boldsymbol{B}_{n\times l}$的行向量相关，从而选项 B、C、D 均成立。

答案： A

1-8-45　解：方法 1，令$|\boldsymbol{A}-\lambda\boldsymbol{E}|=0$，即$\begin{vmatrix}3-\lambda & 4\\ 5 & 2-\lambda\end{vmatrix}=0$，解得$\lambda_1=-2$，$\lambda_2=7$

方法2，$\begin{cases}\lambda_1+\lambda_2=3+2=5\text{（选项 A 对）}\\ \lambda_1\lambda_2=\begin{vmatrix}3 & 4\\ 5 & 2\end{vmatrix}=-14\text{（可省略）}\end{cases}$

答案： A

1-8-46　解：方法 1，解特征方程$|\lambda\boldsymbol{E}-\boldsymbol{A}|=0$。

$$|\lambda\boldsymbol{E}-\boldsymbol{A}|=\begin{vmatrix}\lambda-1 & -1 & 0\\ -1 & \lambda & -1\\ 0 & -1 & \lambda-1\end{vmatrix}\xlongequal{(\lambda-1)r_2+r_3}\begin{vmatrix}0 & \lambda(\lambda-1)-1 & -(\lambda-1)\\ -1 & \lambda & -1\\ 0 & -1 & \lambda-1\end{vmatrix}\xlongequal[\text{展开}]{\text{按第一列}}$$

$$(-1)(-1)^3\begin{vmatrix}\lambda(\lambda-1)-1 & -\lambda+1\\ -1 & \lambda-1\end{vmatrix}=(\lambda-1)\begin{vmatrix}\lambda^2-\lambda-1 & -1\\ -1 & 1\end{vmatrix}$$

$$=(\lambda-1)(\lambda+1)(\lambda-2)=0$$

特征值为 1，−1，2。

方法2，利用n阶矩阵$\boldsymbol{A}$的特征值的性质，设矩阵$\boldsymbol{A}$的特征值为$\lambda_1,\lambda_2,\cdots,\lambda_n$。

①$\lambda_1\cdot\lambda_2\cdot\lambda_3\cdots\lambda_n=|\boldsymbol{A}|$;

②$\lambda_1+\lambda_2+\cdots+\lambda_n=a_{11}+a_{22}+\cdots+a_{nn}$。

选项 B、D 中的$\lambda_1+\lambda_2+\lambda_3\neq a_{11}+a_{22}+a_{33}=2$。

选项 A、C 中的$\lambda_1+\lambda_2+\lambda_3=a_{11}+a_{22}+a_{33}=2$。

计算$|\boldsymbol{A}|=\begin{vmatrix}1 & 1 & 0\\ 1 & 0 & 1\\ 0 & 1 & 1\end{vmatrix}\xlongequal{-r_1+r_2}\begin{vmatrix}1 & 1 & 0\\ 0 & -1 & 1\\ 0 & 1 & 1\end{vmatrix}=-2$。

但选项 A 中的$\lambda_1\cdot\lambda_2\cdot\lambda_3\neq|\boldsymbol{A}|=-2$，而选项 C 满足$\lambda_1\cdot\lambda_2\cdot\lambda_3=-2=|\boldsymbol{A}|$，故选项 C 成立。

答案： C

1-8-47　解： 利用结论：实对称矩阵的属于不同特征值的特征向量必然正交。

方法 1，设对应$\lambda_1 = 6$的特征向量$\boldsymbol{\xi}_1 = (x_1 \quad x_2 \quad x_3)^{\mathrm{T}}$，由于$\boldsymbol{A}$是实对称矩阵，故$\boldsymbol{\xi}_1^{\mathrm{T}} \cdot \boldsymbol{\xi}_2 = 0$，$\boldsymbol{\xi}_1^{\mathrm{T}} \cdot \boldsymbol{\xi}_3 = 0$，即

$$\begin{cases} (x_1 \quad x_2 \quad x_3)\begin{bmatrix} -1 \\ 0 \\ 1 \end{bmatrix} = 0 \\ (x_1 \quad x_2 \quad x_3)\begin{bmatrix} 1 \\ 2 \\ 1 \end{bmatrix} = 0 \end{cases} \Rightarrow \begin{cases} -x_1 + x_3 = 0 \\ x_1 + 2x_2 + x_3 = 0 \end{cases}$$

$$\begin{bmatrix} -1 & 0 & 1 \\ 1 & 2 & 1 \end{bmatrix} \to \begin{bmatrix} 1 & 0 & -1 \\ 1 & 2 & 1 \end{bmatrix} \to \begin{bmatrix} 1 & 0 & -1 \\ 0 & 2 & 2 \end{bmatrix} \to \begin{bmatrix} 1 & 0 & -1 \\ 0 & 1 & 1 \end{bmatrix}$$

该同解方程组为$\begin{cases} x_1 - x_3 = 0 \\ x_2 + x_3 = 0 \end{cases} \Rightarrow \begin{cases} x_1 = x_3 \\ x_2 = -x_3 \end{cases}$

当$x_3 = 1$时，$x_1 = 1$，$x_2 = -1$

方程组的基础解系$\boldsymbol{\xi} = (1 \quad -1 \quad 1)^{\mathrm{T}}$，取$\boldsymbol{\xi}_1 = (1 \quad -1 \quad 1)^{\mathrm{T}}$。

方法 2，对四个选项进行验证，对于选项 A：

$(1 \quad -1 \quad 1)\begin{bmatrix} -1 \\ 0 \\ 1 \end{bmatrix} = 0$，$(1 \quad -1 \quad 1)\begin{bmatrix} 1 \\ 2 \\ 1 \end{bmatrix} = 0$，选项 A 正确。

答案： A

1-8-48　解： 利用结论：设λ为$\boldsymbol{A}$的特征值，则矩阵$k\boldsymbol{A}$、$a\boldsymbol{A} + b\boldsymbol{E}$、$\boldsymbol{A}^2$、$\boldsymbol{A}^m$、$\boldsymbol{A}^{-1}$、$\boldsymbol{A}^*$分别有特征值：$k\lambda$、$a\lambda + b$、$\lambda^2$、$\lambda^m$、$\frac{1}{\lambda}$、$\frac{|A|}{\lambda}(\lambda \neq 0)$，且特征向量相同。

$\boldsymbol{A}$有特征值λ，则$\boldsymbol{A}^3$有特征值λ^3，$2\boldsymbol{A}^3$有特征值$2\lambda^3$，$(2\boldsymbol{A}^3)^{-1}$有特征值$(2\lambda^3)^{-1}$，代入$\lambda = \frac{1}{2}$，即得 4。简言之，$(2\boldsymbol{A}^3)^{-1}$中$\boldsymbol{A}$改为$\lambda = \frac{1}{2}$即可。

答案： B

1-8-49　解： 因为$\boldsymbol{\alpha}^{\mathrm{T}}\boldsymbol{\beta} = 3$，所以$\boldsymbol{\alpha} \neq \boldsymbol{0}$，$\boldsymbol{\beta} \neq \boldsymbol{0}$。

又因为$\boldsymbol{A} = \boldsymbol{\beta}\boldsymbol{\alpha}^{\mathrm{T}}$，所以$\boldsymbol{A} \cdot \boldsymbol{\beta} = \boldsymbol{\beta}\boldsymbol{\alpha}^{\mathrm{T}} \cdot \boldsymbol{\beta} = \boldsymbol{\beta}(\boldsymbol{\alpha}^{\mathrm{T}}\boldsymbol{\beta}) = 3\boldsymbol{\beta}$。

答案： C

1-8-50　解： 特征向量必须是非零向量，选项 D 错误。

因为$\boldsymbol{A\xi} = \lambda_1\boldsymbol{\xi}$，$\boldsymbol{A\eta} = \lambda_2\boldsymbol{\eta}$，$\lambda_1 \neq \lambda_2$，所以$\boldsymbol{\xi}$、$\boldsymbol{\eta}$线性无关。

$k_1 \neq 0$，$k_2 \neq 0$时，假设$\boldsymbol{A}(k_1\boldsymbol{\xi} + k_2\boldsymbol{\eta}) = \lambda(k_1\boldsymbol{\xi} + k_2\boldsymbol{\eta})$，$\lambda$是常数。

即$k_1\lambda_1\boldsymbol{\xi} + k_2\lambda_2\boldsymbol{\eta} = k_1\lambda\boldsymbol{\xi} + k_2\lambda\boldsymbol{\eta}$，$k_1(\lambda_1 - \lambda)\boldsymbol{\xi} + k_2(\lambda_2 - \lambda)\boldsymbol{\eta} = \boldsymbol{0}$

因为$\boldsymbol{\xi}$、$\boldsymbol{\eta}$线性无关，只有$k_1(\lambda_1 - \lambda) = k_2(\lambda_2 - \lambda) = 0$，而又因$k_1 \neq 0$，$k_2 \neq 0$，故只能$\lambda_1 = \lambda = \lambda_2$，这与$\lambda_1 \neq \lambda_2$矛盾，假设错误。选项 A、B 错，选项 C 对。[可直接用特征值特征向量的重要性质（6）中注意判定]

答案： C

1-8-51　解： 解：　当$\boldsymbol{P}^{-1}\boldsymbol{AP} = \boldsymbol{\Lambda}$时，$\boldsymbol{P} = (\alpha_1, \alpha_2, \alpha_3)$中$\alpha_1$、$\alpha_2$、$\alpha_3$的排列满足对应关系，$\alpha_1$对应$\lambda_1$，$\alpha_2$对应$\lambda_2$，$\alpha_3$对应$\lambda_3$，可知$\alpha_1$对应特征值$\lambda_1 = 1$，$\alpha_2$对应特征值$\lambda_2 = 2$，$\alpha_3$对应特征值$\lambda_3 = 0$，由此可知当$\boldsymbol{Q} = (\alpha_2, \alpha_1, \alpha_3)$时，对应$\boldsymbol{\Lambda} = \begin{bmatrix} 2 & 0 & 0 \\ 0 & 1 & 0 \\ 0 & 0 & 0 \end{bmatrix}$。

答案：B

1-8-52 解： 二次型f对应的矩阵$\boldsymbol{A}=\begin{bmatrix}\lambda & 1 & 1\\ 1 & \lambda & -1\\ 1 & -1 & \lambda\end{bmatrix}$，$f$是正定的，只要$\boldsymbol{A}$的各阶顺序主子式大于0。

$\lambda>0$；$\begin{vmatrix}\lambda & 1\\ 1 & \lambda\end{vmatrix}>0$，即$\lambda^2-1>0$，$\lambda^2>1$，故$\lambda>1$或$\lambda<-1$；

$$\begin{vmatrix}\lambda & 1 & 1\\ 1 & \lambda & -1\\ 1 & -1 & \lambda\end{vmatrix}>0\text{，即}\begin{vmatrix}\lambda & 1 & 1\\ 1 & \lambda & -1\\ 1 & -1 & \lambda\end{vmatrix}\xrightarrow[-\lambda r_1+r_3]{r_1+r_2}\begin{vmatrix}\lambda & 1 & 1\\ 1+\lambda & 1+\lambda & 0\\ 1-\lambda^2 & -1-\lambda & 0\end{vmatrix}=\begin{vmatrix}1+\lambda & 1+\lambda\\ (1-\lambda)(1+\lambda) & -(1+\lambda)\end{vmatrix}$$

$$=(1+\lambda)^2(\lambda-2)>0\text{，知}\lambda>2$$

由$\lambda>0$，$\lambda>1$或$\lambda<-1$，$\lambda>2$，得公共解$\lambda>2$。

答案： C

1-8-53 解： 二次型$f(x_1,x_2,x_3)$正定的充分必要条件是二次型的正惯性指数等于变量的个数，它的标准形中的系数全为正，即$\lambda>0$，$\lambda-1>0$，$\lambda^2+1>0$，推出$\lambda>1$。

答案： C

1-8-54 解：方法 1，由合同矩阵定义知，若存在一个可逆矩阵$\boldsymbol{C}$，使$\boldsymbol{C}^{\mathrm{T}}\boldsymbol{AC}=\boldsymbol{B}$，则称$\boldsymbol{A}$合同于$\boldsymbol{B}$。取$\boldsymbol{C}=\begin{bmatrix}-1 & 0\\ 0 & 1\end{bmatrix}$，$|\boldsymbol{C}|=-1\neq0$，$\boldsymbol{C}$可逆，可验证$\boldsymbol{C}^{\mathrm{T}}\boldsymbol{AC}=\begin{bmatrix}1 & -1\\ -1 & 2\end{bmatrix}$。

方法 2，利用结论，设$\boldsymbol{A}$与$\boldsymbol{B}$合同：①若$\boldsymbol{A}$是对称阵，则$\boldsymbol{B}$也是对称阵；②若$\boldsymbol{A}$是正定阵，则$\boldsymbol{B}$也是正定阵。由①可知选项C、D错，由②可知选项B错。

答案： A

（九）概率论与数理统计

1-9-1 当下列哪项成立时，事件A与B为对立事件？

A. $AB=\phi$ B. $A+B=\Omega$

C. $\overline{A}+\overline{B}=\Omega$ D. $AB=\phi$且$A+B=\Omega$

1-9-2 有A、B、C三个事件，下列选项中与事件A互斥的事件是：

A. $\overline{B\cup C}$ B. $\overline{A\cup B\cup C}$

C. $\overline{A}B+A\overline{C}$ D. $A(B+C)$

1-9-3 设A、B、C为三个事件，则A、B、C中至少有两个发生可表示为：

A. $A\cup B\cup C$ B. $A(B\cup C)$

C. $AB\cup AC\cup BC$ D. $\overline{A}\cup\overline{B}\cup\overline{C}$

1-9-4 重复进行一项试验，事件A表示“第一次失败且第二次成功”，则事件$\overline{A}$表示：

A. 两次均失败 B. 第一次成功或第二次失败

C. 第一次成功且第二次失败 D. 两次均成功

1-9-5 若$P(A)=0.5$，$P(B)=0.4$，$P(\overline{A}-B)=0.3$，则$P(A\cup B)$等于：

A. 0.6 B. 0.7 C. 0.8 D. 0.9

1-9-6 设A，B是两个事件，$P(A)=0.3$，$P(B)=0.8$，则当$P(A\cup B)$为最小值时，$P(AB)$等于：

A. 0.1 B. 0.2 C. 0.3 D. 0.4

1-9-7 若$P(A)=0.8$，$P(A\overline{B})=0.2$，则$P(\overline{A}\cup\overline{B})$等于：

A. 0.4 B. 0.6 C. 0.5 D. 0.3

1-9-8 设A、B为随机事件，$P(A)=a$，$P(B)=b$，$P(A+B)=c$，则$P(A\overline{B})$为：

A. $a-b$　　B. $c-b$　　C. $a(1-b)$　　D. $a(1-c)$

1-9-9 袋中有 5 个大小相同的球，其中 3 个是白球，2 个是红球，一次随机地取出 3 个球，其中恰有 2 个是白球的概率是：

A. $\left(\frac{3}{5}\right)^2\frac{2}{5}$　　B. $C_5^3\left(\frac{3}{5}\right)^2\frac{1}{5}$　　C. $\left(\frac{3}{5}\right)^2$　　D. $\frac{C_3^2C_2^1}{C_5^3}$

1-9-10 将 3 个球随机地放入 4 个杯子中，则杯中球的最大个数为 2 的概率为：

A. $\frac{1}{16}$　　B. $\frac{3}{16}$　　C. $\frac{9}{16}$　　D. $\frac{4}{27}$

1-9-11 10 张奖券含有 2 张有奖的奖券，每人购买 1 张，则前四个购买者恰有 1 人中奖的概率是：

A. 0.8^4　　B. 0.1　　C. $C_{10}^6 0.2\ 0.8^3$　　D. $0.8^3 0.2$

1-9-12 设$P(B)>0$，$P(A|B)=1$，则必有：

A. $P(A+B)=P(A)$　　B. $A\subset B$

C. $P(A)=P(B)$　　D. $P(AB)=P(A)$

1-9-13 设A、B是两事件，$P(A)=\frac{1}{4}$，$P(B|A)=\frac{1}{3}$，$P(A|B)=\frac{1}{2}$，则$P(A\cup B)$等于：

A. $\frac{3}{4}$　　B. $\frac{3}{5}$　　C. $\frac{1}{2}$　　D. $\frac{1}{3}$

1-9-14 盒内装有 10 个白球，2 个红球，每次取 1 个球，取后不放回。任取两次，则第二次取得红球的概率是：

A. $\frac{1}{7}$　　B. $\frac{1}{6}$　　C. $\frac{1}{5}$　　D. $\frac{1}{3}$

1-9-15 某人从远方来，他乘火车、轮船、汽车、飞机来的概率分别是 0.3、0.2、0.1、0.4。如果他乘火车、轮船、汽车来的话，迟到的概率分别为$\frac{1}{4}$、$\frac{1}{3}$、$\frac{1}{12}$，而乘飞机则不会迟到。则他迟到的概率是多少？如果他迟到了，则乘火车来的概率是多少？

A. 0.10，0.4　　B. 0.15，0.5　　C. 0.20，0.6　　D. 0.25，0.7

1-9-16 设有一箱产品由三家工厂生产，第一家工厂生产总量的$\frac{1}{2}$，其他两厂各生产总量的$\frac{1}{4}$；又知各厂次品率分别为 2%、2%、4%。现从此箱中任取一件产品，则取到正品的概率是：

A. 0.85　　B. 0.765　　C. 0.975　　D. 0.95

1-9-17 两个小组生产同样的零件，第一组的废品率是 2%，第二组的产量是第一组的 2 倍而废品率是 3%。若将两组生产的零件放在一起，从中任取一件。经检查是废品，则这件废品是第一组生产的概率为：

A. 15%　　B. 25%　　C. 35%　　D. 45%

1-9-18 发报台分别以概率 0.6 和 0.4 发出信号"·"和"—"，由于受到干扰，接受台不能完全准确收到信号，当发报台发出"·"时，接受台分别以概率 0.8 和 0.2 收到"·"和"—"；当发报台发出"—"时，接受台分别以概率 0.9 和 0.1 收到"—"和"·"，那么当接受台收到"·"时，发报台发出"·"的概率是：

A. $\frac{13}{25}$　　B. $\frac{12}{13}$　　C. $\frac{12}{25}$　　D. $\frac{24}{25}$

1-9-19 三个人独立地破译一份密码，每人能独立译出这份密码的概率分别为$\frac{1}{5}$、$\frac{1}{3}$、$\frac{1}{4}$，则这份密码被译出的概率为：

A. $\frac{1}{3}$　　B. $\frac{1}{2}$　　C. $\frac{2}{5}$　　D. $\frac{3}{5}$

1-9-20 设事件A，B相互独立，且$P(A)=\frac{1}{2}$，$P(B)=\frac{1}{3}$，则$P(B|A\cup\overline{B})$等于：

A. $\frac{5}{6}$　　B. $\frac{1}{6}$　　C. $\frac{1}{3}$　　D. $\frac{1}{5}$

1-9-21 若$P(A)>0$，$0<P(B)<1$，$P(A|B)=P(A)$，则下列各式不成立的是：

A. $P(B|A)=P(B)$　　B. $P(A|\overline{B})=P(A)$

C. $P(AB)=P(A)P(B)$　　D. A，B互斥

1-9-22 甲乙两人独立地向同一目标各射击一次，命中率分别为 0.8 和 0.6，现已知目标被击中，则它是甲射中的概率为：

A. 0.26　　B. 0.87　　C. 0.52　　D. 0.75

1-9-23 设$F_1(x)$与$F_2(x)$分别为随机变量X_1与X_2的分布函数。为使$F(x)=aF_1(x)-bF_2(x)$成为某一随机变量的分布函数，则a与b分别是：

A. $a=\frac{3}{5}$，$b=-\frac{2}{5}$　　B. $a=\frac{2}{3}$，$b=\frac{2}{3}$

C. $a=-\frac{1}{2}$，$b=\frac{3}{2}$　　D. $a=\frac{1}{2}$，$b=-\frac{2}{3}$

1-9-24 设随机变量X的分布函数

$$F(x)=\begin{cases}\frac{1}{2}e^x & x<0\\ \frac{1}{2}+x & 0\leqslant x<\frac{1}{2}\\ 1 & x\geqslant\frac{1}{2}\end{cases}$$

则$P\left(-1<x\leqslant\frac{1}{4}\right)=$

A. $\frac{1}{2}$　　B. $\frac{1}{2}e^{-1}$　　C. $\frac{3}{4}-\frac{1}{2}e^{-1}$　　D. $\frac{3}{4}$

1-9-25 离散型随机变量X的分布为$P(X=k)=C\lambda^k(k=0,1,2\cdots)$，则不成立的是：

A. $C>0$　　B. $0<\lambda<1$　　C. $C=1-\lambda$　　D. $C=\frac{1}{1-\lambda}$

1-9-26 某人连续向一目标独立射击（每次命中率都是$\frac{3}{4}$），一旦命中，则射击停止，设X为射击的次数，那么射击 3 次停止射击的概率是：

A. $\left(\frac{3}{4}\right)^3$　　B. $\left(\frac{3}{4}\right)^2\frac{1}{4}$　　C. $\left(\frac{1}{4}\right)^2\frac{3}{4}$　　D. $C_3^2\left(\frac{1}{4}\right)^2\frac{3}{4}$

1-9-27 设$\varphi(x)$为连续型随机变量的概率密度，则下列结论中一定正确的是：

A. $0\leqslant\varphi(x)\leqslant1$　　B. $\varphi(x)$在定义域内单调不减

C. $\int_{-\infty}^{+\infty}\varphi(x)\mathrm{d}x=1$　　D. $\lim\limits_{x\to+\infty}\varphi(x)=1$

1-9-28 设随机变量的概率密度为$f(x)=\begin{cases}axe^{-\frac{x^2}{2\sigma^2}} & x\geqslant0\\ 0 & x<0\end{cases}$。则$a$的值是：

A. $\frac{1}{\sigma^2}$　　B. $\frac{1}{\pi}$　　C. $\frac{\pi}{\sigma^2}$　　D. $\frac{\pi}{\sigma}$

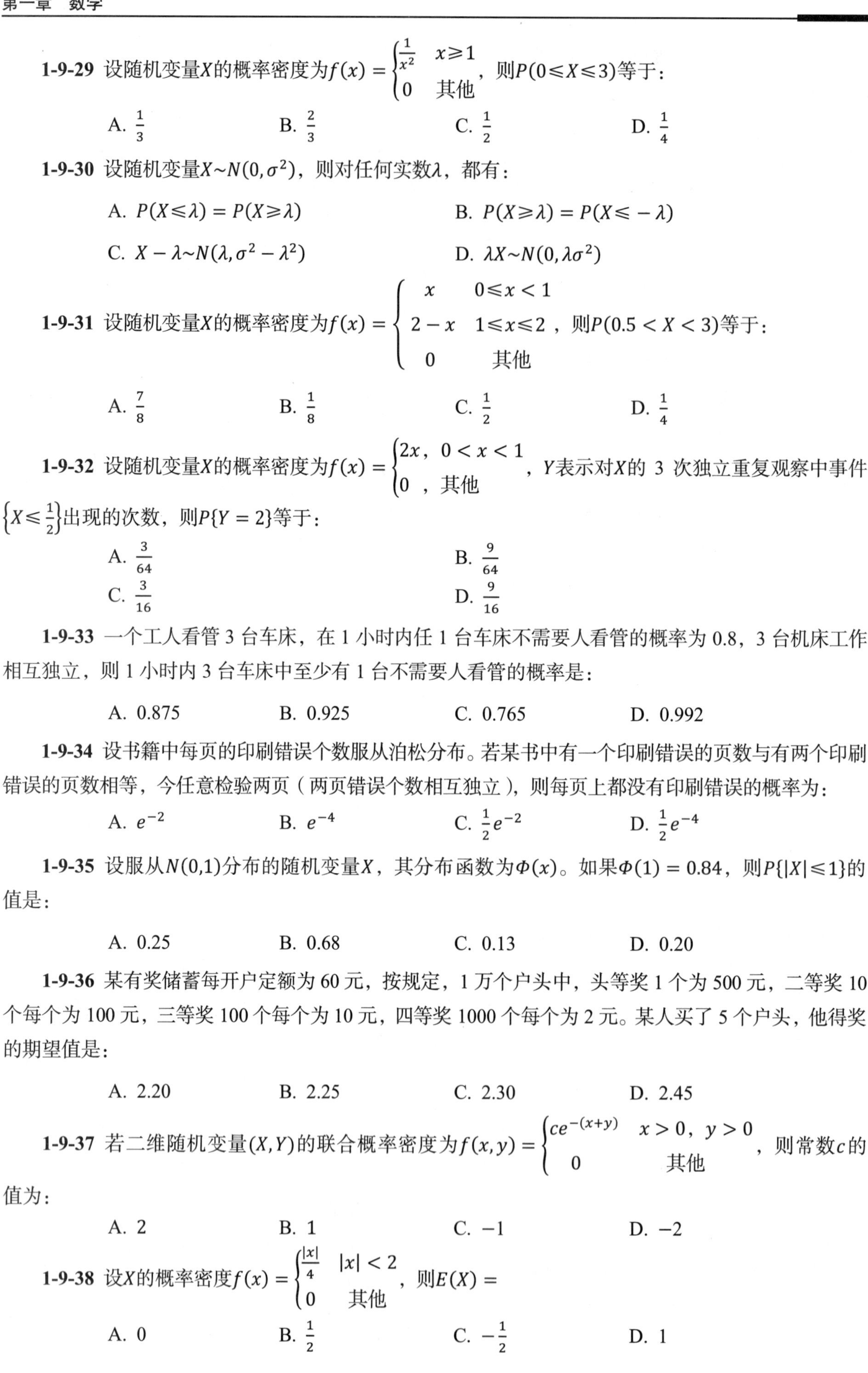

1-9-29 设随机变量X的概率密度为$f(x)=\begin{cases}\frac{1}{x^2} & x\geqslant 1\\ 0 & 其他\end{cases}$，则$P(0\leqslant X\leqslant 3)$等于：

A. $\frac{1}{3}$　　B. $\frac{2}{3}$　　C. $\frac{1}{2}$　　D. $\frac{1}{4}$

1-9-30 设随机变量$X\sim N(0,\sigma^2)$，则对任何实数λ，都有：

A. $P(X\leqslant\lambda)=P(X\geqslant\lambda)$　　B. $P(X\geqslant\lambda)=P(X\leqslant-\lambda)$

C. $X-\lambda\sim N(\lambda,\sigma^2-\lambda^2)$　　D. $\lambda X\sim N(0,\lambda\sigma^2)$

1-9-31 设随机变量X的概率密度为$f(x)=\begin{cases}x & 0\leqslant x<1\\ 2-x & 1\leqslant x\leqslant 2\\ 0 & 其他\end{cases}$，则$P(0.5<X<3)$等于：

A. $\frac{7}{8}$　　B. $\frac{1}{8}$　　C. $\frac{1}{2}$　　D. $\frac{1}{4}$

1-9-32 设随机变量X的概率密度为$f(x)=\begin{cases}2x, & 0<x<1\\ 0, & 其他\end{cases}$，$Y$表示对$X$的 3 次独立重复观察中事件$\left\{X\leqslant\frac{1}{2}\right\}$出现的次数，则$P\{Y=2\}$等于：

A. $\frac{3}{64}$　　B. $\frac{9}{64}$

C. $\frac{3}{16}$　　D. $\frac{9}{16}$

1-9-33 一个工人看管 3 台车床，在 1 小时内任 1 台车床不需要人看管的概率为 0.8，3 台机床工作相互独立，则 1 小时内 3 台车床中至少有 1 台不需要人看管的概率是：

A. 0.875　　B. 0.925　　C. 0.765　　D. 0.992

1-9-34 设书籍中每页的印刷错误个数服从泊松分布。若某书中有一个印刷错误的页数与有两个印刷错误的页数相等，今任意检验两页（两页错误个数相互独立），则每页上都没有印刷错误的概率为：

A. e^{-2}　　B. e^{-4}　　C. $\frac{1}{2}e^{-2}$　　D. $\frac{1}{2}e^{-4}$

1-9-35 设服从$N(0,1)$分布的随机变量X，其分布函数为$\Phi(x)$。如果$\Phi(1)=0.84$，则$P\{|X|\leqslant 1\}$的值是：

A. 0.25　　B. 0.68　　C. 0.13　　D. 0.20

1-9-36 某有奖储蓄每开户定额为 60 元，按规定，1 万个户头中，头等奖 1 个为 500 元，二等奖 10 个每个为 100 元，三等奖 100 个每个为 10 元，四等奖 1000 个每个为 2 元。某人买了 5 个户头，他得奖的期望值是：

A. 2.20　　B. 2.25　　C. 2.30　　D. 2.45

1-9-37 若二维随机变量(X,Y)的联合概率密度为$f(x,y)=\begin{cases}ce^{-(x+y)} & x>0,\ y>0\\ 0 & 其他\end{cases}$，则常数$c$的值为：

A. 2　　B. 1　　C. -1　　D. -2

1-9-38 设X的概率密度$f(x)=\begin{cases}\frac{|x|}{4} & |x|<2\\ 0 & 其他\end{cases}$，则$E(X)=$

A. 0　　B. $\frac{1}{2}$　　C. $-\frac{1}{2}$　　D. 1

1-9-39 X的分布函数$F(x)$，而$F(x)=\begin{cases}0 & x<0\\ x^3 & 0\leqslant x<1\\ 1 & x\geqslant 1\end{cases}$，则$E(X)$等于：

A. 0.7　　B. 0.75　　C. 0.6　　D. 0.8

1-9-40 设X的分布函数$F(x)=\begin{cases}0 & x<0\\ \frac{x}{4} & 0\leqslant x\leqslant 4\\ 1 & x\geqslant 4\end{cases}$，则$E(X^2)=$

A. 2　　B. $\frac{4}{3}$　　C. 1　　D. $\frac{16}{3}$

1-9-41 设随机变量X的概率密度为$f(x)=\begin{cases}\frac{3}{8}x^2 & 0<x<2\\ 0 & 其他\end{cases}$，则$Y=\frac{1}{X}$的数学期望是：

A. $\frac{3}{4}$　　B. $\frac{1}{2}$　　C. $\frac{2}{3}$　　D. $\frac{1}{4}$

1-9-42 设随机变量(X,Y)服从二维正态分布，其概率密度为$f(x,y)=\frac{1}{2\pi}e^{-\frac{1}{2}(x^2+y^2)}$，则$E(X^2+Y^2)$等于：

A. 2　　B. 1　　C. $\frac{1}{2}$　　D. $\frac{1}{4}$

1-9-43 设随机变量X与Y相互独立，且$E(X)=E(Y)=0$，$D(X)=D(Y)=1$，则数学期望$E(X+Y)^2$的值等于：

A. 4　　B. 3
C. 2　　D. 1

1-9-44 已知随机变量X服从二项分布，且$E(X)=2.4$，$D(X)=1.44$，则二项分布的参数n、p分别是：

A. $n=4$，$p=0.6$　　B. $n=6$，$p=0.4$

C. $n=8$，$p=0.3$　　D. $n=24$，$p=0.1$

1-9-45 设随机变量X和Y都服从$N(0,1)$分布，则下列叙述中正确的是：

A. $X+Y$服从正态分布　　B. X^2+Y^2服从χ^2分布

C. X^2和Y^2都服从χ^2分布　　D. $\frac{X^2}{Y^2}$服从F分布

1-9-46 设X、Y相互独立，$X\sim N(4,1)$，$Y\sim N(1,4)$，$Z=2X-Y$，则$D(Z)=$

A. 0　　B. 8　　C. 15　　D. 16

1-9-47 设随机变量X服从自由度为 2 的t分布，$t_{0.05}(2)=2.920$，$t_{0.025}(2)=4.303$，$t_{0.02}(2)=4.503$，$t_{0.01}(2)=6.965$则$P\{|X|\geqslant\lambda\}=0.05$中$\lambda$的值是：

A. 2.920　　B. 4.303　　C. 4.503　　D. 6.965

1-9-48 设总体$X\sim N(9,10^2)$，$X_1,X_2,\cdots,X_{10}$是一组样本，$\overline{X}=\frac{1}{10}\sum_{i=1}^{10}X_i$服从的分布是：

A. $N(9,10)$　　B. $N(9,10^2)$　　C. $N(9,5)$　　D. $N(9,2)$

1-9-49 设$X_1,X_2,\cdots,X_{16}$为正态总体$N(\mu,4)$的一个样本，样本均值$\overline{X}=\frac{1}{16}\sum_{i=1}^{16}X_i$，已知$\Phi(1)=0.8413$，$\Phi(1.82)=0.9656$，$\Phi(2.0)=0.9772$，则$P\{|\overline{X}-\mu|<1\}$的值为：

A. 0.9544　　B. 0.9312　　C. 0.9607　　D. 0.9722

1-9-50 设（$X_1,X_2,\cdots,X_{10}$）是抽自正态总体$N(\mu,\sigma^2)$的一个容量为 10 的样本，其中$-\infty<\mu<+\infty$，$\sigma^2>0$，记$\overline{X}_9=\frac{1}{9}\sum_{i=1}^{9}X_i$，则$\overline{X}_9-X_{10}$所服从的分布是：

A. $N\left(0,\frac{10}{9}\sigma^2\right)$　　B. $N\left(0,\frac{8}{9}\sigma^2\right)$

C. $N(0,\sigma^2)$　　D. $N\left(0,\frac{11}{9}\sigma^2\right)$

1-9-51 设总体X服从$N(\mu,\sigma^2)$分布，$X_1,X_2,\cdots,X_n$为样本，记$\overline{X}=\frac{1}{n}\sum_{i=1}^{n}X_i$，$S^2=\frac{1}{n-1}\sum_{i=1}^{n}\left(X_i-\overline{X}\right)^2$。则$T=\frac{\overline{X}-\mu}{S}\sqrt{n}$服从的分布是：

A. $\chi^2(n-1)$　　B. $\chi^2(n)$　　C. $t(n-1)$　　D. $t(n)$

1-9-52 设总体X的概率密度为$f(x)=\begin{cases}(\theta+1)x^\theta & 0<x<1\\ 0 & 其他\end{cases}$，其中$\theta>-1$是未知参数，$X_1,X_2,\cdots,X_n$是来自总体$X$的样本，则$\theta$的矩估计量是：

A. $\overline{X}$　　B. $\frac{2\overline{X}-1}{1-\overline{X}}$　　C. $2\overline{X}$　　D. $\overline{X}-1$

1-9-53 设$\hat{\theta}$是参数θ的一个无偏估计量，又方差$D(\hat{\theta})>0$，下面结论中正确的是：

A. $\left(\hat{\theta}\right)^2$是$\theta^2$的无偏估计量

B. $\left(\hat{\theta}\right)^2$不是$\theta^2$的无偏估计量

C. 不能确定$\left(\hat{\theta}\right)^2$是不是$\theta^2$的无偏估计量

D. $\left(\hat{\theta}\right)^2$不是$\theta^2$的估计量

1-9-54 设总体X的概率密度为$f(x,\theta)=\begin{cases}e^{-(x-\theta)} & x\geqslant\theta\\ 0 & x<\theta\end{cases}$，而$x_1,x_2,\cdots,x_n$是来自总体的样本值，则未知参数$\theta$的最大似然估计是：

A. $\overline{x}-1$　　B. $n\overline{x}$

C. $\min(x_1,x_2,\cdots,x_n)$　　D. $\max(x_1,x_2,\cdots,x_n)$

1-9-55 设总体$X\sim N(\mu,\sigma^2)$，μ与σ^2均未知，$X_1,X_2,\cdots,X_9$为其样本，$\overline{X}$、S^2为样本均值和样本方差，则μ的置信度为 0.9 的置信区间是：

A. $\left(\overline{X}-z_{0.05}\frac{\sigma}{3},\ \overline{X}+z_{0.05}\frac{\sigma}{3}\right)$　　B. $\left(\overline{X}-z_{0.1}\frac{\sigma}{3},\ \overline{X}+z_{0.1}\frac{\sigma}{3}\right)$

C. $\left(\overline{X}-t_{0.05}(8)\frac{S}{3},\ \overline{X}+t_{0.05}(8)\frac{S}{3}\right)$　　D. $\left(\overline{X}-t_{0.05}(9)\frac{S}{3},\ \overline{X}+t_{0.05}(9)\frac{S}{3}\right)$

1-9-56 设总体$X\sim N(\mu,\sigma^2)$，μ、σ^2均未知，$X_1,X_2,\cdots,X_n$为其样本，检验假设H_0：$\sigma^2={\sigma_0}^2$，H_1：$\sigma^2\neq{\sigma_0}^2$，当$\chi^2=\frac{1}{{\sigma_0}^2}\sum_{i=1}^{n}\left(X_i-\overline{X}\right)^2$满足下列哪一项时，拒绝$H_0$（显著性水平$\alpha=0.05$）？

A. $\chi^2>\chi^2_{0.05}(n-1)$

B. $\chi^2<\chi^2_{0.95}(n-1)$

C. $\chi^2<\chi^2_{0.975}(n-1)$或$\chi^2>\chi^2_{0.025}(n-1)$

D. $\chi^2<\chi^2_{0.95}(n-1)$或$\chi^2>\chi^2_{0.05}(n-1)$

题解及参考答案

1-9-1　解： 依据对立事件的定义判定。

答案： D

1-9-2　解： $A(\overline{B\cup C})=A\overline{B}\,\overline{C}$可能发生，选项 A 错。

$A(\overline{A\cup B\cup C})=A\overline{A}\,\overline{B}\,\overline{C}=\emptyset$，选项 B 对。

或见解图，图 a）中的$\overline{B\cup C}$（斜线区域）与A有交集。图 b）中的$\overline{A\cup B\cup C}$（斜线区域）与A无交集。

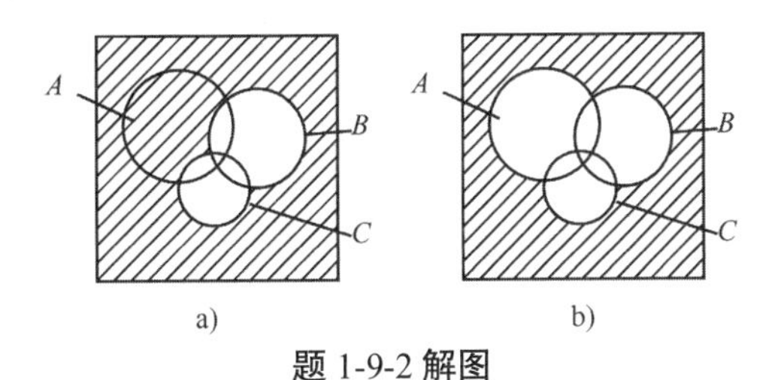

题 1-9-2 解图

答案： B

1-9-3　解： A、B、C中有两个发生的情况有AB、AC、BC三种。

"至少"对应"和"，则A、B、C中至少有两个发生，可表示为$AB\cup AC\cup BC$。

也可利用图判定。

"A、B、C中至少有两个发生"对应解图 a）的阴影部分，即$AB\cup AC\cup BC$。

选项 A：$A\cup B\cup C$表示A、B、C中至少有一个发生，见解图 b）的阴影部分。

选项 B：$A(B\cup C)=AB\cup AC$，见解图 c）的阴影部分。

选项 D：$\overline{A}\cup\overline{B}\cup\overline{C}=\overline{ABC}$，见解图 d）的阴影部分。

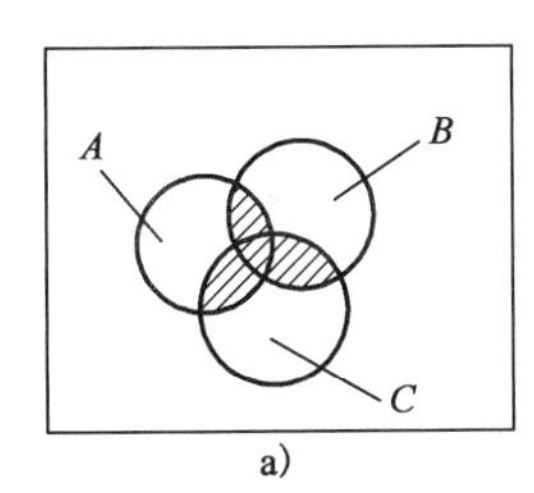

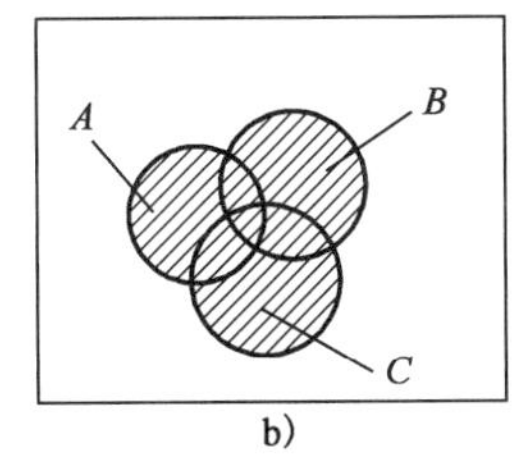

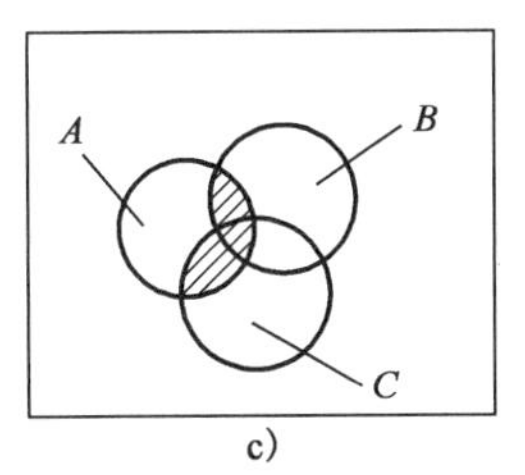

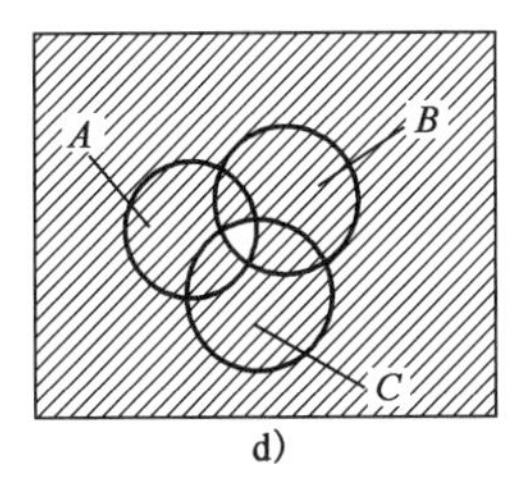

题 1-9-3 解图

答案： C

1-9-4　解： 设B表示"第一次失败"，C表示"第二次成功"，则$A=BC$，$\overline{A}=\overline{B}\,\overline{C}=\overline{B}\cup\overline{C}$，而$\overline{B}$表示"第一次成功"，$\overline{C}$表示"第二次失败"，所以$\overline{A}$表示"第一次成功"或"第二次失败"。

答案： B

1-9-5　解： $P(\overline{A}-B)=P(\overline{A}\,\overline{B})=P(\overline{A\cup B})=0.3$，$P(A\cup B)=1-P(\overline{A\cup B})=0.7$

答案： B

1-9-6　解： $P(A\cup B)=P(A)+P(B)-P(AB)$，$P(A\cup B)+P(AB)=P(A)+P(B)=1.1$，$P(A\cup B)$取最小值时，$P(AB)$取最大值，因$P(A)<P(B)$，所以$P(AB)$的最大值等于$P(A)=0.3$。或用图示法（面积表示概率），见解图。

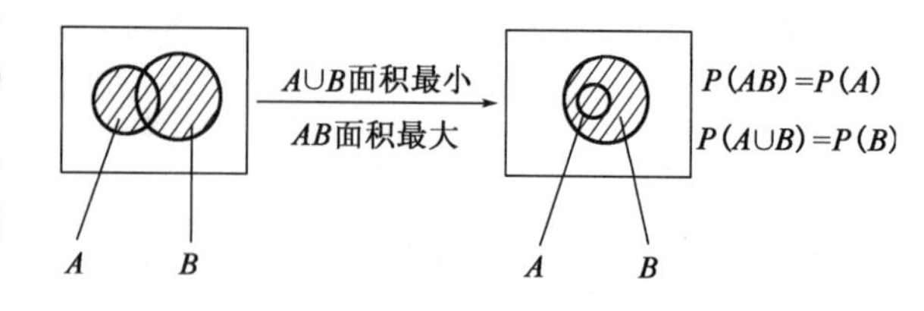

题 1-9-6 解图

答案： C

1-9-7　解： $P(A\overline{B})=P(A-B)=P(A)-P(AB)$，$P(AB)=P(A)-P(A\overline{B})=0.8-0.2=0.6$，$P(\overline{A}\cup\overline{B})=P(\overline{AB})=1-P(AB)=1-0.6=0.4$

答案： A

1-9-8　解： $P(A\overline{B})=P(A)-P(AB)$

$P(A+B)=P(A)+P(B)-P(AB)$

$P(AB)=P(A)+P(B)-P(A+B)$

$P(A\,\overline{B})=P(A)-[P(A)+P(B)-P(A+B)]$

$\quad=P(A+B)-P(B)=c-b$

或看解图：$A+B=B+(A\overline{B})$，B与$A\overline{B}$互不相容。（$A\overline{B}$是图中斜线部分）

$P(A+B)=P(B)+P(A\overline{B})$

$P(A\overline{B})=P(A+B)-P(B)=c-b$

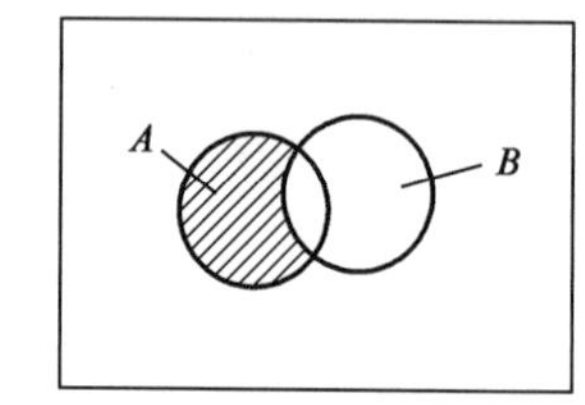

题 1-9-8 解图

答案： B

1-9-9　解： 用公式$P(A)=\frac{C_M^m C_{N-M}^{n-m}}{C_N^n}$，代入$N=5$，$n=3$，$M=3$，$m=2$。

或用古典概型公式$P(A)=\frac{m}{n}$，分母n为所有可能结果数（从 5 个中取出 3 个），$n=C_5^3$；分子m为A包含的可能结果数（从 3 个白球中取出 2 个，从 2 个红球中取出 1 个），$m=C_3^2C_2^1$。

答案： D

1-9-10　解： 显然为古典概型，$P(A)=\frac{m}{n}$。

一个球一个球地放入杯中，每个球都有 4 种放法，所以所有可能结果数$n=4\times4\times4=64$，事件A“杯中球的最大个数为 2”即 4 个杯中有一个杯子里有 2 个球，有 1 个杯子有 1 个球，还有两个空杯。第一个球有 4 种放法，从第二个球起有两种情况：①第 2 个球放到已有一个球的杯中（一种放法），第 3 个球可放到 3 个空杯中任一个（3 种放法）；②第 2 个球放到 3 个空杯中任一个（3 种放法），第 3 个球可放到两个有球杯中（2 种放法）。则$m=4\times[1\times3+3\times2]=36$，因此$P(A)=\frac{36}{64}=\frac{9}{16}$。或设$A_i(i=1,2,3)$表示“杯中球的最大个数为$i$”，则

$$P(A_2)=1-P(A_1)-P(A_3)=1-\frac{4\times3\times2}{4\times4\times4}-\frac{4\times1\times1}{4\times4\times4}=\frac{9}{16}$$

答案： C

1-9-11　解： 设A_i表示第i个买者中奖$(i=1,2,3,4)$，B表示前 4 个购买者恰有 1 个人中奖。

则$B=A_1\overline{A}_2\,\overline{A}_3\,\overline{A}_4+\overline{A}_1A_2\overline{A}_3\,\overline{A}_4+\overline{A}_1\,\overline{A}_2A_3\overline{A}_4+\overline{A}_1\,\overline{A}_2\,\overline{A}_3A_4$

显然$A_1\overline{A}_2\,\overline{A}_3\,\overline{A}_4$、$\overline{A}_1A_2\overline{A}_3\,\overline{A}_4$、$\overline{A}_1\,\overline{A}_2A_3\overline{A}_4$和$\overline{A}_1\,\overline{A}_2\,\overline{A}_3A_4$两两互斥

$P(B)=P(A_1\overline{A}_2\,\overline{A}_3\,\overline{A}_4)+P(\overline{A}_1A_2\overline{A}_3\,\overline{A}_4)+P(\overline{A}_1\,\overline{A}_2A_3\overline{A}_4)+P(\overline{A}_1\,\overline{A}_2\,\overline{A}_3A_4)$

而$P(A_1\overline{A}_2\,\overline{A}_3\,\overline{A}_4)=\dfrac{2\times8\times7\times6}{10\times9\times8\times7}=\dfrac{2}{15}$

或$P(A_1\overline{A}_2\,\overline{A}_3\,\overline{A}_4)=P(\overline{A}_1)P(\overline{A}_2|\overline{A}_1)P(\overline{A}_3|A_1\overline{A}_2)P(\overline{A}_4|A_1\overline{A}_2\,\overline{A}_3)$

$$=\frac{2}{10}\times\frac{8}{9}\times\frac{7}{8}\times\frac{6}{7}=\frac{2}{15}$$

同理$P(\overline{A}_1A_2\overline{A}_3\,\overline{A}_4)=P(\overline{A}_1\,\overline{A}_2A_3\overline{A}_4)=P(\overline{A}_1\,\overline{A}_2\,\overline{A}_3A_4)=\dfrac{2}{15}$，则$P(B)=4\times\dfrac{2}{15}=\dfrac{8}{15}$

说明:因为买到的奖券不能放回去,所以不能把前4个人买奖券看成4次独立重复试验。$P(A_2|A_1)=\frac{1}{9}$，$P(A_2|\overline{A}_1)=\frac{2}{9}$，表明第一个人中奖与否，对第二人中奖有影响（不独立）。另外，只有两张有奖奖券，那么前4个人中3人中奖、4人中奖都是不可能的。

选项A、B、C、D均不正确。

答案：无

1-9-12　解：$P(A|B)=\frac{P(AB)}{P(B)}=1$，$P(AB)=P(B)$

$$P(A+B)=P(A)+P(B)-P(AB)=P(A)$$

答案：A

1-9-13　解：$P(A\cup B)=P(A)+P(B)-P(AB)$

$$P(AB)=P(A)P(B|A)=\frac{1}{4}\times\frac{1}{3}=\frac{1}{12}$$

$$P(B)P(A|B)=P(AB),\ \frac{1}{2}P(B)=\frac{1}{12},\ P(B)=\frac{1}{6}$$

$$P(A\cup B)=\frac{1}{4}+\frac{1}{6}-\frac{1}{12}=\frac{1}{3}$$

答案：D

1-9-14　解：设第一次取一个红球为A，第一次取一个白球为$\overline{A}$，第二次取一个红球为B。

方法1，$P(B)=P(AB)+P(\overline{A}B)=\frac{2\times1}{12\times11}+\frac{10\times2}{12\times11}=\frac{1}{6}$

方法2，用全概率公式计算。

$P(B)=P(A)P(B|A)+P(\overline{A})P(B|\overline{A})$

$P(A)=\dfrac{2}{12}$，$P(\overline{A})=\dfrac{10}{12}$

用压缩样本空间方法求条件概率:

A发生条件下，还剩下11个球（10个白球，1个红球），$P(B|A)=\frac{1}{11}$

$\overline{A}$发生条件下，还剩下11个球（9个白球，2个红球），$P(B|\overline{A})=\frac{2}{11}$

$P(B)=\dfrac{2}{12}\times\dfrac{1}{11}+\dfrac{10}{12}\times\dfrac{2}{11}=\dfrac{1}{6}$

答案：B

1-9-15　说明：$\frac{1}{4}$、$\frac{1}{3}$、$\frac{1}{12}$都是条件概率。已知一组事件$A_1,A_2,\cdots,A_n$的概率$P(A_1),P(A_2),\cdots,P(A_n)$和一组条件概率$P(B|A_1),P(B|A_2),\cdots,P(B|A_n)$，应想到全概率公式和贝叶斯公式。

解：设A_1表示乘火车，A_2表示乘轮船，A_3表示乘汽车，A_4表示乘飞机，B表示迟到。

则有:

$P(A_1)=0.3$，$P(A_2)=0.2$，$P(A_3)=0.1$，$P(A_4)=0.4$

$P(B|A_1)=\frac{1}{4}$，$P(B|A_2)=\frac{1}{3}$，$P(B|A_3)=\frac{1}{12}$，$P(B|A_4)=0$（乘飞机不会迟到）

$$P(B)=\sum_{k=1}^{4}P(A_k)P(B|A_k)=0.3\times\frac{1}{4}+0.2\times\frac{1}{3}+0.1\times\frac{1}{12}=0.15\text{（只能选 B）}$$

$$P(A_1|B)=\frac{P(A_1B)}{P(B)}=\frac{P(A_1)P(B|A_1)}{P(B)}=\frac{0.3\times\frac{1}{4}}{0.15}=0.5\text{（可不计算）}$$

答案： B

1-9-16 解：（注意各厂次品率 2%、2%、4%是一组条件概率。）

设A_i表示取到第i厂产品，$i=1,2,3$；B表示取到次品，则$\overline{B}$表示取到正品。

$P(A_1)=\frac{1}{2}$，$P(A_2)=\frac{1}{4}$，$P(A_3)=\frac{1}{4}$

$P(B|A_1)=0.02$，$P(B|A_2)=0.02$，$P(B|A_3)=0.04$

$$P(\overline{B})=1-P(B)=1-\sum_{i=1}^{3}P(A_i)P(B|A_i)$$

$$=1-\left(\tfrac{1}{2}\times0.02+\tfrac{1}{4}\times0.02+\tfrac{1}{4}\times0.04\right)=0.975$$

或$P(\overline{B})=\sum_{i=1}^{3}P(A_i)P(\overline{B}|A_i)=\sum_{i=1}^{3}P(A_i)[1-P(B|A_i)]$

$$=\tfrac{1}{2}\times0.98+\tfrac{1}{4}\times0.98+\tfrac{1}{4}\times0.96=0.975$$

答案： C

1-9-17 解： 设A_i表示取到第i组产品，$i=1,2$；B表示取到废品。

$P(A_1)=\frac{1}{3}$，$P(A_2)=\frac{2}{3}$；

$P(B|A_1)=0.02$，$P(B|A_2)=0.03$。

所求条件概率为（用贝叶斯公式）：

$$P(A_1|B)=\frac{P(A_1)P(B|A_1)}{P(A_1)P(B|A_1)+P(A_2)P(B|A_2)}=\frac{\frac{1}{3}\times0.02}{\frac{1}{3}\times0.02+\frac{2}{3}\times0.03}=0.25$$

答案： B

1-9-18 解： 注意题中 0.8、0.2、0.9、0.1 都是条件概率。条件概率涉及两个事件，一个作条件，一个不作条件，应分别设。

设A为发报台发出信号“·”，则$\overline{A}$为发报台发出信号“—”。

$P(A)=0.6$，$P(\overline{A})=0.4$。

设B为接收台收到信号“·”，则$\overline{B}$为接收台收到信号“—”。

$P(B|A)=0.8$，$P(\overline{B}|A)=0.2$，$P(\overline{B}|\overline{A})=0.9$，$P(B|\overline{A})=0.1$

$$P(A|B)=\frac{P(AB)}{P(B)}\quad\text{(此步可省略，直接用贝叶斯公式)}$$

$$=\frac{P(A)P(B|A)}{P(A)P(B|A)+P(\overline{A})P(B|\overline{A})}=\frac{0.6\times0.8}{0.6\times0.8+0.4\times0.1}$$

$$=\frac{12}{13}$$

答案： B

1-9-19　解： 设甲、乙、丙单人译出密码分别记为A、B、C，则这份密码被破译出可记为$A\cup B\cup C$，因为A、B、C相互独立，所以

$$P(A\cup B\cup C)=P(A)+P(B)+P(C)-P(AB)-P(AC)-P(BC)+P(ABC)$$
$$=P(A)+P(B)+P(C)-P(A)P(B)-P(A)P(C)-P(B)P(C)+P(A)P(B)P(C)=\frac{3}{5}$$

或由$\overline{A}$、$\overline{B}$、$\overline{C}$也相互独立，

$$P(A\cup B\cup C)=1-P\left(\overline{A\cup B\cup C}\right)=1-P\left(\overline{A}\,\overline{B}\,\overline{C}\right)=1-P\left(\overline{A}\right)P\left(\overline{B}\right)P\left(\overline{C}\right)$$
$$=1-[1-P(A)][1-P(B)][1-P(C)]=\frac{3}{5}$$

答案： D

1-9-20　解：

$$P\left(B|A\cup\overline{B}\right)=\frac{P\left(B\left(A\cup\overline{B}\right)\right)}{P\left(A\cup\overline{B}\right)}=\frac{P\left(AB\cup B\overline{B}\right)}{P\left(A\cup\overline{B}\right)}=\frac{P(AB)}{P(A)+P\left(\overline{B}\right)-P\left(A\overline{B}\right)}$$

因为A、B相互独立，所以A、$\overline{B}$也相互独立。

有$P(AB)=P(A)P(B)$，$P\left(A\overline{B}\right)=P(A)P\left(\overline{B}\right)$

$$P\left(B|A\cup\overline{B}\right)=\frac{P(A)P(B)}{P(A)+P\left(\overline{B}\right)-P(A)P\left(\overline{B}\right)}=\frac{\frac{1}{2}\times\frac{1}{3}}{\frac{1}{2}+\left(1-\frac{1}{3}\right)-\frac{1}{2}\left(1-\frac{1}{3}\right)}=\frac{1}{5}$$

答案： D

1-9-21　解： 因$P(A)>0$，$P(B)>0$，$P(A|B)=P(A)$，所以$\frac{P(AB)}{P(B)}=P(A)$，$P(AB)=P(A)P(B)>0$，选项D不成立。

或由$P(AB)=P(A)P(B)$，可知A与B独立，A与$\overline{B}$独立，选项A、B、C都成立。

答案： D

1-9-22　解： 设A为甲命中，B为乙命中，则目标被击中可表示为$A\cup B$。

因为$A\subset(A\cup B)$，所以$A(A\cup B)=A$。

因为两人独立射击，所以A、B相互独立，$P(AB)=P(A)P(B)$。

所求条件概率为：

$$P(A|A\cup B)=\frac{P\left(A(A\cup B)\right)}{P(A\cup B)}=\frac{P(A)}{P(A)+P(B)-P(AB)}=\frac{P(A)}{P(A)+P(B)-P(A)P(B)}$$
$$=\frac{0.8}{0.8+0.6-0.8\times 0.6}=0.87$$

答案： B

1-9-23　解： 因为$F_1(x)$，$F_2(x)$，$F(x)=aF_1(x)-bF_2(x)$都是随机变量的分布函数，

$$\lim_{x\to+\infty}F(x)=\lim_{x\to+\infty}aF_1(x)-\lim_{x\to+\infty}bF_2(x)=a-b=1$$

只有选项A：$a=\frac{3}{5}$，$b=-\frac{2}{5}$符合。

答案： A

1-9-24　解： $P\left(-1<X\leqslant\frac{1}{4}\right)=F\left(\frac{1}{4}\right)-F(-1)=\left(\frac{1}{2}+\frac{1}{4}\right)-\frac{1}{2}e^{-1}$

答案： C

1-9-25　解： 由分布律性质（1）

$$P(X=k)=C\lambda^k \geqslant 0,\ k=0,1,2,\cdots$$

得$C>0,\lambda>0$。

由分布律性质（2），$\sum\limits_{k=0}^{\infty}P(X=k)=\sum\limits_{k=0}^{\infty}C\lambda^k=1$；

因等比级数$\sum\limits_{k=0}^{\infty}C\lambda^k$收敛，则有$|\lambda|<1$；

因为$\sum\limits_{k=0}^{\infty}C\lambda^k=\frac{C}{1-\lambda}=1$，$C=1-\lambda$；

所以$C>0$，$0<\lambda<1$，$C=1-\lambda$，选项D不成立。

答案： D

1-9-26　解： 独立射击三次停止射击，可表示为$X=3$，即第一次射击未中，第二次射击未中，第三次射击命中，$P(X=3)=\frac{1}{4}\times\frac{1}{4}\times\frac{3}{4}$。

或设A_i表示第i次射击命中，$i=1,2,3$。A_1、A_2、A_3相互独立。

$X=3$也可表示为$\overline{A}_1\overline{A}_2A_3$。$\overline{A}_1$、$\overline{A}_2$、$A_3$也相互独立。

所以$P(X=3)=P(\overline{A}_1\ \overline{A}_2A_3)=P(\overline{A}_1)P(\overline{A}_2)P(A_3)=\left(\frac{1}{4}\right)^2\frac{3}{4}$

答案： C

1-9-27　解： 因为$\varphi(x)$为连续型随机变量的概率密度，不是分布函数，所以有$\int_{-\infty}^{+\infty}\varphi(x)\mathrm{d}x=1$。

答案： C

1-9-28　解： 因为

$$\int_{-\infty}^{+\infty}f(x)\mathrm{d}x=1$$

$$\int_{-\infty}^{+\infty}f(x)\mathrm{d}x=\int_{-\infty}^{0}f(x)\mathrm{d}x+\int_{0}^{+\infty}f(x)\mathrm{d}x=\int_{0}^{+\infty}axe^{-\frac{x^2}{2\sigma^2}}\mathrm{d}x$$

$$=-a\sigma^2\int_{0}^{+\infty}e^{-\frac{x^2}{2\sigma^2}}\mathrm{d}\left(-\frac{x^2}{2\sigma^2}\right)$$

$$=-a\sigma^2\left[e^{-\frac{x^2}{2\sigma^2}}\right]_0^{+\infty}=a\sigma^2=1$$

所以$a=\frac{1}{\sigma^2}$

答案： A

1-9-29　解：

$$P(0\leqslant X\leqslant 3)=\int_0^3 f(x)\mathrm{d}x=\int_1^3\frac{1}{x^2}\mathrm{d}x=-\frac{1}{x}\bigg|_1^3=\frac{2}{3}$$

答案： B

1-9-30　解：（1）判断选项A、B的对错。

方法1： 利用定积分、广义积分的几何意义

$$P(a<X<b)=\int_a^b f(x)\mathrm{d}x=S$$

S为$[a,b]$上曲边梯形的面积。

$N(0,\sigma^2)$的概率密度为偶函数，图形关于直线$x=0$对称。

因此选项 B 对，选项 A 错。

方法 2：利用正态分布概率计算公式

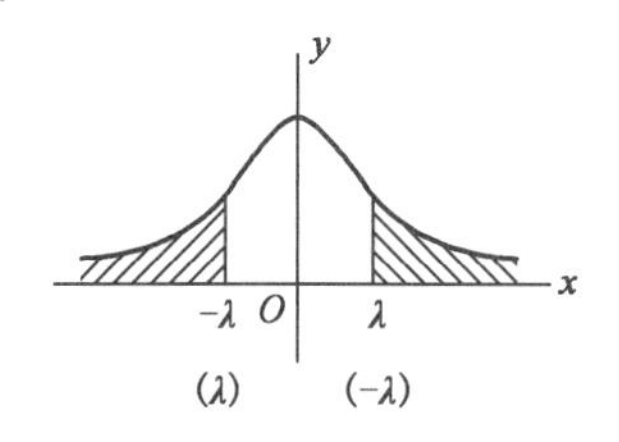

题 1-9-30 解图

$$P(X\leqslant\lambda)=\Phi\left(\frac{\lambda-0}{\sigma}\right)=\Phi\left(\frac{\lambda}{\sigma}\right)$$

$$P(X\geqslant\lambda)=1-P(X<\lambda)=1-\Phi\left(\frac{\lambda}{\sigma}\right)$$

$$P(X\leqslant-\lambda)=\Phi\left(\frac{-\lambda}{\sigma}\right)=1-\Phi\left(\frac{\lambda}{\sigma}\right)$$

选项 B 对，选项 A 错。

（2）判断选项 C、D 的对错。

方法 1：验算数学期望与方差

$E(X-\lambda)=\mu-\lambda=0-\lambda=-\lambda\neq\lambda$（$\lambda\neq0$时），选项 C 错；

$D(\lambda X)=\lambda^2\sigma^2\neq\lambda\sigma^2$（$\lambda\neq0$，$\lambda\neq1$时），选项 D 错。

方法 2：利用结论

若$X\sim N(\mu,\sigma^2)$，a、b为常数且$a\neq0$，则$aX+b\sim N(a\mu+b,a^2\sigma^2)$；

$X-\lambda\sim N(-\lambda,\sigma^2)$，选项 C 错；

$\lambda X\sim N(0,\lambda^2\sigma^2)$，选项 D 错。

答案：B

1-9-31 解：

$$P(0.5<X<3)=\int_{0.5}^{3}f(x)\mathrm{d}x$$

$$=\int_{0.5}^{1}x\mathrm{d}x+\int_{1}^{2}(2-x)\mathrm{d}x=\frac{7}{8}$$

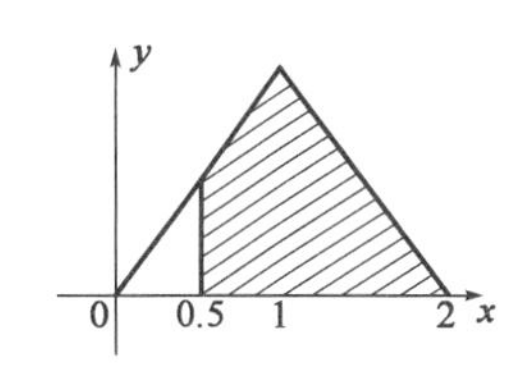

题 1-9-31 解图

$$或P(0.5<X<3)=1-\int_{0}^{0.5}f(x)\mathrm{d}x$$

$$=1-\int_{0}^{0.5}x\mathrm{d}x=\frac{7}{8}$$

或用定积分几何意义判定（解图中斜线区域面积）。

答案：A

1-9-32 解：由题意可知$Y\sim B(3,p)$，其中$p=P\left\{X\leqslant\frac{1}{2}\right\}=\int_0^{\frac{1}{2}}2x\mathrm{d}x=\frac{1}{4}$

$$P(Y=2)=C_3^2\left(\frac{1}{4}\right)^2\frac{3}{4}=\frac{9}{64}$$

答案：B

1-9-33 解：这是 3 次独立重复试验。

设A为"在 1 小时内任一台车床不需要人看管"，则$P(A)=0.8$。

设X为"3 台车床 1 小时内不需要人看管的台数"，则$X\sim B(3,0.8)$。

$$P(X\geqslant1)=\sum_{k=1}^{3}P(X=k)=\sum_{k=1}^{3}C_3^k0.8^k0.2^{3-k}$$

或$P(X\geqslant1)=1-P(X=0)=1-0.2^3=0.992$

答案：D

1-9-34 解：①设X表示书中每页的印刷错误个数，X服从参数为λ的泊松分布，“书中有一个印刷错误的页数与有两个印刷错误的页数相等”，即$P(X=1)=P(X=2)$，$\frac{\lambda}{1!}e^{-\lambda}=\frac{\lambda^2}{2!}e^{-\lambda}$，且$\lambda>0$，所以$\lambda=2$。

②设A表示“检验两页中的一页上无印刷错误”，B表示“检验两页中的另一页上无印刷错误”，$P(A)=P(B)=P(X=0)=\frac{\lambda^0}{0!}e^{-2}=e^{-2}$（规定$0!=1$）。

因为A、B独立，所以$P(AB)=P(A)P(B)=e^{-2}e^{-2}=e^{-4}$。

或设Y为“检验两页中无印刷错误的页数”，则$Y\sim B(2,e^{-2})$，$P(Y=2)=(e^{-2})^2=e^{-4}$。

答案：B

1-9-35 解：因为$X\sim N(0,1)$，$a>0$时，$P(|X|\leqslant a)=2\Phi(a)-1$，所以$P(|X|\leqslant 1)=2\Phi(1)-1=0.68$。或$P(|X|\leqslant 1)=P(-1\leqslant X\leqslant 1)=\Phi(1)-\Phi(-1)=\Phi(1)[1-\Phi(1)]=2\Phi(1)-1$。

答案：B

1-9-36 解：设X_i为某人购买第i个户头中奖数，$i=1,2,3,4,5$。X_1,X_2,X_3,X_4,X_5的分布律相同，即：

X_i	500	100	10	2	0
P	$\frac{1}{10^4}$	$\frac{1}{10^3}$	$\frac{1}{10^2}$	$\frac{1}{10}$	P_0

$$E(X_i)=500\times\frac{1}{10^4}+100\times\frac{1}{10^3}+10\times\frac{1}{10^2}+2\times\frac{1}{10}+0\times P_0=0.45$$

某人得奖数$X=\sum\limits_{i=1}^{5}X_i$

某人得奖期望值：$E(X)=E(\sum\limits_{i=1}^{5}X_i)=\sum\limits_{i=1}^{5}E(X_i)=5\times 0.45=2.25$

注意：某人得奖数$X=\sum\limits_{i=1}^{5}X_i$（5 个户头得奖数之和），而不是$X=5X_i$（某个户头得奖数的 5 倍），但$E(X)=5E(X_i)$。

答案：B

1-9-37 解：本题考查概率密度函数的性质。

$$\int_{-\infty}^{+\infty}\int_{-\infty}^{+\infty}f(x,y)\,\mathrm{d}x\,\mathrm{d}y=1$$

$\int_0^{+\infty}ce^{-x}\,\mathrm{d}x\int_0^{+\infty}e^{-y}\,\mathrm{d}y=c(-e^{-x})\Big|_0^{+\infty}(-e^{-y})\Big|_0^{+\infty}=c\times 1\times 1=1$，得到$c=1$

答案：B

1-9-38 解：$E(X)=\int_{-\infty}^{+\infty}xf(x)\mathrm{d}x=\int_{-2}^{0}x\left(-\frac{x}{4}\right)\mathrm{d}x+\int_0^2 x\frac{x}{4}\mathrm{d}x=0$

或$E(X)=\int_{-2}^{2}x\frac{|x|}{4}\mathrm{d}x=0$（奇函数在有限对称区间上积分为 0）

结论：若X的概率密度$f(x)$为偶函数，且$E(X)$存在，则$E(X)=0$。

答案：A

1-9-39 解：X的概率密度$f(x)=F'(x)=\begin{cases}3x^2 & 0\leqslant x<1\\ 0 & \text{其他}\end{cases}$

$$E(X)=\int_{-\infty}^{+\infty}xf(x)\mathrm{d}x=\int_0^1 x\cdot 3x^2\mathrm{d}x=\frac{3}{4}$$

答案：B

1-9-40 解：X的概率密度为$f(x)=F'(x)=\begin{cases}\frac{1}{4} & 0<x<4\\ 0 & \text{其他}\end{cases}$

$$E(X^2)=\int_0^4 x^2\frac{1}{4}\mathrm{d}x=\frac{16}{3}$$

或由$F(x)$或$f(x)$可知，X在$(0,4)$上服从均匀分布，则

$$E(X)=\frac{0+4}{2}=2，D(X)=\frac{(4-0)^2}{12}=\frac{4}{3}，E(X^2)=D(X)+[E(X)]^2=\frac{16}{3}$$

答案：D

1-9-41　解：$E(Y)=E\left(\frac{1}{X}\right)=\int_0^2\frac{1}{x}\frac{3}{8}x^2\mathrm{d}x=\frac{3}{4}$。

答案：A

1-9-42　解：因$f(x,y)=\frac{1}{2\pi}e^{-\frac{x^2+y^2}{2}}=\frac{1}{\sqrt{2\pi}}e^{-\frac{x^2}{2}}\cdot\frac{1}{\sqrt{2\pi}}e^{-\frac{y^2}{2}}$

所以$X\sim N(0,1)$，$Y\sim N(0,1)$，X，Y相互独立。$E(X)=E(Y)=0$，$D(X)=D(Y)=1$。

$$E(X^2+Y^2)=E(X^2)+E(Y^2)=D(X)+[E(X)]^2+D(Y)+[E(Y)]^2=1+1=2$$

或$E(X^2+Y^2)=\int_{-\infty}^{+\infty}\int_{-\infty}^{+\infty}(x^2+y^2)\frac{1}{2\pi}e^{-\frac{x^2+y^2}{2}}\mathrm{d}x\mathrm{d}y$

$$=\int_0^{2\pi}\int_0^{+\infty}r^2\frac{1}{2\pi}e^{-\frac{r^2}{2}}r\mathrm{d}r\mathrm{d}\theta$$

$$=\int_0^{2\pi}\mathrm{d}\theta\int_0^{+\infty}r^2\frac{1}{4\pi}e^{-\frac{r^2}{2}}dr^2\left(令t=r^2\right)$$

$$=2\pi\cdot\frac{1}{4\pi}\int_0^{+\infty}te^{-\frac{t}{2}}\mathrm{d}t$$

$$=\frac{1}{2}\left(-2te^{-\frac{t}{2}}\Big|_0^{+\infty}+\int_0^{+\infty}2\,e^{-\frac{t}{2}}\mathrm{d}t\right)$$

$$=-2e^{-\frac{t}{2}}\Big|_0^{+\infty}=2$$

答案：A

1-9-43　解：本题考查随机变量的数学期望与方差的性质。

$E(X+Y)^2=E(X^2+2XY+Y^2)=E(X^2)+2E(XY)+E(Y^2)$，由于$E(X^2)=D(X)+[E(X)]^2=1+0=1$，$E(Y^2)=D(Y)+[E(Y)]^2=1+0=1$，且又因为随机变量$X$与$Y$相互独立，则$E(XY)=E(X)\cdot E(Y)=0$，所以$E(X+Y)^2=2$。

或者由方差的计算公式$D(X+Y)=E(X+Y)^2-[E(X+Y)]^2$，已知随机变量$X$与$Y$相互独立，则：$E(X+Y)^2=D(X+Y)+[E(X+Y)]^2=D(X)+D(Y)+[E(X)+E(Y)]^2=1+1+0=2$。

答案：C

1-9-44　解：因为$X\sim B(n,p)$，所以$E(X)=np$，$D(X)=npq=np(1-p)$

$q=\frac{D(X)}{E(X)}=1.44/2.4=0.6$，$p=1-q=0.4$（选项 B 对），$n=E(X)/p=2.4/0.4=6$。

或逐个验证：

$n=4$，$p=0.6$，$E(X)=2.4$，$D(X)=0.96$，选项 A 错误。

$n=6$，$p=0.4$，$E(X)=2.4$，$D(X)=1.44$，选项 B 正确。

答案：B

1-9-45　解：由χ^2分布定义，$X^2\sim\chi^2(1)$，$Y^2\sim\chi^2(1)$，因不能确定X与Y是否相互独立，所以选项A、B、D都不对。当$X\sim N(0,1)$，$Y=-X$时，$Y\sim N(0,1)$，但$X+Y=0$不是随机变量。

答案：C

1-9-46　解：$D(Z)=D(2X-Y)=D(2X)+D(Y)=4D(X)+D(Y)=4\times1+4=8$

答案：B

1-9-47　解：由于t分布的概率密度函数为偶函数，所以由$P(|X|\geqslant\lambda)=0.05$，可知$P(X\geqslant\lambda)=0.025$，$\lambda=t_{0.025}(2)$，查表得$\lambda=4.303$。

答案：B

1-9-48　解：因为总体$X\sim N(\mu,\sigma^2)$时，样本均值$\overline{X}=\frac{1}{n}\sum\limits_{i=1}^{n}X_i\sim N\left(\mu,\frac{\sigma^2}{n}\right)$，所以总体$X\sim N(9,10^2)$时，样本均值$\overline{X}=\frac{1}{10}\sum\limits_{i=1}^{10}X_i\sim N(9,10)$。

答案：A

1-9-49　解：因为总体$X\sim N(\mu,4)$，所以$\overline{X}=\frac{1}{16}\sum\limits_{i=1}^{16}X_i\sim N\left(\mu,\frac{4}{16}\right)$，$\frac{\overline{X}-\mu}{\sqrt{\frac{4}{16}}}=2(\overline{X}-\mu)\sim N(0,1)$，$P(|\overline{X}-\mu|<1)=P(|2(\overline{X}-\mu)|<2)=2\Phi(2)-1=0.9544$。

答案：A

1-9-50　解：因为$X_1,X_2,\cdots,X_{10}$相互独立，且都服从$N(\mu,\sigma^2)$分布，所以$\overline{X}_9=\frac{1}{9}\sum\limits_{i=1}^{9}X_i\sim N\left(\mu,\frac{\sigma^2}{9}\right)$，$X_{10}\sim N(\mu,\sigma^2)$，$\overline{X}_9$与$X_{10}$独立，$E(\overline{X}_9-X_{10})=E(\overline{X}_9)-E(X_{10})=0$，$D(\overline{X}_9-X_{10})=D(\overline{X}_9)+D(X_{10})=\frac{10}{9}\sigma^2$。

答案：A

1-9-51　解：由正态总体常用抽样分布的结论可知，$T=\frac{\overline{X}-\mu}{S}\sqrt{n}=\frac{\overline{X}-\mu}{\frac{S}{\sqrt{n}}}\sim t(n-1)$。

答案：C

1-9-52　解：$E(X)=\int_0^1 x(\theta+1)x^\theta\mathrm{d}x=\frac{\theta+1}{\theta+2}$

$$(\theta+2)E(X)=\theta+1,\ \theta=\frac{2E(X)-1}{1-E(X)}$$

用$\overline{X}$替换$E(X)$，得θ的矩估计量$\hat{\theta}=\frac{2\overline{X}-1}{1-\overline{X}}$。

答案：B

1-9-53　解：因为$\hat{\theta}$是θ的无偏估计量，所以$E(\hat{\theta})=\theta$。$E\left[(\hat{\theta})^2\right]=D(\hat{\theta})+\left[E(\hat{\theta})\right]^2=D(\hat{\theta})+\theta^2$，又因为$D(\hat{\theta})>0$，所以$E[(\hat{\theta}^2)]>\theta^2$，$(\hat{\theta})^2$不是$\theta^2$的无偏估计量。

答案：B

1-9-54　解：似然函数[把$f(x)$中的x改为x_i并写在$\prod\limits_{i=1}^{n}$后面]：

$$L(\theta)=\prod_{i=1}^{n}e^{-(x_i-\theta)}\quad(x_1,x_2,\cdots,x_n\geqslant\theta)$$

$$\ln L(\theta)=\sum_{i=1}^{n}\ln e^{-(x_i-\theta)}=\sum_{i=1}^{n}(\theta-x_i)=n\theta-\sum_{i=1}^{n}x_i$$

$$\frac{\mathrm{d}\ln L(\theta)}{\mathrm{d}\theta}=n>0$$

$\ln L(\theta)$及$L(\theta)$均为θ的单调增函数，θ取最大值时，$L(\theta)$取最大值。

由于$x_1, x_2 \cdots, x_n \geqslant \theta$，因此$\theta$的最大似然估计值为$\min(x_1, x_2, \cdots, x_n)$。

答案： C

1-9-55　解： 总体$X \sim N(\mu, \sigma^2)$，当σ^2未知时，μ的$(1-\alpha)$置信区间为$\left(\overline{X} - t_{\frac{\alpha}{2}}(n-1)\frac{S}{\sqrt{n}}, \overline{X} + t_{\frac{\alpha}{2}}(n-1)\frac{S}{\sqrt{n}}\right)$，置信度$1-\alpha = 0.9$，$\alpha = 0.1$。

把$n = 9$，$\alpha = 0.1$代入即可求得结果。

答案： C

1-9-56　解： 总体$X \sim N(\mu, \sigma^2)$，μ，σ^2未知，检验H_0：$\sigma^2 = \sigma_0^2$，H_1：$\sigma^2 \neq \sigma_0^2$，拒绝域为：$\chi^2 < \chi^2_{1-\frac{\alpha}{2}}(n-1)$或$\chi^2 > \chi^2_{\frac{\alpha}{2}}(n-1)$，代入$\alpha = 0.05$，得选项 C 正确。

说明：选项 A 为检验H_0：$\sigma^2 = \sigma_0^2$（或$\sigma^2 \leqslant \sigma_0^2$），$\mathrm{H}_1$：$\sigma^2 > \sigma_0^2$，$\alpha = 0.05$的拒绝域；

选项 B 为检验H_0：$\sigma_2 = \sigma_0^2$（或$\sigma^2 \geqslant \sigma_0^2$），$\mathrm{H}_1$：$\sigma^2 < \sigma_0^2$，$\alpha = 0.05$的拒绝域；

选项 D 为检验H_0：$\sigma^2 = \sigma_0^2$，H_1：$\sigma^2 \neq \sigma_0^2$，$\alpha = 0.1$的拒绝域。

答案： C

第二章 普 通 物 理

复 习 指 导

1. 热学

热学包含气体分子运动论和热力学基础两部分。

气体分子运动论部分习题以考查基本概念为主，没有复杂的计算。考生一定要掌握气体分子运动的统计规律。

热力学基础部分习题主要围绕热力学第一定律、循环过程的计算。解题前首先弄清是什么过程，掌握各个过程的特点。

2. 波动学

波动学部分习题以平面简谐波的波动方程为重点。

3. 光学

光学部分习题以光的干涉、衍射、偏振为重点，尤其是光的干涉，一定要掌握光干涉中几个基本概念，如相干光、光程、光程差、半波损失、干涉加强减弱需要满足的基本条件。

练习题、题解及参考答案

（一）**热学**

2-1-1 相同质量的氢气与氧气分别装在两个容积相同的封闭容器内，环境温度相同，则氢气与氧气的压强之比为：

A. 1/16　　B. 16/1

C. 1/8　　D. 8/1

2-1-2 已知某理想气体的压强为p，体积为V，温度为T，气体的摩尔质量为M，k为玻兹曼常量，R为摩尔气体常量。则该理想气体的密度为：

A. $\frac{M}{V}$　　B. $\frac{pM}{RT}$　　C. $\frac{pM}{kT}$　　D. $\frac{p}{RT}$

2-1-3 已知某理想气体的体积为V，压强为p，温度为T，k为玻耳兹曼常量，R为摩尔气体常量，则该理想气体单位体积内的分子数为：

A. $\frac{pV}{kT}$　　B. $\frac{p}{kT}$　　C. $\frac{pV}{RT}$　　D. $\frac{p}{RT}$

2-1-4 如果一定量理想气体的体积V和压强p依照$V=\frac{a}{\sqrt{p}}$的规律变化，式中a为常量，当气体从V_1膨胀到V_2时，温度T_1和T_2的关系为：

A. $T_1>T_2$　　B. $T_1=T_2$　　C. $T_1<T_2$　　D. 无法确定

2-1-5 有两种理想气体，第一种的压强记作p_1，体积记作V_1，温度记作T_1，总质量记作m_1，摩尔质量记作M_1；第二种的压强记作p_2，体积记作V_2，温度记作T_2，总质量记作m_2，摩尔质量记作M_2。当$V_1=$

V_2，$T_1=T_2$，$m_1=m_2$时，则$\frac{M_1}{M_2}$为：

A. $\frac{M_1}{M_2}=\sqrt{\frac{p_1}{p_2}}$　　B. $\frac{M_1}{M_2}=\frac{p_1}{p_2}$

C. $\frac{M_1}{M_2}=\sqrt{\frac{p_2}{p_1}}$　　D. $\frac{M_1}{M_2}=\frac{p_2}{p_1}$

2-1-6 容积为V的容器内装满被测的气体，测得其压强为P_1，温度为T，并称出容器连同气体的质量为m_1；然后放出一部分气体，使压强降到P_2，温度不变，再称出连同气体的质量m_2，由此求得气体的摩尔质量为：

A. $\frac{RT}{V}\frac{m_1-m_2}{P_1-P_2}$　B. $\frac{RT}{V}\frac{P_1-P_2}{m_1-m_2}$　C. $\frac{RT}{V}\frac{m_1-m_2}{P_1+P_2}$　D. $\frac{RT}{V}\frac{m_1+m_2}{P_1-P_2}$

2-1-7 一瓶氦气和一瓶氮气，单位体积内分子数相同，分子的平均平动动能相同，则它们：

A. 温度和质量密度均相同

B. 温度和质量密度均不同

C. 温度相同，但氦气的质量密度大

D. 温度相同，但氮气的质量密度大

2-1-8 理想气体的压强公式是：

A. $p=\frac{1}{3}nmv^2$　　B. $p=\frac{1}{3}nm\overline{v}$

C. $p=\frac{1}{3}nm\overline{v}^2$　　D. $p=\frac{1}{3}n\overline{v}^2$

2-1-9 一个容器内储有 1mol 氢气和 1mol 氦气，若两种气体各自对器壁产生的压强分别为p_1和p_2，则两者的大小关系是：

A. $p_1>p_2$　　B. $p_1<p_2$

C. $p_1=p_2$　　D. 不能确定

2-1-10 一定量的刚性双原子分子理想气体储于一容器中，容器的容积为V，气体压强为p，则气体的内能为：

A. $\frac{3}{2}pV$　B. $\frac{5}{2}pV$　C. $\frac{1}{2}pV$　D. pV

2-1-11 1mol 刚性双原子理想气体，当温度为T时，每个分子的平均平动动能为：

A. $\frac{3}{2}RT$　B. $\frac{5}{2}RT$　C. $\frac{3}{2}kT$　D. $\frac{5}{2}kT$

2-1-12 质量相同的氢气（H_2）和氧气（O_2），处在相同的室温下，则它们的分子平均平动动能和内能的关系是：

A. 分子平均平动动能相同，氢气的内能大于氧气的内能

B. 分子平均平动动能相同，氧气的内能大于氢气的内能

C. 内能相同，氢气的分子平均平动动能大于氧气的分子平均平动动能

D. 内能相同，氧气的分子平均平动动能大于氢气的分子平均平动动能

2-1-13 已知某理想气体的摩尔数为ν，气体分子的自由度为i，k为玻尔兹曼常量，R为摩尔气体常量。当该气体从状态 1(p_1,V_1,T_1)到状态 2(p_2,V_2,T_2)的变化过程中，其内能的变化为：

A. $\nu\frac{i}{2}k(T_2-T_1)$　　B. $\frac{i}{2}(p_2V_2-p_1V_1)$

C. $\frac{i}{2}R(T_2-T_1)$　　D. $\nu\frac{i}{2}(p_2V_2-p_1V_2)$

2-1-14 两种摩尔质量不同的理想气体，它们压强相同，温度相同，体积不同。则它们的：

A. 单位体积内的分子数不同

B. 单位体积内气体的质量相同

C. 单位体积内气体分子的总平均平动动能相同

D. 单位体积内气体的内能相同

2-1-15 一容器内储有某种理想气体，如果容器漏气，则容器内气体分子的平均平动动能和容器内气体内能变化情况是：

A. 分子的平均平动动能和气体的内能都减少

B. 分子的平均平动动能不变，但气体的内能减少

C. 分子的平均平动动能减少，但气体的内能不变

D. 分子的平均平动动能和气体的内能都不变

2-1-16 两瓶不同类的理想气体，其分子平均平动动能相等，但它们单位体积内的分子数不相同，则这两种气体的温度和压强关系为：

A. 温度相同，但压强不同　　B. 温度不相同，但压强相同

C. 温度和压强都相同　　D. 温度和压强都不相同

2-1-17 1mol 刚性双原子分子理想气体，当温度为T时，其内能为：

A. $\frac{3}{2}RT$　　B. $\frac{3}{2}kT$　　C. $\frac{5}{2}RT$　　D. $\frac{5}{2}kT$

2-1-18 温度、压强相同的氦气和氧气，其分子的平均平动动能$\overline{\omega}$和平均动能$\overline{\varepsilon}$有以下哪种关系？

A. $\overline{\varepsilon}$和$\overline{\omega}$都相等　　B. $\overline{\varepsilon}$相等，而$\overline{\omega}$不相等

C. $\overline{\varepsilon}$不相等，而$\overline{\omega}$相等　　D. $\overline{\varepsilon}$和$\overline{\omega}$都不相等

2-1-19 两瓶理想气体A和B，A为 1mol 氧，B为 1mol 甲烷（CH_4），它们的内能相同。那么它们分子的平均平动动能之比$\overline{\omega}_A:\overline{\omega}_B$为：

A. 1/1　　B. 2/3　　C. 4/5　　D. 6/5

2-1-20 在相同的温度和压强下，单位体积的氦气与氢气（均视为刚性分子理想气体）的内能之比为：

A. 1　　B. 2　　C. 3/5　　D. 5/6

2-1-21 最概然速率v_p的物理意义是：

A. v_p是速率分布中的最大速率

B. v_p是大多数分子的速率

C. 在一定的温度下，速率与v_p相近的气体分子所占的百分率最大

D. v_p是所有分子速率的平均值

2-1-22 麦克斯韦速率分布曲线如图所示，图中A、B两部分面积相等，则该图表示：

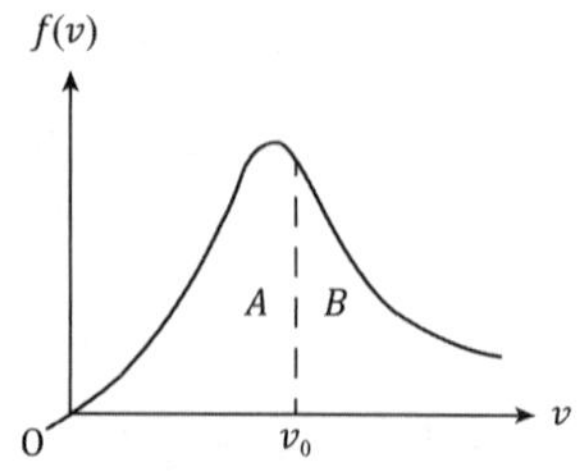

A. v_0为最概然速率

B. v_0为平均速率

C. v_0为方均根速率

D. 速率大于和小于v_0的分子数各占一半

题 2-1-22 图

2-1-23 某种理想气体的总分子数为N，分子速率分布函数为$f(v)$，则速率在$v_1\rightarrow v_2$区间内的分子数是：

A. $\int_{v_1}^{v_2}f(v)\mathrm{d}v$　　B. $N\int_{v_1}^{v_2}f(v)\mathrm{d}v$

C. $\int_{0}^{\infty}f(v)\mathrm{d}v$　　D. $N\int_{0}^{\infty}f(v)\mathrm{d}v$

2-1-24 设某种理想气体的麦克斯韦分子速率分布函数为$f(v)$，则速率在$v_1 \to v_2$区间内分子的平均速率$\overline{v}$表达式为：

A. $\int_{v_1}^{v_2} vf(v)\mathrm{d}v$　　B. $\int_{v_1}^{v_2} f(v)\mathrm{d}v$

C. $\frac{\int_{v_1}^{v_2} vf(v)\mathrm{d}v}{\int_{v_1}^{v_2} f(v)\mathrm{d}v}$　　D. $\frac{\int_{v_1}^{v_2} f(v)\mathrm{d}v}{\int_{0}^{\infty} f(v)\mathrm{d}v}$

2-1-25 一瓶氦气和一瓶氮气，它们每个分子的平均平动动能相同，而且都处于平衡态，则它们：

A. 温度相同，氦分子和氮分子的平均动能相同

B. 温度相同，氦分子和氮分子的平均动能不同

C. 温度不同，氦分子和氮分子的平均动能相同

D. 温度不同，氦分子和氮分子的平均动能不同

2-1-26 两容器内分别盛有氢气和氦气，若它们的温度和质量分别相等，则下列哪条结论是正确的？

A. 两种气体分子的平均平动动能相等

B. 两种气体分子的平均动能相等

C. 两种气体分子的平均速率相等

D. 两种气体的内能相等

2-1-27 某理想气体分子在温度T_1时的方均根速率等于温度T_2时的最概然速率，则该二温度之比$\frac{T_2}{T_1}$等于：

A. $\frac{3}{2}$　　B. $\frac{2}{3}$　　C. $\sqrt{\frac{3}{2}}$　　D. $\sqrt{\frac{2}{3}}$

2-1-28 假定氧气的热力学温度提高 1 倍，氧分子全部离解为氧原子，则氧原子的平均速率是氧分子平均速率的多少倍？

A. 4 倍　　B. 2 倍　　C. $\sqrt{2}$倍　　D. $1/\sqrt{2}$

2-1-29 三个容器A、B、C中装有同种理想气体，其分子数密度n相同，而方均根速率之比为$\sqrt{\overline{v_\mathrm{A}}^2} : \sqrt{\overline{v_\mathrm{B}}^2} : \sqrt{\overline{v_\mathrm{C}}^2} = 1:2:4$，则其压强之比$p_\mathrm{A} : p_\mathrm{B} : p_\mathrm{C}$为：

A. $1:2:4$　　B. $4:2:1$

C. $1:4:16$　　D. $1:4:8$

2-1-30 图示给出温度为T_1与T_2的某气体分子的麦克斯韦速率分布曲线，则T_1与T_2的关系为：

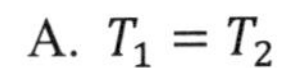

A. $T_1 = T_2$

B. $T_1 = T_2/2$

C. $T_1 = 2T_2$

D. $T_1 = T_2/4$

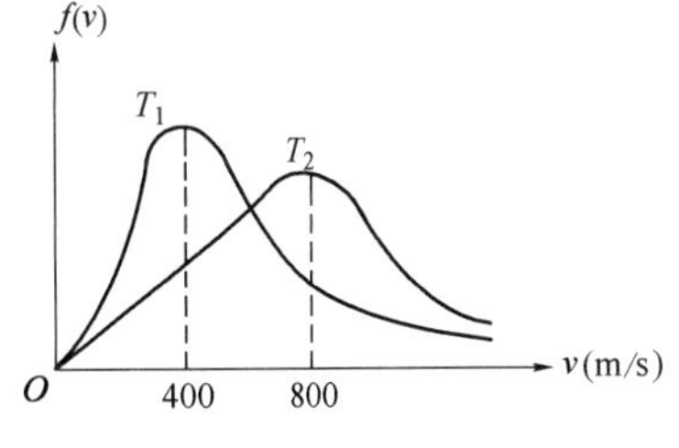

题 2-1-30 图

2-1-31 设分子的有效直径为d，单位体积内分子数为n，则气体分子的平均自由程$\overline{\lambda}$为：

A. $\frac{1}{\sqrt{2}\pi d^2 n}$　　B. $\sqrt{2}\pi d^2 n$　　C. $\frac{n}{\sqrt{2}\pi d^2}$　　D. $\frac{\sqrt{2}\pi d^2}{n}$

2-1-32 在恒定不变的压强下，气体分子的平均碰撞频率$\overline{Z}$与温度T的关系为：

A. $\overline{Z}$与T无关　　B. $\overline{Z}$与$\sqrt{T}$成正比

C. $\overline{Z}$与$\sqrt{T}$成反比　　D. $\overline{Z}$与T成反比

2-1-33 容器内储有一定量的理想气体，若保持容积不变，使气体的温度升高，则分子的平均碰撞次数$\overline{Z}$和平均自由程$\overline{\lambda}$的变化情况是：

A. $\overline{Z}$增大，但$\overline{\lambda}$不变　　B. $\overline{Z}$不变，但$\overline{\lambda}$增大

C. $\overline{Z}$和$\overline{\lambda}$都增大　　D. $\overline{Z}$和$\overline{\lambda}$都不变

2-1-34 一定质量的理想气体，在温度不变的条件下，当压强降低时，分子的平均碰撞次数$\overline{Z}$和平均自由程$\overline{\lambda}$的变化情况是：

A. $\overline{Z}$和$\overline{\lambda}$都增大　　B. $\overline{Z}$和$\overline{\lambda}$都减小

C. $\overline{\lambda}$减小而$\overline{Z}$增大　　D. $\overline{\lambda}$增大而$\overline{Z}$减小

2-1-35 气缸内盛有一定量的氢气（可视作理想气体），当温度不变而压强增大 1 倍时，氢气分子的平均碰撞次数$\overline{Z}$和平均自由程$\overline{\lambda}$的变化情况是：

A. $\overline{Z}$和$\overline{\lambda}$都增大 1 倍　　B. $\overline{Z}$和$\overline{\lambda}$都减为原来的一半

C. $\overline{Z}$增大 1 倍，而$\overline{\lambda}$减为原来的一半　　D. $\overline{Z}$减为原来的一半，而$\overline{\lambda}$增大 1 倍

2-1-36 一定量的理想气体，由一平衡态p_1，V_1，T_1变化到另一平衡态p_2，V_2，T_2，若$V_2 > V_1$，但$T_2 = T_1$，无论气体经历什么样的过程：

A. 气体对外做的功一定为正值　　B. 气体对外做的功一定为负值

C. 气体的内能一定增加　　C. 气体的内能保持不变

2-1-37 气缸内有一定量的理想气体，先使气体做等压膨胀，直至体积加倍，然后做绝热膨胀，直至降到初始温度，在整个过程中，气体的内能变化ΔE和对外做功A为：

A. $\Delta E = 0$，$A > 0$　　B. $\Delta E = 0$，$A < 0$

C. $\Delta E > 0$，$A > 0$　　D. $\Delta E < 0$，$A < 0$

2-1-38 一定量的理想气体对外做了 500J 的功，如果过程是绝热的，则气体内能的增量为：

A. 0J　　B. 500J　　C. −500J　　D. 250J

2-1-39 一个气缸内有一定量的单原子分子理想气体，在压缩过程中外界做功 209J，此过程中气体的内能增加 120J，则外界传给气体的热量为：

A. −89J　　B. 89J　　C. 329J　　D. 0

2-1-40 有 1mol 氧气（O_2）和 1mol 氦气（He），均视为理想气体，它们分别从同一状态开始做等温膨胀，终态体积相同，则此两种气体在这一膨胀过程中：

A. 对外做功和吸热都相同　　B. 对外做功和吸热都不相同

C. 对外做功相同，但吸热不同　　D. 对外做功不同，但吸热相同

2-1-41 一定量理想气体，从同一状态开始，分别经历等压、等体和等温过程。若气体在各过程中吸收的热量相同，则气体对外做功为最大的过程是：

A. 等压过程　　B. 等体过程

C. 等温过程　　D. 三个过程相同

2-1-42 一定量的理想气体经等压膨胀后，气体的：

A. 温度下降，做正功　　B. 温度下降，做负功

C. 温度升高，做正功　　D. 温度升高，做负功

2-1-43 理想气体向真空做绝热膨胀，则：

A. 膨胀后，温度不变，压强减小　　B. 膨胀后，温度降低，压强减小

C. 膨胀后，温度升高，压强减小　　D. 膨胀后，温度不变，压强升高

2-1-44 1mol 的单原子分子理想气体从状态A变为状态B，如果不知是什么气体，变化过程也不知道，但A、B两态的压强、体积和温度都知道，则可求出下列中的哪一项？

A. 气体所做的功　　B. 气体内能的变化

C. 气体传给外界的热量　　D. 气体的质量

2-1-45 质量一定的理想气体，从状态A出发，分别经历等压、等温和绝热过程（AB、AC、AD），使其体积增加 1 倍。那么下列关于气体内能改变的叙述，哪一条是正确的？

A. 气体内能增加的是等压过程，气体内能减少的是等温过程

B. 气体内能增加的是绝热过程，气体内能减少的是等压过程

C. 气体内能增加的是等压过程，气体内能减少的是绝热过程

D. 气体内能增加的是绝热过程，气体内能减少的是等温过程

2-1-46 一定量的单原子分子理想气体，分别经历等压膨胀过程和等体升温过程，若二过程中的温度变化ΔT相同，则二过程中气体吸收能量之比Q_P/Q_V为：

A. $1/2$　　B. $2/1$　　C. $3/5$　　D. $5/3$

2-1-47 两个相同的容器，一个盛氦气，一个盛氧气（视为刚性分子），开始时它们的温度和压强都相同。现将 9J 的热量传给氦气，使之升高一定的温度。若使氧气也升高同样的温度，则应向氧气传递的热量是：

A. 9J　　B. 15J　　C. 18J　　D. 6J

2-1-48 对于室温下的单原子分子理想气体，在等压膨胀的情况下，系统对外所做的功与从外界吸收的热量之比A/Q等于：

A. $1/3$　　B. $1/4$　　C. $2/5$　　D. $2/7$

2-1-49 一物质系统从外界吸收一定的热量，则系统的温度有何变化？

A. 系统的温度一定升高

B. 系统的温度一定降低

C. 系统的温度一定保持不变

D. 系统的温度可能升高，也可能降低或保持不变

2-1-50 图示一定量的理想气体，由初态a经历acb过程到达终态b，已知a、b两态处于同一条绝热线上，则下列叙述中，哪一条是正确的？

A. 内能增量为正，对外做功为正，系统吸热为正

B. 内能增量为负，对外做功为正，系统吸热为正

C. 内能增量为负，对外做功为正，系统吸热为负

D. 不能判断

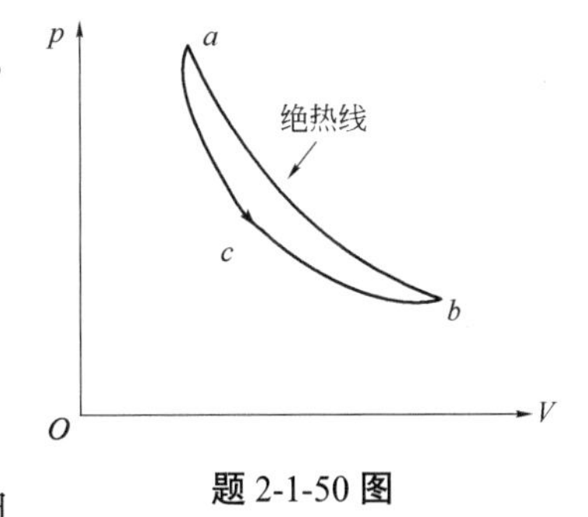

题 2-1-50 图

2-1-51 一定量的理想气体，经历某过程后，它的温度升高了，由此有下列论断，正确的是：

①该理想气体系统在此过程中吸了热；

②在此过程中外界对理想气体系统做了正功；

③该理想气体系统的内能增加了。

A. ①　　B. ②　　C. ③　　D. ①、②

2-1-52 对于理想气体系统来说，在下列过程中，哪个过程系统所吸收的热量、内能的增量和对外做的功三者均为负值？

A. 等容降压过程　　B. 等温膨胀过程

C. 绝热膨胀过程　　D. 等压压缩过程

2-1-53 设一理想气体系统的定压摩尔热容为C_{p}，定容摩尔热容为C_{V}，R表示摩尔气体常数，则C_{V}、C_{p}和R的关系为：

A. $C_{\mathrm{V}}-C_{\mathrm{p}}=R$

B. $C_{\mathrm{p}}-C_{\mathrm{V}}=R$

C. $C_{\mathrm{p}}-C_{\mathrm{V}}=2R$

D. C_{p}与C_{V}的差值不定，取决于气体种类是单原子还是多原子

2-1-54 1mol 理想气体从平衡态 $2p_1$、V_1沿直线变化到另一平衡态p_1、$2V_1$，则此过程中系统的功和内能的变化是：

A. $W>0$，$\Delta E>0$　　B. $W<0$，$\Delta E<0$

C. $W>0$，$\Delta E=0$　　D. $W<0$，$\Delta E>0$

2-1-55 如图所示，一定量的理想气体，沿着图中直线从状态a（压强$p_1=4\mathrm{atm}$，体积$V_1=2\mathrm{L}$）变到状态b（压强$p_2=2\mathrm{atm}$，体积$V_2=4\mathrm{L}$），则在此过程中气体做功情况，下列哪个叙述正确？

A. 气体对外做正功，向外界放出热量

B. 气体对外做正功，从外界吸热

C. 气体对外做负功，向外界放出热量

D. 气体对外做正功，内能减少

2-1-56 一定量的理想气体，起始温度为T，体积为V_0。后经历绝热过程，体积变为$2V_0$。再经过等压过程，温度回升到起始温度。最后再经过等温过程，回到起始状态（见图）。则在此循环过程中，下列对气体的叙述，哪一条是正确的？

A. 气体从外界净吸的热量为负值

B. 气体对外界净做的功为正值

C. 气体从外界净吸的热量为正值

D. 气体内能减少

2-1-57 图示为一定量的理想气体经历acb过程时吸热 500J。则经历$acbda$过程时，吸热量为：

A. −1600J　　B. −1200J

C. −900J　　D. −700J

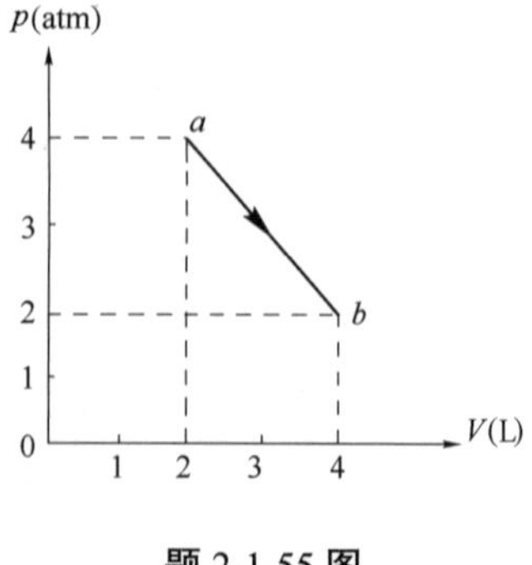

题 2-1-55 图

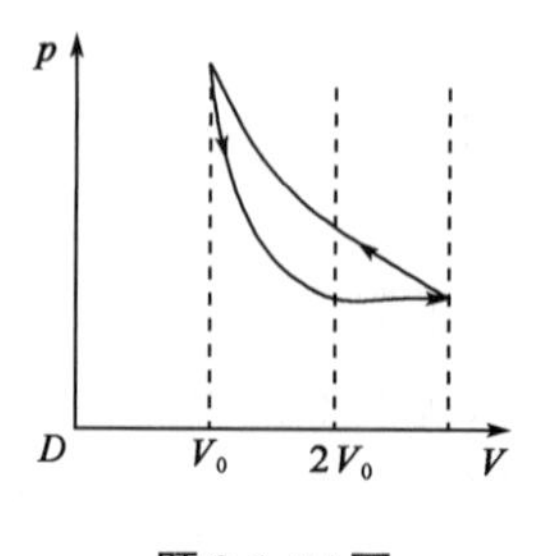

题 2-1-56 图

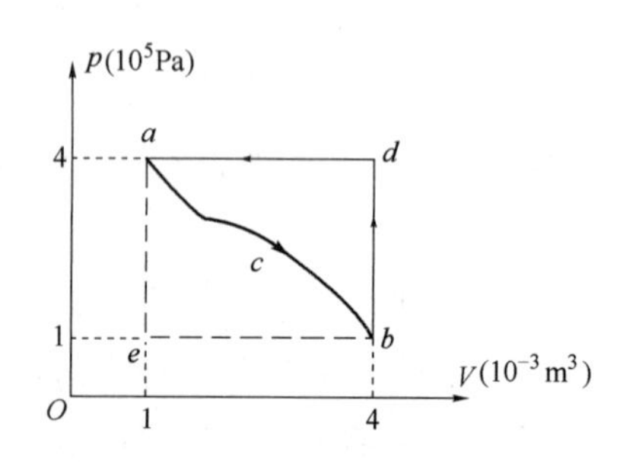

题 2-1-57 图

2-1-58 在保持高温热源温度T_1和低温热源温度T_2不变的情况下，使卡诺热机的循环曲线所包围的面积增大，则会：

A. 净功增大，效率提高　　B. 净功增大，效率降低

C. 净功和功率都不变　　D. 净功增大，效率不变

2-1-59 一定量的理想气体在进行卡诺循环时，高温热源的温度为500K，低温热源的温度为400K，则该循环的效率为：

A. 56%　　B. 34%　　C. 80%　　D. 20%

2-1-60 某理想气体在进行卡诺循环时，低温热源的温度为T，高温热源的温度为nT，则该理想气体在一次卡诺循环中，从高温热源吸取的热量与向低温热源放出的热量之比为：

A. $(n+1)/n$　　B. $(n-1)/n$

C. n　　D. $n-1$

2-1-61 某单原子分子理想气体进行卡诺循环时，高温热源温度为227℃，低温热源温度为127℃。则该循环的效率为：

A. 56%　　B. 34%　　C. 80%　　D. 20%

2-1-62 设高温热源的热力学温度是低温热源的热力学温度的n倍，则理想气体在一次卡诺循环中，传给低温热源的热量是从高温热源吸取的热量的多少倍？

A. n　　B. $n-1$

C. $1/n$　　D. $(n+1)/n$

2-1-63 一定量的理想气体，在p-T图上经历一个如图所示的循环过程（$a \to b \to c \to d \to a$），其中$a \to b$、$c \to d$两个过程是绝热过程，则该循环的效率$\eta$等于：

A. 75%　　B. 50%　　C. 25%　　D. 15%

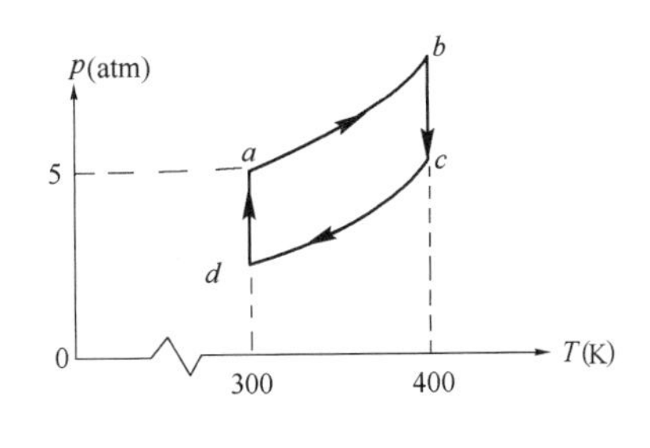

题 2-1-63 图

2-1-64 “理想气体和单一热源接触做等温膨胀时，吸收的热量全部用来对外做功。”对此说法，有如下几种讨论，哪种是正确的：

A. 不违反热力学第一定律，但违反热力学第二定律

B. 不违反热力学第二定律，但违反热力学第一定律

C. 不违反热力学第一定律，也不违反热力学第二定律

D. 违反热力学第一定律，也违反热力学第二定律

2-1-65 热力学第二定律的开尔文表述和克劳修斯表述中，下述正确的是：

A. 开尔文表述指出了功热转换的过程是不可逆的

B. 开尔文表述指出了热量由高温物体传到低温物体的过程是不可逆的

C. 克劳修斯表述指出通过摩擦而做功变成热的过程是不可逆的

D. 克劳修斯表述指出气体的自由膨胀过程是不可逆的

2-1-66 根据热力学第二定律可知：

A. 功可以完全转换为热量，但热量不能全部转换为功

B. 热量可以从高温物体传到低温物体，但不能从低温物体传到高温物体

C. 不可逆过程就是不能向相反方向进行的过程

D. 一切自发过程都是不可逆的

2-1-67 根据热力学第二定律判断下列哪种说法是正确的：

A. 热量能从高温物体传到低温物体，但不能从低温物体传到高温物体

B. 功可以全部变为热，但热不能全部变为功

C. 气体能够自由膨胀，但不能自动收缩

D. 有规则运动的能量能够变为无规则运动的能量，但无规则运动的能量不能变为有规则运动的能量

2-1-68 关于热功转换和热量传递过程，下列哪些叙述是正确的？

①功可以完全变为热量，而热量不能完全变为功；

②一切热机的效率都不可能等于 1；

③热量不能从低温物体向高温物体传递；

④热量从高温物体向低温物体传递是不可逆的。

A. ②④　　　　B. ②③④

C. ①③④　　　　D. ①②③④

题解及参考答案

2-1-1　解： 相同质量的氢气与氧气分别装在两个容积相同的封闭容器内，环境温度相同，摩尔质量不同，摩尔数不等，由理想气体状态方程可得：

$$\frac{P_{H_2}V}{P_{O_2}V}=\frac{\frac{m}{M_{H_2}}T}{\frac{m}{M_{O_2}}T}=\frac{32}{2}=16$$

答案： B

2-1-2　解： 注意“气体的密度”不是气体分子数密度，气体的密度$=\frac{m(\text{气体质量})}{V(\text{气体体积})}$。

由气体状态方程$pV=\frac{m}{M}RT$，得$\frac{m}{V}=\frac{pM}{RT}$。

答案： B

2-1-3　解： 由气体状态方程的压强表述公式：$p=nkT$，$n=\frac{N}{V}$为单位体积内分子数，因此$n=\frac{p}{kT}$。

答案： B

2-1-4　解： $V=\frac{a}{\sqrt{p}}$，$V^2=\frac{a^2}{p}$，$p=\frac{a^2}{V^2}$，$pV=\nu RT$，$\frac{a^2}{V^2}V=\frac{a^2}{V}=\nu RT$，知$V$与$T$成反比，$V\uparrow$，$T\downarrow$，故$T_1>T_2$。

答案： A

2-1-5　解： 由$pV=\frac{m}{M}RT$，令$V_1=V_2$，$T_1=T_2$，$m_1=m_2$，故

$$\frac{p_1V_1}{p_2V_2}=\frac{\frac{m_1}{M_1}RT_1}{\frac{m_2}{M_2}RT_2}，\quad \frac{p_1}{p_2}=\frac{M_2}{M_1}$$

答案： D

2-1-6 解： 理想气体的状态方程$pV=\frac{M}{\mu}RT$，可列出两个等式：

$$p_1V=\frac{m_1-m_{瓶子}}{\mu}RT \quad ①$$

$$p_2V=\frac{m_2-m_{瓶子}}{\mu}RT \quad ②$$

两式相减，可得气体的摩尔质量$\mu=\frac{RT}{V}\frac{m_1-m_2}{p_1-p_2}$。

答案： A

2-1-7 解： 理想气体分子的平均平动动能相同，温度相同。

由状态方程$pV=\frac{m}{M}RT$，可知质量密度为$\frac{m}{V}=\frac{pM}{RT}$，$M_{N_2}=28$，$M_{He}=4$，$\left(\frac{m}{V}\right)_{N_2}>\left(\frac{m}{V}\right)_{He}$。

答案： D

2-1-8 解： $p=\frac{2}{3}n\overline{\omega}=\frac{2}{3}n\left(\frac{1}{2}m\overline{v}^2\right)=\frac{1}{3}nm\overline{v}^2$。

答案： C

2-1-9 解： 用$p=nkT$或$pV=\frac{m}{M}RT$分析，注意到氢气、氦气都为 1mol，n相同，在同一容器中，温度相同。

答案： C

2-1-10 解： 由$E_{内}=\frac{m}{M}\frac{i}{2}RT$，又$pV=\frac{m}{M}RT$，$E_{内}=\frac{i}{2}pV$，对双原子分子$i=5$。

答案： B

2-1-11 解： 分子平均平动动能$\overline{\omega}=\frac{3}{2}kT$。

答案： C

2-1-12 解： 由$\overline{\omega}=\frac{3}{2}kT$知分子平均平动能相同。又$E_{内}=\frac{m}{M}\frac{i}{2}RT$，摩尔质量$M(H_2)<M(O_2)$；摩尔数不同，$\frac{m}{M}(H_2)>\frac{m}{M}(O_2)$。$H_2$和$O_2$均为双原子分子，$i=5$，故$E_{内}(H_2)>E_{内}(O_2)$。

答案： A

2-1-13 解： 由$E_{内}=\frac{i}{2}\frac{m}{M}RT=\frac{i}{2}pV$，可得$\Delta E_{内}=\frac{i}{2}\frac{m}{M}R(T_2-T_1)=\frac{i}{2}(p_2V_2-p_1V_1)$。

答案： B

2-1-14 解： ①由$p=nkT$，知选项 A 不正确；

②由$pV=\frac{m}{M}RT$，知选项 B 不正确；

③由$\overline{\omega}=\frac{3}{2}kT$，温度、压强相等，单位体积分子数相同，知选项 C 正确；

④由$E_{内}=\frac{i}{2}\frac{m}{M}RT=\frac{i}{2}pV$，知选项 D 不正确。

答案： C

2-1-15 解： 由$\overline{\omega}=\frac{3}{2}kT$，容器漏气温度并没有改变，温度不变则平均平动动能不变。$E=\frac{m}{M}\frac{i}{2}RT$，容器漏气，即$m$减少。

答案： B

2-1-16 解： $\overline{\omega}=\frac{3}{2}kT$，$\overline{\omega}$相等，则温度相同。又$p=nkT$，知$n$不同，则$p$不同。

答案： A

2-1-17 解： 刚性双原子理想气体$i=5$，摩尔数$\frac{m}{M}=1$。

$$E=\frac{m}{M}\times\frac{i}{2}RT=\frac{5}{2}RT$$

答案：C

2-1-18　解：$\overline{\omega}=\frac{3}{2}kT$，知$\overline{\omega}(\mathrm{He})=\overline{\omega}(\mathrm{O_2})$

由分子的平均动能$\overline{\varepsilon}=\frac{i}{2}kT$，其中$i(\mathrm{He})=3$，$i(\mathrm{O_2})=5$，知$\overline{\varepsilon}(\mathrm{He})\neq\overline{\varepsilon}(\mathrm{O_2})$。

答案：C

2-1-19　解：由$E=\frac{m}{M}\frac{i}{2}RT$，有$\frac{5}{2}RT_{\mathrm{A}}=3RT_{\mathrm{B}}$，故$\frac{T_{\mathrm{A}}}{T_{\mathrm{B}}}=\frac{6}{5}$

又$\overline{\omega}=\frac{3}{2}kT$，$\frac{\overline{\omega}_{\mathrm{A}}}{\overline{\omega}_{\mathrm{B}}}=\frac{T_{\mathrm{A}}}{T_{\mathrm{B}}}=\frac{6}{5}$

答案：D

2-1-20　解：由$E=\frac{m}{M}\frac{i}{2}RT=\frac{i}{2}pV$

本题中$p_{\text{氦}}=p_{\text{氢}}$，单位体积内能之比$\frac{E_{\text{氦}}}{E_{\text{氢}}}=\frac{i_{\text{氦}}}{i_{\text{氢}}}=\frac{3}{5}$

答案：C

2-1-21　解：v_{p}为$f(v)$最大值所对应的速率，由最概然速率定义得正确答案为 C。

答案：C

2-1-22　解：最概然速率是指$f(v)$曲线极大值处相对应的速率值，选项 A 不正确；

平均速率是指一定量气体分子速率的算术平均值，选项 B 不正确；

方均根速率是指一定量气体分子速率二次方平均值的平方根，选项 C 不正确；

麦克斯韦速率分布曲线下的面积为该速率区间分子数占总分子数的百分比。由归一化条件$\int_0^{\infty}f(v)\,\mathrm{d}v=1$，等于曲线下的总面积，A、B 两部分面积相等，即各占 50%，故速率大于和小于v_0的分子数各占一半，选项 D 正确。

答案：D

2-1-23　解：由上题麦氏速率分布函数定义$f(v)=\frac{\mathrm{d}N}{N\mathrm{d}v}$，$N\int_{v_1}^{v_2}f(v)\mathrm{d}v$表示速率在$v_1\rightarrow v_2$区间内的分子数。

答案：B

2-1-24　解：设分子速率在v_1~v_2区间内的分子数为N，其速率的算术平均值为$\overline{v}$，则

$$\overline{v}=\frac{v_1\Delta N_1+v_2\Delta N_2+\cdots+v_i\Delta N_i+\cdots+v_N\Delta N_N}{N}$$

即$\overline{v}=\frac{\int_{v_1}^{v_2}v\,\mathrm{d}N}{\int_{v_1}^{v_2}\mathrm{d}N}$

由$f(v)=\frac{\mathrm{d}N}{N\mathrm{d}v}$，得

$$\overline{v}=\frac{\int_{v_1}^{v_2}v\,Nf(v)\mathrm{d}v}{\int_{v_1}^{v_2}N\,f(v)\mathrm{d}v}=\frac{\int_{v_1}^{v_2}v\,f(v)\mathrm{d}v}{\int_{v_1}^{v_2}f(v)\mathrm{d}v}$$

答案：C

2-1-25　解：①分子的平均平动动能$\overline{w}=\frac{3}{2}kT$，分子的平均动能$\overline{\varepsilon}=\frac{i}{2}kT$。分子的平均平动动能相同，即温度相等。

②分子的平均动能＝平均(平动动能＋转动动能)$=\frac{i}{2}kT$。i为分子自由度，$i(\mathrm{He})=3$，$i(\mathrm{N_2})=5$，故氦分子和氮分子的平均动能不同。

答案：B

2-1-26　解：氢气$i=5$，氦气$i=3$

理想气体分子平均平动动能公式$\overline{\omega}=\frac{3}{2}kT$

理想气体分子平均动能公式$\varepsilon = \frac{i}{2}kT$

理想气体分子平均速率公式$\overline{v} = \sqrt{\frac{8}{\pi}\frac{RT}{M}}$

理想气体分子平均动能公式$E = \frac{m}{M} \times \frac{i}{2}RT$

两种气体温度相同，质量相同，自由度不等，摩尔质量不等，摩尔数不等。

选项B自由度不同，选项C摩尔质量不等，选项D摩尔数与自由度均不同。

答案： A

2-1-27 解： 气体分子运动的最概然速率：$v_p = \sqrt{\frac{2RT}{M}}$

方均根速率：$\sqrt{\overline{v}^2} = \sqrt{\frac{3RT}{M}}$

由 $\sqrt{\frac{3RT_1}{M}} = \sqrt{\frac{2RT_2}{M}}$，可得到$\frac{T_2}{T_1} = \frac{3}{2}$

答案： A

2-1-28 解： $\overline{v} \propto \sqrt{\frac{RT}{M}}$，$M_O = 16g$，$M_{O_2} = 32g$，$\frac{\overline{v}_{原子}}{\overline{v}_{分子}} = \frac{\sqrt{\frac{2RT}{16}}}{\sqrt{\frac{RT}{32}}} = 2$。

答案： B

2-1-29 解： 由$\sqrt{\overline{v}^2} = \sqrt{\frac{3RT}{M}}$,知$\sqrt{\overline{v_A}^2} : \sqrt{\overline{v_B}^2} : \sqrt{\overline{v_C}^2} = 1:2:4 = \sqrt{T_A} : \sqrt{T_A} : \sqrt{T_C}$,于是$T_A : T_B : T_C = 1:4:16$，又由$p = nkT$，得$p_A : p_B : p_C = 1:4:16$。

答案： C

2-1-30 解： 最概然速率$v_p = \sqrt{\frac{2RT}{M}}$，故$\frac{T_1}{T_2} = \frac{{vp_1}^2}{{vp_2}^2} = \frac{400^2}{800^2} = \frac{1}{4}$。

答案： D

2-1-31 解： 根据分子的平均碰撞频率公式$Z = \sqrt{2}\pi d^2 nv$，平均自由程$\overline{\lambda} = \frac{\overline{v}}{Z} = \frac{1}{\sqrt{2}\pi d^2 n}$。

答案： A

2-1-32 解： 气体分子的平均碰撞频率$\overline{Z} = \sqrt{2}\pi d^2 n\overline{v}$，其中$\overline{v}$为分子的平均速率，$n$为分子数密度（单位体积内分子数），$\overline{v} = 1.6\sqrt{\frac{RT}{M}}$，$p = nkT$，于是$\overline{Z} = \sqrt{2}\pi d^2 \frac{p}{kT} 1.6\sqrt{\frac{RT}{M}} = \sqrt{2}\pi d^2 \frac{p}{k} 1.6\sqrt{\frac{R}{MT}}$。

所以p不变时，$\overline{Z}$与$\sqrt{T}$成反比。

答案： C

2-1-33 解： 平均碰撞次数$\overline{Z} = \sqrt{2}\pi d^2 n\overline{v}$，平均速率$\overline{v} = 1.6\sqrt{\frac{RT}{M}}$，平均自由程$\overline{\lambda} = \frac{\overline{v}}{\overline{Z}} = \frac{1}{\sqrt{2}\pi d^2 n}$。

答案： A

2-1-34 解： $\overline{\lambda} = \frac{kT}{\sqrt{2}\pi d^2 p}$，$\overline{\lambda} = \frac{\overline{v}}{\overline{Z}}$。

注意：温度不变，$\overline{v}$不变。

答案： D

2-1-35 解： $\overline{\lambda} = \overline{v}/\overline{Z}$，$\overline{\lambda} = \frac{kT}{\sqrt{2}\pi d^2 p}$。

答案： C

2-1-36 解： 对于给定的理想气体，内能的增量只与系统的起始和终了状态有关，与系统所经历的过程无关。

内能增量$\Delta E = \frac{i}{2}\frac{m}{M}R(T_2 - T_1) = \frac{i}{2}\frac{m}{M}R\Delta T$，若$T_2 = T_1$，则$\Delta E = 0$，气体内能保持不变。

答案：D

2-1-37 解：因为气体内能与温度有关，今“降到初始温度”，$\Delta T=0$，则$\Delta E_{内}=0$；又等压膨胀和绝热膨胀都对外做功，$A>0$。

注意：功是过程量，与所经过程有关，内能是状态量，只与起始温度有关。

答案：A

2-1-38 解：热力学第一定律$Q=W+\Delta E$

绝热过程做功等于内能增量的负值，即$\Delta E=-W=-500\text{J}$

答案：C

2-1-39 解：根据热力学第一定律$Q=\Delta E+W$，注意到“在压缩过程中外界做功209J”，即系统对外做功$W=-209\text{J}$。又$\Delta E=120\text{J}$，故$Q=120+(-209)=-89\text{J}$，即系统对外放热89J，也就是说外界传给气体的热量为−89J。

答案：A

2-1-40 解：理想气体在等温膨胀中从外界吸收的热量全部转化为对外做功（内能不变）。即$Q_{\text{T}}=A_{\tau}=\frac{m}{M}RT\ln\frac{V_2}{V_1}$，现“两种1mol理想气体，它们分别从同一状态开始等温膨胀，终态体积相同”，所以它们对外做功和吸热都相同。

答案：A

2-1-41 解：因等体过程做功为零，现只要考查等压和等温过程。

由等压过程$Q_{\text{P}}=A_{\text{P}}+\Delta E_{\text{P}}$；等温过程温度不变，$\Delta T=0$，$\Delta E_{\text{T}}=0$，$Q_{\text{T}}=A_{\text{T}}$；令$Q_{\text{P}}=Q_{\text{T}}$，即$Q_{\text{P}}=A_{\text{P}}+\Delta E_{\text{P}}=A_{\text{T}}$，因$\Delta E_{\text{P}}>0$，故$A_{\text{T}}>A_{\text{P}}$。

答案：C

2-1-42 解：一定量的理想气体经等压膨胀（注意等压和膨胀），由热力学第一定律$Q=\Delta E+W$，体积单向膨胀做正功，内能增加，温度升高。

答案：C

2-1-43 解：见解图，气体向真空膨胀相当于气体向真空扩散，气体不做功，绝热情况下，由热力学第一定律$Q=\Delta E+A$，$\Delta E=0$，温度不变；气体向真空膨胀体积增大，单位体积分子数减小，$P=nkT$，故压强减小。

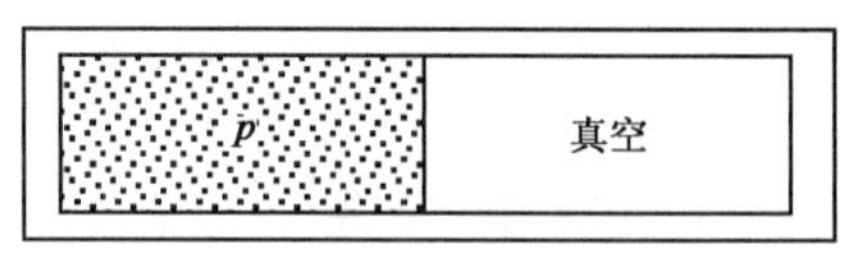

题2-1-43 解图

答案：A

2-1-44 解：功和热量是过程量，内能是状态量，内能的增量只与系统的起始和终了状态有关，与系统所经历的过程无关。

答案：B

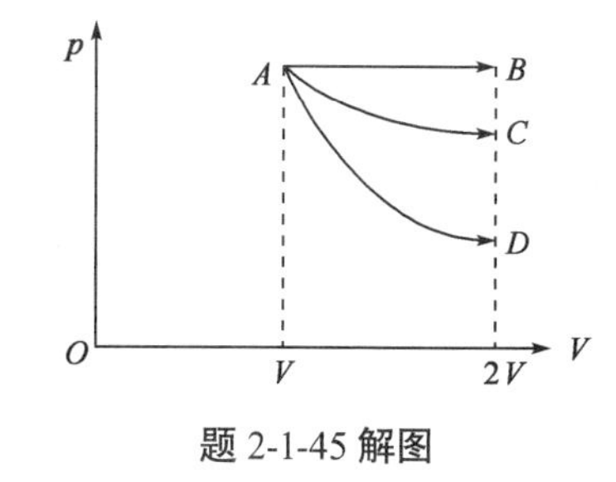

题 2-1-45 解图

2-1-45 解： 画p-V图（见解图），注意：当容积增加时，等压过程内能增加（T增加），绝热过程内能减少，而等温过程内能不变。

答案： C

2-1-46 解： 等压过程吸收热量：$Q_P = \frac{m}{M}C_P\Delta T$

等体过程吸收热量：$Q_V = \frac{m}{M}C_V\Delta T$

单原子分子，自由度$i = 3$，$C_V = \frac{i}{2}R$，$C_P = C_V + R$

$$Q_P/Q_V = \frac{C_P}{C_V} = \frac{3/2R + R}{3/2R} = \frac{5}{3}$$

答案： D

2-1-47 解： 由$pV = \frac{m}{M}RT$，知$\frac{m}{M}(氦) = \frac{m}{M}(氧)$

对氦气有$\frac{m}{M}\frac{3}{2}R\Delta T = 9$，即$\frac{m}{M}R\Delta T = 6$

对氧气$Q(O_2) = \frac{m}{M}\frac{5}{2}R\Delta T = \frac{5}{2}\times 6$

答案： B

2-1-48 解： 等压过程中：

功$A_p = p(V_2 - V_1) = p\Delta V$

热量$Q_p = A_p + \frac{m}{M}\frac{i}{2}R(T_2 - T_1) = p\Delta V + \frac{i}{2}p\Delta V = \left(1 + \frac{i}{2}\right)p\Delta V$

故$\frac{A_p}{Q_p} = \frac{p\Delta V}{\left(1 + \frac{i}{2}\right)p\Delta V} = \frac{1}{1 + \frac{i}{2}} = \frac{2}{5}$ （单原子分子$i = 3$）

答案： C

2-1-49 解： 此题需要对热力学第一定律在各种过程中的应用有全面理解。系统吸收热量有可能造成温度改变，也有可能不变，例如等温过程——系统吸收热量全部用于对外做功，温度不变。

答案： D

2-1-50 解： ①由图知$T_a > T_b$，所以沿acb过程内能减少（内能增量为负）。

②由图知沿acb过程$A > 0$。

③$Q_{acb} = E_b - E_a + A_{acb}$，又$E_b - E_a = -A_{绝热} = -$(绝热曲线下面积)，比较$A_{绝热}$、$A_{acb}$，知$Q_{acb} < 0$。

答案： C

2-1-51 解： 对于给定的理想气体，内能的增量与系统所经历的过程无关，$\Delta E = \frac{m}{M}\cdot\frac{i}{2}R\Delta T$，温度升高，内能增大。而热量与功都是过程量。

答案： C

2-1-52 解： 膨胀过程做功都为正值，等容过程做功为零，绝热过程$Q = 0$。

答案： D

2-1-53 解： 定容摩尔热容$C_V = \frac{i}{2}R$，定压摩尔热容$C_p = \left(\frac{i}{2} + 1\right)R$。

答案： B

2-1-54 解： 理想气体从平衡态A$(2p_1, V_1)$变化到平衡态B$(p_1, 2V_1)$，体积膨胀，做功$W > 0$。

判断内能变化情况：

方法1：画p-V图，注意到平衡态A$(2p_1, V_1)$和平衡态B$(p_1, 2V_1)$都在同一等温线上，$\Delta T = 0$，故$\Delta E = 0$。

方法 2：气体处于平衡态 A 时，其温度为$T_A = \frac{2p_1 \times V_1}{R}$；处于平衡态 B 时，温度$T_B = \frac{2p_1 \times V_1}{R}$，显然$T_A = T_B$，温度不变，内能不变，$\Delta E = 0$。

答案： C

2-1-55　解： 注意本题中$p_a V_a = p_b V_b$，即$T_a = T_b$，因此气体从状态a变到状态b，内能不变，$\Delta E_{ab} = 0$，又由图看出，功$A_{ab} > 0$，而$Q_{ab} = \Delta E_{ab} + A_{ab} = A_{ab} > 0$，即吸热。

答案： B

2-1-56　解： 由p-V图可知，此循环为逆循环，逆循环Q(循环净吸热)$= A$(净)，A(净)< 0。

答案： A

2-1-57　解： $Q_{acbda} = A_{acbda} = A_{acb} + A_{da}$，由图知$A_{da} = -1200\text{J}$。已知$Q_{acb} = 500 = E_b - E_a + A_{acb}$，由图知$p_a V_a = p_b V_b$，即$T_a = T_b$，$E_a = E_b$，所以$A_{acb} = 500\text{J}$，故$Q_{acbda} = 500 - 1200 = -700\text{J}$。

答案： D

2-1-58　解： 循环过程的净功数值上等于闭合循环曲线所围的面积。若循环曲线所包围的面积增大，则净功增大。而卡诺循环的循环效率由下式决定：$\eta_{卡诺} = 1 - \frac{T_2}{T_1}$。若$T_1$、$T_2$不变，则循环效率不变。

答案： D

2-1-59　解： 由卡诺循环效率公式：$\eta_{卡} = 1 - \frac{T_2}{T_1} = 1 - \frac{400}{500} = 20\%$。

答案： D

2-1-60　解： 由$\eta_{卡} = 1 - \frac{T_{低}}{T_{高}} = 1 - \frac{Q_{放}}{Q_{吸}}$，知$\frac{Q_{吸}}{Q_{放}} = \frac{T_{高}}{T_{低}} = n$。

答案： C

2-1-61　解： $\eta_{卡} = 1 - \frac{T_2}{T_1} = 1 - \frac{400}{500} = 20\%$，注意一定要把摄氏温度转换为热力学温度。

答案： D

2-1-62　解： $\eta_{卡诺} = 1 - \frac{Q_2}{Q_1} = 1 - \frac{T_2}{T_1}$，令$\frac{T_1}{T_2} = \eta$，故$\frac{Q_{低}}{Q_{高}} = \frac{Q_2}{Q_1} = \frac{T_2}{T_1} = \frac{1}{n}$。

答案： C

2-1-63　解： 由图知$d \to a$及$b \to c$都是等温过程，而$a \to b$和$c \to d$是绝热过程，因而循环$a \to b \to c \to d \to a$是卡诺循环，其效率$\eta_{卡诺} = 1 - \frac{T_{低}}{T_{高}} = 1 - \frac{300}{400} = 25\%$。

答案： C

2-1-64　解： 单一等温膨胀过程并非循环过程，可以做到从外界吸收的热量全部用来对外做功，既不违反热力学第一定律也不违反热力学第二定律。

答案： C

2-1-65　解： 此题考查对热力学第二定律两种表述与可逆过程概念的正确理解。开尔文表述的是关于热功转换过程中的不可逆性，克劳修斯表述则指出热传导过程的不可逆性。

答案： A

2-1-66　解： 同 2-1-65 题，此题考查对热力学第二定律两种表述与可逆过程概念的正确理解。选项 A 功可以完全转化为热量，但热量不能全部转化为功而不产生其他影响；选项 B 热量不能自动地从低温物体传到高温物体；选项 C 不可逆过程不是不能向相反方向进行，而是逆过程不能重复正过程而不产生其他影响；选项 D 一切自发过程都是不可逆的，正确。

答案： D

2-1-67　解： 同 2-1-65 题，此题考查对热力学第二定律两种表述与可逆过程概念的正确理解。气体能够自由膨胀，但不能自动收缩，是正确的。

答案： C

2-1-68　解： 同 2-1-65 题，此题考查对热力学第二定律两种表述与可逆过程概念的正确理解。①不符合开尔文表述；③不符合克劳修斯表述。

答案： A

（二）**波动学**

2-2-1　通常声波的频率范围是：

A. 20~200Hz　　B. 20~2000Hz
C. 20~20000Hz　　D. 20~200000Hz

2-2-2　在下面几种说法中，正确的是：

A. 波源不动时，波源的振动周期与波动的周期在数值上是不同的
B. 波源振动的速度与波速相同
C. 在波传播方向上的任一质点振动相位总是比波源的相位滞后
D. 在波传播方向上的任一质点的振动相位总是比波源的相位超前

2-2-3　一平面谐波以u的速率沿x轴正向传播，角频率为ω。那么，距原点x处（$x>0$）质点的振动相位与原点处质点的振动相位相比，有下列哪种关系？

A. 滞后$\omega x/u$　　B. 滞后x/u　　C. 超前$\omega x/u$　　D. 超前x/u

2-2-4　横波以波速u沿x轴负方向传播，t时刻波形曲线如图。则关于该时刻各点的运动状态，下列叙述正确的是：

A. A点振动速度大于零
B. B点静止不动
C. C点向下运动
D. D点振动速度小于零

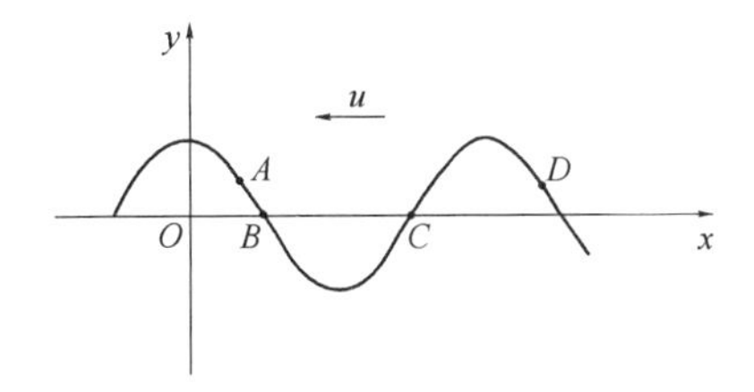

题 2-2-4 图

2-2-5　已知平面简谐波的方程为$y=A\cos(Bt-Cx)$，式中A、B、C为正常数，此波的波长和波速为：

A. $\frac{B}{C}$，$\frac{2\pi}{C}$　　B. $\frac{2\pi}{C}$，$\frac{B}{C}$　　C. $\frac{\pi}{C}$，$\frac{2B}{C}$　　D. $\frac{2\pi}{C}$，$\frac{C}{B}$

2-2-6　一平面简谐波的波动方程为$y=0.01\cos10\pi(25t-x)$ (SI)，则在$t=0.1$s时刻，$x=2$m处质元的振动位移是：

A. 0.01cm　　B. 0.01m　　C. -0.01m　　D. 0.01mm

2-2-7　一平面谐波的表达式为$y=0.03\cos(8t+3x+\pi/4)$ (SI)，则该波的频率ν（Hz），波长λ（m）和波速u（m/s）依次为：

A. $\frac{4}{\pi}$，$\frac{2\pi}{3}$，$\frac{8}{3}$　　B. $\frac{2\pi}{3}$，$\frac{4}{\pi}$，$\frac{8}{3}$　　C. $\frac{\pi}{4}$，$\frac{2\pi}{3}$，$\frac{8}{3}$　　D. $\frac{\pi}{4}$，$\frac{3}{2\pi}$，$\frac{3}{8}$

2-2-8　一横波沿绳子传播时的波动方程为$y=0.05\cos(4\pi x-10\pi t)$ (SI)则下面关于其波长、波速的叙述，哪个是正确的？

A. 波长为 0.5m　　B. 波长为 0.05m

C. 波速为 25m/s　　D. 波速为 5m/s

2-2-9　机械波的表达式为$y = 0.03\cos 6\pi(t + 0.01x)$ (SI)，则：

A. 其振幅为 3m　　B. 其周期为$\frac{1}{3}$s

C. 其波速为 10m/s　　D. 波沿x轴正向传播

2-2-10　一平面简谐波沿x轴正向传播，已知$x = L(L < \lambda)$处质点的振动方程为$y = A\cos(\omega t + \varphi_0)$，波速为$u$，那么$x = 0$处质点的振动方程为：

A. $y = A\cos[\omega(t + L/u) + \varphi_0]$　　B. $y = A\cos[\omega(t - L/u) + \varphi_0]$

C. $y = A\cos[\omega t + L/u + \varphi_0]$　　D. $y = A\cos[\omega t - L/u + \varphi_0]$

2-2-11　下列函数$f(x,t)$表示弹性介质中的一维波动，式中A、a和b是正常数。其中哪个函数表示沿x轴负向传播的行波？

A. $f(x,t) = A\cos(ax + bt)$　　B. $f(x,t) = A\cos(ax - bt)$

C. $f(x,t) = A\cos ax \cdot \cos bt$　　D. $f(x,t) = A\sin ax \cdot \sin bt$

2-2-12　一振幅为A、周期为T、波长为λ平面简谐波沿x负向传播，在$x = \frac{1}{2}\lambda$处，$t = T/4$时振动相位为π，则此平面简谐波的波动方程为：

A. $y = A\cos(2\pi t/T - 2\pi x/\lambda - \pi/2)$

B. $y = A\cos(2\pi t/T + 2\pi x/\lambda + \pi/2)$

C. $y = A\cos(2\pi t/T + 2\pi x/\lambda - \pi/2)$

D. $y = A\cos(2\pi t/T - 2\pi x/\lambda + \pi/2)$

2-2-13　一平面简谐波的表达式为$y = 0.1\cos(3\pi t - \pi x + \pi)$ (SI)，则：

A. 原点O处质元振幅为-0.1m　　B. 波长为 3m

C. 相距1/4波长的两点相位差为$\pi/2$　　D. 波速为 9m/s

2-2-14　一平面简谐波表达式为$y = -0.05\sin\pi(t - 2x)$ (SI)，则该波的频率ν(Hz)、波速u(m/s)及波线上各点振动的振幅A(m)依次为：

A. $\frac{1}{2}$，$\frac{1}{2}$，-0.05　　B. $\frac{1}{2}$，1，-0.05

C. $\frac{1}{2}$，$\frac{1}{2}$，0.05　　D. 2，2，0.05

2-2-15　一平面简谐波的波动方程为$y = 0.1\cos(3\pi t - \pi x + \pi)$ (SI)，$t = 0$时的波形曲线如图所示，则下列叙述正确的是：

A. O点的振幅为-0.1m

B. 频率$\nu = 3$Hz

C. 波长为 2m

D. 波速为 9m/s

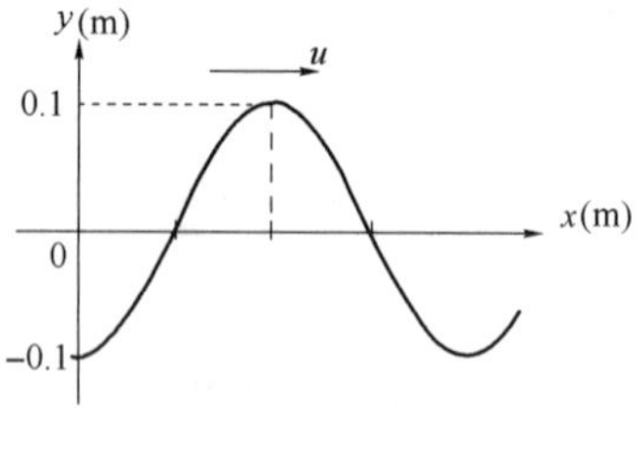

题 2-2-15 图

2-2-16　一平面简谐波沿x轴正向传播，已知$x = -5$m 处质点的振动方程为$y = A\cos\pi t$，波速为$u = 4$m/s，则波动方程为：

A. $y = A\cos\pi[t - (x - 5)/4]$　　B. $y = A\cos\pi[t - (x + 5)/4]$

C. $y = A\cos\pi[t + (x + 5)/4]$　　D. $y = A\cos\pi[t + (x - 5)/4]$

2-2-17　一平面简谐波沿x轴正向传播，已知波长λ，频率ν，角频率ω，周期T，初相Φ_0，则下列表示波动方程的式子中，正确的是：

①$y = A\cos\left(\omega t - \frac{2\pi x}{\lambda} + \Phi_0\right)$；

②$y = A\cos\left[2\pi\left(\frac{t}{T} - \frac{x}{\lambda}\right) + \Phi_0\right]$；

③$y = A\cos\left[2\pi\left(\nu t - \frac{x}{\lambda}\right) + \Phi_0\right]$。

A. ①　　B. ①②　　C. ②③　　D. ①②③

2-2-18 一平面谐波的表达式为$y = 0.05\cos(20\pi t + 4\pi x)$ (SI)，取$k = 0, \pm1, \pm2, \cdots$，则$t = 0.5$s时各波峰所处的位置为：（单位：m）

A. $\frac{2k-10}{4}$　　B. $\frac{k+10}{4}$　　C. $\frac{2k-9}{4}$　　D. $\frac{k+9}{4}$

2-2-19 一平面谐波的表达式为$y = 0.002\cos(400\pi t - 20\pi x)$ (SI)，取$k = 0, \pm1, \pm2, \cdots$，则$t = 1$s时各波谷所在的位置为：（单位：m）

A. $\frac{400-2k}{20}$　　B. $\frac{400+k}{20}$　　C. $\frac{399-2k}{20}$　　D. $\frac{399+k}{20}$

2-2-20 有两列频率不同的声波在空气中传播，已知频率$\nu_1 = 500$Hz 的声波在其传播方向相距为l的两点的振动相位差为π，那么频率$\nu_2 = 1000$Hz 的声波在其传播方向相距为$\frac{l}{2}$的两点的相位差为：

A. π/2　　B. π　　C. 3π/4　　D. 3π/2

2-2-21 频率 4Hz 沿x轴正向传播的简谐波，波线上有两点a和b，若它们开始振动的时间差为 0.25s，则它们的相位差为：

A. π/2　　B. π　　C. 3π/2　　D. 2π

2-2-22 频率为 100Hz，传播速度为 300m/s的平面简谐波，波线上两点振动的相位差为$\frac{\pi}{3}$，则此两点相距：

A. 2m　　B. 2.19m　　C. 0.5m　　D. 28.6m

2-2-23 在波的传播方向上，有相距为 3m 的两质元，两者的相位差为$\frac{\pi}{6}$，若波的周期为 4s，则此波的波长和波速分别为：

A. 36m 和 6m/s　　B. 36m 和 9m/s

C. 12m 和 6m/s　　D. 12m 和 9m/s

2-2-24 沿波的传播方向（x轴）上，有A、B两点相距1/3m（$\lambda > 1/3$m），B点的振动比A点滞后1/24s，相位比A点落后π/6，此波的频率ν为：

A. 2Hz　　B. 4Hz　　C. 6Hz　　D. 8Hz

2-2-25 如图所示两相干波源S_1和S_2相距$\lambda/4$（λ为波长），S_1的相位比S_2的相位超前π/2。在S_1、S_2的连线上，S_1外侧各点（例如P点）两波引起的简谐振动的相位差是：

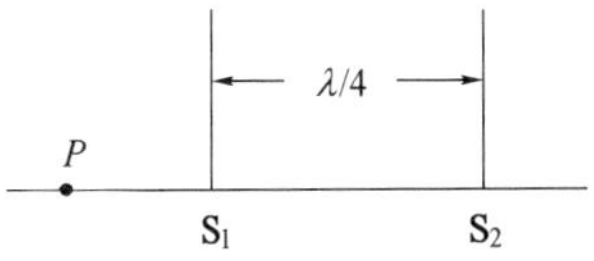

A. 0　　B. π

C. π/2　　D. 3π/2

题 2-2-25 图

2-2-26 一平面简谐波的表达式为$y = A\cos 2\pi\left(\nu t - \frac{x}{\lambda}\right)$，在$t = \frac{1}{\nu}$时刻，$x_1 = \frac{3\lambda}{4}$与$x_2 = \frac{\lambda}{4}$两点处质元速度之比是：

A. −1　　B. $\frac{1}{3}$　　C. 1　　D. 3

2-2-27 一简谐横波沿Ox轴传播，若Ox轴上P_1和P_2两点相距$\lambda/8$（其中λ为该波的波长），则在波的传播过程中，这两点振动速度有下列中哪种关系？

A. 方向总是相同　　B. 方向总是相反

C. 方向有时相同，有时相反　　D. 大小总是不相等

2-2-28 对平面简谐波而言，波长λ反映：

A. 波在时间上的周期性　　B. 波在空间上的周期性

C. 波中质元振动位移的周期性　　D. 波中质元振动速度的周期性

2-2-29 对于机械横波而言，下面说法正确的是：

A. 质元处于平衡位置时，其动能最大，势能为零

B. 质元处于平衡位置时，其动能为零，势能最大

C. 质元处于波谷处时，动能为零，势能最大

D. 质元处于波峰处时，动能与势能均为零

2-2-30 一平面简谐波在弹性媒质中传播，在某一瞬间，某质元正处于其平衡位置，此时它的：

A. 动能为零，势能最大　　B. 动能为零，热能为零

C. 动能最大，势能最大　　D. 动能最大，势能为零

2-2-31 图示为一平面简谐机械波在t时刻的波形曲线，若此时A点处媒质质元的弹性势能在减小，则：

A. A点处质元的振动动能在减小

B. A点处质元的振动动能在增加

C. B点处质元的振动动能在增加

D. B点处质元正向平衡位置处运动

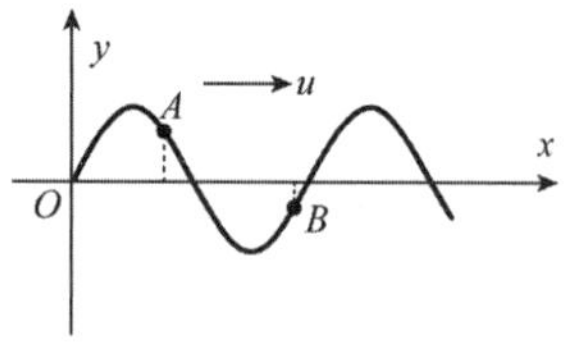

题 2-2-31 图

2-2-32 一余弦横波以速度u沿x轴正向传播，t时刻波形曲线如图所示，此刻，振动速度向上的质元为：

A. B、C　　B. A、B

C. A、C　　D. A、B、C

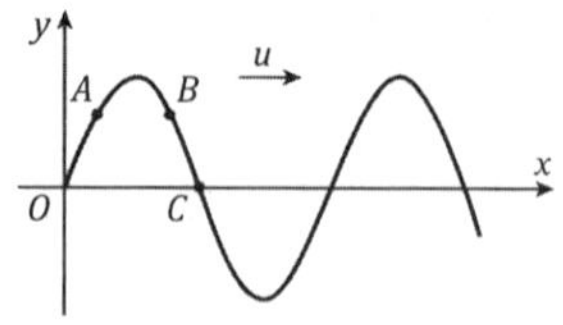

题 2-2-32 图

2-2-33 机械波在媒质中传播过程中，当一媒质质元的振动动能的相位是$\pi/2$时，它的弹性势能的相位是：

A. $\pi/2$　　B. π　　C. 2π　　D. 无法确定

2-2-34 简谐波在传播过程中，一质元通过平衡位置时，若动能为ΔE_k，其总机械能等于：

A. ΔE_k　　B. $2\Delta E_k$　　C. $3\Delta E_k$　　D. $4\Delta E_k$

2-2-35 一平面简谐机械波在媒质中传播时，若一媒质质元在t时刻的波的能量是 10J，则在$(t+T)$（T为波的周期）时刻该媒质质元的振动动能是：

A. 10J　　B. 5J　　C. 2.5J　　D. 0

2-2-36 两列相干的平面简谐波振幅都是 4cm，两波源相距 30cm，相位差为π，在两波源连线的中垂线上任意一点P，两列波叠加后合振幅为：

A. 8cm　　B. 16cm　　C. 30cm　　D. 0

2-2-37 波的平均能量密度与：

A. 振幅的平方成正比，与频率的平方成反比

B. 振幅的平方成正比，与频率的平方成正比

C. 振幅的平方成反比，与频率的平方成反比

D. 振幅的平方成反比，与频率的平方成正比

2-2-38 在波长为λ的驻波中，两个相邻的波腹之间的距离为：

A. $\lambda/2$　　B. $\lambda/4$　　C. $3\lambda/4$　　D. λ

2-2-39 在一根很长的弦线上形成的驻波，下列对其形成的叙述，哪个是正确的？

A. 由两列振幅相等的相干波，沿着相同方向传播叠加而形成的

B. 由两列振幅不相等的相干波，沿着相同方向传播叠加而形成的

C. 由两列振幅相等的相干波，沿着反方向传播叠加而形成的

D. 由两列波，沿着反方向传播叠加而形成的

2-2-40 在驻波中，关于两个相邻波节间各质点振动振幅和相位的关系，下列哪个叙述正确？

A. 振幅相同，相位相同　　B. 振幅不同，相位相同

C. 振幅相同，相位不同　　D. 振幅不同，相位不同

2-2-41 有两列沿相反方向传播的相干波，其波动方程分别为$y_1 = A\cos 2\pi(vt - x/\lambda)$和$y_2 = A\cos 2\pi(vt + x/\lambda)$叠加后形成驻波，其波腹位置的坐标为：

A. $x = \pm k\lambda$　　B. $x = \pm(2k+1)\lambda/2$

C. $x = \pm k\lambda/2$　　D. $x = \pm(2k+1)\lambda/4$

（其中$k = 0,1,2,\cdots$）

2-2-42 一声波波源相对媒质不动，发出的声波频率是v_0。设一观察者的运动速度为波速的$1/2$，当观察者迎着波源运动时，他接收到的声波频率是：

A. $2v_0$　　B. $v_0/2$　　C. v_0　　D. $3v_0/2$

2-2-43 一列火车驶过车站时，站台边上观察者测得火车鸣笛声频率的变化情况（与火车固有的鸣笛声频率相比）为：

A. 始终变高　　B. 始终变低

C. 先升高，后降低　　D. 先降低，后升高

2-2-44 一警车以$v_s = 25\text{m/s}$的速度在静止的空气中追赶一辆速度$v_R = 15\text{m/s}$的客车，若警车警笛的频率为 800Hz，空气中声速$u = 330\text{m/s}$，则客车上人听到的警笛声波的频率是：

A. 710Hz　　B. 777Hz　　C. 905Hz　　D. 826Hz

题解及参考答案

2-2-1　解： 基本常识，声波的频率范围是 20~20000Hz。低于 20Hz 为次声波，高于 20000Hz 为超声波。

答案： C

2-2-2　解： 选项 A 波源不动时，波源的振动周期与波动周期在数值上是相等的；选项 B 波源的振动速度和波速是两个完全不同的概念，波速由媒质决定，而振动速度是时间的周期性函数；选项 C 由波的传播性质，在波传播方向上的任一点振动相位总是比波源的相位滞后是正确的；选项 D 在波传播方向上的任一点振动相位总是比波源的相位超前不正确。

答案： C

2-2-3　解： 在波传播方向上的任一点振动相位总是比波源的相位滞后，由$\Delta\varphi = \omega\frac{x}{u}$得选项 A 正确。

答案： A

2-2-4　解： 横波虽然沿x轴负方向传播，但质点沿y轴方向上下振动，所谓“振动速度大于零”指

质点向y轴正方向运动，“振动速度小于零”即质点向y轴负方向运动。

画$t+\Delta t$时波形图，即$t+\Delta t$时刻各质点位置（将波形曲线沿x轴负方向平移，见解图），看$ABCD$四点移动方向。

可见A向下移动，速度小于零；B向下移动，C向上移动，D向下移动即速度小于零。

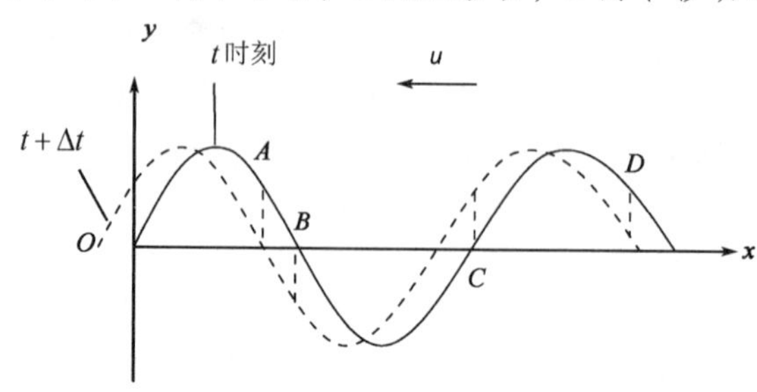

题 2-2-4 解图

答案： D

2-2-5　解： 比较平面谐波的波动方程$y=A\cos 2\pi\left(\frac{t}{T}-\frac{x}{\lambda}\right)$

$$y=A\cos(Bt-Cx)=A\cos 2\pi\left(\frac{Bt}{2\pi}-\frac{Cx}{2\pi}\right)=A\cos 2\pi\left(\frac{t}{\frac{2\pi}{B}}+\frac{x}{\frac{2\pi}{C}}\right)$$

故周期$T=\frac{2\pi}{B}$，频率$\nu=\frac{B}{2\pi}$，波长$\lambda=\frac{2\pi}{C}$，由此波速$u=\lambda\nu=\frac{B}{C}$。

答案： B

2-2-6　解： $y=0.01\cos 10\pi\,(25\times 0.1-2)=0.01\cos 5\pi=-0.01$

答案： C

2-2-7　解： 比较波动方程$y=A\cos 2\pi\left(\frac{1}{T}+\frac{x}{\lambda}+\varphi_0\right)=A\cos\left(2\pi\nu t+\frac{2\pi x}{\lambda}+\varphi_0\right)$，$T=\frac{1}{\nu}$

$$原式y=0.03\cos\left(8t+3x+\frac{\pi}{4}\right)=0.03\cos\left[2\pi\left(\frac{8t}{2\pi}+\frac{x}{\frac{2\pi}{3}}\right)+\frac{\pi}{4}\right]$$

由此可知$T=\frac{2\pi}{8}$，则$\nu=\frac{4}{\pi}$，$\lambda=\frac{2\pi}{3}$。又$u=\lambda\nu=\frac{8}{3}$。

答案： A

2-2-8　解： 将波动方程化为标准形式，再比较计算。注意到$\cos\varphi=\cos(-\varphi)$

$y=0.05\cos(4\pi x-10\pi t)=0.05\cos(10\pi t-4\pi x)=0.05\cos\left[10\pi\left(t-\frac{x}{2.5}\right)\right]$

由此知$\omega=10\pi=2\pi\nu$，$\nu=5\text{Hz}$，波速$u=2.5\text{m/s}$，波长$\lambda=\frac{u}{\nu}=0.5\text{m}$

答案： A

2-2-9　解： 与波动方程标准式比较：$y=A\cos\left[\omega\left(t-\frac{x}{u}\right)+\varphi_0\right]$

此题$A=0.03\text{m}$，$T=\frac{2\pi}{\omega}=\frac{1}{3}\text{s}$，$u=100\text{m/s}$，波沿$x$轴负向传播。

答案： B

2-2-10　解： 以L为原点写出波动方程$y=A\cos\left[\omega\left(t-\frac{x}{u}\right)+\varphi_0\right]$

令$x=-L$，即得$x=0$处振动方程：

$$y=A\cos\left[\omega\left(t-\frac{-L}{u}\right)+\varphi_0\right]=A\cos\left[\omega\left(t+\frac{L}{u}\right)+\varphi_0\right]$$

答案： A

2-2-11　解： 掌握一维平面简谐波波动方程的公式，注意沿x轴正方向传播的平面简谐波的波动方程与沿x轴负方向传播的平面简谐波的波动方程有何不同。

波沿x轴正向传播的波动方程表达式为：

$$y = A\cos\left[\omega\left(t-\frac{x}{u}\right)+\varphi_0\right]$$

若平面简谐波沿x轴负向以波速u传播，则波动方程为：

$$y = A\cos\left[\omega\left(t+\frac{x}{u}\right)+\varphi_0\right]$$

答案： A

2-2-12 解： 简谐波沿x负向传播，波动方程的表达式为：

$$y = A\cos\left[2\pi\left(\frac{t}{T}+\frac{x}{\lambda}\right)+\varphi_0\right]$$

令$x=\frac{\lambda}{2}$，$t=\frac{T}{4}$，代入得：

$$y = A\cos\left[2\pi\left(\frac{\frac{T}{4}}{T}+\frac{\frac{\lambda}{2}}{\lambda}\right)+\varphi_0\right] = A\cos\left[2\pi\left(\frac{1}{4}+\frac{1}{2}\right)+\varphi_0\right]$$

此时振动相位$\varphi=\pi=2\pi\left(\frac{3}{4}\right)+\varphi_0$，故$\varphi_0=-\frac{\pi}{2}$

由此得$y = A\cos\left[2\pi\left(\frac{t}{T}+\frac{x}{\lambda}\right)-\frac{\pi}{2}\right] = A\cos\left(\frac{2\pi t}{T}+\frac{2\pi x}{\lambda}-\frac{\pi}{2}\right)$

答案： C

2-2-13 解： 该平面简谐波振幅为 0.1m，选项 A 不正确。

$$y = 0.1\cos(3\pi t-\pi x+\pi) = 0.1\cos 3\pi\left(t-\frac{x}{3}+\frac{1}{3}\right)$$

ω=3π，$u=3\text{m/s}$，选项 D 不正确。

$\lambda = u\times T = u\frac{2\pi}{\omega}$=3×$\frac{2\pi}{3\pi}$=2m，选项 B 不正确；

相距一个波长的两点相位差为2π，相距$1/4$波长的两点相位差为$\pi/2$，选项 C 正确。

答案： C

2-2-14 解：

$$y = -0.05\sin\pi(t-2x) = +0.05\cos\left(\pi t-2\pi x+\frac{1}{2}\pi\right)$$

$$= 0.05\cos\left[\pi\left(t-\frac{x}{\frac{1}{2}}\right)+\frac{1}{2}\pi\right]$$

由此知$\omega=2\pi\nu=\pi$，解得：频率$\nu=\frac{1}{2}$，波速$u=\frac{1}{2}$，振幅$A=0.05$。

答案： C

2-2-15 解： 原式化为$y = 0.1\cos\left[2\pi\left(\frac{t}{\frac{2}{3}}-\frac{x}{2}\right)+\pi\right]$

比较波动方程标准形式$y = A\cos\left[2\pi\left(\frac{t}{T}-\frac{x}{\lambda}\right)+\varphi_0\right]$

得：振幅$A=0.1\text{m}$，频率$\nu=\frac{1}{\frac{2}{3}}=\frac{3}{2}\text{Hz}$，波长$\lambda=2\text{m}$，波速$u=3\text{m/s}$

答案： C

2-2-16 解： 先以$x=-5\text{m}$处为原点写出波动方程：

$$y_{-5} = A\cos\pi\left(t-\frac{x}{4}\right)$$

再令$x=5$，得$y=0$处振动方程为：

$$y_0 = A\cos\pi\left(t-\frac{5}{4}\right) = A\cos\left(\pi t-\frac{5\pi}{4}\right)$$

则波动方程为：

$$y = A\cos\left[\pi\left(t-\frac{x}{4}\right)-\frac{5}{4}\pi\right] = A\cos\pi\left(t-\frac{x+5}{4}\right)$$

答案： B

2-2-17 解： $\omega = 2\pi\nu$，$\nu = 1/T$，三个表达式均正确。注意判断表达式的对错可以通过量纲来判断，注意余弦函数括号中的单位应为弧度。

答案： D

2-2-18 解： 依题意，$t = 0.5\text{s}$，$y = +0.05\text{m}$代入波动方程：

$$\cos(10\pi + 4\pi x) = 1，(10\pi + 4\pi x) = 2k\pi，x = \frac{2k-10}{4}$$

答案： A

2-2-19 解： 波谷位置应满足$y = -0.002$，得出$\cos(400\pi t - 20\pi x) = -1$，即$400\pi t - 20\pi x = (2k+1)\pi$，推出

$$x = \frac{400\pi t-(2k+1)\pi}{20\pi} = \frac{400t-(2k+1)}{20}$$

令$t = 1\text{s}$，得：

$$x = \frac{400-(2k+1)}{20} = \frac{399-2k}{20}$$

答案： C

2-2-20 解： $\Delta\varphi = \frac{2\pi\nu\Delta x}{u}$，令$\Delta\varphi = \pi$，$\Delta x = l$，$\nu_1 = 500\text{Hz}$，$\pi = \frac{2\pi l\times 500}{u}$，即$l = \frac{u}{1000}$，又$\nu_2 = 1000\text{Hz}$，$\Delta x' = \frac{l}{2}$，故

$$\Delta\varphi' = \frac{2\pi\times 1000\times\frac{l}{2}}{u} = \frac{\pi\times 1000\times l}{u} = \frac{\pi\times 1000\times\frac{u}{1000}}{u} = \pi$$

答案： B

2-2-21 解： 对同一列波，振动频率为 4Hz，周期即为$1/4 = 0.25\text{s}$，a、b两点时间差正好是一周期，那么它们的相位差为2π。

答案： D

2-2-22 解： $\Delta\varphi = \frac{2\pi\nu\Delta x}{u}$，代入数据，即

$$\Delta x = \frac{\Delta\varphi\cdot u}{2\pi\nu} = \frac{\frac{\pi}{3}\times 300}{2\pi\times 100} = \frac{1}{2}\text{m}$$

答案： C

2-2-23 解： 由描述波动的基本物理量之间的关系得：$\frac{\lambda}{3} = \frac{2\pi}{\pi/6}$，即波长$\lambda = 36$，则波速$u = \frac{\lambda}{T} = \frac{36}{4} = 9$。

答案： B

2-2-24 解：

$$u = \frac{\Delta x_{\text{AB}}}{\Delta t} = \frac{1/3}{1/24} = 8\text{m/s}$$

由 $\Delta\varphi = \frac{2\pi(\Delta x_{\text{AB}})}{\lambda}$，得$\lambda = \frac{2\pi(\Delta x_{\text{AB}})}{\Delta\varphi} = \frac{2\pi\times\frac{1}{3}}{\frac{\pi}{6}} = 4\text{m}$

另由$u = \lambda\nu$，得$\nu = \frac{u}{\lambda} = \frac{8}{4} = 2\text{Hz}$

答案： A

2-2-25　解：$\Delta\varphi=\varphi_{02}-\varphi_{01}-2\pi\frac{r_2-r_1}{\lambda}$

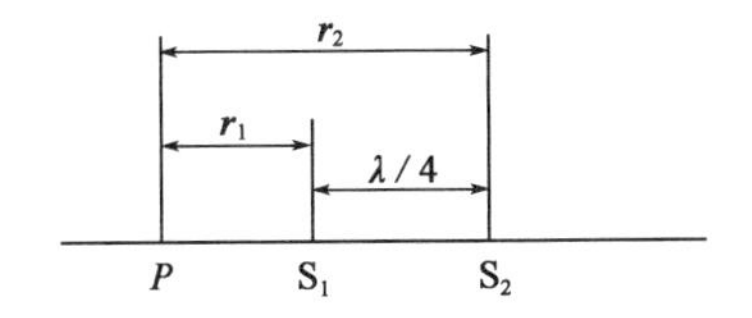

题 2-2-25 解图

如解图所示，S_1外侧任取P点，由图知$r_2-r_1=\frac{\lambda}{4}$

又由题意，S_1的相位比S_2的相位超前$\frac{\pi}{2}$，即$\varphi_{01}-\varphi_{02}=\frac{\pi}{2}$或$\varphi_{02}-\varphi_{01}=-\frac{\pi}{2}$

故$\Delta\varphi=-\frac{\pi}{2}-2\pi\frac{\frac{\lambda}{4}}{\lambda}=-\pi$

答案：B

2-2-26　解：方法 1，简谐振动速度公式为$v=\frac{\mathrm{d}y}{\mathrm{d}t}$，对$y=A\cos2\pi\left(\nu t-\frac{x}{\lambda}\right)$求导，可得$v=-2\pi\nu A\sin2\pi\left(\nu t-\frac{x}{\lambda}\right)$

在$t=\frac{1}{\nu}$时刻，$x_1=\frac{3\lambda}{4}$与$x_2=\frac{\lambda}{4}$两点处质元的速度分别为：

$$v_1=-2\pi\nu A\sin2\pi\left(\nu\frac{1}{\nu}-\frac{\frac{3}{4}\lambda}{\lambda}\right)=-2\pi\nu A$$

$$v_2=-2\pi\nu A\sin2\pi\left(\nu\frac{1}{\nu}-\frac{\frac{1}{4}\lambda}{\lambda}\right)=2\pi\nu A$$

则v_1：$v_2=-1$

方法 2，由波动方程的波程差与相位差关系：

$$\Delta\varphi=\frac{2\pi(\Delta x)}{\lambda}=\frac{2\pi\left(\frac{3\lambda}{4}-\frac{\lambda}{4}\right)}{\lambda}=\pi$$

两点质元的波程差为$\frac{\lambda}{2}$，相位差为π，则两质元速度及运动状态相反，即速度比为-1。

答案：A

2-2-27　解：$\Delta\varphi=\frac{2\pi}{\lambda}\Delta x=\frac{2\pi}{\lambda}\frac{\lambda}{8}=\frac{\pi}{4}$

波线上相位差为$\frac{\pi}{4}$的两点振动速度方向有时相同，有时相反。

答案：C

2-2-28　解：波长λ反映的是波在空间上的周期性，周期T与频率ν反映波在时间上的周期性。

答案：B

2-2-29　解：质元在机械波动中，动能和势能是同相位的，同时达到最大值，又同时达到最小值，质元在最大位移处（波峰或波谷），速度为零，“形变”为零，此时质元的动能为零，势能为零。

答案：D

2-2-30　解：质元经过平衡位置时，速度最大，故动能最大。根据机械波动特征，质元动能最大，势能也最大。

答案：C

2-2-31　解：此题考查波的能量特征。波动的动能与势能是同相的，同时达到最大最小。若此时A点处媒质质元的弹性势能在减小，则其振动动能也在减小。此时B点正向负最大位移处运动，振动动能在减小。

答案：A

2-2-32　解：注意正向传播，做下一时刻波形图如虚线所示，A、B、C三点振动方向如箭头所示，B、C向上，选项 A 正确。

题 2-2-32 解图

答案：A

2-2-33　解：$W_{\mathrm{k}}=W_{\mathrm{p}}$，波动质元动能与势能是同相的。

答案：A

2-2-34 解：本题考查波动的能量特征，由于动能与势能是同相位的，同时达到最大或最小，所以总机械能为动能（势能）的2倍

答案：B

2-2-35 解：$W = W_k + W_p = 2W_k = 2W_p = 10$。

答案：A

2-2-36 解：见解图，根据简谐振动合成理论，$\Delta\varphi = \varphi_{02} - \varphi_{01} - \frac{2\pi(r_2 - r_1)}{\lambda}$为$2\pi$的整数倍时，合振幅最大；$\Delta\varphi = \varphi_{02} - \varphi_{01} - \frac{2\pi(r_2 - r_1)}{\lambda}$为$\pi$的奇数倍时，合振幅最小。

本题中，$\varphi_{02} - \varphi_{01} = \pi$，$r_2 - r_1 = 0$，

所以$\Delta\varphi = \pi$，合振幅$A = |A_1 - A_2| = 0$。

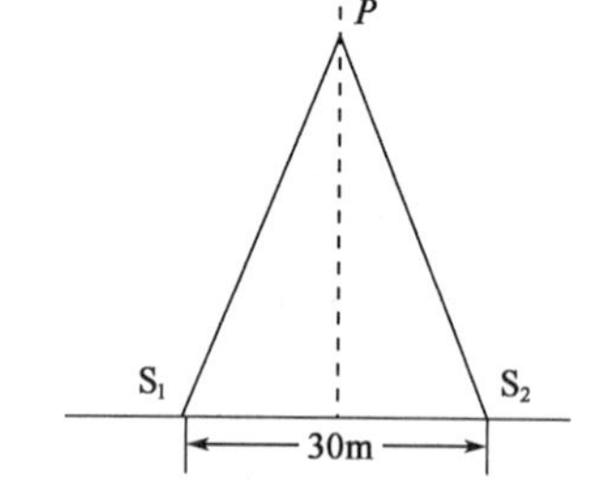

题 2-2-36 解图

答案：D

2-2-37 解：波的平均能量密度公式：$I = \frac{1}{2}\rho A^2 \omega^2 u$

可知波的平均能量密度I与振幅A的平方成正比，与频率ω的平方成正比。

答案：B

2-2-38 解：波腹的位置由公式$x_{腹} = k\frac{\lambda}{2}$（$k$为整数）决定。相邻两波腹之间距离，即

$$\Delta x = x_{k+1} - x_k = (k+1)\frac{\lambda}{2} - k\frac{\lambda}{2} = \frac{\lambda}{2}$$

答案：A

2-2-39 解：驻波形成的条件：两列振幅相同的相干波，在同一直线上沿相反方向传播。

答案：C

2-2-40 解：此题需正确理解驻波现象的基本规律，两相邻波节间的各质点在做振幅不同、相位相同的谐振动。

答案：B

2-2-41 解：记住驻波振幅$\left|2A\cos 2\pi\frac{x}{\lambda}\right|$，波腹处$\cos 2\pi\frac{x}{\lambda} = \pm 1$，$2\pi\frac{x}{\lambda} = k\pi$，$x = k\cdot\frac{\lambda}{2}(k = 0, \pm 1, \pm 2, \cdots)$。

答案：C

2-2-42 解：由多普勒效应公式 ：$\nu = \frac{u+v_0}{u}\nu_0$，令$v_0 = \frac{u}{2}$，故$\nu = \frac{u+\frac{u}{2}}{u}\nu_0 = \frac{3}{2}\nu_0$。

答案：D

2-2-43 解：考虑多普勒效应：观察者和波源相互靠近，接收到的频率就高于原波源的频率。反之，两者相互远离，则接收到的频率就低于原波源频率。

答案：C

2-2-44 解：$\nu' = (330 - 15) \times \nu / (330 - 25) = 826\text{Hz}$

答案：D

（三）光学

2-3-1 在真空中，可见光的波长范围为：

A. 400 ~ 760nm　　B. 400 ~ 760mm　　C. 400 ~ 760cm　　D. 400 ~ 760m

2-3-2 一束波长为λ的单色光分别在空气中和在玻璃中传播，则在相同的传播时间内：

A. 传播的路程相等，走过的光程相等

B. 传播的路程相等，走过的光程不相等

C. 传播的路程不相等，走过的光程相等

D. 传播的路程不相等，走过的光程不相等

2-3-3 真空中波长为λ的单色光，在折射率为n的均匀透明媒质中，从A点沿某一路径传播到B点（如图所示）。设路径的长度为l，A、B两点光振动相位差记为$\Delta\varphi$，则l和$\Delta\varphi$的值分别为：

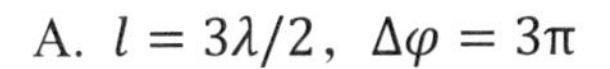
A. $l=3\lambda/2$，$\Delta\varphi=3\pi$

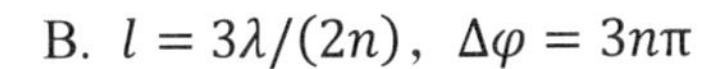
B. $l=3\lambda/(2n)$，$\Delta\varphi=3n\pi$

C. $l=3\lambda/(2n)$，$\Delta\varphi=3\pi$

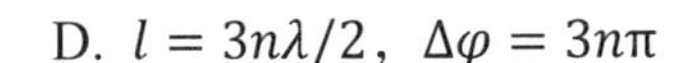
D. $l=3n\lambda/2$，$\Delta\varphi=3n\pi$

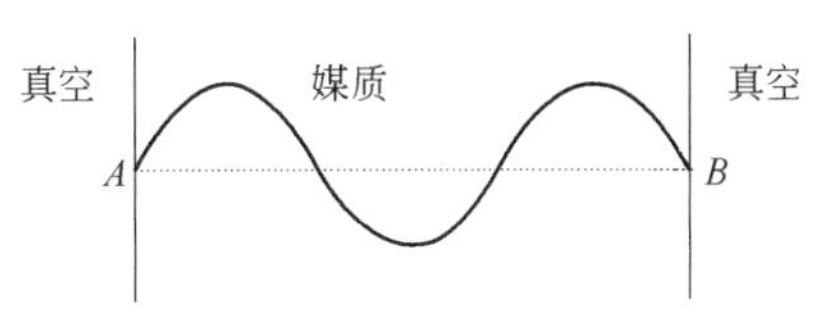

题 2-3-3 图

2-3-4 在双缝干涉实验中，两缝间距离为d，双缝与屏幕之间的距离为$D(D\gg d)$，波长为λ的平行单色光垂直照射到双缝上，屏幕上干涉条纹中相邻两暗纹之间的距离是：

A. $2\lambda D/d$　　B. $\lambda d/D$　　C. dD/λ　　D. $\lambda D/d$

2-3-5 在双缝干涉实验中，光的波长 600nm，双缝间距 2mm，双缝与屏的间距为 300cm，则屏上形成的干涉图样的相邻明条纹间距为：

A. 0.45mm　　B. 0.9mm　　C. 9mm　　D. 4.5mm

2-3-6 在双缝干涉实验中，若在两缝后（靠近屏一侧）各覆盖一块厚度均为d，但折射率分别为n_1和n_2（$n_2>n_1$）的透明薄片，从两缝发出的光在原来中央明纹处相遇时，光程差为：

A. $d(n_2-n_1)$　　B. $2d(n_2-n_1)$　　C. $d(n_2-1)$　　D. $d(n_1-1)$

2-3-7 在空气中用波长为λ的单色光进行双缝干涉实验，观测到相邻明条纹间的间距为 1.33mm，当把实验装置放入水中（水的折射率$n=1.33$）时，则相邻明条纹的间距变为：

A. 1.33mm　　B. 2.66mm　　C. 1mm　　D. 2mm

2-3-8 在双缝干涉实验中，设缝是水平的，若双缝所在的平板稍微向上平移，其他条件不变，则屏上的干涉条纹：

A. 向下平移，且间距不变　　B. 向上平移，且间距不变

C. 不移动，但间距改变　　D. 向上平移，且间距改变

2-3-9 在双缝干涉实验中，入射光的波长为λ，用透明玻璃纸遮住双缝中的一条缝（靠近屏一侧），若玻璃纸中光程比相同厚度的空气的光程大2.5λ，则屏上原来的明纹处：

A. 仍为明条纹　　B. 变为暗条纹

C. 既非明条纹也非暗条纹　　D. 无法确定是明条纹还是暗条纹

2-3-10 在双缝干涉实验中，在给定入射单色光的情况下，用一片能透过光的薄介质片（不吸收光线）遮住下面的一条缝，则屏幕上干涉条纹的变化情况是：

A. 零级明纹仍在中心，其他条纹上移

B. 零级明纹仍在中心，其他条纹下移

C. 零级明纹和其他条纹一起上移

D. 零级明纹和其他条纹一起下移

2-3-11 在双缝干涉实验中，当入射单色光的波长减小时，屏幕上干涉条纹的变化情况是：

A. 条纹变密并远离屏幕中心　　B. 条纹变密并靠近屏幕中心

C. 条纹变宽并远离屏幕中心　　D. 条纹变宽并靠近屏幕中心

2-3-12 在双缝干涉实验中，对于给定的入射单色光，当双缝间距增大时，则屏幕上干涉条纹的变化情况是：

A. 条纹变密并远离屏幕中心　　B. 条纹变密并靠近屏幕中心

C. 条纹变宽并远离屏幕中心　　D. 条纹变宽并靠近屏幕中心

2-3-13 在双缝干涉实验中，若用透明的云母片遮住上面的一条缝，则干涉图样如何变化？

A. 干涉图样不变　　B. 干涉图样下移

C. 干涉图样上移　　D. 不产生干涉条纹

2-3-14 用白光光源进行双缝干涉实验，若用一个纯红色的滤光片遮盖住一条缝，用一个纯蓝色的滤光片遮盖住另一条缝，则将发生何种干涉条纹现象？

A. 干涉条纹的宽度将发生改变

B. 产生红光和蓝光的两套彩色干涉条纹

C. 干涉条纹的亮度将发生改变

D. 不产生干涉条纹

2-3-15 波长为λ的单色平行光垂直入射到薄膜上，已知$n_1 < n_2 > n_3$，如图所示。则从薄膜上、下两表面反射的光束①与②的光程差是：

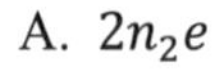

A. $2n_2e$

B. $2n_2e + \frac{1}{2}\lambda$

C. $2n_2e + \lambda$

D. $2n_2e + \frac{\lambda}{2n_2}$

题 2-3-15 图

2-3-16 一束波长为λ的单色光由空气垂直入射到折射率为n的透明薄膜上，透明薄膜放在空气中，要使反射光得到干涉加强，则薄膜最小的厚度为：

A. $\lambda/4$　　B. $\lambda/(4n)$　　C. $\lambda/2$　　D. $\lambda/(2n)$

2-3-17 波长为λ的单色光垂直照射到置于空气中的玻璃劈尖上，玻璃的折射率为n，则第三级暗条纹处的玻璃厚度为：

A. $3\lambda/(2n)$　　B. $\lambda/(2n)$　　C. $3\lambda/2$　　D. $2n/(3\lambda)$

2-3-18 有一玻璃劈尖，置于空气中，劈尖角为θ，用波长为λ的单色光垂直照射时，测得相邻明纹间距为l，若玻璃的折射率为n，则θ、λ、l与n之间的关系为：

A. $\theta = \frac{\lambda n}{2l}$　　B. $\theta = \frac{l}{2n\lambda}$　　C. $\theta = \frac{l\lambda}{2n}$　　D. $\theta = \frac{\lambda}{2nl}$

2-3-19 两块平玻璃构成空气劈尖，左边为棱边，用单色平行光垂直入射（见图）。若上面的平玻璃慢慢地向上平移，则干涉条纹如何变化？

A. 向棱边方向平移，条纹间隔变小

B. 向棱边方向平移，条纹间隔变大

C. 向棱边方向平移，条纹间隔不变

D. 向远离棱边的方向平移，条纹间隔不变

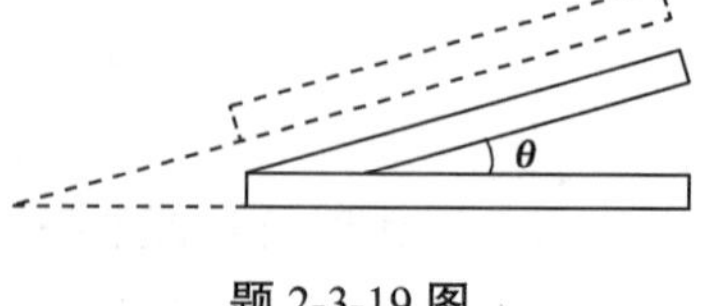

题 2-3-19 图

2-3-20 用波长为λ的单色光垂直照射到空气劈尖上，从反射光中观察干涉条纹，距顶点为L处是暗条纹。使劈尖角θ连续变大，直到该点处再次出现暗条纹为止（见图），则劈尖角的改变量$\Delta\theta$是：

A. $\lambda/(2L)$　　B. λ/L

C. $2\lambda/L$　　　　D. $\lambda/(4L)$

2-3-21 用劈尖干涉法可检测工件表面缺陷，当波长为λ的单色平行光垂直入射时，若观察到的干涉条纹如图所示，每一条纹弯曲部分的顶点恰好与其左边条纹的直线部分的连线相切，则工件表面与条纹弯曲处对应的部分应：

A. 凸起，且高度为$\lambda/4$　　　　B. 凸起，且高度为$\lambda/2$

C. 凹陷，且深度为$\lambda/2$　　　　D. 凹陷，且深度为$\lambda/4$

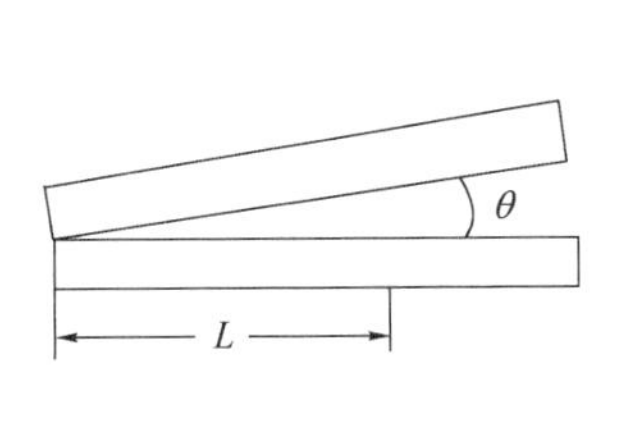

题 2-3-20 图

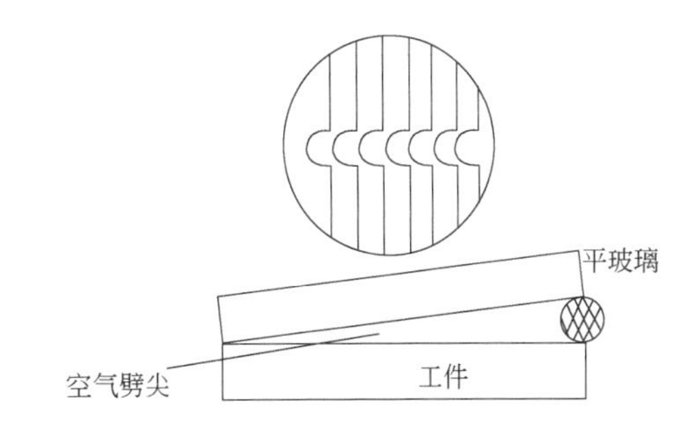

题 2-3-21 图

2-3-22 一单色光垂直照射在空气劈尖上，左边为棱边，当劈尖的劈角增大时，各级干涉条纹将有下列中的何种变化？

A. 向右移，且条纹的间距变大

B. 向右移，且条纹的间距变小

C. 向左移，且条纹的间距变小

D. 向左移，且条纹的间距变大

2-3-23 在迈克尔逊干涉仪的一条光路中，放入一折射率为n、厚度为d的透明薄片（如图所示），放入后，这条光路的光程改变了多少？

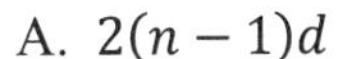

A. $2(n-1)d$

B. $2nd$

C. $2(n-1)d+\frac{1}{2}\lambda$

D. nd

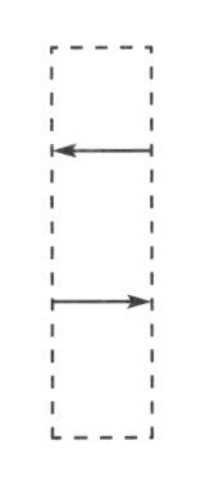

题 2-3-23 图

2-3-24 若在迈克尔逊干涉仪的可动反射镜M移动 0.620mm 过程中，观察到干涉条纹移动了 2300 条，则所用光波的波长为：

A. 269nm　　　　B. 539nm

C. 2690nm　　　　D. 5390nm

2-3-25 在空气中做牛顿环实验，如图所示，当平凸透镜垂直向上缓慢平移而远离平面玻璃时，可以观察到这些环状干涉条纹：

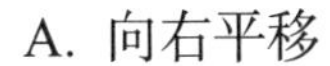

A. 向右平移

B. 静止不动

C. 向外扩张

D. 向中心收缩

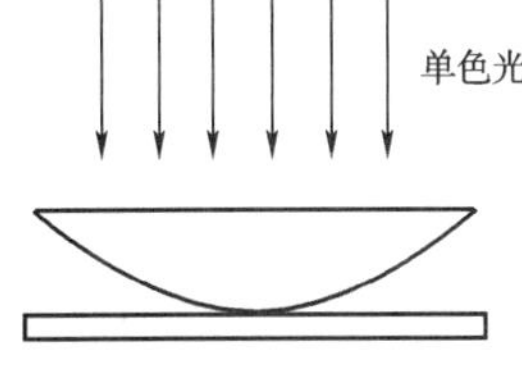

题 2-3-25 图

2-3-26 在单缝夫琅禾费衍射实验中，屏上第三级明纹对应的缝间的波阵面，可划分的半波带的数目为：

A. 5 个　　B. 6 个　　C. 7 个　　D. 8 个

2-3-27 在单缝夫琅禾费衍射实验中，若单缝两端处的光线到达屏幕上某点的光程差为$\delta=2.5\lambda$（λ

为入射单色光的波长），则此衍射方向上的波阵面可划分的半波带数目和屏上该点的衍射情况是：

A. 4 个半波带，明纹　　B. 4 个半波带，暗纹

C. 5 个半波带，明纹　　D. 5 个半波带，暗纹

2-3-28 在单缝夫琅禾费衍射实验中，屏上第三级暗纹对应的缝间波阵面，可划分为半波带数目为：

A. 3 个　　B. 6 个　　C. 9 个　　D. 2 个

2-3-29 波长为λ的单色平行光垂直入射到一狭缝上，若第一级暗纹的位置对应的衍射角为$\theta = \pm\pi/6$，则缝宽的大小为：

A. $\lambda/2$　　B. λ　　C. 2λ　　D. 3λ

2-3-30 在单缝夫琅禾费衍射实验中，若将缝宽缩小一半，则原来第三级暗纹处将出现的条纹是：

A. 第一级明纹　　B. 第一级暗纹　　C. 第二级明纹　　D. 第二级暗纹

2-3-31 在单缝夫琅禾费衍射实验中，若增大缝宽，其他条件不变，则中央明条纹的变化是：

A. 宽度变小　　B. 宽度变大

C. 宽度不变，且中心强度也不变　　D. 宽度不变，但中心强度增大

2-3-32 在单缝夫琅禾费衍射实验中，波长为λ的单色光垂直入射在宽度为$a = 4\lambda$的单缝上，对应于衍射角为30°的方向上，单缝处波阵面可分成的半波带数目为：

A. 2 个　　B. 4 个　　C. 6 个　　D. 8 个

2-3-33 在单缝夫琅禾费衍射实验中，波长为λ的单色光垂直入射在单缝上，对应于衍射角为30°的方向上，若单缝处波面可分成 3 个半波带，则缝宽度a等于：

A. λ　　B. 1.5λ　　C. 2λ　　D. 3λ

2-3-34 一单缝宽度$a = 1 \times 10^{-4}$m，透镜焦距$f = 0.5$m，若用$\lambda = 400$nm的单色平行光垂直入射，中央明纹的宽度为：

A. 2×10^{-3}m　　B. 2×10^{-4}m　　C. 4×10^{-4}m　　D. 4×10^{-3}m

2-3-35 在如图所示的单缝夫琅禾费衍射实验中，将单缝k沿垂直于光的入射方向（沿图中x方向）微平移，则：

A. 衍射条纹移动，条纹宽度不变

B. 衍射条纹移动，条纹宽度变动

C. 衍射条纹中心不动，条纹变宽

D. 衍射条纹不动，条纹宽度不变

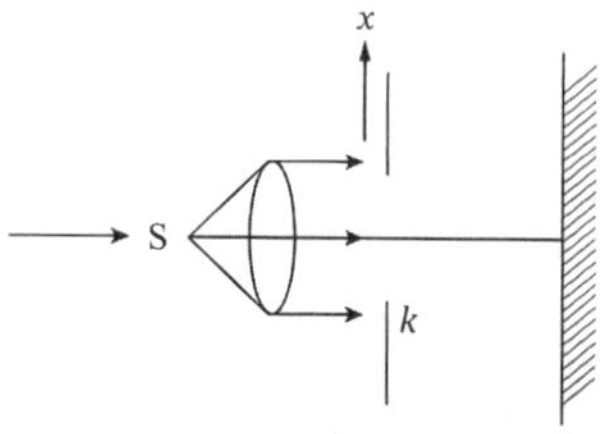

题 2-3-35 图

2-3-36 若用衍射光栅准确测定一单色可见光的波长，在下列各种光栅常数的光栅中，选用哪一种最好：

A. 1.0×10^{-1}mm　　B. 5.0×10^{-1}mm

C. 1.0×10^{-2}mm　　D. 1.0×10^{-3}mm

2-3-37 一束白光垂直射到一光栅上，在形成的同一级光栅光谱中，偏离中央明纹最远的是：

A. 红光　　B. 绿光　　C. 黄光　　D. 紫光

2-3-38 波长分别为$\lambda_1 = 450$nm和$\lambda_2 = 750$nm的单色平行光，垂直射入到光栅上，在光栅光谱中，这两种波长的谱线有重叠现象，重叠处波长为λ_2谱线的级数为：

A. $2,3,4,5,\cdots$　　B. $5,10,15,20,\cdots$　　C. $2,4,6,8,\cdots$　　D. $3,6,9,12,\cdots$

2-3-39 为了提高光学仪器的分辨本领，通常可以采用的措施有：

A. 减小望远镜的孔径，或者减小光的波长

B. 减小望远镜的孔径，或者加大光的波长

C. 加大望远镜的孔径，或者加大光的波长

D. 加大望远镜的孔径，或者减小光的波长

2-3-40 用一台显微镜来观察细微物体时，应作出下列哪种选择？

A. 选物镜直径较小的为好（在相同放大倍数下）

B. 选红光光源比绿光好（在相同放大倍数下）

C. 选绿光光源比红光好（在相同放大倍数下）

D. 只要显微镜放大倍数足够大，任何细微的东西都可看清楚

2-3-41 在正常照度下，人眼的最小分辨角（对黄绿色光）$\theta_0 = 2.3 \times 10^{-4}$rad。若物体放在明视距离 25cm 处，则两物点相距多少才能被分辨？

A. 0.0058cm　　B. 0.0116cm　　C. 25cm　　D. 2.63cm

2-3-42 波长为λ的X射线，投射到晶体常数为d的晶体上，取$k = 0,2,3,\cdots$，出现X射线衍射加强的衍射角θ（衍射的X射线与晶面的夹角）满足的公式为：

A. $2d\sin\theta = k\lambda$　　B. $d\sin\theta = k\lambda$

C. $2d\cos\theta = k\lambda$　　D. $d\cos\theta = k\lambda$

2-3-43 如果两个偏振片堆叠在一起，且偏振化方向之间夹角为45°，假设两者对光无吸收，光强为I_0的自然光垂直射在偏振片上，则出射光强为：

A. $I_0/4$　　B. $3I_0/8$　　C. $I_0/2$　　D. $3I_0/4$

2-3-44 如果两个偏振片堆叠在一起，且偏振化方向之间夹角为30°，假设二者对光无吸收，光强为I_0的自然光垂直入射在偏振片上，则出射光强为：

A. $I_0/2$　　B. $3I_0/2$　　C. $3I_0/4$　　D. $3I_0/8$

2-3-45 如果两个偏振片堆叠在一起，且偏振化方向之间夹角为60°，假设二者对光无吸收，光强为I_0的自然光垂直入射在偏振片上，则出射光强为：

A. $I_0/2$　　B. $I_0/4$　　C. $3I_0/8$　　D. $I_0/8$

2-3-46 一束自然光垂直穿过两个偏振片，两个偏振片的偏振化方向成 45°角。已知通过此两偏振片后的光强为I，则入射至第二个偏振片的线偏振光强度为：

A. I　　B. $2I$　　C. $3I$　　D. $\frac{I}{2}$

2-3-47 一束自然光通过两块叠放在一起的偏振片，若两偏振片的偏振化方向间夹角由α_1转到α_2，则转动前后透射光强度之比为：

A. $\cos^2\alpha_2 / \cos^2\alpha_1$　　B. $\cos\alpha_2 / \cos\alpha_1$

C. $\cos^2\alpha_1 / \cos^2\alpha_2$　　D. $\cos\alpha_1 / \cos\alpha_2$

2-3-48 一束光是自然光和线偏振光的混合光，让它垂直通过一偏振片。若以此入射光束为轴旋转偏振片，测得透射光强度最大值是最小值的 5 倍，那么入射光束中自然光与线偏振光的光强比值为：

A. 1/2　　B. 1/5　　C. 1/3　　D. 2/3

2-3-49 使一光强为I_0的平面偏振光先后通过两个偏振片P_1和P_2，P_1和P_2的偏振化方向与原入射光光矢量振动方向的夹角分别是α和90°，则通过这两个偏振片后的光强I是：

A. $\frac{1}{2}I_0\cos^2\alpha$　　B. 0

C. $\frac{1}{4}I_0\sin^2(2\alpha)$　　D. $\frac{1}{4}I_0\sin^2\alpha$

2-3-50 三个偏振片P_1、P_2与P_3堆叠在一起，P_1与P_3的偏振化方向相互垂直，P_2与P_1的偏振化方向间的夹角为30°。强度为I_0的自然光垂直入射于偏振片P_1，并依次透过偏振片P_1、P_2与P_3，则通过三个偏振片后的光强为：

A. $I_0/4$　　B. $3I_0/8$　　C. $3I_0/32$　　D. $I_0/16$

2-3-51 一束自然光从空气投射到玻璃板表面上，当折射角为30°时，反射光为完全偏振光，则此玻璃的折射率为：

A. $\sqrt{3}/2$　　B. $1/2$　　C. $\sqrt{3}/3$　　D. $\sqrt{3}$

2-3-52 自然光以布儒斯特角由空气入射到一玻璃表面上，则下列关于反射光的叙述，哪个是正确的？

A. 在入射面内振动的完全偏振光

B. 平行于入射面的振动占优势的部分偏振光

C. 垂直于入射面振动的完全偏振光

D. 垂直于入射面的振动占优势的部分偏振光

2-3-53 自然光以60°的入射角照射到某两介质交界面时，反射光为完全偏振光，则知折射光应为下列中哪条所述？

A. 完全偏振光且折射角是30°

B. 部分偏振光且只是在该光由真空入射到折射率为$\sqrt{3}$的介质时，折射角是30°

C. 部分偏振光，但须知两种介质的折射率才能确定折射角

D. 部分偏振光且折射角是30°

2-3-54 $ABCD$为一块方解石的一个截面，AB为垂直于纸面的晶体平面与纸面的交线。光轴方向在纸面内且与AB成一锐角θ，如图所示。一束平行的单色自然光垂直于AB端面入射。在方解石内折射光分解为o光和e光，关于o光和e光的关系，下列叙述正确的是？

A. 传播方向相同，电场强度的振动方向互相垂直

B. 传播方向相同，电场强度的振动方向不互相垂直

C. 传播方向不同，电场强度的振动方向互相垂直

D. 传播方向不同，电场强度的振动方向不互相垂直

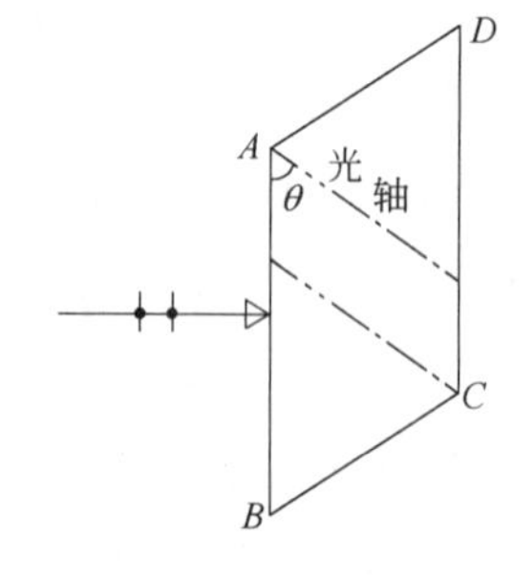

题 2-3-54 图

题解及参考答案

2-3-1　解： 光学常识，可见光的波长范围 400～760nm，注意$1\text{nm} = 10^{-9}\text{m}$。

答案： A

2-3-2　解： 设光波在空气中传播速率为v，则在玻璃中传播速率为$\frac{v}{n_{玻璃}}$，因而在相同传播时间内传播的路程不相等，根据光程的概念，它们走过的光程相等。

答案： C

2-3-3　解： 注意，在折射率为n的媒质中，单色光的波长为真空中波长的$\frac{1}{n}$。

本题中，由题图知$l = \frac{3}{2}\lambda_{媒质} = \frac{3\lambda}{2n}$（$\lambda$为真空中波长），又相位差$\Delta\phi = \frac{2\pi\delta}{\lambda}$，式中$\delta$为光程差，而本题

中$\delta = nl = n\frac{3\lambda}{2n}$，于是$\Delta\phi = \frac{2\pi\times\frac{3\lambda}{2}}{\lambda} = 3\pi$。

答案： C

2-3-4　解： 双缝暗纹位置$x_{暗} = \pm(2k+1)\frac{D\lambda}{2nd}$，$k = 0,1,2,\cdots$空气中，$n = 1$，相邻两暗纹的间距为$\Delta x_{暗} = x_{k+1} - x_k = 2\times\frac{D\lambda}{2d} = \frac{D\lambda}{d}$。

答案： D

2-3-5　解： 注意，所谓双缝间距指缝宽d。由$\Delta x = \frac{D}{d}\lambda$（$\Delta x$为相邻两明纹之间距离），所以$\Delta x = \frac{3000}{2}\times 600\times 10^{-6}\text{mm} = 0.9\text{mm}$。

注：$1\text{nm} = 10^{-9}\text{m} = 10^{-6}\text{mm}$。

答案： B

2-3-6　解： 如图所示，光程差：

$$\delta = n_2 d + r_2 - d - (n_1 d + r_1 - d)$$

注意到$r_1 = r_2$，$\delta = (n_2 - n_1)d$。

答案： A

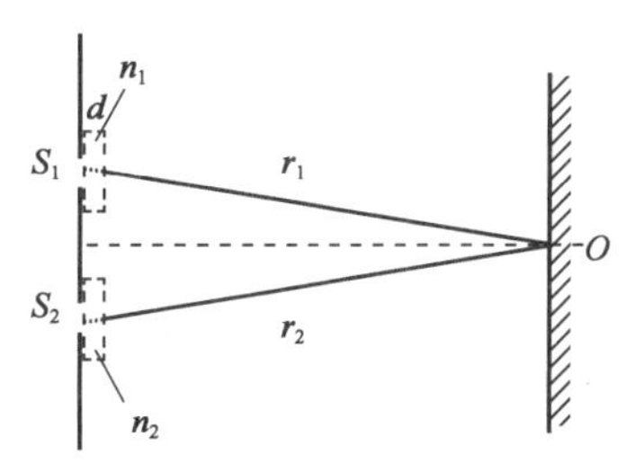

题 2-3-6 解图

2-3-7　解： 双缝干涉时，条纹间距$\Delta x = \lambda_{\text{n}}\frac{D}{d}$，在空气中干涉，有$1.33 \approx \lambda\frac{D}{d}$，此光在水中的波长为$\lambda_{\text{n}} = \frac{\lambda}{n}$，此时条纹间距：

$$\Delta x(水) = \frac{\lambda D}{nd} = \frac{1.33}{n} = 1\text{mm}$$

答案： C

2-3-8　解： 由双缝干涉相邻明纹（暗纹）的间距公式：$\Delta x = \frac{D}{a}\lambda$，若双缝所在的平板稍微向上平移，中央明纹与其他条纹整体向上稍做平移，其他条件不变，则屏上的干涉条纹间距不变。

答案： B

2-3-9　解： 在双缝干涉实验中，当两束光波相遇时，它们会发生干涉现象，形成明暗相间的条纹。如果两束光波的路径差是波长的整数倍，则它们会在屏幕上形成明条纹；如果路径差是半波长的奇数倍，则它们会在屏幕上形成暗条纹。

透明玻璃纸的光程比相同厚度的空气的光程大 2.5λ，这意味着通过玻璃纸的光波与另一束光波之间会有一个额外的光程差 2.5λ。原来的明纹处是由于两束光波的光程差为整数倍的波长λ，即 0，λ，2λ，3λ，…等位置。

当在其中一条光路上加入玻璃纸后，原本光程差为整数倍 λ 的位置现在变成了整数倍λ加上 2.5λ，即 2.5λ，3.5λ，4.5λ，…。这些位置不再是整数倍的波长，而是半波长的奇数倍（因为 2.5λ可以写成$(2n+1)\lambda/2$的形式，其中n为整数），因此原来的明纹处现在变成了暗纹处。

答案： B

2-3-10　解： 考查零级明纹向何方移动，如图所示。

①薄介质片未遮住时，光程差$\delta = r_1 - r_2 = 0$，O处为零级明纹；

②薄介质片遮住下缝后，光程差$\delta' = r_1 - (nd + r_2 - d) = r_1 - [r_2 + (n-1)d]$。显然$(n-1)d > 0$，要$\delta' = 0$，只有零级明纹下移至$O'$处才能实现。

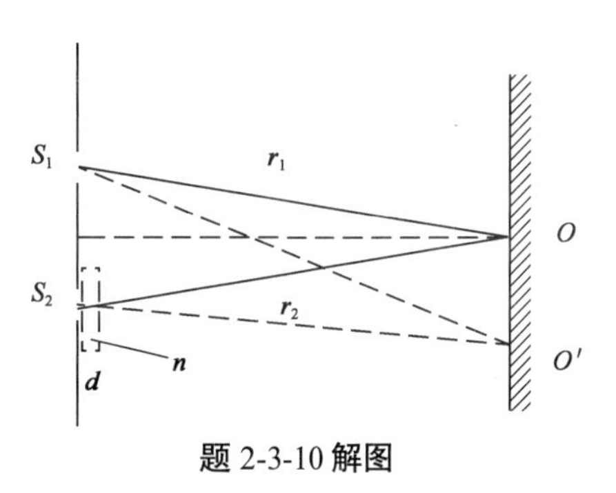

题 2-3-10 解图

答案： D

2-3-11 解： 条纹之间间距$\Delta x=\frac{D\lambda}{nd}$，明纹位置$x_{明}=\pm\frac{kD\lambda}{nd}$。

答案： B

2-3-12 解： 注意区别“双缝间距”和“条纹之间间距”。条纹之间间距$\Delta x=\frac{D\lambda}{nd}$，题中“双缝间距增大”指的是缝宽$d$增大，条纹之间间距变小，即条纹变密。又明纹距中心位置为$x_{明}=\pm\frac{kD\lambda}{nd}$，令缝宽$d$增大，$x_{明}$变小，靠近中央明纹即屏幕中心。

答案： B

2-3-13 解： 考虑覆盖上面一条缝后零级明纹的移动方向。

根据双缝的干涉条件$\delta=\pm k\lambda$，其中$k=0,1,2,\cdots$，所谓零级明纹，即$k=0$时($\delta=0$)，两束相干光在屏幕正中央形成的明纹。如解图所示，未覆盖前$\delta=r_2-r_1=0(r_1=r_2)$，零级明纹在中央$O$处（见解图）。覆盖上面一条缝后$\delta=(nd+r_1-d)-r_2=(n-1)d+r_1-r_2>0$，而零级明纹要求$\delta=0$，故只有缩短$r_1$使$\delta=(n-1)d+r_1'-r_2'=0$，即零级明纹上移至$O'$处，各级条纹也上移。

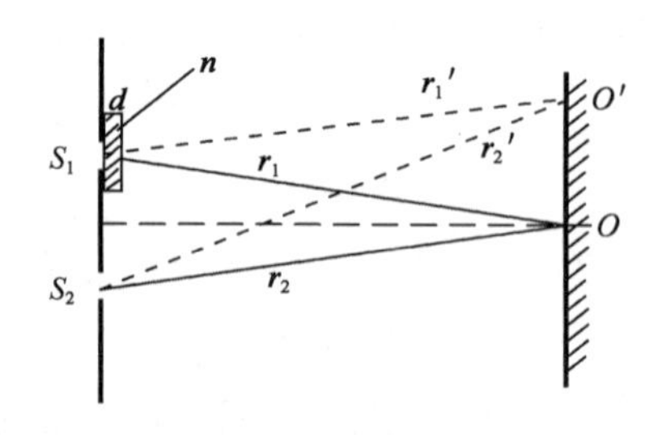

题 2-3-13 解图

答案： C

2-3-14 解： 相干光源（波源）的条件为频率相同，振动方向相同，相位差恒定，白光通过红、蓝两滤光片出来的光是频率不同的单色光，不是相干光。

答案： D

2-3-15 解： 考虑是否有半波损失，注意损失的是真空中的半个波长。$n_1<n_2$，上表面反射存在半波损失，$n_2>n_3$，下表面反射不存在半波损失，此题薄膜上、下表面两束反射光光程差存在半波损失。

答案： B

2-3-16 解： 薄膜干涉加强应满足式$2ne+\frac{\lambda}{2}=k$，$k=1,2,\cdots$

本题中，$2ne+\frac{\lambda}{2}=\lambda$，$e=\frac{\frac{\lambda}{2}}{2n}=\frac{\lambda}{4n}$

答案： B

2-3-17 解： 劈尖暗纹出现的条件为$\delta=2nd+\frac{\lambda}{2}=(2k+1)\frac{\lambda}{2}$，$k=0,1,2,\cdots$。令$k=3$，有$2nd+\frac{\lambda}{2}=\frac{7\lambda}{2}$，得出$d=\frac{3\lambda}{2n}$。

答案： A

2-3-18 解： 玻璃劈尖的干涉条件为$\delta=2nd+\frac{\lambda}{2}=k\lambda(k=1,2,\cdots)$（明纹），相邻两明（暗）纹对应的空气层厚度差为$d_{k+1}-d_k=\frac{\lambda}{2n}$（见解图）。若劈尖的夹角为$\theta$，则相邻两明（暗）纹的间距$l$应满足关系式：

$$l\sin\theta=d_{k+1}-d_k=\frac{\lambda}{2n}\text{或}l\sin\theta=\frac{\lambda}{2n}$$

$$l=\frac{\lambda}{2n\sin\theta}\approx\frac{\lambda}{2n\theta}\text{，故}\theta=\frac{\lambda}{2nl}$$

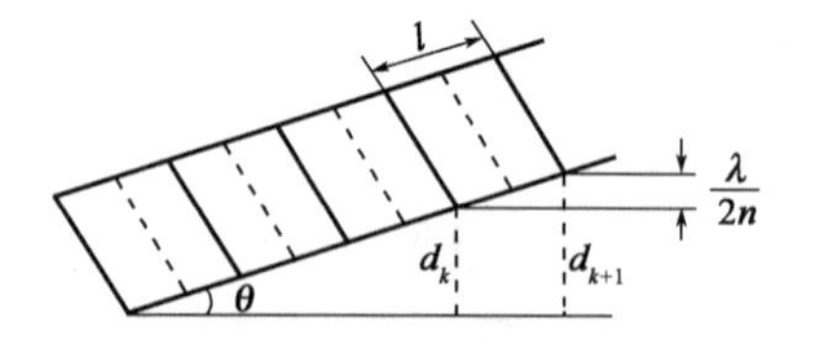

题 2-3-18 解图

答案： D

2-3-19 解： 同一明纹（暗纹）对应相同厚度的空气层，条纹间距$=\frac{\lambda}{2\sin\theta}$。

答案： C

2-3-20 解： 劈尖角$\theta\approx\frac{d}{L}$（d为空气层厚度），劈尖角改变量$\Delta\theta=\frac{\Delta d}{L}$，又相邻两明纹对应的空气层厚

度差$\Delta d = d_{k+1} - d_k = \frac{\lambda}{2}$，故$\Delta\theta = \frac{\frac{\lambda}{2}}{L} = \frac{\lambda}{2L}$。

答案： A

2-3-21 解： 劈尖干涉中，同一明纹（暗纹）对应相同厚度的空气层。

本题中，每一条纹（k级）弯曲部分的顶点恰好与其左边条纹（$k-1$级）的直线部分的连线相切，说明条纹弯曲处对应的空气层厚度与右边条纹对应的空气层厚度e_k相同，如解图所示，工件有凹陷部分。凹陷深度即相邻两明纹对应的空气层厚度差$\Delta e = e_k - e_{k-1} = \frac{\lambda}{2}$。

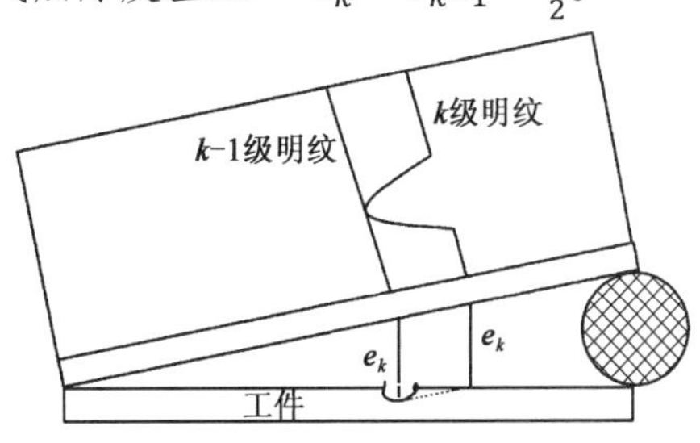

题 2-3-21 解图

答案： C

2-3-22 解： 劈尖干涉中，同一明纹对应相同厚度的空气层。如解图所示，k级明纹对应的空气层厚度为d_k，若劈尖的劈角增大，k级明纹对应的空气层厚度d_k将左移至虚线处，亦即k级（各级）条纹向左移。又条纹间距$\Delta x = \frac{\lambda}{2\sin\theta} \approx \frac{\lambda}{2\theta}$，若$\theta$增大，则条纹间距变小。

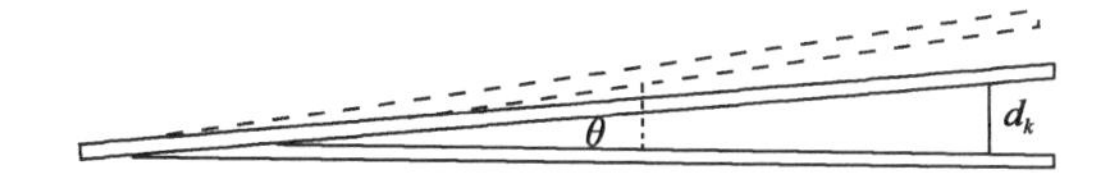

题 2-3-22 解图

答案： C

2-3-23 解： 如图所示，未放透明薄片前，光走过的光程为$2d$，在虚线处放入透明薄片后， 光走过的光程为$2nd$，光程改变了$2nd - 2d$。

答案： A

2-3-24 解： 对迈克尔逊干涉仪，条纹移动$\Delta x = \Delta n\frac{\lambda}{2}$，令$\Delta x = 0.62$，$\Delta n = 2300$，则：

$$\lambda = \frac{2\times\Delta x}{\Delta n} = \frac{2\times 0.62}{2300} = 5.39\times 10^{-4}\text{mm} = 539\text{nm}$$

注：$1\text{nm} = 10^{-9}\text{m} = 10^{-6}\text{mm}$。

答案： B

2-3-25 解： 牛顿环属超纲题（超出大纲范围）。牛顿环与劈尖一样属于等厚干涉，同一级条纹对应同一个厚度，平凸透镜向上平移，圆环向中心收缩。

答案： D

2-3-26 解： $\delta = (2k+1)\frac{\lambda}{2} = (2\times 3+1)\frac{\lambda}{2} = \frac{7}{2}\lambda$。

答案： C

2-3-27 解： 光程差为2.5λ，满足明纹条件，$\delta = 2.5\lambda = (2k+1)\frac{\lambda}{2}$，即$2.5\lambda = 5\times\frac{\lambda}{2}$。

答案： C

2-3-28 解： 按单缝夫琅禾费衍射暗纹条件，$a\sin\varphi = k\lambda = 2k\frac{\lambda}{2}$，令$k=3$，即 6 个半波带$\left(\frac{\lambda}{2}\right)$。

答案： B

2-3-29　解： $a\sin\theta=k\lambda$，代入数据，即$a=k\lambda/\sin\theta=1\cdot\lambda/\sin\frac{\pi}{6}=2\lambda$。

答案： C

2-3-30　解： 由$a\sin\varphi=k\lambda$(暗纹)知$a\sin\varphi=3\lambda$，现$a'\sin\varphi=\frac{3}{2}\lambda\left(a'=\frac{a}{2}\right)$，应满足明纹条件，即$a'\sin\varphi=\frac{3}{2}\lambda=(2k+1)\frac{\lambda}{2}$，$k=1$。

答案： A

2-3-31　解： Δx(中央明纹宽度)$=2f\lambda/a$(f为焦距，a为缝宽)。增大缝宽a，中央明条纹宽度Δx变小。

答案： A

2-3-32　解： 比较单缝夫琅禾费衍射暗纹条件$a\sin\phi=2k\frac{\lambda}{2}$，即$4\lambda\sin30^\circ=2\lambda=4\times\frac{\lambda}{2}$。

答案： B

2-3-33　解： 比较单缝夫琅禾费衍射明纹条件$a\sin\phi=(2k+1)\frac{\lambda}{2}$，即$a\sin30^\circ=3\times\frac{\lambda}{2}$

答案： D

2-3-34　解： 单缝衍射中央明纹宽度为

$$\Delta x=\frac{2\lambda f}{a}=\frac{2\times400\times10^{-9}\times0.5}{10^{-4}}=4\times10^{-3}\mathrm{m}$$

答案： D

2-3-35　解： 对于平行光，单缝的少许移动不会导致成像位置和形状的改变。

答案： D

2-3-36　解： 由光栅公式$d\sin\varphi=k\lambda$，对同一级条纹，光栅常数越小，衍射角越大，分辨率越高，所以选光栅常数小的。

答案： D

2-3-37　解： $(a+b)\sin\varphi=\pm k\lambda$。注意：衍射角$\varphi$与波长成正比，白光中红光波长最长，衍射角大偏离中央明纹最远，紫光波长短，衍射角小靠近中央明纹。

答案： A

2-3-38　解： $(a+b)\sin\phi=k\lambda$，$k=0,1,2,\cdots$，即$k_1\lambda_1=k_2\lambda_2$，$\frac{k_1}{k_2}=\frac{\lambda_2}{\lambda_1}=\frac{750}{450}=\frac{5}{3}$，故重叠处波长$\lambda_2$的级数$k_2$必须是3的整数倍，即3,6,9,12,⋯。

答案： D

2-3-39　解： 最小分辨角$\theta=1.22\frac{\lambda}{D}$。注意：对光学仪器，最小分辨角越小，越精密。

答案： D

2-3-40　解： 由光学仪器的分辨率公式$R=\frac{D}{1.22\lambda}$，波长越小，分辨率越高，显然在相同放大倍数下，绿光波长比红光波长短，选绿光光源比红光好。

答案： C

2-3-41　解： $\theta_0\approx\frac{\Delta x}{25}=2.3\times10^{-4}$，解得$\Delta x=2.3\times10^{-4}\times25=0.0058\mathrm{cm}$。

答案： A

2-3-42　解： 根据布拉格公式：$2d\sin\theta=k\lambda(k=0,1,2,3,\cdots)$。注意$\theta$为入射光与晶面间的夹角。

答案： A

2-3-43　解： 由$I=I_0\cos^2\alpha$注意到自然光通过偏振片后，光强减半。

$$出射光强I=\frac{I_0}{2}\cos^2 45^\circ=\frac{I_0}{4}$$

答案： A

2-3-44　解： $I = I_0 \cos^2 \alpha$，注意到自然光通过偏振片后，光强减半。

$$出射光强I = \frac{I_0}{2}\cos^2 30^\circ = \frac{3I_0}{8}$$

答案： D

2-3-45　解： $I = I_0 \cos^2 \alpha$，注意：自然光通过偏振片后，光强减半为$\frac{I_0}{2}$，由马吕斯定律得出射光强为

$$I = \frac{I_0}{2}\cos^2 60^\circ = \frac{I_0}{8}$$

答案： D

2-3-46　解： 自然光垂直通过第一偏振后，变为线偏振光，光强设为I'，此即入射至第二个偏振片的线偏振光强度。今$\alpha = 45°$，已知自然光通过两个偏振片后的光强为I'，根据马吕斯定律，$I = I' \cos^2 45° = \frac{I'}{2}$，所以$I' = 2I$。

答案： B

2-3-47　解： 转动前$I_1 = I_0 \cos^2 \alpha_1$，转动后$I_2 = I_0 \cos^2 \alpha_2$，$\frac{I_1}{I_2} = \frac{\cos^2 \alpha_1}{\cos^2 \alpha_2}$。

答案： C

2-3-48　解： $I_{\max} = \frac{1}{2}I_0 + I'$，$I_{\min} = \frac{1}{2}I_0$（$I'$为线偏振光光强）。令

$$\frac{I_{\max}}{I_{\min}} = 5 = \frac{\frac{I_0}{2} + I'}{\frac{I_0}{2}}$$

得$I' = 2I_0$，所以$\frac{I_0}{I'} = \frac{1}{2}$。

答案： A

2-3-49　解： 根据马吕斯定律，偏振光通过P_1后光强$I_1 = I_0 \cos^2 \alpha$，方向转过α角，再通过P_2后光强：

$$I = I_1 \cos^2(90^\circ - \alpha) = I_0 \cos^2 \alpha \cos^2(90^\circ - \alpha) = I_0 \cos^2 \alpha \sin^2 \alpha = \frac{1}{4}I_0 \sin^2(2\alpha)$$

答案： C

2-3-50　解： 因P_1与P_3的偏振化方向相互垂直，且P_2与P_1的偏振化方向间的夹角为30°，则P_3与P_2的偏振化方向间的夹角为60°。

注意到自然光通过偏振片后光强减半（$\frac{I_2}{2}$）。

根据马吕斯定律通过三个偏振片后的光强：$I = \frac{I_0}{2}\cos^2 30^\circ \cos^2 60^\circ = \frac{3}{32}I_0$。

答案： C

2-3-51　解： 注意到"当折射角为30°时，反射光为完全偏振光"，说明此时入射角即起偏角i_0。根据$i_0 + \gamma_0 = \frac{\pi}{2}$，$i_0 = 60^\circ$，再由$\tan i_0 = \frac{n_2}{n_1}$，$n_1 \approx 1$，可得$n_2 = \sqrt{3}$。

答案： D

2-3-52　解： 布儒斯特角入射的反射光为垂直于入射面振动的完全偏振光。

答案： C

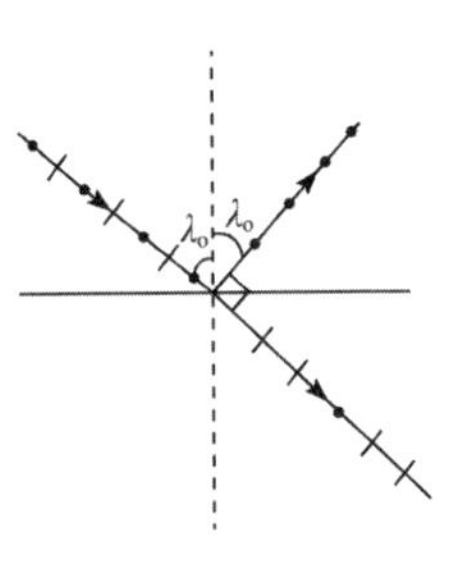

题 2-3-52 解图

2-3-53　解： $i_0 + \gamma_0 = 90^\circ$，注意此题表述是两介质交界面，不能选B。

答案： D

2-3-54　解： 双折射现象，o光和e光为传播方向不同、振动方向相互垂直的线偏振光。

答案： C

第三章　普通化学

复习指导

在基础考试中，普通化学部分的试题均为单选题。命题覆盖考试大纲，题目大致均匀分布。题型分基本概念选择、计算类选择、比较类选择、记忆类选择等。普通化学的基本概念和基本理论较多；相反，有关计算公式较简单，计算量较少。因此，考生在复习时应将重点放在对基本概念和基本理论的理解上，达到概念清楚、能灵活运用基本理论解决实际问题，以及利用提供的公式进行简单的计算。

下面选择若干例题，进行具体的分析说明，以供复习时参考。

【例 3-0-1】 下列说法中正确的是：

A. 原子轨道是电子运动的轨迹

B. 原子轨道是电子的空间运动状态，即波函数

C. 主量子数为 3 时，有 3s、3p、3d 三个轨道

D. s 轨道绕核旋转时，其轨道为一圆圈，而 p 电子的轨道为“8”字形

解： 选项 A 错误。电子质量极小且带负电荷，在原子那样小的体积内以极大的速度运动时，不可能测出它的运动轨迹。

选项 B 正确。在量子力学中，用波函数来表示核外电子的运动状态，波函数也叫原子轨道。

选项 C 错误。主量子数为 3 时，有 3s、3p、3d 三个亚层，共 9 个轨道。

选项 D 错误。s 轨道的角度分布平面示意图才是以原子核为圆心的一个圆圈；而 p 轨道的角度分布平面示意图才是以原子核为切点的两个相切的圆圈。

正确答案应为 B。

【例 3-0-2】 某元素最高氧化数为+6，最外层电子数为 1，原子半径是同族元素中最小的。下列叙述中不正确的是：

A. 外层电子排布为 $3d^5 4s^1$

B. 该元素为第四周期、VIB 族元素铬

C. +3 价离子的外层电子排布式为 $3d^2 4s^1$

D. 该元素的最高价氧化物的水合物为强酸

解： 本题涉及核外电子排布与周期表的问题，根据题意，最高氧化数为+6 的元素有 VIA 族和 VIB 族元素；而最外层只有一个电子的条件就排除了 VIA 族元素；最后一个条件是原子半径为同族中最小，可确定该元素是 VIB 族中的铬。Cr 的电子排布式为 $1s^2 2s^2 2p^6 3s^2 3p^6 3d^5 4s^1$，所以得出以下结论。

选项 A 正确。外层电子排布为 $3d^5 4s^1$。

选项 B 正确。因为周期数等于电子层数，等于最高主量子数，即第四周期。它的最后一个电子填充在 d 亚层上，所以它是副族元素，而副族元素的族数等于$[(n-1)\mathrm{d}+n\mathrm{s}]$层上的电子数，对铬来讲为

$5+1=6$，即 VIB 族元素。

选项 C 错误。因为原子失去电子时，首先失去最外层上的电子，继而再失去次外层上的 d 电子。所以+3 价离子的外层电子排布为 $3s^23p^63d^3$。

选项 D 正确。Cr 的最高氧化物 CrO_3，其水合物为 H_2CrO_4 或 $H_2Cr_2O_7$ 均为强酸。

所以答案应为 C。

【例 3-0-3】 下列物质的熔点由高到低排列顺序正确的是：

A. HI>HBr>HCl>HF　　B. HF>HI>HBr>HCl

C. SiC>$SiCl_4$>CaO>MgO　　D. SiC>CaO>MgO>$SiCl_4$

解： SiC 为原子晶体，熔点最高；CaO 和 MgO 为离子晶体，熔点次之；HF、HCl、HBr、HI 和 $SiCl_4$ 为分子晶体，熔点较低。离子晶体中，晶格能$U \propto \frac{|Z_+ \cdot Z_-|}{r_+ + r_-}$，故 MgO 的熔点大于 CaO 的熔点。从色散力判断：HI>HBr>HCl>HF，但由于 HF 分子之间存在分子间氢键，其熔点较 HI 高。故应选择 B。

【例 3-0-4】 下列说法中正确的是：

A. 凡是含氢的化合物其分子间必有氢键

B. 取向力仅存在于极性分子之间

C. HCl 分子溶于水生成 H^+和 Cl^-，所以 HCl 为离子晶体

D. 酸性由强到弱的顺序为：H_2SO_4>$HClO_4$>H_2SO_3

解： 选项 A 错误。氢键形成的条件是：氢原子与电负性大、半径小、有孤对电子的原子形成强极性共价键后，还能吸引另一电负性较大的原子中的孤对电子而形成氢键。符合该条件的原子只有如 O、N、F 等原子，故并非所有含氢化合物中均存在氢键。

选项 B 正确。只有极性分子之间才有取向力。当然极性分子之间除存在取向力外，还存在色散力和诱导力。某些含氢的极性分子中，还可能有氢键，如 HF、H_2O。

选项 C 错误。只有电负性大的非金属原子（如 VIIA 族元素的原子）和电负性小的金属原子（如 I A 族元素的原子）形成化合物时，以离子键结合，其晶体为离子晶体。H 与 Cl 均为非金属元素，它们以共价键结合形成共价型化合物，其晶体为分子晶体。HCl 溶于水后，由于水分子的作用 HCl 才解离成 H^+和 Cl^-。

选项 D 错误。根据鲍林规则：含氧酸中不与氢结合的氧原子数（n）越大，酸性越强。所以酸性由强到弱的顺序为 $HClO_4$>H_2SO_4>H_2SO_3。

所以正确答案为 B。

【例 3-0-5】 下列各组物质中，键有极性，分子也有极性的是：

A. CO_2 和 SO_3　　B. CCl_4 与 Cl_2

C. H_2O 和 SO_2　　D. $HgCl_2$ 与 NH_3

解： 以上四组分子中，只有 Cl_2 分子中的共价键无极性，其余分子中的共价键均有极性。首先可以排除选项 B。CO_2、SO_3、$HgCl_2$、CCl_4 为非极性分子，NH_3、H_2O、SO_2 为极性分子。所以最后排除选项 A 和 D，只有选项 C 为正确答案。

【例 3-0-6】 往乙酸溶液中加入少量下列哪种物质时，可使乙酸电离度和溶质的 pH 值都增大？

A. NaAc 晶体　　B. NaOH 晶体

C. HCl(g)　　D. NaCl 晶体

解： 乙酸溶液中存在下列电离平衡

$$HAc \rightleftharpoons H^+ + Ac^-$$

若加入 NaAc 或 HCl，均会由于同离子效应使乙酸的电离度下降；当加入 NaAc 时，降低了 H^+浓度而使 pH 值升高；当加 HCl 时，增加了 H^+浓度而使 pH 值下降。

若加入 NaCl，由于盐效应使乙酸电离平衡向右移动，使乙酸电离度增加，H^+浓度升高、pH 值下降。

若加入 NaOH，由于 OH^-与 H^+结合成 H_2O，降低了 H^+浓度，使 pH 值升高；同时使乙酸电离平衡向右移动而增加了乙酸的电离度。

所以答案为 B。

【例 3-0-7】 $Ca(OH)_2$和 $CaSO_4$的溶度积大致相等，则两物质在纯水中溶解度的关系是：

A. $S_{Ca(OH)_2} = S_{CaSO_4}$　　B. $S_{Ca(OH)_2} < S_{CaSO_4}$

C. $S_{Ca(OH)_2} > S_{CaSO_4}$　　D. 无法判断

解： $Ca(OH)_2$属于 AB_2型，$CaSO_4$属 AB 型的难溶电解质，两者类型不同，不能用溶度积直接比较。溶解度大小，必须通过溶解度与溶度积的关系式，计算出溶解度后才能进行比较。

对 AB 型　　$S_1 = \sqrt{K_{sp}}$

对 AB_2型　　$S_2 = \sqrt[3]{\frac{K_{sp}}{4}}$

因为 $Ca(OH)_2$和 $CaSO_4$的溶度积大致相等，由此两式比较：$S_1 > S_2$，即$S_{CaSO_4} > S_{Ca(OH)_2}$。

所以答案为 B。

【例 3-0-8】 反应温度改变时，对反应的速率、速率常数、平衡常数等均有影响。下列叙述中错误的是：

A. 反应温度升高，正、逆反应速率均增加

B. 对吸热反应，温度升高使平衡向右移动

C. 对放热反应，温度升高使平衡常数增加

D. 温度升高使速率常数增加

解： 根据阿仑尼乌斯公式，当温度升高时，速率常数变大；再由质量作用定律可得出反应速率增加，所以 A 和 D 都正确。

对吸热反应，温度升高时平衡常数K增加，使$K > Q$，平衡向右移动。所以 B 也正确。

对放热反应，温度升高时平衡常数减小，所以 C 不正确，答案为 C。

【例 3-0-9】 已知反应$NO(g) + CO(g) \rightleftharpoons \frac{1}{2}N_2(g) + CO_2(g)$的 $\Delta H < 0$。有利于 NO 和 CO 转化的措施是：

A. 低温低压　　B. 低温高压

C. 高温高压　　D. 高温低压

解： 反应的 $\Delta H < 0$为放热反应，温度降低使平衡常数K增加。当$K > Q$时平衡向右进行，有利 NO 和 CO 的转化。

反应式左边的气体分子总数为 2，右边的气体分子总数为 1.5，加压有利于向气体分子总数减少的方向移动。高压有利 NO 和 CO 的转化。

所以答案应为 B。

【例 3-0-10】 下列叙述中不正确的是：

A. 对半反应$Cu^{2+} + 2e^- = Cu$和$I_2 + 2e^- \rightleftharpoons 2I^-$，离子浓度升高，它们的电极电势增加

B. 已知$\varphi^{\ominus}_{Cr_2O_7^{2-}/Cr^{3+}} < \varphi^{\ominus}_{MnO_4^-/Mn^{2+}}$，所以氧化性的强弱为$MnO_4^- > Cr_2O_7^{2-}$

C. 反应$2Fe^{3+} + Cu \rightleftharpoons 2Fe^{2+} + Cu^{2+}$能自发进行，组成原电池时正极为$Fe^{3+}(C_1)$、$Fe^{2+}(C_2)|P_t$，负极为$Cu|Cu^{2+}(C_3)$

D. 腐蚀电池中，电极电势低的是阳极，可被腐蚀掉

解：选项 A 不正确。因为对半反应$Cu^{2+} + 2e^- \rightleftharpoons Cu$，能斯特方程为：$\varphi_{Cu^{2+}/Cu} = \varphi^{\ominus}_{Cu^{2+}/Cu} + \frac{0.059}{2}\lg C_{Cu^{2+}}$，$C_{Cu^{2+}}$升高，$\varphi_{Cu^{2+}/Cu}$升高。而对半反应$I_2 + 2e^- \rightleftharpoons 2I^-$，能斯特方程为：$\varphi_{I_2/I^-} = \varphi^{\ominus}_{I_2/I^-} + \frac{0.059}{2}\lg[1/C_{I^-}^2]$，$C_{I^-}$升高时$\varphi_{I_2/I^-}$下降。

选项 B 正确。利用电极电势的大小，可以判断电对中氧化态物质的氧化性强弱和还原态物质的还原性强弱。电极电势越高的电对中，氧化态物质的氧化性越强。所以氧化性：$MnO_4^- > Cr_2O_7^{2-}$。

选项 C 正确。自发进行的氧化还原反应组成原电池时，其电动势（E）一定大于零，即

$$E = \varphi_{正} - \varphi_{负} = \varphi_{氧化剂} - \varphi_{还原剂} > 0$$

从反应前后物质的氧化数变化来分析，可得出 Fe^{3+}为氧化剂，Cu 为还原剂，所以$\varphi_{Fe^{3+}/Fe^{2+}} > \varphi_{Cu^{2+}/Cu}$。电极电势高的为正极，电极电势低的为负极。故原电池中正极为$Fe^{3+}(C_1)$、$Fe^{2+}(C_2)$ | P_t，负极为Cu | $Cu^{2+}(C_3)$。

选项 D 正确。因为在腐蚀电池中，电极电势低的为阳极，发生氧化反应而被腐蚀掉；电极电势高的为阴极，发生还原反应不可能被腐蚀。

所以答案为 A。

【例 3-0-11】 下列防止金属腐蚀的方法中不能采用的是：

A. 在金属表面涂刷油漆

B. 为保护铁管，可使其与锌片相连

C. 被保护金属与外加直流电源的负极相连

D. 被保护金属与外加直流电源的正极相连

解：选项 A 可以采用。

选项 B 可以采用。因为将被保护的铁管与锌片相连组成了原电池，活泼的锌片电极电势低，作为腐蚀电池的阳极被腐蚀掉，而被保护的铁管作为腐蚀电池的阴极得到了保护。

选项 C 可以采用。

选项 D 不可采用。

因为在外加电流保护法中，将被保护的金属与另一附加电极组成电解池。被保护的金属若与电源负极相连，则金属为电解池的阴极，发生还原反应而被保护；若与电源正极相连，则金属为电解池的阳极，发生氧化反应而被腐蚀掉。

所以答案为 D。

【例 3-0-12】 下列说法中不正确的是：

A. ABS 树脂是丁二烯、苯乙烯、丙烯腈的共聚物

B. PVC 是氯乙烯加聚而成的高聚物

C. 环氧树脂是双酚 A 和环氧氯丙烷通过缩聚反应得到的高聚物

D. 天然橡胶的主要化学组成是 1.4-聚丁二烯

解：因为天然橡胶的主要化学组成是聚异戊二烯。

所以答案为 D。

练习题、题解及参考答案

（一）物质结构与物质状态

3-1-1　按近代量子力学的观点，核外电子运动的特征：

A. 具有波粒二象性

B. 可用ψ^2表示电子在核外出现的概率

C. 原子轨道的能量呈连续变化

D. 电子运动的轨道可用ψ的图像表示

3-1-2　确定原子轨道函数ψ形状的量子数是：

A. 主量子数　　B. 角量子数

C. 磁量子数　　D. 自旋量子数

3-1-3　P_z波函数角度分布的形状是：

A. 双球形　　B. 球形

C. 四瓣梅花形　　D. 橄榄形

3-1-4　3d 轨道的磁量子数m的合理值是：

A. 1、2、3　　B. 0、1、2　　C. 3　　D. 0、±1、±2

3-1-5　下列各波函数不合理的是：

A. $\psi(1,1,0)$　　B. $\psi(2,1,0)$

C. $\psi(3,2,0)$　　D. $\psi(5,3,0)$

3-1-6　当某原子的外层电子分布式写成ns^2np^7时，违背了下列哪个原则？

A. 保利不相容原理　　B. 能量最低原理

C. 电子分布特例　　D. 洪特规则

3-1-7　对于多电子原子来说，下列说法中正确的是：

A. 主量子数（n）决定原子轨道的能量

B. 主量子数（n）和角量子数（l）决定原子轨道的能量

C. n值越大，电子离核的平均距离越近

D. 角量子数（l）决定主量子数（n）的取值

3-1-8　某元素基态原子最外电子层上有两个电子，其量子数$n=5$，$l=0$，它是哪个区的元素？

A. s 区元素　　B. d、ds 区元素

C. 两者均有可能　　D. 两者均不可能

3-1-9　若一个原子的最高主量子数为 3，则它处于基态时，下列叙述正确的是：

A. 只有 s 电子和 p 电子　　B. 只有 p 电子和 d 电子

C. 有 s、p 和 d 电子　　D. 有 s、p、d 和 f 电子

3-1-10　29 号元素的核外电子分布式为：

A. $1s^22s^22p^63s^23p^63d^94s^2$　　B. $1s^22s^22p^63s^23p^63d^{10}4s^1$

C. $1s^22s^22p^63s^23p^64s^13d^{10}$　　D. $1s^22s^22p^63s^23p^64s^23d^9$

3-1-11　26 号元素基态原子的价层电子构型为：

A. $3d^54s^2$　　B. $3d^64s^2$　　C. $3d^6$　　D. $4s^2$

3-1-12 某原子序数为 15 的元素，其基态原子的核外电子分布中，未成对电子数是：

A. 0　　B. 1　　C. 2　　D. 3

3-1-13 24 号元素 Cr 的基态原子价电子构型正确的是：

A. $3d^64s^0$　　B. $3d^54s^1$　　C. $3d^44s^2$　　D. $3d^34s^24p^1$

3-1-14 下列原子或离子的外层电子排布式，不正确的是：

A. Si　$3s^23p^2$　　B. Ag^+　$4s^24p^64d^{10}$

C. Cl^-　$3s^23p^6$　　D. Fe^{2+}　$3d^44s^2$

3-1-15 下列电子构型中，原子属于基态的是：

A. $1s^22s^22p^53d^1$　　B. $1s^22s^2$　　C. $1s^22p^2$　　D. $1s^22s^12p^1$

3-1-16 32 号元素最外层的电子构型为：

A. $4s^24p^5$　　B. $3s^23p^4$　　C. $4s^24p^4$　　D. $4s^24p^2$

3-1-17 下列离子中具有 18+2 电子构型的是：

A. Fe^{3+}　　B. Zn^{2+}　　C. Pb^{2+}　　D. Ca^{2+}

3-1-18 47 号元素 Ag 的基态价层电子结构为 $4d^{10}5s^1$，它在周期表中的位置是：

A. ds 区　　B. s 区　　C. d 区　　D. p 区

3-1-19 属于第四周期的某一元素的原子，失去 3 个电子后，在角量子数为 2 的外层轨道上电子恰好处于半充满状态。该元素为：

A. Mn　　B. Co　　C. Ni　　D. Fe

3-1-20 已知某元素+3 价离子的电子排布式为 $1s^22s^22p^63s^23p^63d^5$，则该元素在周期表中哪一周期、哪一族？

A. 四，VIII　　B. 五，VB

C. 三，VA　　D. 六，IIIB

3-1-21 用来描述原子轨道空间伸展方向的量子数是：

A. n　　B. l　　C. m　　D. m_s

3-1-22 某第 4 周期的元素，当该元素原子失去一个电子成为正 1 价离子时，该离子的价层电子排布式为 $3d^{10}$，则该元素的原子序数是：

A. 19　　B. 24　　C. 29　　D. 36

3-1-23 价层电子构型为 $4d^{10}5s^1$ 的元素在周期表中属于：

A. 第四周期 VIIB 族　　B. 第五周期 IB 族

C. 第六周期 VIIB 族　　D. 镧系元素

3-1-24 在下列元素电负性大小顺序中，正确的是：

A. $B>Al>Be\approx Mg$　　B. $B>Be\approx Al>Mg$

C. $B\approx Al<Be<Mg$　　D. $Be>B>Al>Mg$

3-1-25 下列各组元素的原子半径从小到大排序错误的是：

A. $Li < Na < K$　　B. $Al < Mg < Na$

C. $C < Si < Al$　　D. $P < As < Se$

3-1-26 下列各组元素中，其性质的相似是由镧系收缩引起的是：

A. Zr 与 Hf　　B. Fe 与 Co、Ni　　C. Li 与 Mg　　D. 锕系

3-1-27 下列各系列中，按电离能增加的顺序排列的是：

A. Li，Na，K　　B. B，Be，Li　　C. O，F，Ne　　D. C，B，As

3-1-28 下列物质中，酸性最强的是：

A. H_3BO_3　　B. HVO_3　　C. HNO_3　　D. H_2SiO_3

3-1-29 下列氧化物中既可与稀 H_2SO_4 溶液作用，又可与稀 NaOH 溶液作用的是：

A. Al_2O_3　　B. Cu_2O　　C. SiO_2　　D. CO

3-1-30 下列物质中酸性最强的是：

A. HClO　　B. $HClO_2$　　C. $HClO_4$　　D. $HClO_3$

3-1-31 下列物质中碱性最强的是：

A. $Sn(OH)_4$　　B. $Pb(OH)_2$　　C. $Sn(OH)_2$　　D. $Pb(OH)_4$

3-1-32 下列各物质的化学键中，只存在σ键的是：

A. C_2H_2　　B. H_2O　　C. CO_2　　D. CH_3COOH

3-1-33 下列分子中，键角最大的是：

A. NH_3　　B. H_2S　　C. $BeCl_2$　　D. CCl_4

3-1-34 下列化合物中既有离子键又有共价键的是：

A. H_2O　　B. NaOH　　C. BaO　　D. CO_2

3-1-35 下列分子中键的极性最大的是：

A. HF　　B. HCl　　C. HBr　　D. HI

3-1-36 下列化学键中，主要以原子轨道重叠成键的是：

A. 共价键　　B. 离子键　　C. 金属键　　D. 氢键

3-1-37 $BeCl_2$ 中 Be 的原子轨道杂化类型为：

A. sp　　B. sp^2　　C. sp^3　　D. 不等性 sp^3

3-1-38 用杂化轨道理论推测下列分子的空间构型，其中为平面三角形的是：

A. NF_3　　B. BF_3　　C. AsH_3　　D. SbH_3

3-1-39 下列分子中，属于极性分子的是：

A. O_2　　B. CO_2　　C. BF_3　　D. C_2H_3F

3-1-40 下列物质中，分子的空间构型为“V”字形的是：

A. CO_2　　B. BF_3　　C. $BaCl_2$　　D. H_2S

3-1-41 下列化合物中，键的极性最大的是：

A. $AlCl_3$　　B. PCl_3　　C. $MgCl_2$　　D. $CaCl_2$

3-1-42 下列分子中，偶极矩不等于零的是：

A. $BeCl_2$　　B. NH_3　　C. BF_3　　D. CO_2

3-1-43 下列各种化合物中，分子间有氢键的是：

A. CH_3Br　　B. NH_3　　C. CH_4　　D. CH_3Cl

3-1-44 石墨能够导电的原因，是由于石墨晶体：

A. 层内存在自由电子　　B. 层内有杂化轨道

C. 属金属晶体　　D. 层内存在着离域大π键

3-1-45 甲醇（CH_3OH）和 H_2O 分子之间存在的作用力是：

A. 色散力　　B. 色散力、诱导力、取向力、氢键

C. 色散力、诱导力　　　　D. 色散力、诱导力、取向力

3-1-46 将 0.125L 压强为 6.08×10^4Pa 的气体 A 与 0.150L 压强为 8.11×10^4Pa 的气体 B，在等温下混合在 0.500L 的真空容器中，混合后的总压强为：

A. 1.42×10^5Pa　　B. 3.95×10^4Pa　　C. 1.40atm　　D. 3.90atm

3-1-47 某容器中含氨气 0.32mol、氧气 0.18mol、氮气 0.70mol，总压强为 100kPa 时，氨气、氧气、氮气的分压分别为：

A. (15、27、58)$\times10^3$Pa　　B. (10、30、60)$\times10^3$Pa

C. (27、15、58)$\times10^3$Pa　　D. (25、20、55)$\times10^3$Pa

3-1-48 在下列 CaO、MgO、NaF 晶格能大小的顺序中，正确的是：

A. MgO>CaO>NaF　　B. NaF>CaO>MgO

C. CaO>MgO>NaF　　D. NaF>MgO>CaO

3-1-49 下列晶体中熔点最高的是：

A. NaCl　　B. 冰　　C. SiC　　D. Cu

3-1-50 下列晶体熔化时要破坏共价键的是：

A. MgO　　B. CO_2　　C. SiC　　D. Cu

题解及参考答案

3-1-1 **解：**核外电子属于微观粒子，微观粒子具有波粒二象性。可用ψ^2表示电子在核外出现的概率密度。原子轨道的能量呈不连续变化。电子运动的轨道可用ψ表示。

答案：A

3-1-2 **解：**一组合理的量子数n,l,m取值对应一个合理的波函数$\psi=\psi_{n,l,m}$，即可以确定一个原子轨道。

（1）主量子数

①$n=1,2,3,4,\cdots$对应于第一、第二、第三、第四，…电子层，用$K,L,M,N,\cdots$表示。

②表示电子到核的平均距离。

③决定原子轨道能量。

（2）角量子数

①$l=0,1,2,3$的原子轨道分别为s, p, d, f轨道。

②确定原子轨道的形状。s轨道为球形、p轨道为双球形、d轨道为四瓣梅花形。

③对于多电子原子，与n共同确定原子轨道的能量。

（3）磁量子数

①确定原子轨道的取向。

②确定亚层中轨道数目。

答案：B

3-1-3 **解：**s, p, d波函数角度分布的形状分别为球形、双球形、四瓣梅花形等。

答案：A

3-1-4 **解：**3d 轨道的$n=3$，$l=2$，磁量子数m可取 $0,\pm1,\pm2$。

答案：D

3-1-5 解： 波函数$\psi(n,l,m)$可表示一个原子轨道的运动状态。n,l,m的取值范围：主量子数n可取的数值为1,2,3,4,⋯；角量子数l可取的数值为0,1,2,⋯,$(n-1)$；磁量子数m可取的数值为$0,\pm1,\pm2,\pm3,\cdots,\pm l$。选项A中$n$取1时，$l$最大取$n-1=0$。

答案： A

3-1-6 解： 根据保利不相容原理，在每一轨道上最多只能容纳两个自旋相反的电子。当$l=1$时，m可取$0,\pm1$，即有三个轨道，最多只能容纳6个电子。

答案： A

3-1-7 解： 角量子数不同的原子轨道形状不同，受到其他电子的屏蔽作用不同，轨道能量也不同，所以多电子原子中，n与l共同决定原子轨道的能量。

答案： B

3-1-8 解： 该元素的最外层为$5s^2$，第五周期的IIA、IIB及其他副族的部分元素符合该条件。所以四个选项中选择C更为合适。

答案： C

3-1-9 解： 最高主量子数为3时，有3s、3p和3d亚层，当它填充$3s^2 3p^6$电子后，电子即将进入4s亚层，这时将出现最高主量子数为4，与题意不符。若电子填充到3d亚层上，则它处于激发态，与题意也不符。

答案： A

3-1-10 解： 原子核外电子排布服从三个原则：泡利不相容原理、能量最低原理、洪特规则。

（1）泡利不相容原理：在同一个原子中，不允许两个电子的四个量子数完全相同，即同一个原子轨道最多只能容纳自旋相反的两个电子。

（2）能量最低原理：电子总是尽量占据能量最低的轨道。多电子原子轨道的能级取决于主量子数n和角量子数l，主量子数n相同时，l越大，能量越高；当主量子数n和角量子数l都不相同时，可以发生能级交错现象。轨道能级顺序：1s；2s，2p；3s，3p；4s，3d，4p；5s，4d，5p；6s，4f，5d，6p；7s，5f，6d，⋯。

（3）洪特规则：电子在n，l相同的数个等价轨道上分布时，每个电子尽可能占据磁量子数不同的轨道且自旋方向相同。

原子核外电子分布式书写规则：根据三大原则和近似能级顺序将电子一次填入相应轨道，再按电子层顺序整理，相同电子层的轨道排在一起。

答案： B

3-1-11 解： 根据原子核外电子排布规律，26号元素的基态原子核外电子排布为：$1s^2 2s^2 2p^6 3s^2 3p^6 3d^6 4s^2$，为d区副族元素。其价电子构型为$3d^6 4s^2$。

答案： B

3-1-12 解： 原子序数为15的元素，原子核外有15个电子，基态原子的核外电子排布式为$1s^2 2s^2 2p^6 3s^2 3p^3$，根据洪特规则，$3p^3$中3个电子分占三个不同的轨道，并且自旋方向相同。所以原子序数为15的元素，其基态原子核外电子分布中，有3个未成对电子。

答案： D

3-1-13 解： 洪特规则：同一电子亚层，电子处于全充满、半充满状态时较稳定。

答案： B

3-1-14 解： 离子是原子失去（得到）电子形成的。原子失去电子时，首先失去最外层电子，然后进一步失去次外层上的 d 电子。Fe^{2+}的外层电子排布式为 $3s^2\ 3p^6\ 3d^6$。

答案： D

3-1-15 解： 按保利不相容原理和能量最低原理排布核外电子时，选项 A、C、D 均不是基态电子排布。

答案： B

3-1-16 解： 32 号元素有 32 个电子，其电子排布为：$1s^2\ 2s^2\ 2p^6\ 3s^2\ 3p^6\ 3d^{10}\ 4s^2\ 4p^2$。

答案： D

3-1-17 解： 具有 18+2 电子构型的离子一般为 P 区元素，Pb^{2+}的核外电子排布式为 $1s^2\ 2s^2\ 2p^6\ 3s^2\ 3p^6\ 3d^{10}\ 4s^2\ 4p^6\ 4d^{10}\ 4f^{14}\ 5s^2\ 5p^6\ 5d^{10}\ 6s^2$，次外层 18 个电子，最外层 2 个电子，为 18+2 电子构型。

答案： C

3-1-18 解： 核外电子排布与周期表的关系：元素所在周期数等于该元素原子基态时电子层数；核外电子排布与族的关系：主族及 IB、IIB 的族数等于最外层电子数；IIIB~VIIB 的族数等于最外层s电子数加次外层的d电子数$[(n-1)d+ns]$；$[(n-1)d+ns]=8\sim10$时为第 VIII族。

元素的分区：s 区，包括 IA、IIA 元素；p 区，包括IIIA~VIIA 和零族元素；d 区，包括IIIB~VIIB 和 VIII族元素；ds 区，包括 IB、IIB 元素；f 区，包括镧系和锕系元素。Ag 为 IB 元素，为 ds 区。

答案： A

3-1-19 解： 第四周期有 4 个电子层，最外层有 4s、4p 亚层，次外层有 3s、3p、3d 亚层。当原子失去 3 个电子后，角量子数为 2 的亚层为 3d，3d 处于半充满即 $3d^5$。所以该元素原子基态价电子构型为 $3d^6\ 4s^2$，为 Fe。

答案： D

3-1-20 解： 根据题意，该原子的价电子层的电子分布为 $3d^64s^2$。由此得：周期数等于电子层数，等于最高主量子数，等于 4；最后电子填充在 d 亚层，所以它属于副族元素，而族数等于$[(n-1)d+ns]$电子层上的电子数，即$6+2=8$。

答案： A

3-1-21 解： 四个量子数的物理意义分别为：

主量子数n：①代表电子层；②代表电子离原子核的平均距离；③决定原子轨道的能量。

角量子数l：①表示电子亚层；②确定原子轨道形状；③在多电子原子中决定亚层能量。

磁量子数m：①确定原子轨道在空间的取向；②确定亚层中轨道的数目。

自旋量子数m_s：决定电子自旋方向。

答案： C

3-1-22 解： 原子得失电子原则：当原子失去电子变成正离子时，一般是能量较高的最外层电子先失去，而且往往引起电子层数的减少；当原子得到电子变成负离子时，所得的电子总是分布在它的最外电子层。本题中原子失去的为 4s 上的一个电子，该原子的价电子构型为 $3d^{10}4s^1$，为 29 号 Cu 原子的电子构型。

答案： C

3-1-23 解： 元素的周期数为价电子构型中的最大主量子数，最大主量子数为 5，元素为第五周期；元素价电子构型特点为$(n-1)d^{10}ns^1$，为 IB 族元素特征价电子构型。

答案： B

3-1-24 解： 四元素在周期表的位置见解表。

题 3-1-24 解表

周 期	族	
	IIA	IIIA
二	Be	B
三	Mg	Al

同周期从左到右，主族元素的电负性逐渐增大；同主族从上到下，元素电负性逐渐减小。所以电负性 B 最大，Mg 最小，左上右下对角线上的 Be、Al 居中，且相近。

答案： B

3-1-25 解： 元素周期表中，同一主族元素从上往下随着原子序数增加，原子半径增大；同一周期主族元素随着原子序数增加，原子半径减小。选项 D，As 和 Se 是同一周期主族元素，Se 的原子半径小于 As。

答案： D

3-1-26 解： 第五、六周期副族元素由于镧系收缩原子半径相差很小，性质极为相似。镧系收缩的结果使 Zr 和 Hf，Nb 和 Ta，Mo 和 W 性质极为相似。

答案： A

3-1-27 解： 同一周期主族元素自左至右，第一电离能一般增加，但有一些波动。满或半充满时，其第一电离能相应较大。主族（包括IIIB 族），自上而下第一电离能依次减小；副族，自上而下第一电离能略有增加。

答案： C

3-1-28 解： 元素周期表中，元素最高价态的氧化物及其水合物，同周期从左至右酸性增强，碱性减弱；同族自上而下酸性减弱，碱性增强。也就是元素周期表中，右上角元素最高价态的氧化物及其水合物酸性最强，所以 HNO_3 酸性最强。

答案： C

3-1-29 解： Al_2O_3 为两性氧化物，两性氧化物既可以与稀酸作用，又可以与稀碱作用。

答案： A

3-1-30 解： 同一元素不同价态氧化物的水合物，依价态升高的顺序酸性增强，碱性减弱。

答案： C

3-1-31 解： 同族元素、相同价态的氧化物的水合物，从上到下碱性增加；同一元素不同价态氧化物的水合物，依价态升高的顺序酸性增加，碱性减弱。

答案： B

3-1-32 解： 共价单键中只存在σ键；双键存在一个σ键，一个π键；三键存在一个σ键，两个π键。CO_2 和乙酸中存在双键，乙炔中有三键。

答案： B

3-1-33 解： NH_3 中 N 为不等性 sp^3 杂化，分子为三角锥形，键角小于$109°28'$；H_2S 中 S 为不等性 sp^3 杂化，分子为"V"字形，键角小于$109°28'$；$BeCl_2$ 中 Be 为 sp 杂化，$BeCl_2$ 为直线型分子，键角为 $180°$；CCl_4 中 C 为 sp^3 杂化，分子为正四面体型，键角等于$109°28'$。

答案： C

3-1-34 解： 非金属元素间化学键为共价键，电负性大的非金属原子与电负性小的金属原子间化学键为离子键。NaOH 中 Na^+ 与 OH^- 间是离子键，O 与 H 间是共价键。

答案： B

3-1-35 解： 两个原子间形成共价键时，两原子电负性差值越大，共价键极性越大。F 原子电负性最大。

答案： A

3-1-36 解： 共价键的本质是原子轨道的重叠，离子键由正负离子间的静电作用成键，金属键由金属正离子靠自由电子的胶合作用成键。氢键是强极性键（A-H）上的氢核与电负性很大、含孤电子对并带有部分负电荷的原子之间的静电引力。

答案： A

3-1-37 解： 利用价电子对互斥理论确定杂化类型及分子空间构型的方法。

对于AB_n型分子、离子（A 为中心原子）:

（1）确定 A 的价电子对数（x）

$$x=\frac{1}{2}[\text{A 的价电子数}+\text{B 提供的价电子数}\pm\text{离子电荷数(负/正)}]$$

原则：A 的价电子数=主族序数；B 原子为 H 和卤素每个原子各提供一个价电子，为氧与硫不提供价电子；正离子应减去电荷数，负离子应加上电荷数。

（2）确定杂化类型（见解表）

题 3-1-37 解表

价电子对数	2	3	4
杂化类型	sp 杂化	sp^2 杂化	sp^3 杂化

（3）确定分子空间构型

原则：根据中心原子杂化类型及成键情况确定分子空间构型。如果中心原子的价电子对数等于σ键电子对数，杂化轨道构型为分子空间构型；如果中心原子的价电子对数大于σ键电子对数，分子空间构型发生变化。

$$\text{价电子对数}(x)=\sigma\text{键电子对数}+\text{孤对电子数}$$

根据价电子对互斥理论：$BeCl_2$ 的中心原子 Be 的价电子对数 $x=\frac{1}{2}$(Be 的价电子数 + 两个 Cl 提供的价电子数) $=\frac{1}{2}\times(2+2)=2$，$BeCl_2$ 分子中，Be 形成了两 Be-Cl σ键，价电子对数等于σ键数，所以两个 Be-Cl 夹角为 180°，$BeCl_2$ 为直线型分子，Be 为 sp 杂化。

答案： A

3-1-38 解： B 原子的价电子为 $2s^2 2p^1$，在 B 原子与 F 原子形成化学键的过程中，一个 2s 轨道上的电子跃迁到 2p 轨道上，采取 sp^2 杂化形成三个 sp^2 杂化轨道，三个 sp^2 杂化轨道采取最大夹角原则在空间伸展，形成平面三角形排布。每个杂化轨道与 F 原子形成一个σ键。故 BF_3 为三角形。

答案： B

3-1-39 解： 分子极性不仅看化学键是否有极性，还要看分子的空间构型。当分子的正负电荷中心不重合时为极性分子。CO_2 为直线型分子，BF_3 为平面三角形分子，均为非极性分子。C_2H_3F 可以看作乙烯分子的一个 H 原子被 F 取代，分子中正负电荷重心不重合，为极性分子。

答案： D

3-1-40 解： H_2S 中 S 为 sp^3 不等性杂化，四个杂化轨道中，两个杂化轨道有孤对电子，两个杂化轨道有单电子，有单电子的杂化轨道与H原子形成两个共价键，H_2S分子呈“V”形。

答案：D

3-1-41 解：四种离子同为氯化物，钙元素电负性最小，金属性最强，与氯原子形成化学键的极性最大。

答案：D

3-1-42 解：偶极矩等于零的是非极性分子，偶极矩不等于零的为极性分子。分子是否有极性，取决于整个分子中正、负电荷中心是否重合。$BeCl_2$和CO_2为直线型分子，BF_3为三角形构型，三个分子的正负电荷中心重合，为非极性分子，偶极矩为零；NH_3为三角锥构型，正负电荷中心不重合，为极性分子，偶极矩不为零。

答案：B

3-1-43 解：形成氢键条件：氢原子与电负性大、半径小、有孤对电子的原子X（如F、O、N）形成强极性共价键后，还能吸引另一个电负性较大的原子Y（如F、O、N）中的孤对电子而形成氢键。只有B符合形成氢键条件。

答案：B

3-1-44 解：石墨为层状结构晶体，层内C原子为sp^2杂化，层内C原子上没有参与杂化的P轨道互相平行，形成碳碳间大π键，电子可以在大π键内自由移动。

答案：D

3-1-45 解：甲醇和水分子均为极性分子，极性分子和极性分子的分子间力包括色散力、诱导力、取向力。另外，两个分子中氢原子与氧原子直接结合，符合形成氢键条件，还存在氢键。

答案：B

3-1-46 解：理想气体状态方程$pV = nRT$ 既适用于混合气体中的总气体，也适用于分气体。

对于A气体：$p_1V_1 = n_1RT_1$，$n_1 = \frac{p_1V_1}{RT_1}$；

对于B气体：$p_2V_2 = n_2RT_2$，$n_2 = \frac{p_2V_2}{RT_2}$；

对于混合气体：$pV = nRT$，$p = \frac{nRT}{V}$。

温度不变，$T_1 = T_2 = T$，$n = n_1 + n_2 = \frac{p_1V_1+p_2V_2}{RT}$

将数值代入：$p = \frac{nRT}{V} = \frac{p_1V_1+p_2V_2}{V} = 3.95 \times 10^4\text{Pa}$

答案：B

3-1-47 解：根据分压定律 $p_i = p_{总}\frac{n_i}{n_{总}}$。$\frac{n_i}{n_{总}}$为摩尔分数。

氨气的摩尔分数 $= \frac{0.32}{0.32+0.18+0.70} = \frac{4}{15}$；

氧气的摩尔分数 $= \frac{3}{20}$；

氮气的摩尔分数 $= \frac{7}{12}$。

所以，氨气分压 $= 100 \times \frac{4}{15} \approx 27\text{kPa}$，氧气分压 $= 100 \times \frac{3}{20} = 15\text{kPa}$

氮气分压 $= 100 \times \frac{7}{12} \approx 58\text{kPa}$。

答案：C

3-1-48 解：影响晶格能的因素主要是离子电荷与离子半径。它们的关系可粗略表示为：

$$U \propto \frac{|Z_+ \cdot Z_-|}{r_+ + r_-}$$

在 MgO 和 CaO 中，Z_+、Z_-、r_-都相同，不同的是r_+，由于$r_{Mg^{2+}} < r_{Ca^{2+}}$，所以晶格能：MgO>CaO。

在 CaO 和 NaF 中，Na 与 Ca 在周期表中处于对角线位置，它们的半径近似相等。虽然$r_{O^{2-}}$略大于r_{F^-}，但决定晶格能大小的主要因素仍为Z_+和Z_-。在 CaO 中Z_+与Z_-均高于 NaF 中的Z_+与Z_-，所以晶格能 CaO>NaF。

答案： A

3-1-49 解： NaCl 是离子晶体，冰是分子晶体，SiC 是原子晶体，Cu 是金属晶体。所以 SiC 的熔点最高。

答案： C

3-1-50 解： MgO 为离子晶体，熔化时要破坏离子键；CO_2 为分子晶体，熔化时要破坏分子间力；SiC 为原子晶体，熔化时要破坏共价键力；Cu 为金属晶体，熔化时要破坏金属键力。

答案： C

（二）溶液

3-2-1 分别在四杯 100cm^3 水中加入 5g 乙二酸、甘油、季戊四醇、蔗糖形成四种溶液，则这四种溶液的凝固点：

A. 都相同　　B. 加蔗糖的低

C. 加乙二酸的低　　D. 无法判断

3-2-2 将 15.0g 葡萄糖（$C_6H_{12}O_6$）溶于 200g 水中。该溶液的冰点（k_{fp} =1.86）是：

A. −0.258℃　　B. −0.776℃　　C. −0.534℃　　D. −0.687℃

3-2-3 在 20℃时，将 7.50g 葡萄糖（$C_6H_{12}O_6$）溶于 100g 水中。该溶液的渗透压为：

A. 69.3Pa　　B. 1.02×10^3kPa　　C. 1.02×10^3Pa　　D. 69.3kPa

3-2-4 下列水溶液沸点最高的是：

A. 0.1mol/L$C_6H_{12}O_6$　　B. 0.1mol/LNaCl

C. 0.1mol/L$CaCl_2$　　D. 0.1mol/LHAc

3-2-5 将$pH = 2.00$的 HCl 溶液与$pH = 13.00$的 NaOH 溶液等体积混合后，溶液的 pH 是：

A. 7.00　　B. 12.65　　C. 3.00　　D. 11.00

3-2-6 已知$K_b^\Theta(NH_3) = 1.77\times10^{-5}$，用广范 pH 试纸测定0.10mol/dm^3 氨水溶液的 pH 值约是：

A. 13　　B. 12　　C. 14　　D. 11

3-2-7 某温度时，已知0.100mol/dm^3 氢氰酸（HCN）的电离度为 0.010%，该温度时 HCN 的标准电离常数K_a^Θ是：

A. 1.0×10^{-5}　　B. 1.0×10^{-4}　　C. 1.0×10^{-9}　　D. 1.0×10^{-6}

3-2-8 已知某一元弱酸的浓度为 0.010mol/L，pH=4.55，则其电离常数K_a为：

A. 5.8×10^{-2}　　B. 9.8×10^{-3}　　C. 8.6×10^{-7}　　D. 7.9×10^{-8}

3-2-9 pH 值、体积均相同的乙酸和盐酸溶液，分别与过量碳酸钠反应。在相同条件下，两种酸放出二氧化碳体积的比较，下列叙述中正确的是：

A. 一样多　　B. 乙酸比盐酸多

C. 盐酸比乙酸多　　D. 无法比较

3-2-10 将 0.1mol · L^{-1}的 HOAc 溶液冲稀一倍，下列叙述中正确的是：

A. HOAc 的电离度增大　　B. 溶液中有关离子浓度增大

C. HOAc 的电离常数增大　　D. 溶液的 pH 值降低

3-2-11 在 0.1mol/L HAc 溶液中，下列叙述中不正确的是：

A. 加入少量 NaOH 溶液，HAc 电离平衡向右移动

B. 加 H_2O 稀释后，HAc 的电离度增加

C. 加入浓 HAc，由于增加反应物浓度，使 HAc 电离平衡向右移动，结果使 HAc 电离度增加

D. 加入少量 HCl，使 HAc 电离度减小

3-2-12 在氨水中加入一些 NH_4Cl 晶体，会有下列中哪种变化？

A. $NH_3 \cdot H_2O$ 的电离常数K_b增大　　B. $NH_3 \cdot H_2O$ 的电离度增大

C. 溶液的 pH 值增加　　D. 溶液的 pH 值减小

3-2-13 把 NaAc 晶体加到 0.1mol/L HAc 溶液中，将会有下列中哪种变化？

A. 溶液 pH 值升高　　B. 溶液 pH 值下降

C. K_a增加　　D. K_a减小

3-2-14 在 0.1L 0.1mol/L的 HOAc 溶液中，加入 10g NaOAc 固体，溶液 pH 值的变化是：

A. 降低　　B. 升高　　C. 不变　　D. 无法判断

3-2-15 常温下，在 CH_3COOH 与 CH_3COONa 的混合溶液中，若它们的浓度均为 $0.10mol \cdot L^{-1}$，测得 pH 是 4.75，现将此溶液与等体积的水混合后，溶液的 pH 值是：

A. 2.38　　B. 5.06　　C. 4.75　　D. 5.25

3-2-16 各物质浓度均为 $0.10mol/dm^3$ 的下列水溶液中，其 pH 最小的是：

［已知$K_b^\Theta(NH_3) = 1.77 \times 10^{-5}$，$K_a^\Theta(CH_3COOH) = 1.76 \times 10^{-5}$］

A. NH_4Cl　　B. NH_3

C. CH_3COOH　　D. $CH_3COOH+CH_3COONa$

3-2-17 在某温度时，下列溶液体系中属缓冲溶液的是：

A. $0.100mol/dm^3$ 的 NH_4Cl 溶液

B. $0.100mol/dm^3$ 的 NaAC 溶液

C. $0.400mol/dm^3$ 的 HCl 与 $0.200mol/dm^3$ 的 $NH_3 \cdot H_2O$ 等体积混合后的溶液

D. $0.400mol/dm^3$ 的 $NH_3 \cdot H_2O$ 与 $0.200mol/dm^3$ 的 HCl 等体积混合后的溶液

3-2-18 下列溶液混合，属于缓冲溶液的是：

A. 50mL $0.2mol \cdot L^{-1}$ CH_3COOH 与 50mL $0.1mol \cdot L^{-1}$ NaOH

B. 50mL $0.1mol \cdot L^{-1}$ CH_3COOH 与 50mL $0.1mol \cdot L^{-1}$ NaOH

C. 50mL $0.1mol \cdot L^{-1}$ CH_3COOH 与 50mL $0.2mol \cdot L^{-1}$ NaOH

D. 50mL $0.2mol \cdot L^{-1}$ HCl 与 50mL $0.1mol \cdot L^{-1}$ NH_3H_2O

3-2-19 将 1L 4mol/L氨水（$K_b = 1.8 \times 10^{-5}$）和 1L 2mol/L 盐酸溶液混合，混合后 OH^-离子浓度为：

A. 1mol/L　　B. 2mol/L

C. 8.0×10^{-6}mol/L　　D. 1.8×10^{-5}mol/L

3-2-20 将 0.2mol/L的乙酸与 0.2mol/L乙酸钠溶液混合，为使溶液 pH 值维持在 4.05，则酸和盐的比例应为（$K_a = 1.76 \times 10^{-5}$）：

A. 6 : 1　　B. 4 : 1　　C. 5 : 1　　D. 10 : 1

3-2-21 某一弱酸 HA 的标准解离常数为 1.0×10^{-5}，则相应的弱酸强碱盐 MA 的标准水解常数为：

A. 1.0×10^{-9}　　B. 1.0×10^{-2}　　C. 1.0×10^{-19}　　D. 1.0×10^{-5}

3-2-22 已知$K^{\Theta}(HOAc)=1.8\times10^{-5}$，$0.1mol\cdot L^{-1}NaOAc$ 溶液的 pH 值为：

A. 2.87　　B. 11.13　　C. 5.13　　D. 8.88

3-2-23 $K_{sp}^{\Theta}(Mg(OH)_2)=5.6\times10^{-12}$，则 $Mg(OH)_2$ 在 $0.01mol\cdot L^{-1}NaOH$ 溶液中的溶解度为：

A. $5.6\times10^{-9}mol\cdot L^{-1}$　　B. $5.6\times10^{-10}mol\cdot L^{-1}$

C. $5.6\times10^{-8}mol\cdot L^{-1}$　　D. $5.6\times10^{-5}mol\cdot L^{-1}$

3-2-24 PbI_2 的溶解度为 $1.52\times10^{-3}mol/L$，它的溶度积常数为：

A. 1.40×10^{-8}　　B. 3.50×10^{-7}　　C. 2.31×10^{-6}　　D. 2.80×10^{-8}

3-2-25 已知 $CaCO_3$ 和 PbI_2 的溶度积均约为 1×10^{-9}，两者在水中的溶解度分别为S_1和S_2。下列有关两者的关系正确的是：

A. $S_1 < S_2$　　B. $2S_1 = S_2$　　C. $S_1 > S_2$　　D. $S_1 \approx S_2$

3-2-26 难溶电解质 $BaCO_3$ 在下列溶液中溶解度最大的是：

A. 0.1 mol/dm^3HAc 溶液　　B. 纯水

C. 0.1 mol/dm^3BaCl_2 溶液　　D. 0.1 $mol/dm^3Na_2CO_3$ 溶液

3-2-27 难溶电解质 AgCl 在浓度为 $0.01mol/dm^3$ 的下列溶液中，溶解度最小的是：

A. NH_3　　B. NaCl　　C. H_2O　　D. $Na_2S_2O_2$

3-2-28 25℃时，在$[Cu(NH_3)_4]SO_4$ 水溶液中，滴加 $BaCl_2$ 溶液时有白色沉淀产生，滴加 NaOH 时无变化，而滴加 Na_2S 时则有黑色沉淀，以上现象说明该溶液中：

A. 已无 SO_4^{2-}

B. 已无游离 NH_3

C. 已无 Cu^{2+}

D. $C_{Ba^{2+}}\cdot C_{SO_4{}^{2-}} > K_{sp(BaSO_4)}$，$C_{Cu^{2+}}\cdot C^2_{(OH^-)} < K_{sp[Cu(OH)_2]}$和$C_{Cu^{2+}}\cdot C_{S^{2-}} > K_{sp(CuS)}$

3-2-29 已知 Ag_2SO_4 的$K_{sp}=1.2\times10^{-5}$，$CaSO_4$ 的$K_{sp}=7.1\times10^{-5}$，$BaSO_4$ 的$K_{sp}=1.07\times10^{-10}$。在含有浓度均为1moL/L的 Ag^+、Ca^{2+}、Ba^{2+}的混合溶液中，逐滴加入 H_2SO_4 时，最先和最后沉淀的产物分别是：

A. $BaSO_4$ 和 Ag_2SO_4　　B. $BaSO_4$ 和 $CaSO_4$

C. Ag_2SO_4 和 $CaSO_4$　　D. $CaSO_4$ 和 Ag_2SO_4

3-2-30 能同时溶解 $Zn(OH)_2$、AgI 和 $Fe(OH)_3$ 三种沉淀的试剂是：

A. 氨水　　B. 草酸　　C. KCN 溶液　　D. 盐酸

3-2-31 为使 AgCl 沉淀溶解，可采用的方法是加入下列中的哪种溶液？

A. HCl 溶液　　B. $AgNO_3$ 溶液　　C. NaCl 溶液　　D. 浓氨水

题解及参考答案

3-2-1　解： 溶液沸点上升和凝固点下降的定量关系为拉乌尔定律。根据拉乌尔定律，溶液中粒子浓度越大，溶液凝固点越低。根据分子量和电离综合考虑，乙二酸溶液中粒子浓度最大，凝固点最低。

答案： C

3-2-2 解： 质量摩尔浓度为1000g溶剂中所含溶质的物质的量。所以葡萄糖的质量摩尔浓度$m_{糖}=\frac{15\div180}{0.2}=0.417\text{mol/kg}$，凝固点下降，$\Delta T_{fp}=K_{fp}\cdot m_{糖}=1.86\times0.417\approx0.776℃$，所以该溶液的冰点是$-0.776℃$。

答案： B

3-2-3 解： $p_{渗}=CRT$，$C\approx m$，所以$p_{渗}=mRT=0.417\times8.31\times293\approx1.02\times10^{3}\text{Pa}$。

答案： C

3-2-4 解： 稀溶液定律不适用于浓溶液和电解质溶液，但可作定性比较。溶液沸点升高（ΔT_{bp}）正比于溶液中的粒子数；ΔT_{fp}越高，溶液沸点越高。$CaCl_2$为强电解质，水中全部电离为Ca^{2+}和Cl^-，粒子浓度约为0.3mol，最大。

答案： C

3-2-5 解： pH = 2的HCl溶液，$C_{H^+}=0.01\text{M}$，pH = 13的NaOH溶液，$C_{OH^-}=0.1\text{M}$。等体积混合后溶液中$C_{OH}^-=(0.1-0.01)\div2=0.045\text{M}$，则$C_H^+=10^{-14}\div0.045=2.22\times10^{-13}$，$\text{pH}=-\lg C_H^+=12.65$。

答案： B

3-2-6 解： NH_3为一元弱碱，$C_{OH^-}=\sqrt{K_b\cdot C}=\sqrt{1.77\times10^{-5}\times0.1}=1.33\times10^{-3}\text{mol/L}^{-3}$，$C_{H^+}=10^{-14}\div C_{OH^-}=7.52\times10^{-12}$，$\text{pH}=-\lg C_{H^+}\approx11$。

答案： D

3-2-7 解： 电离度与电离常数的关系：$K_\alpha^\Theta=\frac{C\alpha^2}{1-\alpha}=\frac{0.1\times(0.0001)^2}{1-0.0001}\approx1.0\times10^{-9}$。

答案： C

3-2-8 解： pH = 4.55，$\text{pH}=-\lg C_{H^+}$，求得$C_{H^+}\approx2.8\times10^{-5}\text{mol/L}$，一元弱酸的电离常数$K_a$与$C_{H^+}$的关系为：$C_{H^+}=\sqrt{K_a\cdot C}$，则$K_a=\frac{C_{H^+}^2}{C}=\frac{(2.8\times10^{-5})^2}{0.01}\approx7.9\times10^{-8}$。

答案： D

3-2-9 解： 因为HAc为弱酸，相同pH的HAc和HCl的各自浓度并不相同，HAc的浓度大，与过量碳酸钠反应，放出的二氧化碳乙酸比盐酸多。

答案： B

3-2-10 解： 根据稀释定律$\alpha=\sqrt{K_a/C}$，一元弱酸HOAc的浓度越小，电离度越大。所以HOAc浓度稀释一倍，电离度增大。溶液中有关离子浓度减小，溶液的pH值增大，电离常数不变。

注：HOAc一般写为HAc，普通化学书中常用HAc。

答案： A

3-2-11 解： HAc是弱电解质，存在$\text{HAc}\rightleftharpoons H^++Ac^-$平衡。当加入少量酸或碱时，均可使平衡移动。电离度与浓度有关：$\alpha=\sqrt{K_a/C}$，即$C\downarrow$，$\alpha\uparrow$；$C\uparrow$，$\alpha\downarrow$。

答案： C

3-2-12 解： K_b只与温度有关。加入NH_4Cl使$NH_3\cdot H_2O$电离平衡向左移动，影响$NH_3\cdot H_2O$的电离度和OH^-浓度。氨水中加入NH_4Cl，氨水电离度减小，溶液OH^-浓度减小，H^+浓度增大，pH减小。

答案： D

3-2-13 解： K_a只与温度有关。HAc溶液中加入NaAc使HAc的电离平衡向左移动，$C_{H^+}\downarrow$。

答案： A

3-2-14 解： 往HOAc溶液中加入NaOAc固体，溶液中OAc^-浓度增加，根据同离子效应，使HOAc

的电离平衡向左移动，溶液中氢离子浓度降低，pH 值升高。

答案： B

3-2-15 解： 乙酸和乙酸钠组成缓冲溶液，乙酸和乙酸钠的浓度相等，与等体积水稀释后，乙酸和乙酸钠的浓度仍然相等。缓冲溶液的$\mathrm{pH} = \mathrm{p}K_\mathrm{a} - \lg\frac{C_{酸}}{C_{盐}}$，溶液稀释 pH 值不变。

答案： C

3-2-16 解： 选项 A 为强酸弱碱盐，选项 B 为一元弱碱，选项 C 为一元弱酸，选项 D 为缓冲溶液。

选项 A 的氢离子浓度计算公式：

$$C_{\mathrm{H^+}} = \sqrt{C \cdot K_\mathrm{W}/K_\mathrm{b}} = \sqrt{0.1 \times \frac{10^{-14}}{1.77 \times 10^{-5}}} \approx 7.5 \times 10^{-6}\mathrm{mol/L}，\mathrm{pH} = -\lg C_{\mathrm{H^+}} = -\lg 7.5 \times 10^{-6} \approx 5.1$$

选项 B 的氢离子浓度计算公式：

$$C_{\mathrm{OH^-}} = \sqrt{K_\mathrm{b} \cdot C} = \sqrt{1.77 \times 10^{-5} \times 0.1} \approx 1.33 \times 10^{-3}\mathrm{mol/L}$$

$$C_{\mathrm{H^+}} = \frac{K_\mathrm{W}}{C_{\mathrm{OH^-}}} = \frac{10^{-14}}{1.33 \times 10^{-3}} \approx 7.5 \times 10^{-12}\mathrm{mol/L}，\mathrm{pH} = -\lg C_{\mathrm{H^+}} = -\lg 7.5 \times 10^{-12} \approx 11.1$$

选项 C 的氢离子浓度计算公式：

$$C_{\mathrm{H^+}} = \sqrt{K_\mathrm{a} \cdot C} = \sqrt{1.76 \times 10^{-5} \times 0.1} \approx 1.33 \times 10^{-3}\mathrm{mol/L}，\mathrm{pH} = -\lg C_{\mathrm{H^+}} = -\lg 1.33 \times 10^{-3} \approx 2.9$$

选项 D 的氢离子浓度计算公式：

$$C_{\mathrm{H^+}} = K_\mathrm{a}\frac{C_{酸}}{C_{盐}} = 1.76 \times 10^{-5} \times \frac{0.1}{0.1} = 1.76 \times 10^{-5}\mathrm{mol/L}，\mathrm{pH} = -\lg C_{\mathrm{H^+}} = -\lg 1.76 \times 10^{-5} \approx 4.8$$

答案： C

3-2-17 解： 选项 D 中 $NH_3 \cdot H_2O$ 过量，反应后溶液中存在等浓度的 $NH_3 \cdot H_2O$ 和 NH_4Cl 混合溶液，形成 $NH_3 \cdot H_2O$—NH_4Cl 缓冲溶液。

答案： D

3-2-18 解： 缓冲溶液的组成：弱酸、共轭碱或弱碱及其共轭酸所组成的溶液。选项 A 的 CH_3COOH 过量，与 NaOH 反应生成 CH_3COONa，形成 CH_3COOH/CH_3COONa 缓冲溶液。

答案： A

3-2-19 解： $K_{\mathrm{bNH_3 \cdot H_2O}} = 1.8 \times 10^{-5}$

混合后为 $NH_3 \cdot H_2O$—NH_4Cl 的碱性缓冲溶液

$$C_{\mathrm{OH^-}} = K_\mathrm{b} \cdot \frac{C_{碱}}{C_{盐}} = 1.8 \times 10^{-5} \times \frac{1}{1} = 1.8 \times 10^{-5}\mathrm{mol/L}$$

答案： D

3-2-20 解： 根据弱酸和共轭碱组成的缓冲溶液 H^+浓度计算公式$C_{\mathrm{H^+}} = K_\mathrm{a} \cdot \frac{C_{酸}}{C_{盐}}$，则$\frac{C_{酸}}{C_{盐}} = \frac{C_{\mathrm{H^+}}}{K_\mathrm{a}} = 5$。

答案： C

3-2-21 解： 弱酸强碱盐的标准水解常数为：

$$K_\mathrm{h} = \frac{K_\mathrm{w}}{K_\mathrm{a}} = \frac{1.0 \times 10^{-14}}{1.0 \times 10^{-5}} = 1.0 \times 10^{-9}$$

答案： A

3-2-22 解： NaOAc 为强碱弱酸盐，可以水解，水解常数$K_\mathrm{h} = \frac{K_\mathrm{w}}{K_\mathrm{a}}$，$0.1\mathrm{mol \cdot L^{-1}}$NaOAc 溶液的$C_{\mathrm{OH^-}} =$

$$\sqrt{C\cdot K_h}=\sqrt{C\cdot\frac{K_w}{K_a}}=\sqrt{0.1\times\frac{1\times10^{-14}}{1.8\times10^{-5}}}\approx7.5\times10^{-6}\text{mol}\cdot\text{L}^{-1}$$

$$C_{H^+}=\frac{K_w}{C_{OH^-}}=\frac{1\times10^{-14}}{7.5\times10^{-6}}\approx1.3\times10^{-9}\text{mol}\cdot\text{L}^{-1}，\ \text{pH}=-\lg C_{H^+}\approx8.88$$

答案： D

3-2-23 解： $Mg(OH)_2$ 的溶解度为s，则$K_{sp}=s(0.01+2s)^2$，因s很小，$0.01+2s\approx0.01$，则$5.6\times10^{-12}=s\times0.01^2$，$s=5.6\times10^{-8}$。

答案： C

3-2-24 解： 设 PbI_2 的溶解度为S，则$K_{sp}=4S^3=4\times(1.52\times10^{-3})^3\approx1.40\times10^{-8}$。

答案： A

3-2-25 解： $CaCO_3$ 属于 AB 型，PbI_2 属于 AB_2 型难溶电解质。其溶解度与溶度积之间的关系分别为：

AB 型 $S=\sqrt{K_{sp}}$，$S_1=\sqrt{1\times10^{-9}}\approx3.2\times10^{-5}\text{mol/L}$

AB_2 型 $S=\sqrt[3]{K_{sp}/4}$，$S_2=\sqrt[3]{\frac{1\times10^{-9}}{4}}\approx6.3\times10^{-4}\text{mol/L}$

答案： A

3-2-26 解： 在难溶电解质饱和溶液中，加入含有与难溶物组成相同离子的强电解质，使难溶电解质的溶解度降低的现象称为多相同离子效应。由于同离子效应，选项 C、D 溶液使 $BaCO_3$ 的溶解度减小。选项 A 溶液中的氢离子和碳酸根离子结合生成 CO_2，使 $BaCO_3$ 的溶解平衡向溶解方向移动，溶解度增大。

答案： A

3-2-27 解： AgCl 溶液中存在如下平衡：$AgCl = Ag^+ + Cl^-$，加入 NH_3 和 $Na_2S_2O_3$ 后，NH_3 和 $S_2O_3^{2-}$ 与 Ag^+形成配离子，使平衡向右移动，AgCl 溶解度增大；加入 NaCl，溶液中 Cl^-浓度增大，平衡向左移动，AgCl 溶解度减小。

答案： B

3-2-28 解： 因为溶液中存在$[Cu(NH_3)_4]^{2+} \rightleftharpoons Cu^{2+}+4NH_3$和$BaSO_4 \rightleftharpoons Ba^{2+}+{SO_4}^{2-}$两个平衡，溶液中永远存在 SO_4^{2-}、NH_3 和 Cu^{2+}。根据溶度积规则，滴加 $BaCl_2$ 有白色沉淀，$C_{Ba^{2+}}\cdot C_{{SO_4}^{2-}}>K_{sp(BaSO_4)}$；滴加 NaOH 无沉淀，$C_{Cu^{2+}}\cdot C_{OH^-}^2>K_{sp[Cu(OH)_2]}$；滴加 Na_2S 有黑色沉淀，$C_{Cu^{2+}}\cdot C_{S^{2-}}>K_{sp(CuS)}$。

答案： D

3-2-29 解： Ag_2SO_4 的$K_{sp}=C_{Ag^+}^2\cdot C_{{SO_4}^{2-}}$，为使 Ag^+沉淀生成 Ag_2SO_4，所需 SO_4^{2-}的最小浓度为：

$$C_{{SO_4}^{2-}}=\frac{K_{sp}}{C_{Ag^+}^2}=\frac{1.2\times10^{-5}}{1^2}=1.2\times10^{-5}\text{mol/L}$$

同理，为使 Ca^{2+}沉淀生成 $CaSO_4$，所需 SO_4^{2-}的最小浓度为：

$$C_{{SO_4}^{2-}}=\frac{K_{sp}}{C_{Ca^{2+}}}=\frac{7.1\times10^{-5}}{1}=7.1\times10^{-5}\text{mol/L}$$

为使 Ba^{2+}沉淀生成 $BaSO_4$，所需 SO_4^{2-}的最小浓度为：

$$C_{{SO_4}^{2-}}=\frac{K_{sp}}{C_{Ba^{2+}}}=\frac{1.07\times10^{-10}}{1}=1.07\times10^{-10}\text{mol/L}$$

答案： B

3-2-30 解： 沉淀溶解的条件：降低溶度积常数中相关离子的浓度，使得$Q < K_{sp}$。沉淀溶解的方法：酸解溶解法、氧化还原溶解法、配合溶解法。CN^-能和Zn^{2+}、Ag^+和Fe^{3+}形成非常稳定的配离子，使沉淀溶解平衡向溶解方向移动。

答案： C

3-2-31 解： 在 AgCl 的溶解平衡中，若再加入Ag^+，或Cl^-，则只能使 AgCl 进一步沉淀。加入浓氨水，Ag^+与NH_3形成配离子$[Ag(NH_3)_2]^+$，使 AgCl 沉淀溶解平衡向溶解方向移动。

答案： D

（三）化学反应速率与化学平衡

3-3-1 对一个化学反应来说，下列叙述正确的是：

A. $\Delta_r G_m^{\ominus}$越小，反应速率越快　　B. $\Delta_r H_m^{\ominus}$越小，反应速率越快

C. 活化能越小，反应速率越快　　D. 活化能越大，反应速率越快

3-3-2 升高温度，反应速率常数增大的主要原因是：

A. 活化分子百分数增加　　B. 混乱度增加

C. 活化能增加　　D. 压力增大

3-3-3 关于化学反应速率常数k的说法正确的是：

A. k值较大的反应，其反应速率在任何情况下都大

B. 通常一个反应的温度越高，其k值越大

C. 一个反应的k值大小与反应的性质无关

D. 通常一个反应的浓度越大，其k值越大

3-3-4 一般来说，某反应在其他条件一定时，温度升高其反应速率会明显增加，主要原因是：

A. 分子碰撞机会增加　　B. 反应物压力增加

C. 活化分子百分率增加　　D. 反应的活化能降低

3-3-5 反应$N_2 + 3H_2 \rightleftharpoons 2NH_3$的平均速率，在下面的表示方法中不正确的是？

A. $\frac{-\Delta C_{H_2}}{\Delta t}$　　B. $\frac{-\Delta C_{N_2}}{\Delta t}$　　C. $\frac{\Delta C_{NH_3}}{\Delta t}$　　D. $\frac{-\Delta C_{NH_3}}{\Delta t}$

3-3-6 反应速率常数的大小取决于下述中的哪一项？

A. 反应物的本性和反应温度　　B. 反应物的浓度和反应温度

C. 反应物浓度和反应物本性　　D. 体系压力和活化能大小

3-3-7 增加反应物浓度可改变下列量中哪种性能？

A. 正反应速率　　B. 化学平衡常数

C. 反应速率常数　　D. 反应活化能

3-3-8 某反应的速率方程为$v = kC_A^2 \cdot C_B$，若使密闭的反应容积减小一半，则反应速率为原来速率的多少？

A. $\frac{1}{6}$　　B. $\frac{1}{8}$　　C. 8　　D. $\frac{1}{4}$

3-3-9 在 298K 时，$H_2(g) + \frac{1}{2}O_2(g) = H_2O(l)$，$\Delta H = -285.8\text{kJ/mol}$。若温度升高，则有下列中何种变化？

A. 正反应速率增大，逆反应速率减小

B. 正反应速率增大，逆反应速率增大

C. 正反应速率减小，逆反应速率增大

D. 正反应速率减小，逆反应速率减小

3-3-10 某放热反应正反应活化能是 15kJ/mol，逆反应的活化能是：

A. −15kJ/mol　　B. 大于 15kJ/mol

C. 小于 15kJ/mol　　D. 无法判断

3-3-11 下列反应中$\Delta_r S_m^\ominus > 0$的是：

A. $2H_2(g) + O_2(g) \longrightarrow 2H_2O(g)$

B. $N_2(g) + 3H_2(g) \longrightarrow 2NH_3(g)$

C. $NH_4Cl(s) \longrightarrow NH_3(g) + HCl(g)$

D. $CO_2(g) + 2NaOH(aq) \longrightarrow Na_2CO_3(aq) + H_2O(l)$

3-3-12 金属钠在氯气中燃烧生成氯化钠晶体，其反应的熵变是：

A. 增大　　B. 减少　　C. 不变　　D. 无法判断

3-3-13 化学反应低温自发，高温非自发，该反应的：

A. $\Delta H < 0$，$\Delta S < 0$　　B. $\Delta H > 0$，$\Delta S < 0$

C. $\Delta H < 0$，$\Delta S > 0$　　D. $\Delta H > 0$，$\Delta S > 0$

3-3-14 已知反应$N_2(g) + 3H_2(g) = 2NH_3(g)$的$\Delta_r H_m < 0$，$\Delta_r S_m < 0$，则该反应为：

A. 低温易自发，高温不易自发　　B. 高温易自发，低温不易自发

C. 任何温度都易自发　　D. 任何温度都不易自发

3-3-15 暴露在常温空气中的碳并不燃烧，这是由于反应$C(s) + O_2(g) = CO_2(g)$的：

［已知：$CO_2(g)$的$\Delta_f G_m^\ominus(298.15K) = -394.36kJ/mol$］

A. $\Delta_r G_m^\ominus > 0$，不能自发进行

B. $\Delta_r G_m^\ominus < 0$，但反应速率缓慢

C. 逆反应速率大于正反应速率

D. 上述原因均不正确

3-3-16 在一定温度下，下列反应$2CO(g) + O_2(g) = 2CO_2(g)$的$K_p$与$K_c$之间的关系正确的是：

A. $K_p = K_c$　　B. $K_P = K_c \times (RT)$

C. $K_p = K_c/(RT)$　　D. $K_p = 1/K_c$

3-3-17 一定温度下，某反应的标准平衡常数$K^\ominus$的数值：

A. 恒为常数，并与反应方程式的写法有关

B. 由反应方程式的写法而定

C. 由平衡浓度及平衡分压而定

D. 由加入反应物的量而定

3-3-18 在一定条件下，已建立化学平衡的某可逆反应，当改变反应条件使化学平衡向正反应方向移动时，下列有关叙述肯定不正确的是：

A. 生成物的体积分数一定增加　　B. 生成物的产量一定增加

C. 反应物浓度一定降低　　D. 使用了合适的催化剂

3-3-19 为了减少汽车尾气中 NO 和 CO 污染大气，拟按下列反应进行催化转化$NO(g) + CO(g) = \frac{1}{2}N_2(g) + CO_2(g)$，$\Delta_r H_m^\ominus(298.15K) = -374kJ/mol$。为提高转化率，应采取的措施是：

A. 低温高压　　B. 高温高压　　C. 低温低压　　D. 高温低压

3-3-20 可逆反应$2SO_2(g)+O_2(g) \rightleftharpoons 2SO_3(g)$的$\Delta H<0$。下列叙述正确的是：

A. 降压时，平衡常数减小　　B. 升温时，平衡常数增大

C. 降温时，平衡常数增大　　D. 降压时，平衡常数增大

3-3-21 某气体反应在密闭容器中建立了化学平衡，如果温度不变但体积缩小了一半，则平衡常数为原来的：

A. 3 倍　　B. 1/2　　C. 2 倍　　D. 不变

3-3-22 平衡反应

$$2NO(g)+O_2(g) \rightleftharpoons 2NO(g) \quad (\Delta H<0)$$

使平衡向右移动的条件是下列中的哪一项？

A. 升高温度和增加压力　　B. 降低温度和压力

C. 降低温度和增加压力　　D. 升高温度和降低压力

3-3-23 已知在一定温度下

$$SO_3(g) \rightleftharpoons SO_2(g)+\frac{1}{2}O_2 \quad (K_1=0.050)$$

$$NO_2(g) \rightleftharpoons NO(g)+\frac{1}{2}O_2 \quad (K_2=0.012)$$

则在相同条件下

$$SO_2(g)+NO_2(g) \rightleftharpoons SO_3(g)+NO(g)$$

反应的平衡常数K为：

A. 0.038　　B. 4.2　　C. 0.026　　D. 0.24

3-3-24 有反应：$Fe_2O_3(s)+3H_2(g) \rightleftharpoons 2Fe(s)+3H_2O(l)$，此反应的标准平衡常数表达式应是：

A. $K^\ominus=\frac{p_{H_2O}/p^\ominus}{p_{H_2}/p^\ominus}$　　B. $K^\ominus=\frac{(p_{H_2O}/p^\ominus)^3}{(p_{H_2}/p^\ominus)^3}$

C. $K^\ominus=\frac{1}{p_{H_2}/p^\ominus}$　　D. $K^\ominus=\frac{1}{(p_{H_2}/p^\ominus)^3}$

3-3-25 对于一个化学反应，下列各组中关系正确的是：

A. $\Delta_r G_m^\ominus>0$，$K^\ominus<1$　　B. $\Delta_r G_m^\ominus>0$，$K^\ominus>1$

C. $\Delta_r G_m^\ominus<0$，$K^\ominus=1$　　D. $\Delta_r G_m^\ominus<0$，$K^\ominus<1$

3-3-26 已知 298K 时，反应$N_2O_4(g) \rightleftharpoons 2NO_2(g)$的$K^\ominus=0.1132$，在 298K 时，如$p(N_2O_4)=p(NO_2)=100kPa$，则上述反应进行的方向是：

A. 反应向正向进行　　B. 反应向逆向进行

C. 反应达平衡状态　　D. 无法判断

3-3-27 反应$A(g)+B(g) \rightleftharpoons 2C(g)$达平衡后，如果升高总压，则平衡移动的方向是：

A. 向右　　B. 向左

C. 不移动　　D. 无法判断

3-3-28 在一容器中，反应$2NO_2(g) \rightleftharpoons 2NO(g)+O_2(g)$，恒温条件下达到平衡后，加一定量 Ar 气体保持总压力不变，平衡将会：

A. 向正方向移动　　B. 向逆方向移动

C. 没有变化　　　　　　　　　　D. 不能判断

题解及参考答案

3-3-1　解：由阿仑尼乌斯公式$k = Ze^{\frac{-\varepsilon}{RT}}$可知：温度一定时，活化能越小，速率常数就越大，反应速率也越大。活化能越小，反应越易正向进行。

答案：C

3-3-2　解：反应速率常数：表示反应物均为单位浓度时的反应速率。升高温度能使更多分子获得能量而成为活化分子，活化分子百分数可显著增加，发生化学反应的有效碰撞增加，从而增大反应速率常数。

答案：A

3-3-3　解：速率常数表示反应物均为单位浓度时的反应速率。速率常数的大小取决于反应的本质及反应温度，而与浓度无关。

反应速率常数与温度的定量关系式（阿伦尼乌斯公式）：$k = Ae^{-\frac{E_a}{RT}}$，A指前因子；E_a为反应的活化能。A与E_a都是反应的特性常数，基本与温度无关。

结论：反应温度越高，速率常数越大，速率也越大；温度一定时，活化能越大，速率常数越小，速率越小。

答案：B

3-3-4　解：温度升高，分子获得能量，活化分子百分率增加。

答案：C

3-3-5　解：反应速率通常由单位时间内反应物或生成物的变化量来表示。

答案：D

3-3-6　解：速率常数为反应物浓度均为单位浓度时的反应速率。它的大小取决于反应物的本性和反应温度，而与反应物浓度无关。

答案：A

3-3-7　解：反应速率与反应物浓度及速率常数有关。速率常数与反应温度、活化能有关，化学平衡常数仅是温度的函数。

答案：A

3-3-8　解：反应容积减小一半，相当于反应物浓度增加到原来的两倍。反应速率$v = k(2C_A)^2 \cdot (2C_B) = 8kC_A^2 \cdot C_B$。

答案：C

3-3-9　解：无论是吸热反应还是放热反应，温度升高时由阿仑尼乌斯公式得出，速率常数均增加。因此反应速率也都增加。

答案：B

3-3-10　解：化学反应的热效应ΔH与正、逆反应活化能的关系为

$$\Delta H = \varepsilon_{正} - \varepsilon_{逆}$$

且放热反应的$\Delta H < 0$，吸热反应的$\Delta H > 0$。本反应为放热反应，$\Delta H = \varepsilon_{正} - \varepsilon_{逆} < 0$，$\varepsilon_{逆} > \varepsilon_{正}$，所以$\varepsilon_{逆} > 15\text{kJ/mol}$。

答案：B

3-3-11 解： 物质的标准熵值大小一般规律：

①对于同一种物质，$S_g > S_l > S_s$。

②同一物质在相同的聚集状态时，其熵值随温度的升高而增大，$S_{高温} > S_{低温}$。

③对于不同种物质，$S_{复杂分子} > S_{简单分子}$。

④对于混合物和纯净物，$S_{混合物} > S_{纯物质}$。

⑤对于一个化学反应的熵变，反应前后气体分子数增加的反应熵变大于零，反应前后气体分子数减小的反应熵变小于零。

4个选项化学反应前后气体分子数的变化：

A选项，$2-2-1=-1$

B选项，$2-1-3=-2$

C选项，$1+1-0=2$

D选项，$0-1=-1$

答案： C

3-3-12 解： 反应方程式为$2Na(s) + Cl_2(g) = 2NaCl(s)$。气体分子数增加的反应，其熵值增大；气体分子数减小的反应，熵值减小。

答案： B

3-3-13 解： 反应自发性判据（最小自由能原理）：$\Delta G < 0$，自发过程，过程能向正方向进行；$\Delta G = 0$，平衡状态；$\Delta G > 0$，非自发过程，过程能向逆方向进行。

由公式$\Delta G = \Delta H - T\Delta S$及自发判据可知，当$\Delta H$和$\Delta S$均小于零时，$\Delta G$在低温时小于零，所以低温自发，高温非自发。转换温度$T = \frac{\Delta H}{\Delta S}$。

答案： A

3-3-14 解： 由公式$\Delta G = \Delta H - T\Delta S$可知，当$\Delta H$和$\Delta S$均小于零时，$\Delta G$在低温时小于零，所以低温自发，高温非自发。

答案： A

3-3-15 解： 根据化学反应的摩尔吉布斯函数变化值的计算公式：

$$\Delta_r G_m^\Theta(298.15K) = \sum v_r \Delta_f G_m^\Theta(生成物) - \sum v_r \Delta_f G_m^\Theta(反应物)$$

求得反应的$\Delta_r G_m^\Theta(298.15K) = -394.36kJ/mol$

根据反应自发性判据，$\Delta_r G_m^\Theta(298.15K) < 0$，反应能够正向进行，但常温下反应速率很慢。

答案： B

3-3-16 解： K_p与K_c均为实验平衡常数。对于气体反应，实验平衡常数既可以用浓度表示，也可以用平衡时各气体的分压表示。K_p与K_c的关系为：$K_p = K_c(RT)^{\Delta n}$（Δn为气体生成物系数之和减去气体反应物系数之和）。本反应$\Delta n = -1$，根据公式计算，$K_p = K_c/(RT)$。

答案： C

3-3-17 解： 标准平衡常数特征：不随压力和组成而变，只是温度的函数。符合多重平衡规则，与方程式的书写有关。

答案： A

3-3-18 解： 催化剂的主要特征：改变反应途径，降低活化能，使反应速率增大；只能改变达到平衡的时间而不能改变平衡的状态。催化剂能够同时增加正、反向反应速率，不会使平衡移动。

答案： D

3-3-19 解： 压力对固相或液相的平衡没有影响，对反应前后气体计量数不变的反应的平衡也没有影响。对于反应前后气体计量系数不同的反应，增大压力，平衡向气体分子数减少的方向移动；减少压力，平衡向气体分子数增加的方向移动。

温度对化学平衡影响，是通过K^{Θ}值改变，从而使平衡发生移动。对于吸热反应，温度T升高，K^{Θ}值增大，平衡正向移动；对于放热反应，温度T升高，K^{Θ}降低，平衡逆向移动。

此反应为气体分子数减少的反应，所以增加压力平衡正向移动；此反应还是放热反应，降低温度平衡正向移动。

答案： A

3-3-20 解： 温度不变时，压力和浓度对平衡常数没有影响。对放热反应，温度升高，平衡常数下降；对吸热反应，温度升高，平衡常数增大。

答案： C

3-3-21 解： 平衡常数是温度的函数，温度不变，平衡常数不变。

答案： D

3-3-22 解： 对吸热反应升高温度、对放热反应降低温度有利反应向右移动；对反应前后分子数增加的反应减压、对反应前后分子总数减少的反应加压均有利反应向右移动。此反应为气体分子数减小的放热反应，所以降温加压有利于反应正向移动。

答案： C

3-3-23 解： 多重平衡规则：当n个反应相加（或相减）得总反应时，总反应的平衡常数等于各个反应平衡常数的乘积（或商）。本题中第三个反应等于第二个反应减第一个反应。所以，第三个反应的$K = K_2/K_1 = 0.012/0.050 = 0.24$。

答案： D

3-3-24 解： 纯固体、纯液体的浓度不写入平衡常数表达式中；反应式中物质前的计量数是平衡常数表达式中浓度的指数。

答案： D

3-3-25 解： 根据吉布斯等温方程$\Delta_r G_m^{\Theta} = -RT\ln K^{\Theta}$推断，$K^{\Theta} < 1$，$\Delta_r G_m^{\Theta} > 0$。

答案： A

3-3-26 解： $p(N_2O_4) = p(NO_2) = 100\text{kPa}$时，$N_2O_4(g) \rightleftharpoons 2NO_2(g)$的反应熵：

$$Q = \frac{\left[\frac{p(NO_2)}{p^{\Theta}}\right]^2}{\frac{p(N_2O_4)}{p^{\Theta}}} = 1 > K^{\Theta} = 0.1132$$

根据反应熵判据，反应逆向进行。

答案： B

3-3-27 解： 对有气体参加的反应，改变总压强（各气体反应物和生成物分压之和）时，如果反应前后气体分子数相等，则平衡不移动。

答案： C

3-3-28 解： 压力对固相或液相的平衡没有影响；对反应前后气体计量系数不变的反应的平衡也没有影响。反应前后气体计量系数不同的反应：增大压力，平衡向气体分子数减少的方向；减少压力，平衡向气体分子数增加的方向移动。

总压力不变，加入惰性气体 Ar，相当于减少压力，反应方程式中各气体的分压减小，平衡向气体分子数增加的方向移动。

答案：A

（四）氧化还原反应与电化学

3-4-1 将反应$MnO_2 + HCl \longrightarrow MnCl_2 + Cl_2 + H_2O$配平后，方程中$MnCl_2$的系数是：

A. 1　　B. 2　　C. 3　　D. 4

3-4-2 对于化学反应$3Cl_2 + 6NaOH = NaClO_3 + 5NaCl + 3H_2O$，下列叙述正确的是：

A. Cl_2既是氧化剂，又是还原剂　　B. Cl_2是氧化剂，不是还原剂

C. Cl_2是还原剂，不是氧化剂　　D. Cl_2既不是氧化剂，又不是还原剂

3-4-3 关于盐桥叙述错误的是：

A. 分子通过盐桥流动

B. 盐桥中的电解质可以中和两个半电池中的过剩电荷

C. 可维持氧化还原反应进行

D. 盐桥中的电解质不参加电池反应

3-4-4 反应$Sn^{2+} + 2Fe^{3+} = Sn^{4+} + 2Fe^{2+}$能自发进行，将其设计为原电池，电池符号为：

A. (−)C | $Fe^{2+}(C_1)$、$Fe^{3+}(C_2)$ ‖ $Sn^{4+}(C_3)$、$Sn^{2+}(C_4)$ ‖ Pt(+)

B. (−)Pt | $Sn^{4+}(C_1)$、$Sn^{2+}(C_2)$ ‖ $Fe^{3+}(C_3)$、$Fe^{2+}(C_4)$ ‖ C(+)

C. (+)C | $Fe^{2+}(C_1)$、$Fe^{3+}(C_2)$ ‖ $Sn^{4+}(C_3)$、$Sn^{2+}(C_4)$ ‖ Sn(−)

D. (−)Pt | $Sn^{4+}(C_1)$、$Sn^{2+}(C_2)$ ‖ $Fe^{2+}(C_3)$、$Fe^{3+}(C_4)$ ‖ Fe(+)

3-4-5 已知氯电极的标准电势为1.358V，当氯离子浓度为$0.1mol \cdot L^{-1}$，氯气分压为$0.1 \times 100kPa$时，该电极的电极电势为：

A. 1.358V　　B. 1.328V　　C. 1.388V　　D. 1.417V

3-4-6 有原电池$(-)Zn|ZnSO_4(c_1)||CuSO_4(c_2)|Cu(+)$，如向铜半电池中通入硫化氢，则原电池电动势变化趋势是：

A. 变大　　B. 变小　　C. 不变　　D. 无法判断

3-4-7 已知下列电对电极电势的大小顺序为：$E(F_2/F^-) > E(Fe^{3+}/Fe^{2+}) > E(Mg^{2+}/Mg) > E(Na^+/Na)$，则下列离子中最强的还原剂是：

A. F^-　　B. Fe^{2+}　　C. Na^+　　D. Mg^{2+}

3-4-8 下列物质与H_2O_2水溶液相遇时，能使H_2O_2显还原性的是：

[已知：$\varphi^{\ominus}_{MnO_4^-/Mn^{2+}} = 1.507V$，$\varphi^{\ominus}_{Sn^{4+}/Sn^{2+}} = 0.151V$，$\varphi^{\ominus}_{Fe^{3+}/Fe^{2+}} = 0.771V$，$\varphi^{\ominus}_{O_2/H_2O_2} = 0.695V$，$\varphi^{\ominus}_{H_2O/H_2O_2} = 1.776V$，$\varphi^{\ominus}_{O_2/OH^-} = 0.401V$]

A. MnO_4^-（酸性）　　B. $SnCl_2$　　C. Fe^{2+}　　D. NaOH

3-4-9 标准电极电势是：

A. 电极相对于标准氢电极的电极电势

B. 在标准状态下，电极相对于标准氢电极的电极电势

C. 在任何条件下，可以直接使用的电极电势

D. 与物质的性质无关的电极电势

3-4-10 已知$\varphi^{\ominus}_{Cu^{2+}/Cu} = 0.342V$，$\varphi^{\ominus}_{I_2/I^-} = 0.536V$，$\varphi^{\ominus}_{Fe^{3+}/Fe^{2+}} = 0.771V$，$\varphi^{\ominus}_{Sn^{4+}/Sn^{2+}} = 0.151V$，试判断下列还原剂的还原性由强到弱的是：

A. Cu、I^-、Fe^{2+}、Sn^{2+}　　B. I^-、Fe^{2+}、Sn^{2+}、Cu

C. Sn^{2+}、Cu、I^-、Fe^{2+}　　D. Fe^{2+}、Sn^{2+}、I^-、Cu

3-4-11 根据反应 $2Fe^{3+} + Sn^{2+} \longrightarrow Sn^{4+} + 2Fe^{2+}$ 构成的原电池，测得 $E^\ominus = 0.616V$，已知 $\varphi^\ominus_{Fe^{3+}/Fe^{2+}} = 0.770V$，则 $\varphi^\ominus_{Sn^{4+}/Sn^{2+}}$ 为：

A. 1.386V　　B. 0.154V　　C. −0.154V　　D. −1.386V

3-4-12 电极反应，$Al^{3+} + 3e^- = Al$，$\varphi^\ominus = -1.66V$，推测电极反应 $3Al - 6e^- = 2Al^{3+}$ 的标准电极电势是：

A. −3.32V　　B. 1.66V　　C. −1.66V　　D. 3.32V

3-4-13 下列两个电极反应

$Cu^{2+} + 2e^- = Cu$　　（1）$\varphi_{Cu^{2+}/Cu}$

$I_2 + 2e^- = 2I^-$　　（2）φ_{I_2/I^-}

当离子浓度增大时，关于电极电势的变化下列叙述中正确的是：

A. （1）变小，（2）变小　　B. （1）变大，（2）变大

C. （1）变小，（2）变大　　D. （1）变大，（2）变小

3-4-14 已知 $\varphi^\ominus_{Zn^{2+}/Zn} = -0.76V$，$\varphi^\ominus_{Cu^{2+}/Cu} = -0.34V$，$\varphi^\ominus_{Fe^{2+}/Fe} = -0.44V$，当在 $ZnSO_4$（1.0mol/L）和 $CuSO_4$（1.0mol/L）的混合溶液中放入一枚铁钉得到的产物是：

A. Zn、Fe^{2+} 和 Cu　　B. Fe^{2+} 和 Cu

C. Zn、Fe^{2+} 和 H_2　　D. Zn 和 Fe^{2+}

3-4-15 下列反应能自发进行

$$2Fe^{3+} + Cu = 2Fe^{2+} + Cu^{2+}$$

$$Cu^{2+} + Fe = Fe^{2+} + Cu$$

由此比较，a)$\varphi_{Fe^{3+}/Fe^{2+}}$，b)$\varphi_{Cu^{2+}/Cu}$，c)$\varphi_{Fe^{2+}/Fe}$ 的代数值大小顺序应为：

A. $c > b > a$　　B. $b > a > c$　　C. $a > c > b$　　D. $a > b > c$

3-4-16 pH 值对电极电势有影响的是下列中哪个电对？

A. Sn^{4+}/Sn^{2+}　　B. $Cr_2O_7^{2-}/Cr^{3+}$　　C. Ag^+/Ag　　D. Br_2/Br^-

3-4-17 在铜锌原电池中，往 $CuSO_4$ 溶液中加入氨水，电池电动势将有何变化？

A. 变大　　B. 不变　　C. 变小　　D. 无法确定

3-4-18 由电对 MnO_4^-/Mn^{2+} 和电对 Fe^{3+}/Fe^{2+} 组成原电池，已知 $\varphi_{MnO_4^-/Mn^{2+}} > \varphi_{Fe^{3+}/Fe^{2+}}$，则电池反应的产物为：

A. Fe^{3+} 和 Mn^{2+}　　B. MnO_4^- 和 Fe^{3+}

C. Mn^{2+} 和 Fe^{2+}　　D. MnO_4^- 和 Fe^{2+}

3-4-19 已知 $\varphi^\ominus_{Cu^{2+}/Cu} = 0.34V$、$\varphi^\ominus_{Sn^{4+}/Sn^{2+}} = 0.15V$，在标准状态下反应 $Sn^{2+} + Cu^{2+} \rightleftharpoons Cu + Sn^{4+}$ 达到平衡时，该反应的 $\lg K$ 为：

A. 3.2　　B. 6.4　　C. −6.4　　D. −3.2

3-4-20 用铜作电极，电解 $CuCl_2$ 溶液时，阳极的主要反应是：

A. $2H^+ + 2e^- \rightleftharpoons H_2$　　B. $4OH^- - 4e^- \rightleftharpoons 2H_2O + O_2$

C. $Cu - 2e^- \rightleftharpoons Cu^{2+}$　　D. $2Cl^- - 2e^- \rightleftharpoons Cl_2$

3-4-21 电解熔融的 $MgCl_2$，以 Pt 作电极。阴极产物是：

A. Mg　　B. Cl_2　　C. O_2　　D. H_2

3-4-22 为保护轮船不被海水腐蚀，可做阳极牺牲的金属：

A. Zn　　B. Na　　C. Cu　　D. Pb

3-4-23 下列说法中错误的是：

A. 金属表面涂刷油漆可以防止金属腐蚀

B. 金属在潮湿空气中主要发生吸氧腐蚀

C. 牺牲阳极保护法中，被保护金属作为腐蚀电池的阳极

D. 在外加电流保护法中，被保护金属接外加直流电源的负极

题解及参考答案

3-4-1　解： 可以用氧化还原配平法。配平后的方程式为$MnO_2 + 4HCl = MnCl_2 + Cl_2 + 2H_2O$。

答案： A

3-4-2　解： Cl_2一部分变成 ClO_3^-，化合价升高，是还原剂；一部分变为 Cl^-，化合价降低，是氧化剂。

答案： A

3-4-3　解： 盐桥的作用为沟通内电路，补充电荷，维持电荷平衡，使电流持续产生。分子不通过盐桥流动。

答案： A

3-4-4　解： 由反应方程式可得出$\varphi_{Fe^{3+}/Fe^{2+}} > \varphi_{Sn^{4+}/Sn^{2+}}$；电极电势高的是正极，低的是负极；原电池的负极写在左边，正极写在右边；同种金属不同价态的离子必须用惰性电极作导体。

答案： B

3-4-5　解： 根据电极电势的能斯特方程式：

$$\varphi(Cl_2/Cl^-) = \varphi^{\Theta}(Cl_2/Cl^-) + \frac{0.0592}{n} \times \lg\frac{\left[\frac{p(Cl_2)}{p^{\Theta}}\right]}{\left[\frac{C(Cl^-)}{C^{\Theta}}\right]^2} = 1.358 + \frac{0.0592}{2} \times \lg 10 = 1.388V$$

答案： C

3-4-6　解： 　铜电极通入 H_2S，生成 CuS 沉淀，Cu^{2+}浓度减小。

铜半电池反应为：$Cu^{2+}+2e^-=Cu$，根据电极电势的能斯特方程式

$$\varphi = \varphi^{\Theta} + \frac{0.059}{2}\lg\frac{C_{氧化型}}{C_{还原型}} = \varphi^{\Theta} + \frac{0.059}{2}\lg C_{cu^{2+}}$$

$C_{cu^{2+}}$减小，电极电势减小。原电池的电动势$E = \varphi_{正} - \varphi_{负}$，$\varphi_{正}$减小，$\varphi_{负}$不变，则电动势$E$减小。

答案： B

3-4-7　解： 电对中，斜线右边为氧化态，斜线左边为还原态。电对的电极电势越大，表示电对中氧化态的氧化能力越强，是强氧化剂；电对的电极电势越小，表示电对中还原态的还原能力越强，是强还原剂。所以依据电对电极电势大小顺序，知氧化剂强弱顺序：$F_2>Fe^{3+}>Mg^{2+}>Na^+$；还原剂强弱顺序：$Na>Mg>Fe^{2+}>F^-$。

答案： B

3-4-8　解： 电对中，斜线右边为氧化态，斜线左边为还原态。电对的电极电势越大，表示电对中氧化态的氧化能力越强，是强氧化剂；电对的电极电势越小，表示电对中还原态的还原能力越强，是强

还原剂。H_2O_2作为还原剂被氧化为O_2时的电极电势为0.695V，所以电极电势大于0.695V的电对的氧化态可以将H_2O_2氧化为O_2, MnO_4^-和Fe^{3+}可以使H_2O_2显还原性。

答案： A

3-4-9　解： 标准电极电势定义：标准状态时，电极相对于标准氢电极的电极电势。标准状态：当温度为298K，离子浓度为1mol/L，气体分压为100kPa，固体为纯固体，液体为纯液体的状态。

答案： B

3-4-10　解： φ^{Θ}值越小，表示电对中还原态的还原能力越强。

答案： C

3-4-11　解： 将反应组成原电池时，反应物中氧化剂为正极，还原剂为负极，电动势等于正极电极电势减负极电极电势。本反应中$E^{\Theta}=\varphi^{\Theta}_{Fe^{3+}/Fe^{2+}}-\varphi^{\Theta}_{Sn^{4+}/Sn^{2+}}$，则

$$\varphi^{\Theta}_{Sn^{4+}/Sn^{2+}}=\varphi^{\Theta}_{Fe^{3+}/Fe^{2+}}-E^{\Theta}=0.770-0.616=0.154\text{V}$$

答案： B

3-4-12　解： 标准电极电势数值的大小只取决于物质的本性，与物质的数量和电极反应的方向无关。

答案： C

3-4-13　解： 根据能斯特方程式，两个电极的电极电势分别为：

$$\varphi_{Cu^{2+}/Cu}=\varphi^{\Theta}_{Cu^{2+}/Cu}+\frac{0.059}{2}\lg C_{Cu^{2+}}$$

$$\varphi_{I_2/I^-}=\varphi^{\Theta}_{I_2/I^-}+\frac{0.059}{2}\lg\frac{1}{(C_{I^-})^2}=\varphi^{\Theta}_{I_2/I^-}-0.059\lg C_{I^-}$$

所以，当离子浓度增大时，$\varphi_{Cu^{2+}/Cu}$变大，φ_{I_2/I^-}变小。

答案： D

3-4-14　解： 加入铁钉是还原态，它能和电极电势比$\varphi^{\Theta}_{Fe^{2+}/Fe}$高的电对中的氧化态反应。所以Fe和$Cu^{2+}$反应生成$Fe^{2+}$和Cu。

答案： B

3-4-15　解： 两个反应能自发进行，所以两个反应的电动势都大于零，即正极电极电势大于负极电极电势。由反应1可知：$\varphi_{Fe^{3+}/Fe^{2+}}>\varphi_{Cu^{2+}/Cu}$；由反应2可知：$\varphi_{Cu^{2+}/Cu}>\varphi_{Fe^{2+}/Fe}$。

答案： D

3-4-16　解： 有氢离子参加电极反应时，pH值对该电对的电极电势有影响。它们的电极反应为：

A. $Sn^{4+}+2e^-=Sn^{2+}$　　B. $Cr_2O_7^{2-}+14H^++3e^-=2Cr^{3+}+7H_2O$

C. $Ag^++e^-=Ag$　　D. $Br_2+2e^-=2Br^-$

答案： B

3-4-17　解： 在铜锌原电池中，铜电极为正极，锌电极为负极，电池电动势$E=\varphi_{Cu^{2+}/Cu}-\varphi_{Zn^{2+}/Zn}$。在$CuSO_4$溶液中加入氨水，溶液中$Cu^{2+}$与$NH_3$形成配离子，$Cu^{2+}$浓度降低。根据电极电势能斯特方程式$\varphi_{Cu^{2+}/Cu}=\varphi^{\Theta}_{Cu^{2+}/Cu}+\frac{0.059}{2}\lg C_{Cu^{2+}}$可知，$Cu^{2+}$浓度降低，$\varphi_{Cu^{2+}/Cu}$减小，电池电动势减小。

答案： C

3-4-18　解： 电极电势高的电对作正极，电极电势低的电对作负极。正极发生的电极反应是氧化剂的还原反应，负极发生的是还原剂的氧化反应。即

$$MnO_4^-+8H^++5e^-=Mn^{2+}+4H_2O$$

$$Fe^{2+} - e^- = Fe^{3+}$$

答案： A

3-4-19 解： 将反应组成原电池时，反应物中氧化剂为正极，还原剂为负极，电动势等于正极电极电势减负极电极电势。本反应中$E^{\ominus} = \varphi^{\ominus}_{Cu^{2+}/Cu} - \varphi^{\ominus}_{Sn^{4+}/Sn^{2+}} = 0.34 - 0.15 = 0.19V$，则

$$\lg K = nE^{\ominus}/0.059 = 2 \times 0.19/0.059 \approx 6.4$$

答案： B

3-4-20 解： 电解池中，与外电源负极相连的极叫阴极，与外电源正极相连的极叫阳极。电解时阴极发生还原反应，阳极发生氧化反应。析出电势代数值较大的氧化型物质首先在阴极还原，析出电势代数值较小的还原型物质首先在阳极氧化。电解时，阳极如果是可溶性电极，可溶性电极首先被氧化，阳极如果是惰性电极，简单负离子被氧化，如 Cl^-、Br^-、I^-、S^{2-}分别析出 Cl_2、Br_2、I_2、S。

答案： C

3-4-21 解： 熔融的 $MgCl_2$ 中只有 Mg^{2+}和 Cl^-，阴极反应是还原反应，$Mg^{2+} + 2e^- = Mg$。

答案： A

3-4-22 解： 牺牲阳极保护法指用较活泼的金属（Zn、Al）连接在被保护的金属上组成原电池，活泼金属作为腐蚀电池的阳极而被腐蚀，被保护的金属作为阴极而达到不遭腐蚀的目的。此法常用于保护海轮外壳及海底设备。所以应使用比轮船外壳 Fe 活泼的金属作为阳极。四个选项中 Zn、Na 比 Fe 活泼，但 Na 可以和水强烈反应，Zn 作为阳极最合适。

答案： A

3-4-23 解： 牺牲阳极保护法中，被保护的金属作为腐蚀电池的阴极。

答案： C

（五）有机化合物

3-5-1 下列各组有机物中属于同分异构体的是哪一组？

A. $CH_3-C\equiv C-CH_3$ 和 $CH_3-CH=CH-CH_3$

B. $CH_3-CH=C(CH_3)-CH_2-CH_3$ 和 苯（⌬）

C. $CH_3-CH(CH_3)-CH_2-CH_3$ 和 $CH_3-CH_2-C(CH_3)=CH_2$

D. $CH_3-C(CH_3)(CH_3)-CH_2-CH_2-CH_3$ 和 $CH_3-CH(CH_3)-CH(CH_3)-CH_2-CH_3$

3-5-2 下列化合物中命名为2,4-二氯苯乙酸的物质是：

A. CH_2COOH，Cl，Cl

B. CH_2COOH，Cl，Cl

C. CH_2COOH，Cl，Cl

D. CH_2COOH，Cl，Cl

3-5-3 下列有机物不属于烃的衍生物的是：

A. $CH_2=CHCl$　　B. $CH_2=CH_2$

C. $CH_3CH_2NO_2$　　D. CCl_4

3-5-4 下列物质中，属于酚类的是：

A. C_3H_7OH　　B. $C_6H_5CH_2OH$

C. C_6H_5OH　　D. $CH_2(OH)-CH(OH)-CH_2(OH)$

3-5-5 下列各化合物的结构式，不正确的是：

A. 聚乙烯：$\lbrack CH_2-CH_2 \rbrack_n$　　B. 聚氯乙烯：$\lbrack CH_2-CH(Cl) \rbrack_n$

C. 聚丙烯：$\lbrack CH_2CH_2CH_2 \rbrack_n$　　D. 聚 1-丁烯：$\lbrack CH_2CH(C_2H_5) \rbrack_n$

3-5-6 六氯苯的结构式正确的是：

A. 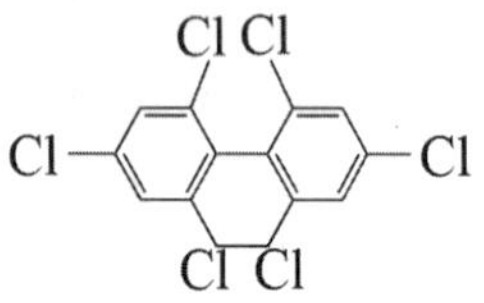

B. 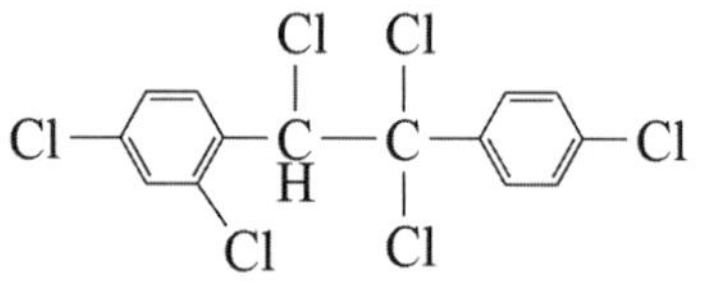

C. 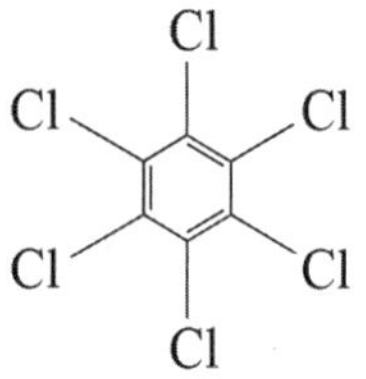

D. 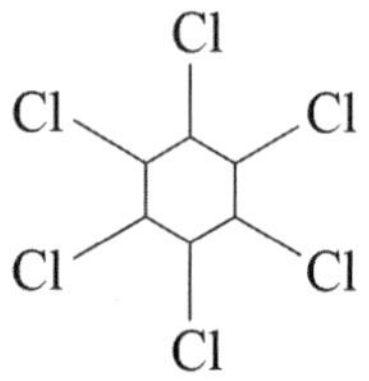

3-5-7 有机化合物$H_3C-CH(CH_3)-CH(CH_3)-CH_2-CH_3$的名称是：

A. 2-甲基-3-乙基丁烷　　B. 3,4-二甲基戊烷

C. 2-乙基-3-甲基丁烷　　D. 2,3-二甲基戊烷

3-5-8 下列物质中，两个氢原子的化学性质不同的是：

A. 乙炔　　B. 甲酸　　C. 甲醛　　D. 乙二酸

3-5-9 某化合物的结构式为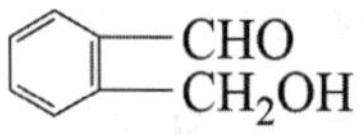，该有机化合物不能发生的化学反应类型是：

A. 加成反应　　B. 还原反应　　C. 消除反应　　D. 氧化反应

3-5-10 聚丙烯酸酯的结构式为$\lbrack CH_2-CH(CO_2R) \rbrack_n$，它属于：

①无机化合物；②有机化合物；③高分子化合物；④离子化合物；⑤共价化合物。

A. ①③④　　B. ①③⑤　　C. ②③⑤　　D. ②③④

3-5-11 丙烯在一定条件下发生加聚反应的产物是：

A. $\lbrack CH_2=CH-CH_3 \rbrack_n$　　B. $\lbrack CH_2-CH-CH_2 \rbrack_n$

C. $\lbrack CH_2-CH(CH_3) \rbrack_n$　　D. $\lbrack CH=C(CH_3) \rbrack_n$

3-5-12 下列物质中不能使酸性高锰酸钾溶液褪色的是：

A. 苯甲醛　　B. 乙苯　　C. 苯　　D. 苯乙烯

3-5-13 已知柠檬醛的结构式为 $(CH_3)_2C{=}CHCH_2CH_2\overset{\overset{\large CH_3}{|}}{C}{=}CHCHO$，下列说法不正确的是：

A. 它可使 $KMnO_4$ 溶液褪色　　B. 可以发生银镜反应

C. 可使溴水褪色　　D. 催化加氢产物为 $C_{10}H_{20}O$

3-5-14 下列化合物中不能发生加聚反应的是：

A. $CF_2{=}CF_2$　　B. CH_3CH_2OH　　C. $CH_2{=}CHCl$　　D. $CH_2{=}CH-CH{=}CH_2$

3-5-15 下列化合物中不能进行缩聚反应的是：

A. $CH_2COOH-CH_2-CH_2COOH$（CH_2COOH、CH_2、CH_2COOH 依次相连）

B. CH_2-OH 与 CH_2-OH 相连（$HOCH_2CH_2OH$）

C. $C_6H_5-CH{=}CH_2$

D. CH_2-OH、$(CH_2)_5$、$COOH$ 依次相连（$HOCH_2(CH_2)_5COOH$）

3-5-16 下列化合物中不能进行加成反应的是：

A. $CH{\equiv}CH$　　B. RCHO　　C. $C_2H_5OC_2H_5$　　D. CH_3COCH_3

3-5-17 下列化合物中，没有顺、反异构体的是：

A. $CHCl{=}CHCl$　　B. $CH_3CH{=}CHCH_2Cl$

C. $CH_2{=}CHCH_2CH_3$　　D. $CHF{=}CClBr$

3-5-18 下列各组物质中，只用水就能鉴别的一组物质是：

A. 苯　乙酸　四氯化碳　　B. 乙醇　乙醛　乙酸

C. 乙醛　乙二醇　硝基苯　　D. 甲醇　乙醇　甘油

3-5-19 下列物质中与乙醇互为同系物的是：

A. $CH_2{=}CHCH_2OH$　　B. 甘油

C. $C_6H_5-CH_2OH$　　D. $CH_3CH_2CH_2CH_2OH$

3-5-20 在热力学标准条件下，0.100mol 的某不饱和烃在一定条件下能和 0.200gH_2 发生加成反应生成饱和烃，完全燃烧时生成 0.300molCO_2 气体，该不饱和烃是：

A. $CH_2{=}CH_2$　　B. $CH_3CH_2CH{=}CH_2$

C. $CH_3CH{=}CH_2$　　D. $CH_3CH_2C{=}CH$

3-5-21 已知乙酸与乙酸乙酯的混合物中氢（H）的质量分数为 7%，其中碳（C）的质量分数是：

A. 42.0%　　B. 44.0%　　C. 48.6%　　D. 91.9%

3-5-22 天然橡胶的化学组成是：

A. 聚异戊二烯　　B. 聚碳酸酯

C. 聚甲基丙烯酸甲酯　　D. 聚酰胺

3-5-23 某高聚物分子的一部分为：$-CH_2-\underset{\underset{\large COOCH_3}{|}}{CH}-CH_2-\underset{\underset{\large COOCH_3}{|}}{CH}-CH_2-\underset{\underset{\large COOCH_3}{|}}{CH}-$

下列叙述中，正确的是：

A. 它是缩聚反应的产物

B. 它的链节为 $\begin{array}{c}CH_3\ \ H\\ |\quad\ \ |\\ -C-C\\ |\quad\ \ |\\ H\ \ COOCH_3\end{array}$

C. 它的单体为 $CH_2=CHCOOCH_3$ 和 $CH_2=CH_2$

D. 它的单体为 $CH_2=CHCOOCH_3$

题解及参考答案

3-5-1 解：一种分子式可以表示几种性能完全不同的化合物，这些化合物叫同分异构体。同分异构体的分子式相同，选项 A、B、C 中两种物质分子式不相同，不是同分异构体。

答案：D

3-5-2 解：考查芳香烃及其衍生物的命名原则。

答案：D

3-5-3 解：烃类化合物是碳氢化合物的统称，是由碳与氢原子所构成的化合物，主要包含烷烃、环烷烃、烯烃、炔烃、芳香烃。烃分子中的氢原子被其他原子或者原子团所取代而生成的一系列化合物称为烃的衍生物。

答案：B

3-5-4 解：酚类化合物为苯环直接和羟基相连。A 为丙醇，B 为苯甲醇，C 为苯酚，D 为丙三醇。

答案：C

3-5-5 解：聚丙烯的结构式为 $\left[CH_2-\underset{\underset{CH_3}{|}}{CH}\right]_n$。

答案：C

3-5-6 解：苯环上六个氢被氯取代为六氯苯。

答案：C

3-5-7 解：系统命名法：

（1）链烃及其衍生物的命名

①选择主链：选择最长碳链或含有官能团的最长碳链为主链；

②主链编号：从距取代基或官能团最近的一端开始对碳原子进行编号；

③写出全称：将取代基的位置编号、数目和名称写在前面，将母体化合物的名称写在后面。

（2）芳香烃及其衍生物的命名

①选择母体：选择苯环上所连官能团或带官能团最长的碳链为母体，把苯环视为取代基；

②编号：将母体中碳原子依次编号，使官能团或取代基位次具有最小值。

答案：D

3-5-8 解：甲酸结构式为 $H-\overset{\overset{O}{\|}}{C}-O-H$，两个氢处于不同化学环境。

答案：B

3-5-9 解：苯环含有双键，可以发生加成反应；醛基既可以发生氧化反应，也可以发生还原反应。

答案：C

3-5-10 解：聚丙烯酸酯不是无机化合物，是有机化合物，是高分子化合物，不是离子化合物，是共价化合物。

答案：C

3-5-11 解：加聚反应是单体通过加成反应结合成为高聚物的反应。丙烯的化学式为$CH_2=CH-CH_3$，加聚反应的产物为选项C（聚丙烯）。

答案：C

3-5-12 解：苯甲醛和乙苯可以被高锰酸钾氧化为苯甲酸而使高锰酸钾溶液褪色，苯乙烯的乙烯基可以使高锰酸钾溶液褪色。苯不能使高锰酸钾褪色。

答案：C

3-5-13 解：柠檬醛含有三个不饱和基团，可以和高锰酸钾和溴水反应，醛基可以发生银镜反应，它在催化剂的作用下加氢，最后产物为醇，分子式为$C_{10}H_{22}O$。

答案：D

3-5-14 解：由低分子化合物通过加成反应，相互结合成高聚物的反应叫加聚反应。发生加聚反应的单体必须含有不饱和键。

答案：B

3-5-15 解：由一种或多种单体缩合成高聚物，同时析出其他低分子物质的反应为缩聚反应。发生缩聚反应的单体必须含有两个以上（包括两个）官能团。

答案：C

3-5-16 解：不饱和分子中双键、叁键打开即分子中的π键断裂，两个一价的原子或原子团加到不饱和键的两个碳原子上的反应为加成反应。所以发生加成反应的前提是分子中必须含有双键或叁键。

答案：C

3-5-17 解：烯烃双键两边C原子均通过σ键与不同基团连接时，才有顺反异构体。

答案：C

3-5-18 解：苯不溶水，密度比水小；乙酸溶于水；四氯化碳不溶水，密度比水大。所以分别向盛有三种物质的试管中加入水，与水互溶的物质为乙酸，不溶水且密度比水小的为苯，不溶水且密度比水大的为四氯化碳。

答案：A

3-5-19 解：同系物是指结构相似、分子组成相差若干个$-CH_2-$原子团的有机化合物。

答案：D

3-5-20 解：根据题意，0.100mol的不饱和烃可以和0.200g（0.100mol）H_2反应，所以一个不饱和烃分子中含有一个不饱和键；0.100mol的不饱和烃完全燃烧生成0.300molCO_2，该不饱和烃的一个分子应该含三个碳原子。选项C符合条件。

答案：C

3-5-21 解：设混合物中乙酸的质量分数为x，则乙酸乙酯的质量分数为$1-x$，

乙酸中H的质量分数$=\frac{4}{12\times2+4+16\times2}=\frac{1}{15}$，C的质量分数$=\frac{2}{5}$；

乙酸乙酯中H的质量分数$=\frac{8}{12\times4+8+16\times2}=\frac{1}{11}$，C的质量分数$=\frac{6}{11}$；

混合物中H的质量分数$=x\times\frac{1}{15}+(1-x)\times\frac{1}{11}=\frac{7}{100}$，则$x=86.25\%$。

混合物中C的质量分数$=x\times\frac{2}{5}+(1-x)\times\frac{6}{11}=42.0\%$。

答案：A

3-5-22　解： 天然橡胶是由异戊二烯互相结合起来而成的高聚物。

答案： A

3-5-23　解： 该高聚物的重复单元为 $-CH_2-\underset{\displaystyle COOCH_3}{\underset{|}{CH}}-$ ，是由单体 $CH_2{=}CHCOOCH_3$ 通过加聚反应形成的。

答案： D

第四章　理 论 力 学

复 习 指 导

1. 基本要求

（1）静力学

熟练掌握并能灵活运用静力学中的基本概念及公理，分析相关问题，特别是对物体的受力分析；掌握不同力系的简化方法和简化结果；能够根据各种力系和滑动摩擦的特性，定性或定量地分析和解决物体系统的平衡问题。

（2）运动学

熟练运用直角坐标法和自然法求解点的各运动量；能根据刚体的平行移动（平动）、绕定轴转动和平面运动的定义及其运动特征，求解刚体的各运动量；掌握刚体上任一点的速度和加速度的计算公式及刚体上各点速度和加速度的分布规律。

（3）动力学

能应用动力学基本定律列出质点运动微分方程；能正确理解并熟练地计算动力学普遍定理中各基本物理量（如动量、动量矩、动能、功、势能等），熟练掌握动力学普遍定理（包括动量定理、质心运动定理、动量矩定理、刚体定轴转动微分方程、动能定理）及相应的守恒定理；掌握刚体转动惯量的计算公式及方法，熟记杆、圆盘及圆环的转动惯量，并会利用平行移轴定理计算简单组合形体的转动惯量；能正确理解惯性力的概念，并能正确表示出各种不同运动状态的刚体上惯性力系主矢和主矩的大小、方向、作用点，能应用动静法求解质点、质点系的动力学问题；能应用质点运动微分方程列出单自由度系统线性振动的微分方程，并会求其周期、频率和振幅，掌握阻尼对自由振动振幅的影响，受迫振动的幅频特性和共振的概念。

2. 复习要点

本章内容属基础考试部分，在试卷中有 12 道题，每题 1 分。要在平均不到两分钟的时间内解一道题，说明题目的计算量不会很大，但概念性会很强，这就要求我们在复习的时候把重点放在基本理论和基本概念上。过去学习理论力学课程时，通常是把注意力集中在定量解题上，而现在的复习是要注重对问题的定性分析。要想快速准确地作出定性分析，就要熟练掌握并能灵活运用理论力学中的定义、定理及基本概念。

（1）静力学

静力学所研究的是物体受力作用后的平衡规律，重点主要是以下三部分内容。

①静力学的基本概念（平衡、刚体、力、力偶等）和公理，约束的类型及约束力的确定，物体的受力分析和受力图。这一部分的难点就是物体的受力分析。在画受力图时，除根据约束的类型确定约束力的方向外，还要会利用二力平衡原理、三力汇交平衡定理、力偶的性质等，来确定铰链或固定铰支座约束力的方向。

②各种力系的简化方法及简化结果。其难点在于主矢和主矩的概念及计算。可通过力的平移定理加深对主矢、主矩、合力、合力偶的认识；通过熟练掌握力的投影、力对点之矩和力对轴之矩的计算，来得到主矢和主矩的正确结果。

③各种力系的平衡条件及与之相对应的平衡方程，平衡方程的不同形式及对应的附加条件。难点在于物体及物体系统（包括考虑摩擦）平衡问题的求解。解题时要灵活选取合适的研究对象进行受力分析；列平衡方程时要选取适当的投影轴和矩心（矩轴），使问题能够得到快速准确的解答。

（2）运动学

运动学研究物体运动的几何性质。重点主要是以下四部分内容。

①描述点的运动的矢量法、直角坐标法和自然法。要明确用不同的方法所表示的同一个点的运动量，形式不同，但不同形式的结果之间是相互有关系的；要熟练掌握这些关系，并将这些关系应用到解题当中去。

②刚体的平动及其运动特性（尤其是作曲线平动的刚体）；作定轴转动刚体的转动方程、角速度和角加速度及刚体内各点速度、加速度的计算方法。这是运动学的基本内容，在物理学中都学习过，正是这些看似简单的问题，却往往容易出现概念性错误且不能熟练应用。解决的方法是在认真分析刚体运动形式的基础上，根据其运动特征，选择相应的计算公式。

③点的复合运动。解题时首先要明确一个动点、两个坐标系以及与之相应的三种运动，合理选择动点、动系，其原则是相对运动轨迹易于判断。这一部分的难点是牵连点的概念，以及对牵连速度、牵连加速度的判断与计算。要把动系看成是$x'O'y'$平面，在此平面上与所选动点相重合的点，即为牵连点。该点相对于定参考系的速度、加速度，称为牵连速度和牵连加速度。解题时一定要深刻理解这些定义。

④刚体的平面运动。要会正确判断机构中作平面运动的刚体，熟练掌握并能灵活运用求平面运动刚体上点的速度的三种方法——基点法、瞬心法和速度投影法；会应用基点法求平面运动刚体上点的加速度。特别要熟悉刚体瞬时平动时的运动特征为：刚体的角速度为零，角加速度不为零；刚体上各点的速度相同，加速度不同，但其上任意两点的加速度在该两点连线上的投影相等。

（3）动力学

动力学研究物体受力作用后的运动规律。重点主要是以下三部分内容。

①会应用动力学基本定律（牛顿第二定律）和动力学普遍定理（动量定理、动量矩定理和动能定理）列出质点和质点系（包括平动、定轴转动、平面运动的刚体）的运动微分方程。解微分方程时要注意，初始条件只能用于确定微分方程解中的积分常数；要熟练掌握动量、动量矩、动能、势能、功的概念与计算方法，正确选择及综合应用动力学普遍定理求解质点系动力学问题。动力学普遍定理的综合应用，大体上包含两方面含义：一是对几个定理，即动量定理、质心运动定理、动量矩定理、定轴转动微分方程、平面运动微分方程和动能定理的特点、应用条件、可求解何类问题等有透彻的了解；能根据不同类型问题的已知条件和待求量，选择适当的定理，包括各种守恒情况的判断，相应守恒定理的应用；二是对比较复杂的问题，应能采用多个定理联合求解。此外，求解动力学问题，往往需要进行运动分析，以提供运动学补充方程。因而对动力学普遍定理的综合应用；必须熟悉有关定理及应用范围和条件，多做练习，通过比较总结（包括一题多解的讨论）从中摸索出规律。其解题步骤是：首先选取研究对象，对其进行受力分析和运动分析；其次是根据分析的结果，针对物体不同的运动选择不同的定理，通常可先应用动能定理求解系统的各运动量（速度、加速度、角速度和角加速度），再应用质心运动定理或动量

矩定理（定轴转动微分方程）求解未知力。

②刚体系统惯性力系的简化及达朗贝尔原理的应用。这一部分的关键是要分析物体的运动形式，并根据其运动形式确定惯性力并将其画在受力图上，根据受力图列平衡方程，求解未知量。要注意的是：因为达朗伯原理是采用静力平衡方程求解未知量，故未知量的数目不能超过独立的平衡方程数。未知量中包括速度、加速度、角速度、角加速度、约束力等，若未知量数目超过了独立的平衡方程数，则需要建立补充方程；在多数情况下，是建立运动学的补充方程。当单独使用达朗贝尔原理解题出现计算上的困难（如需解微分方程）时，由于质点系的达朗贝尔原理实际是动量定理、动量矩定理的另一种表达形式，故可联合应用达朗贝尔原理与动能定理求解质点系的动力学问题。

③质点的直线振动是用牛顿第二定律列出自由振动、衰减振动和受迫振动微分方程，并求出固有频率、周期、振幅。这一部分的关键是要会求自由振动的固有频率，了解阻尼对自由振动振幅的影响，通过幅频特性，掌握共振时的频率与固有频率的关系。

练习题、题解及参考答案

（一）静力学

4-1-1　将大小为100N的力$\boldsymbol{F}$沿x、y方向分解，如图所示，若$\boldsymbol{F}$在x轴上的投影为50N，而沿x方向的分力的大小为200N，则$\boldsymbol{F}$在y轴上的投影为：

A. 0　　B. 50N　　C. 200N　　D. 100N

4-1-2　直角构件受力$F=150\text{N}$，力偶$M=\frac{1}{2}Fa$作用，如图所示，$a=50\text{cm}$，$\theta=30°$，则该力系对B点的合力矩为：

A. $M_{\mathrm{B}}=3750\text{N}\cdot\text{cm}$（顺时针）　　B. $M_{\mathrm{B}}=3750\text{N}\cdot\text{cm}$（逆时针）

C. $M_{\mathrm{B}}=12990\text{N}\cdot\text{cm}$（逆时针）　　D. $M_{\mathrm{B}}=12990\text{N}\cdot\text{cm}$（顺时针）

4-1-3　图示等边三角形ABC，边长a，沿其边缘作用大小均为F的力，方向如图所示。则此力系简化为：

A. $F_{\mathrm{R}}=0$；$M_{\mathrm{A}}=\frac{\sqrt{3}}{2}Fa$　　B. $F_{\mathrm{R}}=0$；$M_{\mathrm{A}}=Fa$

C. $F_{\mathrm{R}}=2F$；$M_{\mathrm{A}}=\frac{\sqrt{3}}{2}Fa$　　D. $F_{\mathrm{R}}=2F$；$M_{\mathrm{A}}=\sqrt{3}Fa$

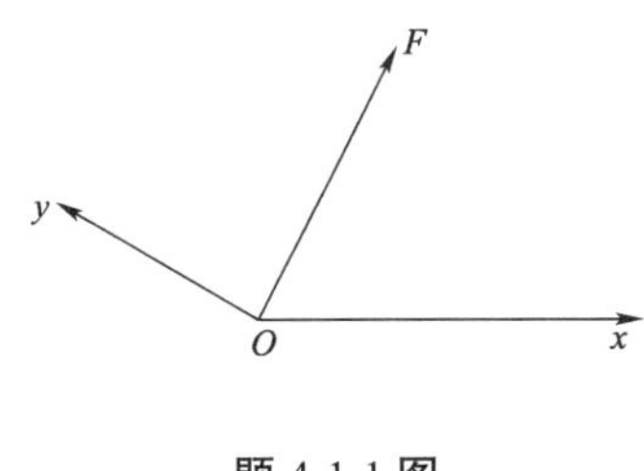

题 4-1-1 图

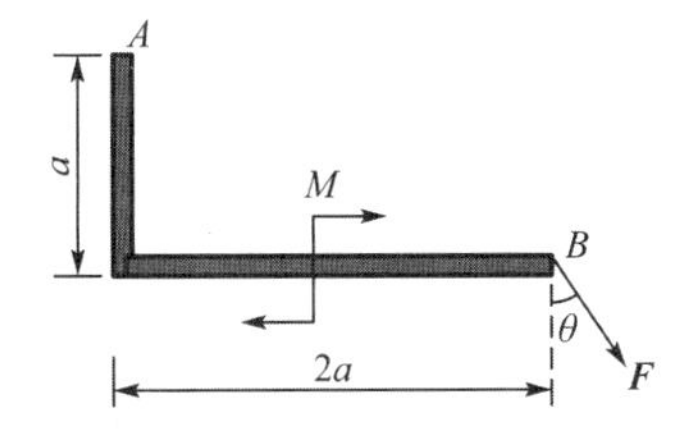

题 4-1-2 图

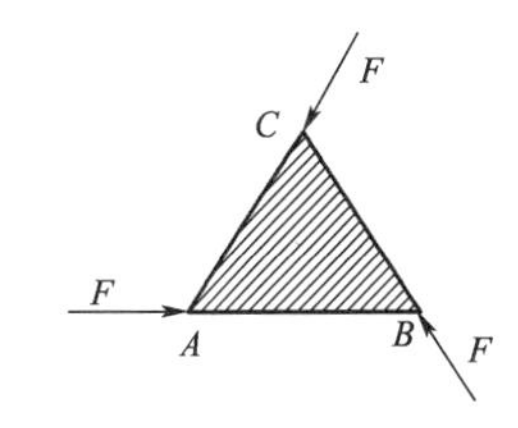

题 4-1-3 图

4-1-4　三铰拱上作用有大小相等，转向相反的二力偶，其力偶矩大小为M，如图所示。略去自重，则支座A的约束力大小为：

A. $F_{\mathrm{A}x}=0$；$F_{\mathrm{A}y}=\frac{M}{2a}$　　B. $F_{\mathrm{A}x}=\frac{M}{2a}$；$F_{\mathrm{A}y}=0$

C. $F_{\mathrm{A}x}=\frac{M}{a}$；$F_{\mathrm{A}y}=0$　　D. $F_{\mathrm{A}x}=\frac{M}{2a}$；$F_{\mathrm{A}y}=M$

4-1-5　简支梁受分布荷载作用如图所示。支座A、B的约束力为：

A. $F_A = 0$，$F_B = 0$　　　B. $F_A = \frac{1}{2}qa\uparrow$，$F_B = \frac{1}{2}qa\uparrow$

C. $F_A = \frac{1}{2}qa\uparrow$，$F_B = \frac{1}{2}qa\downarrow$　　　D. $F_A = \frac{1}{2}qa\downarrow$，$F_B = \frac{1}{2}qa\uparrow$

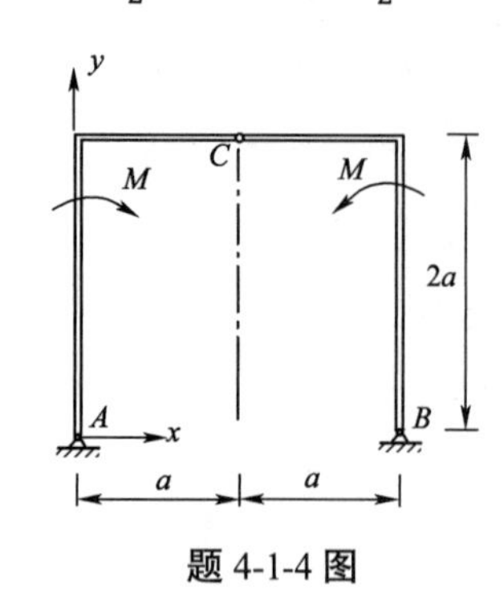

题 4-1-4 图

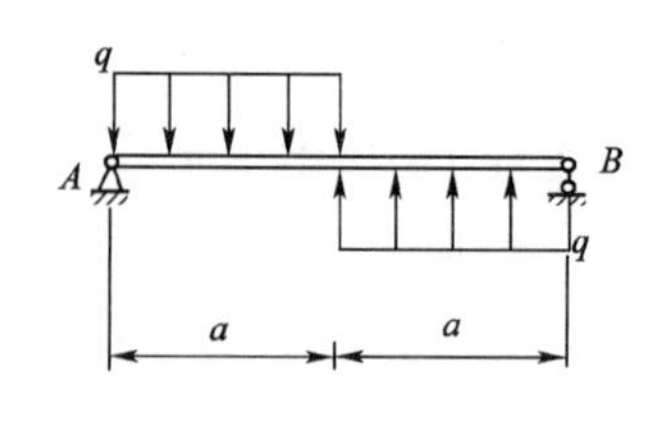

题 4-1-5 图

4-1-6　设力$\boldsymbol{F}$在x轴上的投影为F，则该力在与x轴共面的任一轴上的投影：

A. 一定不等于零　　　B. 不一定都等于零

C. 一定等于零　　　D. 等于F

4-1-7　等边三角形ABC，边长为a，沿其边缘作用大小均为F的力$\boldsymbol{F}_1$、$\boldsymbol{F}_2$、$\boldsymbol{F}_3$，方向如图所示，力系向A点简化的主矢及主矩的大小分别为：

A. $F_R = 2F$，$M_A = \frac{\sqrt{3}}{2}Fa$　　　B. $F_R = 0$，$M_A = \frac{\sqrt{3}}{2}Fa$

C. $F_R = 2F$，$M_A = \sqrt{3}Fa$　　　D. $F_R = 2F$，$M_A = Fa$

4-1-8　在图示平面力系中，已知：$F_1 = 10\text{N}$，$F_2 = 40\text{N}$，$F_3 = 40\text{N}$，$M = 30\text{N}\cdot\text{m}$。则该力系向$O$点简化的结果为：

A. 平衡　　　B. 一力和一力偶

C. 一合力偶　　　D. 一合力

4-1-9　已知杆AB和杆CD的自重不计，且在C处光滑接触，若作用在杆AB上的力偶矩为m_1，则欲使系统保持平衡，作用在CD杆上的力偶矩m_2，转向如图所示，其矩的大小为：

A. $m_2 = m_1$　　　B. $m_2 = \frac{4m_1}{3}$

C. $m_2 = 2m_1$　　　D. $m_2 = 3m_1$

4-1-10　物块重力的大小$W = 100\text{kN}$，置于$\alpha = 60°$的斜面上，与斜面平行力的大小$F_P = 80\text{kN}$（如图所示），若物块与斜面间的静摩擦因数$f = 0.2$，则物块所受的摩擦力$\boldsymbol{F}$为：

A. $F = 10\text{kN}$，方向为沿斜面向上

B. $F = 10\text{kN}$，方向为沿斜面向下

C. $F = 6.6\text{kN}$，方向为沿斜面向上

D. $F = 6.6\text{kN}$，方向为沿斜面向下

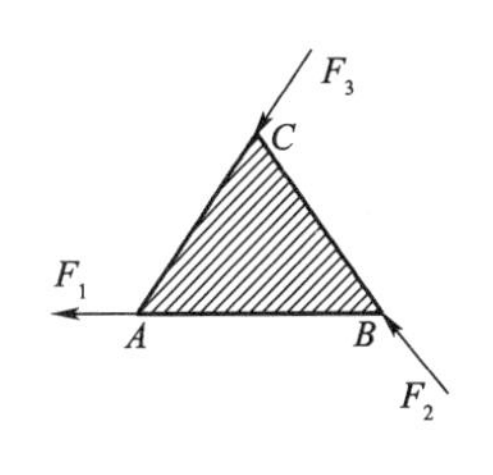

题 4-1-7 图

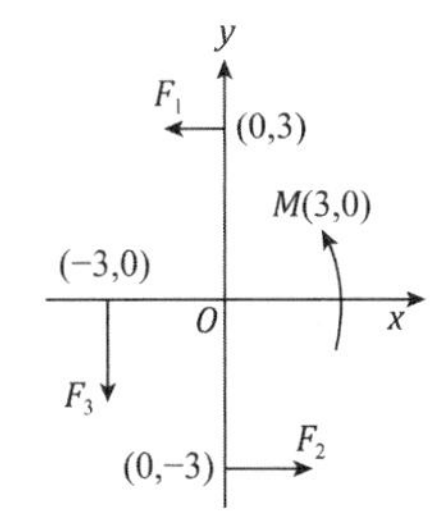

题 4-1-8 图

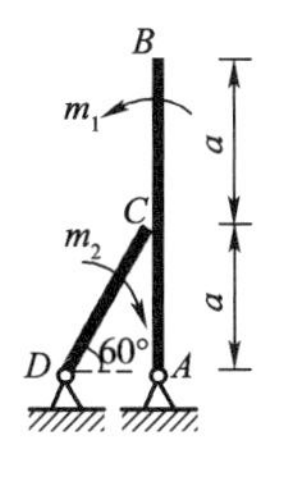

题 4-1-9 图

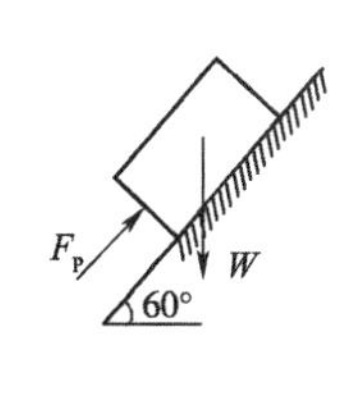

题 4-1-10 图

4-1-11 作用在平面上的三力$\boldsymbol{F}_1$、$\boldsymbol{F}_2$、$\boldsymbol{F}_3$，组成图示等边三角形，此力系的最后简化结果为：

A. 平衡力系　　B. 一合力　　C. 一合力偶　　D. 一合力与一合力偶

4-1-12 图示水平梁CD的支承力与荷载均已知，其中$F_\mathrm{p}=aq$，$M=a^2q$，支座A、B的约束力分别为：

A. $F_{\mathrm{Az}}=0$，$F_{\mathrm{Ay}}=aq(\uparrow)$，$F_{\mathrm{By}}=\frac{3}{2}aq(\uparrow)$

B. $F_{\mathrm{Az}}=0$，$F_{\mathrm{Ay}}=\frac{3}{4}aq(\uparrow)$，$F_{\mathrm{By}}=\frac{5}{4}aq(\uparrow)$

C. $F_{\mathrm{Az}}=0$，$F_{\mathrm{Ay}}=\frac{1}{2}aq(\uparrow)$，$F_{\mathrm{By}}=\frac{5}{2}aq(\uparrow)$

D. $F_{\mathrm{Az}}=0$，$F_{\mathrm{Ay}}=\frac{1}{4}aq(\uparrow)$，$F_{\mathrm{By}}=\frac{7}{4}aq(\uparrow)$

4-1-13 重力大小为W的物块能在倾斜角为α的粗糙斜面上往下滑，为了维持物块在斜面上平衡，在物块上作用向左的水平力$\boldsymbol{F}_\mathrm{Q}$（如图所示）。在求解力$\boldsymbol{F}_\mathrm{Q}$的大小时，物块与斜面间的摩擦力$\boldsymbol{F}$的方向为：

A. $\boldsymbol{F}$只能沿斜面向上

B. $\boldsymbol{F}$只能沿斜面向下

C. $\boldsymbol{F}$既可能沿斜面向上，也可能向下

D. $\boldsymbol{F}=0$

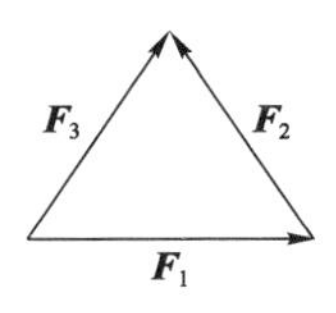

题 4-1-11 图

题 4-1-12 图

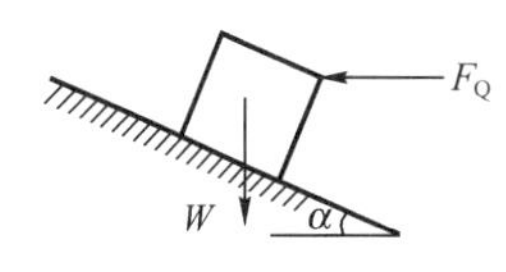

题 4-1-13 图

4-1-14 图示平面桁架的尺寸与荷载均已知。其中，杆 1 的内力F_{S1}为：

A. $F_{\mathrm{S1}}=\frac{5}{3}F_\mathrm{P}$（压）　　B. $F_{\mathrm{S1}}=\frac{5}{3}F_\mathrm{P}$（拉）

C. $F_{\mathrm{S1}}=\frac{3}{4}F_\mathrm{P}$（压）　　D. $F_{\mathrm{S1}}=\frac{3}{4}F_\mathrm{P}$（拉）

4-1-15 图示平面刚性直角曲杆的支撑力、尺寸与荷载均已知，且$F_\mathrm{P}a>m$，B处插入端约束的全部约束力各为：

A. $F_{\mathrm{B}x}=0$，$F_{\mathrm{By}}=F_\mathrm{P}(\uparrow)$，力偶$m_\mathrm{B}=F_\mathrm{P}a(\curvearrowleft)$

B. $F_{\mathrm{B}x}=0$，$F_{\mathrm{By}}=F_\mathrm{P}(\uparrow)$，力偶$m_\mathrm{B}=0$

C. $F_{\mathrm{B}x}=0$，$F_{\mathrm{By}}=F_\mathrm{P}(\uparrow)$，力偶$m_\mathrm{B}=F_\mathrm{P}a-m(\curvearrowleft)$

D. $F_{\mathrm{B}x}=0$，$F_{\mathrm{By}}=F_\mathrm{P}(\uparrow)$，力偶$m_\mathrm{B}=F_\mathrm{P}b-m(\curvearrowleft)$

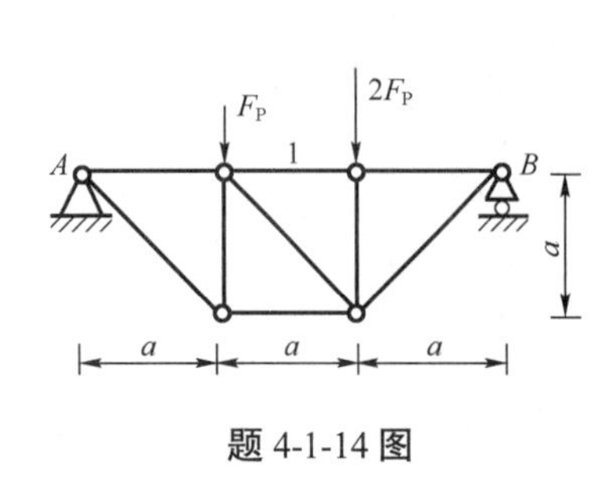

题 4-1-14 图

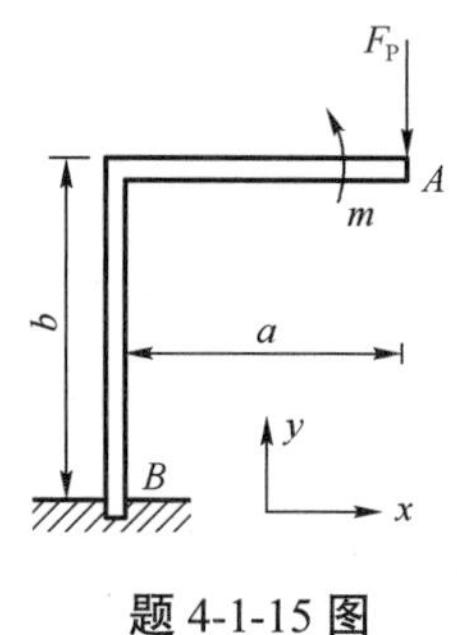

题 4-1-15 图

4-1-16 力$\boldsymbol{F}_1$、$\boldsymbol{F}_2$、$\boldsymbol{F}_3$、$\boldsymbol{F}_4$分别作用在刚体上同一平面内的A、B、C、D四点，各力矢首尾相连形成一矩形如图所示。该力系的简化结果为：

A. 平衡　　B. 一合力　　C. 一合力偶　　D. 一力和一力偶

4-1-17 图示三力矢$\boldsymbol{F}_1$，$\boldsymbol{F}_2$，$\boldsymbol{F}_3$的关系是：

A. $\boldsymbol{F}_1+\boldsymbol{F}_2+\boldsymbol{F}_3=0$　　B. $\boldsymbol{F}_3=\boldsymbol{F}_1+\boldsymbol{F}_2$

C. $\boldsymbol{F}_2=\boldsymbol{F}_1+\boldsymbol{F}_3$　　D. $\boldsymbol{F}_1=\boldsymbol{F}_2+\boldsymbol{F}_3$

4-1-18 在图示四个力三角形中，表示$\boldsymbol{F}_\mathrm{R}=\boldsymbol{F}_1+\boldsymbol{F}_2$的图是：

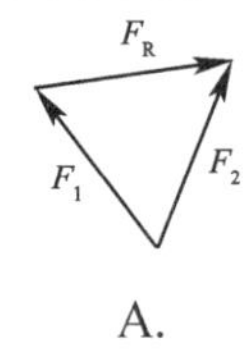

A.

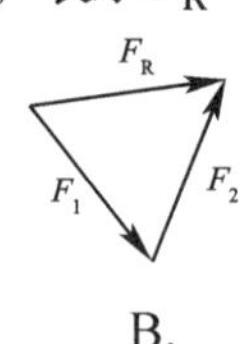

B.

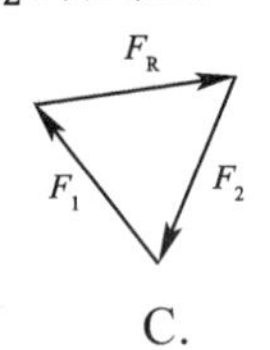

C.

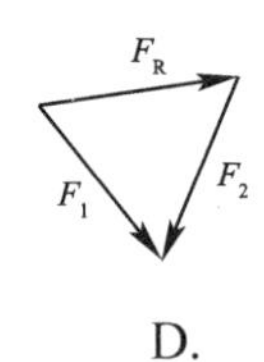

D.

4-1-19 均质圆柱体重力为P，直径为D，置于两光滑的斜面上。设有图示方向力F作用，当圆柱不移动时，接触面 2 处的约束力F_{N2}的大小为：

A. $F_{\mathrm{N2}}=\frac{\sqrt{2}}{2}(P-F)$　　B. $F_{\mathrm{N2}}=\frac{\sqrt{2}}{2}F$

C. $F_{\mathrm{N2}}=\frac{\sqrt{2}}{2}P$　　D. $F_{\mathrm{N2}}=\frac{\sqrt{2}}{2}(P+F)$

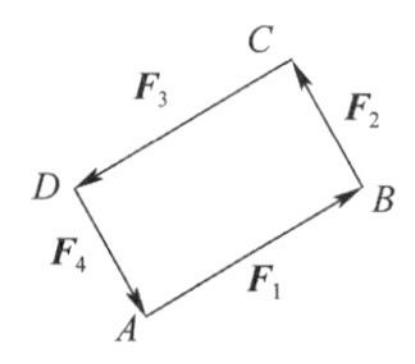

题 4-1-16 图

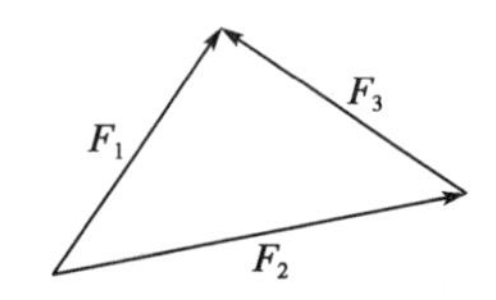

题 4-1-17 图

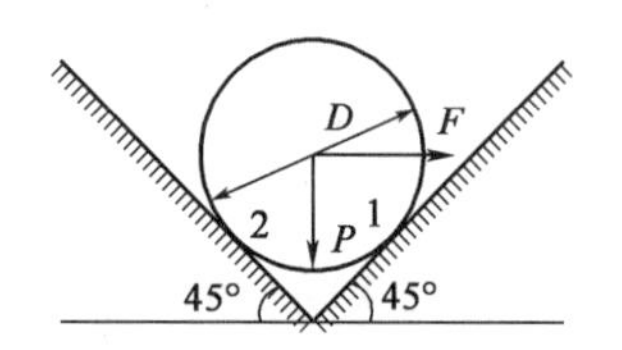

题 4-1-19 图

4-1-20 重W的圆球置于光滑的斜槽内（如图所示）。右侧斜面对球的约束力F_{NB}的大小为：

A. $F_{\mathrm{NB}}=\frac{W}{2\cos\theta}$　　B. $F_{\mathrm{NB}}=\frac{W}{\cos\theta}$

C. $F_{\mathrm{NB}}=W\cos\theta$　　D. $F_{\mathrm{NB}}=\frac{W}{2}\cos\theta$

4-1-21 图示物块A重$W=10\mathrm{N}$，被用水平力$F_\mathrm{p}=50\mathrm{N}$挤压在粗糙的铅垂墙面$B$上，且处于平衡。物块与墙间的摩擦因数$f=0.3$。$A$与$B$间的摩擦力大小为：

A. $F=15\mathrm{N}$　　B. $F=10\mathrm{N}$

C. $F=3\mathrm{N}$　　D. 只依据所给条件则无法确定

4-1-22 桁架结构形式与荷载$\boldsymbol{F}_\mathrm{P}$均已知（见图）。结构中杆件内力为零的杆件数为：

A. 0 根　　B. 2 根　　C. 4 根　　D. 6 根

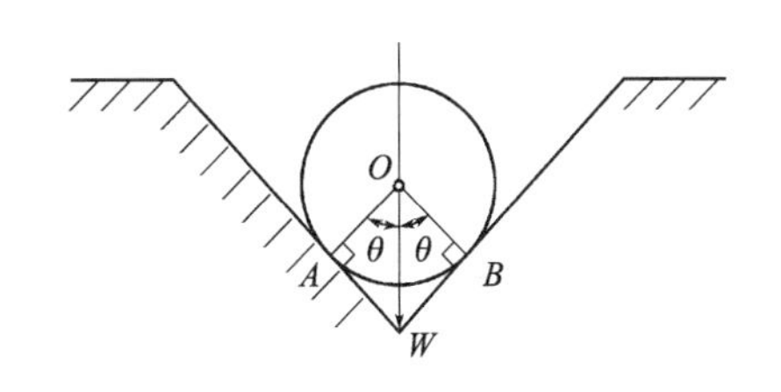

题 4-1-20 图

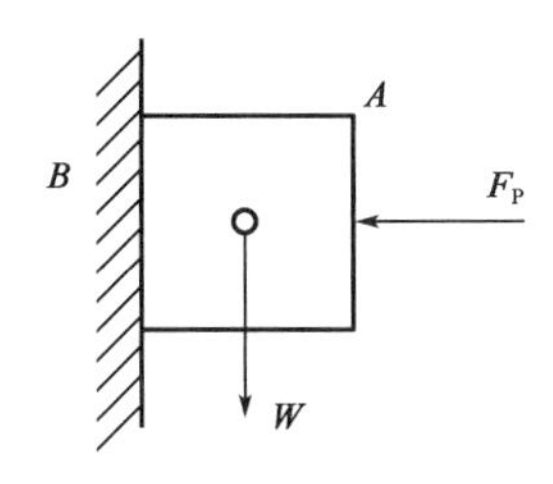

题 4-1-21 图

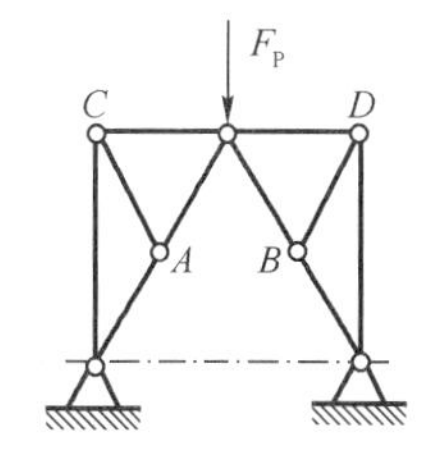

题 4-1-22 图

4-1-23 水平梁AB由铰A与杆BD支撑。在梁上O处用小轴安装滑轮。轮上跨过软绳。绳一端水平地系于墙上，另端悬持重W的物块（如图所示）。构件均不计重。铰A的约束力大小为：

A. $F_{\mathrm{Ax}}=\frac{5}{4}W$，$F_{\mathrm{Ay}}=\frac{3}{4}W$　　B. $F_{\mathrm{Ax}}=W$，$F_{\mathrm{Ay}}=\frac{1}{2}W$

C. $F_{\mathrm{Ax}}=\frac{3}{4}W$，$F_{\mathrm{Ay}}=\frac{1}{4}W$　　D. $F_{\mathrm{Ax}}=\frac{1}{2}W$，$F_{\mathrm{Ay}}=W$

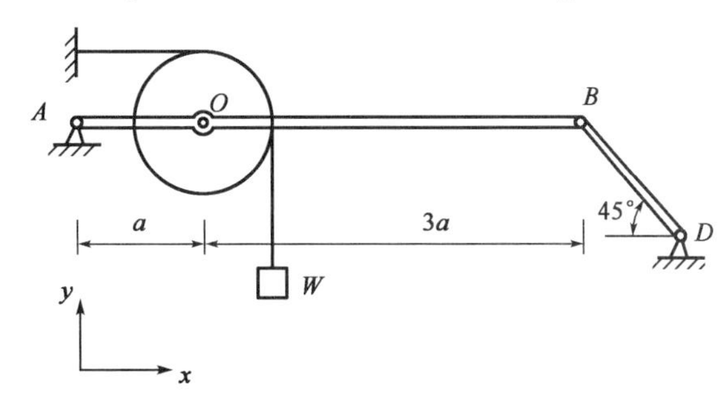

题 4-1-23 图

4-1-24 平面平行力系处于平衡状态时，应有独立的平衡方程个数为：

A. 1　　B. 2　　C. 3　　D. 4

4-1-25 若平面力系不平衡，则其最后简化结果为：

A. 一定是一合力　　B. 一定是一合力偶

C. 或一合力，或一合力偶　　D. 一定是一合力与一合力偶

4-1-26 图示桁架结构中只作用悬挂重块的重力W，此桁架中杆件内力为零的杆数为：

A. 2　　B. 3　　C. 4　　D. 5

4-1-27 已知图示斜面的倾角为θ，若要保持物块A静止，则物块与斜面之间的摩擦因数f所应满足的条件为：

A. $\tan f \leqslant \theta$　　B. $\tan f > \theta$

C. $\tan \theta \leqslant f$　　D. $\tan \theta > f$

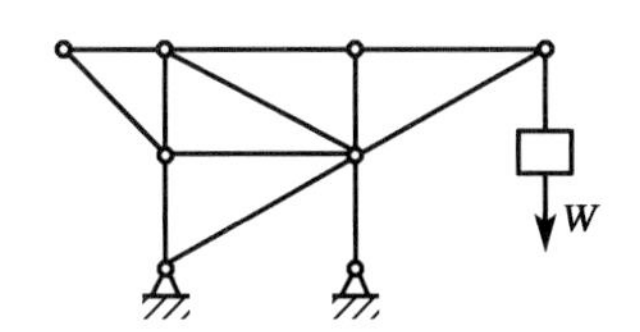

题 4-1-26 图

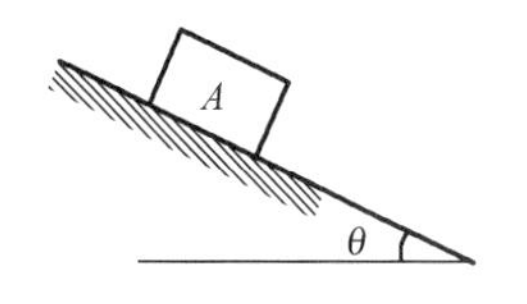

题 4-1-27 图

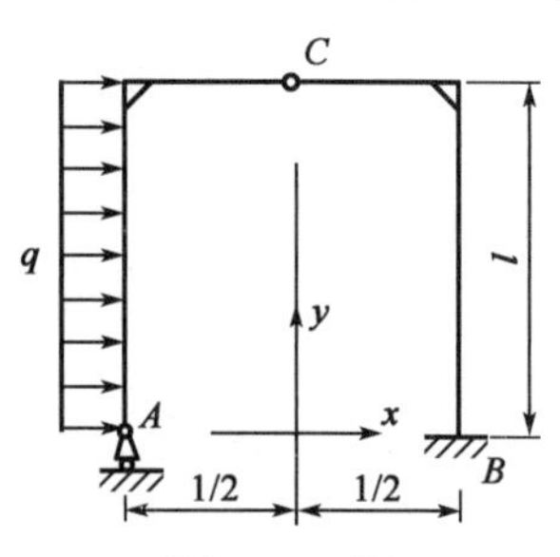

题 4-1-28 图

4-1-28 图中结构的荷载与尺寸均已知。B处约束的全部约束力为：

A. 力$F_{Bx}=ql(\leftarrow)$，$F_{By}=ql(\downarrow)$，力矩$M_B=\frac{3}{2}ql^2(\curvearrowleft)$

B. 力$F_{Bx}=ql(\leftarrow)$，$F_{By}=ql(\downarrow)$，力矩$M_B=0$

C. 力$F_{Bx}=ql(\leftarrow)$，$F_{By}=0$，力矩$M_B=\frac{3}{2}ql^2(\curvearrowleft)$

D. 力$F_{Bx}=ql(\leftarrow)$，$F_{By}=ql(\uparrow)$，力矩$M_B=\frac{3}{2}ql^2(\curvearrowleft)$

4-1-29 平面汇交力系（$\bar{F}_1$、$\bar{F}_2$、$\bar{F}_3$、$\bar{F}_4$、$\bar{F}_5$）的力多边形如图所示，该力系的合力$\bar{R}$等于：

A. $\bar{F}_3$　　B. $-\bar{F}_3$　　C. $\bar{F}_2$　　D. $\bar{F}_5$

4-1-30 若将图示三铰刚架中AC杆上的力偶移至BC杆上，则A、B、C处的约束反力：

A. 都改变　　B. 都不改变

C. 仅C处改变　　D. 仅C处不变

4-1-31 重力W的物块置于倾角为$\alpha=30°$的斜面上，如图所示。若物块与斜面间的静摩擦因数$f_s=0.6$，则该物块：

A. 向下滑动　　B. 处于临界下滑状态

C. 静止　　D. 加速下滑

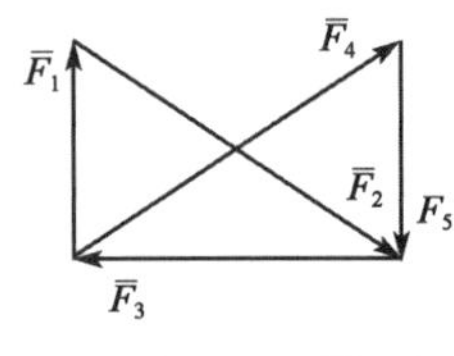

题 4-1-29 图

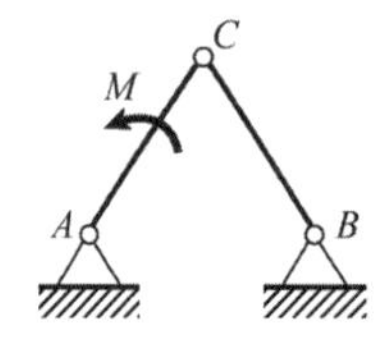

题 4-1-30 图

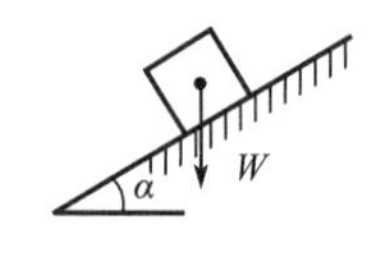

题 4-1-31 图

4-1-32 图示结构在水平杆AB的B端作用一铅直向下的力$\boldsymbol{P}$，各杆自重不计，铰支座A的反力$\boldsymbol{F}_A$的作用线应该是：

A. $\boldsymbol{F}_A$沿铅直线　　B. $\boldsymbol{F}_A$沿水平线

C. $\boldsymbol{F}_A$沿A、D连线　　D. $\boldsymbol{F}_A$与水平杆AB间的夹角为30°

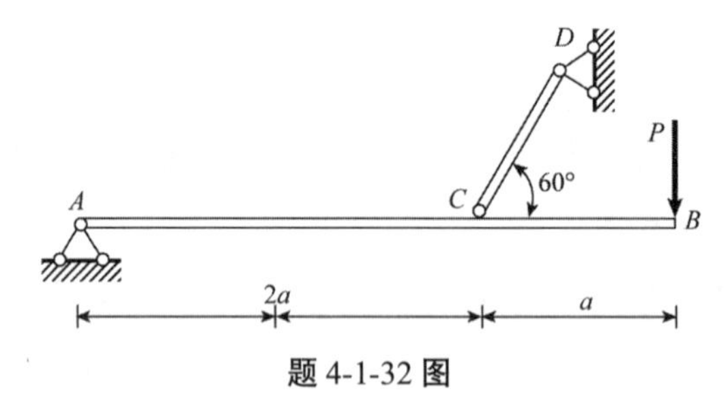

题 4-1-32 图

4-1-33 两直角刚杆AC、CB支承如图所示，在铰C处受力$\boldsymbol{F}$作用，则A、B两处约束力的作用线与x轴正向所成的夹角分别为：

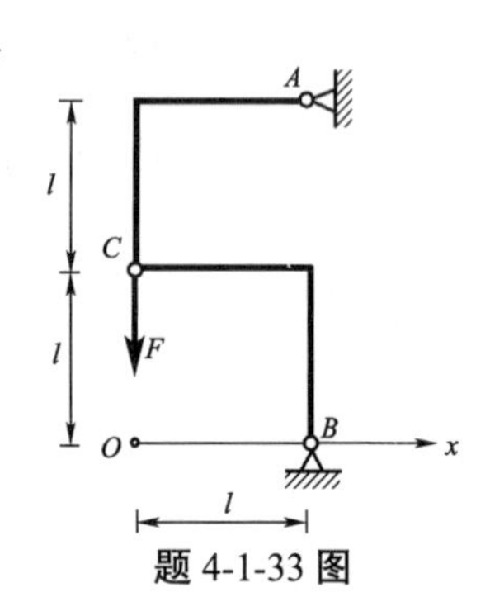

题 4-1-33 图

A. 0°；90°

B. 90°；0°

C. 45°；60°

D. 45°；135°

4-1-34 图示为大小都不为零的三个力$\boldsymbol{F}_1$、$\boldsymbol{F}_2$、$\boldsymbol{F}_3$组成的平面汇交力系，其中$\boldsymbol{F}_1$和$\boldsymbol{F}_3$共线，则这三个力的关系应该：

A. 一定是平衡力系　　B. 一定不是平衡力系

C. 可能是平衡力系　　D. 不能确定

4-1-35 已知$\boldsymbol{F}_1$、$\boldsymbol{F}_2$、$\boldsymbol{F}_3$、$\boldsymbol{F}_4$为作用于刚体上的平面共点力系，其力矢关系如图所示为平行四边形，则下列关于力系的叙述哪个正确？

A. 力系可合成为一个力偶　　B. 力系可合成为一个力

C. 力系简化为一个力和一力偶　　D. 力系的合力为零，力系平衡

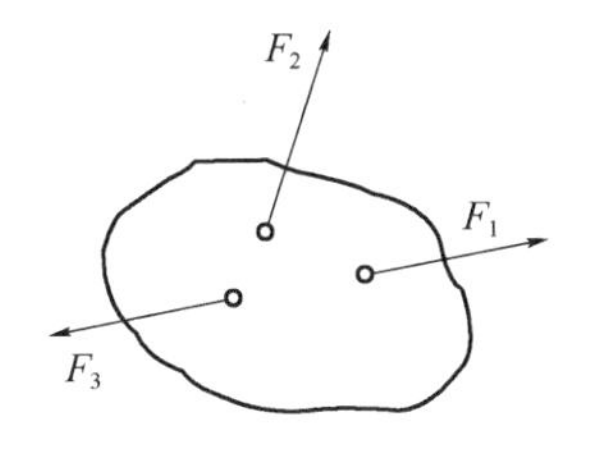

题 4-1-34 图

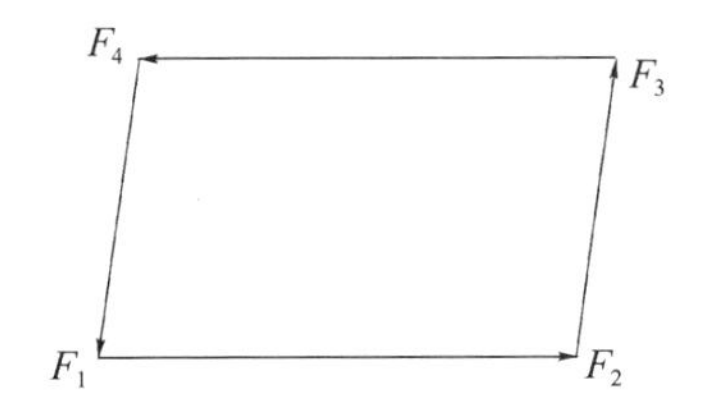

题 4-1-35 图

4-1-36 图示结构受一逆时针转向的力偶作用，自重不计，铰支座B的反力$\boldsymbol{F}_{\mathrm{B}}$的作用线应该是：

A. $\boldsymbol{F}_{\mathrm{B}}$沿水平线　　B. $\boldsymbol{F}_{\mathrm{B}}$沿铅直线

C. $\boldsymbol{F}_{\mathrm{B}}$沿$B$、$C$连线　　D. $\boldsymbol{F}_{\mathrm{B}}$平行于$A$、$C$连线

4-1-37 图示结构受一对等值、反向、共线的力作用，自重不计，铰支座A的反力$\boldsymbol{F}_{\mathrm{A}}$的作用线应该是：

A. $\boldsymbol{F}_{\mathrm{A}}$沿铅直线　　B. $\boldsymbol{F}_{\mathrm{A}}$沿$A$、$B$连线

C. $\boldsymbol{F}_{\mathrm{A}}$沿$A$、$C$连线　　D. $\boldsymbol{F}_{\mathrm{A}}$平行于$B$、$C$连线

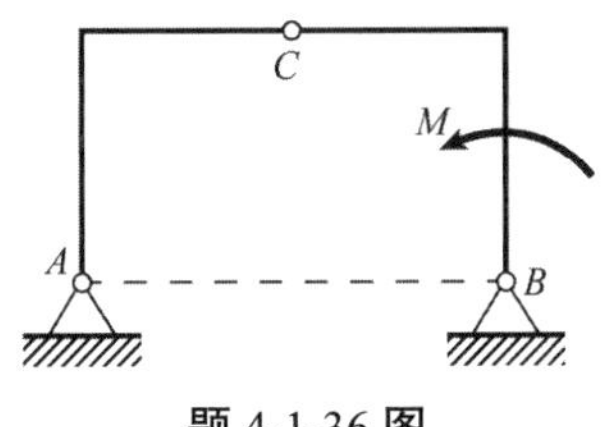

题 4-1-36 图

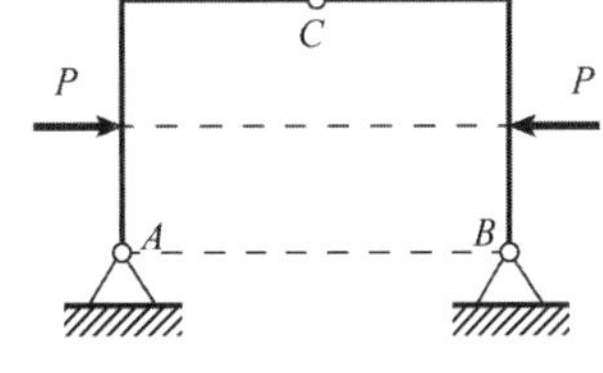

题 4-1-37 图

4-1-38 图示一等边三角形板，边长为a，沿三边分别作用有力$\boldsymbol{F}_1$、$\boldsymbol{F}_2$和$\boldsymbol{F}_3$，且$F_1 = F_2 = F_3$。

则此三角形板处于什么状态？

A. 平衡　　B. 移动

C. 转动　　D. 既移动又转动

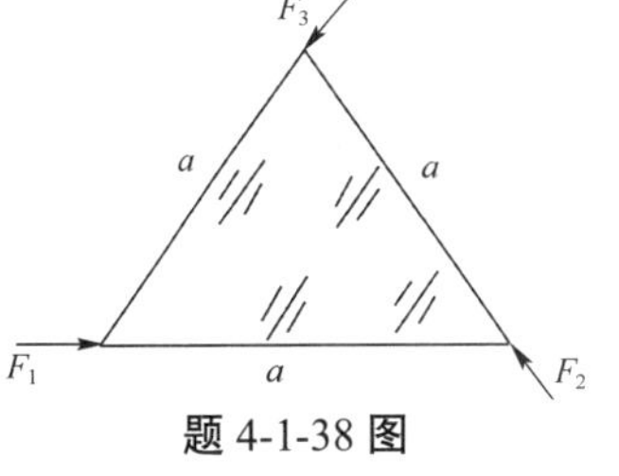

题 4-1-38 图

4-1-39 图示水平简支梁AB上，作用一对等值、反向、沿铅直向作用的力，其大小均为P，间距为h，梁的跨度为L，其自重不计。则支座A的反力$\boldsymbol{F}_{\mathrm{A}}$的大小和方向为：

A. $F_{\mathrm{A}} = \frac{Ph}{L}$，方向铅直向上

B. $F_{\mathrm{A}} = \frac{Ph}{L}$，方向铅直向下

C. $F_A = \frac{\sqrt{2}Ph}{L}$，$\boldsymbol{F}_A$与$AB$方向的夹角为−45°，指向右下方

D. $F_A = \frac{\sqrt{2}Ph}{L}$，$\boldsymbol{F}_A$与$AB$方向的夹角为 135°，指向左上方

4-1-40 图示杆件AB长 2m，B端受一顺时针向的力偶作用，其力偶矩的大小$m = 100\text{N}\cdot\text{m}$，杆重不计，杆的中点$C$为光滑支承，支座$A$的反力$\boldsymbol{F}_A$的大小和方向为：

A. $F_A = 200\text{N}$，方向铅直向下

B. $F_A = 115.5\text{N}$，方向水平向右

C. $F_A = 173.2\text{N}$，方向沿AB杆轴线

D. $F_A = 100\text{N}$，其作用线垂直AB杆，指向右下方

4-1-41 图示力$\boldsymbol{P}$的大小为 2kN，则它对点A之矩的大小为：

A. $m_A(\boldsymbol{P}) = 20\text{kN}\cdot\text{m}$　　B. $m_A(\boldsymbol{P}) = 10\sqrt{3}\text{kN}\cdot\text{m}$

C. $m_A(\boldsymbol{P}) = 10\text{kN}\cdot\text{m}$　　D. $m_A(\boldsymbol{P}) = 5\sqrt{3}\text{kN}\cdot\text{m}$

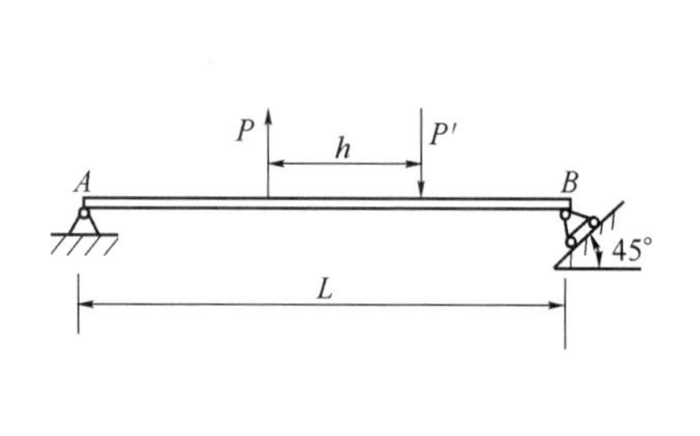

题 4-1-39 图

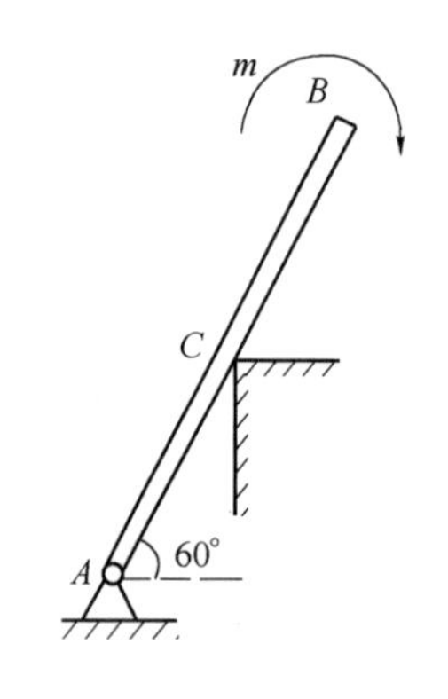

题 4-1-40 图

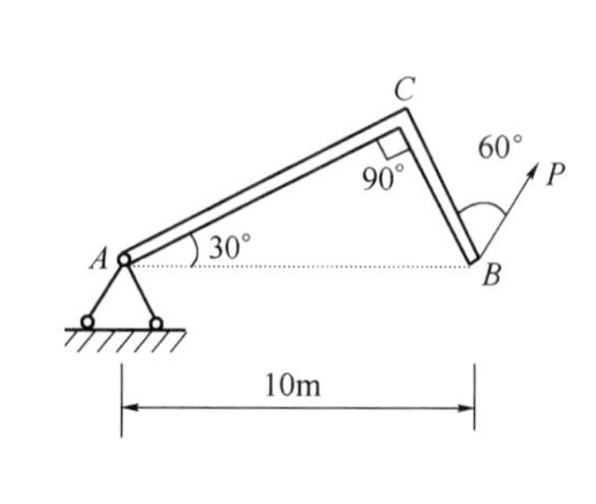

题 4-1-41 图

4-1-42 图示结构固定端的反力$\boldsymbol{F}_{Bx}$、$\boldsymbol{F}_{By}$、$\boldsymbol{M}_B$的大小分别为：

A. $F_{Bx} = 50\text{kN}$（向右），$F_{By} = 0$，$M_B = 100\text{kN}\cdot\text{m}$（逆时针向）

B. $F_{Bx} = 50\text{kN}$（向左），$F_{By} = 0$，$M_B = 100\text{kN}\cdot\text{m}$（逆时针向）

C. $F_{Bx} = 50\text{kN}$（向右），$F_{By} = 0$，$M_B = 100\text{kN}\cdot\text{m}$（顺时针向）

D. $F_{Bx} = 50\text{kN}$（向左），$F_{By} = 0$，$M_B = 100\text{kN}\cdot\text{m}$（顺时针向）

4-1-43 图示三铰支架上作用两个大小相等、转向相反的力偶$\boldsymbol{m}_1$和$\boldsymbol{m}_2$，其大小均为 100kN · m，支架重力不计。支座B的反力$\boldsymbol{F}_B$的大小和方向为：

A. $F_B = 0$

B. $F_B = 100\text{kN}$，方向铅直向上

C. $F_B = 50\sqrt{2}\text{kN}$，其作用线平行于$A$、$B$连线

D. $F_B = 100\sqrt{2}\text{kN}$，其作用线沿$B$、$C$连线

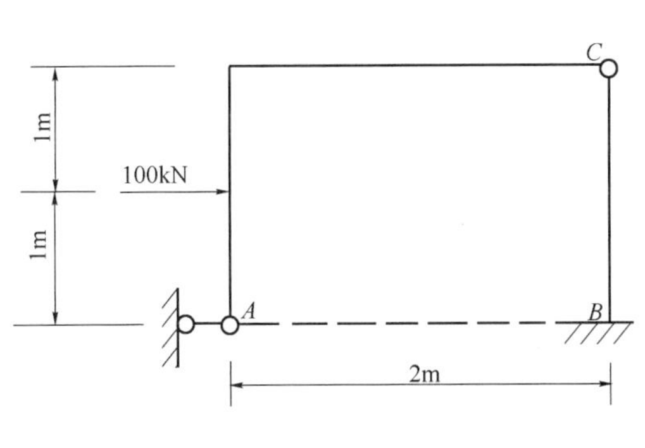

题 4-1-42 图

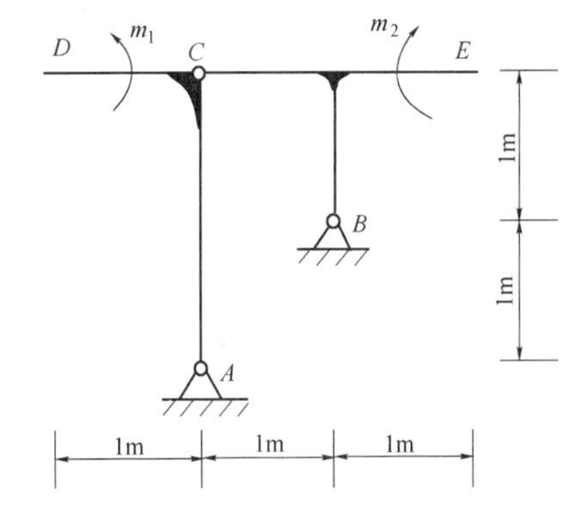

题 4-1-43 图

4-1-44 在图示系统中，绳DE能承受的最大拉力为 10kN，杆重不计。则力$\boldsymbol{P}$的最大值为：

A. 5kN　　B. 10kN　　C. 15kN　　D. 20kN

4-1-45 平面力系向点 1 简化时，主矢$\boldsymbol{F}'_{\mathrm{R}} = 0$，主矩$\boldsymbol{M}_1 \neq 0$，如将该力系向另一点 2 简化，则$\boldsymbol{F}'_{\mathrm{R}}$和$\boldsymbol{M}_2$分别等于：

A. $\boldsymbol{F}'_{\mathrm{R}} \neq 0$，$\boldsymbol{M}_2 \neq 0$　　B. $\boldsymbol{F}'_{\mathrm{R}} = 0$，$\boldsymbol{M}_2 \neq \boldsymbol{M}_1$

C. $\boldsymbol{F}'_{\mathrm{R}} = 0$，$\boldsymbol{M}_2 = \boldsymbol{M}_1$　　D. $\boldsymbol{F}'_{\mathrm{R}} \neq 0$，$\boldsymbol{M}_2 \neq \boldsymbol{M}_1$

4-1-46 杆AF、BE、EF相互铰接，并支承如图所示。今在AF杆上作用一力偶（$\boldsymbol{P}$,$\boldsymbol{P}'$），若不计各杆自重，则A支座反力作用线的方向应：

A. 过A点平行力$\boldsymbol{P}$　　B. 过A点平行BG连线

C. 沿AG直线　　D. 沿AH直线

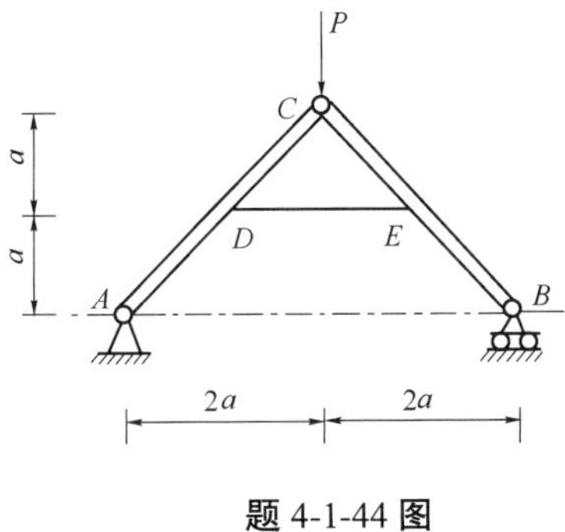

题 4-1-44 图

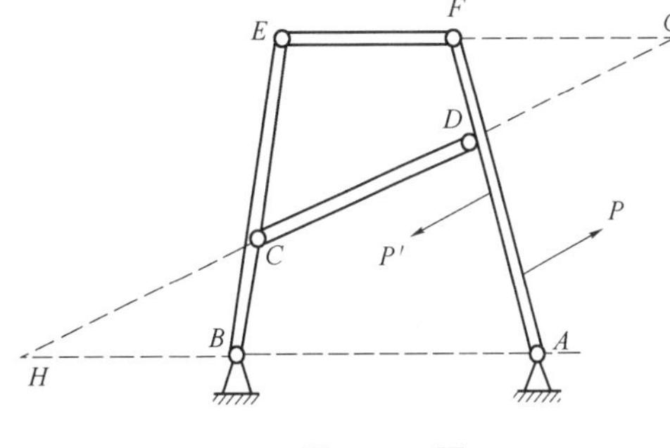

题 4-1-46 图

4-1-47 一平面力系向点 1 简化时，主矢$\boldsymbol{F}'_{\mathrm{R}} \neq 0$，主矩$\boldsymbol{M}_1 = 0$。若将该力系向另一点 2 简化，其主矢$\boldsymbol{R}'$和主矩$\boldsymbol{M}_2$将分别为：

A. 可能为$\boldsymbol{F}'_{\mathrm{R}} \neq 0$，$\boldsymbol{M}_2 \neq 0$　　B. 可能为$\boldsymbol{F}'_{\mathrm{R}} = 0$，$\boldsymbol{M}_2 \neq \boldsymbol{M}_1$

C. 可能为$\boldsymbol{F}'_{\mathrm{R}} = 0$，$\boldsymbol{M}_2 = \boldsymbol{M}_1$　　D. 不可能为$\boldsymbol{F}'_{\mathrm{R}} \neq 0$，$\boldsymbol{M}_2 = \boldsymbol{M}_1$

4-1-48 力系简化时若取不同的简化中心，则会有下列中哪种结果？

A. 力系的主矢、主矩都会改变

B. 力系的主矢不会改变，主矩一般会改变

C. 力系的主矢会改变，主矩一般不改变

D. 力系的主矢、主矩都不会改变，力系简化时与简化中心无关

4-1-49 力$\boldsymbol{F}_1$、$\boldsymbol{F}_2$共线如图所示，且$F_1=2F_2$，方向相反，其合力$\boldsymbol{F}_\mathrm{R}$可表示为：

A. $\boldsymbol{F}_\mathrm{R}=\boldsymbol{F}_1-\boldsymbol{F}_2$　　B. $\boldsymbol{F}_\mathrm{R}=\boldsymbol{F}_2-\boldsymbol{F}_1$

C. $\boldsymbol{F}_\mathrm{R}=\frac{1}{2}\boldsymbol{F}_1$　　D. $\boldsymbol{F}_\mathrm{R}=\boldsymbol{F}_2$

题 4-1-49 图

4-1-50 图示三铰刚架受力$\boldsymbol{F}$作用，则B处约束力的大小为：

A. $\frac{F}{2}$　　B. $\frac{1}{\sqrt{2}}F$　　C. $\sqrt{2}F$　　D. $2F$

4-1-51 曲杆自重不计，其上作用一力偶矩为$\boldsymbol{M}$的力偶，则题图 a）中B处约束力比图 b）中B处约束力：

A. 大　　B. 小　　C. 相等　　D. 无法判断

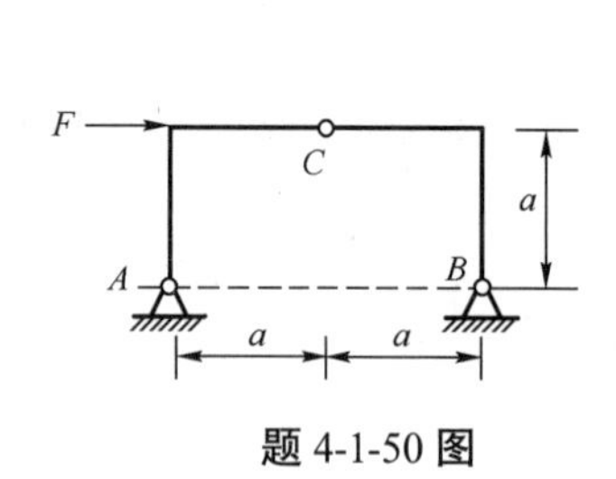

题 4-1-50 图

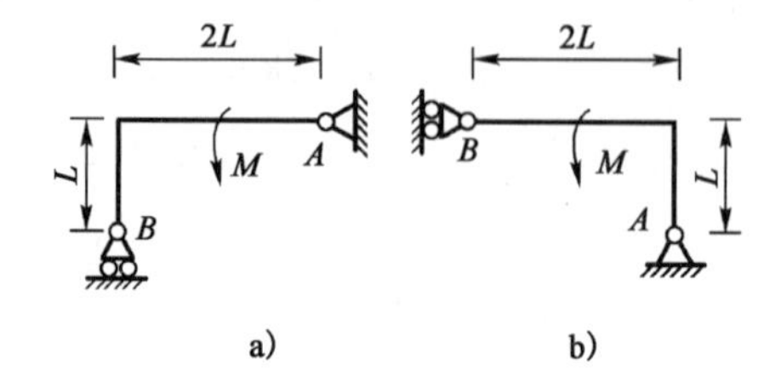

题 4-1-51 图

4-1-52 直角杆CDA和T字形杆BDE在D处铰接，并支承如图所示。若系统受力偶矩为$\boldsymbol{M}$的力偶作用，不计各杆自重，则支座A约束力的方向为：

A. $\boldsymbol{F}_\mathrm{A}$的作用线沿水平方向　　B. $\boldsymbol{F}_\mathrm{A}$的作用线沿铅垂方向

C. $\boldsymbol{F}_\mathrm{A}$的作用线平行于$D$、$B$连线　　D. $\boldsymbol{F}_\mathrm{A}$的作用线方向无法确定

4-1-53 均质杆AB长为l，重为$\boldsymbol{W}$，受到如图所示的约束，绳索ED处于铅垂位置，A、B两处为光滑接触，杆的倾角为α，又$CD=l/4$，则A、B两处对杆作用的约束力大小关系为：

A. $F_\mathrm{NA}=F_\mathrm{NB}=0$　　B. $F_\mathrm{NA}=F_\mathrm{NB}\neq 0$

C. $F_\mathrm{NA}\leqslant F_\mathrm{NB}$　　D. $F_\mathrm{NA}\geqslant F_\mathrm{NB}$

4-1-54 不经计算，通过直接判定得知图示桁架中零杆的数目为：

A. 1 根　　B. 2 根　　C. 3 根　　D. 4 根

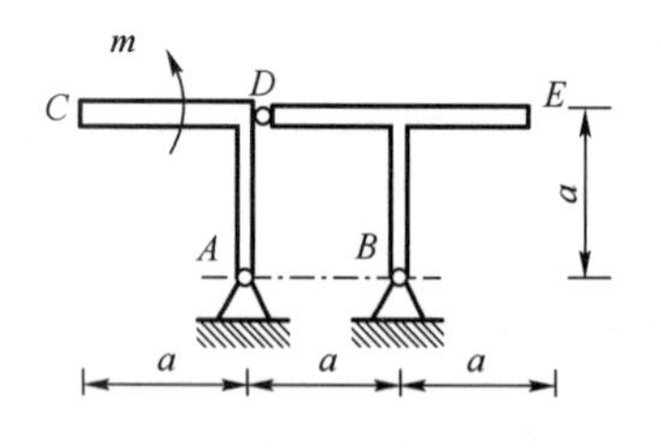

题 4-1-52 图

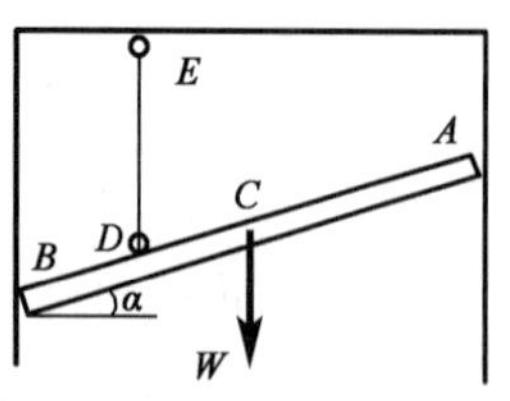

题 4-1-53 图

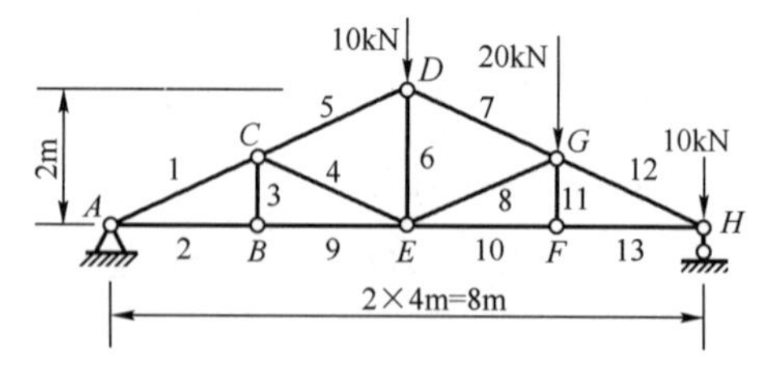

题 4-1-54 图

4-1-55 不经计算，通过直接判定得知图示桁架中零杆的数目为：

A. 4 根　　B. 5 根　　C. 6 根　　D. 7 根

4-1-56 五根等长的细直杆铰接成图示杆系结构，各杆重力不计。若$P_\mathrm{A}=P_\mathrm{C}=P$，且垂直$BD$。则杆$BD$内力$S_\mathrm{BD}$为：

A. $-P$（压）　　B. $-\sqrt{3}P$（压）　　C. $-\sqrt{3}P/3$（压）　　D. $-\sqrt{3}P/2$（压）

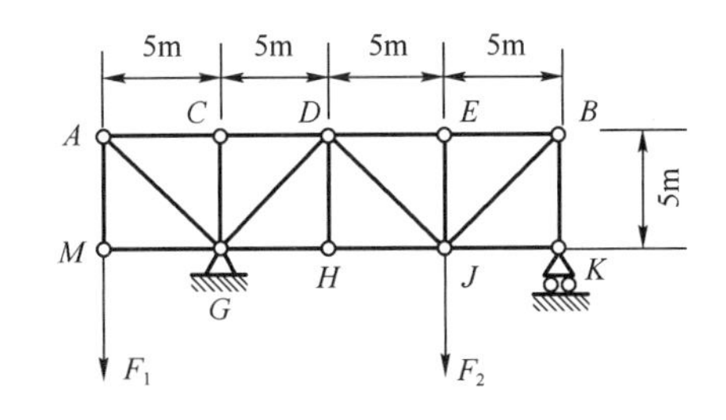

题 4-1-55 图

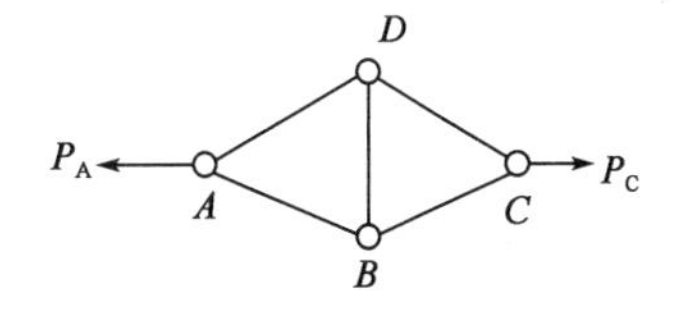

题 4-1-56 图

4-1-57 图示平面组合构架，自重不计。已知：$F = 40\text{kN}$，$M = 10\text{kN}\cdot\text{m}$，$L_1 = 4\text{m}$，$L_2 = 6\text{m}$，则1杆的内力为：

A. F　　B. $-F$　　C. $0.5F$　　D. 0

4-1-58 如图所示，物体A重力大小为100kN，物B重力大小为25kN，物体A与地面摩擦因数为0.2，滑轮处摩擦不计。则物体A与地面间摩擦力的大小为：

A. 20kN　　B. 16kN　　C. 15kN　　D. 12kN

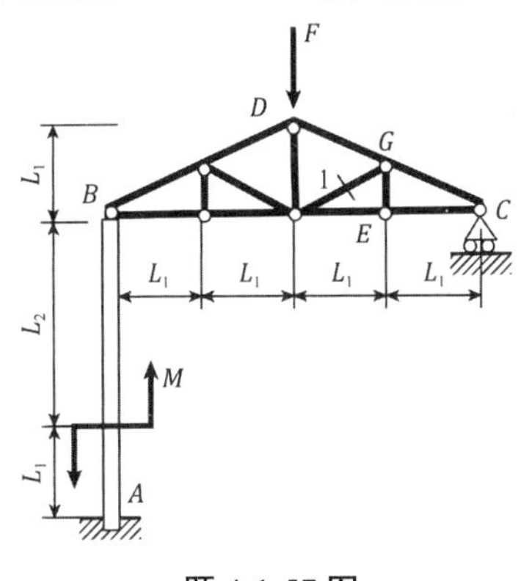

题 4-1-57 图

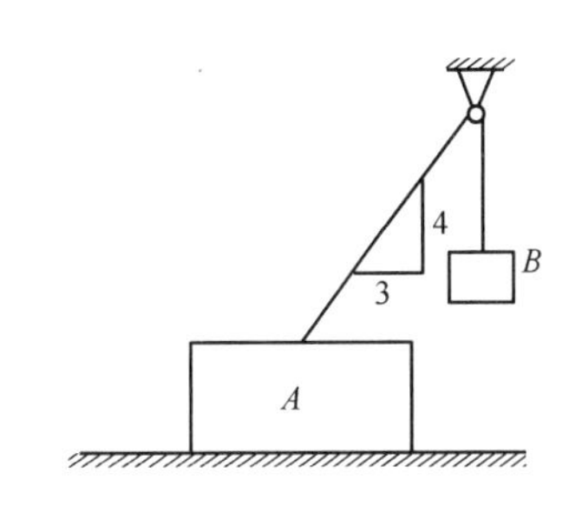

题 4-1-58 图

4-1-59 已知（图示）杆OA重力W，物块M重力Q，杆与物块间有摩擦。而物体与地面间的摩擦略去不计。当水平力P增大而物块仍然保持平衡时，杆对物块M的正压力有何变化?

A. 由小变大　　B. 由大变小

C. 不变　　D. 不能确定

4-1-60 物块重力的大小为5kN，与水平面间的摩擦角为$\varphi_m = 35°$。今用与铅垂线成60°角的力$\boldsymbol{P}$推动物块（如图所示），若$P = 5\text{kN}$，则物块是否滑动?

A. 不动　　B. 滑动

C. 处于临界状态　　D. 滑动与否无法确定

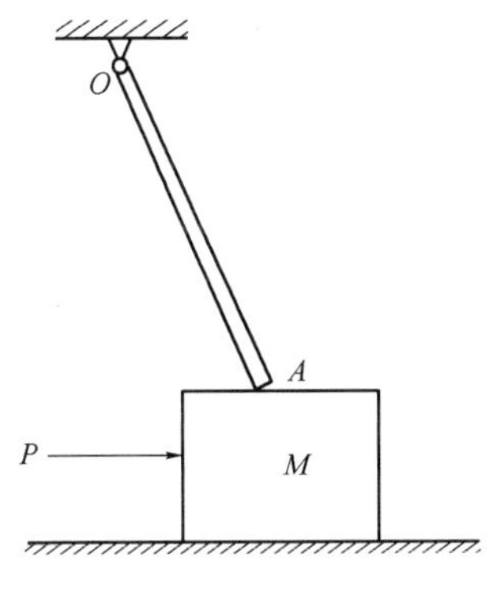

题 4-1-59 图

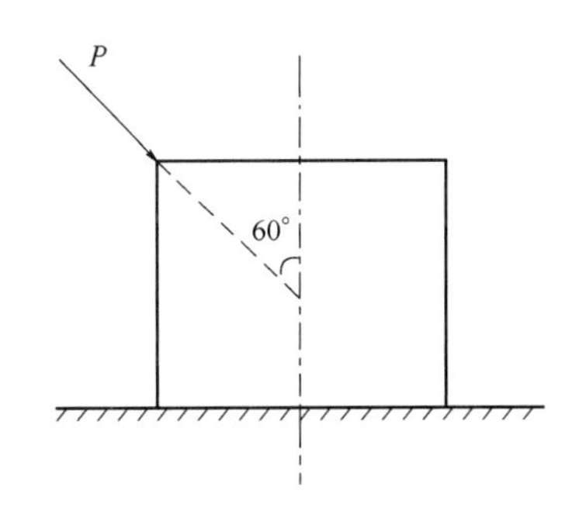

题 4-1-60 图

4-1-61 图示物块重力$F_{\mathrm{p}} = 100\mathrm{N}$处于静止状态，接触面处的摩擦角$\varphi_{\mathrm{m}} = 45°$，在水平力$F = 100\mathrm{N}$的作用下，物块将：

A. 向右加速滑动　　B. 向右减速滑动

C. 向左加速滑动　　D. 处于临界平衡状态

4-1-62 一重力大小为$W = 60\mathrm{kN}$的物块，自由放置在倾角为$\alpha = 30°$的斜面上，如图所示，若物块与斜面间的静摩擦因数为$f = 0.4$，则该物块的状态为：

A. 静止状态　　B. 临界平衡状态

C. 滑动状态　　D. 条件不足，不能确定

4-1-63 重力$W = 80\mathrm{kN}$的物体自由地放在倾角为30°的斜面上（如图），若物体与斜面间的静摩擦因数$f = \sqrt{3}/4$，动摩擦因数$f' = 0.4$，则作用在物体上的摩擦力的大小为：

A. 30kN　　B. 40kN

C. 27.7kN　　D. 0

4-1-64 已知力$P = 40\mathrm{kN}$，$S = 20\mathrm{kN}$，物体与地面间的静摩擦因数$f = 0.5$，动摩擦因数$f' = 0.4$（如图），则物体所受摩擦力的大小为：

A. 15kN　　B. 12kN

C. 17.3kN　　D. 0

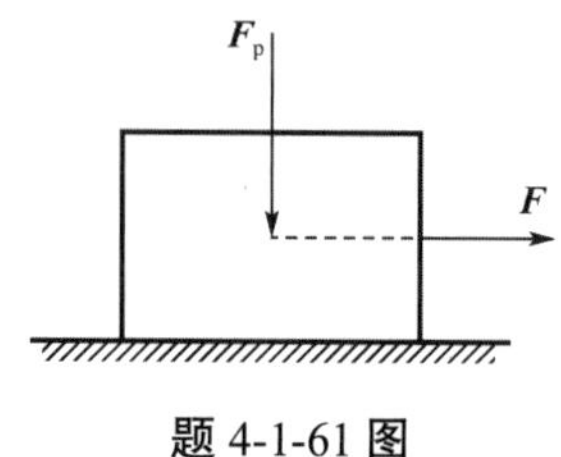

题 4-1-61 图

题 4-1-62 图

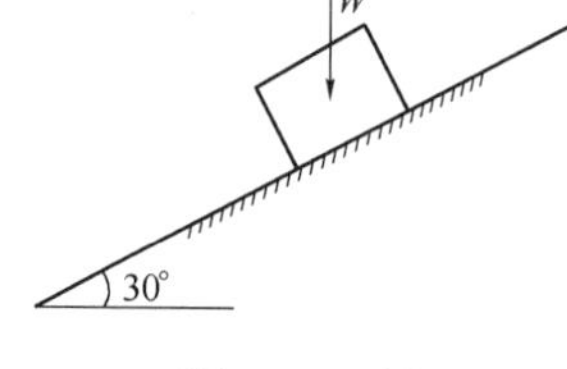

题 4-1-63 图

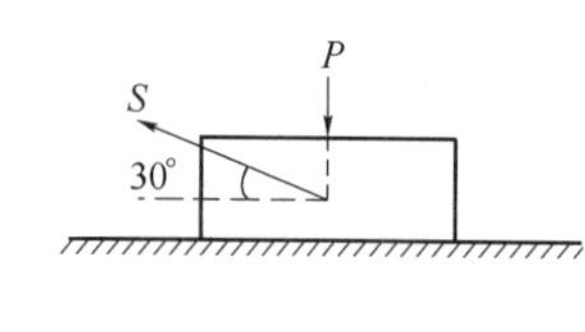

题 4-1-64 图

题解及参考答案

4-1-1　解： 见解图，根据力的投影公式，$F_x = F\cos\alpha = 50\mathrm{N}$，故$\alpha = 60°$。而分力$\boldsymbol{F}'_x$的大小是力$\boldsymbol{F}$大小的 2 倍，故力$\boldsymbol{F}$与$y$轴垂直，在$y$轴的投影为零。

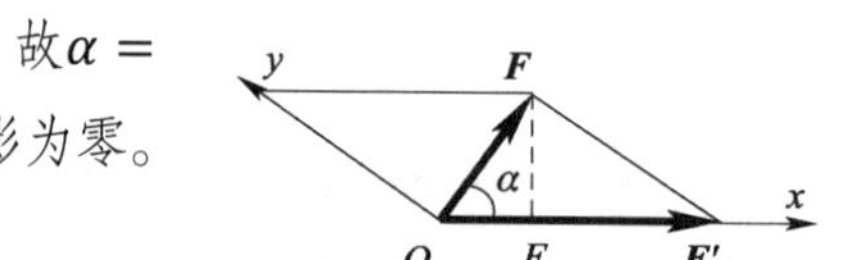

题 4-1-1 解图

答案： A

4-1-2　解： 由图可知力$\boldsymbol{F}$过B点，故对B点的力矩为 0，因此该力系对B点的合力矩为：

$$M_{\mathrm{B}} = M = \frac{1}{2}Fa = \frac{1}{2} \times 150 \times 50 = 3750\mathrm{N} \cdot \mathrm{cm}\text{（顺时针）}$$

答案： A

4-1-3　解： 将力系向A点简化，作用于C点的力$\boldsymbol{F}$沿作用线移到A点，作用于B点的力$\boldsymbol{F}$平移到A点附加的力偶即主矩：

$$M_{\mathrm{A}} = M_{\mathrm{A}}(F) = \frac{\sqrt{3}}{2}aF$$

三个力的主矢：

$$F_{\mathrm{R}y} = 0,\ F_{\mathrm{R}x} = F - F\sin 30° - F\sin 30° = 0$$

答案： A

4-1-4 解： 由于系统所受主动力系为平衡力系，根据系统的整体平衡，A、B处的约束力也应构成平衡力系，故应满足二力平衡的条件：二力等值、反向、共线（沿AB水平连线）。拆开AC、BC，又因为力偶的平衡条件，C处约束力应分别与A、B处约束力构成力偶，与主动力偶平衡，即$F_{Ax}2a-M=0$，则有$F_{Ax}=\frac{M}{2a}$，$F_{Ay}=0$。

答案： B

4-1-5 解： 均布力组成了力偶矩为qa^2的逆时针转向力偶。A、B处的约束力沿铅垂方向组成顺时针转向力偶，根据力偶系的平衡方程：$qa^2-F_A\cdot 2a=0$，故$F_A=F_B=\frac{qa}{2}$。

答案： C

4-1-6 解： 根据力的投影公式，$F_x=F\cos\alpha$，当$\alpha=0$时$F_x=F$，即力$\boldsymbol{F}$与x轴平行，故只有当力$\boldsymbol{F}$在与x轴垂直的y轴($\alpha=90°$)上投影为 0 外，在其余与x轴共面轴上的投影均不为 0。

答案： B

4-1-7 解： 将力系向A点简化，$\boldsymbol{F}_3$沿作用线移到A点，$\boldsymbol{F}_2$平移到A点附加力偶即主矩：

$$M_A=M_A(\boldsymbol{F}_2)=\frac{\sqrt{3}}{2}aF$$

三个力的主矢：

$$F_{Ry}=0，F_{Rx}=F_1+F_2\sin 30°+F_3\sin 30°=2F（向左）。$$

答案： A

4-1-8 解： 主矢：$\boldsymbol{F}_R=\boldsymbol{F}_1+\boldsymbol{F}_2+\boldsymbol{F}_3=(40-10)\boldsymbol{i}-40\boldsymbol{j}=30\boldsymbol{i}-40\boldsymbol{j}(\mathrm{N})$

主矩：$M_O=M+F_1\times 3+F_2\times 3+F_3\times 3=300\mathrm{N}\cdot\mathrm{m}$

经简化，主矢和主矩均不为零，故该力系向 O 点简化的结果为一力和一力偶。

答案： B

4-1-9 解： 根据受力分析，A、C、D处的约束力均为水平方向（见解图），考虑杆AB的平衡：

$$\sum M=0，m_1-F_{NC}\cdot a=0，F_{NC}=\frac{m_1}{a}$$

分析杆DC，采用力偶的平衡方程：

$$F'_{NC}\cdot a-m_2=0，F'_{NC}=F_{NC}$$

即得$m_2=m_1$

答案： A

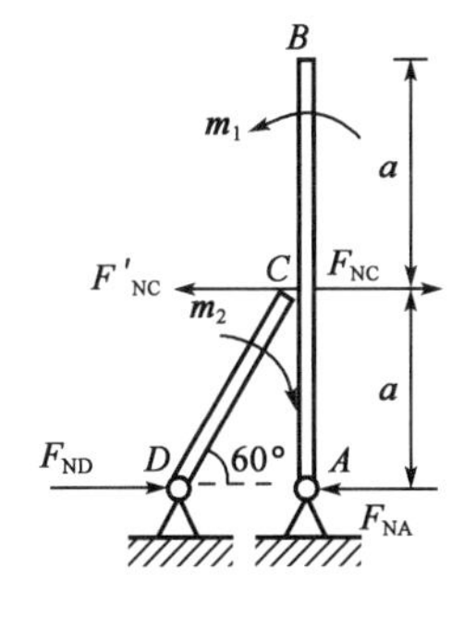

题 4-1-9 解图

4-1-10 解： 根据摩擦定律$F_{max}=W\cos 60°\times f=10\mathrm{kN}$，沿斜面的主动力为$W\sin 60°-F_P=6.6\mathrm{kN}<\boldsymbol{F}_{max}$，方向沿斜面向下，物块平衡，由平衡方程得摩擦力的大小应为 6.6kN，方向沿斜面向上。

答案： C

4-1-11 解： 根据平面力系简化理论，若将各力向O点简化，可得一主矢和一主矩，只要主矢不为零，简化的最后结果为一合力。该题中的三个力并未形成首尾相连的自行封闭的三角形，故主矢不为零。

答案： B

4-1-12 解： 根据平衡方程：$\sum M_B=0$，$qa\cdot 2.5a-M-F_pa-F_{Av}2a=0$，得$F_{Av}=\frac{1}{4}aq(\uparrow)$，便可作出选择。

答案： D

4-1-13 解： 维持物块平衡的力F_Q可在一个范围内，求F_{Qmax}时摩擦力F向下，求F_{Qmin}时摩擦力F向上。

答案： C

4-1-14 解： 先取整体为研究对象计算出B处约束力，即：

$$\sum M_A = 0,\ F_B \cdot 3a - F_P \cdot a - 2F_P \cdot 2a = 0,\ F_B = \frac{5}{3}F_P$$

再用$m-m$截面将桁架截开，取右半部分（见解图），列平衡方程：

$$\sum M_O = 0,\ F_B \cdot a + F_{s1} \cdot a = 0$$

可得杆1受压，其内力与F_B大小相等。

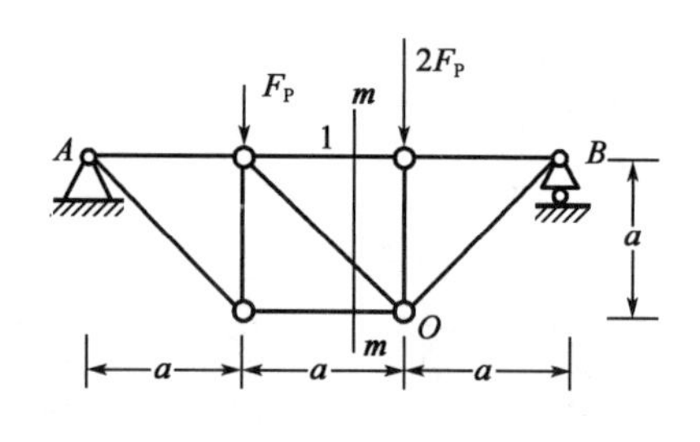

题 4-1-14 解图

答案： A

4-1-15 解： 将B处的约束解除，固定端处有约束力F_{Bx}、F_{By}及约束力矩M_B，如解图所示。对整体列出力矩的平衡方程：

$$\sum M_B = 0,\ M_B + m - F_P \cdot a = 0,\ M_B = F_P \cdot a - m$$

$$\sum F_x = 0,\ F_{Bx} = 0,\ \sum F_y = 0;\ F_{By} - F_P = 0,\ F_{By} = F_P$$

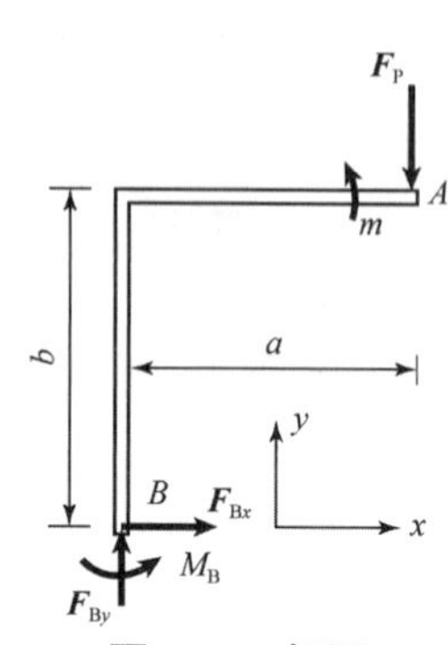

题 4-1-15 解图

答案： C

4-1-16 解： 根据力系简化结果分析，分力首尾相连组成自行封闭的力多边形，则简化后的主矢为零，而$\boldsymbol{F}_1$与$\boldsymbol{F}_3$、$\boldsymbol{F}_2$与$\boldsymbol{F}_4$分别组成逆时针转向的力偶，合成后为一合力偶。

答案： C

4-1-17 解： 根据力多边形法则：各分力首尾相连，而合力则由第一个分力的起点指向最后一个分力的终点（矢端），题中$\boldsymbol{F}_2$、$\boldsymbol{F}_3$首尾相连为分力，而$\boldsymbol{F}_1$由$\boldsymbol{F}_2$的起点指向$\boldsymbol{F}_3$的终点为两分力的合力，所以表达式为：$\boldsymbol{F}_1 = \boldsymbol{F}_2 + \boldsymbol{F}_3$。

答案： D

4-1-18 解： 根据力多边形法则，分力首尾相连，合力为力三角形的封闭边。

答案： B

4-1-19 解： 以圆柱体为研究对象，沿1、2接触点的法线方向有约束力$\boldsymbol{F}_{N1}$和$\boldsymbol{F}_{N2}$，受力如解图所示。对圆柱体列$\boldsymbol{F}_{N2}$方向的平衡方程：

$$\sum F_2 = 0,\ F_{N2} - P\cos 45° + F\sin 45° = 0,\ F_{N2} = \frac{\sqrt{2}}{2}(P-F)$$

题 4-1-19 解图

答案： A

4-1-20 解： 采用平面汇交力系的两个平衡方程求解：以圆球为研究对象，沿OA、OB方向有约束力F_{NA}和F_{NB}（见解图），由对称性可知两约束力大小相等，对圆球列铅垂方向的平衡方程：

$$\sum F_y = 0,\ F_{NA}\cos\theta + F_{NB}\cos\theta - W = 0$$

得

$$F_{NB} = \frac{W}{2\cos\theta}$$

题 4-1-20 解图

答案： A

4-1-21 解： 因为$F_{max} = F_p \cdot f = 50 \times 0.3 = 15N$，所以此时物体处于平衡状态，可用铅垂方向的平衡方程计算摩擦力$F = 10N$。

答案： B

4-1-22 解： 应用零杆的判断方法，先分别分析结点A和B的平衡，可知杆AC、BD为零杆，再分别分析结点C和D的平衡，两水平和铅垂杆均为零杆。

答案： D

4-1-23 解： 取AB为研究对象，受力如解图所示。列平衡方程：

$$\sum M_B(F)=0，F_T\cdot r-F_{Ay}\cdot 4a+W(3a-r)=0$$

因为$F_T=W$，所以$F_{Ay}=\frac{3}{4}W$。

题 4-1-23 解图

答案： A

4-1-24 解： 根据平面平行力系向任意点的简化结果，可得一主矢和一主矩，由于主矢与平行力系中各分力平行，故满足平衡条件所需要的平衡方程：主矢为零需要一个力的投影方程$\sum F_x=0$（投影轴x与平行力系中各力不垂直），主矩为零需要一个力矩方程$\sum M_O(F)=0$。

答案： B

4-1-25 解： 根据平面任意力系的简化结果分析，见解表。

题 4-1-25 解表

F'_R（主矢）	M_O（主矩）	最后结果	说　明
$F'_R\neq 0$	$M_O\neq 0$	合力	合力作用线：$d=\frac{\|M_O\|}{F'_R}$
	$M_O=0$	合力	合力作用线通过简化中心
$F'_R=0$	$M_O\neq 0$	合力偶	主矩与简化中心无关

答案： C

4-1-26 解： 根据结点法，见解图，由结点E的平衡，可判断出杆EC、EF为零杆，再由结点C和G，可判断出杆CD、GD为零杆；由系统的整体平衡可知，支座A处只有铅垂方向的约束力，故通过分析结点A，可判断出杆AD为零杆。

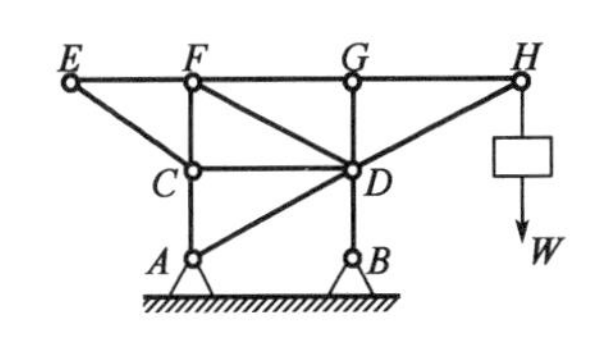

题 4-1-26 解图

答案： D

4-1-27 解： 根据斜面自锁的条件：$\theta\leqslant\varphi_m=\arctan f$，故$\tan\theta\leqslant f$。

答案： C

4-1-28 解： 选AC为研究对象，受力如解图 b）所示，列平衡方程：

$$\sum M_C(F)=0，qL\cdot\frac{L}{2}-F_A\cdot\frac{L}{2}=0，F_A=qL$$

再选结构整体为研究对象，受力如解图 a）所示，列平衡方程：

$$\sum F_x=0，F_{Bx}+qL=0，F_{Bx}=-qL$$

$$\sum F_y=0，F_A+F_{By}=0，F_{By}=-qL$$

$$\sum M_B(F)=0，M_B-qL\cdot\frac{L}{2}-F_A\cdot L=0，M_B=\frac{3}{2}qL^2$$

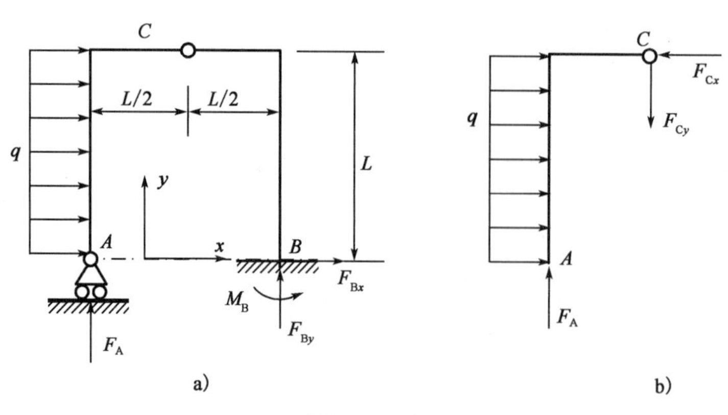

题 4-1-28 解图

答案： A

4-1-29　解： 平面汇交力系几何法求合力时，先将各分力首尾相连，而合力则由第一个分力的起点指向最后一个分力的终点（矢端）。此题可从分力$\boldsymbol{F}_1$起依次将分力首尾相连到$\boldsymbol{F}_5$，则合力应从$\boldsymbol{F}_1$的起点指向$\boldsymbol{F}_5$的矢端。

答案： B

4-1-30　解： 力偶作用在AC杆时，BC杆是二力杆，A、B、C处的约束力均沿BC方向；力偶作用在BC杆时，AC杆是二力杆，此时，A、B、C处约束力均沿AC方向。

答案： A

4-1-31　解： 摩擦角$\varphi_m = \arctan f_s = 30.96° > \alpha$，满足物块在斜面的自锁条件，故物块静止。

答案： C

4-1-32　解： 由于杆CD为二力杆，根据二力平衡原理，D处约束力$\boldsymbol{F}_D$必沿杆CD方向；因为系统整体受三个力作用，由三力平衡汇交定理知，A处约束力$\boldsymbol{F}_A$与力$\boldsymbol{F}_D$、$\boldsymbol{P}$应交汇于一点（如解图），故$\boldsymbol{F}_A$与水平杆AB间的夹角为30°。

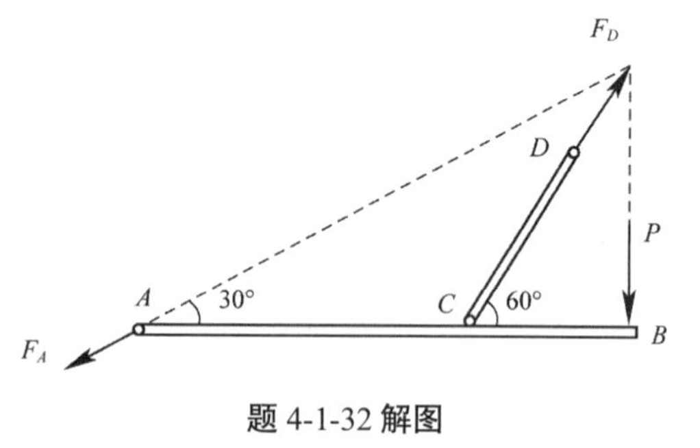

题 4-1-32 解图

答案： D

4-1-33　解： C与BC均为二力构件，故A处约束力沿AC方向，B处约束力沿BC方向；分析铰链C的平衡，其受力如解图所示。

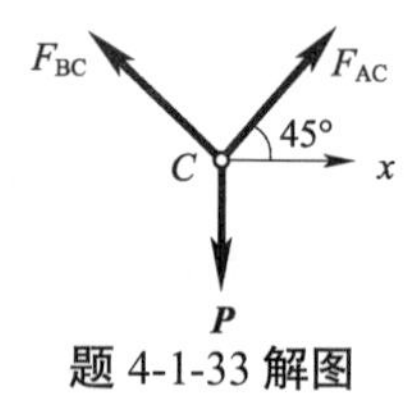

题 4-1-33 解图

答案： D

4-1-34　解： 三个不为零的力组成的平面汇交力系平衡的几何条件有两种情况：①三个力组成自行封闭的力三角形；②三个力作用在同一直线上。而题中给出的三个力不能满足上述两个条件，故一定不是平衡力系。

答案： B

4-1-35　解： 平面共点力系平衡的几何条件是力多边形自行封闭，题中的四个力满足平衡条件，故力系的合力为零，力系平衡。

答案： D

4-1-36　解： 因为AC是二力构件，A处约束力作用线沿AC连线，而系统只受外力偶m作用，根据力偶的性质，A、B处约束力应组成一力偶才能使系统平衡，故B处约束力与A处约束力平行，即平行于AC连线。

答案： D

4-1-37　解： 由于系统所受主动力系为平衡力系，根据系统的整体平衡，A、B处的约束力也应构成平衡力系，故应满足二力平衡的条件：二力等值、反向、共线（沿AB水平连线）。

答案： B

4-1-38　解： 将力系向A点平移（见解图），$\boldsymbol{F}_3$可沿其作用线移至A点，$\boldsymbol{F}_2$平移至A点，同时附加力偶矩：

$$M_{\mathrm{A}} = M_{\mathrm{A}}(F_2) = F\cos 30^\circ \cdot a = \frac{\sqrt{3}}{2}Fa$$

此即力系向A点简化的主矩。

主矢：

$$\begin{aligned}\boldsymbol{F}_{\mathrm{R}} &= F_1 + \boldsymbol{F}_2 + \boldsymbol{F}_3 \\ &= (F_1 - F_2\cos 60^\circ - F_3\cos 60^\circ)\boldsymbol{i} + (F_2\sin 60^\circ - F_3\sin 60^\circ)\boldsymbol{j} = 0\end{aligned}$$

题 4-1-38 解图

由于主矢为零，主矩不为零，力系简化的结果为一合力偶，只能使物体转动。

答案： C

4-1-39　解： 梁上作用的一对力组成了一顺时针转向的外力偶，则A、B处约束力应组成一逆时针转向的力偶才能使系统平衡。根据B处约束的性质，其约束力应垂直于支撑面，与AB梁成45°夹角，指向左上方，故A处约束力与B处约束力平行，指向右下方。应用力偶的平衡方程，$F_{\mathrm{A}}\cos 45^\circ L - Ph = 0$，得：$F_{\mathrm{A}} = \frac{\sqrt{2}Ph}{L}$。

答案： C

4-1-40　解： 杆AB上作用一顺时针转向的外力偶m，则A、C处约束力应组成一逆时针转向的力偶才能使系统平衡。根据C处约束的性质，其约束力应垂直于杆AB并指向杆，故A处约束力与C处约束力平行，指向右下方。应用力偶的平衡方程，$F_{\mathrm{A}} \times 1 - m = 0$，得：$F_{\mathrm{A}} = \frac{m}{1} = 100\mathrm{N}$。

答案： D

4-1-41　解： $\boldsymbol{P}$力到A点的垂直距离$L = AB\cos 30^\circ = 5\sqrt{3}m$，则$\boldsymbol{P}$力对$A$点之矩的大小为：$P \cdot L = 10\sqrt{3}\mathrm{kN\cdot m}$。

答案： B

4-1-42　解： 根据系统的整体平衡，列平衡方程：

$$\sum M_{\mathrm{B}} = 0,\ M_{\mathrm{B}} = 100\mathrm{kN\cdot m}\text{（逆时针）},\ \sum F_y = 0,\ F_{\mathrm{B}y} = 0$$

然后研究AC，列平衡方程：

$$\sum M_{\mathrm{C}} = 0,\ 2F_{\mathrm{A}} \times 1\mathrm{m} - 100\mathrm{kN\cdot m} = 0,\ F_{\mathrm{A}} = 50\mathrm{kN}\text{（水平向左）}$$

再通过整体平衡：

$$\sum F_x = 0,\ 100\mathrm{kN} - F_{\mathrm{B}x} - F_{\mathrm{A}} = 0,\ F_{\mathrm{B}x} = 50\mathrm{kN}\text{（向左）}$$

答案： B

4-1-43　解： 从整体平衡看，因为$m_1 = m_2$，且两力偶转向相反，外力偶已自行平衡，则A和B处的约束力必构成二力平衡，两力共线，无须计算，仅从约束力的方向即可判断，只有选项C正确。

答案： C

4-1-44　解： 从整体平衡看，系统沿$\boldsymbol{P}$力铅垂方向两侧对称，故A、B处约束力铅垂向上，大小均为$P/2$，若取BC杆为研究对象，E处的绳索拉力$F_{\mathrm{T}} = 10\mathrm{kN}$，方向水平向左，利用对$C$点的力矩平衡方程：

$$\frac{P}{2} \cdot 2a - F_{\mathrm{T}} \cdot a = 0,\ P = F_{\mathrm{T}} = 10\mathrm{kN}$$

答案： B

4-1-45　解： 根据平面力系简化最后结果分析，当主矢（与简化中心无关）为零，主矩不为零时，力系简化的最后结果为一合力偶。根据力偶的性质，其结果亦与简化中心无关，故向平面内任意一点简化的结果是相同的。

答案： C

4-1-46　解： 题中杆CD、EF为二力杆，故C处约束力沿CD方向，E处约束力沿EF方向，分析BE杆，应用三力平衡汇交定理得B处约束力的作用线应汇交于G点（也是C、E两处约束力的汇交点）；再分析结构整体平衡，A、B处约束力应组成一力偶与主动力偶（P，P'）平衡，故A处约束力的方向与B处约束力的反向平行（平行于BG连线）。

答案： B

4-1-47　解： 因为主矢与简化中心的选择无关，故无论选择 1 还是 2 点为简化中心，均不会改变主矢不等于零的结果，而主矩与简化中心的位置有关，$M_1 = 0$，M_2一定不等于零。所以只有选项 A 正确。

答案： A

4-1-48　解： 力系的主矢与简化中心的选择无关，而主矩一般与简化中心的选择有关，所以只有选项 B 正确。

答案： B

4-1-49　解： 依据矢量的表达式合力$\boldsymbol{F}_{\mathrm{R}} = \boldsymbol{F}_1 + \boldsymbol{F}_2$，且$\boldsymbol{F}_1 = -2\boldsymbol{F}_2$，所以选项 A、B、D 均不正确。

答案： C

4-1-50　解： 因为BC是二力构件，B处约束力作用线沿BC连线，利用系统整体的平衡，列A点的力矩平衡方程：

$$F_{\mathrm{B}} \cos 45^\circ \cdot 2a - F \cdot a = 0,\ F_{\mathrm{B}} = \frac{F}{\sqrt{2}}$$

答案： B

4-1-51　解： 根据力偶的平衡，A、B处的约束力应构成一力偶与主动力偶平衡，题图 a）中A、B处约束力沿铅垂方向，其大小为$F_{\mathrm{Ba}} = \frac{M}{2L}$；题图 b）中$A$、$B$处约束力沿水平方向，其大小为$F_{\mathrm{Bb}} = \frac{M}{L}$。

答案： B

4-1-52　解： BD为二力构件，B处约束力应沿BD方向。对结构整体，根据力偶的性质，A、B处约束力应组成一力偶。

答案： C

4-1-53　解： A、B处为光滑约束，其约束力均为水平并组成一力偶，与力$\boldsymbol{W}$和DE杆约束力组成的力偶平衡，故两约束力大小相等，且不为零。

答案： B

4-1-54　解： 根据结点法，由结点B、F平衡，可分别判断出杆 3、11 为零杆，再由结点C平衡，可判断出杆 4 为零杆。

答案： C

4-1-55　解： 根据结点法，由结点M平衡，可判断出杆MG为零杆，再由结点C、H、E平衡，可分别判断出杆CG、HD、EJ为零杆；再分析K结点的平衡，由于其约束力为铅垂方向，故水平方向的KJ杆为零杆。

答案： B

4-1-56 解： 应用截面法，受力如解图所示。设y轴与BC垂直，则

$$\sum F_y=0，P_C\cos60°+F_{DB}\cos30°=0，F_{DB}=-\frac{\sqrt{3}P}{3}(压)$$

答案： C

4-1-57 解： 分析铰接三根杆的节点E，可知EG杆为零杆，再分析节点G，由于EG杆为零杆，节点G实际也为三杆的铰接点，故 1 杆为零杆。

答案： D

4-1-58 解： 物体A受力见解图，其中由物体B的重力通过绳索作用在物体A上的$F_T=25kN$，物体A的重力大小$W=100kN$，$\sin\theta=4/5=0.8$，$\cos\theta=3/5=0.6$，$\boldsymbol{F}$为摩擦力，$\boldsymbol{F}_N$为正压力。列平衡方程：

$$\sum F_y=0，F_T\sin\theta+F_N-W=0，F_N=80kN$$

应用摩擦定律可得最大静滑动摩擦力$F_{max}=F_N\cdot f=16kN$（$f=0.2$为摩擦因数），应用水平方向平衡方程可得：$F=F_T\cos\theta=15kN$，由此可知，物体A处于平衡状态，摩擦力大小为 15kN。

答案： C

4-1-59 解： 由于物体M处于平衡状态，故其上A处的摩擦力大小与$\boldsymbol{P}$力大小相等，方向相反。分析杆OA的受力见解图，列平衡方程：

$$\sum M_O=0，F\cdot l\sin\theta+F_N\cdot l\cos\theta-W\cdot\frac{l}{2}\cos\theta=0，F_N=\frac{W}{2}-F\tan\theta$$

随着$\boldsymbol{P}$力的增加，$\boldsymbol{F}$增大，$\boldsymbol{F}_N$减小。

答案： B

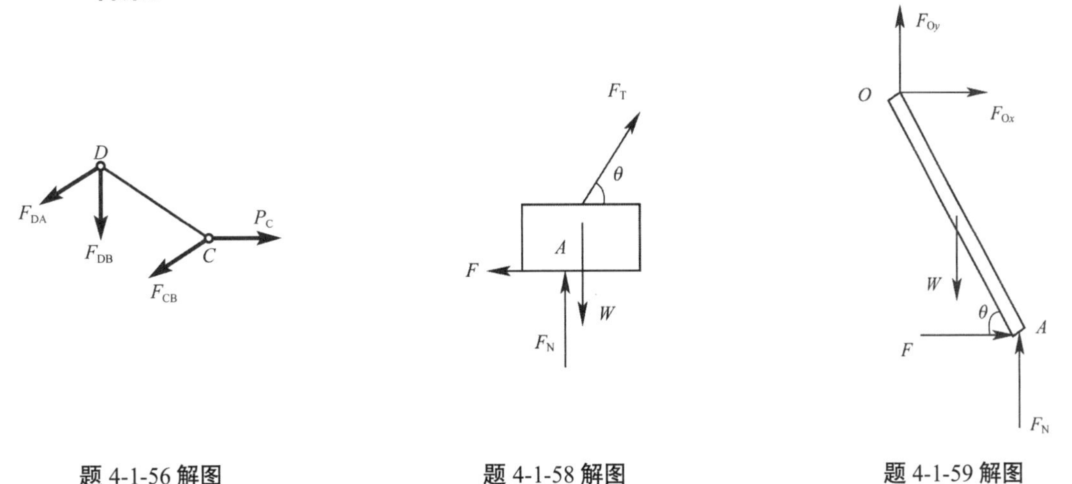

题 4-1-56 解图　　题 4-1-58 解图　　题 4-1-59 解图

4-1-60 解： 由于物块的重力与力$\boldsymbol{P}$（均为主动力）大小相等，故其合力的作用线与支撑面法线（铅垂）方向的夹角为 30°，小于摩擦角，物块自锁，处于平衡状态。

答案： A

4-1-61 解： 由于主动力$\boldsymbol{F}_p$、$\boldsymbol{F}$大小均为 100N，故其二力合力作用线与接触面法线方向的夹角为 45°，与摩擦角相等，根据自锁条件的判断，物块处于临界平衡状态。

答案： D

4-1-62 解： 根据摩擦定律$F_{max}=W\cos30°\times f=20.8kN$，沿斜面向下的主动力为$W\sin30°=30kN>F_{max}$。

答案： C

4-1-63 解： 此题中摩擦角$\varphi_m = \arctan f = 23.4°$，小于斜面倾角 30°，根据斜面物块的自锁条件，物块不自锁，处于滑动状态。故动摩擦力$F_d = F_N \cdot f' = W\cos 30° \times 0.4 = 27.7\text{kN}$。

答案： C

4-1-64 解： 物块的正压力$F_N = P - S\sin 30° = 30\text{kN}$，其最大静滑动摩擦力$F_{max} = F_N \cdot f = 15\text{kN}$，而水平方向主动力为$S\cos 30° = 17.3\text{kN} > F_{max}$，故物体滑动，其动摩擦力$F_d = F_N \cdot f' = 12\text{kN}$。

答案： B

（二）**运动学**

4-2-1 已知质点沿半径为 40cm 的圆周运动，其运动规律为$s = 20t$（s以 cm 计，t以s计）。若$t = 1\text{s}$，则点的速度与加速度的大小为：

A. 20cm/s；$10\sqrt{2}\text{cm/s}^2$　　B. 20cm/s；10cm/s^2
C. 40cm/s；20cm/s^2　　D. 40cm/s；10cm/s^2

4-2-2 刚体做平动时，某瞬时体内各点的速度和加速度为：

A. 体内各点速度不相同，加速度相同
B. 体内各点速度相同，加速度不相同
C. 体内各点速度相同，加速度也相同
D. 体内各点速度不相同，加速度也不相同

4-2-3 已知点的运动方程为$x = 2t$，$y = t^2 - t$，则其轨迹方程为：

A. $y = t^2 - t$　　B. $x = 2t$
C. $x^2 - 2x - 4y = 0$　　D. $x^2 + 2x + 4y = 0$

4-2-4 点沿直线运动，其速度$v = 20t + 5$，已知：当$t = 0$时，$x = 5\text{m}$，则点的运动方程为：

A. $x = 10t^2 + 5t + 5$　　B. $x = 20t + 5$
C. $x = 10t^2 + 5t$　　D. $x = 20t^2 + 5t + 5$

4-2-5 若某点按$s = 8 - 2t^2$（s以 m 计，t以 s 计）的规律运动，则$t = 3\text{s}$时点经过的路程为：

A. 10m　　B. 8m
C. 18m　　D. 8~18m 以外的一个数值

4-2-6 点在具有直径为 6m 的圆形轨迹上运动，走过的距离是$s = 3t^2$。则点在 2s 末的法向加速度为：

A. 48m/s^2　　B. 4m/s^2
C. 96m/s^2　　D. 6m/s^2

4-2-7 杆$OA = l$，绕固定轴O转动，某瞬时杆端A点的加速度a如图所示，则该瞬时杆OA的角速度及角加速度为：

A. 0，$\frac{a}{l}$　　B. $\sqrt{\frac{a}{l}}$，$\frac{a}{l}$　　C. $\sqrt{\frac{a}{l}}$，0　　D. 0，$\sqrt{\frac{a}{l}}$

4-2-8 杆$OA = l$，绕固定轴O转动，某瞬时杆端A点的加速度a如图所示，则该瞬时杆OA的角速度及角加速度为：

A. 0，$\frac{a}{l}$　　B. $\sqrt{\frac{a\cos\alpha}{l}}$，$\frac{a\sin\alpha}{l}$　　C. $\sqrt{\frac{a}{l}}$，0　　D. 0，$\sqrt{\frac{a}{l}}$

4-2-9 图示绳子的一端绕在滑轮上，另一端与置于水平面上的物块 B 相连，若物块 B 的运动方程

为$x = kt^2$，其中k为常数，轮子半径为R。则轮缘上A点的加速度的大小为：

A. 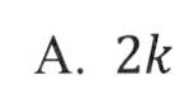 $2k$　　B. 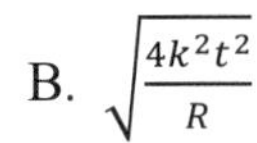 $\sqrt{\frac{4k^2t^2}{R}}$　　C. $\frac{2k+4k^2t^2}{R}$　　D. $\sqrt{4k^2+\frac{16k^4t^4}{R^2}}$

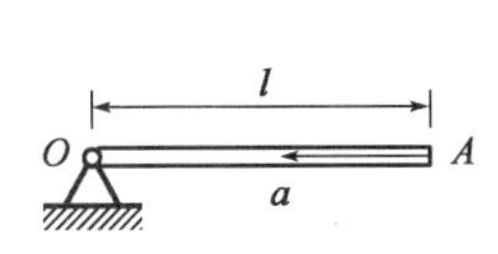

题 4-2-7 图

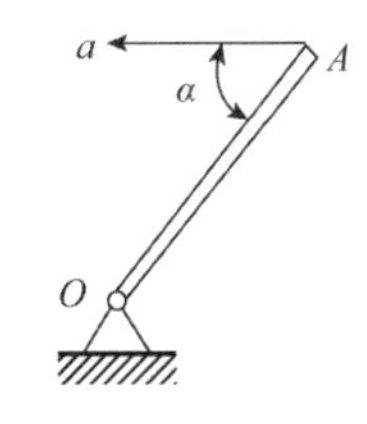

题 4-2-8 图

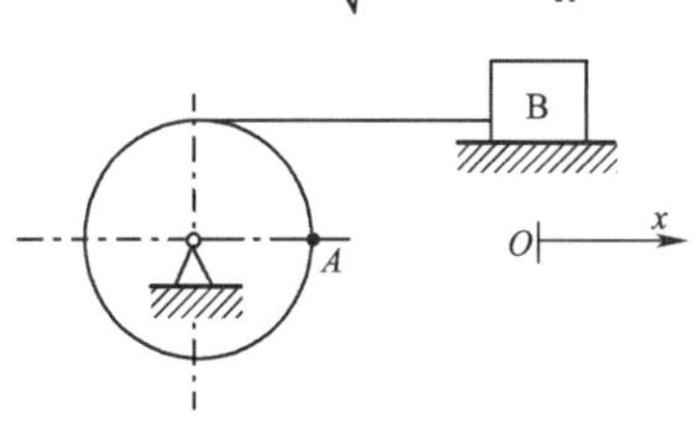

题 4-2-9 图

4-2-10 点在平面xOy内的运动方程为$\begin{cases} x = 3\cos t \\ y = 3 - 5\sin t \end{cases}$（式中，$t$为时间）。点的运动轨迹应为：

A. 直线　　B. 圆　　C. 正弦曲线　　D. 椭圆

4-2-11 当点运动时，若位置矢大小保持不变，方向可变，则其运动轨迹为：

A. 直线　　B. 圆周　　C. 任意曲线　　D. 不能确定

4-2-12 图示杆$OA = l$，绕定轴O以角速度ω转动，同时通过A端推动滑块 B 沿轴x运动，设分析运动的时间内杆与滑块并不脱离，则滑块的速度v_B的大小用杆的转角φ与角速度ω表示为：

A. $v_B = l\omega\sin\varphi$　　B. $v_B = l\omega\cos\varphi$

C. $v_B = l\omega\cos^2\varphi$　　D. $v_B = l\omega\sin^2\varphi$

4-2-13 图示点P沿轨迹已知的平面曲线运动时，其速度大小不变，加速度a应为：

A. $a_n = a \neq 0$，$a_\tau = 0$　　B. $a_n = 0$，$a_\tau = a \neq 0$

C. $a_n \neq 0$，$a_\tau \neq 0$，$a_n + a_\tau = a$　　D. $a = 0$

（a_n：法向加速度，a_τ：切向加速度）

4-2-14 一绳缠绕在半径为r的鼓轮上，绳端系一重物M，重物M以速度$\boldsymbol{v}$和加速度$\boldsymbol{a}$向下运动，如图所示。则绳上两点A、D和轮缘上两点B、C的加速度是：

A. A、B两点的加速度相同，C、D两点的加速度相同

B. A、B两点的加速度不相同，C、D两点的加速度不相同

C. A、B两点的加速度相同，C、D两点的加速度不相同

D. A、B两点的加速度不相同，C、D两点的加速度相同

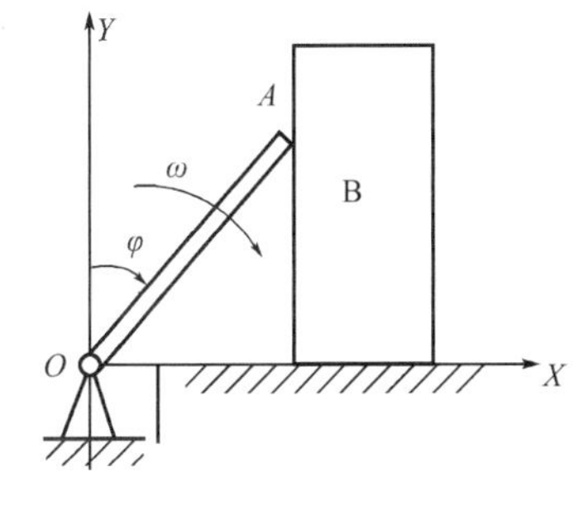

题 4-2-12 图

题 4-2-13 图

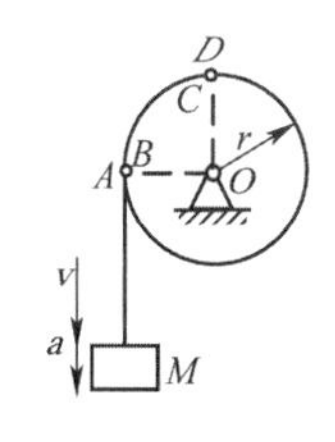

题 4-2-14 图

4-2-15 点在铅垂平面Oxy内的运动方程$\begin{cases} x = v_0 t \\ y = \frac{1}{2}gt^2 \end{cases}$，式中，$t$为时间，$v_0$、$g$为常数。点的运动轨迹应为：

A. 直线　　B. 圆　　C. 抛物线　　D. 直线与圆连接

4-2-16 直角刚杆OAB在图示瞬间角速度$\omega = 2\text{rad/s}$，角加速度$\varepsilon = 5\text{rad/s}^2$，若$OA = 40\text{cm}$，$AB = 30\text{cm}$，则$B$点的速度大小、法向加速度的大小和切向加速度的大小为：

A. 100cm/s；200cm/s^2；250cm/s^2

B. 80cm/s；160cm/s^2；200cm/s^2

C. 60cm/s；120cm/s^2；150cm/s^2

D. 100cm/s；200cm/s^2；200cm/s^2

4-2-17 图示圆轮上绕一细绳，绳端悬挂物块。物块的速度$\boldsymbol{v}$、加速度$\boldsymbol{a}$。圆轮与绳的直线段相切之点为P，该点速度与加速度的大小分别为：

A. $v_P = v$，$a_P > a$　　B. $v_P > v$，$a_P < a$

C. $v_P = v$，$a_P < a$　　D. $v_P > v$，$a_P > a$

4-2-18 一摆按照$\varphi = \varphi_0 \cos\left(\frac{2\pi}{T}t\right)$的运动规律绕固定轴$O$摆动，如图所示。如摆的重心到转动轴的距离$OC = l$，在摆经过平衡位置时，其重心$C$的速度和加速度的大小为：

A. $v = 0$，$a = \frac{4\pi^2\varphi_0 l}{T^2}$　　B. $v = \frac{2\pi\varphi_0 l}{T}$，$a = \frac{4\pi^2\varphi_0^2 l}{T^2}$

C. $v = 0$，$a = \frac{4\pi^2\varphi_0^2 l}{T^2}$　　D. $v = \frac{2\pi\varphi_0 l}{T^2}$，$a = \frac{4\pi^2\varphi_0^2 l}{T}$

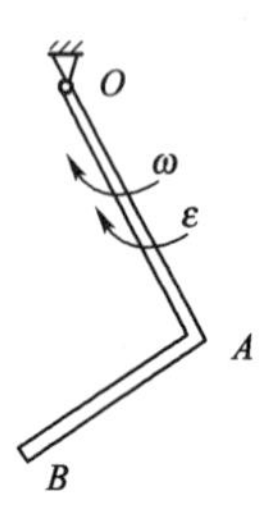

题 4-2-16 图

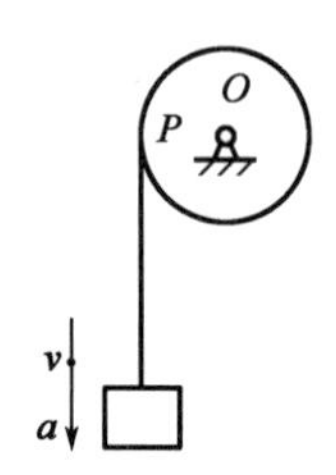

题 4-2-17 图

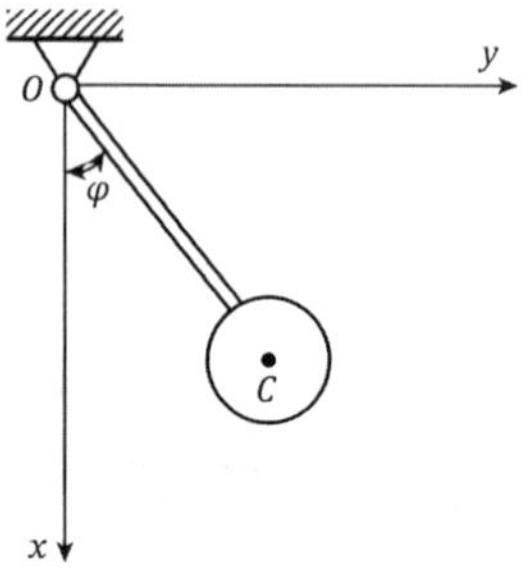

题 4-2-18 图

4-2-19 已知点P在Oxy平面内的运动方程$\left.\begin{aligned} x &= 4\sin\frac{\pi}{3}t \\ y &= 4\cos\frac{\pi}{3}t \end{aligned}\right\}$，则点的运动轨迹为：

A. 直线运动　　B. 圆周运动　　C. 椭圆运动　　D. 不能确定

4-2-20 半径r的圆盘以其圆心O为轴转动，角速度ω，角加速度为α。盘缘上点P的速度v_P，切向加速度$a_{P\tau}$与法向加速度a_{Pn}的方向如图，它们的大小分别为：

A. $v_P = r\omega$，$a_{P\tau} = r\alpha$，$a_{Pn} = r\omega^2$

B. $v_P = r\omega$，$a_{P\tau} = r\alpha^2$，$a_{Pn} = r^2\omega$

C. $v_P = r/\omega$，$a_{P\tau} = r\alpha^2$，$a_{Pn} = r\omega^2$

D. $v_P = r/\omega$，$a_{P\tau} = r\alpha$，$a_{Pn} = r\omega^2$

4-2-21 图示细直杆AB由另二细杆O_1A与O_2B铰接悬挂。O_1ABO_1并组成平等四边形。杆AB的运动形式为：

A. 平移（或称平动）

B. 绕点O_1的定轴转动

C. 绕点D的定轴转动$(O_1D = DO_2 = BC = \frac{l}{2}$，$AB = l)$

D. 圆周运动

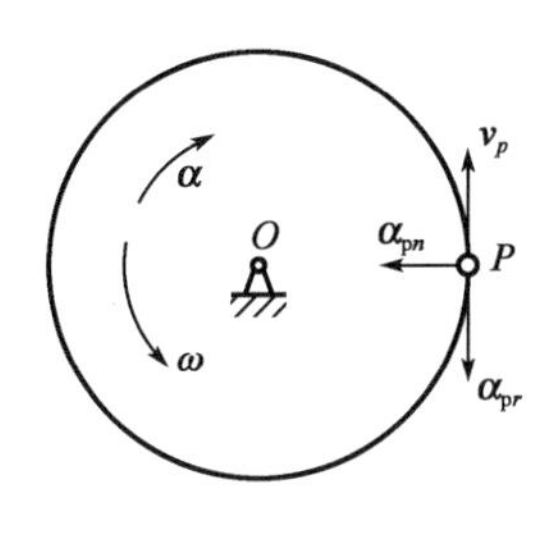

题 4-2-20 图

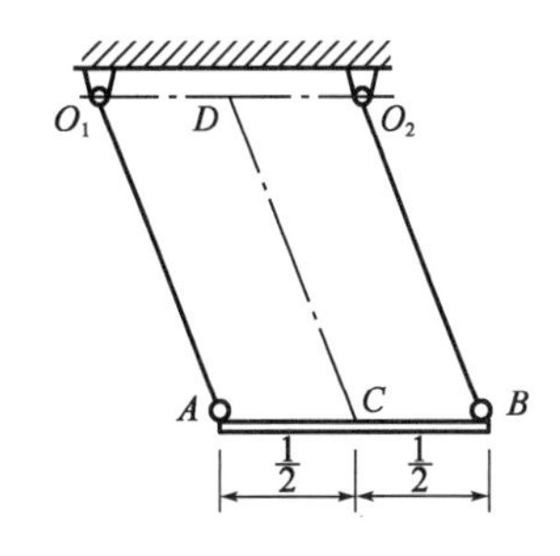

题 4-2-21 图

4-2-22 已知点做直线运动，其运动方程为$x = 12 - t^3$（x以 cm 计，t以秒计）。则点在前 3s 内走过的路程为：

A. 27cm　　B. 15cm　　C. 12cm　　D. 30cm

4-2-23 图示两个相啮合的齿轮，A、B分别为齿轮O_1，O_2上的啮合点，则A、B两点的加速度关系是：

A. $a_{A\tau} = a_{B\tau}$，$a_{An} = a_{Bn}$　　B. $a_{A\tau} = a_{B\tau}$，$a_{An} \neq a_{Bn}$

C. $a_{A\tau} \neq a_{B\tau}$，$a_{An} = a_{Bn}$　　D. $a_{A\tau} \neq a_{B\tau}$，$a_{An} \neq a_{Bn}$

4-2-24 点M沿平面曲线运动，在某瞬时，速度大小$v = 6\text{m/s}$，加速度大小$a = 8\text{m/s}^2$，两者之间的夹角为 30°，如图所示。则此点M所在之处的轨迹曲率半径ρ为：

A. $\rho = 1.5\text{m}$　　B. $\rho = 4.5\text{m}$　　C. $\rho = 3\sqrt{3}\text{m}$　　D. $\rho = 9\text{m}$

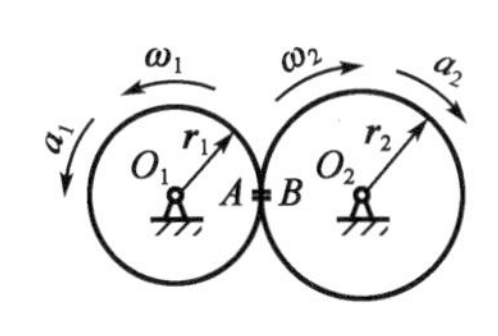

题 4-2-23 图

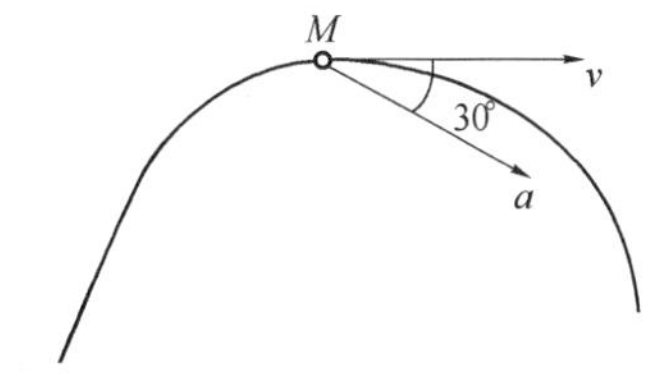

题 4-2-24 图

4-2-25 点做直线运动，已知某瞬时加速度$a = -2\text{m/s}^2$，$t = 1\text{s}$时速度为$v_1 = 2\text{m/s}$，则$t = 2\text{s}$时，该点的速度大小为：

A. 0　　B. -2m/s　　C. 4m/s　　D. 无法确定

4-2-26 所谓“刚体作定轴转动”，指的是刚体运动时有下列中哪种特性？

A. 刚体内必有一直线始终保持不动

B. 刚体内必有两点始终保持不动

C. 刚体内各点的轨迹为圆周

D. 刚体内或其延展部分内有一直线始终保持不动

4-2-27 刚体作定轴转动时，其角速度ω和角加速度α都是代数量。判定刚体是加速或减速转动的标准是下列中的哪一项？

A. $\alpha > 0$为加速转动

B. $\omega < 0$为减速转动

C. $\omega > 0$、$\alpha > 0$或$\omega < 0$、$\alpha < 0$为加速转动

D. $\omega < 0$且$\alpha < 0$为减速转动

4-2-28 如图所示，绳子的一端绕在滑轮上，另一端与置于水平面上的物块 B 相连。若物块 B 的运

动方程为$x = kt^2$，其中k为常数，轮子半径为R。则轮缘上A点加速度的大小为：

A. $2k$　　B. $(4k^2t^2/R)^{\frac{1}{2}}$

C. $(4k^2 + 16k^4t^4/R^2)^{\frac{1}{2}}$　　D. $2k + 4k^2\mathrm{t}^2/\mathrm{R}$

4-2-29 半径$R = 10\mathrm{cm}$的鼓轮，由挂在其上的重物带动而绕O轴转动，如图所示。重物的运动方程为$x = 100t^2$（x以 m 计，t以 s 计）。则鼓轮的角加速度α的大小和方向是：

A. $\alpha = 2000\mathrm{rad/s^2}$，顺时针向　　B. $\alpha = 2000\mathrm{rad/s^2}$，逆时针向

C. $\alpha = 200\mathrm{rad/s^2}$，顺时针向　　D. $\alpha = 200\mathrm{rad/s^2}$，逆时针向

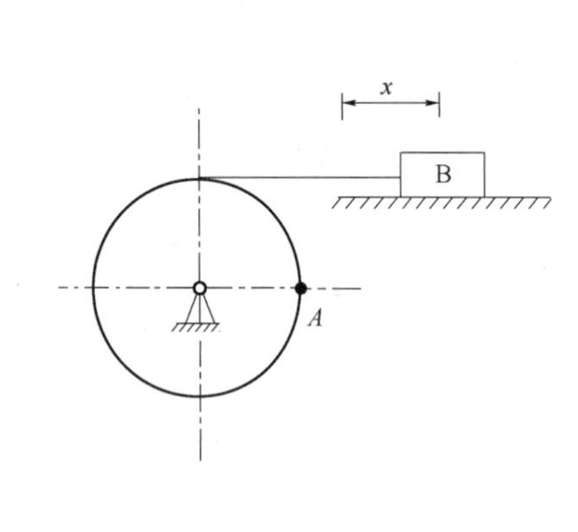

题 4-2-28 图

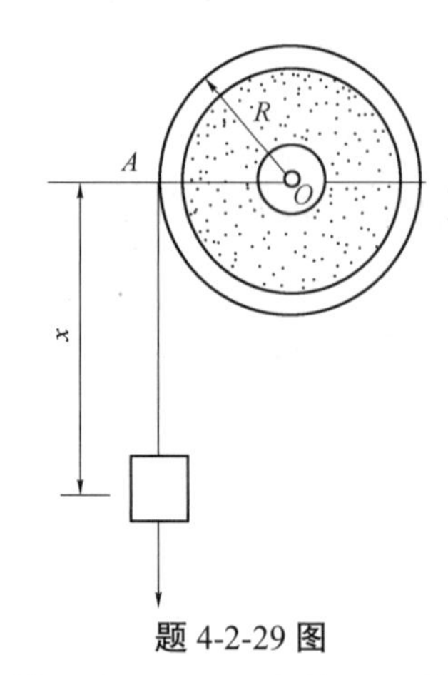

题 4-2-29 图

4-2-30 汽轮机叶轮由静止开始做等加速转动。轮上M点离轴心为 0.4m，在某瞬时其加速度的大小为 40m/s²，方向与M点和轴心连线成$\beta = 30°$角，如图所示。则叶轮的转动方程$\varphi = f(t)$为：

A. $\varphi = 50t^2$　　B. $\varphi = 25t^2$

C. $\varphi = 50\sqrt{3}t^2$　　D. $\varphi = 25\sqrt{3}t^2$

4-2-31 一机构由杆件O_1A、O_2B和三角形板ABC组成。已知：O_1A杆转动的角速度为ω（逆时针向），$O_1A = O_2B = r$，$AB = L$，$AC = h$，则在图示位置时，C点速度$\boldsymbol{v}_\mathrm{C}$的大小和方向为：

A. $v_\mathrm{C} = r\omega$，方向水平向左　　B. $v_\mathrm{C} = r\omega$，方向水平向右

C. $v_\mathrm{C} = (r + h)\omega$，方向水平向左　　D. $v_\mathrm{C} = (r + h)\omega$，方向水平向右

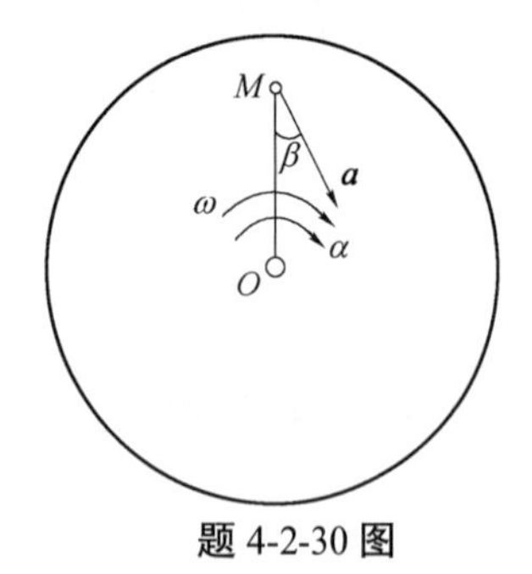

题 4-2-30 图

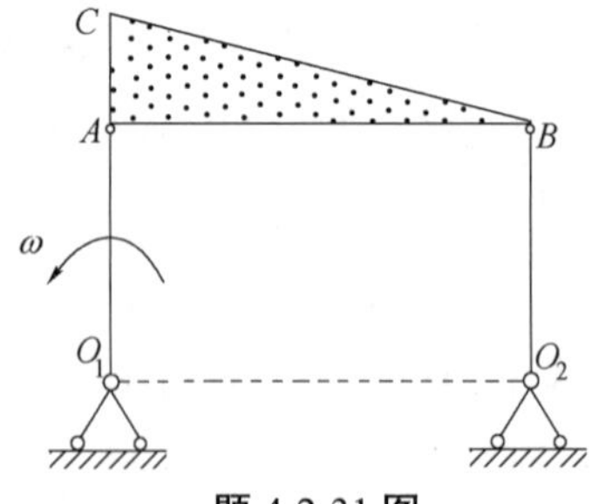

题 4-2-31 图

4-2-32 在图示机构中，杆$O_1A = O_2B$，$O_1A /\!/ O_2B$，杆$O_2C =$ 杆O_3D，$O_2C /\!/ O_3D$，且$O_1A = 20\mathrm{cm}$，$O_2C = 40\mathrm{cm}$，若杆O_1A以角速度$\omega = 3\mathrm{rad/s}$匀速转动，则杆CD上任意点M速度及加速度的大小分别为：

A. 60cm/s；180cm/s²　　B. 120cm/s；360cm/s²

C. 90cm/s；270cm/s²　　D. 120cm/s；150cm/s²

4-2-33 直角刚杆OAB在图示瞬时有$\omega = 2\text{rad/s}$，$\alpha = 5\text{rad/s}^2$，若$OA = 40\text{cm}$，$AB = 30\text{cm}$，则B点的速度大小为：

A. 100cm/s　　B. 160cm/s　　C. 200cm/s　　D. 250cm/s

4-2-34 如图所示，直角刚杆$AO = 2\text{m}$，$BO = 3\text{m}$，已知某瞬时A点的速度$v_{\text{A}} = 6\text{m/s}$，而$B$点的加速度与$BO$成$\beta = 60°$。则该瞬时刚杆的角加速度$\alpha$的大小为：

A. 3rad/s^2　　B. $\sqrt{3}\text{rad/s}^2$　　C. $5\sqrt{3}\text{rad/s}^2$　　D. $9\sqrt{3}\text{rad/s}^2$

4-2-35 直角刚杆OAB可绕固定轴O在图示平面内转动，已知$OA = 40\text{cm}$，$AB = 30\text{cm}$，$\omega = 2\text{rad/s}$，$\alpha = 1\text{rad/s}^2$，则图示瞬时，B点加速度在y方向的投影为：

A. 40cm/s^2　　B. 200cm/s^2

C. 50cm/s^2　　D. -200cm/s^2

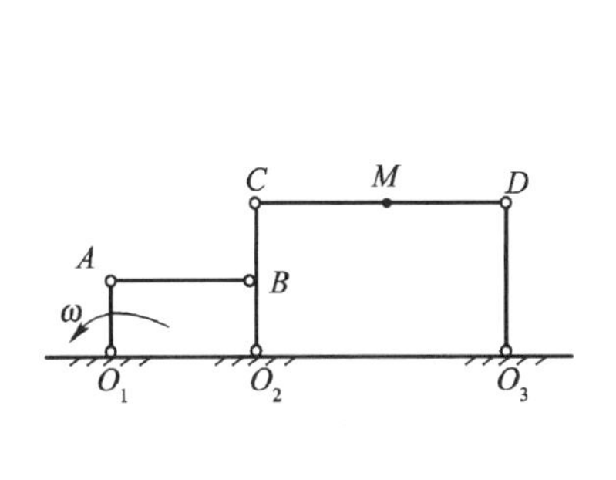

题 4-2-32 图

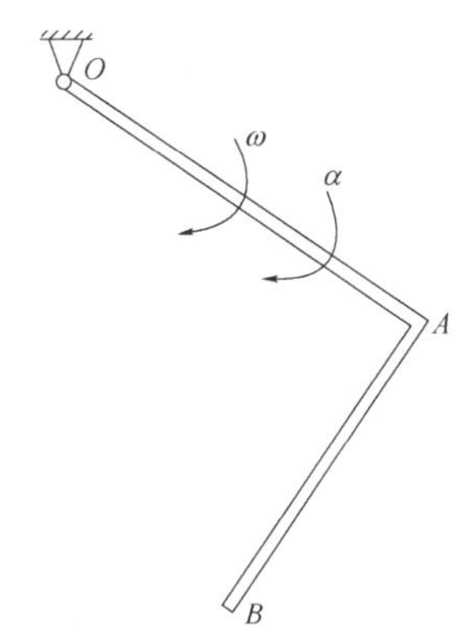

题 4-2-33 图

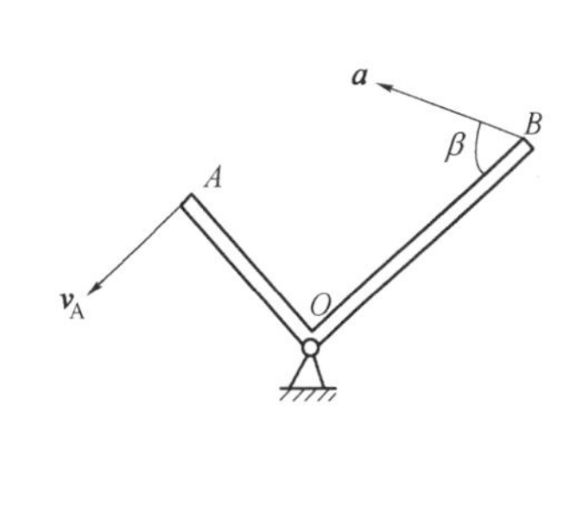

题 4-2-34 图

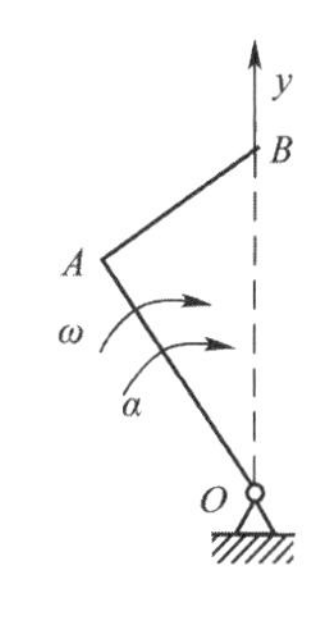

题 4-2-35 图

4-2-36 图示圆盘某瞬时以角速度$\boldsymbol{\omega}$，角加速度$\boldsymbol{\alpha}$绕O轴转动，其上A、B两点的加速度分别为$\boldsymbol{a}_{\text{A}}$和$\boldsymbol{a}_{\text{B}}$，与半径的夹角分别为$\theta$和$\varphi$。若$OA = R$，$OB = R/2$，则$a_{\text{A}}$与$a_{\text{B}}$，$\theta$与$\varphi$的大小关系分别为：

A. $a_{\text{A}} = a_{\text{B}}$，$\theta = \varphi$

B. $a_{\text{A}} = a_{\text{B}}$，$\theta = 2\varphi$

C. $a_{\text{A}} = 2a_{\text{B}}$，$\theta = \varphi$

D. $a_{\text{A}} = 2a_{\text{B}}$，$\theta = 2\varphi$

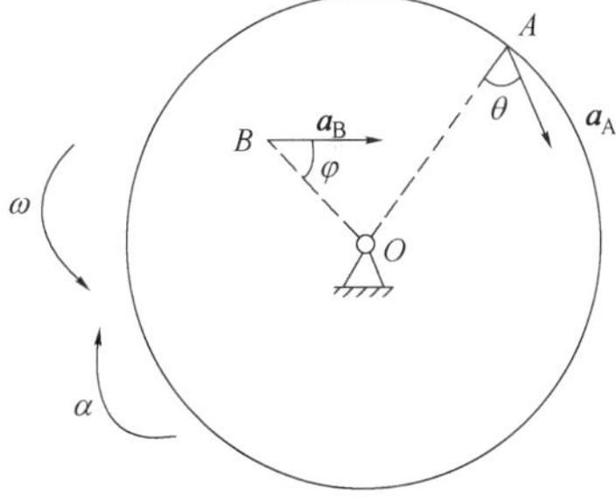

题 4-2-36 图

题解及参考答案

4-2-1 解： 点的速度、切向加速度和法向加速度分别为：

$$v = \frac{\mathrm{d}s}{\mathrm{d}t} = 20\text{cm/s}，a_{\tau} = \frac{\mathrm{d}v}{\mathrm{d}t} = 0，a_n = \frac{v^2}{R} = \frac{400}{40} = 10\text{cm/s}^2$$

答案： B

4-2-2 解： 平动的定义就是物体上任意两点之间的相对位置不变的运动，在刚体做平动时，刚体上任意两点之间的距离始终保持不变，即整个刚体以相同的速度和加速度运动。因此，在任意瞬时，刚体内所有点的速度和加速度都是相同的。

答案： C

4-2-3 **解：**将运动方程中的参数t消去，即$t=\frac{x}{2}$，$y=\left(\frac{x}{2}\right)^2-\frac{x}{2}$，整理易得$x^2-2x-4y=0$。

答案：C

4-2-4 **解：**因为速度$v=\frac{\mathrm{d}x}{\mathrm{d}t}$，积一次分，即：$\int_5^x \mathrm{d}x=\int_0^t(20t+5)\mathrm{d}t$，得$x-5=10t^2+5t$。

答案：A

4-2-5 **解：**当$t=0\mathrm{s}$时，$s=8\mathrm{m}$，当$t=3\mathrm{s}$时，$s=-10\mathrm{m}$，点的速度$v=\frac{\mathrm{d}s}{\mathrm{d}t}=-4t$，即沿与$s$正方向相反的方向从8m处经过坐标原点运动到了$-10$m处，故所经路程为18m。

答案：C

4-2-6 **解：**点的速度$v=6t$，$t=2\mathrm{s}$末时$v=12\mathrm{m/s}$，点的法向加速度：

$$a_{\mathrm{n}}=\frac{v^2}{R}=\frac{12^2}{3}=48\mathrm{m/s^2}$$

答案：A

4-2-7 **解：**根据定轴转动刚体上一点加速度与转动角速度、角加速度的关系：$a_n=\omega^2 l$，$a_\tau=\alpha l$，而题中$a_n=a=\omega^2 l$，所以$\omega=\sqrt{\frac{a}{l}}$，$a_\tau=0=\alpha l$，所以$\alpha=0$。

答案：C

4-2-8 **解：**根据定轴转动刚体上一点加速度与转动角速度、角加速度的关系：$a_n=\omega^2 l$，$a_\tau=\alpha l$，而题中$a_n=a\cos\alpha=\omega^2 l$，$\omega=\sqrt{\frac{a\cos\alpha}{l}}$，$a_\tau=a\sin\alpha=\alpha l$，$\alpha=\frac{a\sin\alpha}{l}$。

答案：B

4-2-9 **解：**物块B的速度为：$v_{\mathrm{B}}=\frac{\mathrm{d}x}{\mathrm{d}t}=2kt$；加速度为：$a_{\mathrm{B}}=\frac{\mathrm{d}^2x}{\mathrm{d}t^2}=2k$；而轮缘点$A$的速度与物块B的速度相同，即$v_{\mathrm{A}}=v_{\mathrm{B}}=2kt$；轮缘点$A$的切向加速度与物块B的加速度相同，则

$$a_{\mathrm{A}}=\sqrt{a_{\mathrm{A}n}^2+a_{\mathrm{A}\tau}^2}=\sqrt{\left(\frac{v_{\mathrm{B}}^2}{R}\right)^2+a_{\mathrm{B}}^2}=\sqrt{\frac{16k^4t^4}{R^2}+4k^2}$$

答案：D

4-2-10 **解：**将两个运动方程平方相加，即可得到轨迹方程$\frac{x^2}{3^2}+\frac{(3-y)^2}{5^2}=1$为一椭圆。

答案：D

4-2-11 **解：**点的运动轨迹为位置矢端曲线。

答案：B

4-2-12 **解：**根据速度合成图可知：

$$v_{\mathrm{A}}=\omega l,\ v_{\mathrm{B}}=v_{\mathrm{e}}=v_{\mathrm{A}}\cos\varphi=l\omega\cos\varphi$$

答案：B

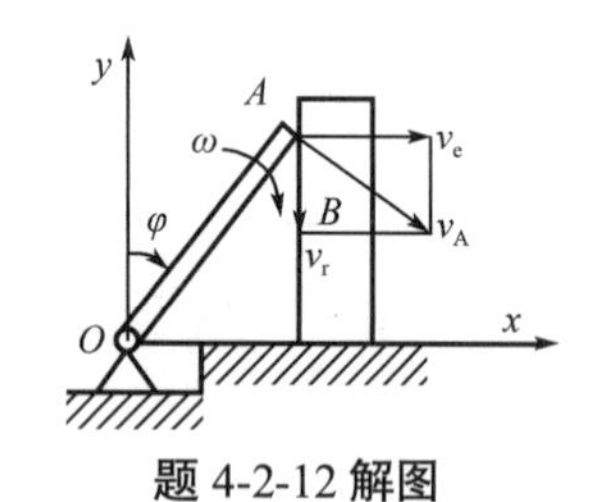

题 4-2-12 解图

4-2-13 **解：**点作匀速曲线运动，其切向加速度为零，法向加速度不为零即为点的全加速度。

答案：A

4-2-14 **解：**绳上A点的加速度大小为a（该点速度方向在下一瞬时无变化，故只有铅垂方向的加速度），而轮缘上各点的加速度大小为$\sqrt{a^2+\left(\frac{v^2}{r}\right)^2}$。绳上$D$点随轮缘$C$点一起运动，所以两点加速度相同。

答案：D

4-2-15 **解：**将运动方程中的参数t消去。即$t=\frac{x}{v_0}$，代入运动方程，$y=\frac{1}{2}g\left(\frac{x}{v_0}\right)^2$，为抛物线方程。

答案：C

4-2-16 **解：**根据定轴转动刚体上一点速度、加速度与转动角速度、角加速度的关系，得：

$$v_B = OB \cdot \omega = 50 \times 2 = 100\text{cm/s}$$

$$a_B^\tau = OB \cdot \varepsilon = 50 \times 5 = 250\text{cm/s}^2,\ a_B^n = OB \cdot \omega^2 = 50 \times 2^2 = 200\text{cm/s}^2$$

答案： A

4-2-17 解： 定轴转动刚体上P点与绳直线段的速度和切向加速度相同，而P点还有法向加速度，即$a_P = \sqrt{a^2 + a_n^2} > a$。

答案： A

4-2-18 解： 根据摆的转动规律，其角速度与角加速度分别为：

$$\omega = \frac{d\varphi}{dt} = -\frac{2\pi}{T}\varphi_0 \sin\left(\frac{2\pi}{T}t\right);\quad \alpha = \frac{d\omega}{dt} = -\left(\frac{2\pi}{T}\right)^2 \varphi_0 \cos\left(\frac{2\pi}{T}t\right)$$

在摆经过平衡位置时，$\varphi = \varphi_0 \cos\left(\frac{2\pi}{T}t\right) = 0$，则$\frac{2\pi}{T}t = \frac{\pi}{2}$，得到$t = \frac{T}{4}$。将$t = \frac{T}{4}$代入角速度和角加速度，$\omega = \frac{d\varphi}{dt} = -\frac{2\pi}{T}\varphi_0$，$\alpha = 0$。

利用定轴转动刚体上一点速度和加速度与角速度和角加速度的关系，得到：

$$v_C = l\omega = -\frac{2\pi\varphi_0 l}{T};\quad a_C = l\omega^2 = \frac{4\pi^2\varphi_0^2 l}{T^2}$$

因为题中要求的是速度的大小，故表示方向的负号可忽略。

答案： B

4-2-19 解： 将两个运动方程平方相加：$x^2 + y^2 = 4^2\left(\sin^2\frac{\pi}{3}t + \cos^2\frac{\pi}{3}t\right) = 4^2$，为一圆方程。

答案： B

4-2-20 解： 根据定轴转动刚体上一点的速度、加速度公式：$v_P = r\omega$，$a_{P\tau} = r\alpha$，$a_{Pn} = r\omega^2$。

答案： A

4-2-21 解： 因为点A、B的速度、加速度方向相同，大小相等，根据刚体作平行移动时的定义和特性，可判断杆AB的运动形式为平行移动。

答案： A

4-2-22 解： 点的初始位置（$t = 0$s时）在坐标 12cm 处，点的速度为：$v = \dot{x} = -3t^2$，故点沿x轴负方向运动，$t = 3$s时到达坐标-15cm 处，所以点在前 3s 内走过的路程为$12 - (-15) = 27$cm。

答案： A

4-2-23 解： 两轮啮合点的速度和切向加速度应相等，而法向加速度为：$a_n = \frac{v^2}{R}$，因两轮半径不同，所以法向加速度不同，即：$a_{A\tau} = a_{B\tau}$，$a_{An} \neq a_{Bn}$。

答案： B

4-2-24 解： 用自然法分析点的曲线运动，将加速度$\boldsymbol{a}$分解到曲线的法线方向，即：$a_n = a\sin 30° = 4\text{m/s}^2$，根据点的法向加速度公式：$a_n = \frac{v^2}{\rho}$，可得：$\rho = \frac{v^2}{a_n} = \frac{6^2}{4} = 9$m。

答案： D

4-2-25 解： 因为$dv = a dt$，故只知a的瞬时值，无法通过积分确定v。

答案： D

4-2-26 解： 刚体作定轴转动的定义如选项 D 所描述。选项 A 只强调了刚体内有一条保持不动的直线而忽视了刚体延展部分；在转动轴上有无穷多点始终保持不动，不只是两点，故选项 B 不完整；转动轴上的点轨迹不是圆周，所以选项 C 不正确。

答案： D

4-2-27 解： 定轴转动刚体的角速度ω和角加速度α是代数量，但其正负只表示两种不同的转向，所以，当ω和α同号时刚体加速转动，异号时刚体减速转动。

答案： C

4-2-28 解： 根据物块B的运动方程，可知其速度、加速度为：$v_{\mathrm{B}} = \dot{x} = 2kt$、$a_{\mathrm{B}} = \dot{x} = 2k$。轮缘点$A$的速度与物块$B$的速度相同；轮缘点$A$的切向加速度与物块$B$的加速度相同，而轮缘上$A$的法向加速度$a_{\mathrm{A}n} = \frac{v_{\mathrm{B}}^2}{R}$，故

$$a_{\mathrm{A}} = \sqrt{a_{\mathrm{A}n}^2 + a_{\mathrm{A}\tau}^2} = \sqrt{a_{\mathrm{B}}^2 + \left(\frac{v_{\mathrm{B}}^2}{R}\right)^2} = \sqrt{4k^2 + \frac{16k^4t^4}{R^2}}$$

答案： C

4-2-29 解： 根据定轴转动刚体上轮缘上一点的切向加速度$\boldsymbol{a}_\tau$与刚体角加速度α的关系知：$a_\tau = R\alpha$，轮缘上一点的切向加速度与重物相同，即$a_\tau = a = \ddot{x} = 200\mathrm{m/s^2}$。故轮的角加速度为：

$$\alpha = \frac{a_\tau}{R} = \frac{200}{0.1} = 2000\mathrm{rad/s^2}\text{（逆时针）}$$

答案： B

4-2-30 解： 因为叶轮作等加速转动，故其角加速度为常量，根据定轴转动刚体上M点的切向加速度$a_{\mathrm{M}\tau}$与刚体角加速度α的关系知：$a_{\mathrm{M}\tau} = r_{\mathrm{M}}\alpha$，已知某瞬时$a_{\mathrm{M}\tau} = a\sin\beta = r_{\mathrm{M}}\alpha$，所以角加速度为：

$$\alpha = \frac{a\sin\beta}{r_{\mathrm{M}}} = \frac{40\sin 30°}{0.4} = 50\mathrm{rad/s^2}$$

由角加速度α、角速度ω和转角φ的微分关系知：$\mathrm{d}\omega = \alpha\mathrm{d}t = 50\mathrm{d}t$，积一次分：$\int_0^\omega \mathrm{d}\omega = \int_0^t 50\mathrm{d}t$，得：$\omega = 50t$；再积一次分：$\int_0^\varphi \mathrm{d}\varphi = \int_0^t 50t\mathrm{d}t$，得叶轮的转动方程为：$\varphi = 25t^2$。

答案： B

4-2-31 解： 因为三角形板ABC为平行移动的刚体，根据其刚体上各点有相同的速度和加速度的性质，可知：$v_{\mathrm{C}} = v_{\mathrm{A}} = r\omega$（方向水平向左）。

答案： A

4-2-32 解： 杆AB和CD均为平行移动刚体，所以$v_{\mathrm{M}} = v_{\mathrm{C}} = 2v_{\mathrm{B}} = 2v_{\mathrm{A}} = 2\omega \cdot O_1A = 120\mathrm{cm/s}$，$a_{\mathrm{M}} = a_{\mathrm{C}} = 2a_{\mathrm{B}} = 2a_{\mathrm{A}} = 2\omega^2 \cdot O_1A = 360\mathrm{cm/s^2}$。

答案： B

4-2-33 解： 根据定轴转动刚体上一点的速度公式：$v_{\mathrm{B}} = OB \cdot \omega = 50 \times 2 = 100\mathrm{cm/s}$。

答案： A

4-2-34 解： 根据定轴转动刚体上一点的速度和加速度公式：$v_{\mathrm{A}} = OA \cdot \omega$，所以刚体的角速度为：

$$\omega = \frac{v_{\mathrm{A}}}{OA} = \frac{6}{2} = 3\mathrm{rad/s}$$

B点的法向加速度为：

$$a_{\mathrm{B}n} = OB \cdot \omega^2 = 27\mathrm{m/s^2} = a\cos\beta$$

由此可知B点的切向加速度为：

$$a_{\mathrm{Bt}} = a\sin\beta = a_{\mathrm{B}n}\tan\beta = 27\sqrt{3}\mathrm{m/s^2}$$

则角加速度为：

$$\alpha = \frac{a_{\mathrm{Bt}}}{OB} = \frac{27\sqrt{3}}{3} = 9\sqrt{3}\mathrm{rad/s^2}$$

答案： D

4-2-35 解： 根据定轴转动刚体上一点的加速度公式：$a_{\mathrm{B}n} = OB \cdot \omega^2 = 50 \times 2^2 = 200\mathrm{cm/s^2}$，方向

铅垂指向O点，故B点加速度在y方向的投影为-200cm/s^2。

答案： D

4-2-36 解： 根据定轴转动刚体上各点加速度的分布规律知：加速度的大小与转动半径（点到转动轴的垂直距离）成正比，各点加速度的方向与其转动半径的夹角均相同。由于A点的转动半径是B点转动半径的2倍，因此，$a_A = 2a_B$，且两点加速度与其转动半径的夹角相同，即：$\varphi = \theta$。

答案： C

（三）动力学

4-3-1 汽车重力大小为$W = 2800\text{N}$，并以匀速$v = 10\text{m/s}$的行驶速度驶入刚性洼地底部，洼地底部的曲率半径$\rho = 5\text{m}$，取重力加速度$g = 10\text{m/s}^2$，则在此处地面给汽车约束力的大小为：

A. 5600N　　B. 2800N　　C. 3360N　　D. 8400N

4-3-2 重为W的货物由电梯载运下降，当电梯加速下降、匀速下降及减速下降时，货物对地板的压力分别为R_1、R_2、R_3，它们之间的关系为：

A. $R_1 = R_2 = R_3$　　B. $R_1 > R_2 > R_3$

C. $R_1 < R_2 < R_3$　　D. $R_1 < R_2 > R_3$

4-3-3 质量为m的小球，放在倾角为α的光滑面上，并用平行于斜面的软绳将小球固定在图示位置，如斜面与小球均以$\boldsymbol{a}$的加速度向左运动，则小球受到斜面的约束力$\boldsymbol{N}$的大小应为：

A. $N = mg\cos\alpha - ma\sin\alpha$

B. $N = mg\cos\alpha + ma\sin\alpha$

C. $N = mg\cos\alpha$

D. $N = ma\sin\alpha$

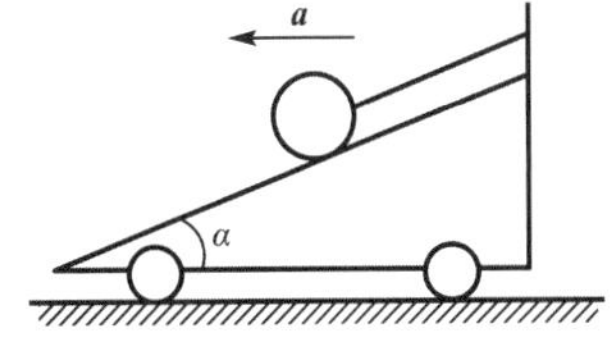

题 4-3-3 图

4-3-4 如图所示，两重物M_1和M_2的质量分别为m_1和m_2，两重物系在不计质量的软绳上，绳绕过匀质定滑轮，滑轮半径为r，质量为m，则此滑轮系统对转轴O之动量矩为：

A. $L_O = \left(m_1 + m_2 - \frac{1}{2}m\right)rv\curvearrowright$

B. $L_O = \left(m_1 - m_2 - \frac{1}{2}m\right)rv\curvearrowright$

C. $L_O = \left(m_1 + m_2 + \frac{1}{2}m\right)rv\curvearrowright$

D. $L_O = \left(m_1 + m_2 + \frac{1}{2}m\right)rv\curvearrowleft$

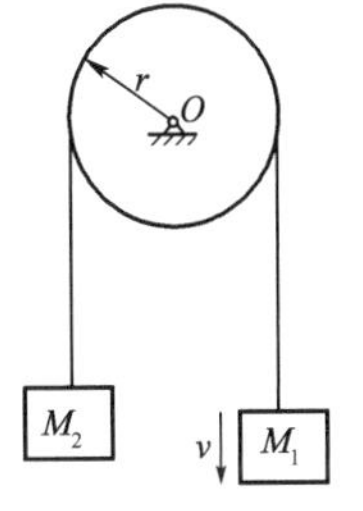

题 4-3-4 图

4-3-5 质量为m，长为$2l$的均质杆初始位于水平位置，如图所示。A端脱落后，杆绕轴B转动，当杆转到铅垂位置时，AB杆B处的约束力大小为：

A. $F_{Bx} = 0$，$F_{By} = 0$　　B. $F_{Bx} = 0$，$F_{By} = \frac{mg}{4}$

C. $F_{Bx} = l$，$F_{By} = mg$　　D. $F_{Bx} = 0$，$F_{By} = \frac{5mg}{2}$

4-3-6 图示均质圆轮，质量为m，半径为r，在铅垂图面内绕通过圆盘中心O的水平轴转动，角速度为ω，角加速度为ε，此时将圆轮的惯性力系向O点简化，其惯性力主矢和惯性力主矩的大小分别为：

A. 0；0　　B. $mr\varepsilon$；$\frac{1}{2}mr^2\varepsilon$　　C. 0；$\frac{1}{2}mr^2\varepsilon$　　D. 0；$\frac{1}{4}mr^2\omega^2$

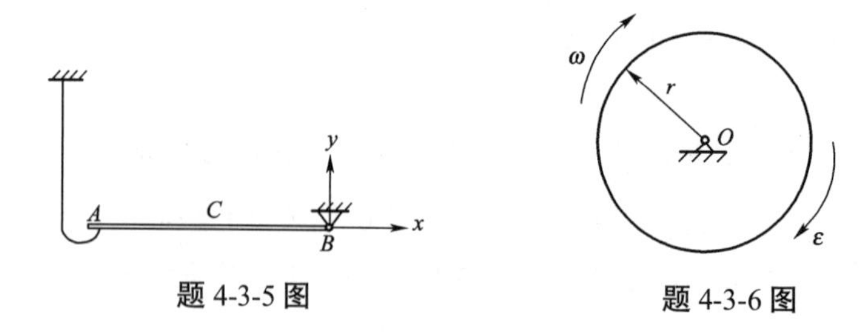

题 4-3-5 图　　　　题 4-3-6 图

4-3-7　5 根弹簧系数均为k的弹簧，串联与并联时的等效弹簧刚度系数分别为：

A. $5k$；$\frac{k}{5}$　　B. $\frac{5}{k}$；$5k$　　C. $\frac{k}{5}$；$5k$　　D. $\frac{1}{5k}$；$5k$

4-3-8　图示质量为m的质点M，受有两个力$\boldsymbol{F}$和$\boldsymbol{R}$的作用，产生水平向左的加速度$\boldsymbol{a}$，它在x轴方向的动力学方程为：

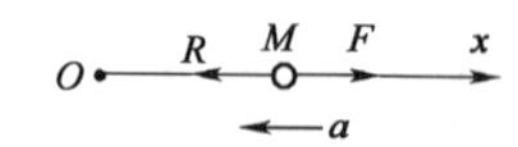

题 4-3-8 图

A. $ma = F - R$　　B. $-ma = F - R$

C. $ma = R + F$　　D. $-ma = R - F$

4-3-9　均质圆盘质量为m，半径为R，在铅垂平面内绕O轴转动，图示瞬时角速度为ω，则其对O轴的动量矩和动能大小分别为：

A. $mR\omega$，$\frac{1}{4}mR\omega$　　B. $\frac{1}{2}mR\omega$，$\frac{1}{2}mR\omega$

C. $\frac{1}{2}mR^2\omega$，$\frac{1}{2}mR^2\omega^2$　　D. $\frac{3}{2}mR^2\omega$，$\frac{3}{4}mR^2\omega^2$

4-3-10　图示均质圆轮，质量为m，半径为r，在铅垂图面内绕通过圆轮中心O的水平轴以匀角速度ω转动。则系统动量、对中心O的动量矩、动能的大小分别为：

A. 0；$\frac{1}{2}mr^2\omega$；$\frac{1}{4}mr^2\omega^2$　　B. $mr\omega$；$\frac{1}{2}mr^2\omega$；$\frac{1}{4}mr^2\omega^2$

C. 0；$\frac{1}{2}mr^2\omega$；$\frac{1}{2}mr^2\omega^2$　　D. 0；$\frac{1}{4}mr^2\omega$；$\frac{1}{4}mr^2\omega^2$

4-3-11　质量为m，长为$2l$的均质细杆初始位于水平位置，如图所示。A端脱落后，杆绕轴B转动，当杆转到铅垂位置时，AB杆角加速度的大小为：

A. 0　　B. $\frac{3g}{4l}$　　C. $\frac{3g}{2l}$　　D. $\frac{6g}{l}$

4-3-12　均质细杆AB重力为$\boldsymbol{P}$，长为$2l$，A端铰支，B端用绳系住，处于水平位置，如图所示。当B端绳突然剪断瞬时，AB杆的角加速度大小为$\frac{3g}{4l}$，则A处约束力大小为：

A. $F_{Ax} = 0$，$F_{Ay} = 0$　　B. $F_{Ax} = 0$，$F_{Ay} = \frac{P}{4}$

C. $F_{Ax} = P$，$F_{Ay} = \frac{P}{2}$　　D. $F_{Ax} = 0$，$F_{Ay} = P$

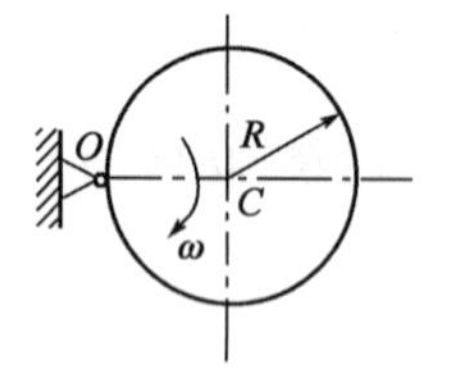

题 4-3-9 图

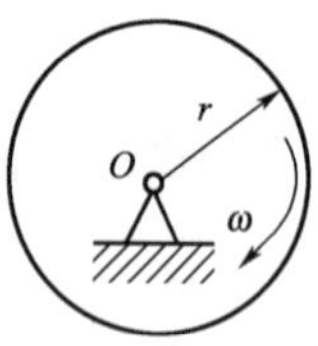

题 4-3-10 图

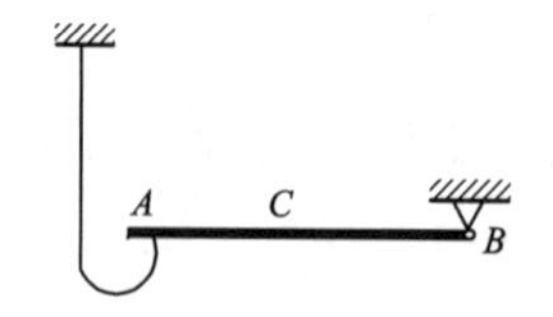

题 4-3-11 图

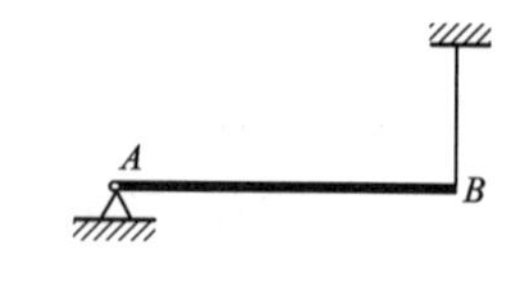

题 4-3-12 图

4-3-13　图示一弹簧质量系统，置于光滑的斜面上，斜面的倾角α可以在 0°~90°间改变，则随α的增大系统振动的固有频率：

A. 增大　　B. 减小　　C. 不变　　D. 不能确定

4-3-14 图示匀质杆AB长l，质量为m，质心为C。点D距点A为$\frac{1}{4}l$。杆对通过点D且垂直于AB的轴y的转动惯量为：

A. $J_{Dy}=\frac{1}{12}ml^2+m\left(\frac{1}{4}l\right)^2$　　B. $J_{Dy}=\frac{1}{3}ml^2+m\left(\frac{1}{4}l\right)^2$

C. $J_{Dy}=\frac{1}{12}ml^2+m\left(\frac{3}{4}l\right)^2$　　D. $J_{Dy}=m\left(\frac{1}{4}l\right)^2$

4-3-15 图示质量为m的三角形物块，其倾斜角为θ，可在光滑的水平地面上运动。质量为m的矩形物块又沿斜面运动。两物块间也是光滑的。该系统的动力学特征（动量、动量矩、机械能）有守恒情形的数量为：

A. 0个　　B. 1个　　C. 2个　　D. 3个

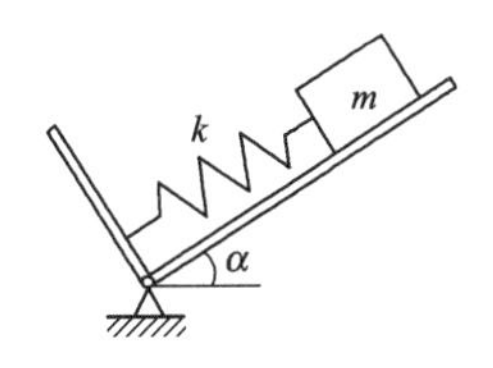

题 4-3-13 图

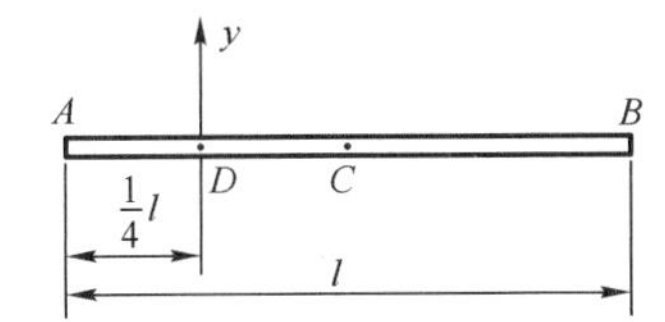

题 4-3-14 图

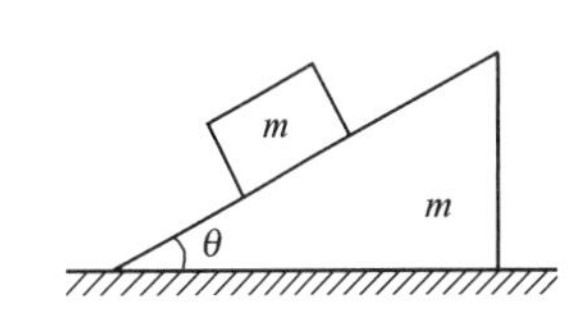

题 4-3-15 图

4-3-16 图示质量为m，半径为r的定滑轮O上绕有细绳，依靠摩擦使绳在轮上不打滑，并带动滑轮转动。绳之两端均系质量m的物块A与B。块B放置的光滑斜面倾角为α，$0<\alpha<\frac{\pi}{2}$。假设定滑轮O的轴承光滑，当系统在两物块的重力作用下运动时，B与O间，A与O间的绳力F_{T1}和F_{T2}的大小有关系：

A. $F_{T1}=F_{T2}$　　B. $F_{T1}<F_{T2}$

C. $F_{T1}>F_{T2}$　　D. 只依据已知条件不能确定

4-3-17 图示弹簧—物块直线振动系统中，物块质量m，两根弹簧的刚度系数各为k_1和k_2。若用一根等效弹簧代替这两根弹簧，则其刚度系数k为：

A. $k=\frac{k_1k_2}{k_1+k_2}$　　B. $k=\frac{2k_1k_2}{k_1+k_2}$　　C. $k=\frac{k_1+k_2}{2}$　　D. $k=k_1+k_2$

4-3-18 三角形物块沿水平地面运动的加速度为a，方向如图。物块倾斜角为α。重W的小球在斜面上用细绳拉住，绳另端固定在斜面上。设物块运动中绳不松软，则小球对斜面的压力$\boldsymbol{F}_{\mathrm{N}}$的大小为：

A. $F_N<W\cos\alpha$　　B. $F_N>W\cos\alpha$

C. $F_N=W\cos\alpha$　　D. 只根据所给条件则不能确定

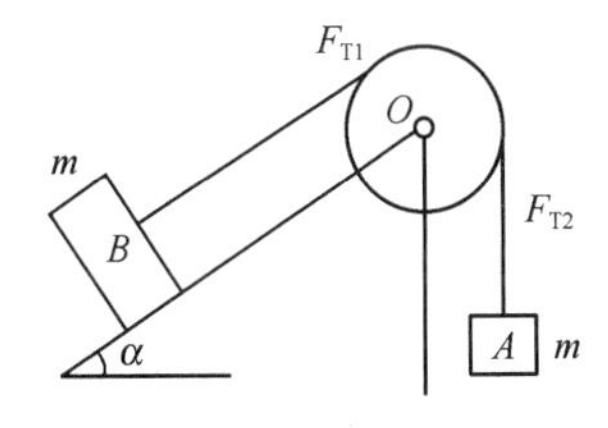

题 4-3-16 图

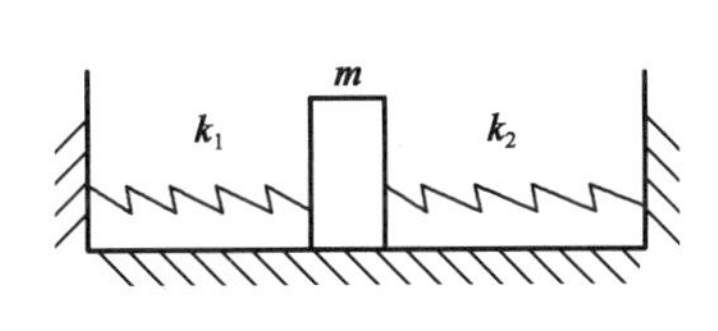

题 4-3-17 图

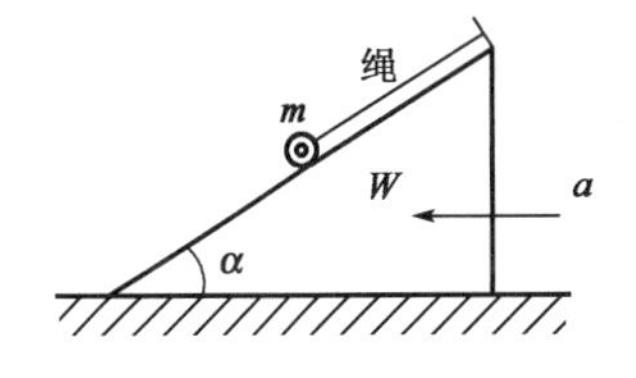

图 4-3-18 图

4-3-19 忽略质量的细杆$OC=l$，其端部固结匀质圆盘（见图）。杆上点C为圆盘圆心。盘质量为m，半径为r。系统以角速度ω绕轴O转动。系统的动能是：

A. $T=\frac{1}{2}m(l\omega)^2$　　B. $T=\frac{1}{2}m[(l+r)\omega]^2$

C. $T=\frac{1}{2}\left(\frac{1}{2}mr^2\right)\omega^2$　　D. $T=\frac{1}{2}\left(\frac{1}{2}mr^2+ml^2\right)\omega^2$

4-3-20 图示弹簧—物块直线振动系统位于铅垂面内。弹簧刚度系数为k，物块质量为m。若已知物块的运动微分方程为$m\ddot{x}+kx=0$，则描述运动的坐标Ox的坐标原点应为：

A. 弹簧悬挂处点O_1

B. 弹簧原长l_0处之点O_2

C. 弹簧由物块重力引起静伸长δ_{st}之点O_3

D. 任意点皆可

4-3-21 图示两重物的质量均为m，分别系在两软绳上。此两绳又分别绕在半径各为r与$2r$并固结在一起的两轮上。两圆轮构成之鼓轮的质量亦为m，对轴O的回转半径为ρ_O。两重物中一铅垂悬挂，一置于光滑平面上。当系统在左重物重力作用下运动时，鼓轮的角加速度α为：

A. $\alpha=\frac{2gr}{5r^2+\rho_O{}^2}$　　B. $\alpha=\frac{2gr}{3r^2+\rho_O{}^2}$　　C. $\alpha=\frac{2gr}{\rho_O{}^2}$　　D. $\alpha=\frac{gr}{5r^2+\rho_O{}^2}$

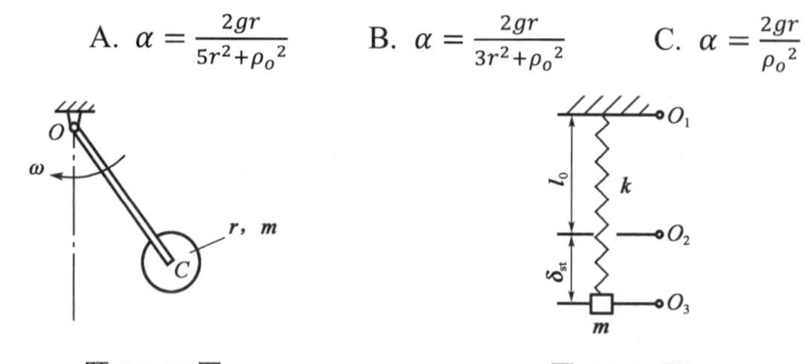

题 4-3-19 图　　题 4-3-20 图

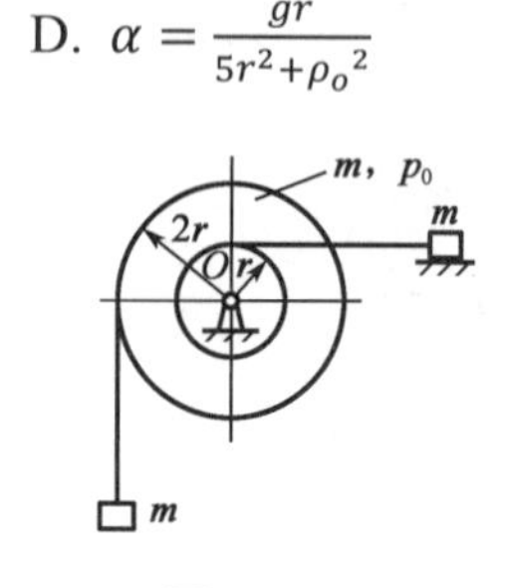

题 4-3-21 图

4-3-22 铅垂振动台的运动规律$y=a\sin\omega t$。图上点 0，1，2 各为台的平衡位置。振动最高点与最低点。台上颗粒重W。设颗粒与台面永不脱离，则振动台在这三个位置作用于颗粒的约束力$\boldsymbol{F}_{\mathrm{N}}$大小的关系为：

A. $F_{\mathrm{N1}}<F_{\mathrm{N0}}=W<F_{\mathrm{N2}}$　　B. $F_{\mathrm{N1}}>F_{\mathrm{N0}}=W>F_{\mathrm{N2}}$

C. $F_{\mathrm{N1}}=F_{\mathrm{N0}}=F_{\mathrm{N2}}=W$　　D. $F_{\mathrm{N1}}=F_{\mathrm{N2}}<F_{\mathrm{N0}}=W$

4-3-23 匀质杆OA质量为m，长为l，角速度为ω，如图所示。则其动量大小为：

A. $\frac{1}{2}ml\omega$　　B. $ml\omega$

C. $\frac{1}{3}ml\omega$　　D. $\frac{1}{4}ml\omega$

4-3-24 如图所示，两重物M_1和M_2的质量分别为m_1和m_2，两重物系在不计质量的软绳上，绳绕过均质定滑轮，滑轮半径r，质量为m，则此滑轮系统的动量为：

A. $\left(m_1-m_2+\frac{1}{2}m\right)v\downarrow$　　B. $(m_1-m_2)v\downarrow$

C. $\left(m_1+m_2+\frac{1}{2}m\right)v\uparrow$　　D. $(m_1-m_2)v\uparrow$

4-3-25 匀质杆质量为m，长$OA=l$，在铅垂面内绕定轴O转动。杆质心C处连接刚度系数k较大的弹簧，弹簧另端固定。图示位置为弹簧原长，当杆由此位置逆时针方向转动时，杆上A点的速度为v_{A}，若杆落至水平位置的角速度为零，则v_{A}的大小应为：

A. $\sqrt{\frac{1}{2}\left(2-\sqrt{2}\right)^2\frac{k}{m}l^2-2gl}$　　B. $\sqrt{\frac{1}{4}\left(2-\sqrt{2}\right)^2\frac{k}{m}l^2-gl}$

C. $\sqrt{\frac{1}{2}\left(2-\sqrt{2}\right)^2\frac{k}{m}l^2-8gl}$　　D. $\sqrt{\frac{3}{4}\left(2-\sqrt{2}\right)^2\frac{k}{m}l^2-3gl}$

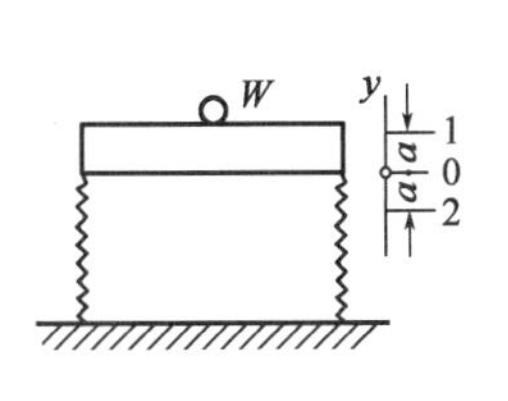

题 4-3-22 图

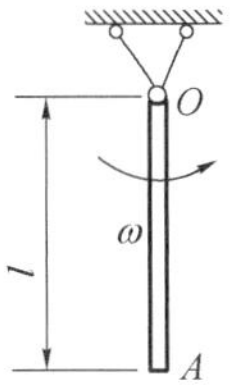

题 4-3-23 图

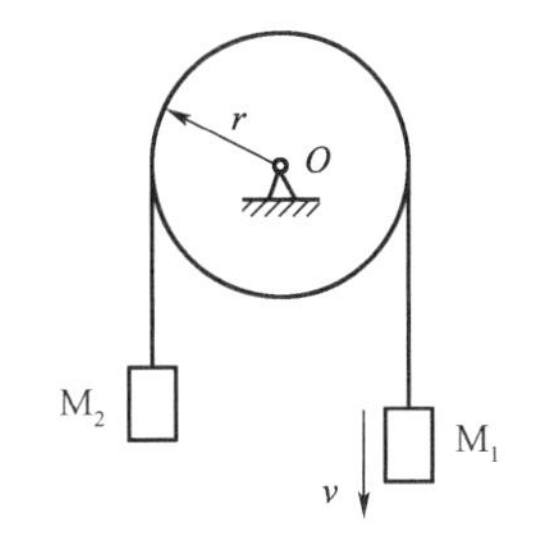

题 4-3-24 图

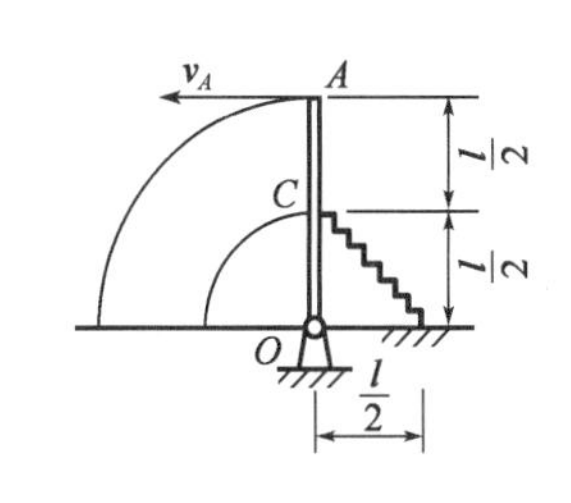

题 4-3-25 图

4-3-26 质点质量m，悬挂质点的弹簧刚度系数k（如图所示），系统作直线自由振动的固有频率ω_0与周期T的正确表达式为：

A. $\omega_0 = \frac{k}{m}$，$T = \frac{1}{\omega_0}$

B. $\omega_0 = \frac{k}{m}$，$T = \frac{2\pi}{\omega_0}$

C. $\omega_0 = \sqrt{\frac{m}{k}}$，$T = \frac{1}{\omega_0}$

D. $\omega_0 = \sqrt{\frac{m}{k}}$，$T = \frac{2\pi}{\omega_0}$

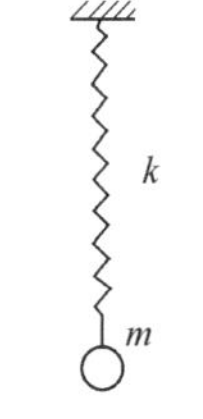

题 4-3-26 图

4-3-27 自由质点受力作用而运动时，质点的运动方向是：

A. 作用力的方向　　B. 加速度的方向

C. 速度的方向　　D. 初速度的方向

4-3-28 如图所示，重力大小为W的质点，由长为l的绳子连接，则单摆运动的固有频率为：

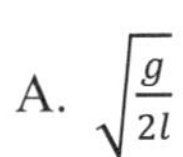

A. $\sqrt{\frac{g}{2l}}$　　B. $\sqrt{\frac{W}{l}}$

C. $\sqrt{\frac{g}{l}}$　　D. $\sqrt{\frac{2g}{l}}$

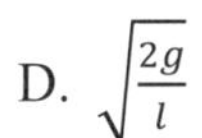

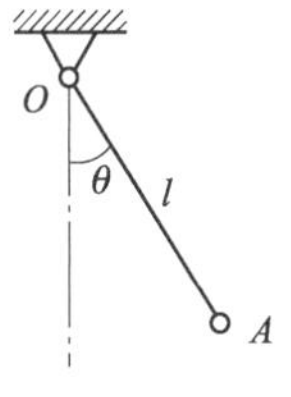

题 4-3-28 图

4-3-29 均质细直杆OA长为l，质量为m，A端固结一质量为m的小球（不计尺寸），如图所示。当OA杆以匀角速度绕O轴转动时，该系统对O轴的动量矩为：

A. $\frac{1}{3}ml^2\omega$　　B. $\frac{2}{3}ml^2\omega$

C. $ml^2\omega$　　D. $\frac{4}{3}ml^2\omega$

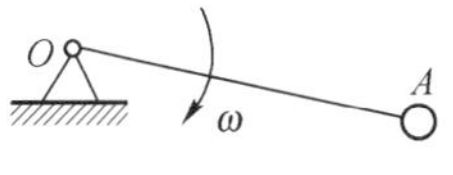

题 4-3-29 图

4-3-30 在上题图中，将系统的惯性力系向O点简化，其主矢$\boldsymbol{F}_{\mathrm{I}}$和主矩$\boldsymbol{M}_{\mathrm{IO}}$的数值分别为：

A. $F_{\mathrm{I}} = \frac{1}{2}ml\omega^2$，$M_{\mathrm{IO}} = 0$　　B. $F_{\mathrm{I}} = \frac{3}{2}ml\omega^2$，$M_{\mathrm{IO}} = 0$

C. $F_{\mathrm{I}} = \frac{1}{2}ml\omega^2$，$M_{\mathrm{IO}} \neq 0$　　D. $F_{\mathrm{I}} = \frac{3}{2}ml\omega^2$，$M_{\mathrm{IO}} \neq 0$

4-3-31 已知A物重力的大小$P = 20\mathrm{N}$，B物重力的大小$Q = 30\mathrm{N}$（见图所示），滑轮C、D不计质量，并略去各处摩擦，则绳水平段的拉力为：

A. 30N　　B. 20N　　C. 16N　　D. 24N

4-3-32 图示质量为m的物体自高H处水平抛出，运动中受到与速度一次方成正比的空气阻力$\boldsymbol{R}$作用，$\boldsymbol{R} = -km\boldsymbol{v}$，$k$为常数。则其运动微分方程为：

A. $m\ddot{x}=-km\dot{x}$，$m\ddot{y}=-km\dot{y}-mg$　　B. $m\ddot{x}=km\dot{x}$，$m\ddot{y}=km\dot{y}-mg$

C. $m\ddot{x}=-km\dot{x}$，$m\ddot{y}=km\dot{y}-mg$　　D. $m\ddot{x}=-km\dot{x}$，$m\ddot{y}=-km\dot{y}+mg$

4-3-33 汽车以匀速$\boldsymbol{v}$在不平的道路上行驶，当汽车通过A、B、C三个位置时（见图所示），汽车对路面的压力分别为$\boldsymbol{N}_{\mathrm{A}}$、$\boldsymbol{N}_{\mathrm{B}}$、$\boldsymbol{N}_{\mathrm{C}}$，则下述哪个关系式能够成立？

A. $N_{\mathrm{A}}=N_{\mathrm{B}}=N_{\mathrm{C}}$　　B. $N_{\mathrm{A}}<N_{\mathrm{B}}<N_{\mathrm{C}}$

C. $N_{\mathrm{A}}>N_{\mathrm{B}}>N_{\mathrm{C}}$　　D. $N_{\mathrm{A}}=N_{\mathrm{B}}>N_{\mathrm{C}}$

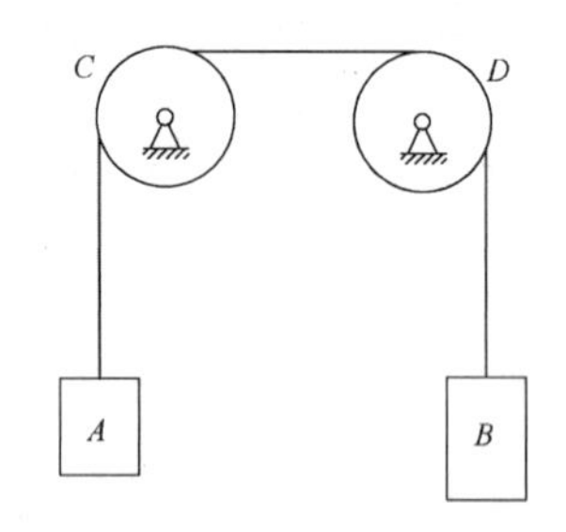

题 4-3-31 图

题 4-3-32 图

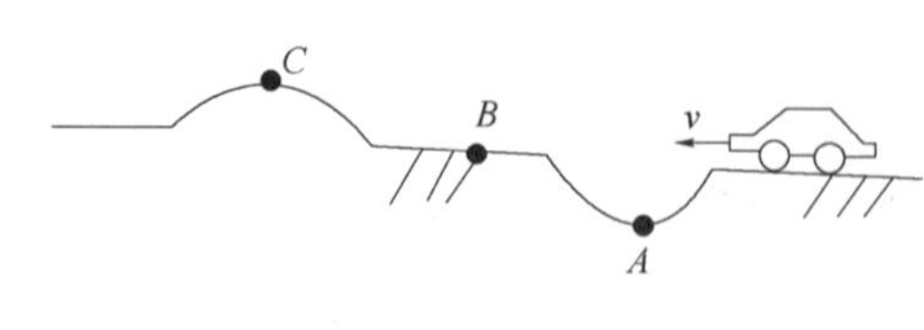

题 4-3-33 图

4-3-34 重力为$\boldsymbol{W}$的人乘电梯上升时，当电梯加速上升、匀速上升及减速上升时，人对地板的压力分别为$\boldsymbol{P}_1$、$\boldsymbol{P}_2$、$\boldsymbol{P}_3$，它们之间的大小关系为：

A. $P_1=P_2=P_3$　　B. $P_1>P_2>P_3$

C. $P_1<P_2<P_3$　　D. $P_1<P_3>P_2$

4-3-35 汽车重力$\boldsymbol{P}$，以匀速$\boldsymbol{v}$驶过拱桥，如图所示。在桥顶处，桥面中心线的曲率半径为R，在此处，桥面给汽车约束反力$\boldsymbol{N}$的大小等于：

A. P　　B. $P+\frac{Pv^2}{gR}$

C. $P-\frac{Pv^2}{gR}$　　D. $P-\frac{Pv}{gR}$

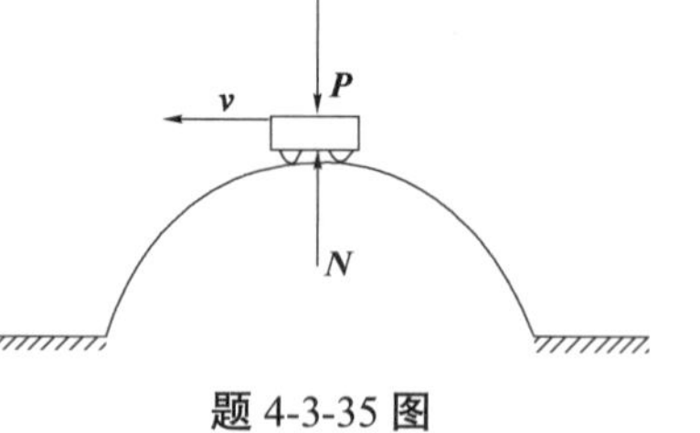

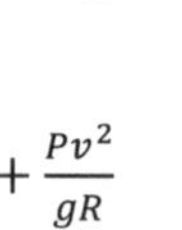

题 4-3-35 图

4-3-36 图示质量为m、长为l的杆OA以的角速度绕轴O转动，则其动量为：

A. $ml\omega$　　B. 0　　C. $\frac{1}{2}ml\omega$　　D. $\frac{1}{3}ml\omega$

4-3-37 图示 a）、b）系统中的均质圆盘质量、半径均相同，角速度与角加速度分别为$\boldsymbol{\omega}_1$、$\boldsymbol{\omega}_2$和$\boldsymbol{\alpha}_1$、$\boldsymbol{\alpha}_2$，则有：

A. $\alpha_1=\alpha_2$　　B. $\alpha_1>\alpha_2$

C. $\alpha_1<\alpha_2$　　D. $\omega_1=\omega_2$

4-3-38 均质细杆AB重力为$\boldsymbol{P}$、长 $2L$，A端铰支，B端用绳系住，处于水平位置，如图所示，当B端绳突然剪断瞬时，AB杆的角加速度大小为：

A. 0　　B. $\frac{3g}{4L}$

C. $\frac{3g}{2L}$　　D. $\frac{6g}{L}$

4-3-39 均质细直杆AB长为l，质量为m，以匀角速度ω绕O轴转动，如图所示，则AB杆的动能为：

A. $\frac{1}{12}ml^2\omega^2$　　B. $\frac{7}{24}ml^2\omega^2$　　C. $\frac{7}{48}ml^2\omega^2$　　D. $\frac{7}{96}ml^2\omega^2$

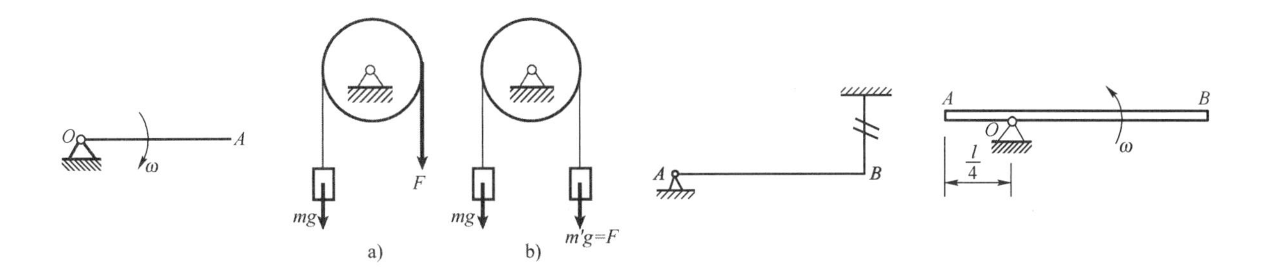

题 4-3-36 图　　题 4-3-37 图　　题 4-3-38 图　　题 4-3-39 图

4-3-40 图示鼓轮半径$r = 3.65\text{cm}$，对转轴O的转动惯量$J_O = 0.92\text{kg}\cdot\text{m}^2$；绕在鼓轮上的绳端挂有质量$m = 30\text{kg}$的物体$A$。欲使鼓轮以角加速度$\alpha = 37.8\text{rad/s}^2$转动来提升重物，需对鼓轮作用的转矩$\boldsymbol{M}$的大小是：

A. $37.8\text{N}\cdot\text{m}$　　B. $47\text{N}\cdot\text{m}$

C. $36.3\text{N}\cdot\text{m}$　　D. $45.5\text{N}\cdot\text{m}$

4-3-41 图示两种不同材料的均质细长杆焊接成直杆ABC。AB段为一种材料，长度为a，质量为m_1；BC段为另一种材料，长度为b，质量为m_2。杆ABC以匀角速度ω转动，则其对A轴的动量矩L_A为：

A. $L_A = (m_1 + m_2)(a + b)^2\omega/3$

B. $L_A = [m_1a^2/3 + m_2b^2/12 + m_2(b/2 + a)^2]\omega$

C. $L_A = [m_1a^2/3 + m_2b^2/3 + m_2a^2]\omega$

D. $L_A = m_1a^2\omega/3 + m_2b^2\omega/3$

4-3-42 弹簧原长$l_0 = 10\text{cm}$。弹簧常量$k = 4.9\text{kN/m}$，一端固定在O点，此点在半径为$R = 10\text{cm}$的圆周上，已知$AC \perp BC$，OA为直径，如图所示。当弹簧的另一端由B点沿圆弧运动至A点时，弹性力做功是：

A. $24.5\text{N}\cdot\text{m}$　　B. $-24.5\text{N}\cdot\text{m}$

C. $-20.3\text{N}\cdot\text{m}$　　D. $20.3\text{N}\cdot\text{m}$

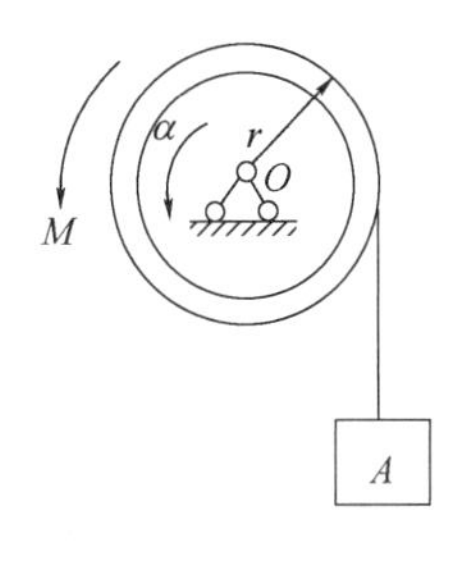

题 4-3-40 图

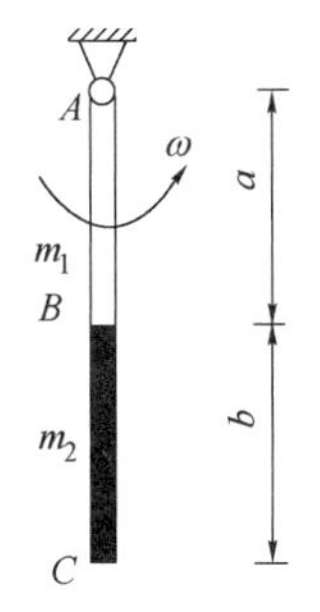

题 4-3-41 图

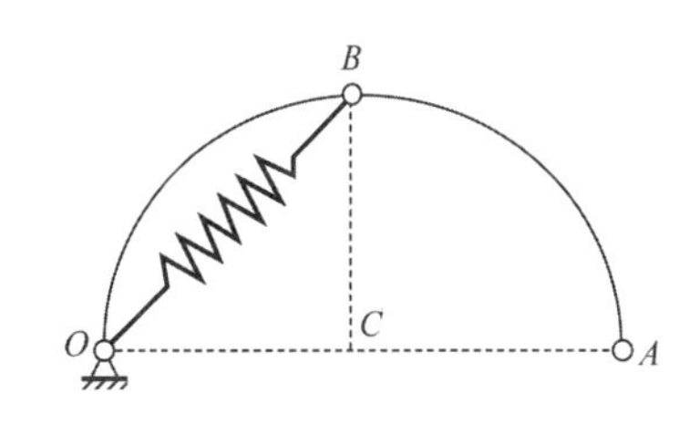

题 4-3-42 图

4-3-43 A、B两物块置于光滑水平面上，并用弹簧相连，如图所示。当压缩弹簧后无初速地释放，释放后系统的动能和动量分别用T、p表示，则有：

A. $T \neq 0$，$p = 0$　　B. $T = 0$，$p \neq 0$

C. $T = 0$，$p = 0$　　D. $T \neq 0$，$p \neq 0$

4-3-44 均质圆环的质量为m，半径为R，圆环绕O轴的摆动规律为$\varphi = \omega t$，ω为常数。图示瞬时圆环对转轴O的动量矩为：

A. $mR^2\omega$　　B. $2mR^2\omega$

C. $3mR^2\omega$　　D. $\frac{1}{2}mR^2\omega$

4-3-45 物块A质量为 8kg，静止放在无摩擦的水平面上。另一质量为 4kg 的物块B被绳系住，如图所示，滑轮无摩擦。若物块A的加速度$a = 3.3\text{m/s}^2$，则物块B的惯性力是：

A. 13.2N（铅垂向上）　　B. 13.2N（铅垂向下）

C. 26.4N（铅垂向上）　　D. 26.4N（铅垂向下）

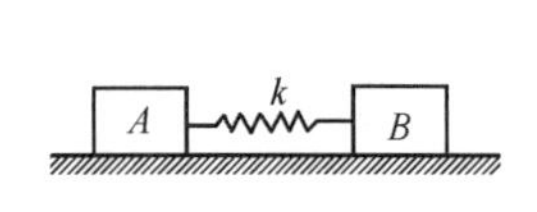

题 4-3-43 图

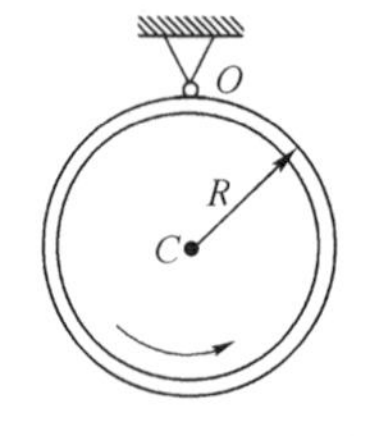

题 4-3-44 图

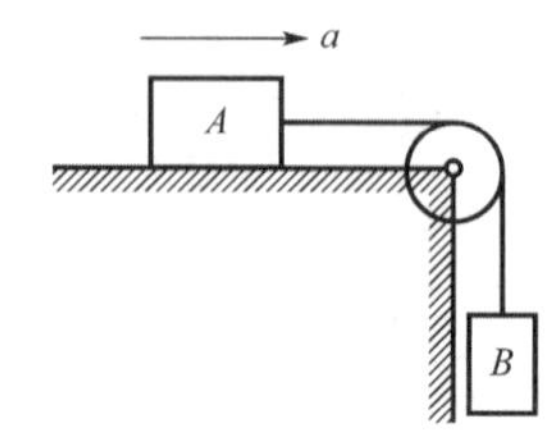

题 4-3-45 图

4-3-46 在题 4-3-44 图中，将圆环的惯性力系向O点简化，其主矢$\boldsymbol{F}_{\text{I}}$和主矩$\boldsymbol{M}_{\text{IO}}$的数值为：

A. $F_{\text{I}} = 0$，$M_{\text{IO}} = 0$　　B. $F_{\text{I}} = mR\omega^2$，$M_{\text{IO}} = 0$

C. $F_{\text{I}} = mR\omega^2$，$M_{\text{IO}} \neq 0$　　D. $F_{\text{I}} = 0$，$M_{\text{IO}} \neq 0$

4-3-47 质量为m，半径为R的均质圆盘，绕垂直于图面的水平轴O转动，其角速度为ω。在图示瞬间，角加速度为 0，盘心C在其最低位置，此时将圆盘的惯性力系向O点简化，其惯性力主矢和惯性力主矩的大小分别为：

A. $m\frac{R}{2}\omega^2$；0　　B. $mR\omega^2$；0

C. 0；0　　D. 0；$\frac{1}{2}m\frac{R}{2}\omega^2$

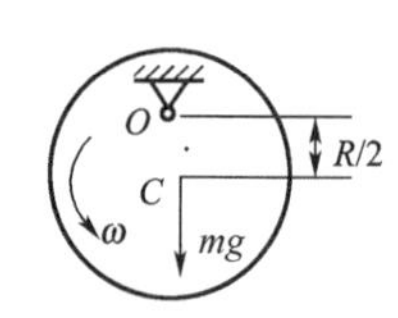

题 4-3-47 图

4-3-48 图示均质圆盘作定轴转动，其中图 a）、c）的转动角速度为常数($\omega = C$)，而图 b）、d）的角速度不为常数($\omega \neq C$)，则哪个图示圆盘的惯性力系简化的结果为平衡力系？

A. 图 a）　　B. 图 b）　　C. 图 c）　　D. 图 d）

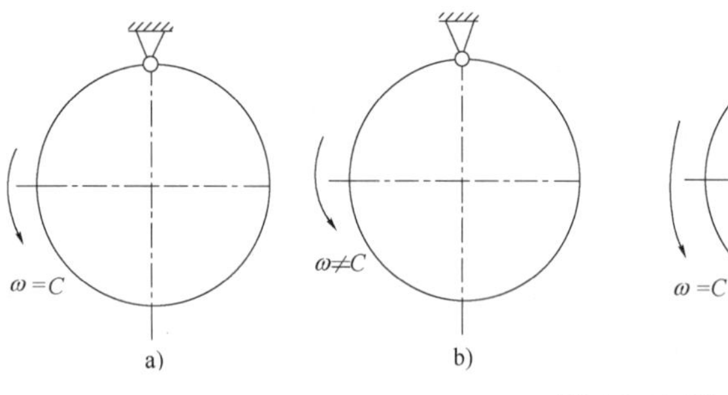

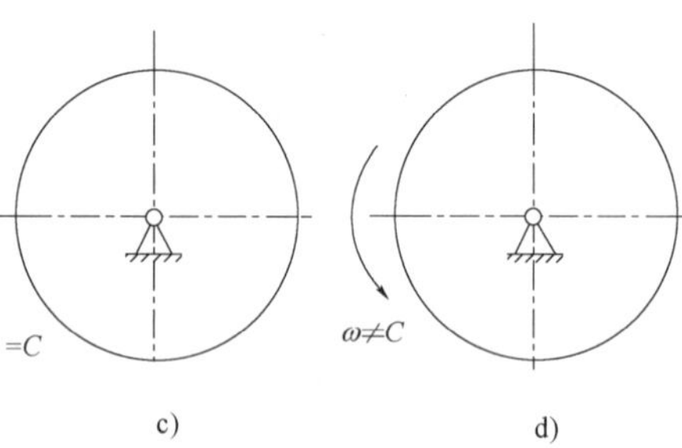

题 4-3-48 图

4-3-49 物重力的大小为Q，用细绳BA、CA悬挂（如图所示），$\alpha = 60°$，若将BA绳剪断，则该瞬时CA绳的张力大小为：

A. 0　　B. $0.5Q$　　C. Q　　D. $2Q$

4-3-50 图示均质杆AB的质量为m，长度为L，且$O_1A = O_2B = R$，$O_1O_2 = AB = L$。当$\varphi = 60°$时，O_1A杆绕O_1轴转动的角速度为ω，角加速度为α，此时均质杆AB的惯性力系向其质心C简化的主矢$\boldsymbol{F}_{\text{I}}$和主矩$\boldsymbol{M}_C^{\text{I}}$的大小分别为：

A. $F_{\mathrm{I}}=mR\alpha$，$M_{\mathrm{C}}^{\mathrm{I}}=\frac{1}{3}mL^2\alpha$　　B. $F_{\mathrm{I}}=mR\omega^2$，$M_{\mathrm{C}}^{\mathrm{I}}=0$

C. $F_{\mathrm{I}}=mR\sqrt{\alpha^2+\omega^4}$，$M_{\mathrm{C}}^{\mathrm{I}}=0$　　D. $F_{\mathrm{I}}=mR\sqrt{\alpha^2+\omega^4}$，$M_{\mathrm{C}}^{\mathrm{I}}=\frac{1}{12}mL^2\alpha$

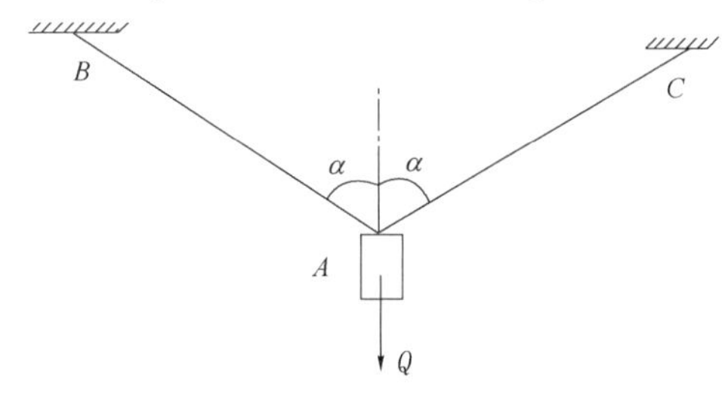

题 4-3-49 图

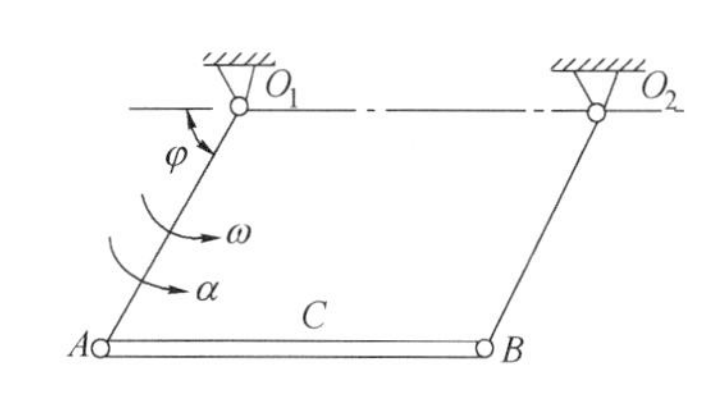

题 4-3-50 图

4-3-51 偏心轮为均质圆盘，其质量为m，半径为R，偏心距$OC=\frac{R}{2}$。若在图示位置时，轮绕O轴转动的角速度为ω，角加速度为α，则该轮的惯性力系向O点简化的主矢$\boldsymbol{F}_{\mathrm{I}}$和主矩$M_{\mathrm{O}}^{\mathrm{I}}$的大小为：

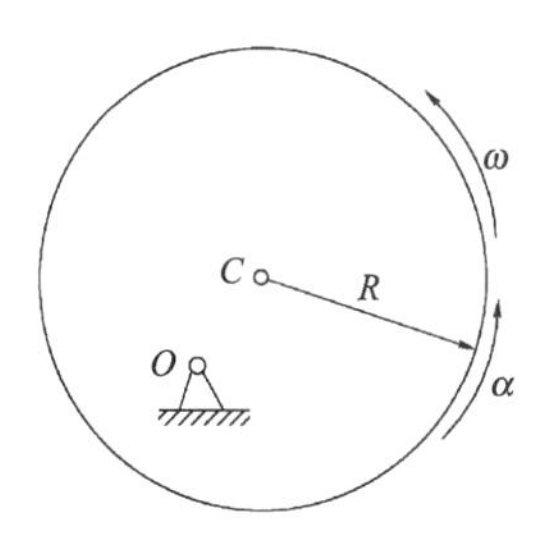

题 4-3-51 图

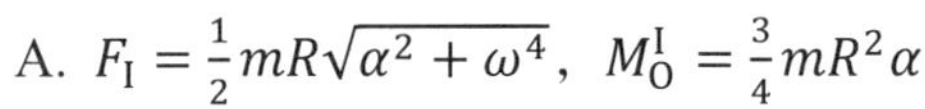

A. $F_{\mathrm{I}}=\frac{1}{2}mR\sqrt{\alpha^2+\omega^4}$，$M_{\mathrm{O}}^{\mathrm{I}}=\frac{3}{4}mR^2\alpha$

B. $F_{\mathrm{I}}=\frac{1}{2}mR\sqrt{\alpha^2+\omega^4}$，$M_{\mathrm{O}}^{\mathrm{I}}=\frac{1}{2}mR^2\alpha$

C. $F_{\mathrm{I}}=\frac{1}{2}mR\omega^2$，$M_{\mathrm{O}}^{\mathrm{I}}=\frac{1}{4}mR^2\alpha$

D. $F_{\mathrm{I}}=\frac{1}{2}mR\alpha$，$M_{\mathrm{O}}^{\mathrm{I}}=\frac{5}{4}mR^2\alpha$

4-3-52 均质细杆OA，质量为m，长l。在如图所示的水平位置静止释放，当运动到铅直位置时，其角速度为$\omega=\sqrt{\frac{3g}{l}}$，角加速度$\varepsilon=0$，则轴承$O$施加于杆$OA$的附加动反力为：

A. $\frac{3}{2}mg(\uparrow)$　　B. $6mg(\downarrow)$

C. $6mg(\uparrow)$　　D. $\frac{3}{2}mg(\downarrow)$

题 4-3-52 图

4-3-53 在图示三个振动系统中，物块的质量均为m，弹簧的刚性系数均为k，摩擦和弹簧的质量不计。设图 a）、b）、c）中弹簧的振动频率分别为f_1、f_2、f_3，则三者的关系有：

A. $f_1=f_2\neq f_3$　　B. $f_1\neq f_2=f_3$

C. $f_1=f_2=f_3$　　D. $f_1\neq f_2\neq f_3$

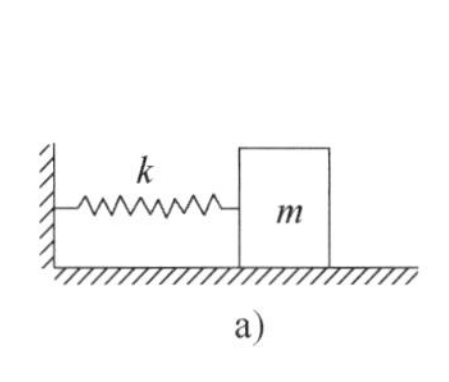

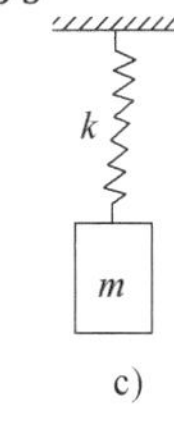

a)　　b)　　c)

题 4-3-53 图

4-3-54 设图 a）、b）、c）三个质量弹簧系统的固有频率分别为ω_1、ω_2、ω_3，则它们之间的关系是：

A. $\omega_1<\omega_2=\omega_3$　　B. $\omega_2<\omega_3=\omega_1$

C. $\omega_3<\omega_1=\omega_2$　　D. $\omega_1=\omega_2=\omega_3$

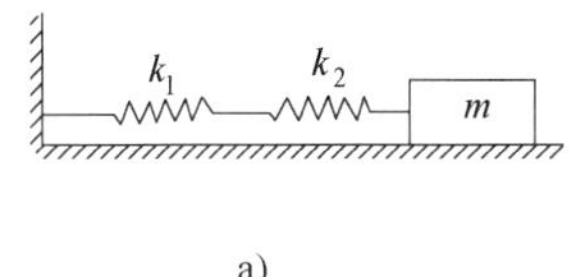

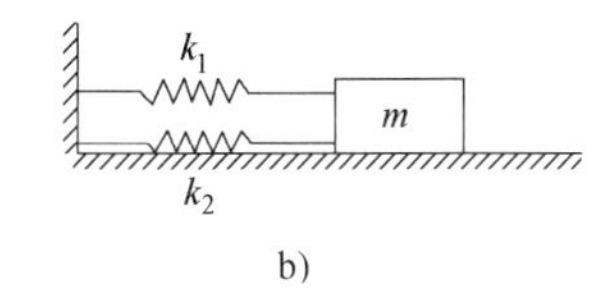

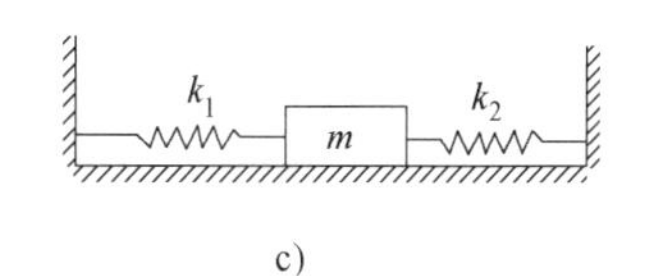

a)　　b)　　c)

题 4-3-54 图

4-3-55 图示两系统均做自由振动，其中图 a）系统的周期和图 b）系统的周期为下列中的哪一组？

A. $2\pi\sqrt{m/k}$，$2\pi\sqrt{m/k}$　　B. $2\pi\sqrt{2m/k}$，$2\pi\sqrt{m/2k}$

C. $2\pi\sqrt{m/2k}$，$2\pi\sqrt{m/2k}$　　D. $2\pi\sqrt{4m/k}$，$2\pi\sqrt{4m/k}$

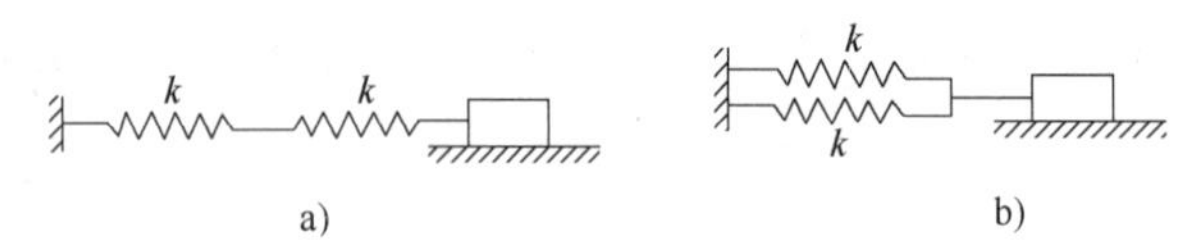

题 4-3-55 图

4-3-56 图示在倾角为α的光滑斜面上置一弹性系数为k的弹簧，一质量为m的物块沿斜面下滑s距离与弹簧相碰，碰后弹簧与物块不分离并发生振动，则自由振动的固有圆频率应为：

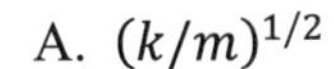

A. $(k/m)^{1/2}$　　B. $[k/(ms)]^{1/2}$　　C. $[k/(m\sin\alpha)]^{1/2}$　D. $(k\sin\alpha/m)^{1/2}$

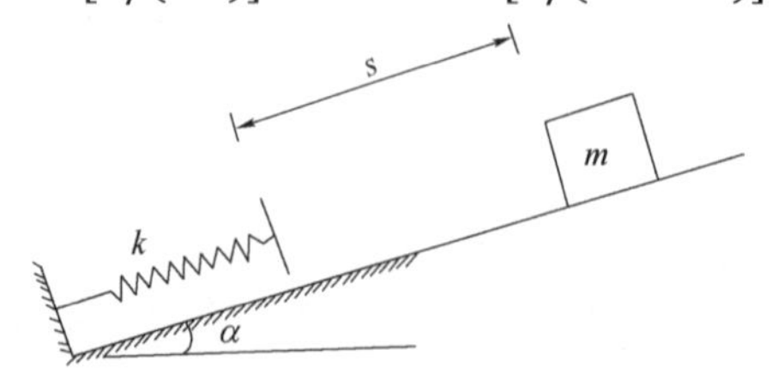

题 4-3-56 图

4-3-57 图示装置中，已知质量$m=200\text{kg}$，弹簧刚度$k=100\text{N/cm}$，则图中各装置的振动周期为：

A. 图 a）装置振动周期最大　　B. 图 b）装置振动周期最大

C. 图 c）装置振动周期最大　　D. 三种装置振动周期相等

4-3-58 图示质量为m的物块，用两根弹性系数为k_1和k_2的弹簧连接，不计阻尼，当物体受到干扰力$F=h\sin\omega t$的作用时，系统发生共振的受迫振动频率ω为：

A. $\sqrt{\frac{k_1k_2}{m(k_1+k_2)}}$　　B. $\sqrt{\frac{m(k_1+k_2)}{mk_1k_2}}$　　C. $\sqrt{\frac{k_1+k_2}{m}}$　　D. $\sqrt{\frac{m}{k_1+k_2}}$

4-3-59 小球质量为m，刚接于杆的一端，杆的另一端铰接于O点。杆长l，在其中点A的两边各连接一刚度为k的弹簧，如图所示。如杆及弹簧的质量不计，小球可视为一质点，其系统做微摆动时的运动微分方程为$ml^2\ddot{\varphi}=\left(mgl-\frac{1}{4}l^2k\right)\varphi$，则该系统的固有圆频率为：

A. $\sqrt{\frac{lk+4mg}{4ml}}$　　B. $\sqrt{\frac{4mg-lk}{4ml}}$　　C. $\sqrt{\frac{lk-2mg}{2ml}}$　　D. $\sqrt{\frac{lk-4mg}{4ml}}$

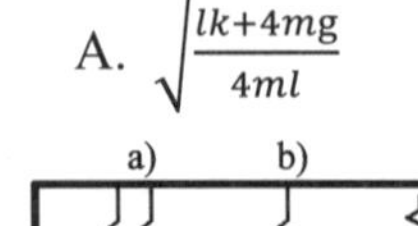

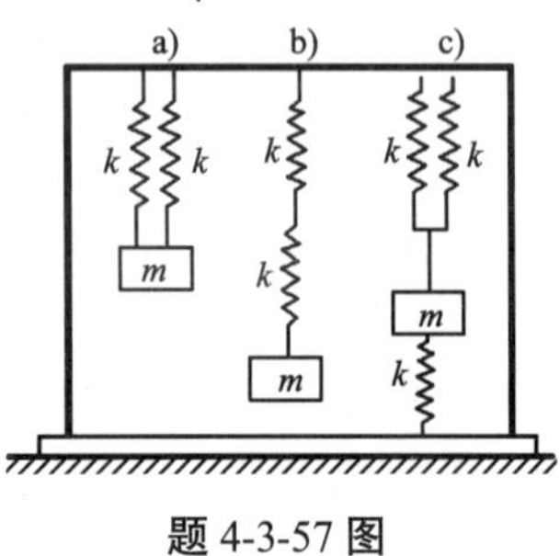

题 4-3-57 图

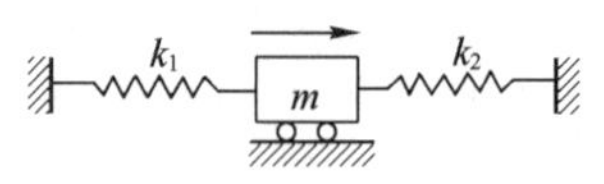

题 4-3-58 图

题 4-3-59 图

题解及参考答案

4-3-1　解： 汽车运动到洼地底部时加速度的大小为$a=a_n=\frac{v^2}{\rho}$，其运动及受力如解图所示，按照牛顿第二定律，在铅垂方向有$ma=F_N-W$，$\boldsymbol{F}_N$为地面给汽车的合约束力。

$$F_N=\frac{W}{g}\cdot\frac{v^2}{\rho}+W=\frac{2800}{10}\times\frac{10^2}{5}+2800=8400\text{N}$$

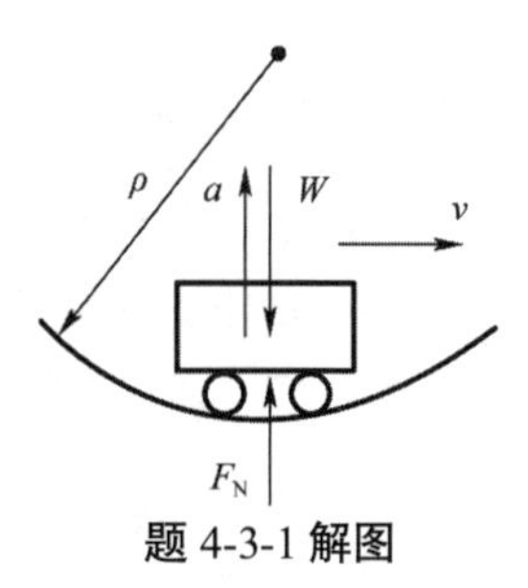

题 4-3-1 解图

答案：D

4-3-2　解：根据质点运动微分方程$m\boldsymbol{a}=\sum\boldsymbol{F}$，当货物加速下降、匀速下降和减速下降时，加速度分别向下、为零、向上，代入公式有：

$$ma=W-R_1,\ 0=W-R_2,\ -ma=W-R_3$$

答案：C

4-3-3　解：小球的运动及受力分析如解图所示。根据质点运动微分方程$m\boldsymbol{a}=\boldsymbol{F}$，将方程沿着$N$方向投影有：

$$ma\sin\alpha=N-mg\cos\alpha$$

解得：$N=mg\cos\alpha+ma\sin\alpha$

题 4-3-3 解图

答案：B

4-3-4　解：根据动量矩定义和公式：

$$L_{\mathrm{O}}=M_{\mathrm{O}}(m_1v)+M_{\mathrm{O}}(m_2v)+J_{\mathrm{O}轮}\omega=m_1vr+m_2r+\frac{1}{2}mr^2\omega$$

$$\omega=\frac{v}{r},\ L_{\mathrm{O}}=\left(m_1+m_2+\frac{1}{2}m\right)rv\ (\text{顺时针})$$

答案：C

4-3-5　解：根据动能定理，当杆从水平转动到铅垂位置时：

$$T_1=0;\ T_2=\frac{1}{2}J_{\mathrm{B}}\omega^2=\frac{1}{2}\cdot\frac{1}{3}m(2l)^2\omega^2=\frac{2}{3}ml^2\omega^2$$

将$W_{12}=mgl$代入$T_2-T_1=W_{12}$，得：

$$\omega^2=\frac{3g}{2l}$$

再根据定轴转动微分方程：$J_{\mathrm{B}}\alpha=M_{\mathrm{B}}(F)=0$，$\alpha=0$

根据质心运动定理：质心的加速度$a_{\mathrm{C}\tau}=l\alpha=0$，$a_{\mathrm{C}n}=l\omega^2=\frac{3g}{2}$

受力如解图所示：$ml\omega^2=F_{\mathrm{B}y}-mg$，$F_{\mathrm{B}y}=\frac{5}{2}mg$，$F_{\mathrm{B}x}=0$

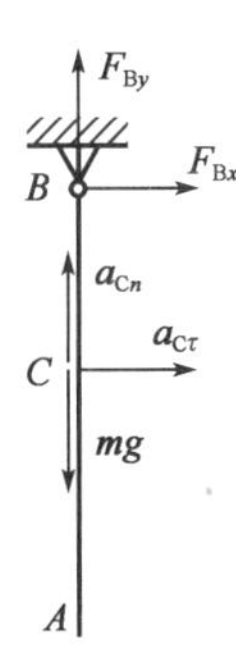

题 4-3-5 解图

答案：D

4-3-6　解：根据定轴转动刚体惯性力系的简化结果，惯性力主矢和主矩的大小分别为：

$$F_{\mathrm{I}}=ma_C=0,\ M_{\mathrm{IO}}=J_{\mathrm{O}}\varepsilon=\frac{1}{2}mr^2\varepsilon$$

答案：C

4-3-7　解：根据串并联弹簧等效弹簧刚度的公式：串联时，$\frac{1}{k}+\frac{1}{k}+\frac{1}{k}+\frac{1}{k}+\frac{1}{k}=\frac{5}{k}$，等效弹簧刚度为$\frac{k}{5}$；并联时，等效弹簧刚度为$k+k+k+k+k=5k$。

答案：C

4-3-8　解：将动力学矢量方程$m\boldsymbol{a}=\boldsymbol{F}+\boldsymbol{R}$，在$x$方向投影，有$-ma=F-R$。

答案：B

4-3-9　解：根据定轴转动刚体动量矩和动能的公式：

$$L_{\mathrm{O}}=J_{\mathrm{O}}\omega,\ T=\frac{1}{2}J_{\mathrm{O}}\omega^2$$

其中：$J_{\mathrm{O}}=\frac{1}{2}mR^2+mR^2=\frac{3}{2}mR^2$，$L_{\mathrm{O}}=\frac{3}{2}mR^2\omega$，$T=\frac{3}{4}mR^2\omega^2$。

答案：D

4-3-10　解：根据动量、动量矩、动能的定义，刚体做定轴转动时：

$$\boldsymbol{p}=mv_{\mathrm{C}},\ L_{\mathrm{O}}=J_{\mathrm{O}}\omega,\ T=\frac{1}{2}J_{\mathrm{O}}\omega^2$$

此题中，$v_{C}=0$，$J_{O}=\frac{1}{2}mr^{2}$。

答案： A

4-3-11 解： 根据定轴转动微分方程$J_{B}\alpha=M_{B}(F)$，当杆转动到铅垂位置时，受力见解图，杆上所有外力对B点的力矩为零，即$M_{B}(F)=0$，所以有$a=0$。

答案： A

4-3-12 解： 绳剪断瞬时（见解图），杆的$\omega=0$，$\alpha=\frac{3g}{4l}$；则质心的加速度$a_{Cx}=0$，$a_{Cy}=\alpha l=\frac{3g}{4}$。根据质心运动定理：

$$\frac{P}{g}a_{Cy}=P-F_{Ay}，F_{Ax}=0，F_{Ay}=P-\frac{P}{g}\times\frac{3}{4}g=\frac{P}{4}$$

答案： B

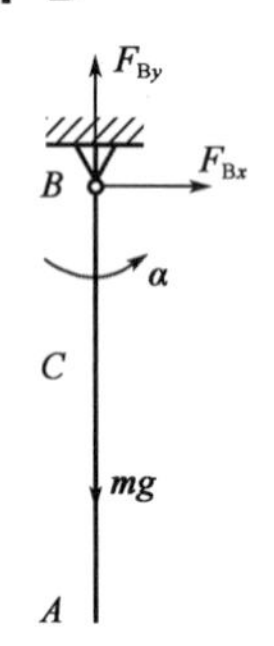

题 4-3-11 解图

题 4-3-12 解图

4-3-13 解： 质点振动的固有频率与倾角无关。

答案： C

4-3-14 解： 根据平行移轴公式计算：

$$J_{Dy}=J_{Cy}+md^{2}=\frac{1}{12}ml^{2}+m\left(\frac{l}{4}\right)^{2}$$

答案： A

4-3-15 解： 因为整个系统水平方向所受外力为零，故系统水平方向动量守恒；又因为做功的力为保守力，有系统机械能守恒，故有守恒情形的数量为 2 个。

答案： C

4-3-16 解： 在右侧物体重力作用下，滑轮顺时针方向转动，故轮上作用的合力矩应有：$(F_{T2}-F_{T1})r>0$，即$F_{T1}<F_{T2}$。

答案： B

4-3-17 解： 系统为并联弹簧，其等效的弹簧刚度应为两弹簧刚度之和。

答案： D

4-3-18 解： 小球受力如解图所示，应用牛顿第二定律，沿垂直于斜面方向：

$$\frac{W}{g}a\sin\alpha=F'-W\cos\alpha$$

所以$F_{N}=F'=\frac{W}{g}a\sin\alpha+W\cos\alpha>W\cos\alpha$

答案： B

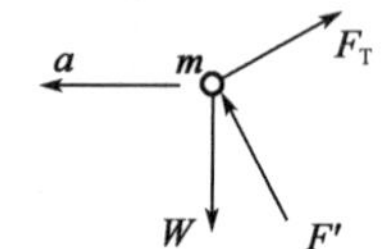

题 4-3-18 解图

4-3-19 解： 圆盘绕轴O作定轴转动，其动能为$T=\frac{1}{2}J_{O}\omega^{2}$，且$J_{O}=\frac{1}{2}mr^{2}+ml^{2}$。

答案： D

4-3-20 解： 列振动微分方程时，把坐标原点设在物体静平衡的位置处，列出的方程才是齐次微分方程。

答案： C

4-3-21 解： 应用动能定理：

$$T_2 - T_1 = W_{12}$$

若设重物A下降h时鼓轮的角速度为ω_O，则系统的动能为：

$$T_2 = \frac{1}{2}mv_A^2 + \frac{1}{2}mv_B^2 + \frac{1}{2}J_O\omega_O^2,\ T_1 = 常量$$

其中，$v_A = 2r\omega_O$；$v_B = r\omega_O$；$J_O = m\rho_O^2$。

力所做的功为$W_{12} = mgh$

代入动能定理

$$\frac{5}{2}mr^2\omega_O^2 + \frac{1}{2}m\rho_O^2\omega_O^2 - T_1 = mgh$$

将上式的等号两边同时对时间t求导数，可得：

$$5mr^2\omega_O\alpha + m\rho_O^2\omega_O\alpha = (mg\dot{h})$$

式中，$\dot{h} = v_A = 2r\omega_O$，则鼓轮的角加速度为$\alpha = \frac{2rg}{5r^2+\rho_O^2}$。

答案： A

4-3-22 解： 应用牛顿第二定律：$\frac{W}{g}\ddot{y} = F_N - W$，0 位置时$\ddot{y} = 0$；1 位置时$\ddot{y} < 0$；2 位置时$\ddot{y} > 0$；因此$F_{N0} = W$，$F_{N1} < W$，$F_{N2} > W$。

答案： A

4-3-23 解： 动量的大小等于杆AB的质量乘以其质心速度，即$m \cdot \frac{l}{2}\omega$。

答案： A

4-3-24 解： 根据动量的定义$\boldsymbol{p} = \sum m_i v_i$，所以，$p = (m_1 - m_2)v$（向下）。

答案： B

4-3-25 解： 应用动能定理$T_2 - T_1 = W_{12}$

其中，$T_2 = 0$

$$T_1 = \frac{1}{2}J_O\omega^2 = \frac{1}{2}\cdot\frac{1}{3}ml^2\frac{v_A^2}{l^2} = \frac{1}{6}mv_A^2$$

$$W_{12} = mg\frac{l}{2} - \frac{k}{2}\left(l - \frac{\sqrt{2}}{2}l\right)^2 = mg\frac{l}{2} - \frac{k}{8}\left(2-\sqrt{2}\right)^2 l^2$$

将上述各式代入动能定理，可解得：$v_A = \sqrt{\frac{3}{4}\left(2-\sqrt{2}\right)^2\frac{k}{m}l^2 - 3gl}$

答案： D

4-3-26 解： 根据公式：$\omega_O = \sqrt{\frac{k}{m}}$；$T = \frac{2\pi}{\omega_O}$。

答案： D

4-3-27 解： 质点的运动方向应与速度方向一致。

答案： C

4-3-28 解： 单摆运动的固有频率公式：$\omega_n = \sqrt{\frac{g}{l}}$。

答案： C

4-3-29 解： 动量矩$L_O = \frac{1}{3}ml^2\omega + ml^2\omega$。

答案： D

4-3-30 解： 定轴转动刚体的惯性力系向转动轴O处简化的公式：$\boldsymbol{F}_I = \sum m_i \boldsymbol{a}_{Ci}$，$M_{IO} = J_{IO}\alpha$。因为杆

作匀角速度转动（$\alpha=0$），故杆的质心和小球A都只有法向加速度，系统惯性力系主矢的大小为：$F_{\rm I}=m\frac{l}{2}\omega^2+ml\omega^2=\frac{3}{2}ml\omega^2$，主矩为零，即：$M_{\rm IO}=J_{\rm O}\alpha=0$。

答案： B

4-3-31 解： 因为不计滑轮质量，忽略各处摩擦，所以作用在A、B物块上绳索的拉力与绳水平段的拉力均相等，用$\boldsymbol{F}_{\rm T}$表示，对A、B物块分别应用牛顿第二定律（设B物块加速度a向下），有：$\frac{P}{g}a=F_{\rm T}-P$，$\frac{Q}{g}a=Q-F_{\rm T}$，通过此两式可解得：$F_{\rm T}=24{\rm kN}$。

答案： D

4-3-32 解： 将质点所受的阻力和重力分解到直角坐标系中：阻力$\boldsymbol{R}=-km\dot{x}\boldsymbol{i}-km\dot{y}\boldsymbol{j}$，重力$\boldsymbol{P}=-mg\boldsymbol{j}$；运用直角坐标的质点运动微分方程，有$m\ddot{x}=-km\dot{x}$，$m\ddot{y}=-km\dot{y}-mg$。

答案： A

4-3-33 解： 根据质点运动微分方程$m\boldsymbol{a}=\sum\boldsymbol{F}$，当汽车经过$A$、$B$、$C$三点时，其加速度分别向上$\left(a=\frac{v^2}{R}\right)$、零、向下$\left(a=\frac{v^2}{R}\right)$，代入质点运动微分方程，分别有：$ma=N_{\rm A}-P$，$0=N_{\rm B}-P$，$ma=P-N_{\rm C}$。所以：$N_{\rm A}=P+ma$，$N_{\rm B}=P$，$N_{\rm C}=P-ma$。

答案： C

4-3-34 解： 根据质点运动微分方程$m\boldsymbol{a}=\sum\boldsymbol{F}$，当电梯加速上升、匀速上升及减速上升时，加速度分别向上、零、向下，代入质点运动微分方程，分别有：$ma=P_1-W$，$0=W-P_2$，$ma=W-P_3$。所以：$P_1=W+ma$，$P_2=W$，$P_3=W-ma$。

答案： B

4-3-35 解： 参照 4-3-31 题，汽车到达C点的情况，有质点运动微分方程：

$$ma=P-N,\ N=P-\frac{P}{g}\cdot\frac{v^2}{R}$$

答案： C

4-3-36 解： 根据动量的定义：$\boldsymbol{p}=m\boldsymbol{v}_{\rm C}$，$OA$杆质心的速度大小为：$v_{\rm C}=\frac{1}{2}\omega l$，故其动量为：$\frac{1}{2}ml\omega$。

答案： C

4-3-37 解： 应用动量矩定理$\frac{{\rm d}L_{\rm O}}{{\rm d}t}=\sum M_{\rm O}(F)$，系统 a）的动量矩$L_{\rm Oa}=J_{\rm O}\omega_1+mr^2\omega_1$，系统 b）的动量矩$L_{\rm Ob}=J_{\rm O}\omega_2+mr^2\omega_2+m'r^2\omega_2$，两系统的外力矩均为：$\sum M_{\rm O}(F)=(mg-F)r$（$O$为圆盘的转动中心），代入动量矩定理有：

$$\frac{{\rm d}L_{\rm O}}{{\rm d}t}=(J_{\rm O}+mr^2)\alpha_1=(J_{\rm O}+mr^2+m'r^2)\alpha_2=(mg-F)r$$

从中可判断出α_1大于α_2。

答案： B

4-3-38 解： 用定轴转动微分方程$J_{\rm A}\alpha=M_{\rm A}(F)$，见解图，$\frac{1}{3}\frac{P}{g}(2L)^2\alpha=PL$，所以角加速度$\alpha=\frac{3g}{4L}$。

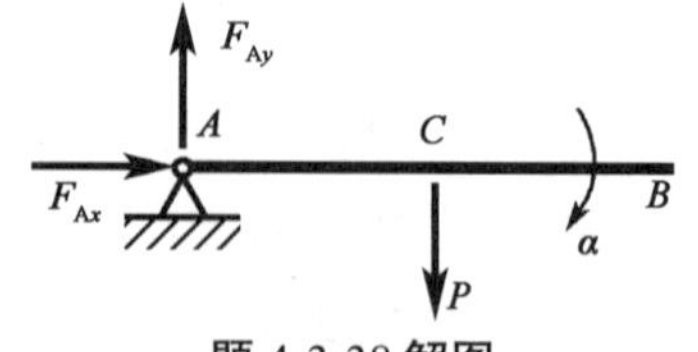

题 4-3-38 解图

答案： B

4-3-39 解： 根据定轴转动刚体动能的公式：$T=\frac{1}{2}J_{\rm O}\omega^2$，其中转动惯量$J_{\rm O}$可根据平行移轴公式计算，即$J_{\rm O}=\frac{1}{12}ml^2+m\left(\frac{l}{4}\right)^2=\frac{7}{48}ml^2$，代入动能公式可得：$T=\frac{7}{96}ml^2\omega^2$。

答案： D

4-3-40 解： 应用动量矩定理$\frac{{\rm d}L_{\rm O}}{{\rm d}t}=\sum M_{\rm O}(F)$，系统的动量矩$L_{\rm O}=J_{\rm O}\omega+mr^2\omega$，代入动量矩定理有：

$$\frac{{\rm d}L_{\rm O}}{{\rm d}t}=(J_{\rm O}+mr^2)\alpha=M-mgr$$

可解得：$M = (J_O + mr^2)\alpha + mgr = 47\text{N}\cdot\text{m}$

答案： B

4-3-41 解： 根据定轴转动刚体动量矩的公式：$L_A = J_A\omega$，其中转动惯量J_A可根据定义和平行移轴公式计算，即：

$$J_A = J_{A(AB)} + J_{A(BC)} = \frac{1}{3}m_1a^2 + \frac{1}{12}m_2b^2 + m_2\left(a + \frac{b}{2}\right)^2$$

代入动量矩公式可得：

$$L_A = \left[\frac{1}{3}m_1a^2 + \frac{1}{12}m_2b^2 + m_2\left(a + \frac{b}{2}\right)^2\right]\omega$$

答案： B

4-3-42 解： 根据弹性力做功的定义可得：

$$W_{BA} = \frac{k}{2}\left[\left(\sqrt{2}R - l_0\right)^2 - (2R - l_0)^2\right] = \frac{4900}{2} \times 0.1^2 \times \left[\left(\sqrt{2} - 1\right)^2 - 1^2\right] = -20.3\text{N}\cdot\text{m}$$

答案： C

4-3-43 解： 由于系统为保守系统，故机械能守恒，弹簧压缩时系统所具有的势能，释放后转换成动能，所以系统动能不为零；又系统所受合外力为零，故动量守恒，两物块初始速度为零，即动量$P = 0$，则释放后仍有动量为零。

答案： A

4-3-44 解： 根据定轴转动刚体动量矩的公式：$L_O = J_O\omega$，其中转动惯量J_O可根据定义和平行移轴公式计算，即$J_O = mR^2 + mR^2 = 2mR^2$，角速度为$\dot{\varphi} = \omega$，代入动量矩公式可得：$L_O = 2mR^2\omega$。

答案： B

4-3-45 解： 根据惯性力的定义：$F_I = -ma$，物块B的加速度与物块A的加速度大小相同，且向下，故物块B的惯性力大小为$F_{BI} = 4 \times 3.3 = 13.2\text{N}$，方向与其加速度方向相反，即铅垂向上。

答案： A

4-3-46 解： 由于刚体的角速度为常量，角加速度为零，故惯性力系简化的主矩为：$M_{IO} = J_O\alpha = 0$，而主矢的大小为：$F_I = ma_C = mR\omega^2$。

答案： B

4-3-47 解： 根据定轴转动刚体惯性力系向O点简化的结果，其主矩大小为$M_{IO} = J_O\alpha = 0$，主矢大小为$F_I = ma_C = m\cdot\frac{R}{2}\omega^2$。

答案： A

4-3-48 解： 因为定轴转动刚体惯性力系简化的主矢大小为：$\boldsymbol{F}_I = m\boldsymbol{a}_C$，主矩为：$M_{IO} = J_O\alpha$，只有当$a_C = 0$，$\alpha = 0$时才有主矢、主矩同时为零，惯性力系为平衡力系，只有选项 C 转动轴在质心，即$a_C = 0$，角速度为常量，即$\alpha = 0$。

答案： C

4-3-49 解： 如解图所示，AB绳被剪断瞬时，物块A有一垂直于AC的切向加速度$\boldsymbol{a}$，其惯性力的大小可表示为：$F_I = ma$，方向亦与AC垂直，

根据达朗贝尔原理，重力$\boldsymbol{Q}$，AC绳拉力$\boldsymbol{F}_T$，惯性力$\boldsymbol{F}_I$组成平衡力系，沿AC方向列平衡方程：$F_T - Q\cos 60° = 0$，所以有：$F_T = 0.5Q$。

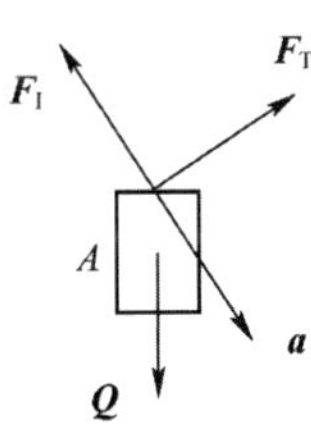

题 4-3-49 解图

答案： B

4-3-50 解： 由于AB杆为平行移动刚体，根据其惯性力系简化结果为主矢$F_I = ma_C$，主矩为零；又根据平行移动刚体上各点加速度相同的运动性质知：$\boldsymbol{a}_C = \boldsymbol{a}_A$，$A$点为定轴转动刚体$O_1A$上一点，根据其

加速度公式：$a_A = R\sqrt{\alpha^2+\omega^4}$，所以惯性力系简化的主矢大小为：$F_I = mR\sqrt{\alpha^2+\omega^4}$。

答案： C

4-3-51 解： 定轴转动刚体的惯性力系向转动轴O处简化的公式：$\boldsymbol{F}_I = m\boldsymbol{a}_C$，$M_O^I = J_O\alpha$，其中$a_C = \frac{R}{2}\sqrt{\alpha^2+\omega^4}$，$J_O = \frac{1}{2}mR^2 + m\left(\frac{R}{2}\right)^2 = \frac{3}{4}mR^2$，代入公式，有：$F_I = \frac{1}{2}mR\sqrt{\alpha^2+\omega^4}$，$M_O^I = \frac{3}{4}mR^2\alpha$。

答案： A

4-3-52 解： 如解图所示，杆释放至铅垂位置时，其角加速度为零，质心加速度只有指向转动轴O的法向加速度，根据达朗贝尔原理，施加其上的惯性力$F_I = ma_C = m\omega^2 \cdot \frac{l}{2} = \frac{3}{2}mg$，方向向下；而施加于杆$OA$的附加动反力大小与惯性力相同，方向与其相反。

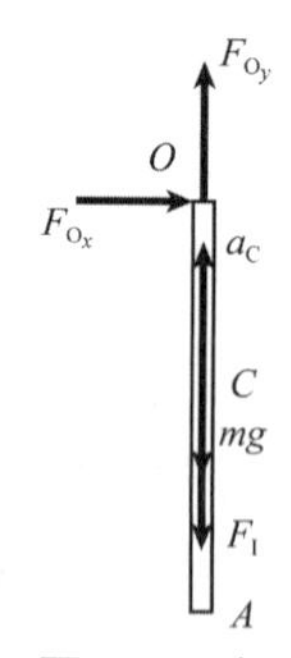

题 4-3-52 解图

答案： A

4-3-53 解： 振动系统的振动频率的公式为：$f = \sqrt{\frac{k}{m}}$，只与质点的质量和弹簧的刚度有关，与系统的摆放位置无关，所以三个振动系统的振动频率相等。

答案： C

4-3-54 解： 因为振动频率的公式为：$\omega = \sqrt{\frac{k}{m}}$，三个系统的等效弹簧刚度分别为：a）系统$k_a = \frac{k_1k_2}{k_1+k_2}$；b）和 c）系统两弹簧并联，$k_b = k_c = k_1 + k_2$。由此可知，a）系统的等效弹簧刚度小于 b）和 c）系统，故振动频率$\omega_1 < \omega_2 = \omega_3$。

答案： A

4-3-55 解： 振动系统的周期公式为：$T = 2\pi\sqrt{\frac{m}{k}}$，a）系统两弹簧串联，等效的弹簧刚度为$\frac{k}{2}$；b）系统两弹簧并联，等效的弹簧刚度为$2k$。代入周期公式，两系统的振动周期分别为$2\pi\sqrt{\frac{2m}{k}}$，$2\pi\sqrt{\frac{m}{2k}}$。

答案： B

4-3-56 解： 振动发生后，其振动频率为$\sqrt{\frac{k}{m}}$，与其他条件无关。

答案： A

4-3-57 解： 装置 a）、b）、c）的自由振动频率分别为$\omega_{0a} = \sqrt{\frac{2k}{m}}$；$\omega_{0b} = \sqrt{\frac{k}{2m}}$；$\omega_{0c} = \sqrt{\frac{3k}{m}}$，且周期为$T = \frac{2\pi}{\omega_0}$。

答案： B

4-3-58 解： 系统的自由振动频率为$\sqrt{\frac{k_1+k_2}{m}}$（两弹簧并联），当受迫振动频率与自由振动频率相等时，发生共振。所以，受迫振动频率$\omega = \sqrt{\frac{k_1+k_2}{m}}$。

答案： C

4-3-59 解： 运动微分方程整理后为：$\ddot{\varphi} + \left(\frac{k}{4m} - \frac{g}{l}\right)\varphi = 0$，这是单自由度自由振动微分方程的标准形式，其$\varphi$前面的系数即为该系统固有圆频率的平方，所以固有圆频率$\omega = \sqrt{\frac{lk-4mg}{4ml}}$。

答案： D

第五章　材 料 力 学

复 习 指 导

根据“考试大纲”的要求，结合以往的考试，考生在复习材料力学部分时，应注意以下几点。

（1）轴向拉伸和压缩部分重点考查基本概念，考题以概念类、记忆类、简单计算类为主。

（2）剪切和挤压实用计算部分，受力分析和破坏形式是重点，剪切面和挤压面的区分是难点，挤压面面积的计算容易混淆，考试题以概念题、比较判别题和简单计算题为主。

（3）扭转部分考题以概念、记忆和一般计算为主，对于实心圆截面和空心圆截面两种情形，截面上剪应力的分布、极惯性矩与抗扭截面系数计算要严格区分。

（4）截面的几何性质部分的考试题，侧重于平行移轴公式的应用，形心主轴概念的理解和有一对称轴的组合截面惯性矩的计算步骤与计算方法。

（5）弯曲内力部分考试题主要考查作Q、M图的熟练程度，熟练掌握用简便法计算指定截面的Q、M和用简便法作Q、M图是这部分的关键所在。

（6）弯曲应力部分考试题重点考查：①正应力最大的危险截面、剪应力最大的危险截面的确定；②梁受拉侧、受压侧的判断，对于U形、T形等截面中性轴为非对称轴的情形尤其重要；③焊接工字形截面梁三类危险点的确定，即除了正应力危险点、剪应力危险点外，还有一类危险点，即在M、Q均较大的截面上腹板与翼缘交界处的点；但该类危险点处于复杂应力状态，需要用强度理论进行强度计算。题型以分析、计算为主。

（7）弯曲变形部分考试题重点考查给定梁的边界条件和连续条件的正确写法和用叠加法求梁的位移的灵活应用。叠加法有三方面的应用：①荷载分解、变形或位移叠加，这是叠加法的直接应用；②计算梁不变形部分的位移的叠加法，就是变形部分的位移叠加上不变形部分的位移；③逐段刚化法，是上面两种方法的进一步延拓。

（8）应力状态与强度理论部分考试题重点测试：①应力状态的有关概念；②主应力、最大剪应力的计算；③主应力、最大剪应力计算与强度理论的综合应用；④在各种应力状态下，尤其是单向应力状态、纯剪切应力状态下材料的破坏原因分析。考试题多属于概念理解、分析计算类。

（9）组合变形部分考试题重点考查：①各种基本变形组合时的分析方法；②对于有两根对称轴、四个角点的截面杆，在斜弯曲、拉（压）弯曲、偏心拉（压）时最大正应力计算；③用强度理论解决弯-扭组合变形的强度计算问题。

（10）压杆稳定部分考试题重点测试：①压杆稳定性的概念，压杆的极限应力不但与材料有关，而且与λ有关，而λ又与长度、支承情况、截面形状和尺寸有关；②压杆临界应力的计算思路，即先计算压杆在两个形心主惯性平面内的柔度，取其中最大的一个作为依据，再根据该最大柔度的范围选择适当的临界应力计算公式计算临界应力。考试题多属概念类和比较判别类。

本章的重点是弯曲内力、弯曲应力、应力状态、强度理论以及压杆稳定，其他各部分均有考题，覆盖了全部内容。

材料力学本身概念性很强，基本内容要求相当熟练，少数部分内容如应力状态分析和压杆稳定还要求能深入进行分析。一般来说，计算都不复杂，但因题量大，时间紧，所以不会涉及很复杂的计算。

练习题、题解及参考答案

（一）概论

5-1-1 在低碳钢拉伸实验中，冷作硬化现场发生在：

A. 弹性阶段　　B. 屈服阶段

C. 强化阶段　　D. 局部变形阶段

5-1-2 图示三种金属材料拉伸时的σ-ε曲线，下列中的哪一组判断三曲线的特性是正确的？

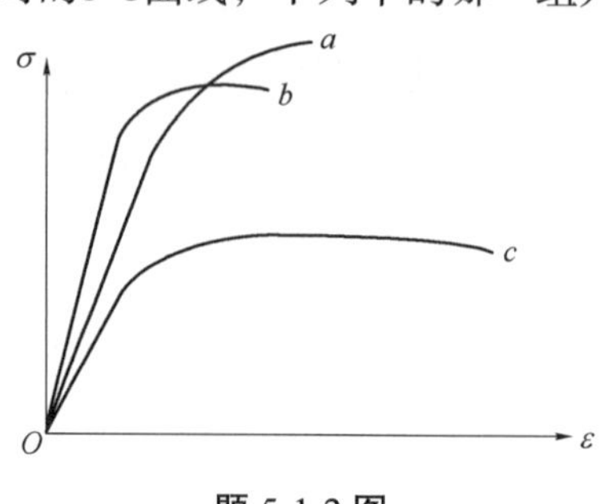

题 5-1-2 图

A. a强度高，b刚度大，c塑性好　　B. b强度高，c刚度大，a塑性好

C. c强度高，b刚度大，a塑性好　　D. 无法判断

5-1-3 对低碳钢试件进行拉伸试验，测得其弹性模量$E = 200\text{GPa}$。当试件横截面上的正应力达到320MPa 时，测得其轴向线应变$\varepsilon = 3.6 \times 10^{-3}$，此时开始卸载，直至横截面上正应力$\sigma = 0$。最后试件中纵向塑性应变（残余应变）是：

A. 2.0×10^{-3}　　B. 1.5×10^{-3}　　C. 2.3×10^{-3}　　D. 3.6×10^{-3}

题解及参考答案

5-1-1 解： 由低碳钢拉伸实验的应力—应变曲线图可知，卸载时的直线规律和再加载时的冷作硬化现象都发生在强化阶段。

答案： C

5-1-2 解： 纵坐标最大者强度高，直线段斜率大者刚度大，横坐标最大者塑性好。

答案： A

5-1-3 解： 低碳钢试件拉伸试验中的卸载规律如解图所示。

因$E = \tan\alpha = \frac{\sigma}{\varepsilon - \varepsilon_p}$

故塑性应变$\varepsilon_p = \varepsilon - \frac{\sigma}{E} = 2 \times 10^{-3}$。

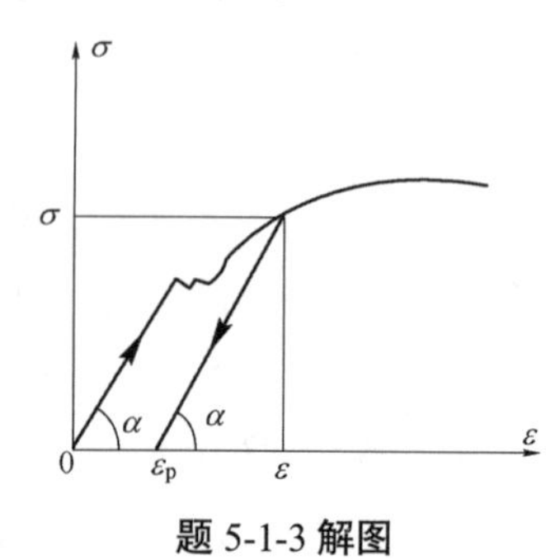

题 5-1-3 解图

答案： A

（二）轴向拉伸与压缩

5-2-1 等截面杆，轴向受力如图所示。杆的最大轴力是：

A. 8kN B. 5kN C. 3kN D. 13kN

5-2-2 已知拉杆横截面面积$A = 100\text{mm}^2$，弹性模量$E = 200\text{GPa}$，横向变形系数$\mu = 0.3$，轴向拉力$F = 20\text{kN}$，则拉杆的横向应变ε'是：

A. $\varepsilon' = 0.3 \times 10^{-3}$

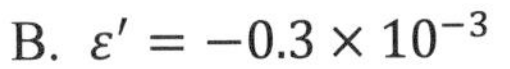

B. $\varepsilon' = -0.3 \times 10^{-3}$

C. $\varepsilon' = 10^{-3}$

D. $\varepsilon' = -10^{-3}$

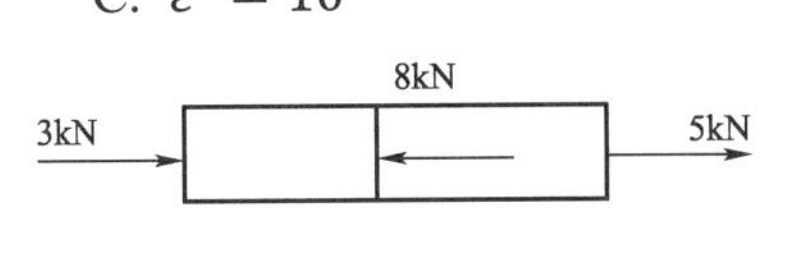

题 5-2-1 图

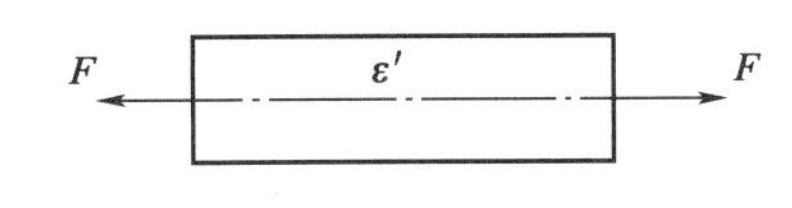

题 5-2-2 图

5-2-3 图示拉杆承受轴向拉力$\boldsymbol{P}$的作用，设斜截面m-m的面积为A，则$\sigma = P/A$为：

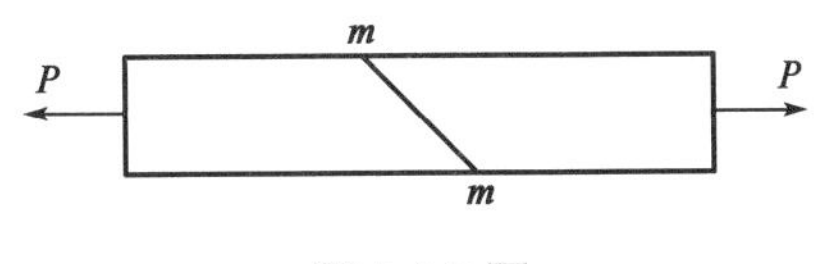

题 5-2-3 图

A. 横截面上的正应力 B. 斜截面上的正应力

C. 斜截面上的应力 D. 斜截面上的剪应力

5-2-4 两拉杆的材料和所受拉力都相同，且均处在弹性范围内，若两杆长度相等，横截面面积$A_1 > A_2$，则：

A. $\Delta l_1 < \Delta l_2$，$\varepsilon_1 = \varepsilon_2$ B. $\Delta l_1 = \Delta l_2$，$\varepsilon_1 < \varepsilon_2$

C. $\Delta l_1 < \Delta l_2$，$\varepsilon_1 < \varepsilon_2$ D. $\Delta l_1 = \Delta l_2$，$\varepsilon_1 = \varepsilon_2$

5-2-5 等直杆的受力情况如图所示，则杆内最大轴力N_{max}和最小轴力N_{min}分别为：

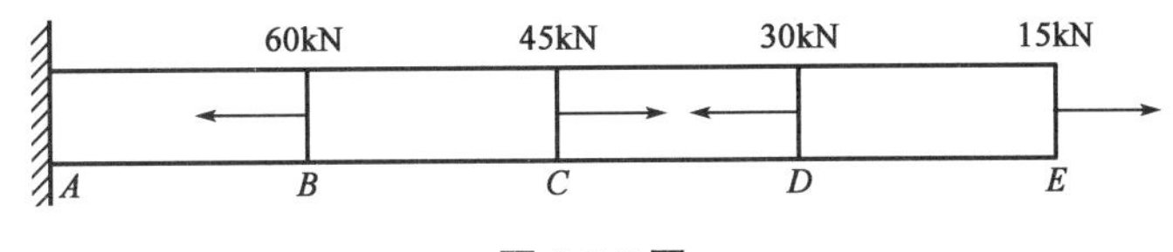

题 5-2-5 图

A. $N_{\text{max}} = 60\text{kN}$，$N_{\text{min}} = 15\text{kN}$ B. $N_{\text{max}} = 60\text{kN}$，$N_{\text{min}} = -15\text{kN}$

C. $N_{\text{max}} = 30\text{kN}$，$N_{\text{min}} = -30\text{kN}$ D. $N_{\text{max}} = 90\text{kN}$，$N_{\text{min}} = -60\text{kN}$

5-2-6 图示刚梁AB由标 1 和杆 2 支承。已知两杆的材料相同，长度不等，横截面面积分别为A_1和A_2，若荷载$\boldsymbol{P}$使刚梁平行下移，则其横截面面积：

A. $A_1 < A_2$ B. $A_1 = A_2$

C. $A_1 > A_2$ D. A_1、A_2为任意数

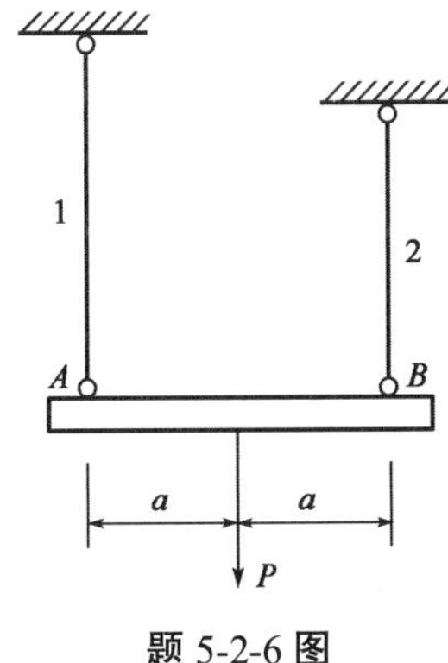

题 5-2-6 图

5-2-7 如图所示变截面杆中，AB段、BC段的轴力为：

A. $N_{\text{AB}} = -10\text{kN}$，$N_{\text{BC}} = 4\text{kN}$

B. $N_{\text{AB}} = 6\text{k}N$，$N_{\text{BC}} = 4\text{kN}$

C. $N_{\text{AB}} = -6\text{kN}$，$N_{\text{BC}} = 4\text{kN}$

D. $N_{\text{AB}} = 10\text{kN}$，$N_{\text{BC}} = 4\text{kN}$

5-2-8 变形杆如图所示，其中在BC段内：

A. 有位移，无变形　　B. 有变形，无位移

C. 既有位移，又有变形　　D. 既无位移，又无变形

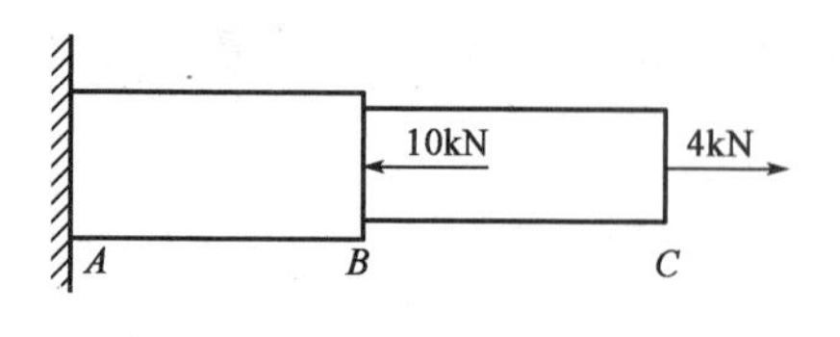

题 5-2-7 图

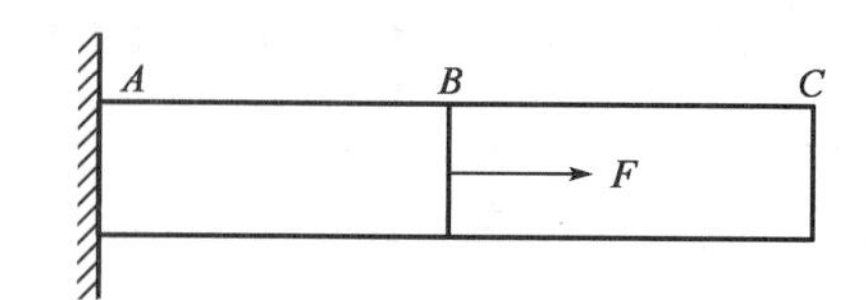

题 5-2-8 图

5-2-9 图示等截面直杆，拉压刚度为EA，杆的总伸长为：

A. $\frac{2Fa}{EA}$

B. $\frac{3Fa}{EA}$

C. $\frac{4Fa}{EA}$

D. $\frac{5Fa}{EA}$

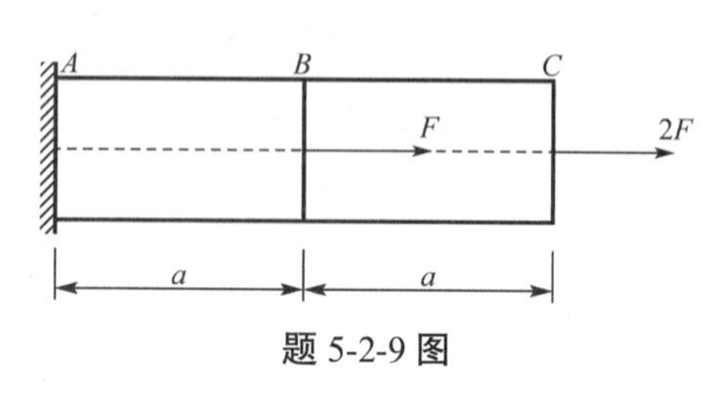

题 5-2-9 图

5-2-10 已知图示等直杆的轴力图（N图），则该杆相应的荷载图如哪个图所示？（图中集中荷载单位均为 kN，分布荷载单位均为kN/m）

A. 图 a）　　B. 图 b）　　C. 图 c）　　D. 图 d）

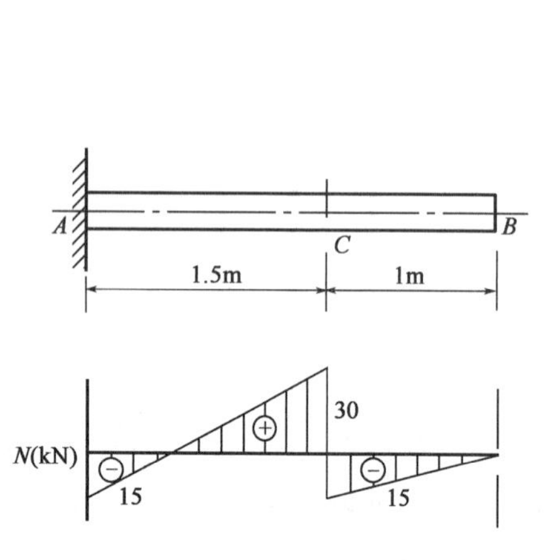

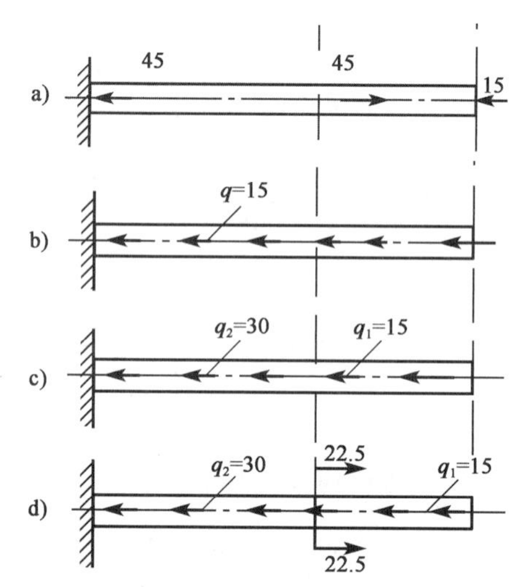

题 5-2-10 图

5-2-11 有一横截面面积为A的圆截面杆件受轴向拉力作用，在其他条件不变时，若将其横截面改为面积仍为A的空心圆，则杆：

A. 内力、应力、轴向变形均增大　　B. 内力、应力、轴向变形均减小

C. 内力、应力、轴向变形均不变　　D. 内力、应力不变，轴向变形增大

5-2-12 图示桁架，在节点C处沿水平方向受$\boldsymbol{P}$力作用。各杆的抗拉刚度相等。若节点C的铅垂位移以V_C表示，BC杆的轴力以N_{BC}表示，则：

A. $N_{BC}=0$，$V_C=0$　　B. $N_{BC}=0$，$V_C\neq0$

C. $N_{BC}\neq0$，$V_C=0$　　D. $N_{BC}\neq0$，$V_C\neq0$

5-2-13 轴向受拉压杆横截面面积为A，受荷载如图所示，则m-m截面上的正应力σ为：

A. $-6\frac{P}{A}$　　B. $-3\frac{P}{A}$　　C. $2\frac{P}{A}$　　D. $-2\frac{P}{A}$

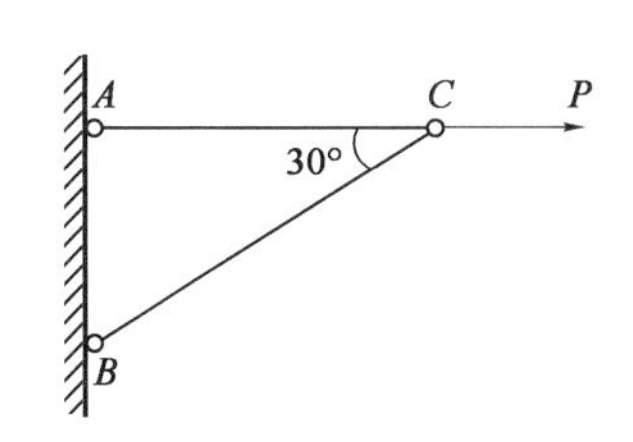

题 5-2-12 图

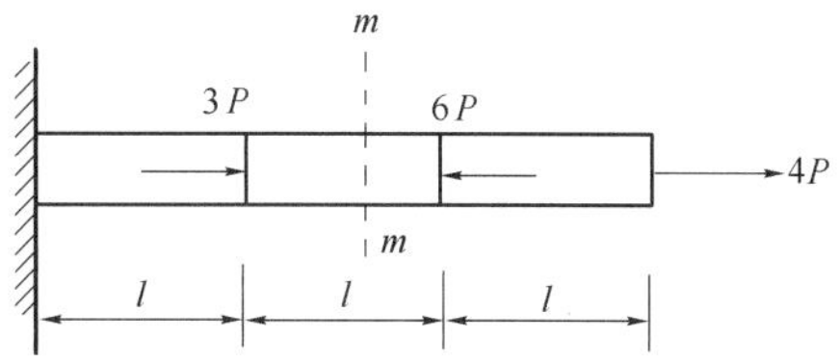

题 5-2-13 图

5-2-14 如图所示两杆AB、BC的横截面面积均为A，弹性模量均为E，夹角$\alpha = 30°$。设在外力$\boldsymbol{P}$作用下，变形微小，则B点的位移为：

A. $\delta_B = \frac{Pl}{EA}$　　B. $\delta_B = \frac{\sqrt{3}Pl}{EA}$

C. $\delta_B = \frac{2Pl}{EA}$　　D. $\delta_B = \frac{Pl}{EA}(\sqrt{3} + l)$

5-2-15 如图所示结构中，圆截面拉杆BD的直径为d，不计该杆的自重，则其横截面上的应力为：

A. $\frac{ql}{2\pi d^2}$　　B. $\frac{2ql}{\pi d^2}$　　C. $\frac{8ql}{\pi d^2}$　　D. $\frac{4ql}{\pi d^2}$

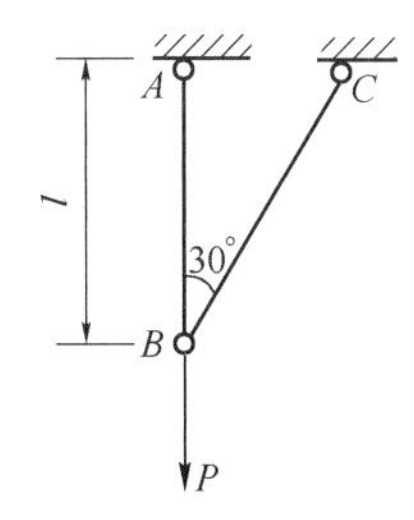

题 5-2-14 图

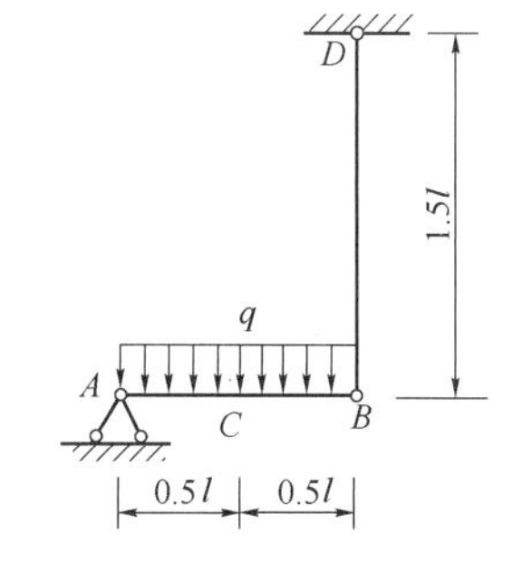

题 5-2-15 图

5-2-16 如图所示受力杆件中，下列说法中正确的是：

A. AB段内任一横截面均无位移　　B. BC段内任一点均无应力

C. AB段内任一点处均无应变　　D. BC段内任一横截面均无位移

5-2-17 如图所示受力杆件中，n-n截面上的轴力为：

A. P　　B. $2P$　　C. $3P$　　D. $6P$

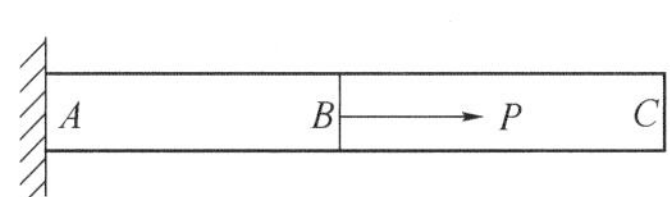
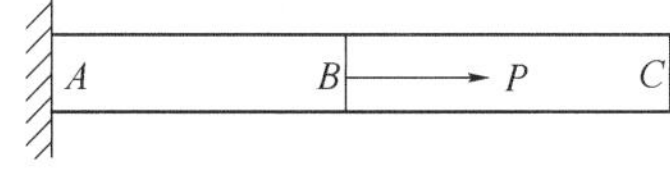

题 5-2-16 图

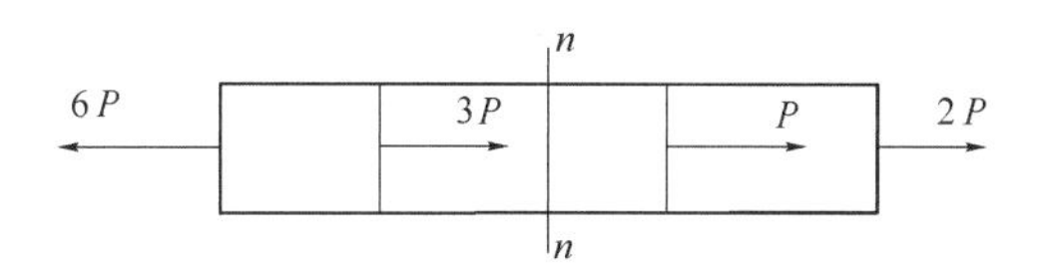

题 5-2-17 图

5-2-18 低碳钢试件受拉时，下列叙述正确的是：

A. $\sigma < \sigma_s$时，$\sigma = E\varepsilon$成立　　B. $\sigma < \sigma_b$时，$\sigma = E\varepsilon$成立

C. $\sigma < \sigma_p$时，$\sigma = E\varepsilon$成立　　D. $\sigma < \sigma_{0.2}$时，$\sigma = E\varepsilon$成立

5-2-19 Q235 钢的$\sigma_p = 200\text{MPa}$，$\sigma_s = 235\text{MPa}$，$\sigma_b = 450\text{MPa}$，弹性模量$E = 2 \times 10^5\text{MPa}$。在单向拉伸时，若测得拉伸方向的线应变$\varepsilon = 2000 \times 10^{-6}$，此时杆横截面上正应力$\sigma$约为：

A. 200MPa　　B. 235MPa　　C. 400MPa　　D. 450MPa

5-2-20 杆件受力情况如图所示。若用N_{max}和N_{min}分别表示杆内的最大轴力和最小轴力，则下列结论中正确的是：

A. $N_{max} = 50\text{kN}$，$N_{min} = -5\text{kN}$　　B. $N_{max} = 55\text{kN}$，$N_{min} = -40\text{kN}$

C. $N_{max} = 55\text{kN}$，$N_{min} = -25\text{kN}$　　D. $N_{max} = 20\text{kN}$，$N_{min} = -5\text{kN}$

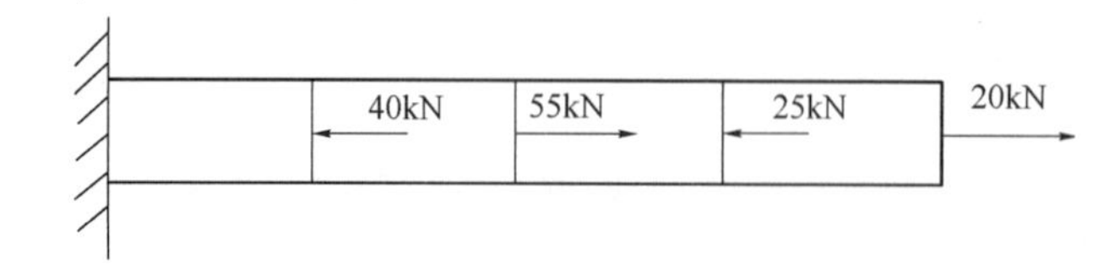

题 5-2-20 图

5-2-21 材料相同的两根杆件受力如图所示。若杆①的伸长量为Δl_1，杆②的伸长量为Δl_2，则下列结论中正确的是：

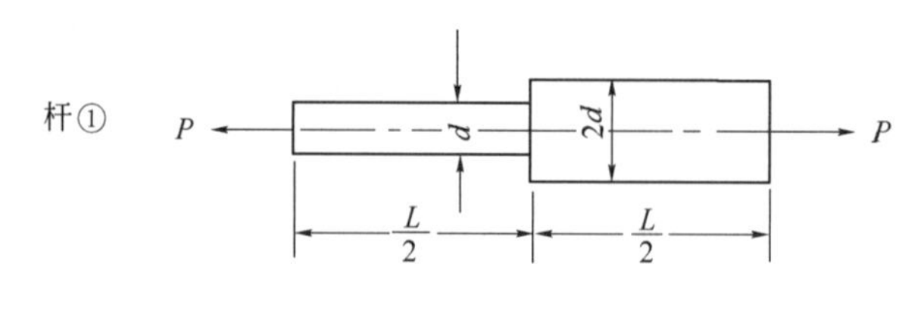

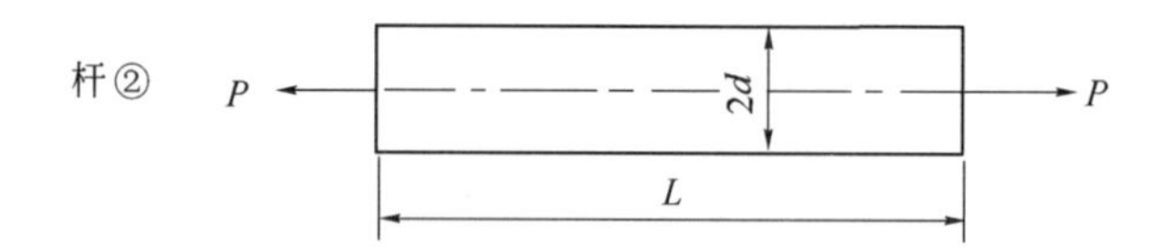

题 5-2-21 图

A. $\Delta l_1 = \Delta l_2$　　B. $\Delta l_1 = 1.5\Delta l_2$　　C. $\Delta l_1 = 2\Delta l_2$　　D. $\Delta l_1 = 2.5\Delta l_2$

5-2-22 圆截面杆ABC轴向受力如图所示，已知BC杆的直径$d = 100\text{mm}$，AB杆的直径为 $2d$。杆的最大的拉应力为：

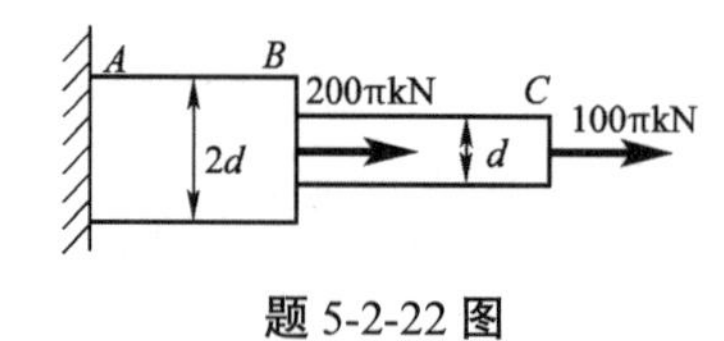

题 5-2-22 图

A. 40MPa　　B. 30MPa　　C. 80MPa　　D. 120MPa

题解及参考答案

5-2-1　**解：**轴向受力杆左段轴力是−3kN，右段轴力是 5kN。

答案：B

5-2-2 解：

$$\varepsilon' = -\mu\varepsilon = -\mu\frac{\sigma}{E} = -\mu\frac{F_{\mathrm{N}}}{AE}$$
$$= -0.3 \times \frac{20 \times 10^3\mathrm{N}}{100\mathrm{mm}^2 \times 200 \times 10^3\mathrm{MPa}} = -0.3 \times 10^{-3}$$

答案：B

5-2-3 解：由于A是斜截面$m\text{-}m$的面积，轴向拉力$\boldsymbol{P}$沿斜截面是均匀分布的，所以$\sigma = \frac{P}{A}$应为力斜截面上沿轴线方向的总应力，而不是垂直于斜截面的正应力。

答案：C

5-2-4 解：$\Delta l_1 = \frac{F_{\mathrm{N}}l}{EA_1}l$，$\Delta l_2 = \frac{F_{\mathrm{N}}l}{EA_2}$，因为$A_1 > A_2$，所以$\Delta l_1 < \Delta l_2$。又$\varepsilon_1 = \frac{\Delta l_1}{l}$，$\varepsilon_2 = \frac{\Delta l_2}{l}$，故$\varepsilon_1 < \varepsilon_2$。

答案：C

5-2-5 解：用直接法求轴力可得$N_{\mathrm{AB}} = -30\mathrm{kN}$，$N_{\mathrm{BC}} = 30\mathrm{kN}$，$N_{\mathrm{CD}} = -15\mathrm{kN}$，$N_{\mathrm{DE}} = 15\mathrm{kN}$。

答案：C

5-2-6 解：$N_1 = N_2 = \frac{P}{2}$若使刚梁平行下移，则应使两杆位移相同：

$$\Delta l_2 = \frac{\frac{P}{2}}{E}\frac{l_1}{A_1} = \Delta l_2\frac{\frac{P}{2}l_2}{EA_2}$$

即$\frac{A_1}{A_2} = \frac{l_1}{l_2} > 1$

答案：C

5-2-7 解：用直接法求轴力，可得$N_{\mathrm{AB}} = -6\mathrm{kN}$，$N_{\mathrm{BC}} = 4\mathrm{kN}$。

答案：C

5-2-8 解：用直接法求内力，可得AB段轴力为$\boldsymbol{F}$，既有变形，又有位移；BC段没有轴力，所以没有变形，但是由于AB段的位移带动BC段有一个向右的位移。

答案：A

5-2-9 解：AB段轴力是$3F$，$\Delta l_{\mathrm{AB}} = \frac{3Fa}{EA}$，$BC$段轴力是$2F$，$\Delta l_{\mathrm{BC}} = \frac{2Fa}{EA}$，杆的总伸长为：

$$\Delta l = \Delta l_{\mathrm{AB}} + \Delta l_{\mathrm{BC}} = \frac{3Fa}{EA} + \frac{2Fa}{EA} = \frac{5Fa}{EA}$$

答案：D

5-2-10 解：由轴力图（N图）可见，轴力沿轴线是线性渐变的，所以杆上必有沿轴线分布的均布荷载，同时在C截面两侧轴力的突变值是 45kN，故在C截面上一定对应有集中力 45kN。

答案：D

5-2-11 解：受轴向拉力杆件的内力$F_{\mathrm{N}} = \sum F_x$（截面一侧轴向外力代数和），应力$\sigma = \frac{F_{\mathrm{N}}}{A}$，轴向变形$\Delta l = \frac{F_{\mathrm{N}}l}{EA}$，若横截面面积$A$和其他条件不变，则内力、应力、轴向变形均不变。

答案：C

5-2-12 解：由零杆判别法可知BC杆为零杆，$N_{\mathrm{BC}} = 0$。但是AC杆受拉伸长后与BC杆仍然相连，由杆的小变形的威利沃特法（Williot）可知变形后C点位移到C'点，如解图所示。

答案：B

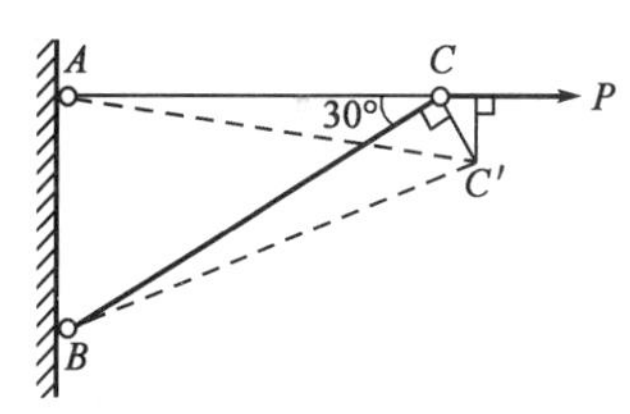

题 5-2-12 解图

5-2-13 解：由截面法可求出$m\text{-}m$截面上的轴力为$-2P$，正应力为：

$$\sigma = \frac{N}{A} = -2\frac{P}{A}$$

答案：D

5-2-14 解： 由B点的受力分析可知BA杆受拉力$N=P$，伸长$\Delta l=\frac{Pl}{EA}$；而BC杆受力为零，$\Delta l'=0$；但变形后两杆仍然连在一起。由于是小变形，可以用切线代替圆弧的方法找出变形后的位置B'，则：

$$BB'=\frac{\Delta l}{\sin 30°}=\frac{2Pl}{EA}$$

答案： C

5-2-15 解： 拉杆BD受拉力$N=\frac{ql}{2}$，而应力：

$$\sigma=\frac{N}{A}=\frac{\frac{ql}{2}}{\frac{\pi}{4}d^2}=\frac{2ql}{\pi d^2}$$

答案： B

5-2-16 解： 由截面法可知，AB段内各横截面均有轴力，而BC段内各横截面均无轴力，故无应力。

答案： B

5-2-17 解： 由截面法可知，n-n截面上的轴力$N=6P-3P=3P$。

答案： C

5-2-18 解： 只有当应力小于比例极限σ_{p}时，胡克定律才成立。

答案： C

5-2-19 解： 当正应力$\sigma \leqslant \sigma_{\mathrm{P}}$时，胡克定律才成立，此时的最大应变为$\varepsilon_{\mathrm{P}}=\frac{\sigma_{\mathrm{P}}}{E}=\frac{200}{2\times10^5}=0.001$，当$\varepsilon=2000\times10^{-6}=0.002$时已经进入屈服阶段，此时的正应力$\sigma$约等于$\sigma_{\mathrm{s}}$的值。

答案： B

5-2-20 解： 从左至右四段杆中的轴力分别为 10kN、50kN、−5kN、20kN。

答案： A

5-2-21 解： 由公式$\Delta l=\frac{N_1 l_1}{EA_1}+\frac{N_2 l_2}{EA_2}$分别计算杆①和杆②的伸长量，再加以比较，可以得到选项 D 是正确的。

答案： D

5-2-22 解：

$$\sigma_{\mathrm{AB}}=\frac{F_{\mathrm{NAB}}}{A_{\mathrm{AB}}}=\frac{300\pi\times10^3\mathrm{N}}{\frac{\pi}{4}\times200^2\mathrm{mm}^2}=30\mathrm{MPa}$$

$$\sigma_{\mathrm{BC}}=\frac{F_{\mathrm{NBC}}}{A_{\mathrm{BC}}}=\frac{100\pi\times10^3\mathrm{N}}{\frac{\pi}{4}\times100^2\mathrm{mm}^2}=40\mathrm{MPa}=\sigma_{\max}$$

答案： A

（三）剪切和挤压

5-3-1 钢板用两个铆钉固定在支座上，铆钉直径为d，在图示荷载下，铆钉的最大切应力是：

A. $\tau_{\max}=\frac{4F}{\pi d^2}$　B. $\tau_{\max}=\frac{8F}{\pi d^2}$　C. $\tau_{\max}=\frac{12F}{\pi d^2}$　D. $\tau_{\max}=\frac{2F}{\pi d^2}$

5-3-2 螺钉受力如图所示，已知螺钉和钢板的材料相同，拉伸许用应力$[\sigma]$是剪切许用应力$[\tau]$的 2 倍，即$[\sigma]=2[\tau]$，钢板厚度t是螺钉头高度h的 1.5 倍，则螺钉直径d的合理值为：

A. $d=2h$　B. $d=0.5h$　C. $d^2=2Dt$　D. $d^2=Dt$

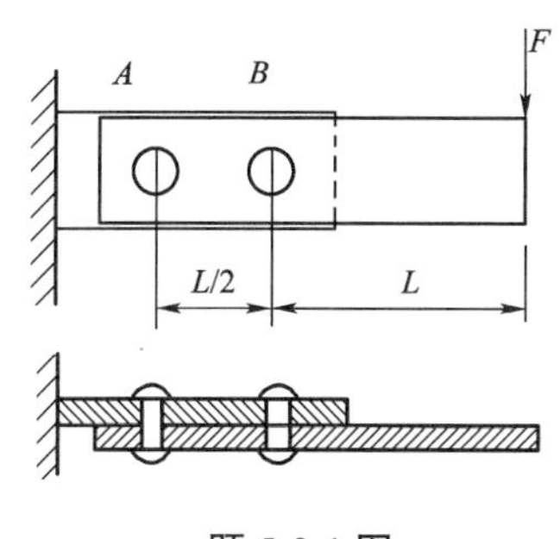

题 5-3-1 图

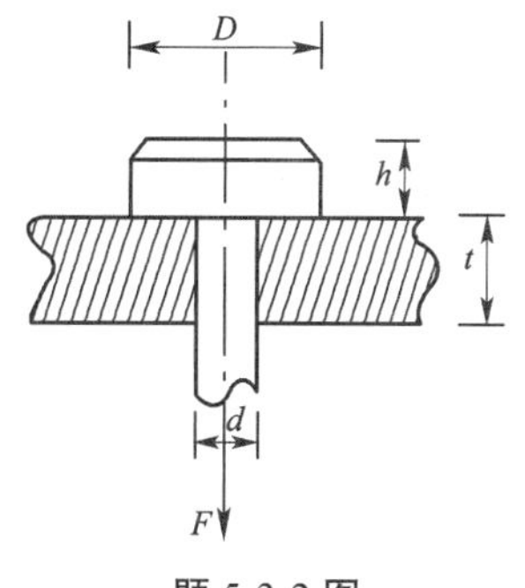

题 5-3-2 图

5-3-3 图示连接件，两端受拉力$\boldsymbol{P}$作用，接头的挤压面积为：

A. ab　　B. cb　　C. lb　　D. lc

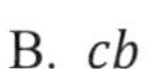

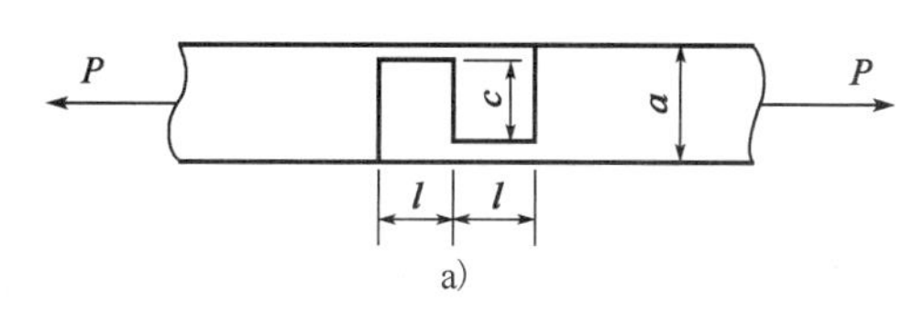

题 5-3-3 图

5-3-4 图示套筒和圆轴用安全销钉连接，承受扭转力矩为T，已知安全销直径为d，圆轴直径为D，套筒的厚度为t，材料均相同，则图示结构发生剪切破坏的剪切面积是：

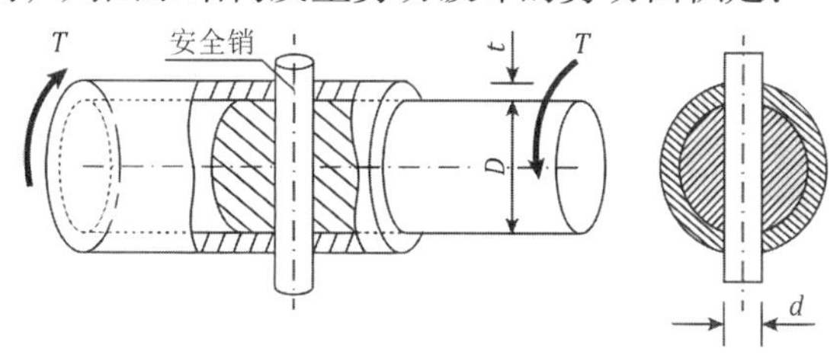

题 5-3-4 图

A. $A=\frac{\pi d^2}{4}$　　B. $A=\frac{\pi D^2}{4}$

C. $A=\frac{\pi(D^2-d^2)}{4}$　　D. $A=dt$

5-3-5 如图所示，在平板和受拉螺栓之间垫上一个垫圈，可以提高：

A. 螺栓的拉伸强度　　B. 螺栓的剪切强度

C. 螺栓的挤压强度　　D. 平板的挤压强度

5-3-6 图示铆接件，设钢板和铝铆钉的挤压应力分别为$\sigma_{\mathrm{jy},1}$、$\sigma_{\mathrm{jy},2}$，则二者的大小关系是：

A. $\sigma_{\mathrm{jy},1}<\sigma_{\mathrm{jy},2}$　　B. $\sigma_{\mathrm{jy},1}=\sigma_{\mathrm{jy},2}$

C. $\sigma_{\mathrm{jy},1}>\sigma_{\mathrm{jy},2}$　　D. 不确定的

5-3-7 如图所示，插销穿过水平放置平板上的圆孔，在其下端受有一拉力$\boldsymbol{P}$，该插销的剪切面积和挤压面积分别为：

A. πdh，$\frac{1}{4}\pi D^2$　　B. πdh，$\frac{1}{4}\pi(D^2-d^2)$

C. πDh，$\frac{1}{4}\pi D^2$　　D. πDh，$\frac{1}{4}\pi(D^2-d^2)$

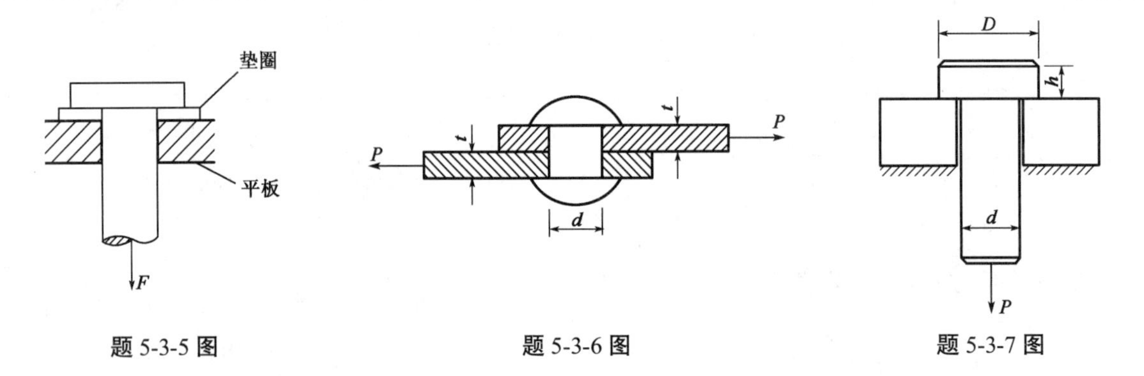

题 5-3-5 图　　　　题 5-3-6 图　　　　题 5-3-7 图

5-3-8 要用冲床在厚度为t的钢板上冲出一个圆孔，则冲力大小：

A. 与圆孔直径的平方成正比　　　　B. 与圆孔直径的平方根成正比

C. 与圆孔直径成正比　　　　D. 与圆孔直径的三次方成正比

5-3-9 已知图示杆件的许用拉应力$[\sigma] = 120\text{MPa}$，许用剪应力$[\tau] = 90\text{MPa}$，许用挤压应力$[\sigma_{\text{bs}}] = 240\text{MPa}$，则杆件的许用拉力$[P]$等于：

A. 18.8kN　　B. 67.86kN　　C. 117.6kN　　D. 37.7kN

5-3-10 用夹剪剪直径 3mm 的钢丝（如图所示），设钢丝的剪切强度极限$\tau_0 = 100\text{MPa}$，剪子销钉的剪切许用应力为$[\tau] = 90\text{MPa}$，要求剪断钢丝，销钉满足剪切强度条件，则销钉的最小直径应为：

A. 3.5mm　　B. 1.8mm　　C. 2.7mm　　D. 1.4mm

5-3-11 如图所示，钢板用钢轴连接在铰支座上，下端受轴向拉力F，已知钢板和钢轴的许用挤压应力均为$[\sigma_{\text{bs}}]$，则钢轴的合理直径d是：

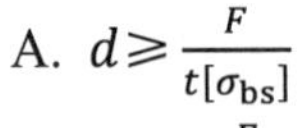

A. $d \geqslant \frac{F}{t[\sigma_{\text{bs}}]}$　　　　B. $d \geqslant \frac{F}{b[\sigma_{\text{bs}}]}$

C. $d \geqslant \frac{F}{2t[\sigma_{\text{bs}}]}$　　　　D. $d \geqslant \frac{F}{2b[\sigma_{\text{bs}}]}$

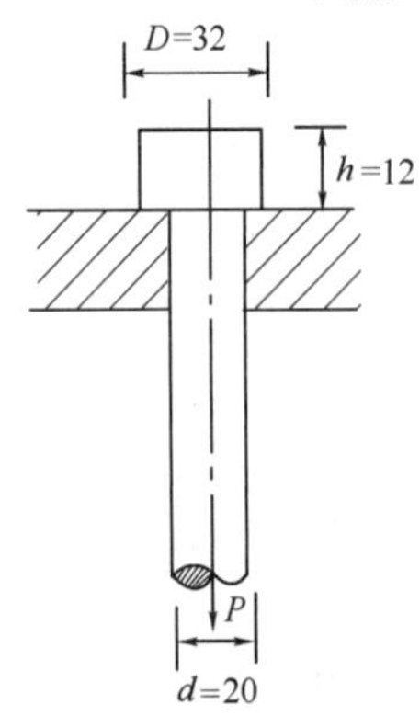

题 5-3-9 图

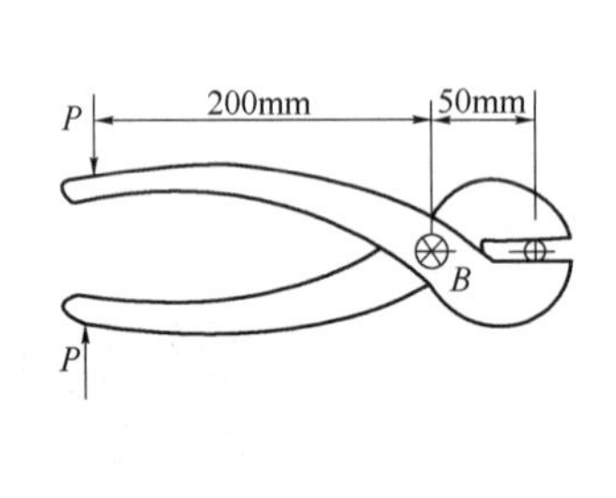

题 5-3-10 图

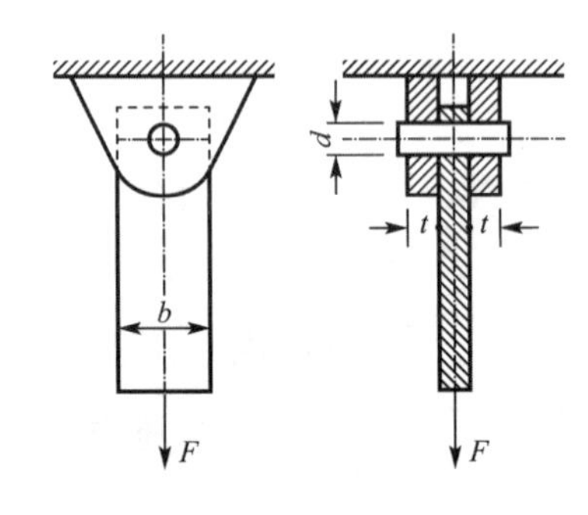

题 5-3-11 图

5-3-12 如图所示连接件中，螺栓直径为d，材料剪切容许应力为$[\tau]$，则螺栓的剪切强度条件为：

A. $\tau = \frac{P}{\pi d^2} \leqslant [\tau]$

B. $\tau = \frac{4P}{3\pi d^2} \leqslant [\tau]$

C. $\tau = \frac{4P}{\pi d^2} \leqslant [\tau]$

D. $\tau = \frac{2P}{\pi d^2} \leqslant [\tau]$

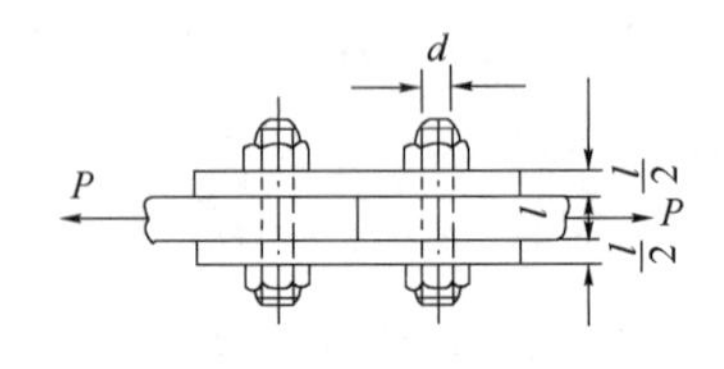

题 5-3-12 图

5-3-13 已知铆钉的许可切应力为$[\tau]$，许可挤压应力为$[\sigma_{\text{bs}}]$，钢板的厚度为t，则图示铆钉直径d与钢板厚度t的关系是：

A. $d=\frac{8t[\sigma_{bs}]}{\pi[\tau]}$

B. $d=\frac{4t[\sigma_{bs}]}{\pi[\tau]}$

C. $d=\frac{\pi[\tau]}{8t[\sigma_{bs}]}$

D. $d=\frac{\pi[\tau]}{4t[\sigma_{bs}]}$

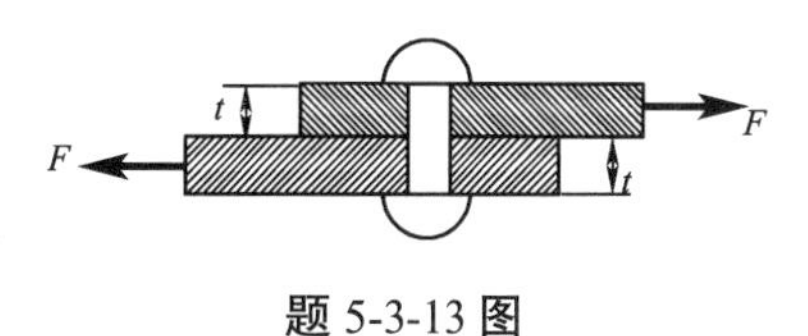

题 5-3-13 图

题解及参考答案

5-3-1　解：把F力平移到铆钉群中心O，并附加一个力偶$m=F\cdot\frac{5}{4}L$，在铆钉上将产生剪力Q_1和Q_2，其中$Q_1=\frac{F}{2}$，而Q_2计算方法如下。

$$\sum M_O=0,\ Q_2\cdot\frac{L}{2}=F\cdot\frac{5}{4}L\Rightarrow Q_2=\frac{5}{2}F$$

所以
$$Q=Q_1+Q_2=3F,\ \tau_{max}=\frac{Q}{\frac{\pi}{4}d^2}=\frac{12F}{\pi d^2}$$

答案：C

5-3-2　解：把螺钉杆拉伸强度条件$\sigma=\frac{F}{\frac{\pi}{4}d^2}=[\sigma]$和螺母的剪切强度条件$\tau=\frac{F}{\pi dh}=[\tau]$代入$[\sigma]=2[\tau]$，即得$d=2h$。

答案：A

5-3-3　解：当挤压的接触面为平面时，接触面面积cb就是挤压面积。

答案：B

5-3-4　解：套筒和轴转向相反，剪切位置在套筒与轴的接触面。安全销发生剪切破坏的剪切面积是安全销钉的横截面面积，即$A=\frac{\pi d^2}{4}$。

答案：A

5-3-5　解：加垫圈后，螺栓的剪切面、挤压面、拉伸面积都无改变，只有平板的挤压面积增加了，平板的挤压强度提高了。

答案：D

5-3-6　解：挤压应力等于挤压力除以挤压面积。钢板和铝铆钉的挤压力互为作用力和反作用力，大小相等、方向相反；而挤压面积就是相互接触面的正投影面积，也相同。

答案：B

5-3-7　解：插销中心部分有向下的趋势，插销帽周边部分受平板支撑有向上的趋势，故插销的剪切面积是一个圆柱面积πdh，而插销帽与平板的接触面积就是挤压面积，为一个圆环面积$\frac{\pi}{4}(D^2-d^2)$。

答案：B

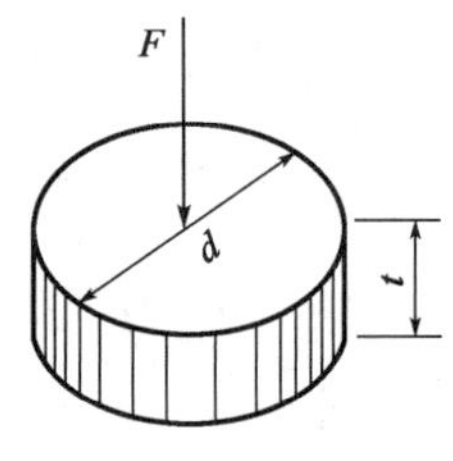

题 5-3-8 解图

5-3-8 解： 在钢板上冲断的圆孔板，如解图所示。设冲力为F，剪力为Q，钢板的剪切强度极限为τ_b，圆孔直径为d，则有$\tau=\frac{Q}{\pi dt}=\tau_b$，故冲力$F=Q=\pi d\tau_b$。

答案： C

5-3-9 解： 由$\sigma=\frac{P}{\frac{1}{4}\pi d^2}\leqslant[\sigma]$，$\tau=\frac{P}{\pi dh}\leqslant[\tau]$，$\sigma_{bs}=\frac{P}{\frac{\pi}{4}(D^2-d^2)}\leqslant[\sigma_{bs}]$分别求出$[P]$，然后取最小值即为杆件的许用拉力。

答案： D

5-3-10 解： 剪断钢丝所需剪力$Q=\tau_0A_0=100\times\frac{\pi}{4}\times 3^2$，而销钉承受的力$R=[\tau]A=90\times\frac{\pi}{4}d^2$；取夹剪的一半研究其平衡，即可求得销钉的最小直径$d$的值。

答案： A

5-3-11 解： 钢板和钢轴的计算挤压面积是dt，由钢轴的挤压强度条件$\sigma_{bs}=\frac{F}{dt}\leqslant[\sigma_{bs}]$，得$d\geqslant\frac{F}{t[\sigma_{bs}]}$。

答案： A

5-3-12 解： $\tau=\frac{Q}{A}=\frac{\frac{P}{2}}{\frac{\pi}{4}d^2}=\frac{2P}{\pi d^2}$，此题中每个螺栓有两个剪切面。

答案： D

5-3-13 解：

$$\tau=\frac{Q}{A_Q}=\frac{F}{\frac{\pi}{4}d^2}=\frac{4F}{\pi d^2}=[\tau] \quad ①$$

$$\sigma_{bs}=\frac{P_{bs}}{A_{bs}}=\frac{F}{dt}=[\sigma_{bs}] \quad ②$$

再用②式除①式，可得$\frac{\pi d}{4t}=\frac{[\sigma_{bs}]}{[\tau]}$。

答案： B

（四）扭转

5-4-1 圆轴直径为d，剪切弹性模量为G，在外力作用下发生扭转变形，现测得单位长度扭转角为θ，圆轴的最大切应力是：

A. $\tau=\frac{16\theta G}{\pi d^3}$ B. $\tau=\theta G\frac{\pi d^3}{16}$ C. $\tau=\theta Gd$ D. $\tau=\frac{\theta Gd}{2}$

5-4-2 直径为d的实心圆轴受扭，为使扭转最大切应力减小一半，圆轴的直径应改为：

A. $2d$ B. $0.5d$ C. $\sqrt{2}d$ D. $\sqrt[3]{2}d$

5-4-3 直径为d的实心圆轴受扭，若使扭转角减小一半，圆轴的直径需变为：

A. $\sqrt[4]{2}d$ B. $\sqrt[3]{\sqrt{2}}d$ C. $0.5d$ D. $2d$

5-4-4 图示圆轴抗扭截面模量为W_t，剪切模量为G，扭转变形后，圆轴表面A点处截取的单元体互相垂直的相邻边线改变了γ角，如图所示。圆轴承受的扭矩T为：

A. $T=G\gamma W_t$ B. $T=\frac{G\gamma}{W_t}$ C. $T=\frac{\gamma}{G}W_t$ D. $T=\frac{W_t}{G\gamma}$

5-4-5 如图所示，左端固定的直杆受扭转力偶作用，在截面 1-1 和 2-2 处的扭矩为：

A. 12.5kN · m，−3kN · m B. −2.5kN · m，−3kN · m

C. −2.5kN · m，3kN · m D. 2.5kN · m，−3kN · m

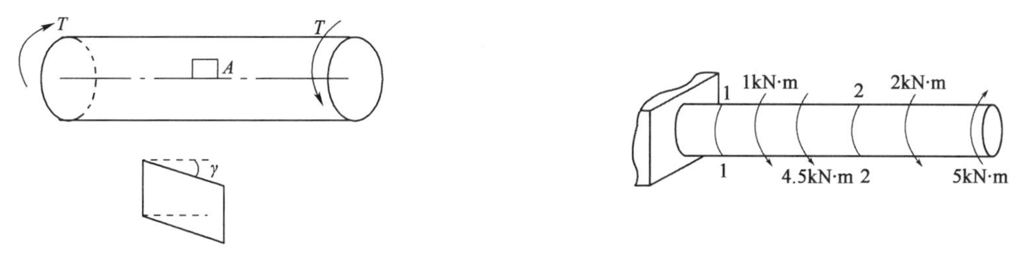

题 5-4-4 图　　　　题 5-4-5 图

5-4-6 直径为D的实心圆轴，两端受扭转力矩作用，轴内最大剪应力为τ。若轴的直径改为$D/2$，则轴内的最大剪应力应为：

A. 2τ　　B. 4τ　　C. 8τ　　D. 16τ

5-4-7 如图所示，圆轴的扭矩图为：

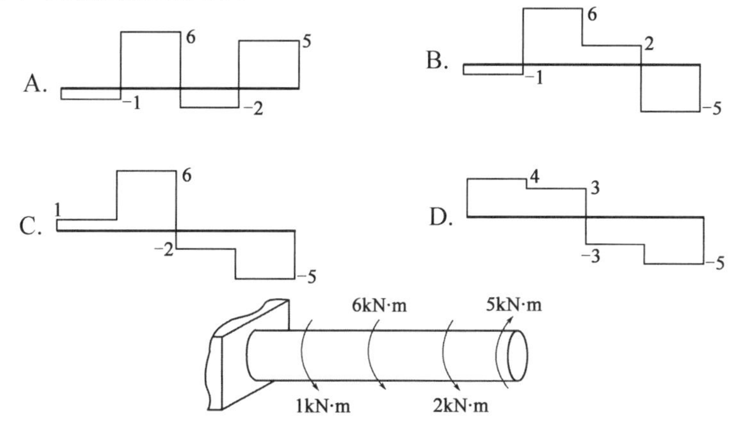

题 5-4-7 图

5-4-8 两端受扭转力偶矩作用的实心圆轴，不发生屈服的最大许可荷载为M_0，若将其横截面面积增加 1 倍，则最大许可荷载为：

A. $\sqrt{2}M_0$　　B. $2M_0$　　C. $2\sqrt{2}M_0$　　D. $4M_0$

5-4-9 如图所示，直杆受扭转力偶作用，在截面 1-1 和 2-2 处的扭矩为：

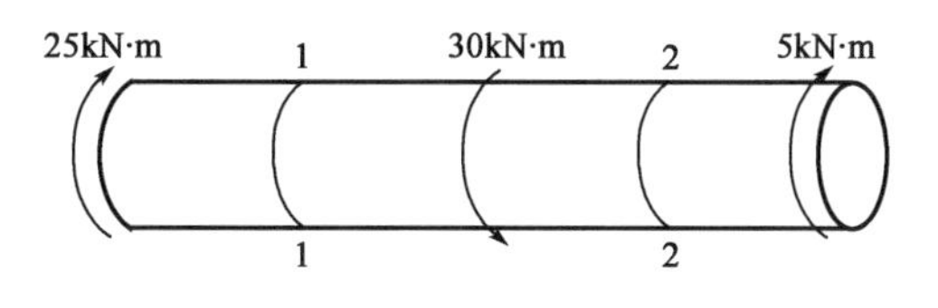

题 5-4-9 图

A. 5kN · m，5kN · m

B. 25kN · m，−5kN · m

C. 35kN · m，−5kN · m

D. −25kN · m，25kN · m

5-4-10 受扭实心等直圆轴，当直径增大一倍时，其最大剪应力$\tau_{2\max}$和两端相对扭转角φ_2与原来的$\tau_{1\max}$和φ_1的比值为：

A. $\tau_{2\max} : \tau_{1\max} = 1:2$，$\varphi_2 : \varphi_1 = 1:4$

B. $\tau_{2\max} : \tau_{1\max} = 1:4$，$\varphi_2 : \varphi_1 = 1:8$

C. $\tau_{2\max}:\tau_{1\max}=1:8$，$\varphi_2:\varphi_1=1:16$

D. $\tau_{2\max}:\tau_{1\max}=1:4$，$\varphi_2:\varphi_1=1:16$

5-4-11 空心圆轴和实心圆轴的外径相同时，截面的抗扭截面模量较大的是：

A. 空心轴

B. 实心轴

C. 一样大

D. 不能确定

5-4-12 阶梯轴如图 a）所示，已知轮 1、2、3 所传递的功率分别为$N_1=21\text{kW}$，$N_2=84\text{kW}$，$N_3=63\text{kW}$，轴的转速$n=200\text{rad/min}$，图示该轴的扭矩图中哪个正确？

A. 图 d）

B. 图 e）

C. 图 b）

D. 图 c）

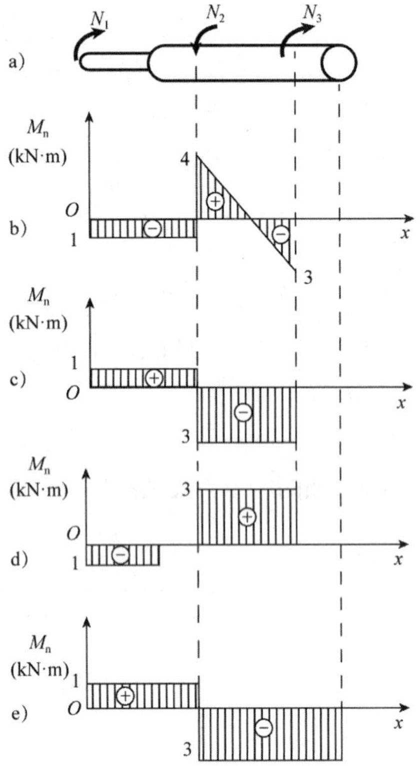

题 5-4-12 图

5-4-13 等截面传动轴，轴上安装a、b、c三个齿轮，其上的外力偶矩的大小和转向一定，如图所示。但齿轮的位置可以调换。从受力的观点来看，齿轮a的位置应放置在下列中何处？

A. 任意处　　B. 轴的最左端

C. 轴的最右端　　D. 齿轮b与c之间

5-4-14 已知轴两端作用外力偶转向相反、大小相等，如图所示，其值为T。则该轴离开两端较远处横截面上剪应力的正确分布图是：

A. 图 a）　B. 图 b）　C. 图 c）　D. 图 d）

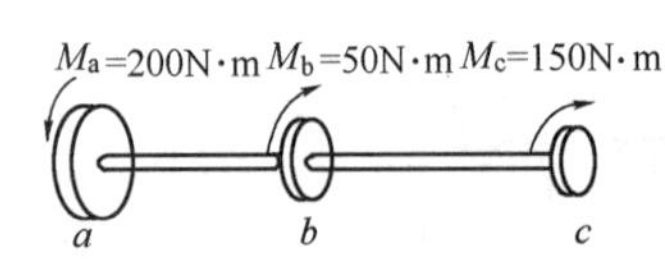

题 5-4-13 图

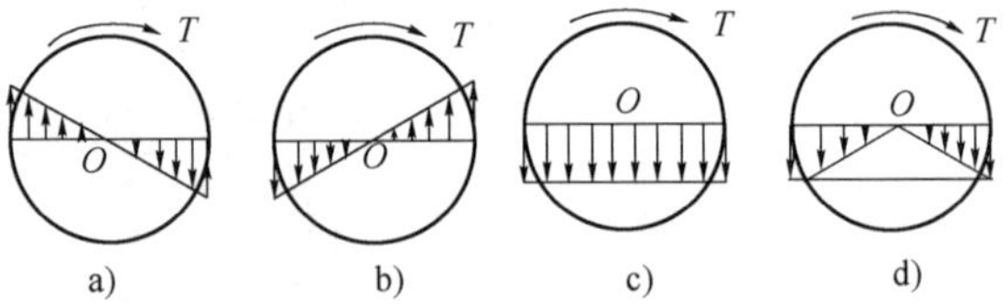

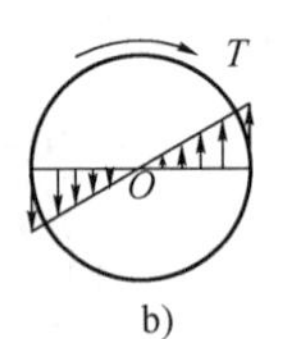

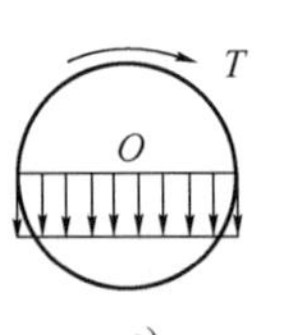

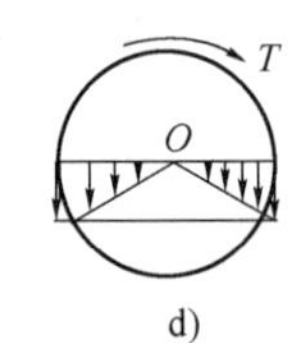

题 5-4-14 图

5-4-15 如图所示空心轴的抗扭截面模量为：

A. $W_p=\frac{\pi d^3}{16}$

B. $W_p=\frac{\pi D^3}{16}$

C. $W_p=\frac{\pi D^3}{16}\left[1-\left(\frac{d}{D}\right)^4\right]$

D. $W_p=\frac{\pi}{16}(D^3-d^3)$

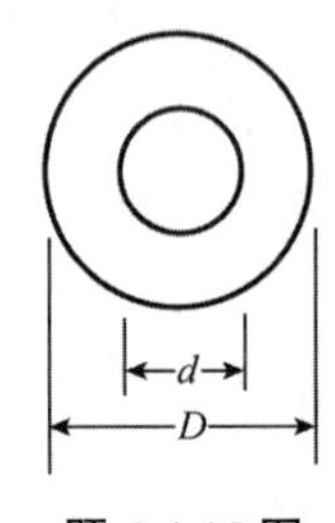

题 5-4-15 图

5-4-16 空心截面圆轴，其外径为D，内径为d，某横截面上的扭矩为M_n，则该截面上的最大剪应力为：

A. $\tau_{max}=\dfrac{M_n}{\frac{\pi}{16}(D^3-d^3)}$　　B. $\tau_{max}=\dfrac{M_n}{\frac{\pi D^3}{32}\left(1-\frac{d^4}{D^4}\right)}$

C. $\tau_{max}=\dfrac{M_n}{\frac{\pi D^3}{16}\left(1-\frac{d^4}{D^4}\right)}$　　D. $\tau_{max}=\dfrac{M_n}{\frac{\pi}{16}D^3}$

5-4-17 有两根圆轴，一根是实心轴，一根是空心轴。它们的长度、横截面面积、所用材料、所受转矩m均相同。若用$\varphi_{实}$和$\varphi_{空}$分别表示实心轴和空心轴的扭转角，则二者间的关系是：

A. $\varphi_{实}=\varphi_{空}$　　B. $\varphi_{实}<\varphi_{空}$

C. $\varphi_{实}>\varphi_{空}$　　D. $\varphi_{实}$与$\varphi_{空}$的大小无法比较

5-4-18 图示受扭空心圆轴横截面上的切应力分布图中，正确的是：

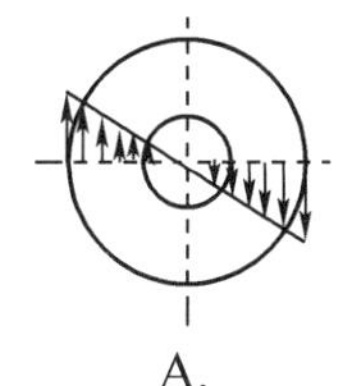
A.

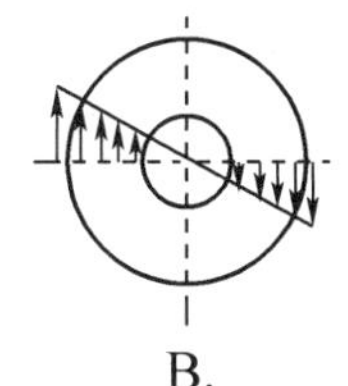
B.

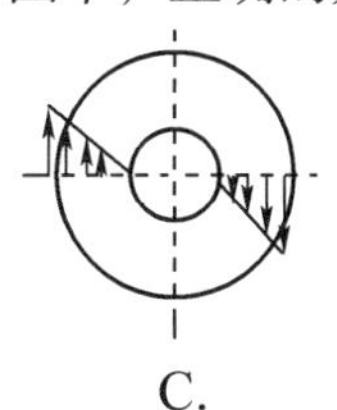
C.

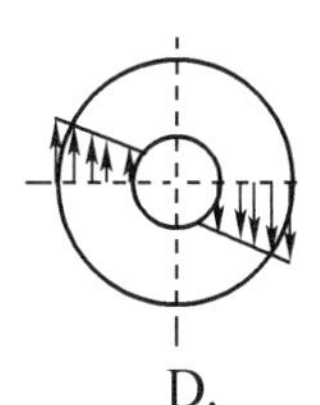
D.

题解及参考答案

5-4-1　解： 由$\theta=\frac{T}{GI_p}$，得$\frac{T}{I_p}=\theta G$，故$\tau_{max}=\frac{T}{I_p}\cdot\frac{d}{2}=\frac{\theta Gd}{2}$。

答案： D

5-4-2　解： 为使$\tau_1=\frac{1}{2}\tau$，应使$\frac{T}{\frac{\pi}{16}d_1^3}=\frac{1}{2}\frac{T}{\frac{\pi}{16}d^3}$，即$d_1^3=2d^3$，故$d_1=\sqrt[3]{2}d$。

答案： D

5-4-3　解： 使$\varphi_1=\frac{\varphi}{2}$，即$\frac{T}{GI_{p1}}=\frac{1}{2}\frac{T}{GI_p}$，所以$I_{p_1}=2I_p$，$\frac{\pi}{32}d_1^4=2\frac{\pi}{32}d^4$，得$d_1=\sqrt[4]{2}d$。

答案： A

5-4-4　解： 圆轴表面$\tau=\frac{T}{W_t}$，又$\tau=G\gamma$，所以$T=\tau W_t=G\gamma W_t$。

答案： A

5-4-5　解： 首先考虑整体平衡，设左端反力偶m由外向里转，则有$\sum M_x=0$，$m-1-4.5-2+5=0$，得$m=2.5\text{kN}\cdot\text{m}$。再由截面法平衡求出：$T_1=m=2.5\text{kN}\cdot\text{m}$，$T_2=2-5=-3\text{kN}\cdot\text{m}$。

答案： D

5-4-6　解： 设直径为D的实心圆轴最大剪应力$\tau=\frac{T}{\frac{\pi}{16}D^3}$，则直径为$\frac{D}{2}$的实心圆轴最大剪应力为：

$$\tau_1=\frac{T}{\frac{\pi}{16}\left(\frac{D}{2}\right)^3}=8\frac{T}{\frac{\pi}{16}D^3}=8\tau$$

答案： C

5-4-7　解： 首先考虑整体平衡，设左端反力偶m在外表面由外向里转，则有$\sum M_x=0$，即$m-1-6-2+5=0$，所以$m=4\text{kN}\cdot\text{m}$。

再由直接法求出各段扭矩，从左至右各段扭矩分别为4kN·m、3kN·m、−3kN·m、−5kN·m，在各集中力偶两侧截面上扭矩的变化量就等于集中偶矩的大小。显然符合这些规律的扭矩图只有D图。

答案： D

5-4-8 解： 设实心圆轴原来横截面面积为$A=\frac{\pi}{4}d^2$，增大后面积$A_1=\frac{\pi}{4}d_1^2$，则有：$A_1=2A$，即$\frac{\pi}{4}d_1^2=2\frac{\pi}{4}d^2$，所以$d_1=\sqrt{2}d$。原面积不发生屈服时，$\tau_{\max}=\frac{M_0}{W_p}=\frac{M_0}{\frac{\pi}{16}d^3}\leqslant\tau_s$，$M_0\leqslant\frac{\pi}{16}d^3\tau_s$，将面积增大后，$\tau_{\max1}=\frac{M_1}{W_{p1}}=\frac{M_1}{\frac{\pi}{16}d_1^3}\leqslant\tau_s$，最大许可荷载$M_1\leqslant\frac{\pi}{16}d_1^3\tau_s=2\sqrt{2}\frac{\pi}{16}d^3\tau_s=2\sqrt{2}M_0$。

答案： C

5-4-9 解： 用截面法（或直接法）可求出截面1-1处扭矩为25kN·m，截面2-2处的扭矩为−5kN·m。

答案： B

5-4-10 解：

$$\tau_{2\max}=\frac{T}{\frac{\pi}{16}(2d)^3}=\frac{1}{8}\cdot\frac{T}{\frac{\pi}{16}d^3}=\frac{1}{8}\tau_{1\max}$$

$$\varphi_2=\frac{Tl}{G\frac{\pi}{32}(2d)^4}=\frac{1}{16}\frac{Tl}{G\frac{\pi}{32}d^4}=\frac{1}{16}\varphi_1$$

答案： C

5-4-11 解： 实心圆轴截面的抗扭截面模量$W_{p1}=\frac{\pi}{16}D^3$，空心圆轴截面的抗扭截面模量$W_{p2}=\frac{\pi}{16}D^3\left(1-\frac{d^4}{D^4}\right)$，当外径$D$相同时，显然$W_{p1}>W_{p2}$。

答案： B

5-4-12 解： 图b）中的斜线不对，图d）、e）中扭矩的变化与荷载的分段不对应，只有图c）无错。

答案： D

5-4-13 解： 由于a轮上的外力偶矩M_a最大，当a轮放在两端时轴内将产生较大扭矩；只有当a轮放在中间时，轴内扭矩才较小。

答案： D

5-4-14 解： 扭转轴横截面上剪应力沿直径呈线性分布，而且与扭矩T的转向相同。

答案： A

5-4-15 解： 由抗扭截面模量的定义可知：

$$W_p=\frac{I_p}{\rho_{\max}}=\frac{\frac{\pi}{32}(D^4-d^4)}{\frac{D}{2}}=\frac{\pi D^3}{16}\left(1-\frac{d^4}{D^4}\right)$$

答案： C

5-4-16 解： $\tau_{\max}=\frac{T}{W_p}$，而由上题可知$W_p=\frac{\pi D^3}{16}\left(1-\frac{d^4}{D^4}\right)$，故只有选项C是正确的。

答案： C

5-4-17 解： 由实心轴和空心轴截面极惯性矩I_p的计算公式可以推导出，如果它们的横截面面积相同，则空心轴的极惯性矩$I_{p空}$必大于实心轴的极惯性矩$I_{p实}$。根据扭转角的计算公式$\varphi=\frac{Tl}{GI_p}$可知，$\varphi_{实}>\varphi_{空}$。

答案： C

5-4-18 解： 受扭空心圆轴横截面上的切应力分布与半径成正比，而且在空心圆内径中无应力，只有选项B是正确的。

答案： B

（五）截面图形的几何性质

5-5-1　图示矩形截面对z_1轴的惯性矩I_{z1}为：

A. $I_{z1}=\frac{bh^3}{12}$　　B. $I_{z1}=\frac{bh^3}{3}$

C. $I_{z1}=\frac{7bh^3}{6}$　　D. $I_{z1}=\frac{13bh^3}{12}$

5-5-2　矩形截面挖去一个边长为a的正方形，如图所示，该截面对z轴的惯性矩I_z为：

A. $I_z=\frac{bh^3}{12}-\frac{a^4}{12}$　　B. $I_z=\frac{bh^3}{12}-\frac{13a^4}{12}$

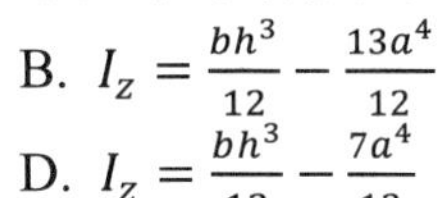

C. $I_z=\frac{bh^3}{12}-\frac{a^4}{3}$　　D. $I_z=\frac{bh^3}{12}-\frac{7a^4}{12}$

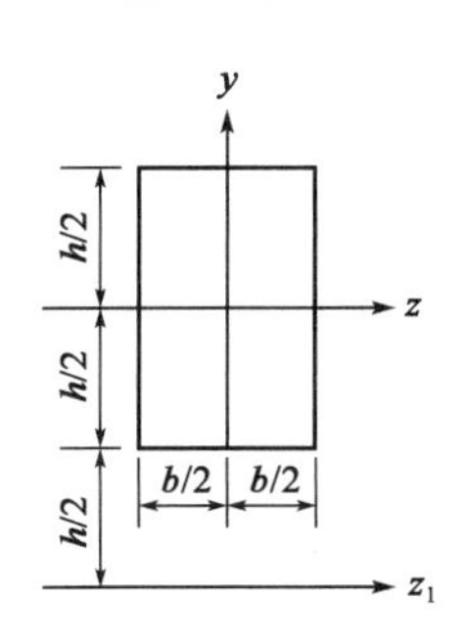

题 5-5-1 图

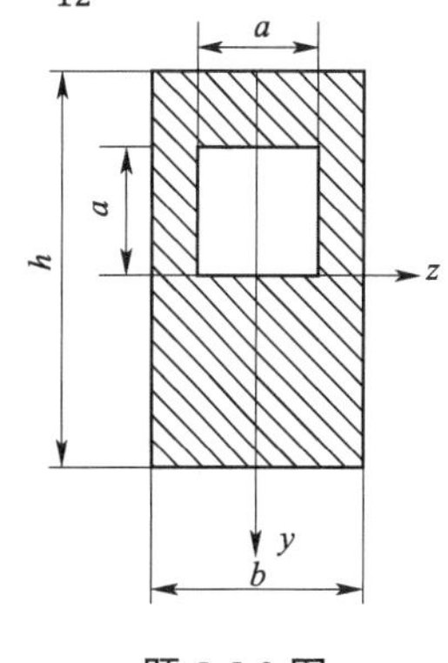

题 5-5-2 图

5-5-3　在yOz正交坐标系中，设图形对y、z轴的惯性矩分别为I_y和I_z，则图形对坐标原点的极惯性矩为：

A. $I_{\mathrm{P}}=0$　　B. $I_{\mathrm{P}}=I_z+I_y$

C. $I_{\mathrm{P}}=\sqrt{I_z^2+I_y^2}$　　D. $I_{\mathrm{P}}=I_z^2+I_y^2$

5-5-4　面积相等的两个图形分别如图 a）和图 b）所示。它们对对称轴y、z轴的惯性矩之间的关系为：

A. $I_z^a<I_z^b$，$I_y^a=I_y^b$　　B. $I_z^a>I_z^b$，$I_y^a=I_y^b$

C. $I_z^a=I_z^b$，$I_y^a=I_y^b$　　D. $I_z^a=I_z^b$，$I_y^a>I_y^b$

5-5-5　图示矩形截面，m-m线以上部分和以下部分对形心轴z的两个静矩：

A. 绝对值相等，正负号相同　　B. 绝地值相等，正负号不同

C. 绝地值不等，正负号相同　　D. 绝对值不等，正负号不同

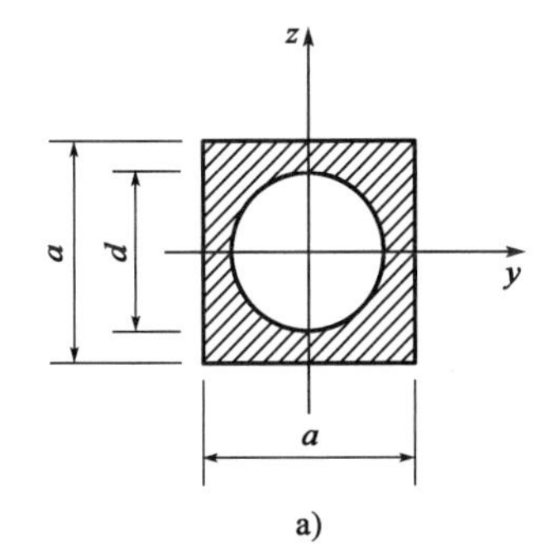

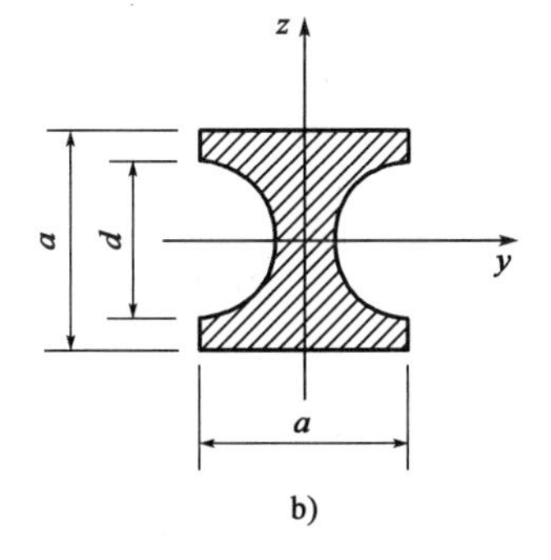

题 5-5-4 图

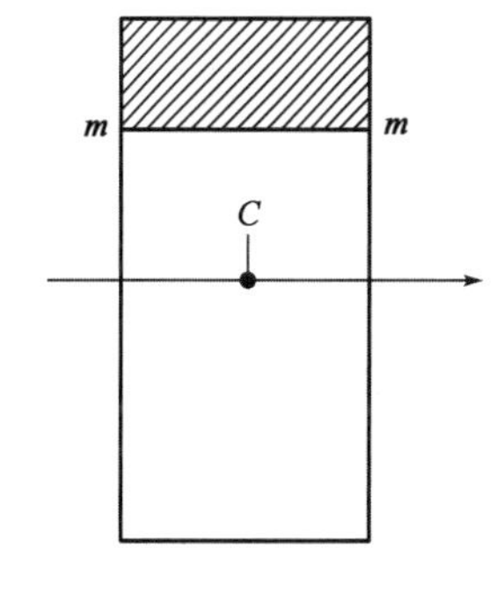

题 5-5-5 图

5-5-6　直径为d的圆形对其形心轴的惯性半径i等于：

A. $d/2$　　B. $d/4$　　C. $d/6$　　D. $d/8$

5-5-7　图示的矩形截面和正方形截面具有相同的面积。设它们对对称轴y的惯性矩分别为I_y^a、I_y^b，对对称轴z的惯性矩分别为I_z^a、I_z^b，则：

A. $I_z^a > I_z^b$，$I_y^a < I_y^b$　　B. $I_z^a > I_z^b$，$I_y^a > I_y^b$

C. $I_z^a < I_z^b$，$I_y^a > I_y^b$　　D. $I_z^a < I_z^b$，$I_y^a < I_y^b$

5-5-8　在图形对通过某点的所有轴的惯性矩中，图形对主惯性轴的惯性矩一定：

A. 最大　　B. 最小　　C. 最大或最小　　D. 为零

5-5-9　图示截面，其轴惯性矩的关系为：

A. $I_{Z_1} = I_{Z_2}$　　B. $I_{Z_1} > I_{Z_2}$　　C. $I_{Z_1} < I_{Z_2}$　　D. 不能确定

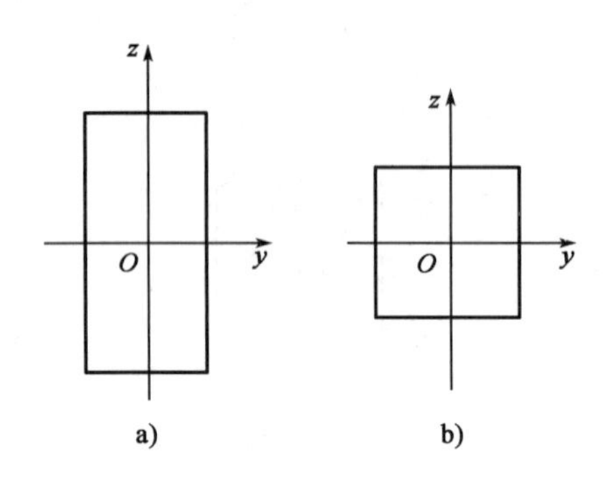

题 5-5-7 图

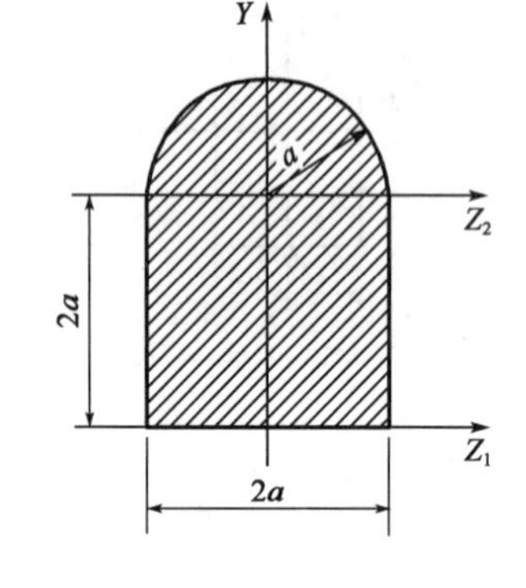

题 5-5-9 图

5-5-10　图示 a）、b）两截面，其惯性矩关系应为：

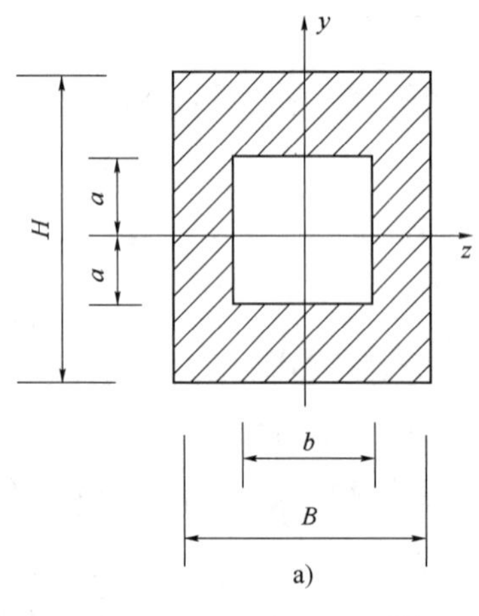

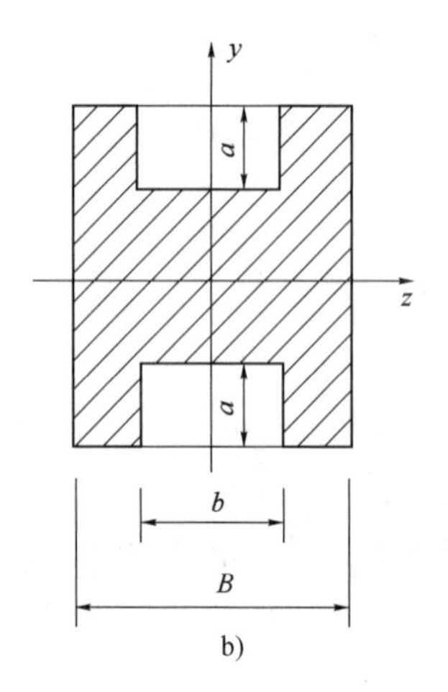

题 5-5-10 图

A. $(I_y)_1 > (I_y)_2$，$(I_z)_1 = (I_z)_2$　　B. $(I_y)_1 = (I_y)_2$，$(I_z)_1 > (I_z)_2$

C. $(I_y)_1 = (I_y)_2$，$(I_z)_1 < (I_z)_2$　　D. $(I_y)_1 < (I_y)_2$，$(I_z)_1 = (I_z)_2$

5-5-11　下面关于截面的形心主惯性轴y、z的定义，正确的是：

A. $S_y = S_z = 0$　　B. $I_{yz} = 0$

C. $I_y = I_z = 0$　　D. $S_y = S_z = 0$，$I_{yz} = 0$

5-5-12　如图所示圆截面直径为d，则截面对O点的极惯性矩为：

A. $I_p = \frac{3\pi d^4}{32}$　　B. $I_p = \frac{\pi d^4}{64}$　　C. $I_p = 0$　　D. $I_p = -\frac{\pi d^3}{16}$

5-5-13 如图所示正方形截面对z_1轴的惯性矩与对z轴惯性矩的关系是：

A. $I_{z_1}=\sqrt{2}I_z$　　B. $I_{z_1}>I_z$　　C. $I_{z_1}<I_z$　　D. $I_{z_1}=I_z$

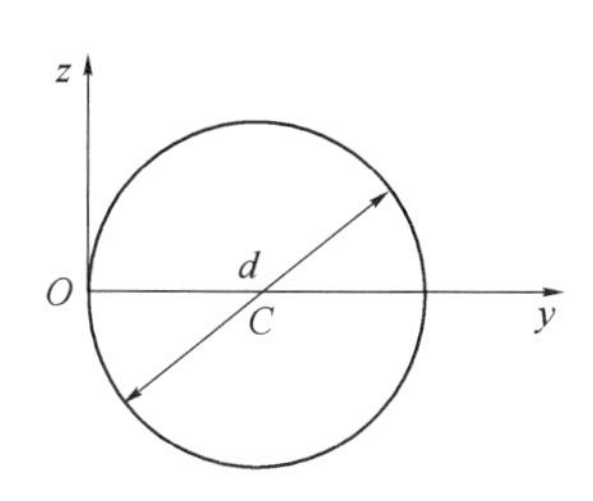

题 5-5-12 图

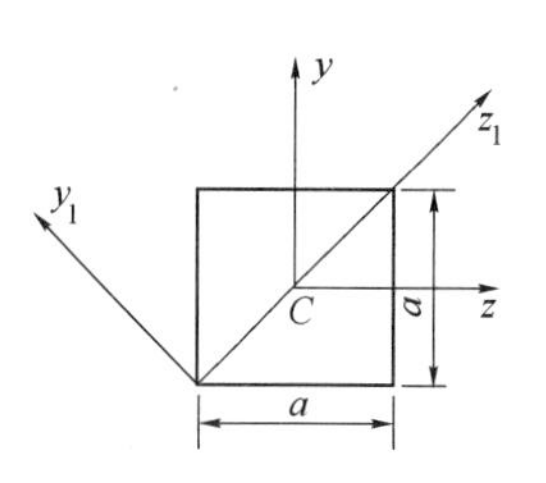

题 5-5-13 图

5-5-14 上题图所示正方形截面对y_1轴的惯性矩应为：

A. $I_{y_1}=\frac{6+\sqrt{2}}{12}a^4$　　B. $I_{y_1}=\frac{a^4}{12}\left(6-\sqrt{2}\right)$

C. $I_{y_1}=\frac{7}{12}a^4$　　D. $I_{y_1}=-\frac{5}{12}a^4$

5-5-15 如图所示一矩形截面，面积为A，高度为b，对称轴为z，z_1和z_2均平行于z，下列计算式中正确的是：

A. $I_{z_1}=I_{z_2}+b^2A$　　B. $I_{z_2}=I_z+\frac{b^2}{4}A$

C. $I_z=I_{z_2}+\frac{b^2}{4}A$　　D. $I_{z_2}=I_{z_1}+b^2A$

5-5-16 若三对直角坐标轴的原点均通过正方形的形心C（如图所示），则下列结论正确的是：

A. $I_{z_1y_1}=I_{z_2y_2}\neq I_{z_3y_3}$　　B. $I_{z_1}=I_{y_1}\neq I_{z_2}$

C. $I_{z_1}=I_{z_2}=I_{z_3}=I_{y_1}$　　D. $I_{z_1}=I_{z_2}\neq I_{z_3}$

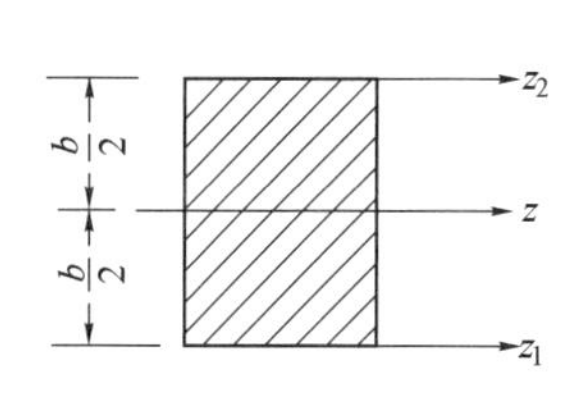

题 5-5-15 图

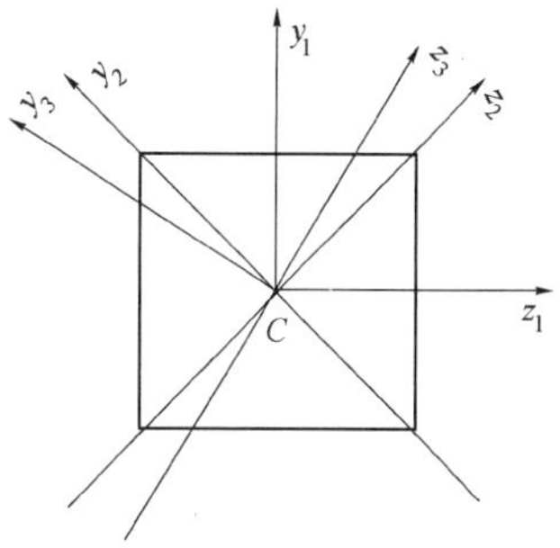

题 5-5-16 图

5-5-17 对如图所示平面图形来说，下列结论中错误的是：

A. $I_{zy}=0$

B. y轴和z轴均为形心主惯性轴

C. y轴是形心主惯性轴，z轴不是形心主惯性轴

D. y轴和z轴均是主惯性轴

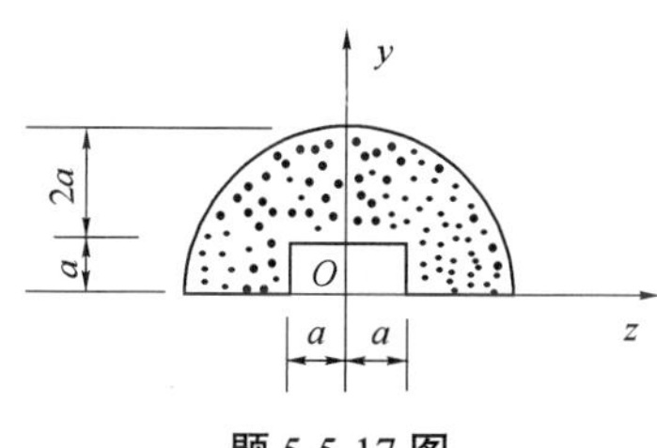

题 5-5-17 图

5-5-18 图示截面的抗弯截面模量W_z为：

A. $W_z=\frac{\pi d^3}{32}-\frac{a^3}{6}$

B. $W_z=\frac{\pi d^3}{32}-\frac{a^4}{6d}$

C. $W_z=\frac{\pi d^3}{32}-\frac{a^3}{6d}$

D. $W_z=\frac{\pi d^4}{64}-\frac{a^4}{12}$

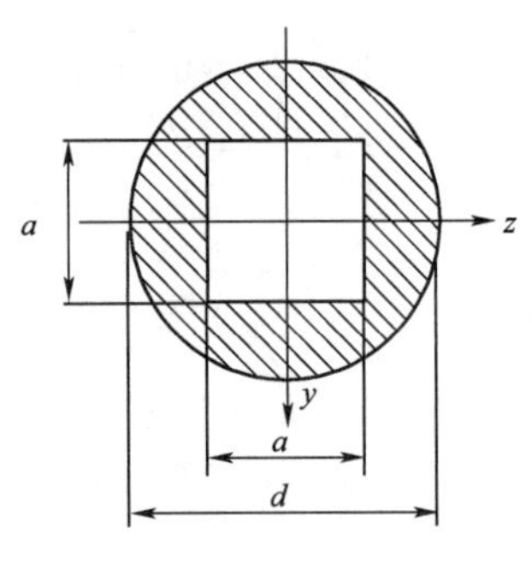

题 5-5-18 图

题解及参考答案

5-5-1　解： $I_{z1}=I_z+a^2A=\frac{bh^3}{12}+h^2\cdot bh=\frac{13}{12}bh^3$

答案： D

5-5-2　解： 图中正方形截面$I_z^{方}=\frac{a^4}{12}+\left(\frac{a}{2}\right)^2\cdot a^2=\frac{a^4}{3}$，整个截面$I_z=I_z^{矩}-I_z^{方}=\frac{bh^3}{12}-\frac{a^4}{3}$。

答案： C

5-5-3　解： 由定义$I_{\mathrm{P}}=\int_A\rho^2\mathrm{d}A$，$I_z=\int_A y^2\mathrm{d}A$，$I_y=\int_A z^2\mathrm{d}A$，以及勾股定理$\rho^2=y^2+z^2$，两边积分就可得$I_{\mathrm{P}}=I_z+I_y$。

答案： B

5-5-4　解： 由定义$I_z=\int_A y^2\mathrm{d}A$可知，a）、b）两图形面积相同，但图 a）中的面积距离z轴较远，因此$I_z^{\mathrm{a}}>I_z^{\mathrm{b}}$；而两图面积距离$y$轴远近相同，故$I_y^{\mathrm{a}}=I_y^{\mathrm{b}}$。

答案： B

5-5-5　解： 根据静矩定义$S_z=\int_A y\mathrm{d}A$，图示矩形截面的静矩等于m-m线以上部分和以下部分静矩之和，即$S_z=S_z^{上}+S_z^{下}$，又由于z轴是形心轴，$S_z=0$，故$S_z^{上}+S_z^{下}=0$，$S_z^{上}=-S_z^{下}$。

答案： B

5-5-6　解： $i=i_y=i_z=\sqrt{\frac{I_z}{A}}=\sqrt{\frac{\pi}{64}d^4/\left(\frac{\pi}{4}d^2\right)}=\frac{d}{4}$

答案： B

5-5-7　解： 根据矩的定义$I_z=\int_A y^2\mathrm{d}A$，$I_y=\int_a z^2\mathrm{d}A$，可知惯性矩的大小与面积到轴的距离有关。面积分布离轴越远，其惯性矩越大；面积分布离轴越近，其惯性矩越小。可见I_y^a最大，I_z^a最小。

答案： C

5-5-8　解： 图形对主惯性轴的惯性积为零，对主惯性轴的惯性矩是对通过某点的所有轴的惯性矩中的极值，也就是最大或最小的惯性矩。

答案： C

5-5-9　解： 由移轴定理$I_z=I_{zc}+a^2A$可知，在所有与形心轴平行的轴中，距离形心轴越远，其惯性矩越大。图示截面为一个正方形与一半圆形的组合截面，其形心轴应在正方形形心和半圆形形心之间。所以z_1轴距离截面形心轴较远，其惯性矩较大。

答案： B

5-5-10 解： 两截面面积相同，但图a）截面分布离z轴较远，故I_z较大。对y轴惯性矩相同。

答案： B

5-5-11 解： 形心主惯性轴y、z都过形心，故$S_z = S_y = 0$；又都是主惯性轴，故$I_{yz} = 0$。两条必须同时满足。

答案： D

5-5-12 解： $I_p = I_y + I_z$，$I_z = I_{z_c} + a^2A$（平行移轴公式）。

答案： A

5-5-13 解： 正方形截面的任何一条形心轴均为形心主轴，其形心主惯性矩都相等。

答案： D

5-5-14 解： 过C点作形心轴y_C与y_1轴平行，则$I_{y_1} = I_{y_C} + b^2A$。

答案： C

5-5-15 解： 平行移轴公式$I_{z_1} = I_z + a^2A$中，I_z必须是形心轴，因此只有选项B是正确的。

答案： B

5-5-16 解： 正方形截面的任一形心轴均为形心主轴，其惯性矩均为形心主矩，其值都相等。

答案： C

5-5-17 解： z轴未过此平面图形的形心，不是形心主惯性轴。

答案： B

5-5-18 解：

$$W_z = \frac{I_z}{y_{\max}} = \frac{\frac{\pi}{64}d^4 - \frac{a^4}{12}}{\frac{d}{2}} = \frac{\pi d^3}{32} - \frac{a^4}{6d}$$

答案： B

（六）弯曲梁的内力、应力和变形

5-6-1 图示外伸梁，在C、D处作用相同的集中力F，截面A的剪力和截面C的弯矩分别是：

A. $F_{SA} = 0$，$M_C = 0$　　B. $F_{SA} = F$，$M_C = FL$

C. $F_{SA} = F/2$，$M_C = FL/2$　　D. $F_{SA} = 0$，$M_C = 2FL$

5-6-2 图示悬臂梁AB，由三根相同的矩形截面直杆胶合而成，材料的许可应力为$[\sigma]$。若胶合面开裂，假设开裂后三根杆的挠曲线相同，接触面之间无摩擦力，则开裂后的梁承载能力是原来的：

A. 1/9　　B. 1/3　　C. 两者相同　　D. 3倍

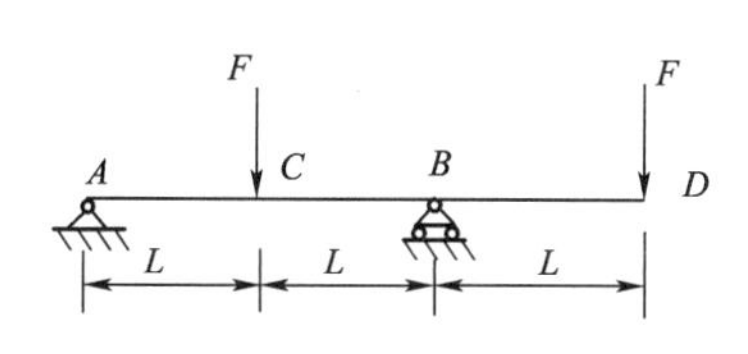

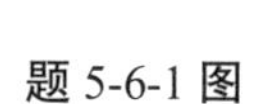

题5-6-1图

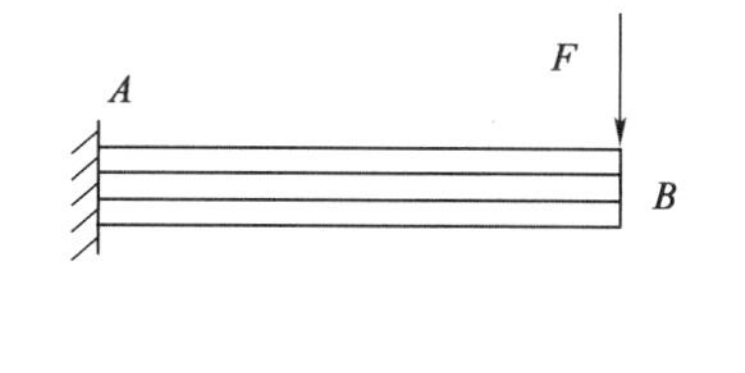

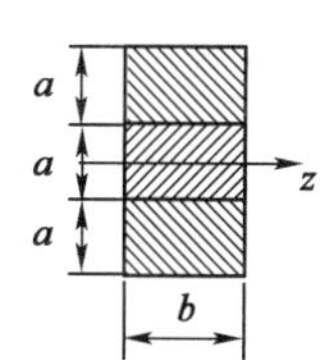

题5-6-2图

5-6-3 悬臂梁AB由两根相同的矩形截面梁胶合而成（如图所示）。若胶合面全部开裂，假设开裂后两杆的弯曲变形相同，接触面之间无摩擦力，则开裂后梁的最大挠度是原来的：

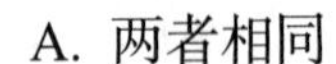

A. 两者相同　　B. 2 倍　　C. 4 倍　　D. 8 倍

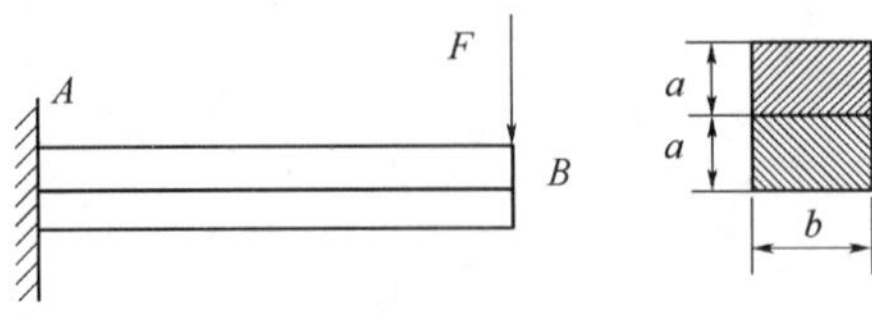

题 5-6-3 图

5-6-4 在集中力偶作用截面处，梁的弯曲内力图的变化规律为：

A. 剪力Q_s图有突变，弯矩M图无变化

B. 剪力Q_s图有突变，弯矩M图有转折

C. 剪力Q_s图无变化，弯矩M图有突变

D. 剪力Q_s图有转折，弯矩M图有突变

5-6-5 图示悬臂梁自由端承受集中力偶矩M。若梁的长度减小一半，梁的最大挠度是原来的：

A. $1/2$　　B. $1/4$　　C. $1/8$　　D. $1/16$

5-6-6 图示外伸梁，A截面的剪力为：

A. 0　　B. $\frac{3m}{2L}$　　C. $\frac{m}{L}$　　D. $-\frac{m}{L}$

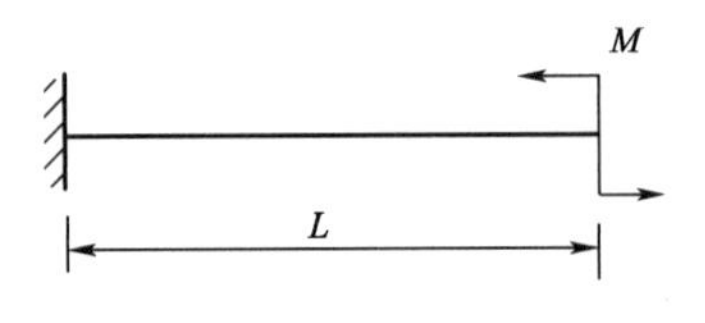

题 5-6-5 图

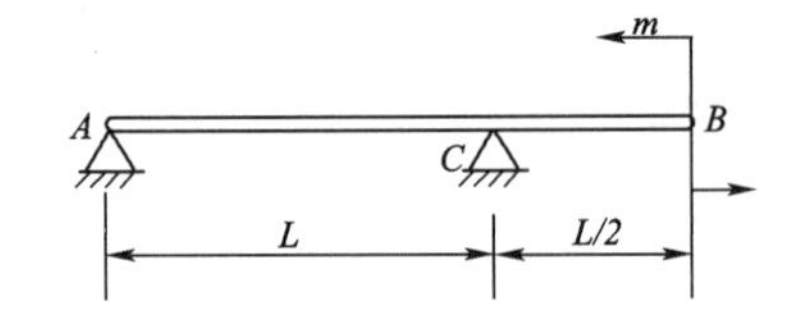

题 5-6-6 图

5-6-7 两根梁长度、截面形状和约束条件完全相同，一根材料为钢，另一根为铝。在相同的外力作用下发生弯曲形变，两者不同之处为：

A. 弯曲内力

B. 弯曲正应力

C. 弯曲切应力

D. 挠曲线

5-6-8 梁AB的弯矩图如图所示，则梁上荷载F、m的值为：

A. $F = 8\text{kN}$，$m = 14\text{kN}\cdot\text{m}$

B. $F = 8\text{kN}$，$m = 6\text{kN}\cdot\text{m}$

C. $F = 6\text{kN}$，$m = 8\text{kN}\cdot\text{m}$

D. $F = 6\text{kN}$，$m = 14\text{kN}\cdot\text{m}$

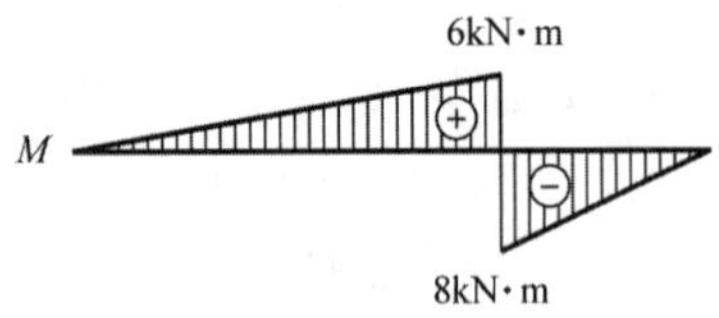

题 5-6-8 图

5-6-9 图示四个悬臂梁中挠曲线是圆弧的为：

A.

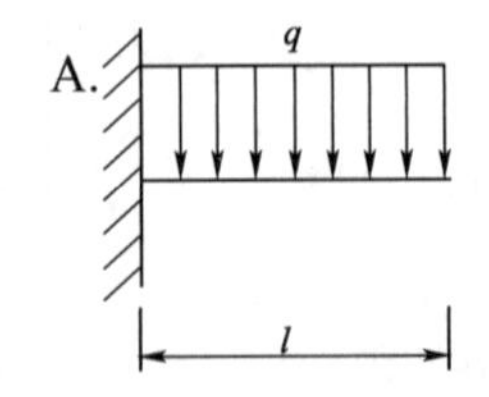

B.

C.

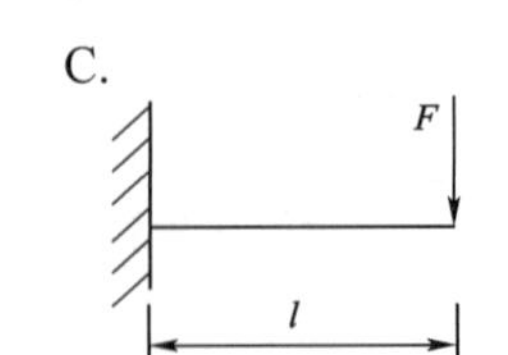

D.

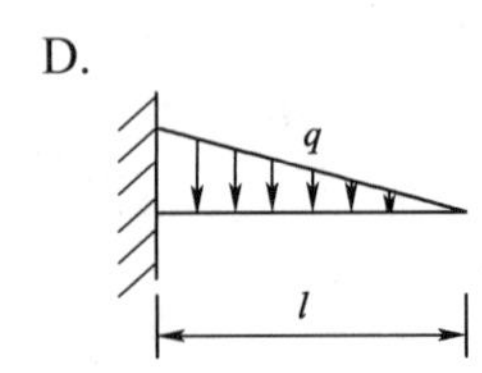

5-6-10 带有中间铰的静定梁受载情况如图所示，则：

A. a越大，则M_A越大　　B. l越大，则M_A越大

C. a越大，则R_A越大　　D. l越大，则R_A越大

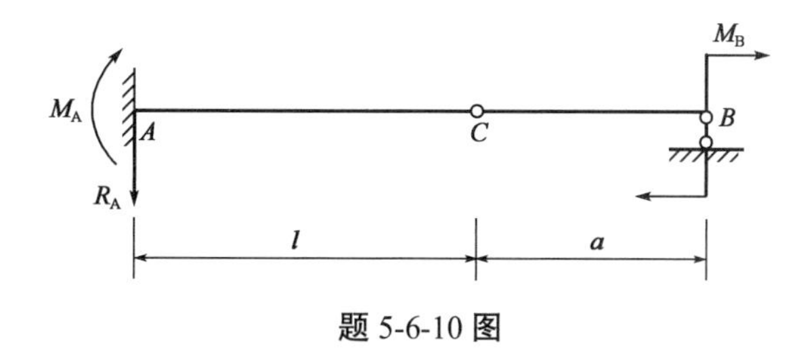

题 5-6-10 图

5-6-11 设图示两根圆截面梁的直径分别为d和$2d$，许可荷载分别为$[P_1]$和$[P_2]$。若两梁的材料相同，则$[P_2]/[P_1]=$

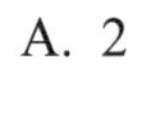

A. 2　　B. 4　　C. 8　　D. 16

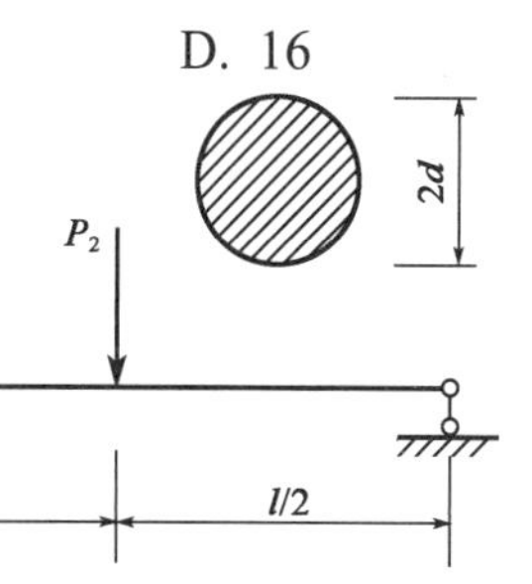

题 5-6-11 图

5-6-12 悬臂梁受载情况如图所示，在截面C上：

A. 剪力为零，弯矩不为零　　B. 剪力不为零，弯矩为零

C. 剪力和弯矩均为零　　D. 剪力和弯矩均不为零

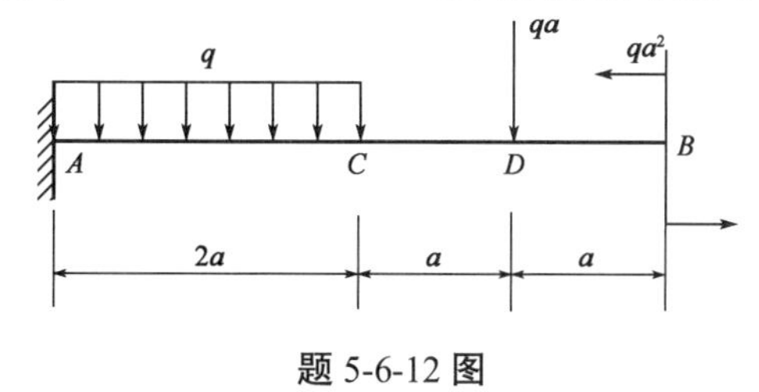

题 5-6-12 图

5-6-13 已知图示两个梁的抗弯截面刚度EI相同，若二者自由端的挠度相等，则P_1/P_2为：

A. 2　　B. 4　　C. 8　　D. 16

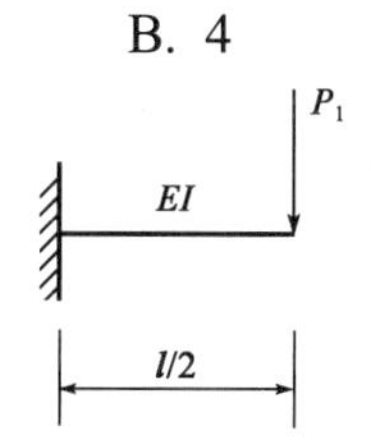

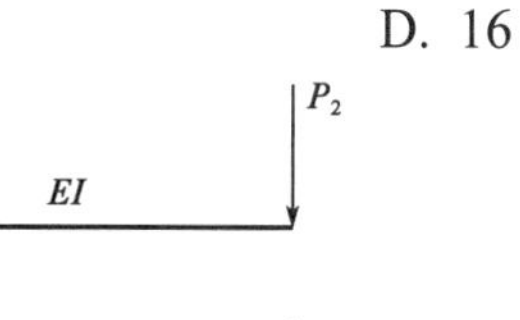

题 5-6-13 图

5-6-14 一跨度为l的简支架，若仅承受一个集中力P，当P在梁上任意移动时，梁内产生的最大剪力$Q_{\max}$和最大弯矩$M_{\max}$分别满足：

A. $Q_{\max}\leqslant P$，$M_{\max}=Pl/4$　　B. $Q_{\max}\leqslant P/2$，$M_{\max}=Pl/4$

C. $Q_{\max}\leqslant P$，$M_{\max}=Pl/2$　　D. $Q_{\max}\leqslant P/2$，$M_{\max}=Pl/2$

5-6-15 矩形截面梁横力弯曲时，在横截面的中性轴处：

A. 正应力最大，剪应力为零　　B. 正应力为零，剪应力最大

C. 正应力和剪应力均最大　　D. 正应力和剪应力均为零

5-6-16 梁的横截面形状如图所示，则截面对Z轴的抗弯截面模量W_z为：

A. $\frac{1}{12}(BH^3 - bh^3)$　　B. $\frac{1}{6}(BH^2 - bh^2)$

C. $\frac{1}{6H}(BH^3 - bh^3)$　　D. $\frac{1}{6h}(BH^3 - bh^3)$

5-6-17 如图所示梁，剪力等于零的截面位置x之值为：

A. $\frac{5a}{6}$　　B. $\frac{6a}{5}$　　C. $\frac{6a}{7}$　　D. $\frac{7a}{6}$

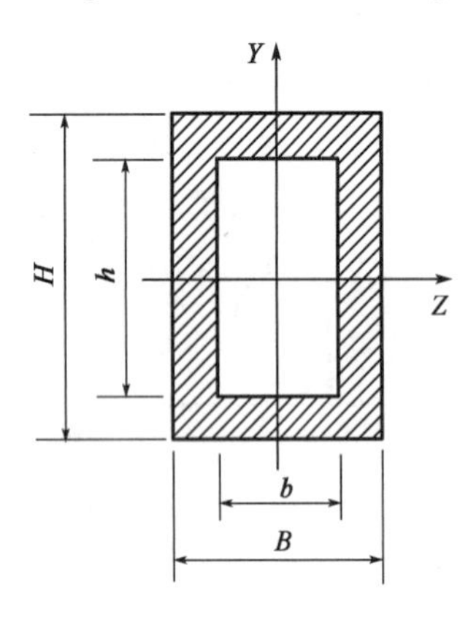

题 5-6-16 图

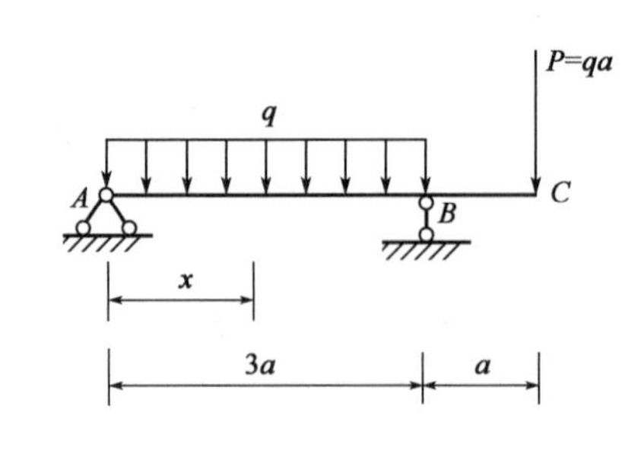

题 5-6-17 图

5-6-18 就正应力强度而言，如图所示的梁，以下列哪个图所示的加载方式最好？

A.

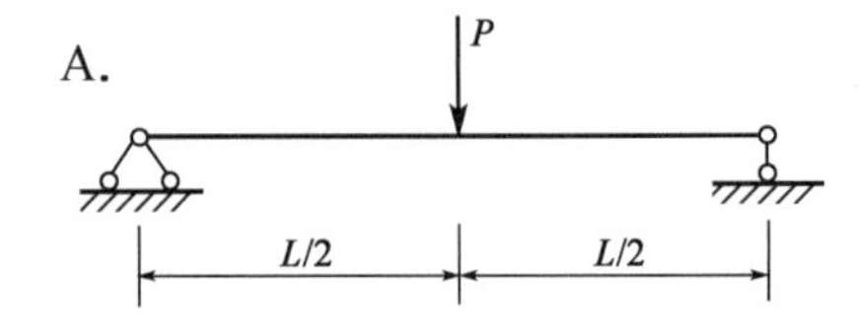

B.

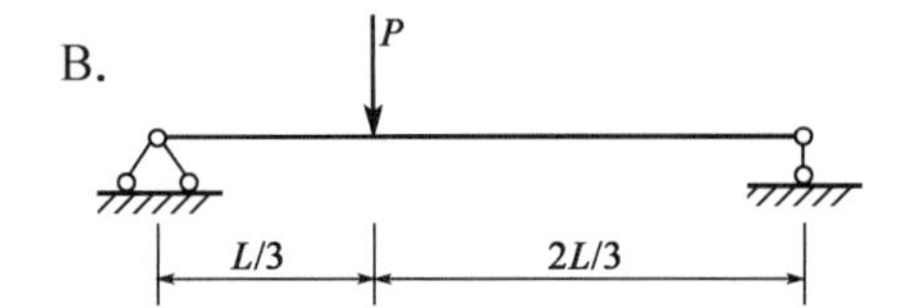

C.

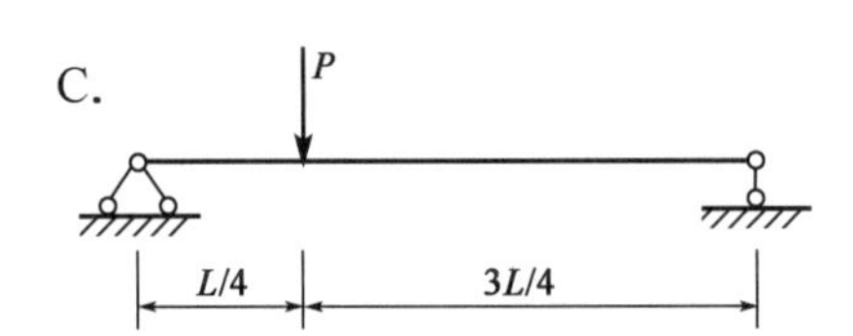

D.

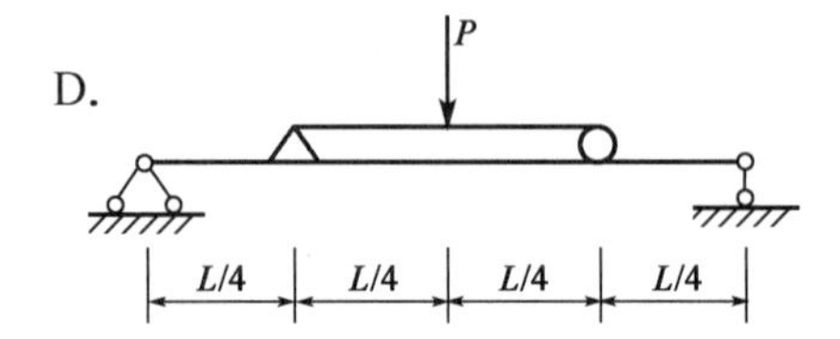

5-6-19 在等直梁平面弯曲的挠曲线上，曲率最大值发生在下面哪个值最大的截面上？

A. 挠度最大　　B. 转角最大　　D. 弯矩最大　　D. 剪力最大

5-6-20 若梁的荷载及支承情况对称于梁的中央截面C，如图所示，则下列结论中哪一个是正确的？

A. Q图对称，M图对称，且$Q_C = 0$　　B. Q图对称，M图反对称，且$M_C = 0$

C. Q图反对称，M图对称，且$Q_C = 0$　　D. Q图反对称，M图反对称，且$M_C = 0$

5-6-21 已知简支梁受如图所示荷载，则跨中点C截面上的弯矩为：

A. 0　　B. $\frac{1}{2}ql^2$　　C. $\frac{1}{4}ql^2$　　D. $\frac{1}{8}ql^2$

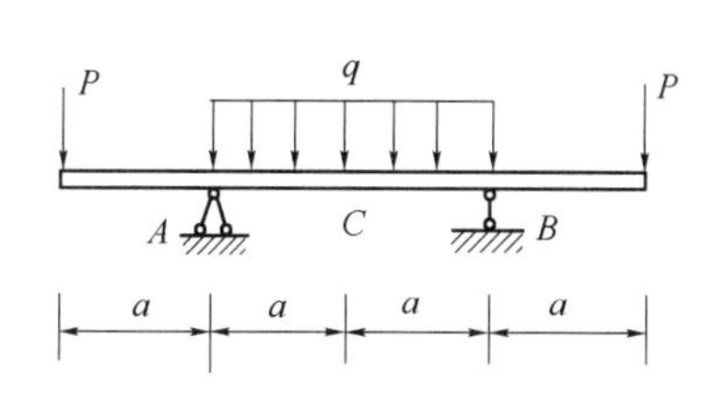

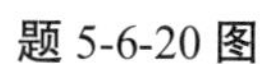
题 5-6-20 图

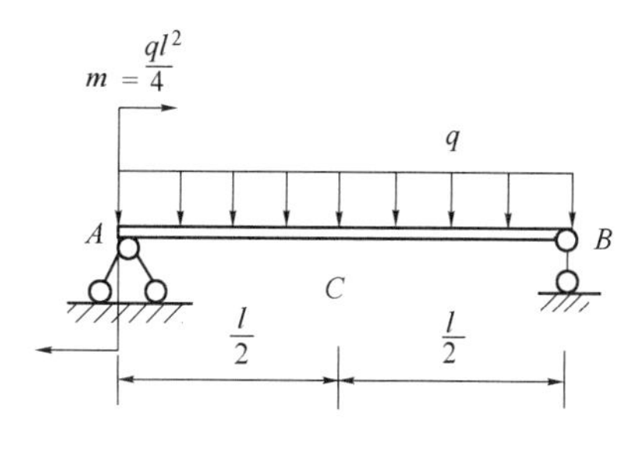

题 5-6-21 图

5-6-22 当力P直接作用在简支梁AB的中点时，梁内的$\sigma_{\max}$超过许用应力值 30%。为了消除过载现象，配置了如图所示的辅助梁CD，则此辅助梁的跨度a的长度应为：

A. 1.385m　　B. 2.77m　　C. 5.54m　　D. 3m

5-6-23 已知图示梁抗弯刚度EI为常数，则用叠加法可得自由端C点的挠度为：

A. $\frac{55ql^4}{24EI}$　　B. $\frac{15ql^4}{8EI}$　　C. $\frac{2ql^4}{EI}$　　D. $\frac{41ql^4}{24EI}$

5-6-24 已知图示梁抗弯刚度EI为常数，则用叠加法可得跨中点C的挠度为：

A. $\frac{5ql^4}{384EI}$　　B. $\frac{5ql^4}{576EI}$　　C. $\frac{5ql^4}{768EI}$　　D. $\frac{5ql^4}{1152EI}$

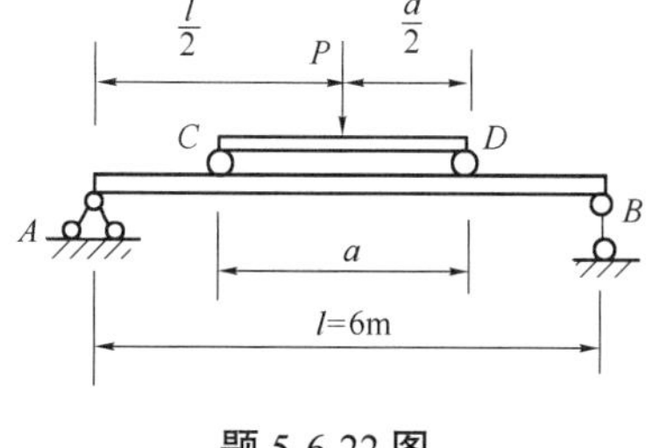

题 5-6-22 图

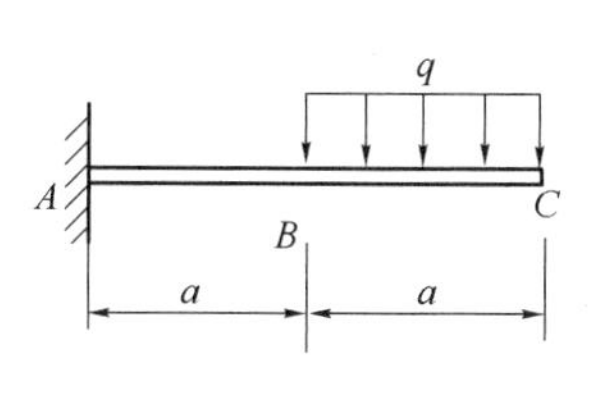

题 5-6-23 图

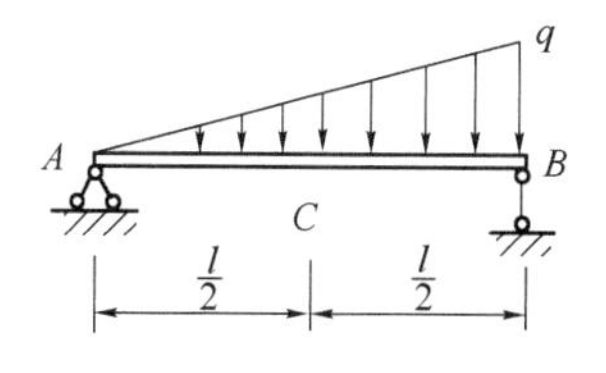

题 5-6-24 图

5-6-25 如图所示悬臂梁，其正确的弯矩图应是：

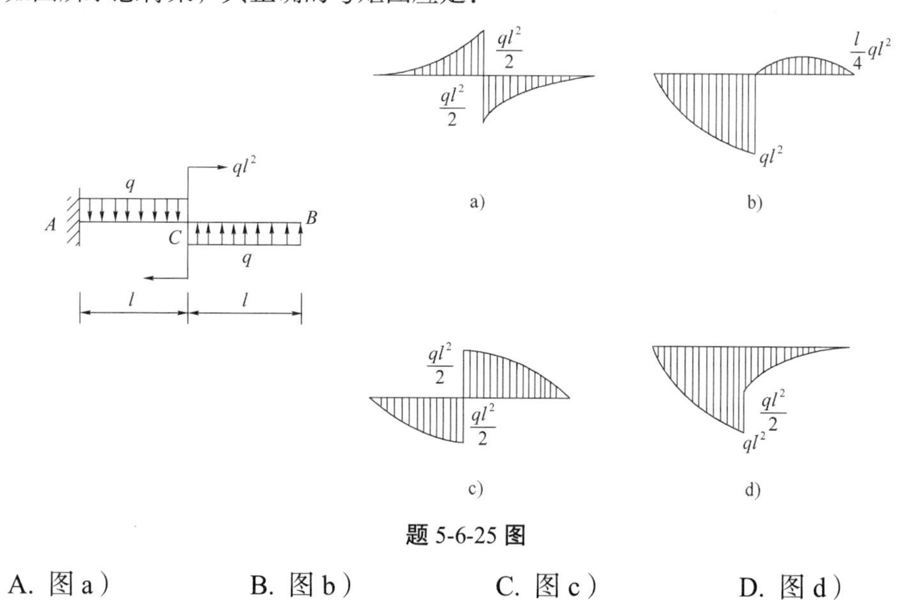

题 5-6-25 图

A. 图 a）　　B. 图 b）　　C. 图 c）　　D. 图 d）

5-6-26 图示悬臂梁和简支梁长度相同，关于两梁的Q图和M图有下述哪种关系？

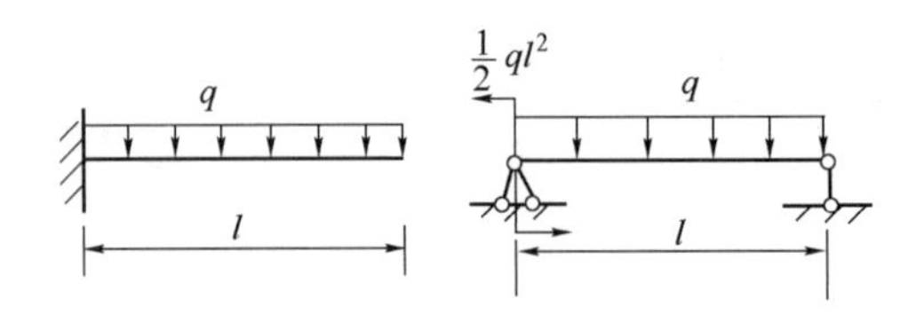

题 5-6-26 图

A. Q图和M图均相同

B. Q图和M图均不同

C. Q图相同，M图不同

D. Q图不同，M图相同

5-6-27 如图所示两跨等截面梁，受移动荷载$\boldsymbol{P}$作用，截面相同，为使梁充分发挥强度，尺寸a应为：

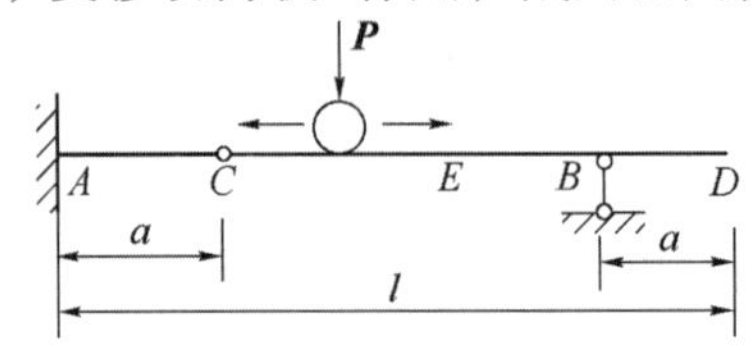

题 5-6-27 图

A. $a=\frac{l}{2}$　　B. $a=\frac{l}{6}$　　C. $a=\frac{l}{3}$　　D. $a=\frac{l}{4}$

5-6-28 梁的横截面是由狭长矩形构成的工字形截面，如图 a）所示，z 轴为中性轴，截面上的剪力竖直向下，该截面上的最大切应力在：

A. 腹板中性轴处

B. 腹板上下缘延长线与两侧翼缘相交处

C. 截面上下缘

D. 腹板上下缘

5-6-29 一铸铁梁如图所示，已知抗拉的许用应力$[\sigma_t]$ <抗压许用应力$[\sigma_c]$，则该梁截面的摆放方式应如何图所示？

A. 图 a）　　B. 图 b）　　C. 图 c）　　D. 图 d）

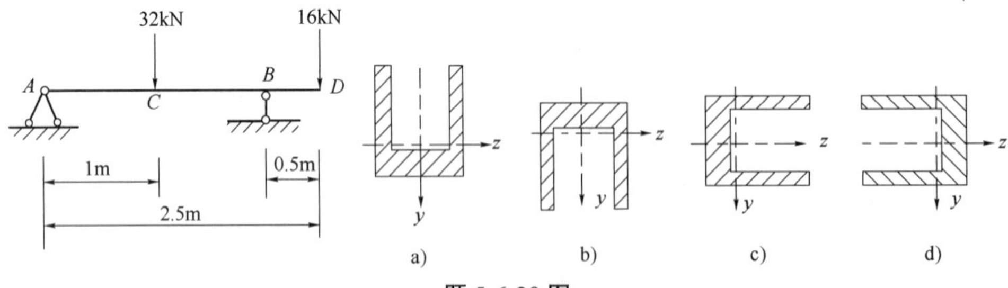

题 5-6-29 图

5-6-30 图示薄壁截面受竖向荷载作用，发生平面弯曲的只有何图所示截面？

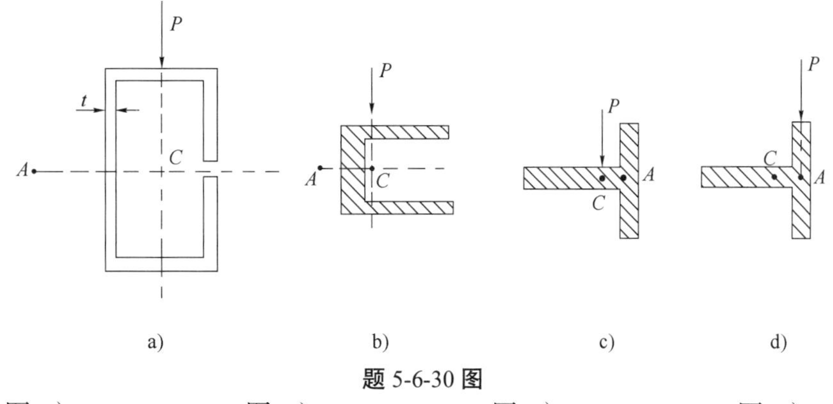

题 5-6-30 图

A. 图 a） B. 图 b） C. 图 c） D. 图 d）

5-6-31 矩形截面简支梁中点承受集中力F。若$h = 2b$，分别采用图 a）、图 b）两种方式放置，图 a）梁的最大挠度是图 b）梁的：

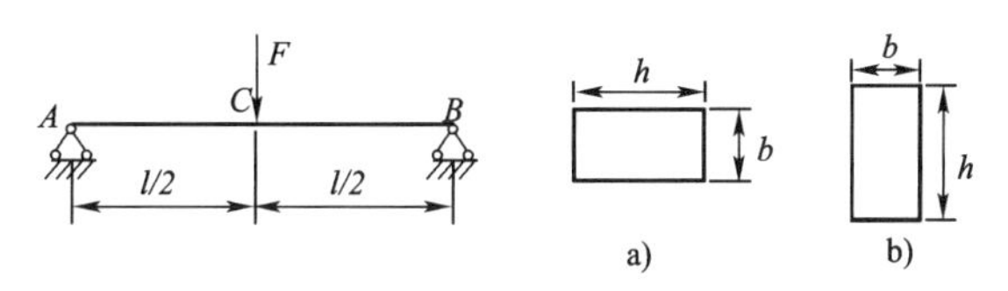

题 5-6-31 图

A. 1/2 B. 2 倍 C. 4 倍 D. 8 倍

5-6-32 如图所示两根梁中的l、b和P均相同，若梁的横截面高度h减小为$\frac{h}{2}$，则梁中的最大正应力是原梁的多少倍？

A. 2 B. 4 C. 6 D. 8

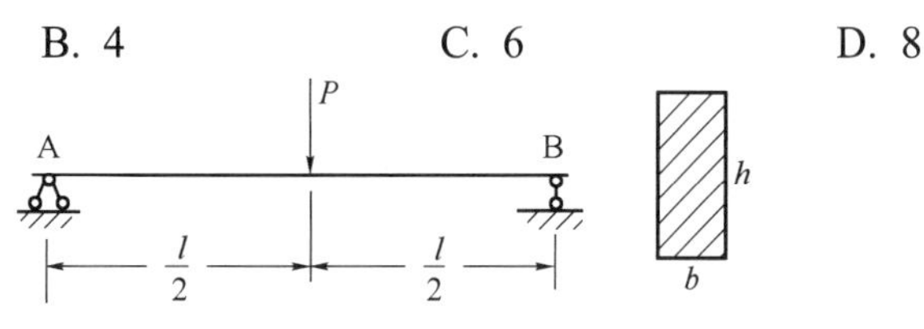

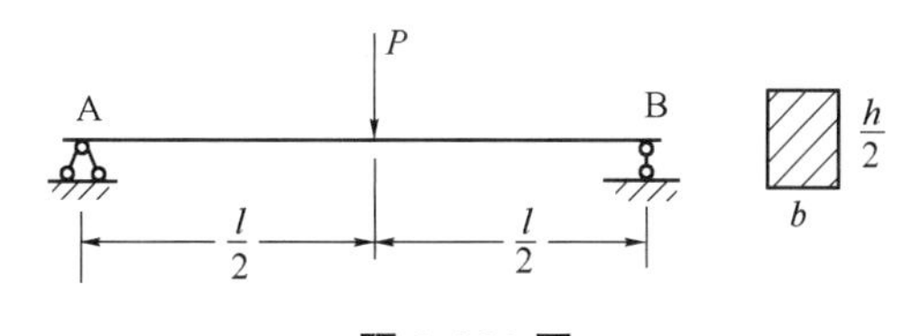

题 5-6-32 图

5-6-33 如图所示梁的剪力方程应分几段来表述？

A. 4 B. 3 C. 2 D. 5

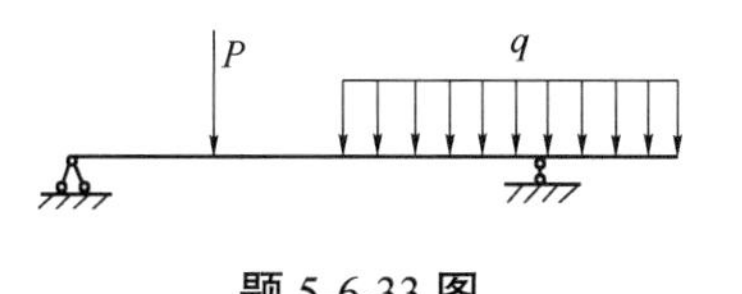

题 5-6-33 图

5-6-34 梁的截面尺寸扩大一倍，在其他条件不变的情况下，梁的强度是原来的多少倍？

A. 2 B. 4 C. 8 D. 16

5-6-35 梁的弯矩图如图所示，最大值在B截面。在梁的A、B、C、D四个截面中，剪力为 0 的截面是：

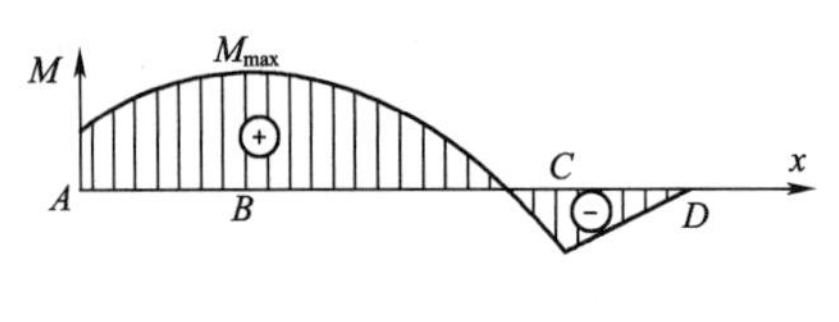

题 5-6-35 图

A. A截面　　B. B截面

C. C截面　　D. D截面

5-6-36 图示悬臂梁AB，由三根相同的矩形截面直杆胶合而成，材料的许可应力为$[\sigma]$。若胶合面开裂，假设开裂后三根杆的挠曲线相同，接触面之间无摩擦力，则开裂后的梁承载能力是原来的：

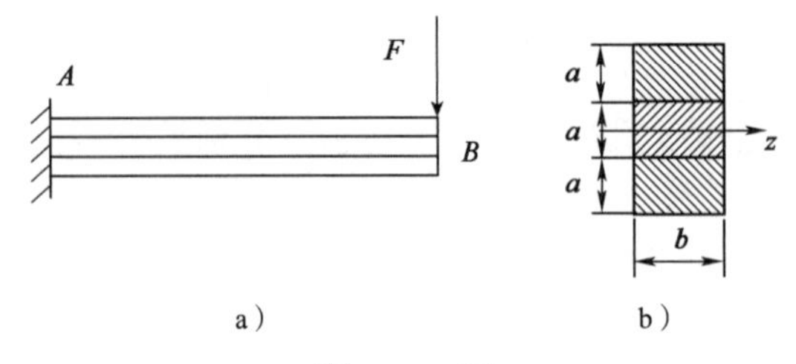

题 5-6-36 图

A. 1/9　　B. 1/3

C. 两者相同　　D. 3 倍

5-6-37 梁的横截面是由狭长矩形构成的工字形截面，如图所示，z轴为中性轴，截面上的剪力竖直向下，该截面上的最大切应力在：

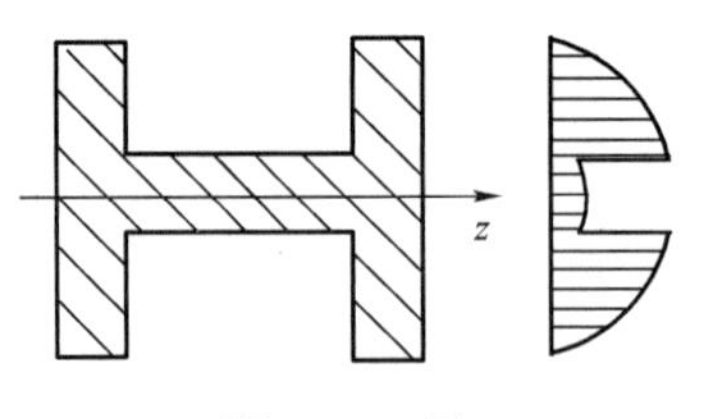

题 5-6-37 图

A. 腹板中性轴处

B. 腹板上下缘延长线与两侧翼缘相交处

C. 截面上下缘

D. 腹板上下缘

5-6-38 矩形截面简支梁中点承受集中力F。若$h = 2b$，分别采用图 a）、图 b）两种方式放置，图 a）梁的最大挠度是图 b）梁的：

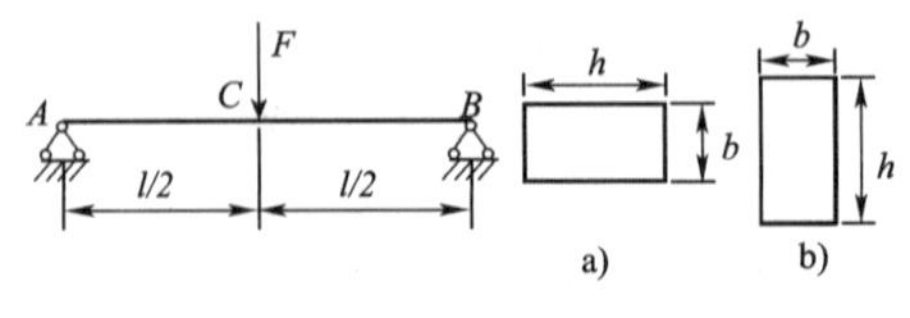

题 5-6-38 图

A. 1/2　　B. 2 倍

C. 4 倍　　D. 8 倍

题解及参考答案

5-6-1 **解:** 考虑梁的整体平衡: $\sum M_B = 0, F_A = 0$, 应用直接法求剪力和弯矩, 得$F_{SA} = 0, M_C = 0$。

答案: A

5-6-2 **解:**

$$开裂前 \quad \sigma_{max} = \frac{M}{W_z} = \frac{M}{\frac{b}{6}(3a)^2} = \frac{2M}{3ba^2}$$

$$开裂后 \quad \sigma_{1max} = \frac{\frac{M}{3}}{W_{z1}} = \frac{\frac{M}{3}}{\frac{ba^2}{6}} = \frac{2M}{ba^2}$$

开裂后最大正应力是原来的 3 倍, 故梁承载能力是原来的1/3。

答案: B

5-6-3 **解:**

$$开裂前 \quad f = \frac{Fl^3}{3EI}, 其中I = \frac{b(2a)^3}{12} = 8\frac{ba^3}{12} = 8I_1$$

$$开裂后 \quad f_1 = \frac{\frac{F}{2}l^3}{3EI_1} = \frac{\frac{1}{2}Fl^3}{3E\frac{I}{8}} = 4\frac{Fl^3}{3EI} = 4f$$

答案: C

5-6-4 **解:** 根据梁的弯曲内力图的突变规律, 在集中力偶作用截面处, 弯矩M图有突变, 剪力Q_s图无变化。

答案: C

5-6-5 **解:** 原来, $f = \frac{Ml^2}{2EI}$; 梁长减半后, $f_1 = \frac{M\left(\frac{l}{2}\right)^2}{2EI} = \frac{1}{4}f$。

答案: B

5-6-6 **解:** 设F_A向上, $\sum M_C = 0, m - F_A L = 0$, 则$F_A = \frac{m}{L}$, 再用直接法求$A$截面的剪力$F_s = F_A = \frac{m}{L}$。

答案: C

5-6-7 **解:** 因为钢和铝的弹性模量不同, 而 4 个选项之中只有挠曲线与弹性模量有关, 所以选挠曲线。

答案: D

5-6-8 **解:** 由最大负弯矩为 8kN·m, 可以反推: $M_{max} = F \times 1m$, 故$F = 8kN$。

再由支座C处(即外力偶矩M作用处)两侧的弯矩的突变值是 14kN·m, 可知外力偶矩=14kN·m。

答案: A

5-6-9 **解:** 由集中力偶M产生的挠曲线方程$f = \frac{Mx^2}{2EI}$是x的二次曲线可知, 挠曲线是圆弧的为选项 B。

答案: B

5-6-10 **解:** 由中间铰链C处断开, 分别画出AC和BC的受力图(见解图)。

先取BC杆：$\sum M_B=0$，$F_C\cdot a=M_O$，即$F_C=\frac{M_O}{a}$

再取AC杆：$\sum F_y=0$，$R_A=F_C=\frac{M_O}{a}$

$$\sum M_A=0,\ M_A=F_C l=\frac{M_O}{a}l$$

可见只有选项 B 是正确的。

答案： B

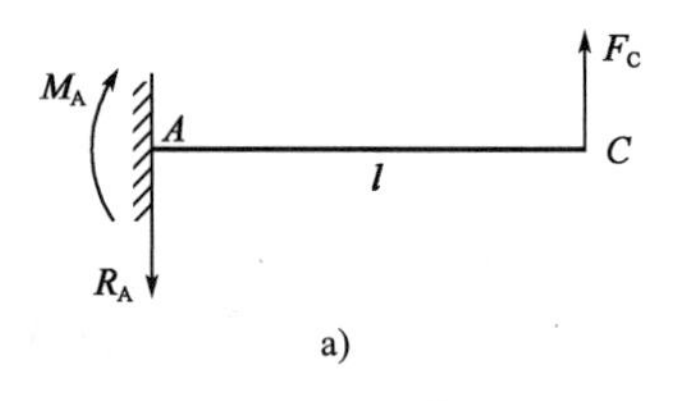

a)

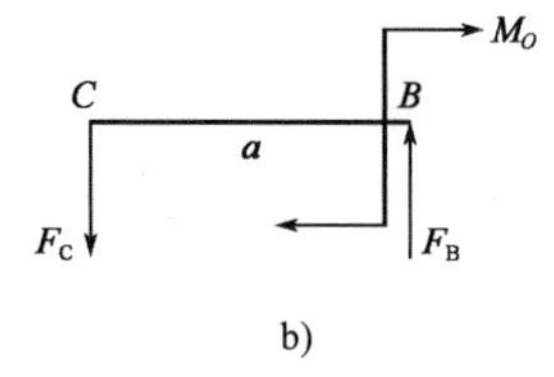

b)

题 5-6-10 解图

5-6-11　解： 对图 a)，$M_{max}=\frac{P_1 l}{4}$，$\sigma_{max}=\frac{M_{max}}{W_z}\frac{\frac{P_1 l}{4}}{\frac{\pi}{32}d^3}=\frac{8P_1 l}{\pi d^3}\leqslant[\sigma]$，所以$P_1\leqslant\frac{\pi d^3[\sigma]}{8l}$；对图 b)，$M_{max}=\frac{P_2 l}{4}$，同理$P_2\leqslant\frac{\pi(2d^3)[\sigma]}{8l}$，可见$\frac{P_2}{P_1}=\frac{(2d)^3}{d^3}=8$。

答案： C

5-6-12　解： 用直接法，取截面C右侧计算比较简单：$F_{CD}=qa$，$M_C=qa^2-qa\cdot a=0$。

答案： B

5-6-13　解： 设$f_1=\frac{P_1\left(\frac{l}{2}\right)^3}{3EI}$，$f_2=\frac{P_2 l^3}{3EI}$，令$f_1=f_2$，则有$P_1\left(\frac{l}{2}\right)^3=P_2 l^3$，$\frac{P_1}{P_2}=8$。

答案： C

5-6-14　解： 经分析可知，移动荷载作用在跨中$\frac{l}{2}$处时，有最大弯矩$M_{max}=\frac{Pl}{4}$，支反力和弯矩图如解力 a）所示。当移动荷载作用在支座附近、无限接近支座时，有最大剪力Q_{max}趋近于P值，如解图 b）所示。

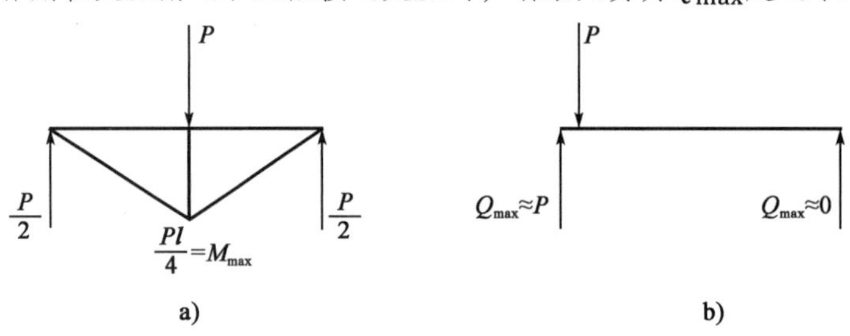

题 5-6-14 解图

答案： A

5-6-15　解： 矩形截面梁横力弯曲时，横截面上的正应力σ沿截面高度线性分布，如解图 a）所示。在上下边缘σ最大，在中性轴上正应力为零。横截面上的剪应力τ沿截面高度呈抛物线分布，如解图 b）所示。在上下边缘τ为零，在中性轴处剪应力最大。

答案： B

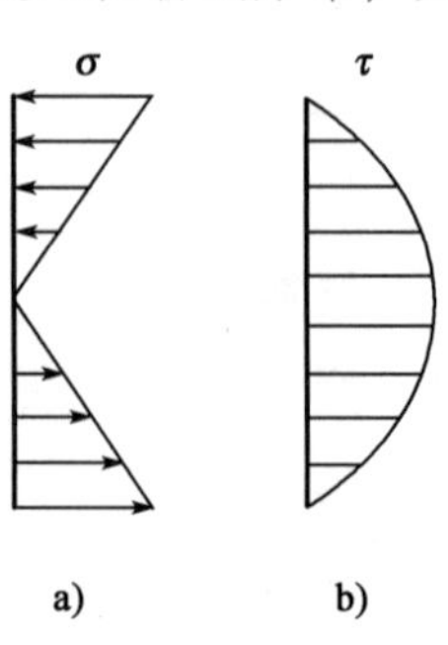

题 5-6-15 解图

5-6-16　解： 根据定义：

$$W_z=\frac{I_z}{y_{max}}=\frac{\frac{BH^3}{12}-\frac{bh^3}{12}}{\frac{H}{2}}=\frac{BH^3-bh^3}{6H}$$

答案： C

5-6-17　解： 首先求支反力，设F_A向上，取整体平衡：

$$\sum M_B=0,\ F_A\cdot 3a+qa\cdot a=3qa\cdot\frac{3}{2}a$$

所以$F_A=\frac{7}{6}qa$。由$F_s(x)=F_A-qx=0$，得$x=\frac{F_A}{q}=\frac{7}{6}a$。

答案： D

5-6-18　解： 题图所示四个梁，其支反力和弯矩图如下（见解图）：

A.

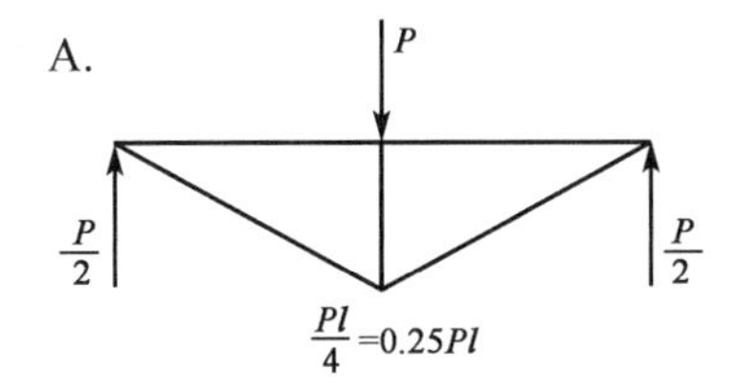

B.

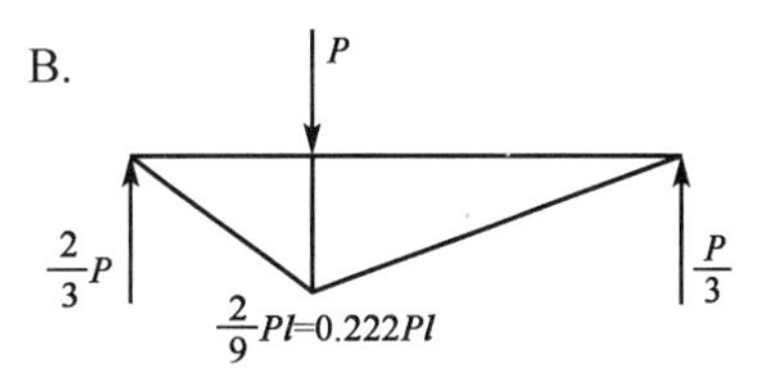

C.

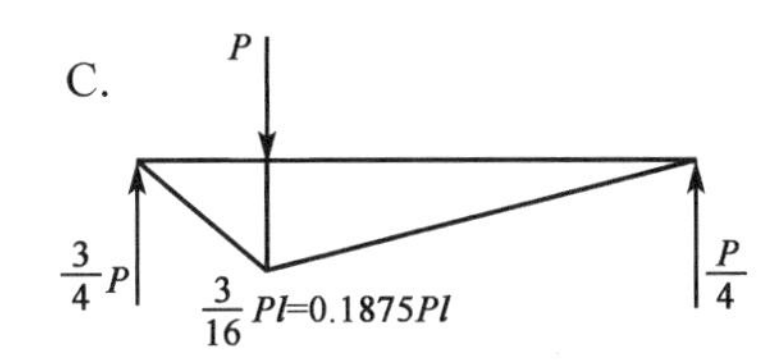

D.

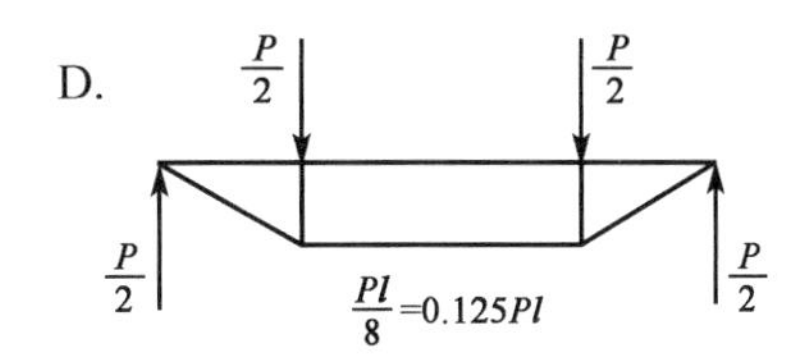

题 5-6-18 解图

就梁的正应力强度条件而言，$\sigma_{\max}=\frac{M_{\max}}{W_z}\leqslant[\sigma]$，$M_{\max}$越小，$\sigma_{\max}$越小，梁就越安全。上述四个弯矩图中显然 D 图$M_{\max}$最小。

答案： D

5-6-19　解： 根据公式梁的弯曲曲率$\frac{1}{\rho}=\frac{M}{EI}$与弯矩成正比，故曲率的最大值发生在弯矩最大的截面上。

答案： C

5-6-20　解： 结构对称、荷载对称，则剪力图反对称，弯矩图对称，对称轴上C点剪力为零。

答案： C

5-6-21　解： 此题用叠加法最简单，C截面弯矩等于均布荷载产生的中点弯矩和集中力偶m产生的中点弯矩的代数和。

答案： C

5-6-22　解： 分别求出配置辅助梁前后的最大弯矩，代入配置辅助梁前后的强度条件，加以比较，即可确定a的长度。

答案： A

5-6-23　解： 为了查表方便，先求整个梁布满向下均布荷载时C点的挠度，再减去AB段承受向上均布荷载时C点的挠度。

答案： D

5-6-24　解： 图示梁荷载为均布荷载q的一半，中点挠度也是均布荷载简支梁的一半。

答案： C

5-6-25　解： 计算C截面左、右两侧的弯矩值，可知图 a）是正确的。

答案： A

5-6-26　解： 求出两梁的支反力和反力偶，可见两梁的荷载与反力均相同，故Q图和M图均相同。

答案： A

5-6-27　解： 考虑两种危险情况，一是移动荷载$\boldsymbol{P}$位于右端点D，一是$\boldsymbol{P}$位于BC段中点E，分别求出这两种情况的最大弯矩并使两者相等，则可使梁充分发挥强度。

答案： B

5-6-28　解： 矩形截面切应力的分布是一个抛物线形状（见解图 b），最大切应力在中性轴z上，解图 a）所示梁的横截面可以看作是一个中性轴，附近梁的宽度b突然变大的矩形截面。根据弯曲切应力的计算公式：

$$\tau = \frac{QS_z^*}{bI_z}$$

在b突然变大的情况下，中性轴附近的τ突然变小，切应力分布图沿y方向的分布如解图 b）所示。所以最大切应力该在 2 点。

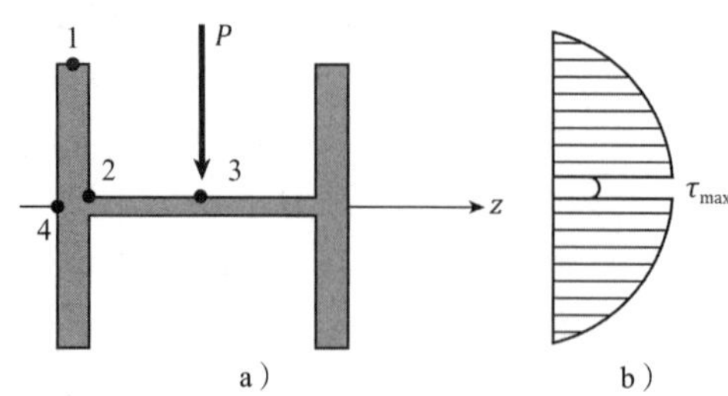

题 5-6-28 解图

答案： B

5-6-29　解： 经作弯矩图可知，此梁的最大弯矩在C截面处，为+12kN·m，下边缘受拉。为保证最大拉应力最小，摆放方式应如图 a）所示。

答案： A

5-6-30　解： 发生平面弯曲时，竖向荷载必须过弯心A。

答案： D

5-6-31　解： 由跨中受集中力F作用的简支梁最大挠度的公式$f_c = \frac{Fl^3}{48EI}$，可知最大挠度与截面对中性轴的惯性矩成反比。

因为$I_a = \frac{hb^2}{12} = \frac{b^3}{6}$，而$I_b = \frac{bh^2}{12} = \frac{2b^3}{3}$，所以$\frac{f_a}{f_b} = \frac{I_b}{I_a} = \frac{\frac{2}{3}b^3}{\frac{b^3}{6}} = 4$

答案： C

5-6-32　解： $\sigma_{max} = \frac{M_{max}}{W_z}$，原梁的$W_z = \frac{bh^2}{6}$，$h$减小为$\frac{h}{2}$后$W_z' = \frac{b}{6}\left(\frac{h}{2}\right)^2 = \frac{1}{4}W_z$，故最大正应力是原梁的 4 倍。

答案： B

5-6-33　解： 在外力有变化处、有支座反力处均应分段表述。

答案： A

5-6-34　解： 以矩形截面为例，$W_z' = \frac{(2b)}{6}(2h)^2 = 8 \cdot \frac{bh^2}{6} = 8W_z$，梁的最大正应力相应减少为原来的$\frac{1}{8}$，强度是原来的 8 倍。

答案： C

5-6-35　解： 根据$\frac{dM}{dx} = Q$可知，剪力为零代表弯矩的导数为零，也即在弯矩的极值点处剪力为零，由弯矩图可知 B 截面处为弯矩极值点，因此 B 截面剪力为零。

答案： B

5-6-36 解： 开裂前

$$\sigma_{max} = \frac{M}{W_z} = \frac{M}{\frac{b}{6}(3a)^2} = \frac{2M}{3ba^2}$$

开裂后

$$\sigma_{1\max}=\frac{\frac{M}{3}}{W_{z1}}=\frac{\frac{M}{3}}{\frac{ba^2}{6}}=\frac{2M}{ba^2}$$

开裂后最大正应力是原来的3倍，故梁承载能力是原来的1/3。

答案： B

5-6-37 解： 对于工字形截面，在腹板的中性轴处，由于剪力的分布和截面的对称性，切应力并不是最大的，因此选项A错误；在工字形截面中，剪力主要通过腹板传递，当剪力竖直向下作用时，腹板会承受主要的剪切力，由于翼缘的存在，剪力在腹板与翼缘的交界处会产生应力集中效应，导致该处的切应力最大，选项B正确；截面上下缘主要承受由弯矩引起的正应力，而不是由剪力引起的切应力，因此选项C错误；虽然腹板是承受剪力的主要部分，但腹板上下缘的切应力并不是最大的，选项D错误。

综上所述，最大切应力出现在腹板上下缘延长线与两侧翼缘相交处。这是因为在这个位置，剪力通过腹板传递时受到翼缘的约束，导致应力集中。

答案： B

5-6-38 解： 承受集中力的简支梁的最大挠度$f_c=\frac{Fl^3}{48EI}$，与惯性矩I成反比。$I_a=\frac{hb^3}{12}=\frac{b^4}{6}$，而$I_b=\frac{bh^3}{12}=\frac{4}{6}b^4$，因图a）梁$I_a$是图b）梁$I_b$的$\frac{1}{4}$，故图a）梁的最大挠度是图b）梁的4倍。

答案： C

（七）应力状态与强度理论

5-7-1 在图示4种应力状态中，切应力值最大的应力状态是：

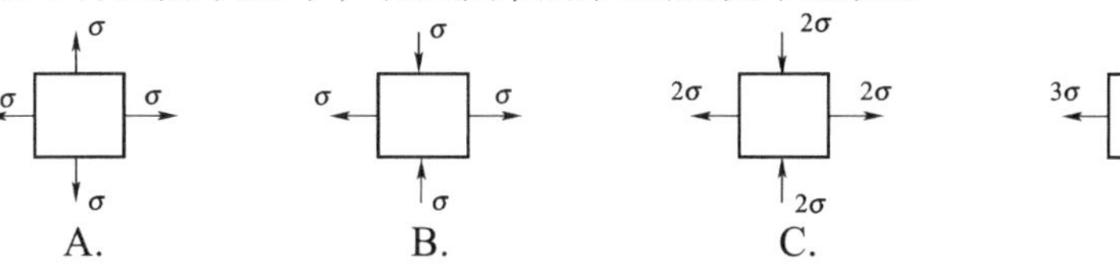

5-7-2 受力体一点处的应力状态如图所示，该点的最大主应力σ_1为：

A. 70MPa　　B. 10MPa

C. 40MPa　　D. 50MPa

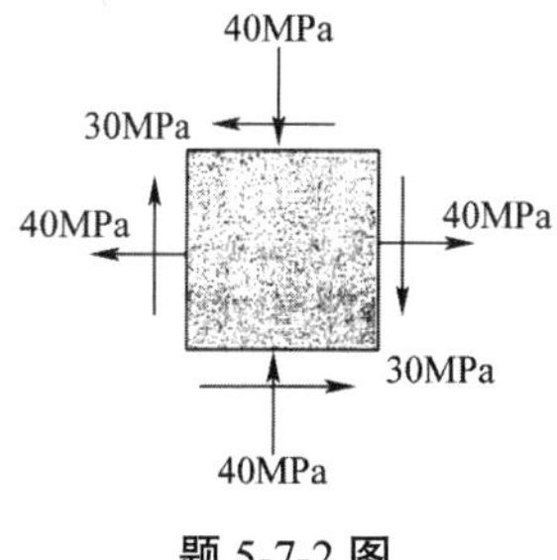

题5-7-2图

5-7-3 设受扭圆轴中的最大剪应力为τ，则最大正应力：

A. 出现在横截面上，其值为τ

B. 出现在45°斜截面上，其值为2τ

C. 出现在横截面上，其值为2τ

D. 出现在45°斜截面上，其值为τ

5-7-4 图示为三角形单元体，已知ab、ca两斜面上的正应力为σ，剪应力为零。在竖正面bc上有：

A. $\sigma_x=\sigma$，$\tau_{xy}=0$

B. $\sigma_x=\sigma$，$\tau_{xy}=\sin60°-\sigma\sin45°$

C. $\sigma_x=\sigma\cos60°+\sigma\cos45°$，$\tau_{xy}=0$

D. $\sigma_x=\sigma\cos60°+\sigma\cos45°$，$\tau_{xy}=\sigma\sin60°-\sigma\sin45°$

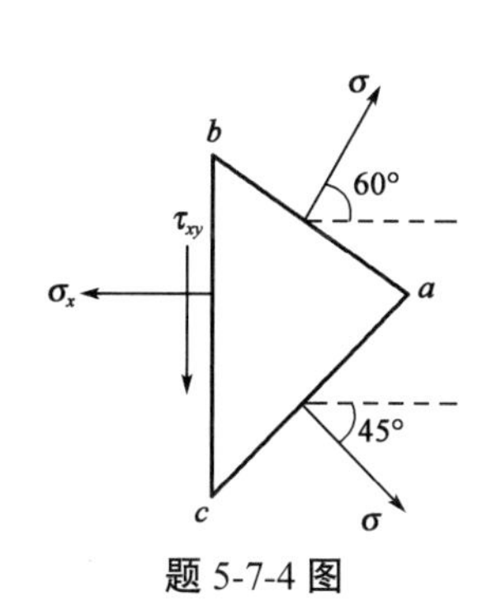

题5-7-4图

5-7-5 四种应力状态分别如图所示，按照第三强度理论，其相当应力最大的是：

A. 状态（1）　　B. 状态（2）　　C. 状态（3）　　D. 状态（4）

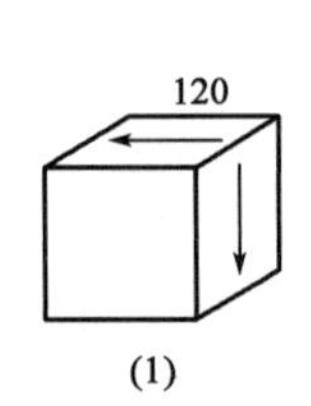

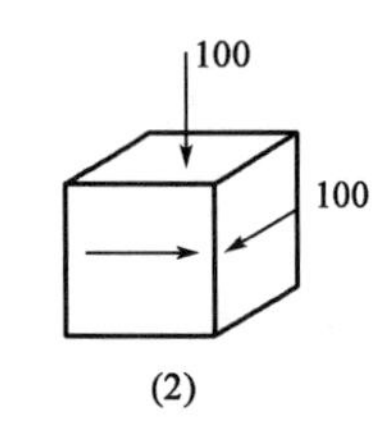

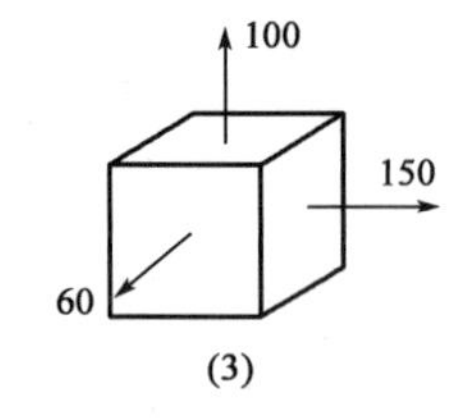

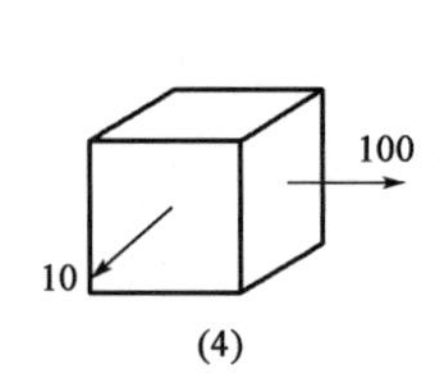

题 5-7-5 图

5-7-6　图示为等腰直角三角形单元体，已知两直角边表示的截面上只有剪应力，且等于τ_0，则底边表示截面上的正应力σ和剪应力τ分别为：

A. $\sigma = \tau_0$，$\tau = \tau_0$　　B. $\sigma = \tau_0$，$\tau = 0$

C. $\sigma = \sqrt{2}\tau_0$，$\tau = \tau_0$　　D. $\sigma = \sqrt{2}\tau_0$，$\tau = 0$

5-7-7　单元体的应力状态如图所示，若已知其中一个主应力为 5MPa，则另一个主应力为：

A. −85MPa　　B. 85MPa　　C. −75MPa　　D. 75MPa

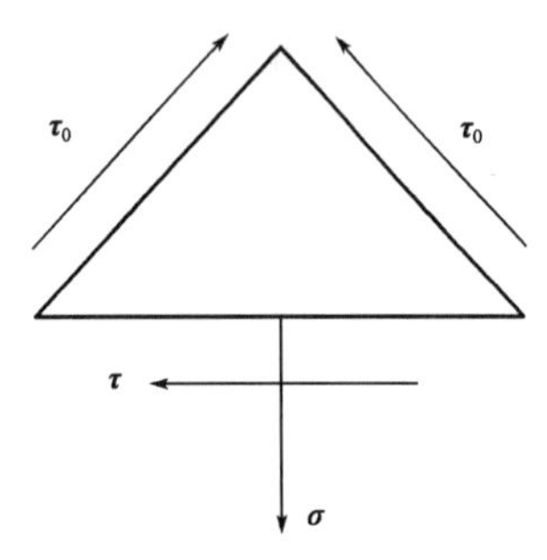

题 5-7-6 图

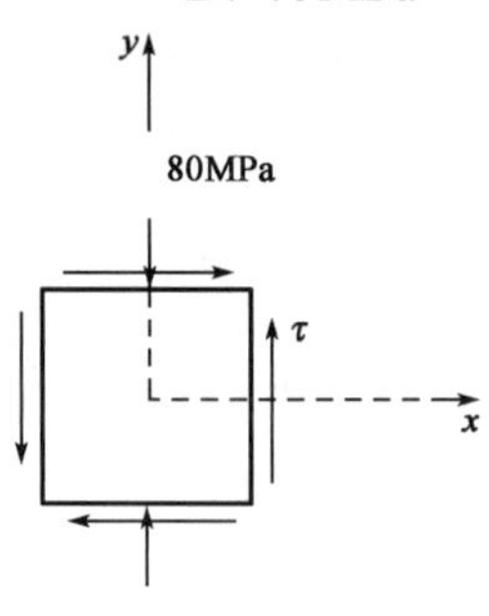

题 5-7-7 图

5-7-8　如图 a）所示悬臂梁，给出了 1、2、3、4 点处的应力状态如图 b）所示，其中应力状态错误的位置点是：

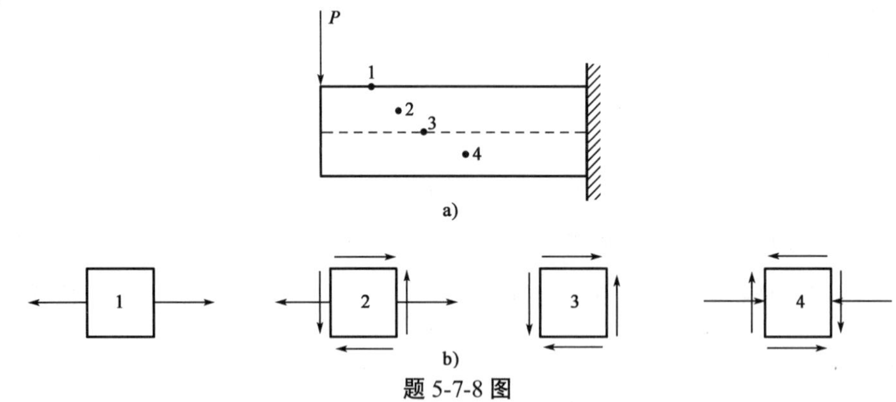

题 5-7-8 图

A. 1 点　　B. 2 点　　C. 3 点　　D. 4 点

5-7-9　单元体的应力状态如图所示，其σ_1的方向：

A. 在第一、三象限内，且与x轴成小于 45°的夹角

B. 在第一、三象限内，且与y轴成小于 45°的夹角

C. 在第二、四象限内，且与x轴成小于 45°的夹角

D. 在第二、四象限内，且与y轴成小于 45°的夹角

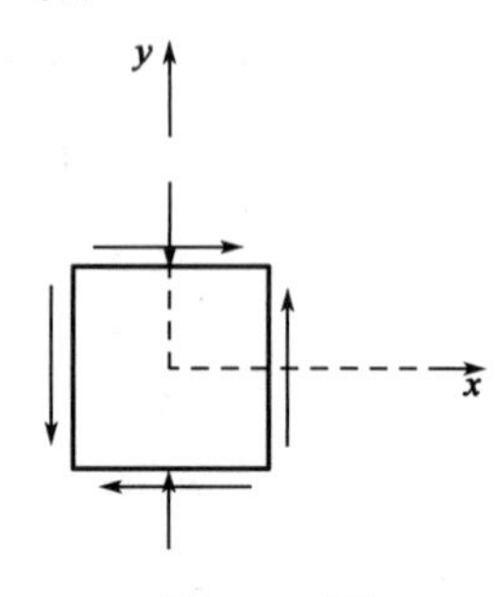

题 5-7-9 图

5-7-10 三种平面应力状态如图所示（图中用n和s分别表示正应力和剪应力），它们之间的关系是：

A. 全部等价　　B. a）与 b）等价

C. a）与 c）等价　　D. 都不等价

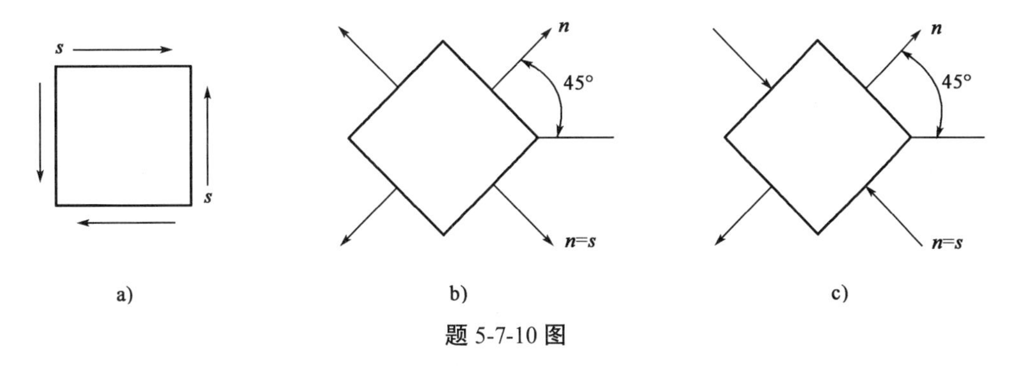

题 5-7-10 图

5-7-11 对于平面应力状态，以下说法正确的是：

A. 主应力就是最大正应力

B. 主平面上无剪应力

C. 最大剪力作用的平面上正应力必为零

D. 主应力必不为零

5-7-12 某点的应力状态如图所示，则过该点垂直于纸面的任意截面均为主平面。如何判断此结论？

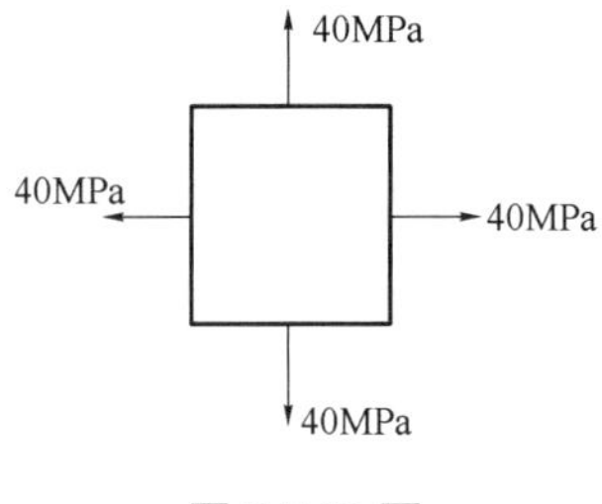

题 5-7-12 图

A. 此结论正确

B. 此结论有时正确

C. 此结论不正确

D. 论据不足

5-7-13 已知某点的应力状态如图所示，则该点的主应力方位应为四个选项中哪一个图所示？

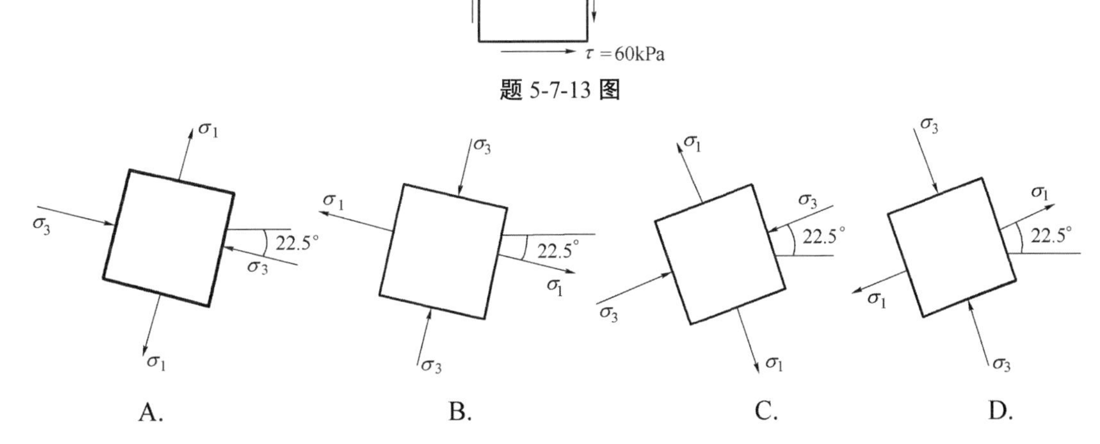

题 5-7-13 图

5-7-14 已知图示单元体上的$\sigma > \tau$，则按第三强度理论其强度条件为：

A. $\sigma - \tau \leqslant [\sigma]$　　B. $\sigma + \tau \leqslant [\sigma]$

C. $\sqrt{\sigma^2 + 4\tau^2} \leqslant [\sigma]$　　D. $\sqrt{\left(\frac{\sigma}{2}\right)^2 + \tau^2} \leqslant [\sigma]$

5-7-15 图示单元体中应力单位为 MPa，则其最大剪应力为：

A. 60　　B. −60　　C. 20　　D. −20

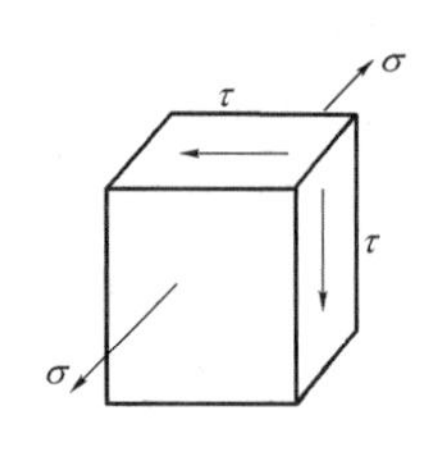

题 5-7-14 图

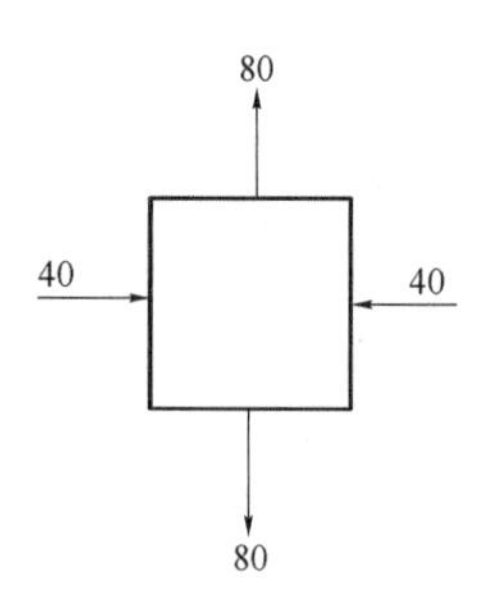

题 5-7-15 图

5-7-16 如图所示构件上a点处，原始单元体的应力状态应为下列何图所示？

A. 图 b） B. 图 c） C. 图 d） D. 图 e）

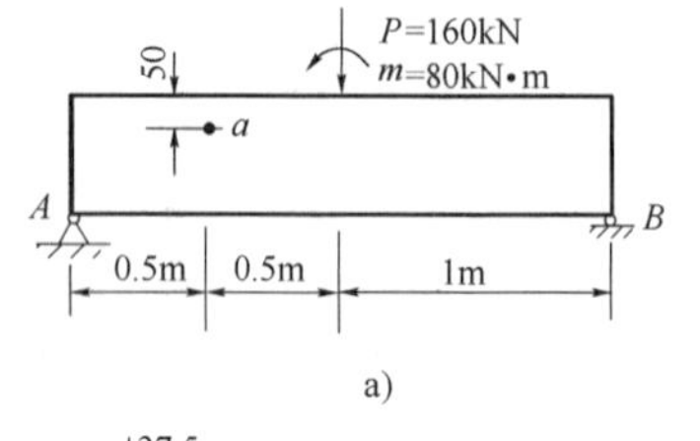

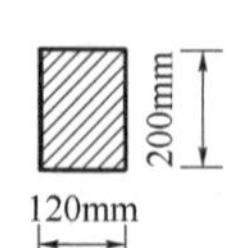

a)

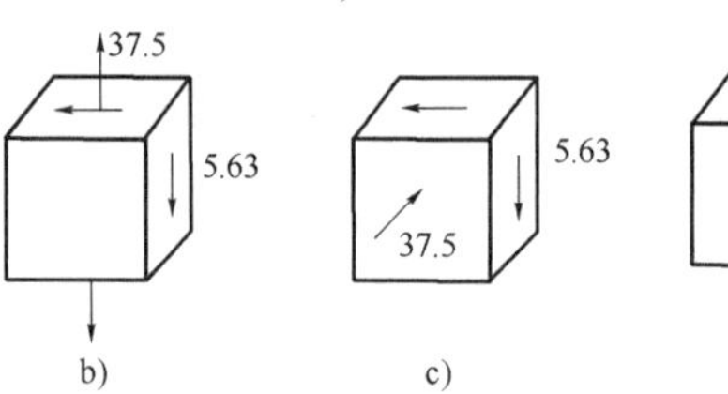

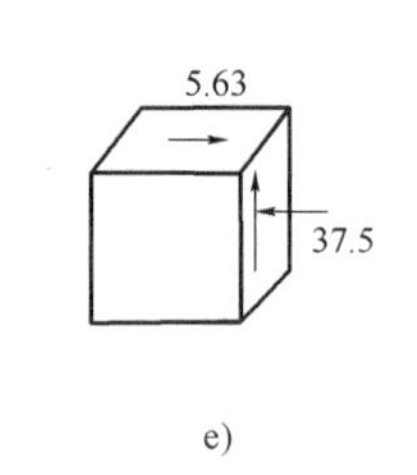

题 5-7-16 图

5-7-17 受力物体内一点处，其最大剪应力所在平面上的正应力应：

A. 一定为最大 B. 一定为零

C. 不一定为零 D. 一定不为零

5-7-18 如图所示诸单元体中，标示正确的是：（应力单位：MPa）

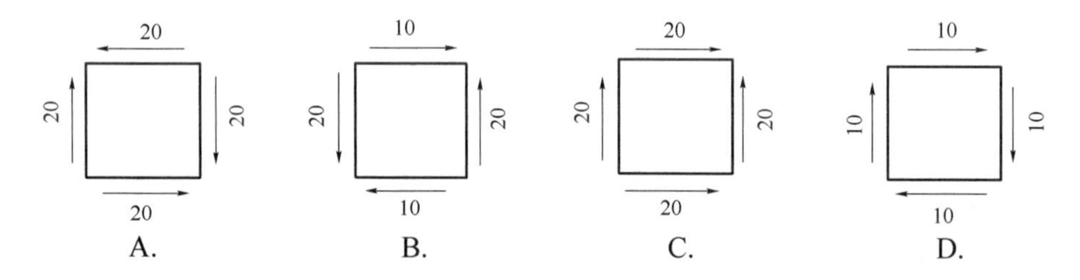

5-7-19 一个二向应力状态与另一个单向应力状态相叠加，其结果是下列中的哪种状态？

A. 一定为二向应力状态

B. 一定为二向应力状态或三向应力状态

C. 可能是单向、二向或三向应力状态

D. 可能是单向、二向、三向应力状态，也可能为零应力状态

5-7-20 单元体处于纯剪应力状态，其主应力特点为：

A. $\sigma_1 = \sigma_2 > 0$，$\sigma_3 = 0$

B. $\sigma_1 = 0$，$\sigma_2 = \sigma_3 < 0$

C. $\sigma_1 > 0$，$\sigma_2 = 0$，$\sigma_3 < 0$，$|\sigma_1| = |\sigma_3|$

D. $\sigma_1 > 0$，$\sigma_2 = 0$，$\sigma_3 < 0$，$|\sigma_1| > |\sigma_3|$

5-7-21 某点平面应力状态如图所示，则该点的应力圆为：

A. 一个点圆

B. 圆心在原点的点圆

C. 圆心在（5MPa，0）点的点圆

D. 圆心在原点、半径为 5MPa 的圆

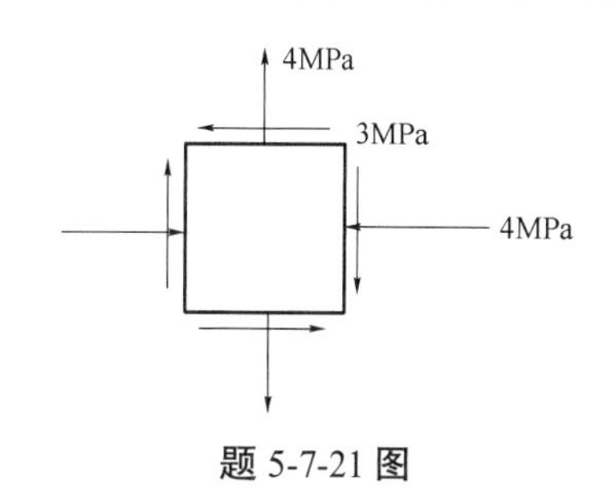

题 5-7-21 图

5-7-22 如图所示单元体取自梁上哪一点？

A. a　　B. b　　C. c　　D. d

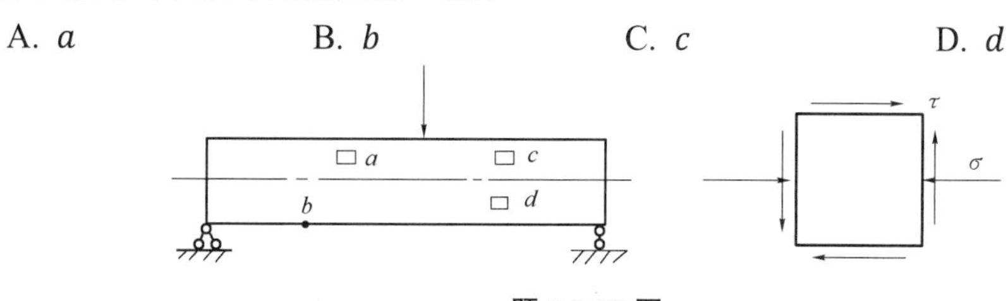

题 5-7-22 图

5-7-23 平面应力状态如图所示，下列结论中正确的是：

A. $\sigma_\alpha=\frac{\sigma}{2}+\tau$，$\varepsilon_\alpha=\frac{\frac{\sigma}{2}+\tau}{E}$　　B. $\sigma_\alpha=\frac{\sigma}{2}-\tau$，$\varepsilon_\alpha=\frac{\frac{\sigma}{2}-\tau}{E}$

C. $\sigma_\alpha=\frac{\sigma}{2}+\tau$，$\varepsilon_\alpha=\frac{(1-\mu)\sigma}{2E}+\frac{(1+\mu)\tau}{E}$　　D. $\sigma_\alpha=\frac{\sigma}{2}-\tau$，$\varepsilon_\alpha=\frac{(1-\mu)\sigma}{2E}-\frac{(1+\mu)\tau}{E}$

5-7-24 如图所示的应力状态单元体若按第四强度理论进行强度计算，则其相当应力σ_{r4}等于：

A. $\frac{3}{2}\sigma$　　B. 2σ　　C. $\frac{\sqrt{7}}{2}\sigma$　　D. 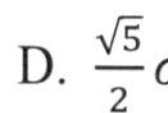 $\frac{\sqrt{5}}{2}\sigma$

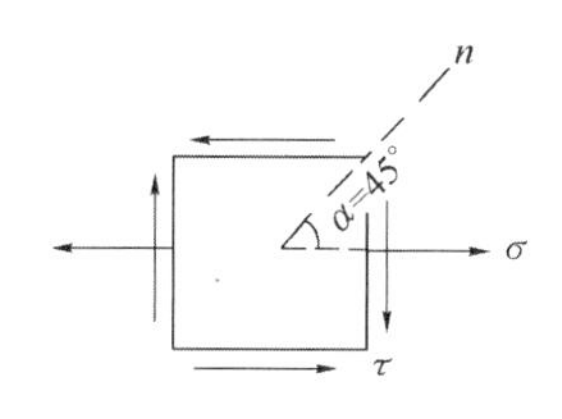

题 5-7-23 图

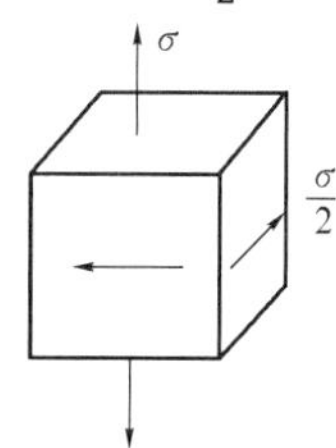

题 5-7-24 图

5-7-25 在图示xy坐标系下，单元体的最大主应力σ_1大致指向：

A. 第一象限，靠近x轴

B. 第一象限，靠近y轴

C. 第二象限，靠近x轴

D. 第二象限，靠近y轴

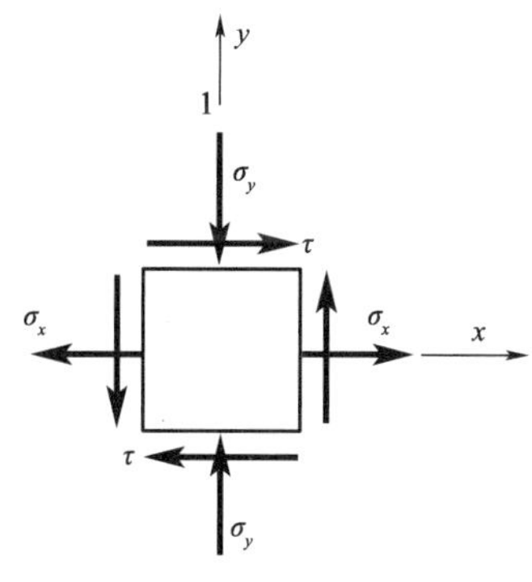

题 5-7-25 图

题解及参考答案

5-7-1　解： 图c）中σ_1和σ_3的差值最大。

$$\tau_{\max}=\frac{\sigma_1-\sigma_3}{2}=\frac{2\sigma-(-2\sigma)}{2}=2\sigma$$

答案： C

5-7-2　解：

$$\sigma_1=\frac{\sigma_x+\sigma_y}{2}+\sqrt{\left(\frac{\sigma_x-\sigma_y}{2}\right)^2+\tau_x^2}=\frac{40+(-40)}{2}+\sqrt{\left[\frac{40-(-40)}{2}\right]^2+30^2}=50\text{MPa}$$

答案： D

5-7-3　解： 受扭圆轴最大剪应力τ发生在圆轴表面，是剪切应力状态（见解图a），而其主应力$\sigma_1=\tau$出现在45°斜截面上（见解图b），其值为τ。

答案： D

5-7-4　解： 设单元体厚度为1，则ab、bc、ac三个面的面积就等于ab、bc、ac；在单元体图上作辅助线ad，则从图中可以看出如下几何关系：

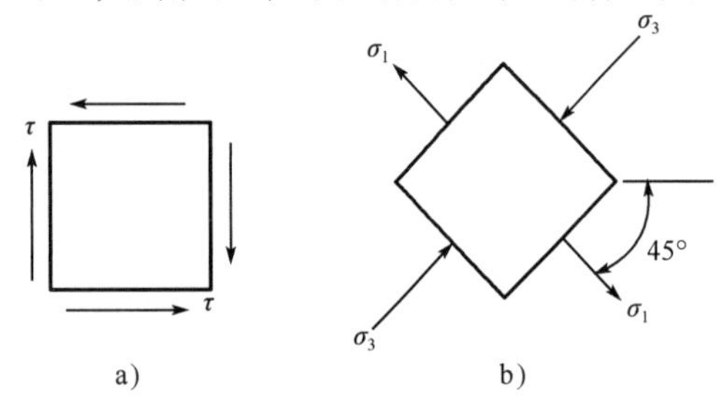

题 5-7-3 解图

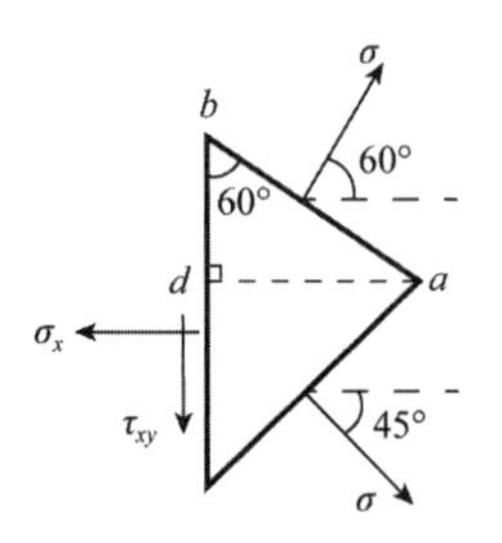

题 5-7-4 解图

$ad=ab\sin 60°=ac\sin 45°$

$bc=bd+dc=ac\cos 60°+ac\cos 45°$

由单元体的整体平衡方程，可得：

$\sum F_x=0$，$\sigma_x\cdot bc=\sigma\cos 60°\cdot ab+\sigma\cos 45°\cdot ac$

$$=\sigma(bd+dc)=\sigma\cdot bc$$

$\sigma_x=\sigma$

$\sum F_y=0$，$\tau_{xy}\cdot bc=\sigma\sin 60°\cdot ab-\sigma\sin 45°\cdot ac$

$$=\sigma(ad-ad)=0$$

$\tau_{xy}=0$

答案： A

5-7-5　解： 状态（1）：$\sigma_{r3}=\sigma_1-\sigma_3=120-(-120)=240$；

状态（2）：$\sigma_{r3}=\sigma_1-\sigma_3=100-(-100)=200$；

状态（3）：$\sigma_{r3}=\sigma_1-\sigma_3=150-60=90$；

状态（4）：$\sigma_{r3}=\sigma_1-\sigma_3=100-0=100$；

显然状态（1）相当应力σ_{r3}最大。

答案： A

5-7-6 解： 该题有两种解法。

方法 1，对比法

把图示等腰三角形单元体与纯剪切应力状态对比。把两个直角边看作是纯剪切应力状态中单元体的两个边，则σ和τ所在截面就相当于纯剪切单元体的主平面，故$\sigma=\tau_0$，$\tau=0$。

方法 2，小块平衡法

设两个直角边截面面积为A，则底边截面面积为$\sqrt{2}A$。由平衡方程：

$\sum F_y=0$，$\sigma\cdot\sqrt{2}A=2\tau_0A\cdot\sin45°$，所以$\sigma=\tau_0$；

$\sum F_x=0$，$\tau\cdot\sqrt{2}A+\tau_0A\cos45°=\tau_0A\cdot\cos45°$，所以$\tau=0$。

答案： B

5-7-7 解： 图示单元体应力状态类同于梁的应力状态：$\sigma_2=0$且$\sigma_x=0$（或$\sigma_y=0$），故其主应力的特点与梁相同，即有如下规律

$$\sigma_1=\frac{\sigma}{2}+\sqrt{\left(\frac{\sigma}{2}\right)^2+\tau^2}>0;\ \sigma_3=\frac{\sigma}{2}-\sqrt{\left(\frac{\sigma}{2}\right)^2+\tau^2}<0$$

已知其中一个主应力为 5MPa>0，即$\sigma_1=\frac{-80}{2}+\sqrt{\left(\frac{-80}{2}\right)^2+\tau^2}=5\text{MPa}$，所以$\sqrt{\left(\frac{-80}{2}\right)^2+\tau^2}$=45MPa，则另一个主应力必为$\sigma_3=\frac{-80}{2}-\sqrt{\left(\frac{-80}{2}\right)^2+\tau^2}=-85\text{MPa}$。

答案： A

5-7-8 解： 首先分析各横截面上的内力——剪力Q和弯矩M，如解图 a）所示。再分析各横面上的正应力σ和剪应力τ沿高度的分布，如解图 b）和 c）所示。可见 4 点的剪应力方向不对。

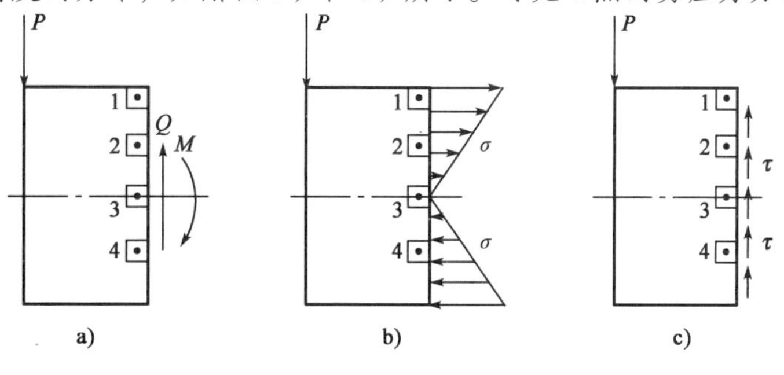

题 5-7-8 解图

答案： D

5-7-9 解： 题图单元体的主方向可用叠加法判断。把图中单元体看成是单向压缩和纯剪切两种应力状态的叠加，如解图 a）和 b）所示。

其中，图 a）主压应力σ_3'的方向即为σ_y的方向（沿y轴），而图 b）与图 c）等价，其主应压力σ_3''的方向沿与y轴成 45°的方向。因此题中单元体主力主应力σ_3的方向应为σ_3'和σ_3''的合力方向。根据求合力的平行四边形法则，σ_3与y轴的夹角σ必小于 45°，而σ_1与σ_3相互垂直，故σ_1与x轴夹角也是$\alpha<45°$，如图 d）所示。

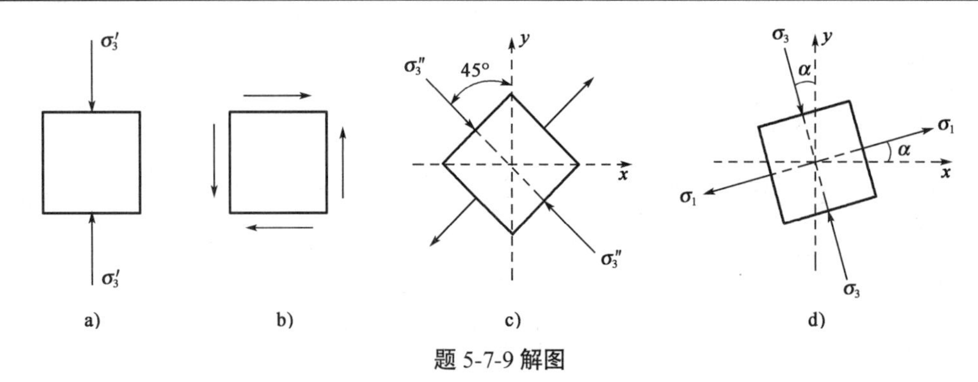

题 5-7-9 解图

答案： A

5-7-10　解： 图 a）为纯剪切应力状态，经分析可知其主应力为$\sigma_1 = s$，$\sigma_2 = 0$，$\sigma_3 = -s$，方向如图 c）所示。

答案： C

5-7-11　解： 根据定义，剪应力等于零的平面为主平面，主平面上的正应力为主应力。可以证明，主应力为该点平面中的最大或最小正应力。主应力可以是零。

答案： B

5-7-12　解： 斜截面上剪应力$\tau_\alpha = \frac{\sigma_x - \sigma_y}{2}\sin 2\alpha + \tau_x \cos 2\alpha$，在本题中$\sigma_x - \sigma_y = 0$，$\tau_x = 0$，故任意斜截面上都有$\tau_\alpha = 0$，即任意斜截面均为主平面。

答案： A

5-7-13　解： 根据主平面方位角α_0的公式$\tan 2\alpha_0 = \frac{-2\tau_x}{\sigma_x - \sigma_y}$和三角函数的定义，可知$2\alpha_0$在第三象限，$\alpha_0$在第二象限。

答案： C

5-7-14　解： 首先求出三个主应力：$\sigma_1 = \sigma$，$\sigma_2 = \tau$，$\sigma_3 = -\tau$，再由第三强度理论得$\sigma_{r3} = \sigma_1 - \sigma_3 = \sigma + \tau \leqslant [\sigma]$。

答案： B

5-7-15　解： 根据主应力的定义，显然$\sigma_1 = 80\text{MPa}$，$\sigma_2 = 0$，$\sigma_3 = -40\text{MPa}$，$\tau_{\max} = \frac{\sigma_1 - \sigma_3}{2} = 60\text{MPa}$。

答案： A

5-7-16　解： 由受力分析可知，A端支座反力向上，故a点剪力为正，弯矩也为正，又a点在中性轴的上方，故受压力；因此横截面上σ为压应力，τ为顺时针方向。

答案： C

5-7-17　解： 最大正应力所在平面上剪应力一定为零，而最大剪应力所在平面上正应力不一定为零。

答案： C

5-7-18　解： 根据剪应力互等定理，只有选项 A 是正确的。

答案： A

5-7-19　解： 二向应力状态有 2 个主应力不为零，单向应力状态有 1 个主应力不为零。

答案： C

5-7-20　解： 设纯剪切应力状态的剪应力为τ，则根据主应力公式计算可知，$\sigma_1 = \tau$，$\sigma_2 = 0$，$\sigma_3 = -\tau$。

答案： C

5-7-21　解： 根据应力圆的做法，两个基准面所对应的应力圆上点的坐标分别为$(-4,3)$和$(4,-3)$，以这两点连线为直径作出的是圆心在原点、半径为 5MPa 的圆。

答案： D

5-7-22 解： 梁上a、b、c、d四点中只有c点横截面上的剪应力为负，同时正应力又为压应力。

答案： C

5-7-23 解： 由公式$\sigma_\alpha=\frac{\sigma_x+\sigma_y}{2}+\frac{\sigma_x-\sigma_y}{2}\cos 2\alpha-\tau_x\sin 2\alpha$，可求得$\sigma_{45^\circ}=\frac{\sigma}{2}-\tau$，$\sigma_{-45^\circ}=\frac{\sigma}{2}+\tau$；再由广义胡克定律$\varepsilon_{45^\circ}=\frac{1}{E}(\sigma_{45^\circ}-\mu\sigma_{-45^\circ})$，可求出$\varepsilon_\alpha$值。

答案： D

5-7-24 解： 三个主应力为$\sigma_1=\sigma$，$\sigma_2=\frac{\sigma}{2}$，$\sigma_3=-\frac{\sigma}{2}$，代入$\sigma_{r4}$的公式即得结果。

答案： C

5-7-25 解： 图示单元体的最大主应力σ_1的方向，可以看作是σ_x的方向（沿x轴）和纯剪切单元体的最大拉应力的主方向（在第一象限沿 45°向上），叠加后的合应力的指向。

答案： A

（八）组合变形

5-8-1 图示矩形截面杆AB，A端固定，B端自由。B端右下角处承受与轴线平行的集中力F，杆的最大正应力是：

A. $\sigma=\frac{3F}{bh}$　　B. $\sigma=\frac{4F}{bh}$　　C. $\sigma=\frac{7F}{bh}$　　D. $\sigma=\frac{13F}{bh}$

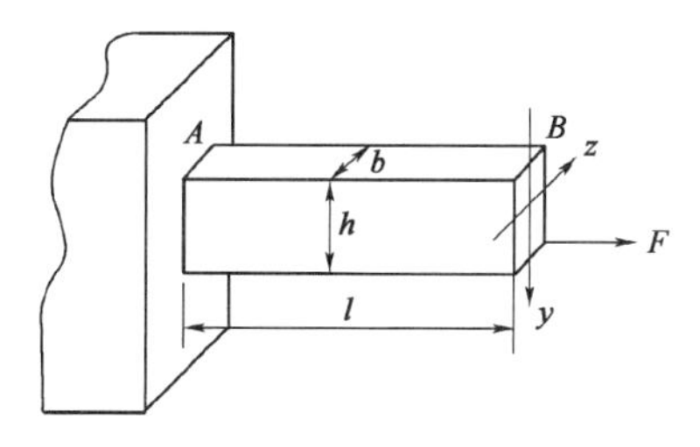

题 5-8-1 图

5-8-2 图示圆轴固定端最上缘A点的单元体的应力状态是：

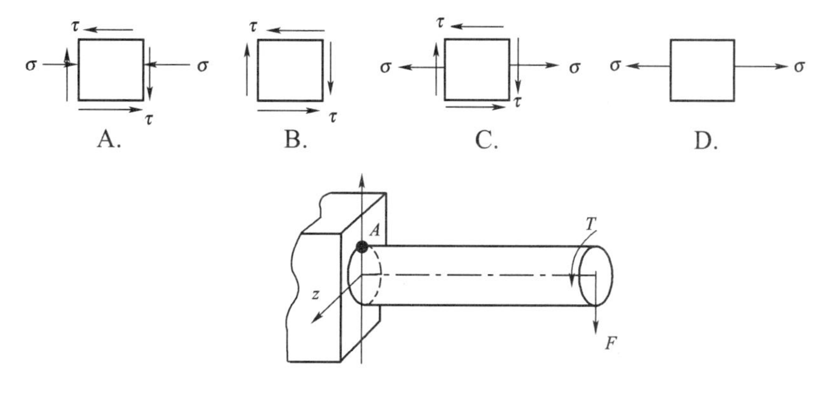

题 5-8-2 图

5-8-3 图示 T 形截面杆，一端固定一端自由，自由端的集中力F作用在截面的左下角点，并与杆件的轴线平行。该杆发生的变形为：

A. 绕y和z轴的双向弯曲　　B. 轴向拉伸和绕y、z轴的双向弯曲

C. 轴向拉伸和绕z轴弯曲　　D. 轴向拉伸和绕y轴弯曲

5-8-4 图示圆轴，在自由端圆周边界承受竖直向下的集中F，按第三强度理论，危险截面的相当应力σ_{eq3}为：

A. $\sigma_{eq3}=\frac{16}{\pi d^3}\sqrt{(FL)^2+4\left(\frac{Fd}{2}\right)^2}$　　B. $\sigma_{eq3}=\frac{16}{\pi d^3}\sqrt{(FL)^2+\left(\frac{Fd}{2}\right)^2}$

C. $\sigma_{eq3}=\frac{32}{\pi d^3}\sqrt{(FL)^2+4\left(\frac{Fd}{2}\right)^2}$　　D. $\sigma_{eq3}=\frac{32}{\pi d^3}\sqrt{(FL)^2+\left(\frac{Fd}{2}\right)^2}$

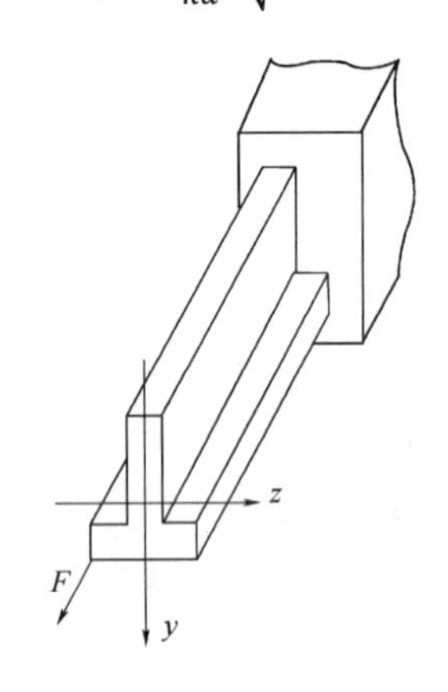

题 5-8-3 图

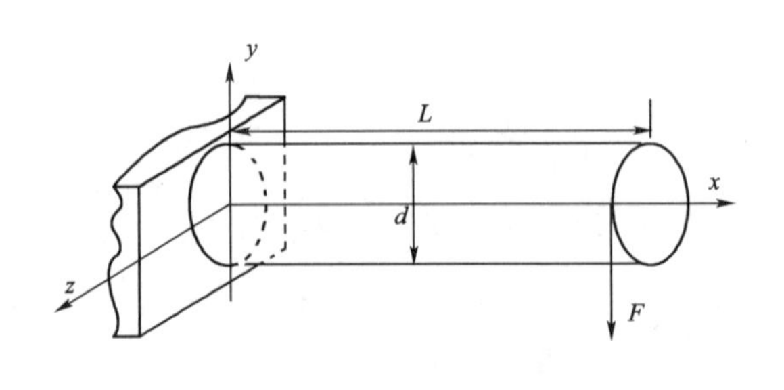

题 5-8-4 图

5-8-5 图示为正方形截面等直杆，抗弯截面模量为W，在危险截面上，弯矩为M，扭矩为M_n，A点处有最大正应力σ和最大剪应力γ。若材料为低碳钢，则其强度条件为：

A. $\sigma\leqslant[\sigma]$，$\tau<[\tau]$

B. $\frac{1}{W}\sqrt{M^2+0.75M_n^2}\leqslant[\sigma]$

C. $\frac{1}{W}\sqrt{M^2+M_n^2}\leqslant[\sigma]$

D. $\sqrt{\sigma+4\tau^2}\leqslant[\sigma]$

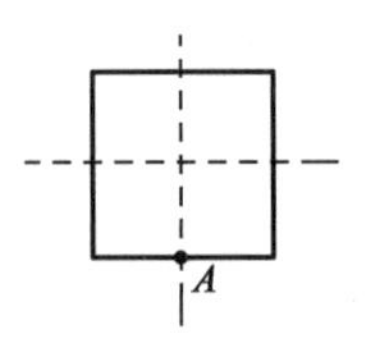

题 5-8-5 图

5-8-6 工字形截面梁在图示荷载作用上，截面m-m上的正应力分布为：

A. 图（1）　　B. 图（2）

C. 图（3）　　D. 图（4）

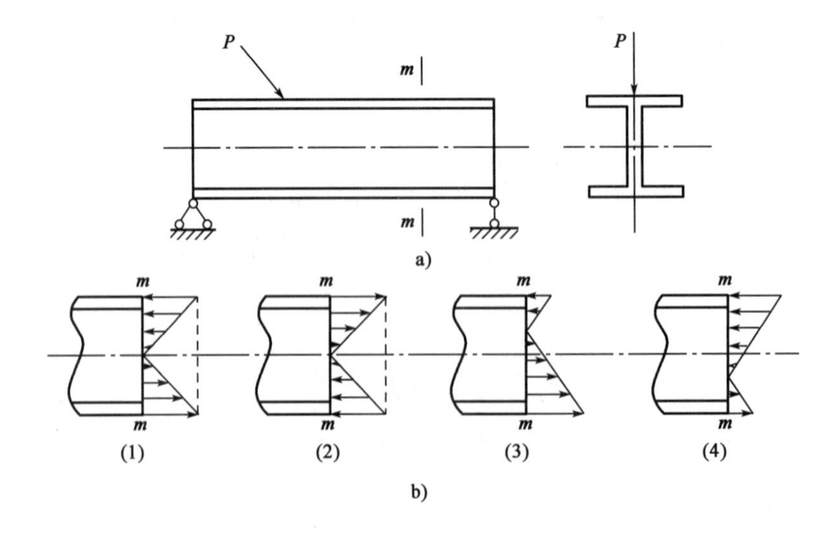

题 5-8-6 图

5-8-7　矩形截面杆的截面宽度沿杆长不变，杆的中段高度为$2a$，左、右高度为$3a$，在图示三角形分布荷载作用下，杆的截面m-m和截面n-n分别发生：

A. 单向拉伸、拉弯组合变形　　B. 单向拉伸、单向拉伸变形

C. 拉弯组合、单向拉伸变形　　D. 拉弯组合，拉弯组合变形

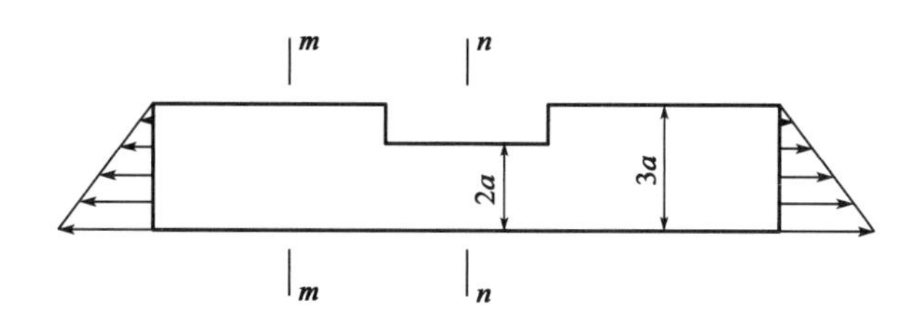

题 5-8-7 图

5-8-8　一正方形截面短粗立柱（见图 a），若将其底面加宽一倍（见图 b），原厚度不变，则该立柱的强度：

A. 提高一倍　　B. 提高不到一倍

C. 不变　　D. 降低

5-8-9　图示应力状态为其危险点的应力状态，则杆件为：

A. 斜弯曲变形　　B. 偏心拉弯变形

C. 拉弯组合变形　　D. 弯扭组合变形

5-8-10 折杆受力如图所示，以下结论中错误的为：

A. 点B和D处于纯剪状态

B. 点A和C处为二向应力状态，两点处$\sigma_1>0$，$\sigma_1=0$，$\sigma_3<0$

C. 按照第三强度理论，点A及C比点B及D危险

D. 点A及C的最大主应力σ_1数值相同

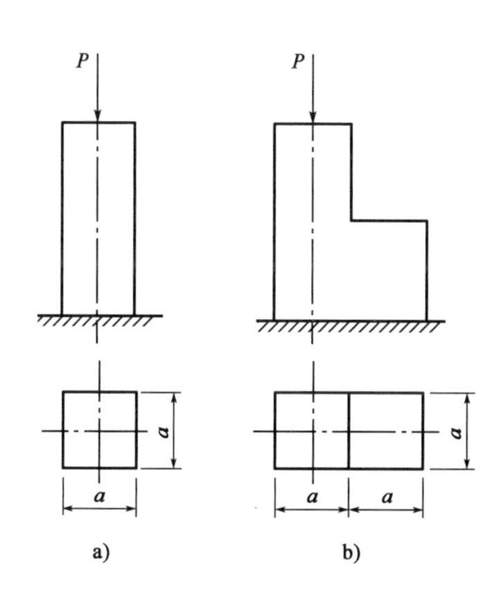

题 5-8-8 图

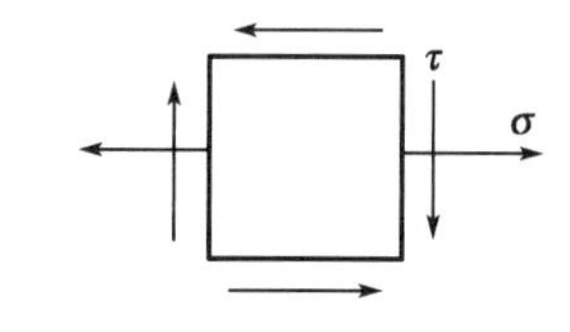

题 5-8-9 图

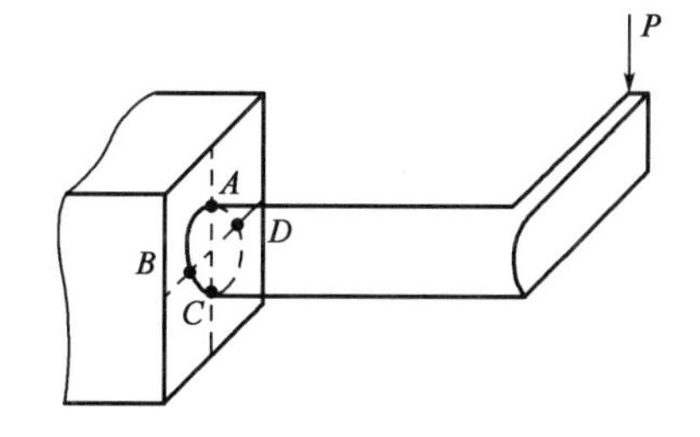

题 5-8-10 图

5-8-11 图示两根相同的脆性材料等截面直杆，其中一根有沿横截面的微小裂纹。在承受图示拉伸荷载时，有微小裂纹的杆件的承载能力比没有裂纹杆件的承载能力明显降低，其主要原因是：

A. 横截面积小　　　　B. 偏心拉伸

C. 应力集中　　　　D. 稳定性差

5-8-12 如图所示，正方形截面悬臂梁AB，在自由端B截面形心作用有轴向力F，若将轴向力F平移到B截面下缘中点，则梁的最大正应力是原来的：

A. 1 倍　　B. 2 倍　　C. 3 倍　　D. 4 倍

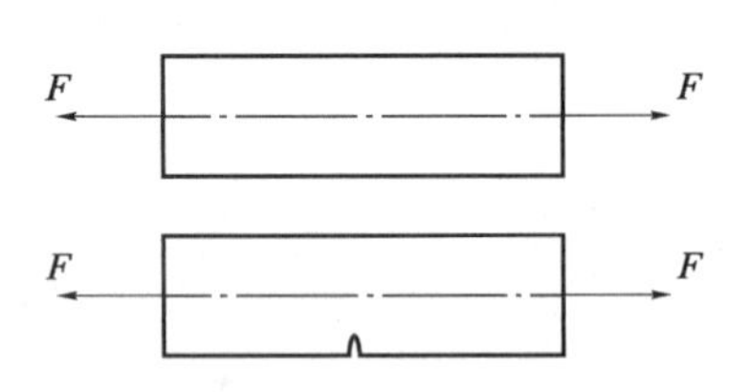

题 5-8-11 解图

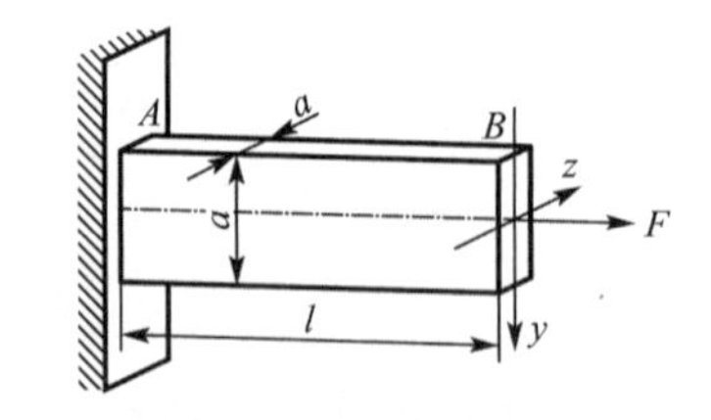

题 5-8-12 解图

5-8-13 矩形截面拉杆中间开一深为$\frac{h}{2}$的缺口（见图），与不开缺口时的拉杆相比（不计应力集中影响），杆内最大正应力是不开口时正应力的多少倍？

A. 2　　B. 4　　C. 8　　D. 16

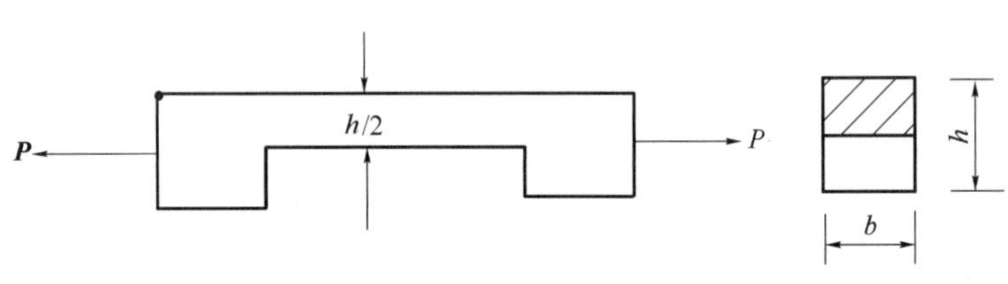

题 5-8-13 图

5-8-14 结构如图，折杆AB与直杆BC的横截面面积为$A = 42\text{cm}^2$，$W_y = W_z = 420\text{cm}^3$，$[\sigma] = 100\text{MPa}$，则此结构的许可荷载$[P]$为：

A. 15kN　　B. 30kN　　C. 45kN　　D. 60kN

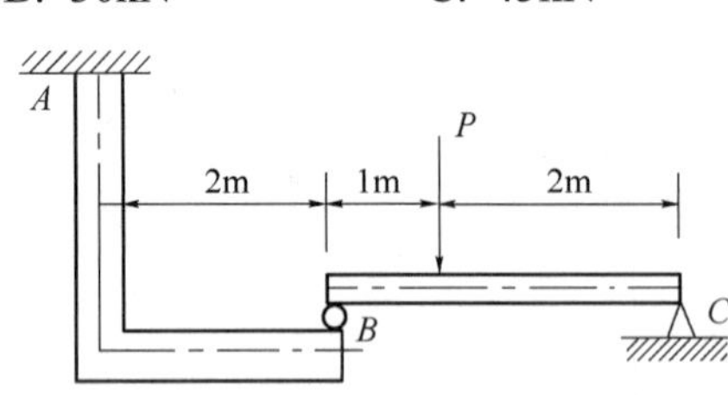

题 5-8-14 图

5-8-15 矩形截面拉杆两端受线性荷载作用，最大线荷载为q（N/m），中间开一深为a的缺口（见图），则其最大拉应力为：

A. $2\frac{q}{a}$　　B. $\frac{q}{a}$　　C. $\frac{3q}{4a}$　　D. $\frac{q}{2a}$

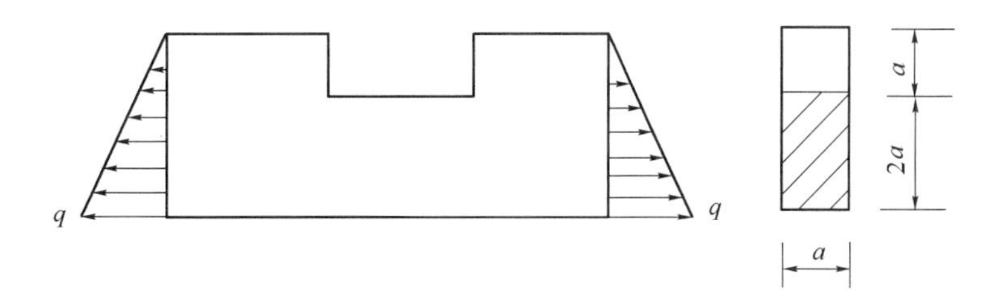

题 5-8-15 图

5-8-16 图示矩形截面梁，高度$h = 120\text{mm}$，跨度$l = 1\text{m}$，梁中点受集中力$\boldsymbol{P}$，两端受拉力$S = 50\text{kN}$，此拉力作用在横截面的对称轴y上，距上表面$a = 50\text{mm}$，若横截面内最大正应力与最小正应力之比为5/3，则P为：

A. 5kN　　B. 4kN　　C. 3kN　　D. 2kN

5-8-17 图示钢制竖直杆DB与水平杆AC刚接于B，A端固定，$\boldsymbol{P}$、l、a与圆截面杆直径d为已知。按第三强度理论，相当应力σ_{r3}为：

A. $-\frac{4P}{\pi d^2}+\frac{32\sqrt{(2Pl)^2+(Pl)^2+(Pa)^2}}{\pi d^3}$

B. $\frac{4P}{\pi d^2}+\frac{32\sqrt{(2Pl)^2+(Pl)^2+(Pa)^2}}{\pi d^3}$

C. $\sqrt{\sigma^2+3\tau^2}$，其中$\sigma=-\frac{4P}{\pi d^2}-\frac{32\sqrt{(2Pl)^2+(Pl)^2}}{\pi d^3}$，$\tau=\frac{16Pa}{\pi d^3}$

D. $\sqrt{\sigma^2+4\tau^2}$，其中$\sigma=-\frac{4P}{\pi d^2}-\frac{32\sqrt{(2Pl)^2+(Pl)^2}}{\pi d^3}$，$\tau=\frac{16Pa}{\pi d^3}$

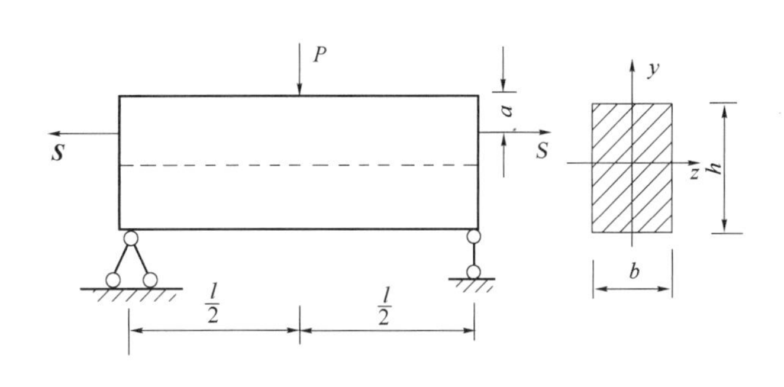

题 5-8-16 图

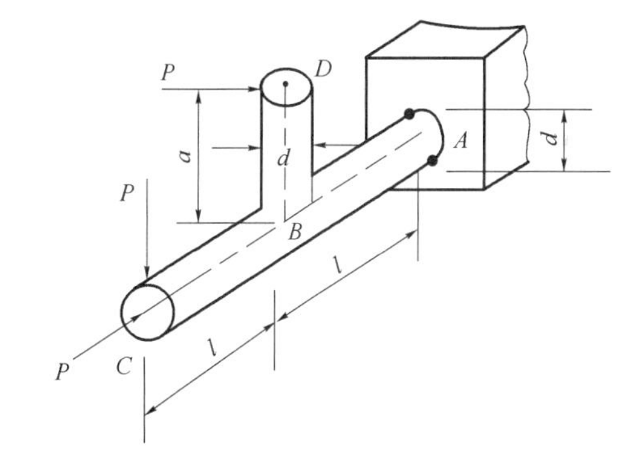

题 5-8-17 图

5-8-18 矩形截面梁在形心主惯性平面（xy平面、xz平面）内分别发生平面弯曲，若梁中某截面上的弯矩分别为M_z和M_y，则该截面上的最大正应力为：

A. $\sigma_{\max}=\left|\frac{M_y}{W_y}\right|+\left|\frac{M_z}{W_z}\right|$　　B. $\sigma_{\max}=\left|\frac{M_y}{W_y}+\frac{M_z}{W_z}\right|$

C. $\sigma_{\max}=\frac{M_y+M_z}{W}$　　D. $\sigma_{\max}=\frac{\sqrt{M_y^2+M_z^2}}{W}$

5-8-19 槽形截面梁受力如图所示，该梁的变形为下述中哪种变形？

A. 平面弯曲　　B. 斜弯曲

C. 平面弯曲与扭转的组合　　D. 斜弯曲与扭转的组合

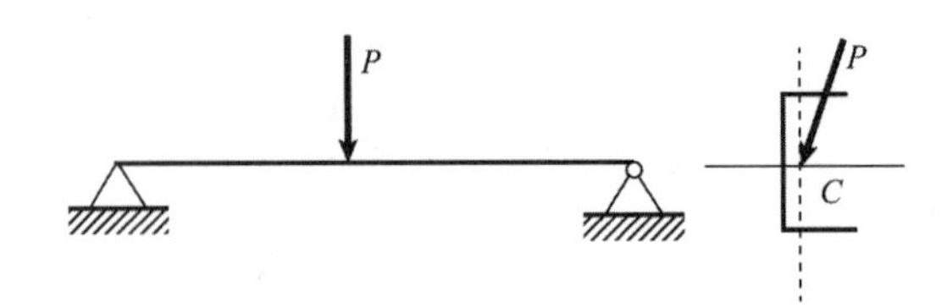

题 5-8-19 图

5-8-20 槽钢梁一端固定，一端自由，自由端受集中力$\boldsymbol{P}$作用，梁的横截面和力$\boldsymbol{P}$作用线如图所示（C点为横截面形心），其变形状态为：

A. 平面弯曲　　B. 斜弯曲

C. 平面弯曲加扭转　　D. 斜弯曲加扭转

5-8-21 如图所示梁（等边角钢构成）发生的变形是下述中的哪种变形？

A. 平面弯曲　　B. 斜弯曲

C. 扭转和平面弯曲　　D. 扭转和斜弯曲

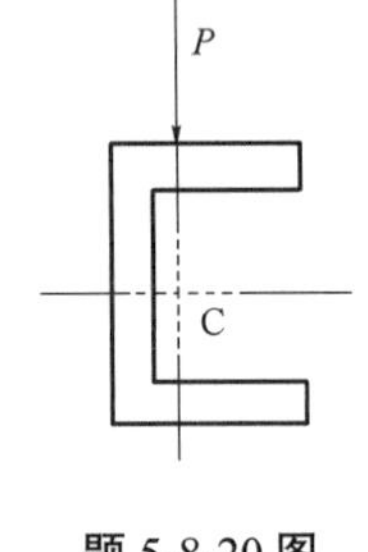

题 5-8-20 图

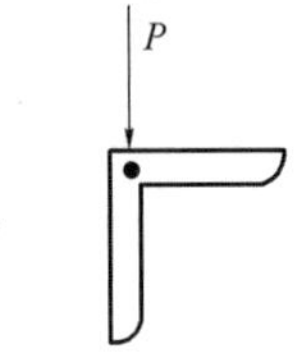

题 5-8-21 图

5-8-22 悬臂梁在自由端受集中力$\boldsymbol{P}$作用，横截面形状和力$\boldsymbol{P}$的作用线如图所示，其中产生斜弯曲与扭转组合变形的是哪种截面？

A. 矩形　　B. 槽钢　　C. 工字钢　　D. 等边角钢

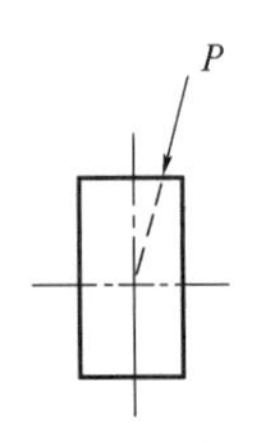

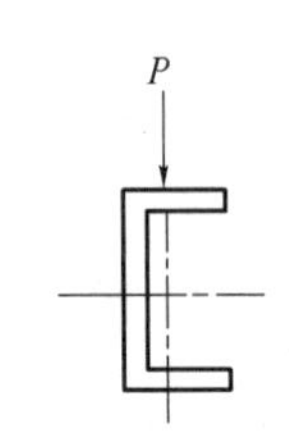

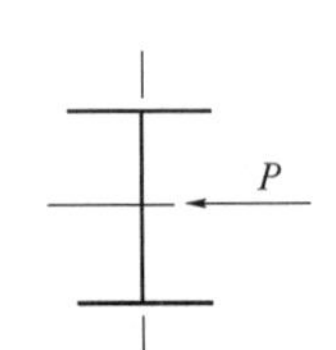

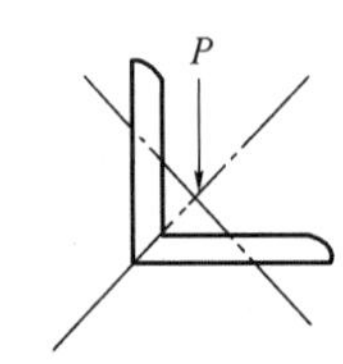

题 5-8-22 图

5-8-23 如图所示悬臂梁受力$\boldsymbol{P}$作用。在图示四种截面的情况下，其最大正应力（绝对值）不能用公式$\sigma_{\max} = \frac{M_y}{W_y} + \frac{M_z}{W_z}$计算的是哪种截面？

A. 圆形　　B. 槽形　　C. T 形　　D. 等边角钢

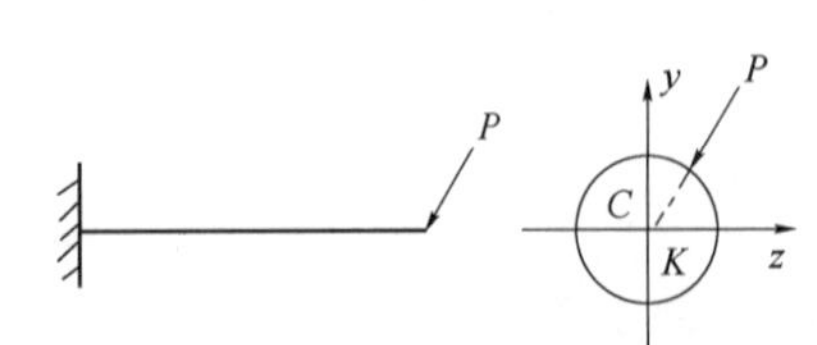

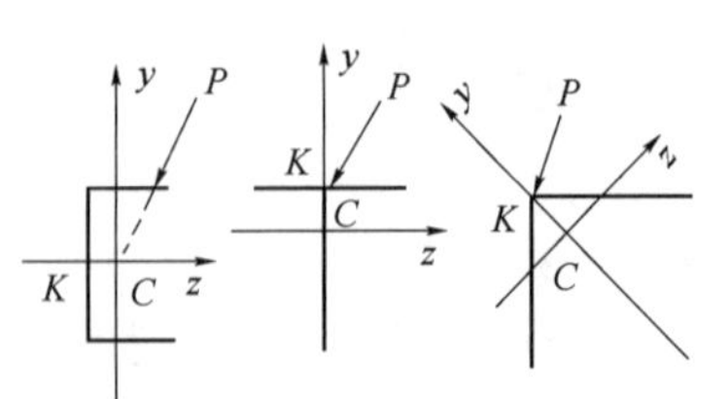

题 5-8-23 图（图中C为形心，K为弯曲中心）

5-8-24 三种受压杆如图所示。若用σ_{max1}、σ_{max2}、σ_{max3}分别表示杆①、杆②、杆③中横截面上的最大压应力，则下列四个结论中正确的结论是：

A. $\sigma_{max1} = \sigma_{max2} = \sigma_{max3}$　　B. $\sigma_{max1} > \sigma_{max2} = \sigma_{max3}$

C. $\sigma_{max2} > \sigma_{max1} = \sigma_{max3}$　　D. $\sigma_{max2} > \sigma_{max1} > \sigma_{max3}$

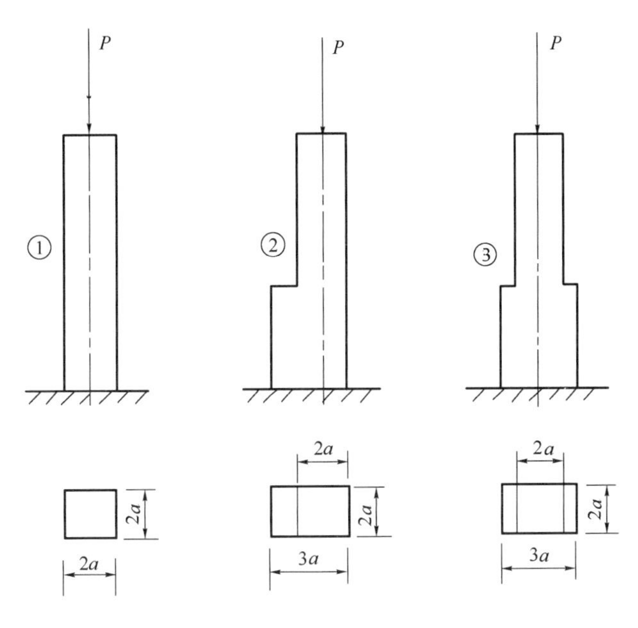

题 5-8-24 图

5-8-25 图示变截面短杆，AB段压应力σ_{AB}与BC段压应力σ_{BC}的关系是：

A. σ_{AB}比σ_{BC}大1/4

B. σ_{AB}比σ_{BC}小1/4

C. σ_{AB}是σ_{BC}的2倍

D. σ_{AB}是σ_{BC}的1/2

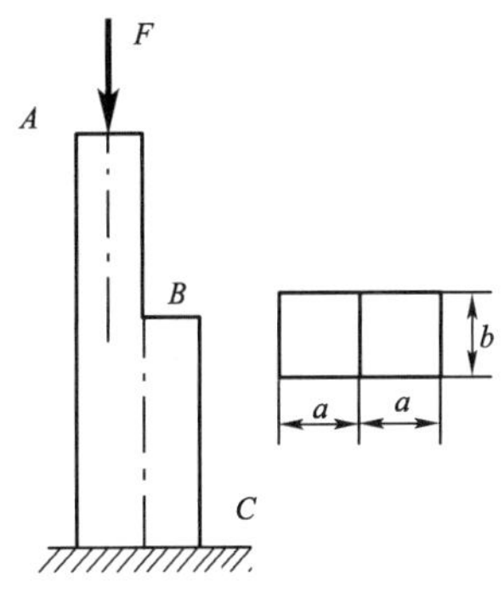

题 5-8-25 图

5-8-26 图示圆轴，固定端外圆上$y = 0$点（图中A点）的单元体的应力状态是：

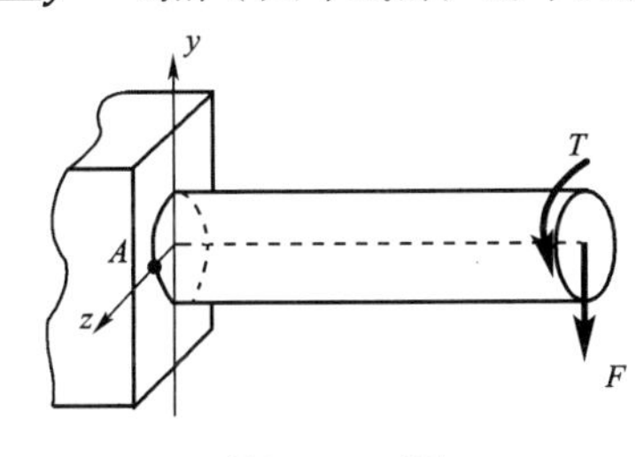

题 5-8-26 图

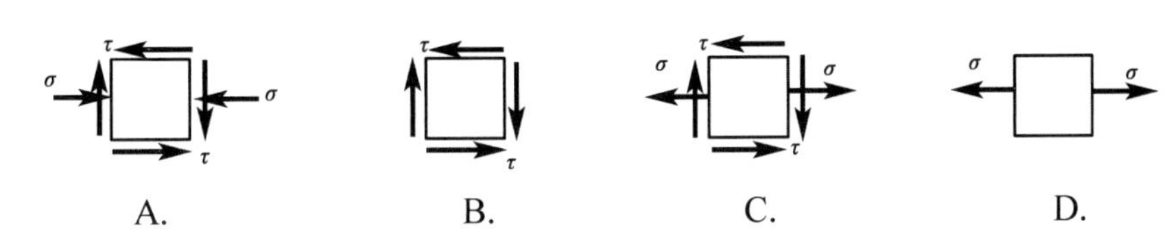

题解及参考答案

5-8-1　解： 图示杆是偏心拉伸，等价于轴向拉伸和两个方向弯曲的组合变形。

$$\sigma_{\max}^{+}=\frac{F_{\mathrm{N}}}{bh}+\frac{M_{\mathrm{g}}}{W_{\mathrm{g}}}+\frac{M_y}{W_y}=\frac{F}{bh}+\frac{F\frac{h}{2}}{\frac{bh^2}{6}}+\frac{F\frac{b}{2}}{\frac{hb^2}{6}}=7\frac{F}{bh}$$

答案： C

5-8-2　解： 力F产生的弯矩引起A点的拉应力，力偶T产生的扭矩引起A点的切应力τ，故A点应为既有拉应力σ又有τ的复杂应力状态。

答案： C

5-8-3　解： 这显然是偏心拉伸，而且对y、z轴都有偏心。把力F平移到截面形心，要加两个附加力偶矩，该杆将发生轴向拉伸和绕y、z轴的双向弯曲。

答案： B

5-8-4　解： 把力F沿轴线z平移至圆轴截面中心，并加一个附加力偶，则使圆轴产生弯曲和扭转组合变形。最大弯矩$M=Fl$，最大扭矩$T=F\frac{d}{2}$，$\sigma_{\mathrm{eq3}}=\frac{\sqrt{M^2+T^2}}{W_z}=\frac{32}{\pi d^3}\sqrt{(FL)^2+\left(\frac{Fd}{2}\right)^2}$。

答案： D

5-8-5　解： 在弯扭组合变形情况下，A点属于复杂应力状态，既有最大正应力，又有最大剪应力τ（见解图）。和梁的应力状态相同：$\sigma_y=0$，$\sigma_2=0$，$\sigma_1=\frac{\sigma}{2}+\sqrt{\left(\frac{\sigma}{2}\right)^2+\tau^2}$，$\sigma_3=\frac{\sigma}{2}-\sqrt{\left(\frac{\sigma}{2}\right)^2+\tau^2}$，$\sigma_{\mathrm{r3}}=\sigma_1-\sigma_3=\sqrt{\sigma^2+4\tau^2}$。

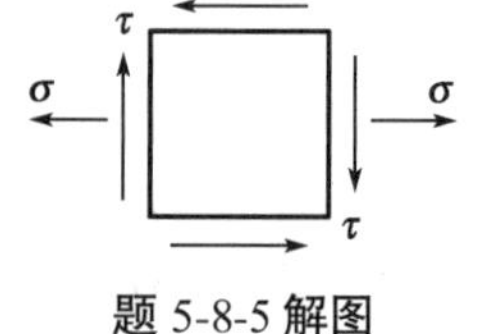

题 5-8-5 解图

选项中，A 为单向应力状态，B、C 只适用于圆截面。

答案： D

5-8-6　解： 从截面m-m截开后取右侧部分分析可知，右边只有一个铅垂的反力，只能在m-m截面上产生图（1）所示的弯曲正应力。

答案： A

5-8-7　解： 图中三角形分布荷载可简化为一个合力，其作用线距杆的截面下边缘的距离为$\frac{3a}{3}=a$，所以这个合力对m-m截面是一个偏心拉力，m-m截面要发生拉弯组合变形 ；而这个合力作用线正好通过n-n截面的形心，n-n截面要发生单向拉伸变形。

答案： C

5-8-8　解： 图 a）是轴向受压变形，最大压应力$\sigma_{\max}^{\mathrm{a}}=-\frac{P}{a^2}$；图 b）底部是偏心受压力变形，偏心距为$\frac{a}{2}$，最大压应力$\sigma_{\max}^{\mathrm{b}}=\frac{F_{\mathrm{N}}}{A}-\frac{M_z}{W_z}=-\frac{P}{2a^2}-\frac{P\cdot\frac{a}{2}}{\frac{a}{6}(2a)^2}=-\frac{5P}{4a^2}$。显然图 b）最大压应力数值大于图 a），该立柱的强度降低了。

答案： D

5-8-9　解： 斜弯曲、偏心拉弯和拉弯组合变形中单元体上只有正应力没有剪应力，只有弯扭组合变形中才既有正应力σ，又有剪应力τ。

答案： D

5-8-10 解： 把P力平移到圆轴线上，再加一个附加力偶。可见圆轴为弯扭组合变形。其中A点的应力状态如解图 a）所示，C点的应力状态如解图 b）所示。A、C两点的应力状态与梁中各点相同，而B、D两点位于中性轴上，为纯剪应力状态。但由于A点的正应力为拉应力，而C点的正应力为压应力，所以最大拉力$\sigma_1=\frac{\sigma}{2}+\sqrt{\left(\frac{\sigma}{2}\right)^2+\tau^2}$，计算中，$\sigma$的正负号不同，$\sigma_1$的数值也不相同。

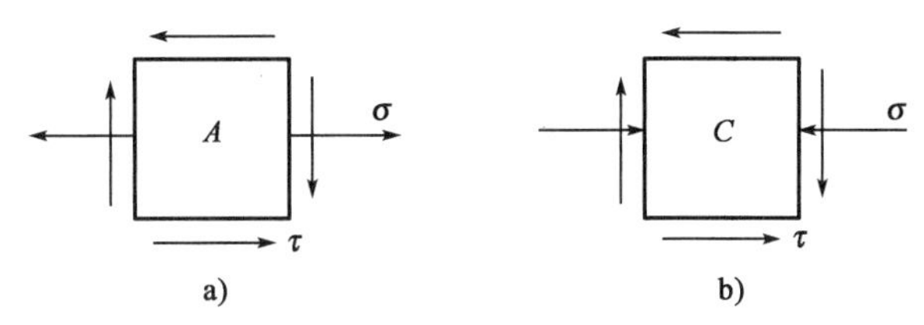

题 5-8-10 解图

答案： D

5-8-11 解： 由于沿横截面有微小裂纹，使得横截面的形心有变化，杆件由原来的轴向拉伸变成了偏心拉伸，其应力$\sigma=\frac{F_N}{A}+\frac{M_z}{W_z}$明显变大，故有裂纹的杆件比没有裂纹杆件的承载能力明显降低。

答案： B

5-8-12 解： 移动前杆是轴向受拉：

$$\sigma_{max}=\frac{F}{A}=\frac{F}{a^2}$$

移动后杆是偏心受拉，属于拉伸与弯曲的组合受力与变形：

$$\sigma_{max}=\frac{F}{A}+\frac{0.5aF}{\frac{a^3}{6}}=\frac{F}{a^2}+\frac{3F}{a^2}=\frac{4F}{a^2}$$

答案： D

5-8-13 解： 开缺口的截面是偏心受拉，偏心距为$\frac{h}{4}$，由公式$\sigma_{max}=\frac{P}{A}+\frac{P\cdot\frac{h}{4}}{W_z}$可求得结果。

答案： C

5-8-14 解： 首先从中间铰链B处断开，选取BC杆研究，求出B点的相互作用力。显然AB杆比BC杆受的弯矩大，而且AB杆中的竖杆受到偏心拉伸，$\sigma_{max}=\frac{N}{A}+\frac{M}{W}$，由强度条件$\sigma_{max}\leqslant[\sigma]$即可求出许可荷载$[P]$的值。

答案： B

5-8-15 解： 先求出线性荷载的合力，它作用在距底边为a的水平线上，因而中间开缺口的截面受轴向拉伸，而未开缺口部分受偏心拉伸。分别计算两部分的最大拉应力，取最大者即可。

答案： B

5-8-16 解： 此题为拉伸与弯曲的组合变形问题，最大正应力与最小正应力发生在跨中截面上下边缘。$\frac{\sigma_{max}}{\sigma_{min}}=\frac{P}{A}\pm\frac{M_z}{W_z}$，其中$\boldsymbol{M_z}$应包含两项，一项是由力$\boldsymbol{P}$引起的弯矩，一项是由偏心拉力$\boldsymbol{S}$引起的弯矩，两者引起的正应力符号相反。根据$\frac{\sigma_{max}}{\sigma_{min}}=\frac{5}{3}$，可求出$\boldsymbol{P}$的值。

答案： C

5-8-17 解： 这是压缩、双向弯曲和扭转的组合变形问题，危险点在A截面的右下部。

答案： D

5-8-18 解： 对于矩形截面梁这种带棱角的截面，其最大正应力应该用 A 式计算。

答案： A

5-8-19 解： 槽形截面的弯心在水平对称轴上槽形的外侧。受力没有过弯心，又与形心主轴不平行，故既有扭转又有斜弯曲。

答案：D

5-8-20　解：槽钢截面的弯曲中心在水平对称轴的外侧。力$\boldsymbol{P}$不通过弯心，但通过形心主轴，故产生平面弯曲加扭转。

答案：C

5-8-21　解：外力通过截面弯曲中心，无扭转变形；但外力不与形心主轴（45°方向）平行，故产生斜弯曲。

答案：B

5-8-22　解：D 图中的外力$\boldsymbol{P}$不通过弯曲中心又不与形心主轴平行，将产生扭转和斜弯曲的组合变形。

答案：D

5-8-23　解：公式$\sigma_{\max}=\frac{M_y}{W_y}+\frac{M_z}{W_z}$只适用于有棱角的截面，不适用于圆截面。

答案：A

5-8-24　解：杆①、杆③均为轴向压缩，其最大压应力是$\frac{P}{4a^2}$；而杆②下部是偏心压缩，最大压应力$\sigma_{\max2}=\frac{P}{A}+\frac{P\cdot e}{W_z}=\frac{P}{3a^2}$。

答案：C

5-8-25　解：AB段是轴向受压，$\sigma_{\mathrm{AB}}=\frac{F}{ab}$

BC段是偏心受压，$\sigma_{\mathrm{BC}}=\frac{F}{2ab}+\frac{F\cdot\frac{a}{2}}{\frac{b}{6}(2a)^2}=\frac{5F}{4ab}$，因此$\sigma_{\mathrm{AB}}$比$\sigma_{\mathrm{BC}}$小$1/4$。

答案：B

5-8-26　解：图示圆轴是弯扭组合变形，在固定端处既有弯曲正应力，又有扭转切应力。但是图中A点位于中性轴上，故没有弯曲正应力，只有切应力，属于纯剪切应力状态。

答案：B

（九）压杆稳定

5-9-1　一端固定另一端自由的细长（大柔度）压杆，长度为L（图 a），当杆的长度减少一半时（图 b），其临界载荷是原来的：

A. 4 倍　　B. 3 倍　　C. 2 倍　　D. 1 倍

5-9-2　如图所示细长压杆弯曲刚度相同，则图 b）压杆临界力是图 a）压杆临界力的：

A. $\frac{1}{2}$　　B. $\frac{1}{2^2}$　　C. $\frac{1}{0.7^2}$　　D. $\frac{1}{0.35^2}$

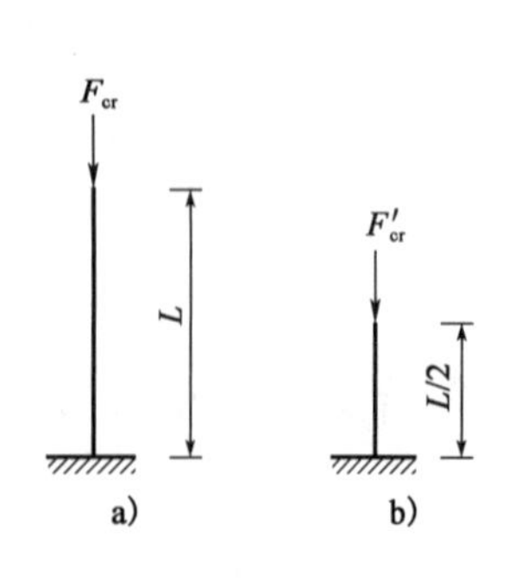

题 5-9-1 图

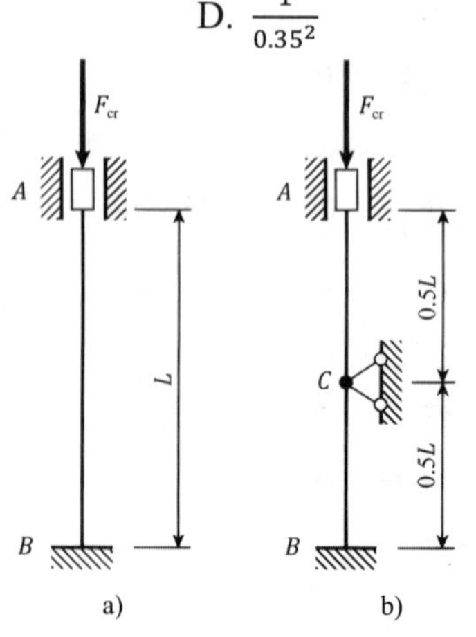

题 5-9-2 图

5-9-3　图示三根压杆均为细长（大柔度）压杆，且弯曲刚度均为EI。三根压杆的临界荷载F_{cr}的关系为：

A. $F_{cra} > F_{crb} > F_{crc}$　　B. $F_{crb} > F_{cra} > F_{crc}$

C. $F_{crc} > F_{cra} > F_{crb}$　　D. $F_{crb} > F_{crc} > F_{cra}$

5-9-4　两根完全相同的细长（大柔度）压杆AB和CD如图所示，杆的下端为固定铰链约束，上端与刚性水平杆固结。两杆的弯曲刚度均为EI，其临界荷载F_a为：

A. $2.04 \times \frac{\pi^2 EI}{L^2}$　　B. $4.08 \times \frac{\pi^2 EI}{L^2}$　　C. $8 \times \frac{\pi^2 EI}{L^2}$　　D. $2 \times \frac{\pi^2 EI}{L^2}$

5-9-5　圆截面细长压杆的材料和杆端约束保持不变，若将其直径缩小一半，则压杆的临界压力为原压杆的：

A. 1/2　　B. 1/4　　C. 1/8　　D. 1/16

5-9-6　压杆下端固定，上端与水平弹簧相连，如图所示，该杆长度系数μ值为：

A. $\mu < 0.5$　　B. $0.5 < \mu < 0.7$

C. $0.7 < \mu < 2$　　D. $\mu > 2$

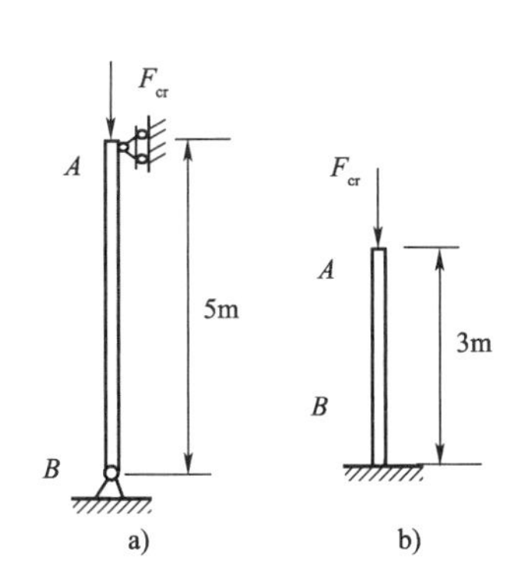

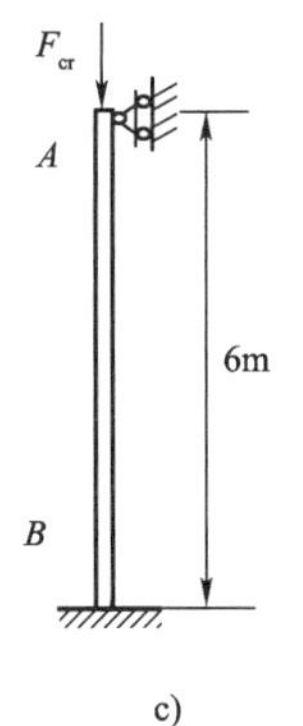

题 5-9-3 图

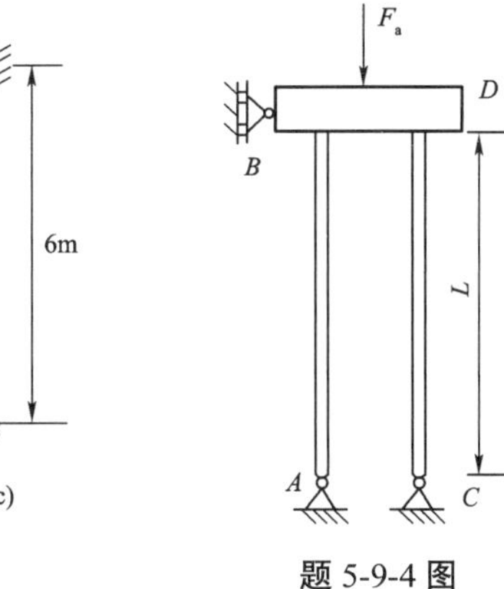

题 5-9-4 图

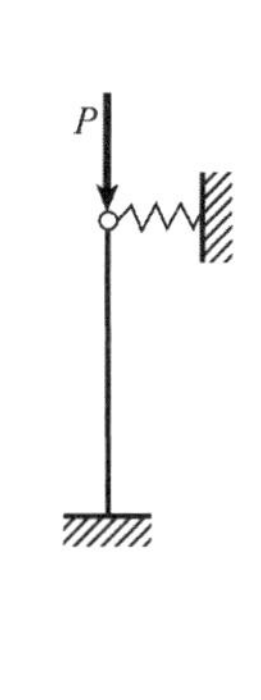

题 5-9-6 图

5-9-7　压杆失衡是指压杆在轴向压力的作用下：

A. 局部横截面的面积迅速变化

B. 危险截面发生屈服或断裂

C. 不能维持平衡状态而突然发生运动

D. 不能维持直线平衡而突然变弯

5-9-8　假设图示三个受压结构失稳时临界压力分别为P_{cr}^{a}、P_{cr}^{b}、P_{cr}^{c}，比较三者的大小，则：

A. P_{cr}^{a}最小　　B. P_{cr}^{b}最小　　C. P_{cr}^{c}最小　　D. $P_{cr}^{a} = P_{cr}^{b} = P_{cr}^{c}$

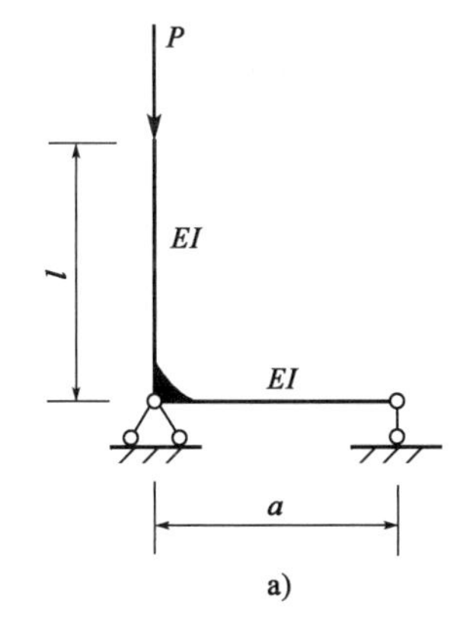

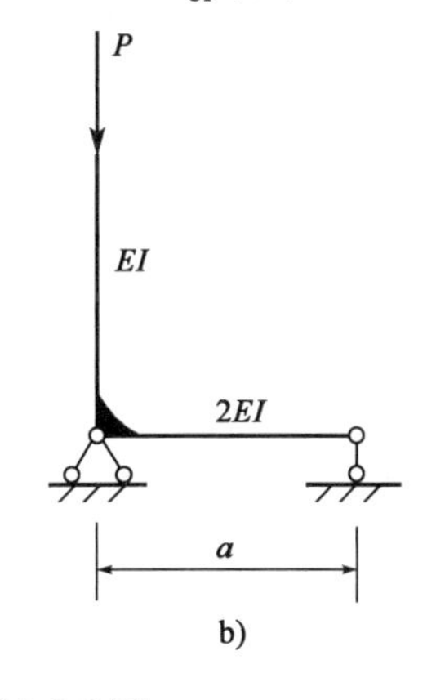

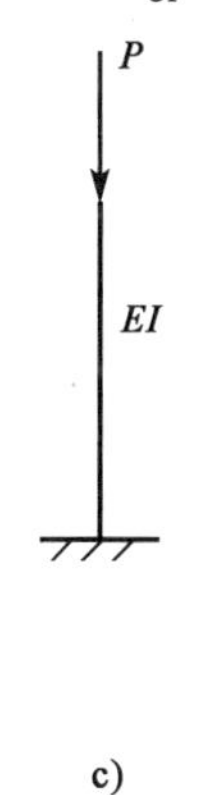

题 5-9-8 图

5-9-9 图示两端铰支压杆的截面为矩形，当其失稳时：

A. 临界压力$P_{cr}=\pi^2EI_y/l^2$，挠曲线位于xy面内

B. 临界压力$P_{cr}=\pi^2EI_z/l^2$，挠曲线位于xz面内

C. 临界压力$P_{cr}=\pi^2EI_z/l^2$，挠曲线位于xy面内

D. 临界压力$P_{cr}=\pi^2EI_z/l^2$，挠曲线位于xz面内

5-9-10 在材料相同的条件下，随着柔度的增大：

A. 细长杆的临界应力是减小的，中长杆不是

B. 中长杆的临界应力是减小的，细长杆不是

C. 细长杆和中长杆的临界应力均是减小的

D. 细长杆和中长杆的临界应力均不是减小的

5-9-11 一端固定，一端为球形铰的大柔度压杆，横截面为矩形（如图所示），则该杆临界力P_{cr}为：

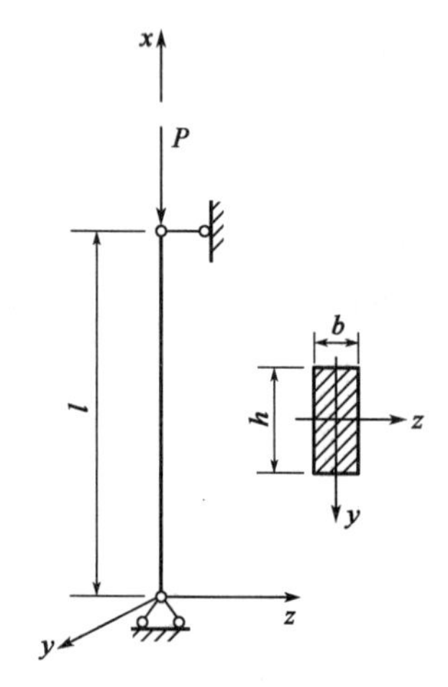

题 5-9-9 图

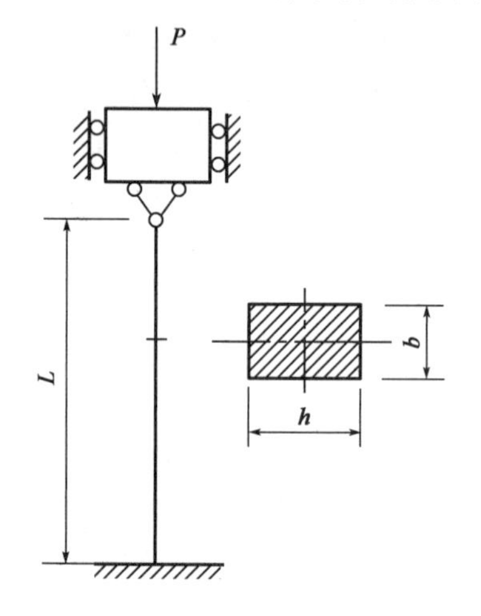

题 5-9-11 图

A. $1.68\frac{Ebh^3}{L^2}$　　B. $3.29\frac{Ebh^3}{L^2}$

C. $1.68\frac{Eb^3h}{L^2}$　　D. $0.82\frac{Eb^3h}{L^2}$

5-9-12 图示矩形截面细长压杆，$h=2b$（图 a），如果将宽度b改为h后（图 b，仍为细长压杆），临界力F_{cr}是原来的：

A. 16 倍　　B. 8 倍

C. 4 倍　　D. 2 倍

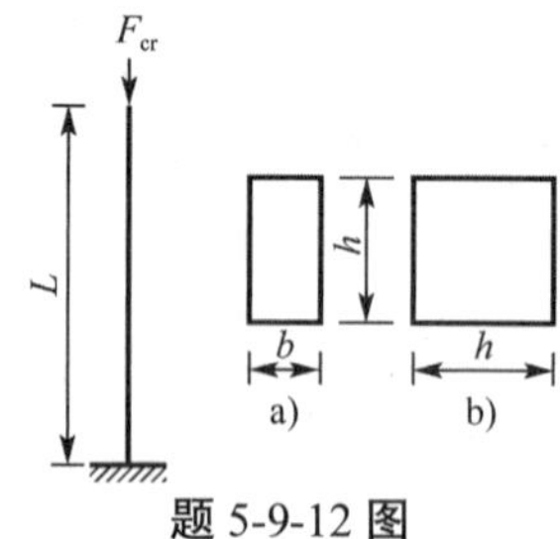

题 5-9-12 图

5-9-13 图示结构，由细长压杆组成，各杆的刚度均为EI，则$\boldsymbol{P}$的临界值为：

A. 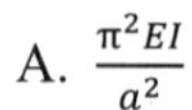 $\frac{\pi^2EI}{a^2}$　　B. $\frac{\sqrt{2}\pi^2EI}{a^2}$

C. $\frac{2\pi^2EI}{a^2}$　　D. $\frac{2\sqrt{2}\pi^2EI}{a^2}$

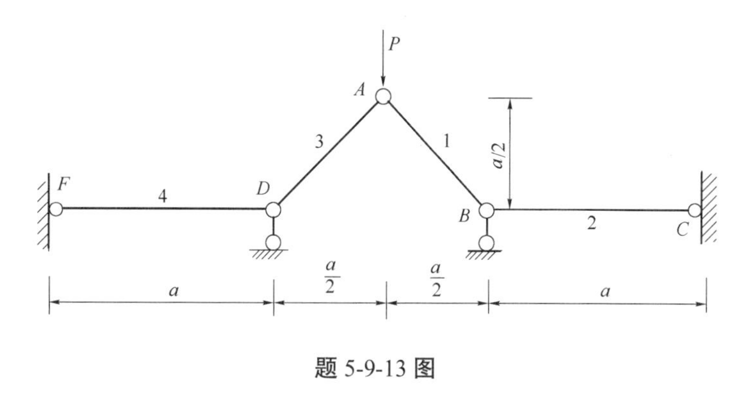

题 5-9-13 图

5-9-14 细长压杆常用普通碳素钢制造，而不用高强度优质钢制造，这是因为：

A. 普通碳素钢价格便宜

B. 普通碳素钢的强度极限高

C. 普通碳素钢价格便宜，而弹性模量与高强度优质钢差不多

D. 高强度优质钢的比例极限低

5-9-15 如图所示平面杆系结构，设三杆均为细长压杆，长度均为l，截面形状和尺寸相同，但三杆约束情况不完全相同，则杆系丧失承载能力的情况应是下述中哪一种？

A. 当AC杆的压力达到其临界压力时，杆系丧失承载力

B. 当三杆所承受的压力都达到各自的临界压力时，杆系才丧失承载力

C. 当AB杆和AD杆的压力达到其临界压力时，杆系则丧失承载力

D. 三杆中，有一根杆的应力达到强度极限，杆系则丧失承载能力

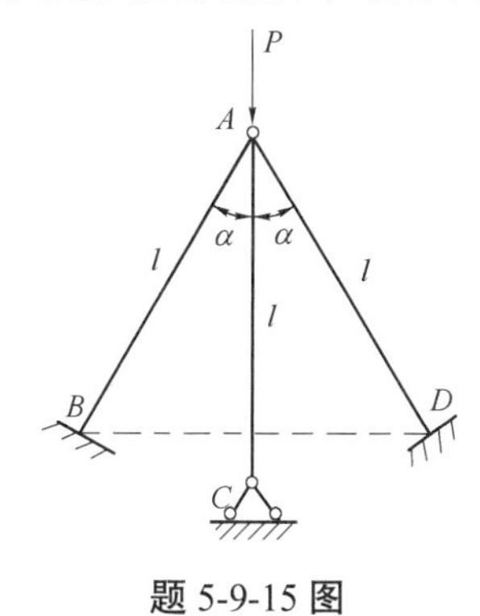

题 5-9-15 图

5-9-16 若用σ_{cr}表示细长压杆的临界应力，则下列结论中正确的是：

A. σ_{cr}与压杆的长度、压杆的横截面面积有关，而与压杆的材料无关

B. σ_{cr}与压杆的材料和柔度λ有关，而与压杆的横截面面积无关

C. σ_{cr}与压杆的材料和横截面的形状尺寸有关，而与其他因素无关

D. σ_{cr}的值不应大于压杆材料的比例极限σ_p

5-9-17 一端固定一端自由的细长（大柔度）压杆，长为L（图a），当杆的长度减小一半时（图b），其临界荷载F_{cr}比原来增加：

A. 4 倍　　B. 3 倍

C. 2 倍　　D. 1 倍

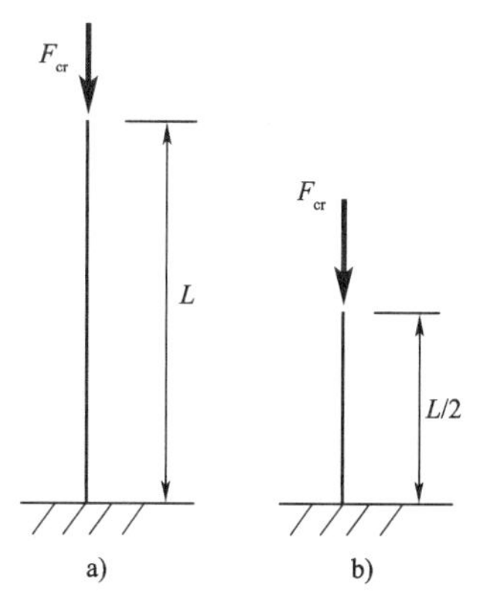

题 5-9-17 图

题解及参考答案

5-9-1　解：由一端固定、另一端自由的细长压杆的临界力计算公式$F_{cr}=\frac{\pi^2 EI}{(2L)^2}$，可知$F_{cr}$与$L^2$成反比，故有

$$F'_{cr}=\frac{\pi^2 EI}{\left(2\cdot\frac{L}{2}\right)^2}=4\frac{\pi^2 EI}{(2L)^2}=4F_{cr}$$

答案：A

5-9-2　解：图（a）杆长L，两端固定，$\mu=0.5$。

压杆临界力：$F_{cr}^{a}=\pi^2 EI/(0.5L)^2$

图（b）上下两根压杆杆长都是$L/2$，都是一端固定、一端铰支，$\mu=0.7$。

压杆临界力：$F_{cr}^{b}=\pi^2 EI/\left(0.7\times\frac{L}{2}\right)^2$

所以$F_{cr}^{b}/F_{cr}^{a}=1/0.7^2$

答案：C

5-9-3　解：图 a）$\mu l=1\times 5=5\text{m}$，图 b）$\mu l=2\times 3=6\text{m}$，图 c）$\mu l=0.7\times 6=4.2\text{m}$。由公式$F_{cr}=\frac{\pi^2 EI}{(\mu l)^2}$，可知图 b）$F_{crb}$最小，图 c）$F_{crc}$最大。

答案：C

5-9-4　解：当压杆AB和CD同时达到临界荷载时，结构的临界荷载$F_a=2F_{cr}=2\times\frac{\pi^2 EI}{(0.7l)^2}=4.08\frac{\pi^2 EI}{l^2}$。

答案：B

5-9-5　解：细长压杆临界力：$P_{cr}=\frac{\pi^2 EL}{(\mu l)^2}$，对圆截面：$I=\frac{\pi}{64}d^4$，当直径$d$缩小一半变为$\frac{d}{2}$时，压杆的临界压力$P_{cr}$为压杆的$\left(\frac{1}{2}\right)^4=\frac{1}{16}$。

答案：D

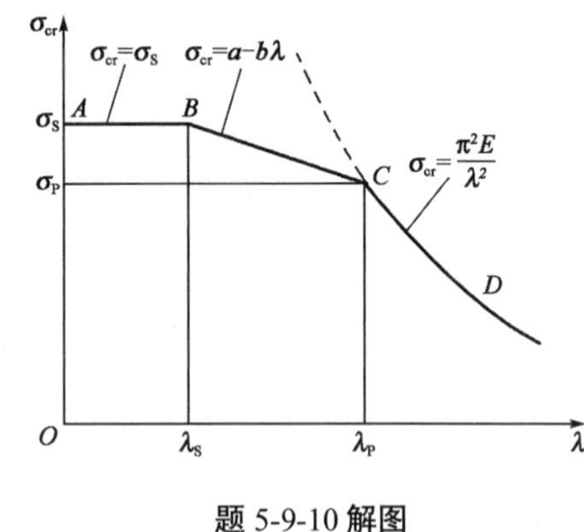

题 5-9-10 解图

5-9-6　解：从常用的四种杆端约束压杆的长度系数μ的值变化规律中可看出，杆端约束越强，μ值越小（压杆的临界力越大）。图示压杆的杆端约束一端固定、一端弹性支承，比一端固定、一端自由时（$\mu=2$）强，但又比一端固定、一端支铰支进（$\mu=0.7$）弱，故$0.7<\mu<2$，即为 C 的范围内。

答案：C

5-9-7　解：根据压杆稳定的概念，压杆稳定是指压杆直线平衡的状态在微小外力干扰去除后自我恢复的能力。因此只有选项 D 正确。

答案：D

5-9-8　解：根据压杆临界压力的公式P_{cr}可知，当EI相同时，杆端约束超强，μ值越小，压杆的临界压力越大，图 a）中压杆下边杆端约束最弱（刚度为EI），图 c）中杆端约束最强（刚度为无穷大），故P_{cr}^{a}最小。

答案：A

5-9-9　解：根据临界压力的概念，临界压力是指压杆由稳定开始转化为不稳定的最小轴向压力。由公式$P_{cr}=\frac{\pi EL}{(\mu l)^2}$可知，当压杆截面对某轴惯性矩最小时，则压杆截面绕该轴转动并发生弯曲最省力，即

这时的轴向压力最小。显然图示矩形截面中I_y是最小惯性矩，且挠曲线应位于xz面内。

答案： B

5-9-10　解： 不同压杆的临界应力如解图所示。图中AB段表示短杆的临界应力，BC段表示中长杆的临界应力，CD段表示细长杆的临界应力。从图中可以看出，在材料相同的条件下，随着柔度的增大，细长杆和中长杆的临界应力均是减小的。

答案： C

5-9-11　解： 压杆临界力公式中的惯性矩应取压杆横截面上的最小惯性矩$I_{\min}$，故

$$P_{\mathrm{cr}}=\frac{\pi^2 EI_{\min}}{(\mu l)^2}=\frac{\pi^2 E\dfrac{1}{12}hb^3}{(0.7L)^2}=1.68\frac{Eb^3h}{L^2}$$

答案： C

5-9-12　解： 压杆总是在惯性矩最小的方向失稳，对图 a)：$I_{\mathrm{a}}=\frac{hb^3}{12}$；对图 b)：$I_{\mathrm{b}}=\frac{h^4}{12}$。

$$F_{\mathrm{cr}}^{\mathrm{a}}=\frac{\pi^2 EI_{\mathrm{a}}}{(\mu L)^2}=\frac{\pi^2 E\dfrac{hb^3}{12}}{(2L)^2}=\frac{\pi^2 E\dfrac{2b\times b^3}{12}}{(2L)^2}=\frac{\pi^2 Eb^4}{24L^2}$$

$$F_{\mathrm{cr}}^{\mathrm{b}}=\frac{\pi^2 EI_{\mathrm{b}}}{(\mu L)^2}=\frac{\pi^2 E\dfrac{2b\times (2b)^3}{12}}{(2L)^2}=\frac{\pi^2 Eb^4}{3L^2}=8F_{\mathrm{cr}}{}^{\mathrm{a}}$$

故临界力是原来的 8 倍。

答案： B

5-9-13　解： 由静力平衡可知B、D两点的支座反力为$\frac{P}{2}$，方向向上。首先求出 1、3 杆的临界力P_{cr1}，由节点A的平衡求出$[P]_1$的临界值；再求出 2、4 杆的临界力P_{cr2}，由节点B的平衡求出$[P]_2$的临界值。比较两者取小的即可。

答案： C

5-9-14　解： 由欧拉公式$P_{\mathrm{cr}}=\frac{\pi^2 EI}{(\mu l)^2}$可知，细长压杆的临界力与材料的比例极限和强度极限无关，而与材料的弹性模量有关。

答案： C

5-9-15　解： AC杆失稳时，AB、AD杆可承受荷载；AB、AD杆失稳时，AC杆可承受荷载；只有当 3 杆同时失稳，杆系才丧失承载力。

答案： B

5-9-16　解： 欧拉公式$\sigma_{\mathrm{cr}}=\frac{\pi^2 E}{\lambda^2}$。其中，$E$与压杆的材料有关，而$\lambda$为压杆的柔度，与其他因素无关。

答案： B

5-9-17　解： 由压杆临界荷载公式$F_{\mathrm{cr}}=\frac{\pi^2 EI}{(\mu l)^2}$可知，$F_{\mathrm{cr}}$与杆长$l^2$成反比，故杆长度为$\frac{l}{2}$时，$F_{\mathrm{cr}}$是原来的 4 倍，也即增加了 3 倍。

答案： B

第六章 流 体 力 学

复 习 指 导

本考试的特点是题型固定（均为单项选择题），做题时间短（平均每 2 分钟应做完一道题），知识覆盖面宽且侧重于基本概念、基本理论、基本公式的应用，较少涉及艰深复杂的理论和繁琐的计算。根据以上特点，在复习时应注意对基本概念的准确理解以提高分析判断能力。例如，复习题中的 6-2-2 题，其中的 B 项中有“剪切变形”，而 D 项中有“剪切变形速度”，二者只差“速度”两字。如果对牛顿内摩擦定律有准确的理解，可立刻判断出 D 项为正确答案。在单选题中，有一部分是数字答案提供选择，这部分题是需要经过计算后确定的，所以在复习时应记住重要的基本公式，并掌握其运用方法，结合复习题灵活运用，勤加练习。例如，复习题 6-3-8，就是应用静水压强基本方程和压强的三种表示方法解答的。在单选题中，有一部分题是要靠记住一些基本结论来回答的。例如，复习题 6-5-25、题 6-5-27，只有记住层流与紊流核心区的流速分布图才能正确选择。所以，复习时对一些重要结论应该加强记忆。在单选题中，还有一部分要用基本原理或基本方程去分析的题。例如，圆柱形外管嘴流量增加的原因，就要用能量方程去分析，证明管内收缩断面处存在真空值，产生吸力，增加了作用水头，从而使流量增加。如果理解了能量方程的物理意义，就能解释在位能不变的条件下，流速增加的地方，压强将减少。所以在复习基本方程时，不仅要记住其表达式，更重要的是应理解其物理意义，并学会应用这些方程分析问题。

下面按考试大纲的顺序列出一部分需要准确理解、熟练掌握、灵活运用的基本概念，基本理论和基本方程，供复习时参考。

连续介质、流体的黏性及牛顿内摩擦定律，$\tau = \mu \frac{\mathrm{d}u}{\mathrm{d}y}$。

静水压强及其特性；静水压强的基本方程：$p = p_0 + \rho g h$；压强分布图；测管水头（$z + \frac{p}{\rho g}$）的物理意义；等压面的性质和画法以及运用等压面求解压力计计算题的方法；平面总压力的大小、方向和作用点（公式$P = \gamma h_{\mathrm{c}} A$，$y_{\mathrm{d}} = y_{\mathrm{c}} + \frac{I_{xc}}{y_{\mathrm{c}} A}$，或图解法公式$P = \Omega b$）；曲面总压力水平分力和垂直分力的计算公式：$P_x = \gamma h_{\mathrm{c}} A_x$，$P_z = \gamma \bar{V}$，$\theta = \arctan \frac{P_z}{P_x}$。

流线、元流、总流的性质，过流断面及水力要素；流量、平均流速关系式：$Q = vA$，连续性方程：$v_1 A_1 = v_2 A_2$；能量方程：$Z_1 + \frac{p_1}{\gamma} + \frac{\alpha_1 v_1^2}{2g} = Z_2 + \frac{p_2}{\gamma} + \frac{\alpha_2 v_2^2}{2g} + h_{\mathrm{w}_{1\text{-}2}}$的物理意义、应用范围和应用方法（选断面、基准面、选点）；动量方程$\sum F = \rho Q(\beta_2 v_2 - \beta_1 v_1)$的物理意义、应用范围和应用方法（选控制体、选坐标），总水头线、测压管水头线的画法和变化规律。

层流与紊流的判别标准；圆管层流的流速分布和沿程损失的基本公式$\left(h_{\mathrm{f}} = \lambda \frac{L}{d} \frac{v^2}{2g}\right)$；紊流的流速分布和紊流沿程阻力系数的变化规律（尼古拉兹图）；局部水头损失产生原因及计算公式$\left(h_{\mathrm{m}} = \zeta \frac{v^2}{2g}\right)$；突然放大局部阻力系数公式；边界层及边界层的分离现象、绕流阻力。

孔口及管嘴出流的流速、流量公式（$v = \varphi\sqrt{2gH_0}$；$Q = \mu A\sqrt{2gH_0}$）；流速系数、收缩系数、流量系数的相互关系；圆柱形外管嘴流量增加的原因；串联管路总水头损失等于各管段水头损失之和的原则；并联管路水头损失相等、流量与阻抗平方根成反比等概念。

明渠均匀流水力坡度、水面坡度、渠底坡度相等的概念；发生明渠均匀流的条件；谢才公式（$v = C\sqrt{Ri}$）与曼宁公式$\left(C = \frac{1}{n}R^{1/6}\right)$的联合运用；梯形断面水力要素计算；水力最佳断面的概念。

渗流模型必须遵循的条件；达西定律（$u = kJ$，$Q = kAJ$）的物理意义，应用范围，潜水井、承压井、廊道的流量计算。

基本量纲与导出量纲、量纲和谐原理的应用，无量纲量的组合方法，π定理；两个流动力学相似的条件；重力、黏性力、压力相似准则的物理意义；在何种情况下选用何种相似准则。

流速、压强、流量的量测仪器和量测方法。

练习题、题解及参考答案

（一）流体力学定义及连续介质假设

6-1-1　连续介质模型既可摆脱研究流体分子运动的复杂性，又可：

A. 不考虑流体的压缩性

B. 不考虑流体的黏性

C. 运用高等数学中连续函数理论分析流体运动

D. 不计及流体的内摩擦力

6-1-2　关于流体质点的描述，下列说法错误的是：

A. 流体质点是由无数多流体分子组成的

B. 流动空间内的流体质点是连续分布的

C. 流体质点与连续介质都是一定条件下的假设

D. 流体质点因其是一个点而不具有质量、动量和动能

题解及参考答案

6-1-1　解：可压缩性是指流体承受压力产生形变的性质，流体的黏性是指流体抵抗剪切变形的性质，流体的内摩擦力实际上是黏性切应力。无论流体是否为连续介质，这些力都存在。而连续介质模型是指流体无间隙地充满整个研究域空间，物理量是空间坐标和时间的函数，便于运用高等数学中连续函数理论分析流体运动。

答案：C

6-1-2　解：流体质点的宏观尺寸充分小但微观尺寸足够大，含有大量流体分子，以保持流体的物理性质。流体质点在空间内无间隙地连续分布，便于用连续函数理论进行分析。当被研究流体微元体的几何尺度与流动空间的尺度相当时，流体质点与连续介质的假设便不再适用。流体质点是流体中最小的任意一个物理实体，具有质量、动量和动能等宏观物理量。

答案：D

（二）流体的主要物理性质

6-2-1　已知空气的密度ρ为$1.205\mathrm{kg/m^3}$，动力黏度（动力黏滞系数）μ为$1.83\times10^{-5}\mathrm{Pa\cdot s}$，那么它的运动黏性（运动黏滞系数）$\nu$为：

A. $2.2\times10^{-5}\mathrm{s/m^2}$　　B. $2.2\times10^{-5}\mathrm{m^2/s}$

C. $15.2\times10^{-6}\mathrm{s/m^2}$　　D. $15.2\times10^{-6}\mathrm{m^2/s}$

6-2-2　与牛顿内摩擦定律直接有关的因素是：

A. 压强、速度和黏度　　B. 压强、速度和剪切变形

C. 切应力、温度和速度　　D. 黏度、切应力与剪切变形速度

6-2-3　某平面流动的流速分布方程为$u_x=2y-y^2$，流体的动力黏度为$\mu=0.8\times10^{-3}\mathrm{Pa\cdot s}$，在固壁处$y=0$。距壁面$y$=7.5cm 处的黏性切应力$\tau$为：

A. $2\times10^3\mathrm{Pa}$　　B. $-32\times10^{-3}\mathrm{Pa}$　　C. $1.48\times10^{-3}\mathrm{Pa}$　　D. $3.3\times10^{-3}\mathrm{Pa}$

6-2-4　水的动力黏度随温度的升高如何变化？

A. 增大　　B. 减少　　C. 不变　　D. 不定

题解及参考答案

6-2-1　**解：**

$$\nu=\frac{\mu}{\rho}=\frac{1.83\times10^{-5}\mathrm{Pa\cdot s}}{1.205\mathrm{kg/m^3}}=15.2\times10^{-6}\mathrm{m^2/s}$$

答案： D

6-2-2　**解：** 内摩擦力与压强无关，与速度梯度$\frac{\mathrm{d}u}{\mathrm{d}y}=\frac{\mathrm{d}\alpha}{\mathrm{d}t}$即剪切变形速度有关。

答案： D

6-2-3　**解：** $\tau=\mu\frac{\mathrm{d}u}{\mathrm{d}y}=\mu(2-2y)=0.8\times10^{-3}\times(2-2\times0.075)=1.48\times10^{-3}\mathrm{Pa}$

答案： C

6-2-4　**解：** 水的动力黏度随温度的升高而减少。

答案： B

（三）流体静力学

6-3-1　如图，上部为气体下部为水的封闭容器装有 U 形水银测压计，其中 1、2、3 点位于同一平面上，其压强的关系为：

A. $p_1<p_2<p_3$　　B. $p_1>p_2>p_3$

C. $p_2<p_1<p_3$　　D. $p_2=p_1=p_3$

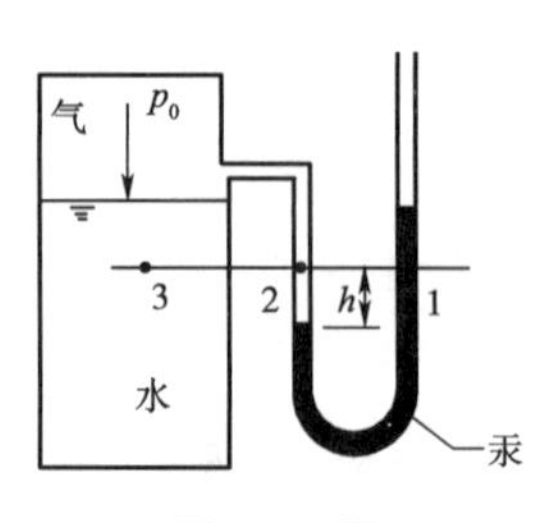

题 6-3-1 图

6-3-2　静止的流体中，任一点压强的大小与下列哪一项无关？

A. 当地重力加速度　　B. 受压面的方向

C. 该点的位置　　D. 流体的种类

6-3-3　静止油面（油面上为大气）下 3m 深度处的绝对压强为：

（油的密度为$800\mathrm{kg/m^3}$，当地大气压为 100kPa）

A. 3kPa　　B. 23.5kPa　　C. 102.4kPa　　D. 123.5kPa

6-3-4 盛水容器a和b的上方密封，测压管水面位置如图所示，其底部压强分别为p_a和p_b。若两容器内水深相等，则p_a和p_b的关系为：

A. $p_a > p_b$　　B. $p_a < p_b$

C. $p_a = p_b$　　D. 无法确定

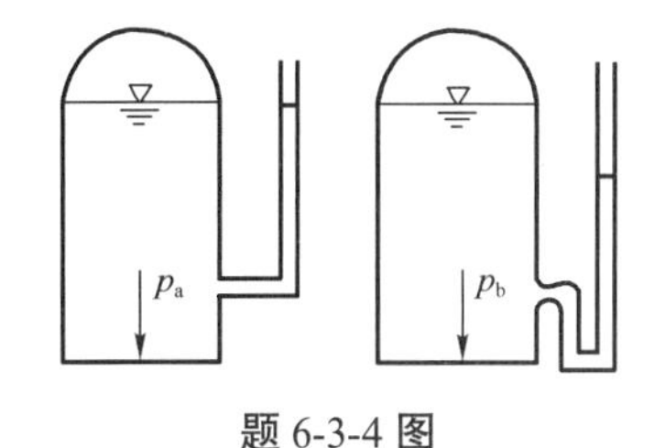

题 6-3-4 图

6-3-5 根据静水压强的特性，静止液体中同一点各方向的压强：

A. 数值相等　　B. 数值不等

C. 仅水平方向数值相等　　D. 铅直方向数值最大

6-3-6 液体中某点的绝对压强为100kN/m^2，则该点的相对压强为：（注：当地大气压强为 1 个工程大气压，98kN/m^2）

A. 1kN/m^2　　B. 2kN/m^2　　C. 5kN/m^2　　D. 10kN/m^2

6-3-7 金属压力表的读值是：

A. 相对压强　　B. 相对压强加当地大气压

C. 绝对压强　　D. 绝对压强加当地大气压

6-3-8 已知油的密度ρ为 850kg/m^3，在露天油池油面下 5m 处相对压强为：

A. 4.25Pa　　B. 4.25kPa　　C. 41.65Pa　　D. 41.65kPa

6-3-9 与大气相连通的自由水面下 5m 处的相对压强为：

A. 5at　　B. 0.5at　　C. 98kPa　　D. 40kPa

6-3-10 某点的相对压强为-39.2kPa，则该点的真空高度为：

A. $4\text{mH}_2\text{O}$　　B. $6\text{mH}_2\text{O}$　　C. $3.5\text{mH}_2\text{O}$　　D. $2\text{mH}_2\text{O}$

6-3-11 相对压强的起点是指：

A. 绝对真空　　B. 一个标准大气压

C. 当地大气压　　D. 液面压强

6-3-12 绝对压强p_{abs}与相对压强p、当地大气压p_a、真空度p_v之间的关系是：

A. $p_{abs} = p + p_v$　　B. $p = p_{abs} + p_a$

C. $p_v = p_a - p_{abs}$　　D. $p = p_v + p_a$

6-3-13 图示垂直放置的矩形平板，一侧挡水，该平板由置于上、下边缘的拉杆固定，则拉力之比T_1/T_2应为：

A. $1/4$　　B. $1/3$　　C. $1/2$　　D. 1

6-3-14 图示容器，面积$A_1 = 1\text{cm}^2$，$A_2 = 100\text{cm}^2$，容器中水对底面积A_2上的作用力为：

A. 98N　　B. 24.5N　　C. 9.8N　　D. 1.85N

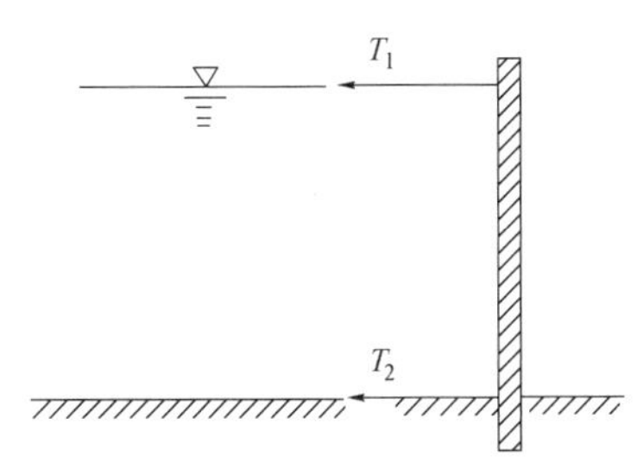
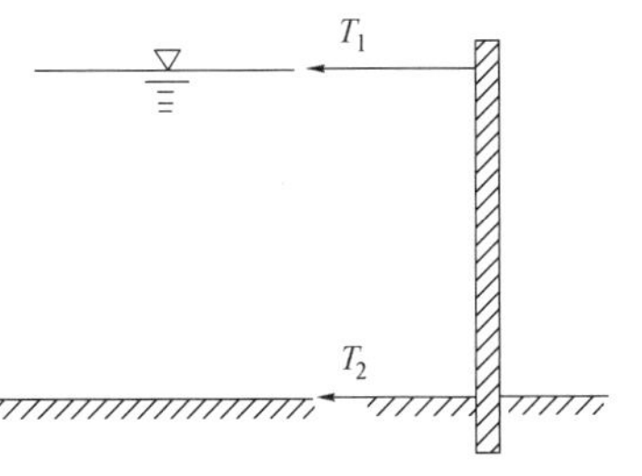

题 6-3-13 图

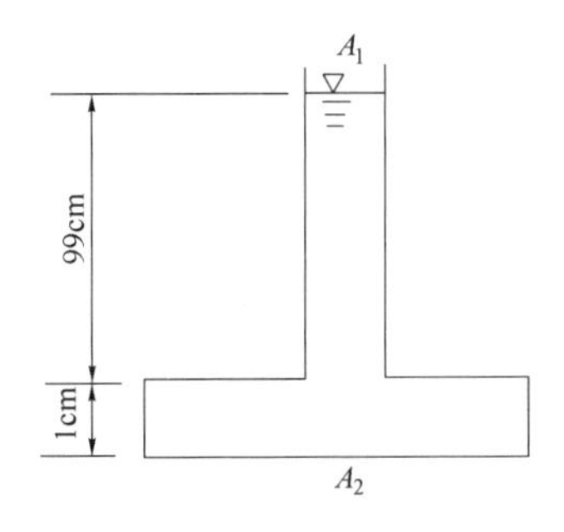

题 6-3-14 图

6-3-15 图示垂直置于水中的矩形平板闸门，宽度b=1m，闸门高h=3m，闸门两侧水深分别为H_1=5m，H_2=4m，闸门所受总压力为：

A. 29.4kN

B. 132.3kN

C. 58.8kN

D. 73.5kN

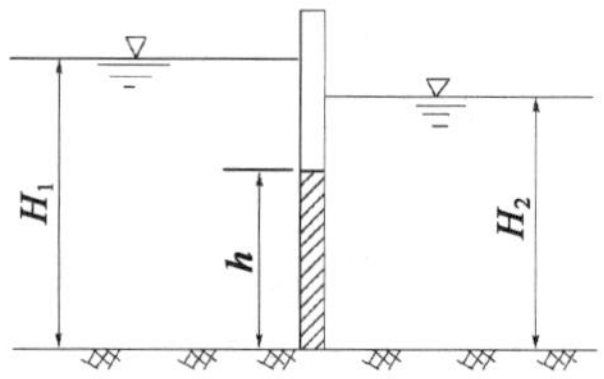

题 6-3-15 图

6-3-16 资料同上题，总压力作用点距闸门底部的铅直距离为：

A. 2.5m　　B. 1.5m

C. 2m　　D. 1m

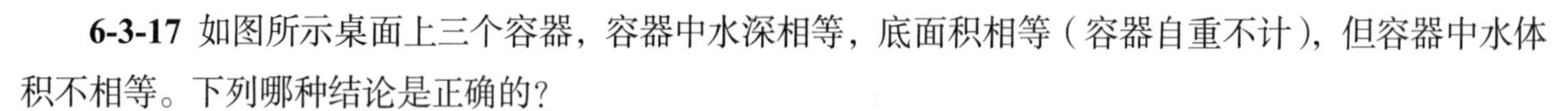

6-3-17 如图所示桌面上三个容器，容器中水深相等，底面积相等（容器自重不计），但容器中水体积不相等。下列哪种结论是正确的？

A. 容器底部总压力相等，桌面的支撑力也相等

B. 容器底部的总压力相等，桌面的支撑力不等

C. 容器底部的总压力不等，桌面的支撑力相等

D. 容器底部的总压力不等，桌面的支撑力不等

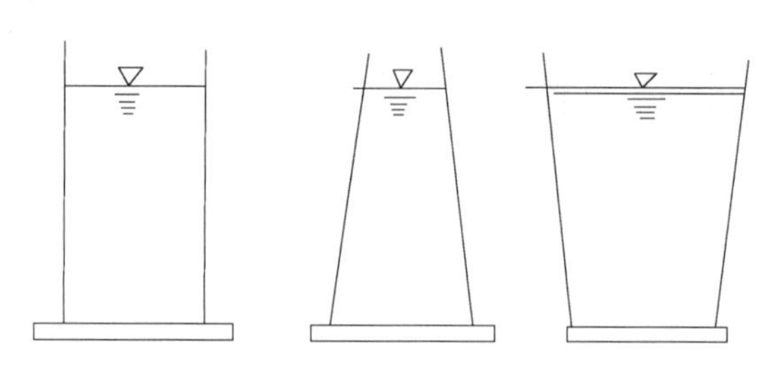

题 6-3-17 图

6-3-18 图示有压水管，断面 1 及 2 与水银压差计相连，水管水平，压差计水银面高差$\Delta h = 30$cm，该两断面之压差为：

A. 37.04kPa　　B. 39.98kPa　　C. 46.3kPa　　D. 28.65kPa

6-3-19 图示空气管道横断面上的压力计液面高差$h = 0.8$m，该断面的空气相对压强为：

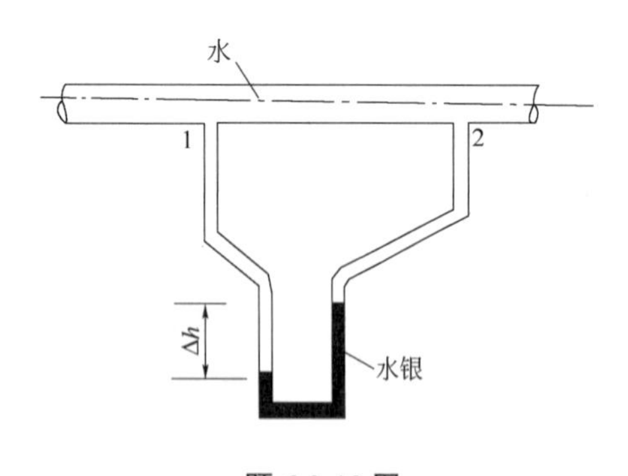

题 6-3-18 图

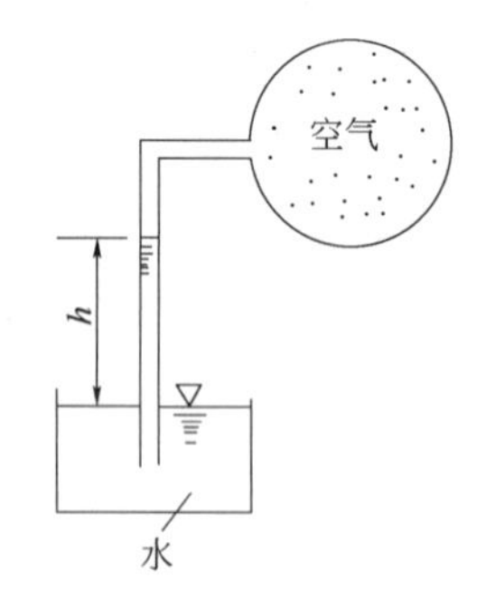

题 6-3-19 图

A. 9.0kPa　　B. 8.4kPa　　C. 7.84kPa　　D. −7.84kPa

6-3-20 图示蓄水池底部安装有涵洞闸门，与水平面成$\theta = 70°$的倾角，闸门为圆形，直径$D = 1.25$m，可绕通过其形心C的水平轴旋转。若闸门完全被水淹没，则作用于闸门上的转矩为：

A. 1.10kN　　B. 1.10kN · m

C. 1.17kN　　D. 1.17kN · m

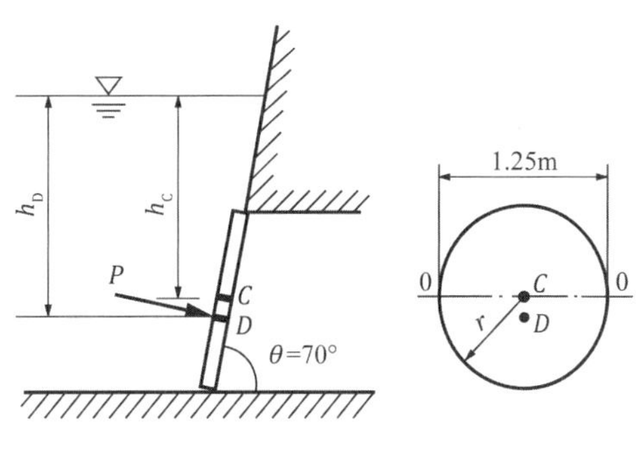

题 6-3-20 图

题解及参考答案

6-3-1 解： 静止流体等压面应是一水平面，且应绘于连通、连续均质流体中，据此可绘出两个等压面以判断压强p_1、p_2、p_3的大小。

答案： A

6-3-2 解： 静压强特性为流体静压强的大小与受压面的方向无关。

答案： B

6-3-3 解： 绝对压强要计及液面大气压强，即$p=p_0+\rho gh$，已知p_0=100kPa，则代入题设数据后有：

$$p=100+0.8\times9.8\times3=123.52\text{kPa}$$

答案： D

6-3-4 解： 静止流体中，仅受重力作用的等压面是水平面（小范围）。

答案： A

6-3-5 解： 静止流体中同一点压强，各方向数值相等。

答案： A

6-3-6 解： 相对压强等于绝对压强减去当地大气压强，即$p=100-98=2\text{kN/m}^2$。

答案： B

6-3-7 解： 参见压强的测量相关内容。金属压力表的读值为相对压强。

答案： A

6-3-8 解： $p=\rho gh=0.85\times9.8\times5=41.65\text{kPa}$。

答案： D

6-3-9 解： $p=\rho gh=9.8\times5=49\text{kPa}=0.5\text{atm}$。

答案： B

6-3-10 解： 真空高度为：

$$h_\text{v}=\frac{p_\text{v}}{\rho g}=\frac{39.2\text{kPa}}{9.8\text{kN/m}^3}=4\text{mH}_2\text{O}$$

答案： A

6-3-11 解： 相对压强的起点为当地大气压。

答案： C

6-3-12 解： 参见压强的两种基准及真空概念。真空度$p_\text{v}=p_\text{a}-p_\text{abs}$。

答案：C

6-3-13 解：总压力P作用在距水面2/3水深处。对P的作用点取矩得：

$$T_1 \times \frac{2}{3}H = T_2 \times \frac{1}{3}H，T_1/T_2 = \frac{1}{2}$$

答案：C

6-3-14 解：底部总压力$P = \rho g h_c A = 9800\text{N/m}^3 \times 1\text{m} \times 0.01\text{m}^2 = 98\text{N}$。

答案：A

6-3-15 解：用图解法求闸门总压力：

$$P = \Omega \cdot b = (5\text{m} - 4\text{m}) \times 9.8\text{kN/m}^3 \times 3\text{m} \times 1\text{m} = 29.4\text{kN}$$

答案：A

6-3-16 解：压强分布为矩形，如解图所示。总压力作用点过压强分布图的形心，距底部 1.5m。

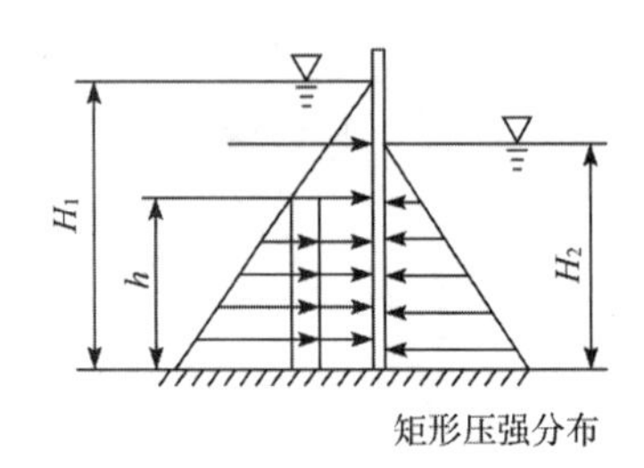

题 6-3-16 解图

答案：B

6-3-17 解：桌面支撑力是容器中水体的质量，不是底部总压力。

答案：B

6-3-18 解：压强差为

$$\Delta p = (\gamma_{水银} - \gamma_{水})\Delta h = (13.6\gamma - \gamma)\Delta h = 12.6\gamma\Delta h = 12.6 \times 9.8 \times 0.3 = 37.04\text{kPa}$$

答案：A

6-3-19 解：空气柱重量可不计，内部为真空即负压，$P = P' - P_a = -\gamma_{水} h = -7.84\text{kPa}$。

答案：D

6-3-20 解：设作用于闸门上水的总压力为P，作用点D在水下的深度为h_D，旋转轴 0-0 通过闸门的形心C，位于水深h_C处。则作用在闸门上转矩为：

$$M = P \cdot \overline{DC} = P\frac{h_D - h_C}{\sin\theta} = g\rho h_C \frac{\pi D^2}{4}\left(\frac{h_D}{\sin\theta} - \frac{h_C}{\sin\theta}\right)$$

根据作用点坐标公式$y_D = y_c + \frac{I_{xc}}{y_c A}$，有

$$\frac{h_D}{\sin\theta} = \frac{h_C}{\sin\theta} + \frac{I_{xC}}{\frac{h_C}{\sin\theta} \cdot A}$$

圆形面积的惯性矩，$I_{xC} = \frac{\pi}{4}r^4 = \frac{\pi}{4}\left(\frac{D}{2}\right)^4$

因此，$M = \frac{\pi g \rho}{4}\left(\frac{D}{2}\right)^4 \sin\theta$

由该式可以看出：转矩M与h_C无关，即闸门全部淹没时，作用于闸门上的转矩与其所在的水深无关，代入已知参数得：

$$M = \frac{\pi \times 9.8 \times 1000}{4} \times \left(\frac{1.25}{2}\right)^4 \sin 70° = 1103\text{N} \cdot \text{m}$$

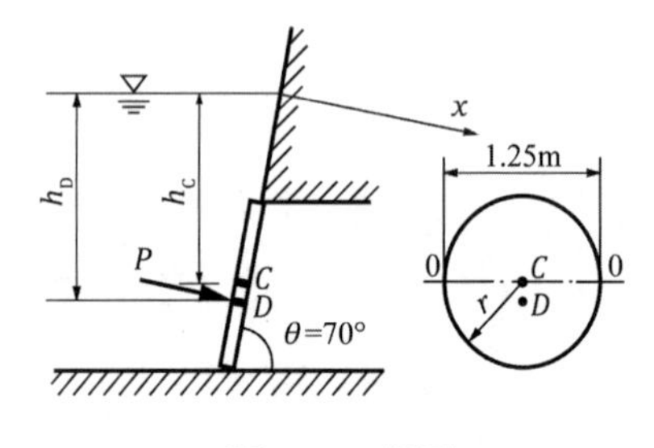

题 6-3-20 解图

答案：B

（四）流体动力学

6-4-1　图示，下列说法中，错误的是：

A. 对理想流体，该测压管水头线（H_p线）应该沿程无变化

B. 该图是理想流体流动的水头线

C. 对理想流体，该总水头线（H_0线）沿程无变化

D. 该图不适用于描述实际流体的水头线

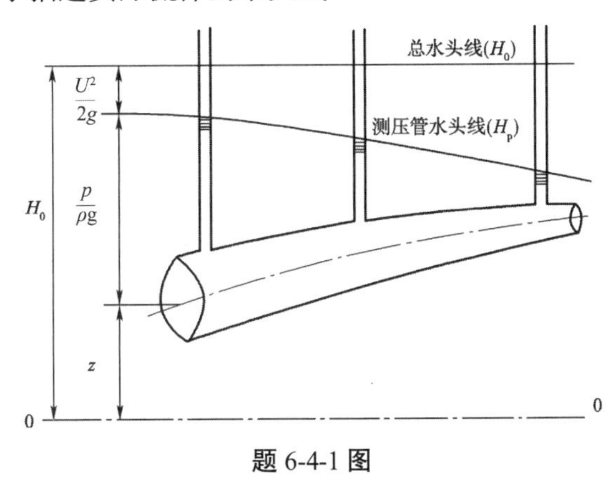

题 6-4-1 图

6-4-2　根据恒定流的定义，下列说法中正确的是：

A. 各断面流速分布相同

B. 各空间点上所有运动要素均不随时间变化

C. 流线是相互平行的直线

D. 流动随时间按一定规律变化

6-4-3　欧拉法描述液体运动时，表示同一时刻因位置变化而形成的加速度称为：

A. 当地加速度　　　　B. 迁移加速度

C. 液体质点加速度　　D. 加速度

6-4-4　图中相互之间可以列总流伯努利方程的断面是：

A. 1-1 断面和 2-2 断面　　B. 2-2 断面和 3-3 断面

C. 1-1 断面和 3-3 断面　　D. 3-3 断面和 4-4 断面

6-4-5　如图所示，一倒置 U 形管，上部为油，其密度$\rho_{油}=800\text{kg/m}^3$，用来测定水管中的$A$点流速$u_A$，若读数$\Delta h=200\text{mm}$，则该点流速$u_A$为：

A. 0.885m/s　　B. 1.980m/s　　C. 1.770m/s　　D. 2.000m/s

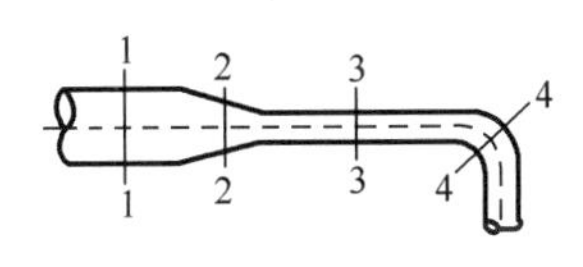

题 6-4-4 图

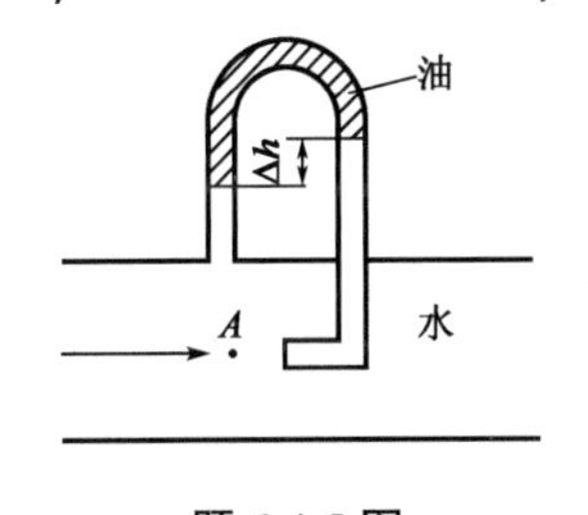

题 6-4-5 图

6-4-6　理想流体的基本特征是：

A. 黏性系数是常数　　B. 不可压缩

C. 无黏性　　　　　　D. 符合牛顿内摩擦定律

6-4-7　描述液体运动有迹线和流线的概念：

A. 流线上质点不沿迹线运动

B. 质点运动的轨迹称为流线

C. 流线上质点的流速矢量与流线相切

D. 质点的迹线和流线都重合

6-4-8　黏性流体总水头线沿程的变化是：

A. 沿程下降　　B. 沿程上升

C. 保持水平　　D. 前三种情况都有可能

6-4-9　理想液体与实际液体的主要差别在于：

A. 密度　　B. 黏性

C. 压缩性　　D. 表面张力

6-4-10 非恒定均匀流是：

A. 当地加速度为零，迁移加速度不为零

B. 当地加速度不为零，迁移加速度为零

C. 当地加速度与迁移加速度均不为零

D. 当地加速度与迁移加速度均不为零，但合加速度为零

6-4-11 采用欧拉法研究流体的变化情况，研究的是：

A. 每个质点的流动参数　　B. 每个质点的轨迹

C. 每个空间点上的流动参数　　D. 每个空间点的质点轨迹

6-4-12 有一引水虹吸管，出口通大气（见图）。已知$h_1 = 1.5\text{m}$，$h_2 = 3\text{m}$，不计水头损失，取动能修正系数$\alpha = 1$。则断面c-c中心处的压强p_c为：

A. 14.7kPa

B. −14.7kPa

C. 44.1kPa

D. −44.1kPa

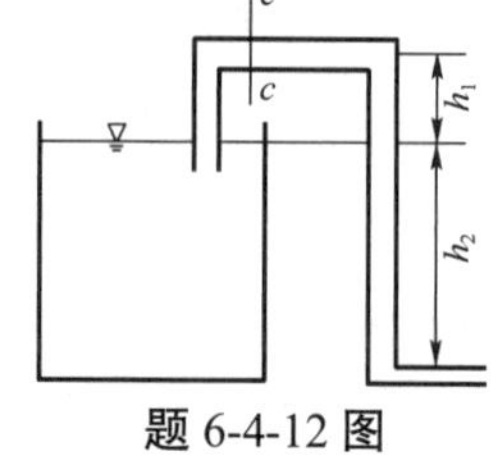

题 6-4-12 图

6-4-13 输水管道的直径为 200mm，输水量为 1177kN/h（重力流量），其断面平均流速为：

A. 1.06m/s　　B. 2.06m/s　　C. 3.06m/s　　D. 4.06m/s

6-4-14 动量方程是矢量方程，要考虑力和速度的方向，与所选坐标方向一致则为正，反之则为负。如果力的计算结果为负值，则：

A. 说明方程列错了　　B. 说明力的实际方向与假设方向相反

C. 说明力的实际方向与假设方向相同　　D. 说明计算结果一定是错误的

6-4-15 有一垂直放置的渐缩管，内径由$d_1 = 300\text{mm}$渐缩至$d_2 = 150\text{mm}$（见图），水从下而上自粗管流入细管。测得水在粗管 1-1 断面和细管 2-2 断面处的相对压强分别为 98kPa 和 60kPa，两断面间垂直距离为 1.5m，若忽略摩擦阻力，则通过渐缩管的流量为：

A. $0.125\text{m}^3/\text{s}$　　B. $0.25\text{m}^3/\text{s}$　　C. $0.50\text{m}^3/\text{s}$　　D. $1.00\text{m}^3/\text{s}$

6-4-16 如图所示，一压力水管渐变段，水平放置，已知$d_1 = 1.5\text{m}$，$d_2 = 1\text{m}$，渐变段开始断面相对压强$p_1 = 388\text{kPa}$，管中通过流量$Q = 2.2\text{m}^3/\text{s}$，忽略水头损失，渐变段支座所受的轴心力为：

A. 320kN　　B. 340kN　　C. 360kN　　D. 380kN

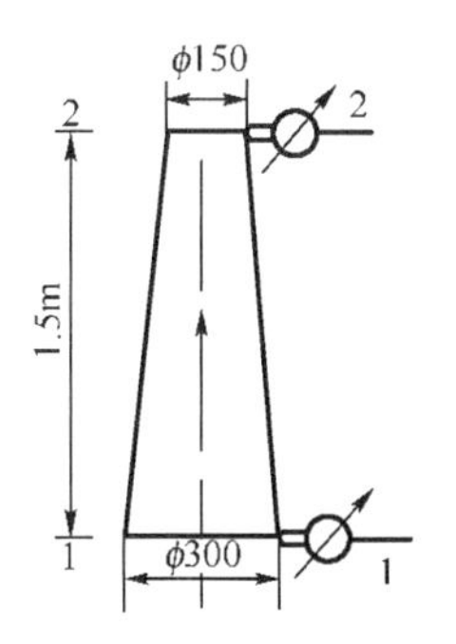

题 6-4-15 图

题 6-4-16 图

6-4-17 圆管层流运动过流断面上速度分布为（式中r_0为圆管半径）：

A. $u = u_{\max}\left[1-\left(\frac{r}{r_0}\right)^2\right]$　　B. $u = u_{\max}\left[1-\left(\frac{r}{r_0}\right)\right]^n$

C. $u = v_0\left(5.75\lg\frac{yv_0}{\nu}+5.5\right)$　　D. $u = v_0\left(5.75\lg\frac{y}{k_s}+8.48\right)$

6-4-18 恒定流具有下述哪种性质?

A. 当地加速度$\frac{\partial u}{\partial t}=0$　　B. 迁移加速度$\frac{\partial u}{\partial s}=0$

C. 当地加速度$\frac{\partial u}{\partial t}\neq 0$　　D. 迁移加速度$\frac{\partial u}{\partial s}\neq 0$

6-4-19 实践中，均匀流可用下述哪个说法来定义?

A. 流线夹角很小、曲率也很小的流动　　B. 流线为平行直线的流动

C. 流线为平行曲线的流动　　D. 流线夹角很小的直线流动

6-4-20 空气以断面平均速度$v=2\text{m/s}$流过断面为 40cm×40cm 的送风管，然后全部经 4 个断面为 10cm×10cm 的排气孔流出。假定每孔出流速度相等，则排气孔的平均流速为：

A. 8m/s　　B. 4m/s　　C. 2m/s　　D. 1m/s

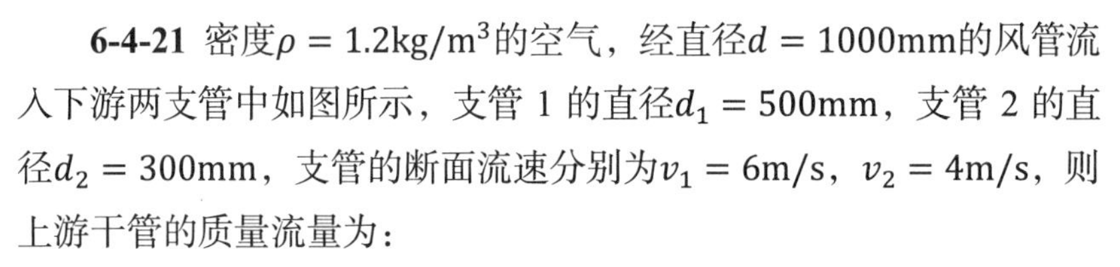

6-4-21 密度$\rho=1.2\text{kg/m}^3$的空气，经直径$d=1000\text{mm}$的风管流入下游两支管中如图所示，支管 1 的直径$d_1=500\text{mm}$，支管 2 的直径$d_2=300\text{mm}$，支管的断面流速分别为$v_1=6\text{m/s}$，$v_2=4\text{m/s}$，则上游干管的质量流量为：

A. 1.95kg/s　　B. 1.75kg/s

C. 1.65kg/s　　D. 1.45kg/s

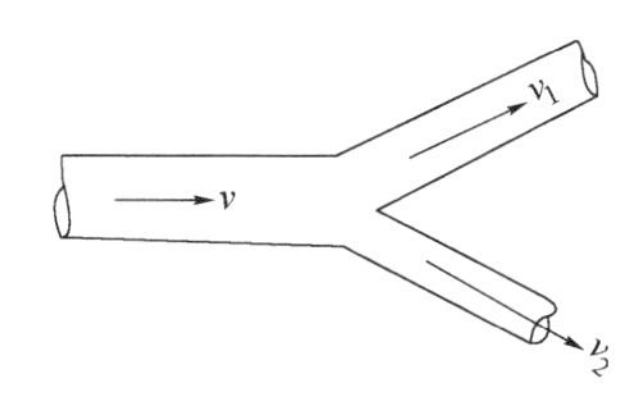

题 6-4-21 图

6-4-22 资料同上题，干管的断面平均流速v为：

A. 2.20m/s　　B. 1.68m/s

C. 1.86m/s　　D. 1.95m/s

6-4-23 能量方程中$z+\frac{p}{\gamma}+\frac{\alpha v^2}{2g}$表示下述哪种能量?

A. 单位重量流体的势能　　B. 单位重量流体的动能

C. 单位重量流体的机械能　　D. 单位质量流体的机械能

6-4-24 用毕托管测流速，其比压计中的水头差为：

A. 单位动能与单位压能之差　　B. 单位动能与单位势能之差

C. 测压管水头与流速水头之差　　D. 总水头与测压管水头之差

6-4-25 黏性流体测压管水头线的沿程变化是：

A. 沿程下降　　B. 沿程上升

C. 保持水平　　D. 前三种情况均有可能

6-4-26 黏性流体总水头线的沿程变化是：

A. 沿程上升　　B. 沿程下降

C. 保持水平　　D. 前三种情况均有可能

6-4-27 实际流体一维总流中，判别流动方向的正确表述是：

A. 流体从高处向低处流动

B. 流体从压力大的地方向压力小的地方流动

C. 流体从单位机械能大的地方向单位机械能小的地方流动

D. 流体从速度快的地方向速度慢的地方流动

6-4-28 在应用实际流体总流能量方程时，过流断面应选择：

A. 水平面　　B. 任意断面

C. 垂直面　　D. 渐变流断面

6-4-29 图示一流线夹角很小、曲率很小的渐变流管道，A-A为过流断面，B-B为水平面，1、2 为过流断面上的点，3、4 为水平面上的点，各点的运动物理量有以下哪种关系？

A. $p_1 = p_2$　　B. $p_3 = p_4$

C. $z_1 + \frac{p_1}{\gamma} = z_2 + \frac{p_2}{\gamma}$　　D. $z_3 + \frac{p_3}{\gamma} = z_4 + \frac{p_4}{\gamma}$

6-4-30 铅直有压圆管如图所示，其中流动的流体密度$\rho = 800\text{kg/m}^3$，上、下游两断面压力表读数分别为$p_1 = 196\text{kPa}$，$p_2 = 392\text{kPa}$，管道直径及断面平均流速均不变，不计水头损失，则两断面的高差H为：

A. 10m　　B. 15m　　C. 20m　　D. 25m

6-4-31 如图所示等径有压圆管断面 1 的压强水头$p_1/\gamma = 20\text{mH}_2\text{O}$，两断面中心点高差$H = 1\text{m}$，断面 1-2 的水头损失$h_{w_{1\text{-}2}} = 3\text{mH}_2\text{O}$，则断面 2 的压强水头$p_2/\gamma$为：

A. $18\text{mH}_2\text{O}$　　B. $24\text{mH}_2\text{O}$　　C. $20\text{mH}_2\text{O}$　　D. $23\text{mH}_2\text{O}$

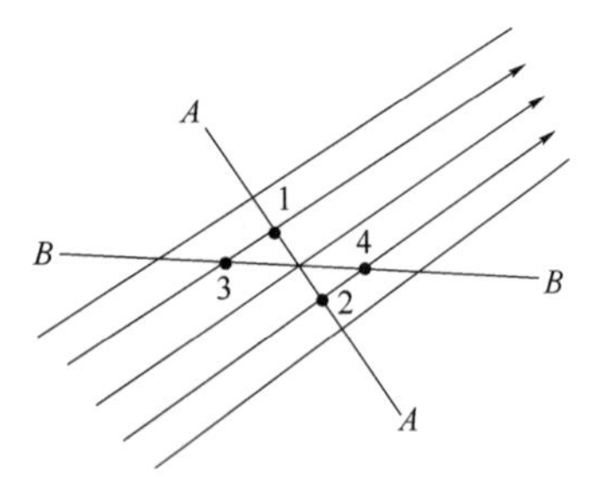

题 6-4-29 图

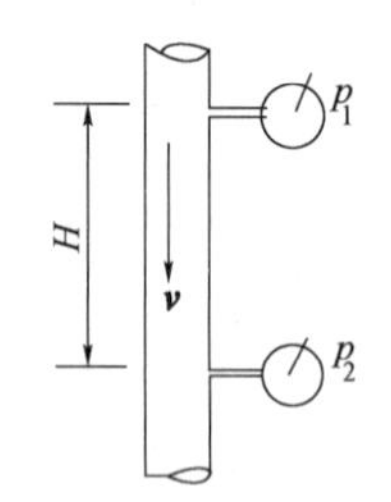

题 6-4-30 图

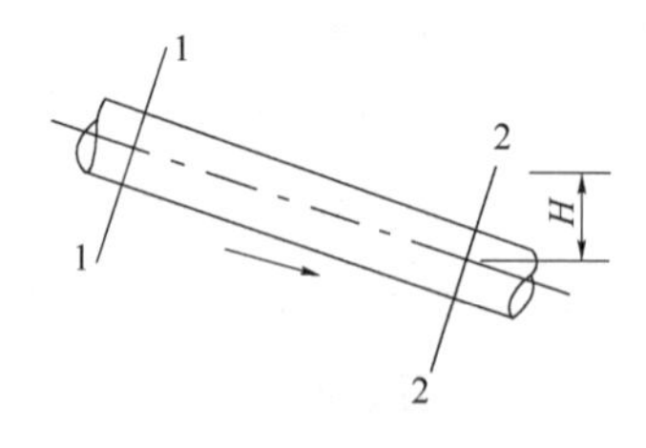

题 6-4-31 图

6-4-32 图示有压管路，水箱液面与管道出口断面的高差$H = 6\text{m}$，水箱至管道出口断面的水头损失$h_w = 2\text{mH}_2\text{O}$，则出口断面水流平均流速$v$为：

A. 10.84m/s　　B. 8.85m/s　　C. 7.83m/s　　D. 6.25m/s

6-4-33 图示有压恒定流水管直径$d = 50\text{mm}$，末端阀门关闭时压力表读数为 21kPa，阀门打开后读值降至 5.5kPa，如不计水头损失，则该管的通过流量Q为：

A. 15L/s　　B. 18L/s　　C. 10.9L/s　　D. 9L/s

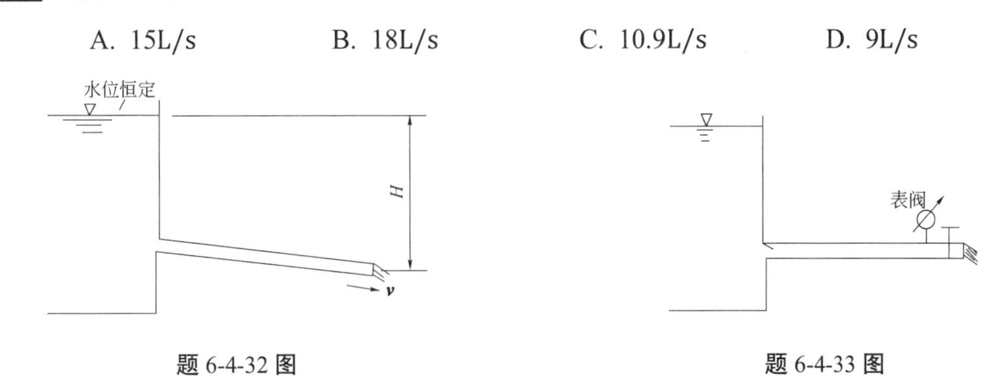

题 6-4-32 图　　题 6-4-33 图

6-4-34 用图示的毕托管测水管中某点流速$\boldsymbol{u}$，与毕托管相连的水银压差计液面高差$\Delta h = 1\text{mHg}$，则该点流速$\boldsymbol{u}$的大小为：

A. 16.32m/s　　B. 4.43m/s　　C. 9.81m/s　　D. 15.71m/s

6-4-35 如图所示恒定流水箱，水头$H = 5\text{m}$，直径$d_1 = 200\text{mm}$，直径$d_2 = 100\text{mm}$，不计水头损失。则粗管中断面平均流速v_1为：

A. 2.47m/s　　B. 3.52m/s　　C. 4.95m/s　　D. 4.35m/s

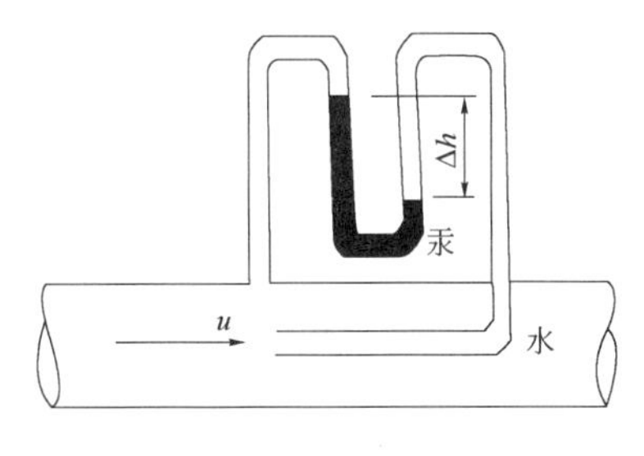

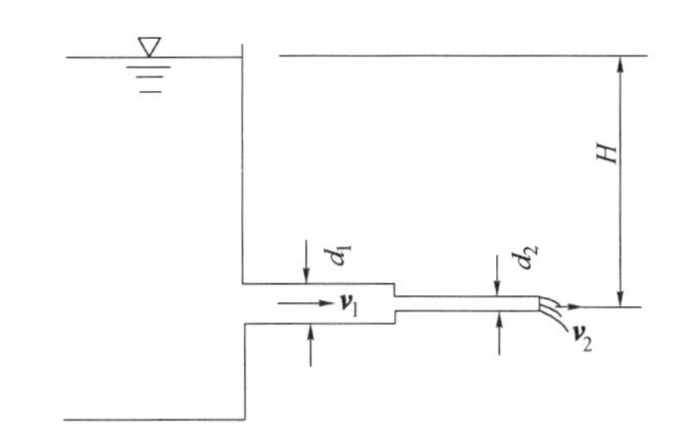

题 6-4-34 图　　题 6-4-35 图

6-4-36 图示一高压喷水入大气的喷嘴，喷嘴出口断面 1-1 的平均流速v_1为 30m/s，喷至 2-2 断面的平均流速v_2减少为 1m/s，不计水头损失，则喷射高度H为：

A. 45.86m　　B. 3.25m　　C. 5.81m　　D. 6.22m

6-4-37 如图所示水泵吸水系统，水箱与水池液面高差$Z = 30\text{m}$，断面 1-1 至 2-2 的总水头损失$h_w = 3\text{mH}_2\text{O}$，则水泵的扬程$H$至少应为：

A. $30\text{mH}_2\text{O}$　　B. $33\text{mH}_2\text{O}$

C. $29\text{mH}_2\text{O}$　　D. $40\text{mH}_2\text{O}$

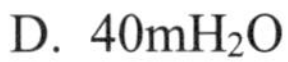

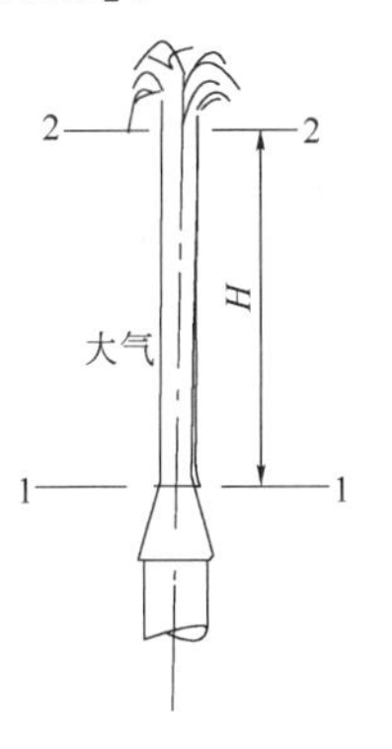

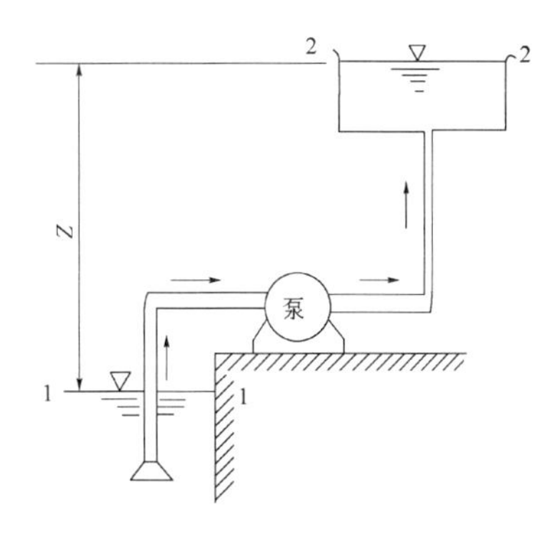

题 6-4-36 图　　题 6-4-37 图

6-4-38 利用文丘里管喉部的负压抽取基坑中的积水，如图所示，若喉部流速$v_1 = 10\text{m/s}$，出口速度$v_2 = 1\text{m/s}$，不计损失，吸水高度h最多为：

A. 4.5mH_2O　　B. 6.05mH_2O

C. 5.05mH_2O　　D. 5.82mH_2O

6-4-39 图示平底单宽渠道闸下出流，闸前水深$H = 2$m，闸后水深$h = 0.8$m，不计水头损失，则闸后流速v_2为：

A. 4.14m/s　　B. 3.87m/s

C. 6.11m/s　　D. 5.29m/s

6-4-40 水由图示喷嘴射出，流量$Q = 0.4\text{m}^3/s$，喷嘴出口流速$v_2 = 50.93$m/s，喷嘴前粗管断面流速$v_1 = 3.18$m/s，总压力$P_1 = 162.33$kN，喷嘴所受到的反力大小R_x为：

A. 143.23kN　　B. 110.5kN

C. 121.41kN　　D. 150.52kN

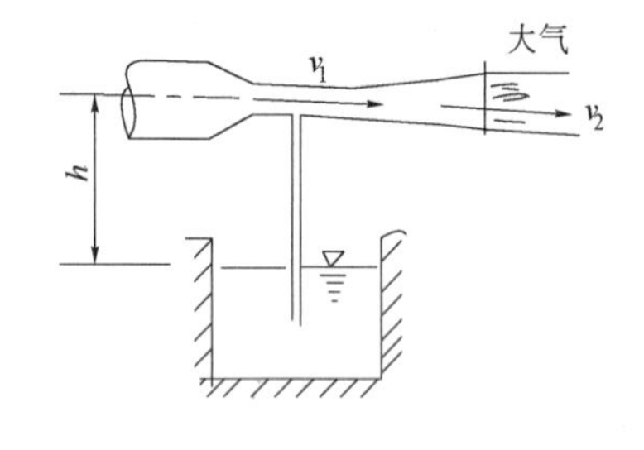

题 6-4-38 图

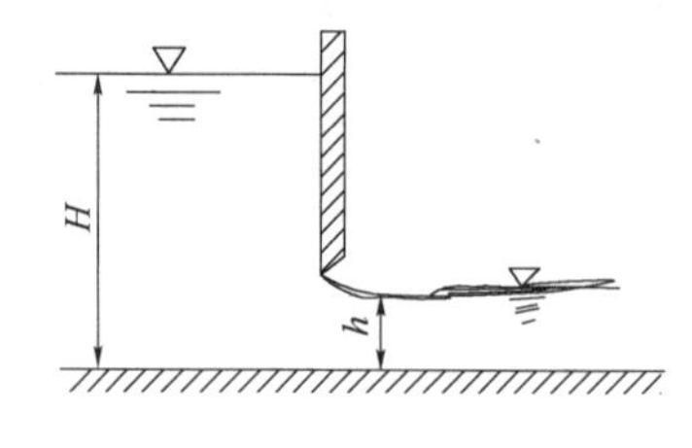

题 6-4-39 图

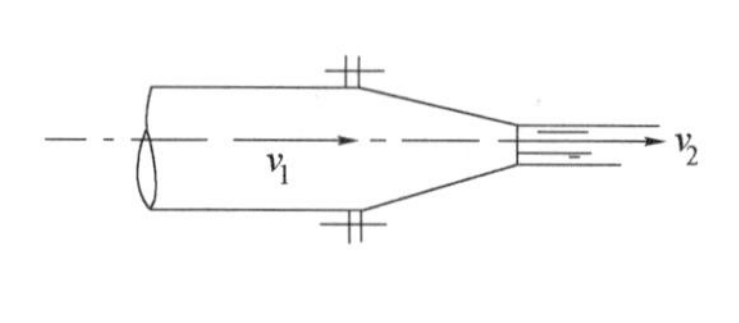

题 6-4-40 图

6-4-41 图示流量$Q = 36$L/s的水平射流，被垂直于流向的水平平板阻挡，截去流量$Q_1 = 12$L/s，并引起其余部分射流向左偏转，不计阻力，则偏转角θ为：

A. 20°　　B. 30°　　C. 40°　　D. 45°

6-4-42 图示射流流量$Q = 100$L/s，出口流速$v = 20$m/s，不计水头损失和摩擦阻力，则水射流对垂直壁面的冲力F_x为：

A. 1600N　　B. 2×10^6N　　C. 2000N　　D. 2×10^5N

6-4-43 为某水箱内水由一管路流出，水位差为H，管长为L，管径d，管路损失为h_w，水的密度为ρ，若密度改为$\rho' > \rho$，则管路损失h'_w将：

A. $h'_w > h_w$　　B. $h'_w = h_w$　　C. $h'_w < h_w$　　D. $h'_w > h_w$或$h'_w < h_w$

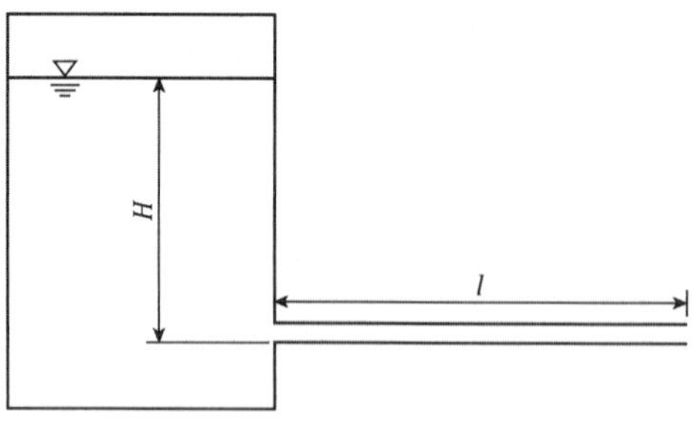

题 6-4-43 图

6-4-44 如图所示，设水在闸门下流过的流量$Q = 4.24\text{m}^3/s$，门前断面 1 的总水压力为$P_1 = 19.6$kN，门后断面 2 的总水压力为$P_2 = 3.13$kN，闸门前、后的断面平均流速分别为$v_1 = 2.12$m/s，$v_2 = 5.29$m/s，不计水头损失和摩擦阻力，则作用于单位宽度（1m）上闸门的推力$\boldsymbol{F}$的大小为：

A. 2506N　　B. 3517N　　C. 2938N　　D. 3029N

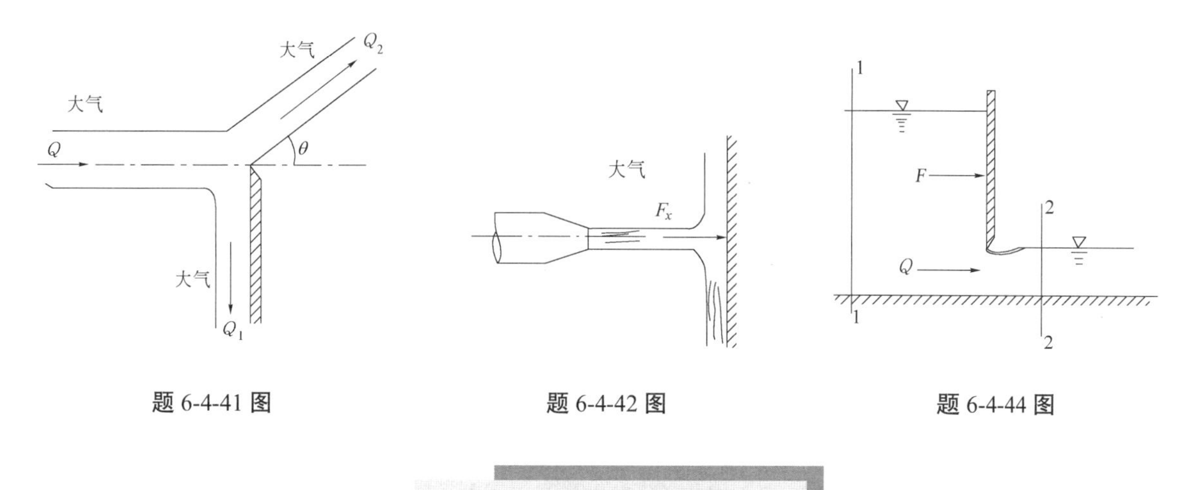

题 6-4-41 图　　题 6-4-42 图　　题 6-4-44 图

题解及参考答案

6-4-1　解： 测压管水头线的变化是由于过流断面面积的变化引起流速水头的变化，进而引起压强水头的变化，而与是否理想流体无关，故说法 A 是错误的。

答案： A

6-4-2　解： 各空间点上所有运动要素均不随时间变化的流动为恒定流。

答案： B

6-4-3　解： 参见描述流体运动的欧拉方法中关于加速度的定义。按题意，应为迁移加速度。

答案： B

6-4-4　解： 伯努利方程只能用于流线近于平行直线的渐变流。

答案： C

6-4-5　解： 参见毕托管求流速公式$u_A = C\sqrt{2g\Delta h_u}$，并由压差计公式知，$\Delta h_u = \left(\frac{\rho_{水} - \rho_{油}}{\rho_{水}}\right)\Delta h$。

代入题设数据有

$$\Delta h_u = \left(\frac{1000 - 800}{1000}\right) \times 0.2\text{m} = 0.04\text{m}$$

$$u_A = \sqrt{2 \times 9.8 \times 0.04} = 0.885\text{m/s}$$

答案： A

6-4-6　解： 理想流体为无黏性流体。

答案： C

6-4-7　解： 流线上质点的流速矢量与流线相切。

答案： C

6-4-8　解： 参看黏性流体总水头线的图示。总水头线沿程下降。

答案： A

6-4-9　解： 参见理想流体元流能量方程相关内容（理想流体与实体流体的主要区别在于黏性）。

答案： B

6-4-10　解： 非恒定流当地加速度不为零，均匀流迁移加速度为零。

答案： B

6-4-11 解： 欧拉法是一种空间场方法，研究某一固定空间内流动参数的分布随时间变化的情况，而不跟踪每个质点的流动参数或轨迹。研究每个质点的流动参数或质点轨迹的是拉格朗日方法。

答案： C

6-4-12 解： 运用能量方程求解。对c-c断面与管道出口断面写能量方程：

$$h_1+h_2+\frac{p_c}{\rho g}+\frac{v_c^2}{2g}=0+0+\frac{v_c^2}{2g}$$

$$p_c=-\rho(h_1+h_2)=-9.8\times(1.5+3)=-44.1\text{kPa}$$

答案： D

6-4-13 解： 根据给定条件，重力流量$Q_G=1177\text{kN/h}$

$$v=\frac{Q_G}{\rho gA}=\frac{1177}{1\times9.8\times\frac{\pi}{4}\times0.2^2\times3600}=1.06\text{m/s}$$

答案： A

6-4-14 解： 计算结果为负值与方程列错和计算结果正确与否没有必然联系，选项 A、D 均错误。计算结果为正，则说明力的实际方向与假设方向一致；计算结果为负，则说明力的实际方向与假设方向相反，选项 C 错误、选项 B 正确。

答案： B

6-4-15 解： 对过流断面 1-1 及 2-2 写能量方程：

$$0+\frac{p_1}{\rho g}+\frac{\alpha_1v_1^2}{2g}=1.5+\frac{p_2}{\rho g}+\frac{\alpha_2v_2^2}{2g}+0$$

代入数据：

$$\frac{98}{9.8}+\frac{v_1^2}{2g}=1.5+\frac{60}{9.8}+\frac{v_2^2}{2g}$$

由连续方程得：$v_2=v_1\left(\frac{d_1}{d_2}\right)^2=4v_1$，代入上式，即$10-1.5-6.122=15\frac{v_1^2}{2g}$，得$v_1=1.763\text{m/s}$

则流量$Q=v_1\times\frac{\pi}{4}d_1^2=1.763\times\frac{\pi}{4}\times0.3^2=0.125\text{m}^3/\text{s}$

答案： A

6-4-16 解： 管中断面平均流速：

$$v_1=\frac{2.2}{\frac{\pi}{4}\times1.5^2}=1.245\text{m/s}，v_2=\frac{2.2}{\frac{\pi}{4}\times1^2}=2.801\text{m/s}$$

对断面 1-1 及 2-2 写能量方程：

$$\frac{p_2}{\rho g}=\frac{p_1}{\rho g}+\frac{v_1^2-v_2^2}{2g}=39.27\text{m}$$

$$p_2=\rho g\times39.27=384.85\text{kPa}$$

由动量方程得：$\sum F_x=\rho Q(v_{2x}-v_{1x})$，即$p_1A_1-p_2A_2-R=\rho Q(v_2-v_1)$

解出反力

$$\begin{aligned}R&=p_1A_1-p_2A_2-\rho Q(v_2-v_1)\\&=388\times\frac{\pi}{4}\times1.5^2-384.85\times\frac{\pi}{4}\times1^2-1\times2.2\times(2.801-1.248)\\&=380\text{kN}\end{aligned}$$

支座所受轴心力与R大小相等、方向相反，即$P=-R$。

答案： D

6-4-17 解：圆管层流流速分布曲线为二次抛物线。

答案：A

6-4-18 解：恒定流运动要素不随时间而变化。

答案：A

6-4-19 解：区别均匀流与渐变流的流动。均匀流流线为平行直线的流动。

答案：B

6-4-20 解：流量$=v\cdot A=2\times0.4\times0.4=0.32\text{m}^3/\text{s}$，每孔流速$v=\frac{Q}{A}=\frac{0.32}{4\times0.1\times0.1}=8\text{m/s}$。

答案：A

6-4-21 解：干管质量流量为：

$$Q_\text{m}=\rho(v_1A_1+v_2A_2)=\rho\left(v_1\frac{\pi}{4}d_1^2+v_2\frac{\pi}{4}d_2^2\right)=1.2\times\left(6\times\frac{\pi}{4}\times0.5^2+4\times\frac{\pi}{4}\times0.3^2\right)=1.752\text{kg/s}$$

答案：B

6-4-22 解：

$$v=\frac{Q_\text{m}}{\rho A}=\frac{1.752}{1.2\times\frac{\pi}{4}\times1^2}=1.86\text{m/s}$$

答案：C

6-4-23 解：参见能量方程的物理意义，应选择单位重量流体的机械能。

答案：C

6-4-24 解：参见元流能量方程的应用，比压计中的水头差为总水头与测压管水头差。

答案：D

6-4-25 解：测压管水头线升降与流速水头有关，可升、可降、可水平。

答案：D

6-4-26 解：黏性流体的阻力始终存在，克服阻力使机械能沿程减少，水头线沿程下降。

答案：B

6-4-27 解：根据一维总流能量方程判断，从单位机械能大的地方向单位机械能小的地方流动。

答案：C

6-4-28 解：参见能量方程应用条件，应选择应用范围更广泛的渐变流，因均匀流是渐变流的极限情况，即当渐变流的流线夹角为零、曲率也为零时的极限。

答案：D

6-4-29 解：渐变流性质为同一过流断面各点测压管水头相等。

答案：C

6-4-30 解：对两压力表所在断面写能量方程：

$$H+\frac{p_1}{\rho g}+\frac{\alpha_1v_1^2}{2g}=0+\frac{p_2}{\rho g}+\frac{\alpha_2v_2^2}{2g}+0$$

因$v_1=v_2$，所以$H=\frac{p_2-p_1}{\rho g}=\frac{392-196}{0.8\times9.8}=25\text{m}$

答案：D

6-4-31 解：对断面1-1及2-2写能量方程有：

$$H+\frac{p_1}{\gamma}=0+\frac{p_2}{\gamma}+h_{\text{w1-2}}$$

因$v_1=v_2$，所以$\frac{p_2}{\gamma}=H+\frac{p_1}{\gamma}-h_{\text{w1-2}}=1+20-3=18\text{m}$

答案： A

6-4-32 解： 对自由液面与出口断面写能量方程：

$$H+0+0=0+0+\frac{\alpha^2 v_2^2}{2g}+h_{\text{w1-2}}$$

$$v_2=\sqrt{2g(H-h_{\text{w}})}=\sqrt{2\times9.8\times(6-2)}=8.85\text{m/s}$$

答案： B

6-4-33 解： 阀门关闭时的静水头$H=\frac{p}{\gamma}=\frac{21}{9.8}=2.143\text{m}$

对自由液面及压力表所在断面写能量方程：

$$H+0+0=0+\frac{p_2}{\gamma}+\frac{\alpha v_2^2}{2g}+0$$

$$v_2=\sqrt{\left(H-\frac{p_2}{\gamma}\right)2g}=\sqrt{2\times9.8\times\left(2.143-\frac{5.5}{9.8}\right)}=5.568\text{m/s}$$

$$Q=v_2\times\frac{\pi}{4}d_2^2=5.568\times\frac{\pi}{4}\times0.052=0.0109\text{m}^3/\text{s}=10.9\text{L/s}$$

答案： C

6-4-34 解： 点流速$u=C\sqrt{2gh_{\text{u}}}$，$h_{\text{u}}=\left(\frac{p'}{\rho}-1\right)\Delta h$

$$u=\sqrt{2g\left(\frac{p'}{p}-1\right)\Delta h}=\sqrt{2\times9.8\times\left(\frac{13.6}{1}-1\right)\times1}=15.71/\text{s}$$

答案： D

6-4-35 解： 对自由液面及出口断面写能量方程：

$$H+0+0=0+0+\frac{v_2^2}{2g}+0$$

$$v_2=\sqrt{2gH}=\sqrt{2\times9.8\times5}=9.9\text{m/s}$$

$$v_1=v_2\left(\frac{d_2}{d_1}\right)^2=9.9\times\left(\frac{100}{200}\right)^2=2.47\text{m/s}$$

答案： A

6-4-36 解： 对断面 1-1 及 2-2 写能量方程：

$$\frac{v_1^2}{2g}=H+\frac{v_2^2}{2g}$$

$$H=\frac{v_1^2-v_2^2}{2g}=\frac{30^2-1^2}{2\times9.8}=45.86\text{m}$$

答案： A

6-4-37 解： 设水泵扬程为H，对断面 1-1 及 2-2 写能量方程：

$$H=Z+h_{\text{w}}=30+3=33\text{m}$$

答案： B

6-4-38 解： 对断面 1-1 及 2-2 写能量方程：

$$\frac{p_1}{\gamma}+\frac{v_1^2}{2g}=\frac{v_2^2}{2g}$$

则$\frac{p_1}{\gamma}=\frac{v_2^2-v_1^2}{2g}=\frac{1^2-10^2}{2\times9.8}=-5.05\text{m}$（负压长吸力）

吸水高度$h\leqslant5.05\text{m}$

答案： C

6-4-39 解： 对上、下游水面点写能量方程：

$$H+\frac{\alpha_1 v_1^2}{2g}=h+\frac{\alpha_2 v_2^2}{2g}$$

即$H-h=\frac{v_2^2-v_1^2}{2g}$

又由连续方程$v_1 H=v_2 h$，则

$$v_1=v_2\frac{h}{H}=\frac{0.8}{2}v_2=0.4v_2$$

代入数据：$2-0.8=\frac{v_2^2-(0.4v_2)^2}{2\times9.8}$

得$v_2=5.29\text{m/s}$

答案： D

6-4-40 解： 由动量方程求解反力$R_x=p_1-\rho Q(v_2-v_1)$

代入数据得$R_x=162.33-1\times0.4\times(50.93-3.18)=143.23\text{kN}$

答案： A

6-4-41 解： 由于反力在铅直坐标y方向的投影为零，所以$\sum F_y=0$。

则由动量方程可写出$\sum F_y=0=\rho Q_2 v_2\sin\theta-\rho Q_1 v_1$，则$\sin\theta=\frac{\rho Q_1 v_1}{\rho Q_2 v_2}$

又由能量方程知$v_1=v_2$

所以$\sin\theta=\frac{Q_1}{Q_2}=\frac{12}{36-12}=\frac{1}{2}$，即$\theta=30^\circ$

答案： B

6-4-42 解： 由动量方程求解反力$R_x=\rho Q(v_{2x}-v_{1x})$

代入数据得$R_x=-\rho Q v_1=-(1000\times0.1\times20)=-2000\text{N}$

则平板所受冲力$F_x=-R_x=2000\text{N}$

答案： C

6-4-43 解： 根据题意，此为大体积水箱供水管路水头损失计算问题。如解图所示，水箱内的流体在自由液面高程H的作用下，克服管路的入口损失和沿程损失，以一定流速从管口流出。当管径远小于水箱断面尺寸时，自由液面的下降速度近似为零。自由液面和管路出口都是均匀过流断面，可列能量方程：

$$z_1+\frac{p_1}{\rho g}+\frac{a_1 v_1^2}{2g}=z_2+\frac{p_2}{\rho g}+\frac{a_2 v_2^2}{2g}+h_\text{w}$$

其中，$z_1=H$，$z_2=0$，$p_1=p_2=0$，$v_1=0$，上式可化简为：$h_\text{w}=H-\frac{a_2 v_2^2}{2g}$

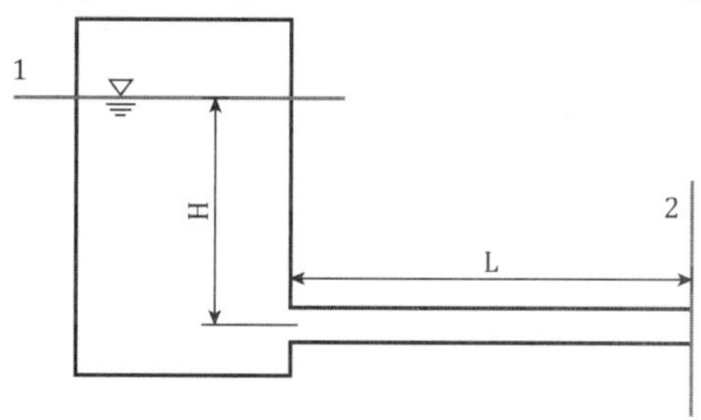

题 6-4-43 解图

由上式可知，管路损失h_w与输送液体的密度无关，取决流速与高程差H。因此，改变液体密度，管路损失不变，即$h'_\text{w}=h_\text{w}$。

答案： B

6-4-44 解： 用动量方程求闸门对水流的反力R_x，推力F与R_x大小相等、方向相反。

$$\sum F_x = p_1 - p_2 - R_x = \rho Q(v_2 - v_1)$$

代入数据，得

$$R_x = p_1 - p_2 - \rho Q(v_2 - v_1)$$

$$= 19.6 - 3.13 - 1 \times 4.24 \times (5.29 - 2.12) = 3.029\text{kN} = 3029\text{N}$$

$$F = -R_x = -3029\text{N}$$

答案： D

（五）流动阻力和能量损失

6-5-1 一管径$d = 50$mm的水管，在水温$t = 10$℃时，管内要保持层流的最大流速是：（10℃时水的运动黏滞系数$\nu = 1.31 \times 10^{-6}\text{m}^2/\text{s}$）

A. 0.21m/s　　B. 0.115m/s

C. 0.105m/s　　D. 0.0525m/s

6-5-2 管道长度不变，管中流动为层流，允许的水头损失不变，当直径变为原来 2 倍时，若不计局部损失，流量将变为原来的多少倍？

A. 2　　B. 4　　C. 8　　D. 16

6-5-3 A、B 两根圆形输水管，管径相同，雷诺数相同，A 管为热水，B 管为冷水，则两管流量q_{V_A}、q_{V_B}的关系为：

A. $q_{V_\text{A}} > q_{V_\text{B}}$　　B. $q_{V_\text{A}} = q_{V_\text{B}}$

C. $q_{V_\text{A}} < q_{V_\text{B}}$　　D. 不能确定大小

6-5-4 紊流附加切应力$\overline{\tau_2}$等于：

A. $\rho\overline{u_x'}\overline{u_y'}$　　B. $-\rho\overline{u_x'}\overline{u_y'}$　　C. $\overline{u_x'}\overline{u_y'}$　　D. $-\overline{u_x'}\overline{u_y'}$

6-5-5 边界层分离的必要条件是：

A. 来流流速分布均匀　　B. 有逆压梯度和物面黏性阻滞作用

C. 物面形状不规则　　D.物面粗糙

6-5-6 变直径圆管流，细断面直径d_1，粗断面直径$d_2 = 2d_1$，粗细断面雷诺数的关系是：

A. $\text{Re}_1 = 0.5\text{Re}_2$　　B. $\text{Re}_1 = \text{Re}_2$

C. $\text{Re}_1 = 1.5\text{Re}_2$　　D. $\text{Re}_1 = 2\text{Re}_2$

6-5-7 层流沿程阻力系数λ：

A. 只与雷诺数有关　　B. 只与相对粗糙度有关

C. 只与流程长度和水力半径有关　　D. 既与雷诺数有关又与相对粗糙度有关

6-5-8 如图所示，两个水箱用两段不同直径的管道连接，1~3 管段长$l_1 = 10$m，直径$d_1 = 200$mm，$\lambda_1 = 0.019$；3~6 管段长$l_2 = 10$m，直径$d_2 = 100$mm，$\lambda_2 = 0.018$。管道中的局部管件：1 为入口（$\zeta_1 = 0.5$）；2 和 5 为 90°弯头（$\zeta_2 = \zeta_5 = 0.5$）；3 为渐缩管（$\zeta_3 = 0.024$）；4 为闸阀（$\zeta_4 = 0.5$）；6 为管道出口（$\zeta_6 = 1$）。若输送流量为 40L/s，两水箱水面高度差为：

A. 3.501m　　B. 4.312m　　C. 5.204m　　D. 6.123m

6-5-9 两水箱水位恒定，水面高差$H = 10$m，管道直径$d = 10$cm，总长度$l = 20$m，沿程阻力系数

$\lambda = 0.042$，已知所有的转弯、阀门、进、出口局部水头损失合计为$h_{\mathrm{m}} = 3.2\mathrm{m}$，如图所示。则通过管道的平均流速为：

A. 3.98m/s　　B. 4.38m/s　　C. 2.73m/s　　D. 15.8m/s

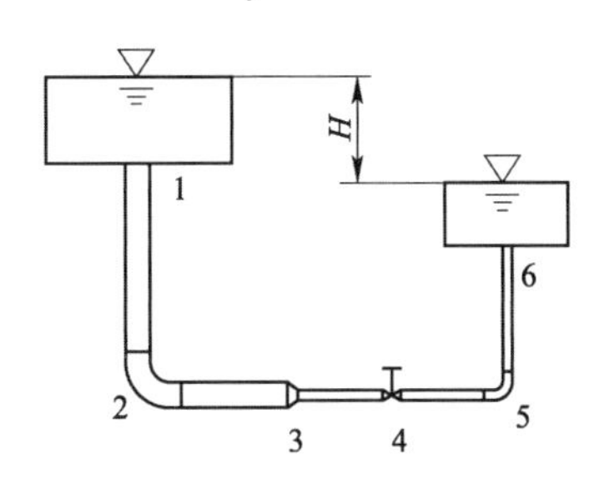

题 6-5-8 图

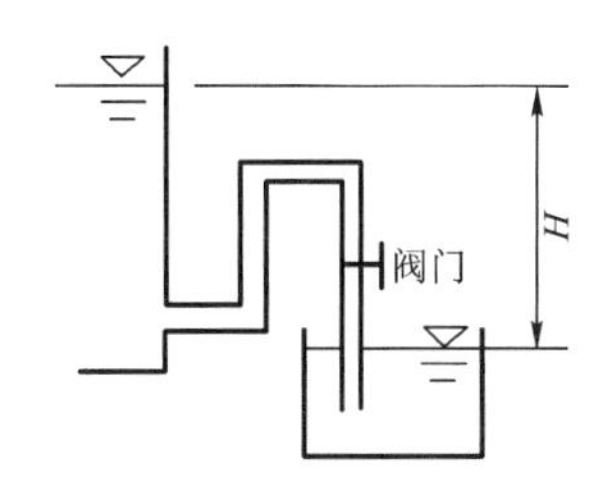

题 6-5-9 图

6-5-10 温度为 10℃时水的运动黏性系数为$1.31 \times 10^{-6}\mathrm{m^2/s}$，要保持直径 25mm 的水管管中水流为层流，允许的最大流速为：

A. 1.00m/s　　B. 0.02m/s　　C. 2.00m/s　　D. 0.1m/s

6-5-11 在附壁紊流中，黏性底层厚度δ比绝对粗糙高度$\varDelta$大得多的壁面称为：

A. 水力光滑面　　B. 水力过渡粗糙面

C. 水力粗糙面　　D.以上均不对

6-5-12 图示两水箱水位恒定，水面高差$H = 10\mathrm{m}$，已知管道沿程水头损失$h_{\mathrm{f}} = 6.8\mathrm{m}$，局部阻力系数：转弯 0.8、阀门 0.26、进口 0.5、出口 0.8，则通过管道的平均流速为：

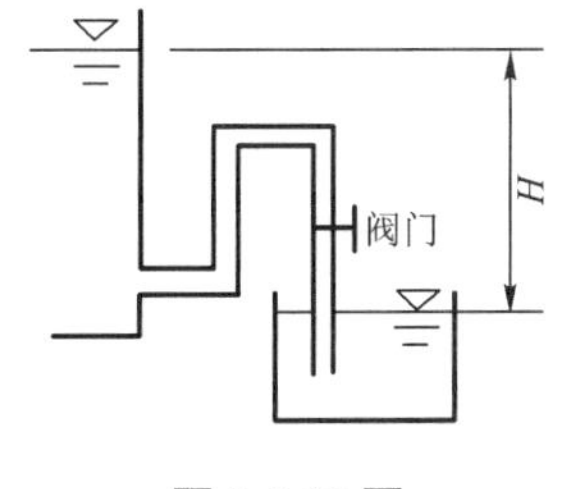

题 6-5-12 图

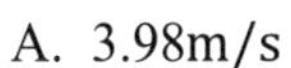

A. 3.98m/s　　B. 5.16m/s

C. 7.04m/s　　D. 5.80m/s

6-5-13 边界层分离不会：

A. 产生漩涡　　B. 减小摩擦阻力

C. 产生压强阻力　　D. 增加能量损失

6-5-14 一圆断面风道，直径为 250mm，输送 10℃的空气，其运动黏度为$14.7 \times 10^{-6}\mathrm{m^2/s}$，若临界雷诺数为 2000，则保持层流流态的最大流量为：

A. $12\mathrm{m^3/h}$　　B. $18\mathrm{m^3/h}$　　C. $21\mathrm{m^3/h}$　　D. $30\mathrm{m^3/h}$

6-5-15 有压圆管恒定流，若断面 1 的直径是其下游断面 2 直径的 2 倍，则断面 1 的雷诺数$\mathrm{Re_1}$与断面 2 的雷诺数$\mathrm{Re_2}$的关系是：

A. $\mathrm{Re_1 = Re_2}$　　B. $\mathrm{Re_1 = 0.5Re_2}$　　C. $\mathrm{Re_1 = 1.5Re_2}$　　D. $\mathrm{Re_1 = 2Re_2}$

6-5-16 有压圆管均匀流的切应力τ沿断面的分布是：

A. 均匀分布　　B. 管壁处是零，向管轴线性增大

C. 管轴处是零，与半径成正比　　D. 按抛物线分布

6-5-17 圆管层流的流速是如何分布的？

A. 直线分布　　B. 抛物线分布

C. 对数曲线分布　　D. 双曲线分布

6-5-18 圆管层流运动，轴心处最大流速与断面平均流速的比值是：

A. 1.2　　B. 1.5
C. 2.5　　D. 2

6-5-19 圆管紊流核心区的流速是如何分布的?

A. 直线分布　　B. 抛物线分布
C. 对数曲线分布　　D. 双曲线分布

6-5-20 圆管有压流中紊流粗糙区的沿程阻力系数λ与下述哪些因素有关?

A. 与相对粗糙度Δ/d有关　　B. 与雷诺数 Re 有关
C. 与相对粗糙度及雷诺数均有关　　D. 与雷诺数及管长有关

6-5-21 圆管有压流中紊流过渡区的沿程阻力系数λ与下述哪些因素有关?

A. 仅与相对粗糙度有关　　B. 仅与雷诺数有关
C. 与相对粗糙度及雷诺数均有关　　D. 仅与管长有关

6-5-22 谢才公式$v = C\sqrt{RJ}$仅适用于什么区?

A. 紊流粗糙区（即阻力平方区）　　B. 紊流光滑区
C. 紊流过渡区　　D. 流态过渡区

6-5-23 水管直径$d = 100\text{mm}$，管中流速$v = 1\text{m/s}$，运动黏度$\nu = 1.31 \times 10^{-6}\text{m}^2/\text{s}$，管中雷诺数为：

A. 54632　　B. 67653
C. 76335　　D. 84892

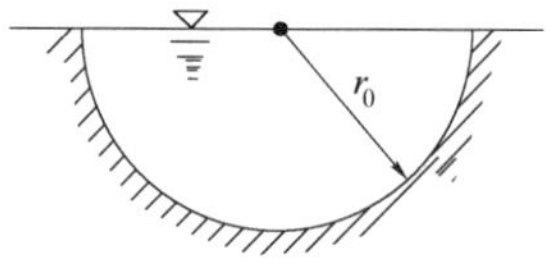

6-5-24 半圆形明渠如图所示，半径$r_0 = 4\text{m}$，其水力半径R为：

A. 4m　　B. 3m
C. 2.5m　　D. 2m

题 6-5-24 图

6-5-25 某一圆形有压油管的直径为$d = 150\text{mm}$，流速$v = 0.256\text{m/s}$，长 1km，雷诺数 Re=1921，其沿程损失h_f为：

A. 74.25cm 油柱　　B. 74.25mH_2O
C. 95.26cm 油柱　　D. 62.26m 油柱

6-5-26 有一圆形压力水管，直径$d = 6\text{mm}$，在长为 2m 的流程上，沿程水头损失$h_f = 4.228\text{mH}_2\text{O}$，管中流速$v = 2.723\text{m/s}$，其沿程阻力系数$\lambda$为：

A. 0.025　　B. 0.0335
C. 0.0262　　D. 0.041

6-5-27 图示一矩形断面通风管道，断面尺寸为$1.2\text{m} \times 0.6\text{m}$，空气密度$\rho = 1.20\text{kg/m}^3$，流速$v = 16.2\text{m/s}$，沿程阻力系数$\lambda = 0.0145$，流程长度$L = 12\text{m}$的沿程压强损失为：

A. 31N/m^2　　B. 28.14N/m^2
C. 34.25N/m^2　　D. 45.51N/m^2

6-5-28 矩形排水沟，底宽 5m，水深 3m，则水力半径为：

A. 5m　　B. 3m　　C. 1.36m　　D. 0.94m

6-5-29 矩形断面输水明渠如图所示，断面尺寸为$2\text{m} \times 1\text{m}$，渠道的谢才系数$C = 48.5\text{m}^{\frac{1}{2}}/\text{s}$，输水 1000m 长度后水头损失为 1m，则断面平均流速v为：

A. 1.511m/s　　B. 1.203m/s
C. 0.952m/s　　D. 1.084m/s

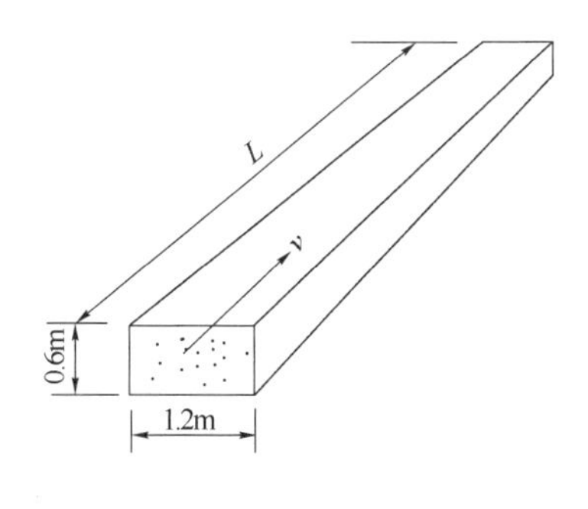

题 6-5-27 图

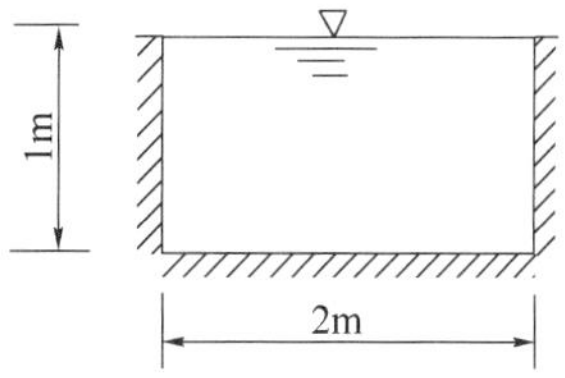

题 6-5-29 图

6-5-30 若某明渠均匀流渠壁粗糙系数$n = 0.025$，水力半径$R = 0.5\text{m}$，则其沿程阻力系数λ为：

A. 0.0261　　B. 0.0617　　C. 0.0452　　D. 0.0551

6-5-31 如图所示突然放大有压管流，放大前细管直径$d_1 = 100\text{mm}$，放大后粗管直径$d_2 = 200\text{mm}$，若放大后断面平均流速$v_2 = 1\text{m/s}$，则局部水头损失h_m为：

A. 0.613m　　B. 0.556m　　C. 0.459m　　D. 0.343m

6-5-32 突然放大管道尺寸同上题，若已知放大前断面平均流速$v_1 = 4\text{m/s}$，则局部水头损失h_m为：

A. 0.256m　　B. 0.347m　　C. 0.612m　　D. 0.459m

6-5-33 图示某半开的阀门，阀门前后测压管水头差$\Delta h = 1\text{m}$水柱，管径不变，管中平均流速$v = 2\text{m/s}$，则该阀门的局部阻力系数ζ为：

A. 4.9　　B. 6.1　　C. 3.4　　D. 4.2

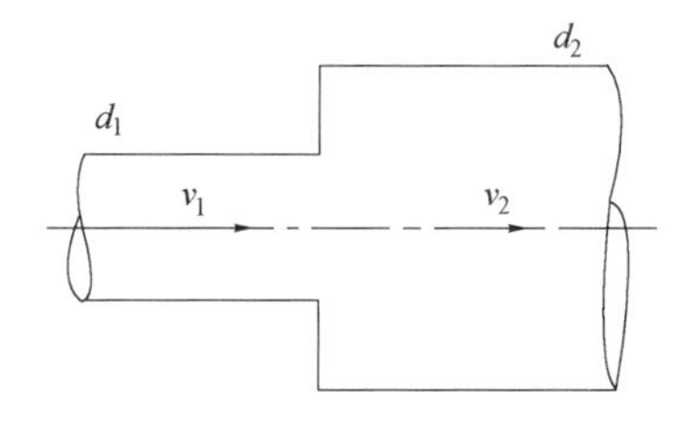

题 6-5-31 图

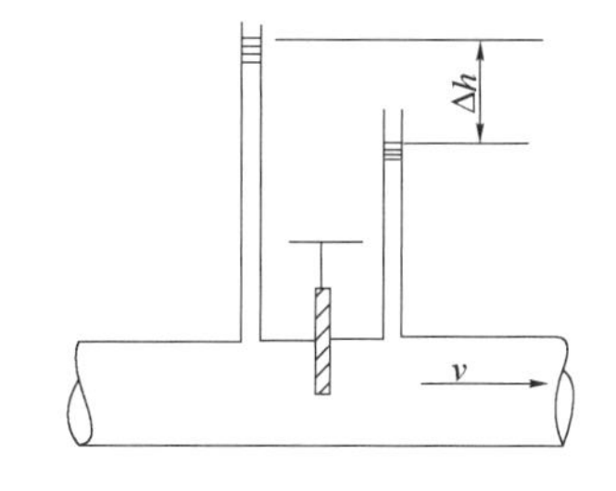

题 6-5-33 图

6-5-34 具有任意断面形状的均匀流的沿程水头损失h_f有以下哪些特性？

A. 与流程长度成正比，与壁面平均切应力、水力半径成反比

B. 与壁面平均切应力成正比，与流路长度、水力半径成反比

C. 与流路长度、水力半径成正比，与壁面平均切应力成反比

D. 与流路长度、平均切应力成正比，与水力半径成反比

6-5-35 两圆管内水的层流流动，雷诺数比为$\text{Re}_1 : \text{Re}_2 = 1 : 2$，流量之比为$Q_1 : Q_2 = 3 : 4$，则两管直径之比$D_1 : D_2$是：

A. 8 : 3　　B. 3 : 2　　C. 3 : 8　　D. 2 : 3

6-5-36 已知两并联管路下料相同，管径$d_1 = 100\text{mm}$，$d_2 = 200\text{mm}$，已知管内的流量比为$Q_1 : Q_2 = 1 : 2$，则两管的长度比是：

A. 2 : 1　　B. 1 : 4　　C. 1 : 8　　D. 不确定

6-5-37 边界层分离现象的重要后果是下述哪一条？

A. 减少了边壁与液流的摩擦力

B. 仅仅增加了流体的紊动性

C. 产生了有大量涡流的尾流区，增加绕流运动的压差阻力

D. 增加了绕流运动的摩擦阻力

6-5-38 减少绕流阻力的物体形状应为：

A. 圆形　　B. 流线形　　C. 三角形　　D. 矩形

6-5-39 流体绕固体流动时所形成的绕流阻力，除了黏性摩擦力外，更主要的是因为下述哪种原因形成的形状阻力（或压差阻力）？

A. 流速和密度的加大

B. 固体表面粗糙

C. 雷诺数加大，表面积加大

D. 有尖锐边缘的非流线型物体，产生边界层的分离和漩涡区啊

6-5-40 某压力水管，直径$d = 250\text{mm}$，流量$Q = 3.12 \times 10^{-1}\text{m}^3/\text{s}$，沿程阻力系数$\lambda = 0.02$，则管道的壁面处水流切应力$\tau_0$为：

A. 101.1N/m^2　　B. 110N/m^2　　C. 95.1N/m^2　　D. 86.2N/m^2

6-5-41 如图所示，两个水箱用两段不同直径的管道连接，1~3 管段长$l_1 = 10\text{m}$，直径$d_1 = 200\text{mm}$，$\lambda_1 = 0.019$；3~6 管段长$l_2 = 10\text{m}$，直径$d_2 = 100\text{mm}$，$\lambda_2 = 0.018$，管道中的局部管件：1 为入口($\xi_1 = 0.5$)；2 和 5 为$90°$弯头($\xi_2 = \xi_5 = 0.5$)；3 为渐缩管($\xi_3 = 0.024$)；4 为闸阀($\xi_4 = 0.5$)；6 为管道出口($\xi_6 = 1$)。若两水箱水面高度差为 5.204m，则输送流量为：

A. 30L/s　　B. 40L/s　　C. 50L/s　　D. 60L/s

6-5-42 如图所示，大体积水箱供水，且水位恒定，水箱顶部压力表读数为19600Pa，水深$H = 2\text{m}$，水平管道长$l = 50\text{m}$，直径$d = 100\text{mm}$，沿程损失系数 0.02，忽略局部损失，则管道通过的流量是：

A. 83.8L/s　　B. 20.95L/s　　C. 10.48L/s　　D. 41.9L/s

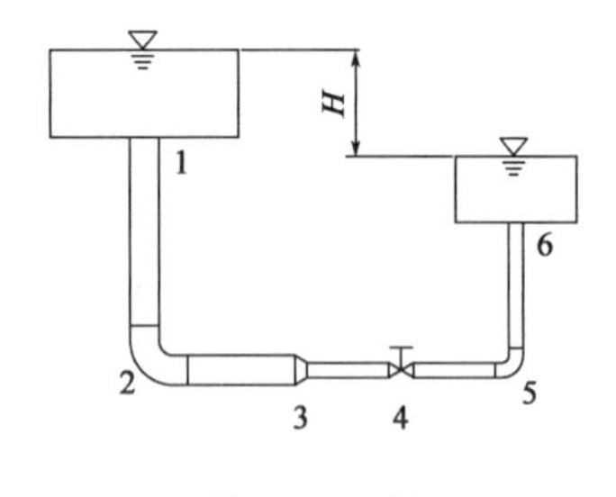

题 6-5-41 图

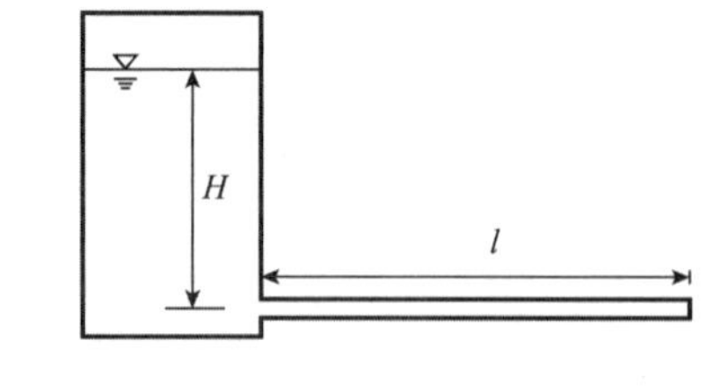

题 6-5-42 图

题解及参考答案

6-5-1 解： 由判别流态的下临界雷诺数$\text{Re}_\text{c} = \frac{v_\text{c}d}{\nu}$解出下临界流速$v_\text{c}$即可，$v_\text{c} = \frac{\text{Re}_\text{c}\nu}{d}$，而$\text{Re}_\text{c} = 2000$。代入题设数据后有：$v_\text{c} = \frac{2000 \times 1.31 \times 10^{-6}}{0.05} = 0.0524\text{m/s}$。

答案： D

6-5-2 解： 根据沿程损失计算公式$h_\text{f} = \lambda \frac{L}{d}\frac{v^2}{2g}$及层流阻力系数计算公式$\lambda = \frac{64}{\text{Re}}$和雷诺数$\text{Re} = \frac{vd}{\nu}$联立求解可得：$\frac{v_1}{{d_1}^2} = \frac{v_2}{{d_2}^2}$。

代入题设条件后有：$\frac{v_1}{d_1^2} = \frac{v_2}{d_2^2}$，而$v_2 = v_1\left(\frac{d_2}{d_1}\right)^2 = v_1(2)^2 = 4v_1$，则$\frac{Q_2}{Q_1} = \frac{v_2}{v_1}\left(\frac{d_2}{d_1}\right)^2 = 4 \times 2^2 = 16$。

答案： D

6-5-3 解： 热水的运动黏度小于冷水的运动黏度，即$\nu_\text{A} < \nu_\text{B}$，又因$\text{Re}_\text{A} = \text{Re}_\text{B}$，即$\frac{v_\text{A}d}{\nu_\text{A}} = \frac{v_\text{B}d}{\nu_\text{B}}$，得$v_\text{A} < v_\text{B}$，因此$q_{v_\text{A}} < q_{v_\text{B}}$。

答案：C

6-5-4 **解**：紊流附加切应力$\overline{\tau_2}$即为紊流的惯性切应力。$\overline{\tau_2}=-\rho\overline{u_x'}\overline{u_y'}$。

答案：B

6-5-5 **解**：参见边界层分离相关内容（由于逆压梯度与边界上的黏性阻力而形成）。

答案：B

6-5-6 **解**：$\mathrm{Re}=\frac{vd}{\nu}$，$v_2=v_1\frac{d_1^2}{d_2^2}$，因$d_2=2d_1$，则$v_2=\frac{v_1}{4}$，$\mathrm{Re}_1=\frac{v_1d_1}{\nu}=2\frac{v_2d_2}{\nu}=2\mathrm{Re}_2$。

答案：D

6-5-7 **解**：参见沿程阻力系数相关内容（层流沿程阻力系数与雷诺数有关），$\lambda=\frac{64}{\mathrm{Re}}$。

答案：A

6-5-8 **解**：对两水箱水面写能量方程可得：$H=h_{\mathrm{w}}=h_{\mathrm{w}_1}+h_{\mathrm{w}_2}$

1~3 管段中的流速$v_1=\frac{Q}{\frac{\pi}{4}d_1^2}=\frac{0.04}{\frac{\pi}{4}\times0.2^2}=1.27\mathrm{m/s}$

$h_{\mathrm{w}_1}=\left(\lambda_1\frac{l_1}{d_1}+\sum\zeta_1\right)\frac{v_1^2}{2g}=\left(0.019\times\frac{10}{0.2}+0.5+0.5+0.024\right)\times\frac{1.27^2}{2\times9.8}=0.162\mathrm{m}$

4~6 管段中的流速$v_2=\frac{Q}{\frac{\pi}{4}d_2^2}=\frac{0.04}{\frac{\pi}{4}\times0.1^2}=5.1\mathrm{m/s}$

$h_{\mathrm{w}_2}=\left(\lambda_2\frac{l_2}{d_2}+\sum\zeta_2\right)\frac{v_2^2}{2g}=\left(0.018\times\frac{10}{0.1}+0.5+0.05+1\right)\times\frac{5.1^2}{2\times9.8}=5.042\mathrm{m}$

$H=h_{\mathrm{w}_1}+h_{\mathrm{w}_2}=0.162+5.042=5.2042\mathrm{m}$

答案：C

6-5-9 **解**：对水箱自由液面与管道出口水池自由液面写能量方程：

$$H=h_{\mathrm{w}}=h_{\mathrm{f}}+h_{\mathrm{m}}=\lambda\frac{L}{d}\frac{v^2}{2g}+h_{\mathrm{m}}$$

$$v=\sqrt{\frac{2gd(H-h_{\mathrm{m}})}{\lambda L}}=\sqrt{\frac{2\times9.8\times0.1\times(10-3.2)}{0.042\times20}}=3.98\mathrm{m/s}$$

答案：A

6-5-10 **解**：临界雷诺数$\mathrm{Re_c}=2000$，而$\mathrm{Re_c}=\frac{v_{\mathrm{c}}d}{\nu}$，则：

$$v_{\mathrm{c}}=\frac{\mathrm{Re_c}\nu}{d}=\frac{2000\times1.31\times10^{-6}}{0.025}=0.10\mathrm{m/s}$$

答案：D

6-5-11 **解**：黏性底层厚度δ比绝对粗糙度Δ大得多的壁面称为水力光滑壁面。

答案：A

6-5-12 **解**：短管淹没出流，平均流速为：

$$v=\sqrt{\frac{2g(H-h_{\mathrm{f}})}{\sum\zeta}}=\sqrt{\frac{2\times9.8\times(10-6.8)}{0.5+3\times0.8+0.26+0.8}}=3.98\mathrm{m/s}$$

答案：A

6-5-13 **解**：边界层分离不会减小摩擦阻力。

答案：B

6-5-14 **解**：由临界雷诺数公式$\mathrm{Re_c}=\frac{v_{\mathrm{c}}d}{\nu}$，解出临界流速$v_{\mathrm{c}}=\frac{\mathrm{Re_c}\nu}{d}=\frac{2000\times14.7\times10^{-6}}{0.25}=0.117\mathrm{m/s}$，最

大流量$Q = v_c A = 0.117 \times \frac{\pi}{4} \times 0.25^2 = 5.74 \times 10^{-3}\text{m}^3/\text{s} = 21\text{m}^3/\text{h}$。

答案： C

6-5-15 解： 本题考查内容同题 6-5-6。$\text{Re}_1 = \frac{vd}{\nu}$，直径减小一半，流速增加 4 倍。Re 随$d$减少而增加。

答案： B

6-5-16 解： 均匀流基本方程$\tau = \gamma \frac{r}{2} J$，表明切应力$\tau$随圆管半径增大而增大，管轴处$r = 0$，$\tau = 0$。

答案： C

6-5-17 解： 圆管层流流速分布为抛物线分布。

答案： B

6-5-18 解： 圆管层流最大流速是断面平均流速的 2 倍。

答案： D

6-5-19 解： 圆管紊流核心区的流速分布为对数分布曲线。

答案： C

6-5-20 解： 圆管紊流粗糙区的沿程阻力系数λ与相对粗糙度$\frac{\Delta}{d}$有关。

答案： A

6-5-21 解： 圆管紊流过渡区的沿程阻力系数λ与相对粗糙度及雷诺数有关。

答案： C

6-5-22 解： 谢才公式仅适用于紊流粗糙区。

答案： A

6-5-23 解： 雷诺数$\text{Re} = \frac{v \cdot d}{\nu} = \frac{1 \times 0.1}{1.31 \times 10^{-6}} = 76335$。

答案： C

6-5-24 解： 水力半径$R = \frac{A}{\chi} = \frac{\frac{1}{2}\pi r_0^2}{\frac{1}{2} \times 2 r_0 \pi} = \frac{r_0}{2} = \frac{4}{2} = 2\text{m}$。

答案： D

6-5-25 解： $h_\text{f} = \frac{64}{\text{Re}} \cdot \frac{L}{d} \cdot \frac{v^2}{2g} = \frac{64}{1921} \times \frac{1000}{0.15} \times \frac{0.256^2}{2 \times 9.8} = 0.7425\text{m}$ 油柱 $= 74.25\text{cm}$ 油柱

答案： A

6-5-26 解： 沿程阻力系数$\lambda = \frac{2gd \cdot h_\text{f}}{L \cdot v^2} = \frac{2 \times 9.8 \times 0.006 \times 4.228}{2 \times 2.723^2} = 0.0335$

答案： B

6-5-27 解： 水力半径$R = \frac{A}{\chi} = \frac{1.2 \times 0.6}{2 \times (1.2 + 0.6)} = 0.2\text{m}$

压强损失$p_\text{f} = \lambda \frac{L}{4R} \cdot \frac{\rho v^2}{2} = 0.0145 \times \frac{12}{4 \times 0.2} \times \frac{1.2 \times 16.2^2}{2} = 34.25\text{N/m}^2$

答案： C

6-5-28 解： 矩形排水管水力半径$R = \frac{A}{\chi} = \frac{5 \times 3}{5 + 2 \times 3} = 1.36\text{m}$。

答案： C

6-5-29 解： 水力半径$R = \frac{A}{\chi} = \frac{2 \times 1}{2 + 2 \times 1} = 0.5\text{m}$，$J = \frac{h_\text{f}}{L} = \frac{1}{1000} = 0.001$

流速$v = C\sqrt{RJ} = 48.5 \times \sqrt{0.5 \times 0.001} = 1.084\text{m/s}$

答案： D

6-5-30 解： 谢才系数$C=\frac{1}{n}R^{\frac{1}{6}}=\frac{1}{0.025}\times(0.5)^{\frac{1}{6}}=35.64\mathrm{m}^{\frac{1}{2}}/\mathrm{s}$

阻力系数$\lambda=\frac{8g}{C^2}=\frac{8\times9.8}{35.64^2}=0.0617$

答案： B

6-5-31 解： 局部阻力系数$\zeta_2=\left(\frac{A_2}{A_1}-1\right)^2=\left[\left(\frac{d_2}{d_1}\right)^2-1\right]^2=(2^2-1)^2=9$

局部水头损失$h_{\mathrm{m}}=\zeta_2\frac{v_2^2}{2g}=9\times\frac{1}{2\times9.8}=0.459\mathrm{m}$

答案： C

6-5-32 解： 局部阻力系数$\zeta_1=\left(1-\frac{A_1}{A_2}\right)^2=\left[1-\left(\frac{d_1}{d_2}\right)^2\right]^2=\left[1-\left(\frac{1}{2}\right)^2\right]=0.563$

局部水头损失$h_{\mathrm{m}}=\zeta_1\frac{v_1^2}{2g}=0.563\times\frac{4^2}{2\times9.8}=0.459\mathrm{m}$

答案： D

6-5-33 解： 局部阻力系数$\zeta=\frac{2gh_{\mathrm{m}}}{v^2}=\frac{2\times9.8\times1}{2^2}=4.9$

答案： A

6-5-34 解： 根据均匀流基本方程$h_{\mathrm{f}}=\frac{\tau_0 L}{\gamma R}$来判断。

答案： D

6-5-35 解： 雷诺数$\mathrm{Re}=\frac{v\cdot d}{\nu}$，运动黏度相同，$Q=Av=\frac{\pi}{4}d^2v$，联立可得：

$$\frac{\mathrm{Re}_1}{\mathrm{Re}_2}=\frac{v_1d_1}{v_2d_2}=\frac{Q_1d_2}{Q_2d_1},\ \frac{d_1}{d_2}=\frac{Q_1\mathrm{Re}_2}{Q_2\mathrm{Re}_1}=\frac{3\times2}{4\times1}=\frac{3}{2}$$

答案： B

6-5-36 解： 根据沿程阻力计算的达西公式$h_{\mathrm{f}}=\lambda\frac{L}{d}\frac{v^2}{2g}$，以及并联管路各支路两端的压降相等，有$\lambda_1\frac{L_1}{d_1}\frac{v_1^2}{2g}=\lambda_2\frac{L_2}{d_2}\frac{v_2^2}{2g}$，由此得$\frac{L_1}{L_2}=\frac{\lambda_2}{\lambda_1}\frac{d_1}{d_2}\frac{v_2^2}{v_1^2}$。根据已知条件，可得到管径比和流速比值。但管道的沿程阻力系数受到流态和当量粗糙度的影响而无法确定，因此，管道长度比无法确定。

答案： D

6-5-37 解： 边界层分离会增加绕流运动的压差阻力。

答案： C

6-5-38 解： 减少绕流阻力的物体形状应为流线形。

答案： B

6-5-39 解： 有尖锐边缘的非流线形物体是形成压差阻力的主要原因。

答案： D

6-5-40 解： 断面平均流速$v=\frac{Q}{\frac{\pi}{4}d^2}=\frac{3.12\times10^{-1}}{\frac{\pi}{4}\times0.25^2}=6.357\mathrm{m/s}$

切应力$\tau_0=\frac{\lambda}{8}\rho v^2=\frac{0.02}{8}\times1000\times6.357^2=101.1\mathrm{N/m^2}$

答案： A

6-5-41 解： 对两水箱水面写能量方程，可得：$H=h_{\mathrm{w}}=h_{\mathrm{w}_1}+h_{\mathrm{w}_2}$

假定流量为40L/s，则：

1~3管段中的流速$v_1=\frac{Q}{\frac{\pi}{4}d_1^2}=\frac{0.04}{\frac{\pi}{4}\times0.2^2}=1.27\mathrm{m/s}$

$$h_{w_1}=\left(\lambda_1\frac{l_1}{d_1}+\sum\zeta_1\right)\frac{v_1^2}{2g}=\left(0.019\times\frac{10}{0.2}+0.5+0.5+0.024\right)\times\frac{1.27^2}{2\times9.8}=0.162\text{m}$$

3~6 管段中的流速$v_2=\frac{Q}{\frac{\pi}{4}d_2^2}=\frac{0.04}{\frac{\pi}{4}\times0.1^2}=5.1\text{m/s}$

$$h_{w_2}=\left(\lambda_2\frac{l_2}{d_2}+\sum\zeta_2\right)\frac{v_2^2}{2g}=\left(0.018\times\frac{10}{0.1}+0.5+0.05+1\right)\times\frac{5.1^2}{2\times9.8}=5.042\text{m}$$

$H=h_{w_1}+h_{w_2}=0.162+5.042=5.204\text{m}$，正好与题设水面高差 5.204m 吻合，因此，假设正确。当然，也可以直接假定流量Q，然后求解关于Q的方程。

答案：B

6-5-42 解：根据达西公式，水平管道沿程损失$h_f=\lambda\frac{L}{d}\frac{v^2}{2g}$，以水平管轴线为基准，对液面和管道出口列伯努利方程，可得：$\frac{p_e}{\rho g}+H=h_f+\frac{v^2}{2g}=\lambda\frac{l}{d}\frac{v^2}{2g}+\frac{v^2}{2g}$。

则流速为：$v=\sqrt{2g\frac{\frac{p_e}{\rho g}+H}{\lambda\frac{l}{d}+1}}=\sqrt{2\times9.8\times\frac{\frac{19600}{1000\times9.8}+2}{0.02\times\frac{50}{0.1}+1}}=2.67\text{m/s}$

流量为：$Q=\frac{\pi}{4}d^2v=\frac{\pi}{4}\times0.1^2\times2.67\times10^3=20.96\text{L/s}$，与选项 B 最接近。

答案：B

（六）孔口、管嘴及有压管流

6-6-1 圆柱形管嘴的长度为l，直径为d，管嘴作用水头为H_0，则其出水正常工作条件为：

A. $l=(3\sim4)d$，$H_0>9\text{m}$　　B. $l=(3\sim4)d$，$H_0<9\text{m}$

C. $l>(7\sim8)d$，$H_0>9\text{m}$　　D. $l>(7\sim8)d$，$H_0<9\text{m}$

6-6-2 如图所示，当阀门的开度变小时，流量将：

A. 增大

B. 减小

C. 不变

D. 条件不足，无法确定

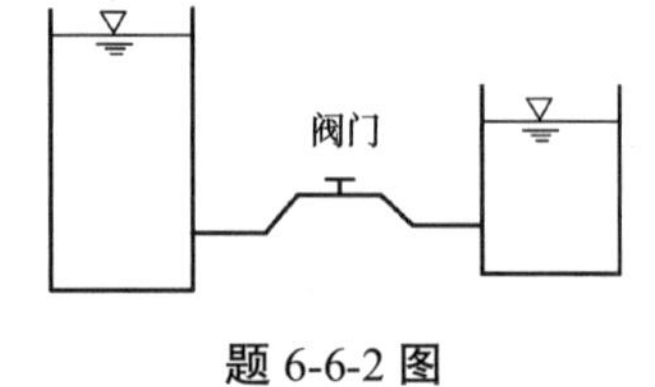

题 6-6-2 图

6-6-3 正常工作条件下的薄壁小孔口与圆柱形外管嘴，直径d相等，作用水头H相等，则孔口流量Q_1和孔口收缩断面流速v_1与管嘴流量Q_2和管嘴出口流速v_2的关系是：

A. $v_1<v_2$，$Q_1<Q_2$　　B. $v_1<v_2$，$Q_1>Q_2$

C. $v_1>v_2$，$Q_1<Q_2$　　D. $v_1>v_2$，$Q_1>Q_2$

6-6-4 图示直径为 20mm、长 5m 的管道自水池取水并泄入大气中，出口比水池水面低 2m，已知沿程水头损失系数$\lambda=0.02$，进口局部水头损失系数$\zeta=0.5$，则泄流量Q为：

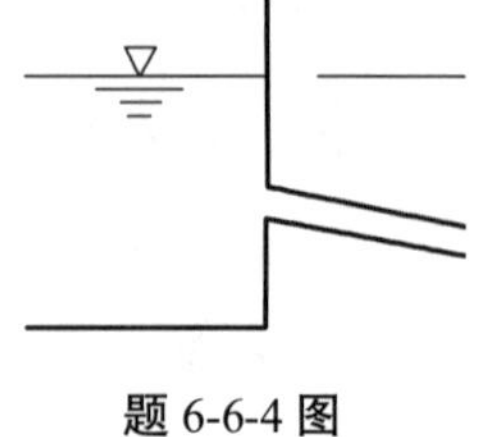

题 6-6-4 图

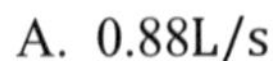

A. 0.88L/s　　B. 1.90L/s

C. 0.77L/s　　D. 0.39L/s

6-6-5 作用水头相同时，孔口的过流量要比相同直径的管嘴过流量：

A. 大　　B. 小

C. 相同　　D. 无法确定

6-6-6 长管并联管段 1、2，两管段长度l相等（见图），直径$d_1 = 2d_2$，沿程阻力系数相等，则两管段的流量比Q_1/Q_2为：

A. 8.00　　B. 5.66
C. 2.83　　D. 2.00

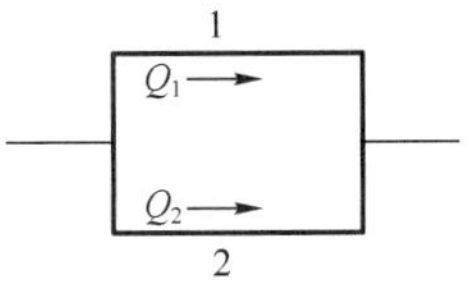

题 6-6-6 图

6-6-7 如上题图所示，长管并联管段 1、2，两管段直径相等$d_1 = d_2$，沿程阻力系数相等，长度$l_1 = 2l_2$。两管段的流量比Q_1/Q_2为：

A. 0.71　　B. 0.50　　C. 1.41　　D. 2.00

6-6-8 A、B两点之间并联了三根管道，则AB之间的水头损失h_{fAB}等于：

A. $h_{f1} + h_{f2}$　　B. $h_{f2} + h_{f3}$
C. $f_{f1} + h_{f2} + h_{f3}$　　D. $h_{f1} = h_{f2} = h_{f3}$

6-6-9 如图所示，两水箱间用一简单管道相连接，在计算该管道的流量时，其作用水头H_0为：

A. $h_1 + h_2$　　B. $h_1 + \frac{p_1}{\gamma}$　　C. $h_2 + \frac{p_1}{\gamma}$　　D. $h_1 + h_2 + \frac{p_1}{\gamma}$

6-6-10 如图所示，用一附有水压差计的毕托管测定某风道中空气流速。已知压差计的读数$\Delta h = 185\text{mm}$，水的密度$\rho = 1000\text{kg/m}^3$，空气的密度$\rho_a = 1.20\text{kg/m}^3$，测得的气流速度$u$约为：

A. 50m/s　　B. 55m/s　　C. 60m/s　　D. 65m/s

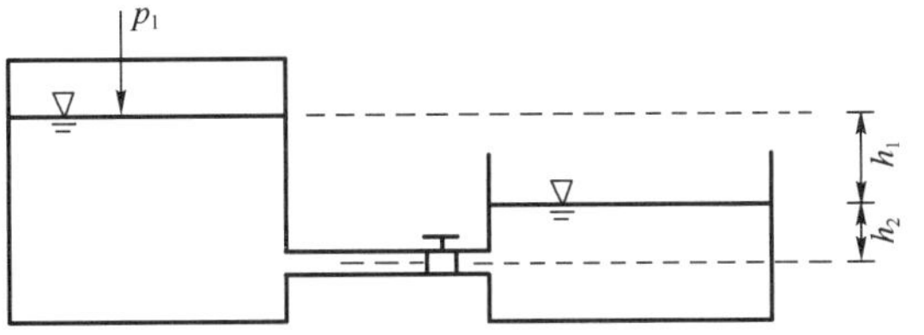

题 6-6-9 图

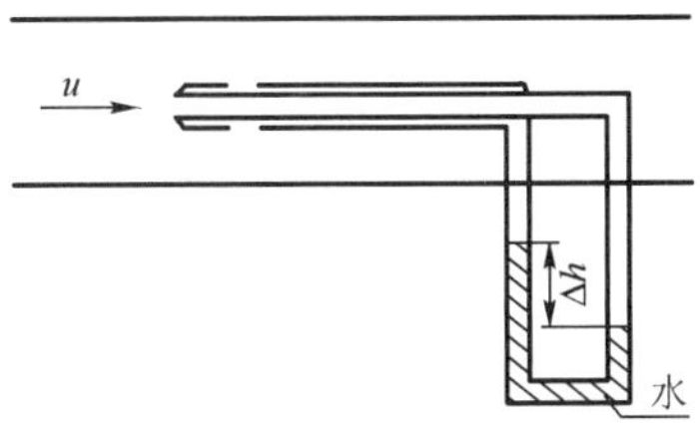

题 6-6-10 图

6-6-11 孔口出流试验中测得孔口出流的局部阻力系数$\zeta = 0.06$，则其流速系数φ为：

A. 0.91　　B. 0.93　　C. 0.95　　D. 0.97

6-6-12 已知孔口出流的流速系数$\phi = 0.97$，收缩系数$\varepsilon = 0.64$，则其流量系数μ为：

A. 0.62　　B. 0.66　　C. 1.51　　D. 1.61

6-6-13 在满足正常工作条件下的圆柱形外管嘴出流流量为Q_1，与相同直径、相同作用水头的圆形孔口出流流量Q_2相比较，两者关系为：

A. $Q_1 < Q_2$　　B. $Q_1 > Q_2$
C. $Q_1 = Q_2$　　D. $Q_1 = 1.5Q_2$

6-6-14 相同直径和作用水头的圆柱形外管嘴和孔口，前者比后者出流流量增加的原因是下述哪一条？

A. 阻力减少了　　B. 收缩系数减少了
C. 收缩断面处有真空　　D. 水头损失减少了

6-6-15 有一恒定出流的薄壁小孔口如图所示，作用水头$H_0 = 4\text{m}$，孔口直径$d = 2\text{cm}$，则其出流量Q为：

A. $1.82 \times 10^{-3}\text{m}^3/\text{s}$　　B. $1.63 \times 10^{-3}\text{m}^3/\text{s}$
C. $1.54 \times 10^{-3}\text{m}^3/\text{s}$　　D. $1.72 \times 10^{-3}\text{m}^3/\text{s}$

6-6-16 闸板上的两孔 1、2 完全相同，如图所示。则两个孔的流量Q_1和Q_2关系正确的是：

A. $Q_1 = Q_2$　　B. $Q_1 > Q_2$
C. $Q_1 < Q_2$　　D. 条件不足，无法判定

6-6-17 直径及作用水头与上题相同的圆柱形外管嘴（见图，d=20mm，H0=4m，容器液面下降速度可视为零）的出流流量为：

A. $2.28 \times 10^{-3}\text{m}^3/\text{s}$　　B. $2.00 \times 10^{-3}\text{m}^3/\text{s}$

C. $3.15 \times 10^{-3}\text{m}^3/\text{s}$　　D. $2.55 \times 10^{-3}\text{m}^3/\text{s}$

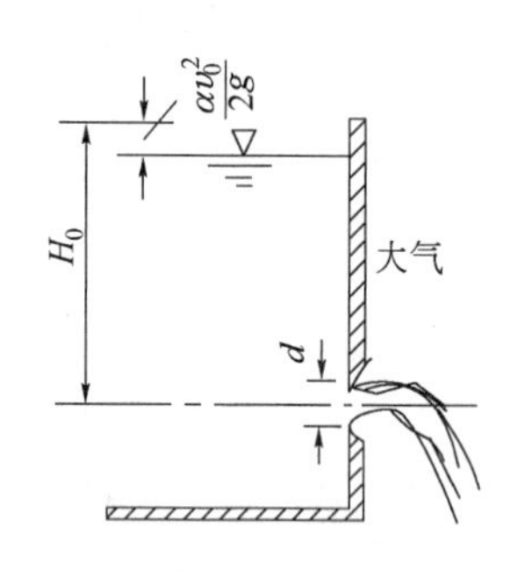

题 6-6-15 图

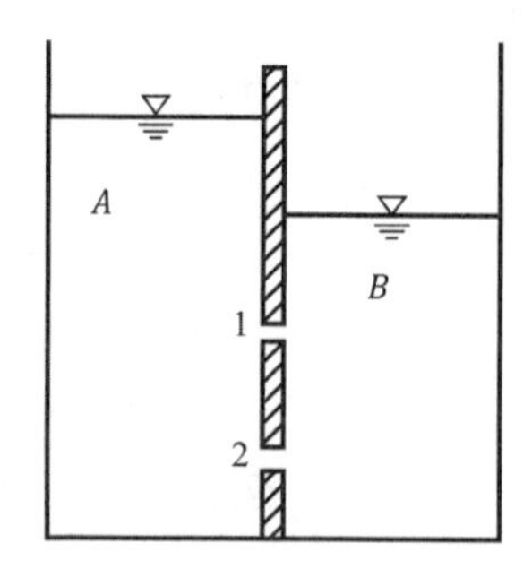

题 6-6-16 图

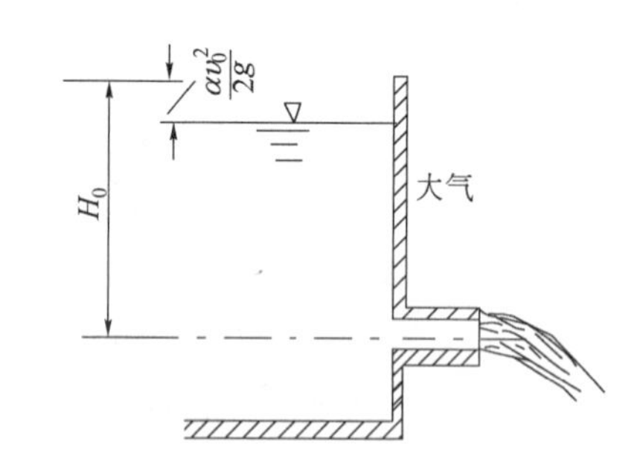

题 6-6-17 图

6-6-18 两根完全相同的长管道如图所示，只是 2 管安装位置低于 1 管，两管的流量关系为：

A. $Q_1 < Q_2$

B. $Q_1 > Q_2$

C. $Q_1 = Q_2$

D. 不定

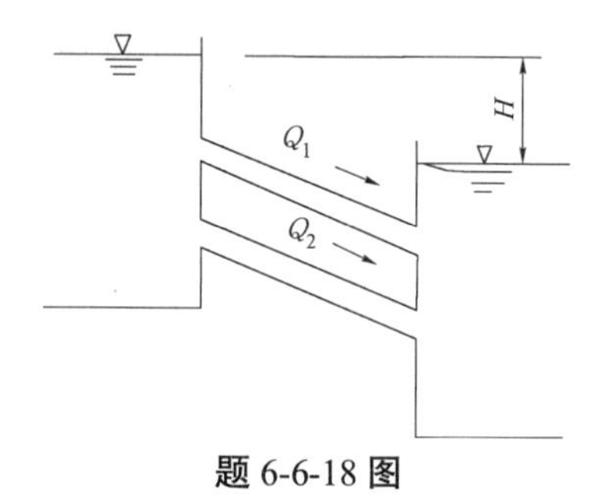

题 6-6-18 图

6-6-19 长管并联管道，若管长、管径、粗糙度均不相等，但其下述哪个因素相等？

A. 水头损失相等　　B. 通过流量相等

C. 总的能量损失相等　　D. 水力坡度相等

6-6-20 某并联长管如图所示，已知分流点前干管流量$Q = 100\text{L/s}$，并联管阻抗分别为$S_1 = 2092\text{s}^2/\text{m}^5$，$S_2 = 8370\text{s}^2/\text{m}^5$，则并联管之一的流量$Q_1$为：

A. 33.35L/s　　B. 66.7L/s

C. 42.7L/s　　D. 77.25L/s

6-6-21 串联长管如图所示。通过流量为$Q = 50\text{L/s}$，管道阻抗分别为$S_1 = 902.9\text{s}^2/\text{m}^5$，$S_2 = 4185\text{s}^2/\text{m}^5$，则水头$H$为：

A. 15.64m　　B. 13.53m

C. 12.72m　　D. 14.71m

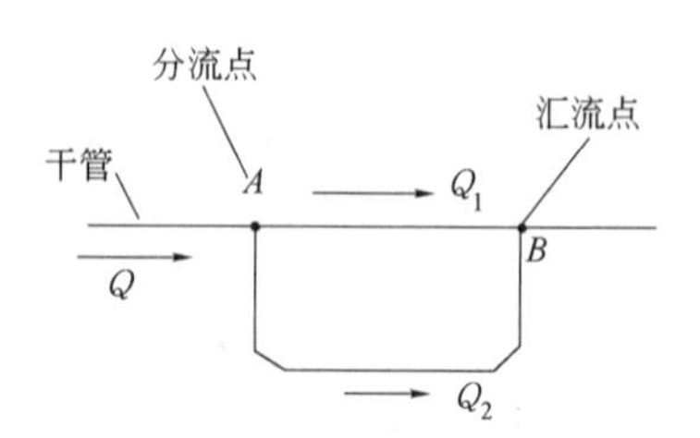

题 6-6-20 图

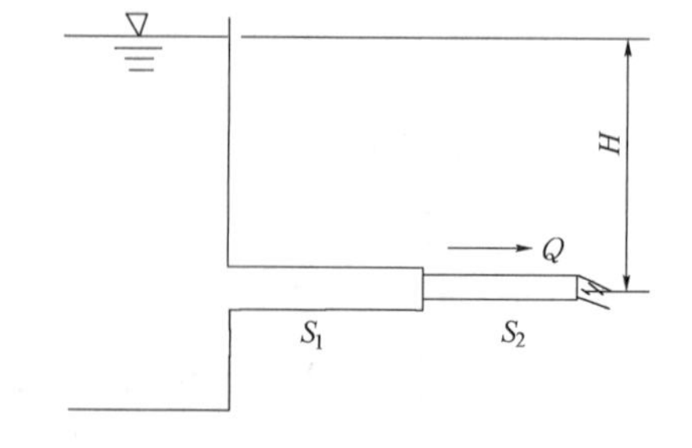

题 6-6-21 图

题解及参考答案

6-6-1　解：圆柱形外管嘴正常工作的条件：$L=(3\sim4)d$，$H_0<9\text{m}$。

答案：B

6-6-2　解：根据有压管基本公式$H=SQ^2$，可解出流量$Q=\sqrt{\frac{H}{S}}$。H不变，阀门关小，阻抗S增加，流量应减小。

答案：B

6-6-3　解：孔口流速系数$\varphi=0.97$，流量系数$\mu=0.62$；管嘴的$\varphi=0.82$，$\mu=0.82$。相同直径、相同水头的孔口流速大于圆柱形外管嘴流速，但流量小于后者。

答案：C

6-6-4　解：可按自由出流短管计算，$H=\frac{\alpha v^2}{2g}+h_{\text{w}}=\frac{\alpha v^2}{2g}+\left(\lambda\frac{L}{d}+\zeta\right)\frac{v^2}{2g}$。

代入题设数据后有：

$$2=\left(1+0.02\times\frac{5}{0.02}+0.5\right)\frac{v^2}{2g}=6.5\frac{v^2}{2g}$$

得$v=\sqrt{\frac{2\times2g}{6.5}}=\sqrt{\frac{2\times2\times9.8}{6.5}}=2.456\text{m/s}$

$$Q=v\times\frac{\pi}{4}d^2=2.456\times\frac{\pi}{4}\times(0.02)^2=7.7\times10^{-4}\text{m}^3/\text{s}=0.77\text{L/s}$$

答案：C

6-6-5　解：由于圆柱形外管嘴收缩断面处有真空，故流量大于同水头、同直径的孔口。

答案：B

6-6-6　解：并联管，$\frac{Q_1}{Q_2}=\sqrt{\frac{S_2}{S_1}}$，$S=\frac{8\lambda L}{\pi^2gd^5}$。代入题设数据有：

$$\frac{Q_1}{Q_2}=\sqrt{\frac{8\lambda L}{\pi^2gd_2^5}\Big/\frac{8\lambda L}{\pi^2gd_1^5}}=\sqrt{\left(\frac{d_1}{d_2}\right)^5}=\sqrt{2^5}=5.66$$

答案：B

6-6-7　解：并联管道流量与阻抗平方根成反比即：

$$\frac{Q_1}{Q_2}=\sqrt{\frac{S_2}{S_1}}=\sqrt{\frac{8\lambda L_2}{\pi^2gd^5}\Big/\frac{8\lambda L_1}{\pi^2gd^5}}=\sqrt{\frac{L_2}{L_1}}=\sqrt{0.5}=0.707$$

答案：A

6-6-8　解：参见并联管道相关内容，并联管道分流点与汇流间管道水头损失相等。

答案：D

6-6-9　解：参见淹没或短管出流相关内容。本题作用水头$H=h_1+\frac{p_1}{\gamma}$。

答案：B

6-6-10　解：参见元流能量方程的应用——毕托管测流速相关内容。

点流速$u=C\sqrt{2gh_{\text{u}}}$，$h_{\text{u}}=\left(\frac{\rho}{\rho_{\text{a}}}-1\right)\Delta h$，$C\approx1$，则

$$u=C\sqrt{2g\left(\frac{\rho}{\rho_{\text{a}}}-1\right)\Delta h}=\sqrt{2\times9.8\times\left(\frac{1000}{1.2}-1\right)\times0.185}=55\text{m/s}$$

答案：B

6-6-11 解：流速系数$\varphi = \frac{1}{\sqrt{1+\zeta}} = \frac{1}{\sqrt{1+0.06}} = 0.97$

答案：D

6-6-12 解：$\mu = \varepsilon\varphi = 0.64 \times 0.97 = 0.62$

答案：A

6-6-13 解：圆柱形外管嘴的流量系数大于孔口的流量系数，因而管嘴的出流流量大于同直径、同作用水头的孔口出流流量。

答案：B

6-6-14 解：对收缩断面及出口断面写能量方程，可证明收缩断面处有真空。

答案：C

6-6-15 解：孔口出流量$Q = \mu A\sqrt{2gH_0} = 0.62 \times \frac{\pi}{4} \times 0.02^2 \times \sqrt{2 \times 9.8 \times 4} = 1.72 \times 10^{-3}\text{m}^3/\text{s}$

答案：D

6-6-16 解：对于淹没出流，孔口出流量公式为：$Q = \mu A\sqrt{2gH_0}$，$H_0 = H_\text{A} - H_\text{B}$。由于孔口的形状和尺寸均相同，故断面积$A$、流量系数$\mu$也相等，而高差（$H_\text{A} - H_\text{B}$）与孔口高度位置无关，所以，两孔的流量相等。

答案：A

6-6-17 解：管嘴出流量$Q = \mu A\sqrt{2gH_0} = 0.82 \times \frac{\pi}{4} \times 0.02^2 \times \sqrt{2 \times 9.8 \times 4} = 2.28 \times 10^{-3}\text{m}^3/\text{s}$

答案：A

6-6-18 解：两管道水头差H相等，两完全相同管道的阻抗应一样，则由$S_1Q_1^2 = S_2Q_2^2$，可判断出$Q_1 = Q_2$。

答案：C

6-6-19 解：并联长管道水头损失相等。

答案：A

6-6-20 解：$\frac{Q_1}{Q_2} = \sqrt{\frac{S_2}{S_1}} = \sqrt{\frac{8370}{2092}} = 2$，即$Q_1 = 2Q_2$

干管流量$Q = Q_1 + Q_2 = 2Q_2 + Q_2 = 3Q_2$

即$Q_2 = \frac{Q}{3}$，$Q_1 = \frac{2}{3}Q = \frac{2}{3} \times 100 = 66.7\text{L/s}$

答案：B

6-6-21 解：总水头$H = (S_1 + S_2)Q^2 = (902.9 + 4185) \times 0.05^2 = 12.72\text{m}$

答案：C

（七）明渠恒定流

6-7-1 明渠均匀流只能发生在：

A. 顺坡棱柱形渠道　　B. 平坡棱柱形渠道

C. 逆坡棱柱形渠道　　D. 变坡棱柱形渠道

6-7-2 在流量、渠道断面形状和尺寸、壁面粗糙系数一定时，随底坡的增大，正常水深将会：

A. 减小　　B. 不变　　C. 增大　　D. 随机变化

6-7-3 明渠均匀流的流量一定，当渠道断面形状、尺寸和壁面粗糙程度一定时，正常水深随底坡增大而：

A. 增大　　B. 减小　　C. 不变　　D. 不确定

6-7-4 梯形排水沟，边坡系数相同，上底宽 2m，下底宽 8m，水深 4m，则水力半径为：

A. 1.0m　　B. 1.11m　　C. 1.21m　　D. 1.31m

6-7-5 梯形断面水渠按均匀流设计，已知过水断面$A = 5.04\text{m}^2$，湿周$\chi = 6.73\text{m}$，粗糙系数$n = 0.025$，按曼宁公式计算谢才系数C为：

A. $30.80\text{m}^{\frac{1}{2}}/\text{s}$　　B. $30.13\text{m}^{\frac{1}{2}}/\text{s}$　　C. $38.80\text{m}^{\frac{1}{2}}/\text{s}$　　D. $38.13\text{m}^{\frac{1}{2}}/\text{s}$

6-7-6 对明渠恒定均匀流，在已知通过流量Q、渠道底坡i、边坡系数m及粗糙系数n的条件下，计算梯形断面渠道尺寸的补充条件及设问不能是：

A. 给定水深h，求底宽b

B. 给定宽深比β，求水深h与底宽b

C. 给定最大允许流速$[v]_{\max}$，求水深与底宽b

D. 给定水力坡度J，求水深h与底宽b

6-7-7 明渠均匀流的特征是：

A. 断面面积沿程不变　　B. 壁面粗糙度及流量沿程不变

C. 底坡不变的长渠　　D. 水力坡度、水面坡度、渠底坡度皆相等

6-7-8 方形和矩形断面的渠道断面 1 及 2 如图所示。若两渠道的过水断面面积相等，底坡i及壁面的粗糙系数n皆相同，均匀流的流量关系是：

A. $Q_1 = Q_2$　　B. $Q_1 > Q_2$　　C. $Q_1 < Q_2$　　D. 不确定

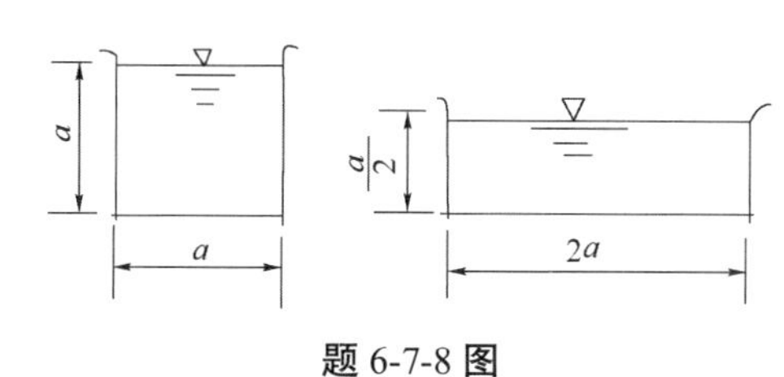

题 6-7-8 图

6-7-9 一梯形断面的明渠，水力半径$R = 0.8\text{m}$，底坡$i = 0.0006$，粗糙系数$n = 0.025$，作均匀流时该渠的断面平均流速为：

A. 0.96m/s　　B. 1.0m/s　　C. 0.84m/s　　D. 1.2m/s

6-7-10 明渠水力最优矩形断面的宽深比是：

A. 0.5　　B. 1.0　　C. 3　　D. 2

6-7-11 两条明渠过水断面面积相等，断面形状分别为：（1）方形，边长为a；（2）矩形，底边宽为$0.5a$，水深为$2a$。两者的底坡与粗糙系数相同，则两者的均匀流流量关系是：

A. $Q_1 > Q_2$　　B. $Q_1 = Q_2$　　C. $Q_1 < Q_2$　　D. 不能确定

6-7-12 梯形土质渠道，已知底宽$b = 6\text{m}$，水深$h = 2\text{m}$，边坡系数$m = 2$，水力坡度$J = 3.0 \times 10^{-4}$，粗糙系数$n = 0.024$，则流速为：

A. 1.876m/s　　B. 0.876m/s　　C. 1.356m/s　　D. 2.312m/s

6-7-13 等腰梯形断面明渠的边坡系数 m 一定，已知底宽b、水深h、水面宽度 B、水力坡度 J、粗糙系数n，则最优水力断面的宽深比为：

A. $\frac{b}{h} = 2(\sqrt{1+m} - m)$　　B. $\frac{b}{h} = \frac{3}{2}(\sqrt{1+m} - m)$

C. $\frac{b}{h}=2(\sqrt{1+m^2}-m)$　　D. $\frac{b}{h}=2(\sqrt{1+m^2}-m^2)$

题解及参考答案

6-7-1 解：根据明渠均匀流发生的条件可得（明渠均匀流只能发生在顺坡渠道中）。

答案：A

6-7-2 解：根据谢才公式$V=C\sqrt{Ri}$，当底坡i增大时，流速增大，在题设条件下，水深应减小。

答案：A

6-7-3 解：可用谢才公式分析，$Q=CA\sqrt{Ri}$，$C=\frac{1}{n}R^{\frac{1}{6}}$，在题设条件下，随底坡$i$增大，流速增大，水深应减小。

答案：B

6-7-4 解：梯形排水沟的水力半径$R=\frac{A}{\chi}$

过流面积$A=\frac{(2+8)\times 4}{2}=20\text{m}^2$

湿周（不包含水面宽度 2m）$\chi=8+2\times\sqrt{3^2+4^2}=18\text{m}$

水力半径$R=\frac{20}{18}=1.11\text{m}$

答案：B

6-7-5 解：$C=\frac{1}{n}R^{\frac{1}{6}}$，$R=\frac{A}{\chi}$，$C=\frac{1}{0.025}\times\left(\frac{5.04}{6.73}\right)^{1/6}=38.13\text{m}^{\frac{1}{2}}/\text{s}$。

答案：D

6-7-6 解：明渠均匀流的水力坡度J与河底坡度i相等，题中已经给定上底坡i，补充条件就不能再给定J。

答案：D

6-7-7 解：明渠均匀流为等深、等速无压流，水头线、水面线、河底线平行。

答案：D

6-7-8 解：谢才、曼宁公式：$Q=\frac{1}{n}R^{\frac{2}{3}}i^{\frac{1}{2}}A$，当$i$、$n$、$A$相同时，$Q$取决于水力半径$R$，而$R=\frac{\text{面积}}{\text{湿周}}$。按题设条件知两断面$R$相等，故流量相等。

答案：A

6-7-9 解：平均流速$v=\frac{1}{n}R^{\frac{2}{3}}i^{\frac{1}{2}}=\frac{1}{0.025}\times 0.8^{\frac{2}{3}}\times 0.0006^{\frac{1}{2}}=40.\times 0.8617\times 0.0245=0.84\text{m/s}$

答案：C

6-7-10 解：矩形渠道水力最优宽深比$\beta=2$。

答案：D

6-7-11 解：明渠均匀流的流量$Q=AC\sqrt{RJ}$，谢才系数$C=\frac{1}{n}R^{1/6}$，则$Q=Av=A\frac{1}{n}R^{2/3}\sqrt{J}$。

方形断面：$A=a^2$，$R=a^2/(3a)=a/3$，则

$$Q_1=a^2\left(\frac{a}{3}\right)^{2/3}\frac{1}{n}\sqrt{J}=\frac{1}{3^{2/3}}a^{8/3}\frac{1}{n}\sqrt{J}$$

矩形断面：$A=a^2$，$R=a^2/(0.5a+2\times 2a)=a/4.5$，则

$$Q_2=a^2\left(\frac{a}{4.5}\right)^{2/3}\frac{1}{n}\sqrt{J}=\frac{1}{4.5^{2/3}}a^{8/3}\frac{1}{n}\sqrt{J}$$

显然：$Q_1>Q_2$。

答案： A

6-7-12　解： 明渠均匀流的流速$v=C\sqrt{Ri}$，$C=\frac{1}{n}R^{\frac{1}{6}}$，其中，

面积$A=(b+mh)h=(6+2\times2)\times2=20\text{m}^2$

湿周$\chi=b+2h\sqrt{1+m^2}=6+2\times2\sqrt{1+2^2}=14.944\text{m}$

水力半径$R=A/\chi=20/14.944=1.338\text{m}$

谢才系数$C=\frac{1}{n}R^{\frac{1}{6}}=1/0.024\times1.338^{\frac{1}{6}}=43.74\sqrt{\text{m}}/\text{s}$

代入流速公式：

$v=C\sqrt{Ri}=43.74\times\sqrt{1.338\times0.0003}=0.876\text{m/s}$

答案： B

6-7-13　解： 明渠均匀流的面积$A=(b+mh)h$，湿周$\chi=b+2h\sqrt{1+m^2}$

根据最优水力断面的定义，面积最大、湿周最小，于是有

$$\frac{\text{d}A}{\text{d}h}=(b+mh)+h\left(\frac{\text{d}b}{\text{d}h}+m\right)=0$$

$$\frac{\text{d}\chi}{\text{d}h}=\frac{\text{d}b}{\text{d}h}+2\sqrt{1+m^2}=0$$

联立求解，得

$$\frac{b}{h}=2(\sqrt{1+m^2}-m)$$

答案： C

（八）渗流定律、井和集水廊道

6-8-1　在实验室中，根据达西定律测定某种土壤的渗透系数，将土样装在直径$d=30\text{cm}$的圆筒中，在90cm水头差作用下，8h的渗透水量为100L，两测压管的距离为40cm，该土壤的渗透系数为：

A. 0.9m/d　　　B. 1.9m/d

C. 2.9m/d　　　D. 3.9m/d

6-8-2　均匀砂质土填装在容器中，已知水力坡度$J=0.5$，渗透系数k为0.005cm/s，则渗流速度为：

A. 0.0025cm/s　　　B. 0.0001cm/s

C. 0.001cm/s　　　D. 0.015cm/s

6-8-3　有一个普通完全井，其直径为1m，含水层厚度为$H=11\text{m}$，土壤渗透系数$k=2\text{m/h}$。抽水稳定后的井中水深$h_0=8\text{m}$，估算井的出水量：

A. $0.084\text{m}^3/\text{s}$　　　B. $0.016\text{m}^3/\text{s}$

C. $0.17\text{m}^3/\text{s}$　　　D. $0.84\text{m}^3/\text{s}$

6-8-4　图示承压含水层的厚度$t=7.5\text{m}$，用完全井进行抽水试验，在半径$r_1=6\text{m}$、$r_2=24\text{m}$处，测得相应的水头降落$s_1=0.76\text{m}$、$s_2=0.44\text{m}$，井的出流量$Q=0.01\text{m}^3/\text{s}$，则承压含水层的渗流系数$k$为：［注：$s=\frac{Q}{2\pi kt}(\ln R-\ln r)$，$R$为影响半径］

A. $9.2\times10^{-3}\text{m/s}$　　　B. $8.2\times10^{-4}\text{m/s}$

C. $9.2\times10^{-4}\text{m/s}$　　　D. $8.2\times10^{-3}\text{m/s}$

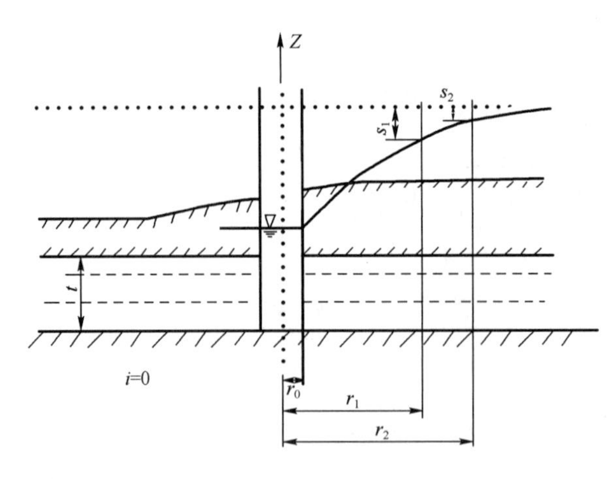

题 6-8-4 图

6-8-5 潜水完全井抽水量大小与相关物理量的关系是：

A. 与井半径成正比　　B. 与井的影响半径成正比

C. 与含水层厚度成正比　　D. 与土体渗透系数成正比

6-8-6 用完全潜水井进行抽水试验计算渗透系数k，两位工程师各按一种经验公式选取影响半径R，分别为$R_1 = 3000r_0$，$R_2 = 2000r_0$，其他条件相同，则计算结构k_1/k_2为：

A. 1.50　　B. 0.95　　C. 0.67　　D. 1.05

6-8-7 对一维渐变渗流，完全潜水井的含水层厚度H为 8m，井的半径r_0为 0.2m，抽水对井的涌水量Q为 0.03m^3/s，井中水深h为 5m，若取影响半径$R = 400$m，计算渗流系数k为：

A. 0.0025m/s　　B. 0.0018m/s　　C. 0.018m/s　　D. 0.025m/s

6-8-8 渗流速度v正比于水力坡度J的多少次幂？

A. 1　　B. 0.5　　C. 1.5　　D. 2

6-8-9 一普通完全井，半径$r_0 = 0.2$m，含水层水头$H = 10$m，渗透系数$k = 0.0006$m/s，影响半径$R = 294$m，抽水稳定后井中水深$h = 6$m，此时该井的出水流量Q为：

A. 20.53L/s　　B. 18.52L/s　　C. 14.54L/s　　D. 16.56L/s

6-8-10 两完全潜水井，水位降深比为1∶2，渗透系数比值为1∶4，则影响半径比值是：

A. 1∶4　　B. 1∶2　　C. 2∶1　　D. 4∶1

题解及参考答案

6-8-1 解： 按达西公式$Q = kAJ$，可解出渗流系数：

$$k = \frac{Q}{AJ} = \frac{0.1}{\frac{\pi}{4} \times 0.3^2 \times \frac{90}{40} \times 8 \times 3600} = 2.183 \times 10^{-5}\text{m/s} = 1.886\text{m/d}$$

答案： B

6-8-2 解： 均匀砂质土壤适用达西渗透定律：$u = kJ$，代入题设数据，则渗流速度$u = 0.005 \times 0.5 = 0.0025$cm/s。

答案： A

6-8-3 解： 先用经验公式$R = 3000S\sqrt{k}$求影响半径R，再用普通完全井公式求Q：

$$Q = 1.366\frac{k(H^2 - h^2)}{\lg\frac{R}{r_0}}$$

代入题设数据后有：

$$R = 3000 \times (11 - 8) \times \sqrt{2/3600} = 212.1\text{m}$$

则流量：

$$Q = 1.366 \times \frac{2}{3600} \times \frac{11^2 - 8^2}{\lg\frac{212.1}{0.5}} = 0.0164\text{m}^3/\text{s}$$

答案： B

6-8-4 **解：** 先由$\frac{s_1}{s_2} = \frac{\ln R - \ln r_1}{\ln R - \ln r_2}$，则$\ln R = \frac{s_1 \ln r_2 - s_2 \ln r_1}{s_1 - s_2}$，求得影响半径$R$，再由承压井流量公式$Q = \frac{2\pi kts}{\ln\frac{R}{r}}$，反求渗流系数$k = \frac{Q}{2\pi st}(\ln R - \ln r)$，式中的$s$和$r$应该对应代入，例如可用$s_1$、$r_1$代入，则

$$k = \frac{0.01}{2\pi \times 0.76 \times 0.75}(\ln 161.277 - \ln 6) = 9.2 \times 10^{-4}\text{m/s}$$

答案： C

6-8-5 **解：** 潜水完全井流量$Q = 1.36k\frac{H^2 - h^2}{\lg\frac{R}{r}}$，因此，$Q$与土体渗透数$k$成正比。

答案： D

6-8-6 **解：** 由完全潜水井公式$Q = 1.366\frac{k(H^2 - h^2)}{\lg\frac{R}{r_0}}$，反求$k$。代入题设数据后有：

$$\frac{k_1}{k_2} = \frac{\lg 3000}{\lg 2000} = 1.053$$

答案： D

6-8-7 **解：** 由完全潜水井流量公式$Q = 1.366\frac{k(H^2 - h^2)}{\lg\frac{R}{r_0}}$，反求$k$。代入题设数据后有：

$$k = \frac{Q\lg\frac{R}{r_0}}{1.366(H^2 - h^2)} = \frac{0.03 \times \lg\frac{400}{0.2}}{1.366 \times (8^2 - 5^2)} = 0.00185\text{m/s}$$

答案： B

6-8-8 **解：** 参见达西渗透定律，流速$u = kJ$。

答案： A

6-8-9 **解：** 普通井流量

$$Q = 1.366\frac{k(H^2 - h^2)}{\lg\frac{R}{r_0}}$$

$$= 1.366 \times \frac{0.0006 \times (10^2 - 6^2)}{\lg\frac{294}{0.2}} = 0.01656\text{m}^3/\text{s} = 16.56\text{L/s}$$

答案： D

6-8-10 **解：** 影响半径公式为$R = 3000s\sqrt{k}$，由此可得：

$$\frac{R_1}{R_2} = \frac{s_1\sqrt{k_1}}{s_2\sqrt{k_2}} = \frac{1}{2} \times \sqrt{\frac{1}{4}} = \frac{1}{4}$$

答案： A

（九）量纲分析和相似原理

6-9-1 合力F、密度ρ、长度L、速度v组合的无量纲数是：

A. $\frac{F}{\rho vL}$　　B. $\frac{F}{\rho v^2L}$　　C. $\frac{F}{\rho v^2L^2}$　　D. $\frac{F}{\rho vL^2}$

6-9-2 流体的压强p、速度v、密度ρ，正确的无量纲数组合是：

A. $\frac{p}{\rho v^2}$　　B. $\frac{\rho p}{v^2}$　　C. $\frac{\rho}{pv^2}$　　D. $\frac{p}{\rho v}$

6-9-3 进行水力模型试验，要实现有压管流的相似，应选用的相似准则是：

A. 雷诺准则　　B. 弗劳德准则　　C. 欧拉准则　　D. 马赫数

6-9-4 速度v、长度L、运动黏度ν的无量纲组合是：

A. $\frac{vL^2}{\nu}$　　B. $\frac{v^2L}{\nu}$　　C. $\frac{v^2L^2}{\nu}$　　D. $\frac{vL}{\nu}$

6-9-5 速度v、长度L、重力加速度g的无量纲组合是：

A. $\frac{Lv}{g}$　　B. $\frac{v}{gL}$　　C. $\frac{L}{gv}$　　D. $\frac{v^2}{gL}$

6-9-6 研究船体在水中航行的受力试验，其模型设计应采用：

A. 雷诺准则　　B. 弗劳德准则

C. 韦伯准则　　D. 马赫准则

6-9-7 模型与原形采用相同介质，为满足黏性阻力相似，若原形与模型的几何比尺为 10，设计模型应使流速比尺为：

A. 10　　B. 1　　C. 0.1　　D. 5

6-9-8 物理量的单位指的是：

A. 物理量的量纲

B. 物理量的类别和性质的标志

C. 度量同一类物理量大小所选用的标准量

D. 物理量的大小

6-9-9 量纲和谐原理是指：

A. 不同性质的物理量不能作加、减运算

B. 不同性质的物理量可作乘、除运算

C. 物理方程式中，各项量纲必须一致

D. 以上选项均不对

6-9-10 雷诺数的物理意义是指：

A. 黏性力与重力之比　　B. 黏性力与压力之比

C. 重力与惯性力之比　　D. 惯性力与黏性力之比

6-9-11 弗劳德数的物理意义是指：

A. 黏性力与重力之比　　B. 重力与压力之比

C. 惯性力与重力之比　　D. 惯性力与黏性力之比

6-9-12 对于明渠重力流中的水工建筑物进行模型试验时，应选用的相似准则为：

A. 弗劳德准则　　B. 雷诺准则

C. 欧拉准则　　D. 韦伯准则

6-9-13 明渠水流中建筑物模型试验，已知长度比尺$\lambda_L = 4$，则模型流量应为原型流的：

A. 1/2　　B. 1/32　　C. 1/8　　D. 1/4

6-9-14 下列不属于流动的相似原理的是：

A. 几何相似　　B. 动力相似

C. 运动相似　　D. 质量相似

6-9-15 模型设计中的自动模型区是指下述的哪种区域?

A. 只要原型与模型雷诺数相等，即自动相似的区域

B. 只要原型与模型弗劳德数相等，即自动相似的区域

C. 处于紊流光滑区时，两个流场的雷诺数不需要相等即自动相似的区域

D. 在紊流粗糙区，只要满足几何相似及边界粗糙度相似，即可自动满足力学相似的区域

题解及参考答案

6-9-1 **解：**无量纲量即量纲为 1 的量，$\dim\frac{F}{\rho v^2L^2} = \frac{\rho v^2L^2}{\rho v^2L^2} = 1$。

答案：C

6-9-2 **解：**无量纲量即量纲为 1 的量，$\dim\frac{p}{\rho v^2} = \frac{\mathrm{ML^{-1}T^{-2}}}{\mathrm{ML^{-3}(LT^{-1})^2}} = 1$。

答案：A

6-9-3 **解：**压力管流的模型试验应选择雷诺准则。

答案：A

6-9-4 **解：**无量纲组合应是量纲为 1 的量，$\dim\frac{vL}{\nu} = \frac{\mathrm{LT^{-1}\cdot L}}{\mathrm{L^2T^{-1}}} = 1$。

答案：D

6-9-5 **解：**无量纲组合应是量纲为 1 的量，$\dim\frac{v^2}{gL} = \frac{\mathrm{(LT^{-1})^2}}{\mathrm{LT^{-1}\cdot L}} = 1$。

答案：D

6-9-6 **解：**船在明渠中航行试验，属于明渠重力流性质，应选用弗劳德准则。

答案：B

6-9-7 **解：**应使用雷诺准则设计该模型，其比尺公式为$\frac{\lambda_v\lambda_L}{\lambda_\nu} = 1$。因为用相同介质，故$\lambda_\nu = 1$，所以流速比尺$\lambda_v = \frac{1}{\lambda_L} = \frac{1}{10} = 0.1$。

答案：C

6-9-8 **解：**物理量的单位是指度量同一类物理量的大小所选用的标准量。

答案：C

6-9-9 **解：**参见量纲和谐原理相关内容。

答案：C

6-9-10 **解：**雷诺数的物理意义是惯性力与黏性力之比。

答案：D

6-9-11 **解：**弗劳德数的物理意义是惯性力与重力之比。

答案：C

6-9-12 **解：**对明渠重力流的水工模型试验应选用弗劳德准则。

答案： A

6-9-13　解： 采用弗劳德准则，比尺关系为$\lambda_{\mathrm{Q}}=\lambda_{\mathrm{L}}^{2.5}=4^{2.5}=32$，$Q_{\mathrm{m}}=\frac{Q_{\mathrm{p}}}{\lambda_{\mathrm{Q}}}=\frac{1}{32}Q_{\mathrm{p}}$。

答案： B

6-9-14　解： 流动的相似原理包括几何相似、运动相似、动力相似、初始条件相似及边界条件相似，不包括质量相似。

答案： D

6-9-15　解： 自动模型区在紊流粗糙区。

答案： D

第七章　电工电子技术

复习指导

电工电子技术内容可以分为电场与磁场、电路分析方法、电机及拖动基础、模拟电子技术、数字电子技术五个部分。复习重点及要点如下。

1. 电场与磁场

该部分属于物理学中电学部分的内容，是分析电学现象的基础，主要包括：库仑定律、高斯定律、安培环路定律、电磁感应定律。利用这些定理分析电磁场问题时物理概念一定要清楚，要注意所用公式、定律的使用条件和公式中各物理量的意义。

2. 电路分析方法

（1）直流电路重点

重点内容包括：电路的基本元件、欧姆定律、基尔霍夫定律、叠加原理、戴维南定理。

电路分析的任务是分析线性电路的电压、电流及功率关系。重点是要弄清有源元件（电压源和电流源）和无源元件（电阻、电感和电容）在电路中的作用；电路中电压、电流受基尔霍夫电压定律和电流定律约束，欧姆定律控制了电路元件中的电压电流关系；使用公式时必须注意电路图中电压、电流正方向和实际方向的关系。叠加原理和戴维南定理是分析线性电路的重要定理，必须通过大量的练习灵活地处理电路问题。

（2）正弦交流电路重点

重点内容包括：正弦量三要素的表示方法、单相和三相电路计算、功率及功率因数、串联与并联谐振的概念。

交流电路与直流电路的分析方法相同，关键是建立正弦交流电路大小、相位和频率的概念和正确地表示正弦量的最大值、有效值、初相位、相位差和角频率，熟悉各种表示方法间的关系并进行转换，能用相量法和复数法计算正弦交流电路。

交流电路的无功功率反映电路中储能元件与电源进行能量交换的规模，有功功率才是电路中真正消耗掉的功率，它不仅与电路中电压和电流的大小有关，还与功率因数$\cos\varphi$有关。

谐振是交流电路中电压的相位与电流的相位相同时的特殊现象。此时电路对外呈电阻性质，注意掌握串联谐振、并联谐振的条件和电压电流特征。

三相电路中负载连接的原则是保证负载上得到额定电压，分清对称性负载和非对称性负载的条件，并会计算对称性负载三相电路中电压、电流和有功功率的大小，注意星形接法中中线的作用。

（3）一阶电路的暂态过程

理解暂态过程出现的条件和物理意义。含有储能元件 C、L 的电路中，电容电压和电感电流不会发生跃变。电路换路（如开关动作）时必须经过一段时间，各物理量才会从旧的稳态过渡到新的稳态。重点是建立电路暂态的概念，用一阶电路三要素法分析电路换路时，电路的电压电流的变化规律。关键在于确定电压电流的初始值、稳态值和时间常数，并用典型公式计算。

3. 电机及拖动基础

主要内容：变压器、三相异步电动机的基本工作原理和使用方法、常用继电器——接触器控制电路、安全用电常识。

了解变压器的基本结构、工作原理，单相变压器原副边电压、电流、阻抗关系及变压器额定值的意义，经济运行条件。了解三相交流异步电动机转速、转矩、功率关系、名牌数据的意义，特别是电动机的常规使用方法。例如：对三相交流异步电动机启动进行控制的目的是限制电动机的起动电流。正常运行为三角形接法的电动机，起动时采用星形接法，起动电流减少的程度可根据三相电路理论，将三相电动机视为一个三相对称形负载便可确定。

掌握常用低压电气控制电路的绘图方法。必须明确，控制电路图中控制电器符号是按照电器未动作的状态表示的。阅读继电接触器控制电路图时要特别要注意自锁、联锁的作用，了解过载，短路和失压保护的方法。

安全用电属于基本用电知识，重点是了解接零、接地的区别和应用场合。

4. 模拟电子技术

主要内容：二极管及二极管整流电路、电容电感滤波原理、稳压电路的基本结构；三极管及单管电压放大电路，能够确定三极管电压放大器的主要技术指标。

了解半导体器件结构、原理、伏安特性、主要参数及使用方法。学习半导体器件的重点是要掌握 PN 结的单向导电性，难点是正确理解和应用二极管的非线性、三极管的电流分配关系。

能正确计算二极管整流电路中输入电压的有效值和整流输出电压平均值的大小关系，理解电容滤波电路的滤波原理和稳压管稳压电路的原理和对电路输出电压的影响。

分析分离元件放大电路的基础在于正确读懂放大电路图（静态偏置、交流耦合、反馈环节的主要特点），正确计算放大电路的静态参数，并会用微变等效电路分析放大器的动态指标（放大倍数、输入电阻、输出电阻）。

分析理想运算放大器组成的线性运算电路（比例、加法、减法和积分运算电路）的基础是正确理解应用运算放大器的理想条件（虚短路——同相输入端和反向输入端的电位相同，虚断路——运放的输入电流为零，输出电阻很小——恒压输出），然后根据线性电流理论分析输出电压（电流）与输入电压（电流）的关系。

5. 数字电子技术

数字电路是利用晶体管的开关特性工作的，分析数字电路时要注意输入和输出信号的逻辑关系，而不是大小关系。复习要点是正确对电路进行化简，并会用波形图和逻辑代数式表示电路输出和输入逻辑关系。基础元件是与门、或门、与非门和异或门电路。考生必须熟练地应用这些器件的逻辑功能，组合逻辑电路就是这些元件的逻辑组合，组合电路没有存储和记忆功能，输出只与当前的输入逻辑有关。

时序逻辑电路有保持、记忆和计数功能，这种触发器主要有三种：R-S、D、J-K 型触发器。分析时序电路时必须注意时钟作用，复习时必须记住这三种触发器的逻辑状态表，会分析时序电路输入、输出信号的时序关系。

练习题、题解及参考答案

（一）电场与磁场

7-1-1　在图中，线圈 a 的电阻为R_a，线圈 b 的电阻为R_b，两者彼此靠近如图所示，若外加激励$u=U_M\sin\omega t$，则：

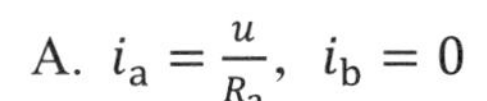

A. $i_a=\frac{u}{R_a}$，$i_b=0$

B. $i_a\neq\frac{u}{R_a}$，$i_b\neq 0$

C. $i_a=\frac{u}{R_a}$，$i_b\neq 0$

D. $i_a\neq\frac{u}{R_a}$，$i_b=0$

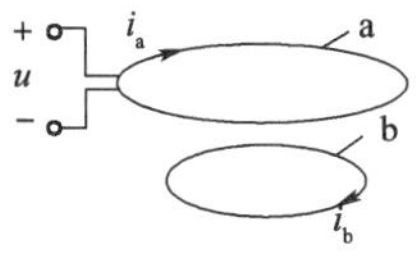

题 7-1-1 图

7-1-2　由图示长直导线上的电流产生的磁场：

A. 方向与电流方向相同

B. 方向与电流方向相反

C. 顺时针方向环绕长直导线（自上向下俯视）

D. 逆时针方向环绕长直导线（自上向下俯视）

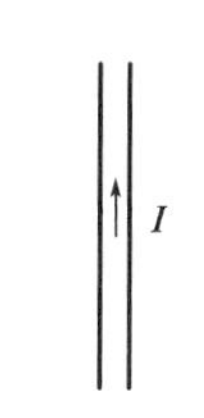

题 7-1-2 图

7-1-3　通过外力使某导体在磁场中运动时，会在导体内部产生电动势，那么，在不改变运动速度和磁场强弱的前提下，若使该电动势达到最大值，应使导体的运动方向与磁场方向：

A. 相同　　B. 相互垂直　　C. 相反　　D. 呈 45°夹角

7-1-4　在静电场中，有一个带电体在电场力的作用下移动，由此所做的功的能量来源是：

A. 电场能　　B. 带电体自身的能量

C. 电场能和带电体自身的能量　　D. 电场外部能量

7-1-5　图示电路中，磁性材料上绕有两个导电线圈，若上方线圈加的是 100V 的直流电压，则：

A. 下方线圈两端不会产生磁感应电动势

B. 下方线圈两端产生方向为左“−”右“+”的磁感应电动势

C. 下方线圈两端产生方向为左“+”右“−”的磁感应电动势

D. 磁性材料内部的磁通取逆时针方向

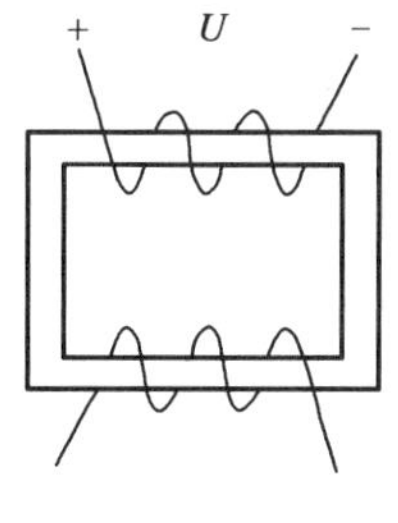

题 7-1-5 图

7-1-6　设真空中点电荷$+q_1$和点电荷$+q_2$相距$2a$，以$+q_1$为中心、a为半径形成封闭球面，则通过该球面的电通量为：

A. $3q_1$　　B. $2q_1$　　C. q_1　　D. 0

7-1-7　两个电量都是$+q$的点电荷，在真空中相距a，如果在这两个点电荷连线的中点放上另一个点电荷$+q'$，则点电荷$+q'$受力为：

A. 0　　B. $\frac{qq'}{4\pi\varepsilon_0 a^2}$　　C. $\frac{qq'}{\pi\varepsilon_0 a^2}$　　D. $\frac{2qq'}{4\pi\varepsilon_0 a^2}$

7-1-8　以点电荷q所在点为球心，距点电荷q的距离为r处的电场强度应为：

A. $\frac{q\varepsilon_0}{4\pi r^2}$　　B. $\frac{q}{4\pi r^2\varepsilon_0}$　　C. $\frac{4\pi r^2\varepsilon}{q}$　　D. $\frac{4\pi q\varepsilon_0}{r^2}$

7-1-9 同心球形电容器，两极的半径分别为R_1和R_2（$R_2 > R_1$），中间充满相对介电系数为ε_r的均匀介质，则两极间场强的分布曲线为下列哪个图所示？

A. B. C. D.

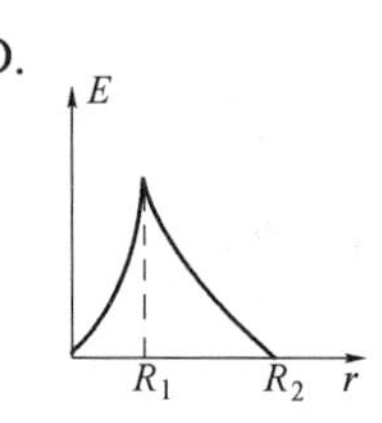

7-1-10 无限大平行板电容器，两极板相隔 5cm，板上均匀带电，$\sigma = 3 \times 10^{-6}\text{C/m}^2$，若将负极板接地，则正极板的电势为：

A. $\frac{7.5}{\varepsilon_0} \times 10^{-8}\text{V}$　　　B. $\frac{15}{\varepsilon_0} \times 10^{-8}\text{V}$

C. $\frac{30}{\varepsilon_0} \times 10^{-6}\text{V}$　　　D. $\frac{7.5}{\varepsilon_0} \times 10^{-6}\text{V}$

7-1-11 应用安培环路定律$\oint \boldsymbol{H} \cdot \text{d}\boldsymbol{L} = \sum I$对半径为$R$的无限长载流圆柱导体的磁场计算，计算结果应为：

A. 在其外部，即$r > R$处的磁场与载同等电流的长直导线的磁场相同

B. $r > R$处任一点的磁场强度大于载流长直导线在该点的磁场强度

C. $r > R$处任一点的磁场强度小于载流长直导线在该点的磁场强度

D. 在其内部，即$r < R$处的磁场强度与r成反比

7-1-12 真空中有两根互相平行的无限长直导线L_1和L_2，相距 0.1m。通有方向相反的电流，$I_1 = 20\text{A}$，$I_2 = 10\text{A}$，a点位于L_1、L_2之间的中点，且与两导线在同一平面内，如图所示，a点的磁感应强度T为：

A. $\frac{300}{\pi}\mu_0$　　B. $\frac{100}{\pi}\mu_0$　　C. $\frac{200}{\pi}\mu_0$　　D. 0

7-1-13 如图所示，两长直导线的电流$I_1 = I_2$，L是包围I_1、I_2的闭合曲线，以下说法中正确的是哪一个？

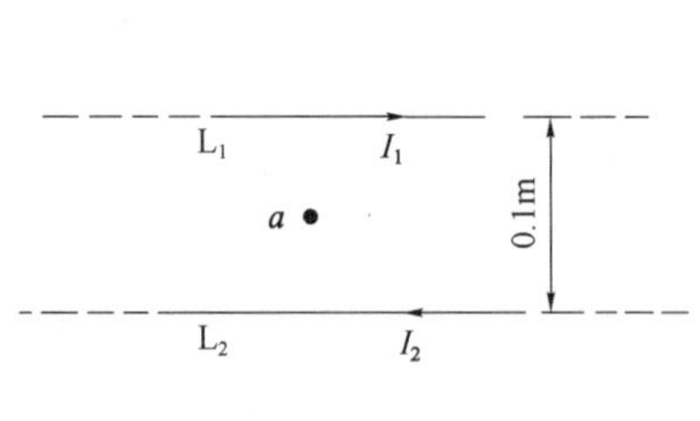

题 7-1-12 图

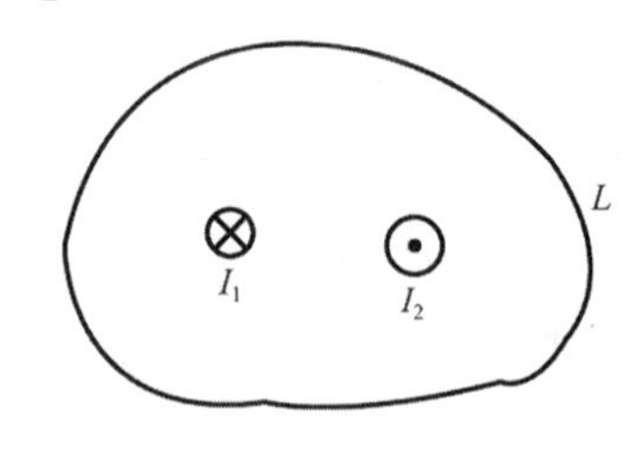

题 7-1-13 图

A. L上各点的磁场强度H的量值相等，不等于 0

B. L上各点的H等于 0

C. L上任一点的H等于I_1、I_2在该点的磁场强度的叠加

D. L上各点的H无法确定

7-1-14 如图所示，导体回路处在一均匀磁场中，$B = 0.5\text{T}$，$R = 2\Omega$，ab边长$L = 0.5\text{m}$，可以滑动，$\alpha = 60°$，现以速度$v = 4\text{m/s}$将ab边向右匀速平行移动，通过 R 的感应电流为：

A. 0.5A　　B. −1A　　C. −0.86A　　D. 0.43A

7-1-15 用一根硬导线弯成半径为R的半圆形，将其置于磁感应强度为B的均匀磁场中，以频率f旋

转，如图所示，这个导体回路中产生的感应电动势ε等于：

A. $\left(6R^2+\frac{1}{2}\pi R^2\right)2\pi fB\sin(2\pi ft)$　　B. $\left(6R^2+\frac{1}{2}\pi R^2\right)fB\sin(2\pi ft)$

C. $\frac{1}{2}\pi R^2 fB\sin(2\pi ft)$　　D. $(\pi R)^2 fB\sin(2\pi ft)$

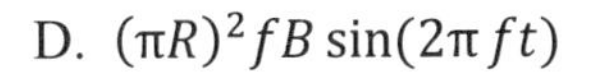

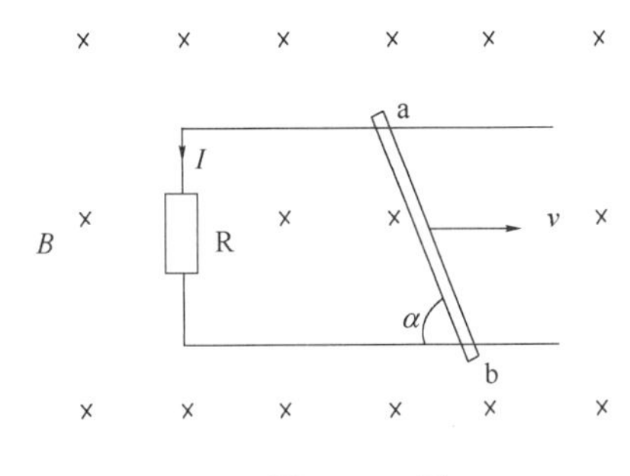

题 7-1-14 图

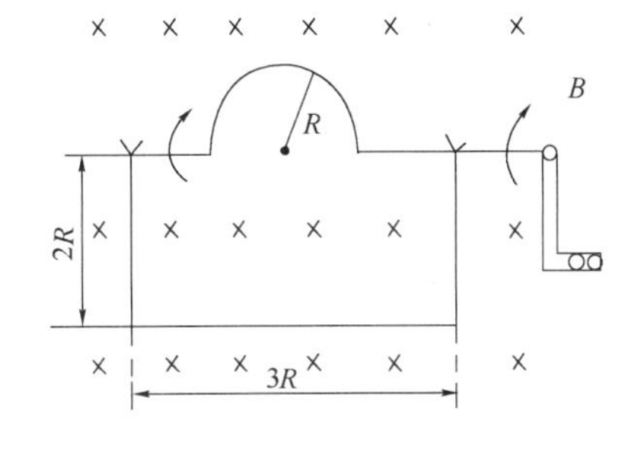

题 7-1-15 图

题解及参考答案

7-1-1　解：根据电磁感应定律，线圈 a 中是变化的电源，将产生变化的电流，考虑电磁作用$i_a \neq \frac{u}{R_a}$；变化磁通将与线圈 b 交链，由此产生感应电流$i_b \neq 0$。

答案：B

7-1-2　解：电流与磁场的方向可以根据右手螺旋定则确定，即让右手大拇指指向电流的方向，则四指的指向就是磁感应线的环绕方向。

答案：D

7-1-3　解：当一段导体在匀强磁场中做匀速切割磁感线运动时，不论电路是否闭合，感应电动势的大小只与磁感应强度B、导体长度L、切割速度v及v与B方向夹角θ的正弦值成正比，即$E = BLv\sin\theta$（θ为B, L, v三者间通过互相转化两两垂直所得的角）。因此，当$\sin\theta = 1$，即$\theta = 90°$时，电动势最大。

答案：B

7-1-4　解：带电体是在电场力的作用下做功，其能量来自电场和自身的能量。

答案：C

7-1-5　解：根据电磁感应定律$e = -\frac{\mathrm{d}\phi}{\mathrm{d}t}$，当外加压$U$为直流量时，$e = \frac{\mathrm{d}\phi}{\mathrm{d}t} = 0$，且$e = 0$，因此下方的线圈中不会产生感应电动势。

答案：A

7-1-6　解：根据电场高斯定理，真空中通过任意闭合曲面的电通量为所包围自由电荷的代数和。

答案：C

7-1-7　解：根据静电场的叠加定理可见，两个正电荷$+q$对于$+q'$的作用力大小相等，方向相反（见解图）。可见$+q'$所受的合力为 0。

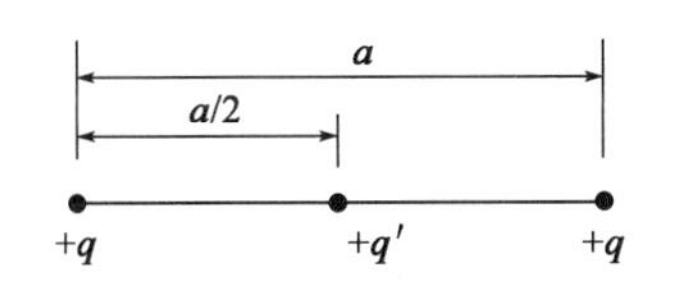

题 7-1-7 解图

答案：A

7-1-8　解：电场强度公式$E = \frac{q}{4\pi\varepsilon_0 r^3}r$，取绝对值$E = \frac{q}{4\pi\varepsilon_0 r^2}$。

答案：B

7-1-9　解：根据电场强度与电荷关系：$E = \frac{q}{4\pi\varepsilon_0 r^2}$

由题意可知，$r < R_1$时，$E = 0$；当$R_1 < r < R_2$，$E \propto \frac{1}{r^2}$；当$r > R_2$时，$E = 0$。

答案： A

7-1-10　解： 复习平板电容器与电势关系，其中σ为电荷密度参数，利用公式即可求出。

答案： B

7-1-11　解： 长直导线中的电流I与距离导线r远处产生的磁场B符合关系：$B = KI/r$，其中K是常量，与导线粗细无关。

答案： A

7-1-12　解： 无限长载流导体外r处的磁感应强度的大小为$B = KI/r$，双向电流相反的导体r处产生的磁场方向相同。

答案： A

7-1-13　解： 用安培环路定律$\oint \boldsymbol{H}\mathrm{d}\boldsymbol{L} = \sum I$，这里电流是代数和，注意它们的方向。

答案： C

7-1-14　解： 载流导体在均匀磁场中匀速运动，产生的感应电动热$E \propto BIv$，再利用欧姆定律即可求出结果。

答案： D

7-1-15　解： 用电磁感应定律，当通过线圈的磁通量变化时，在线圈中产生感应电动势ε。

答案： D

（二）电路的基本概念和基本定律

7-2-1　图示电路中，电流源的端电压U等于：

A. 20V　　B. 10V

C. 5V　　D. 0V

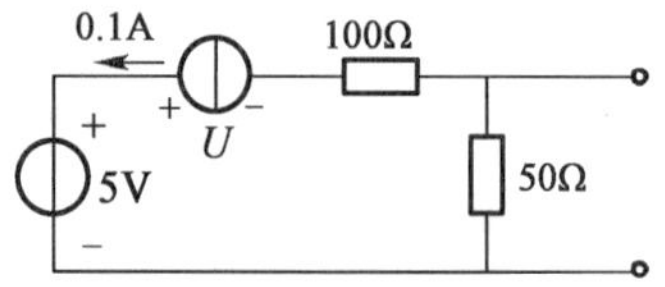

题 7-2-1 图

7-2-2　图示电路中，$u_C = 10\text{V}$，$i = 1\text{mA}$，则：

A. 因为$i_2 = 0$，使电流$i_1 = 1\text{mA}$

B. 因为参数C未知，无法求出电流i

C. 虽然电流i_2未知，但是$i > i_1$成立

D. 电容存储的能量为 0

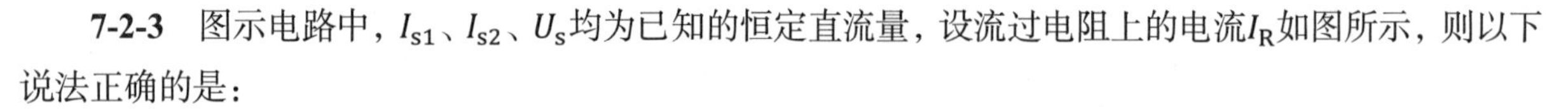

7-2-3　图示电路中，I_{s1}、I_{s2}、U_s均为已知的恒定直流量，设流过电阻上的电流I_R如图所示，则以下说法正确的是：

A. 按照基尔霍夫定律可求得$I_R = I_{s1} + I_{s2}$

B. $I_R = I_{s1} - I_{s2}$

C. 因为电感元件的直流电路模型是短接线，所以$I_R = \frac{U_s}{R}$

D. 因为电感元件的直流电路模型是断路，所以$I_R = I_{s2}$

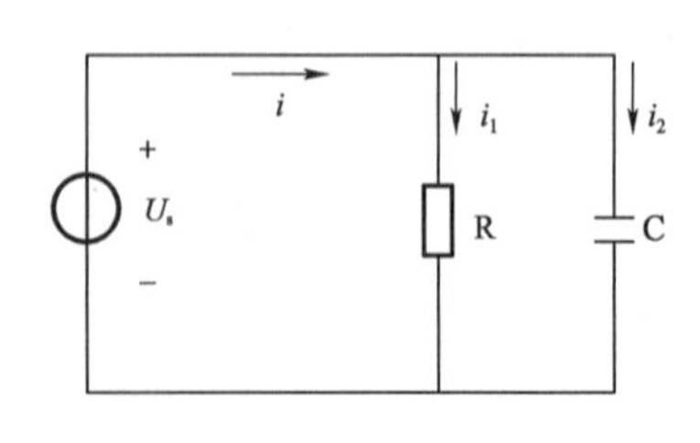

题 7-2-2 图

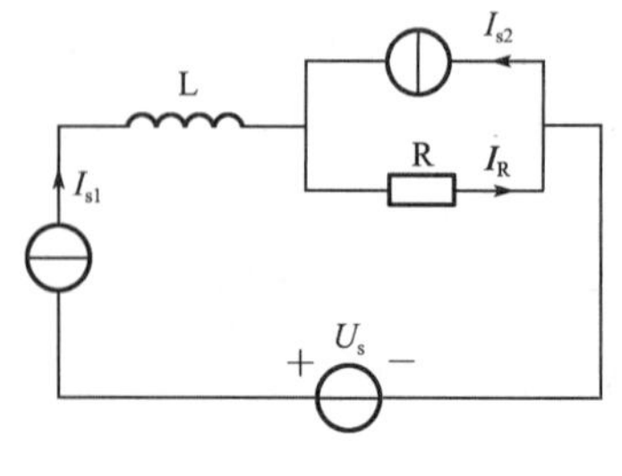

题 7-2-3 图

7-2-4　RLC 串联电路如图所示，其中，$R = 1\text{k}\Omega$，$L = 1\text{mH}$，$C = 1\mu\text{F}$。如果用一个 100V 的直流电压加在该电路的 A-B 端口，则电路电流i为：

A. 0A　　B. 0.1A　　C. -0.1A　　D. 100A

7-2-5　观察图示的直流电路。可知在该电路中：

A. I_s和R_1形成一个电流源模型，U_s和R_2形成一个电压源模型

B. 理想电流源I_s的端电压为 0

C. 理想电流源I_s的端电压由U_1和U_s共同决定

D. 流过理想电压源的电流与I_s无关

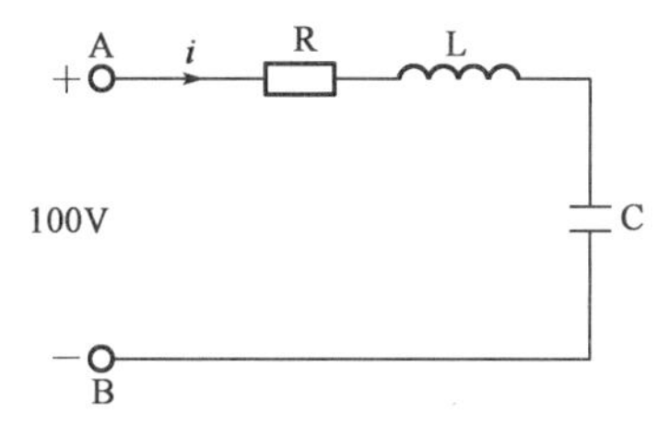

题 7-2-4 图

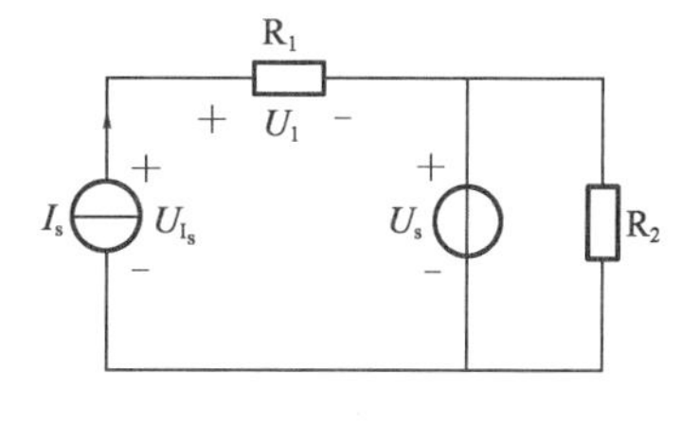

题 7-2-5 图

7-2-6　如图所示电路，$U = 12\text{V}$，$U_E = 10\text{V}$，$R = 0.4\text{k}\Omega$，则电流I等于：

A. 0.055A　　B. 0.03A　　C. 0.025A　　D. 0.005A

7-2-7　电路如图所示，若R、U_s、I_s均大于零，则电路的功率情况为下述中哪种？

A. 电阻吸收功率，电压源与电流源供出功率

B. 电阻与电压源吸收功率，电流源供出功率

C. 电阻与电流源吸收功率，电压源供出功率

D. 电阻吸收功率，电流源供出功率，电压源无法确定

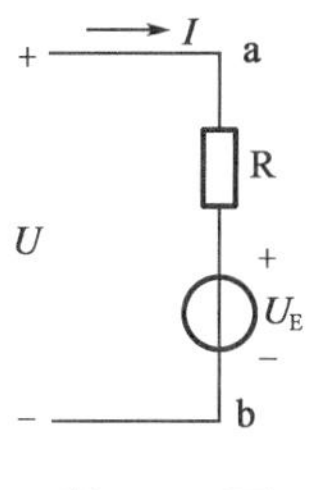

题 7-2-6 图

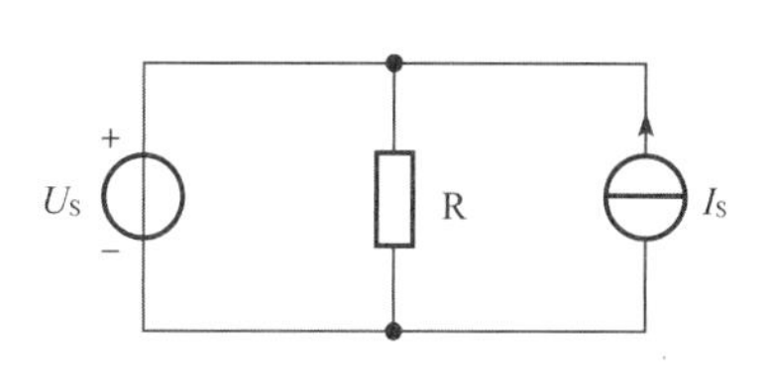

题 7-2-7 图

7-2-8　电路如图所示，U_s为独立电压源，若外电路不变，仅电阻 R 变化时，将会引起下述哪种变化？

A. 端电压U的变化　　B. 输出电流I的变化

C. 电阻R支路电流的变化　　D. 上述三者同时变化

7-2-9　已知图示电路中$U_s = 2\text{V}$，$I_s = 2\text{A}$。电阻R_1和R_2消耗的功率由何处供给？

A. 电压源　　B. 电流源

C. 电压源和电流源　　D. 不一定

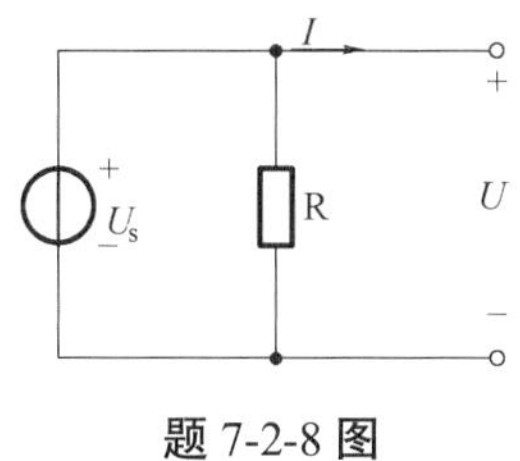
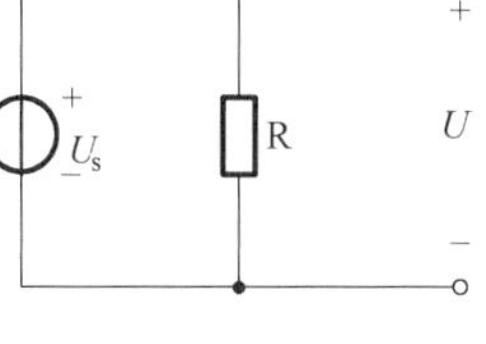

题 7-2-8 图

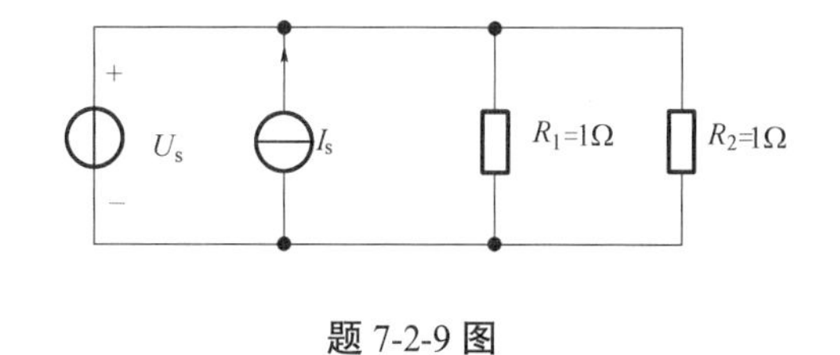

题 7-2-9 图

7-2-10 某电热器的额定功率为 2W，额定电压为 100V。拟将它串联一电阻后接在额定电压为 200V 的直流电源上使用，则该串联电阻 R 的阻值和额定功率P_N应为：

A. $R = 5\text{k}\Omega$，$P_N = 1\text{W}$　　B. $R = 5\text{k}\Omega$，$P_N = 2\text{W}$

C. $R = 10\text{k}\Omega$，$P_N = 2\text{W}$　　D. $R = 10\text{k}\Omega$，$P_N = 1\text{W}$

7-2-11 在图示的电路中，用量程为 10V、内阻为$20\text{k}\Omega/\text{V}$级的直流电压表，测得$A$、$B$两点间的电压$U_{AB}$为：

A. 6V　　B. 5V　　C. 4V　　D. 3V

7-2-12 在图示的电路中，当开关 S 闭合后，流过开关 S 的电流I为：

A. 1mA　　B. 0mA　　C. −1mA　　D. 无法判定

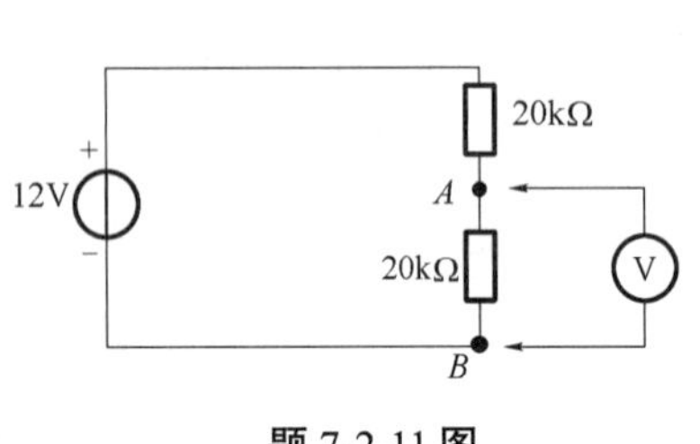

题 7-2-11 图

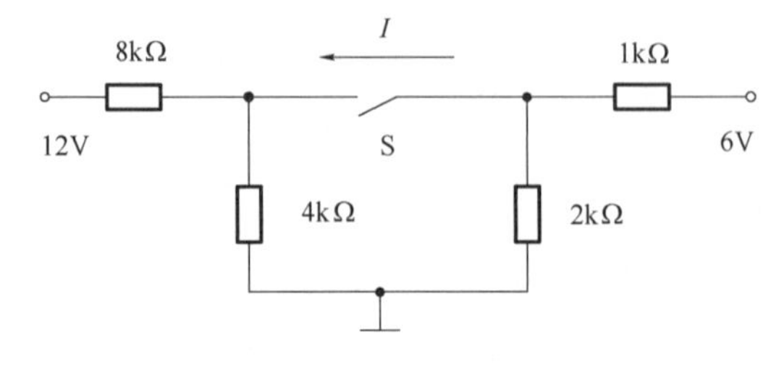

题 7-2-12 图

7-2-13 图示电路中，已知：$U_1 = U_2 = 12\text{V}$，$R_1 = R_2 = 4\text{k}\Omega$，$R_3 = 16\text{k}\Omega$。S 断开后$A$点电位$V_{A0}$和 S 闭合后$A$点电位$V_{AS}$分别是：

A. −4V，3.6V

B. 6V，0V

C. 4V，−2.4V

D. −4V，2.4V

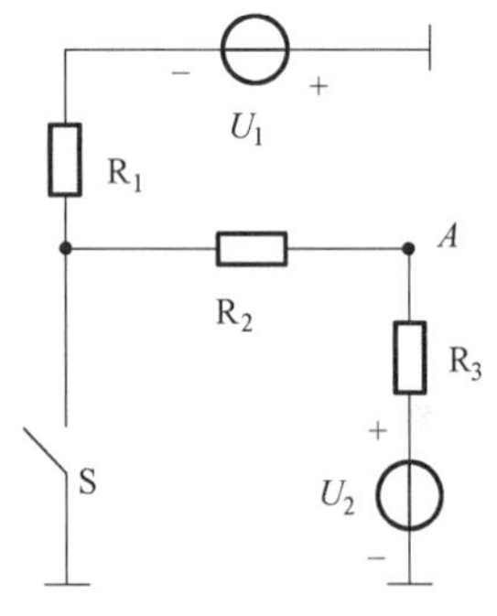

题 7-2-13 图

7-2-14 某二端网络的端口u-i特性曲线如图所示，则该二端网络的等效电路为：

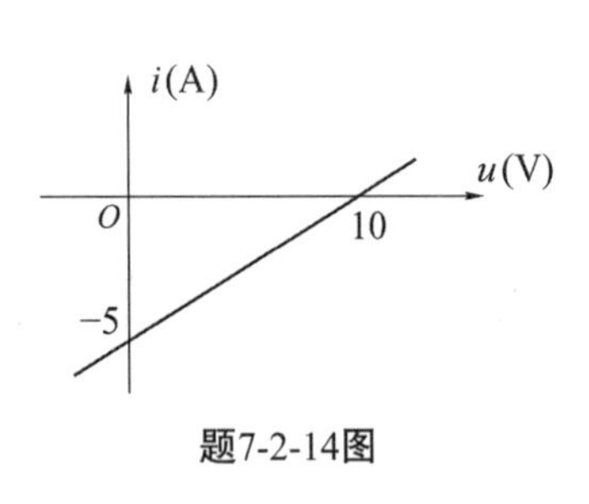

题7-2-14图

A.
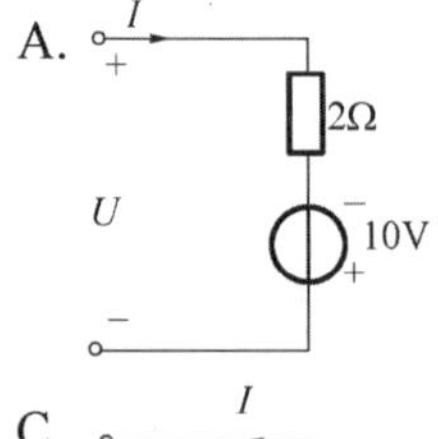

B.
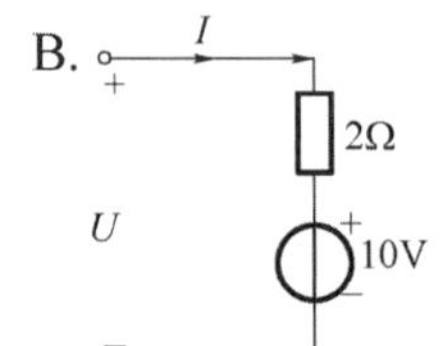

C. D.

题解及参考答案

7-2-1　解： 电流源的端电压由外电路决定：$U = 5 + 0.1 \times (100 + 50) = 20\text{V}$。

答案： A

7-2-2　解： 在直流电源的作用下电容相当于断路，$i_2 = 0$，$i = i_1 + i_2 = i_1$，电容元件存储的能量与电压的平方成正比。此题中电容电压为$u_c \neq 0$，电容存储能量不为 0，并且可知$i = i_1 + i_2 = i_1$。

答案： A

7-2-3　解： 因为此题中的电源均为直流量，则电感线圈可用作短路处理，该电路符合节点电流关系。因此在电路的节点a有$I_{s1} + I_{s2} = I_R$。

答案： A

7-2-4　解： 直流电源作为激励的电路中，电感相当于短路，电容相当于开路。因此，电路电流$I = 0A$。

答案： A

7-2-5　解： 实际的电压源模型是电阻与电压源串联，实际的电流源模型是电阻与电流源并联。此题中电阻R_1和R_2均不属于电源内阻。另外，由基尔霍夫电压定律，此电路中，电流源的端电压由外电路U_1和U_s决定，即$U_{I_s} = U_1 + U_s$。

答案： C

7-2-6　解： 设参考点为b点，如题图所示。$I = \frac{U - U_s}{R} = \frac{12-10}{400} = 0.005A$。

答案： D

7-2-7　解： 电路元件是否做功的判断是依据功率计算的结果。在元件电压、电流正方向一致的条件下，根据公式$P = UI$计算元件的功率。当P大于零时，该元件消耗电功率；当P小于零时，该元件发出电功率。

答案： D

7-2-8　解： 注意理想电压源和实际电压源的区别，该题是理想电压源，$U_s = U$。

答案： C

7-2-9　解： 首先求电压源和电流源的电压、电流大小（必须采用关联方向），然后计算功率$P = UI$。如果$P > 0$，为负载；如果$P < 0$，为电源。即：

$$P_{I_s} = -U_s I_s = -4W < 0;\ P_{U_s} = U_s \times \left(I_s - \frac{U_s}{R_1} - \frac{U_s}{R_2}\right) = -4W < 0$$

答案： C

7-2-10　解： 利用串联电路中电流相同、电压分压的特点。

答案： B

7-2-11　解： 当电压表接在电路的A、B两点之间时，电压表内阻与电流下方电阻并联：

$$U_{AB} = \frac{20/\!/20}{20 + 20/\!/20} \times 12 = 4V$$

答案： C

7-2-12　解： 求开关 S 断开时其左右两端的电位差V_S：

$$V_{SL} = 12 \times \frac{4}{4+8} = 4V,\ V_{SR} = 6 \times \frac{2}{1+2} = 4V,\ V_S = V_{SL} - V_{SR} = 0$$

无电位差，因此，当 S 闭合后无电流，$I = 0$。

答案： B

7-2-13　解： 当 S 分开时，电路元件U_1、U_2、R_1、R_2、R_3构成串联电路，则：

$$V_{A0} = U_2 + [(-U_1) - U_2]\frac{R_3}{R_1 + R_2 + R_3} = -4V$$

当 S 闭合时，A点电位U_A为电阻R_2上的电压，则：

$$V_{AS}=\frac{R_2}{R_2+R_3}U_2=\frac{4}{4+16}\times 12=2.4\text{V}$$

答案： D

7-2-14　解： 二端网络伏安特性中，与电压轴交点的坐标为开路电压点，与电流轴交点的坐标为短路电流点。

答案： B

（三）直流电路的解题方法

7-3-1　已知电路如图所示，若使用叠加原理求解图中电流源的端电压U，正确的方法是：

A. $U'=(R_2/\!/R_3+R_1)I_s$，$U''=0$，$U=U'$

B. $U'=(R_1+R_2)I_s$，$U''=0$，$U=U'$

C. $U'=(R_2/\!/R_3+R_1)I_s$，$U''=\frac{R_2}{R_2+R_3}U_s$，$U=U'-U''$

D. $U'=(R_2/\!/R_3+R_1)I_s$，$U''=\frac{R_2}{R_2+R_3}U_s$，$U=U'+U''$

7-3-2　图示电路中，A_1、A_2、V_1、V_2均为交流表，用于测量电压或电流的有效值I_1、I_2、U_1、U_2，若$I_1=4\text{A}$，$I_2=2\text{A}$，$U_1=10\text{V}$，则电压表V_2的读数应为：

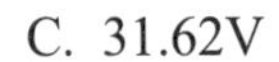

A. 40V　　B. 14.14V　　C. 31.62V　　D. 20V

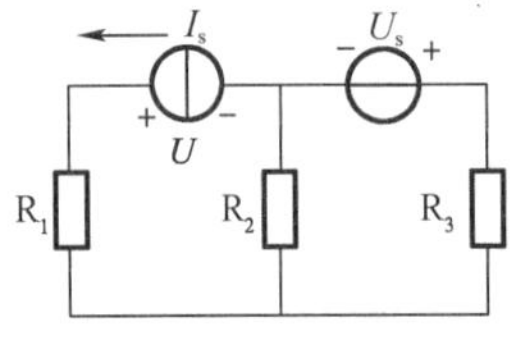

题 7-3-1 图

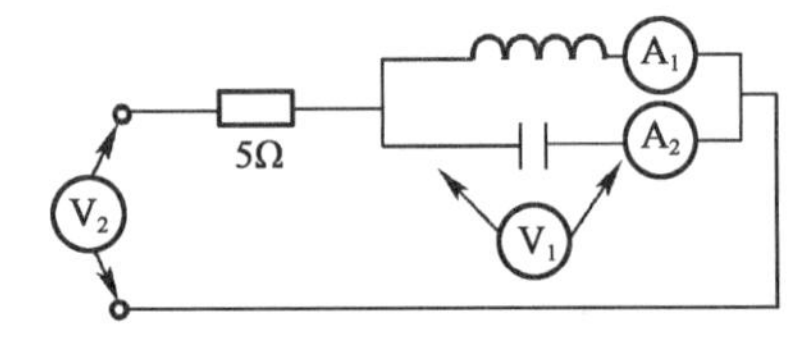

题 7-3-2 图

7-3-3　图示电路中，电流I_1和电流I_2分别为：

A. 2.5A 和 1.5A　　B. 1A 和 0A

C. 2.5A 和 0A　　D. 1A 和 1.5A

7-3-4　图 a）电路按戴维南定理等效成图 b）所示电压源时，计算R_0的正确算式为：

A. $R_0=R_1/\!/R_2$　　B. $R_0=R_1+R_2$

C. $R_0=R_1$　　D. $R_0=R_2$

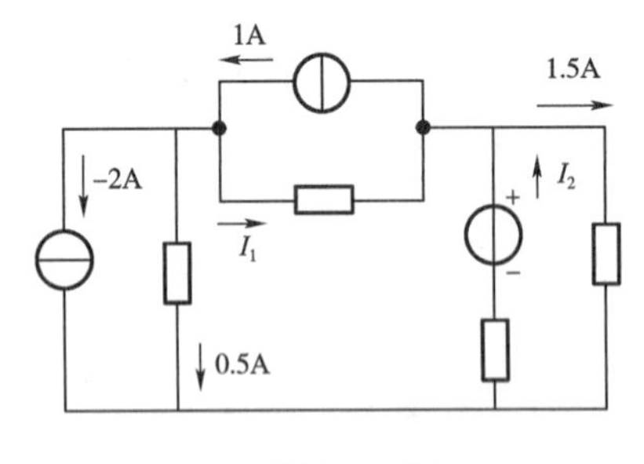

题 7-3-3 图

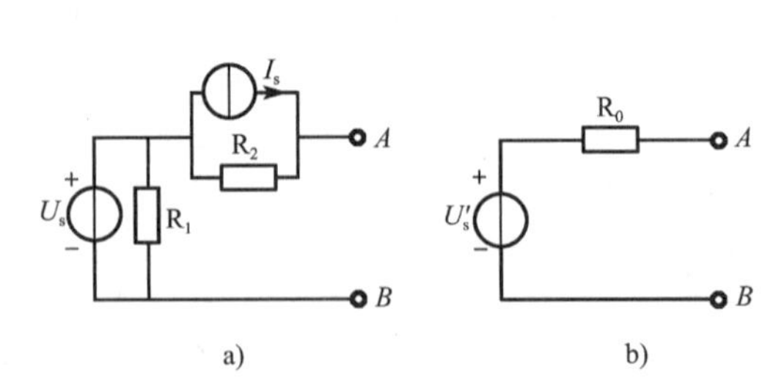

题 7-3-4 图

7-3-5　如图 b）所示电源与图 a）所示电路等效，则计算U_s'和R_0的正确算式为：

A. $U_s'=U_s+I_sR_1$，$R_0=R_1/\!/R_2+R_3$

B. $U_s'=U_s-I_sR_1$，$R_0=R_1/\!/R_2+R_3$

C. $U_s'=U_s-I_sR_1$，$R_0=R_1+R_3$

D. $U_s'=U_s+I_sR_1$，$R_0=R_1+R_3$

7-3-6　已知电路如图所示，其中响应电流I在电流源单独作用时的分量为：

A. 因电阻R未知，故无法求出　　B. 3A

C. 2A　　D. −2A

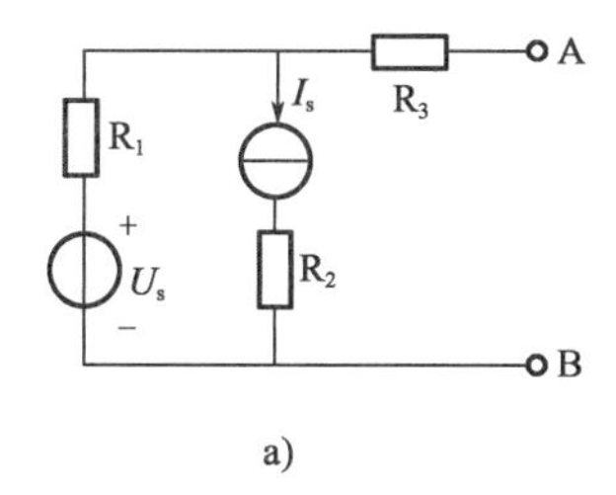

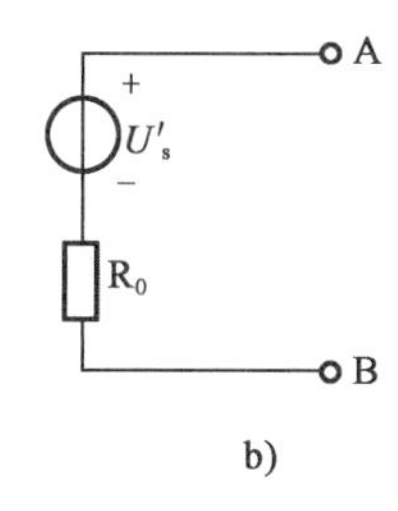

题 7-3-5 图

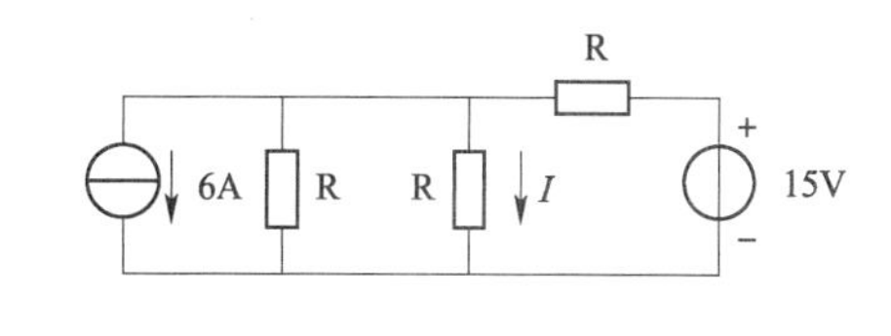

题 7-3-6 图

7-3-7　图示电路中，电压源U_{s2}单独作用时，电流源端电压分量U'_{I_s}为：

A. $U_{s2}-I_sR_2$

B. U_{s2}

C. 0

D. I_sR_2

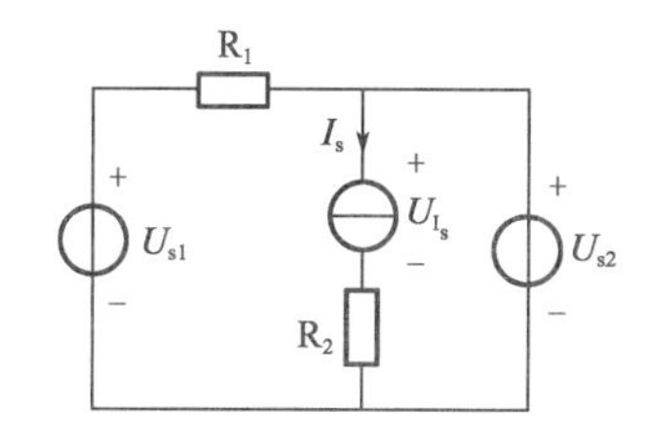

题 7-3-7 图

7-3-8　叠加原理只适用于分析哪种电压、电流问题？

A. 无源电路　　B. 线性电路

C. 非线性电路　　D. 不含电感、电容元件的电路

7-3-9　图示电路中，N 为含源线性电阻网络，其端口伏安特性曲线如图 b）所示，其戴维南等效电路参数应为：

A. $\begin{cases}U_{0C}=-12\text{V}\\R_0=-3\Omega\end{cases}$　　B. $\begin{cases}U_{0C}=-12\text{V}\\R_0=3\Omega\end{cases}$

C. $\begin{cases}U_{0C}=12\text{V}\\R_0=3\Omega\end{cases}$　　D. $\begin{cases}U_{0C}=12\text{V}\\R_0=-3\Omega\end{cases}$

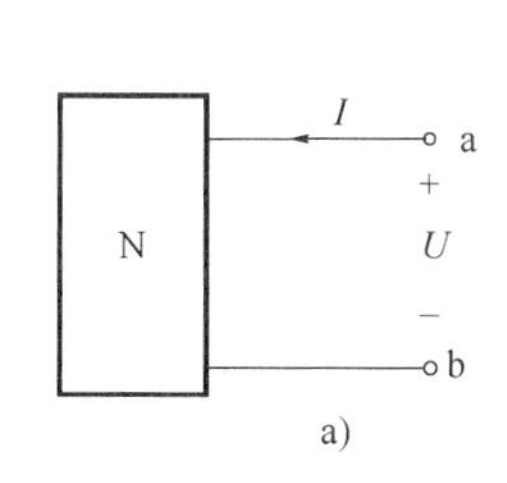

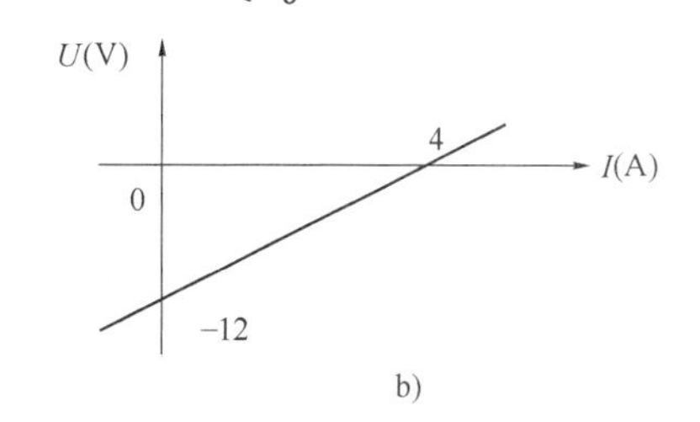

题 7-3-9 图

7-3-10 在图示电路中，当开关 S 断开时，电压$U=10\text{V}$，当 S 闭合后，电流$I=1\text{A}$，则该有源二端线性网络的等效电压源的内阻值为：

A. 16Ω　　B. 8Ω　　C. 4Ω　　D. 2Ω

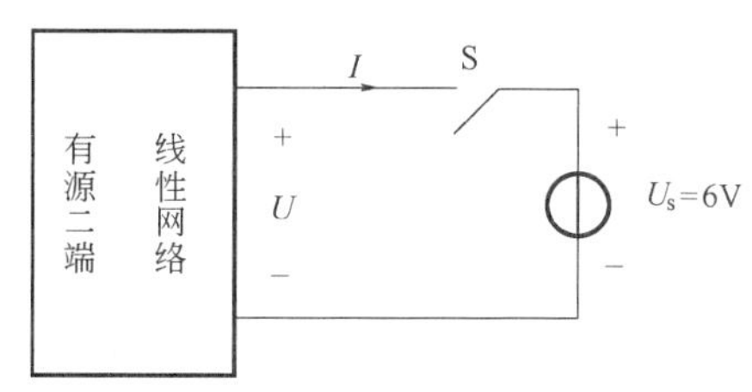

题 7-3-10 图

7-3-11 图示左侧电路的等效电路是哪个电路？

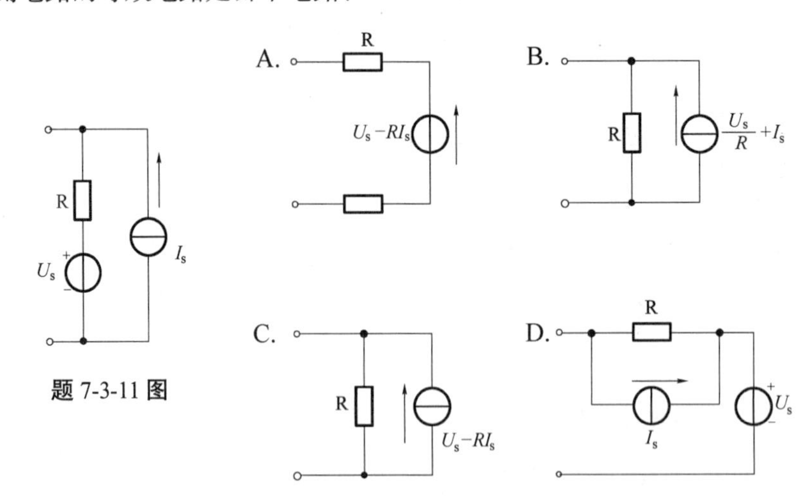

题 7-3-11 图

7-3-12 在图示的电路中，$I_{s1}=3A$，$I_{s2}=6A$。当电流源I_{s1}单独作用时，流过$R=1\Omega$电阻的电流$I=1A$，则流过电阻R的实际电流I值为：

A. −1A　　B. +1A　　C. −2A　　D. +2A

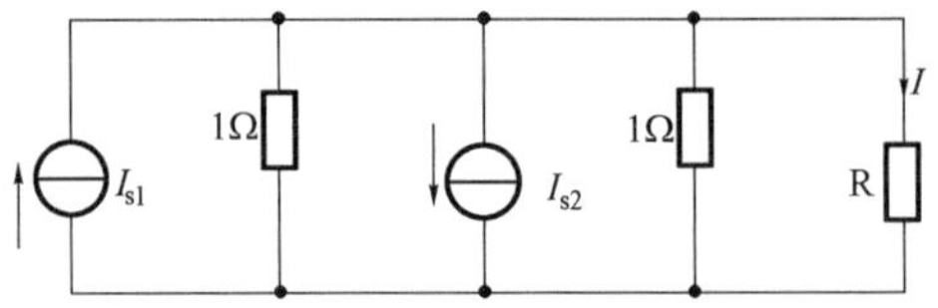

题 7-3-12 图

7-3-13 在图 a）电路中有电流I时，可将图 a）等效为图 b），其中等效电压源电动势E_s和等效电源内阻R_0为：

A. −1V，5.143Ω　B. 1V，5Ω　C. −1V，5Ω　D. 1V，5.143Ω

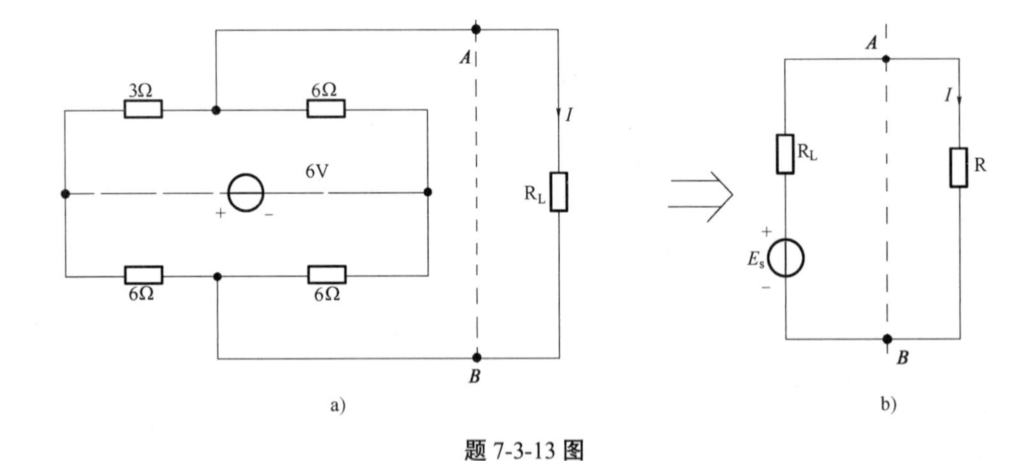

题 7-3-13 图

7-3-14 电路如图所示，用叠加定理求电阻R_L消耗的功率为：

A. 1/24W
B. 3/8W
C. 1/8W
D. 12W

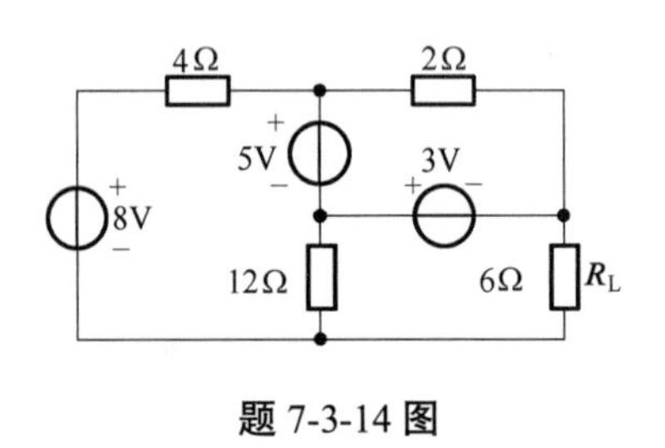

题 7-3-14 图

题解及参考答案

7-3-1 解： 用叠加原理分析，将电路分解为各个电源单独作用的电路。不作用的电压源短路，不作用的电流源断路。

$$U = U' + U''$$

U'为电流源作用：$U' = I_s(R_1 + R_2 /\!/ R_3)$；

U''为电压源作用：$U'' = \frac{R_2}{R_2+R_3}U_s$。

答案： D

7-3-2 解： 交流电路中电压电流用相量表示，画出相量模型如解图所示。

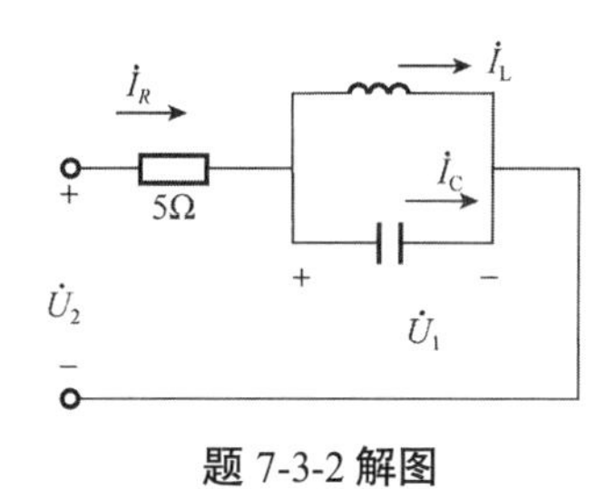

题 7-3-2 解图

$$\dot{I}_R = \dot{I}_L + \dot{I}_C,\ \dot{U}_2 = \dot{U}_R + \dot{U}_1$$

$\dot{I}_L$与$\dot{I}_C$反相，$I_R = 2A$，$U_R = 10V$，又知$\dot{U}_R$与$\dot{U}_1$的相位差 90°，可得$U_2 = \sqrt{U_R^2 + U_1^2} = 10\sqrt{2}V$。

答案： B

7-3-3 解： 根据节点的电流关系 KCL 分析，$I_1 = 1 - (-2) - 0.5 = 2.5A$，$I_2 = 1 + 1.5 - I_1 = 0A$。

答案： C

7-3-4 解： 图 b）中的R_0等效于图 a）的端口AB间除源电阻（电源作用为零：将电压源短路，电流源断路），即$R_0 = R_2$。

答案： D

7-3-5 解： 根据戴维南定理，图 b）中的电压源U_s'为图 a）的开路电压，电阻R_0的数值为图 a）的除源电阻。

$$U_s' = U_s + R_1(-I_s)$$

$$R_0 = R_1 + R_3$$

答案： C

7-3-6 解： 见图解，电流源单独作用时，15V 的电压源做短路处理，则

$$I = \frac{1}{3} \times (-6) = -2A$$

答案： D

7-3-7 解： 电压源U_{s2}单独作用时需将U_{s1}短路，电流源I_s断路处理。题图的电路应等效为解图所示电路，即$U'_{I_s} = U_{s2}$。

答案： B

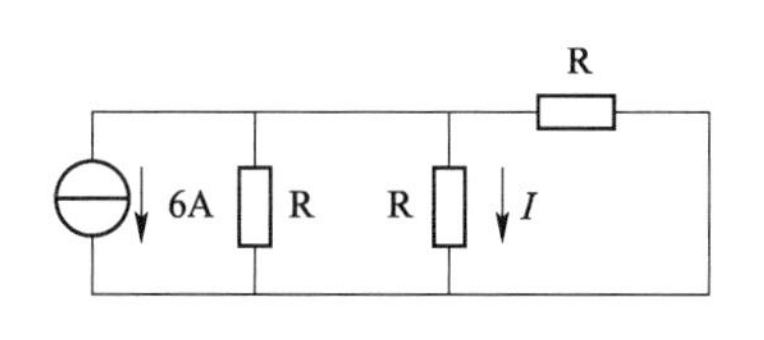

题 7-3-6 解图

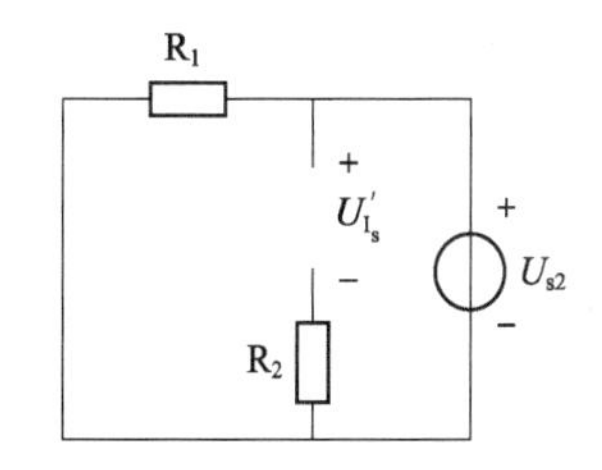

题 7-3-7 解图

7-3-8　解： 叠加原理只适用于分析线性电路的电压、电流问题（线性电路是指由线性独立电源和线性元件构成的电路）。

答案： B

7-3-9　解： 二端线性有源电路的端口伏安特性为一直线。直线与电压轴的交点是电路的开路电压U_{oC}；与电流轴的交点为电路短路电流I_{sC}；直线的斜率为电源内部电阻R_0。即$R_0 = \frac{U_{oC}}{I_{sC}} = 3\Omega, U_{oC} = -12V$。

答案： B

7-3-10　解： 将有源二端线网络等效为电压源与电阻的串联结构。电源电压$U_{oC} = U = 10V$；电源内阻$R_0 = \frac{U - U_s}{I} = 4\Omega$。

答案： C

7-3-11　解： ①应用戴维南定理，求等效电源电压：$U = U_s + I_sR$，等效电源电阻为R。②利用电源变换得B图。

答案： B

7-3-12　解： 利用叠加原理分析，不作用的电流源断路处理，分析时注意电流的正方向。

画出I_{s2}单独作用的电路图（见解图），求I''。电流源I_{s2}为电流源I_{s1}的2倍，方向相反，则I''为电流源I_{s1}作用时电流量I'的“-2”倍，即$I'' = -2A$。利用叠加原理，计算电路实际电流：$I = I' + I'' = 1 + (-2) = -1A$。

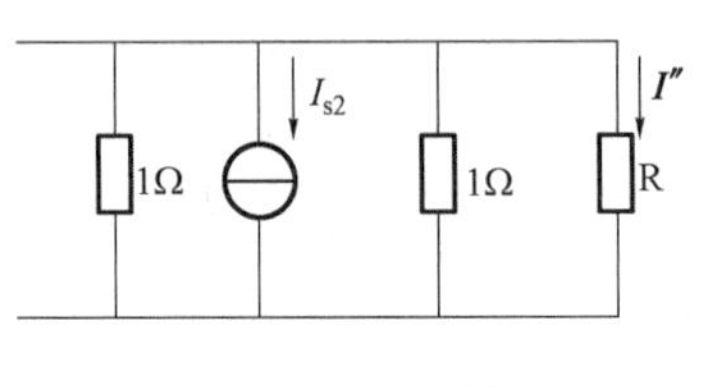

图 7-3-12 解图

答案： A

7-3-13　解： 利用等效电压源定理。在求等效电压源电动势时，将A、B两点开路后，电压源上方的两个电阻和下方两个电阻均为串联。

$$E_s = U_{AB0} = 6 \times \frac{6}{6+3} - 6 \times \frac{6}{6+6} = 1V$$

$$R_0 = 6/\!/3 + 6/\!/6 = 5\Omega$$

答案： B

7-3-14　解： 先将R_L以外电路化为电压源后，再求R_L消耗的功率等效电源电压：

$$V_{OC} = -3 + U_{12\Omega} = -3 + (8-5) \times \frac{12}{12+4} = -0.75V$$

等效电源内阻$R_0 = 4/\!/12 = 3\Omega$

R_L中电流$I_L = \frac{0.75}{R_L + R_0}A$，则$P_L = {I_L}^2 R_L = \frac{1}{24}W$

答案： A

（四）正弦交流电路的解题方法

7-4-1　RLC串联电路中，$u = 100\sin(314t + 10°)V$，$R = 100\Omega$，$L = 1H$，$C = 10\mu F$，则总阻抗模为：

A. 111Ω
B. 732Ω
C. 96Ω
D. 100.1Ω

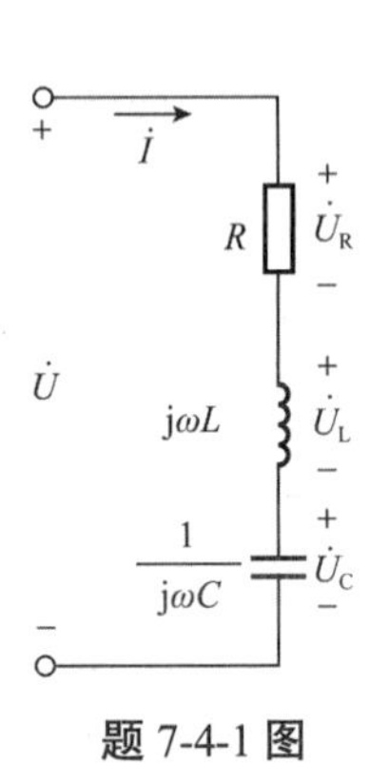

题 7-4-1 图

7-4-2　某滤波器的幅频特性波特图如图所示，该电路的传递函数为：

A. $\frac{j\omega/(10\times10^3\pi)}{1+j\omega/(10\times10^3\pi)}$

B. $\frac{j\omega/(20\times10^3\pi)}{1+j\omega/(20\times10^3\pi)}$

C. $\frac{j\omega/(2\times10^3\pi)}{1+j\omega/(2\times10^3\pi)}$

D. $\frac{1}{1+j\omega/(20\times10^3\pi)}$

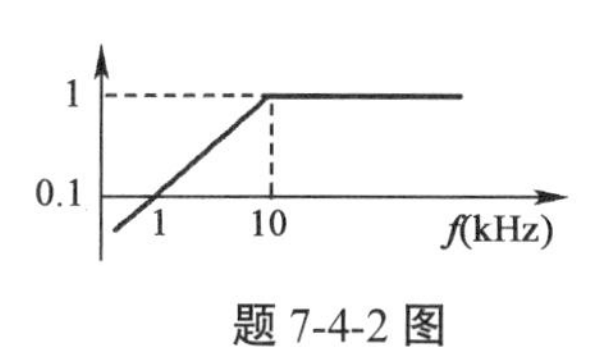

题 7-4-2 图

7-4-3　正弦交流电压的波形图如图所示，该电压的时域解析表达式为：

A. $u(t)=155.56\sin(\omega t-5°)\,\mathrm{V}$　　B. $u(t)=110\sqrt{2}\sin(314t-90°)\,\mathrm{V}$

C. $u(t)=110\sqrt{2}\sin(50t+60°)\,\mathrm{V}$　　D. $u(t)=155.6\sin(314t-60°)\,\mathrm{V}$

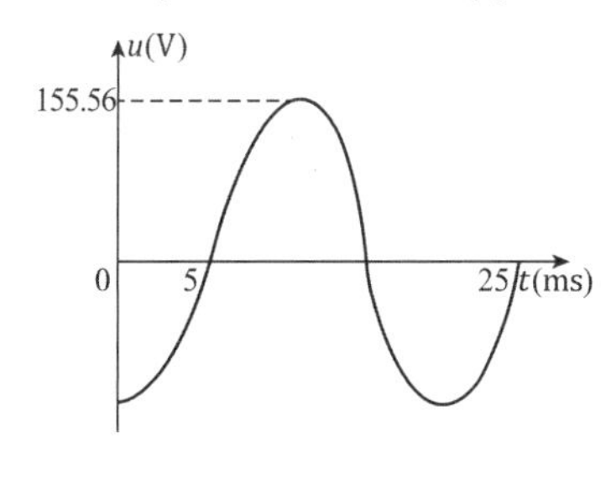

题 7-4-3 图

7-4-4　图示电路中，若$u=U_{\mathrm{M}}\sin(\omega t+\psi_{\mathrm{u}})$，则下列表达式中一定成立的是：

式 1：$u=u_{\mathrm{R}}+u_{\mathrm{L}}+u_{\mathrm{C}}$

式 2：$u_{\mathrm{X}}=u_{\mathrm{L}}-u_{\mathrm{C}}$

式 3：$U_{\mathrm{X}}<U_{\mathrm{L}}$及$U_{\mathrm{X}}<U_{\mathrm{C}}$

式 4：$U^2=U_{\mathrm{R}}^2+(U_{\mathrm{L}}+U_{\mathrm{C}})^2$

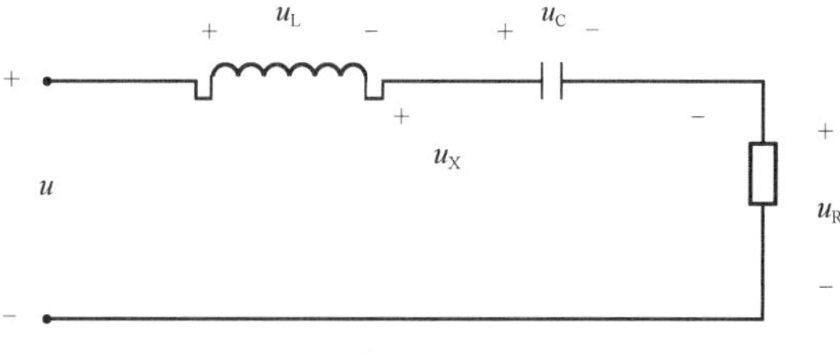

题 7-4-4 图

A. 式 1

B. 式 2 和式 4

C. 式 1，式 3 和式 4

D. 式 2 和式 3

7-4-5　有三个 100Ω 的线性电阻接成△三相对称负载，然后挂接在电压为 220V 的三相对称电源上，这时供电线路上的电流为：

A. 6.6A　　B. 3.8A　　C. 2.2A　　D. 1.3A

7-4-6　某$\cos\varphi$为 0.4 的感性负载，外加 100V 的直流电压时，消耗功率 100W，则该感性负载的感抗为：

A. 100Ω　　B. 229Ω　　C. 0.73Ω　　D. 329Ω

7-4-7　当 RLC 串联电路发生谐振时，一定有：

A. $L=C$　　B. $\omega L=\omega C$　　C. $\omega L=\frac{1}{\omega C}$　　D. $U_{\mathrm{L}}+U_{\mathrm{C}}=0$

7-4-8　当图示电路的激励电压$u_{\mathrm{i}}=\sqrt{3}U_{\mathrm{i}}\sin(\omega t+\varphi)$时，电感元件上的响应电压$u_{\mathrm{L}}$的初相位为：

A. $90° - \arctan\frac{\omega L}{R}$

B. $90° - \arctan\frac{\omega L}{R} + \varphi$

C. $\arctan\frac{\omega L}{R}$

D. $\varphi - \arctan\frac{\omega L}{R}$

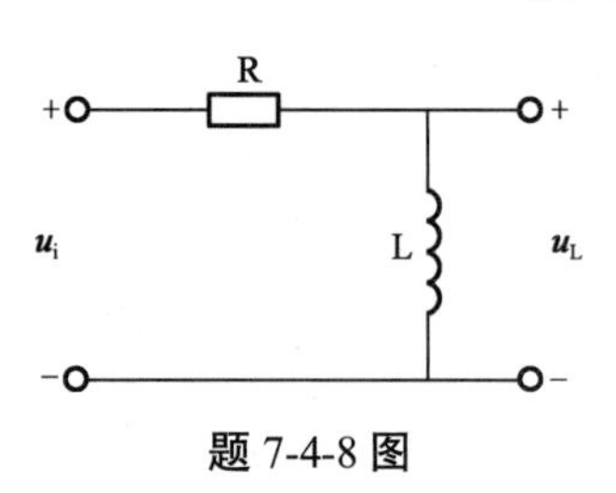

题 7-4-8 图

7-4-9 图示某正弦电压的波形图，由图可知，该正弦量的：

A. 有效值为 10V　　B. 角频率为 314rad/s

C. 初相位为 60°　　D. 周期为 5~20ms

7-4-10 当上题图所示电路的激励电压$u_i = \sqrt{2}U_i\sin(\omega t + \varphi)$时，电感元件上的响应电压$u_L$的有效值为：

A. $\frac{L}{R+L}U_i$　　B. $\frac{\omega L}{R+\omega L}U_i$　　C. $\frac{\omega L}{|R+j\omega L|}U_i$　　D. $\frac{j\omega L}{R+j\omega L}U_i$

7-4-11 图示电路，正弦电流i_2的有效值$I_2 = 1$A，电流i_3的有效值$I_3 = 2$A，因此电流i_1的有效值I_1等于：

A. $\sqrt{1+2^2} \approx 2.24$A　　B. $1+2=3$A

C. $2-1=1$A　　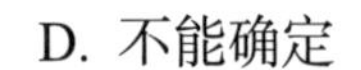D. 不能确定

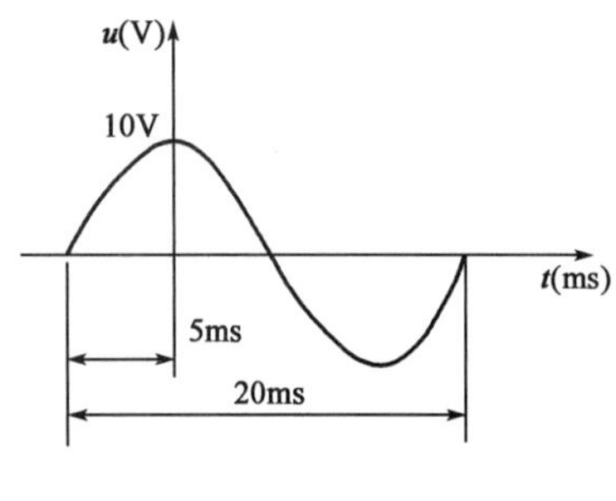

题 7-4-9 图

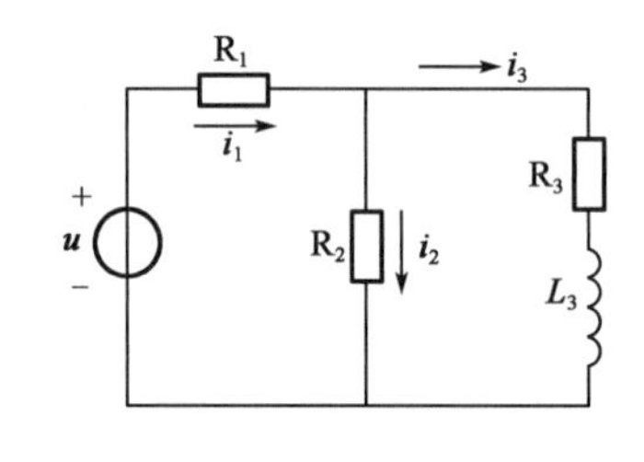

题 7-4-11 图

7-4-12 已知正弦交流电流$i(t) = 0.1\sin(1000t + 30°)$A，则该电流的有效值和周期分别为：

A. 70.7mA，0.1s　　B. 70.7mA，6.28ms

C. 0.1A，6.28ms　　D. 0.1A，0.1s

7-4-13 用电压表测量图示电路$u(t)$和$i(t)$的结果是 10V 和 0.2A，设电流$i(t)$的初相位为 10°，电压与电流呈反相关系，则如下关系成立的是：

A. $\dot{U} = 10\angle -10°$V　　B. $\dot{U} = -10\angle -10°$V

C. $\dot{U} = 10\sqrt{2}\angle -170°$V　　D. $\dot{U} = 10\angle -170°$V

7-4-14 图示电路中，$u = 141\sin(314t - 30°)$V，$i = 14.1\sin(314t - 60°)$A，这个电路的有功功率P等于：

A. 500W　　B. 866W　　C. 1000W　　D. 1988W

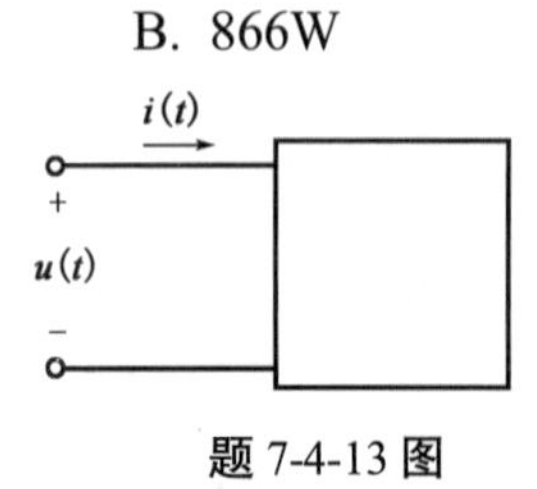

题 7-4-13 图

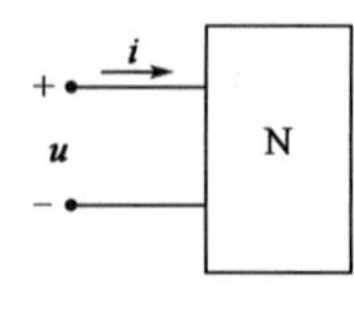

题 7-4-14 图

7-4-15 已知某正弦交流电压的周期为 10ms，有效值 220V，在$t = 0$时，正处在由正值过渡为负值

的零值，则其表达式可写作：

A. $u = 380\sin(100t + 180°)(\text{V})$　　B. $u = -311\sin(200\pi t)\ (\text{V})$

C. $u = 220\sin(628t + 180°)(\text{V})$　　D. $u = 220\sin(100t + 180°)(\text{V})$

7-4-16 在 R、L、C 元件串联电路中（见图），施加正弦电压u，当$X_C > X_L$时，电压u与i的相位关系应是：

A. u超前于i　　B. u滞后于i

C. u与i反相　　D. 无法判定

7-4-17 图示电路中，电流有效值$I_1 = 10\text{A}$，$I_C = 8\text{A}$，总功率因数$\cos\varphi$为 1，则电流I是：

A. 2A　　B. 6A　　C. 不能确定　　D. 18A

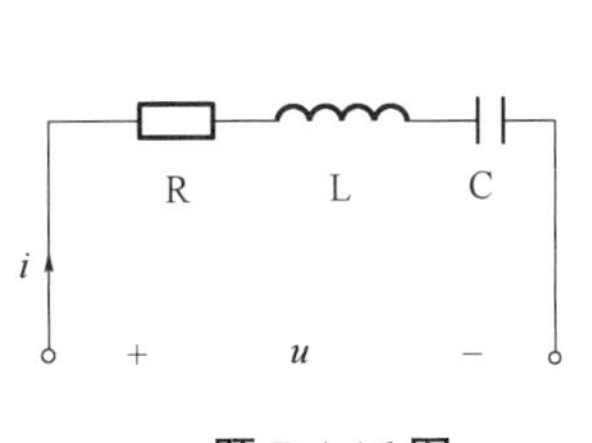

题 7-4-16 图

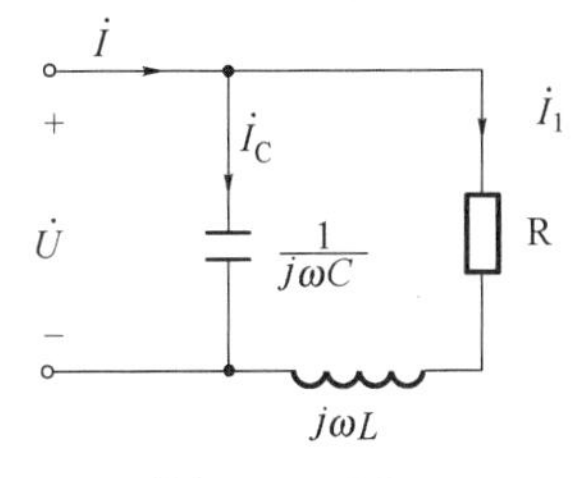

题 7-4-17 图

7-4-18 图示正弦交流电路中，各电压表读数均为有效值。已知电压表 V、V_1和V_2的读数分别为 10V、6V 和 3V，则电压表V_3读数为：

A. 1V　　B. 5V　　C. 4V　　D. 11V

7-4-19 图示正弦电路中，$Z = (40 + j30)\Omega$，$X_L = 10\Omega$，有效值$U_2 = 200\text{V}$，则总电压有效值U为：

A. 178.9V　　B. 226V　　C. 120V　　D. 60V

7-4-20 图示电路中，已知Z_1是纯电阻负载，电流表 A、A_1、A_2的读数分别为 5A、4A、3A，那么Z_2负载一定是：

A. 电阻性的　　B. 纯电感性或纯电容性质

C. 电感性的　　D. 电容性的

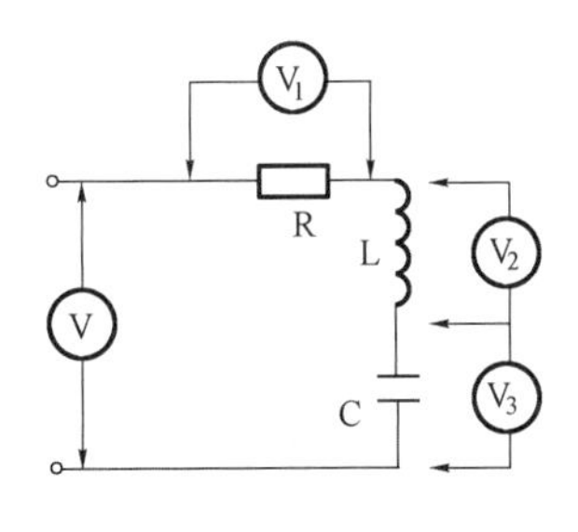

题 7-4-18 图

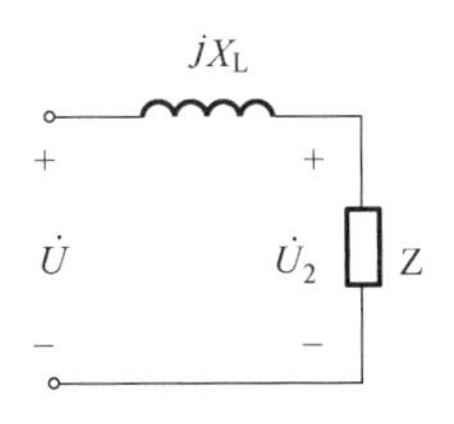

题 7-4-19 图

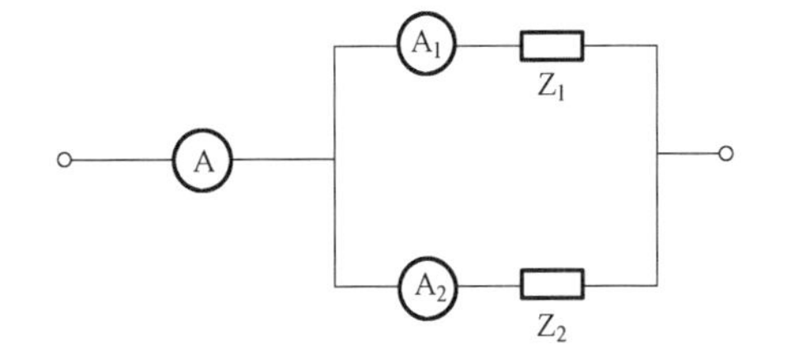

题 7-4-20 图

7-4-21 已知无源二端网络如图所示，输入电压和电流为：$u(t) = 220\sqrt{2}\sin(314t + 30°)\ (\text{V})$，$i(t) = 4\sqrt{2}\sin(314t - 25°)\ (\text{A})$。则该网络消耗的电功率为：

A. 721W　　B. 880W　　C. 505W　　D. 850W

7-4-22 图示正弦交流电路中，已知$u = 100\sin(10t + 45°)(\text{V})$，$i_1 = i = 10\sin(10t + 45°)(\text{A})$，$i_2 = 20\sin(10t + 135°)(\text{A})$，元件 1、2、3 的等效参数值为：

A. $R = 5\Omega$，$L = 0.5\text{H}$，$C = 0.02\text{F}$　　B. $L = 0.5\text{H}$，$C = 0.02\text{F}$，$R = 20\Omega$

C. $R_1 = 10\Omega$，$L = 10\text{H}$，$C = 5\text{F}$　　D. $R = 10\Omega$，$C = 0.02\text{F}$，$L = 0.5\text{H}$

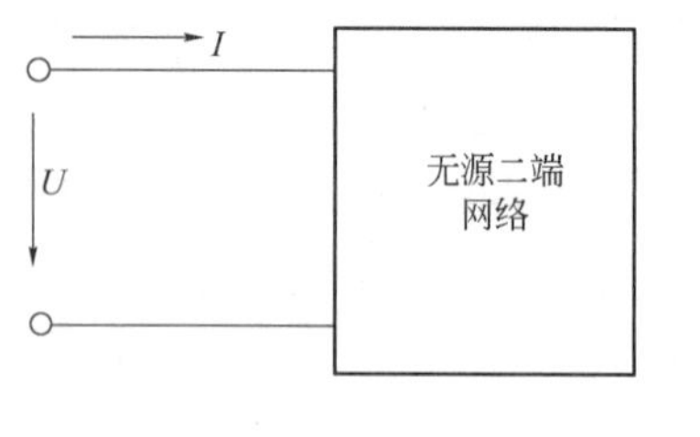

题 7-4-21 图

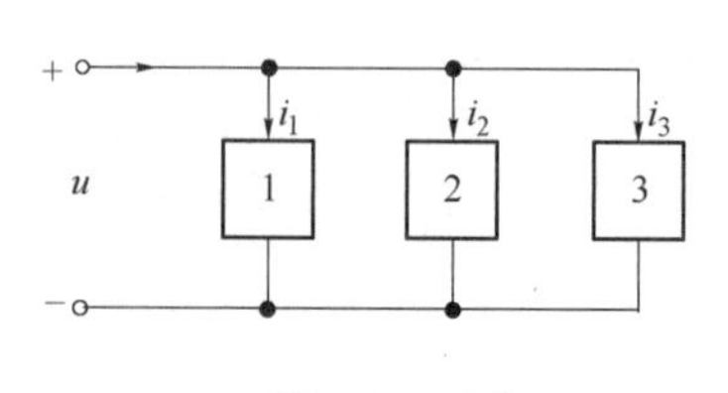

题 7-4-22 图

7-4-23 在如图 a）所示的电路中，已知$U_{1m}=100\sqrt{3}$V，$U_{2m}=100$V，给定$\dot{U}_1$，$\dot{U}_2$的相量图如图 b）所示，则$u(t)$为：

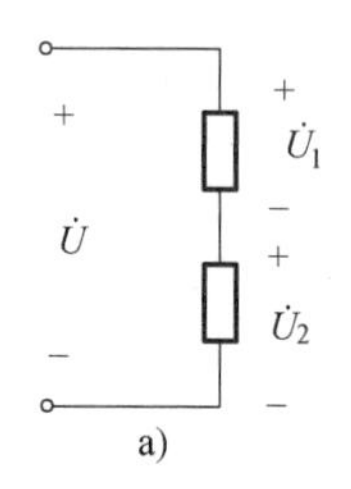

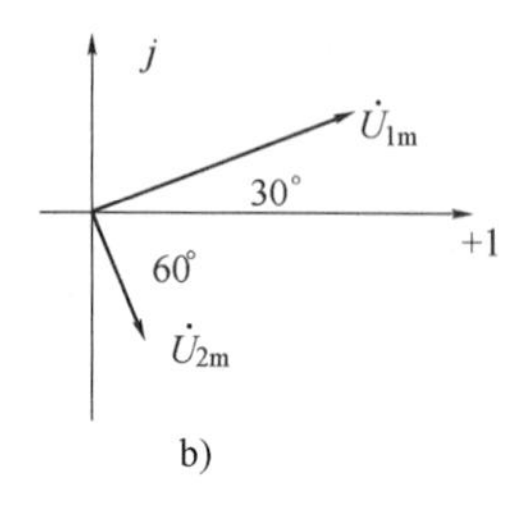

题 7-4-23 图

A. $200\sin(\omega t)$(V)　　B. $200\sqrt{2}\sin(\omega t)$(V)

C. $200\sqrt{2}\sin(\omega t-30°)$(V)　　D. $200\sqrt{2}\sin(\omega t+30°)$(V)

7-4-24 供电电路提高功率因数的目的在于：

A. 减少用电设备的有功功率

B. 减少用电设备的无功功率

C. 减少电源向用电设备提供的视在功率

D. 提高电源向用电设备提供的视在功率

7-4-25 某三相电路中，三个线电流分别为

$i_A=18\sin(314t+23°)$ (A)

$i_B=18\sin(314t-97°)$ (A)

$i_C=18\sin(314t+143°)$ (A)

当$t=10$s时，三个电流之和为：

A. 18A　　B. 0A　　C. $18\sqrt{2}$A　　D. $18\sqrt{3}$A

7-4-26 对称三相电压源作星形连接，每相电压有效值均为 220V，但其中 BY 相连反了，如图所示，则电压U_{AY}有效值等于：

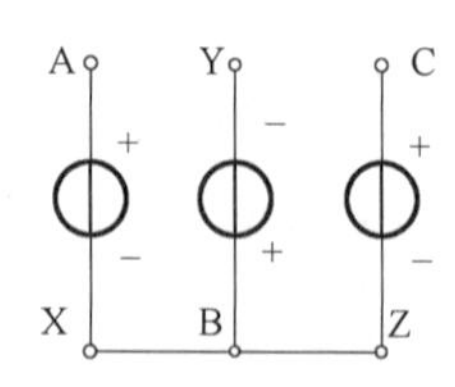

题 7-4-26 图

A. 220V　　B. 380V　　C. 127V　　D. 0

7-4-27 星形连接对称三相负载，每相电阻为 11Ω、电流为 20A，则三相负载的线电压为：

A. 20×11（V）　　B. $2\times20\times11$（V）

C. $\sqrt{2}\times20\times11$（V）　　D. $\sqrt{3}\times20\times11$（V）

7-4-28 图示 RLC 串联电路原处于感性状态，今保持频率不变欲调节可变电容使其进入谐振状态，则电容C值的变化应：

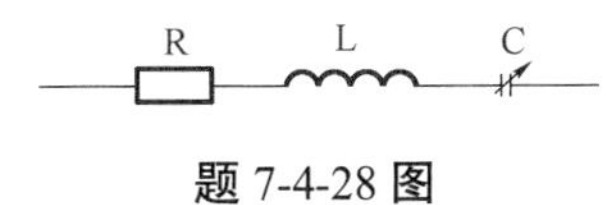

题 7-4-28 图

A. 必须增大　　　　B. 必须减小

C. 不能预知其增减　　　　D. 先增大后减小

7-4-29 将一个直流电源通过电阻R接在电感线圈两端，如图所示。如果$U = 10\text{V}$，$I = 1\text{A}$，那么，将直流电源换成交流电源后，该电路的等效模型为：

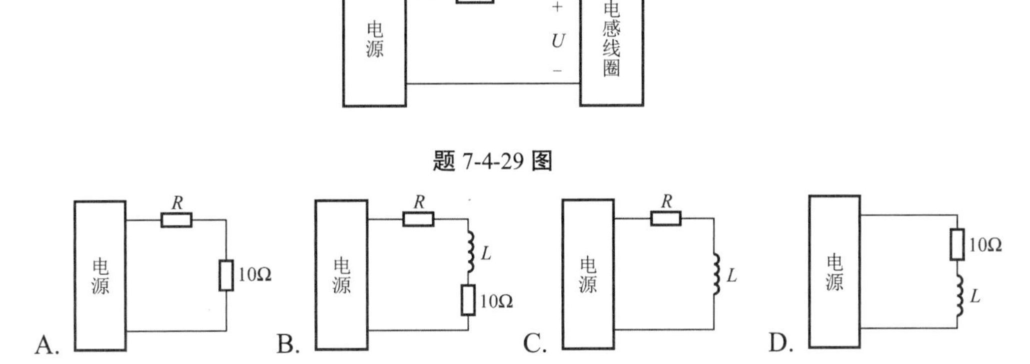

题 7-4-29 图

7-4-30 今拟用电阻丝制作一个三相电炉，功率为 20kW，电源线电压为 380V。若三相电阻接成对称星形，则每相电阻等于：

A. 12.5Ω　　B. 7.22Ω　　C. 17.52Ω　　D. 4.18Ω

7-4-31 在三相对称电路中，负载每相的复阻抗为Z，且电源电压保持不变。若负载接成 Y 形时消耗的有功功率为P_Y，接成△形时消耗的功率为$P_\triangle$，则两种连接法的有功功率关系为：

A. $P_\triangle = 3P_Y$　　　　B. $P_\triangle = 1/3P_Y$

C. $P_\triangle = P_Y$　　　　D. $P_\triangle = 1/2P_Y$

7-4-32 图示为刀闸、熔断器与电源的三种连接方法，其中正确的接法是下列哪个图所示？

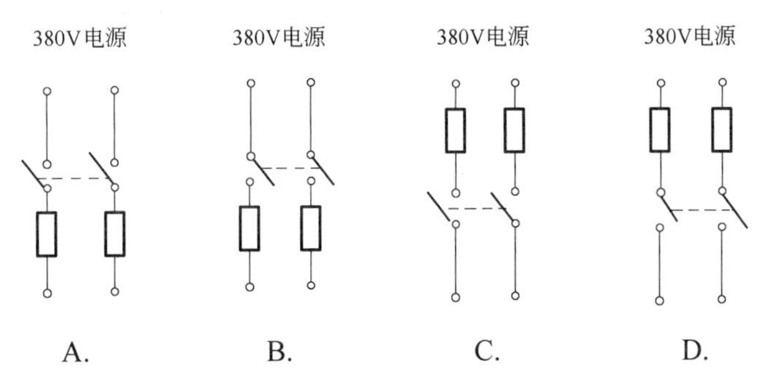

7-4-33 中性点接地的三相五线制电路中，所有单相电气设备电源插座的正确接线是图中的哪个图示接线？

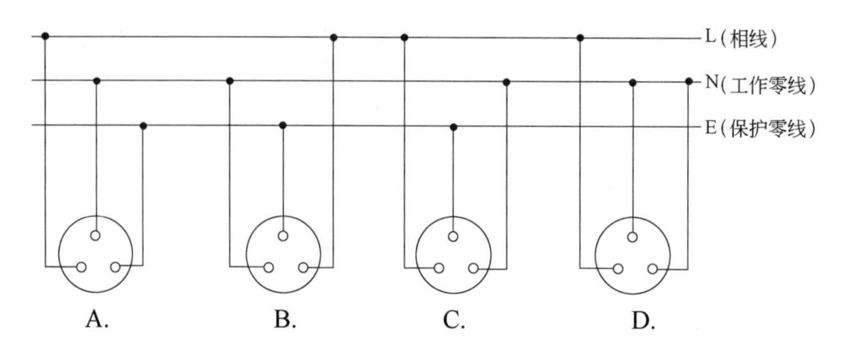

7-4-34 在图示的三相四线制低压供电系统中，如果电动机M_1采用保护接中线，电动机M_2采用保护接地。当电动机M_2的一相绕组的绝缘破坏导致外壳带电，则电动机M_1的外壳与地的电位应：

A. 相等或不等　　　　B. 不相等

C. 不能确定　　　　D. 相等

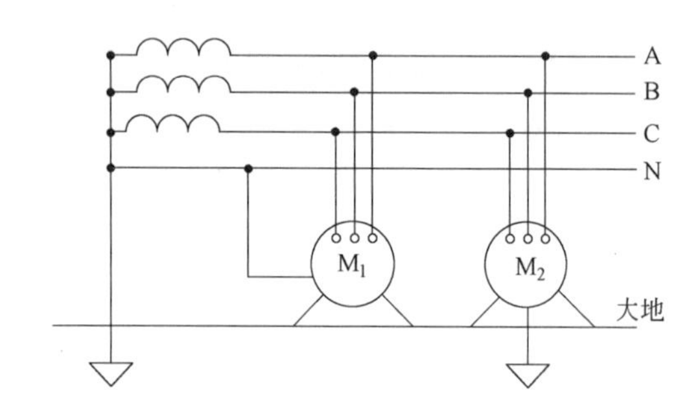

题 7-4-34 图

7-4-35 一台三相电动机运行于中性点接地的低压电力系统中，操作员碰及外壳导致意外触电事故。事故原因是：

A. 输入电机的两相电源线短路，导致机壳带电

B. 输入电机的某相电源线碰壳，而电机未采取过载保护

C. 电机某相绝缘损坏碰壳，而电机未采取接地保护

D. 电机某相绝缘损坏碰壳，而电机未采取接零保护

题解及参考答案

7-4-1　解： 根据电源电压可知，激励的角频率$\omega = 314\text{rad/s}$。三个阻抗串联，等效阻抗为：

$$Z = R + j\omega L + \frac{1}{j\omega C} = 100 + j314 \times 1 - j\frac{1}{314 \times 10 \times 10^{-6}} = 100 - j4.47(\Omega)$$

等效阻抗的模为：$|Z| = \sqrt{100^2 + (-4.47)^2} = 100.10\Omega$。

答案： D

7-4-2　解： 从图形判断这是一个高通滤波器的频率特性图。它反映了电路的输出电压和输入电压对于不同频率信号的响应关系，利用高通滤波器的传递函数分析如下。

高通滤波器的传递函数为：

$$H(j\omega) = \frac{j\omega/\omega_c}{1 + j\omega/\omega_c}$$

$\omega_c = 2\pi f_c$，f_c为截止频率，取 10kHz，代入公式可得：

$$H(j\omega) = \frac{j\omega/(20 \times 10^3\pi)}{1 + j\omega/(20 \times 10^3\pi)}$$

答案： B

7-4-3　解： 对正弦交流电路的三要素在函数式和波形图表达式的关系分析可知：

$$U_m = 155.56\text{V};\ \psi_u = -90°;\ \omega = 2\pi/T = 314\text{rad/s}$$

答案： B

7-4-4　解： 在正弦交流电路中，分电压与总电压的大小符合相量关系，电感电压超前电流 90°，电容电流落后电流 90°。

式 2 应该为：$u_X = u_L + u_C$

式 3：通过比较U_X与U_L、U_C的大小，也不能判断

式 4 应该为：$U^2 = U_R^2 + (U_L - U_C)^2$。

答案： A

7-4-5　解： 根据题意可画出三相电路图（见解图），它是一个三角形接法的对称电路，各线电线I_A、I_B、I_C相同，即

$I_A = I_B = I_C = I_{线} = \sqrt{3}I_{相}$

$I_{相} = \frac{U_{相}}{R} = \frac{220}{100} = 2.2\text{A}$

$I_{线} = \sqrt{3} \times 2.2 = 3.8\text{A}$

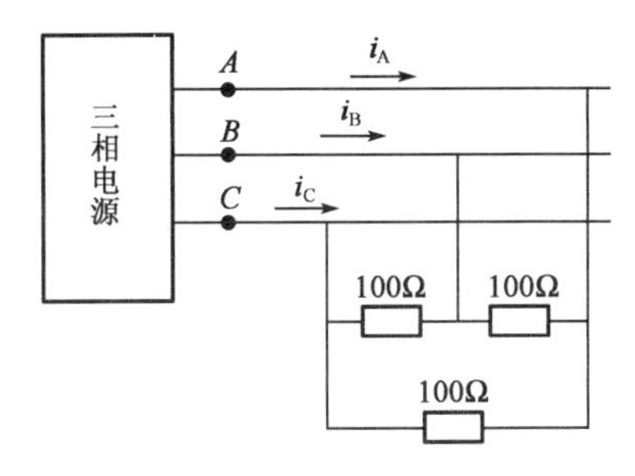

题 7-4-5 解图

答案： B

7-4-6　解： 该电路等效为 RL 串联电路，外加直流电源时感抗为 0，可以计算电阻R值为：

$$R = \frac{U^2}{P} = \frac{100^2}{100} = 100\Omega$$

由$\cos\varphi = 0.4$，得$\varphi = \arccos 0.4 = 66.42°$，电路中电阻和感抗数值可以用三角形说明。$\tan\varphi = \frac{X_L}{R}$。则$X_L = R\tan\varphi = 100\tan 66.42° = 229\Omega$。

答案： B

7-4-7　解： 交流电路中如果有储能元件 L、C 同时存在，且总电压与电流同相，则称“谐振”。RLC 串联电路谐振条件$X_L = X_C$，且$\begin{cases} X_L = \omega L \\ X_C = 1/(\omega C) \end{cases}$，可知选项 C 正确。

答案： C

7-4-8　解： 用复数符号法分析。

$$\dot{U}_L = \frac{j\omega L}{R + j\omega L}\dot{U}_i = |U_L|\angle\psi_L$$

$$\psi_L = 90° - \arctan\frac{\omega L}{R} + \varphi$$

答案： B

7-4-9　解： 由图观察交流电的三要素。

最大值：$U_m = 10\text{V}$，有效值$U = 10/\sqrt{2} = 7.07\text{V}$

初相位：$\psi = \frac{5}{20} \times 360° = 90°$

角频率：$\omega = 2\pi f = 2\pi\frac{1}{T} = \frac{2\pi}{20\times10^{-3}} = 314\text{rad/s}$，符合题意。

答案： B

7-4-10 解： 该题可以用复数符号法分析，画出电路的相量模型如解图所示，计算如下：

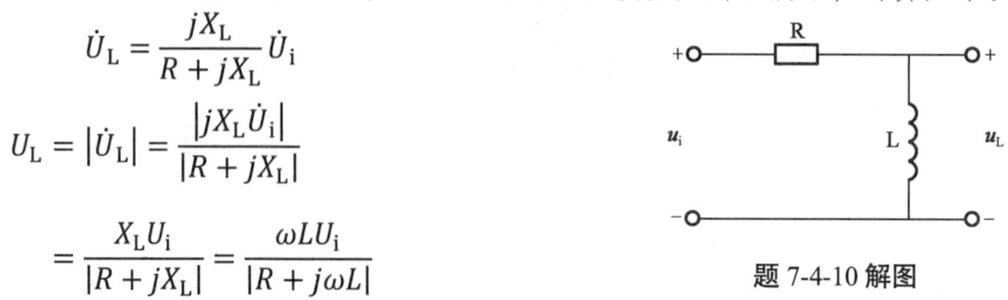

$$\dot{U}_L = \frac{jX_L}{R + jX_L}\dot{U}_i$$

$$U_L = |\dot{U}_L| = \frac{|jX_L\dot{U}_i|}{|R + jX_L|}$$

$$= \frac{X_L U_i}{|R + jX_L|} = \frac{\omega L U_i}{|R + j\omega L|}$$

题 7-4-10 解图

答案： C

7-4-11 解： 首先画出该电路的相量模型如解图 a）所示，然后画相量图分析（见解图 b），可见，由于电参数未定，各相量之间的关系不定。

注意此题可以用“排除法”完成，分析会简单些。

答案： D

7-4-12 解： 对于正弦量，最大值I_m是有效值I的$\sqrt{2}$倍，周期T与角频率ω的关系是$\omega = 2\pi/T$。因此，$I = I_m/\sqrt{2} = \frac{0.1}{\sqrt{2}} = 70.7\text{mA}$，$T = 2\pi/\omega = \frac{2\pi}{1000} = 6.28\text{ms}$。

答案： B

7-4-13 解： 画相量图分析（见解图），电压表和电流表读数为有效值。

答案： D

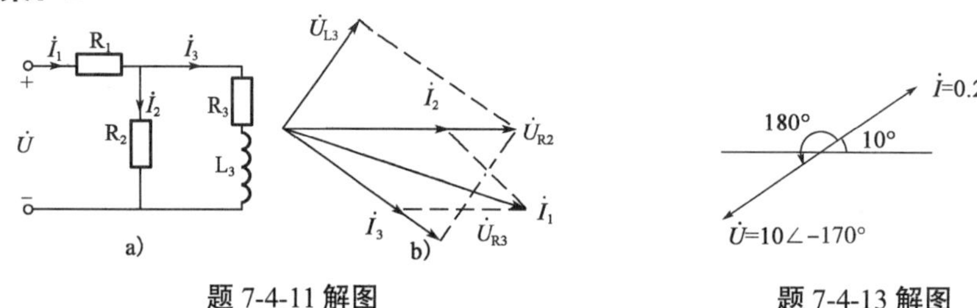

题 7-4-11 解图　　　　题 7-4-13 解图

7-4-14 解： 交流电路中有功功率的计算公式：

$$P = UI\cos\varphi = \frac{141}{\sqrt{2}} \times \frac{14.1}{\sqrt{2}}\cos[-30° - (-60°)]$$

$$= 100 \times 10 \times \cos 30° = 866\text{W}$$

答案： B

7-4-15 解： 正弦交流电压的瞬时值表达式：$u(t) = U_m \sin(\omega t + \varphi_u)\,\text{V}$。其中，$U_m$为最大值；$\omega$为角频率；$\varphi_u$为电压初相位。

由题意：

$$U_m = 220 \times \sqrt{2} = 311\text{V}$$

$$\omega = \frac{2\pi}{T} = \frac{2\pi}{10 \times 10^{-3}} = 200\pi\ \text{rad/s},\ \varphi_u = 180°$$

$$u = 311\sin(200\pi t + 180°) = -311\sin(200\pi t)\ (\text{V})$$

答案： B

7-4-16 解： 注意交流电路中电感元件感抗大小与电源频率成正比，$X_L = \omega L$；电容元件的容抗与电源的频率成反比，$X_C = \frac{1}{\omega C}$。当电源频率提高时，感抗增加，容抗减小。$X_C > X$电路显示容抗性质。

答案： B

7-4-17　解： 该电路中，$\dot{I}=\dot{I}_{\mathrm{C}}+\dot{I}_{\mathrm{RL}}$，$\dot{U}=\dot{U}_{\mathrm{R}}+\dot{U}_{\mathrm{L}}$。画如图所示相量图。

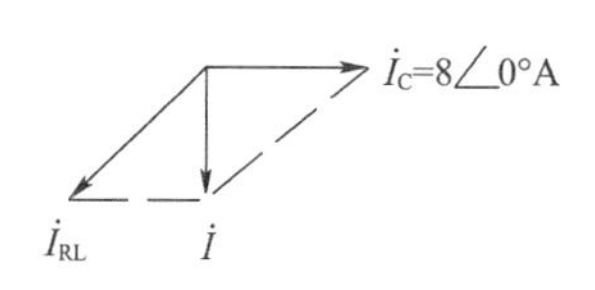

题 7-4-17 解图

答案： B

7-4-18　解： 在 RLC 串联电流中施加正弦交流电压时，各元件上电压有效值的关系为：$U^2=U_{\mathrm{R}}^2+(U_{\mathrm{L}}-U_{\mathrm{C}})^2=V_1^2+(V_2-V_3)^2$，求解$V_3=11\mathrm{V}$。

答案： D

7-4-19　解： 在串联交流电路中，各元件的电流相等，由：

$$\frac{U}{U_2}=\frac{|Z+jX_{\mathrm{L}}|}{|Z|}=\frac{\sqrt{40^2+(30+10)^2}}{50}$$

知$U=226\mathrm{V}$。

答案： B

7-4-20　解： 利用交流电流的节点电流关系判断：$\dot{I}_{\mathrm{A}}=\dot{I}_{\mathrm{A1}}+\dot{I}_{\mathrm{A2}}$。

答案： B

7-4-21　解： 电路消耗的功率为$P=UI\cos\varphi$。其中，$\cos\varphi$为电路的功率因数，$\varphi=\varphi_{\mathrm{u}}-\varphi_{\mathrm{i}}$。

答案： C

7-4-22　解： 由电压电流的相位关系可知，该电路为纯电阻性电路，2、3 两部分电路处于谐振状态。因为$\omega L=\frac{1}{\omega C}$，$\omega=\frac{1}{\sqrt{LC}}=10$，所以$L\cdot C=0.01$，且$R=\frac{U}{I}=\frac{100}{10}=10\Omega$。

答案： D

7-4-23　解： 利用串联电路电压的复数关系$\dot{U}=\dot{U}_1+\dot{U}_2$，然后将结果改写为瞬时电压表达式。

答案： A

7-4-24　解： 负载的功率因素由负载的性质决定，通常电网电压不变，电源向用电设备提供的有功功率为$P=UI\cos\varphi$，$\cos\varphi$提高后供电电流减少，从而电源的视在功率（$S=UI$）减少。

答案： C

7-4-25　解： 对称三相交流电路中，任何时刻三相电流之和为零。

答案： B

7-4-26　解： 本题中 BY 相电源首尾线接错（应是 B、Y 点对调），使得 B 相电源反相 180°。电源U_{AY}有效值计算过程如下：根据相量图，$U_{\mathrm{AY}}=\left|\dot{U}_{\mathrm{AX}}+\dot{U}_{\mathrm{BY}}\right|=220\mathrm{V}$。

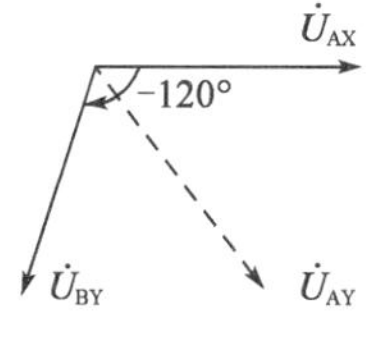

题 7-4-26 解图

答案： A

7-4-27　解： 三相星形连接的对称负载电压关系是$U_{线}=\sqrt{3}U_{相}$，由给定条件可知每相负载电压$U_{相}=11\times 20=220(\mathrm{V})$，则三相负载的线电压$U_{线}=\sqrt{3}U_{相}=\sqrt{3}\times 11\times 20\mathrm{V}$。

答案： D

7-4-28　解： RLC 串联电路阻抗$Z=R+j\left(\omega L-\frac{1}{wC}\right)=|Z|\angle\varphi$，则$\varphi=\arctan\left(\frac{\omega L-\frac{1}{\omega C}}{R}\right)$，其中$-90°<\varphi<90°$。

感性电路：$0°<\varphi<90°$，即$\omega L>\frac{1}{\omega C}$；谐振电路：$\varphi=0°$，即$\omega L=\frac{1}{\omega C}$

只有电容C减小时才可以满足电路的谐振条件。

答案： B

7-4-29　解： 通常电感线圈的等效电路是 R-L 串联电路。当线圈通入直流电时，电感线圈的感应电压为 0，可以计算线圈电阻为$R'=\frac{U}{I}=\frac{10}{1}=10\Omega$。在交流电源作用下线圈的感应电压不为 0，要考虑线圈中感应电压的影响必须将电感线圈等效为 R-L 串联电路。因此，该电路的等效模型为：10Ω 电阻与电感 L 串联后再与传输线电阻 R 串联。

答案： B

7-4-30 **解：** 三相电炉电路的功率计算公式为$P=\frac{3U_{相}^2}{R_{相}}$，其中$U_{相}=\frac{U_{线}}{\sqrt{3}}=220\text{V}$，则$R_{相}=\frac{3U_{相}^2}{P}=7.22\Omega$。

答案： B

7-4-31 **解：** 三相对称电路中电源的线、相电压关系是$U_{线}=\sqrt{3}U_{相}$，每一相负载消耗的功率分别是P'_{Δ}、P'_{Y}。其中，$P'_{\Delta}=\frac{U_{线}^2}{R}$，$P'_{\text{Y}}=\frac{U_{相}^2}{R}=\frac{\left(U_{线}/\sqrt{3}\right)^2}{R}$。则有$\frac{P_{\Delta}}{P_{\text{Y}}}=3$。

答案： A

7-4-32 **解：** 从用电安全的规范考虑，刀闸的刀柄和保险丝均应连接在负载方。

答案： A

7-4-33 **解：** 解答此题应首先了解设备插头的规范（见解图），其中 L 为电源火线，N 为电源中线。

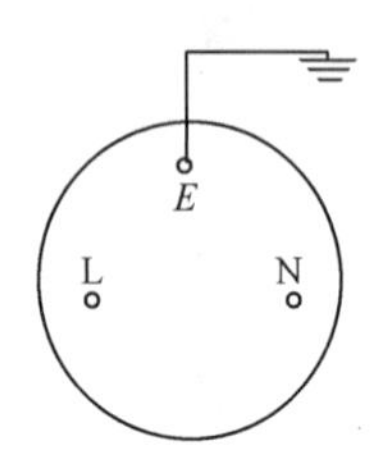

题 7-4-33 解图

答案： B

7-4-34 **解：** 将事故状态下的实际电路整理为简单电路模型，电动机的机壳电位是电源的中点电位，接地电阻大约是 4Ω。

答案： B

7-4-35 **解：** 中性点接地的低压电力系统中，负载应采用接地保护。

答案： C

（五）电路的暂态过程

7-5-1 如图 a）所示电路的激励电压如图 b）所示，那么，从$t=0$时刻开始，电路出现暂态过程的次数和在换路时刻发生突变的量分别是：

A. 3 次，电感电压　　　　B. 4 次，电感电压和电容电流

C. 3 次，电容电流　　　　D. 4 次，电阻电压和电感电压

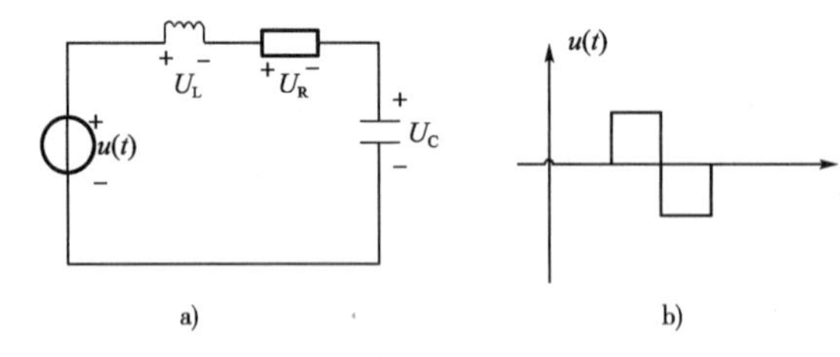

题 7-5-1 图

7-5-2 已知电路如图所示，设开关在$t=0$时刻断开，那么：

A. 电流i_C从 0 逐渐增长，再逐渐衰减为 0

B. 电压从 3V 逐渐衰减到 2V

C. 电压从 2V 逐渐增长到 3V

D. 时间常数$\tau=4C$

7-5-3 图示电路中，电容的初始能量为 0，设开关S在$t=0$时刻闭合，此后电路将发生过渡过程，

那么，决定该过渡过程的时间常数τ为：

A. $\tau=(R_1+R_2)C$

B. $\tau=(R_1/\!/R_2)C$ 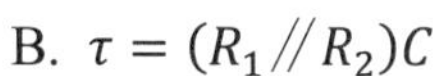

C. $\tau=R_2C$

D. 与电路的外加激励U_i有关

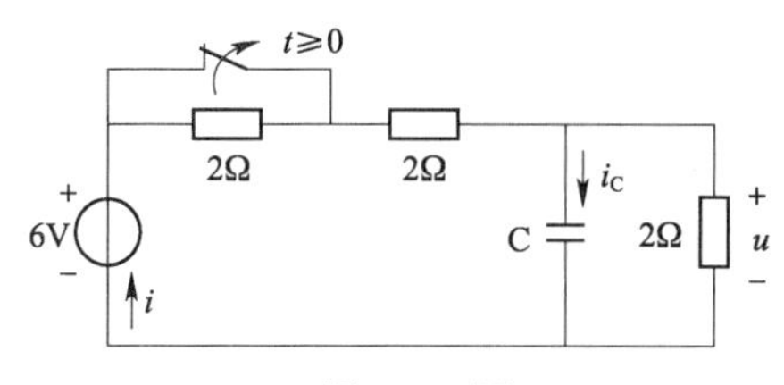

题 7-5-2 图

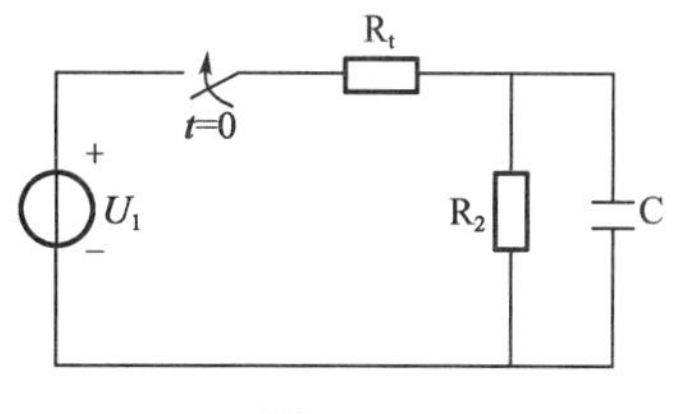

题 7-5-3 图

7-5-4　如图所示电路中，$R=1\mathrm{k\Omega}$，$C=1\mathrm{\mu F}$，$U_1=1\mathrm{V}$，电容无初始储能，如果开关 S 在$t=0$时刻闭合，则给出输出电压波形的是：

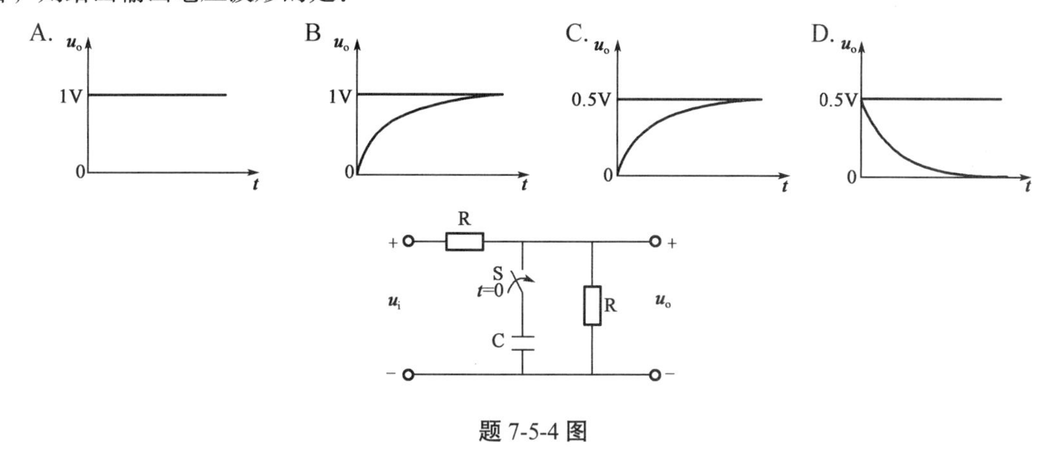

题 7-5-4 图

7-5-5　图 a）所示电路中，$R_1=500\Omega$，$R_2=500\Omega$，$L=1\mathrm{H}$，电路激励u_i如图 b）所示，如果用三要素法求解电压u_o，$t\geqslant0$，则：

A. $u_{\mathrm{o}(1+)}=u_{\mathrm{o}(1-)}$

B. $u_{\mathrm{o}(1+)}=0.5\mathrm{V}$

C. $u_{\mathrm{o}(1+)}=0\mathrm{V}$

D. $u_{\mathrm{o}(1+)}=I_{\mathrm{L}(1-)}R_1$

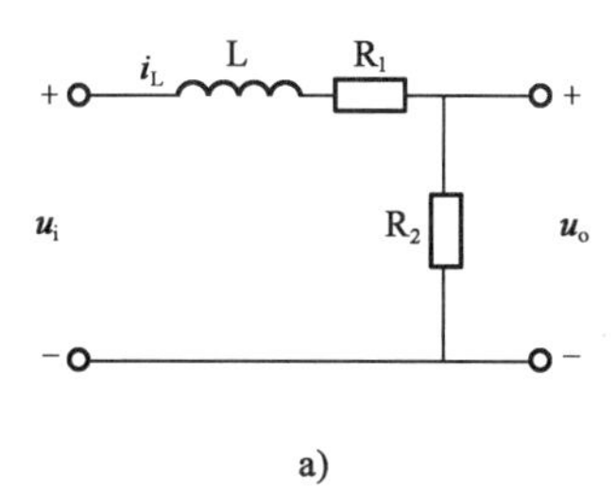

a)

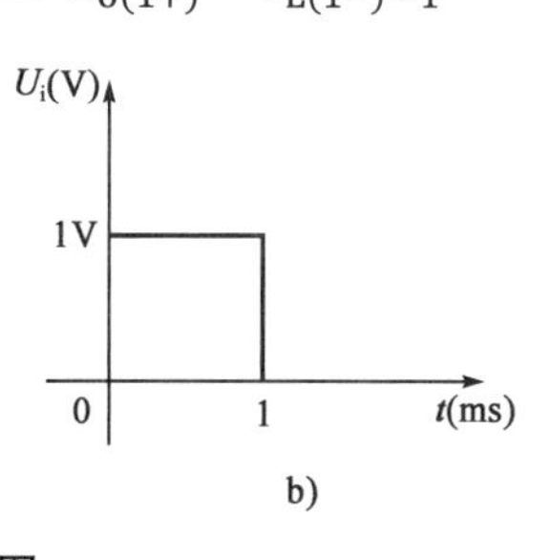

b)

题 7-5-5 图

7-5-6　图示电路中，换路前$U_{\mathrm{C}(0-)}=0.2U_\mathrm{i}$，$U_{\mathrm{R}(0-)}=0$，电路换路后$U_{\mathrm{C}(0+)}$和$U_{\mathrm{R}(0+)}$分别为：

A. $U_{\mathrm{C}(0+)}=0.2U_\mathrm{i}$，$U_{\mathrm{R}(0+)}=0$

B. $U_{\mathrm{C}(0+)}=02U_\mathrm{i}$，$U_{\mathrm{R}(0+)}=0.2U_\mathrm{i}$

C. $U_{\mathrm{C}(0-)}=0.2U_\mathrm{i}$，$U_{\mathrm{R}(0+)}=0.8U_\mathrm{i}$

D. $U_{\mathrm{C}(0+)}=0.2U_1$，$U_{\mathrm{R}(0+)}=U_\mathrm{i}$

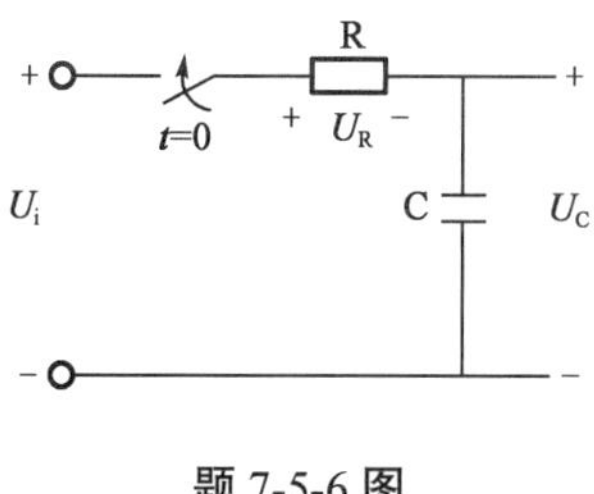

题 7-5-6 图

7-5-7　电路如图 a）所示，$i_\mathrm{L}(t)$的波形为图 b）中的哪个图所示？

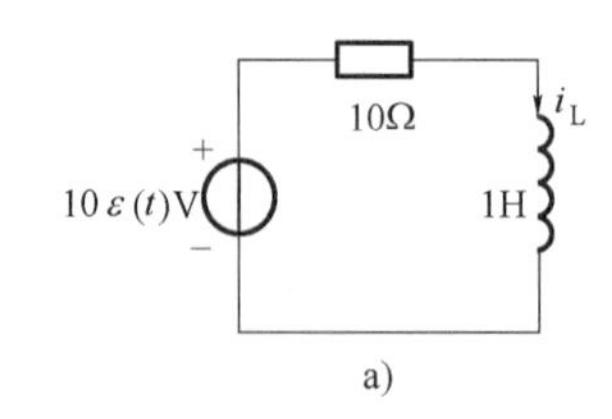

a)

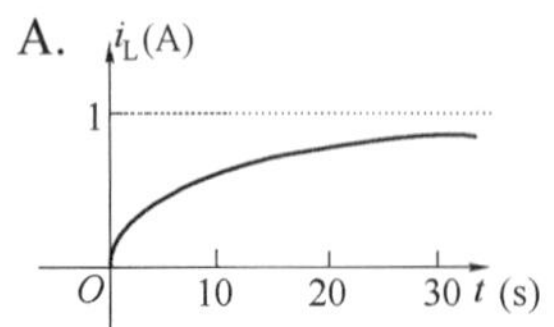

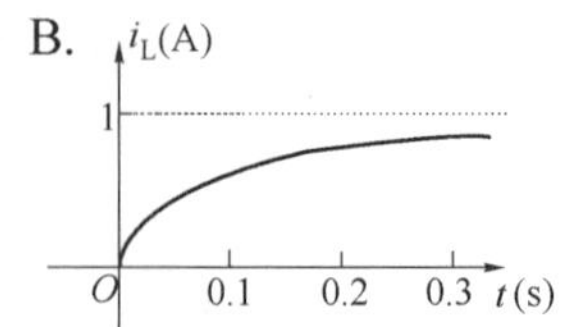

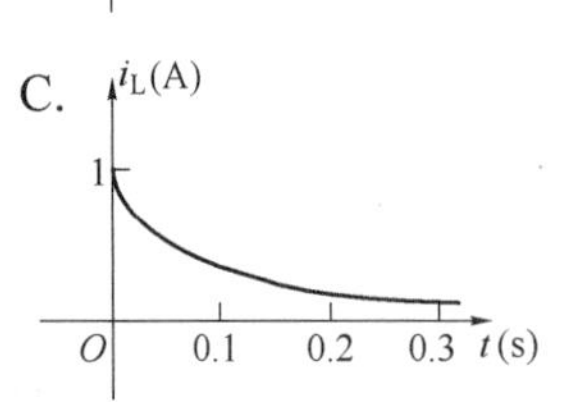

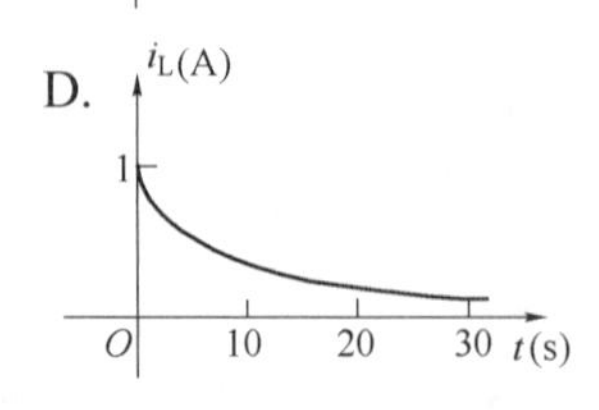

b)

题 7-5-7 图

7-5-8 在开关 S 闭合瞬间，图示电路中的i_R、i_L、i_C和i这四个量中，发生跃变的量是：

A. i_R和i_C　　B. i_C和i　　C. i_C和i_L　　D. i_R和i

7-5-9 电路如图所示，则电路的时间常数为：

A. $\frac{5}{16}$s　　B. $\frac{1}{3}$s　　C. 3s　　D. 2s

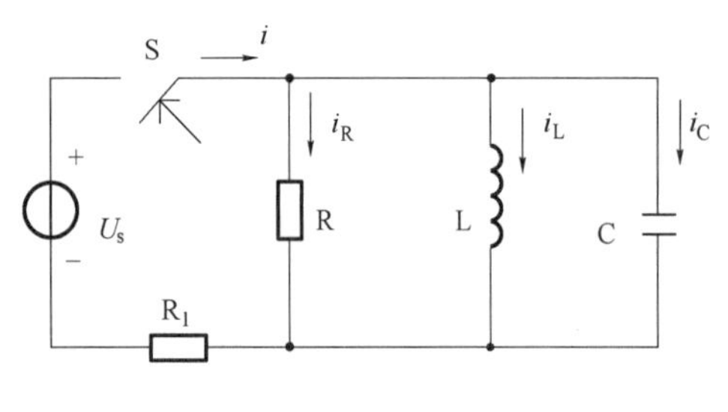

题 7-5-8 图

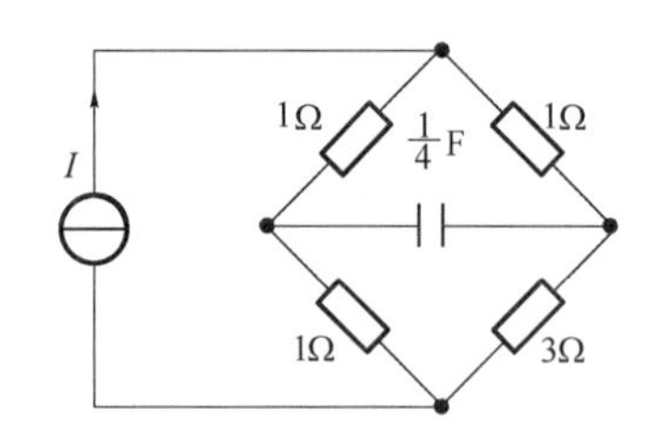

题 7-5-9 图

7-5-10 电路如图所示，电容初始电压为零，开关在$t = 0$时闭合，则$t \geqslant 0$时$u(t)$为：

A. $(1 - e^{-0.5t})$V　　B. $(1 + e^{-0.5t})$V

C. $(1 - e^{-2t})$V　　D. $(1 + e^{-2t})$V

7-5-11 图示电路在$t = 0$时开关闭合，$t \geqslant 0$时$u_C(t)$为：

A. $-100(1 - e^{-100t})$V　　B. $(-50 + 50e^{-50t})$V

C. $-100e^{-100t}$V　　D. $-50(1 - e^{-100t})$V

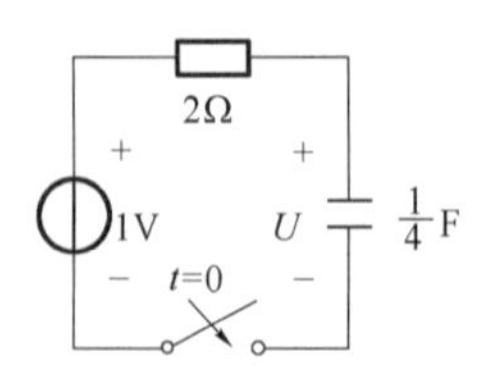

题 7-5-10 图

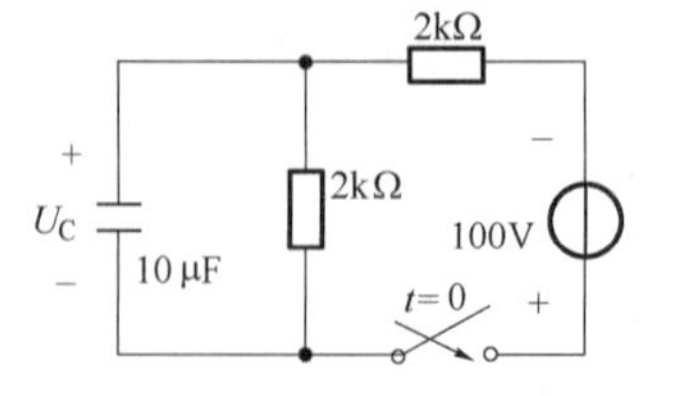

题 7-5-11 图

7-5-12 图示电路在开关 S 闭合后的时间常数τ值为：

A. 0.1s　　B. 0.2s　　C. 0.3s　　D. 0.5s

7-5-13 图示电路当开关 S 在位置“1”时已达稳定状态。在$t = 0$时刻将开关 S 瞬间合到位置“2”，则在$t > 0$后电流i_C应：

A. 与图示方向相同且逐渐增大　　B. 与图示方向相反且逐渐衰减到零

C. 与图示方向相同且逐渐减少　　D. 与图示方向相同且逐渐衰减到零

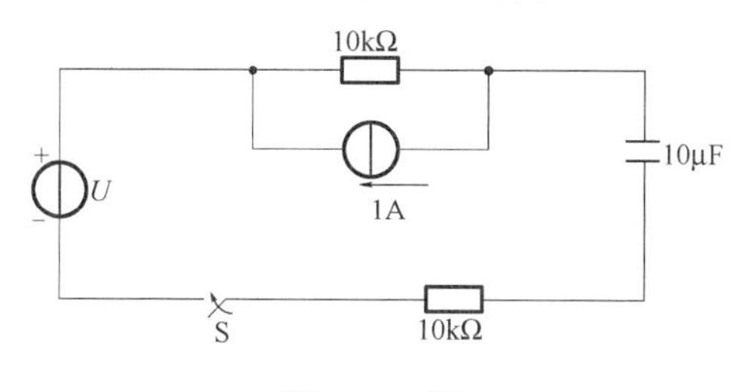

题 7-5-12 图

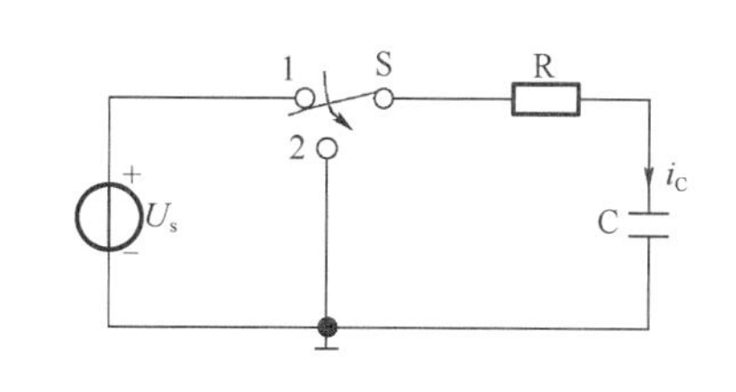

题 7-5-13 图

7-5-14 电路如图所示，当$t = 0$时开关 S 闭合，开关 S 闭合前电路已处于稳态，电流$i(t)$在$t \geqslant 0$以后的变化规律是：

A. $4.5 - 0.5e^{-6.7t}$(A)

B. $4.5 - 4.5e^{-6.7t}$(A)

C. $3 + 0.5e^{-6.7t}$(A)

D. $4.5 - 0.5e^{-5t}$(A)

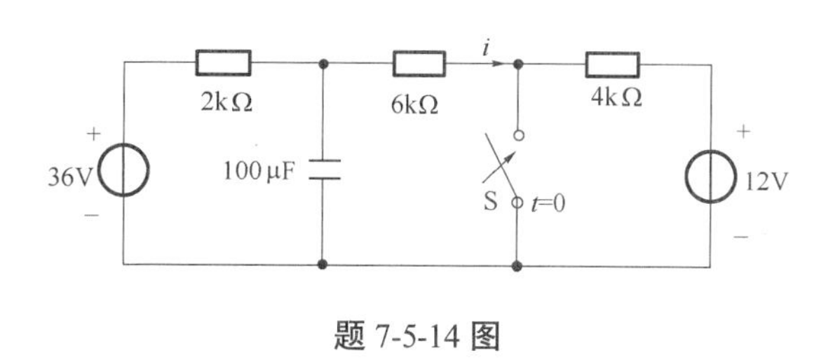

题 7-5-14 图

题解及参考答案

7-5-1　解： 在有储能原件存在的电路中，电感电流和电容电压不能跃变。本电路的输入电压发生了三次跃变。在图示的 RLC 串联电路中，因为电感电流不改变，电阻的电流、电压和电容的电流不会发生跃变。

答案： A

7-5-2　解： 开关未动作前，$u = U_{C(0-)}$

在直流稳态电路中，电容为开路状态时，

$$U_{C(0-)} = \frac{1}{2} \times 6 = 3V$$

电源充电进入新的稳压时，

$$U_{C(\infty)} = \frac{1}{3} \times 6 = 2V$$

因此换路电容电压逐步衰减到 2V。

题 7-5-2 解图

答案： B

7-5-3　解： RC 一阶电路的时间常数为：$\tau = R \cdot C$，$R = R_1 /\!/ R_2$，$\tau = (R_1 /\!/ R_2) \cdot C$。

答案： B

7-5-4　解： 电容无初始储能，即$U_{C(0-)} = 0$。由换路定则可知

$$U_{C(0+)} = U_{C(0-)} = 0V$$

开关闭合后，经过一定时间，电路重新进入稳态，电容开路

$$U_o = U_{C(\infty)} = U_i \frac{R}{R + R} = \frac{1}{2} U_i = 0.5V$$

根据初始值$U_{C(0+)}$和稳态值$U_{C(\infty)}$，即可判断。

答案： C

7-5-5 解： 根据$u_o = R_2 i_L$，我们用一阶暂态电路的三要素公式先来分析电感电流$i_{L(t)}$的关系。

$$i_{L(t)} = I_{L(\infty)} + \left[I_{L(t_0^+)} - I_{L(\infty)}\right] e^{-\frac{1}{\tau}}$$

当$0 < t < 1\text{ms}$时

$$I_{L(0_+)} = I_{L(0_-)} = \frac{0}{R_1 + R_2} = 0\text{A}$$

$$I_{L(\infty)} = \frac{1}{2 \times 500} = 0.001\text{A}$$

$$\tau = \frac{L}{R_1 + R_2} = \frac{1}{500 + 500} = 1\text{ms}$$

$$i_{L(\tau)} = 0.001 - 0.001 \times e^{-1000t} \qquad (0 \leqslant t < 1)$$

$$U_{o(1+)} = I_{L(1+)} \times R_2 = (0.001 - 0.001e^{-1000}) \times 500 = 0.316\text{V}$$

所以选项B、C、D错误。

$$U_{o(1+)} = I_{L(1+)} R_2 = I_{L(1-)} R_2 = U_{o(1-)}$$

答案： A

7-5-6 解： 根据换路定则

$$U_{C(0+)} = U_{C(0-)} = 0.2U_1$$

$$U_{R(0+)} = U_i - U_{C(0+)} = 0.8U_1$$

答案： C

7-5-7 解： 电路为RL一阶暂态电路，电感电流$i_L(t)$可用下述公式计算：

$i_L(t) = I_{L(\infty)} + \left(I_{L(0+)} - I_{L(\infty)}\right)e^{-t/\tau}$，其中，$I_{L(0+)} = I_{L(0-)} = 0\text{A}$，$I_{L(\infty)} = 1\text{A}$，$\tau = \frac{L}{R} = 0.1\text{s}$。因此，$i_L(t) = 1 - e^{-10t}(\text{A})$，绘制波形与选项B一致。

答案： B

7-5-8 解： 含有储能元件的电路，电容电压和电感电流受换路定则控制，不会发生跃变。其余各个电压、电流是否发生跃变由基尔霍夫定律决定，可能发生跃变，也可能不发生跃变。由u_c不跃变可知u_R、i_R不跃变，且i_L不跃变。

答案： B

7-5-9 解： R-C电路暂态分析的时间常数公式为$\tau = RC$。计算等效电阻R时，应先取消独立电流源的作用（断开），然后分析电路C两端点间的并联电阻。电阻$R = (1+1)/\!/(1+3) = \frac{4}{3}\Omega$，则$\tau = \frac{4}{3} \times \frac{1}{4} = \frac{1}{3}\text{s}$。

答案： B

7-5-10 解： 该电路为线性一阶电路，电压依据下述公式计算：$u(t) = U_{(\infty)} + \left(U_{(0+)} - U_{(\infty)}\right)e^{-t/\tau}$，其中，$U_{(0+)} = U_{(0-)} = 0\text{V}$，$U_{(\infty)} = 1\text{V}$，$\tau = RC = 0.5\text{s}$。因此，$u(t) = 1 - e^{-2t}(\text{V})$。

答案： C

7-5-11 解： 与上题分析方法类似，$u_C(t) = U_{C(\infty)} + \left(U_{C(0+)} - U_{C(\infty)}\right)e^{-t/\tau}$，其中，$U_{C(0+)} = U_{C(0-)} = 0\text{V}$，$U_{C(\infty)} = -100 \times \frac{1}{2+2} = -50\text{V}$，$\tau = RC = 10 \times (2/\!/2) \times 10^{-6+3} = 10\text{ms}$。因此，$u_C(t) = -50(1 - e^{-100t})(\text{V})$。

答案： D

7-5-12 解： RC暂态电路时间常数公式$\tau = RC$，去掉独立电源后的电路模型如解图所示。$\tau = (10+10) \times 10 \times 10^{3-6} = 0.2\text{s}$。

答案：B

7-5-13　解：开关由1合到2的瞬间：$I_{C(0+)}=-\frac{U_{C(0+)}}{R}=-\frac{U_s}{R}$，开关继续在2位，达到稳态时：$I_{(\infty)}=0$电流的变化过程见解图。

答案：B

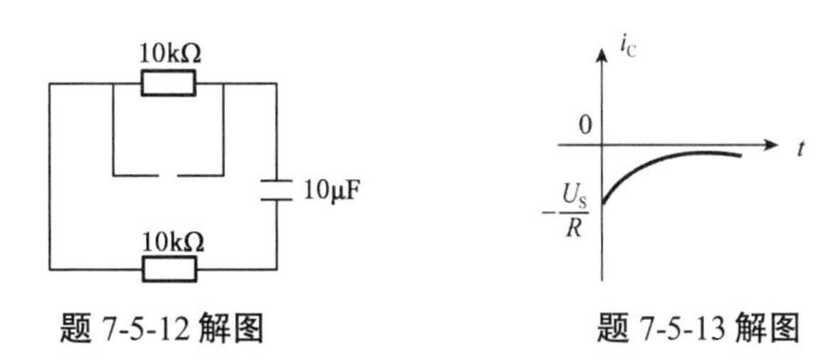

题7-5-12解图　　题7-5-13解图

7-5-14　解：利用一阶暂态电路公式计算：$I_{(t)}=I_{(\infty)}+\left[I_{(t0+)}-I_{(\infty)}\right]e^{-t/\tau}$。

答案：A

（六）变压器、电动机及继电接触控制

7-6-1　三相五线供电机制下，单相负载A的外壳引出线应：

A. 保护接地　B. 保护接中　C. 悬空　D. 保护接PE线

7-6-2　若希望实现三相异步电动机的向上向下平滑调速，则应采用：

A. 串转子电阻调速方案　B. 串定子电阻调速方案

C. 调频调速方案　D. 变磁极对数调速方案

7-6-3　为实现对电动机的过载保护，除了将热继电器的热元件串接在电动机的供电电路中外，还应将其：

A. 常开触点串接在控制电路中

B. 常闭触点串接在控制电路中

C. 常开触点串接在主电路中

D. 常闭触点串接在主电路中

7-6-4　在电动机的继电接触控制电路中，具有短路保护、过载保护、欠压保护和行程保护，其中，需要同时接在主电路和控制电路中的保护电器是：

A. 热继电器和行程开关　B. 熔断器和行程开关

C. 接触器和行程开关　D. 接触器和热继电器

7-6-5　在信号源（u_s，R_s）和电阻R_L之间插入一个理想变压器，如图所示，若电压表和电流表的读数分别为100V和2A，则信号源供出电流的有效值为：

A. 0.4A　B. 10A

C. 0.28A　D. 7.07A

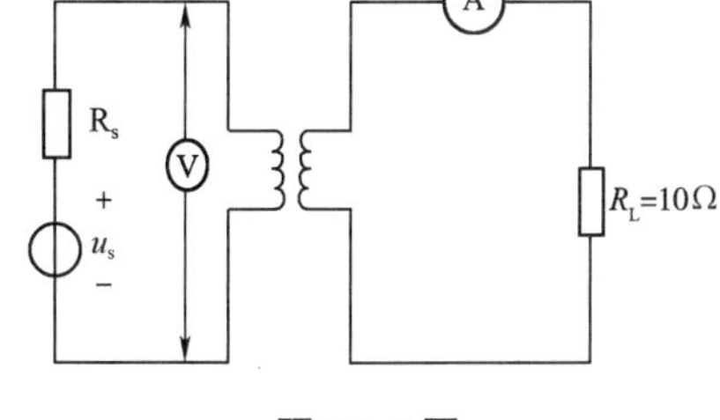

题7-6-5图

7-6-6　三相异步电动机的工作效率与功率因数随负载的变化规律是：

A. 空载时，工作效率为0，负载越大功率越高

B. 空载时，功率因数较小，接近满负荷时达到最大值

C. 功率因数与电动机的结构和参数有关，与负载无关

D. 负载越大，功率因数越大

7-6-7 实际变压器工作时：

A. 存在铁损，不存在铜损　　B. 存在铜损，不存在铁损

C. 铁损、铜损均存在　　D. 铁损、铜损均不存在

7-6-8 在电动机的断电接触控制电路中，实现零压保护的电器是：

A. 停止按钮　　B. 热继电器

C. 时间继电器　　D. 交流接触器

7-6-9 设图示变压器为理想器件，且$R_{\mathrm{L}} = 4\Omega$，$R_1 = 100\Omega$，$N_1 = 200$匝，若希望在R_{L}上获得最大功率，则使N_2为：

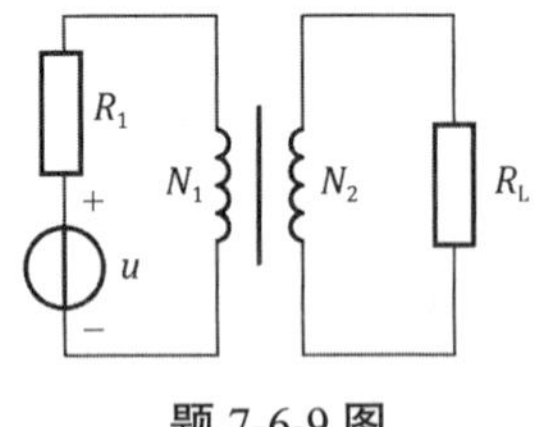

题 7-6-9 图

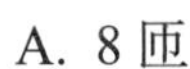

A. 8 匝

B. 2 匝

C. 40 匝

D. 1000 匝

7-6-10 图示变压器为理想变压器，且$N_1 = 100$匝，若希望$I_1 = 1$A时，$P_{\mathrm{R2}} = 40$W，则N_2应为：

A. 50 匝　　B. 200 匝　　C. 25 匝　　D. 400 匝

7-6-11 如果把图示电路中的变压器视为理想器件，则当$U_1 = 110\sqrt{2}\sin(\omega t)$ V时，有：

A. $U_2 = \frac{N_1}{N_2}U_1$　　B. $I_2 = \frac{N_1}{N_2}I_1$

C. $P_2 = \frac{N_1}{N_2}P_1$　　D. 以上均不成立

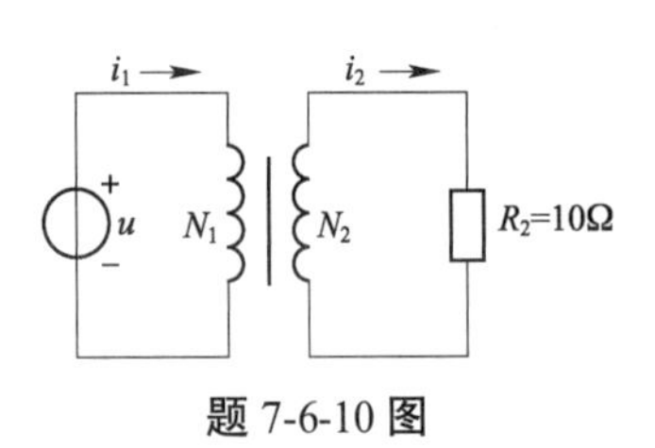

题 7-6-10 图

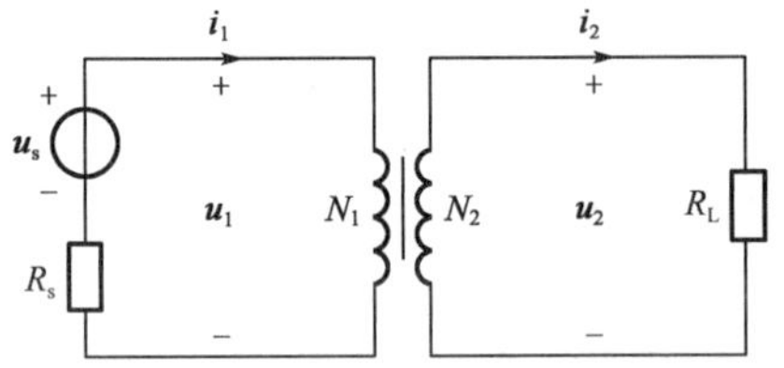

题 7-6-11 图

7-6-12 有一台 6kW 的三相异步电动机，其额定运行转速为 1480r/min，额定电压为 380V，全压启动转矩是额定运行转矩的 1.2 倍，现采用△-Y 启动以降低其启动电流，此时的启动转矩为：

A. 15.49N · m　　B. 26.82N · m

C. 38.7N · m　　D. 46.44N · m

7-6-13 图示电路中，$u_1 = 220\sqrt{2}\sin(ax)$，变压器视为理想的，$\frac{N_1}{N_2} = 2$，$R_2 = R_1$，则输出电压与输入电压的有效值之比$\frac{U_1}{U_2}$为：

A. 1/4　　B. 1　　C. 4　　D. 1/2

7-6-14 额定转速为 1450r/min 的三相异步电动机，空载运行时转差率为：

A. $s = \frac{1500-1450}{1500} = 0.033$　　B. $s = \frac{1500-1450}{1450} = 0.035$

C. $0.033 < s < 0.035$　　D. $s < 0.033$

7-6-15 图示变压器，一次额定电压$U_{1\mathrm{N}} = 220$V，一次额定电流$I_{1\mathrm{N}} = 11$A，二次额定电压$U_{2\mathrm{N}} = 600$V。该变压器二次额定值$I_{2\mathrm{N}}$约为：

A. 1A　　B. 4A　　C. 7A　　D. 11A

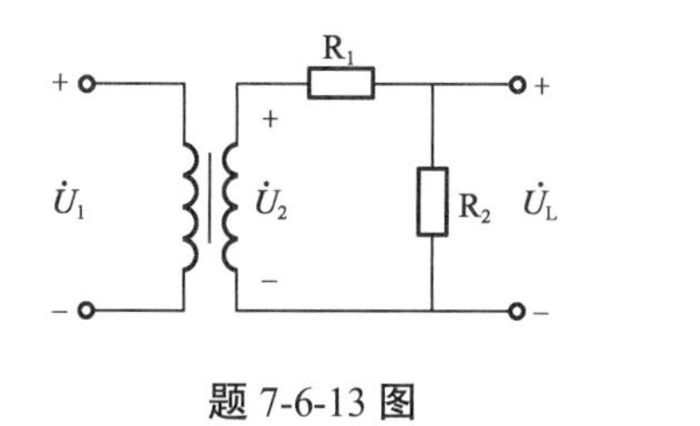

题 7-6-13 图

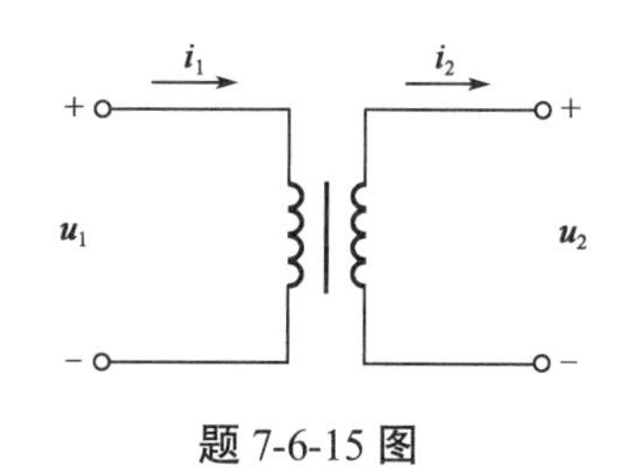

题 7-6-15 图

7-6-16 三相交流异步电动机可带负载起动，也可空载起动，比较两种情况下，电动机的起动电流I_{st}的大小：

A. 有载 > 空载　　B. 有载 < 空载

C. 两种情况下起动电流值相同　　D. 不好确定

7-6-17 有一容量为 10kV · A 的单相变压器，电压为3300/220V，变压器在额定状态下运行。在理想的情况下副边可接 40W、220V、功率因数$\cos\varphi = 0.44$的日光灯多少盏？

A. 110　　B. 200　　C. 250　　D. 125

7-6-18 某理想变压器的变化$k = 10$，其副边负载的电阻$R_L = 8\Omega$。若将此负载电阻折到原边，其阻值R'_L为：

A. 80Ω　　B. 8Ω　　C. 0.8Ω　　D. 800Ω

7-6-19 三相异步电动机的转动方向由下列中哪个因素决定？

A. 电源电压的大小

B. 电源频率

C. 定子电流相序

D. 起动瞬间定转子相对位置

7-6-20 三相异步电动机的接线盒中有六个接线端，可以改变三相定子绕组的接线方法，某电动机铭牌上标有“额定电压380/220V，接法 Y-△”，其含义是下列中的哪一条？

A. 当电源相电压为 220V 时，将定子绕组接成三角形；相电压为 380V 时，接成星形

B. 当电源相电压为 220V，线电压为 380V 时，采用 Y-△换接

C. 当电源线电压为 380V 时，将定子绕组接成星形；线电压为 220V 时，接成三角形

D. 当电源线电压为 380V 时，将定子绕组接成三角形；线电压为 220V 时，接成星形

7-6-21 2.2kW 的异步电动机，运行于相电压为 220V 的三相电路。已知电动机效率为 81%，功率因数为 0.82，则电动机的额定电流为：

A. 4A　　B. 5A　　C. 8.7A　　D. 15A

7-6-22 设三相交流异步电动机的空载功率因数为λ_1，20%的额定负载时的功率因数为λ_2，满载时功率因数为λ_3，那么以下关系成立的是：

A. $\lambda_1 > \lambda_2 > \lambda_3$　　B. $\lambda_3 > \lambda_2 > \lambda_1$

C. $\lambda_2 > \lambda_1 > \lambda_3$　　D. $\lambda_3 > \lambda_1 > \lambda_2$

7-6-23 三相异步电动机空载起动与满载起动时的起动转矩关系是：

A. 两者相等　　B. 满载起动转矩

C. 空载起动转矩大　　D. 无法估计

7-6-24 设电动机M_1和M_2协同工作，其中，电动机M_1通过接触器1KM控制，电动机M_2通过接触器2KM控制，若采用图示控制电路方案，则电动机M_1一旦运行，按下$2SB_{stp}$再抬起，则：

A. M_2暂时停止，然后恢复运动

B. M_2一直处于停止工作状态

C. M_1停止工作

D. M_1、M_2同时停止工作

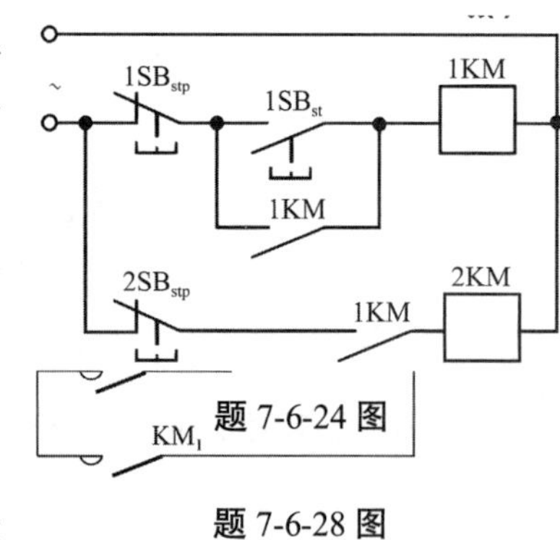

题 7-6-24 图

题 7-6-28 图

7-6-25 针对三相异步电动机起动的特点，采用Y-△换接起动可减小起动电流和起动转矩，下列中哪个说法是正确的？

A. Y连接的电动机采用Y-△换接起动，起动电流和起动转矩都是直接起动的$1/3$

B. Y连接的电动机采用Y-△换接起动，起动电流是直接起动的$1/3$，起动转矩是直接起动的$1/\sqrt{3}$

C. △连接的电动机采用 Y-△换接起动，起动电流是直接起动的$1/\sqrt{3}$，起动转矩是直接起动的$1/3$

D. △连接的电动机采用Y-△换接起动，起动电流和起动转矩均是直接起动的$1/3$

7-6-26 三相异步电动机在额定负载下，欠压运行，定子电流将：

A. 小于额定电流　　B. 大于额定电流

C. 等于额定电流　　D. 不变

7-6-27 在继电器接触器控制电路中，自锁环节的功能是：

A. 保证可靠停车

B. 保证起动后持续运行

C. 兼有点动功能

D. 保证安全启动

7-6-28 图示的控制电路中，SB为按钮，KM为接触器，若按动SB_2，试判断下列哪个结论正确？

A. 接触器KM_2通电动作后KM_1跟着动作

B. 只有接触器KM_2动作

C. 只有接触器KM_1动作

D. 以上答案都不对

7-6-29 能够实现用电设备连续工作的控制电路：

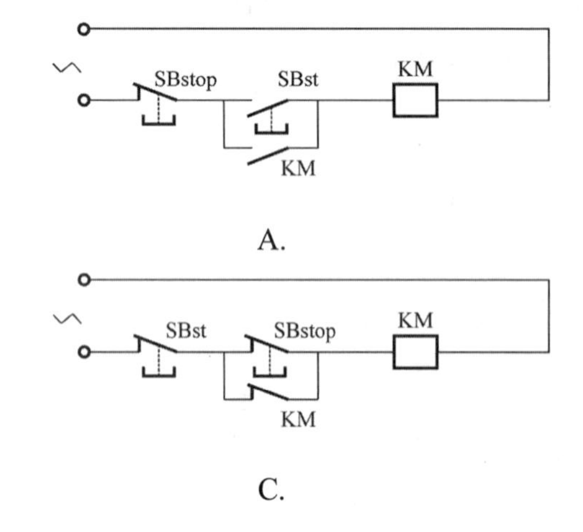

A.　　C.

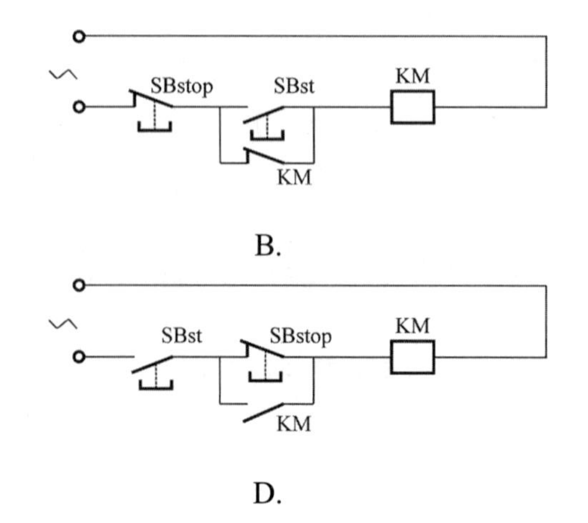

B.　　D.

7-6-30 如图所示控制电路的错误接线不能使电动机M起动。要使M起动并能连续运转，且具备过载保护、失压保护、短路保护的功能，正确的接线是：

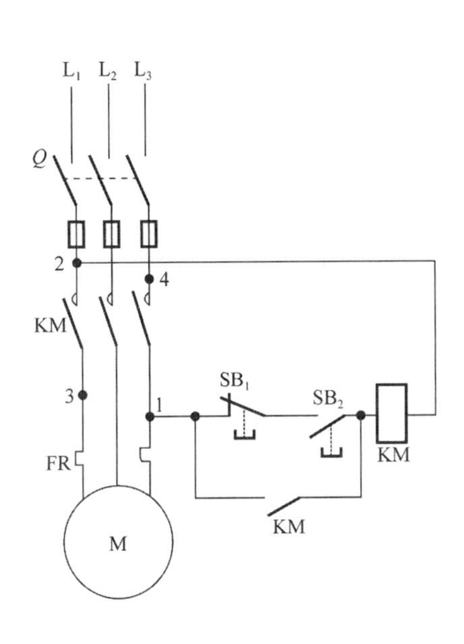

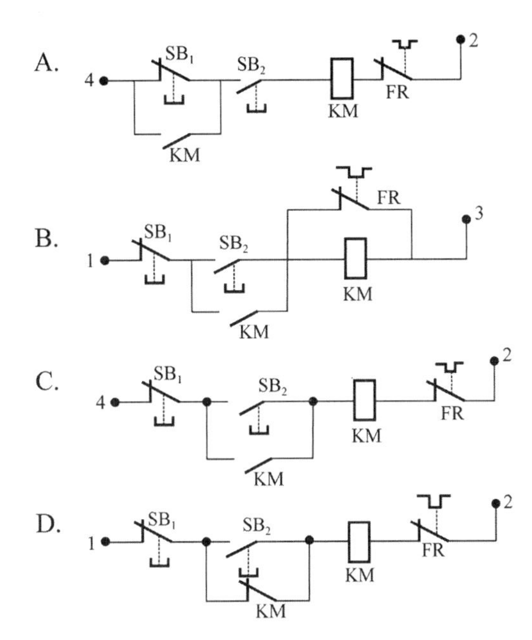

题 7-6-30 图

7-6-31 图示为两台电动机M_1、M_2的控制电路，两个交流接触器KM_1、KM_2的主常开触头分别接入M_1、M_2的主电路，该控制电路所起的作用是：

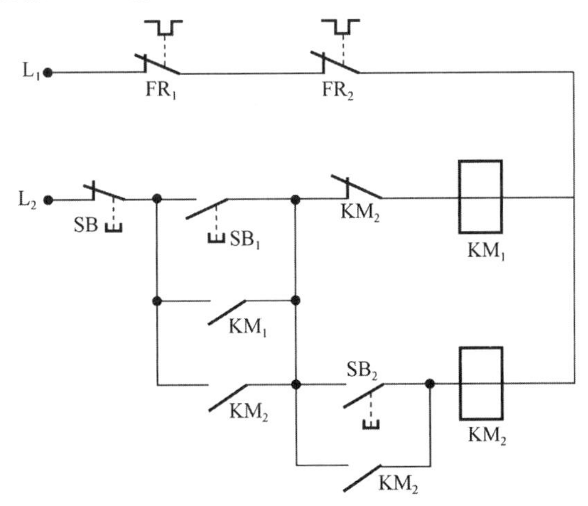

题 7-6-31 图

A. 必须M_1先起动，M_2才能起动，然后两机连续运转

B. M_1、M_2可同时起动，必须M_1先停机，M_2才能停机

C. 必须M_1先起动、M_2才能起动，M_2起动后，M_1自动停机

D. 必须M_2先起动，M_1才能起动，M_1起动后，M_2自动停机

题解及参考答案

7-6-1　解： 三相五线制供电系统中单相负载的外壳引出线应该与“PE 线”（保护零线）连接。

答案：D

7-6-2　解：三相交流异步电动机的转速关系公式为$n \approx n_0 = \frac{60f}{p}$，可以看到电动机的转速$n$取决于电源的频率$f$和电机的极对数$p$，要想实现平滑调速应该使用改变频率$f$的方法。

另外，电动机转子串电阻的方法调速只能用于向下平滑调速。只有选用调频调速的方法才能满足题目要求。

答案：C

7-6-3　解：实现对电动机的过载保护，除了将热继电器的热元件串联在电动机的主电路外，还应将热继电器的常闭触点串接在控制电路中。

当电机过载时，这个常闭触点断开，控制电路供电通路断开。

答案：B

7-6-4　解：在电动机的继电接触控制电路中，熔断器对电路实现短路保护，热继电器对电路实现过载保护，交流接触器起欠压保护的作用，需同时接在主电路和控制电路中；行程开关一般只连接在电机的控制回路中。

答案：D

7-6-5　解：理想变压器的内部损耗为零，$U_1I_1 = U_2I_2$，$U_2 = I_2R_L$。

答案：A

7-6-6　解：三相交流电动机的功率因数和效率均与负载的大小有关，电动机接近空载时，功率因数和效率都较低，只有当电动机接近满载工作时，电动机的功率因数和效率才达到较大的数值。

答案：B

7-6-7　解：变压器铁损（P_{Fe}）与铁芯磁通量的大小有关，磁通量中与电流电压成正比，与负载变化无关，而铜损（P_{Cu}）的大小与变压器工作用状态（I_1、I_2）的情况有关，变压器有载工作时两种损耗都存在。

答案：C

7-6-8　解：在电动机的继电接触控制电路中，交流接触器具有零压保护作用，热继电器具有过载保护功能，停止按钮的作用是切断或接通电源。

答案：D

7-6-9　解：理想变压器，副边负载等效为原边：$R'_L = \left(\frac{N_1}{N_2}\right)^2 R_L$

若在R_L上获得最大功率，则$R'_L = R_1$，得：

$$N_2 = \frac{N_1}{\sqrt{\frac{R_1}{R_L}}} = \frac{200}{\sqrt{\frac{100}{4}}} = 40 \text{匝}$$

答案：C

7-6-10　解：如解图所示，根据理想变压器关系有

$$I_2 = \sqrt{\frac{P_2}{R_2}} = \sqrt{\frac{40}{10}} = 2\text{A}$$

$$K = \frac{I_2}{I_1} = 2$$

$$N_2 = \frac{N_1}{K} = \frac{100}{2} = 50 \text{匝}$$

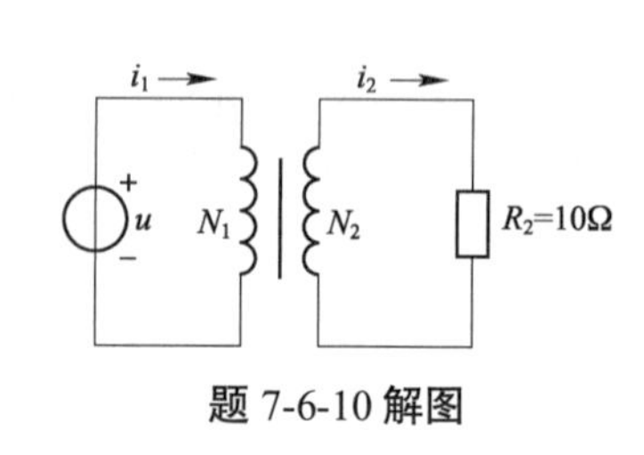

题 7-6-10 解图

答案： A

7-6-11　解： 根据变压器基本关系式，得

$$k=\frac{N_1}{N_2}=\frac{U_1}{U_2}=\frac{I_2}{I_1}$$

可以写出

$$I_2=I_1\frac{N_1}{N_2}$$

答案： B

7-6-12　解： 电动机采用△-Y 起动时，电动机的起动转矩是额定力矩的1/3，则三角形接法时额定转矩和起动转矩分别是

$$T_{\mathrm{N}\triangle}=9550\times\frac{P_{\mathrm{N}}}{n_{\mathrm{N}}}=9550\times\frac{6}{1480}=38.72\mathrm{N\cdot m}$$

$$T_{\mathrm{N}\triangle\mathrm{st}}=1.2T_{\mathrm{N}\triangle}=46.46\mathrm{N\cdot m}$$

当采用△-Y 起动时，起动转矩时

$$T_{\mathrm{NYst}}=\frac{1}{3}T_{\mathrm{N}\triangle\mathrm{st}}=\frac{46.46}{3}=15.49\mathrm{N\cdot m}$$

答案： A

7-6-13　解： 根据变压器的变化关系，得

$$k=\frac{N_1}{N_2}=\frac{U_1}{U_2}=2$$

$$\frac{U_{\mathrm{L}}}{U_1}=\frac{U_{\mathrm{L}}}{U_2}\cdot\frac{U_2}{U_1}=\frac{1}{2}\times\frac{1}{2}=\frac{1}{4}$$

答案： A

7-6-14　解： ①电动机的自然机械特性如解图所示。

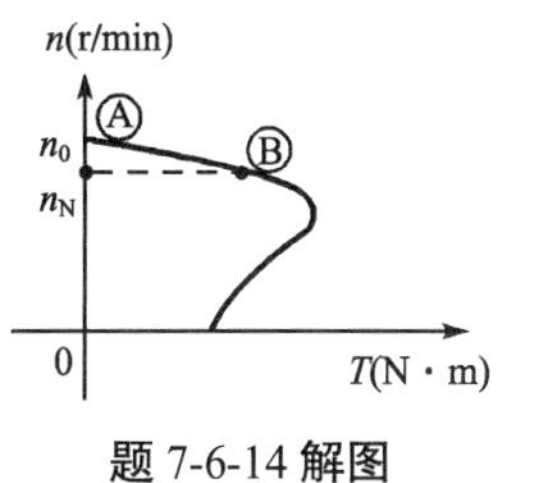

题 7-6-14 解图

电动机正常工作时转速运行在ⒶⒷ段。电动机空载转速接近Ⓐ点，当负载增加时转速下降。

②电动机的转差率公式为

$$s_{\mathrm{N}}=\frac{n_0-n_{\mathrm{N}}}{n_0}\times100\%$$

通常s为 1%~9%，当电动机的额定转速$n_{\mathrm{N}}=1450\mathrm{r/min}$时，可判定空载转速$n_0=1500\mathrm{r/min}$。

因此$s_{\mathrm{N}}=\frac{1500-1450}{1500}\times100\%=0.033\times100\%=3.3\%$

电动机的空载转差率s_0小于额定转差率s_{N}。

答案： D

7-6-15　解： 该题可以按理想变压器分析（即变压器内部的损耗为 0），则

$$I_{1\mathrm{N}}U_{1\mathrm{N}}=I_{2\mathrm{N}}U_{2\mathrm{N}}$$

$$I_{2\mathrm{N}}=\frac{U_{1\mathrm{N}}I_{1\mathrm{N}}}{U_{2\mathrm{N}}}=\frac{220\times11}{600}=4.03\mathrm{A}\approx4\mathrm{A}$$

答案： B

7-6-16　解： 三相交流异步电动机的起动电流与定子电压和转子的电阻和电抗有关，与负载大小无关。

答案： C

7-6-17　解： 理想变压器原副边容量可以表示为$S_{1\mathrm{N}}=S_{2\mathrm{N}}=10\mathrm{kV\cdot A}$，又$P_{2\mathrm{N}}=S_{2\mathrm{N}}\times\cos\varphi=$

4400W，则接入日光灯盏数$n=\frac{P_{2N}}{40}=110$盏。

答案：A

7-6-18　解：理想变压器的原边折合电阻$R'_L=k^2R_L$，其中k是变压器的变比。

答案：D

7-6-19　解：三是异步电动机的转动方向由定子电流的相序决定。

答案：C

7-6-20　解：电动机铭牌所标为电源线电压和对应定子绕组的接线方式。本题意为，对380V的电源电压，定子绕组为星形接法；对于220V电源电压，定子绕组为△形接法。

答案：C

7-6-21　解：三相异步电动机属于对称性三相负载，额定功率指的是转子输出的机械功率P_{2N}，定子吸收的电源功率为$P_{1N}=\frac{P_{2N}}{\eta_N}=\sqrt{3}U_{线}I_{线}\cos\varphi_N$，则电动机额定电流$I_{1N}=I_{线}=\frac{P_{2N}/\eta_N}{\sqrt{3}U_{线}\cos\varphi_N}=5A$。

答案：B

7-6-22　解：三相交流异步电动机的空载功率因数较小，为0.2~0.3，随着负载的增加，功率因数增加，当电机达到满载时功率因数最大，可以达到0.9以上。

答案：B

7-6-23　解：三相异步电动机的起动力矩由定子电源、转子电阻等参数决定，与负载无关。

答案：A

7-6-24　解：由于$2SB_{stp}$是常闭触头，按下后，M_2将断电，停止转动；$2SB_{stp}$再抬起后，M_2供电正常，正常转动。

答案：A

7-6-25　解：正常运行时为三角形接法的电动机，在起动时暂时接成星形，电动机的起动电流和起动转矩将为正常接法时的1/3。

答案：D

7-6-26　解：三相异步电动机在额定负载时输入定子的功率确定，根据$P\propto UI$关系，当电压下降时，定子电流增加到大于额定的定子电流。

答案：B

7-6-27　解：继电接触控制电路中自锁环节的功能是利用电器自身的接触点接通，保持接触器线圈的通电状态。

答案：B

7-6-28　解：控制电路图中各个控制电器的符号均为电器未动作时的状态。当有启动按钮按下时，相关电器通电动作，各个控制触点顺序动作。读图可见，按下SB_2后KM_2线圈通电，同时KM_2常开触点闭合，保持KM_2的通电状态。

答案：B

7-6-29　解：控制电路图中所有控制元件均是未工作的状态，同一电器用同一符号注明。要保持电气设备连续工作必须有自锁环节。

选项B图的自锁环节使用了KM接触器的常闭触点，选项C图、D图中的停止按钮SBstop两端不能并入KM接触器的常闭触点或常开触点，因此选项B、C、D图都是错误的。

选项A图的电路符合设备连续工作的要求：按启动按钮SBst（动合）后，接触器KM线圈通电，

KM 常开触点闭合（实现自锁）；按停止按钮 SBstop（动断）后，接触器 KM 线圈断电，用电设备停止工作。可见四个选项中选项 A 图符合电气设备连续工作的要求。

答案： A

7-6-30　解： 电动机连续运行的要求之一是有正确的自锁环节，并且控制电路能正常供电。SB_1 为停止按钮，SB_2 是启动按钮。

答案： C

7-6-31　解： 分析本题时注意线圈 KM 通电，表示电机的主回路接通电机运转，注意各开关的制约关系。其中FR_1和FR_2是两台电机的保护环节。按下开关 SB_1 后 KM_1 线圈通电，同时 KM_1 的常开触点闭合后，再按下 SB_2 按钮，KM_2 线圈方可通电，这时 KM_2 常闭触点打开，KM_1 失电。

答案： C

（七）二极管及其应用

7-7-1　电路如图所示，D 为理想二极管，$u_i = 6\sin(\omega t)$ V，则输出电压的最大值U_{oM}为：

A. 6V　　　　B. 3V

C. −3V　　　　D. −6V

7-7-2　图示电路中，若输入电压$u_i = 10\sin(\omega t + 30°)$ V，则输出直电压数值U_L为：

A. 3.18V　　　　B. 5V

C. 6.36V　　　　D. 10V

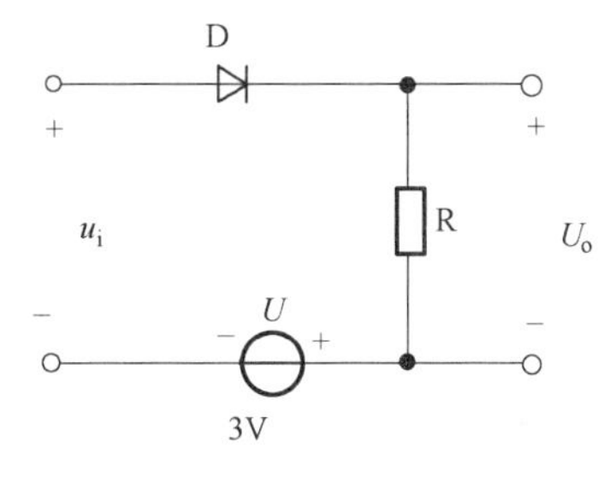

题 7-7-1 图

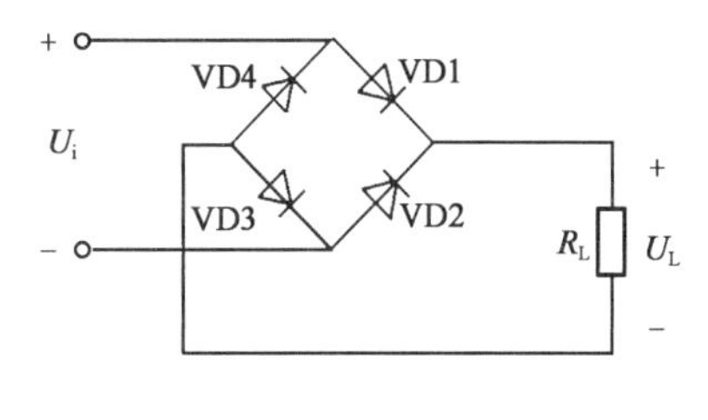

题 7-7-2 图

7-7-3　全波整流、滤波电路如图所示，如果输入信号$u_i = 10\sin(\omega t + 30°)$ V，则开关 S 闭合前输出端有直流电压u_o为：

A. 0V　　　　B. 7.64V

C. 10V　　　　D. 12V

7-7-4　图示电路中，设 VD 为理想二极管，输入电压u_i按正弦规律变化，则在输入电压的负半周，输出电压为：

A. $u_o = u_i$　　　　B. $u_o = 0$

C. $u_o = -u_i$　　　　D. $u_o = \frac{1}{2}u_i$

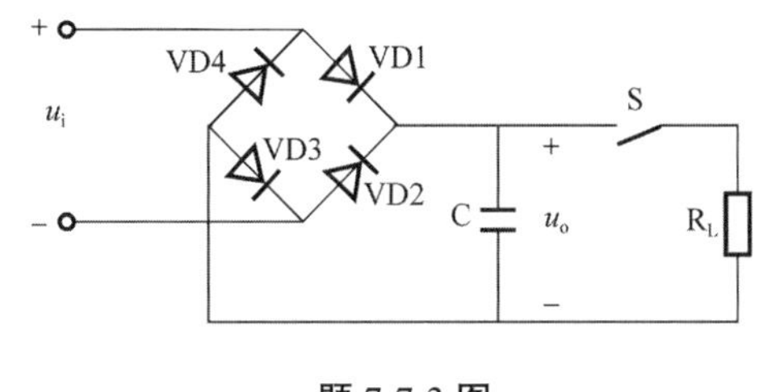

题 7-7-3 图

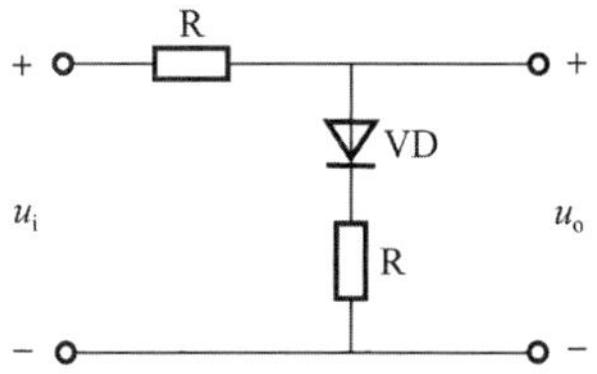

题 7-7-4 图

7-7-5　半导体二极管的正向伏安（V-A）特性是一条：

A. 过坐标轴零点的直线

B. 过坐标轴零点，I随U按指数规律变化的曲线

C. 正向电压超过某一数值后才有电流的直线

D. 正向电压超过某一数值后I随U按指数规律变化的曲线

题 7-7-6 图

7-7-6　如果把一个小功率二极管直接同一个电源电压为 1.5V、内阻为零的电池实行正向连接，电路如图所示，则后果是该管：

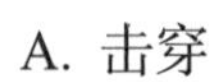

A. 击穿　　　　B. 电流为零

C. 电流正常　　　　D. 电流过大使管子烧坏

7-7-7　在图示的二极管电路中，设二极管 D 是理想的（正向电压为 0V，反向电流为 0A），且电压表内阻为无限大，则电压表的读数为：

A. 15V　　　　B. 3V

C. −18V　　　　D. −15V

7-7-8　图示电路中，A点和B点的电位分别是：

A. 2V，−1V　　　　B. −2V，1V

C. 2V，1V　　　　D. 1V，2V

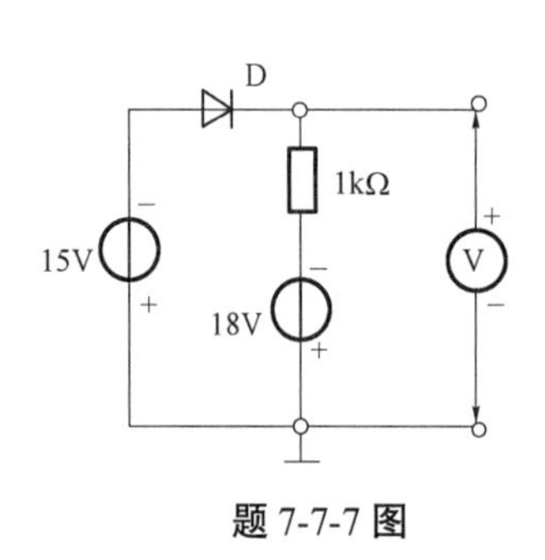

题 7-7-7 图

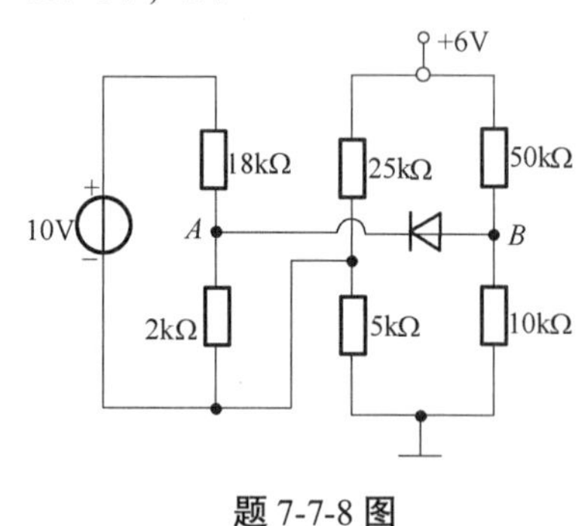

题 7-7-8 图

7-7-9　单相桥式整流电路如图 a）所示，变压器副边电压U_2的波形如图 b）所示，设 4 个二极管均为理想元件，则二极管D_1两端的电压u_{D1}的波形是图 c）中哪个图所示？

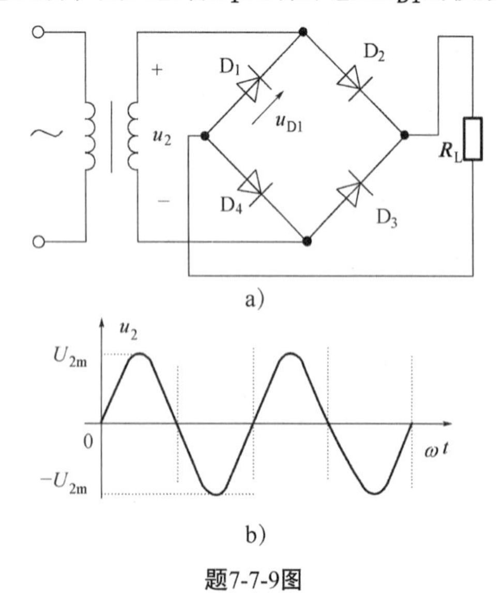

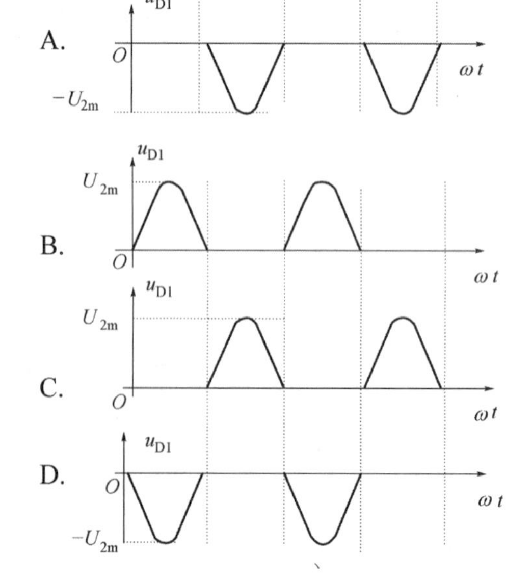

题7-7-9图

7-7-10 图示的桥式整流电路中，已知$u_{\mathrm{i}}=100\sin(\omega t)\mathrm{V}$，$R_{\mathrm{i}}=1\mathrm{k}\Omega$，若忽略二极管的正压降和反相电流，负载电阻$R_{\mathrm{L}}$两端的电压平均值和电流平均值分别为：

A. 90V，90mA　　B. 50V，100mA

C. 100V，100mA　　D. 63.64V，63.64mA

7-7-11 稳压管电路如图所示，稳压管$\mathrm{D_{Z1}}$的稳定电压$U_{\mathrm{Z1}}=12\mathrm{V}$，$\mathrm{D_{Z2}}$的稳定电压为$U_{\mathrm{Z2}}=6\mathrm{V}$，则电压$U_{\mathrm{o}}$等于：

A. 12V　　B. 20V　　C. 6V　　D. 18V

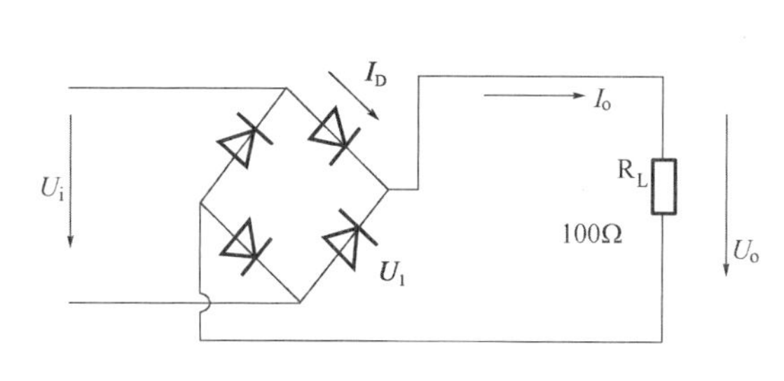

题 7-7-10 图

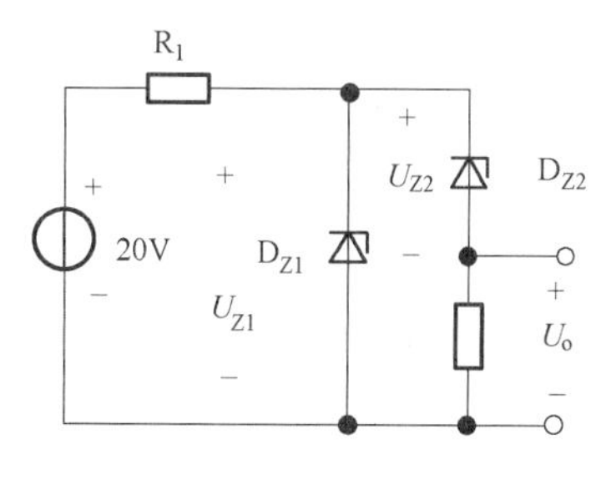

题 7-7-11 图

7-7-12 整流滤波电路如图所示，已知$U_1=30\mathrm{V}$，$U_{\mathrm{o}}=12\mathrm{V}$，$R=2\mathrm{k}\Omega$，$R_{\mathrm{L}}=4\mathrm{k}\Omega$，稳压管的稳定电流$I_{\mathrm{Zmin}}=5\mathrm{mA}$与$I_{\mathrm{Zmax}}=18\mathrm{mA}$。通过稳压管的电流和通过二极管的平均电流分别是：

A. 5mA，2.5mA　　B. 8mA，8mA　　C. 6mA，2.5mA　　D. 6mA，4.5mA

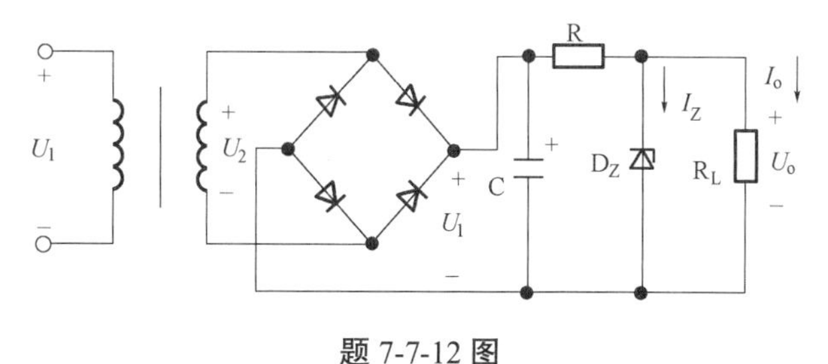

题 7-7-12 图

题解及参考答案

7-7-1 解： 分析二极管电路的方法，是先将二极管视为断路，判断二极管的端部电压。如果二极管处于正向偏置状态，可将二极管视为短路；如果二极管处于反向偏置状态，可将二极管视为断路。简化后含有二极管的电路已经成为线性电路，用线性电路理论分析可得结果。

答案： B

7-7-2 解： 该电路为桥式整流电路：$U_{\mathrm{L}}=0.9U_{\mathrm{i}}=0.9\times\frac{10}{\sqrt{2}}=6.36\mathrm{V}$。

其中，U_{L}为输出电压平均值，U_{i}为输入交流电压有效值。

答案： C

7-7-3 解： 该电路为全波整流电容滤波电路，当开关 S 闭合前输出端有直流电压u_{o}与输入交流电压u_{i}的有效值U_{i}关系为

$$U_{\mathrm{o}}=\sqrt{2}U_{\mathrm{i}}$$

因此

$$U_o = \sqrt{2} \times \frac{10}{\sqrt{2}} = 10V$$

答案： C

7-7-4　解： 分析理想二极管电路的电压电流关系时，通常的做法是首先设二极管截止，然后判断二极管的偏置电压。如二极管是正向偏置，可以按二极管短路分析；如果二极管是反偏的，则将二极管用断路模型代替。

此题中，$u_i < 0$，则二极管反向偏置，将其断开，则横向连接的电阻 R 上无压降，$u_o = u_i$。

答案： A

7-7-5　解： 二极管是非线性元件，伏安特性如解图所示。由于半导体性质决定当外辊正向电压高于某一数值（死区电压U_{on}）以后，电流随电压按指数规律变化。因此，只有选项 D 正确。

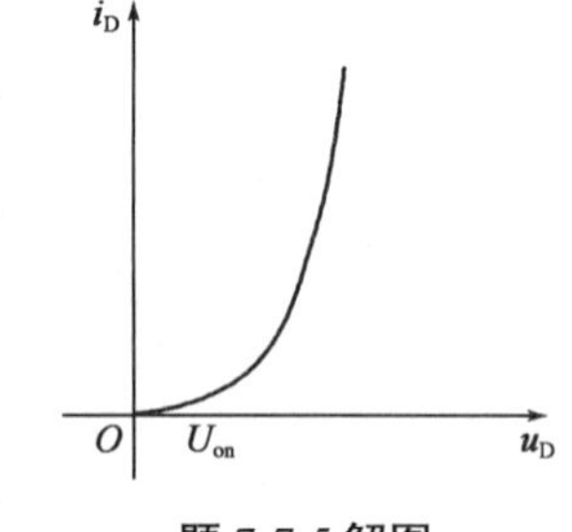

题 7-7-5 解图

答案： D

7-7-6　解： 由半导体二极管的单向导电性可知，正常工作时硅材料二极管的正向导通电压是 0.7V，锗材料二极管的导通电压是 0.3V，此题中二极管有 1.5V 的电压，将引起过大的工作电流使二极管损坏。

答案： D

7-7-7　解： 分析理想二极管电路时通常的做法是，首先假设二极管截止，计算二极管阳极和阴极电位，确定二极管偏置后，用等效的电路模型置换（开路或短路）。此题中的二极管判断结果为导通状态。

答案： D

7-7-8　解： 参考上题做法，判断二极管为开路状态，求二极管两端电位，$V_R = 6 \times \frac{10}{10+50} = 1V$，$V_A = 6 \times \frac{5}{5+25} + 10 \times \frac{2}{18+2} = 2V$，则$V_A > V_B$，二极管截止，所以上述计算与假设一致。

答案： C

7-7-9　解： 该电路为桥式的全波整流电路，当u_2的瞬时电压为负时，D_1二极管正向偏置；当u_2的瞬时电压为正时，D_1二极管反向偏置，承受的电压为$-u_2$。

答案： B

7-7-10　解： 复习二极管整流电路的电压、电流关系，公式：$U_o = 0.9U_i$，其中U_o是直流电压有效值，U_i是交流电压有效值。

答案： D

7-7-11　解： 经分析可知，图中两个稳压管在 20V 直流电源作用下，均工作在反向击穿状态，$U_{Z1} = 12V$，$U_{Z2} = 6V$，$U_o = U_{Z1} - U_{Z2}$。

答案： C

7-7-12　解： 该电路为直流稳压电源电路。对于输出的直流信号，电容在电路中可视为断路。桥式整流电路中的二极管通过的电流平均值是电阻 R 中通过电流的一半。

$I_R = \frac{U_I - U_o}{R} = \frac{30-12}{2} = 9mA$，$I_o = \frac{U_o}{R_L} = 3mA$，则$I_Z = I_R - I_o = 6mA$，流过二极管的电流$I_D = I_R/2 = 4.5mA$。

答案： D

（八）三极管及其基本放大电路

7-8-1　某晶体管放大电路的空载放大倍数$A_k = -80$、输入电阻$r_i = 1k\Omega$和输出电阻$r_o = 3k\Omega$，将信

号源［$u_s = 10\sin(\omega t)\,\mathrm{mV}$，$R_s = 1\mathrm{k}\Omega$］和负载（$R_L = 5\mathrm{k}\Omega$）接于该放大电路之后（见图），负载电压$u_o$将为：

A. $-0.8\sin(\omega t)\mathrm{V}$　　B. $-0.5\sin(\omega t)\mathrm{V}$

C. $-0.4\sin(\omega t)\mathrm{V}$　　D. $-0.25\sin(\omega t)\mathrm{V}$

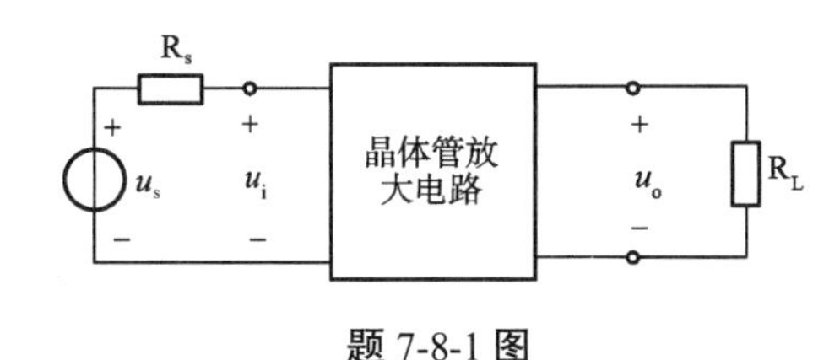

题 7-8-1 图

7-8-2　将放大倍数为 1，输入电阻为 100Ω，输出电阻为 50Ω 的射极输出器插接在信号源（u_s，R_s）与负载（R_L）之间，形成图 b）电路，与图 a）电路相比，负载电压的有效值：

A. $U_{L2} > U_{L1}$　　B. $U_{L2} = U_{L1}$

C. $U_{L2} < U_{L1}$　　D. 因为u_s未知，不能确定U_{L1}和U_{L2}之间的关系

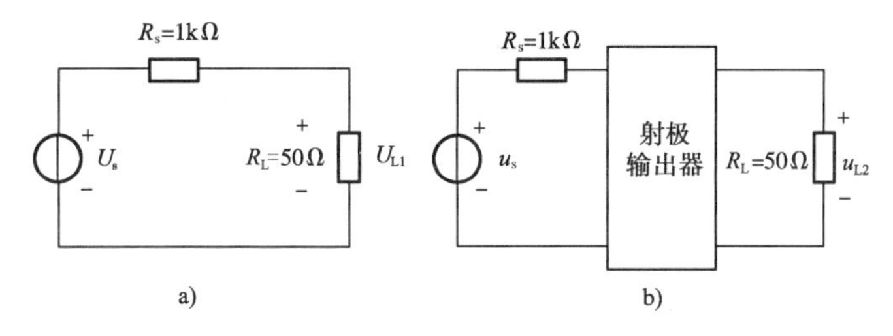

题 7-8-2 图

7-8-3　晶体管单管放大电路如图所示，当晶体管工作于线性区时，晶体管的输入电阻为R_{be}，那么，该放大电路的输入电阻为：

A. R_{be}

B. $R_{B1} /\!/ R_{B2} /\!/ R_{be}$

C. $R_{B1} /\!/ R_{B2} /\!/ (R_E + R_{be})$

D. $R_{B1} /\!/ R_{B2} /\!/ [R_E + (1+\beta)R_{be}]$

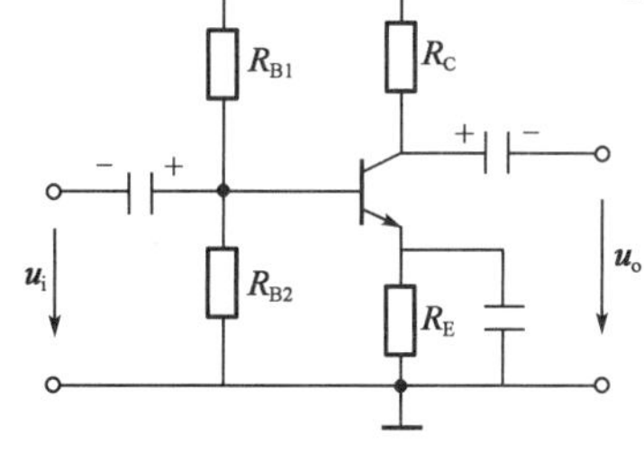

题 7-8-3 图

7-8-4　晶体管单管放大电路如图 a）所示时，其中电阻R_B可调，当输入U_i、输出U_o的波形如图 b）所示，输出波形：

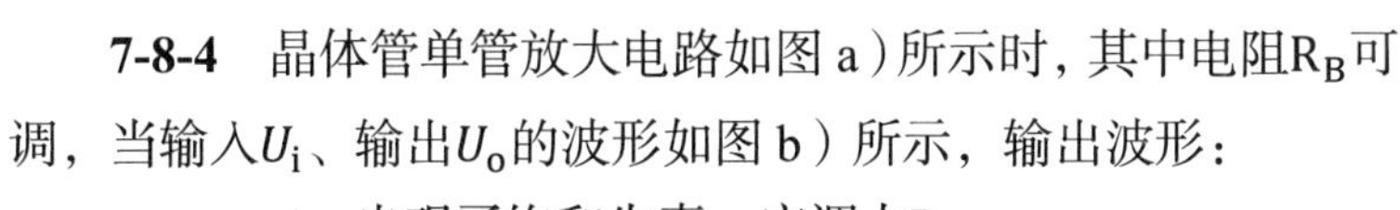

A. 出现了饱和失真，应调大R_B

B. 出现了饱和失真，应调小R_B

C. 出现了截止失真，应调大R_B

D. 出现了截止失真，应调小R_B

7-8-5　图示单管放大电路中，设晶体工作于线性区，此时，该电路的电压放大倍数为：

A. $A_u = \frac{\beta R_C}{r_{be}}$　　B. $A_u = \frac{\beta R_C}{r_{be} /\!/ R_B}$

C. $A_u = \frac{-\beta(R_C /\!/ R_L)}{r_{be}}$　　D. $A_u = \frac{\beta(R_C /\!/ R_L)}{r_{be} /\!/ R_B}$

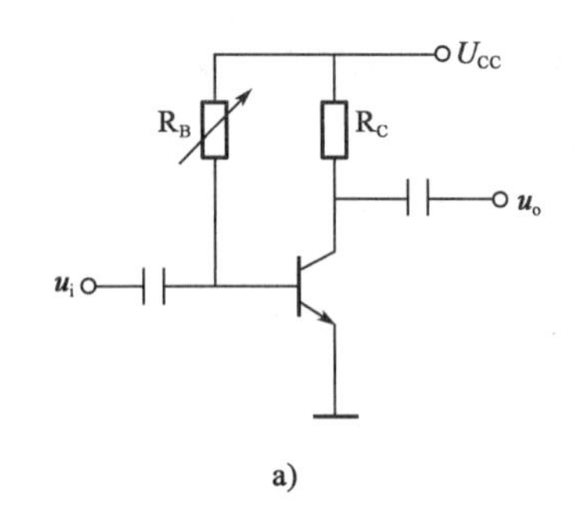

a)

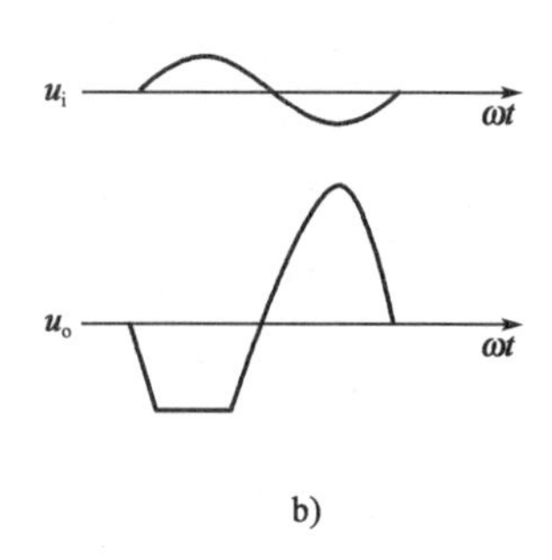

b)

题 7-8-4 图

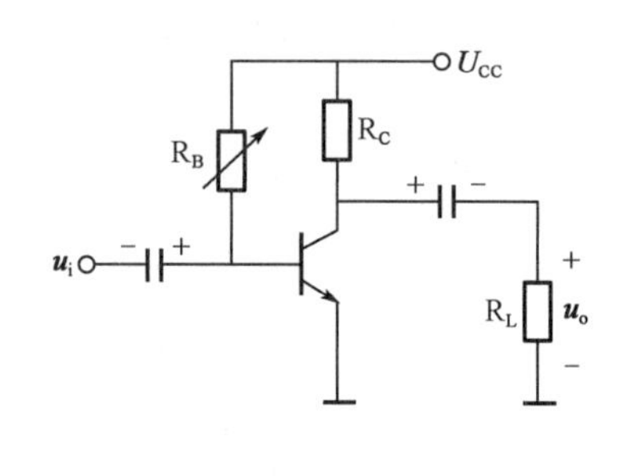

题 7-8-5 图

7-8-6　如图所示电路中，$R_1 = 50\text{k}\Omega$，$R_2 = 10\text{k}\Omega$，$R_E = 1\text{k}\Omega$，$R_C = 5\text{k}\Omega$，晶体管的$\beta = 60$，静态$U_{BE} = 0.7\text{V}$。静态基极电流I_B等于：

A. 0.0152mA　　B. 0.0213mA　　C. 0.0286mA　　D. 0.0328mA

7-8-7　晶体管非门电路如图所示，已知$U_{CC} = 15\text{V}$，$U_B = -9\text{V}$，$R_C = 3\text{k}\Omega$，$R_B = 20\text{k}\Omega$，$\beta = 40$，当输入电压$U_1 = 5\text{V}$时，要使晶体管饱和导通，R_X值不得大于多少？

（设$U_{BE} = 0.7\text{V}$，集电极和发射极之间的饱和电压$U_{CES} = 0.3\text{V}$）

A. 7.1kΩ　　B. 35kΩ　　C. 3.55kΩ　　D. 17.5kΩ

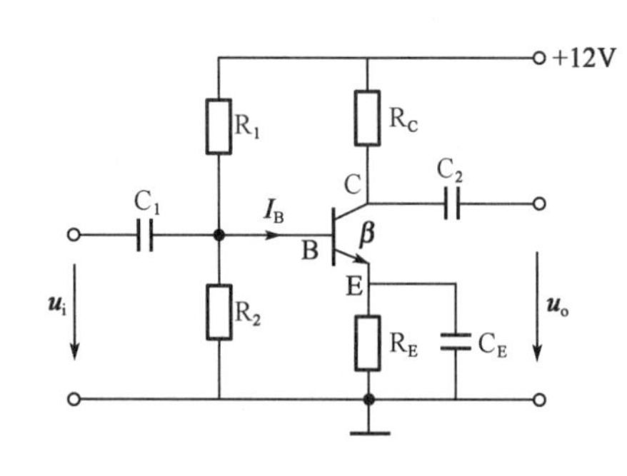

题 7-8-6 图

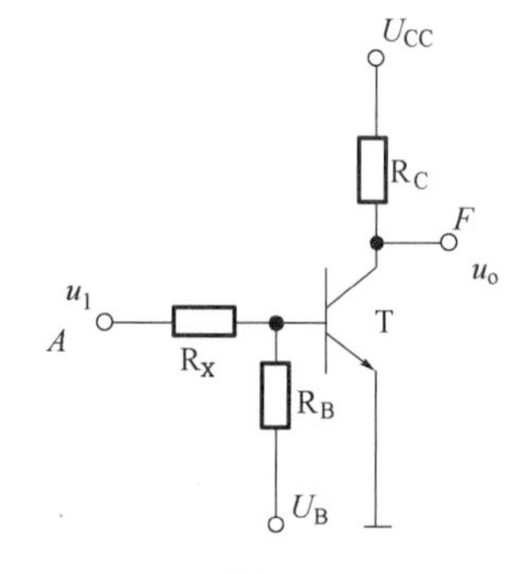

题 7-8-7 图

7-8-8　图中的晶体管均为硅管，测量的静态电位如图所示，处于放大状态的晶体管是哪个图所示？

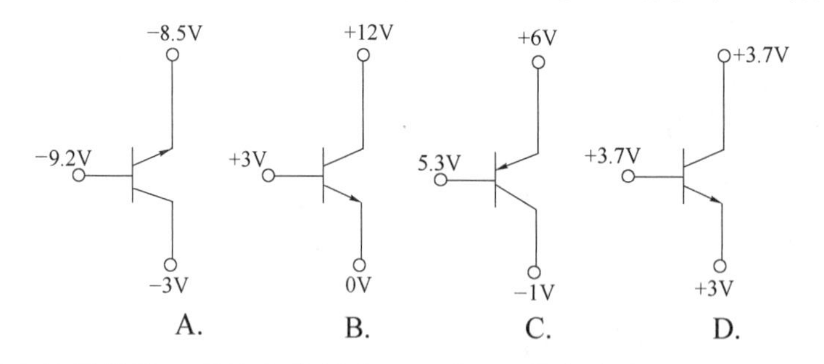

7-8-9　图示电路中的晶体管，当输入信号为 3V 时，工作状态是：

A. 饱和　　B. 截止　　C. 放大　　D. 不确定

7-8-10　图示为共发射极单管电压放大电路（$U_{BE} = 0.7\text{V}$），估算静态工作点I_B、I_C、V_{CE}分别为：

A. 56.5μA，2.26mA，5.22V　　B. 57μA，2.8mA，8V

C. 57μA，4mA，0V　　D. 30μA，2.8mA，3.5V

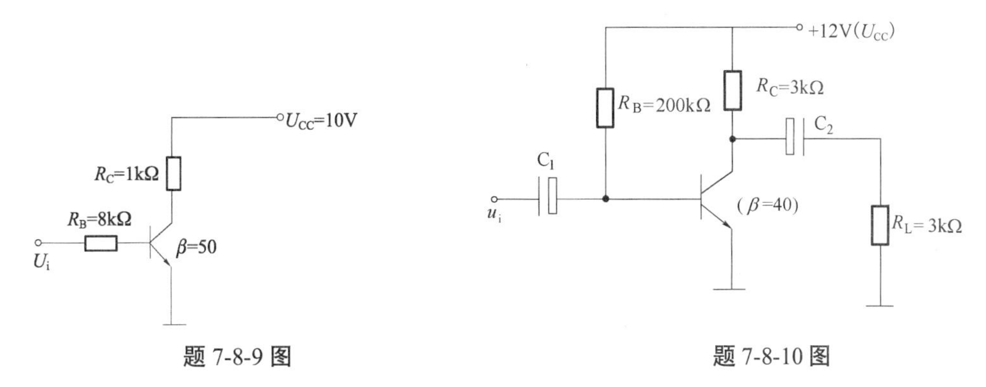

题 7-8-9 图　　　　　　　　　　题 7-8-10 图

7-8-11 如上题图所示，晶体管输入电阻$r_{be} = 1.25\text{k}\Omega$，放大器的输入电阻$R_i$、输出电阻$R_o$和电压放大倍数$A_u$分别为：

A. 200kΩ，3kΩ，47.5 倍　　　　B. 1.25kΩ，3kΩ，47.5 倍

C. 1.25kΩ，3kΩ，−47.5 倍　　　D. 1.25kΩ，1.5kΩ，−47.5 倍

7-8-12 下列电路中能实现交流放大的是哪个图所示？

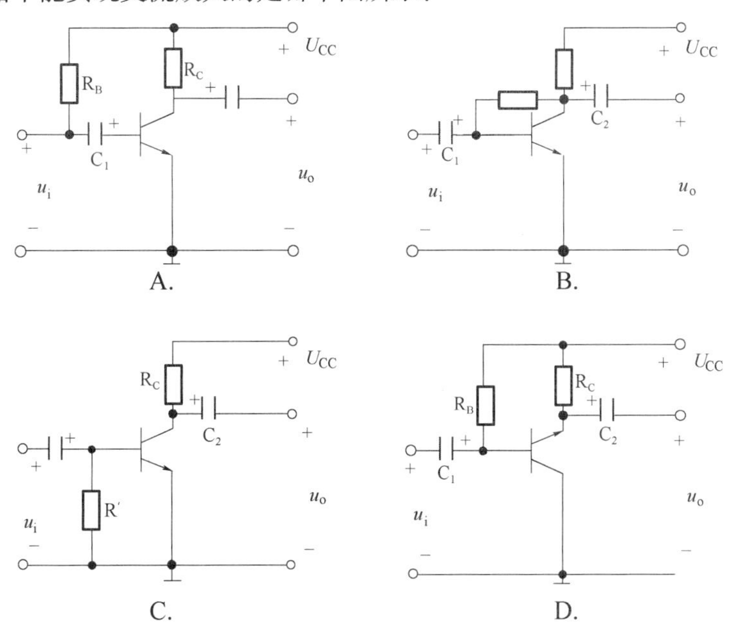

7-8-13 分压偏置单管放大电路如图所示，图中发射极旁路电容C_E因损坏而断开，则该电路的电压放大倍数将：

A. 增大　　　B. 减小　　　C. 不变　　　D. 无法判断

7-8-14 共集电极放大电路如图所示，三极管的输入电阻R_{be}和电流放大倍数β为已知数，该放大器的电压放大倍数表达式为：

A. $-\frac{\beta(R_E /\!/ R_L)}{R_{be}}$　　　　B. $\frac{(1+\beta)R_E}{R_{be}+(1+\beta)R_E}$

C. $\frac{(1+\beta)(R_E /\!/ R_L)}{R_{be}}$　　　　D. $\frac{(1+\beta)(R_E /\!/ R_L)}{R_{be}+(1+\beta)(R_E /\!/ R_L)}$

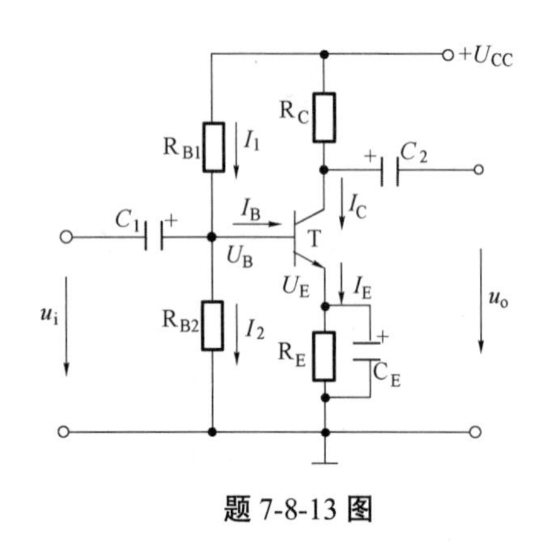

题 7-8-13 图

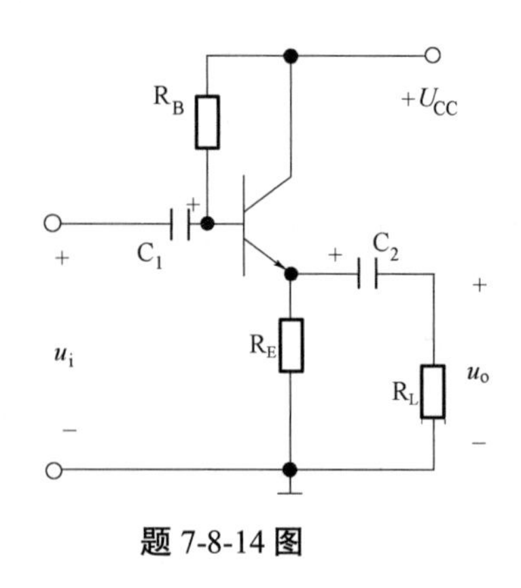

题 7-8-14 图

题解及参考答案

7-8-1　解： 首先应清楚放大电路中输入电阻和输出电阻的概念，然后将放大电路的输入端等效成一个输入电阻，输出端等效成一个等效电压源，如解图所示，最后用电路理论计算可得结果。

其中：$u_i=\frac{r_i}{R_s+r_i}u_s$；$u_{os}=A_k u_i$；$u_o=\frac{R_L}{r_o+R_L}u_{os}$。

答案： D

7-8-2　解： 理解放大电路输入电阻和输出电阻的概念，利用其等效电路计算可得结果。

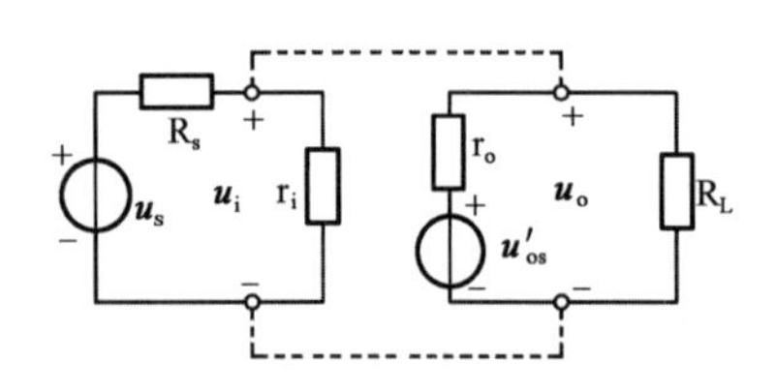

题 7-8-1 解图

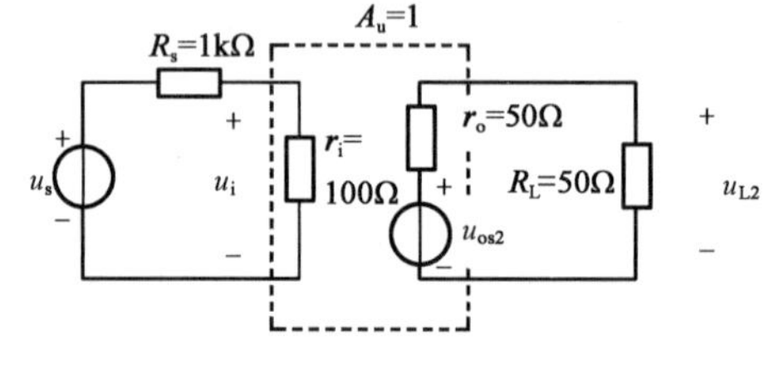

题 7-8-2 解图

图 a)：$U_{L1}=\frac{R_L}{R_s+R_L}U_s=\frac{50}{1000+50}U_s=\frac{U_s}{21}$

图 b)：等效电路图（见解图）

$u_i=\frac{r_i\cdot u_s}{r_i+R_s}=\frac{u_s}{11}$，$u_{os2}=A_u u_i=\frac{u_s}{11}$，$u_{L2}=\frac{R_L}{R_L+r_o}u_{os2}=\frac{u_s}{22}$，所以取有效值后$U_{os2}=\frac{U_s}{22}$，$U_{L2}<U_{L1}$。

答案： C

7-8-3　解： 画出放大电路的微变等效电路如解图所示。

可见该电路的输入电阻为：$r_i=R_{be}/\!/R_{B1}/\!/R_{B2}$。

答案： B

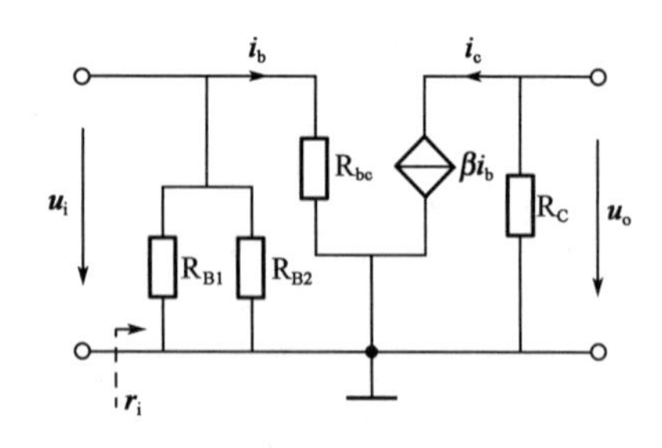

题 7-8-3 解图

7-8-4　解： 根据放大电路的输出特征曲线分析可知，该反相放大电路出现了饱和失真，原因是静态工作点对应的基极电流I_{BQ}过大，可以通过加大R_B电阻的数值来调整。

答案： A

7-8-5　解： 该电路为固定偏置放大电路，放大倍数为$A_u=\frac{-\beta(R_C/\!/R_L)}{\gamma_{be}}$。

答案： C

7-8-6 解： 根据放大电路的直流通道分析，直流通道如解图所示。

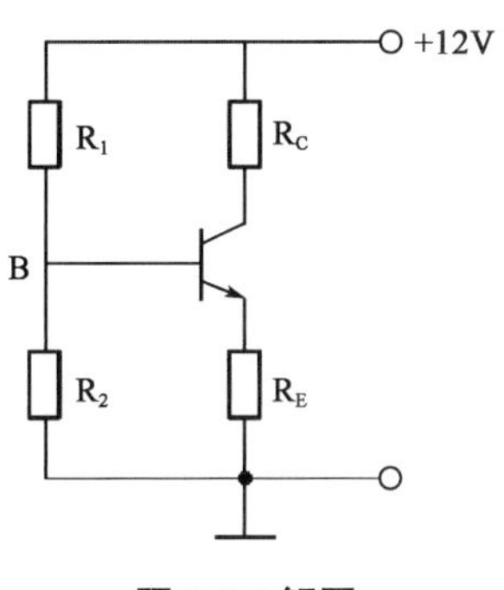

题 7-8-6 解图

$$U_{\mathrm{B}}=\frac{R_2}{R_1+R_2}\times 12=\frac{10}{50+10}\times 12=2\mathrm{V}$$

$$I_{\mathrm{E}}=\frac{U_{\mathrm{B}}-U_{\mathrm{BE}}}{R_{\mathrm{E}}}=\frac{2-0.7}{1}=1.3\mathrm{mA}$$

$$I_{\mathrm{B}}=\frac{I_{\mathrm{E}}}{1+\beta}=\frac{1.3}{61}=0.0213\mathrm{mA}$$

答案： B

7-8-7 解： 晶体管非门电路必须工作在饱和或截止状态。根据晶体三极管工作状态的判断条件，当晶体管处于饱和状态时，基极电流与集电极电流的关系是：

$$I_{\mathrm{B}}>I_{\mathrm{BS}}=\frac{1}{\beta}I_{\mathrm{CS}}=\frac{1}{\beta}\left(\frac{U_{\mathrm{CC}}-U_{\mathrm{CES}}}{R_{\mathrm{C}}}\right),\ I_{\mathrm{B}}=\frac{U_1-U_{\mathrm{BE}}}{R_{\mathrm{X}}}-\frac{U_{\mathrm{BE}}-U_{\mathrm{B}}}{R_{\mathrm{B}}}$$

答案： A

7-8-8 解： 判断三极管是否工作在放大状态的依据共有两点：发射结正偏，集电结反偏。对于 NPN 型三极管来说，基极电位高于发射极电位（硅材料管的电压U_{BE}大约为 0.7V，锗材料管的电压U_{BE}大约为 0.3V），集电极电位高于基极电位。对于 PNP 型三极管来说，基极电位低于发射极电位，集电极电位低于基极电位。

答案： C

7-8-9 解： 由图计算$I_{\mathrm{B}}=\frac{U_{\mathrm{i}}-U_{\mathrm{BE}}}{R_{\mathrm{B}}}=0.288\mathrm{A}$（实际值），$I_{\mathrm{Bmax}}=\frac{I_{\mathrm{Cmax}}}{\beta}\approx\frac{V_{\mathrm{CC}}}{R_{\mathrm{C}}\beta}0.2\mathrm{A}$（最大值），可见$I_{\mathrm{B}}>I_{\mathrm{Bmax}}$，三极管处于饱和状态。

答案： A

7-8-10 解： 根据等效的直流通道计算，在直流等效电路中电容断路，$I_{\mathrm{B}}=\frac{V_{\mathrm{CC}}-V_{\mathrm{BE}}}{R_{\mathrm{B}}}$；$I_{\mathrm{C}}=\beta I_{\mathrm{B}}$；$U_{\mathrm{CE}}=V_{\mathrm{CC}}-I_{\mathrm{C}}R_{\mathrm{C}}$。

答案： A

7-8-11 解： 根据微变等效电路计算，见解图，在微变等效电路中电容短路，$R_{\mathrm{i}}=R_{\mathrm{B}}/\!/r_{\mathrm{be}}$；$R_{\mathrm{o}}=R_{\mathrm{C}}$；$A_{\mathrm{u}}=-\frac{\beta(R_{\mathrm{C}}/\!/R_{\mathrm{L}})}{r_{\mathrm{be}}}$。

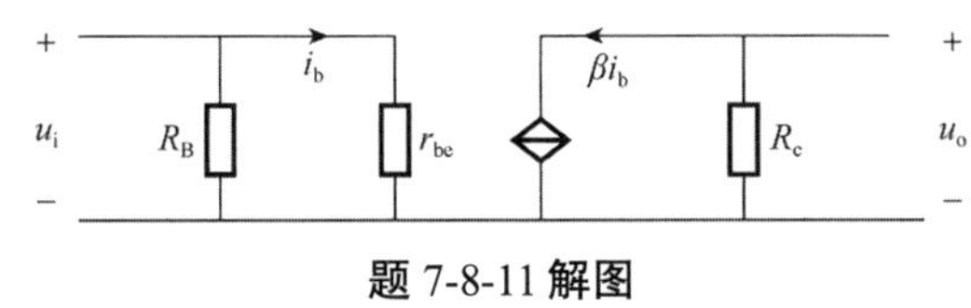

题 7-8-11 解图

答案： C

7-8-12 解： 分析交流放大器的结构图主要有两步：首先判断晶体管是否工作在放大区；然后检查交流信号是否畅通地到达输出端。对于放大中频信号的交流放大器来讲，电容元件在直流通道中等效为断路，对中频交流信号电容可以视为短路。A 图输入端电容C_1，将直流偏置电流I_{B}阻断；C 图缺少R_{B}偏置电阻；D 图中晶体管集电极和发射极管交接错了。

答案： B

7-8-13 解： 图示分压偏置放大电路的电压放大倍数公式，当没有电容作用时：

$$A_{\mathrm{u}}=\frac{-\beta R_{\mathrm{C}}}{R_{\mathrm{be}}+(1+\beta)R_{\mathrm{E}}}$$

如果接入电容 C：$A_{\mathrm{u}}=\frac{-\beta R_{\mathrm{C}}}{R_{\mathrm{bc}}}$

说明：放大器的耦合电容在交流信号源作用下可作为短路。

答案： B

7-8-14　解： 根据放大电路的微变等效电路分析，电压放大倍数$A_u=\frac{(1+\beta)R_L'}{r_{be}+(1+\beta)R_L'}$；$R_L'=R_E/\!/R_L$。

答案： D

（九）集成运算放大器

7-9-1　将运算放大器直接用于两信号的比较，如图 a）所示，其中，$u_{i2}=-1V$，u_{i1}是锯齿波，波形由图 b）给出，则输出电压u_o等于：

A. u_{i1}　　B. $-u_{i1}$　　C. 正的饱和值　　D. 负的饱和值

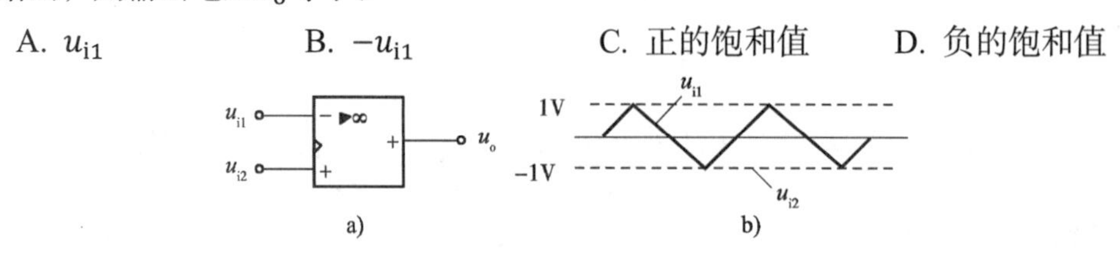

题 7-9-1 图

7-9-2　运算放大器应用电路如图所示，在运算放大器线性工作区，输出电压与输入电压之间的运算关系是：

A. $u_o=-\frac{1}{R_1C}\int u_i dt$　　B. $u_o=\frac{1}{R_1C}\int u_i dt$

C. $u_o=-\frac{1}{(R_1+R_2)C}\int u_i dt$　　D. $u_o=\frac{1}{(R_1+R_2)C}\int u_i dt$

7-9-3　运算放大器应用电路如图所示，在运算放大器线性工作区，输出电压与输入电压之间的运算的关系是：

A. $u_o=10(u_1-u_2)$　　B. $u_o=10(u_2-u_1)$

C. $u_o=-10u_1+11u_2$　　D. $u_o=10u_1-11u_2$

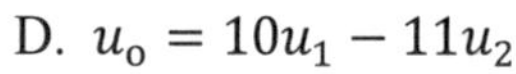

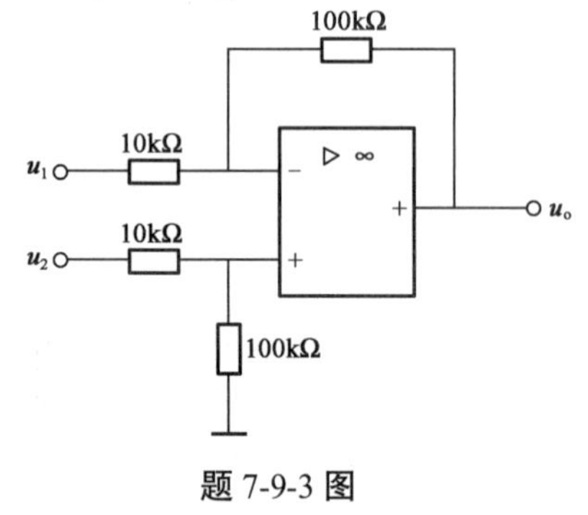

题 7-9-2 图　　题 7-9-3 图

7-9-4　运算放大器应用电路如图所示，在运算放大器线性工作区，输出电压与输入电压之间的运算关系是：

A. $u_o=-10u_i$　　B. $u_o=10u_i$　　C. $u_o=11u_i$　　D. $u_o=+5.5u_i$

7-9-5　图示电路中，输出电压U_o与输入电压U_{i1}、U_{i2}的关系式为：

A. $\frac{R_F}{R_f}(U_{i1}+U_{i2})$　　B. $\left(1+\frac{R_F}{R_f}\right)(U_{i1}+U_{i2})$

C. $\frac{R_F}{2R_f}(U_{i1}+U_{i2})$　　D. $\frac{1}{2}\left(1+\frac{R_F}{R_f}\right)(U_{i1}+U_{i2})$

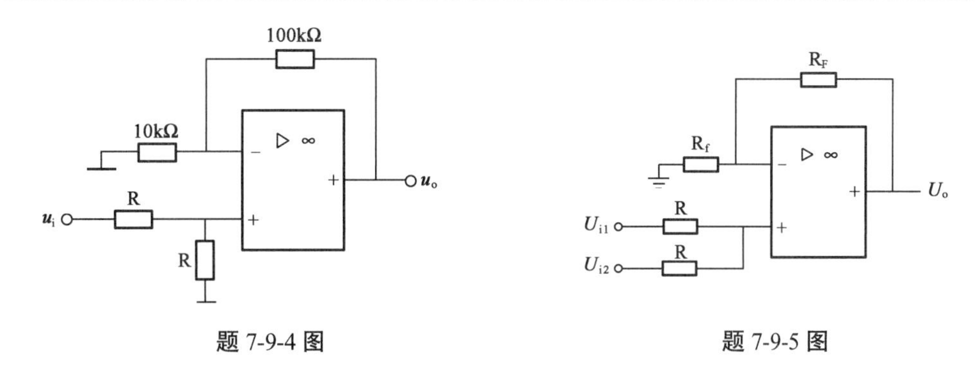

题 7-9-4 图　　　　题 7-9-5 图

7-9-6　图示电路中，运算放大器输出电压的极限值$\pm U_{oM}$，输入电压$u_i = U_m \sin \omega t$，现将信号电压u_i从电路的“A”端送入，电路的“B”端接地，得到输出电压u_{o1}。而将信号电压u_i从电路的“B”端输入，电路的“A”接地，得到输出电压u_{o2}。则以下正确的是：

A. 图 a）　　B. 图 b）　　C. 图 c）　　D. 图 d）

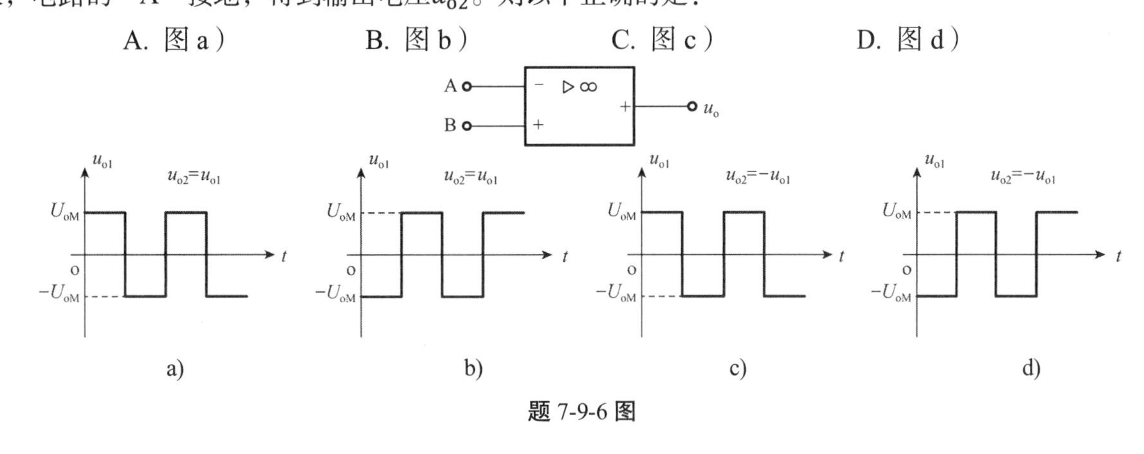

题 7-9-6 图

题解及参考答案

7-9-1　**解：** 该电路是电压比较电路。当反向输入信号u_{i1}大于基准信号u_{i2}时，输出为负的饱和值；当反向输入信号u_{i1}小于基准信号u_{i2}时，输出为正的饱和值。

答案： D

7-9-2　**解：** 该题为两级放大电路，第一级为积分器，$u_{o1} = -\frac{1}{R_1C}\int u_i \mathrm{d}t$，第二级是电压跟随电路$u_o = u_{o1}$，因此$u_o = -\frac{1}{R_1C}\int u_i \mathrm{d}t$。

答案： A

7-9-3　**解：**

$$u_o = u_{o1} + u_{o2} = -\frac{100}{10}u_1 + \left(\frac{10+100}{10}\right)\frac{100}{10+100}，\ u_2 = -10u_1 + \frac{110}{10}\times\frac{100}{110}u_2 = -10(u_1 - u_2)$$

答案： B

7-9-4　**解：** 该电路是同相比例放大电路，分析时注意同相端电阻的作用。

$$u_+ = \frac{R}{R+R}u_i = \frac{1}{2}u_i$$

$$u_o = \left(1 + \frac{100}{10}\right)\frac{R}{R+R}u_i = 11 \times \frac{1}{2}u_i = 5.5u_i$$

答案： D

7-9-5　**解：** 因为

$$U_o = \left(1 + \frac{R_F}{R_f}\right)u_+$$

$$U_{+}=\frac{R}{R+R}u_{\mathrm{i1}}+\frac{R}{R+R}u_{\mathrm{i2}}=\frac{1}{2}(u_{\mathrm{i1}}+u_{\mathrm{i2}})$$

所以

$$U_{\mathrm{o}}=\left(1+\frac{R_{\mathrm{F}}}{R_{\mathrm{f}}}\right)\frac{u_{\mathrm{i1}}+u_{\mathrm{i2}}}{2}$$

答案：D

7-9-6　解：本电路属于运算放大器非线性应用，是一个电压比较电路。A 点是反相输入端，B 点是同相输入端。当 B 点电位高于 A 点电位时，输出电压有正的最大值U_{oM}。当 B 点电位低于 A 点电位时，输出电压有负的最大值$-U_{\mathrm{oM}}$。

解图 a)、b）表示输出端u_{o1}和u_{o2}的波形正确关系。

选项 D 的u_{o1}波形分析正确，并且$u_{\mathrm{o1}}=-u_{\mathrm{o2}}$，符合题意。

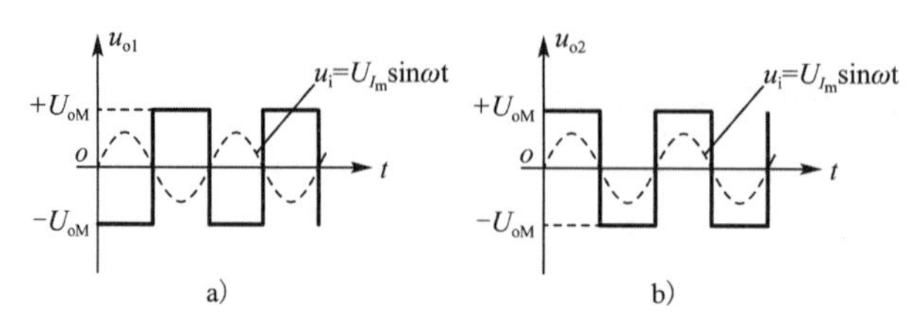

题 7-9-6 解图

答案：D

（十）**数字电路**

7-10-1 D 触发器的应用电路如图所示，设输出 Q 的初值为 0，那么，在时钟脉冲cp的作用下，输出 Q 为：

A. 1

B. cp

C. 脉冲信号，频率为时钟脉冲频率的1/2

D. 0

7-10-2 由 JK 触发器组成的应用电器如图所示，设触发器的初值都为 0，经分析可知是一个：

A. 同步二进制加法计数器　　B. 同步四进制加法计数器

C. 同步三进制加法计数器　　D. 同步三进制减法计数器

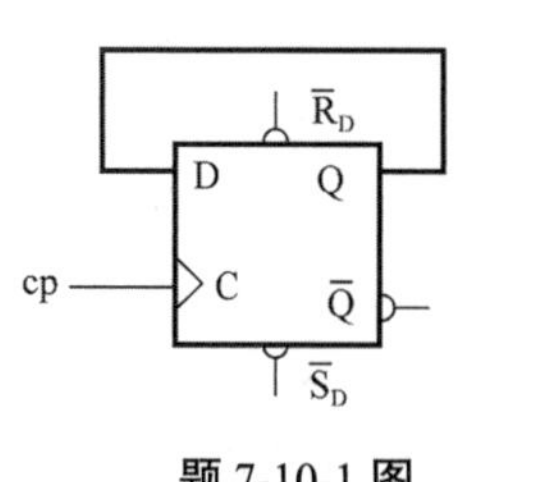

题 7-10-1 图

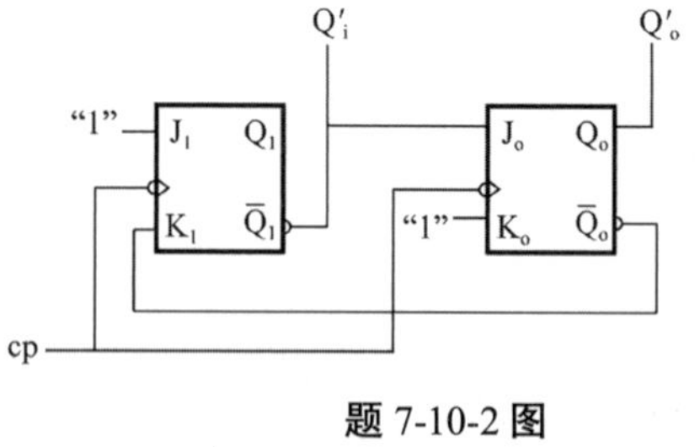

题 7-10-2 图

7-10-3 数字信号 B=1 时，图示两种基本门的输出分别为：

A. $F_1=A$，$F_2=1$

B. $F_1=1$，$F_2=A$

C. $F_1=1$，$F_2=0$

D. $F_1=0$，$F_2=A$

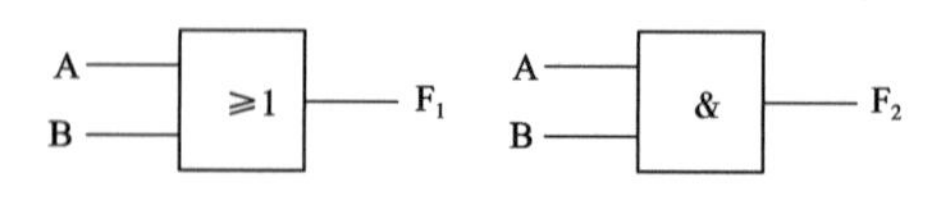

题 7-10-3 图

7-10-4 JK 触发器及其输入信号波形图如图所示，该触发器的初值为 0，则它的输出 Q 为：

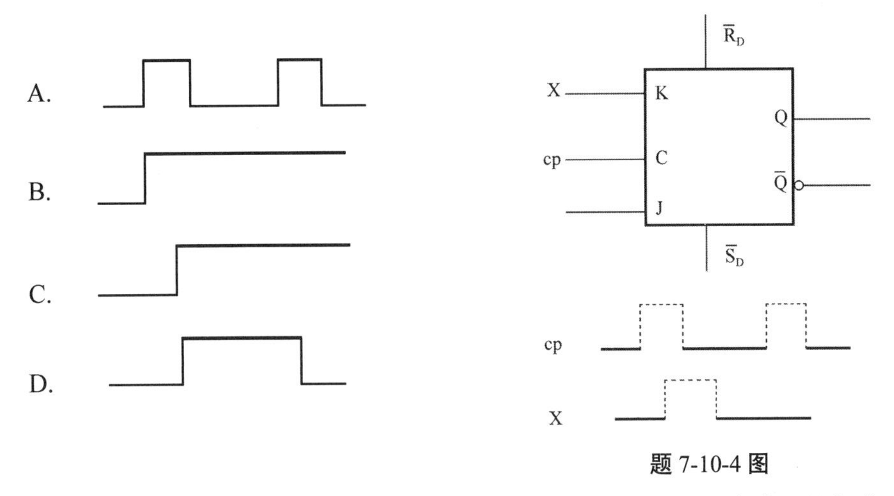

题 7-10-4 图

7-10-5 如图所示电路中，Q_1、Q_0的原始状态为“1 1”，当送入两个脉冲后的新状态为：

A. “0 0”　　B. “0 1”　　C. “1 1”　　D. “1 0”

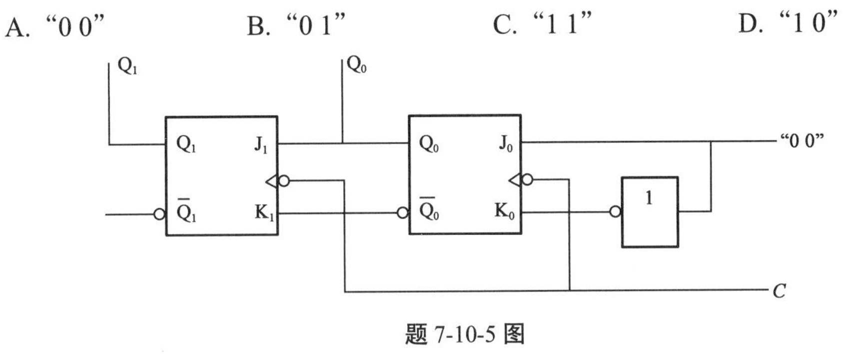

题 7-10-5 图

7-10-6 图示电路具有：

A. 保持功能　　B. 置“0”功能　　C. 置“1”功能　　D. 计数功能

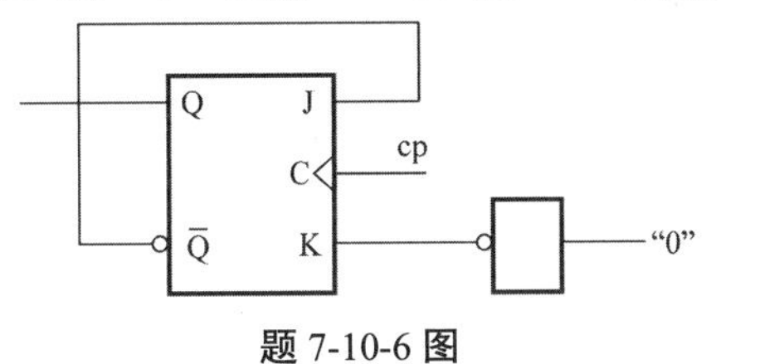

题 7-10-6 图

7-10-7 逻辑图和输入 A、B 的波形如图所示，分析当输出 F 为“1”时刻应是：

A. t_1　　B. t_2　　C. t_3　　D. t_4

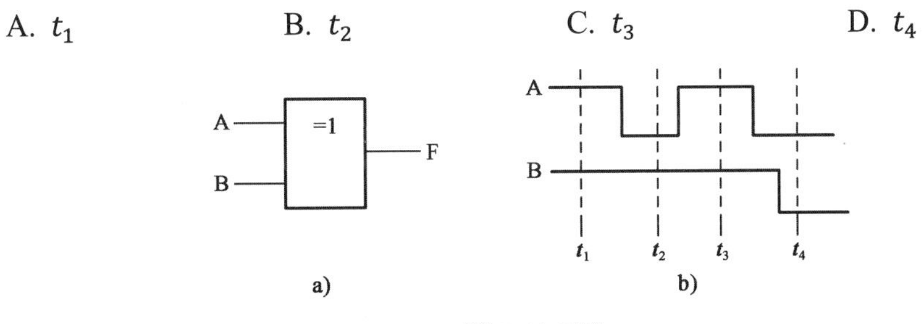

题 7-10-7 图

7-10-8 图示电路中，二极管视为理想元件，即正向电压降为零，反向电阻为无穷大。三极管的$\beta=100$。输入信号U_A、U_B的高电平是 3.5V（逻辑 1），低电平是 0.3V（逻辑 0），若该电路的输出电压U_o高电平时定为逻辑 1，如图所示电路应为：

A. 与门　　B. 与非门　　C. 或门　　D. 或非门

7-10-9 图为三个二极管和电阻 R 组成一个基本逻辑门电路，输入二极管的高电平和低电平分别是 3V 和 0V，电路的逻辑关系式是：

A. $Y = ABC$　　B. $Y = A + B + C$　　C. $Y = AB + C$　　D. $Y = (A + B)C$

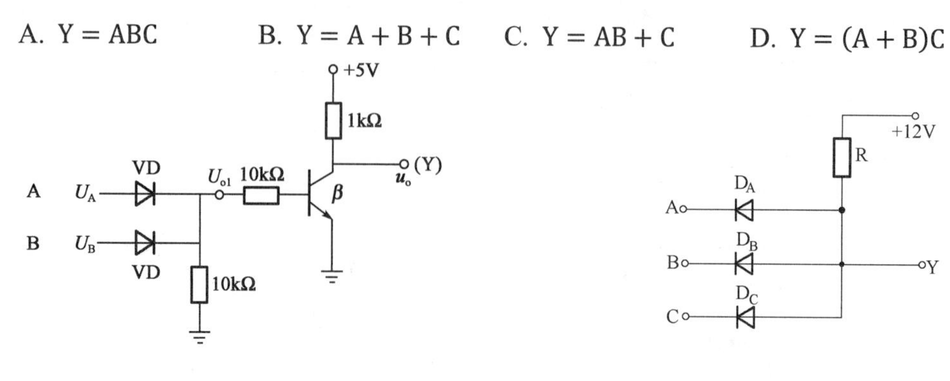

题 7-10-8 图　　　　题 7-10-9 图

7-10-10 现有一个三输入端与非门，需要把它用作反相器（非门），请问图示电路中哪种接法正确？

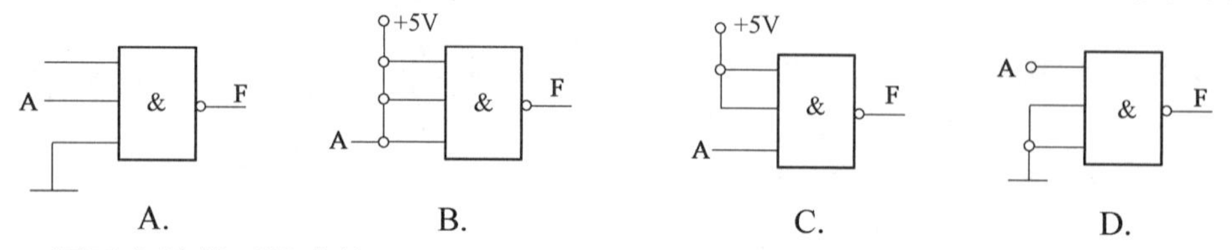

7-10-11 图示电路的逻辑式是：

A. $Y = AB(\overline{A} + \overline{B})$　　B. $Y = A\overline{B} + \overline{A}B$

C. $Y = (A + B)\overline{A} \cdot \overline{B}$　　D. $Y = AB + \overline{A} \cdot \overline{B}$

7-10-12 逻辑电路如图所示，A＝“1”时，C 脉冲来到后，D 触发器应：

A. 具有计数器功能　　B. 置“0”

C. 置“1”　　D. 无法确定

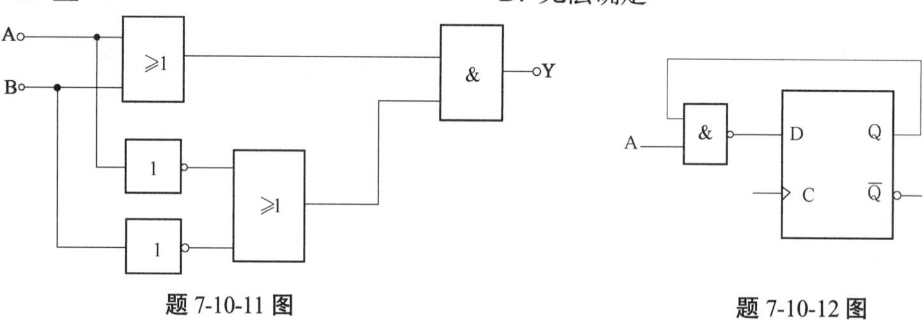

题 7-10-11 图　　　　题 7-10-12 图

7-10-13 D 触发器组成的电路如图 a）所示。设Q_1、Q_2的初始态是 0、0，已知 cp 脉冲波形，Q_2的波形是图 b）中哪个图形？

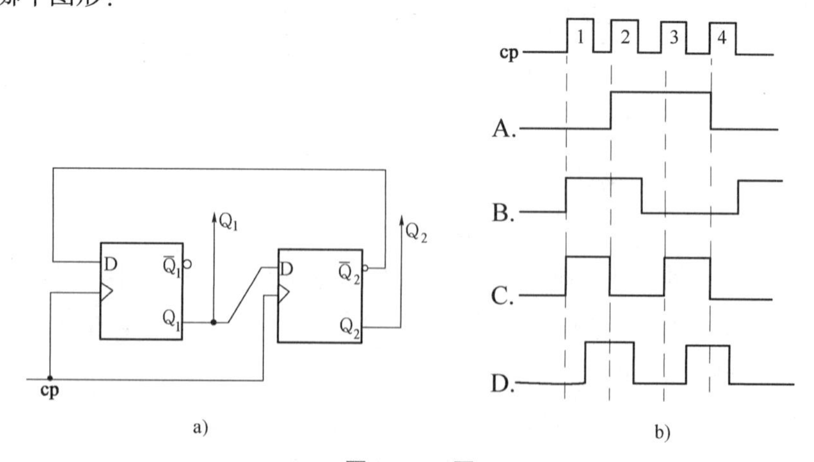

题 7-10-13 图

7-10-14 由两个主从型 JK 触发器组成的逻辑电路如图 a）所示，设Q_1、Q_2的初始态是 0、0，已知输入信号 A 和脉冲信号 cp 的波形，如图 b）所示，当第二个 cp 脉冲作用后，Q_1、Q_2将变为：

A. 1、1　　　　B. 1、0

C. 0、1　　　　D. 保持 0、0 不变

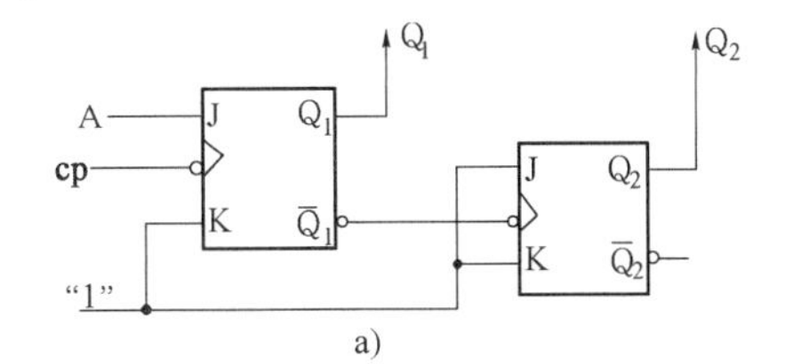

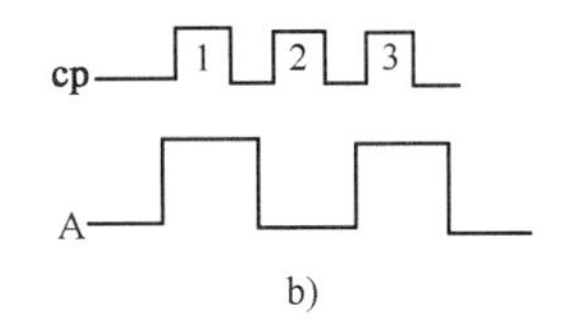

题 7-10-14 图

7-10-15 逻辑电路如图所示，A = "0" 时，C 脉冲来到后，JK 触发器应：

A. 具有计数功能　　　　B. 置 "0"

C. 置 "1"　　　　D. 保持不变

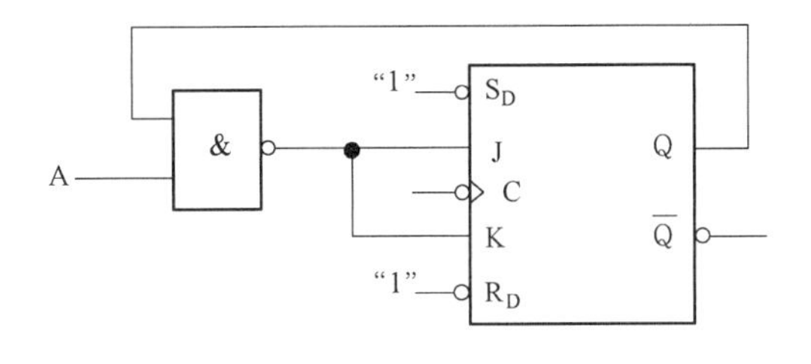

题 7-10-15 图

题解及参考答案

7-10-1 解： 该电路是 D 触发器，这种连接方法构成保持状态：$Q_{n+1} = D = Q_n$。

答案： D

7-10-2 解： 本题为两个 JK 触发器构成的时序逻辑电路。时钟信号同时接在两个触发器上，为同步触发方式。初始状态，$Q_1 = Q_0 = 0$，时序分析见解表。

题 7-10-2 解表

cp	Q_1	Q_0	$J_1 = 1$	$K_1 = \overline{Q_0}$	$J_0 = \overline{Q_1}$	$K_0 = 1$	$Q_1' = \overline{Q_1}$	$Q_0' = Q_0$
0	0	0	1	1	1	1	1	0
1	1	1	1	0	0	1	0	1
2	1	0	1	1	0	1	0	0
3	0	0	1	1	1	1	1	0

可见三个时钟后完成一次循环，顺序为 10 → 01 → 00 → 10，即电路为三进制减法计数器。

答案： D

7-10-3 解： 左边电路是或门$F_1 = A + B$，右边电路是与门$F_2 = A \cdot B$。根据逻辑电路的基本关系即可得到正确答案。

答案： B

7-10-4 解： 图示电路是电位触发的 JK 触发器。当 cp 在上升沿时，触发器取输入信号 JK。触发器

的状态由 JK 触发器的功能表（略）确定。

答案： B

7-10-5 解： 该电路为时序逻辑电路，具有移位、存储功能，两个脉冲过后的新状态为$Q_1Q_0 = 00$。

答案： A

7-10-6 解： JK 触发器的功能表分析，该电路$K = 1$，$J = \overline{Q}$。

当$Q = 0$，$\overline{Q} = 1 = J$时，输出端Q的下一个状态为 1；当$Q = 1$，$\overline{Q} = 0 = J$时，输出端Q的状态为 0，即$Q_{n+1} = \overline{Q_n}$，所以该电路有计数功能。

答案： D

7-10-7 解： 该电路为异或门电路，逻辑关系为

$$F = A\overline{B} + \overline{A}B$$

当$t = t_2$时，A=0，B=1，F=1，其余时刻 F 均为 0。

答案： B

7-10-8 解： 当U_A或U_B中有高电位时，u_{o1}输出高电位，u_{o1}与U_A、U_B符合或门逻辑电路。u_o与u_{o1}的电位关系符合非门逻辑，因此，该电路的输出与输入之间有或非逻辑。电位分析见解表 1 和解表 2。

题 7-10-8 解表 1

U_A	U_B	U_o
0.3V	0.3V	5V
0.3V	3.5V	0.3V
3.5V	0.3V	0.3V
3.5V	3.5V	0.3V

题 7-10-8 解表 2

A	B	Y
0	0	1
0	1	0
1	0	0
1	1	0

答案： D

7-10-9 解： 首先确定在不同输入电压下三个二极管的工作状态，依此确定输出端的电位U_Y；然后判断各电位之间的逻辑关系，当点电位高于 2.4V 时视为逻辑状态“1”，电位低于 0.4V 时视为逻辑“0”状态。该电路输入信号 A、B、C 与输入端 Y 的电位有与逻辑关系，$Y = ABC$。

答案： A

7-10-10 解： 处于悬空状态的逻辑输入端可以按逻辑“1”处理，接地为“0”状态，$F_A = \overline{1 \cdot A \cdot 0} = 1$；B 图输入端接线错误；$F_C = \overline{1 \cdot 1 \cdot A} = \overline{A}$；$F_D = \overline{A \cdot 0 \cdot 0} = 1$。

答案： C

7-10-11 解： 用逻辑代数分析并化简。$Y = (A + B) \cdot (\overline{A} + \overline{B}) = A\overline{A} + B\overline{A} + A\overline{B} + B\overline{B} = \overline{A}B + A\overline{B}$。

答案： B

7-10-12 解： 复习 D 触发器的关系$Q_{n+1} = D_n$。本题，当$A =$“1”时，$D = \overline{Q}$，因此$Q_{n+1} = \overline{Q_n}$为计数状态。

答案： A

7-10-13 解： 从时钟输入端的符号可见，该触发器同步触发，且为正边沿触发方式。即：当时钟信号由低电平上升为高电平时刻，输出端的状态可能发生改变，变化的逻辑结果由触发器的逻辑表决定。

答案： A

7-10-14 解： 该触发器为负边沿触发方式，即当时钟信号由高电平下降为低电平时刻输出端的状态可能发生改变。

答案： C

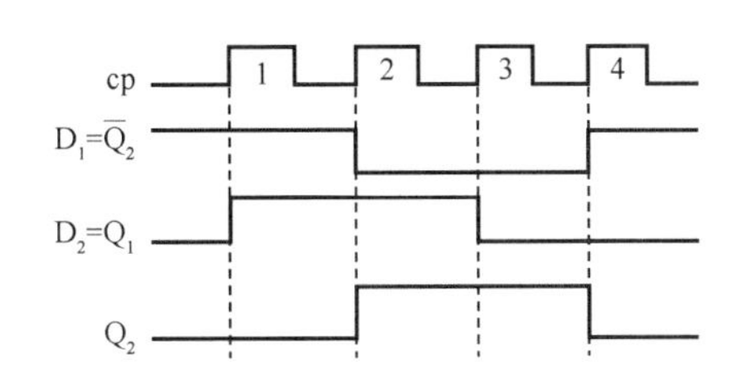

题 7-10-13 解图

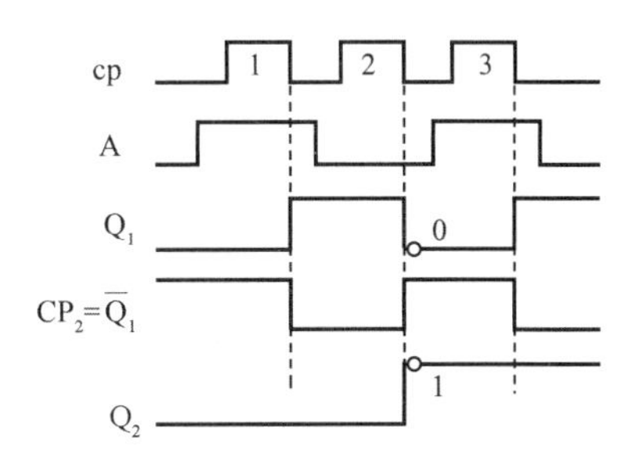

题 7-10-14 解图

7-10-15 解： 复习 JK 触发器的功能表，当A = "0" 时，J = K = 1，$Q_{n+1}=\overline{Q}_n$为计数状态。

答案： A

第八章　信号与信息技术

复习指导

目前，信号与信息技术快速发展，内容涉及面广，主要包括计算机基础知识、电路电子技术、信息通信技术等。但是，具体来讲，该部分内容正是目前工程技术人员在工作中经常用到的知识。复习的重点是信息技术应用的系统化、规范化。

根据“考试大纲”的要求，本次复习应该注意以下几项内容：

1. 信息、消息与信号的概念

信息、消息和信号之间的关系，是借助于信号形式，传送信息，使受信者从所得到的消息中获取信息。

2. 信号的分类

要搞清楚信号的概念：什么是确定性信号和随机信号、连续信号和离散信号，特别要搞清楚模拟信号和数字信号形式上的不同，并区别它们的不同表示方法。

3. 模拟信号的描述

在信号分析中不仅可以从时域考虑问题，而且还可以从频域考虑问题。在复习本部分内容时，一般是以正弦函数为基本信号，分析常用的周期和非周期信号的一些基本特性以及信号在系统中的传输问题。抓住基本概念，即周期信号频谱的离散性、谐波性和收敛性。

频谱分析是模拟信号分析的重要方法，也是模拟信号处理的基础，在工程中有着重要的应用。

要了解模拟信号滤波、模拟信号变换、模拟信号识别的知识。

数字电子信号的处理采用了与模拟信号不同的方式，电子器件的工作状态也不同。数字电路的工作信号是二值信号，要用它来表示数并进行数的运算，就必须采取二进制形式表示。复习内容主要包括：

（1）了解数字信号的数制和代码，掌握几种常用进制表示，数制转换、数字信号的常用代码。

（2）搞清楚算术运算和逻辑运算的特点和区别，逻辑函数化简处理后能突显其内在的逻辑关系，通常还可以使硬件电路结构简单。

（3）了解数字信号的符号信息处理方法，数字信号的存储技术，模拟信号与数字信号的互换知识。

数字信号是信息的编码形式，可以用电子电路或电子计算机方便、快速地对它进行传输、存储和处理。因此，将模拟信号转换为数字信号，或者说用数字信号对模拟信号进行编码，从而将模拟信号问题转化为数字信号问题加以处理，是现代信息技术中的重要内容。

练习题、题解及参考答案

（一）基本概念

8-1-1　设周期信号$u(t)$的幅值频谱如图所示，则该信号：

A. 是一个离散时间信号

B. 是一个连续时间信号

C. 在任意瞬间均取正值

D. 最大瞬时值为 1.5V

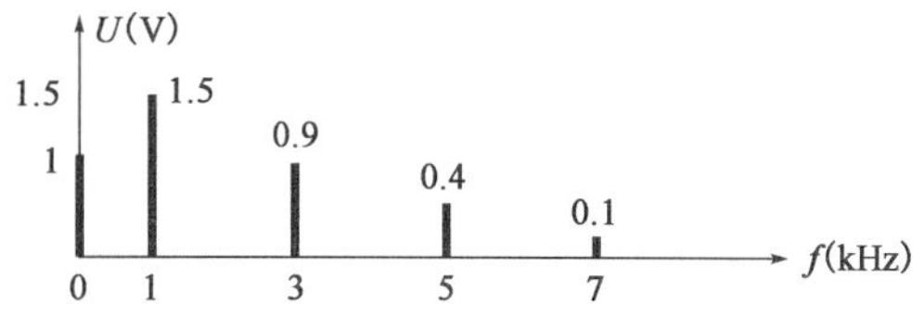

题 8-1-1 图

8-1-2　信息可以以编码的方式载入：

A. 数字信号之中　　B. 模拟信号之中

C. 离散信号之中　　D. 采样保持信号之中

8-1-3　某电压信号随时间变化的波形图如图所示，该信号应归类于：

A. 周期信号　　B. 数字信号　　C. 离散信号　　D. 连续时间信号

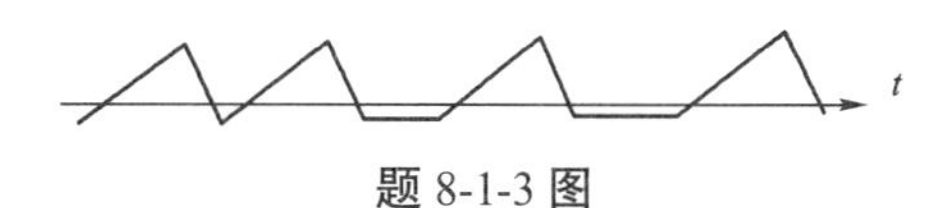

题 8-1-3 图

8-1-4　非周期信号的幅度频谱是：

A. 连续的　　B. 离散的，谱线正负对称排列

C. 跳变的　　D. 离散的，谱线均匀排列

8-1-5　图 a）所示电压信号波形经电路 A 变换成图 b）波形，再经电路 B 变换成图 c）波形，那么，电路 A 和电路 B 应依次选用：

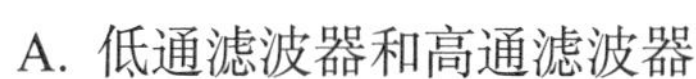

A. 低通滤波器和高通滤波器

B. 高通滤波器和低通滤波器

C. 低通滤波器和带通滤波器

D. 高通滤波器和带通滤波器

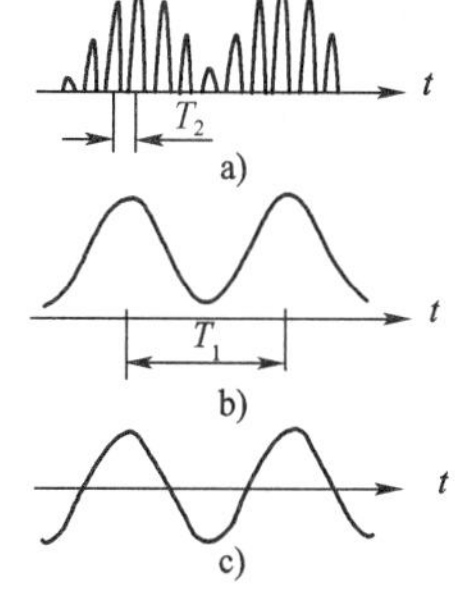

题 8-1-5 图

8-1-6　信号处理器幅频特性如图所示，其为：

A. 带通滤波器

B. 信号放大器

C. 高通滤波器

D. 低通滤波器

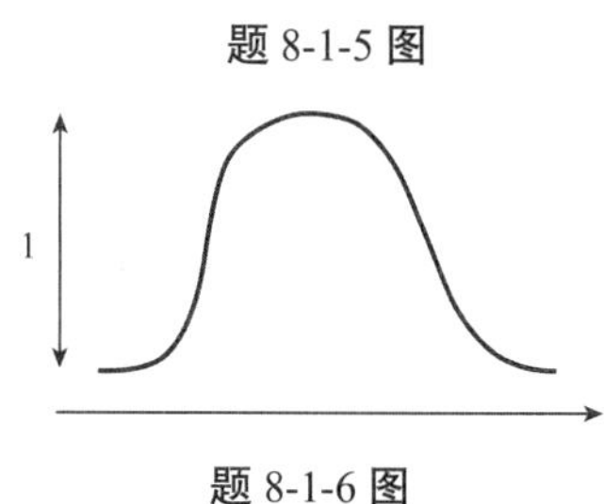

题 8-1-6 图

8-1-7　关于信号与信息，下述说法正确的是：

A. 仅信息可观测　　B. 仅信号可观测

C. 信号和信息均可观测　　D. 信号和信息均不可观测

8-1-8　以下几种说法中正确的是：

A. 滤波器会改变正弦波信号的频率

B. 滤波器会改变正弦波信号的波形形状

C. 滤波器会改变非正弦周期信号的频率

D. 滤波器会改变非正弦周期信号的波形形状

8-1-9 在如下关系信号和信息的说法中，正确的是：

A. 信息含于信号之中

B. 信号含于信息之中

C. 信息是一种特殊的信号

D. 同一信息只能承载在一种信号之中

8-1-10 信息与消息和信号意义不同，但三者又是互相关联的概念，信息指受信者预先不知道的新内容。下列对于信息的描述正确的是：

A. 信号用来表示信息的物理形式，消息是运载消息的工具

B. 信息用来表示消息的物理形式，信号是运载消息的工具

C. 消息用来表示信号的物理形式，信息是运载消息的工具

D. 消息用来表示信息的物理形式，信号是运载消息的工具

8-1-11 信号、信息和媒体三者的关系可以比喻为：

A. 信息是货，信号是路，媒体是车　　B. 信息是车，信号是货，媒体是路

C. 信息是货，信号是车，媒体是路　　D. 信息是路，信号是车，媒体是货

题解及参考答案

8-1-1　解： 周期信号的幅值频谱是离散且收敛的。这个周期信号一定是时间上的连续信号。

答案： B

8-1-2　解： 信息通常是以编码的方式载入数字信号中的。

答案： A

8-1-3　解： 图示电压信号是连续的时间信号，在各个时间点的数值确定；对其他的周期信号、数字信号、离散信号的定义均不符合。

答案： D

8-1-4　解： 根据对模拟信号的频谱分析可知：周期信号的频谱是离散的，非周期信号的频谱是连续的。

答案： A

8-1-5　解： 该电路是利用滤波技术进行信号处理，从图 a）到图 b）经过了低通滤波，从图 b）到图 c）利用了高通滤波技术（消去了直流分量）。

答案： A

8-1-6　解： 横轴为频率f，纵轴为增益。高通滤波器的幅频特性应为：频率高时增益也高，图像应右高左低；低通滤波器的幅频特性应为：频率低时增益高，图像应左高右低；信号放大器理论上增益与频率无关，图像基本平直。这种局部增益（中间某一段）高于其他段，就是带通滤波器的典型特征。

答案： A

8-1-7　解： 信号可观测；信息可度量、可识别、可转换、可存储、可传递、可再生、可压缩、可利

用、可共享。

答案： B

8-1-8　解： 滤波器是频率筛选器，通常根据信号的频率不同进行处理。它不改变正弦波信号的形状，而是通过正弦波信号的频率来识别，保留有用信号，滤除干扰信号。而非正弦周期信号可以分解为多个不同频率正弦波信号的合成，它的频率特性是收敛的。对非正弦周期信号滤波时要保留基波和低频部分的信号，滤除高频部分的信号。这样做虽然不会改变原信号的频率，但是滤除高频分量以后会影响非正弦周期信号波形的形状。

答案： D

8-1-9　解："信息"指的是人们通过感官接收到的关于客观事物的变化情况；"信号"是信息的表示形式，是传递信息的工具，如声、光、电等。信息是存在于信号之中的。

答案： A

8-1-10　解： 必须了解信息、消息和信号的意义。信息是指受信者预先不知道的新内容；消息是表示信息的物理形式（如声音、文字、图像等）；信号是运载消息的工具（如声、光、电）。

答案： D

8-1-11　解： 信息是抽象的，信号是物理的。信息必须以信号为载体，才能通过物理媒体进行传输和处理。所以，信号是载体，信息是内容，媒体是传输介质。

答案： C

（二）数字信号与信息

8-2-1　七段显示器的各段符号如图所示，那么，字母"E"的共阴极七段显示器的显示码 abcdefg 应该是：

A. 1001111　　B. 0110000

C. 10110111　　D. 10001001

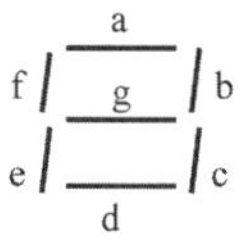

题 8-2-1 图

8-2-2　已知数字信号 A 和数字信号 B 的波形如图所示，则数字信号 $F=\overline{A+B}$ 的波形为：

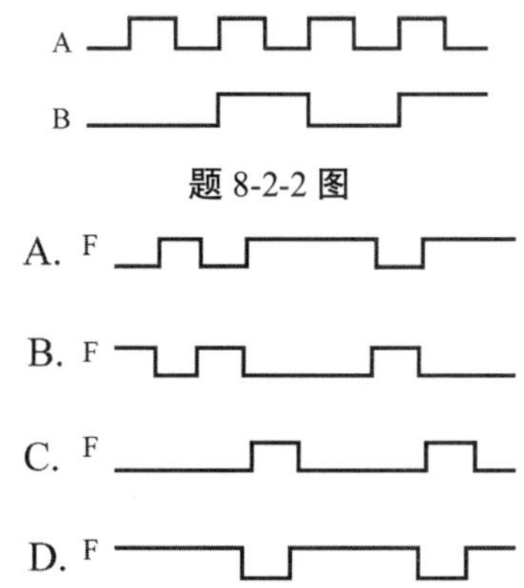

题 8-2-2 图

8-2-3　由图示数字逻辑信号的波形可知，三者的函数关系是：

A. $F=\overline{A}\,\overline{B}$　　B. $F=\overline{A+B}$

C. $F=AB+\overline{A}\,\overline{B}$　　D. $F=\overline{A}\,\overline{B}+A\overline{B}$

8-2-4　数字信号如图所示，如果用其表示数值，那么，该数字信号表示的数量是：

A. 3 个 0 和 3 个 1　　B. 一万零一十一

C. 3　　D. 19

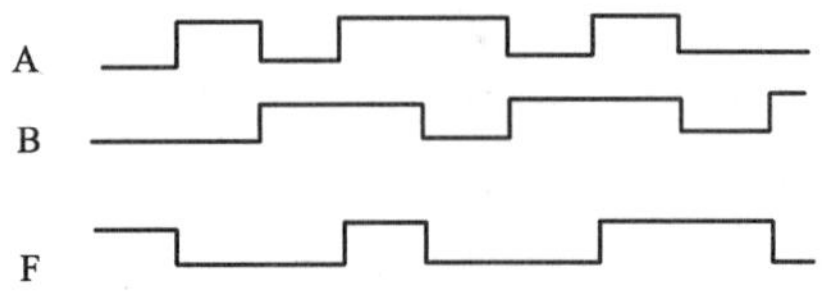

题 8-2-3 图

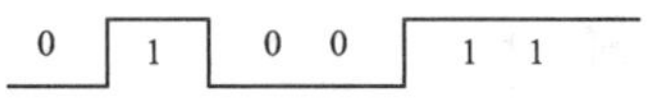

题 8-2-4 图

8-2-5　用传感器对某管道中流动的液体流量$x(t)$进行测量，测量结果为$u(t)$，用采样器对$u(t)$采样后得到信号$u^*(t)$，那么：

A. $x(t)$和$u(t)$均随时间连续变化，因此均是模拟信号

B. $u^*(t)$仅在采样点上有定义，因此是离散信号

C. $u^*(t)$仅在采样点上有定义，因此是数字信号

D. $u^*(t)$是$x(t)$的模拟信号

8-2-6　模拟信号$u(t)$的波形图如图所示，它的时间域描述形式是：

A. $u(t)=2(1-e^{-10t})\cdot\varepsilon(t)$

B. $u(t)=2(1-e^{-0.1t})\cdot\varepsilon(t)$

C. $u(t)=[2(1-e^{-10t})-2]\cdot\varepsilon(t)$

D. $u(t)=2(1-e^{-10t})\cdot[\varepsilon(t)-\varepsilon(t-2)]$

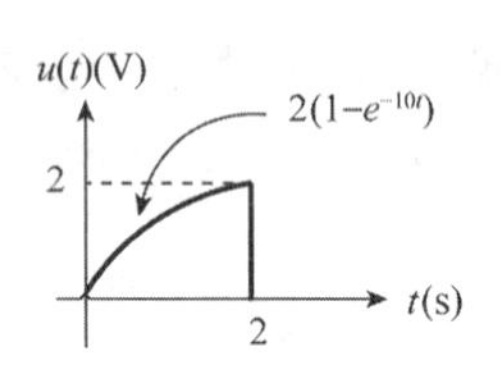

题 8-2-6 图

8-2-7　模拟信号$u(t)$的波形如图所示，设$\varepsilon(t)$为单位阶跃函数，则$u(t)$的时间域描述形式为：

A. $u(t)=-t+2\text{V}$

B. $u(t)=(-t+2)-\varepsilon(t)\text{V}$

C. $u(t)=(-t+2)(t-2)\text{V}$

D. $u(t)=(-t+2)\varepsilon(t)-(-t+2)\varepsilon(t-2)\text{V}$

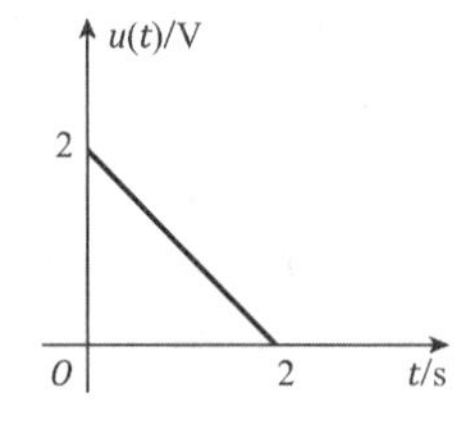

题 8-2-7 图

8-2-8　模拟信号放大器是完成对输入模拟量：

A. 幅度的放大　　B. 频率的放大

C. 幅度和频率的放大　　D. 低频成分的放大

8-2-9　对逻辑表达式$\text{AC}+\text{DC}+\overline{\text{A}}\,\overline{\text{D}}\text{C}$的化简结果是：

A. C　　B. $\text{A}+\text{D}+\text{C}$　　C. $\text{AC}+\text{DC}$　　D. $\overline{\text{A}}+\overline{\text{C}}$

8-2-10 某逻辑问题的真值表如表所示，由此可以得到，该逻辑问题的输入输出之间的关系为：

题 8-2-10 表

C	A	B	F
0	0	0	0
0	0	1	0
0	1	0	0
0	1	1	0
1	0	0	1
1	0	1	0
1	1	0	0
1	1	1	1

A. $\text{F}=0+1=1$　　B. $\text{F}=\overline{\text{A}}\,\overline{\text{B}}\text{C}+\text{ABC}$

C. $\text{F}=\text{A}\overline{\text{B}}\text{C}+\text{ABC}$　　D. $\text{F}=\overline{\text{A}}\,\overline{\text{B}}+\text{AB}$

8-2-11 逻辑函数$F=f(A,B,C)$的真值表如下，由此可知：

题 8-2-11 表

A	B	C	F
0	0	0	0
0	0	1	0
0	1	0	0
0	1	1	1
1	0	0	0
1	0	1	0
1	1	0	1
1	1	1	1

A. $F=BC+AB+\overline{A}\,\overline{B}C+B\overline{C}$　　B. $F=\overline{A}\,\overline{B}\,\overline{C}+AB\overline{C}+AC+ABC$

C. $F=AB+BC+AC$　　D. $F=\overline{A}BC+AB\overline{C}+ABC$

8-2-12 下述信号中哪一种属于时间信号？

A. 数字信号　　B. 模拟信号

C. 数字信号和模拟信号　　D. 数字信号和采样信号

8-2-13 模拟信号是：

A. 从对象发出的原始信号

B. 从对象发出并由人的感官所接收的信号

C. 从对象发出的原始信号的采样信号

D. 从对象发出的原始信号的电模拟信号

8-2-14 下列信号中哪一种是代码信号？

A. 模拟信号　　B. 模拟信号的采样信号

C. 采样保持信号　　D. 数字信号

8-2-15 下述哪种说法是错误的？

A. 在时间域中，模拟信号是信息的表现形式，信息装载于模拟信号的大小和变化之中

B. 在频率域中，信息装载于模拟信号特定的频谱结构之中

C. 模拟信号既可描述为时间的函数，又可以描述为频率的函数

D. 信息装载于模拟信号的传输媒体之中

8-2-16 周期信号中的谐波信号频率是：

A. 固定不变的　　B. 连续变化的

C. 按周期信号频率的整倍数变化　　D. 按指数规律变化

8-2-17 非周期信号的频谱是：

A. 离散的

B. 连续的

C. 高频谐波部分是离散的，低频谐波部分是连续的

D. 有离散的也有连续的，无规律可循

8-2-18 图示为电报信号、温度信号、触发脉冲信号和高频脉冲信号的波形，其中是连续信号的是：

A. a）、c）、d）　　B. b）、c）、d）

C. a）、b）、c）　　D. a）、b）、d）

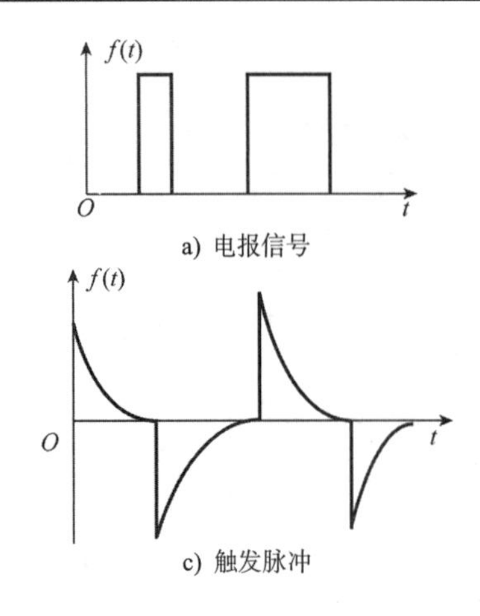

a) 电报信号

c) 触发脉冲

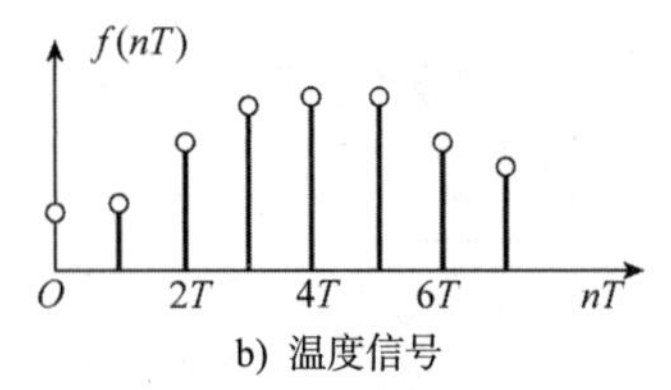

b) 温度信号

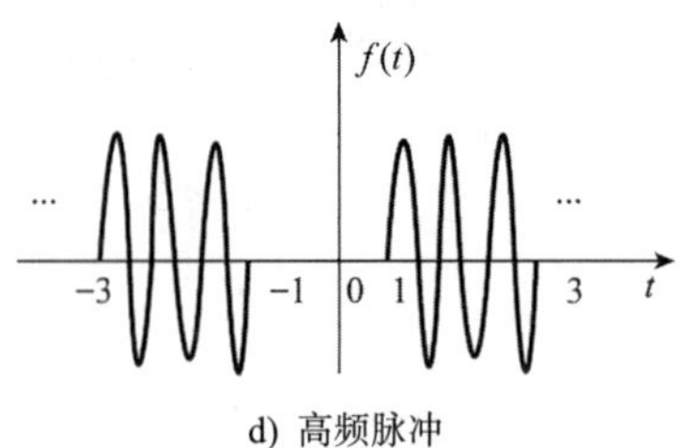

d) 高频脉冲

题 8-2-18 图

8-2-19 模拟信号经过下列哪种转换，才能转化为数字信号？

A. 信号幅度的量化　　　　B. 信号时间上的量化

C. 幅度和时间的量化　　　D. 抽样

8-2-20 连续时间信号与通常所说的模拟信号的关系是：

A. 完全不同　　　　B. 是同一个概念

C. 不完全相同　　　D. 无法回答

8-2-21 根据如图所示信号$f(t)$画出的$f(2t)$波形是：

A. a）　　B. b）　　C. c）　　D. 均不正确

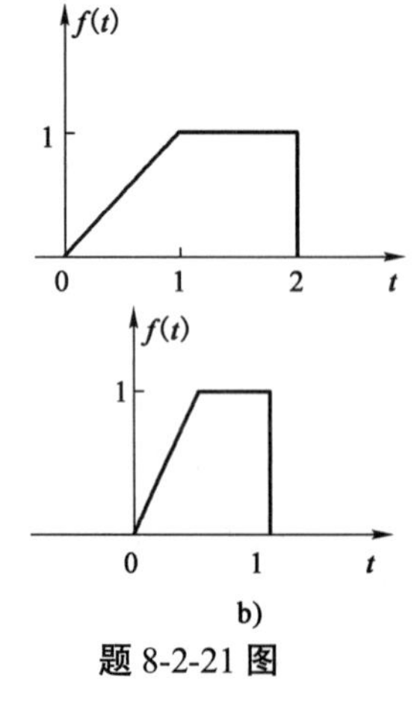

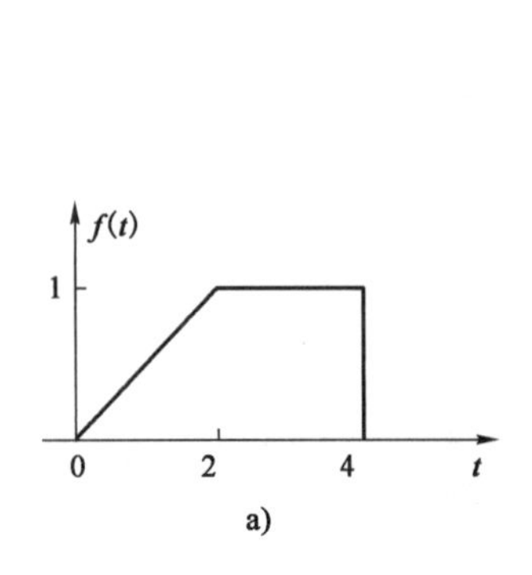

a)

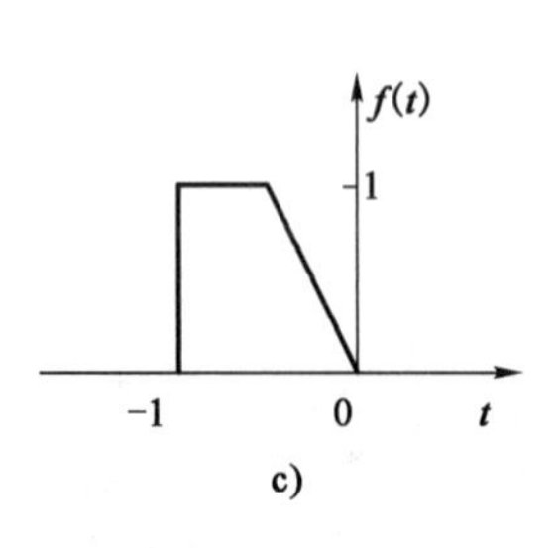

b)　c)

题 8-2-21 图

8-2-22 单位冲激信号$\delta(t)$是：

A. 奇函数　　　　B. 偶函数

C. 非奇非偶函数　　D. 奇异函数，无奇偶性

8-2-23 单位阶跃函数信号$\varepsilon(t)$具有：

A. 周期性　　B. 抽样性　　C. 单边性　　D. 截断性

8-2-24 单位阶跃信号$\varepsilon(t)$是物理量单位跃变现象，而单位冲激信号$\delta(t)$是物理量产生单位跃变什么的现象？

A. 速度　　B. 幅度　　C. 加速度　　D. 高度

8-2-25 如图所示的周期为T的三角波信号，在用傅氏级数分析周期信号时，系数a_0、a_n和b_n判断正确的是：

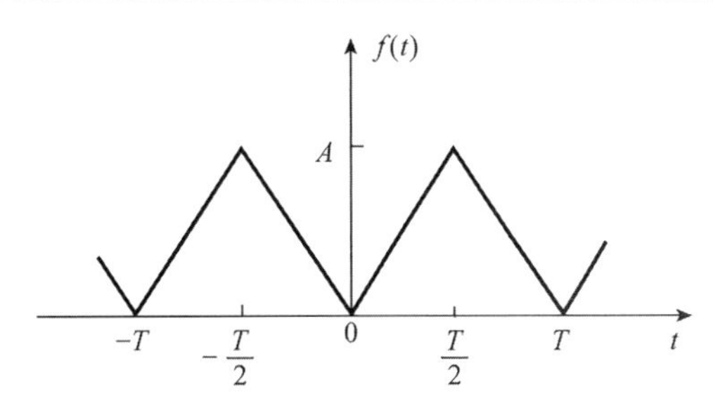

题 8-2-25 图

A. 该信号是奇函数且在一个周期的平均值为零，所以傅里叶系数a_0和b_n是零

B. 该信号是偶函数且在一个周期的平均值不为零，所以傅里叶系数a_0和a_n不是零

C. 该信号是奇函数且在一个周期的平均值不为零，所以傅里叶系数a_0和b_n不是零

D. 该信号是偶函数且在一个周期的平均值为零，所以傅里叶系数a_0和b_n是零

8-2-26 $(70)_{10}$的二进制数是：

A. $(0011100)_2$　　B. $(1000110)_2$　　C. $(1110000)_2$　　D. $(0111001)_2$

8-2-27 将$(10010.0101)_2$转换成十进制数是：

A. 36.1875　　B. 18.1875　　C. 18.3125　　D. 36.3125

8-2-28 将$(11010010.01010100)_2$表示成十六进制数是：

A. $(D2.54)_H$　　B. D2.54　　C. $(D2.A8)_H$　　D. $(D2.54)_B$

8-2-29 数-4的二进制补码是：

A. 10100　　B. 00110　　C. 11100　　D. 11011

8-2-30 使用四位二进制补码运算，$7-4=?$ 的运算式是：

A. $0111+1011=?$　　B. $1001+0110=?$

C. $1001+1100=?$　　D. $0111+1100=?$

8-2-31 实现 AD 转换的核心环节是：

A. 信号采样、量化和编码　　B. 信号放大和滤波

C. 信号调制和解调　　D. 信号发送和接收

8-2-32 为保证模拟信号经过采样而不丢失信号，采样频率必须不低于信号频带宽度的：

A. 4 倍　　B. 8 倍　　C. 10 倍　　D. 2 倍

8-2-33 用一个 8 位逐次比较型 AD 转换器组成一个 5V 量程的直流数字电压表，该电压表测量误差是：

A. 313mV　　B. 9.80mV　　C. 39.2mV　　D. 19.6mV

题解及参考答案

8-2-1　解： 七段显示器的各段符号是用发光二极管制作的，各段符号如图所示。在共阴极七段显示器电路中，高电平“1”字段发光，“0”熄灭。显示字母“E”的共阴极七段显示器显示时 b、c 段熄灭，显示码 abcdefg 应该是 1001111。

答案： A

8-2-2　解： $\overline{A+B}=F$，F是个或非关系，可以用“有 1 则 0”的口诀处理。

答案： B

8-2-3　解： 此题的分析方法是先根据给定的波形图写输出和输入之间的真值表，然后观察输出与

输入的逻辑关系，写出逻辑表达式即可。观察$F = AB + \overline{A}\,\overline{B}$，属同或门关系。

答案： C

8-2-4　解： 图示信号是用电位高低表示的二进制数 010011，将其转换为十进制的数值是 19。即：

$$(010011)_B = 1\times 2^4 + 1\times 2^1 + 1\times 2^0 = 16 + 2 + 1 = 19$$

答案： D

8-2-5　解： $x(t)$是原始信号，$u(t)$是模拟信号，它们都是时间的连续信号；而$u^*(t)$是经过采样器以后的采样信号，是离散信号。

答案： B

8-2-6　解： 信号$2(1 - e^{-10t})$的有效区间是 0～2s，所以用此函数乘以一个矩形波$[\varepsilon(t) - \varepsilon(t-2)]$即可。分解为一个指数信号和一个阶跃信号的叠加。

答案： D

8-2-7　解： $u(t)$是分段函数，$u(t) = \begin{cases} -t+2 & 0 < 2s \\ 0 & t < 0,\ t > 2s \end{cases}$

它可以由函数$(-t+2)$乘以在 1～2s 间为 1 的脉冲函数$[\varepsilon(t) - \varepsilon(t-2)]$得到，因此：

$$u(t) = (-t+2)[\varepsilon(t) - \varepsilon(t-2)] = (-t+2)\varepsilon(t) - (-t+2)\varepsilon(t-2)$$

答案： D

8-2-8　解： 模拟信号放大器的基本要求是不能失真，即要求放大信号的幅度，不可以改变信号的频率。

答案： A

8-2-9　解： $AC + DC + \overline{A}\,\overline{D}\cdot C$

$= (A + D + \overline{A}\,\overline{D})\cdot C = (A + D + \overline{A} + \overline{D})\cdot C$

$= 1\cdot C = C$

答案： A

8-2-10　解： 此题要求掌握如何将真值表转换成逻辑表达式，简单说：真值表中的输出量F是在输入变量A、B、C与逻辑组合下的或逻辑。做法上分两步进行：第一步，根据真值表写出对应F为 1 所对应输入变量A、B、C与逻辑，某个变量为 1 时写原变量，否则写反变量；第二步，将写出的与项用或式连接。本题写出的结果为$F = \overline{A}\,\overline{B}C + ABC$。

答案： B

8-2-11　解： 根据真值表写出逻辑表达式的方法是：找出真值表输出信号$F = 1$对应的输入变量取值组合，每组输入变量取值为一个乘积项（与），输入变量值为 1 的写原变量，输入变量值为 0 的写反变量。最后将这些变量相加（或），即可得输出函数F的逻辑表达式。

根据该给定的真值表可以写出：$F = \overline{A}BC + AB\overline{C} + ABC$。

答案： D

8-2-12　解： 数字信号是代码信号不是时间信号，所以只有选项 B 正确。

答案： B

8-2-13　解： 从对象发出信号是物理形态各异的信号，它必须转换为统一的电信号，即模拟信号的形式，以便于传输和处理。

答案： D

8-2-14　解： 模拟信号是连续时间信号，它的采样信号是离散时间信号，而采样保持信号是采样信号的一种特殊形式，仍然是时间信号，数字信号是代码表示的信号。

答案： D

8-2-15 解： 传输媒体只是一种物理介质，它传送信号但不表示信息。

答案： D

8-2-16 解： 周期信号中的谐波信号是从傅里叶级数分解中得到的，它的频率是周期信号频率的整倍数。

答案： C

8-2-17 解： 非周期信号的傅里叶变换形式是频率的连续函数，它的频谱是连续频谱。

答案： B

8-2-18 解： 参见信号的分类，连续信号和离散信号部分；连续信号是在全部时间范围内均有定义的。

答案： A

8-2-19 解： 模拟信号与数字信号的区别：模拟信号是在时间上和数值上都连续的信号，而数字信号是在时间和数值上均离散且用二进制编码表示的信号。

答案： C

8-2-20 解： 模拟信号是指连续变化的物理信号，信号的时间连续且幅值随时间连续变化。简单说，模拟信号是在时间和数值上都是连续的物理信号，连续时间信号与模拟信号是不完全相同的。

答案： C

8-2-21 解： 本题考查信号的处理知识：压缩与扩展、反转。选项 C 对信号反转了，本题不涉及。关于对信号的压缩和扩展关系，可以把信号$f(t)$的自变量换为at（a为正实数），当$a>1$时，信号在时间轴上压缩，否则扩展。其中选项 B 是$a=2$情况。

答案： B

8-2-22 解： 单位冲激信号$\delta(t)$定义为一个“面积”等于 1 的理想化窄脉冲，通常是对称于时间轴，是偶函数。这个脉冲的幅度等于它的宽度的倒数。当脉冲的宽度愈小时，它的幅度就愈大。当它的宽度趋近于零时，幅度就趋近于无限大。

答案： B

8-2-23 解： 单位阶跃函数信号$\varepsilon(t)$是常用于模拟信号的描述，定义为：$\varepsilon(t)$在负时间域幅值恒定为 0，而在$t=0$发生跃变到 1，所以具有单边性。

答案： C

8-2-24 解： 在信号分析中常用单位阶跃信号$\varepsilon(t)$描述物理量单位跃变现象，单位冲激信号$\delta(t)$是单位阶跃函数信号$\varepsilon(t)$的变化率。单位冲激信号$\delta(t)$的物理意义，是指单位阶跃信号$\varepsilon(t)$产生跃变的速度。

答案： A

8-2-25 解： 周期信号的傅氏级数分析，利用周期函数的分解公式考虑：

$$f(\omega t)=a_0+\sum_{k=1}^{\infty}[a_k\cos(k\omega t)+b_k\sin(k\omega t)]$$

答案： B

8-2-26 解： $(70)_{10}$中的角标 10 说明数字的数制，这是一个十进制数的 70，将其转换为二进制数，必须用角标 2 表示。根据二-十进制的变换公式$D=\sum k_i\times 2^i$计算：

$$
\begin{aligned}
(70)_{10} &= (64+4+2)_{10} \\
&= (2^6+2^2+2^1)_{10} \\
&= (1000\ 110)_2
\end{aligned}
$$

答案： B

8-2-27　解： 根据二-十进制的变换公式$D=\sum k_i \times 2^i$计算，将二进制数展开为十进制数即可，十进制的下角标可以省略。

$$
\begin{aligned}
(10010.0101)_2 &= 2^4+2^1+2^{-2}+2^{-4} \\
&= 16+2+0.25+0.0625 \\
&= 18.3125
\end{aligned}
$$

答案： C

8-2-28　解： 根据二-十六进制的关系转换，通常将四位二进制放在一起来表示一位十六进制的数，以小数点为界，将整数部分和小数部分分开写出。十六进制的书写中下标“H”不能省去。即$(11010010.01010100)_2$写为$(1101\ 0010.0101\ 0100)_2=(\mathrm{D}2.54)_\mathrm{H}$。

答案： A

8-2-29　解： 数-4的二进制有符号代码是 10100，其反码是 11011。则补码为 11011+1=11100。

答案： C

8-2-30　解： $7-4=7+(-4)$，数 7 的二进制代码是 0111。数-4的二进制代码是 10100，其反码是 11011，补码为$11011+1=11100$，因此-4用二进制补码 1100 表示。则运算式是：$0111+1100=?$ 。

答案： D

8-2-31　解： 模拟信号先经过采样处理转换为离散信号，再将每个瞬间的数值与基准的单位电压进行比较取得该数值的量化值，然后对这个量化值进行数字编码，最终完成模拟信号到数字信号的转换。

答案： A

8-2-32　解： 根据采样定理，这个数值是 2 倍。

答案： D

8-2-33　解： 因为直流数字电压表存在一个字的误差，即一个量化单位的误差。8 位逐次比较型 AD 转换器可以产生 255 个阶梯形逐次增长的电压，并与被测电压进行比较。对于 5V 量程而言，要求经过 255 次的比较完成对 5V 电压的测量，每一个阶梯的电压值就是量化单位：$\Delta u=\frac{5\mathrm{V}}{255}\approx 19.6\mathrm{mV}$。

答案： D

第九章　计算机应用基础

复 习 指 导

计算机应用基础这一部分在考试中共有 10 道题，每题 1 分。其涉及的面较广，主要包含以下几个部分的内容：计算机系统的组成，数制，Windows 操作系统，计算机程序设计语言，计算机网络及网络安全。在复习时，考生应将重点放在计算机基本操作、常见概念、网络基础知识及计算机系统的组成与功能上。从 2009 年以来的考题看，不涉及 FORTRAN 程序设计语言这部分，因此该部分取消。

练习题、题解及参考答案

（一）计算机基础知识

9-1-1　总线能为多个部件服务，它可分时地发送与接收各部件的信息。所以，可以把总线看成是：

A. 一组公共信息传输线路

B. 微机系统的控制信息传输线路

C. 操作系统和计算机硬件之间的控制线

D. 输入/输出的控制线

9-1-2　计算机系统的内存储器是：

A. 计算机软件系统的一个组成部分

B. 计算机硬件系统的一个组成部分

C. 隶属于外围设备的一个组成部分

D. 隶属于控制部件的一个组成部分

9-1-3　存储器的主要功能是：

A. 自动计算　　B. 进行输入输出

C. 存放程序和数据　　D. 进行数值计算

9-1-4　计算机系统中，存储器系统包括：

A. 寄存器组外存储器和主存储器

B. 寄存器组，高速缓冲存储器和外存储器

C. 主存储器，高速缓冲存储器和外存储器

D. 主存储器，寄存器组和光盘存储器

9-1-5　在计算机系统中，设备管理是指：

A. 除 CPU 和内存储器之外的所有输入/输出设备的管理

B. 包括 CPU 和内存储器，以及所有输入/输出设备的管理

C. 除 CPU 外包括内存储器，以及所有输入/输出设备的管理

D. 除内存储器外，包括 CPU 以及所有输入/输出设备的管理

9-1-6　按照应用和虚拟机的观点，软件可分为：

A. 系统软件，多媒体软件，管理软件

B. 操作系统，硬件管理软件和网络软件

C. 网络系统，应用软件和程序设计语言

D. 系统软件，支撑软件和应用类软件

9-1-7　下列不属于网络软件的是：

A. 网络操作系统　　B. 网络协议

C. 网络应用软件　　D. 办公自动化系统

9-1-8　在 Windows 中，对存储器采用分页存储管理技术时，规定一个页的大小为：

A. 4G 字节　　B. 4K 字节　　C. 128M 字节　　D. 16K 字节

9-1-9　Windows 提供了两种十分有效的文件管理工具，他们是：

A. 集合和记录　　B. 批处理文件和目标文件

C. 我的电脑和资源管理器　　D. 我的文档，文件夹

9-1-10　在微机组成系统中用于传输信息的总线指的是：

A. 数据总线，连接硬盘的总线，连接软盘的总线

B. 地址线，与网络连接的总线，与打印机连接的总线

C. 数据总线，地址总线，控制总线

D. 控制总线，光盘的连接总线，U 盘的连接总线

9-1-11　一个完整的计算机系统应该指的是：

A. 硬件系统和软件系统　　B. 主机与外部设备

C. 运算器、控制器和寄存器　　D. 操作系统与应用程序系统

9-1-12　计算机软件系统包括：

A. 系统软件和工程软件　　B. 系统软件和应用软件

C. 字处理和图形软件　　D. 多媒体和系统软件

9-1-13　在微机系统中，对输入输出进行管理的基本程序放在何处？

A. RAM 中　　B. ROM 中

C. 硬盘上　　D. 虚拟存储器中

9-1-14　计算机存储器中的每一个存储单元都配备一个唯一的编号，这个编号就是：

A. 一种寄存标志　　B. 是寄存器地址

C. 存储器地址　　D. 输入/输出地址

9-1-15　系统软件包括下述哪些部分？

A. 操作系统、语言处理程序、数据库管理系统

B. 文件管理系统、网络系统、文字处理系统

C. 语言处理程序、文字处理系统、操作系统

D. WPS、DOS、DBASE

9-1-16　计算机的新体系结构思想，是在一个芯片上集成：

A. 多个控制器　　B. 多个微处理器

C. 高速缓冲存储器　　D. 多个存储器

9-1-17 人们根据特定的需要，预先为计算机编制的指令程序序列称为：

A. 文件　　B. 程序　　C. 软件　　D. 集合

9-1-18 如果电源突然中断，哪种存储器中的信息会丢失而无法恢复？

A. ROM　　B. ROM 和 RAM　　C. RAM　　D. 软盘

9-1-19 当前计算机的发展趋势向多个方向发展，下面四条叙述中，正确的一条是：

A. 高性能、人性化、网络化　　B. 多极化、多媒体、智能化

C. 高性能、多媒体、智能化　　D. 高集成、低噪声、低成本

9-1-20 第一台电子计算机使用的逻辑部件是：

A. 集成电路　　B. 大规模集成电路

C. 晶体管　　D. 电子管

9-1-21 计算机系统拥有非常突出的特点，在下列有关计算机系统特点的叙述中，不正确的一条是：

A. 快速的运算能力　　B. 精确的计算能力

C. 价格低廉、操作方便、界面友好　　D. 通用性

题解及参考答案

9-1-1　解： 总线是计算机各种功能部件之间传送信息的公共通信干线，它是由导线组成的传输线路。

答案： A

9-1-2　解： 计算机硬件的组成包括输入/输出设备、存储器、运算器、控制器。内存储器是主机的一部分，属于计算机的硬件系统。

答案： B

9-1-3　解： 存放正在执行的程序和当前使用的数据，它具有一定的运算能力。

答案： C

9-1-4　解： 在计算机系统中，存储器系统包括主存储器、外存储器和高速缓冲存储器（Cache），Cache 高速缓冲存储器，Cache 可以保存 CPU 刚用过或循环使用的一部分数据，如果 CPU 需要再次使用该部分数据时可从 Cache 中直接调用，这样就避免了重复存取数据，减少了 CPU 的等待时间，因而提高了系统的效率。

答案： C

9-1-5　解： 设备管理是指计算机系统中对于除 CPU 和内存储器以外的所有输入/输出设备的管理。

答案： A

9-1-6　解： 按照应用和虚拟机的观点，计算机软件可分为系统软件、支撑软件、应用软件三类。

答案： D

9-1-7　解： 网络软件是指用于构建和维护计算机网络的软件，主要包括网络操作系统、网络协议和网络应用软件。

办公自动化系统是一种应用软件，主要用于处理和管理文档、电子表格和演示文稿等办公任务，并不是专门为网络而设计的软件。

答案： D

9-1-8　解： Windows 中，对存储器的管理采取分段存储、分页存储管理技术。一个存储段可以小至 1 个字节，大至 4G 字节，而一个页的大小规定为 4K 字节。

答案： B

9-1-9　解： 文件管理的主要任务是向计算机用户提供一种简便、统一的管理和使用文件的界面。Windows 提供了两种十分有效的文件管理工具："我的电脑"和"资源管理器"。

答案： C

9-1-10　解： 在计算机内部，每个有效信息必须具有 3 个基本属性：内容、指向和行为，这 3 个属性要通过 3 个总线实现：数据总线、地址总线、控制总线。

答案： C

9-1-11　解： 计算机系统包括硬件系统和软件系统。

答案： A

9-1-12　解： 计算机系统包括硬件和软件部分，而计算机软件系统包括系统软件和应用软件两大类。

答案： B

9-1-13　解： ROM 是一种非易失性存储器，它在计算机系统中用于存储一些固定不变的程序和数据。在微机系统中，基本的输入输出系统（BIOS）就存储在 ROM 中。BIOS 包含了对输入输出设备（如键盘、鼠标、显示器、硬盘等）进行最基本管理的程序。

答案： B

9-1-14　解： 一个内存储器由许多存储单元组成，每个单元可以存储一个适当单位的信息，全部存储单元按一定顺序进行编号，这种编号被称为存储器的地址。

答案： C

9-1-15　解： 计算机软件包括系统软件和应用软件，而系统软件包括操作系统、语言处理程序、和数据库管理系统。

答案： A

9-1-16　解： 计算机新的体系结构思想是在单芯片上集成多个微处理器，把主存储器和微处理器做成片上系统（System on Chip），以存储器为中心设计系统等，这是今后的发展方向。

答案： B

9-1-17　解： 为了完成某项特定任务用计算机编写的一组指令序列称之为程序。

答案： B

9-1-18　解： RAM 是随机存取存储器，它上面的内容会随着电源的中断而丢失，并且无法恢复。

答案： C

9-1-19　解： 当前计算机的发展趋势是高性能、人性化、网络化、多极化、多媒体和智能化。不在此范围的叙述均属不当表述。

答案： D

9-1-20　解： 第一台电子计算机使用的逻辑部件是电子管。

答案： D

9-1-21　解： 计算机系统的特点主要包括快速的运算能力、精确的计算能力和通用性。然而，并非所有的计算机系统都具备价格便宜、操作方便和界面友好这些特点，因此选项 C 的说法并不准确。

答案： C

（二）计算机程序设计语言

9-2-1　编译程序的作用是：

A. 将高级语言源程序翻译成目标程序

B. 将汇编语言源程序翻译成目标程序

C. 对源程序边扫描边翻译执行

D. 对目标程序装配连接

9-2-2　在计算机内部，不需要编译计算机就能够直接执行的语言是：

A. 汇编语言　　B. 自然语言　　C. 机器语言　　D. 高级语言

9-2-3　一般使用高级程序设计语言编写的应用程序称为源程序，这种程序不能直接在计算机中运行，需要有相应的语言处理程序翻译成以下什么程序后才能运行？

A. C 语言　　B. 汇编语言　　C. PASCAL 语言　　D. 机器语言

9-2-4　机器语言程序在机器内是以什么形式表示的？

A. BCD 码　　B. 二进制编码　　C. ASCII码　　D. 汉字编码

题解及参考答案

9-2-1　解： 编译程序一般是编译器公司（如微软）做的，它将源代码转化为机器可识别的文件，经过链接，生成可执行程序。

答案： A

9-2-2　解： 计算机只识别二进制码，因此在计算机内部，不需要编译计算机就能够直接执行的语言是机器语言。

答案： C

9-2-3　解： 计算机高级程序设计语言编写的应用程序不是用二进制码编写的，因此要翻译成二进制码编写的程序后才能运行。

答案： D

9-2-4　解： 计算机只识别二进制码，因此机器语言在机器内是以二进制编码形式表示的。

答案： B

（三）信息表示

9-3-1　计算机的信息数量的单位常用 KB、MB、GB、TB 表示，它们中表示信息数量最大的一个是：

A. KB　　B. MB　　C. GB　　D. TB

9-3-2　计算机内的数字信息、文字信息、图像信息、视频信息、音频信息等所有信息，都是用：

A. 不同位数的八进制数来表示的

B. 不同位数的十进制数来表示的

C. 不同位数的二进制数来表示的

D. 不同位数的十六进制数来表示的

9-3-3　将二进制小数 0.101 010 1111 转换成相应的八进制数，其正确结果是：

A. 0.2536　　B. 0.5274
C. 0.5236　　D. 0.5281

9-3-4 影响计算机图像质量的主要参数有：

A. 颜色深度、显示器质量、存储器大小
B. 分辨率、颜色深度、存储空间大小
C. 分辨率、存储器大小、图像加工处理工艺
D. 分辨率、颜色深度、图像文件的尺寸

9-3-5 图像中的像素实际上就是图像中的一个个光点，这光点：

A. 只能是彩色的，不能是黑白的　　B. 只能是黑白的，不能是彩色的
C. 既不能是彩色的，也不能是黑白的　　D. 可以是黑白的，也可以是彩色的

9-3-6 在 256 色的图像中，每个像素有 256 种颜色，那么每个像素则要用：

A. 6 位二进制数表示颜色的数据信息
B. 8 位二进制数表示颜色的数据信息
C. 10 位二进制数表示颜色的数据信息
D. 16 位二进制数表示颜色的数据信息

9-3-7 信息化社会是信息革命的产物，它包含多种信息技术的综合应用。构成信息化社会的三个主要技术支柱是：

A. 计算机技术、信息技术、网络技术
B. 计算机技术、通信技术、网络技术
C. 存储器技术、航空航天技术、网络技术
D. 半导体工艺技术、网络技术、信息加工处理技术

9-3-8 信息有多个特征，下列四条关于信息特征的叙述中，有错误的一条是：

A. 信息的可识别性，信息的可变性，信息的可流动性
B. 信息的可处理性，信息的可存储性，信息的属性
C. 信息的可再生性，信息的有效和无效性，信息的可使用性
D. 信息的可再生性，信息的存在独立性，信息的不可失性

9-3-9 将八进制数 763 转换成相应的二进制数，其正确的结果是：

A. 110 101 110　　B. 110 111 100
C. 100 110 101　　D. 111 110 011

9-3-10 计算机的内存储器以及外存储器的容量通常是：

A. 以字节即 8 位二进制数为单位来表示
B. 以字节即 16 位二进制数为单位来表示
C. 以二进制数为单位来表示
D. 以双字即 32 位二进制数为单位来表示

9-3-11 与二进制数 11011101.1101 等值的八进制数是：

A. 135.61　　B. 335.64　　C. 235.61　　D. 235.64

9-3-12 在不同进制的数中，下列最小的数是：

A. $(125)_{10}$　　B. $(1101011)_2$
C. $(347)_8$　　D. $(FF)_{16}$

9-3-13 与二进制数 11110100 等值的八进制数是：

A. 364　B. 750　C. 3310　D. 154

9-3-14 与十进制数 254 等值的二进制数是：

A. 11111110　B. 11011111

C. 11110111　D. 11011101

9-3-15 将二进制数 11001 转换成相应的十进制数。其正确结果是：

A. 25　B. 32　C. 24　D. 22

9-3-16 十进制数 256.625，用八进制表示则是：

A. 412.5　B. 326.5　C. 418.8　D. 400.5

9-3-17 十进制数 122 转换成八进制数和转换成十六进制数分别是：

A. 144，8B　B. 136，6A　C. 336，6B　D. 172，7A

9-3-18 在计算机中采用二进制，是因为：

A. 可降低硬件成本　B. 两个状态的系统具有稳定性

C. 二进制的运算法则简单　D. 上述三个原因

9-3-19 堆栈操作中，保持不变的是：

A. 堆栈的顶　B. 堆栈中的数据

C. 堆栈指针　D. 堆栈的底

9-3-20 执行指令时，以寄存器的内容作为操作数的地址，这种寻址方式称为什么寻址？

A. 寄存器　B. 相对

C. 基址变址　D. 寄存器间接

9-3-21 在下列四种码中，不能用于表示机器数的一种是：

A. 原码　B. ASCII码　C. 反码　D. 补码

9-3-22 表示计算机信息数量比较大的单位要用 PB、EB、ZB、YB 等表示。其中，数量级最小单位是：

A. YB　B. ZB　C. PB　D. EB

题解及参考答案

9-3-1　解：$1KB = 2^{10}B = 1024B$，$1MB = 2^{20}B = 1024KB$

$1GB = 2^{30}B = 1024MB = 1024 \times 1024KB$，$1TB = 2^{40}B = 1024GB = 1024 \times 1024MB$

答案：D

9-3-2　解：信息可采用某种度量单位进行度量，并进行信息编码。现代计算机使用的是二进制。

答案：C

9-3-3　解：三位二进制对应一位八进制，将小数点后每三位二进制分成一组，101 对应 5，010 对应 2，111 对应 7，100 对应 4。

答案：B

9-3-4　解：图像的主要参数有分辨率（包括屏幕分辨率、图像分辨率、像素分辨率）、颜色深度、图像文件的大小。

答案： B

9-3-5　解： 为了表达256种不同的颜色，每个像素需要16位二进制数来表示颜色的数据信息，8位二进制数有$2^8=256$种不同组合，这种图像称为8位图像。

答案： B

9-3-6　解： 像素实际上就是图像中的一个个光点。光点可以是黑白的，也可以是彩色的。

答案： D

9-3-7　解： 计算机技术、通信技术和网络技术是构成信息化社会的主要技术支柱。

答案： B

9-3-8　解： 信息有以下主要特征：可识别性、可变性、可流动性、可存储性、可处理性、可再生性、有效性和无效性、属性和可使用性。

答案： D

9-3-9　解： 一位八进制对应三位二进制，7对应111，6对应110，3对应011。

答案： D

9-3-10　解： 内存储器容量是指内存存储容量，即内容储存器能够存储信息的字节数。外储器是可将程序和数据永久保存的存储介质，可以说其容量是无限的。字节是信息存储中常用的基本单位。

答案： A

9-3-11　解： 三位二进制数对应一位八进制数，小数点向后每三位为一组，110对应6，100对应4，小数点向前每三位为一组101对应5，011对应3，011对应3。

答案： B

9-3-12　解： 125十进制数转换为二进制数为1111101，347八进制数转换为二进制数为011100111，FF十六进制数转换为二进制数为11111111。

答案： B

9-3-13　解： 三位二进制数对应一位八进制数，从最后一位开始向前每三位为一组，100对应4，110对应6，011对应3。

答案： A

9-3-14　解： 十进制的偶数对应的二进制整数的尾数一定是0。

答案： A

9-3-15　解： 二进制最后一位是1，转换后则一定是十进制数的奇数。二进制数11001按权展开法为$1\times2^4+1\times2^3+0\times2^2+0\times2^1+1\times2^0=16+8+1=25$。

答案： A

9-3-16　解： 先将十进制数转换为二进制数（100000000+0.101=100000000.101），而后三位二进制数对应于一位八进制数。

答案： D

9-3-17　解： 此题可先将122转换成二进制数（1111010），而后根据二进制数与八进制数及十六进制数的对应关系得出运算结果。

答案： D

9-3-18　解： 因为二进制只有0和1两个数码，所以只有两个状态，这使得系统具有稳定性，用逻辑部件容易实现，成本低，运算简单。

答案：D

9-3-19　解：在 CPU 执行程序的过程中，会执行有关的堆栈操作指令。执行这样的指令，无论是压入堆栈还是弹出堆栈，堆栈指针和栈顶肯定随着指令的执行而发生改变。同时，堆栈中的数据也会随着压入数据的不同而改变。唯一不会改变的就是在堆栈初始化时设置的堆栈的底。

答案：D

9-3-20　解：根据题目中所描述，操作数的地址是存放在寄存器中，指令执行时，是以该寄存器的内容作为操作数的地址。这是典型的寄存器间接寻址方式。

答案：D

9-3-21　解：机器数的表示有原码表示法、反码表示法、补码表示法。

答案：B

9-3-22　解：$1\text{PB}=2^{50}$字节$=1024\text{TB}$；$1\text{EB}=2^{60}$字节$=1024\text{PB}$；$1\text{ZB}=2^{70}$字节$=1024\text{EB}$；$1\text{YB}=2^{80}$字节$=1024\text{ZB}$。

答案：C

（四）常用操作系统

9-4-1　在 Windows 中，对存储器采用分页存储管理时，每一个存储器段可以小至 1 个字节，大至：

A. 4K 字节　　B. 16K 字节　　C. 4G 字节　　D. 128M 字节

9-4-2　Windows 的设备管理功能部分支持即插即用功能，下面四条后续说明中有错误的一条是：

A. 这意味着当将某个设备连接到计算机上后即可立刻使用

B. Windows 自动安装有即插即用设备及其设备驱动程序

C. 无须在系统中重新配置该设备或安装相应软件

D. 无须在系统中重新配置该设备但需安装相应软件才可立刻使用

9-4-3　操作系统是一个庞大的管理系统控制程序，通常包括几大功能模块，下列不属于其功能模块的是：

A. 作业管理，存储器管理　　B. 设备管理，文件管理

C. 进程管理，存储器管理　　D. 终端管理，电源管理

9-4-4　为解决主机与外围设备操作速度不匹配的问题，Windows 采用了：

A. 缓冲技术　　B. 流水线技术

C. 中断技术　　D. 分段分页技术

9-4-5　Windows 2000 以及以后更新的操作系统版本是：

A. 一种单用户单任务的操作系统

B. 一种多任务的操作系统

C. 一种不支持虚拟存储器管理的操作系统

D. 一种不适用于商业用户的营组系统

9-4-6　处理器执行的指令被分为两类，其中有一类称为特权指令，这类指令由谁来完成？

A. 操作员　　B. 联机用户

C. 操作系统　　D. 目标程序

9-4-7　在 Windows 的窗口菜单中，若某命令项后面有向右的黑三角，则表示该命令项为：

A. 有下级子菜单　　B. 单击鼠标可直接执行
C. 双击鼠标可直接执行　　D. 右击鼠标可直接执行

9-4-8　在 Windows 操作下，要获取屏幕上的显示内容，把它复制在剪贴板上可以通过下列哪个按键来实现？

A. Home　　B. Ctrl+C　　C. Shift+C　　D. Print Screen

9-4-9　Windows 系统下可执行的文件名是：

A. *. doc　　B. *. bmp　　C. *. exp　　D. *. exe

9-4-10 在 Windows 中，文件系统目录的组织形式属于：

A. 关系型结构　　B. 网络型结构
C. 树型结构　　D. 直线型结构

9-4-11 下列四种软件，处于系统软件最内层的是：

A. 语言处理程序　　B. 操作系统
C. 服务性程序　　D. 用户程序

9-4-12 操作系统是一种：

A. 应用软件　　B. 系统软件　　C. 工具软件　　D. 杀毒软件

9-4-13 允许多个用户以交互方式使用计算机的操作系统是：

A. 批处理单道系统　　B. 分时操作系统
C. 实时操作系统　　D. 批处理多道系统

9-4-14 在进程管理中，当下列哪种情况发生时，进程从阻塞状态变为就绪状态？

A. 进程被进程调度程序选中　　B. 等待某一事件
C. 等待的事件发生　　D. 时间片用完

9-4-15 操作系统作为一种系统软件，存在着与其他软件明显不同的三个特征是：

A. 可操作性、可视性、公用性　　B. 并发性、共享性、随机性
C. 随机性、公用性、不可预测性　　D. 并发性、可操作性、脆弱性

题解及参考答案

9-4-1　**解：**一个存储器段可以小至一个字节，可大至4G字节。而一个页的大小则规定为4K字节。

答案：C

9-4-2　**解：**Windows 的设备管理功能部分支持即插即用功能，Windows 自动安装有即插即用设备及其设备驱动程序。即插即用就是在加上新的硬件以后不用为此硬件再安装驱动程序了，而 D 项说需安装相应软件才可立刻使用是错误的。

答案：D

9-4-3　**解：**操作系统通常包括处理器管理、作业管理、存储器管理、设备管理、文件管理、进程管理等功能模块。

答案：D

9-4-4　**解：**Windows 采用了缓冲技术来解决主机与外设的速度不匹配问题，如使用磁盘高速缓冲存储器，以提高磁盘存储速率，改善系统整体功能。

答案：A

9-4-5　解：多任务操作系统是指可以同时运行多个应用程序。比如：在操作系统下，在打开网页的同时还可以打开 QQ 进行聊天，可以打开播放器看视频等。目前的操作系统都是多任务的操作系统。

答案：B

9-4-6　解：所谓特权指令，是指具有特殊权限的指令，由于这类指令的权限最大，所以如果使用不当，就会破坏系统中或其他用户信息。因此，为了安全，这类指令只能由操作系统完成。

答案：C

9-4-7　解：若在 Windows 的窗口菜单中，某项命令后有向右的黑三角则表示有下级子菜单。

答案：A

9-4-8　解：获取屏幕上显示的内容，是指全屏幕拷贝，而 Print Screen 键是用来完成全屏幕拷贝的。

答案：D

9-4-9　解：Windows 系统下可执行的文件名有*.exe，*.bat。

答案：D

9-4-10　解：在 Windows 中资源管理器的文件栏中，文件夹是按照树型组织的。

答案：C

9-4-11　解：操作系统要对系统中的各种软、硬件资源进行管理。操作系统是计算机硬件和各种用户程序之间的接口程序，它位于各种软件的最底层。操作系统提供了一种环境，使用户能方便和高效地执行程序。

答案：B

9-4-12　解：计算机系统中的软件极为丰富，通常分为系统软件和应用软件两大类。

应用软件是指计算机用户利用计算机的软件、硬件资源为某一专门的应用目的而开发的软件。例如，科学计算、工程设计、数据处理、事务处理、过程控制等方面的程序，以及文字处理软件、表格处理软件、辅助设计软件（CAD）、实时处理软件等。

系统软件是计算机系统的一部分，由它支持应用软件的运行。它为用户开发应用系统提供一个平台，用户可以使用它，但不能随意修改它。一般常用的系统软件有操作系统、语言处理程序、链接程序、诊断程序、数据库管理系统等。操作系统是计算机系统中的核心软件，其他软件建立在操作系统的基础上，并在操作系统的统一管理和支持下运行。

答案：B

9-4-13　解：允许多个用户以交互方式使用计算机的操作系统是分时操作系统。分时操作系统是使一台计算机同时为几个、几十个甚至几百个用户服务的一种操作系统。它将系统处理机时间与内存空间按一定的时间间隔，轮流地切换给各终端用户。

答案：B

9-4-14　解：在多道程序系统中，多个进程在处理器上交替运行，状态也不断地发生变化，因此进程一般有三种基本状态：运行、就绪和阻塞。当一个就绪进程被调度程序选中时，该进程的状态从就绪变为运行；当正在运行的进程等待某事件或申请的资源得不到满足时，该进程的状态从运行变为阻塞；当一个阻塞进程等待的事件发生时，该进程的状态从阻塞变为就绪；当一个运行进程时间片用完时，该进程的状态从运行变为就绪。

答案：C

9-4-15　解：操作系统存在着与其他软件明显不同的特征：

并发性：在计算机系统中同时存在有多个程序，这些程序是同时向前进行的。

共享性：共享性是指操作系统程序与多个用户程序共用系统中的各种资源，这种共享是在操作系统下实现的。

随机性：操作系统的运行是在一个随机的环境中运行的。

答案：B

（五）计算机网络

9-5-1　数字签名是最普遍、技术最成熟、可操作性最强的一种电子签名技术，当前已得到实际应用的是在：

A. 电子商务、电子政务中　　B. 票务管理、股票交易中

C. 股票交易、电子政务中　　D. 电子商务、票务管理中

9-5-2　网络软件是实现网络功能不可缺少的软件环境。网络软件主要包括：

A. 网络协议和网络操作系统　　B. 网络互联设备和网络协议

C. 网络协议和计算机系统　　D. 网络操作系统和传输介质

9-5-3　因特网是一个联结了无数个小网而形成的大网，也就是说：

A. 因特网是一个城域网　　B. 因特网是一个网际网

C. 因特网是一个局域网　　D. 因特网是一个广域网

9-5-4　计算机网络技术涉及：

A. 通信技术和半导体工艺技术　　B. 网络技术和计算机技术

C. 通信技术和计算机技术　　D. 航天技术和计算机技术

9-5-5　计算机网络是一个复合系统，共同遵守的规则称为网络协议，网络协议主要由：

A. 语句、语义和同步三个要素构成

B. 语法、语句和同步三个要素构成

C. 语法、语义和同步三个要素构成

D. 语句、语义和异步三个要素构成

9-5-6　Internet 网使用的协议是：

A. Token　　B. x .25/x .75　　C. CSMA/CD　　D. TCP/IP

9-5-7　TCP/IP 体系结构中的 TCP 和 IP 所提供的服务分别为：

A. 链路层服务和网络层服务　　B. 网络层服务和运输层服务

C. 运输层服务和应用层服务　　D. 运输层服务和网络层服务

9-5-8　关于网络协议，下列选项中正确的是：

A. 它是网民们签订的合同

B. 协议，简单地说就是为了网络信息传递，共同遵守的约定

C. TCP/IP协议只能用于 Internet，不能用于局域网

D. 拨号网络对应的协议是IPX/SPX

9-5-9　提供不可靠传输的传输层协议是：

A. TCP　　B. IP　　C. UDP　　D. PPP

9-5-10 传输控制协议/网际协议即为下列哪一项，属工业标准协议，是Internet采用的主要协议？

A. Telnet　　B. TCP/IP　　C. HTTP　　D. FTP

9-5-11 配置TCP/IP参数的操作主要包括三个方面：指定网关、指定域名服务器地址和：

A. 指定本地机的IP地址及子网掩码

B. 指定本地机的主机名

C. 指定代理服务器

D. 指定服务器的IP地址

9-5-12 TCP/IP协议是Internet中计算机之间通信所必须共同遵循的一种：

A. 信息资源　　B. 通信规定　　C. 软件　　D. 硬件

9-5-13 TCP协议称为：

A. 网际协议　　B. 传输控制协议

C. Network内部协议　　D. 中转控制协议

9-5-14 按照网络分布和覆盖的地理范围，可以将计算机网络划分为：

A. Internet网　　B. 广域网、互联网和城域网

C. 局域网、互联网和Internet网　　D. 广域网、局域网和城域网

9-5-15 当个人计算机以拨号方式接入因特网时，使用的专门接入设备是：

A. 网卡　　B. 调制解调器　　C. 浏览器软件　　D. 传真卡

9-5-16 下述电子邮件地址正确的是（其中□表示空格）：

A. MALIN&NS.CNC. AC. CN　　B. MALIN@NS.CNC. AC. CN

C. LIN□MA&NS.CNC. AC. CN　　D. LIN□MANS.CNC. AC. CN

9-5-17 OSI参考模型中的第二层是：

A. 网络层　　B. 数据链路层　　C. 传输层　　D. 物理层

9-5-18 决定网络使用性能的关键是：

A. 传输介质　　B. 网络硬件

C. 网络软件　　D. 网络操作系统

9-5-19 WWW的中文名称为：

A. 因特网　　B. 环球信息网

C. 综合服务数据网　　D. 电子数据交换

9-5-20 在电子邮件中所包含的信息是什么？

A. 只能是文字

B. 只能是文字与图形、图像信息

C. 只能是文字与声音信息

D. 可以是文字、声音、图形、图像信息

9-5-21 下列选项中不属于局域网拓扑结构的是：

A. 星形　　B. 互联形　　C. 环形　　D. 总线型

9-5-22 在局域网中，运行网络操作系统的设备是：

A. 网络工作站　　B. 网络服务器　　C. 网卡　　D. 网桥

9-5-23 在以下关于电子邮件的叙述中，不正确的是：

A. 打开来历不明的电子邮件附件可能会传染计算机病毒

B. 在网络拥塞的情况下，发送电子邮件后，接收者可能过几个小时后才能收到

C. 在试发电子邮件时，可向自己的 Email 邮箱发送一封邮件

D. 电子邮箱的容量指的是用户当前使用的计算机上，分配给电子邮箱的硬盘容量

9-5-24 需要注意防范病毒，而不会被感染病毒的是：

A. 电子邮件　　B. 硬盘　　C. 软盘　　D. ROM

9-5-25 计算机病毒不会通过下列哪种方式传播?

A. 网络　　B. 生物　　C. 硬盘　　D. U 盘和光盘

9-5-26 一个典型的计算机网络主要是由两大部分组成，即：

A. 网络硬件系统和网络软件系统　　B. 资源子网和网络硬件系统

C. 网络协议和网络本软件系统　　D. 网络硬件系统和通信子网

9-5-27 计算机网络的主要功能包括：

A. 软、硬件资源共享、数据通信、提高可靠性、增强系统处理功能

B. 计算机计算功能、通信功能和网络功能

C. 信息查询功能、快速通信功能、修复系统软件功能

D. 发送电报、拨打电话、进行微波通信等功能

9-5-28 一台 PC 机调制解调器属于：

A. 输入和输出设备　　B. 数据复用设备

C. 数据终端设备 DTE　　D. 数据通信设备 DCE

9-5-29 一台 PC 机调制解调器的数据传送方式为：

A. 频带传输　　B. 数字传输　　C. 基带传输　　D. IP 传输

9-5-30 在 Windows 的网络属性配置中，“默认网关”应该设置为下列哪项的地址?

A. DNS 服务器　　B. Web 服务器　　C. 路由器　　D. 交换机

9-5-31 在 Internet 中，主机的 IP 地址与域名的关系是：

A. IP 地址是域名中部分信息的表示

B. 域名是 IP 地址中部分信息的表示

C. IP 地址和域名是等价的

D. IP 地址和域名分别表述不同含义

9-5-32 计算机网络最突出的优点是：

A. 运算速度快　　B. 联网的计算机能够相互共享资源

C. 计算精度高　　D. 内存容量大

9-5-33 关于 Internet，下列说法不正确的是：

A. Internet 是全球性的国际网络　　B. Internet 起源于美国

C. 通过 Internet 可以实现资源共享　　D. Internet 不存在网络安全问题

9-5-34 当前我国的什么网络主要以科研和教育为目的，从事非经营性的活动?

A. 金桥信息网（GBN）　　B. 中国公用计算机网（ChinaNet）

C. 中科院网络（CSTNET）　　D. 中国教育和科研网（CERNET）

9-5-35 在网络连接设备中，交换机工作于：

A. 物理层　　B. 数据链路层　　C. 网络层　　D. 表示层

9-5-36 Internet 是由什么发展而来的?

A. 局域网　　B. ARPANET　　C. 标准网　　D. WAN

9-5-37 计算机网络按使用范围划分为:

A. 广域网和局域网　　B. 专用网和公用网

C. 低速网和高速网　　D. 部门网和公用网

9-5-38 局域网是指将各种计算机网络设备互连在一起的通信网络，但其覆盖的地理范围有限，通常在:

A. 几十米之内　　B. 几百公里之内

C. 几公里之内　　D. 几十公里之内

9-5-39 服务器是局域网的核心，在局域网中对服务器的要求是:

A. 处理能力强，操作速度快，大容量内存和硬盘

B. 大量的输入/输出设备和资源

C. 大、中、小各种计算机系统

D. 用双绞线、同轴电缆、光纤服务器连接

9-5-40 网上共享的资源有:

A. 硬件、软件和数据　　B. 软件、数据和信道

C. 通信子网、资源子网和信道　　D. 硬件、软件和服务

9-5-41 调制解调器（modem）的功能是实现:

A. 数字信号的编码　　B. 数字信号的整形

C. 模拟信号的放大　　D. 模拟信号与数字信号的转换

9-5-42 LAN 通常是指:

A. 广域网　　B. 局域网　　C. 资源子网　　D. 城域网

9-5-43 Internet 是全球最具影响力的计算机互联网，也是世界范围的重要:

A. 信息资源网　　B. 多媒体网络　　C. 办公网络　　D. 销售网络

9-5-44 Internet 主要由四大部分组成，其中包括路由器、主机、信息资源与:

A. 数据库　　B. 管理员　　C. 销售商　　D. 通信线路

9-5-45 网址 www.zzu.edu.cn 中 zzu 是在 Internet 中注册的:

A. 硬件编码　　B. 密码　　C. 软件编码　　D. 域名

9-5-46 域名服务 DNS 的主要功能为:

A. 通过请求及回答获取主机和网络相关信息

B. 查询主机的 MAC 地址

C. 为主机自动命名

D. 合理分配 IP 地址

9-5-47 域名服务器的作用是:

A. 为连入 Internet 网的主机分配域名

B. 为连入 Internet 网的主机分配 IP 地址

C. 为连入 Internet 网的一个主机域名寻找所对应的 IP 地址

D. 将主机的 IP 地址转换为域名

9-5-48 下列对 Internet 叙述正确的是：

A. Internet 就是 WWW

B. Internet 就是“信息高速公路”

C. Internet 是众多自治子网和终端用户机的互联

D. Internet 就是局域网互联

9-5-49 下列选项中属于 Internet 专有的特点为：

A. 采用TCP/IP协议

B. 采用ISO/OSI 7 层协议

C. 用户和应用程序不必了解硬件连接的细节

D. 采用 IEEE 802 协议

9-5-50 中国的顶级域名是：

A. cn　　B. ch　　C. chn　　D. china

9-5-51 局域网常用的设备是：

A. 路由器　　B. 程控交换机

C. 以太网交换机　　D. 调制解调器

9-5-52 网站向网民提供信息服务，网络运营商向用户提供接入服务，因此，分别称它们为：

A. ICP、IP　　B. ICP、ISP

C. ISP、IP　　D. UDP、TCP

9-5-53 在一幢大楼内的一个计算机网络系统，是属于：

A. 局域网（LAN）　　B. 因特网（Internet）

C. 城域网（MAN）　　D. 广域网（WAN）

9-5-54 IP 地址能唯一地确定 Internet 上每台计算机与每个用户的：

A. 距离　　B. 费用　　C. 位置　　D. 时间

9-5-55 将文件从 FTP 服务器传输到客户机的过程称为：

A. 上传　　B. 下载　　C. 浏览　　D. 计费

9-5-56 保护信息机密性的手段有两种，一是信息隐藏，二是数据加密。下面四条表述中，有错误的一条是：

A. 数据加密的基本方法是编码，通过编码将明文变换为密文

B. 信息隐藏是使非法者难以找到秘密信息而采用“隐藏”的手段

C. 信息隐藏与数据加密所采用的技术手段不同

D. 信息隐藏与数字加密所采用的技术手段是一样的

9-5-57 计算机病毒以多种手段入侵和攻击计算机信息系统，下面有一种不被使用的手段是：

A. 分布式攻击，恶意代码攻击

B. 恶意代码攻击，消息收集攻击

C. 删除操作系统文件，关闭计算机系统

D. 代码漏洞攻击，欺骗和会话劫持攻击

题解及参考答案

9-5-1 解： 在网上正式传输的书信或文件常常要根据亲笔签名或印章来证明真实性，数字签名就是用来解决这类问题的，目前在电子商务、电子政务中应用最为普遍，也是技术最成熟、可操作性最强的一种电子签名方法。

答案： A

9-5-2 解： 网络软件是实现网络功能不可缺少的软件环境，主要包括网络传输协议和网络操作系统。

答案： A

9-5-3 解： 因特网是多个不同的网络通过网络互连设备互联而成的大型网络。因特网是一个网际网，也就是说，因特网是一个连接了无数个小网而形成的大网。

答案： B

9-5-4 解： 计算机网络是计算机技术和通信技术的结合产物。

答案： C

9-5-5 解： 计算机网络协议的三要素：语法、语义、同步。

答案： C

9-5-6 解： TCP/IP是运行在 Internet 上的一个网络通信协议。

答案： D

9-5-7 解： TCP 是传输层的协议，和 UDP 同属传输层。IP 是网络层的协议，它包括 ICMP、IMGP、RIP、RSVP、X.25、BGP、ARP、NAPP 等协议。

答案： D

9-5-8 解： 网络协议就是在网络传输中的一项规则，只有遵循规则，网络才能实现通信。就像是交通规则一样，什么时候汽车走，什么时候汽车停。在网络中它被用来规范网络数据包的传输与暂停。

答案： B

9-5-9 解： 传输层/运输层的两个重要协议是：用户数据报协议 UDP（User Datagram Protocol）和传输控制协议 TCP（Transmission Control Protocol），而其中提供不可靠传输的是 UDP，相反，TCP 提供的服务就是可靠的了。

答案： C

9-5-10 解： TCP/IP协议是 Internet 中计算机之间进行通信时必须共同遵循的一种信息规则，包括传输控制协议/网际协议。

答案： B

9-5-11 解： 配置TCP/IP参数，本地机的 IP 地址及子网掩码是必不可少的，同时还要指定网关和域名服务器地址。

答案： A

9-5-12 解： TCP/IP属于网络协议的一种，可以认为是通信设备之间的语言，通信双方定义一下通信的规则、通信的地址、封转等，跟人说话的语法是一样的。

答案： B

9-5-13 解： TCP 为 Transmission Control Protocol 的简写，译为传输控制协议，又名网络通信

协议，是 Internet 最基本的协议。

答案：B

9-5-14　解：按照地理范围划分可以把各种网络类型划分为局域网、城域网、广域网。

答案：D

9-5-15　解：一台计算机、一个 Modem 和可通话的电话。将电话线从电话机上拔下来，插在 Modem 的接口就可以拨号上网了。

答案：B

9-5-16　解：Email 地址由三个部分组成：用户名、分隔符@、域名。

答案：B

9-5-17　解：OSI 参考模型共有 7 层，分别是：①物理层；②数据链路层；③网络层；④传输层；⑤会话层；⑥表示层；⑦应用层。

答案：B

9-5-18　解：网络操作系统决定了网络的使用性能。

答案：D

9-5-19　解：WWW 的中文名称是环球信息网。

答案：B

9-5-20　解：在电子邮件中可包含的信息可以是文字、声音、图形、图像信息。

答案：D

9-5-21　解：常见的局域网拓扑结构分为星形网、环形网、总线型网，以及它们的混合型。

答案：B

9-5-22　解：局域网中，用户是通过服务器访问网站，运行操作系统的设备是服务器。

答案：B

9-5-23　解：电子邮件附件可以是文本文件、图像、程序、软件等，有可能携带或被感染计算机病毒，如果打开携带或被感染计算机病毒的电子邮件附件（来历不明的电子邮件附件有可能携带计算机病毒）就可能会使所使用的计算机系统传染上计算机病毒。

当发送者发送电子邮件成功后，由于接收者端与接收端邮件服务器间网络拥塞，接收者可能需要很长时间后才能收到邮件。

当我们通过申请（注册）获得邮箱或收邮件者收不到邮件时（原因很多，如邮箱、邮件服务器、线路等），往往需要对邮箱进行测试，判别邮箱是否有问题。用户对邮箱进行测试，最简单的方法是向自己的邮箱发送一封邮件，判别邮箱是否正常。

电子邮箱通常由 Internet 服务提供商或局域网（企业网、校园网等）网管中心提供，电子邮件一般存放在邮件服务器、邮件数据库中。因此，电子邮箱的容量由 Internet 服务提供商或局域网（企业网、校园网）网管中心提供，而不是在用户当前使用的计算机上给电子邮箱分配硬盘容量。

答案：D

9-5-24　解：相比电子邮件、硬盘、软盘而言，ROM 是只读器件，因此能够抵抗病毒的恶意篡改，是不会感染病毒的。

答案：D

9-5-25　解：计算机病毒能够将自身从一个程序复制到另外一个程序中，从一台计算机复制到另一台计算机，从一个计算机网络复制到另一个计算机网络，使被传染的计算机程序、计算机网络以及计算机本身都成为计算机病毒的生存环境和新的病毒源。

答案：B

9-5-26 解：一个计算机网络主要由网络硬件系统和网络软件系统两大部分组成。

答案：A

9-5-27 解：计算机网络的主要功能包括软、硬件资源共享、数据通信、提高可靠性、增强系统处理功能。

答案：A

9-5-28 解：用户的数据终端或计算机叫作数据终端设备 DTE（Data Terminal Equipment），这些设备代表数据链路的端结点。在通信网络的一边，有一个设备管理网络的接口，这个设备叫作数据通信设备 DCE（Data Circuit Equipment），如调制解调器、数传机、基带传输器、信号变换器、自动呼叫和应答设备等。

答案：D

9-5-29 解：调制解调器（Modem）的功能是将数字信号变成模拟信号、并把模拟信号变成数字信号的设备。它通常由电源、发送电路和接收电路组成。因此调制解调器的数据传送方式为频带传输。

答案：A

9-5-30 解：只有在计算机上正确安装网卡驱动程序和网络协议，并正确设置 IP 地址信息之后，服务器才能与网络内的计算机进行正常通信。

在正确安装了网卡等网络设备，系统可自动安装TCP/IP协议。主要配置的属性有 IP 地址、子网掩码、默认网关以及 DNS 服务器的 IP 地址等信息。在 Windows 的网络属性配置中，“默认网关”应该设置为路由器的地址。

答案：C

9-5-31 解：简单地说，IP 就是门牌号码，域名就是房子的主人名字。IP 地址是 Internet 网中主机地址的一种数字标志，IP 就使用这个地址在主机之间传递信息。所谓域名，是互联网中用于解决地址对应问题的一种方法。域名的功能是映射互联网上服务器的 IP 地址，从而使人们能够与这些服务器连通。

答案：C

9-5-32 解：计算机网络最突出的优点就是资源共享。

答案：B

9-5-33 解：众所周知，Internet 是存在网络安全问题的。

答案：D

9-5-34 解：中国教育和科研计算机网（CERNET）是由国家投资建设，教育部负责管理，清华大学等高等学校承担建设和管理运行的全国性学术计算机互联网络。它主要面向教育和科研单位，是全国最大的公益性互联网络。

答案：D

9-5-35 解：交换机是一种工作在数据链路层上的、基于 MAC 识别、能完成封装转发数据包功能的网络设备。

答案：B

9-5-36 解：Internet 始于 1969 年，是在 ARPANET（美国国防部研究计划署）制定的协定下将美国西南部的大学——UCLA（加利福尼亚大学洛杉矶分校）、Stanford Research Institute（史坦福大学研究学院)、UCSB(加利福尼亚大学)和 University of Utah(犹他州大学)的四台主要的计算机连接起来。此后经历了文本、图片，以及现在的语音、视频等阶段，带宽越来越快，功能越来越强。

答案：B

9-5-37　解：计算机网络按使用范围划分为公用网和专用网。公用网由电信部门或其他提供通信服务的经营部门组建、管理和控制，网络内的传输和转接装置可供任何部门和个人使用；公用网常用于广域网络的构造，支持用户的远程通信。如我国的电信网、广电网、联通网等。专用网是由用户部门组建经营的网络，不容许其他用户和部门使用；由于投资的因素，专用网常为局域网或者是通过租借电信部门的线路而组建的广域网络。如由学校组建的校园网、由企业组建的企业网等。

答案：B

9-5-38　解：服务器是局域网的核心设备，为局域网中的其他客户端计算机提供文件服务、打印服务、数据库服务、邮件服务等各种服务。由于需要同时处理多个客户端的请求，所以对服务器的性能要求较高，如操作速度快、硬盘和内存容量大、处理能力强。

答案：A

9-5-39　解：局域网是将小区域内的各种通信设备互连在一起的网络，其分布范围局限在一个办公室、一栋大楼或一个校园内，用于连接个人计算机、工作站和各类外围设备以实现资源共享和信息交换，覆盖的地理范围通常在几千米之内。

答案：C

9-5-40　解：资源共享是现代计算机网络最主要的作用，它包括软件共享、硬件共享及数据共享。软件共享是指计算机网络内的用户可以共享计算机网络中的软件资源，包括各种语言处理程序、应用程序和服务程序。硬件共享是指可在网络范围内提供对处理资源、存储资源、输入输出资源等硬件资源的共享，特别是对一些高级和昂贵的设备，如巨型计算机、大容量存储器、绘图仪、高分辨率的激光打印机等。数据共享是对网络范围内的数据共享。网上信息包罗万象，无所不有，可以供每一个上网者浏览、咨询、下载。

答案：A

9-5-41　解：调制调解器(modem)的功能是在计算机与电话线之间进行信号转换，也就是实现模拟信号和数字信号之间的相互转换。

答案：D

9-5-42　解：按计算机联网的区域大小，我们可以把网络分为局域网(LAN，Local Area Network)和广域网(WAN，Wide Area Network)。局域网(LAN)是指在一个较小地理范围内的各种计算机网络设备互连在一起的通信网络，可以包含一个或多个子网，通常局限在几千米的范围之内。如在一个房间、一座大楼，或是在一个校园内的网络就称为局域网。

答案：B

9-5-43　解：资源共享是现代计算机网络的最主要的作用。

答案：A

9-5-44　解：Internet 主要由四大部分组成，其中包括路由器、主机、信息资源与通信线路。

答案：D

9-5-45　解：网址 www.zzu.edu.cn 中 zzu 是在 Internet 中注册的域名。

答案：D

9-5-46 解： DNS就是将各个网页的IP地址转换成人们常见的网址。

答案： A

9-5-47 解： 如果要寻找一个主机域名所对应的IP地址，则需要借助域名服务器来完成。当Internet应用程序收到一个主机域名时，它向本地域名服务器查询该主机域名对应的IP地址。如果在本地域名服务器中找不到该主机域名对应的IP地址，则本地域名服务器向其他域名服务器发出请求，要求其他域名服务器协助查找，并将找到的IP地址返回给发出请求的应用程序。

答案： C

9-5-48 解： Internet是一个计算机交互网络，又称网间网。它是一个全球性的巨大的计算机网络体系，它把全球数万个计算机网络，数千万台主机连接起来，包含了难以计数的信息资源，向全世界提供信息服务。Internet是一个以TCP/IP网络协议连接各个国家、各个地区、各个机构的计算机网络的数据通信网。

答案： C

9-5-49 解： Internet专有的特点是采用TCP/IP协议。

答案： A

9-5-50 解： 中国的顶级域名是cn。

答案： A

9-5-51 解： 局域网常用设备有网卡（NIC）、集线器（Hub）、以太网交换机（Switch）。

答案： C

9-5-52 解： ICP是电信与信息服务业务经营许可证，ISP是互联网接入服务商的许可。

答案： B

9-5-53 解： 按照计算机网络作用范围的大小，将其分为局域网、城域网和广域网。局域网是将小区域内的各种通信设备互连在一起的网络，其分布范围局限在一个办公室、一幢大楼或一个校园内，用于连接个人计算机、工作站和各类外围设备，以实现资源共享和信息交换。

答案： A

9-5-54 解： IP地址能唯一地确定Internet上每台计算机与每个用户的位置。

答案： C

9-5-55 解： 将文件从FTP服务器传输到客户机的过程称为文件的下载。

答案： B

9-5-56 解： 给数据加密，是隐蔽信息的可读性，将可读的信息数据转换为不可读的信息数据，称为密文。把信息隐藏起来，即隐藏信息的存在性，将信息隐藏在一个容量更大的信息载体之中，形成隐秘载体。信息隐藏和数据加密的方法是不一样的。

答案： D

9-5-57 解： 计算机病毒是指编制或者在计算机程序中插入的破坏计算机功能或者破坏数据，影响计算机使用并且能够自我复制的一组计算机指令或者程序代码，并不是删除操作系统文件使计算机无法正常运行。

答案： C

第十章　工 程 经 济

复 习 指 导

1. 资金的时间价值

掌握资金时间价值的概念，熟悉现金流量和现金流量图，重点掌握资金等值计算，应会利用公式和复利系数表进行计算，掌握实际利率和名义利率的概念及计算公式。

对于资金等值计算公式，应该注意等额系列计算公式中F、P、A发生的时点，应用时注意它的应用条件。应熟悉复利系数表的应用。

2. 财务效益与费用估算

了解项目的分类和项目的计算期，熟悉财务效益与费用所包含的内容，重点掌握建设投资的构成、建设期利息的计算、经营成本的概念、项目评价涉及的税费以及总投资形成的资产。

3. 资金来源与融资方案

了解资金筹措的主要方式，掌握资金成本的概念及计算，熟悉债务偿还的主要方式。

4. 财务分析

应熟练掌握盈利能力分析的相关指标的概念和计算，重点掌握净现值、内部收益率、净年值、费用现值、费用年值、投资回收期的含义和计算方法，熟悉利用这些指标评价方案盈利能力时的判别标准。熟悉偿债能力分析、财务生存能力的概念，熟悉相关财务分析报表。

5. 经济费用效益分析

应理解社会折现率、影子价格、影子汇率、影子工资的概念，复习时应注意经济净现值、经济内部收益率指标与财务净现值、财务内部收益率的区别。了解效益费用比的概念。掌握经济净现值、经济内部收益率、效益费用比的判别标准。

6. 不确定性分析

对于盈亏平衡分析，应熟悉固定成本、可变成本的概念，熟练掌握盈亏平衡分析的计算，了解盈亏平衡点的含义。

对于单因素敏感性分析，应了解该方法的概念、敏感度系数和临界点的含义，熟悉敏感性分析图。

7. 方案经济比选

应熟悉独立型方案与互斥型方案的区别，掌握互斥方案比选的效益比选法、费用比选法和判别标准，了解最低价格法的概念；熟悉计算期不同的互斥方案的比选可采用的方法和指标。

8. 项目经济评价特点

对于改扩建项目，应了解其与新建项目在经济评价上的不同特点。

9. 价值工程

重点掌握价值工程的基本概念，包括价值工程中价值、功能及成本的概念，掌握价值的公式，根据公式可知提高价值的途径。

了解价值工程的实施步骤，掌握价值工程的核心。

本章的复习，应注重掌握相关的基本概念、基本公式和计算方法。在复习的同时，应该通过做习题训练，进一步巩固考试大纲要求掌握的内容。做习题时，应注意掌握习题考核的知识点。

练习题、题解及参考答案

（一）资金的时间价值

10-1-1 某公司拟向银行贷款100万元，贷款期为3年，甲银行的贷款利率为6%（按季计息），乙银行的贷款利率为7%，该公司向哪家银行贷款付出的利息较少：

A. 甲银行　　B. 乙银行

C. 两家银行的利息相等　　D. 不能确定

10-1-2 关于现金流量的下列说法中，正确的是：

A. 同一时间点上现金流入和现金流出之和，称为净现金流量

B. 现金流量图表示现金流入、现金流出及其与时间的对应关系

C. 现金流量图的零点表示时间序列的起点，同时也是第一个现金流量的时间点

D. 垂直线的箭头表示现金流动的方向，箭头向上表示现金流出，即表示费用

10-1-3 某人第1年年初向银行借款10万元，第1年年末又借款10万元，第3年年初再次借10万元，年利率为10%，到第4年末连本带利一次还清，应付的本利和为：

A. 31.00万元　　B. 76.20万元

C. 52.00万元　　D. 40.05万元

10-1-4 某投资项目原始投资额为200万元，使用寿命为10年，预计净残值为零，已知该项目第10年的经营净现金流量为25万元，回收营运资金20万元，则该项目第10年的净现金流量为：

A. 20万元　　B. 25万元　　C. 45万元　　D. 65万元

10-1-5 某公司准备建立一项为期 10 年的奖励基金，用于奖励有突出贡献的员工，每年计划颁发100000元奖金，从第1年开始至第10年正好用完账户中的所有款项，若利率为6%，则第1年初存入的奖励基金应为：

A. 1318079元　　B. 1243471元

C. 780169元　　D. 736009元

10-1-6 在下面的现金流量图（见图）中，若横轴时间单位为年，则大小为40的现金流量的发生时点为：

A. 第2年年末　　B. 第3年年初

C. 第3年年中　　D. 第3年年末

10-1-7 某现金流量如图所示，如果利率为i，则下面的4个表达式中，正确的是：

A. $P(P/F,i,l)=A(P/A,i,n-m)(P/F,i,m)$

B. $P(F/P,i,m-l)=A(P/A,i,n-m)$

C. $P=A(P/A,i,n-m)(P/F,i,m-l)$

D. $P(F/P,i,n-l)=A(F/A,i,n-m+1)$

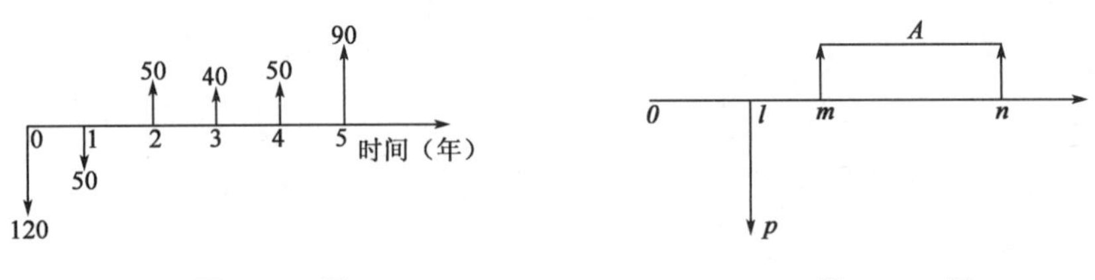

题 10-1-6 图　　　　　　　　　　题 10-1-7 图

10-1-8 某项贷款年利率 12%，每季计息一次，则年实际利率为：

A. 12%　　B. 12.48%　　C. 12.55%　　D. 12.68%

10-1-9 某公司年初从银行得到一笔贷款，原约定连续 5 年每年年末还款 10 万元，年利率 11%，按复利计息。后与银行协商，还款计划改为到第 5 年年末一次偿还本利，利率不变，则第 5 年年末应偿还本利和：

A. 54.400 万元　　B. 55.500 万元　　C. 61.051 万元　　D. 62.278 万元

10-1-10 某公司从银行贷款，年利率 8%，按复利计息，借贷期限 5 年，每年年末偿还等额本息 50 万元。到第 3 年年初，企业已经按期偿还 2 年本息，现在企业有较充裕资金，与银行协商，计划第 3 年年初一次偿还贷款，需还款金额为：

A. 89.2 万元　　B. 128.9 万元　　C. 150 万元　　D. 199.6 万元

10-1-11 某学生从银行贷款上学，贷款年利率 5%，上学期限 3 年，与银行约定从毕业工作的第 1 年年末开始，连续 5 年以等额本息还款方式还清全部贷款，预计该生每年还款能力为 6000 元。该学生上学期间每年年初可从银行得到等额贷款：

A. 7848 元　　B. 8240 元　　C. 9508 元　　D. 9539 元

10-1-12 某地区筹集一笔捐赠款用于一座永久性建筑物的日常维护。捐款以 8%的复利年利率存入银行。该建筑物每年的维护费用为 2 万元。为保证正常的维护费用开支，该笔捐款应不少于：

A. 50 万元　　B. 33.3 万元　　C. 25 万元　　D. 12.5 万元

10-1-13 某企业年初投资 5000 万元，拟 10 年内等额回收本利，若基准收益率为 8%，则每年年末应回收的资金是：

A. 540.00 万元　　B. 1079.46 万元　　C. 745.15 万元　　D. 345.15 万元

题解及参考答案

10-1-1 解： 比较两家银行的年实际利率，其中较低者利息较少。

甲银行的年实际利率：$i_{甲} = \left(1+\frac{r}{m}\right)^m - 1 = \left(1+\frac{6\%}{4}\right)^4 - 1 = 6.14\%$；乙银行的年实际利率为 7%，故向甲银行贷款付出的利息较少。

答案： A

10-1-2 解： 现金流量图表示的是现金流入、现金流出与时间的对应关系。同一时间点上的现金流入和现金流出之差，称为净现金流量。箭头向上表示现金流入，向下表示现金流出。现金流量图的零点表示时间序列的起点，但第一个现金流量不一定发生在零点。

答案： B

10-1-3 解： ①应用资金等值公式计算：$F = A(P/A, 10\%, 3)(F/P, 10\%, 5)$。

②按$F = A(F/A, 10\%, 3)(F/P, 10\%, 2)$计算。

③按复利公式计算：$F = 10(1+10\%)^4 + 10(1+10\%)^3 + 10(1+10\%)^2 = 40.05$万元。

答案：D

10-1-4 解：营运资金垫支一般发生在投资期，垫支时作现金流出，在项目寿命期满收回时作现金流入。回收营运资金为现金流入，故项目第 10 年的净现金流量为$25+20=45$万元。

答案：C

10-1-5 解：根据等额支付现值公式计算：

$$P = 100000(P/A, 6\%, 10) = 100000 \times 7.36009 = 736009 \text{ 元}$$

答案：D

10-1-6 解：在现金流量图中，横轴上任意一时点t表示第t期期末，同时也是第$t+1$期的期初。

答案：D

10-1-7 解：根据资金等值计算公式，将现金流入和现金流出折算到同一年进行比较判断。根据资金等值计算公式，选项 D 的方程两边是分别将现金流出和现金流入折算到n年末，等式成立。

答案：D

10-1-8 解：利用名义利率与实际利率换算公式计算。

$$i = \left(1+\frac{r}{m}\right)^m - 1 = \left(1+\frac{12\%}{4}\right)^4 - 1 = 12.55\%$$

答案：C

10-1-9 解：已知A求F，用等额支付系列终值公式计算。

$$F = A\frac{(1+i)^n - 1}{i} = A(F/A, 11\%, 5) = 10 \times 6.2278 = 62.278 \text{ 万元}$$

答案：D

10-1-10 解：已知A求P，用等额支付系列现值公式计算。第 3 年年初已经偿还 2 年等额本息，还有 3 年等额本息没有偿还。所以$n=3$，$A=50$，$P=50(P/A,8\%,3)=128.9$万元。

答案：B

10-1-11 解：可绘出现金流量图（见解图），利用资金等值计算公式，将借款和还款等值计算折算到同一年，求A。

$A(P/A, 5\%, 3)(1+i) = 6\,000(P/A, 5\%, 5)(P/F, 5\%, 3)$

$$A \times 2.7232 \times 1.05 = 6000 \times 4.3295 \times 0.8638$$

或：$A(P/A, 5\%, 3)(F/P, 5\%, 4) = 6000(P/A, 5\%, 5)$

$$A \times 2.7232 \times 1.2155 = 6000 \times 4.3295$$

解得：$A = 7848$

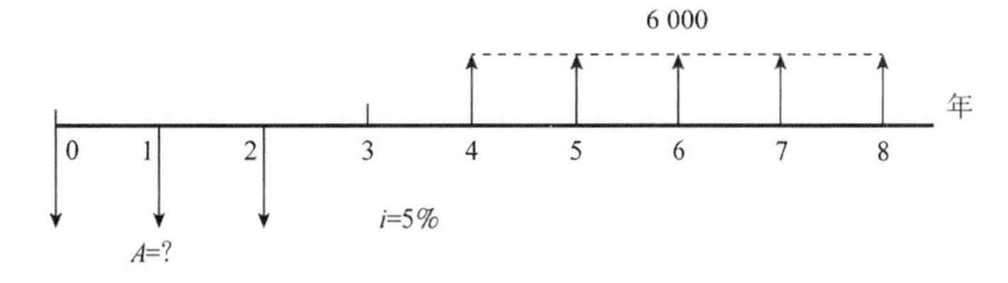

题 10-1-11 解图

答案：A

10-1-12 解：本题为永久性建筑，当$n\to\infty$时，等额支付现值系数$(P/A,i,n)=1/i$，即：

$$(P/A, i, n) = \frac{(1+i)^n - 1}{i(1+i)^n} = \frac{1}{i}$$

根据等额支付现值公式，该笔捐款应不少于：

$$P = A(P/A, i, n) = 2/8\% = 25 \text{ 万元}$$

答案： C

10-1-13 解： 按等额支付资金回收公式计算（已知P求A）。

$$A = P(A/P, i, n) = 5000 \times (A/P, 8\%, 10) = 5000 \times 0.14903 = 745.15 \text{ 万元}$$

答案： C

（二）**财务效益与费用估算**

10-2-1 以下关于项目总投资中流动资金的说法正确的是：

A. 是指工程建设其他费用和预备费之和

B. 是指投产后形成的流动资产和流动负债之和

C. 是指投产后形成的流动资产和流动负债的差额

D. 是指投产后形成的流动资产占用的资金

10-2-2 关于总成本费用的计算公式，下列正确的是：

A. 总成本费用=生产成本+期间费用

B. 总成本费用=外购原材料、燃料和动力费+工资及福利费+折旧费

C. 总成本费用=外购原材料、燃料和动力费+工资及福利费+折旧费+摊销费

D. 总成本费用=外购原材料、燃料和动力费+工资及福利费+折旧费+摊销费+修理费

10-2-3 某项目建设期 3 年，共贷款 1000 万元，第一年贷款 200 万元，第二年贷款 500 万元，第三年贷款 300 万元，贷款在各年内均衡发生，贷款年利率为 7%，建设期内不支付利息，建设期利息为：

A. 98.00 万元　　B. 101.22 万元

C. 138.46 万元　　D. 62.33 万元

10-2-4 下面不属于工程建设其他投资的是：

A. 土地使用费　　B. 与项目建设有关的其他费用

C. 预备费　　D. 联合试运转费

10-2-5 下面不属于产品销售收入的是：

A. 材料销售收入　　B. 工业性劳务收入

C. 自制半成品销售收入　　D. 产成品销售收入

10-2-6 下面属于变动成本的是：

A. 折旧费　　B. 无形资产摊销费

C. 管理费　　D. 包装费

10-2-7 生产性项目总投资包括铺底流动资金和：

A. 设备工器具投资　　B. 建筑安装工程投资

C. 流动资金　　D. 建设投资

10-2-8 销售收入的决定因素不包括：

A. 生产负荷　　B. 销售价格　　C. 销售量　　D. 所得税

10-2-9 经营成本中包括：

A. 工资及福利费　　B. 固定资产折旧费

C. 贷款利息支出　　D. 无形资产摊销费

10-2-10 固定成本是总成本费用的一部分，它是指其中的：

A. 不随产量变动而变动的费用

B. 不随生产规模变动而变动的费用

C. 不随人员变动而变动的费用

D. 在一定生产规模限度内不随产量变动而变动的费用

10-2-11 某企业预计明年销售收入将达到 6000 万元，总成本费用将为 5600 万元，该企业明年应缴纳：

A. 销售税金　　B. 所得税

C. 固定资产投资方向调节税　　D. 所得税和销售税金

10-2-12 无形资产是企业资产的重要组成部分，它的特点是会遭受：

A. 有形磨损和无形磨损　　B. 有形磨损

C. 无形磨损　　D. 物理磨损

10-2-13 建设投资的全部组成包括：

A. 建筑安装工程费、预备费、流动资金

B. 工程费用、建设期利息、预备费

C. 工程费用、工程建设其他费用、预备费

D. 建筑工程费、设备购置费、安装工程费

10-2-14 构成建设项目总投资的三部分费用是：

A. 工程费用、预备费、流动资金

B. 建设投资、建设期利息、流动资金

C. 建设投资、建设期利息、预备费

D. 建筑安装工程费、工程建设其他费用、预备费

10-2-15 某新建项目，建设期 2 年，第 1 年年初借款 1500 万元，第 2 年年初借款 1000 万元，借款按年计息，利率为 7%，建设期内不支付利息，第 2 年借款利息为：

A. 70 万元　　B. 77.35 万元

C. 175 万元　　D. 182.35 万元

10-2-16 某公司购买一台计算机放置一年未用，一年期间又有新型号计算机出现，原购买的计算机的损耗为：

A. 有形损耗　　B. 物理损耗　　C. 自然损耗　　D. 无形损耗

10-2-17 某建设项目建设投资（不含无形资产和其他资产投资）1140 万元，建设期贷款利息为 150 万元，折旧年限 20 年，预计净残值 80 万元，则该项目按直线折旧的年折旧额为：

A. 48.5 万元　　B. 50.5 万元　　C. 53.0 万元　　D. 60.5 万元

10-2-18 某企业购置一台设备，固定资产原值为 20 万元，采用双倍余额递减法折旧，折旧年限为 10 年，则该设备第 2 年折旧额为：

A. 2 万元　　B. 2.4 万元　　C. 3.2 万元　　D. 4.0 万元

10-2-19 以下关于增值税的说法，正确的是：

A. 增值税是营业收入征收的一种所得税

B. 增值税是价内税，包括在营业收入中

C. 增值税应纳税额一般按生产流通或劳务服务各个环节的增值额乘以适用税率计算

D. 作为一般纳税人的建筑企业，增值税应按税前造价的3%缴纳

10-2-20 在建设项目总投资中，以下应计入固定资产原值的是：

A. 建设期利息　　B. 外购专利权

C. 土地使用权　　D. 开办费

10-2-21 建设项目评价中的总投资包括：

A. 建设投资和流动资金　　B. 建设投资和建设期利息

C. 建设投资、建设期利息和流动资金　　D. 固定资产投资和流动资产投资

题解及参考答案

10-2-1 解：项目总投资中的流动资金是指运营期内长期占用并周转使用的营运资金。估算流动资金的方法有扩大指标法或分项详细估算法。采用分项详细估算法估算时，流动资金是流动资产与流动负债的差额。

答案：C

10-2-2 解：总成本费用有生产成本加期间费用和按生产要素两种估算方法。生产成本加期间费用计算公式为：总成本费用=生产成本+期间费用。

答案：A

10-2-3 解：根据题意，贷款在各年内均衡发生，建设期内不支付利息，则

第一年利息：$(200/2) \times 7\% = 7$万元

第二年利息：$(200 + 500/2 + 7) \times 7\% = 31.99$万元

第三年利息：$(200 + 500 + 300/2 + 7 + 31.99) \times 7\% = 62.23$万元

建设期贷款利息：$7 + 31.99 + 62.23 = 101.22$万元

答案：B

10-2-4 解：建设投资由工程费用（包括建筑工程费、设备购置费、安装工程费），工程建设其他费用和预备费（包括基本预备费和涨价预备费）所组成。工程建设其他费用包括土地使用费、与项目建设有关的其他费用（包括建设单位管理费、研究试验费、勘察设计费、工程监理费、工程保险费、建设单位临时设施费、引进技术和设备进口项目的其他费用、环境影响评价费、劳动安全卫生评价费、特殊设备安全监督检验费、市政公用设施费）和与未来企业生产经营有关的费用（包括联合试运转费、生产准备费、办公和生活家具购置费）。

答案：C

10-2-5 解：产品销售收入包括企业销售的产成品、自制半成品及工业性劳务所获得的收入。

答案：A

10-2-6 解：固定成本一般包括折旧费、摊销费、管理费、工资及福利费（计件工资除外）和其他费用等。通常把运营期间发生的全部利息也作为固定成本。包装费随产量变动而变动，属于变动成本。

答案：D

10-2-7 解：生产性项目总投资包括建设投资、建设期贷款利息和铺底流动资金（粗略计算时，建设期贷款利息可并入建设投资）。

答案：D

10-2-8 解：销售收入的多少与生产负荷大小、销售价格高低以及销售量的多少有关，但与所得税无关。

答案：D

10-2-9 解：经营成本中不包括折旧费、摊销费和贷款利息支出。经营成本是指建设项目总成本费用扣除折旧费、摊销费和财务费用以后的全部费用。

答案：A

10-2-10 解：总成本费用可分为固定成本和变动成本（可变成本），固定成本是指在一定生产规模限度内不随产量变动而变动的费用。

答案：D

10-2-11 解：根据所得税法，企业每一纳税年度的收入总额，减除不征税收入、免税收入、各项扣除以及允许弥补的以前年度亏损后的余额，为应纳税所得额。该企业有利润，所以应缴纳所得税。企业有销售收入，就应缴纳销售税金。

答案：D

10-2-12 解：无形资产的损耗是由于无形损耗（无形磨损）形成的，即由于社会科学技术进步而引起无形资产价值减少。

答案：C

10-2-13 解：建设投资由工程费用、工程建设其他费用、预备费所组成。

答案：C

10-2-14 解：建设项目总投资由建设投资、建设期利息、流动资金三部分构成。

答案：B

10-2-15 解：按借款在年初发生的建设利息计算公式计算。

第 1 年利息：$1500 \times 7\% = 105$万元

第 2 年利息：$(1500 + 105 + 1000) \times 7\% = 182.35$万元。

答案：D

10-2-16 解：根据损耗的概念判断。

答案：D

10-2-17 解：利用年限平均法折旧公式计算。

$$\text{年折旧额} = (1140 + 150 - 80)/20 = 60.5\ \text{万元}$$

答案：D

10-2-18 解：用双倍余额递减法公式计算，注意计算第 2 年折旧额时，要用固定资产净值计算。第 1 年折旧额：$20 \times \frac{2}{10} = 4$万元。第 2 年折旧额：$(20 - 4) \times \frac{2}{10} = 3.2$万元。

答案：C

10-2-19 解：增值税是对商品生产、流通、劳务服务中多个环节的新增价值或商品的附加值（增值额）征收的一种流转税。增值税是价外税，价外税是指增值税纳税人不计入货物销售价格中，而在增值税纳税申报时，按规定计算缴纳的增值税。增值税应纳税额一般按生产流通或劳务服务各个环节的增值额乘以增值税率计算。目前，我国建筑企业一般纳税人的增值税税率为9%。

答案：C

10-2-20 解：按规定，建设期利息应计入固定资产原值。

答案：A

10-2-21 解：建设项目经济评价中的总投资，由建设投资、建设期利息和流动资金组成。

答案：C

（三）资金来源与融资方案

10-3-1 下列筹资方式中，属于项目债务资金的筹集方式是：

A. 优先股　　B. 政府投资

C. 融资租赁　　D. 可转换债券

10-3-2 关于准股本资金的下列说法中，正确的是：

A. 准股本资金具有资本金性质，不具有债务资金性质

B. 准股本资金主要包括优先股股票和可转换债券

C. 优先股股票在项目评价中应视为项目债务资金

D. 可转换债券在项目评价中应视为项目资本金

10-3-3 下列不属于股票融资特点的是：

A. 股票融资所筹备的资金是项目的股本资金，可作为其他方式筹资的基础

B. 股票融资所筹资金没有到期偿还问题

C. 普通股票的股利支付，可视融资主体的经营好坏和经营需要而定

D. 股票融资的资金成本较低

10-3-4 相对于债务融资方式，普通股融资方式的特点为：

A. 融资风险较高

B. 资金成本较低

C. 增发普通股会增加新股东，使原有股东的控制权降低

D. 普通股的股息和红利有抵税的作用

10-3-5 融资前分析和融资后分析的关系，下列说法中正确的是：

A. 融资前分析是考虑债务融资条件下进行的财务分析

B. 融资后分析应广泛应用于各阶段的财务分析

C. 在规划和机会研究阶段，可以只进行融资前分析

D. 一个项目财务分析中融资前分析和融资后分析两者必不可少

10-3-6 某投资项目全投资的净现金流量见表：

题 10-3-6 表

年　份	0	1~10
净现金流量（万元）	−5000	600

若该项目初始投资中借款比例为50%，贷款年利率为8%，初始投资中自有资金的筹资成本为12%，则当计算该项目自有资金的净现值时，基准折现率至少应取：

A. 10%　　B. 12%　　C. 8%　　D. 20%

10-3-7 某公司发行普通股筹资 8000 万元，筹资费率为 3%，第一年股利率为 10%，以后每年增长 5%，所得税率为 25%，则普通股资金成本为：

A. 7.73%　　B. 10.31%　　C. 11.48%　　D. 15.31%

10-3-8 某项目有一项融资，税后资金成本为 6.5%，若通货膨胀率为 2%，则考虑通货膨胀的资金成本为：

A. 4.4%　　B. 5.4%　　C. 6.4%　　D. 8.7%

10-3-9 某扩建项目总投资 1000 万元，筹集资金的来源为：原有股东增资 400 万元，资金成本为 15%；银行长期借款 600 万元，年实际利率为 6%。该项目年初投资当年获利，所得税税率 25%，该项目所得税后加权平均资金成本为：

A. 7.2%　　B. 8.7%　　C. 9.6%　　D. 10.5%

10-3-10 某项目总投资 13000 万元，融资方案为：普通股 5000 万元，资金成本为 16%；银行长期借款 8000 万元，税后资金成本为 8%。该项目的加权平均资金成本为：

A. 10%　　B. 11%　　C. 12%　　D. 13%

10-3-11 某项目从银行借款 1000 万元，年利率为 6%，期限 10 年，按年度还款，每年年末偿还本金 100 万元，并偿还相应未还本金的利息。该偿还债务方式为：

A. 等额利息法　　B. 等额本息法

C. 等额本金法　　D. 偿债基金法

10-3-12 某项目从银行贷款 500 万元，期限 5 年，年利率 5%，采取等额还本利息照付方式还本付息，每年年末还本付息一次，第二年应付利息是：

A. 5 万元　　B. 20 万元　　C. 23 万元　　D. 25 万元

10-3-13 某公司发行普通股筹资 10000 万元，筹资费率为 3%，第一年股利率为 8%，以后每年增长 6%，所得税率为 25%，则普通股资金成本为：

A. 8.25%　　B. 10.69%　　C. 14.00%　　D. 14.25%

10-3-14 某公司向银行借款 150 万元，期限为 5 年，年利率为 8%，每年年末等额还本付息一次（即等额本息法），到第五年年末还完本息。则该公司第二年年末偿还的利息为：

［已知：$(A/P,8\%,5)=0.2505$］

A. 9.954 万元　　B. 12 万元　　C. 25.575 万元　　D. 37.575 万元

10-3-15 某公司向银行借款 2400 万元，期限为 6 年，年利率为 8%，每年年末付息一次，每年等额还本，到第六年年末还完本息。请问该公司第四年年末应还的本息和是：

A. 432 万元　　B. 464 万元　　C. 496 万元　　D. 592 万元

10-3-16 新设法人融资方式，建设项目所需资金来源于：

A. 资本金和权益资金　　B. 资本金和注册资本

C. 资本金和债务资金　　D. 建设资金和债务资金

题解及参考答案

10-3-1 解：资本金（权益资金）的筹措方式有股东直接投资、发行股票、政府投资等，债务资金的筹措方式有商业银行贷款、政策性银行贷款、外国政府贷款、国际金融组织贷款、出口信贷、银团贷款、企业债券、国际债券和融资租赁等。

优先股股票和可转换债券属于准股本资金，是一种既具有资本金性质又具有债务资金性质的资金。

答案：C

10-3-2 解：准股本资金是一种既具有资本金性质、又具有债务资金性质的资金，主要包括优先股股票和可转换债券。

答案：B

10-3-3 解：股票融资（权益融资）的资金成本一般要高于债权融资的资金成本。

答案：D

10-3-4 解：普通股融资方式的主要特点有：融资风险小，普通股票没有固定的到期日，不用支付固定的利息，不存在不能还本付息的风险；股票融资可以增加企业信誉和信用程度；资本成本较高，投资者投资普通股风险较高，相应地要求有较高的投资报酬率；普通股股利从税后利润中支付，不具有抵税作用，普通股的发行费用也较高；股票融资时间跨度长；容易分散控制权，当企业发行新股时，增加新股东，会导致公司控制权的分散；新股东分享公司未发行新股前积累的盈余，会降低普通股的净收益。

答案：C

10-3-5 解：融资前分析不考虑融资方案，在规划和机会研究阶段，一般只进行融资前分析。

答案：C

10-3-6 解：自有资金现金流量表中包括借款还本付息。计算自有资金的净现金流量时，借款还本付息要计入现金流出，也就是说计算自有资金净现金流量时，已经扣除了借款还本付息，因此计算该项目自有资金的净现值时，基准折现率应至少不低于自有资金的筹资成本。

答案：B

10-3-7 解：普通股资金成本为：

$$K_s = \frac{8000 \times 10\%}{8000 \times (1-3\%)} + 5\% = 15.31\%$$

答案：D

10-3-8 解：按考虑通货膨胀率资金成本计算公式计算：

$$\frac{1+6.5\%}{1+2\%} - 1 = 4.4\%$$

答案：A

10-3-9 解：权益资金成本不能抵减所得税。

$$15\% \times \frac{400}{1000} + 6\% \times \frac{600}{1000} \times (1-25\%) = 8.7\%$$

答案：B

10-3-10 解：按加权资金成本公式计算：

$$16\% \times \frac{5000}{13000} + 8\% \times \frac{8000}{13000} = 11\%$$

答案：B

10-3-11 解：等额本金法的还款方式为每年偿还相等的本金和相应的利息。

答案：C

10-3-12 解：等额还本，则每年还本 100 万元，次年以未还本金为基数计算利息。

第一年应还本金$= 500/5 = 100$万元，应付利息$= 500 \times 5\% = 25$万元；

第二年应还本金$= 500/5 = 100$万元，应付利息$= (500 - 100) \times 5\% = 20$万元。

答案：B

10-3-13 解：根据股利增长模型法，普通股资金成本为：

$$K_s = \frac{D_i}{P_0 \times (1 - f)} + g$$

$$= \frac{10000 \times 8\%}{10000 \times (1 - 3\%)} + 6\% = 14.25\%$$

由于股利必须在企业税后利润中支付，所以不能抵减所得税的缴纳。

答案：D

10-3-14 解：绘出现金流量图（见解图）。

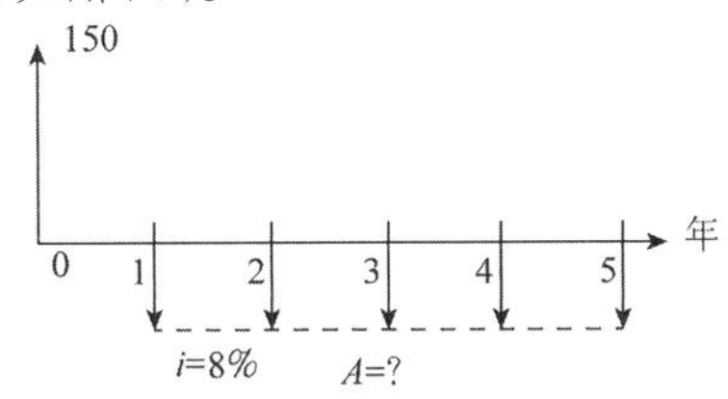

题 10-3-15 解图

注意题目所问的是第二年年末偿还的利息（不包括本金）。等额本息法每年还款的本利和相等，根据等额支付资金回收公式（已知P求A），每年年末还本付息金额为：

$$A = P\left[\frac{i(1+i)^n}{(1+i)^n - 1}\right]$$

$$= P(A/P, 8\%, 5) = 150 \times 0.2505 = 37.575 \text{ 万元}$$

注意 37.575 万元为每年偿还的本金与利息之和。

则第一年年末应偿还的利息为：$150 \times 8\% = 12$万元，偿还本金为：$37.575 - 12 = 25.575$万元

第一年已经偿还本金 25.575 万元，尚未偿还本金为：$(150 - 25.575) = 124.425$万元

第二年末应偿还的利息为：$(150 - 25.575) \times 8\% = 9.954$万元

答案：A

10-3-15 解：该公司借款偿还方式为等额本金法。每年应偿还的本金均为：$2400/6 = 400$万元

前三年已经偿还本金为：$400 \times 3 = 1200$万元；尚未还款本金为：$2400 - 1200 = 1200$万元

第四年应还利息为：$I_4 = 1200 \times 8\% = 96$万元

则第四年年末应还本息和为：$A_4 = 400 + 96 = 496$万元

或按等额本金法公式计算：

$$A_t = \frac{I_c}{n} + I_c \cdot \left(1 - \frac{t-1}{n}\right) \cdot i$$

$$= \frac{2400}{6} + 2400 \times \left(1 - \frac{4-1}{6}\right) \times 8\% = 496 \text{ 万元}$$

答案：C

10-3-16 解：新设法人项目融资的资金来源于项目资本金和债务资金，权益融资形成项目的资本金，债务融资形成项目的债务资金。

答案：C

（四）财务分析

10-4-1 某项目建设工期为两年，第一年初投资200万元，第二年初投资300万元，投产后每年净现金流量为150万元，项目计算期为10年，基准收益率10%，则此项目的财务净现值为：

A. 331.97万元　B. 188.63万元　C. 171.18万元　D. 231.60万元

10-4-2 某项目初期投资150万元，年运营成本90万元，寿命期5年，寿命期末回收残值20万元，企业基准折现率10%，则该项目的费用现值为：

A. 478.75万元　B. 503.59万元　C. 511.63万元　D. 538.95万元

10-4-3 当社会通货膨胀率趋于上升，其他因素没有变化时，基准折现率应：

A. 降低　B. 提高　C. 保持不变　D. 无法确定

10-4-4 项目投资财务现金流量表中不包括：

A. 销售收入　B. 贷款成本　C. 经营成本　D. 资产回收

10-4-5 以下有关现金流量表的描述中，说法不正确的是：

A. 财务现金流量表主要用于财务评价

B. 资本金现金流量表反映投资者各方权益投资的获得能力

C. 通过项目投资财务现金流量表可计算项目财务内部收益率、财务净现值和投资回收期等评价指标

D. 项目投资财务现金流量表是以项目为一独立系统，从融资前的角度进行设置的

10-4-6 某项目的净年值小于零，则：

A. 该项目是可行的

B. 该项目的内部收益率小于基准折现率

C. 该项目的动态投资回收期小于寿命期

D. 该项目的内部收益率大于基准折现率

10-4-7 与静态投资回收期计算无关的量是：

A. 现金流入　B. 现金流出　C. 净现金流量　D. 基准收益率

10-4-8 在投资项目盈利能力分析中，若选取的基准年发生变动，则该项目的净现值（NPV）的内部收益率（IRR）的数值将是：

A. NPV变IRR不变　B. NPV和IRR均变

C. NPV不变IRR变　D. NPV和IRR均不变

10-4-9 投资项目W的净现金流量见表：

题10-4-9表

年　份	0	1	2	3	4	5	6
净现金流量（万元）	−3000	900	1000	1100	1100	1100	1100

则项目W的静态投资回收期为：

A. 3.65 年　　B. 3.87 年　　C. 3 年　　D. 3.55 年

10-4-10 某投资项目，当基准折现率取 15%时，项目的净现值等于零，则该项目的内部收益率：

A. 等于 15%　　B. 大于 15%　　C. 等于 0　　D. 小于 15%

10-4-11 采用净现值指标对某项目进行财务盈利能力分析，设定的折现率为i，该项目财务上可行的条件是：

A. NPV ≤ 企业可接受的水平　　B. NPV < 折现率

C. NPV ≥ 0　　D. NPV > i

10-4-12 某项目第一年年初投资 100 万元，当年年末开始收益，每年年末净收益 25 万元，项目计算期 5 年，设定的折现率为 10%，该项目的净现值为：

A. 0 万元　　B. −5.23 万元　　C. 5.23 万元　　D. 25 万元

10-4-13 对建设项目进行财务现金流量分析时，若采用的折现率提高，则该项目：

A. 净现金流量减少，财务净现值减小　　B. 净现金流量增加，财务净现值增加

C. 净现金流量减少，财务净现值增加　　D. 净现金流量不变，财务净现值减小

10-4-14 在对独立方案的财务评价中，若采用内部收益率评价指标，则项目可行的标准是：

A. IRR < 基准收益率　　B. IRR ≥ 基准收益率

C. IRR < 0　　D. IRR ≥ 0

10-4-15 某投资项目一次性投资 200 万元，当年投产并收益，评价该项目的财务盈利能力时，计算财务净现值选取的基准收益率为i_c，若财务内部收益率小于i_c，则有：

A. i_c低于贷款利率　　B. 内部收益率低于贷款利率

C. 净现值大于零　　D. 净现值小于零

10-4-16 设选取的基准收益率为i_c，如果某投资方案在财务上可行，则有：

A. 财务净现值小于零，财务内部收益率大于i_c

B. 财务净现值小于零，财务内部收益率小于i_c

C. 财务净现值不小于零，财务内部收益率不小于i_c

D. 财务净现值不小于零，财务内部收益率小于i_c

10-4-17 某小区建设一块绿地，需一次性投资 20 万元，每年维护费用 5 万元，设基准折现率 10%，绿地使用 10 年，则费用年值为：

A. 4.750 万元　　B. 5 万元　　C. 7.250 万元　　D. 8.255 万元

10-4-18 某项目总投资为 2000 万元，投产后正常年份运营期每年利息支出为 150 万元，若使总投资收益率不低于 20%，则年利润总额至少为：

A. 250 万元　　B. 370 万元　　C. 400 万元　　D. 550 万元

10-4-19 某项目建设投资 400 万元，建设期贷款利息 40 万元，流动资金 60 万元。投产后正常运营期每年净利润为 60 万元，所得税为 20 万元，利息支出为 10 万元。则该项目的总投资收益率为：

A. 19.6%　　B. 18%　　C. 16%　　D. 12%

10-4-20 某项目总投资 16000 万元，资本金 5000 万元。预计项目运营期总投资收益率为 20%，年利息支出为 900 万元，所得税率为 25%，则该项目的资本金净利润率为：

A. 30%　　B. 32.4%　　C. 34.5%　　D. 48%

10-4-21 某企业去年利润总额 300 万元，上缴所得税 75 万元，在成本中列支的利息 100 万元，折旧和摊销费 30 万元，还本金额 120 万元，该企业去年的偿债备付率为：

A. 1.34 B. 1.55 C. 1.61 D. 2.02

10-4-22 判断投资项目在财务上的生存能力所依据的指标是：

A. 内部收益率和净现值

B. 利息备付率和偿债备付率

C. 投资利润率和资本金利润率

D. 各年净现金流量和累计盈余资金

10-4-23 下列关于现金流量表的表述中，说法不正确的是：

A. 项目资本金现金流量表反映投资者各方权益投资的获利能力

B. 项目资本金现金流量表考虑了融资，属于融资后分析

C. 通过项目投资现金流量表可计算项目财务内部收益、财务净现值等评价指标

D. 项目投资现金流量表以项目所需总投资为计算基础，不考虑融资方案影响

10-4-24 下列关于现金流量表的表述中，正确的是：

A. 项目资本金现金流量表排除了融资方案的影响

B. 通过项目投资现金流量表计算的评价指标反映投资者各方权益投资的获利能力

C. 通过项目投资现金流量表可计算财务内部收益、财务净现值和投资回收期等评价指标

D. 通过项目资本金现金流量表进行的分析反映了项目投资总体的获利能力

10-4-25 项目投资现金流量表中的现金流出不包括：

A. 所得税 B. 营业税金 C. 利息支出 D. 经营成本

10-4-26 投资项目的现金流量表可分为项目投资和项目资本金现金流量表，以下说法正确的是：

A. 项目投资现金流量表中包括借款本金偿还

B. 项目资本金现金流量表将折旧作为支出列出

C. 项目投资现金流量表考查的是项目本身的财务盈利能力

D. 项目资本金现金流量表中不包括借款利息支付

10-4-27 为了从项目权益投资者整体角度考察盈利能力，应编制：

A. 项目资本金现金流量表 B. 项目投资现金流量表

C. 借款还本付息计划表 D. 资产负债表

10-4-28 在项目资本金现金流量表中，项目正常生产期内，每年现金流出的计算公式为：

A. 借款本息偿还 + 经营成本 + 税金及附加 + 进项税额 + 应纳增值税 + 所得税

B. 总成本 + 税金及附加 + 所得税

C. 经营成本 + 税金及附加 + 所得税

D. 借款本息偿还 + 总成本 + 税金及附加 + 应纳增值税

10-4-29 财务生存能力分析中，财务生存的必要条件是：

A. 拥有足够的经营净现金流量

B. 各年累计盈余资金不出现负值

C. 适度的资产负债率

D. 项目资本金净利润率高于同行业的净利润率参考值

题解及参考答案

10-4-1　解： 按计算财务净现值的公式计算。项目建设期 2 年，生产经营年限为$(10-2)=8$年。

$$\begin{aligned}FNPV &= -200-300(P/F,10\%,1)+150(P/A,10\%,8)(P/F,10\%,2)\\&=-200-300\times0.90909+150\times5.33493\times0.82645=188.63\text{ 万元}\end{aligned}$$

答案： B

10-4-2　解： 由于残值可以回收，未形成费用消耗，故应从费用中扣除。根据资金等值公式计算：

$$90\times(P/A,10\%,5)+150-20/(1+10\%)^5=487.75\text{ 万元}$$

答案： A

10-4-3　解： 基准收益率的计算公式为：

$$i_c=(1+i_1)(1+i_2)(1+i_3)-1$$

式中，i_c为基准收益率；i_1为年资金费用率与机会成本中较高者；i_2为年风险贴补率；i_3为年通货膨胀率。在i_1、i_2、i_3都很小的情况下，公式可简化为：$i_c=i_1+i_2+i_3$。因此当通货膨胀率上升，则基准折现率应提高。

答案： B

10-4-4　解： 项目投资财务现金流量表（旧称全投资现金流量表）属于融资前分析，不考虑融资方案，表中不包括贷款成本。

答案： B

10-4-5　解： 资本金现金流量表（旧称自有资金现金流量表）反映资本金投资的获得能力，投资者各方权益投资的获得能力采用投资各方现金流量表。项目资本金现金流量表是从项目法人（或投资者整体）角度出发，以项目资本金作为计算的基础，用以计算资本金内部收益率，反映投资者权益投资的获得能力。投资各方现金流量表是分别从各个投资者的角度出发，以投资者的出资额作为计算的基础，用以计算投资各方收益率。

答案： B

10-4-6　解： 从解图的净现值函数曲线中可以看出，当某项目的净现值小于零时，该项目的内部收益率 IRR 小于基准折现率i_e。

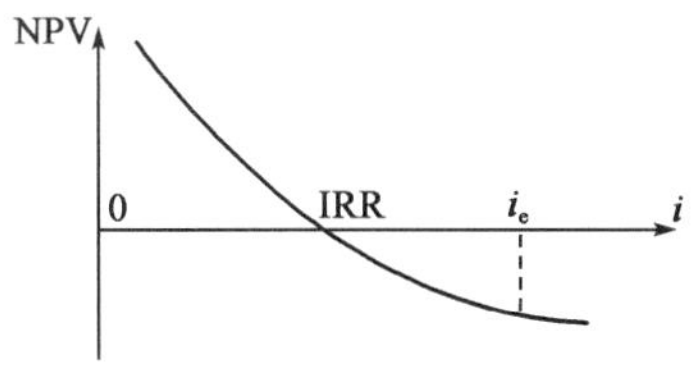

题 10-4-6 解图

答案： B

10-4-7　解： 计算静态投资回收期仅考虑各年的现金流入、现金流出和净现金流量，不考虑资金的时间价值，基准收益率是反映资金时间价值的参数，因此基准收益率是与静态投资回收期计算无关的量。

答案： D

10-4-8　解： 由 NPV 公式或$P=F/(1+i)^n$，显然在不同基准年，净现值不同。由求 IRR 的公式$\sum(CI-CO)_t(1+IRR)^{-t}=0$，方程两边同乘以$(1+IRR)^{-m}$，公式不变。或者说折算到基准年的 NPV 为零，将其再折算到其他年（基准年），净现值还是零。

答案： A

10-4-9　解： 投资项目W的累计净现金流量见解表：

题 10-4-9 解表

年　　份	0	1	2	3	4	5	6
净现金流量（万元）	−3000	900	1000	1100	1100	1100	1100
累计净现金流量（万元）	−3000	−2100	−1100	0	1100	2200	3300

计算累计净现金流量，到第 3 年累计现金流量正好为 0，故项目投资回收期为 3 年。

答案：C

10-4-10 解：内部收益率是指使一个项目在整个计算期内各年净现金流量的现值累计为零时的利率，基准折现率取 15%时，项目的净现值等于零，故该项目的内部收益率为 15%。

答案：A

10-4-11 解：采用净现值指标的判定依据是净现值是否大于或等于 0。

答案：C

10-4-12 解：利用资金等值公式计算：

$$\text{净现值 NPV} = 25 \times (P/A, 10\%, 5) - 100 = -5.23$$

答案：B

10-4-13 解：净现金流量与采用的折现率无关，根据净现金流量函数曲线可以判断折现率与净现值的变化规律。

答案：D

10-4-14 解：采用内部收益率指标的判定依据是内部收益率是否不小于基准收益率。

答案：B

10-4-15 解：根据净现值函数曲线可判断。

答案：D

10-4-16 解：根据财务净现值和财务内部收益率的判定标准和净现值函数曲线进行判断。

答案：C

10-4-17 解：费用年值$AC = 5 + 20(A/P, 10\%, 10) = 8.255$万元。

答案：D

10-4-18 解：根据总投资收益率公式计算（注意总投资收益率公式中的分子应为“年息税前利润”）：

$$\text{总投资收益率} = \frac{\text{年息税前利润}}{\text{项目总投资}} \times 100\% = \frac{\text{利润总额} + \text{利息支出}}{\text{项目总投资}} \times 100\%$$

$$\text{年利润总额} = 2000 \times 20\% - 150 = 250\ \text{万元}$$

答案：A

10-4-19 解：项目总投资为建设投资、建设期利息和流动资金之和，计算总投资收益率要用息税前利润。

项目总投资$= 400 + 40 + 60 = 500$万元，息税前利润$= 60 + 20 + 10 = 90$万元

$$\text{总投资收益率} = \frac{90}{500} \times 100\% = 18\%$$

答案：B

10-4-20 解：先根据总投资收益率计算息税前利润，然后计算总利润、净利润，最后计算资本金利润率。

息税前利润=总投资×总投资收益率$= 16000 \times 20\% = 3200$万元

总利润$=3200-900=2300$万元，净利润$=2300\times(1-25\%)=1725$万元

资本金净利润率$=\frac{1725}{5000}=34.5\%$

答案： C

10-4-21 解： 按偿债备付率公式计算：

用于计算还本付息的资金=息税前利润+折旧和摊销−所得税$=300+100+30-75=355$万元

偿债备付率$=355/(120+100)=1.61$

答案： C

10-4-22 解： 根据投资项目在计算期内的净现金流量和累计盈余资金，判断项目在财务上的生存能力。

答案： D

10-4-23 解： 项目资本金现金流量表反映项目权益投资者整体在该项目上的盈利能力分析。投资各方现金流量表反映投资各方权益投资的获利能力。

答案： A

10-4-24 解： 项目投资现金流量表反映了项目投资总体的获利能力，主要用来计算财务内部收益、财务净现值和投资回收期等评价指标。

答案： C

10-4-25 解： 项目投资现金流量分析属于融资前分析，表中的现金流出不包括利息支出。

答案： C

10-4-26 解： 项目投资现金流量表考查的是项目投资的总体获利能力，不考虑融资方案，属于融资前分析。

答案： C

10-4-27 解： 项目资本金现金流量表从项目权益投资者的整体角度考查盈利能力。

答案： A

10-4-28 解： 在项目资本金现金流量表中，现金流出包括项目资本金、借款本金偿还、借款利息支付、经营成本、进项税额、应纳增值税、税金及附加、所得税、维持运营投资。项目正常生产期内，不考虑项目资本金（项目资本金现金流出通常发生在项目建设期）、维持运营投资（不一定每年都有）等。选项 B、D 中的总成本包含折旧费、摊销费，而折旧费、摊销费并没有实际现金流出，选项 C 所含内容不全。

答案： A

10-4-29 解： 在财务生存能力分析中，各年累计盈余资金不出现负值是财务生存的必要条件。

答案： B

（五）经济费用效益分析

10-5-1 某项目的产出物为可外贸货物，其离岸价格为 100 美元，影子汇率为 6 元人民币/美元，出口费用为每件 100 元人民币，则该货物的影子价格为：

A. 500 元人民币　　B. 600 元人民币　　C. 700 元人民币　　D. 800 元人民币

10-5-2 可外贸货物的投入或产出的影子价格应根据口岸价格计算，下列公式正确的是：

A. 出口产出的影子价格（出厂价）= 离岸价（FOB）× 影子汇率 + 出口费用

B. 出口产出的影子价格（出厂价）= 到岸价（CIF）× 影子汇率 − 出口费用

C. 进口投入的影子价格（到厂价）= 到岸价（CIF）× 影子汇率 + 进口费用

D. 进口投入的影子价格（到厂价）= 离岸价（FOB）× 影子汇率 − 进口费用

10-5-3 经济效益计算的原则是：

A. 增量分析的原则　　B. 考虑关联效果的原则

C. 以全国居民作为分析对象的原则　　D. 支付意愿原则

10-5-4 某项目财务现金流量见表，则该项目的静态投资回收期为多少年？

A. 5.4　　B. 5.6　　C. 7.4　　D. 7.6

题 10-5-4 表

时　　间	1	2	3	4	5	6	7	8	9	10
净现金流量（万元）	−1200	−1000	200	300	500	500	500	500	500	500

10-5-5 下列关于经济效益和经济费用的表述中，正确的是：

A. 经济效益只考虑项目的直接效益

B. 项目对提高社会福利和社会经济所作的贡献都记为经济效益

C. 计算经济费用效益指标采用企业设定的折现率

D. 影子价格是项目投入物和产出物的市场平均价格

10-5-6 对建设项目进行经济费用效益分析所使用的影子价格的正确含义是：

A. 政府为保证国计民生为项目核定的指导价格

B. 使项目产出品具有竞争力的价格

C. 项目投入物和产出物的市场最低价格

D. 反映项目投入物和产出物真实经济价值的价格

10-5-7 计算经济效益净现值采用的折现率应是：

A. 企业设定的折现率　　B. 国债平均利率

C. 社会折现率　　D. 银行贷款利率

10-5-8 从经济资源配置的角度判断建设项目可以被接受的条件是：

A. 财务净现值大于或等于零

B. 经济内部收益率小于或等于社会折现率

C. 财务内部收益率大于或等于基准收益率

D. 经济净现值大于或等于零

10-5-9 进行经济费用效益分析时，评价指标效益费用比是指在项目计算期内：

A. 经济净现值与财务净现值之比

B. 经济内部收益率与社会折现率之比

C. 效益流量的现值与费用流量的现值之比

D. 效益流量的累计值与费用流量的累计值之比

10-5-10 某地区为减少水灾损失，拟建水利工程。项目投资预计 500 万元，计算期按无限年考虑，年维护费 20 万元。项目建设前每年平均损失 300 万元。若利率 5%，则该项目的费用效益比为：

A. 6.11　　B. 6.67　　C. 7.11　　D. 7.22

10-5-11 交通运输部门拟修建一条公路，预计建设期为一年，建设期初投资为 100 万元，建成后即投入使用，预计使用寿命为 10 年，每年将产生的效益为 20 万元，每年需投入保养费 8000 元。若社会折现率为 10%，则该项目的效益费用比为：

A. 1.07　　　B. 1.17　　　C. 1.85　　　D. 1.92

题解及参考答案

10-5-1 解： 该货物的影子价格为：

直接出口产出物的影子价格（出厂价）=离岸价（FOB）×影子汇率−出口费用

$$= 100 \times 6 - 100 = 500 \text{元人民币}$$

答案： A

10-5-2 解： 可外贸货物影子价格：

直接进口投入物的影子价格（到厂价）=到岸价（CIF）×影子汇率+进口费用

答案： C

10-5-3 解： 经济效益的计算应遵循支付意愿原则和接受补偿原则（受偿意愿原则）。

答案： D

10-5-4 解： 计算项目的累积净现金流量，见解表：

题 10-5-4 解表

时　　间	1	2	3	4	5	6	7	8	9	10
净现金流量（万元）	−1200	−1000	200	300	500	500	500	500	500	500
累计净现金流量（万元）	−1200	−2200	−2000	−1700	−1200	−700	−200	300	800	1300

静态投资回收期：$T = 8 - 1 + |-200|/500 = 7.4$年

答案： C

10-5-5 解： 项目对提高社会福利和社会经济所作的贡献都应记为经济效益，包括直接效益和间接效益。

答案： B

10-5-6 解： 影子价格反映项目投入物和产出物的真实经济价值。

答案： D

10-5-7 解： 进行经济费用效益分析采用社会折现率参数。

答案： C

10-5-8 解： 经济净现值大于或等于零，表明项目的经济盈利性达到或超过了社会折现率的基本要求。

答案： D

10-5-9 解： 根据效益费用比的定义。

答案： C

10-5-10 解： 项目建成每年减少损失，视为经济效益。若$n \to \infty$，则$(P/A, i, n) = 1/i$。按效益费用比公式计算。

$$B = 300 \times \frac{1}{i} = 6000, C = 500 + 20 \times \frac{1}{i} = 900$$

$$R_{\mathrm{BC}} = 6000/90 = 6.67$$

答案： B

10-5-11 解： 分别计算效益流量的现值和费用流量的现值，二者的比值即为该项目的效益费用比。

建设期 1 年，使用寿命 10 年，计算期共 11 年。注意：第 1 年为建设期，投资发生在第 0 年（即第 1 年的年初），第 2 年开始使用，效益和费用从第 2 年末开始发生。该项目的现金流量图如解图所示。

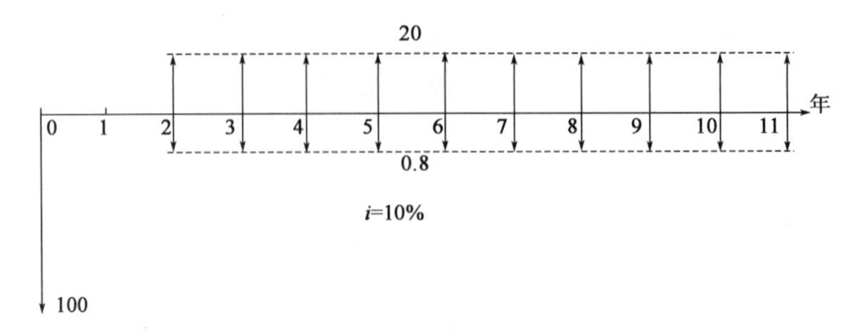

题 10-5-11 解图

效益流量的现值：$B = 20 \times (P/A, 10\%, 10) \times (P/F, 10\%, 1)$

$= 20 \times 6.144 \times 0.9091 = 111.72$ 万元

费用流量的现值：$C = 0.8 \times (P/A, 10\%, 10) \times (P/F, 10\%, 1)$

$= 0.8 \times 6.1446 \times 0.9091 + 100 = 104.47$ 万元

该项目的效益费用比为：$R_{BC} = B/C = 111.72/104.47 = 1.07$

答案： A

（六）不确定性分析

10-6-1 关于盈亏平衡点的下列说法中，错误的是：

A. 盈亏平衡点是项目的盈利与亏损的转折点

B. 盈亏平衡点上，销售（营业、服务）收入等于总成本费用

C. 盈亏平衡点越低，表明项目抗风险能力越弱

D. 盈亏平衡分析只用于财务分析

10-6-2 某建设项目年设计生产能力为 8 万台，年固定成本为 1200 万元，产品单台售价为 1000 元，单台产品可变成本为 600 元，单台产品销售税金及附加为 150 元，则该项目的盈亏平衡点的产销量为：

A. 48000 台　B. 12000 台　C. 30000 台　D. 21819 台

10-6-3 在单因素敏感分析图中，下列哪一项影响因素说明该因素越敏感？

A. 直线的斜率为负　B. 直线的斜率为正

C. 直线的斜率绝对值越大　D. 直线的斜率绝对值越小

10-6-4 盈亏平衡分析是一种特殊形式的临界点分析，它适用于财务评价，其计算应按项目投产后以下哪项计算？

A. 正常年份的销售收入和成本费用数据利润总额

B. 计算期内的平均值

C. 年产量

D. 单位产品销售价格

10-6-5 成本可分为固定成本和可变成本，假设生产规模一定，以下说法中正确的是：

A. 产量增加，但固定成本在单位产品中的成本不变

B. 单位产品中固定成本部分随产量增加而减少

C. 固定成本低于可变成本时才能盈利

D. 固定成本与可变成本相等时利润为零

10-6-6 某吊车生产企业，以产量表示的盈亏平衡点为 600 台。预计今年的固定成本将增加 20%，若其他条件不变，则盈亏平衡点将变为：

A. 720 台　　B. 600 台　　C. 500 台　　D. 480 台

10-6-7 某项目设计生产能力为年产 5000 台，每台销售价格 500 元，单位产品可变成本 350 元，每台产品税金 50 元，年固定成本 265000 元，则该项目的盈亏平衡产量为：

A. 2650 台　　B. 3500 台　　C. 4500 台　　D. 5000 台

10-6-8 某企业拟投资生产一种产品，设计生产能力为 15万件/年，单位产品可变成本 120 元，总固定成本 1500 万元，达到设计生产能力时，保证企业不亏损的单位产品售价最低为：

A. 150 元　　B. 200 元　　C. 220 元　　D. 250 元

10-6-9 对项目进行单因素敏感性分析时，以下各项中，可作为敏感性分析因素的是：

A. 净现值　　B. 年值　　C. 内部收益率　　D. 折现率

10-6-10 为了判断某种因素对财务或经济评价指标的影响，敏感性分析采取的分析方法是：

A. 对不同评价指标进行比较

B. 考查不确定性因素的变化导致评价指标的变化幅度

C. 考察盈亏平衡点的变化对评价指标的影响

D. 计算不确定因素变动的概率分布并分析对方案的影响

10-6-11 对某项目进行敏感性分析，采用的评价指标为内部收益，基本方案的内部收益率为 15%，当不确定性因素原材料价格增加 10%时，内部收益率为 13%，则原材料的敏感度系数为：

A. −1.54　　B. −1.33　　C. 1.33　　D. 1.54

10-6-12 对某项目投资方案进行单因素敏感性分析，基准收益率 15%，采用内部收益率作为评价指标，投资额、经营成本、销售收入为不确定性因素，计算其变化对 IRR 的影响如表所示。则敏感性因素按对评价指标影响的程度从大到小排列依次为：

A. 投资额、经营成本、销售收入　　B. 销售收入、经营成本、投资额

C. 经营成本、投资额、销售收入　　D. 销售收入、投资额、经营成本

不确定性因素变化对 IRR 的影响　　　　题 10-6-12 表

不确定性因素	变化幅度		
	−20%	0	+20%
投资额	22.4	18.2	14
经营成本	23.2	18.2	13.2
销售收入	4.6	18.2	31.8

10-6-13 对某投资方案进行单因素敏感性分析，选取的分析指标为净现值 NPV，考虑投资额、产品价格、经营成本为不确定性因素，计算结果如图所示，则敏感性大小依次为：

A. 经营成本、投资额、产品价格　　B. 投资额、经营成本、产品价格

C. 产品价格、投资额、经营成本　　D. 产品价格、经营成本、投资额

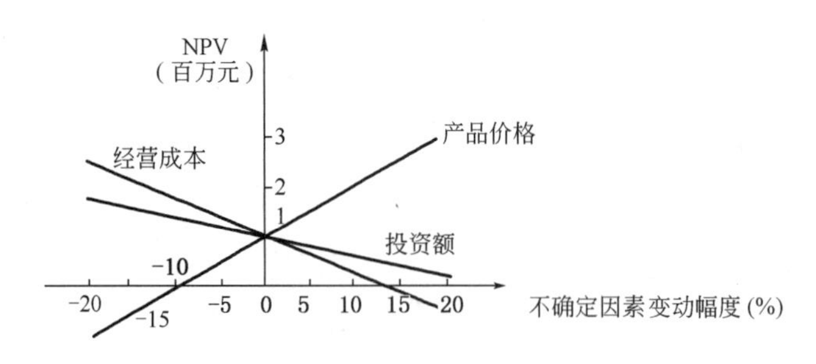

题 10-6-13 图　敏感性分析图

10-6-14 对某投资方案进行单因素敏感性分析，选取的分析指标为净现值 NPV，考虑投资额、产品价格、经营成本为不确定性因素，计算结果如上题图所示，不确定性因素产品价格变化的临界点约为：

A. −10%　　B. 0　　C. 10%　　D. 20%

10-6-15 对某投资项目进行敏感性分析，采用的评价指标为内部收益率，基准收益率为 15%，基本方案的内部收益率为 18%，对于不确定性因素销售收入，当销售收入降低 10%，内部收益率为 15%时，销售收入变化的临界点为：

A. −10%　　B. 3%　　C. 10%　　D. 15%

10-6-16 图示为某项目通过不确定性分析得出的结果。图中各条直线斜率的含义为各影响因素对内部收益率的：

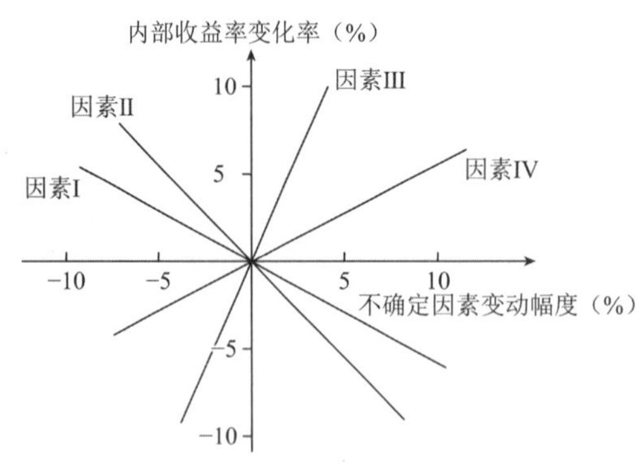

题 10-6-16 图

A. 敏感性系数　　B. 盈亏平衡系数

C. 变异系数　　D. 临界系数

10-6-17 建设项目经济评价有一整套指标体系，敏感性分析可选定其中一个或几个主要指标进行分析，最基本的分析指标是：

A. 财务净现值　　B. 内部收益率

C. 投资回收期　　D. 偿债备付率

题解及参考答案

10-6-1 解：盈亏平衡点越低，说明项目盈利的可能性越大，项目抵抗风险的能力越强。

答案：C

10-6-2 解：盈亏平衡点产销量$=\frac{1200\times10^4}{1000-600-150}=48000$台

答案： A

10-6-3 解： 在单因素敏感性分析图中，直线斜率的绝对值越大，较小的不确定性因素变化幅度会引起敏感性分析评价指标较大的变化，即该因素越敏感。

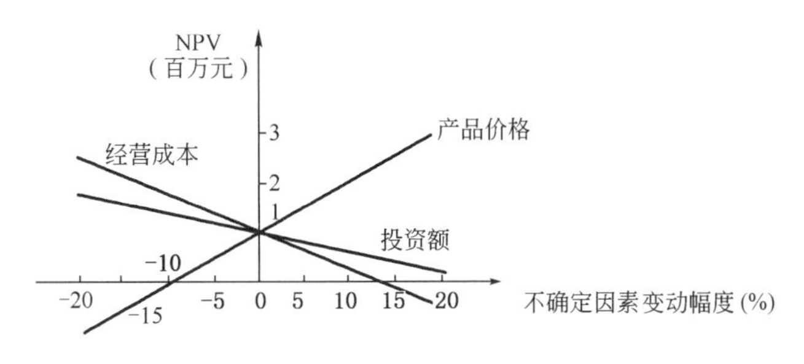

题 10-6-3 解图

答案： C

10-6-4 解： 盈亏平衡分析应按项目投产后，正常年份的销售收入和成本费用数据利润总额进行计算。

答案： A

10-6-5 解： 固定成本不随产量变化。单位产品固定成本是固定成本与产量的商，产量增加时，成本减少（注意总的固定成本与单位产品固定成本的区别）。

答案： B

10-6-6 解： 根据盈亏平衡分析计算公式，若其他条件不变，以产量表示的盈亏平衡点与固定成本成正比。

答案： A

10-6-7 解： 用盈亏平衡分析公式计算，考虑每台产品的税金。

$$\text{盈亏平衡产量} = \frac{265000}{500 - 350 - 50} = 2650\ \text{台}$$

答案： A

10-6-8 解： 用盈亏平衡分析公式计算。

$$\text{单位产品最低售价} = \frac{\text{年固定成本}}{\text{设计生产能力}} + \text{单位产品可变成本}$$

$$= \frac{1500}{15} + 120 = 220\ \text{元}$$

答案： C

10-6-9 解： 注意评价指标和敏感性因素的区别。

答案： D

10-6-10 解： 根据敏感性分析的含义。

答案： B

10-6-11 解： 按敏感度系数公式计算：

$$\Delta A = (13\% - 15\%)/15\,\% = -0.133，S_{\mathrm{AF}} = \frac{-0.133}{10\%} = -1.33$$

答案： B

10-6-12 解： 变化幅度的绝对值相同时（如变化幅度为±20%），敏感性系数较大者对应的因素较敏感。

答案： B

10-6-13 解： 图中与水平线夹角较大的因素较敏感。

答案： D

10-6-14 解： 当不确定性因素产品价格降低10%时，净现值变为0。

答案： A

10-6-15 解： 依据临界点的含义确定。

答案： A

10-6-16 解： 敏感度系数是指项目评价指标变化的百分率与不确定性因素变化的百分率之比，表示项目方案评价指标对不确定因素的敏感程度。在敏感性分析图中，直线的斜率反映了项目经济效果评价指标对该不确定因素的敏感程度，斜率的绝对值越大，敏感度越高。

答案： A

10-6-17 解： 投资项目敏感性分析最基本的分析指标是内部收益率。

答案： B

（七）方案经济比选

10-7-1 某企业对四个分工厂进行技术改造，每个分厂都提出了三个备选的技改方案，各分厂之间是独立的，而各分厂内部的技术方案是互斥的，则该企业面临的技改方案比选类型是：

A. 互斥型　　B. 独立型　　C. 层混型　　D. 矩阵型

10-7-2 现有两个寿命期相同的互斥投资方案A和B，B方案的投资额和净现值都大于A方案，A方案的内部收益率为14%，B方案的内部收益率为15%，差额的内部收益率为13%，则使A、B两方案优劣相等时的基准收益率应为：

A. 13%　　B. 14%　　C. 15%　　D. 13%至15%之间

10-7-3 在进行互斥方案选优时，若备选方案的收益基本相同，且难以估计时，比选计算应考虑采用：

A. 内部收益率　　B. 净现值

C. 投资回收期　　D. 费用现值

10-7-4 采用净现值（NPV）、内部收益率（IRR）和差额内部收益率（ΔIRR）进行互斥方案比选，它们的评价结论是：

A. NPV和ΔIRR总是不一致的

B. IRR和ΔIRR总是一致的

C. NPV和ΔIRR总是一致的

D. NPV、IRR和ΔIRR总是不一致的

10-7-5 两个初始投资相同、寿命期相同的投资方案，下列说法中正确的是：

A. $\mathrm{NPV_1 = NPV_2}$，则$\mathrm{IRR_1 = IRR_2}$

B. $\mathrm{NPV_1 > NPV_2}$，则$\mathrm{IRR_1 > IRR_2}$

C. $\mathrm{NPV_1 > NPV_2}$，则$\mathrm{IRR_1 < IRR_2}$

D. $\mathrm{NPV_1 > NPV_2} \geqslant 0$，则方案1较优

10-7-6 某项目有甲乙丙丁4个投资方案，寿命期都是8年，设定的折现率8%，$(A/P, 8\%, 8) =$

0.1740，各方案各年的净现金流量如表所示，采用年值法应选用：

A. 甲方案　B. 乙方案　C. 丙方案　D. 丁方案

各方案各年的净现金流量表（单位：万元）　题 10-7-6 表

方　案	年份		方　案	年份	
	0	1~8		0	1~8
甲	−500	92	丙	−420	76
乙	−500	90	丁	−400	77

10-7-7 若两个互斥方案的计算期相同，每年的收益基本相同但无法准确估计，应采用的财务评价指标是：

A. 内部收益率　B. 净现值

C. 投资回收期　D. 费用年值

10-7-8 某项目有三个产出相同的方案，方案寿命期均为 10 年，期初投资和各年运营费用如表所示，设基准折现率为 7%，已知$(P/A,7\%,10)=7.024$。则方案优劣的排序为：

A. 甲、乙、丙　B. 甲、丙、乙　C. 乙、甲、丙　D. 丙、乙、甲

期初投资和各年运营费用（单位：万元）　题 10-7-8 表

方　案	期初投资	1~10 年每年运营费用	方　案	期初投资	1~10 年每年运营费用
甲	100	15	丙	60	21
乙	80	17			

10-7-9 有甲乙丙丁四个互斥方案，投资额分别为 1000 万元、800 万元、700 万元、600 万元，方案计算期均为 10 年，基准收益率为 15%，计算差额内部收益率结果$\Delta IRR_{甲-乙}$、$\Delta IRR_{乙-丙}$、$\Delta IRR_{丙-丁}$分别为 14.2%、16%、15.1%，应选择：

A. 甲方案　B. 乙方案

C. 丙方案　D. 丁方案

10-7-10 有甲乙丙丁四个投资方案，设定的基准折现率为 12%，已知$(A/P,12\%,8)=0.2013,(A/P,12\%,9)=0.1877,(A/P,12\%,10)=0.1770$。各方案寿命期及各年净现金流量如表所示，用年值法评价方案，应选择：

A. 甲方案　B. 乙方案

C. 丙方案　D. 丁方案

各年的净现金流量（单位：万元）　题 10-7-10 表

方　案	寿命期（年）	年份			
		0	1~8	9	10
甲	8	−5000	980	—	—
乙	8	−4800	980	—	—
丙	9	−4800	900	900	—
丁	10	−5000	900	900	900

10-7-11 在几个产品相同的备选方案比选中，最低价格法是：

A. 按主要原材料推算成本，其中原材料价格较低的方案为优

B. 按净现值为 0 计算方案的产品价格，其中产品价格较低的方案为优

C. 按市场风险最低推算产品价格，其中产品价格较低的方案为优

D. 按市场需求推算产品价格，其中产品价格较低的方案为优

10-7-12 两个计算期不等的互斥方案比较，可直接采用的方法是：

A. 净现值法　　B. 内部收益率法

C. 差额内部收益率法　　D. 年值法

10-7-13 现有甲、乙、丙、丁四个互斥的投资项目，其有关数据见表。基准收益率为 10%，则应选择：

［已知$(P/A,10\%,5)=3.7908$，$(P/A,10\%,10)=6.1446$］

题 10-7-13 表

方案	甲	乙	丙	丁
净现值（万元）	239	246	312	350
寿命期（年）	5	5	10	10

A. 方案甲　　B. 方案乙　　C. 方案丁　　D. 方案丙

10-7-14 在项目无资金约束、寿命不同、产出不同的条件下，方案经济比选只能采用：

A. 净现值比较法　　B. 差额投资内部收益率法

C. 净年值法　　D. 费用年值法

题解及参考答案

10-7-1 解： 层混型方案是指项目群中有两个层次，高层次是一组独立型方案，每个独立型方案又由若干个互斥型方案组成。本题方案类型属于层混型方案。

答案： C

10-7-2 解： 差额投资内部收益率是两个方案各年净现金流量差额的现值之和等于零时的折现率。差额内部收益率等于基准收益率时，两方案的净现值相等，即两方案的优劣相等。

答案： A

10-7-3 解： 在进行互斥方案选优时，若备选方案的收益基本相同，可计算方案的费用现值或费用年值进行方案比选。

答案： D

10-7-4 解： 采用净现值（NPV）、内部收益率（IRR）进行互斥方案比选，其结论可能不一致；采用净现值（NPV）和差额内部收益率（ΔIRR）进行互斥方案比选的评价结论的总是一致的。

答案： C

10-7-5 解： $NPV_1>NPV_2$，不一定$IRR_1>IRR_2$，不能直接用内部收益率比较两个方案的优劣。

答案： D

10-7-6 解： 甲乙年投资相等，但甲方案年收益较大，所以淘汰乙方案；丙乙方案比较，丙方案投资大但年收益值较小，淘汰丙方案，比较甲丁方案净年值。

答案： D

10-7-7 解： 互斥方案的收益相同时，可用费用年值进行方案的比选。

答案：D

10-7-8 解：由于产出相同，可以只计算费用现值。分别计算费用现值，费用现值较低的方案较优。各方案的费用现值为：

$PC_{甲}=100+15(P/A,7\%,10)=100+15\times7.024=205.36$万元

$PC_{乙}=80+17(P/A,7\%,10)=80+17\times7.024=199.41$万元

$PC_{丙}=60+21(P/A,7\%,10)=60+21\times7.024=207.50$万元

答案：C

10-7-9 解：ΔIRR 大于基准收益率时，应选投资额较大的方案，反之应选投资额较小的方案。

答案：B

10-7-10 解：甲乙方案寿命期、年收益值相同，但甲方案投资额大，应先淘汰，分别计算乙丙丁方案的年值。

答案：D

10-7-11 解：最低价格法是在相同产品方案比选中，按净现值为 0 推算备选方案的产品价格，以最低产品价格较低的方案为优。

答案：B

10-7-12 解：计算期不等的方案比较可以用年值法。

答案：D

10-7-13 解：本题为寿命期不等的互斥方案比较，可采用年值法进行投资方案选择。由于方案甲和方案乙寿命期同为 5 年，但方案甲净现值较小，可淘汰；方案丙和方案丁寿命期同为 10 年，但方案丙的净现值较小，也可淘汰。计算方案乙和方案丁的净年值并进行比较：

方案乙：$NAV_{乙}=NPV_{乙}\cdot(A/P,10\%,5)=\frac{NPV_{乙}}{(P/A,10\%,5)}=\frac{246}{3.7908}=64.89$万元

方案丁：$NAV_{丁}=\frac{NPV_{丁}}{(P/A,10\%,10)}=\frac{350}{6.1446}=56.96$万元

应选择净年值较大的方案，方案乙的净年值大于方案丁的净年值，故应选择方案乙。

答案：B

10-7-14 解：净现值法和差额投资内部收益率法不能直接用于项目寿命期不同的方案经济比选，费用年值法不适用项目产出不同的方案经济比选。净年值法既可用于寿命期相同，也可用于寿命期不同的方案比选。

答案：C

（八）改扩建项目的经济评价特点

10-8-1 以下关于社会折现率的说法中，不正确的是：

A. 社会折现率可用作经济内部收益率的判别基准

B. 社会折现率可用作衡量资金时间经济价值

C. 社会折现率可用作不同年份之间资金价值转化的折现率

D. 社会折现率不能反映资金占用的机会成本

10-8-2 属于改扩建项目经济评价中使用的五种数据之一的是：

A. 资产　　B. 资源　　C. 效益　　D. 增量

10-8-3 对于改扩建项目的经济评价，以下表述中正确的是：

A. 仅需要估算“有项目”“无项目”“增量”三种状态下的效益和费用

B. 只对项目本身进行经济性评价，不考虑对既有企业的影响

C. 财务分析一般只按项目一个层次进行财务分析

D. 需要合理确定原有资产利用、停产损失和沉没成本

题解及参考答案

10-8-1 解： 社会折现率是用以衡量资金时间经济价值的重要参数，代表资金占用的机会成本，并且用作不同年份之间资金价值换算的折现率。

答案： D

10-8-2 解： 改扩建项目盈利能力分析可能涉及的五套数据，包括：①“现状”数据；②“无项目”数据；③“有项目”数据；④新增数据；⑤增量数据。

答案： D

10-8-3 解： 改扩建项目的经济评价应考虑原有资产的利用、停产损失和沉没成本等问题。

答案： D

（九）价值工程

10-9-1 ABC 分类法中，部件数量占 60%~80%、成本占 5%~10%的为：

A. A 类　　B. B 类　　C. C 类　　D. 以上都不对

10-9-2 下列可以提高产品价值的是：

A. 功能不变，提高成本

B. 成本不变，降低功能

C. 成本增加一些，功能有很大提高

D. 功能很大降低，成本降低一些

10-9-3 价值工程的价值是：

A. 研究对象的使用价值

B. 研究对象的交换价值

C. 研究对象的使用和交换价值

D. 研究对象所具有的功能与获得该功能的全部费用的比值

10-9-4 开展价值工程活动的目的是：

A. 思想方法的更新和技术管理

B. 对功能和成本进行系统分析和不断创新

C. 提高功能对成本的比值

D. 多领域协作降低产品成本

10-9-5 价值工程的“价值（V）”对于产品来说，可以表示为$V = F/C$，F指产品的功能，而C则是指：

A. 产品的制造成本　　B. 产品的寿命周期成本

C. 产品的使用成本　　D. 产品的研发成本

10-9-6 价值工程的“价值V”对于产品来说，可以表示为$V = F/C$，式中C是指：

A. 产品的寿命周期成本　　B. 产品的开发成本
C. 产品的制造成本　　D. 产品的销售成本

10-9-7 价值工程的核心是：
A. 尽可能降低产品成本　　B. 降低成本提高产品价格
C. 功能分析　　D. 有组织的活动

10-9-8 某企业原采用甲工艺生产某种产品，现采用新技术乙工艺生产，不仅达到甲工艺相同的质量，而且成本降低了15%。根据价值工程原理，该企业提高产品价值的途径是：
A. 功能不变，成本降低
B. 功能和成本都降低，但成本降幅较大
C. 功能提高，成本降低
D. 功能提高，成本不变

10-9-9 已知某产品的零件甲的功能评分为5，成本为20元，该产品各零件功能积分之和为40，产品成本为100元，则零件甲的价值系数为：
A. 0.2　　B. 0.625　　C. 0.8　　D. 1.6

10-9-10 某企业价值工程工作人员对某产品分析，计算得到4个部件的价值系数如表所示，应选择作为价值工程分析对象的部件是：
A. 甲　　B. 乙　　C. 丙　　D. 丁

各部件价值系数　　**题10-9-10表**

部件	甲	乙	丙	丁
价值系数	1.12	1.08	0.92	0.51

10-9-11 某产品的实际成本为8000元，该产品由多个零部件组成，其中一个零部件的实际成本为850元，功能评价系数为0.095，则该零部件的价值指数为：
A. 0.106　　B. 0.896　　C. 0.95　　D. 1.116

10-9-12 在价值工程的一般工作程序中，准备阶段要做的工作包括：
A. 对象选择　　B. 功能评价　　C. 功能系统分析　　D. 收集整理信息资料

10-9-13 在对象选择中，通过对每个部件与其他各部件的功能重要程度进行逐一对比打分，相对重要的得1分，不重要的得0分，此方法称为：
A. 经验分析法　　B. 百分比法　　C. ABC分析法　　D. 强制确定法

题解及参考答案

10-9-1 解：ABC分类法中，A类部件占部件总数的比例较小，但占总成本的比重较大；C类部件占部件总数的比例较大，为60%~80%，但占总成本的比例较小，为5%~10%。

答案：C

10-9-2 解：根据价值公式进行判断：价值(V) = 功能(F)/成本(C)。

答案：C

10-9-3 解：价值工程中的“价值”，是指产品或作业的功能与实现其功能的总成本（寿命周期成本）的比值。

答案：D

10-9-4 解：开展价值工程活动的目的是提高产品的价值，即提高功能对成本的比值。

答案：C

10-9-5 解：价值工程中的价值可以表示为$V=F/C$，其中C是指产品的寿命周期成本。

答案：B

10-9-6 解：依据价值工程定义。

答案：A

10-9-7 解：价值工程的核心是功能分析。

答案：C

10-9-8 解：质量相同，功能上没有变化。

答案：A

10-9-9 解：利用价值公式计算，$\frac{5/40}{20/100}=0.625$。

答案：B

10-9-10 解：应选择价值系数远小于 1 的部件作为分析对象。

答案：D

10-9-11 解：该零部件的成本系数C为该零部件实际成本/所有零部件实际成本，即

$$C=850\div 8000=0.106$$

该零部件的价值指数V为该零部件的功能评价系数/该零部件的成本系数，即

$$V=0.095\div 0.106=0.896$$

答案：B

10-9-12 解：价值工程的一般工作程序包括准备阶段、功能分析阶段、方案创造阶段和方案实施阶段。各阶段的工作如下。

准备阶段：对象选择，组成价值工程工作小组，制订工作计划。

功能分析阶段：收集整理信息资料，功能系统分析，功能评价。

创新阶段：方案创新，方案评价，提案编写。

实施阶段：审批，实施与检查，成果鉴定。

答案：A

10-9-13 解：强制确定法是以功能重要程度作为选择价值工程对象的一种分析方法，包括 01 评分法、04 评分法等。其中，01 评分法通过对每个部件与其他各部件的功能重要程度进行逐一对比打分，相对重要的得 1 分，不重要的得 0 分，最后计算各部件的功能重要性系数。

答案：D

第十一章　法律法规

复习指导

本章包括上午段考试“法律法规”和下午段考试“职业法规”的内容。

与工程建设有关的法规应当是重点复习的内容，尤其是建筑法、招标投标法中的内容。

各种法规中与设计工作有关的规定要给予重点关注。房地产开发、工程监理及职业道德准则等方面的内容可作一般了解。

练习题、题解及参考答案

（二）《**建筑法**》

11-2-1 实行强制监理的建筑工程的范围由：

A. 国务院规定

B. 省、自治区、直辖市人民政府规定

C. 县级以上人民政府规定

D. 建筑工程所在地人民政府规定

11-2-2 按照《建筑法》的规定，建筑单位申领施工许可证，应该具备的条件之一是：

A. 拆迁工作已经完成

B. 已经确定监理企业

C. 有保证工程质量和安全的具体措施

D. 建设资金全部到位

11-2-3 根据《建筑法》的规定，建设单位应当自领取施工许可证之日起多长时间内开工？在建的建筑工程，因故终止施工的，建设单位应自终止施工之日起多长时间内向发证机关报告，并按规定做好建筑工程的维护工作。

A. 1 个月，1 个月　　B. 3 个月，3 个月

C. 3 个月，1 个月　　D. 1 个月，3 个月

11-2-4 建筑工程开工前，建筑单位应当按照国家有关规定向工程所在地以下何部门申请领取施工许可证？

A. 市级以上人民政府建设行政主管

B. 县级以上城市规划

C. 县级以上人民政府建设行政主管

D. 乡、镇级以上人民政府建设行政主管

11-2-5 建筑工程开工前，按照国家有关规定向工程所在地县级以上政府建设行政主管部门申请领

取施工许可证的单位是：

A. 建设单位　B. 设计单位　C. 监理单位　D. 施工单位

11-2-6 《建筑法》中所指的建筑活动是：

①各类房屋建筑；②高速公路；③铁路；④水库大坝等。

A. ①　B. ①②　C. ①②③　D. ①②③④

11-2-7 建设单位在领取开工证之后，应当在几个月内开工？

A. 3　B. 6　C. 9　D. 12

11-2-8 关于建筑工程监理，下列哪种描述是正确的？

A. 所有国内的工程都应监理

B. 由业主决定是否要监理

C. 国务院可以规定实行强制监理的工程范围

D. 监理是一种服务，所以不能强迫业主接受监理服务

11-2-9 施工许可证的申请者是：

A. 监理单位　B. 设计单位　C. 施工单位　D. 建设单位

11-2-10 根据《建筑法》规定，施工企业可以将部分工程分包给其他具有相应资质的分包单位施工，下列情形中不违反有关承包的禁止性规定的是：

A. 建筑施工企业超越本企业资质等级许可的业务范围或者以任何形式用其他建筑施工企业的名义承揽工程

B. 承包单位将其承包的全部建筑工程转包给他人

C. 承包单位将其承包的全部建筑工程肢解以后以分包的名义分别转包给他人

D. 两个不同资质等级的承包单位联合共同承包

11-2-11 监理与工程施工的关系，下列表述中哪一项不合适？

A. 工程施工不符合设计要求的，监理人员有权要求施工企业改正

B. 工程施工不符技术标准要求的，监理人员有权要求施工企业改正

C. 工程施工不符合合同约定要求的，监理人员有权要求施工企业改正

D. 监理人员认为设计不符合质量标准的，有权要求设计人员改正

11-2-12 违法分包是指下列中的哪几项？

①总承包单位将建设工程分包给不具备相应资质条件的单位；

②总承包单位将建设工程主体分包给其他单位；

③分包单位将其承包的工程再分包的；

④分包单位多于3个以上的。

A. ①　B. ①②③④　C. ①②③　D. ②③④

11-2-13 关于工程建设的承发包问题，下列论述中正确的组合是：

①发包人可以与总承包人订立建设工程合同，也可以分别与勘察人、设计人、施工人订立勘察、设计、施工承包合同；

②发包人不得将应当由一个承包人完成的建设工程肢解成若干部分发包给几个承包人；

③总承包人或者勘察、设计、施工承包人经发包人同意，可以将自己承包的部分工作交由第三人完成，第三人就其完成的工作成果与总承包人或者勘察、设计、施工承包人向发包人承担连带责任；

④分包单位可以并只能将其承包的工程再分包一次。

A. ①　　B. ①②③④　　C. ①②③　　D. ②③④

11-2-14《建筑法》中所指的建筑活动是：

A. 各类房屋建筑

B. 各类房屋建筑及其附属设施的建造和与其配套的线路、管道、设备的安装活动

C. 国内的所有建筑工程

D. 国内所有工程，包括中国企业在境外承包的工程

11-2-15 监理的依据是以下哪几项？

①法规；②技术标准；③设计文件；④工程承包合同。

A. ①②③④　　B. ①　　C. ①②③　　D. ④

11-2-16 两个以上不同资质等级的单位如何联合共同承包工程？

A. 应当按照资质等级低的单位的业务许可范围承揽工程

B. 按任何一个单位的资质承包均可

C. 应当按照资质等级高的单位的业务许可范围承揽工程

D. 不允许联合承包

11-2-17《建筑法》规定了申领开工证的必备条件，下列条件中不符合《建筑法》要求的是：

A. 已办理用地手续材料　　B. 已确定施工企业

C. 已有了方案设计图　　D. 资金已有安排

11-2-18 我国推行建筑工程监理制度的项目范围应该是：

A. 由国务院规定实行强制监理的建筑工程的范围

B. 所有工程必须强制接受监理

C. 由业主自行决定是否聘请监理

D. 只有国家投资的项目才需要监理

11-2-19 工程监理人员发现工程设计不符合建筑工程质量标准或者合同约定的质量要求的应当：

A. 报告建设单位要求设计单位改正

B. 书面要求设计单位改正

C. 报告上级主管部门

D. 要求施工单位改正

11-2-20 监理工程师不得在以下哪些单位兼职？

①工程设计；②工程施工；③材料供应；④政府机构；⑤科学研究；⑥设备厂家。

A. ①②③④　　B. ②③④⑤

C. ②③④⑥　　D. ①②③④⑥

11-2-21 下列分包情形中，不属于非法分包的是：

A. 总承包合同中未有约定，承包单位又未经建设单位许可，就将其全部劳务作业交由劳务单位完成

B. 总承包单位将工程分包给不具备相应资质条件的单位

C. 施工总承包单位将工程主体结构的施工分包给其他单位

D. 分包单位将其承包的建设工程再分包的

11-2-22 依据《建筑法》规定，下列说法正确的是：

A. 承包人可以将其承包的全部建设工程转包给第三人

B. 承包人经发包人同意，可以将其承包的部分工程交由相应资质的第三人完成

C. 承包人可以将其承包的全部建设工程分解以后以分包的名义转包给第三方完成

D. 分包单位可以将其承包的工程再分包

11-2-23 根据《建筑法》，建筑设计单位不按照建筑工程质量、安全标准进行设计的，应：

A. 降低资质等级　　　　B. 承担赔偿责任

C. 吊销资质证书　　　　D. 责令改正，处以罚款

11-2-24 按照《建筑法》的规定，下列叙述中正确的是：

A. 设计文件选用的建筑材料、建筑构配件和设备，不得注明其规格、型号

B. 设计文件选用的建筑材料、建筑构配件和设备，不得指定生产厂、供应商

C. 设计单位应按照建设单位提出的质量要求进行设计

D. 设计单位对施工过程中发现的质量问题应当按照监理单位的要求进行改正

11-2-25 根据《建筑法》的规定，建设单位自领取施工许可证之日起应当最迟的开工法定时间是：

A. 一个月　　B. 三个月　　C. 六个月　　D. 九个月

题解及参考答案

11-2-1 解：《建筑法》第三十条规定，国家推行建筑工程监理制度。国务院可以规定实行强制监理的建筑工程的范围。

答案： A

11-2-2 解：《建筑法》第八条规定，申请领取施工许可证，应当具备下列条件：

（一）已经办理该建筑工程用地批准手续；

（二）依法应当办理建设工程规划许可证的，已经取得规划许可证；

（三）需要拆迁的，其拆迁进度符合施工要求；

（四）已经确定建筑施工企业；

（五）有满足施工需要的资金安排、施工图纸及技术资料；

（六）有保证工程质量和安全的具体措施。

拆迁进度符合施工要求即可，不是拆迁全部完成，所以A项错；并非所有工程都需要监理，所以B项错；建设资金有安排即可，不是资金全部到位，所以D项错。

答案： C

11-2-3 解： 见《建筑法》第九条、第十条。

第九条：建设单位应当自领取施工许可证之日起三个月内开工。因故不能按期开工的，应当向发证机关申请延期；延期以两次为限，每次不超过三个月。既不开工又不申请延期或者超过延期时限的，施工许可证自行废止。

第十条：在建的建筑工程因故中止施工的，建设单位应当自中止施工之日起一个月内，向发证机关报告，并按照规定做好建筑工程的维护管理工作。

答案： C

11-2-4 解：《建筑法》第七条规定，建筑工程开工前，建设单位应当按照国家有关规定向工程所在

地县级以上人民政府建设行政主管部门申请领取施工许可证；但是，国务院建设行政主管部门确定的限额以下的小型工程除外。

答案：C

11-2-5 解：《建筑法》第七条规定，建筑工程开工前，建设单位应当按照国家有关规定向工程所在地县级以上人民政府建设行政主管部门申请领取施工许可证。

答案：A

11-2-6 解：《建筑法》第二条规定，在中华人民共和国境内从事建筑活动，实施对建筑活动的监督管理，应当遵守本法。本法所称建筑活动，是指各类房屋建筑及其附属设施的建造和与其配套的线路、管道、设备的安装活动。

答案：A

11-2-7 解：《建筑法》第九条规定，建设单位应当自领取施工许可证之日起三个月内开工。因故不能按期开工的，应当向发放机关申请延期；延期以两次为限，每次不超过三个月。既不开工又不申请延期或者超过延期时限的，施工许可证自行废止。

答案：A

11-2-8 解：《建筑法》第三十条规定，国家推行建筑工程监理制度。国务院可以规定实行强制监理的建筑工程的范围。

答案：C

11-2-9 解：《建筑法》第七条规定，建筑工程开工前，建设单位应当按照国家有关规定向工程所在地县级以上人民政府建设行政主管部门申请领取施工许可证；但是，国务院建设行政主管部门确定的限额以下的小型工程除外。按照国务院规定的权限和程序批准开工报告的建筑工程，不再领取施工许可证。

答案：D

11-2-10 解：《建筑法》第二十七条规定，大型建筑工程或者结构复杂的建筑工程，可以由两个以上的承包单位联合共同承包。共同承包的各方对承包合同的履行承担连带责任。

两个以上不同资质等级的单位实行联合共同承包的，应当按照资质等级低的单位的业务许可范围承揽工程。

答案：D

11-2-11 解：《建筑法》第三十条规定，建筑工程监理应当依照法律、行政法规及有关的技术标准、设计文件和建筑工程承包合同，对承包单位在施工质量、建设工期和建设资金使用等方面，代表建设单位实施监督。工程监理人员认为工程施工不符合工程设计要求、施工技术标准和合同约定的，有权要求建筑施工企业改正。工程监理人员发现工程设计不符合建筑工程质量标准或者合同约定的质量要求的，应当报告建设单位要求设计单位改正。

答案：D

11-2-12 解：见《建筑法》第二十八条和第二十九条。

第二十八条：禁止承包单位将其承包的全部建筑工程转包给他人，禁止承包单位将其承包的全部建筑工程肢解以后以分包的名义分别转包给他人。

第二十九条：建筑工程总承包单位可以将承包工程中的部分工程发包给具有相应资质条件的分包单位；但是，除总承包合同中约定的分包外，必须经建设单位认可。施工总承包的，建筑工程主体结构的施工必须由总承包单位自行完成。

建筑工程总承包单位按照总承包合同的约定对建设单位负责；分包单位按照分包合同的约定对总承包单位负责。总承包单位和分包单位就分包工程对建设单位承担连带责任。

禁止总承包单位将工程分包给不具备相应资质条件的单位。禁止分包单位将其承包的工程再分包。

答案： C

11-2-13 解：《建筑法》第二十九条及《民法典》第七百九十一条均规定，分包单位不能再将工程分包出去。

答案： C

11-2-14 解：《建筑法》第二条规定，在中华人民共和国境内从事建筑活动，实施对建筑活动的监督管理，应当遵守本法。本法所称建筑活动，是指各类房屋建筑及其附属设施的建造和与其配套的线路、管道、设备的安装活动。

答案： B

11-2-15 解：《建筑法》第三十二条规定，建筑工程监理应当依照法律、行政法规及有关的技术标准、设计文件和建筑工程承包合同，对承包单位在施工质量、建设工期和建设资金使用等方面，代表建设单位实施监督。

答案： A

11-2-16 解：《建筑法》第二十七条规定，大型建筑工程或者结构复杂的建筑工程，可以由两个以上的承包单位联合共同承包。共同承包的各方对承包合同的履行承担连带责任。两个以上不同资质等级的单位实行联合共同承包的，应当按照资质等级低的单位的业务许可范围承揽工程。

答案： A

11-2-17 解： 依据《建筑法》第八条，选项 A、B、D 均符合，关于施工图纸是要求有满足施工需要的图纸及技术资料，仅方案设计图显然不行。

答案： C

11-2-18 解： 依据《建筑法》第三十条，国务院可以规定实行强制监理的建筑工程的范围。

答案： A

11-2-19 解： 依据《建筑法》第三十二条，应当报告建设单位要求设计单位改正。

答案： A

11-2-20 解：《建筑法》第三十四条规定，工程监理单位与被监理工程的承包单位以及建筑材料、建筑配件和设备供应单位不得有隶属关系或者其他利害关系。

答案： C

11-2-21 解：《建筑法》第二十九条规定，建筑工程总承包单位可以将承包工程中的部分工程发包给具有相应资质条件的分包单位；但是，除总承包合同中约定的分包外，必须经建设单位认可。施工总承包的，建筑工程主体结构的施工必须由总承包单位自行完成。

建筑工程总承包单位按照总承包合同的约定对建设单位负责，分包单位按照分包合同的约定对总承包单位负责。总承包单位和分包单位就分包工程对建设单位承担连带责任。

禁止总承包单位将工程分包给不具备相应资质条件的单位。禁止分包单位将其承包的工程再分包。

按照上述条文，选项 B、C、D 均属于非法分包。

答案： A

11-2-22 解： 根据《建筑法》第二十八条，禁止承包单位将其承包的全部建筑工程转包给他人，禁止承包单位将其承包的全部建筑工程肢解以后以分包的名义分别转包给他人。

第二十九条，建筑工程总承包单位可以将承包工程中的部分工程发包给具有相应资质条件的分包单位；但是，除总承包合同中约定的分包外，必须经建设单位认可。施工总承包的，建筑工程主体结构的施工必须由总承包单位自行完成。

禁止总承包单位将工程分包给不具备相应资质条件的单位。禁止分包单位将其承包的工程再分包。

答案：B

11-2-23 解：《建筑法》第七十三条规定，建筑设计单位不按照建筑工程质量、安全标准进行设计的，责令改正，处以罚款；造成工程质量事故的，责令停业整顿，降低资质等级或者吊销资质证书，没收违法所得，并处罚款；造成损失的，承担赔偿责任；构成犯罪的，依法追究刑事责任。

选项D是对的，选项A、B、C是当造成工程质量事故时，才采用的处罚。

答案：D

11-2-24 解：《建筑法》第五十七条规定，建筑设计单位对设计文件选用的建筑材料、建筑构配件和设备，不得指定生产厂家和供应商。

答案：B

11-2-25 解：《建筑法》第九条规定，建设单位应当自领取施工许可证之日起三个月内开工。因故不能按期开工的，应当向发证机关提出申请延期；延期以两次为限，每次不超过三个月。既不开工又不申请延期或者超过延期时限的，施工许可证自行废止。

答案：B

（三）**《安全生产法》**

11-3-1 根据《安全生产法》的规定，生产经营单位使用的涉及生命安全、危险性较大的特种设备，以及危险物品的容器、运输工具，必须按照国家有关规定，由专业生产单位生产，并经取得专业资质的检测，检验机构检测、检验合格，取得：

A. 安全使用证和安全标志，方可投入使用

B. 安全使用证或安全标志，方可投入使用

C. 生产许可证和安全使用证，方可投入使用

D. 生产许可证或安全使用证，方可投入使用

11-3-2 根据《安全生产法》，关于生产经营单位对重大危险源的管理规定，下列哪个选项错误？

A. 生产经营单位的主要负责人组织开展危险源辨识和评估，督促落实本单位重大危险源的安全管理措施

B. 生产经营单位对重大危险源应当登记建档，进行定期检测、评估、监控，并制定应急预案，告知从业人员和相关人员在紧急情况下应当采取的应急措施

C. 生产经营单位应当按照国家有关规定将本单位重大危险源及有关安全措施、应急措施报有关地方人民政府应急管理部门和有关部门备案

D. 有关地方人民政府应急管理部门和有关部门应当通过相关信息系统实现信息共享

11-3-3 重点工程建设项目应当坚持：

A. 安全第一的原则

B. 为保证工程质量不怕牺牲

C. 确保进度不变的原则

D. 投资不超过预算的原则

11-3-4 根据《安全生产法》规定，从业人员享有权利并承担义务，下列情形中属于从业人员履行义务的是：

A. 张某发现直接危及人身安全的紧急情况时禁止作业撤离现场

B. 李某发现事故隐患或者其他不安全因素，立即向现场安全生产管理人员或者本单位负责人报告

C. 王某对本单位安全生产工作中存在的问题提出批评、检举、控告

D. 赵某对本单位的安全生产工作提出建议

11-3-5 对本单位的安全生产工作全面负责的人员应当是：

A. 生产经营单位的主要负责人　　B. 主管安全生产工作的副手

C. 项目经理　　D. 专职安全员

11-3-6 根据《安全生产法》的规定，下列有关从业人员的权利和义务的说法，错误的是：

A. 从业人员有权对本单位的安全生产工作提出建议

B. 从业人员有权对本单位安全生产工作中存在的问题提出批评

C. 从业人员有权拒绝违章指挥和强令冒险作业

D. 从业人员有权停止作业或者撤离作业现场

11-3-7 安全生产监督检查管理部门对施工现场进行安全生产大检查，下列措施中不合法的是：

A. 进入施工现场进行检查，调阅参与单位的有关资料

B. 对检查中发现的安全生产违法行为,当场予以纠正或者要求限期改正

C. 对检查中发现的重大事故隐患排除前，责令从危险区域内撤出作业人员，责令暂时停产停业或者停止使用相关设施、设备

D. 对有根据认为不符合保障安全生产的国家标准的器材，当场予以没收

题解及参考答案

11-3-1 解:《安全生产法》第三十七条规定，生产经营单位使用的危险物品的容器、运输工具，以及涉及人身安全、危险性较大的海洋石油开采特种设备和矿山井下特种设备，必须按照国家有关规定，由专业生产单位生产，并经具有专业资质的检测、检验机构检测、检验合格，取得安全使用证或者安全标志，方可投入使用。检测、检验机构对检测、检验结果负责。

答案：B

11-3-2 解:《安全生产法》第四十条规定，生产经营单位对重大危险源应当登记建档，进行定期检测、评估、监控，并制定应急预案，告知从业人员和相关人员在紧急情况下应当采取的应急措施。生产经营单位应当按照国家有关规定将本单位重大危险源及有关安全措施、应急措施报有关地方人民政府应急管理部门和有关部门备案。有关地方人民政府应急管理部门和有关部门应当通过相关信息系统实现信息共享。

答案：A

11-3-3 解:《安全生产法》第三条规定，安全生产工作应当以人为本，坚持人民至上、生命至上，把保护人民生命安全摆在首位，树牢安全发展理念，坚持安全第一、预防为主、综合治理的方针，从源

头上防范化解重大安全风险。

安全生产工作实行管行业必须管安全、管业务必须管安全、管生产经营必须管安全，强化和落实生产经营单位主体责任与政府监管责任，建立生产经营单位负责、职工参与、政府监管、行业自律和社会监督的机制。

答案： A

11-3-4 解： 选项B属于义务，其他几条属于权利。

答案： B

11-3-5 解：《安全生产法》第五条规定，生产经营单位的主要负责人是本单位安全生产第一责任人，对本单位的安全生产工作全面负责。其他负责人对职责范围内的安全生产工作负责。

答案： A

11-3-6 解：《安全生产法》第五十三条规定，生产经营单位的从业人员有权了解其作业场所和工作岗位存在的危险因素、防范措施及事故应急措施，有权对本单位的安全生产工作提出建议。故选项A正确。

第五十四条规定，从业人员有权对本单位安全生产工作中存在的问题提出批评、检举、控告；有权拒绝违章指挥和强令冒险作业。生产经营单位不得因从业人员对本单位安全生产工作提出批评、检举、控告或者拒绝违章指挥、强令冒险作业而降低其工资、福利等待遇或者解除与其订立的劳动合同。故选项B、选项C正确。

第五十五条规定，从业人员发现直接危及人身安全的紧急情况时，有权停止作业或者在采取可能的应急措施后撤离作业场所。

选项D的表述不完整，应为“在采取可能的应急措施后撤离作业场所”。

答案： D

11-3-7 解：《安全生产法》第六十五条规定，应急管理部门和其他负有安全生产监督管理职责的部门依法开展安全生产行政执法工作，对生产经营单位执行有关安全生产的法律、法规和国家标准或者行业标准的情况进行监督检查，行使以下职权：（一）进入生产经营单位进行检查，调阅有关资料，向有关单位和人员了解情况；（二）对检查中发现的安全生产违法行为，当场予以纠正或者要求限期改正；对依法应当给予行政处罚的行为，依照本法和其他有关法律、行政法规的规定作出行政处罚决定；（三）对检查中发现的事故隐患，应当责令立即排除；重大事故隐患排除前或者排除过程中无法保证安全的，应当责令从危险区域内撤出作业人员，责令暂时停产停业或者停止使用相关设施、设备；重大事故隐患排除后，经审查同意，方可恢复生产经营和使用；（四）对有根据认为不符合保障安全生产的国家标准或者行业标准的设施、设备、器材以及违法生产、储存、使用、经营、运输的危险物品予以查封或者扣押，对违法生产、储存、使用、经营危险物品的作业场所予以查封，并依法作出处理决定。

选项A、B、C的描述分别符合条例第（一）、（二）、（三）款的规定。第（四）款条文规定，对有根据认为不符合保障安全生产的国家标准的器材，予以查封或者扣押，不是没收，故选项D错误。

答案： D

（四）《招标投标法》

11-4-1 某必须进行招标的建设工程项目，若招标人于2018年3月6日发售招标文件，则招标文件要求投标人提交投标文件的截止日期最早的是：

A. 3月13日　　　　B. 3月21日

C. 3月26日　　D. 3月31日

11-4-2 根据《招标投标法》的规定，招标人和中标人按照招标文件和中标人的投标文件，订立书面合同的时间要求是：

A. 自中标通知书发出之日起15日内

B. 自中标通知书发出之日起30日内

C. 自中标单位收到中标通知书之日起15日内

D. 自中标单位收到中标通知书之日起30日内

11-4-3 由两个以上勘察单位组成的投标联合体，其资质等级的确定，下列哪个选项正确？

A. 根据各自承担的项目等级确定

B. 按照招标文件的要求确定

C. 按照资质等级最高的勘察单位确定

D. 按照资质等级最低的勘察单位确定

11-4-4 根据《招标投标法》的规定，下列包括在招标公告中的是：

A. 招标项目的性质、数量　　B. 招标项目的技术要求

C. 对投标人员资格的审查的标准　　D. 拟签订合同的主要条款

11-4-5 根据《招标投标法》的规定，关于投标下列表述错误的是：

A. 投标人在招标文件要求提交投标文件的截止时间内，可以补充修改或者撤回已投标的文件，并书面通知招标人

B. 投标人根据招标文件载明的项目实际情况，拟在中标后将中标项目的部分进行分包的，应当在投标文件中载明

C. 投标人根据招标文件载明的项目实际情况，拟在中标后将中标项目的部分非主体、非关键性工作进行分包的，应当在投标文件中载明

D. 投标人不得以低于成本的报价竞标，也不得以他人名义投标

11-4-6 有关评标方法的描述，下列说法错误的是：

A. 最低投标价法适合没有特殊要求的招标项目

B. 综合评估法适合没有特殊要求的招标项目

C. 最低投标价法通常带来恶性削价竞争，工程质量不容乐观

D. 综合评估法可用打分的方法或货币的方法评估各项标准

11-4-7 招标人应当确定投标人编制投标文件所需要的合理时间，自招标文件开始发出之日起至投标人提交投标文件截止之日止的时间应该为：

A. 最短不得少于45天　　B. 最短不得少于30天

C. 最短不得少于20天　　D. 最短不得少于15天

11-4-8 建设单位工程招标应具备下列条件：

①有与招标工程相适应的经济技术管理人员；

②必须是一个经济实体，注册资金不少于一百万元人民币；

③有编制招标文件的能力；

④有审查投标单位资质的能力；

⑤具有组织开标、评标、定标的能力。

A. ①②③④⑤　　B. ①②③④

C. ①②④⑤　　　　D. ①③④⑤

11-4-9 施工招标的形式有以下几种：

①公开招标；②邀请招标；③议标；④指定招标。

A. ①②　　B. ①②④　　C. ①④　　D. ①②③

11-4-10 开标应由什么人主持，邀请所有投标人参加？

A. 招标人　　　　B. 招标人代表

C. 公证人员　　　　D. 贷款人

11-4-11 下列关于开标流程的叙述正确的是：

A. 开标时间应定于提交投标文件后 15 日

B. 招标人应邀请最有竞争力的投标人参加开标

C. 开标时，由推选代表确认每一投标文件为密封，由工作人员当场拆封

D. 投标文件拆封后即可立即进入评标程序

11-4-12 招标委员会的成员中，技术、经济等方面的专家不得少于：

A. 3 人　　　　B. 5 人

C. 成员总数的2/3　　　　D. 成员总数的1/2

11-4-13 在中华人民共和国境内进行下列工程建设项目必须要招标的条件，下面哪一条是不准确的说法？

A. 大型基础设施、公用事业等关系社会公共利益、公众安全的项目

B. 全部或者部分使用国有资金投资或者国家融资的项目

C. 使用国际组织或者外国政府贷款、援助资金的项目

D. 所有住宅项目

11-4-14 招标人和中标人应当自中标通知书发出之日起多少天之内，按照招标文件和中标人的投标文件订立书面合同？

A. 15　　B. 30　　C. 60　　D. 90

11-4-15 建筑工程的评标活动应当由何人负责？

A. 建设单位　　　　B. 市招标办公室

C. 监理单位　　　　D. 评标委员会

11-4-16 下列说法符合《招标投标法》规定的是：

A. 招标人自行招标，应当具有编制招标文件和组织评标的能力

B. 招标人必须自行办理招标事宜

C. 招标人委托招标代理机构办理招标事宜，应当向有关行政监督部门备案

D. 有关行政监督部门有权强制招标人委托招标代理机构办理招标事宜

11-4-17 招标代理机构若违反《招标投标法》，损害他人合法利益，应对其进行处罚，下列处罚中不正确的是：

A. 处 5 万元以上 25 万元以下的罚款

B. 有违法所得的，应没收违法所得

C. 情节严重的，暂停甚至取消招标代理资格

D. 对单位直接负责人处单位罚款 10%以上 15%以下的罚款

11-4-18 某建设工程实行公开招标，投标人编制投标文件的依据是：

A. 招标文件的要求

B. 招标方工作人员的要求

C. 资格预审文件的要求

D. 评标委员会的要求

11-4-19 招标人对已发出的招标文件进行必要的修改，应当在投标截止时间多少日前，以书面形式修改招标文件，并通知所有已购买招标文件的投标人？

A. 3　　B. 5　　C. 15　　D. 20

11-4-20 根据《招标投标法》的规定，招标人对已发出的招标文件进行必要的澄清或修改的，应该以书面形式通知所有招标文件收受人，通知的时间应当在招标文件要求提交投标文件截止时间至少：

A. 20 日前　　B. 15 日前　　C. 7 日前　　D. 5 日前

11-4-21 根据《招标投标法》的规定，依法必须进行招标的项目，自招标文件发出之日起至招标文件要求投标人提交投标文件截止日期之日止，最短不得少于：

A. 10 天　　B. 20 天　　C. 30 天　　D. 45 天

11-4-22 对招投标而言，招标人发出中标通知书为：

A. 要约　　B. 邀约　　C. 要约邀请　　D. 承诺

11-4-23 工程评标阶段，评标委员会由招标人的代表和有关技术、经济等方面的专家组成，成员人数为五人以上单数，其中技术、经济等方面的专家不得少于成员总数的：

A. 二分之一　　B. 三分之一　　C. 三分之二　　D. 四分之三

11-4-24 招标项目属于建设施工的，投标文件的内容不包括：

A. 拟派出的项目负责人与主要技术人员的简历

B. 拟派出的项目负责人与主要技术人员的业绩

C. 拟用于完成招标项目的机械设备

D. 拟使用备选方案的具体内容

题解及参考答案

11-4-1 解：《招标投标法》第二十四条规定，招标人应当确定投标人编制投标文件所需要的合理时间；但是，依法必须进行招标的项目，自招标文件开始发出之日起至投标人提交投标文件截止之日止，最短不得少于二十日。

答案： C

11-4-2 解：《招标投标法》第四十六条规定，招标人和中标人应当自中标通知书发出之日起三十日内，按照招标文件和中标人的投标文件订立书面合同。招标人和中标人不得再行订立背离合同实质性内容的其他协议。

答案： B

11-4-3 解：《招标投标法》第三十一条，两个以上法人或者其他组织可以组成一个联合体，以一个投标人的身份共同投标。

联合体各方均应当具备承担招标项目的相应能力；国家有关规定或者招标文件对投标人资格条件

有规定的，联合体各方均应当具备规定的相应资格条件。由同一专业的单位组成的联合体，按照资质等级较低的单位确定资质等级。

答案： D

11-4-4 解：《招标投标法》第十六条规定，招标人采用公开招标方式的，应当发布招标公告。依法必须进行招标的项目的招标公告，应当通过国家指定的报刊、信息网络或者其他媒介发布。招标公告应当载明招标人的名称的地址、招标项目的性质、数量、实施地点和时间以及获取招标文件的办法等事项。所以选项A对。

其他几项内容应在招标文件中载明，而不是招标公告中。

答案： A

11-4-5 解： 见《招标投标法》第二十九条、第三十条、第三十三条。

第二十九条：投标人在招标文件要求提交投标文件的截止时间前，可以补充、修改或者撤回已提交的投标文件，并书面通知招标人。补充、修改的内容为投标文件的组成部分。所以选项A对。

第三十条：投标人根据招标文件载明的项目实际情况，拟在中标后将中标项目的部分非主体、非关键性工作进行分包的，应当在投标文件中载明。所以选项C对。

第三十三条：投标人不得以低于成本的报价竞标，也不得以他人名义投标或者以其他方式弄虚作假，骗取中标。所以选项D也对。

答案： B

11-4-6 解： 2018年9月28日，住房和城乡建设部决定对《房屋建筑和市政基础设施工程施工招标投标管理办法》作出修改后公布。其中，第四十条规定，评标可以采用综合评估法、经评审的最低投标标价法或者法律法规允许的其他评标方法。

采用综合评估法的，应当对投标文件提出的工程质量、施工工期、投标价格、施工组织设计或者施工方案、投标人及项目经理业绩等，能否最大限度地满足招标文件中规定的各项要求和评价标准进行评审和比较。以评分方式进行评估的，对于各种评比奖项不得额外计分。

采用经评审的最低投标价法的，应当在投标文件能够满足招标文件实质性要求的投标人中，评审出投标价格最低的投标人，但投标价格低于其企业成本的除外。

由此可以看出，采用经评审的最低投标价法的前提是在能够满足招标文件实质性要求的投标人中，评审出投标价格最低的投标人中标。如果有人恶性竞争，报价低于成本价，而不能满足招标文件的实质性要求是不能中标的。选项C完全否定了最低投标价法，是不符合文件精神的。

答案： C

11-4-7 解：《招标投标法》第二十四条规定，招标人应当确定投标人编制投标文件所需要的合理时间；但是，依法必须进行招标的项目，自招标文件开始发出之日起至投标人提交投标文件截止之日止，最短不得少于二十日。

答案： C

11-4-8 解：《招标投标法》第十二条规定，投标人具有编制招标文件和组织评标能力的，可以自行办理招标事宜。任何单位和个人不得强制其委托招标代理机构办理招标事宜。

答案： D

11-4-9 解：《招标投标法》第十条规定，招标分为公开招标和邀请招标。

公开招标，是指招标人以招标公告的方式邀请不特定的法人或者其他组织投标。

邀请招标，是指招标人以投标邀请书的方式邀请特定的法人或者其他组织投标。

答案：A

11-4-10 解：《招标投标法》第三十五条规定，开标由招标人主持，邀请所有投标人参加。

答案：A

11-4-11 解：《招标投标法》第三十四条规定，开标应当在招标文件确定的提交投标文件截止时间的同一时间公开进行。所以选项A错误。

第三十五条规定，开标由招标人主持，邀请所有投标人参加。所以选项B错误。

选项C没有明确是谁来推举代表，所以表述也是不准确的，按照第三十六条的规定：开标时，由投标人或者其推选的代表检查投标文件的密封情况，也可以由招标人委托的公证机构检查并公证；经确认无误后，由工作人员当众拆封，宣读投标人名称、投标价格和投标文件的其他主要内容。

评标要在保密的情况下进行，开标后尽快评标有利于保密，所以选项D正确。

答案：D

11-4-12 解：《招标投标法》第三十七条规定，评标由招标人依法组建的评标委员会负责。

依法必须进行招标的项目，其评标委员会由招标人的代表和有关技术、经济等方面的专家组成，成员人数为五人以上单数，其中技术、经济等方面的专家不得少于成员总数的三分之二。

前款专家应当从事相关领域工作满八年并具有高级职称或者具有同等专业水平，由招标人从国务院有关部门或者省、自治区、直辖市人民政府有关部门提供的专家名册或者招标代理机构的专家库内的相关专业的专家名单中确定；一般招标项目可以采取随机抽取方式，特殊招标项目可以由招标人直接确定。

与投标人有利害关系的人不得进入相关项目的评标委员会，已经进入的应当更换。

评标委员会成员的名单在中标结果确定前应当保密。

答案：C

11-4-13 解：见《招标投标法》第三条，可知A、B、C项工程均必须招标。另，不是所有住宅项目都要招标。

答案：D

11-4-14 解：见《招标投标法》第四十六条，应为30天内。

答案：B

11-4-15 解：见《招标投标法》第三十七条，评标由招标人依法组建的评委会负责。

答案：D

11-4-16 解：《招标投标法》第十二条规定，招标人有权自行选择招标代理机构，委托其办理招标事宜。任何单位和个人不得以任何方式为招标人指定招标代理机构。招标人具有编制招标文件和组织评标能力的，可以自行办理招标事宜。任何单位和个人不得强制其委托招标代理机构办理招标事宜。依法必须进行招标的项目，招标人自行办理招标事宜的，应当向有关行政监督部门备案。

从上述条文可以看出选项A正确，选项B错误，因为招标人可以委托代理机构办理招标事宜。选项C错误，招标人自行招标时才需要备案，不是委托代理人才需要备案。选项D明显不符合第十二条的规定。

答案：A

11-4-17 解：《招标投标法》第五十条规定，招标代理机构违反本法规定，泄露应当保密的与招标投标活动有关的情况和资料的，或者与招标人、投标人串通损害国家利益、社会公共利益或者他人合法权益的，处五万元以上二十五万元以下的罚款，对单位直接负责的主管人员和其他直接责任人员处单位罚款数额百分之五以上百分之十以下的罚款；有违法所得的，并处没收违法所得；情节严重的，禁止其一年至二年内代理依法必须进行招标的项目并予以公告，直至由工商行政管理机关吊销营业执照；构成犯罪的，依法追究刑事责任。给他人造成损失的，依法承担赔偿责任。

答案：D

11-4-18 解：《招标投标法》第二十七条规定，投标人应当按照招标文件的要求编制投标文件。投标文件应当对招标文件提出的实质性要求和条件作出响应。

答案：A

11-4-19 解：《招标投标法》第二十三条规定，招标人对已发出的招标文件进行必要的澄清或者修改的，应当在招标文件要求提交投标文件截止时间至少十五日前，以书面形式通知所有招标文件收受人。该澄清或者修改的内容为招标文件的组成部分。

答案：C

11-4-20 解：《招标投标法》第二十三条规定，招标人对已发出的招标文件进行必要的澄清或者修改的，应当在招标文件要求提交投标文件截止时间至少十五日前，以书面形式通知所有招标文件收受人。该澄清或者修改的内容为招标文件的组成部分。

答案：B

11-4-21 解：《招投标标法》第二十四条规定，招标人应当确定投标人编制投标文件所需要的合理时间；但是，依法必须进行招标的项目，自招标文件开始发出之日起至投标人提交投标文件截止之日止，最短不得少于二十日。

答案：B

11-4-22 解：《招标投标法》第四十五条规定，中标人确定后，招标人应当向中标人发出中标通知书，并同时将中标结果通知所有未中标的投标人。中标通知书对招标人和中标人具有法律效力。《民法典》第四百七十九条规定，承诺是受要约人同意要约的意思表示。

招标人通过中标通知书确认了中标人的要约，是同意要约的意思，双方如改变中标结果，应当依法承担法律责任。

答案：D

11-4-23 解：《招标投标法》第三十七条规定，评标由招标人依法组建的评标委员会负责。依法必须进行招标的项目，其评标委员会由招标人的代表和有关技术、经济等方面的专家组成，成员人数为五人以上单数，其中技术、经济等方面的专家不得少于成员总数的三分之二。

答案：C

11-4-24 解：《招标投标法》第二十七条规定，投标人应当按照招标文件的要求编制投标文件。投标文件应当对招标文件提出的实质性要求和条件作出响应。招标项目属于建设施工的，投标文件的内容应当包括拟派出的项目负责人与主要技术人员的简历、业绩和拟用于完成招标项目的机械设备等。故内容不包括选项D。

答案：D

（五）《民法典》（合同编）

11-5-1　按照《民法典》的规定，招标人在招标时，招标公告属于合同订立过程中的：

A. 邀约　　B. 承诺　　C. 要约邀请　　D. 以上都不是

11-5-2 《民法典》规定了无效合同的一些条件，下列哪几种情况符合无效合同的条件？

①违反法律和行政法规的合同；

②采取欺诈、胁迫等手段所签订的合同；

③代理人签订的合同；

④违反国家利益或社会公共利益的经济合同。

A. ①②③　　B. ②③④　　C. ①②③④　　D. ①②④

11-5-3 隐蔽工程在隐蔽以前，承包人应当通知发包人检查。发包人没有及时检查的，承包人可以：

A. 顺延工程日期，并有权要求赔偿停工、窝工等损失

B. 顺延工程日期，但应放弃其他要求

C. 发包人默认隐蔽工程质量，可继续施工

D. 工期不变，建设单位承担停工、窝工等损失

11-5-4 建设工程合同包括：

①工程勘察合同；②工程设计合同；③工程监理合同；④工程施工合同；

⑤工程检测合同。

A. ①②③④⑤　　B. ①②③④　　C. ①②③　　D. ①②④

11-5-5 设计合同的主要内容应包括：

①工程范围；②质量要求；③费用；

④提交有关基础资料和文件（包括概预算）的期限；⑤工程造价。

A. ①②③④⑤　　B. ①②③　　C. ②③④　　D. ③④⑤

11-5-6 撤销要约时，撤销要约的通知应当在受要约人发出承诺通知（　　）到达受要约人。

A. 之前　　B. 当日　　C. 后五天　　D. 后十日

11-5-7 有关合同标的数量、质量、价款或者报酬、履行期限、履行地点和方式、违约责任和解决争议方法等的变更，是对要约内容什么性质的变更？

A. 重要性　　B. 必要性　　C. 实质性　　D. 一般性

11-5-8 承诺通知到达要约人时生效。承诺不需要通知的，根据什么行为生效？

A. 通常习惯或者要约的要求

B. 交易习惯或者要约的要求作出承诺行为

C. 要约的要求

D. 通常习惯

11-5-9 签订建筑工程合同如何有效？

A. 必须同时盖章和签字才有效　　B. 签字或盖章均可有效

C. 只有盖章才有效　　D. 必须签字才有效

11-5-10 确认经济合同无效与否的是：

A. 人民政府　　B. 公安机关

C. 人民检察院　　D. 人民法院或仲裁机构

11-5-11 根据《中华人民共和国民法典》，下列哪个选项错误？

A. 勘察、设计的质量不符合要求或者未按照期限提交勘察、设计文件拖延工期，造成发包人损失的，勘察人、设计人应当继续完善勘察、设计，减收或者免收勘察、设计费并赔偿损失

B. 发包人未按照约定的时间和要求提供原材料、设备、场地、资金、技术资料的，承包人可以顺延工程日期，并有权请求赔偿停工、窝工等损失

C. 因发包人变更计划，提供的资料不准确，或者未按照期限提供必需的勘察、设计工作条件而造成勘察、设计的返工、停工或者修改设计，发包人应当按照勘察人、设计人实际消耗的工作量增付费用

D. 发包人未按照约定支付价款的，发包人应当无条件接受承包人将该工程折价或拍卖，折价或拍卖款优先受偿工程款

11-5-12 《民法典》规定，当事人一方可向对方给付定金，给付定金的一方不履行合同的，无权请求返还定金，接受定金的一方不履行合同的应当返还定金的：

A. 2 倍　　B. 5 倍　　C. 8 倍　　D. 10 倍

11-5-13 当事人的什么文件即是要约邀请？

A. 招标公告　　B. 投诉书　　C. 投标担保书　　D. 中标函

11-5-14 某学校与某建筑公司签订一份学生公寓建设合同，其中约定：采用总价合同形式，工程全部费用于验收合格后一次付清，保修期限为 6 个月等。而竣工验收时，学校发现承重墙体有较多裂缝，但建筑公司认为不影响使用而拒绝修复。8 个月后，该学生公寓内的承重墙倒塌造成 1 人死亡 3 人受伤致残。基于法律规定，下列合同条款认定与后续处理选项正确的是：

A. 双方的质量期限条款无效，故建筑公司无须赔偿受害者

B. 事故发生时已超过合同质量期限条款，故建筑公司无须赔偿受害者

C. 双方质量期限条款无效，建筑公司应当向受害者承担赔偿责任

D. 虽然事故发生时已超过合同质量管理期限，但人命关天，故建筑公司必须赔偿死者而非伤者

11-5-15 甲乙双方于 4 月 1 日约定采用数据电文的方式订立合同，但双方没有指定特定系统，乙方于 4 月 8 日下午收到甲方以电子邮件方式发出的要约，于 4 月 9 日上午又收到甲方发出同样内容的传真，甲方于 4 月 9 日下午给乙方打电话通知对方，邀约已经发出，请对方尽快做出承诺，则该要约生效的时间是：

A. 4 月 8 日下午　　B. 4 月 9 日上午

C. 4 月 9 日下午　　D. 4 月 1 日

11-5-16 对于工程合同，下列情况可能被允许不履行并免予承担违约责任的是：

A. 业主单位认为承建商已无能力继续履行合同或有新的承建商可供选择时

B. 承建单位继续履行合同会带来较大的亏损

C. 由于不可抗拒的原因（如洪水、地震等）造成合同无法履行

D. 承建商与业主在合同上有较大分歧，无法继续履行合同

11-5-17 下列说法错误的是：

A. 发包人不得将应当由一个承包人完成的建设工程支解成若干部分发包给数个承包人

B. 总承包人或者勘察、设计、施工承包人可以将自己承包的部分工作交由第三人完成

C. 第三人就其完成的工作成果与总承包人或者勘察、设计、施工承包人向发包人承担连带责任

D. 承包人不得将其承包的全部建设工程转包给第三人或者将其承包的全部建设工程支解以后以分包的名义分别转包给第三人

11-5-18 某运输合同，由上海的供货商委托沈阳的运输公司将天津的一批货物运到西安，双方签订的运输合同中约定，送达指定地点付款，但是支付运费的履行地点没有约定，运输公司根据合同约定按期完成了货物的运输，则支付该运费的履行地应当是：

A. 上海　　B. 沈阳　　C. 天津　　D. 西安

11-5-19 在直接发包中，建设单位的发包行为属于：

A. 要约　　B. 邀约　　C. 要约邀请　　D. 承诺

题解及参考答案

11-5-1 解：《民法典》第四百七十三条规定，要约邀请是希望他人向自己发出要约的表示。拍卖公告、招标公告、招股说明书、债券募集办法、基金招募说明书、商业广告和宣传、寄送的价目表等为要约邀请。

商业广告和宣传的内容符合要约条件的，构成要约。

答案： C

11-5-2 解：《民法典》第一百六十一条规定，可以通过委托代理人实施民事法律行为。

答案： D

11-5-3 解：《民法典》第七百九十八条规定，隐蔽工程在隐蔽以前，承包人应当通知发包人检查。发包人没有及时检查的，承包人可以顺延工程日期，并有权要求赔偿停工、窝工等损失。

答案： A

11-5-4 解：《民法典》第七百八十八条规定，建设工程合同是承包人进行工程建设，发包人支付价款的合同。建设工程合同包括工程勘察、设计、施工合同。

答案： D

11-5-5 解：《民法典》第七百九十四条规定，勘察、设计合同的内容一般包括提交有关基础资料和概预算等文件的期限、质量要求、费用以及其他协作条件等条款。

答案： C

11-5-6 解：《民法典》第一百四十一条规定，行为人可以撤回意思表示。撤回意思表示的通知应当在意思表示到达相对人前或者与意思表示同时到达相对人。

答案： A

11-5-7 解：《民法典》第四百八十八条规定，承诺的内容应当与要约的内容一致。受要约人对要约的内容作出实质性变更的，为新要约。有关合同标的、数量、质量、价款或者报酬、履行期限、履行地点和方式、违约责任和解决争议方法等的变更，是对要约内容的实质性变更。

答案： C

11-5-8 解：《民法典》第四百八十条规定，承诺通知到达要约人时生效。承诺不需要通告的，根据交易习惯或者要约的要求作出承诺的行为时生效。

答案：B

11-5-9 解：《民法典》第四百九十条规定，当事人采用合同书形式订立合同的，自双方当事人签字或者盖章时合同成立。

答案：B

11-5-10 解：《民法典》第一百四十七条规定，基于重大误解实施的民事法律行为，行为人有权请求人民法院或者仲裁机构予以撤销。

第一百四十八条规定，一方以欺诈手段，使对方在违背真实意思的情况下实施的民事法律行为，受欺诈方有权请求人民法院或者仲裁机构予以撤销。

答案：D

11-5-11 解：《民法典》第八百条，选项 A 正确；第八百零三条，选项 B 正确；第八百零五条，选项 C 正确；第八百零七条，选项 D 错误。

答案：D

11-5-12 解：《民法典》第五百八十七条规定，债务人履行债务的，定金应当抵作价款或者收回。给付定金的一方不履行债务或者履行债务不符合约定，致使不能实现合同目的的，无权请求返还定金；收受定金的一方不履行债务或者履行债务不符合约定，致使不能实现合同目的的，应当双倍返还定金。

答案：A

11-5-13 解：《民法典》第四百七十三条规定，要约邀请是希望他人向自己发出要约的表示。拍卖公告、招标公告、招股说明书、债券募集办法、基金招募说明书、商业广告和宣传、寄送的价目表等为要约邀请。

商业广告和宣传的内容符合要约条件的，构成要约。

答案：A

11-5-14 解：《民法典》第八百零二条规定，因承包人的原因致使建设工程在合理使用期限内造成人身和财产损害的，承包人应当承担损害赔偿责任。

保修期限是国务院规定的，企业自定期限不能小于国家规定。

答案：C

11-5-15 解：《民法典》第一百三十七条规定，以对话方式作出的意思表示，相对人知道其内容时生效。

以非对话方式作出的意思表示，到达相对人时生效。以非对话方式作出的采用数据电文形式的意思表示，相对人指定特定系统接收数据电文的，该数据电文进入该特定系统时生效；未指定特定系统的，相对人知道或者应当知道该数据电文进入其系统时生效。当事人对采用数据电文形式的意思表示的生效时间另有约定的，按照其约定。

答案：A

11-5-16 解：《民法典》第五百九十条规定，当事人一方因不可抗力不能履行合同的，根据不可抗力的影响，部分或者全部免除责任，但是法律另有规定的除外。因不可抗力不能履行合同的，应当及时通知对方，以减轻可能给对方造成的损失，并应当在合理期限内提供证明。

当事人延迟履行后发生不可抗力的，不免除其违约责任。

答案：C

11-5-17 解：依据《民法典》第七百九十一条，总承包人或者勘察、设计、施工承包人经发包人同意，可以将自己承包的部分工作交由第三人完成。选项B表述不完整。

答案：B

11-5-18 解：《民法典》第五百一十条规定，合同生效后，当事人就质量、价款或者报酬、履行地点等内容没有约定或者约定不明确的，可以协议补充；不能达成补充协议的，按照合同相关条款或者交易习惯确定。第五百一十一条规定，当事人就有关合同内容约定不明确，依据前条规定仍不能确定的，适用下列规定：（三）履行地点不明确，给付货币的，在接受货币一方所在地履行；交付不动产的，在不动产所在地履行；其他标的，在履行义务一方所在地履行。

支付运费的履行地点没有约定，交易习惯不明确的情况下，根据第五百一十一条（三）款规定，在接受货币一方所在地履行，即运输公司所在地沈阳履行，故选项B正确。

答案：B

11-5-19 解：《民法典》第四百七十二条规定，要约是希望与他人订立合同的意思表示，该意思表示应当符合下列条件：（一）内容具体确定；（二）表明经受要约人承诺，要约人即受该意思表示约束。第四百七十三条规定，要约邀请是希望他人向自己发出要约的表示。拍卖公告、招标公告、招股说明书、债券募集办法、基金招募说明书、商业广告和宣传、寄送的价目表等为要约邀请。第四百七十九条规定，承诺是受要约人同意要约的意思表示。

直接发包是建设单位将建筑工程发包给具有相应资质条件的承包单位，希望承包单位向自己发出要约，是要约邀请的过程。

答案：C

（六）《行政许可法》

11-6-1 根据《行政许可法》的规定，下列可以不设行政许可事项的是：

A. 有限自然资源开发利用等需要赋予特定权利的事项

B. 提供公众服务等需要确定资质的事项

C. 企业或者其他组织的设立等，需要确定主体资格的事项

D. 行政机关采用事后监督等其他行政管理方式能够解决的事项

11-6-2 行政机关实施行政许可和对行政许可事项进行监督检查：

A. 不得收取任何费用　　B. 应当收取适当费用

C. 收费必须上缴　　D. 收费必须开收据

11-6-3 行政机关应当自受理行政许可申请之日起多少日内作出行政许可决定？

A. 二十日内　　B. 三十日内

C. 十五日内　　D. 四十五日内

11-6-4 根据《行政许可法》规定，行政许可采取统一办理或者联合办理的，办理的时间不得超过：

A. 10日　　B. 15日　　C. 30日　　D. 45日

题解及参考答案

11-6-1 解：《行政许可法》第十三条规定，本法第十二条所列事项，通过下列方式能够予以规范的，可以不设行政许可：

（一）公民、法人或者其他组织能够自主决定的；

（二）市场竞争机制能够有效调节的；

（三）行业组织或者中介机构能够自律管理的；

（四）行政机关采用事后监督等其他行政管理方式能够解决的。

答案：D

11-6-2 解：《行政许可法》第五十八条规定，行政机关实施行政许可和对行政许可事项进行监督检查，不得收取任何费用。但是，法律、行政法规另有规定的，依照其规定。

答案：A

11-6-3 解：《行政许可法》第四十二条规定，除可以当场作出行政许可决定的外，行政机关应当自受理行政许可申请之日起二十日内作出行政许可决定。二十日内不能作出决定的，经本行政机关负责人批准，可以延长十日，并应当将延长期限的理由告知申请人。但是，法律、法规另有规定的，依照其规定。

答案：A

11-6-4 解：依照《行政许可法》第二十六条的规定，行政许可采取统一办理或者联合办理、集中办理的，办理的时间不得超过四十五日；四十五日内不能办结的，经本级人民政府负责人批准，可以延长十五日，并应当将延长期限的理由告知申请人。

答案：D

（七）《节约能源法》

11-7-1 根据《节约能源法》的规定，对固定资产投资项目国家实行：

A. 节能目标责任制和节能考核评价制度

B. 节能审查和监管制度

C. 节能评估和审查制度

D. 能源统计制度

11-7-2 根据《节约能源法》的规定，为了引导用能单位和个人使用先进的节能技术、节能产品，国务院管理节能工作的部门会同国务院有关部门：

A. 发布节能的技术政策大纲

B. 公布节能技术，节能产品的推广目录

C. 支持科研单位和企业开展节能技术的应用研究

D. 开展节能共性和关键技术，促进节能技术创新和成果转化

11-7-3 我国《节约能源法》规定，对直接负责的主管人员和其他直接责任人员依法给予处分，是因为批准或者核准的项目建设不符合：

A. 推荐性节能标准　　B. 设备能效标准

C. 设备经济运行标准　　D. 强制性节能标准

11-7-4 用能产品的生产者、销售者，提出节能产品认证申请：

A. 可以根据自愿原则　　B. 必须在产品上市前申请

C. 不贴节能标志不能生产销售　　D. 必须取得节能证书后销售

11-7-5 建筑工程的建设、设计、施工和监理单位应当遵守建筑工节能标准，对于：

A. 不符合建筑节能标准的建筑工程，建设主管部门不得批准开工建设

B. 已经开工建设的除外

C. 已经售出的房屋除外

D. 不符合建筑节能标准的建筑工程必须降价出售

11-7-6 我国节约能源法规定，对直接负责的主管人员和其他直接责任人员依法给予处分是因为批准或者核准的项目建设不符合：

A. 推荐性节能标准　　B. 设备能效标准

C. 设备经济运行标准　　D. 强制性节能标准

11-7-7 根据《节约能源法》的规定，国家实施的能源发展战略是：

A. 限制发展高耗能、高污染行业，发展节能环保型产业

B. 节约与开发并举，把节约放在首位

C. 合理调整产业结构、企业结构、产品结构和能源消费结构

D. 开发和利用新能源、可再生能源

11-7-8 政府为鼓励服务机构，出台关于环境监督的文件，支持下列哪类人员开展节能咨询、设计、评估、检测、审计、认证等服务？

A. 节能设备经销商　　B. 节能设备制造商

C. 节能监察中心　　D. 节能服务机构

题解及参考答案

11-7-1 解：《节约能源法》第十五条规定，国家实行固定资产投资项目节能评估和审查制度。不符合强制性节能标准的项目，依法负责项目审批或者核准的机关不得批准或者核准建设；建设单位不得开工建设；已经建成的，不得投入生产、使用。具体办法由国务院管理节能工作的部门会同国务院有关部门制定。

答案：C

11-7-2 解：《节约能源法》五十八条规定，国务院管理节能工作的部门会同国务院有关部门制定并公布节能技术、节能产品的推广目录，引导用能单位和个人使用先进的节能技术、节能产品。

答案：B

11-7-3 解：《节约能源法》第六十八条规定，负责审批政府投资项目的机关违反本法规定，对不符合强制性节能标准的项目予以批准建设的，对直接负责的主管人员和其他直接责任人员依法给予处分。

答案：D

11-7-4 解：《节约能源法》第二十条规定，用能产品的生产者、销售者，可以根据自愿原则，按照国家有关节能产品认证的规定，向经国务院认证认可监督管理部门认可的从事节能产品认证的机构提出节能产品认证申请；经认证合格后，取得节能认证证书，可以在用能产品或者其包装物上使用节能产品认证标志。

答案：A

11-7-5 解：《节约能源法》第三十条规定，建筑工程的建设、设计、施工和监理单位应当遵守建筑节能标准。

不符合建筑节能标准的建筑工程，建设主管部门不得批准开工建设；已经开工建设的，应当责令停

止施工、限期改正；已经建成的，不得销售或者使用。

答案：A

11-7-6 解：《节约能源法》第六十八条规定，负责审批或者核准固定资产投资项目的机关违反本法规定，对不符合强制性节能标准的项目予以批准或者核准建设的，对直接负责的主管人员和其他直接责任人员依法给予处分。

答案：D

11-7-7 解：《节约能源法》第四条规定，节约资源是我国的基本国策。国家实施节约与开发并举，把节约放在首位的能源发展战略。

答案：B

11-7-8 解：《节约能源法》第二十二条规定，国家鼓励节能服务机构的发展，支持节能服务机构开展节能咨询、设计、评估、检测、审计、认证等服务。国家支持节能服务机构开展节能知识宣传和节能技术培训，提供节能信息、节能示范和其他公益性节能服务。

答案：D

（八）《环境保护法》

11-8-1 根据《环境保护法》的规定，对建设项目中的防治污染的设施实行"三同时"制度，下列各选项中哪些不属于"三同时"的内容？

A. 同时设计　B. 同时施工　C. 同时投产使用　D. 同时拆除

11-8-2 根据《建设项目环境保护设计规定》，环保设施与主体工程的关系为：

A. 先后设计、施工、投产　B. 同时设计，先后施工、投产

C. 同时设计、施工，先后投产　D. 同时设计、施工、投产

11-8-3 建设项目的环境影响报告书应当包括：

①建设项目概况及其周围环境现状；

②建设项目对环境可能造成的影响的分析、预测和评估；

③建设项目对环境保护措施及其技术、经济论证；

④建设项目对环境影响的经济损益分析；

⑤对建设项目实施环境监测的建议；

⑥环境影响评价的结论。

A. ①②③④⑤⑥　B. ①②③⑤⑥　C. ①②③④⑥　D. ①②④⑤⑥

11-8-4 设计单位必须严格按国家有关环境保护规定做好各项工作，以下选项错误的是：

A. 承担或参与建设项目的环境影响评价

B. 接到设计任务书后，按环境影响报告书（表）及其审批意见所确定的各种措施开展初步设计，认真编制环境保护篇（章）

C. 严格执行"三同时"制度，做好防治污染及其他公害的设施与主体工程同时设计

D. 未经有关部门批准环境影响报告书（表）的建设项目，必须经市（县）长特批后才可以进行设计

11-8-5 建设项目防治污染的设施必须与主体工程做到几个同时，下列说法中不必要的是：

A. 同时设计　B. 同时施工

C. 同时投产使用　D. 同时备案登记

11-8-6 在环境保护严格地区，企业的排污量大大超过规定值，该如何处理?

A. 立即拆除　B. 限期搬迁　C. 停业整治　D. 经济罚款

11-8-7 依据《环境保护法》，违反环境保护法规定，构成犯罪的，依法追究：

A. 民事责任　B. 刑事责任　C. 行政责任　D. 违约责任

题解及参考答案

11-8-1 解：《环境保护法》第四十一条规定，建设项目中防治污染的设施，应当与主体工程同时设计、同时施工、同时投产使用。防治污染的设施应当符合经批准的环境影响评价文件的要求，不得擅自拆除或者闲置。

答案：D

11-8-2 解：《建设项目环境保护设计规定》第六十五条规定，设计单位必须严格按国家有关环境保护规定做好以下工作：

"……

三、严格执行'三同时'制度，做到防治污染及其他公害的设施与主体工程同时设计。"

答案：D

11-8-3 解：《环境影响评价法》第十七条规定，建设项目的环境影响报告书应当包括下列内容：

（一）建设项目概况；

（二）建设项目周围环境现状；

（三）建设项目对环境可能造成影响的分析、预测和评估；

（四）建设项目环境保护措施及其技术、经济论证；

（五）建设项目对环境影响的经济损益分析；

（六）对建设项目实施环境监测的建议；

（七）环境影响评价的结论。

答案：A

11-8-4 答案：D

11-8-5 解：《环境保护法》第四十一条规定，建设项目中防治污染的设施，应当与主体工程同时设计、同时施工、同时投产使用。防治污染的设施应当符合经批准的环境影响评价文件的要求，不得擅自拆除或者闲置。

答案：D

11-8-6 解：依据《环境保护法》第六十条，企业事业单位和其他生产经营者超过污染物排放标准或者超过重点污染物排放总量控制指标排放污染物的，县级以上人民政府环境保护主管部门可以责令其采取限制生产、停产整治等措施；情节严重的，报经有批准权的人民政府批准，责令停业、关闭。

答案：C

11-8-7 解：《环境保护法》第六十九条，违反本法规定，构成犯罪的，依法追究刑事责任。

答案：B

（九）《建设工程勘察设计管理条例》

11-9-1 根据《建设工程勘察设计管理条例》的规定，编辑初步设计文件应当：

A. 满足编制方案设计文件和控制概算的需要

B. 满足编制施工招标文件，主要设备材料订货和编制施工图设计文件的需要

C. 满足非标准设备制作，并说明建筑工程合理使用年限

D. 满足设备材料采购和施工的需要

11-9-2 下列行为违反了《建设工程勘察设计管理条例》的是：

A. 将建筑艺术造型有特定要求项目的勘察设计任务直接发包

B. 业主将一个工程建设项目的勘察设计分别发包给几个勘察设计单位

C. 勘察设计单位将所承揽的勘察设计任务进行转包

D. 经发包方同意，勘察设计单位将所承揽的勘察设计任务的非主体部分进行分包

11-9-3 根据《建设工程勘察设计管理条例》规定，禁止建设工程勘察、设计单位允许其他单位或者个人以本单位的名义承揽建设工程勘察、设计业务，如违反规定，下列哪个选项的处罚是正确的？

A. 责令改正，处 50 万元以上 100 万元以下的罚款

B. 责令停止违法行为，处合同约定的勘察费、设计费 1 倍以上 2 倍以下的罚款；有非法所得的，予以没收

C. 责令改正，没收违法所得，处合同约定的勘察费、设计费 25%以上 50%以下的罚款

D. 责令停止违法行为，没收违法所得，处违法所得 2 倍以上 5 倍以下的罚款

11-9-4 工程建设标准强制性标准是设计或施工时：

A. 重要的参考指标　　B. 必须绝对遵守的技术法规

C. 必须绝对遵守的管理标准　　D. 必须绝对遵守的工作标准

11-9-5 建设工程勘察，设计单位将所承揽的建设工程勘察、设计转包的，责令改正，没收违法所得，处罚款为：

A. 合同约定的勘察费、设计费 25%以上 50%以下

B. 合同约定的勘察费、设计费 50%以上 75%以下

C. 合同约定的勘察费、设计费 75%以上 100%以下

D. 合同约定的勘察费、设计费 50%以上 100%以下

11-9-6 下列行为违反了《建设工程勘察设计管理条例》的是：

A. 将建筑艺术造型有特定要求项目的勘察设计任务直接发包

B. 业主将一个工程建设项目的勘察设计分别发包给几个勘察设计单位

C. 勘察设计单位将所承揽的勘察设计任务进行转包

D. 经发包方同意，勘察设计单位将所承揽的勘察设计任务的非主体部分进行分包

11-9-7 根据《建设工程勘察设计管理条例》的规定，建设工程勘察、设计方案的评标一般不考虑：

A. 投标人资质　　B. 勘察、设计方案的优劣

C. 设计人员的能力　　D. 投标人的业绩

11-9-8 施工单位发现建设工程勘察、设计文件不符合工程建设强制性标准、合同约定的质量要求的，应当报告：

A. 建设单位　　B. 监理单位　　C. 设计单位　　D. 不反馈

11-9-9 按照勘察行政规定，以下不属于违反规定的行为是：

A. 个人挂证或者单位转借证

B. 勘察设计单位找外部人员帮忙勘测

C. 超越资质设计

D. 下属独立机构可以单独承担业务

题解及参考答案

11-9-1 解：《建设工程勘察设计管理条例》第二十六条规定，编制建设工程勘察文件，应当真实、准确，满足建设工程规划、选址、设计、岩土治理和施工的需要。编制方案设计文件，应当满足编制初步设计文件和控制概算的需要。编制初步设计文件，应当满足编制施工招标文件、主要设备材料订货和编制施工图设计文件的需要。编制施工图设计文件，应当满足设备材料采购、非标准设备制作和施工的需要，并注明建设工程合理使用年限。

答案：B

11-9-2 解：《建设工程勘察设计管理条例》第二十条规定，建设工程勘察、设计单位不得将所承揽的建设工程勘察、设计转包。

答案：C

11-9-3 解：《建设工程勘察设计管理条例》第八条，建设工程勘察、设计单位应当在其资质等级许可的范围内承揽建设工程勘察、设计业务。

禁止建设工程勘察、设计单位超越其资质等级许可的范围或者以其他建设工程勘察、设计单位的名义承揽建设工程勘察、设计业务。禁止建设工程勘察、设计单位允许其他单位或者个人以本单位的名义承揽建设工程勘察、设计业务。

第三十五条，违反本条例第八条规定的，责令停止违法行为，处合同约定的勘察费、设计费1倍以上2倍以下的罚款，有违法所得的，予以没收；可以责令停业整顿，降低资质等级；情节严重的，吊销资质证书。

未取得资质证书承揽工程的，予以取缔，依照前款规定处以罚款；有违法所得的，予以没收。

以欺骗手段取得资质证书承揽工程的，吊销资质证书，依照本条第一款规定处以罚款；有违法所得的，予以没收。

答案：B

11-9-4 解：《建设工程勘察设计管理条例》第二十五条规定，编制建设工程勘察、设计文件，应当以下列规定为依据：

（一）项目批准文件；

（二）城乡规划；

（三）工程建设强制性标准；

（四）国家规定的建设工程勘察、设计深度要求。

铁路、交通、水利等专业建设工程，还应当以专业规划的要求为依据。

答案：B

11-9-5 解：《建设工程勘察设计管理条例》第三十九条规定，违反本条例规定，建设工程勘察、设计单位将所承揽的建设工程勘察、设计转包的，责令改正，没收违法所得，处合同约定的勘察费、设计费 25%以上 50%以下的罚款，可以责令停业整顿，降低资质等级；情节严重的，吊销资质证书。

答案： A

11-9-6 解：《建设工程勘察设计管理条例》第二十条规定，建设工程勘察、设计单位不得将所承揽的建设工程勘察、设计转包。

答案： C

11-9-7 解：《建设工程勘察设计管理条例》第十四条规定，建设工程勘察、设计方案评标，应当以投标人的业绩、信誉和勘察、设计人员的能力以及勘察、设计方案的优劣为依据，进行综合评定。资质问题在资格预审时已解决，不是评标的条件。

答案： A

11-9-8 解：《建设工程勘察设计管理条例》第二十八条规定，施工单位、监理单位发现建设工程勘察、设计文件不符合工程建设强制性标准、合同约定的质量要求的，应当报告建设单位，建设单位有权要求建设工程勘察、设计单位对建设工程勘察、设计文件进行补充、修改。故选项 A 正确。

答案： A

11-9-9 解：《建设工程勘察设计管理条例》第八条规定，建设工程勘察、设计单位应当在其资质等级许可的范围内承揽建设工程勘察、设计业务。禁止建设工程勘察、设计单位超越其资质等级许可的范围或者以其他建设工程勘察、设计单位的名义承揽建设工程勘察、设计业务。禁止建设工程勘察、设计单位允许其他单位或者个人以本单位的名义承揽建设工程勘察、设计业务。第十条规定，建设工程勘察、设计注册执业人员和其他专业技术人员只能受聘于一个建设工程勘察、设计单位；未受聘于建设工程勘察、设计单位的，不得从事建设工程的勘察、设计活动。故选项 A、B、C 错误，均不符合本条例规定。

依据《中华人民共和国公司法》规定，公司的子公司具有法人资格，依法独立承担民事责任；分公司不具有法人资格，则其民事责任由总公司承担。下属独立机构在合规的前提下，得到授权使用总公司资质或者取得相应工程勘察、工程设计等资质后，可以承接相应业务。故选项 D 正确。

答案： D

（十）《建设工程质量管理条例》

11-10-1 按照《建设工程质量管理条例》规定，施工人员对涉及结构安全的试块、试件以及有关材料进行现场取样时应当：

A. 在设计单位监督现场取样

B. 在监督单位或监理单位监督下现场取样

C. 在施工单位质量管理人员监督下现场取样

D. 在建设单位或监理单位监督下现场取样

11-10-2 下列违反《建设工程质量管理条例》规定的行为，哪个选项应处以 10 万元以上，20 万元以下的罚款？

A. 施工单位未对建筑材料、建筑构配件、设备和商品混凝土进行检验，或者未对涉及结构安全的试块、试件以及有关材料取样检测的

B. 工程监理单位与建设单位或者施工单位串通，弄虚作假，降低工程质量的

C. 勘察单位未按照工程建设强制性标准进行勘察的

D. 建设工程竣工验收后，建设单位未向建设行政主管部门或者其他有关部门移交建设项目档案的

11-10-3 根据《建设工程质量管理条例》，下列表述中，哪项不符合施工单位的质量责任和义务的规定：

A. 施工单位在施工过程中发现设计文件和图纸有差错的，应当及时提出意见和建议

B. 施工单位必须按照工程设计要求、施工技术标准和合同约定对建筑材料建筑构配件设备和商品混凝土进行试验，并有书面记录和专人签字

C. 施工单位对建设工程的质量负责

D. 施工单位对建设工程的施工质量负责

11-10-4 在正常使用条件下，建设工程的最低保修期限，对屋面防水工程，有防水要求的卫生间、房间和外墙面的防渗为：

A. 2 年　　B. 3 年　　C. 4 年　　D. 5 年

11-10-5 建设单位应在竣工验收合格后多长时间内，向工程所在地的县级以上的地方人民政府行政主管部门备案报送有关竣工资料？

A. 1 个月　　B. 3 个月　　C. 15 天　　D. 1 年

11-10-6 工程完工后必须履行下面的哪项手续才能使用？

A. 由建设单位组织设计、施工、监理四方联合竣工验收

B. 由质量监督站开具使用通知单

C. 由备案机关认可后下达使用通知书

D. 由建设单位上级机关批准认可后即可

11-10-7 《建筑工程质量管理条例》规定，建设单位拨付工程款必须经何人签字？

A. 总经理　　B. 总经济师

C. 总工程师　　D. 总监理工程师

11-10-8 工程勘察设计单位超越其资质等级许可的范围承揽建设工程勘察设计业务的，将责令停止违法行为，处罚款额为合同约定的勘察费、设计费：

A. 1 倍以下　　B. 1 倍以上，2 倍以下

C. 2 倍以上，5 倍以下　　D. 5 倍以上，10 倍以下

11-10-9 设计单位未按照工程建设强制性进行设计的，责令改正，并处罚款：

A. 5 万元以下　　B. 5 万 ~ 10 万元

C. 10 万 ~ 30 万元　　D. 30 万元以上

11-10-10 某监理人员对不合格的工程按合格工程验收后造成了经济损失，则：

A. 应撤销该责任人员的监理资质　　B. 应由该责任人员承担赔偿责任

C. 应追究该责任人员的刑事责任　　D. 应给予该责任人员行政处分

11-10-11 下列说法中符合《建设工程质量管理条例》的是：

A. 成片开发的住宅小区工程必须实行监理

B. 隐蔽工程在实施隐蔽前，施工单位必须通知建设单位及工程质量监督机构

C. 建设工程的保修期自竣工验收合格之日起算，具体期限可由建设方与承包方商定

D. 总包方对按合同分包的工程质量承担连带责任

11-10-12 根据《建设工程质量管理条例》规定，国家实行建设工程质量监督管理制度，对全国的工程质量实施统一监督管理的部门是：

A. 国务院质量监督主管部门

B. 国务院建设行政主管部门

C. 国务院铁路、交通、水利等等主管部门

D. 国务院发展规划部门

11-10-13 根据《建设工程质量管理条例》，下述关于在正常使用条件下建设工程的最低保修期限表述错误的选项是：

A. 基础设施工程、房屋建筑的地基基础和主体结构工程，为设计文件规定的该工程合理使用年限

B. 屋面防水工程，有防水要求的卫生间和外墙面的防渗漏，为5年

C. 供热与供冷系统，为1个采暖期和供冷期

D. 电气管线、给排水管道、设备安装和装修工程，为2年

11-10-14 根据《建设工程质量管理条例》的规定，下列设计单位的质量责任中不准确的是：

A. 在初步设计文件中注明建设工程的合理使用年限

B. 根据勘察设计成果文件进行建筑设计

C. 满足业主提出的设计深度要求

D. 参与建设工程质量事故处理

11-10-15 建筑工程保修期内因墙面渗漏造成损失的，如果是由于设计方面的原因造成的质量缺陷，应：

A. 由设计单位负责维修并承担赔偿责任

B. 由施工单位赔偿损失

C. 由建设单位和监理单位共同赔偿损失

D. 由施工单位负责维修，设计单位承担赔偿责任

题解及参考答案

11-10-1 解：《建设工程质量管理条例》第三十一条规定，施工人员对涉及结构安全的试块、试件以及有关材料，应当在建设单位或者工程监理单位监督下现场取样，并送具有相应资质等级的质量检测单位进行检测。

答案： D

11-10-2 解：《建设工程质量管理条例》第六十五条，违反本条例规定，施工单位未对建筑材料、建筑构配件、设备和商品混凝土进行检验，或者未对涉及结构安全的试块、试件以及有关材料取样检测的，责令改正，处10万元以上20万元以下的罚款；情节严重的，责令停业整顿，降低资质等级或者吊销资质证书；造成损失的，依法承担赔偿责任。选项A正确。

第六十七条，工程监理单位有下列行为之一的，责令改正，处50万元以上100万元以下的罚款，降低资质等级或者吊销资质证书；有违法所得的，予以没收；造成损失的，承担连带赔偿责任：

（一）与建设单位或者施工单位串通，弄虚作假、降低工程质量的；

（二）将不合格的建设工程、建筑材料、建筑构配件和设备按照合格签字的。

选项 B 错误。

第六十三条，违反本条例规定，有下列行为之一的，责令改正，处 10 万元以上 30 万元以下的罚款：

（一）勘察单位未按照工程建设强制性标准进行勘察的；

（二）设计单位未根据勘察成果文件进行工程设计的；

（三）设计单位指定建筑材料、建筑构配件的生产厂、供应商的；

（四）设计单位未按照工程建设强制性标准进行设计的。

有前款所列行为，造成重大工程质量事故的，责令停业整顿，降低资质等级；情节严重的，吊销资质证书；造成损失的，依法承担赔偿责任。选项 C 错误。

第五十九条，违反本条例规定，建设工程竣工验收后，建设单位未向建设行政主管部门或者其他有关部门移交建设项目档案的，责令改正，处 1 万元以上 10 万元以下的罚款。选项 D 错误。

答案：A

11-10-3 解：见《建设工程质量管理条例》第二十六条，施工单位对建设工程的施工质量负责。

答案：C

11-10-4 解：见《建设工程质量管理条例》第四十条，在正常使用条件下，建设工程的最低保修期限为：

（一）基础设施工程、房屋建筑的地基基础工程和主体结构工程，为设计文件规定的该工程的合理使用年限；

（二）屋面防水工程、有防水要求的卫生间、房间和外墙面的防渗漏，为 5 年；

（三）供热与供冷系统，为 2 个采暖期、供冷期；

（四）电气管线、给排水管道、设备安装和装修工程，为 2 年。

其他项目的保修期限由发包方与承包方约定。

建设工程的保修期，自竣工验收合格之日起计算。

答案：D

11-10-5 解：《建筑工程质量管理条例》第四十九条规定，建设单位应当自建设工程竣工验收合格之日起 15 日内，将建设工程竣工验收报告和规划、公安消防、环保等部门出具的认可文件或者准许使用文件报建设行政主管部门或者其他有关部门备案。

答案：C

11-10-6 解：《建筑工程质量管理条例》第十六条规定，建设单位收到建设工程竣工报告后，应当组织设计、施工、工程监理等有关单位进行竣工验收。建设工程竣工验收应当具备以下条件：（注：按最新规定，竣工验收还应有勘察单位参加，共五方验收）

（一）完成建设工程设计和合同约定的各项内容；

（二）有完整的技术档案和施工管理资料；

（三）有工程使用的主要建筑材料、建筑构配件和设备的进场试验报告；

（四）有勘察、设计、施工、工程监理等单位分别签署的质量合格文件；

（五）有施工单位签署的工程保修书。建设工程经验收合格的，方可交付使用。

答案：A

11-10-7 解：《建设工程质量管理条例》第三十七条规定，工程监理单位应当选派具备相应资格的总监理工程师和监理工程师进驻施工现场。未经监理工程师签字，建筑材料、建筑构配件和设备不得在工程上使用或者安装，施工单位不得进行下一道工序的施工。未经总监理工程师签字，建设单位不拨付工程款，不进行竣工验收。

答案：D

11-10-8 解：《建筑工程质量管理条例》第六十条规定，违反本条例规定，勘察、设计、施工、工程监理单位超越本单位资质等级承揽工程的，责令停止违法行为，对勘察、设计单位或者工程监理单位处合同约定的勘察费、设计费或者监理酬金1倍以上2倍以下的罚款；对施工单位处工程合同价款2%以上4%以下的罚款，可以责令停业整顿，降低资质等级；情节严重的，吊销资质证书；有违法所得的，予以没收。未取得资质证书的承揽工程的，予以取缔，依照前款规定处以罚款；有违法所得的，予以没收。

答案：B

11-10-9 解：《建设工程质量管理条例》第六十三条规定，违反本条例规定，有下列行为之一的，责令改正，处10万元以上30万元以下的罚款：

（一）勘察单位未按照工程建设强制性标准进行勘察的；

（二）设计单位未根据勘察成果文件进行工程设计的；

（三）设计单位指定建筑材料、建筑构配件的生产厂、供应商的；

（四）设计单位未按照工程建设强制性标准进行设计的。

有前款所列行为，造成重大工程质量事故的，责令停业整顿，降低资质等级；情节严重的，吊销资质证书；造成损失的，依法承担赔偿责任。

答案：C

11-10-10 解：《建筑工程质量管理条例》第六十七条规定，工程监理单位有下列行为之一的，责令改正，处50万元以上100万元以下的罚款，降低资质等级或者吊销资质证书；有违法所得的，予以没收；造成损失的，承担连带赔偿责任：

（一）与建设单位或者施工单位串通，弄虚作假、降低工程质量的；

（二）将不合格的建设工程、建筑材料、建筑构配件和设备按照合格签字的。

第七十二条　违反本条例规定，注册建筑师、注册结构工程师、监理工程师等注册执业人员因过错造成质量事故的，责令停止执业1年；造成重大质量事故的，吊销执业资格证书，5年以内不予注册；情节特别恶劣的，终身不予注册。

第七十三条　依照本条例规定，给予单位罚款处罚的，对单位直接负责的主管人员和其他直接责任人员处单位罚款数额5%以上10%以下的罚款。

第七十四条　建设单位、设计单位、施工单位、工程监理单位违反国家规定，降低工程质量标准，造成重大安全事故，构成犯罪的，对直接责任人员依法追究刑事责任。

答案：B

11-10-11 解：《建筑工程质量管理条例》第二十七条规定，总承包单位与分包单位对分包工程的质量承担连带责任。所以选项D是对的。

选项A错，不是所有成片开发的住宅都一定需要监理，还有面积大小的要求。

选项B错，不是每一项隐蔽工程隐蔽之前都要通知质量监督机构，有监理单位验收即可。

选项C错，保修期限是国务院规定的。

答案：D

11-10-12 解：《建设工程质量管理条例》第四十三条规定，国家实行建设工程质量监督管理制度。

国务院建设行政主管部门对全国的建设工程质量实施统一监督管理。国务院铁路、交通、水利等有关部门按照国务院规定的职责分工，负责对全国的有关专业建设工程质量的监督管理。

答案：B

11-10-13 解：《建设工程质量管理条例》第四十条规定，在正常使用条件下，建设工程的最低保修期限为：

（一）基础设施工程、房屋建筑的地基基础工程和主体结构工程，为设计文件规定的该工程的合理使用年限；

（二）屋面防水工程、有防水要求的卫生间、房间和外墙面的防渗漏，为5年；

（三）供热与供冷系统，为2个采暖期、供冷期；

（四）电气管线、给排水管道、设备安装和装修工程，为2年。

答案：C

11-10-14 解：《建设工程质量管理条例》第二十一条规定，设计单位应当根据勘察成果文件进行建设工程设计。设计文件应当符合国家规定的设计深度要求，注明工程合理使用年限。设计深度要按国家规定要求，如果业主有特殊要求，要签订合同，同时满足国家标准和业主要求，所以选项C的说法不全面。第二十四条规定，设计单位应参与建设工程质量事故分析，并对因设计造成的质量事故提出相应的处理方案。

答案：C

11-10-15 解：《建设工程质量管理条例》第四十一条规定，建设工程在保修范围和保修期限内发生质量问题的，施工单位应当履行保修义务，并对造成的损失承担赔偿责任。《建筑法》第七十三条规定，建筑设计单位不按照建筑工程质量、安全标准进行设计的，责令改正，处以罚款；造成工程质量事故的，责令停业整顿，降低资质等级或者吊销资质证书，没收违法所得，并处罚款；造成损失的，承担赔偿责任；构成犯罪的，依法追究刑事责任。

该项工程在保修期内，因此施工单位应当履行保修义务，质量缺陷是设计原因造成的，且产生损失，责任方设计单位应承担赔偿责任。

答案：D

（十一）《建设工程安全生产管理条例》

11-11-1　关于施工单位的安全责任，下列说法哪个选项是错误的？

A. 施工单位应当建立健全安全生产责任制度和安全生产教育培训制度，制定安全生产规章制度和操作规程，保证本单位安全生产条件所需资金的投入，对承担的建设工程进行定期和专项安全检查，并做好安全检查记录

B. 施工单位的法人应当对建设工程项目的安全施工负责，落实安全生产责任制度、安全生产规章制度和操作规程

C. 施工单位应当设立安全生产管理机构，配备专职安全生产管理人员

D. 总承包单位依法将建设工程分包给其他单位的，分包合同中应当明确各自安全生产方面的权利、义务。总承包单位和分包单位对分包工程的安全生产承担连带责任

11-11-2　根据《建设工程安全生产管理条例》规定，建设单位确定建设工程安全作业环境及安全施工措施所需费用的时间是：

A. 编制工程概算时　　　　B. 编制设计预算时

C. 编制施工预算时　　D. 编制投资估算时

11-11-3 根据《建设工程安全生产管理条例》，不属于建设单位的责任和义务是：

A. 向施工单位提供施工现场毗邻地区地下管线资料

B. 及时报告安全生产责任事故

C. 保证安全生产投入

D. 将拆除工程发包给具有相应资质的施工单位

11-11-4 按照《建设工程安全生产管理条例》规定，工程监理单位在实施监理过程中，发现存在安全事故隐患的，应当要求施工单位整改；情况严重的，应当要求施工单位暂时停止施工，并及时报告：

A. 施工单位　　B. 监理单位　　C. 有关主管部门　　D. 建设单位

11-11-5 施工现场及毗邻区域内的各种管线及地下工程的有关资料：

A. 应由建设单位向施工单位提供

B. 施工单位必须在开工前自行查清

C. 应由监理单位提供

D. 应由政府有关部门提供

11-11-6 深基坑支护与降水工程、模板工程、脚手架工程的施工专项方案必须经下列哪些人员签字后实施？

①经施工单位技术负责人；②总监理工程师；③结构设计人；④施工方法人代表。

A. ①②　　B. ①②③　　C. ①②③④　　D. ①④

11-11-7 下列说法中，不适用《建设工程安全生产管理条例》的是：

A. 线路管道和设备安装工程

B. 土木工程和建筑工程

C. 设备安装工程及装修工程

D. 抢险救灾和农民自建低层住宅

11-11-8 《工程建设标准强制性条文》是：

A. 设计或施工时的重要参考指标

B. 必须绝对遵守的技术法规

C. 必须绝对遵守的管理标准

D. 必须绝对遵守的工作标准

11-11-9 在申请领取施工许可证时，应当提供建设工程有关安全施工措施资料的是：

A. 建设单位　　B. 施工单位　　C. 设计单位　　D. 监理单位

题解及参考答案

11-11-1 解：《建设工程安全生产管理条例》第二十一条，施工单位主要负责人依法对本单位的安全生产工作全面负责。施工单位应当建立健全安全生产责任制度和安全生产教育培训制度，制定安全生产规章制度和操作规程，保证本单位安全生产条件所需资金的投入，对所承担的建设工程进行定期和专项安全检查，并做好安全检查记录。施工单位的项目负责人应当由取得相应执业资格的人员担任，对建设工程项目的安全施工负责，落实安全生产责任制度、安全生产规章制度和操作规程，确保安全生产费用的有效使用，并根据工程的特点组织制定安全施工措施，消除安全事故隐患，及时、如实报告生产安全事故。选项A正确，选项B错误。

第二十三条，施工单位应当设立安全生产管理机构，配备专职安全生产管理人员。专职安全生产管理人员负责对安全生产进行现场监督检查。发现安全事故隐患，应当及时向项目负责人和安全生产管理机构报告；对违章指挥、违章操作的，应当立即制止。专职安全生产管理人员的配备办法由国务院建设行政主管部门会同国务院其他有关部门制定。选项C正确。

第二十四条，建设工程实行施工总承包的，由总承包单位对施工现场的安全生产负总责。总承包单位应当自行完成建设工程主体结构的施工。总承包单位依法将建设工程分包给其他单位的，分包合同中应当明确各自的安全生产方面的权利、义务。总承包单位和分包单位对分包工程的安全生产承担连带责任。

分包单位应当服从总承包单位的安全生产管理，分包单位不服从管理导致生产安全事故的，由分包单位承担主要责任。选项D正确。

答案：B

11-11-2 解：《建设工程安全生产管理条例》第八条规定，建设单位在编制工程概算时，应当确定建设工程安全作业环境及安全施工措施所需费用。

答案：A

11-11-3 解：根据《建设工程安全生产管理条例》：

第六条　建设单位应当向施工单位提供施工现场及毗邻区域内供水、排水、供电、供气、供热、通信、广播电视等地下管线资料，气象和水文观测资料，相邻建筑物和构筑物、地下工程的有关资料，并保证资料的真实、准确、完整。（据此知选项A是属于建设单位的责任和义务）

第五十条　施工单位发生生产安全事故，应当按照国家有关伤亡事故报告和调查处理的规定，及时、如实地向负责安全生产监督管理的部门、建设行政主管部门或者其他有关部门报告；特种设备发生事故的，还应当同时向特种设备安全监督管理部门报告。接到报告的部门应当按照国家有关规定，如实上报。实行施工总承包的建设工程，由总承包单位负责上报事故。（据此知选项B不属于建设单位的责任和义务。及时报告安全生产责任事故是施工单位的责任）

第八条　建设单位在编制工程概算时，应当确定建设工程安全作业环境及安全施工措施所需费用。（据此知选项C也应属于建设单位的责任）

第十一条　建设单位应当将拆除工程发包给具有相应资质等级的施工单位。（据此知选项D也是建设单位的责任）

答案：B

11-11-4 解：《建设工程安全生产管理条例》第十四条规定，工程监理单位应当审查施工组织设计中的安全技术措施或者专项施工方案是否符合工程建设强制性标准。

工程监理单位在实施监理过程中，发现存在安全事故隐患的，应当要求施工单位整改；情况严重的，应当要求施工单位暂时停止施工，并及时报告建设单位。施工单位拒不整改或者不停止施工的，工程监理单位应当及时向有关主管部门报告。

答案：D

11-11-5 解：《建设工程安全生产管理条例》第六条规定，建设单位应当向施工单位提供施工现场及毗邻区域内供水、排水、供电、供气、供热、通信、广播电视等地下管线资料，气象和水文观测资料，相邻建筑物和构筑物、地下工程的有关资料，并保证资料的真实、准确、完整。

答案： A

11-11-6 解：《建设工程安全生产管理条例》第二十六条规定，施工单位应当在施工组织设计中编制安全技术措施和施工现场临时用电方案；对下列达到一定规模的危险性较大的分部分项工程编制专项施工方案，并附具安全验算结果，经施工单位技术负责人、总监理工程师签字后实施，由专职安全生产管理人员进行现场监督：

（一）基坑支护与降水工程；

（二）土方开挖工程；

（三）模板工程；

（四）起重吊装工程；

（五）脚手架工程；

（六）拆除、爆破工程。

答案： A

11-11-7 解：《建设工程安全生产管理条例》第二条规定，在中华人民共和国境内从事建设工程的新建、扩建、改建和拆除等有关活动及实施对建设工程安全生产的监督管理，必须遵守本条例。

本条例所称建设工程，是指土木工程、建筑工程、线路管道和设备安装工程及装修工程。

答案： D

11-11-8 解：《工程建设标准强制性条文》是工程建设过程中的强制性技术规定，是参与建设活动各方必须执行工程建设强制性标准的依据。

答案： B

11-11-9 解：《建设工程安全生产管理条例》第十条规定，建设单位在申请领取施工许可证时，应当提供建设工程有关安全施工措施的资料。

答案： A

（十二）设计文件编制的有关规定

11-12-1 建筑工程设计文件编制深度的规定中，施工图设计文件的深度应满足下列哪几项要求？

①能据以编制预算；

②能据以安排材料、设备订货和非标准设备的制作；

③能据以进行施工和安装；

④能据以进行工程验收。

A. ①②③④ B. ②③④ C. ①②④ D. ③④

11-12-2 工程初步设计，说明书中总指标应包括：

①总用地面积、总建筑面积、总建筑占地面积；

②总概算及单项建筑工程概算；

③水、电、气、燃料等能源消耗量与单位消耗量；主要建筑材料（三材）总消耗量；

④其他相关的技术经济指标及分析；

⑤总建筑面积、总概算（投资）存在的问题。

A. ①②③⑤ B. ①②④⑤ C. ①③④⑤ D. ①②③④

11-12-3 结构初步设计说明书中应包括：

A. 设计依据、设计要求、结构设计、需提请在设计审批时解决或确定的主要问题

B. 自然条件、设计要求、对施工条件的要求

C. 设计依据、设计要求、结构选型

D. 自然条件、结构设计、需提请在设计审批时解决或确定的主要问题

11-12-4 民用建筑设计项目一般应包括哪几个设计阶段?

①方案设计阶段;②初步设计阶段;③技术设计阶段;④施工图设计阶段。

A. ①②③④　　B. ①②④　　C. ②③④　　D. ①③④

题解及参考答案

11-12-1 解: 见《建筑工程设计文件编制深度规定》第1.0.5条,施工图设计文件应满足设备材料采购、非标准设备制造和施工的需要。另外,该文件的施工图设计的最后一项,4.9条即是预算。

答案: A

11-12-2 解: 见《建筑工程设计文件编制深度规定》第3.2.3条。

3.2.3 总指标:

1 总用地面积、总建筑面积和反映建筑功能规模的技术指标;

2 其他有关的技术经济指标。

答案: D

11-12-3 解: 见《建筑工程设计文件编制深度规定》第3.5.2条。

答案: D

11-12-4 解: 见《建筑工程设计文件编制深度规定》第1.0.4条。建筑工程一般应分为方案设计、初步设计和施工图设计三个阶段。

答案: B

(十四)房地产开发程序

11-14-1 《城市房地产管理法》中所称房地产交易不包括:

A. 房产中介　　B. 房地产抵押

C. 房屋租赁　　D. 房地产转让

11-14-2 房地产开发企业销售商品房不得采取的方式是:

A. 分期付款　　B. 收取预售款

C. 收取定金　　D. 返本销售

11-14-3 房地产开发企业销售商品房不得采取的方式是:

A. 分期付款　　B. 收取预售款

C. 收取定金　　D. 返本销售

11-14-4 《城市房地产管理法》规定,下列哪项所列房地产不得转让?

①共有房地产,经其他共有人书面同意的;

②依法收回土地使用权的;

③权属有争议的;

④未依法登记领取权属证书的。

A. ①②④　B. ①②③　C. ②③④　D. ①③④

11-14-5 房地产开发企业应向工商行政部门申请登记，并获得什么证件后才允许经营？

A. 营业执照　B. 土地使用权证

C. 商品预售许可证　D. 建设规划许可证

11-14-6 商品房在预售前应具备下列哪些条件？

①已交付全部土地使用权出让金，取得土地使用权证书；

②持有建设工程规划许可证；

③按提供预售的商品房计算，投入开发建设的资金达到工程建设总投资的百分之十五以上，并已确定施工进度和竣工交付日期；

④向县级以上人民政府房地产管理部门办理预售登记，取得商品房预售许可证明。

A. ①②③　B. ②③④　C. ①②④　D. ③④

11-14-7 依据房地产管理法，以下说法错误的是：

A. 房地产交易不包括房屋租赁

B. 共有房地产，未经共有人书面同意不得转让

C. 国家机关用地可以以划拨的方式取得

D. 土地使用权出让的最高年限由国务院规定

题解及参考答案

11-14-1 解： 见《城市房地产管理法》第二条，所称房地产交易，包括房地产转让、房地产抵押和房屋租赁。

答案： A

11-14-2 解：《商品房销售管理办法》第四十二条规定，房地产开发企业在销售商品房中有下列行为之一的，处以警告，责令限期改正，并可处以1万元以上3万元以下罚款。其中第（三）款为：返本销售或者变相返本销售商品房的。

答案： D

11-14-3 解：《商品房销售管理办法》第十一条规定，房地产开发企业不得采取返本销售或者变相返本销售的方式销售商品房。

答案： D

11-14-4 解：《城市房地产管理法》第三十八条规定，下列房地产，不得转让：

（一）以出让方式取得土地使用权的，不符合本法第三十九条规定的条件的；

（二）司法机关和行政机关依法裁定、决定查封或者以其他形式限制房地产权利的；

（三）依法收回土地使用权的；

（四）共有房地产，未经其他共有人书面同意的；

（五）权属有争议的；

（六）未依法登记领取权属证书的；

（七）法律、行政法规规定禁止转让的其他情形。

从以上规定可知②③④项不得转让。

答案：C

11-14-5 解：《城市房地产管理法》第三十条规定，房地产开发企业是以营利为目的，从事房地产开发和经营的企业。设立房地产开发企业，应当具备下列条件：

（一）有自己的名称和组织机构；

（二）有固定的经营场所；

（三）有符合国务院规定的注册资本；

（四）有足够的专业技术人员，

（五）法律、行政法规规定的其他条件。

设立房地产开发企业，应当向工商行政管理部门申请设立登记。工商行政管理部门对符合本法规定条件的，应当予以登记，发给营业执照；对不符合本法规定条件的，不予登记。

设立有限责任公司、股份有限公司，从事房地产开发经营的，还应当执行公司法的有关规定。

房地产开发企业在领取营业执照后的一个月内，应当到登记机关所在地的县级以上地方人民政府规定的部门备案。

答案：A

11-14-6 解：其中③是错误的，投入开发建设的资金应达到工程建设总投资的25%以上。

答案：C

11-14-7 解：《城市房地产管理法》第二条规定，在中华人民共和国城市规划区国有土地（以下简称国有土地）范围内取得房地产开发用地的土地使用权，从事房地产开发、房地产交易，实施房地产管理，应当遵守本法。本法所称房地产交易，包括房地产转让、房地产抵押和房屋租赁。故选项A错误。

第三十八条规定，下列房地产，不得转让：（四）共有房地产，未经其他共有人书面同意的。故选项B正确。

第二十四条规定，下列建设用地的土地使用权，确属必需的，可以由县级以上人民政府依法批准划拨：（一）国家机关用地和军事用地。故选项C正确。

第十四条规定，土地使用权出让最高年限由国务院规定。故选项D正确。

答案：A

（十五）工程监理的有关规定

11-15-1 从事工程建设监理活动的原则是：

A. 为业主负责　　B. 为承包商负责

C. 全面贯彻设计意图原则　　D. 公平、独立、诚信、科学的准则

11-15-2 监理单位与项目业主的关系是：

A. 雇佣与被雇佣关系

B. 平等主体间的委托与被委托关系

C. 监理单位是项目业主的代理人

D. 监理单位是业主的代表

11-15-3 某监理企业承接了某工程项目的监理任务，在工程实施过程中，监理工程师与承包单位串通，为承包单位谋取非法利益，给建设单位造成损失，则监理单位应承担的责任是：

A. 免收监理酬金　　B. 支付违约金

C. 与承包单位承担连带赔偿责任　　D. 减收监理酬金

题解及参考答案

11-15-1 解:《建设工程监理规范》(GB/T 50319—2013)第1.0.9条规定，工程监理单位应公平、独立、诚信、科学地开展建设工程监理与相关服务活动。

答案：D

11-15-2 解:《建设法》第三十一条规定，实行监理的建筑工程，由建设单位委托具有相应资质条件的工程监理单位监理，建设单位与其委托的工程监理单位应当订立书面委托监理合同。

答案：B

11-15-3 解:《注册监理工程师管理规定》第二十二条规定，因工程监理事故及相关业务造成的经济损失，聘用单位应当承担赔偿责任；聘用单位承担赔偿责任后，可依法向负有过错的注册监理工程师追偿。《建筑法》第三十五条规定，工程监理单位不按照委托监理合同的约定履行监理义务，对应当监督检查的项目不检查或者不按照规定检查，给建设单位造成损失的，应当承担相应的赔偿责任。工程监理单位与承包单位串通，为承包单位谋取非法利益，给建设单位造成损失的，应当与承包单位承担连带赔偿责任。

监理工程师造成经济损失，其聘用单位应当承担赔偿责任，应当与承包单位承担连带赔偿责任。

答案：C